心理学译丛

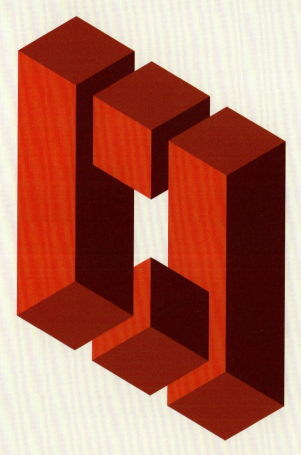

心理学
改变
思维

第4版

From Inquiry to Understanding, 4e

PSYCHOLOGY

斯科特·利林菲尔德（Scott O. Lilienfeld）

［美］ 史蒂文·林恩（Steven Jay Lynn）　　著

劳拉·纳米（Laura L. Namy）

方双虎 等 译

中国人民大学出版社
· 北京 ·

科学思维六原则

科学思维六原则，可以帮助你批判性地评估生活、学习中的各种信息。

我们应该使用哪种原则？	我们可能在什么时候使用？	怎样使用？	
排除其他假设的可能性 对于这一研究结论，还有更好的解释吗？	当你在报纸上看到这么一个标题：研究表明已经接受某种新药物治疗的抑郁症人群，比没有接受此种药物治疗的抑郁症人群症状有了明显的改善。	这个研究结果可能是因为这样一个事实：那些接受药物治疗的人们期望得到改善。	
相关还是因果 我们能确信 A 是 B 的原因吗？	一个研究结果表明犯罪行为频发的时候人们吃的冰激凌也更多，这说明：吃冰激凌可以导致犯罪。	吃冰激凌（A）或许并不会导致犯罪（B），很有可能二者都是因为第三个因素（C），例如：高温。	
可证伪性 这种观点能被反驳吗？	一本自助书籍称所有人周围都有一种能影响他们情绪和表现的无形的能量场。	我们不能设计一个实验去证明这种说法。	
可重复性 其他人的研究也会得出类似的结论吗？	一篇论文强调，某研究表明如果人们练习冥想，那么他们在智力测验中会比那些没有练习冥想的人高出 50 分。	如果没有其他科学研究报告过相同的研究，我们应该对此表示怀疑。	
特别声明 这类证据可信吗？	你浏览网页时看见一个声明：一个怪物，像大脚兽，已经居住在美国西北部数十年都没有被研究人员发现。	跟人们在单词表的开始部分记住的单词比在后面部分记住得多这种观点相比，这个特殊的观点要求更严谨的证据。	
奥卡姆剃刀原理 这种简单的解释符合事实吗？	你的一个视力不好的朋友，声称他在一次飞盘比赛中巧遇不明飞行物。	你朋友的报告是不是更有可能因为这样一个简单的解释——他把其中的一个飞盘误认为不明飞行物，而不是外星人真的访问了地球？	

研究发现（Chua，Boland，& Nisbett，2005），欧裔美国人往往更关注照片中间的信息，比如老虎本身（左图）；而亚裔美国人更倾向于关注周围的细节，例如老虎周围的岩石和树叶（右图）。（见正文第5页）

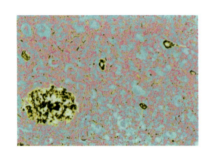

老年斑（在左下方的大的黄/黑色斑点）和神经原纤维缠结（小的黄色斑点）往往会出现在阿尔茨海默病患者的大脑里。几个脑区的变性可能会导致记忆丧失、智力下降。（见正文第97页）

2016年去世的拳王穆罕默德·阿里（左）和演员迈克尔·福克斯（右）都患有帕金森病。基底神经节损伤会导致疾病，导致人们对运动失去控制。右侧的计算机断层扫描显示多巴胺神经元显著减少，多巴胺神经元在帕金森病患者的大脑中天然含有一种黑色色素。由于周围脑组织死亡，位于大脑中部的心室（蓝色部分）异常大。（见正文第104页）

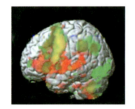

当参与者记住他们所见（绿色），所听（红色）或兼而有之（黄色）的时候，大脑的一种功能性磁共振成像（fMRI）能表现出大脑的活跃程度。（见正文第113页）

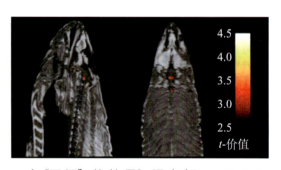

一个"可疑"的结果？研究（Bennett et al.，2009）显示即使是死鲑鱼也会对刺激产生反应——请看红色区域的"大脑活动"——如果我们没有仔细控制好脑成像研究中的偶然发现。（见正文第116页）

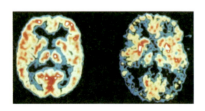

正电子发射断层扫描（PET）显示相对于控制组大脑（左）在阿尔茨海默病中的病脑（右）有更多的区域显示低活性（蓝色和黑色区域），而控制组大脑显示更多活动区域（红色和黄色）。（见正文第113页）

图4.2 你有联觉吗?

尽管大多数人看上边的那幅图是一堆杂乱的数字，但是一些联觉者知觉到上图和下图一样。联觉者更容易发现混在 5 当中的 2。（见正文第 134 页）

资料来源：Synesthesia: A window into perception, thought and language. Journal of Consciousness Studies, 8, 33-34。

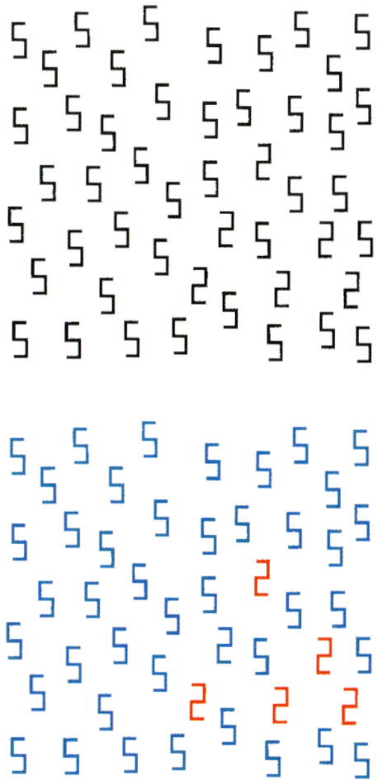

图4.4 可见光谱是电磁光谱的子集

可见光是一种处在紫外线和红外光之间的电磁能量。人类可以觉察到波长在 400 纳米（紫色）到 700 纳米（红色）之间的光。（见正文第 137 页）

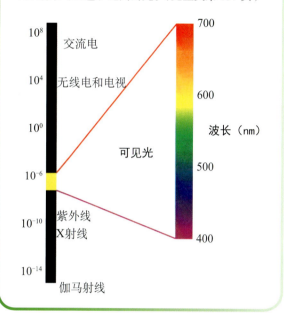

图4.5 加法和减法混合

色光的加法混合不同于颜料的减法混合。（见正文第 138 页）

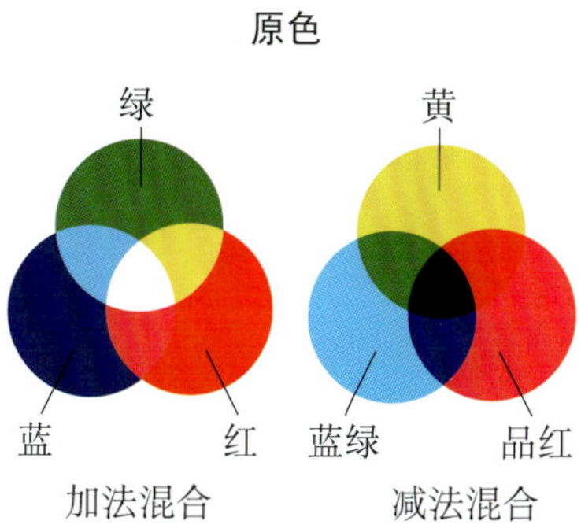

图4.11 红绿色盲的石原氏检测表

如果你不能看到那个两位数，你可能就是红绿色盲，这种情况很普遍，尤其是在男性中。（见正文第 143 页）

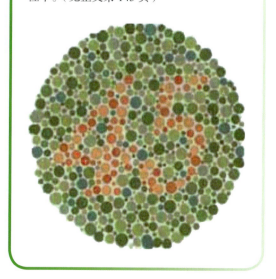

这条裙子是什么颜色？

互动

这取决于观众。对一些观众来说，现实生活中的蓝色和黑色在照片中呈现为白色和金色；但对其他观众来说，这条裙子似乎是蓝色和棕色的；而对少数观众来说则是蓝色和白色，甚至是蓝色和蓝色的。这一现在很有名的"服装颜色错觉"2015年在互联网上疯传，在1000万条左右的推文中被提到。尽管科学家们对如何解释这种错觉提出了不同的假设，但这条裙子的外观可能取决于我们的大脑如何在不同的光照条件下解释衣服的颜色。显然，在这个例子中，人们可以采取完全不同的视角（在本书中，即用不同颜色）来看待这个世界。（见正文第161页）

图4.27　知觉的格式塔原则

正如格式塔心理学家发现的那样，我们运用各种原则来帮助我们组织世界。（见正文第163页）

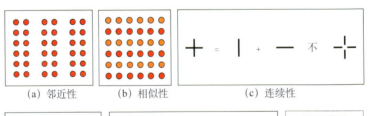

(a) 邻近性　　(b) 相似性　　(c) 连续性

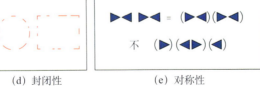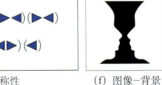

(d) 封闭性　　(e) 对称性　　(f) 图像–背景

图4.25　知觉恒常性

互动

1. 形状恒常性

我们把一扇门看作一扇门，而不管它是长方形还是正方形。

2. 大小恒常性

那个站在桥后面的男人看上去大小很正常，但是当将图像准确复制到前面之后，由于大小恒常性，他看上去就像一个玩具人。

3. 方格阴影错觉

我们看到黑白相间的方格图案，由于颜色的恒常性，我们忽略了由绿色圆柱体所产生的阴影所造成的戏剧性的变化。信不信由你，A 和 B 的颜色是相同的。

4. 取决于环境的颜色感知

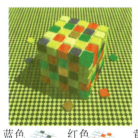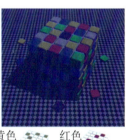

蓝色　红色　黄色　红色

灰色可以根据周围的颜色呈现出一种相应的颜色。左边的立方体顶部的蓝色方块实际上是灰色的（见立方体下面的图片）。同样，右边的立方体顶部的黄色方块实际上是灰色的（见立方体下面的图片）。

资料来源：© Dale Purves and R. Beau Lotto, 2002。

5. 取决于环境的颜色感知：另一种看法

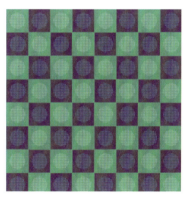

图上相同的蓝绿色圆看起来是不同的颜色，这取决于棋盘方格的背景颜色。当背景是绿色的时候，圆圈看起来是绿色的，但是当背景变成洋红色的时候，圆圈看起来是蓝色的。

（见正文第 162 页）

增加或降低风险

互动

和一些亚裔美国人一样，这个人喝完酒后就会表现出明显的充血反应（右），正如我们在照片上看到的饮酒前和饮酒后面部变化一样。根据研究文献，与大多数人相比，他在晚年是否会增加或减少酒精问题的风险？（见正文第 206 页）

图8.1 | 基础比率的花卉示范

如果一束花中包含了紫色鸢尾花和黄色、紫色的郁金香，我们随机选择一朵紫色的花，它会是鸢尾花还是郁金香？

鸢尾花吗？这是一种常见的回答，但是这种回答没有考虑到基础比率。所有的鸢尾花都是紫色的，而大多数的郁金香是黄色的。因此，随机抽中的紫色花朵似乎更可能是鸢尾花。但是实际上，紫色郁金香的数量是紫色鸢尾花的两倍。这意味着该花束中紫色郁金香的基础比率高于紫色鸢尾花的基础比率。（见正文第307页）

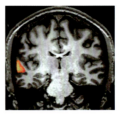

左侧的脑部扫描显示的左颞叶被激活，是参与者听演讲时的扫描结果。右侧的脑部扫描显示，当参与者从事非语言的运动活动，额叶和顶叶被激活。注意，右脑图像显示并没有短暂的激活，这说明认知处理并不总是涉及语言处理。（见正文第310页）

图8.9 | stroop效应

控制条件	Stroop 干扰条件
兔子	红色
房子	蓝色
毯子	绿色
跳舞	黄色
花卉	紫色
钥匙	橙色
七	黑色
跳舞	黄色
房子	蓝色
钥匙	橙色
七	紫色
花卉	黑色
兔子	红色
毯子	绿色

Stroop任务表明阅读是自动化的。大声说出上面每个词打印所用的墨水颜色。首先尝试控制条件列表中的词，您可能会发现这是一项相对简单的任务。然后尝试Stroop干扰列表下的词，您可能会发现任务要困难得多。（见正文第330页）

大脑图像和智商

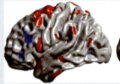

互动

这是两个玩过电脑游戏《俄罗斯方块》的人的大脑图像。正如脑图像所显示的那样，红色描绘了高水平的大脑激活，蓝色描绘了低水平的大脑激活。根据海尔和他们同事的研究，右边的大脑来自高智商人群，为什么？因为智商高的人往往有更加高效的大脑，而又不需要太多的工作努力。（见正文第344页）

作者简介

斯科特·利林菲尔德　1982年于康奈尔大学获得心理学学士学位，1990年于明尼苏达大学获得临床心理学博士学位。1986—1987年，他在宾夕法尼亚州匹兹堡的西部精神病临床研究所完成了实习。1990—1994年，在纽约州立大学奥尔巴尼分校心理学系担任助理教授。现任亚特兰大埃默里大学心理学教授和澳大利亚墨尔本大学的客座教授。他是美国心理协会（APS）会士，并在1998年获得美国心理学会（APA）临床心理学分会颁发的戴维·沙科奖，因其在职业生涯早期对临床心理学的贡献。近期，他获得了美国心理协会颁发的詹姆斯·卡特奖，因其在应用心理学方面的杰出贡献，并获得了美国心理学会普通心理学分会的西尔格德奖，因其在心理学领域的跨学科整合方面的贡献。曾担任临床心理社会科学委员会的主席以及精神病学研究协会的主席。他是《临床心理科学》杂志的主编，直到最近还是《科学美国人脑科学》杂志的专栏作家。著有14部作品，并发表了350多篇期刊文章。他是埃默里大学"伟大教师"讲师堂的一员，还是美国心理学会的国家心理学荣誉社团的杰出演讲者。

史蒂文·林恩　在密歇根大学获得心理学学士学位，在印第安纳大学获得临床心理学博士学位。他于1976年在密歇根州底特律的拉斐特诊所完成了美国国立精神卫生研究所博士后研究工作。现在林恩博士是纽约州立大学宾汉姆顿分校的杰出的心理学教授，曾是心理研究所的主任，现任意识与认知实验室主任。林恩博士是许多专业组织的成员，其中包括美国心理学会、美国心理协会，并获得了纽约州立大学校长奖学金和创造性活动奖。他撰写了22部著作，发表了350多篇文章，被誉为"临床心理学的多产作家"。林恩博士是《意识心理学：理论、研究和实践》杂志的创始人和主编，他曾在其他11个编辑委员会任职，编辑《变态心理学期刊》等期刊。林恩博士的研究得到了美国国立精神卫生研究所和俄亥俄州精神卫生机构的支持。他的研究被众多媒体报道，这些媒体包括《纽约时报》《新科学家杂志》《发现杂志》和哥伦比亚广播公司早间节目、美国广播公司的调查性新闻栏目、探索频道等。

劳拉·纳米　1993年于印第安纳大学获得哲学和心理学学士学位，1998年于西北大学获得认知心理学博士学位。她现在是埃默里大学心理、大脑和文化中心主任，也是心理学和语言学学科名师。她最近完成了在美国国家科学基金会的三年任期，其间曾担任行为与认知科学部的项目主任。她是《认知与发展杂志》的前任主编，也是美国心理协会的会士。她主要的研究方向是幼儿语言和非语言符号使用的起源与发展、自然语言中的声音象征，以及比较在概念发展中的作用等方面。

我要深深地感谢大卫·利科恩、
保罗·弥尔、汤姆·布沙尔和
奥克·特勒根，还将永远珍惜我的研究生导师
送给我的无价之宝——科学思维。
——斯科特·利林菲尔德

献给我的妻子费恩·普里蒂金·林恩，
是她赋予了我思想和灵魂。
还有我的女儿杰西卡·芭芭拉·林恩，
她是我生命之光。
——史蒂文·林恩

感谢我在国家科学基金会的同事们，他们拓展了我的想象和视野。
——劳拉·纳米

"为什么我们不记得我们小时候发生了什么？""人类的智力纯粹是遗传的吗？""人们真的会对赌博或性上瘾吗？""每个人看颜色的方式都一样吗？""测谎仪真的可以测谎吗？""我们应该相信大多数自助书籍吗？"

每天，我们的学生都会遇到一堆问题，这些问题挑战着他们对自己以及对别人的理解。这些问题可能来自社交媒体、电影、自助书籍或朋友。学生的日常生活就是一个关于智力测试、亲子关系、恋爱、心理疾病、药物滥用、心理治疗以及许多其他话题的稳定信息流，而且经常是错误信息。很多时候，这些最吸引学生的问题恰恰是心理学家在研究、教学和实践中经常遇到的问题。这既是一件好事，也是一件坏事——一方面，作为教师，我们有一个天生的"钩"，因为学生发现这个话题本身就很有趣。另一方面，我们也面临着劝告学生远离直觉的挑战，这样他们就可以开始科学地思考有关心智、大脑和行为的问题。

作为信息的消费者，我们需要评估来自日常生活的各种令人困惑的说法。在一个假新闻越来越难以与真实新闻区分的世界里，这一目标尤其重要。

对任何人来说，如果没有评估论据的基本原则，理解这些相互矛盾的结果就是令人困惑的事情。所以，未经训练的学生很难评估一些观点的真假，例如，关于记忆或情绪增强药物、兴奋剂的过量使用、抗抑郁药物的有效性、精神疾病的遗传基础等方面的观点。而且，对那些没有学过如何科学思考的人来说，很难避免被那些科学知识边缘的超心理学观点所迷惑，例如超感官知觉、潜意识说服、占星术、外星人绑架、测谎、催眠、笔迹分析和墨迹测验等。在缺乏区分好坏论据的指导时，我们的学生在评估这些观点时常常束手无策。

因此，我们撰写此书的目的在于，使读者能够将科学思维运用到日常生活的心理学中去。通过运用科学思维——帮助我们避免犯错的思维——我们可以更好地评估关于实验室研究和日常生活中的观点。最后，我们希望学生们能够学会辨别心理学真假信息所需的批判性思维能力和开放的怀疑精神。我们始终坚持学生应该对新观点持开放的态度，但应该根据事实说话。实际上，我们最重要的座右铭正如空间科学家詹姆斯·奥伯格（James Oberg）所说的（又称"奥伯格格言"）："保持开放的态度是一种美德，只是别开放到连脑子都没有了。"

这个版本有什么新内容?

这本书继续强调科学思维能力的重要性。

整体的变化

- 新的"质疑你的假设"允许学生将他们对心理话题的直觉与科学研究进行比较。
- 经过全面修订的"评价观点"场景促使学生使用科学思维技能来评估他们可能在各种形式的媒体中遇到的观点。
- 新的"事实与虚构"是在一个互动评估中测试学生区分观点的能力。

新的内容和新的研究

- 第1章（**心理学与科学思维**）新增了对可重复性原则的最新成果，以及对证实偏差的更深入讨论。
- 第2章（**研究方法**）提供了更广泛的关于反应风格在心理评估中作用的讨论的信息，并加强对评估网上观点的指导。
- 第3章（**生理心理学**）包括关于评估大脑功能成像研究证据的潜在陷阱的新内容，以及表观遗传学的介绍。
- 第4章（**感觉与知觉**）新增了关于盲视、超感官知觉的内容。这一章也提供了更多关于后像、颜色恒常性等方面的内容。
- 第5章（**意识**）加强了对各种主题的讨论，包括联觉、死亡前的大脑、LSD对大脑的影响以及霍布森的原始意识梦理论。关于睡眠的讨论新增了关于睡眠障碍、非人类的睡眠和每日所需的睡眠量等内容。关于幻觉、神秘体验和致幻药物作用的讨论也进行了更新。
- 第6章（**学习**）包括对小阿尔伯特的新介绍，对经典性条件作用在厌恶反应中的作用有了更多讨论，以及对无监督环境下的学习和镜像神经元在学习中的作用也做了更多介绍。
- 第7章（**记忆**）包括对错误记忆、记忆与政治、克服记忆偏见以及空间记忆的神经基础的最新研究。在潜在地降低阿尔茨海默病和随年龄增长而丧失记忆的风险方面，本章提供了更多的干预措施。此外，关于早期记忆的跨文化差异方面补充了新的研究。
- 第8章（**思维、推理和语言**）新增了行为经济学和神经经济学的内容，拓展了对分布式认知的描述和一个关于手语的心理学谬论，在学习阅读方面也进行了更新。
- 第9章（**智力与智商测验**）新增了如下内容：分子遗传学关于智商的研究，脑训练项目对智商和工作记忆的影响，智商测验的预测效度，早期干预计划对智商的影响，智力在性别上的差异，刻板印象和情商等方面。
- 第10章（**人类发展**）新增了表观遗传学的研究成果，更新了旨在提高婴儿智力的心理学谬论，增加了气质和依恋、变性人发展等新内容，更新了大脑发展的证据。
- 第11章（**情绪与动机**）新增了对初级和次级情绪、面部反馈假说、非语言行为和测谎方法、积极心理学和自尊的研究。这一章还包括了对减肥手术、暴食和排便障碍的新讨论，以及内在/外在动机的增强，马斯洛需要层次理论，饥饿、性欲、相似性和吸引力等方面的理论。
- 第12章（**压力、应对与健康**）新增了创伤后成长、瑜伽、压力和社交媒体以及冥想应用程序的内容。本章还讨论了创伤后应激障碍（PTSD）、催产素、乐观主义、冠心病、与适度饮酒有关的争议。

- **第 13 章（社会心理学）**新增了如下内容：基本归因错误的文化差异，米尔格兰姆服从实验和津巴多监狱实验的多元化的科学争论，政治极化，潜在的媒体影响，网络侵犯，刻板印象和组外同质性，内隐偏见等方面的内容。

- **第 14 章（人格）**新增了如下内容：关于人格分子遗传学的最新研究，心理动力学的神经科学研究证据，关于心理动力学治疗有效性的争论，从社交媒体推断人格的能力，以及关于人格的五因素模型的跨文化研究。

- **第 15 章（心理障碍）**新增了如下内容：关于精神疾病诊断的新发展，遗传学、免疫系统在精神分裂症和睡眠障碍中的作用，关于自杀、边缘型人格障碍和变态人格的最新研究。

- **第 16 章（心理学和生物学疗法）**新增了与满足心理服务需求、存在心理疗法、生态瞬时评估、统一的综合心理治疗方案和定制心理治疗干预有关的新内容。此外，还扩展了匿名酗酒者、心理治疗中的非特异性因素、药物与心理治疗的结合以及经颅刺激的最新研究。

重要内容

从探究到理解：行动纲领

作为老师，在教学中我们发现当信息在一个清晰、有效和有意义的框架内呈现时，学生学习的效果往往最好——这个框架鼓励学生在理解的方向上进行探究，这是本书非常独特的内容，促使学生在了解心理学世界和评估他们处境时更具有批判性眼光。

科学思维　在第 1 章中，我们向读者介绍了科学思维的六项原则，这些原则构成了一个完整的心理学终身学习框架。通过这种方式，读者开始理解这些原则是评估科学研究和日常生活的关键技能。这六项原则是：

- **排除其他假设的可能性**
  对于这一结论，还有更好的解释吗？
- **相关还是因果**
  我们能确信 A 是 B 的原因吗？
- **可证伪性**
  这种观点能被反驳吗？
- **可重复性**
  其他人的研究也会得出类似的结论吗？
- **特别声明**
  这类证据可信吗？
- **奥卡姆剃刀原理**
  这种简单的解释符合事实吗？

科学思维的应用　与本书的主题一致，"评价观点"能够促使学生用科学思维来评估他们在纷繁复杂的媒介中遇到的主张，它提供了一种独特的互动形式，以便于读者更好地将所学知识应用于现实生活。

第4版中的一个新特色是"事实与虚构"，请学生参加测试，以判断他们区分经验性主张和非经验性主张的能力。这些自我测试贯穿于每一章。

"心理学谬论"深入聚焦于普遍存在的关于心理学的误解。通过学习，学生们会认识到，他们关于心理学世界的常识性直觉并不总是正确的，需要科学思维来辨别观点的准确性。而"心理科学的奥秘"讲述了心理科学如何揭示长期存在的心理学的秘密。

主动学习   学生最好的学习方式是通过实践、运用所学知识以及互动的机会来检验他们的理解力。我们开发了一系列全面的主动学习工具，不仅测试学生的基础知识，而且测试他们的科学推理能力。

融合的文化内容   我们在书中加入了塑造行为的文化因素的讨论。在当今全球化的社会背景下，强调心理现象和案例具有文化独特性变得越来越重要，人们需要采用更宽广的视角看待文化背景如何影响人们的思想和行为。

关注有意义的教学：帮助学生在心理学方面取得成功

我们的目标是将科学思维应用在日常生活中，这体现了教学的计划性。通过充实的内容、丰富的栏目帮助学生掌握核心知识，发展批判性思维能力。

质疑你的假设   在每一章的开头，"质疑你的假设"会询问学生对心理学问题的了解。这些问题有助于学生预习每一章将要讨论的关键主题。

每一章都围绕有编号的**"学习目标"**进行组织。这些学习目标在每章开头、每节开头以及本章总结中都有呈现，便于学生对内容的预习与巩固。

简要目录

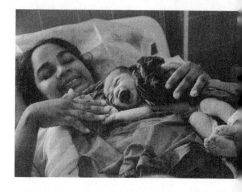

C O N T E N T S 目录

第 1 章　心理学与科学思维

日常生活体系

学习目标

- 1.1a　解释为什么心理学不仅是常识。
- 1.1b　了解科学作为抵抗偏见堡垒的重要性。
- 1.2a　描述伪心理学并将其与科学心理学区分开来。
- 1.2b　了解我们被伪科学吸引的原因。
- 1.3a　识别科学怀疑论的主要特征。
- 1.3b　学习并理解这本书的科学思维的六个原则。
- 1.4a　掌握心理学的主要理论框架。
- 1.4b　描述不同学派的心理学家并了解他们每个人的思想。
- 1.4c　描述影响心理学发展的两大争议。
- 1.4d　了解心理学研究是如何影响我们的日常生活的。

质疑你的假设

互动

心理学真的不同于常识吗？

我们该相信大部分的心理自助书籍吗？

心理学是真正的科学吗？

所有无法证伪的观点都是科学的吗？

所有的临床心理学家都是心理治疗师吗？

对大多数读这本书的人来说，这可能是第一堂心理学课。你是否像其他人一样，通过看电视和电影、读自助书籍和大众杂志、上网或跟朋友聊天，学到了许多关于心理学的知识？换句话说，你的大多数心理学知识来自大众心理学领域：一个关于人类日常行为信息源的广阔网络。

在开始阅读下面的内容之前，先做一下"大众心理学知识小测试"。

大众心理学知识小测试

互动

1. 许多人只用到了他们大脑潜能的 10%。	正确 / 错误
2. 新生儿几乎是看不到、听不见的。	正确 / 错误
3. 催眠状态能够增强我们记忆的准确性。	正确 / 错误
4. 所有有阅读障碍的人看到的单词中的字母的顺序都是倒着的（例如，把 cat 看成是 tac）。	正确 / 错误
5. 一般来说，表达愤怒总比压抑好。	正确 / 错误
6. 谎言测试器（测谎仪）探测谎言的准确率达到 90%～95%。	正确 / 错误
7. 人们更容易被那些在个性和态度上与他们相反的人所吸引。	正确 / 错误
8. 处在危险情境中的人数越多，其中至少有一人提供帮助的可能性就越大。	正确 / 错误
9. 精神分裂症的患者具有多重人格。	正确 / 错误
10. 所有有效的精神疗法都需要将来访者的童年创伤作为依据。	正确 / 错误

许多心理学初学者通常会认为他们知道上述 10 个问题中的大部分问题的答案。这一点都不意外，因为它们是大众心理学知识的一部分。但是在得知以上 10 个描述**都**是错误的时候，他们感到很惊讶。上面举的这个小测试说明了一个实用的信息，也是我们在这本书中自始至终强调的问题：虽然常识对于一些事物的判断起着巨大的作用，但是有时它可能是完全错误的（Chabris & Simons，2010；Watts，2014）。这一规律尤其适用于心理学，这个领域经常给我们重重一击。从某种意义上来说，我们都是心理学家，因为我们在生活中解决了像爱情、友谊、愤怒、压力、幸福、睡眠、

记忆和语言等心理学现象（Lilienfeld et al., 2009）。正如我们发现的，我们每天的经历通常对我们在心理学世界的探索有帮助，但是这些经验并不能使我们成为专家（Kahneman & Klein, 2009）。你要知道，熟悉一点人性并不等于了解人性（Lilienfeld, 2012）。

日志提示

> 你对这个测验结果感到惊讶吗？回忆一下你是从哪里学到的这些错误常识？尽管科学证据已经证明它们是错的，为什么你还要一直坚持这些错误的事情？

1.1　什么是心理学？科学与直觉的对抗

1.1a　解释为什么心理学不仅是常识。

1.1b　了解科学作为抵抗偏见堡垒的重要性。

威廉·詹姆斯（William James, 1842—1910）是被公认为美国心理学的奠基人的哈佛大学心理学家，他曾经把心理学描述为一门"讨厌的小课题"。正如詹姆斯所说，心理学研究起来很困难，简洁的理论很少，而且各种行为理论间相差甚远。如果你学习这门课程的目的是期望得到老生常谈的心理学问题的答案，比如你为什么会生气或者坠入爱河，你可能会失望。但是如果你期望获得更多的对人类行为方式和原因的理解，那就可以继续关注，因为你将得到很多惊喜。

在阅读本书时，你的许多关于心理学的先入之见都会受到挑战。同时，你要准备寻找新的方法去思考每天的想法、感受和行为产生的原因，然后用这些新发现的方法去评估你生活中的心理学观点。你将会从本书中获得更多工具，用以更仔细地评价来自互联网、电影、电视、新渠道和其他社会媒体的观点。总而言之，你将会成为一个更好的心理学知识的消费者。

心理学及其在不同层面上的解释

在入门级的心理学课本里，提出的第一个问题几乎都比较简单，即"**什么是心理学**？"虽然心理学的许多问题至今都没有统一的结论，但是有一种看法大家都认同，即很难给心理学下定义（Henriques, 2004; Lilienfeld, 2004）。从某种程度上说，那是因为心理学是一门多样化的学科，它包括对感知觉、情绪、思维以及从一系列视角来看的对可观察到的行为的学习。鉴于本书的写作目的，我们将心理学简单定义为对思维、大脑以及行为的科学研究。

心理学是一门涵盖许多**解释层面**的学科。我们可以把不同的解释看成在阶梯上绕圈。在这个阶梯上，底部的圈更接近于受生物因素的影响，高层的圈更接近于受社会和文化因素的影响（Ilardi & Feldman, 2001; Kendler, 2005; Schwartz et al., 2016）。心理学研究的解释层面可以从心理学家所说的"神经元到邻区"衍生出

心理学（psychology）
对思维、大脑以及行为的科学研究。

解释层面
（levels of analysis）
这种解释类似于在阶梯上绕圈，底部的圈更接近于受生物因素的影响，高层的圈更接近于受社会因素和文化因素的影响。

来。那就是，从分子到大脑结构、思维、感觉、情绪、社会和文化的影响，不同层面交汇在一起（Cacioppo et al.，2000；Satel & Lilienfeld，2013；见图 1.1）。底层的圈更接近于我们传统所说的"大脑"，高层的圈更接近于我们传统所说的"思维"。但是正如我们知道的，"大脑"和"思维"仅仅是我们在心理学不同解释层面所描述的同一个"东西"的不同方式：即我们所说的"思维"其实就是大脑的活动。尽管心理学家选择调查的方面有所不同，但是他们通过使用最有效的科学工具来理解人类和动物行为的原因是一致的。

在接下来的章节中我们将涉及对这些层面的解释。在此过程中，我们必须注意一个至关重要的指导原则，即为了充分理解心理学，我们必须考虑不同层面的解释。那是因为每一层面都能告诉我们一些新的东西，并且我们能在不同的层面学到不同的新知识。想象一下从一家高层酒店的玻璃升降台看一座大城市的好处（Watson，Clark，& Harkness，1994）。当你往上升时，你可以从不同的视角观看这座城市。在低层，你会更好地看到这座城市的道路、桥梁、建筑的细节，然而当你在更高处时，你将会更深层次地看到这些道路、桥梁、建筑是如何连接在一起的。每个高度都会告诉你一些新的有趣的东西。同样的道理也适用于在心理学分析的阶梯上。

我们很容易掉进那种只在一个层面解释是"正确的"或"最好的"假设的陷阱。一些心理学家相信生物因素，例如大脑的运作和成千上万的神经细胞，对理解行为的主要原因是至关重要的。而另一些心理学家相信社会因素，例如父母的习惯、同龄人的影响、文化，对理解行为的主要原因也是非常重要的（Meehl，1972）。在本书中，我们将避开这两种极端观点，因为对于全面理解心理学，不论是生物因素还是社会因素都很重要（Kendler，2005；Schwarte et al.，2016）。

是什么使心理学充满挑战和趣味性

这本书另一个关键主题是我们可以系统地研究心理学问题，就像我们可以研究生物、化学和物理问题一样。但是从某些方面来说，尽管心理学不是独一无二的，但是它也和其他学科有很大的不同。源源不断的挑战使人们对思维、大脑、行为的学习变得特别复杂；然而也正是这些挑战使心理学更加充满魅力，因为每个挑战都对心理学家尚未解决的问题作出了贡献。在本书中，我们将简要讲述五个特别有趣的挑战，这些挑战在后面还会不断提到。

第一，人们的行为非常难以预测，部分原因是几乎所有行为都是**多重决定**的，即由多种因素引起的。这就是为什么我们需要对行为的单一变量解释持怀疑态度，就像在大众心理学中广泛流传的那些。尽管我们喜欢用一种因素比如贫困、人性、糟糕的教育或者是遗传来解释某一复杂的人类行为（如暴力），但这样的行为，多

抑郁症在不同层面的解释

社会层面：重要个人关系的缺失，缺少社会支持

行为层面：感兴趣的活动减少，动作及说话慢，被他人孤立

心理层面：沮丧的想法（"我很衰"），悲伤的感觉，自杀念头

神经学或生理学层面：与情绪有关的大脑结构在大小和机能方面异于常人

神经化学层面：影响情绪的大脑化学信使不同

分子层面：患抑郁的个体基因存在差异

多重决定
（multiply determined）
由多种因素引起。

半是一系列因素相互作用的结果（Stern，2002）。

第二，心理学的影响是很难确定的，很难确定是什么原因造成的以及怎样造成的。想象一下你自己作为科学家试图解释为什么有些女人会有**神经性厌食症**—— 一种严重的饮食混乱症状。你可以从确认可能造成厌食症的一些因素开始，比如焦虑倾向、强迫性运动、完美主义、对身体的过度关注以及以瘦模为特征的电视节目。假设你想要关注其中一个潜在的因素，比如完美主义。这里有个问题：女性完美主义者往往也会焦虑，也会经常锻炼，过度关注自己的身体形象，关注苗条模特的视觉项目，等等（Egan et al.，2013）。事实上，所有这些因素都是相互关联的，因此很难确定到底哪个因素对神经性厌食造成了影响。它们各自至少扮演了一些角色的可能性很大。

第三，人们的思维、情绪、人格和行为各有不同。这些**个体差异**解释了为什么对同一刺激情景我们每一个人有不同的反应，例如对上司的一个侮辱性评论下属的反应差异很大（Harkness & Lilienfeld，1997）。在这方面，心理学比化学要复杂得多，因为与大多数碳原子相比，人类更复杂。整个心理学的研究领域，比如关于智力、兴趣、人格和精神疾病的研究，都是关注个体差异的（Cooper，2015；Lubinski，2000）。个体差异使心理学面临着巨大挑战，这样一来，要对某一行为作出适合所有人的解释就变得很难。与此同时，它让心理学不断地引人入胜，因为我们可能会发现我们的挚友通常会对我们做出的反应感到惊讶，甚至震惊。

第四，人们经常会相互影响，这使人们很难确定到底是什么原因导致了什么结果（Wachtel，1973）。例如，如果你是一个外向的人，你很可能会让周围的人更加外向。反过来，他们的外向行为可能会"反馈"，让你更加外向，等等。这是斯坦福大学研究人员班杜拉的一个例子，他是被引用最多的生活心理学家，他提出互惠决定论，即我们相互影响对方的行为。互惠决定论可以使分离人类行为的起因变得非常具有挑战性（Wardell & Read，2013）。

第五，人们的行为经常受到文化的影响。跟个体差异一样，文化差异限制了心理学家对人性作出普遍化的描述（Henrich，Heine，& Norenzayan，2010；Morris，Chiu，& Lui，2015）。例如理查德·尼斯贝特（Richard Nisbett）等人发现欧美人和中国人经常关注照片的不同方面（Chua，Boland，& Nisbett，2005）。比如，研究者给人展示了一

心理学可能不是众多难的传统学科，比如化学中的一个，但是它的有些基础性的问题是非常难以回答的。

在日常生活中，因果关系不是单行道。在谈话中，一个人影响另一个人，而被影响的人反过来影响第一个人，接着又影响第二个人，等等。这一原则被称为互惠决定论，它使我们很难确定行为的原因。

研究发现（Chua，Boland，& Nisbett，2005），欧裔美国人往往更关注照片中间的信息，比如老虎本身（左图）；而亚裔美国人更倾向于关注周围的细节，例如老虎周围的岩石和树叶（右图）。（见彩插）

张老虎在河边行走的照片。使用眼球跟踪技术，即一种可以使研究者判断人们的眼睛往哪移动的技术，他们发现欧裔美国人更倾向于关注老虎本身，而亚裔美国人更倾向于关注它周围的植物和石头。这一发现证明了欧裔美国人更倾向于关注一张照片中间的信息，而亚裔美国人更倾向于关注一张照片周围的或附带的细节（Nisbett，2003；Nisbett et al.，2001）。

当我们进入后面的章节时，这五个挑战都是值得牢记的。值得庆幸的是，心理学家们为了解决所有问题已经做了大量的努力。我们会发现，对这些挑战更深度更丰富的完善会帮助我们更好地预测，或者说在某种程度上理解行为。

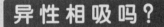

互动

像著名的共和党代表玛丽·玛特琳（Mary Matalin）与著名的民主党代表詹姆斯·卡维尔（James Carville）的结合或许可以解释为不是冤家，不聚头。但是心理学研究表明，人们更喜欢跟自己有相同信念和价值观的人在一起。

为什么我们不能总是相信常识

在理解我们或者其他人为什么那么做时，我们大多数人依赖我们的常识——关于社会是怎样工作的内在直觉。有很多著名书籍都强调了这一观点，暗示我们应该经常相信常识，比如马尔科姆·格拉德威尔（Malcolm Gladwell）的曾经轰动一时的畅销书《眨眼之间》（2005）。但是，正如我们已经发现的，我们对自身和世界的理解屡屡出错（Cacioppo，2004；Chabris & Simons，2010；Van Hecke，2007）。

正如本章前面呈现给我们的测试一样，对心理学常识性的理解不仅仅是错误的，有时甚至完全相反。例如，有许多人相信"人多势众"这句古老的格言，但是心理学家的研究已经证实很多人同时遇难时，"至少有一个人会站出来帮忙"是不大可能的（Darley & Latané，1968a；Fischer et al.，2011；Latané & Nida，1981）。

让我们来思考一下为什么我们不能总是相信我们的常识的另外一些例子。读读下面常见的谚语，它们中许多是跟人们行为有关的，看看你自己是否也同意以下观点：

1. 物以类聚，人以群分。　　6. 异性相吸。

2. 距离产生美。　　7. 眼不见，心不烦。

3. 小心驶得万年船。　　8. 不入虎穴，焉得虎子。

4. 人多力量大。　　9. 厨子太多煮坏汤。

5. 行动比言语更响亮。　　10. 笔比剑更锋利。

对于我们大多数人来说，这些谚语是完全正确的。但是左边的谚语与右边相对的谚语意思却是相互矛盾的！所以，我们的常识可以指引我们相信两件事情，这两件事不可能同时是对的，或者它们在某种程度上是不一致的。说来也怪，在大多数事件上，我们从来没注意到自相矛盾的说法，除非别人将这些告诉我们，例如入门级心理学教材的作者。这个例子告诉我们为什么科学心理学并不完全依赖直觉、推测和常识。

朴素现实主义：眼见为实吗？

我们很大程度上相信我们的常识，是因为我们倾向于**朴素现实主义**（Lilienfeld,
Lohr，& Olatanji，2008；Ross & Ward，1996）。我们相信"眼见为实"，并且相信我
们关于世界和我们自己的感知。在日常生活中，朴素现实主义对我们有很大的帮助。
我们如果在单行道看到一个卡车司机正以每小时 85 英里 ① 的速度向我们冲来，最好
的做法就是让开。许多时候我们应该相信我们的感知或至少应该关注它。

有时很多现象也可以欺骗我们。地球看起来是平的，太阳看
起来是围绕地球转的（见图 1.2 另一个骗人的现象）。在这两件事
上，我们的直觉都是错的。

同样地，朴素现实主义在我们评估自己和他人时也会束缚我
们。我们的常识让我们觉得，那些政治观念跟我们不一样的人都
存在偏见，只有我们自己是很客观的。心理学的研究证明我们总
是带着偏见去评价政治事件（Pronin，Gilovich，& Ross，2004）。
所以朴素现实主义的态度会让我们在人性方面得出许多错误结
论。在许多情况下我们都是"所见即所信"，而不是认为"我们的
信念经常以我们没意识到的方式塑造了世界在我们眼中的样子"
（Gilovich，1991；Gilovich & Ross，2016）。

我们的常识什么时候是正确的？

并不是说我们的常识总是错的。我们的直觉来源于身边
的环境，有时候它可以指引我们找到事实（Gigerenzer，2007；
Gladwell，2005；Myers，2002）。例如，我们在瞬间（5 秒）判
断那些影片中的人是否值得信任时，常识比随机做出选择的正确率要高（Fowler，Lilienfeld，&
Patrick，2009）。常识通常对判断假设也很有帮助，尤其是那些需要科学家经过严格调查的假设
（Redding，1998）。此外，日常生活中某些心理学观点也是很正确的。例如，许多人相信，相对于
那些不快乐的员工，快乐的员工在工作中能生产更多的产品，并且一些调查也证实这个观点是正
确的（Kluger & Tikochinsky，2001）。

但为了更加科学地思考，我们要知道什么时候相信我们的常识，什么时候不能相信。这么做
将会帮助我们更好地接受大众心理学，并且能做出更加符合实际的决定。这本书的一个主要学习
目的就是提供一种区分这些的系统的科学思维工具。这些系统的思维工具不仅可以在课堂上帮助
你，而且可以在日常生活中帮助你更好地评估心理学观点。

作为一门科学的心理学

几年前，一个同事的学生想学习一些关于职业规划的心理学课程。出于好奇，他问了这个学
生："为什么你决定学习心理学？"他回答："好吧，因为我学了许多科学课，并且意识到我不喜
欢它们，所以，我选择了学习心理学。"

我们将会让你知道那个学生是错误的——不是因为选择了心理学，而是认为心理学不是科学。
这本书的中心主题是现代心理学或者至少其中的某些部分是科学的。但是"科学"的意义到底是

朴素现实主义
（naive realism）
相信我们看到的就是世界
本身。

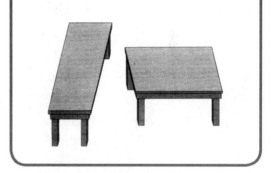

图1.2 朴素现实主义也会愚弄我们

尽管很多时候我们的感觉是对的，但是我
们不能总是相信它给我们提供的世界是无
差错的。以谢巴德桌为例。不管你信不
信，桌面面积相同：一张桌子可以直接叠
加在另一张上。（不信的话你可以拿尺子
量一量）。

_____

① 1 英里约合 1.6 千米。——译者注

什么呢？

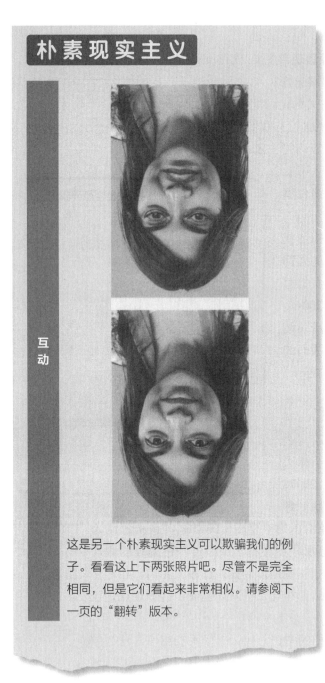

朴素现实主义

互动

这是另一个朴素现实主义可以欺骗我们的例子。看看这上下两张照片吧。尽管不是完全相同，但是它们看起来非常相似。请参阅下一页的"翻转"版本。

我们可能认为"科学"仅仅是代表从生物课、化学课和物理课上所学到的复杂知识的一个词。但是事实上科学并不是知识的一部分，相反，它是系统的发现证据的途径（Bunge，1998；Chalmers，2013），更是为了防止我们被自己和其他人愚弄而设计的一种态度和工具。科学起源于经验主义，前提是知识应该通过观察来获得。然而，这样的观察只是获取心理知识的一个粗略的起点。正如朴素现实主义的现象提醒我们的那样，观察本身是不够的，因为我们的感官可以愚弄我们。科学对我们最初的观察进行了改进，让它们接受严格的审查，以确定它们是否准确。那些经得起严格审查的观察被保留了下来，那些没有经得起严格审查的就会被修改或被抛弃。

调查数据显示，有很大比例，甚至是大多数公众对心理学是科学产生了怀疑（Janda et al.，1998；Ferguson，2015；Lilienfeld，2012）。这种怀疑可能反映了一个事实，即在新闻或其他大众媒体上出现的心理学家很少是科学家。在美国公众的一项民意调查显示，只有30%的人同意"心理学试图通过科学研究来理解人们的行为方式"，这一点也不奇怪；相比之下，52%的人认为"心理学试图通过谈话，并问他们为什么做某些事情来理解人们的行为方式"（Penn & Schoen and Berland Associates，2008，p.29）。事实上，科学心理学家几乎总是依赖于系统的研究方法，与人交谈只是其中的一个组成部分，而且往往不是最重要的。许多人质疑心理学的科学地位的另一个原因是，心理学是被我们所有人所熟悉的；记忆、学习、爱情、睡眠和梦、性格等都是日常生活的一部分。因为这些心理现象对我们来说是可认知的，所以我们认为我们可以理解它们（Lilienfeld，2012）。事实上，儿童和成人都倾向于认为心理学比物理、化学和生物学更简单、更不言而喻（Keil，Lockhart，& Schlegel，2010），这可能有助于解释为什么其他领域通常被称为"难"的科学。然而，正如我们在后面的章节中所看到的，在很多方面，心理学甚至比物理更加"难"，因为行为，尤其是人类行为，通常要比我们预计的更具有挑战性（Cesario，2014；Meehl，1978）。

什么是科学理论？

科学理论
（scientific theory）
对自然界一系列现象的解释。

科学术语里，很少有哪个词像理论——这个简单却令人迷惑的术语——那样令人困惑。其中一些科学术语让人们对科学（包括心理科学）是怎样工作的产生了严重的误解。我们首先解释什么是科学理论，然后再列举两个普遍的误解——关于科学的误解并不是我们所想的那样。

科学理论是关于自然界各种现象的解释，包括心理学世界。科学理论还是一种综合，将各种各样的发现完美地结合在一起。

但是好的科学理论并不仅仅是对当前数据的综合，它们可以得出我们没有观察到的新数据。对于一个科学理论来说，它必须能提出新预言，并且这些预言能被科学家检验。科学家把可测的预言称作**假设**。换句话说，理论是一般的解释，而假设是来自这些解释的特殊预言（Bolles，1962；Meehl，1967）。基于对假设的检验，科学家可以暂时接受产生这些假设的理论，或者直接否定这一理论，或者修正它（Proctor & Capaldi，2006）。现在，让我们考虑两个关于理论的普遍误解。

- **误解1** 理论解释某个具体的事件。第一个误解就是，理论是一个关于某个具体事件的解释。大众传媒很多时候将这种区别理解错了。例如，我们经常听到电视台记者说："关于在市区银行的抢劫案，最可能的理论是，两个银行的前雇员乔装成警卫作案"。但是，这不是一个有关抢劫的"理论"。首先，它试图解释的只是一件事而不是一系列不同的可观察事件。再者，它没有产生可测的预言。
- **误解2** 理论仅仅是一个有根据的猜测。第二个误解是认为理论只是关于世界怎样运转的猜测。在某些场合，人们经常忽略解释性理论的存在，还争论说它"仅仅是一个理论"（McComas，1996）。

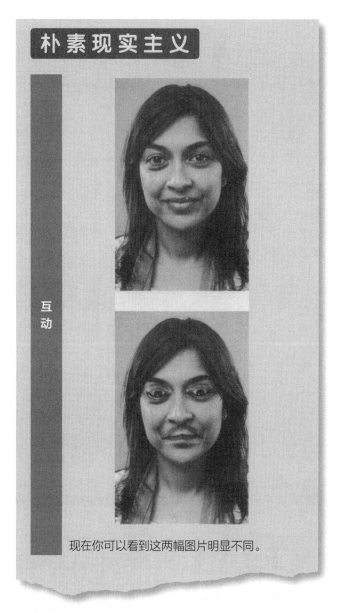

朴素现实主义

互动

现在你可以看到这两幅图片明显不同。

事实上，所有关于世界是怎样运作的一般科学解释都是理论。只是存在很少的有大量证据支持的理论，例如天文学的宇宙大爆炸论，它提出宇宙始于140亿年前的一次巨大的爆炸，该理论帮助科学家解释了一系列不同的现象，主要发现有：（1）群星各自以特定的速度运转；（2）宇宙中存在着大爆炸后残留的隐蔽的微波辐射；（3）强大的望远镜显示最老的星系产生于140亿年前，跟宇宙大爆炸论预言的时间大约是一致的。正如所有的科学理论一样，宇宙大爆炸论永远不能被"证实"。因为人们总是希望有一天可以得到一种更好的解释。但是，因为许多不同的证据都支持这一理论，绝大多数科学家认为这是一个好的理论而接受它。达尔文的进化论、宇宙大爆炸论和其他得到证实的理论都不仅仅是关于世界是怎样运作的猜想，因为它们已经被独立的研究者一遍又一遍地证实了。与之相反，还有大量理论只从某种程度上得到证实，还有的理论有疑问，或者完全不足以相信。可见，并不是所有的理论都是完全正确的。

所以，当我们听到某个科学的解释"仅仅是一个理论"时，我们应该记住理论不仅仅是猜想。一些理论克服了种种能反驳它们的错误，形成了一个很好的关于世界是怎样运转的模型（Kitcher，2009）。

假设（hypothesis）
从科学理论得出的预言。

识别理论和假说

1. 莎拉的作弊动机是害怕失败。

    a. 理论

    b. 假说

2. 达尔文的进化论模型解释了物种随时间的变化。

    a. 理论

    b. 假说

3. 宇宙从 140 亿年前的巨大爆炸开始。

    a. 理论

    b. 假说

4. 我们帮助一个需要帮助的陌生人的动机受到了很多人的影响。

    a. 理论

    b. 假说

5. 随着气温上升，纳什维尔的犯罪率上升。

    a. 理论

    b. 假说

1. b，2. a，3. a，4. b，5. b。

事实与虚构

相对于物理学和化学等更为传统的科学领域的学者，学术心理学家对许多不确定的说法，比如超感官知觉，更加怀疑。（请参阅页面底部答案）

○ 事实

○ 虚构

科学可以预防偏见：避免被自己所伤

有些人认为科学家是客观并且没有偏见的。但是所有的科学家包括心理学家都是人，也都会有他们的偏见（Greenwald，2012；Mahoney & DeMonbreun，1977）。最好的科学家能够意识到他们的偏见或是找到了解决偏见的方法。而且，最好的科学家希望他们的理论能被证明是正确的。毕竟，他们用了几个月甚至几年的时间来设计、研究以检测某个理论（也包括他们自己提出的理论）。如果最后的研究结果是错误的，他们就会极度失望。他们也知道，这种深层的个人研究可能会在无意中产生他们想要的结果偏见（Greenwald el al.，1986）。

科学家跟其他人一样，也会自欺欺人，因此科学家也会掉进几个陷阱，或者至少他们应该小心几个陷阱。这里我们介绍两个重要的陷阱。我们应该记住，我们在日常生活中很容易受到这些

答案：事实。与物理学家、化学家和生物学家相比，心理学家更不可能相信超感官知觉是一种已建立的科学现象（Wagner & Monnet，1979）。这可能是因为心理学家比其他大多数科学家更了解偏见如何影响对模糊数据的解释。

偏见的影响。

证实偏差 为了防止偏见，避免错误，优秀的科学家会采用程序保障，尤其是针对那些对他们有利的错误。换句话说，科学是一系列能克服**证实偏差**的工具：寻找那些支持我们信念的证据，忽略或曲解那些跟我们信念相反的证据（Nickerson，1998；Risen & Gilovich，2007）。有一种说法是："一旦你有了锤子，所有东西就会开始看起来像钉子。"这个表达很好地说明了证实偏差，因为它强调了一旦我们有了一个信念，我们就会倾向于寻找并且找到支持它的证据。

由于证实偏差，我们的无意识经常指引我们关注那些支持我们信念的证据，最后形成心理学的视野隧道（Wagenmakers et al.，2012）。最简单的能论证证实偏差的例子是沃森选择任务的研究（Wason，1996；见图 1.3）。你可以看到四张卡片，每一张都是一面是数字，另一面是字母。你的任务是去判断下面的假设是否正确：所有一面是元音字母的卡片另一面都是奇数。要验证这个假设，你需要翻看两张卡片。你会翻开哪两张卡片？在继续读下去之前决定你的答案。

许多人翻看了 E 和 5。如果你选了 E，你就对了，在这儿给自己记上一分。如果你选了 5，虽然这是一个很好的组合，但你已经落入证实偏差这一陷阱，绝大多数人都会犯同样的错误。虽然 5 看上去像一个正确的选择，但它只能证实假说，却不能推翻它：如果在 5 这张卡片的另一面有元音字母，那并不能排除 4 的另一面也有一个元音字母的可能，而这足以说明假设是错误的。所以 4 才是真正需要去翻开来检验的，而且它是唯一一张能证明假设是错误的卡片。

图1.3 沃森选择任务图片

在这个任务中，你需要选择两张卡片去验证所有一面有元音字母的卡片另一面都是奇数这个假设。你会选择哪两张？

这里有四张卡片，每张卡片一面是字母，一面是数字。两张字母朝上，两张数字朝上。

E　C　5　4

为了确定下面的假设是不是真的，你需要翻开哪两张卡片：

如果卡片的一面是元音字母，另一面一定是奇数。

证实偏差（confirmation bias）一种寻找支持假设的证据而忽视或曲解跟假设相反的证据的倾向。

如果被卡片限制住了，证实偏差就不会有那么大的作用。证实偏差之所以如此重要，是因为它跟我们日常生活的许多方面息息相关，包括友情、爱情、政治和运动（Nickerson，1998；Rassin，Eerland，& Kuijpers，2010）。例如，研究显示证实偏差能影响我们如何评价政治候选人，包括那些对政治谱系两面都支持的人。如果我们同意一位候选人的政治观点，我们就能够很快原谅他一些自相矛盾的地方，但是如果我们不同意这位候选人的政治观点，我们就可能说他是"墙头草"（Tavris & Aronson，2007；Westen et al.，2006）。同样的，在一项关于激烈竞争的足球比赛的经典研究中，达特茅斯的球迷比普林斯顿的球迷更倾向于认为普林斯顿的球员是"肮脏的"，并且会有很多的惩罚，而普林斯顿的球迷比达特茅斯的球迷更有可能以同样的方式看待达特茅斯的球员（Hastorf & Cantril，1954）。当判断对错的时候，我们的一方似乎总是处于正确的位置；另一方似乎总是错的。

证实偏差同样也能解释科学家甚至是杰出的科学家是如何被引入歧途的。帕西瓦尔·罗威尔（Percival Lowell，1855—1916）是一位有影响力的美国天文学家，他以敏锐的观察能力而闻名。然而，今天，他最出名的可能是成为在科学史上最长时间的视觉幻象的牺牲品。在 20 世纪左右，罗威尔确信他在火星上发现了几十条水道，他相信这是火星上智慧生命的确凿证据。利用他那巨大的望远镜，他"观察"了这些运河几十年，并随着时间的推移，"发现"了越来越多的运河（Sagan & Fox，1975）。

到底发生了什么事呢？几十年前，一位意大利天文学家在火星表面发现了类似的特征，并将

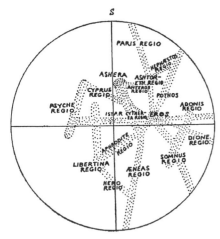

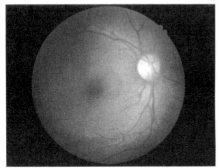

上图是罗威尔在金星表面观察到的"辐条"。下面的图是人类眼睛的血管。你注意到两者之间的共同点了吗？

其称为"卡纳利"。这位天文学家实际上不知道如何命名它，但因为卡纳利被翻译成英语"运河"，罗威尔和其他人都认为他们很可能是外星文明的产物。有趣的是，在罗威尔开始"看到"运河之前不久，苏伊士运河就已经在埃及建造了，所以运河的想法在大众文化中是经常被讨论的话题。因此，几乎可以肯定的是，罗威尔在心理上倾向于感知火星上的运河，而且他确实做到了。他是证实偏差的受害者。值得注意的是，直到20 世纪 60 年代，美国终于利用无人驾驶完成拍摄火星表面的任务，火星运河的想法被驳斥了。

事实证明，这个故事有一个奇怪的附言。尽管它不太为人所知，但罗威尔也声称在金星表面观察到"辐条"，我们现在知道这些特征是他的想象的产物，因为金星的表面在地球上是不可见的。2003 年，一个研究小组可能已经解开了这个谜团。他们注意到，罗威尔在金星上观察到的辐条与人类眼睛的血管有惊人的相似之处。此外，由于他的望远镜的特殊构造，罗威尔可能会在他的视线中看到他的眼睛。因此，罗威尔可能会把行星的运河和他的眼睛放在他自己的眼睛后面的血管上了。

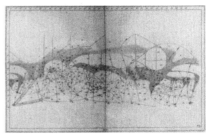

左图是天文学家帕西瓦尔·罗威尔坐在他的望远镜旁边。右图是罗威尔的一条火星的"运河"，他错误地认为它提供了外星智慧的证据。罗威尔的观察几乎是源于证实偏差。

在这本书中，我们将遇见许多偏见，但是我们可以把证实偏差看作"偏见之母"。那是因为这个偏见可以很容易地愚弄我们，使我们看到我们想要看到的东西（Gilovich & Ross，2016）。因此，它是心理学家需要去预防的最重要的偏见。能够区分心理学家和伪心理学家的是，心理学家会采用系统的方法去防止证实偏差，而伪心理学家则不会（Lilienfeld，Ammirati，& Landfield，2009；MacCoun & Perlmutter，2016）。

信念固着　证实偏差会使我们倾向于另一种缺陷：**信念固着**（Lewandowsky et al.，2012；Nestler，2010）。在口语中，信念固着就是"别想拿事实来忽悠我"。因为没有人认为自己是错误的，我们经常不愿放弃自己珍爱的想法。例如，尽管许多广为宣传的研究已经表明疫苗不会导致自闭症（从科学上说是自闭症谱系障碍），但三分之一的父母仍然相信它们会导致（Nyhan & Reifler，2015）。李·罗斯和他的同事在一个引人注目的实验室演示中，要求学生检查 50 条自杀记录，并确定哪些是真实的，哪些是假的（实际上，一半是真实的，一半是假的）。他们没有给学生反馈他们做得多好。他们告诉一些学生，他们通常是对的；他们告诉另一些学生，他们通常是错的。学生不知道的是，这一反馈与他们实际的表现无关。然而，即使在研究人员告知学生反馈是伪造的之后，学生还是根据他们

信念固着
（belief perseverance）
一种即使知道有相反证据存在仍坚持自己信念的倾向。

收到的反馈来评估自己的能力。那些被告知善于发现真实的自杀笔记的学生比那些被告知不擅长发现自杀笔记的学生对自己擅长于此更深信不疑（Ross，Lepper，& Hubbard，1975）。

信仰具有持续性。即使当我们被告知我们是错的，我们也不会完全清除我们的信仰并从头开始。

形而上学的观点：科学的边界

区分伪科学论与**形而上学论**是很有必要的。形而上学论的观点涉及上帝、灵魂以及来世的存在。这些主张与伪科学论不同，因为我们不可能用科学方法来检验形而上学论（我们怎样来设计一个科学的测试来证明或者反驳上帝是存在的呢？）。

左边的图像可能是伪科学，因为它的极端主张不受证据支持。右边的图像是关于形而上学的，因为它提出了一个科学不能测试的断言。

这一点并不意味着形而上学论是错误的，更别说不重要了。相反，很多有思想的学者认为研究关于上帝的存在比研究科学问题更有意义，更深奥。再者，抛开我们的宗教信仰，我们需要带着他们应得的尊重来对待这些问题。但是去了解哪些问题是可以用科学解释的，哪些是不可以的，也很关键（Gould，1997；Novella，2013）。科学是研究自然世界的一种很有价值的工具，但是它不能回答这个世界之外的问题。因此，我们需要尊重宗教以及其他形而上学领域。可检验的理论就在科学的范围内，不可检验的则不在（见

形而上学论
（metaphysical claims）
关于世界不可测的主张。

—————————
① 1 磅约合 0.45 千克。——译者注

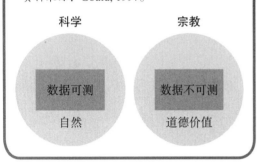

图1.4 | 不重叠的领域的知识

科学家史蒂芬·杰伊·古尔德（1997）认为，科学和宗教是完全不同的，是理解世界的不重叠领域。科学研究是可以用数据来回答的自然世界的可测试的主张，而宗教则是关于不能用数据来回答的道德价值的不可测试的主张。尽管并不是所有的科学家和研究人员都接受古尔德的模型，但我们还是采用了这一模式。

资料来源：Gould, 1997。

图1.4）。此外，根据许多（尽管并非全部）学者的观点，科学与绝大多数宗教主张之间并无内在冲突（Dean，2005）。人们可以很轻松地坚持自己的宗教观点同时接受心理学的科学工具和发现。

认识到我们可能是错的

好的心理学家能敏锐地察觉自己可能会犯错（Tavris & Aronson，2007；Sagan，1995）。这是一个至关重要的见解，因为早期的科学结论经常出错或者有些是没有依据的。医学发现就是最好的例子（Prasad & Cifu，2015）。吃很多巧克力会降低心脏病的风险，实际上这是假的（我们打赌你会很失望）。时不时喝一些红酒对身体健康有好处，事实上这样做反而有害处。这样的事太多了。毫无疑问许多人已经绝望了，他们不再阅读医学报道。一名研究人员（Ioannidis，2005）发现，发表的医学研究中约有三分之一的研究结果在后来的研究中无法站得住脚（当然，我们不得不怀疑：我们是否知道这种分析的结果会保持不变？）。但是这个公认的混乱过程的美妙之处是科学知识几乎总是暂时性的，并且可能随时被修正。科学不断被修正，知识不断升级这个事实并不是坏的。相反，科学的自我修正能力实际上使得科学成为一种新的探究方法。但是这就意味着，我们经常以缓慢的速度，零碎地积累着知识。

描述这一过程的一种方法是将科学，包括心理科学，作为一种谦逊的处方（Firestein，2015；McFall，1997）。优秀的科学家不会声称要"证明"他们的理论，除非他们的证据是压倒性的，否则他们不会做出明确的结论。诸如建议、出现或者提高了可能性等术语或短语在科学写作中被广泛使用，并且科学家在他们对发现的解释中保持着试探性。许多刚开始学习的学生都觉得这一切都是令人沮丧的，他们可能会想："但是我该相信什么？"

是的，正如卡尔·萨根（Sagan，1995）所发现的，最好的科学家在他们的头脑中都会闪现一个微弱的声音，它不断重复着同样的话："我可能是错的。"科学迫使我们质疑我们的发现和结论，并鼓励我们在我们的信念中发现我们的错误（O'Donohue，Lilienfeld，& Fowler，2007）。科学也迫使我们去关注那些我们不喜欢的数据，不管我们是否愿意。正如社会心理学家卡罗尔·塔夫里斯和艾略特·阿伦森（2007）所广泛观察到的那样，科学是一种"傲慢控制"的方法。这有助于保持我们的诚实。

1.2 伪心理学：披着科学的外衣

1.2a 描述伪心理学并将其与科学心理学区分开来。

1.2b 了解我们被伪科学吸引的原因。

你可能是为了了解你自己、你的朋友或者男女朋友才学这门课程。如果是这样，你可能会这样想：其实我并不想成为科学家，我对研究一点兴趣都没有，我只是想了解别人。

不用担心。我们不是想劝你成为科学家。相反，我们的目标是让你能科学地思考问题：摒弃偏见，利用科学工具去克服偏见。获得这些技能后，你在你的日常生活中能做出有经验的选择，例如该制定什么样的减肥计划，该向朋友推荐什么样的心理疗法，甚至是该选择什么样的伴侣相伴一生。你还可以学到怎样避免被虚假的说法欺骗。不是每个人都必须成为科学家，但至少每个人都应该学会像科学家那样思考。

迅速发展的大众心理学

在错误的观点中辨别真假至关重要，因为大众心理学这个领域是宽泛且迅速发展的。从积极方面看，这个事实意味美国普通大众时刻都在接受心理学知识；从消极方面看，大众心理学异乎寻常的发展不仅带来了信息大爆炸，同时也带来了错误信息大爆炸，因为人们对这个行业所带来的东西缺乏质量控制（Lilienfeld，2012）。

潜意识的自助光盘被认为是通过传递无意识的信息来影响行为的。但它们真的有用吗？

举个例子，每年大约有 3 500 本自助书籍出版（Arkowitz & Lilienfeld，2006）。有些书可以有效地治疗抑郁症、焦虑症和其他心理问题，但 95% 的自助书籍未经科学测试（Gould & Clum，1993；Gregory et al.，2004；Rosen，1993），并且有证据显示很多自助书籍甚至可能会加剧人们的心理问题（Haeffel，2010；Rosen，1993；Salerno，2005）。

与大众心理学一样迅速扩展的，是那些声称几乎能治愈所有疾病的治疗方法和产品。如今有超过 600 种心理治疗方法（Eisner，2000），同时每年还在不断增加。幸运的是，研究表明一些治疗方法确实对大部分心理问题有帮助，但还有许多心理治疗的方法未被证实。所以我们并不知道哪些心理治疗方法有效（Baker，McFall，& Shoham，2009），哪些不仅没效果甚至还是有害的（Lilienfeld，2007，2016）。

幸运的是，并不是所有的有关大众心理学的信息都是错误的。比如，一些自助书籍依赖于对心理问题及其治疗的实证研究。除此之外，我们通常可以在《纽约时报》《科学美国人》《发现》等杂志和其他媒体上，找到最新的关于心理学的高质、优秀的文章信息。此外，很多网站还提供了许多关于心理学的有用的信息和建议，像记忆、人格测试、心理障碍等。很多网站，比如心理科学协会（www.psychologicalscience.org）、美国心理学会（www.apa.org）、加拿大心理协会（www.cpa.ca）、美国国家心理健康研究院（www.nimh.nih.gov/index.shtml）都是很好的获得关于人类行为的正确信息的渠道。相反，其他的一些网站包含一些错误的信息。因此我们需要用正确的知识武装自己从而鉴别它们。

什么是伪科学?

我们所讨论的事实强调了一个重要的观点：我们需要从科学骗术中辨别出科学的观点。**伪科学**就是科学的顶替者。而且伪科学没法区分证实偏差和信念固着这两种偏见，可这正是科学的特点。我们必须对伪科学的主张和形而上学的主张进行区分，正如我们所见，这是不可测试的，因此在科学领域之外。至少在原则上，我们可以把伪科学的主张用在研究测试上。

伪科学的和其他有问题的信念得到了广泛的传播。2009 年美国大众研究显示 25% 的人相信占星术；26% 的人相信树和其他物体具有神奇的能量；18% 的人相信他们曾经遇到过鬼魂并且有 15% 的人相信心灵学（Pew Research Center，2009）。许多美国人接受这些观点，这个事实本身并不会令人烦恼，因为一定的开放思维是科学思维所必需的，而且所有的科学知识都是暂时的。相反，真正麻烦的是，很多美国人在缺少科学证据支持这些观点或根本没有证据时，仍然相信这些观点是正确的，比如心灵

伪科学（pseudoscience）
一系列看起来是科学其实不是科学的观点。

伪科学和其他可疑的说法已经越来越多地改变了现代生活的面貌。

学、超感官知觉或者占星术。此外，令人不安的是，许多不太受支持的信念比受人支持的信念更受欢迎，或者至少更广泛。仅举一个例子，美国占星家（Gilovich，1991）的数量是美国天文学家的 20 倍，因此，普通大众可能很难区分准确的和不准确的天文学的说法。同样的原理也适用于心理学。

伪科学的警告标志

　　一些警告标志可以帮助我们区分科学与伪科学；我们将其列入表 1.1，它们都是十分有用的经验法则，以至于我们将在后面的章节中利用它们中的一些来帮助我们成为更敏锐的心理学理论的消费者。我们可以，甚至应该在日常生活中用到它们。没有任何标志能单独成为铁证，而是用一系列的标志来证明伪科学。不过，我们所见到的这种伪科学的存在的标志越多，带来的怀疑也就越多。

　　在这里，我们将讨论三个最重要的警示标志。

　　过度使用特殊的免疫假设　是的，我们知道的只是冰山一角。但实际上并不像它看起来那么复杂，因为一种**特殊免疫假设**只是一个理论的支持者用来保护这个理论不被证伪的安全舱口。例如，一些通灵者声称他们在现实世界中表现出非凡的超感官知觉（ESP），比如读出他人的思想或预测未来。但是，当他们被带到实验室并在严格控制的条件下进行测试时，大多数人都被打败了，他们的表现并没有好多少。一些心理学家和他们的支持者援引了一种特别的免疫假说来解释这些失败：怀疑论者的"共鸣"在某种程度上干扰了精神力量（Carroll，2003，Lilienfeld，1999c）。尽管这一假说并不一定是错误的，但它却让心理学家的说法基本上是不可能被测试的。

　　缺乏自我修正　正如我们所了解到的，许多科学主张是错误的。幸运的是，

特殊免疫假设
（ad hoc immunizing hypothesis）
一个理论的捍卫者用来保护他们的理论不被证伪的安全舱口。

表1.1	一些帮助我们识别伪科学的标志

标志	例证
过度使用特殊免疫假设	在实验室里预测未来的人的精神会受到控制，但那是因为实验者抑制了他的超能力
夸大其词	三个简单的步骤将会永远改变你的爱情
过分信赖传闻	在上了三个星期的瑜伽课程后，这位妇女摆脱了抑郁
缺乏相关研究的支持	一项令人惊奇的创新研究显示眼部按摩使阅读速度比平均水平快 10 倍
缺乏其他学者的重复研究（同行检验）或实验证据支持	由公司领导的 50 项研究全都取得了极大的成功
在出现相反证据时缺少自我纠正	尽管许多科学家说我们几乎将大脑开发殆尽，但是我们仍然发现了一种之前未被发现的大脑开发方式
使用无意义的"心理学术语"，即看似有科学道理，其实没有意义	正弦波过滤了听觉刺激，被用来促进前额树突发展
只说"证明"，不提"证据"	我们的新方案被证实可减少至少一半的社会焦虑

在科学领域，不正确的主张最终会被淘汰，尽管它往往比我们想象的时间要长。与此相反，在大多数的伪科学中，错误的断言似乎永远不会消失，因为它们的支持者是坚定信念的牺牲品，尽管有相反的证据，他们仍然会坚持下去。此外，伪科学主张很少更新数据。尽管在以前的太阳系（天王星和海王星）人们发现了系外行星，但大多数形式的占星术在大约 4 000 年（Hines，2003）的时间跨度中仍然几乎是一样的。

过分依赖传闻　有句老话说："大量的传闻不是事实。"（Park，2003）大量的传闻似乎让人印象深刻，但它不应该让我们相信别人的说法。我认识的大多数人都是一个断言的人（Nisbett & Ross，1980；Stanovich，2012）。这种二手的证据——"我认识一个人，他说他的自尊在接受了催眠之后就飙升了"——在日常生活中是司空见惯的。第一手的证据——"服用这种草药后，我感觉不那么抑郁了"——是基于主观印象的。

伪科学倾向于严重依赖"内因数据"，这是科学家非正式的说法。在很多情况下，伪科学家根据一两个个体的戏剧性报告来宣称自己的主张："我在三周内利用松豆汤减肥计划，减了 85 磅。"这篇传闻可能会引人注目，但它并不构成良好的科学证据（Davison & Lazarus，2007；Loftus & Guyer，2002）。第一，传闻很少能告诉我们因果关系。也许是松豆汤减肥计划导致了这个人减了 85 磅，但也许是其他因素。也许他继续节食，或者在那段时间疯狂地锻炼。或许，他在这段时间内进行了剧烈的减肥手术，但没有提到这一点。传闻也没有告诉我们这些案例具有多强的代表性。

> **幻象性错觉**（patternicity）
> 在没有关系的事物之间倾向于寻找有意义的联系。

✳ 心理科学的奥秘
为什么我们可以感知幻觉，即使它们不存在

我们倾向于在无意义的数据中看到联系，以至于科学家迈克尔·舍默（Shermer，2008）给它取了一个名字：**幻象性错觉**。尽管可能导致错误，但它可能源于一种进化上的适应性倾向（Reich，2010）。如果我们在明天的午餐时间里吃一种特定的食物，比如一个培根奶酪汉堡，并在之后很快生病了，那么我们就会有一段时间避免吃培根奶酪汉堡。尽管奶酪汉堡和我们生病之间的联系纯属巧合，我们也会这样做。我们的大脑倾向于找出事件之间的模式和联系，这出于一个基本的进化原则：小心总比后悔好。在所有条件相同的情况下，通常最好假设两个事件之间存在联系，而不是假设没有，特别是当其中一个事件存在物理危险的时候。

我们会经常陷入幻象性错觉中（Hood，2014）。我们如果想起一个几个月都没联系的朋友，然后突然接到她的电话，我们可能会惊跳起来，断定这两件事情同时发生的概率源于超感官知觉。当然，这种可能性是存在的。

但是，这两件事只是碰巧在同一时间发生也是有可能的。这个时候，想想你记起一个老朋友的次数，然后想想你每个月接到电话的次数。你就会意识到在接下来的几年中，将至少遇到一次这种事件，即你会在想一个老朋友的同时接到他的电话。

我们倾向于低估巧合的倾向，几乎肯定会助长"幻象性错觉"。像 HTTHTTTTTHHHTHHTTHH 一样，连续几次正面(H)或反面(T)出现的"条纹"比我们所认为的要常见得多。它们在长时间的随机序列中是不可避免的。实际上，上面的序列几乎是完全随机的（Gilovich，1991）。因为我们倾向于低估连续序列的概率，我们倾向于把这些序列的重要性看得比它们应得的更大（哇，我是在连胜！）。

另一个幻象性错觉表现是我们倾向于关注人和事之间怪异的巧合。举一个例子，想想在亚伯

拉罕·林肯（Abraham Lincoln）与约翰·肯尼迪（John F. Kennedy）之间的不可思议的相似点，这两位著名的总统都是暗杀的受害者。列举见表1.2。

非常令人惊讶，不是吗？事实上，一些作家认为林肯和肯尼迪被超灵力以某种方式联系起来了（Leavy, 1992）。不过，事实上，巧合到处都是。我们只要努力去寻找，就会发现它们其实很容易被发现。由于幻象性错觉，我们可能将机遇引起的巧合归因于超常的意义（超自然描述的现象，比如超感官知觉，超出了传统科学的范畴）。再者，我们经常受到证实偏差的影响并且忽视不支持我们假设的证据。因为发现巧合的事远比非巧合的事有趣，我们渐渐忘记了林肯是一个共和党人，相反肯尼迪是一个民主党人；林肯在华盛顿哥伦比亚特区被枪杀，而肯尼迪是在达拉斯；而且林肯有胡须，但是肯尼迪没有。

记住，科学思维就是为防止证实偏差而设的。为了抵制偏见，我们必须找出证据来反驳我们的想法。在极端的形式中，幻象性错觉使我们接受了阴谋论，在这种理论中，个体在众多或完全不相关的事件中发现了被认为是隐藏的联系（Douglas & Sutton, 2011）。

表1.2	亚伯拉罕·林肯与约翰·肯尼迪之间的一些可怕的相同点
亚伯拉罕·林肯	约翰·肯尼迪

1846 年被选举到国会	1946 年被选举到国会
1860 年被选上总统	1960 年被选上总统
名字"Lincoln"包含七个字母	名字"Kennedy"包含七个字母
在周五被暗杀	在周五被暗杀
林肯的秘书叫肯尼迪，警告他不要去戏院，林肯在那儿被杀	肯尼迪的秘书叫林肯，警告他不要去达拉斯，肯尼迪在那儿被杀
林肯被枪杀时他的妻子坐在边上	肯尼迪被枪杀时他的妻子坐在边上
约翰·威尔克斯·布斯（John Wilkes Booth，林肯的暗杀者）出生于 1839 年	李·哈维·奥斯瓦尔德（Lee Harvey Oswald，肯尼迪的暗杀者）出生于 1939 年
被一个叫安德鲁·约翰逊的总统继任	被一个叫林登·约翰逊的总统继任
继任林肯的安德鲁·约翰逊出生于 1808 年	继任肯尼迪的林登·约翰逊出生于 1908 年
布斯从剧院逃到仓库	奥斯瓦尔德从仓库逃到剧院
布斯在审讯前被杀	奥斯瓦尔德在审讯前被杀

也许大多数参加过"松豆汤"减肥计划的人体重增加了，但我们从未听说过他们的经历。第二，传闻往往难以核实。我们真的知道他的体重减轻了 85 磅吗？如果我们相信他的话，这在科学上是一个危险的想法，在日常生活中也是一个危险的想法。

简而言之，大多数的传闻很难被解读为证据。正如临床心理学家保尔·米尔（Meehl，1995）所言，"历史的明确信息是，传闻里既有'小麦'又有'谷壳'，但它不能让我们分辨哪个是哪个"（p.1019）。

为什么我们会被伪科学吸引？

有很多原因使我们会被伪科学吸引。

伪科学流行的根本原因可能是我们大脑的工作方式。我们的大脑倾向于从无规律中寻找规律，从荒谬中寻找意义。这种倾向通常是具有适应性的，因为它帮助我们简化了我们居住的、常常令人迷惑的世界（Alcock，1995；Pinker，1997；Shermer，2011）。没有这种倾向，我们将会被那些我们没有时间或者能力去处理的信息流所淹没。然而这种适应性的倾向有时会使我们步入歧途，因为它会让我们看到一些有意义的模式，即便这些模式客观上不存在（Carroll，2003；Davis，2009）。这里有一个引人注目的例子。诺贝尔奖得主、物理学家路易斯·阿尔瓦雷茨（Luis Alvarez）曾经有过一种可怕的经历：在阅读报纸的时候，他读了一个短语，这让他想起了他几十年来从未想过的一个老朋友。几页后，他发现了那个人的讣告！后来，阿尔瓦雷茨（Alvarez，1965）进行了一些计算，并得出结论：考虑到地球上的人口数量和每天死亡的人数，这种奇怪的巧合每年可能会发生 3 000 次。

日志提示

你认识一个相信阴谋论的人吗？它是什么理论？什么证据与这个理论相一致？什么证据与它不一致？

幻象性错觉的最终反映是我们倾向于在无意义的视觉刺激中看到有意义的图像。我们中任何一个看到过云的人，都看到了动物的模糊形状，即体验过幻象性错觉，就像我们中的任何一个人，都看到了月亮上的一个"人"的奇怪的、畸形的脸。另一个有趣的例子来自图 1.5a。在 1976 年，"海盗"号火星探测器拍摄到了火星表面的一组特征。正如我们所看到的，这些特征与人类的面孔有着惊人的相似之处。事实上，这是如此的可怕，以至于一些人坚持认为"火星上的脸"提供了在火星上有智慧生命的证据（Hoagland，1987）。2001 年，在一次特殊的宇宙探测任

图1.5　火星上的人脸

a 图是指"海盗"号火星探测器在 1976 年拍摄的"火星上的脸"。有些人认为这张脸提供了在火星上有智慧生命的证据。b 图是在 2001 年拍摄的关于这张脸更精细的照片。它证明这张"脸"仅仅是错觉。

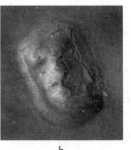

a　　　b

图1.6　恢复控制

你在这两幅图中看到了一个图像吗？惠特森和加林斯基（2008）的参与者被剥夺了一种控制感，他们比其他参与者更有可能在两幅图片中看到图像，尽管只有在底部的图片中包含了一张图片（这是土星的一幅模糊的图片）。

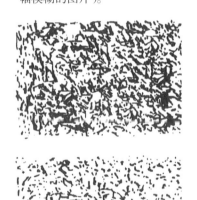

恐怖管理理论

（terror management theory）理论提出，我们对死亡的认识让我们有一种潜在的恐怖感，并使我们通过采取可靠的文化世界观来应对。

务，即火星环球测量员任务中，美国国家航空航天局（NASA）决定采用科学的方法来面对火星上的人脸。美国国家航空航天局的态度是开放的，但需要证据。它俯冲到离脸更近的距离，直接用测量员的相机指向"火星上的脸"。如果看一下图 1.5b，我们会看到美国国家航空航天局的发现：那绝对不是人脸。这个识别结果是一个奇特的岩石和阴影以某个角度出现在拍摄于 1976 年的照片里，原始照片上一个黑点正好对应鼻孔所在之处。也许最重要的是，我们天生倾向于认为有意义的面孔基本上是随机的视觉刺激。

在我们的信念中找到安慰　另一个伪科学流行的原因是动机：我们之所以相信伪科学在很大程度上是因为我们想去相信。古话说："希望孕育永恒"。很多伪科学的观点，比如占星术，使我们安心，因为在变化无常的世界中，它们似乎给我们提供了一种控制感（Shermer，2002）。研究表明，当我们感到失去对周围环境的控制时，我们尤其容易产生幻象性错觉。詹妮弗·惠特森和阿当·加林斯基（Whitson & Galinsky，2008）剥夺了一些参与者的控制感，比如，让他们尝试解决一个解决不了的难题或在他们感觉很无助时回忆现实生活中的经验。结果发现，他们更可能比其他参与者感知到阴谋，拥抱迷信，在毫无意义的视觉刺激下出现幻象性错觉（见图 1.6）。这些结果可能有助于解释为什么我们中的许多人相信占星术、超感觉或是那些宣称预言未来的信仰体系，它们为我们提供了一种对不可控事物的控制感（Wang，Whitson，& Menon，2012）。

根据**恐怖管理理论**，我们对自己不可避免的死亡的意识让我们中的许多人有一种潜在的恐惧（Solomon，Greenberg，& Pyszczynski，2000；Vail，2012）。这一理论的倡导者提出，我们通过采用文化世界的观点，应对这些恐怖的感觉，使我们相信我们的生活具有更广泛的意义和目的，这些目的和意义远远超出我们在这个星球上的短暂存在。

恐怖管理理论能否解释某些超自然信仰的流行，比如占星术、超感觉，特别是能与死人交流？也许吧（Whitson，Galinsky，& Kay，2015）。我们的社会在生活中普遍存在着对死后和轮回的信念，可能部分源于我们对最终死亡的恐惧（Lindeman，1998；Norenzayan & Hansen，2006）。两位研究人员（Morier & Podlipentseva，1997）发现，相比其他参与者，那些被要求考虑死亡的参与者报告称具有更高水平的超自然信仰，如超感觉、鬼魂、转世、占星术。这种信念很可能让我们中的许多人感到安慰，尤其是当我们面对死亡的提醒时，因为它暗示着我们自身之外的维度存在。

恐怖管理理论并没有证明超自然的说法是错误的，我们仍然需要根据自己的价值来评估这些主张。尽管如此，这个理论表明我们可能会持有许多超自然的信仰，不管它们是否正确。

清晰思考：对抗伪科学的解药

为了避免被伪科学诱惑，我们必须学会在推理过程中避免常见的陷阱。学习心理学的学生通常会陷入逻辑错误的陷阱：思维陷阱会导致错误的结论。我们很容易犯这些错误，因为它们看起来很直观。我们应该记住，科学思维常常要求我们抛开我们所钟爱的直觉，尽管这样做对我们所有人来说都是极其困难的。

在这里，我们将研究三个特别重要的逻辑谬论，这些逻辑谬论在评估心理主张时是必不可少的；我们可以在表 1.3 中找到其他的谬论。所有这些都能帮助我们将科学与伪科学区分开来，更重

表1.3	当评价心理学观点时要避免的逻辑谬论
逻辑谬论	**谬论例子**
错误地使用我们的情绪作为评估一个观点有效性的指标（情绪推理谬论）	日托可能会给孩子带来消极情绪体验，这让我很不安，所以我拒绝相信它。
错误地认为理论是正确的，仅仅是因为很多人相信它（从众谬论）	我知道很多人相信占星术，所以占星术一定有可信的地方。
错误地认为我们好像只能用两种极端的方式来回答问题（非此即彼谬论）	我刚在我的心理学课本上读到，一些患有精神分裂症的人在他们成长的过程中受到父母的善待，这意味着精神分裂症不是环境因素的结果，因此它肯定是完全遗传的。
错误地认为我们可以免受他人的错误思想的影响（不是我谬论）	我的心理学老师一直强调科学的方法对于克服偏见是重要的，但这些偏见并不适应于我，因为我是客观的。
错误地接受一个观点仅仅是因为权威人士认可它（诉诸权威谬论）	我的老师说精神疗法是无意义的，我相信我的老师，因为他绝对是正确的。
错误地因为起源混淆了一种信念的正确性（基因谬论）	弗洛伊德关于人性发展的观点是错误的，因为他的观点是基于当时盛行的性别歧视观点而形成的。
错误地认为一个观点一定是有效的，仅仅因为它存在了很久（古代论证谬论）	罗夏墨迹测试一定是有用的，因为心理学家已经用了数十年之久。
错误地混淆了一个想法的有效性和它潜在的实用性（来自于负面后果的争论的谬论）	智商不受基因因素的影响，因为如果受影响的话，那么它就给政府防止低智商个体繁殖提供了借口。
错误地认为观点一定是正确的，因为没有人证明它是错误的（诉诸无知谬论）	没有科学家能解释报道过的每一个超感觉案例，所以超感觉是存在的。
错误地从科学事实推断道德判断（自然主义谬论）	进化心理学家说，性背叛是自然选择的产物。因此，性背叛在道德上是合理的。
错误地在不充分证据的基础上得出结论（轻率的归纳谬论）	我认识的三名重度抑郁症患者都有严格的父亲，因此重度抑郁症显然与父亲的严厉有关。
根据相同的观点，以稍微不同的术语重新措辞的错误（循环论证谬论）	史密斯博士的人格理论是最好的，因为它似乎有最多的证据支持它。

要的是，避免我们在日常生活中成为可疑的断言的牺牲品。

情绪推理谬论　"日托可能会给孩子带来消极情绪体验，这让我很不安，所以我拒绝相信它。"

情绪推理谬论是错误使用我们的情绪作为评估一个观点有效性的指标（一些心理学家也把这个错误称为"影响启发式"。Kahneman，2011；Slovic & Peters，2006）。如果我们对自己诚实，我们会意识到那些挑战我们先前存在的信念的发现常常会让我们感到不舒服或生气，而那些证实这些信念的发现往往会让我们开心或者至少是松了一口气。我们不应该犯这样的错误，因为科学观点让我们感到不安或愤怒，这肯定是错的。关于日托的心理影响，在科学上是有争议的（Belsky，1988；Hunt，1999），我们需要对数据保持开放的心态，不管它们是否证实或否定了我们的偏见。

从众谬论　"我知道很多人相信占星术，所以占星术一定有可信的地方。"

从众谬论是错误假设一个观点是正确的，仅仅因为许多人相信它。这是一个错误，因为流行的观点并不能可靠地指导断言的准确性。在 1 500 年之前，几乎所有人都相信太阳围绕地球旋转，而非恰恰相反，但他们错得很厉害。

不是我谬论　"我的心理学老师一直强调科学的方法对于克服偏见是重要的，但这些偏见并不适应于我，因为我是客观的。"

不是我谬论即认为我们不受他人思想影响的一种谬论。这种谬论会让我们陷入更深的麻烦，因为它会让我们错误地得出结论：我们不需要科学的保障。许多伪科学家都会落入这个陷阱：他们确信自己的主张是正确的，并且没有被他们思维中的错误所污染，以至于他们不愿意进行科学研究来验证这些说法。然而，如果科学家不小心的话，他们也可能会被这个错误影响。

社会心理学家发现了一种被称为"偏见盲点"的迷人现象，这意味着大多数人不知道自己的偏见，却对他人有强烈的意识（Pronin，Gilovich，& Ross，2004；Ross，Ehrlinger，& Gilovich，2015）。我们不相信自己有口音，因为我们已经习惯了用自己的心理镜头去看世界。要想在工作中看到不是我谬论，请观看两位在政治问题上持有极端观点的智者之间的辩论。更有可能的是，你会发现辩论的参与者很善于指出对手的偏见，却忽视了他们自己同样明显的偏见。高智商的人和其他人一样容易产生偏见（West，Meserve，& Stanovich，2012），所以我们不应该认为更多的知识、教育或复杂的东西会使我们对这个错误免疫。偏见盲点提醒我们，我们需要谦虚，科学可以在这方面帮助我们。

伪科学的危害：我们为什么会关心伪科学

我们都已经认识到伪科学是危险的。那么，为什么伪科学是危险的，甚至是致命的？这一点适用于我们每天生活中遇到的各种可疑的观点。有三个主要原因使得我们应该关注伪科学。

- **机会成本：我们所放弃的**　治疗心理障碍的伪科学疗法会导致人们放弃寻找有效治疗方法的机会（Lazar，2010；Lilienfeld，Lynn，& Lohr，2014），这是一种机会成本的现象。结果是，就算这种疗法本身无害，也会通过使人们丧失获得有效治疗方法的机会而引起间接的伤害。例如，数据显示，在美国，有三分之一的重度抑郁症患者（这是一种与自杀风险高度相关的严重的精神疾病）不接受任何治疗（Layard & Clark，2014）。此外，在接受治疗的患者中，大多数患有重度抑郁症的人接受的治疗方法并不特别有效，如草药治疗、长期精神分析（弗洛伊德疗法）和能量疗法，我们将在这一章中讨论最后一项。只有少数人接受了科学支持的干预措施，例如认知行为疗法，该疗法侧重于改变病人的不良行为，以及他们对自己、他人和世界的不健康的看法。

- **直接伤害**　伪科学治疗有时会对接受治疗的人造成可怕的伤害：心理或身体上的伤害，甚至导致死亡（Barlow，2010；Lilienfeld，2007，2016）。坎迪斯·纽麦克是一个 10 岁的孩子，2000 年她在科罗拉多州的常青市接受了关于行为问题的治疗（Mercer，Sarner，& Rosa，2003），即一种叫作再生疗法的治疗。这是一种科学上令人怀疑的方法，即儿童的行为问题是由于他们在与父母形成依恋关系时遇到了困难而导致的——从某种程度上说，甚至是在他们出生前出现的。在重新分娩期间，儿童或青少年通过一名或多名治疗师的"协助"来重现分娩时的创伤（Mercer，2002）。在坎迪斯的重新分娩过程中，两名治疗师把她裹在一条法兰绒毯子里，坐在她的身上，反复地挤压她，试图模拟分娩的收缩。在 40 分钟的模拟分娩过程中，坎迪斯呕吐了好几次，恳求透透气，她绝望地呼喊，她不能呼吸，感觉好像要死了。当坎迪斯从她的象征意义的"产道"中出来时，她已经死了（Mercer，Sarner，& Rosa，2003）。
- **人们缺乏科学思维**　科学思考技能不仅仅对评价心理学观点很重要；我们在生活的各个方面也能用到它们。在科学和技术越来越复杂的社会中，我们需要运用科学的思考技能对全球变暖、转基因食品、干细胞研究、疫苗安全、新型医学治疗和教育实践以及其他主张做出有价值的决策（Mooney & Kirshenbaum，2010）。

由此而得的启示很清楚：伪科学确实重要。这也使得科学思维变得如此具有批判性：尽管不是绝对安全，但它是对抗人类错误最好的护卫者。

> **科学怀疑论**
> （scientific skepticism）
> 用开放的思想评估所有观点，但是在没有实质性证据前不接受任何观点。

1.3　科学思维：辨别真伪

1.3a　识别科学怀疑论的主要特征。

1.3b　学习并理解这本书的科学思维的六个原则。

在得知大众心理学充满了一些值得注意的观点后，我们该怎样区别心理学事实——也就是说，心理学研究的结果是如此的有意义以至于我们可以放心地把它们看作真的——与心理学谎言呢？

科学怀疑论

在本书中，我们要强调的方法是**科学怀疑论**。对于很多人，怀疑意味着思想封闭，结果是除了远离真理外没什么好处。术语"怀疑论（skepticism）"事实上起源于希腊单词"skeptikos"，意思是"仔细考虑"（Shermer，2002），科学怀疑论者以一种开放的心态评估所有的观点，但是在接受这些观点之前坚持强调要有有说服力的证据。因此，我们应该确定将怀疑主义与愤世嫉俗论区分开来，后者意味着在我们有机会充分评估它们之前，我们就会对其进行驳斥。

卡尔·萨根（Sagan，1995）提出，要成为一个科学的怀疑论者，我们必须采取两种态度，这两种态度看起来矛盾，但其实不然：（1）自发地保持一种开放的态度去接受所有的观点。（2）研究者只有在细心地检验过这些观点之后才会心甘情愿地去接受它们。面对那些挑战他们预想的证据时，科学怀疑论者会自发地改变他们的心态。与此同时，只有在证据具有足够的说服力时，他

"当你进入社会，我预测你将在不知不觉中忘掉所有你在大学学过的知识。"

你可能会忘了你大学所学的大部分知识，但是你一生都可以用科学怀疑论的方法去评估所有观点。

资料来源：©Science Cartoons Plus. com。

批判性思维
（critical thinking）
用开放性的思维和严谨的态度去评价所有观点的一系列技能。

们才会改变自己的心态。科学怀疑论者的座右铭是密苏里州原则（the Missouri principle），我们可以在许多密苏里州牌照上发现这个原则："证明给我看"（Dawes，1994）。

科学怀疑论者的另外一个关键特点是：当观点只是基于一种权威时，不接受它。科学怀疑论者在他们自身基础上评估观点，但是他们不会接受它们，除非有更高水平的证据。当然，在日常生活中，我们经常被强制地去关注那些权威性的话语，因为我们没有那些专业知识、时间、资源去评估我们自己的每一个观点。大多数时候我们只会去接受那些观点，例如我们当地政府让我们去喝安全的水，而那些水却没有经过我们自己的化学检测。当读到这一章时，你也许会信任我们这些作者，因为我们给你提供准确的心理学信息。但是，这并不意味着你应该接受我们在书中所阐述的一切。用开放的心态去反思我们所写的，并谨慎地评估它们。如果你不认同我们所写的某些，一定要去问你的导师或者给我们发送邮件以获得另外一个观点。

科学思维的基本原则

科学怀疑论者的特点是**批判性思维**。许多同学误解"批判性思维"中的"批判性"这个词，将它理解为攻击所有观点。事实上，批判性思维是一系列技能，一种用开放性的思维和严谨的态度去评价所有观点的技能，我们也可以将心理学中的批判性思维理解为科学思维，它可以作为我们评价所有科学观点的思维方式，它不仅可以用于实验室里，也可用于日常生活中（Lilienfeld，Ammirati，& David，2012；Willingham，2007）。

同样，科学思维也是一系列克服我们偏见的技巧，特别是证实偏差，因为我们学过的知识会让我们对证明熟视无睹，我们更倾向于去忽略它（Alcock，1995；Begley & Ioannidis，2015）。在本书中，我们尤其要强调科学思考的六个原则（Bartz，2002；Lett，1990；图1.7）。当评价所有的心理学观点时，我们应该在头脑中出现这六个原则，包括来自媒体、自助书籍、网络、初级心理学课程的观点，甚至还包括本书中的观点。表1.4提供了许多用户友好的建议，用于在互联网

表1.4	当你评价心理学网站时要问自己的五个问题
1. 这个网站是否有适合同行评审的心理学文献，也就是说，这些文章是否在著名期刊里？	如果是，那是个好兆头。你可以检查每一份期刊看看是否是同行评阅。
2. 这个网站包含了多种发表在有问题的期刊上的文章吗？	如果是，那就保持怀疑。请参阅下面的网址，以获得对这类文章的指导：https://scholarlyoa.com/publishers/。
3. 网站的主要内容是关于传闻或个人评价的，而不是基于科学研究的吗？	如果是，那就保持怀疑。
4. 该网站是否有额外的声明（例如"这个治疗方案已经被证明有效"或者"这种诊断技术是100%准确的"）。或者，它是否会做出更合格的声明（例如"这个治疗方案在大多数研究证据支持下得到了支持"或者"这种诊断技术在几个对照研究中被发现是合理有效的"）。	当心网站不合格的声明。
5. 网站最近更新了吗？	如果没有，你在接受它的主张之前可能要再三思考。

图1.7	贯穿这本书的科学思维的六种原则

我们应该使用哪种原则？	我们可能在什么时候使用？	怎样使用？
排除其他假设的可能性 对于这一研究结论，还有更好的解释吗？	当你在报纸上看到这么一个标题：研究表明已经接受某种新药物治疗的抑郁症人群，比没有接受此种药物治疗的抑郁症人群症状有了明显的改善。	这个研究结果可能是因为这样一个事实：那些接受药物治疗的人们期望得到改善。 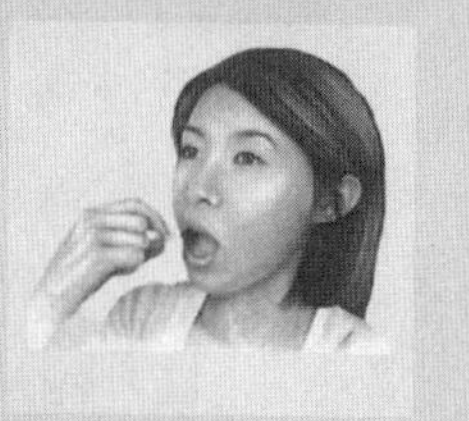
相关还是因果 我们能确信 A 是 B 的原因吗？	一个研究结果表明犯罪行为频发的时候人们吃的冰激凌也更多，这说明：吃冰激凌可以导致犯罪。	吃冰激凌（A）或许并不会导致犯罪（B），很有可能二者都是因为第三个因素（C），例如：高温。 
可证伪性 这种观点能被反驳吗？	一本自助书籍称所有人周围都有一种能影响他们情绪和表现的无形的能量场。	我们不能设计一个实验去证明这种说法。 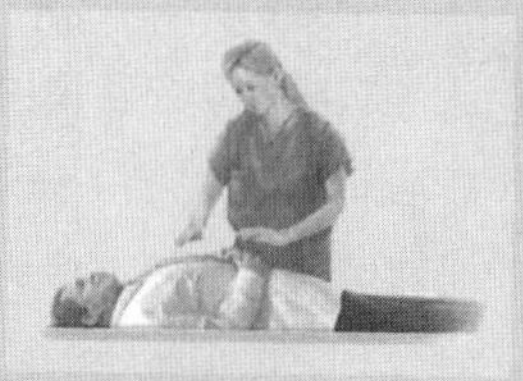
可重复性 其他人的研究也会得出类似的结论吗？	一篇论文强调，某研究表明如果人们练习冥想，那么他们在智力测验中会比那些没有练习冥想的人高出 50 分。	如果没有其他科学研究报告过相同的研究，我们应该对此表示怀疑。 
特别声明 这类证据可信吗？	你浏览网页时看见一个声明：一个怪物，像大脚兽，已经居住在美国西北部数十年都没有被研究人员发现。	跟人们在单词表的开始部分记住的单词比在后面部分记住得多这种观点相比，这个特殊的观点要求更严谨的证据。 
奥卡姆剃刀原理 这种简单的解释符合事实吗？	你的一个视力不好的朋友，声称他在一次飞盘比赛中巧遇不明飞行物。	你朋友的报告是不是更有可能因为这样一个简单的解释——他把其中的一个飞盘误认为不明飞行物，而不是外星人真的访问了地球？ 

上对信息进行批判性的评估；这些建议中的大多数也有助于评估其他来源的信息。在这样一个时代，虚假和真实的在线新闻故事正变得越来越具有挑战性，在这个时代，这样的技巧越来越重要。事实上，最近的证据表明，大学生往往无法区分虚假的新闻和真实的新闻报道（Stanford History

开发替代性解释

科学的思考包括排除对立的假设。在这个案例中，我们不知道这个女人的减肥成功是否是由一个特定的饮食计划造成的。在这段时间里，她可能坚持锻炼或使用了另一个饮食计划，或者她举起的大裤子根本不是她的。

Education Group，2016）。

科学思维原则 1

排除其他假设的可能性　我们在电视上听到或从网上看到的许多心理学发现有很多解释。但更多的时候，媒体报道的只是其中的一种解释。我们不应该自然而然地相信它们是正确的。相反，我们应该自问：这是不是对这个发现唯有的好解释？我们已经排除其他假设的可能性了吗？（Huck & Sandler，1979；Platt，1964）

让我们来看一个比较流行的焦虑障碍疗法：思维场疗法（TFT；Feinstein，2012）。它是一种被很多心理健康专家应用的"能量疗法"。TFT 的观点是，我们的身体被看不见的能量场包围，而焦虑障碍（以及其他一些不良心理状态）是由这些领域的障碍引起的。TFT 临床医学家试图通过以特定的顺序敲打不同的身体部位来移除能量阻滞，同时要求患者哼唱歌曲。但是这里存在一个问题：严格控制的研究表明 TFT 的效果不错，但没有一丝证据表明，它比治疗焦虑障碍的标准治疗方案的效果更好（Pignotti & Thyer，2009）。大多数 TFT 的支持者忽视了 TFT 成功的另一个可能的假设：就像许多其他治疗焦虑障碍的有效疗法一样，TFT 要求患者反复暴露自己的焦虑。长期以来，研究人员和治疗师都知道长时间的暴露本身可以治疗该病（Bisson，2007；Craske et al.，2014）。但是并不能排除其他可能的假设：思维场疗法的有效性更多地取决于自我探索而不是敲打特定身体部位，它的支持者没有得到数据之前就声明了其有效性。

> **要点回顾**
> 每当我们评估一个心理学观点时，我们都应该问问自己：是不是排除了所有似是而非的假设？

科学思维原则 2

相关还是因果　心理学学生容易出现的一个共同的问题是，当一项研究的结论是两个事物彼此联系，或者是心理学家说存在"相关性"时，他们就会做出这样的解释：一个事物一定是由另一个事物引起的。这就是我们所说的一个关键原则：相关性的设计不允许有因果推理，换句话说，相关不是因果。当我们错误地认为相关意味着因果时，我们就陷入了**相关 - 因果谬论**中。这个结论是一个谬论，因为事实上这两个变量是相关的，并不意味着其中一个一定引起另外一个。顺便提一句，**变量**是指任何可以变化的事物，像重量、智商或者是外向性。下面让我们一起来看一下为什么相关关系不等同于因果关系。

如果我们以变量 A 和变量 B 为例，它们是相关的。对于这个相关性，下面有三种主要的解释。

相关 - 因果谬论
（correlation-causation fallacy）
错误地认为如果一件事情跟另一件事情有联系，那么一件事情就必然导致另一件事情。

变量（variable）
任何可以变化的事物。

1. A → B，这可能是变量 A 引起了变量 B。

2. B → A，这可能是变量 B 引起了变量 A。

到目前为止，一切都还好，但是肯定是有很大一部分人忘掉了第三种情况，这个就是：

$$3. \quad C \nearrow \!\! \begin{array}{l} A \\ \searrow \!\! B \end{array}$$

在这第三种情况中，有了第三个变量 C，它是引起变量 A 和变量 B 的原因，这就是著名的第三变量问题。之所以称之为"问题"，是因为它可以导致我们错误地认为，即使当 A 和 B 之间不是因果关系的时候，我们依然认为它们存在因果关系。例如，研究人员发现，那些听含有色情内容的音乐的青少年比听节奏平缓音乐的青少年更容易发生性行为（Martino et al.，2006）。听含有色情内容的音乐跟性行为呈现相关关系。一些报纸总结这类研究并登出一个显眼醒目的标题：色情内容的音乐激起青少年的性行为（Tanner，2006）。类似这样明显与数据不符的标题还有很多。这可能是含有色情内容的音乐（A）引起了性行为（B），但是也有可能是有性行为的青少年（A）去听那些含有色情内容的音乐，或者是有第三种可能，例如是冲动（C），共同引起青少年去听那些含有色情内容的音乐，从而导致了性行为的发生。仅仅通过作者给出的这些数据，我们没有办法确定是哪一种情况。相关不等于因果。

"我希望他们没有打开那个安全带标志！每次他们这样做，就变得很颠簸。"

相关并不一直都是因果。

资料来源：Family Circus © Bil Keane, Inc. King Features Syndicate。

要点回顾

　　我们应该记住：两个事物之间的相关关系不表明两者之间有必然的因果关系。

科学思维原则 3

　　可证伪性　奥地利自然哲学家卡尔·波普尔（Karl Popper，1965）认为，一个有意义的观点必须是能被检验的，也就是说，具有**可证伪性**。如果一个理论无法证伪，那我们也无法证实它。一些学生误解了这一点，混淆了理论能否被检验跟是不是错误的之间的关系。这个证伪的原则并不是说理论只有能被证明是错误的才是有意义的，而是说一个理论要有意义，必须在有相反证据出现时能证明它是错误的。如果一个观点是可以检验的，那么他的支持者必须在提出这个观点之前，而不是提出观点之后，就清晰地表明有哪些发现可以支持这个观点，哪些发现是跟这个观点不一致的（Dienes，2008；Proctor & Capaldi，2006）。

　　证伪原则的一个关键含义是，这个原则可以解释一切，即一个理论可以解释任何令人信服的结果，换句话说，什么都解释不了。这是因为一个好的科学理论只能预测某些特定的事情，而不是所有的事情。如果一个朋友告诉你，他曾是一个熟练的"超能力运动预测专家"，而且很自信地说："明天所有参赛的棒球队要么输，要么赢"，你可能就会笑了。实际上，他所谓的预测到所有可能的结果，其实等于什么都没有预测。

　　如果你的朋友预测"纽约扬基队和纽约大都会队明天都会赢三分，但是波士顿红袜队和洛杉矶道奇队会输掉一分"。这个预测可能是正确的也可能是错误的。所以，他的预言可能出错，即这个预测是可以被证伪的（Meehl，1978）。如果他是正确的，那也不能证明他是超能力预测员，但至少会让你想知道他是否有一些特殊的预测能力。

可证伪性（falsifiable）
观点能被反驳。

科学思维原则 4

　　可重复性　一周过去了，我们没有在晚间新闻上听说其他惊人的心理学发现："纸杯蛋糕州立大学的研究人员发现了一个新的跟过度购物有关的基因""南极洲大学雪屋分校的调查人员发现，酗酒跟谋杀自己配偶的概率的提高有关""纸杯蛋糕州立大学某教授——诺贝尔奖的获得者分离出了那些负责对爆米花产生愉快感觉的脑部区域"。上述结论的主要问题在于，除了他们的研究成果之外，媒体从来没告诉我们研究是根据什么设计的，就是说结果不可能得到重复。**可重复性**是指研究能被不断重做。重复是科学信赖的基础。如果它们不能得到重复，就增加了原始结果归因于偶然的概率。在某个心理学发现没有被重复之前，我们不应该在它身上花费太多精力。

　　事实上，在过去的十年里，心理学家越来越意识到可重复的重要性（Asendorpf et al., 2013; Lilienfeld & Waldman, 2016; Nosek, Spies, & Moytl, 2012）。一些人的意识提高是由于在以前被认为是很完善的心理学中重复发现的困难而产生的（Lindsay, 2015; Pashler & Wagenmakers, 2012）。其中一些原因还来自**衰减效应**（Schooler, 2011）。例如，早期对精神分裂症药物治疗效果的研究比最近的研究显示出了更大的效果（Leucht et al., 2009）。随着时间的推移，对自闭症谱系障碍的父母干预（Ozonoff, 2011），以及认知行为疗法对抑郁症的有效性的影响也在不断下降（Johnsen & Friborg, 2015）。尽管心理学家并不确定这种衰退的影响有多普遍，但几乎所有人都同意有时它确实存在。

有些研究者发现，成千上万的美国人被外星人绑架并带到外太空进行实验。这是真的吗？我们又是怎么知道的呢？

可重复性（replicability）
研究的结果能被其他的研究人员重复。

衰减效应（decline effect）
事实上，随着时间的推移，某些心理发现的规模似乎在缩小。

　　2012 年，弗吉尼亚大学社会心理学家布莱恩·诺赛克（Brian Nosek）和他的合作者发起了开放的科学研究活动，这是一个由来自世界各地的数十名心理学家组成的团队，他们试图重复被广泛引用的心理学研究，其中一些是我们在后面的章节中会读到的（Carpenter, 2012）。2015 年，他们发表了一篇"爆炸性"文章，试图重复 100 篇在社会和认知心理学上的已发表的研究成果；社会心理学研究了其他人对我们的行为和态度的影响，而认知心理学研究了思考过程。令许多人吃惊的是，他们发现只有 40% 的原始发现可以被重复（Open Science Collaboration, 2015）。这个令人清醒的结果并不意味着最初的积极的发现是错误的，相反，结果可能是后来的发现是错误的，或者最初的发现只在特定的环境下或者在特定的群体中才会生效，比如在美国人而不是非美国人群体中（Gilbert et al, 2016）。无论如何，开放科学协作的先驱性结果告诉我们，我们不能将心理结果的可重复性视为理所当然。

　　大多数重复并不是对研究者最初方法的精确复制。最主要的是在最初的设计中引入一些微小的变化，或者将这个设计扩展到不同的参与者，包括那些在不同文化、种族和地理位置的参与者。总的来说，我们越在不同的环境中使用不同的参与者来复制我们的发现，我们对这些发现也就越有信心（Schmidt, 2009; Shadish, Cook, & Campbell, 2002）。

　　我们应该牢记，媒体更喜欢报道最初的结果而不是报道重复实验时的失败。因为最初的结果可能是特别吸引人、特别轰动的，但重复试验的失败往往让人十分失望——他们不会报道这种新闻。更重要的是，重复实验的研究者不能是原始实验的研究者，因为这样才会增加我们对他们的信任。如果我告诉你我发明了能做出世界上最美味的牛肉的秘方，但结果是其他厨师按照我的菜谱做出来的牛肉尝起来就像一块旧的带有烂奶酪和过期的番茄酱味道的硬纸板，你就会怀疑秘方的合理性。这可能是因为我竭尽全力地谎报我的菜谱，也可能是因为我在实际操作中没完全按照菜谱做而是放了菜谱上没有的材料，还可能是因为我太优秀了，别的厨师无法复制我神奇的烹饪技艺。无论是哪种情况，除非有人能重复它，否则你有权力怀疑我的菜谱。这对于心理学研究也同样适用。

为什么可重复性如此重要？有关超感官知觉的研究就是一个好例子。偶然间，研究人员报告说有似乎能证明超感官知觉存在的惊人发现（Bem，2011）。但随着时间的推移，这些所谓的惊人结果并不能被其他独立的研究人员重复得到（Galak et al.，2012；Ritchie，Wiseman，& French，2012；Hyman，1989；Lilienfeld，1999c）。这可能会让一些研究者怀疑这些重要的积极的发现是否仅仅是偶然发现的结果。

> **要点回顾**
>
> 　　每当我们评价一个心理学的观点时，我们都应该问问自己，其他的研究人员有没有重复支持这一观点的发现；否则，这个发现可能只是一次侥幸。

科学思维原则 5

特别声明需要特殊的证据　本书中我们将这条原则缩写为"特别声明"，这个原则是从 18 世纪的哲学家大卫·休谟（David Hume）的观点中引申而来的，但又稍有不同（Sagan，1995；Truzzi，1978）。根据休谟的观点，如果一个观点与我们已知道的相矛盾，那么我们在接受它之前必须要找出更有说服力的证据。

有些研究人员相信，每夜有成百上千的美国人从床上被神奇地举起，坐上飞碟，被外星人用来做实验，然后在几个小时后安全地回到他们的床上（Clancy，2005；McNally，2012）。根据一些支持外星人绑架说的人的说法，外星人从人类男性中提取的精子使女性外星人受孕，从而创造外星人和人类的混合种族。

当然，外星人绑架说的支持者的说法可能是正确的，而且我们不能完全否定他们的说法。但他们的观点相当离奇。尤其是因为他们解释不清楚为什么成千上万的入侵飞碟能从太阳系逃走而不被天文学家发现，当然更不要说被空军和雷达发现了。外星人绑架说的支持者不能提供任何具体的证据来证明被绑架者曾遇见过外星人，甚至连一张外星人的照片、一个很小的外星人制造的金属探针，或者外星人绑架者的一缕头发、一小部分皮肤都没有。现在，所有这些外星人绑架说的支持者都在论述其主张的正确性，但提供的都是绝对普通的证据——那些所谓的被绑架者的口述。

> **要点回顾**
>
> 　　每当我们评价一个心理学观点时，我们都应该问问自己：这个观点是否与我们已知的许多事情背道而驰。如果是，那么提供的证据能否跟观点一致？

科学思维原则 6

奥卡姆剃刀原理　以 14 世纪英国哲学家和修道士奥卡姆命名，也被称作"精简原则"（精简

评价观点　非凡的饮食声明

你是一个忙碌的、过度劳累的大学生（好吧，我们想你已经知道了）。你喜欢在早上喝咖啡提神，在下午保持清醒，你特别喜欢那些美味但又让人发胖的特殊咖啡饮品。你想通过喝咖啡来减轻你的疲劳，但你不想增重。

一家名叫"月光"的咖啡店，在离校园几个街区的地方刚刚开张。"月光"是一种美味的"大杯"焦糖星冰乐。他们称它为"减肥饮料"，声称："听起来不可思议，你可以通过喝我们的减肥饮料来减肥！"当你向商店经理询问这怎么可能的时候，她说："我们公司最近对六个人进行了严格的研究，他们每天至少喝两周的减肥饮料的量。所有人的体重都减轻了，从2磅到9磅不等。科学从来不会说谎！"

科学怀疑主义要求我们用开放的心态来评估所有的主张，但在接受这些主张之前，必须坚持有说服力的证据。那么，科学思维的原理是如何帮助我们评估"月光"咖啡店的"你可以通过喝我们的减肥饮料来减肥"的主张呢？

思考一下这六个原则对你评估这个观点是如何发挥作用的。

1. 排除其他假设的可能性

对于这一研究结论，还有更好的解释吗？

这项研究的结果对许多其他的解释都是开放的，所以他们并没有必要证明喝减肥饮料的人会成功减肥。例如，那些喝高热量饮料的人，也会因为知道饮料会使人发胖而消耗较少的食物。或者，喝咖啡的六个人都知道他们正在进行研究，所以他们特别努力减肥。

2. 相关还是因果

我们能确信A是B的原因吗？

这个关键的思考原则与这个场景并不是特别相关（因为研究没有描述相关性），所以，让我们尝试另一个解释。

3. 可证伪性

这个观点能被反驳吗？

声称减肥饮料可以帮助人们减肥的说法在原则上是可以被证明的，但是这需要一个随机分配的实验设计。值得注意的是，"月光"咖啡店并没有进行这项研究，或者如果他们做了，他们并没有告诉你他们发现了什么。

4. 可重复性

其他人的研究也会得出类似的结论吗？

根据商店经理的说法，减肥饮料导致减肥的证据仅仅是一项研究。我们应该对只建立在一项研究上的发现表示怀疑，尤其是当这些发现非常令人吃惊的时候。

5. 特别声明

这类证据可信吗？

这种说法是，一种含有大量的乳脂和糖的饮料会导致减肥，这种说法很罕见。

然而，它的证据仅仅是基于一项很小的研究，该研究甚至没有包含一个对照组。证据远比主张要弱。

6. 奥卡姆剃刀原理

这种简单的解释符合事实吗？

在这种情况下，对于商店经理的结论有更合理的解释，例如，研究的六个人并不是所有参与者的典型，或者公司只报告支持他们假设的结果。

总结

商店经理报告的证据来自一项小型的、未被重复的研究，该研究存在严重的缺陷，因为它不包含一个对照组。

意味着逻辑简化）。根据奥卡姆剃刀原理，如果一个现象有两个一样准确的解释，我们一般选择简单的那个（Sober，2015）。好的研究者用这个原则去排除不必要的、复杂的解释，力求最简洁的解释，以此完成一个对证据的解释工作。一个浪漫主义科学家把奥卡姆剃刀原理比作KISS原则：保持简单、乏味。奥卡姆剃刀原理只是一个指导方向，并不是固定规则（Uttal，2003）。有些情况下，对某一现象最好的解释是最复杂的那个，而不是最简单的那个。但奥卡姆剃刀原理是一个有用的原则，它正确的时候远多于错误的时候。

有两种关于麦田怪圈的解释，超自然的和自然的。我们应该相信哪一种？

奥卡姆在选择一个剃须刀。

我们来举个例子。20 世纪七八十年代期间，在英国的麦田里出现了数以百计的神秘图案，被称作麦田怪圈。这些图案多数错综复杂。我们该如何解释这些图案？一些人相信超自然的推论，即这些图案不是发源于地球，而是遥远的外星球。他们推论，这些麦田里的怪圈是外星人来到地球的证明。

人们对麦田怪圈的关注从 1991 开始瓦解，因为两个英国人——大卫和道格——承认是他们因为在酒吧间里打赌而制造了麦田怪圈，目的是取笑相信外星人的人。他们用相机记录下了他们是如何用木板和绳子在高高的麦田里制造出复杂图案的全过程。奥卡姆剃刀原理提醒我们，当面对两个同时跟证据相吻合的解释时，我们一般应该选择简单的那个——在这个例子里，这是人类的恶作剧。

要点回顾

　　每当我们评价一个心理学观点时，我们都应该问问自己，这个解释是不是在所有解释中跟数据吻合的、最简单的一个。或者有没有更简单的跟数据吻合的解释。

日志提示

　　这些科学思维原则是如何帮助我们避免思维错误和偏见的？

1.4　心理学的过去和现在：一个漫长而奇特的旅程

1.4a　掌握心理学的主要理论框架。

1.4b　描述不同学派的心理学家并了解他们每个人的思想。

1.4c　描述影响心理学发展的两大争议。

1.4d　了解心理学研究是如何影响我们的日常生活的。

心理学是怎样作为一门学科出现的？研究思维、大脑和行为的科学方法发展得很缓慢，并且在很多情况下，心理学领域中一些最初的常识也显示出了很多今天伪科学所具有的弱点。研究和解释我们大脑是怎样工作的非正式的尝试已经存在几千年了。但是心理学作为一门科学学科的存在只有大约 140 年，其中的许多年都用来改进技术，用来发展使其脱离偏见的研究方法（Coon，1992）。在其整个历史中，心理学家在论证心理学的研究时，也遇到

冯特（右）成立世界上第一个心理学实验室。冯特被公认为在 1879 年创立了作为实验科学的心理学。

了我们今天面临的许多挑战。因此，理解心理学是怎样发展成为一门科学的学科——依靠系统的研究方法来避免错误的学科——是很重要的。

心理学的早期历史

我们将从心理学由非科学转变为科学的坎坷历程的内容提要来开始我们的旅程（科学心理学进化的大事时间表见图1.8）。

许多个世纪以来，心理学领域都很难从哲学中分离出来。大多数的心理学家在哲学系担任职位——心理学系当年还不存在——并没有进行实验研究。反而，他们坐在扶手椅上设想人的心灵。在本质上，他们依靠的是常识。

从19世纪末开始，心理学的前景发生了戏剧性的变化。1879年，威廉·冯特（Wilhelm Wundt，1832—1920）在德国莱比锡建立了第一个独立的心理学实验室。因此，1879年被称为科学心理学诞生年。冯特和他学生的大部分研究关注的都是我们心理体验的基本问题：两种颜色要怎样不同我们才能加以区分？我们对声音的反应时间有多长？我们解决一个数学问题时想到的是什么？冯特把实验方法结合使用，包括反应时仪器和一种称为**内省**的技术，这要求训练有素的观察员仔细地反映和报告出他们的心理体验。内省主义者让参与者观看某个物体，说一些话，并且要求他们仔细地报告他们看到的一切。不久世界各地的心理学家跟随冯特的领导，在心理学系开设实验室，将心理学作为一门成熟的科学学科开展起来。

在成为一门科学学科之前，心理学也需要摆脱另一个影响：唯灵论。心理学这一术语字面上的意思是对灵魂的研究，即心灵或灵魂。在19世纪中期和晚期，那些声称与死去的人有联系的美国人通常是在通灵的时候对灵媒着迷（Blum，2006）。在这些在黑暗的房间里举行的小组会议中，灵媒试图"引导"逝者的灵魂。美国人同样被灵媒所吸引，这些人声称拥有心灵阅读和其他超能力。许多著名的心理学家，包括威廉·詹姆斯，都投入了大量的时间和精力来寻找这些超自然的能力（Benjamin & Baker，2004；Blum，2006）

他们最终失败了，心理学最终超出了唯灵论一段距离。它在很大程度上创造了一个新的领域：人类错误和自我欺骗的心理。越来越多的心理学家在19世纪后期开始问同样引人入胜的问题，即人们如何愚弄自己相信并没有支持的证据的事情（Coon，1992）——这也是这本书的中心主题，而不是询问超感觉的力量是否存在。

威廉·詹姆斯的一个博士生玛丽·卡尔金斯（1863—1930）在1905年成为美国心理学会第一位女性主席。尽管她是哈佛大学的杰出学生，尽管有詹姆斯的推荐，但由于她的性别，她所在的学院还是拒绝了长期聘任她。卡尔金斯对记忆、感觉和自我概念的研究做出了重要的贡献。

心理学的主要理论框架

几乎从一开始，科学心理学就面临一个棘手的问题：什么样的统一理论能最好地解释行为？

五个主要理论角度——构造主义、机能主义、行为主义、认知主义和精神分析——在当代的心理学思想中扮演关键的角色。许多初学心理学的学生问："在这些理论角度中，哪一个是正确的？"答案不是完全明确的。每一个理论的观点对科学心理学都是有价值的，但每一个都有它的局限（见表1.5）。从某方面来说，这些不同的观点并不完全矛盾，因为它们是在分析的不同水平上来解释行为问题的。通过浏览这五种理论，我们将发现行为研究的科学方法由什么构成，这一心理学观点是随时间而不断变化的。的确，它直到今天仍在继续变化。

内省（introspection）
训练有素的观察员仔细地反映和报告他们的心理体验的方法。

图1.8 ｜ 科学心理学重要事件时间轴

1649

1649年：笛卡尔写了一篇关于身心问题的文章。

18世纪后期：麦斯麦发现了催眠的法则。

19世纪早期：在加尔和史普汉的努力下，颅相学在欧洲和美国逐渐流行起来。

1850年：费希纳体验了将外在世界的生理变化跟知觉的主观改变联系在一起的内在洞察力，从而创立了心理物理学。

1859

1859年：达尔文写了《物种起源》。

1875年：威廉·詹姆斯在哈佛大学创建了小的心理学实验室。

1879年：冯特创建了第一个正规的心理学实验室，开创了心理学作为一门实验学科的纪元。

1881年：冯特创办了第一本心理学杂志。

1883年：冯特的一个学生霍尔在美国的约翰斯·霍普金斯大学创办了一个重要的心理学实验室。

1889

1888年：卡特尔成为美国第一位心理学教授。

1889年：高尔顿介绍了相关的概念，使心理学家可以去量化变量之间的关系。

1890年：威廉·詹姆斯写了《心理学原理》。

1892年：美国心理学会（APA）成立。

1896年：韦特默在宾夕法尼亚大学创立了第一个心理诊所，开创了心理治疗的新天地。

1900

1900年：弗洛伊德写了《梦的解析》，它是心理学史上最畅销的一本书。

1904年：玛丽·卡尔金斯成为美国心理学会第一位女性主席。

1967年：奈瑟尔写了《认知心理学》，为认知心理学领域的发展做出了贡献。

1963年：米尔格兰姆发表了经典的服从实验研究。

1958年：沃尔普写了《交互抑制心理治疗》，开辟了行为治疗的领域。

1954年：保罗·弥尔写了《临床与统计预测》，这是介绍临床诊断优缺点的第一本主要书籍。

1953年：睡眠时的快速眼动阶段（REM）被发现。

1953

1953年：克里克和沃森发现了DNA的结构，引发了基因革命。

1952年：抗精神病药在法国进行了测试，开创了现代心理药理学。

1949年：在科罗拉多大学波尔得分校召开了一个会议，总结了科学临床心理学的原理，创建了临床培训的波尔得模型。

1938年：斯金纳写了《有机体的行为》。

1935年：考夫卡写了《格式塔心理学原理》。

20世纪20年代：戈登·奥尔波特为人格特质心理学领域做出了杰出的贡献。

1920

1920年：皮亚杰写了《儿童关于世界的概念》。

1913年：华生写了《作为行为的心理学》，开创了行为主义领域。

1911年：桑代克发现了工具性（或操作性）条件作用。

1910年：巴甫洛夫发现了经典性条件作用。

1907年：奥斯卡·芬格斯证明了会数数的马——聪明的汉斯，会对观察者提供的线索作出反应，证明了暗示的力量。

1905年：比奈和西蒙编制了第一个智力测试。

1974

1974年：PET被引入，开创了功能性脑成像的新领域。

1974年：伊丽莎白·洛夫特斯和罗伯特·帕尔默发表了一篇关于人类记忆的经典文章，展示了记忆比以前认为的更具有重构性。

1976年：超自然现象科学调查委员会成立，它是第一个对超自然观点持科学怀疑态度的组织。

1977年：第一次使用元分析的数据处理技术，系统结合了多个研究的结果，证明了心理治疗的有效性。

1980年：《精神疾病诊断与统计手册（第三版）》（DSM-III）出版，规范了重大精神疾病的诊断。

20世纪80年代：记忆恢复研究风靡美国，学术研究者跟临床医生之间出现分歧。

1988年：许多最初的科学心理学家脱离美国心理学会，创立了美国心理协会（APS）。

1990

1990年：托马斯·布沙尔和他的同事们发表了关于将双胞胎分开抚养长大的结果，证明了基因对智力、性格和其他人格特质的影响。

1995年：美国心理学会第12分会（临床心理学会）出版了实证支持心理治疗的清单和标准。

2000

2000年：开始人类基因组测试。

2002年：丹尼尔·卡尼曼因他在启发式和偏好研究方面的壮举成为了第一个获得诺贝尔奖的心理学博士。

2004年：APS的成员们投票将美国心理协会改名为心理科学协会。

2009年：新的研究生认证体系建议将心理治疗培训建立在更坚实的科学基础上。

2012年：重现性项目致力于找出有多少心理学研究是具有可重复性的。

2013年：《精神疾病诊断与统计手册（第五版）》（DSM-5）出版。

表1.5 | 影响心理学的理论观点

观点	主要代表人物	目标	影响时间
构造主义 ◀铁钦纳	铁钦纳	用内省的方法去确定经验的基本元素或者"构造"	强调系统观察在研究意识经验时的重要性
机能主义 ◀威廉·詹姆斯	威廉·詹姆斯；詹姆斯·安吉尔	了解我们的思维、感觉以及行为的功能和适应性	已经被心理学吸收并持续、间接地在不同方面对其产生影响
行为主义 ◀斯金纳	巴甫洛夫；华生；爱德华·桑代克；斯金纳	揭示能解释所有行为的基本学习原理；主要集中于可观察的行为	影响了人类和动物的学习模型，前者主要集中于客观研究的需要
认知主义 ◀皮亚杰	皮亚杰；奈瑟尔；乔治·米勒	检验心理活动在行为中扮演的角色	在许多方面都有影响，例如语言、问题解决、概念形成、智力、记忆以及心理治疗方面
精神分析 ◀弗洛伊德	弗洛伊德；卡尔·荣格；阿德勒	揭示无意识心理活动和早期生活经历在行为中扮演的角色	理解了我们的大部分精神活动都是在无意识状态下进行的

构造主义：心理的元素

冯特的英国学生爱德华·布雷福德·铁钦纳（Edward Bradford Titchener，1867—1927）在移民美国后，创立了构造主义。构造主义致力于寻找心理经验的基本元素或"构造"。在冯特内省法的基础上更向前发展，构造主义者期望创造出意识基本元素的详尽"地图"。他们认为感觉、知觉、意象和激情状态就像在化学实验室随处可见的元素周期表（Evans，1972）。

然而，构造主义最终还是退出了历史舞台。至少有两个主要问题导致了其衰败。首先，即便是经过高强度训练的内省者也经常不赞同他们的个人报告，他们说因为结果的偏见因素导致他们并不能保证真正的客观。其次，德国心理学家奥斯瓦尔德·屈尔佩（Oswald Kulpe，1862—1915）展示了在无意象思维状态下个体被要求解决特定心理问题，即在没有意识经验的参与下思考。如果我们要求内省的个体将10与5相加，她能很快地回答"15"，但是通常情况下她无法报告计算过程中的思维过程（Hergenhahn，2000）。无意象思维现象将一系列的身体反应和构造主义联系在一起，因为它强调了人类心理的某些重要方面存在于意识之外。

构造主义肯定了系统观察在研究意识经验过程中的重要性。然而，构造主义者却误认为，只靠内省法这种简单有缺陷的方法，就能提供心理学这一

达尔文的自然选择的进化论对机能主义产生了重大影响，它有助于理解心理特征的适应性。

完整学科所需的全部信息。伴随内省主义的创立与衰败，心理学家已经认识到，多种方法相结合几乎是理解复杂心理现象所需的一种手段（Cook，1985；Figueredo，1993）。

机能主义：当心理学遇见达尔文

机能主义拥护者希望理解心理特征的适应性或者机能，例如思维、感觉、行为（Hunt，1993）。构造主义者关心的是"是什么"，如"意识是什么"；而机能主义者关心的是"为什么"，如"为什么有时候我们记不住事情"。机能主义的创立者——威廉·詹姆斯，摒弃了构造主义者的研究途径和方法，他认为详细的内部观察并不能确定一系列静止的意识元素，相反，它确定的是不断变化的"意识流"（他创造的一个著名的术语）。詹姆斯同样是因为编著了有影响力的《心理学原理》（1890）一书被大众所熟知，这部著作向大众介绍了心理学的科学性。

华生是行为主义创始人之一。他坚定地坚持科学的严密性，其主张在得到广泛支持的同时，也受到了一些人的质疑。

19 世纪末的机能主义者很大程度上被生物学家达尔文（1809—1882）尚未成熟的**自然进化论**所影响，这一理论强调许多身体特征之所以进化，是因为它们增加了生存和再造的机会。机能主义者认为，达尔文的进化论同样适用于心理特征。正如大象的鼻子能为生存提供有用的功能（如获取远距离的食物和水）一样，人类的记忆系统肯定也能起到类似的作用。机能主义者宣称，心理学家的职责就是作为一个"侦探"，去发现心理特征为有机体提供的功能。

跟构造主义一样，机能主义没有延续至今。但是，机能主义的思想逐渐被主流的科学心理学所吸收，并从不同方面间接地影响着心理学的发展。事实上，如今许多心理学家都在积极研究人格特质所具有的潜在进化功能，如移情和侵略，以及情感功能，如嫉妒和恐惧等（Buss，2015）。

行为主义：学习的法则

20 世纪早期，许多美国心理学家对学科中过于感情化的特征越来越不满。特别是，他们认为铁钦纳和其他内省主义者使心理学误入歧途。对他们而言，研究意识是在浪费时间。因为研究者永远都不可能最终证实心理经验基本元素的存在。他们强调，心理学应该是客观的，而不是主观的。

约翰·华生（1878—1958）是这些批判者中最为重要的，也是最为耀眼的一位美国心理学家。华生是**行为主义**的创始人之一。这个学科至今仍有影响，它致力于揭示人类和动物行为中潜在的普遍学习规则。华生（1913）认为，心理学的研究内容应该是可观测的行为，不应该使用意识经验的主观报告法。华生曾说，如果在他英明的领导下，心理学将发展成为像物理、化学或其他主流学科一样的学科。

华生，像他的追随者，哈佛大学心理学家斯金纳（1904—1990）一样，认为心理学应该致力于揭示能解释所有行为的普遍学习法则。不管这行为是骑自行车，吃三明治还是变得多愁善感。华生认为，所有这些行为都是一定数量的基本学习法则的产物。然而，斯金纳认为心理学可以并且应该解释所有的心理现象，即使是那些无法观察到的现象，比如思想和情感。而且，根据华生的观点，我们不需要通过聚焦有机体"内在"来获得这些法则。我们可以通过只观察有机体的外在来理解行为以从环境中得到奖赏或惩罚。对于传统行为科学家来说，人类大脑就是一个"黑箱"：我们知道什么东西进去了，什么东西出来

机能主义（functionalism）
致力于理解心理特征适应性的心理学派。

自然进化论（natural selection）
具有适应性的生物体的生存概率和繁殖的速度比其他生物体要高。

行为主义（behaviorism）
心理学的一个流派，致力于通过观察行为来揭示学习的一般法则。

认知心理学
（cognitive psychology）
认为思考是理解行为的核心的心理学学派。

认知神经科学
（cognitive neuroscience）
研究大脑功能和思维之间的关系的相对较新的心理学领域。

精神分析（psychoanalysis）
由弗洛伊德创立的心理学派，主要关注我们无法意识到的内部心理过程。

了。但是我们不需要担心在输入和输出之间发生了什么。行为主义对科学心理学的影响延续至今。行为主义通过探索基本行为法则来解释人类和动物的行为，使心理学的科学印记更加牢固。尽管早期的行为主义学家并不相信我们对意识经验的主观观察会有所发展，但至少他们从某种程度上警告了我们，过度依赖那些我们不能从客观上确认的报告具有危险性。

认知主义：打开黑箱

从 20 世纪 50 年代到 60 年代，越来越多的心理学家开始认识到行为主义对认知的忽视。认知这一术语是心理学家用来描述在各种思维中所涉及的心理过程。虽然有些行为学家认识到人类以及一些高级动物都能思考，但他们将思考视为行为的另一种方式。相反，**认知心理学**的支持者认为我们的思维方式在很大程度上影响我们的行为。例如，瑞士心理学家皮亚杰（Jean Piaget，1896—1980）认为儿童比成人更能将世界以显著不同的方式概念化。随后，在迪克·奈瑟尔（Ulric Neisser，1928—2012）和乔治·米勒（1920—2012）的领导下，认知主义者认为思维在心理学中处于中心地位，它应该成为一个独立的学科（Neisser，1967）。

根据认知主义者的观点，心理学理论只基于在环境中得到奖惩是远远不够的，因为我们对奖惩的理解是决定我们行为的关键。例如，一个学生在一次心理学测试中得到了 B+。对于一个在考试中习惯拿 F 的学生来说，B+ 对他来说就是一种奖励；相反，对于一个习惯拿 A 的学生来说，B+ 对他来说就是一种惩罚。认知主义者强调，在没有理解人们怎样评估获取的信息时，我们永远不能完全理解他们的行为。而且，根据认知主义者的观点，我们不仅仅通过奖惩来学习，还通过顿悟来学习，即通过理解问题的本质来学习。

认知心理学在今天日益繁盛，它的影响已经触及诸如语言、问题解决、概念形成、智力、记忆、人际知觉、心理治疗等不同领域。认知心理学不仅关注奖惩机制，更关注有机体对这种机制的解释。它鼓励心理学家探索黑箱里的内容，并检验输入跟输出之间的关系。此外，认知主义已经与大脑功能的研究建立了越来越多紧密的联系，这使心理学家能够更好地理解思维、记忆和其他心理功能的生理基础（Ilardi & Feldman，2001）。一个新兴的领域，**认知神经科学**，在过去的 15 年左右的时间里研究了大脑功能和思维之间的关系（Gazzaniga，Ivry，& Mangun，2002，Ward，2015）。认知神经科学和情感神经科学领域的研究，即对大脑功能和情感之间的关系的研究（Ochsner & Gross，2008；Panksepp，2004），会让我们更好地理解与思维和情感相关的生物过程。

精神分析：无意识的深度

当行为主义在美国占据主导地位的时候，欧洲也正在酝酿一场运动。精神分析这片领域，最初由维也纳神经医学家弗洛伊德（1856—1939）创立。跟行为主义截然相反的是，**精神分析**关注的是内部心理过程，特别是欲望、思维以及无意识状态下的记忆。根据弗洛伊德（1900）和其他精神分析者的观点，对行为产生基本影响的不是有机体外在的力量（如奖惩），而是无意识的控制，尤其是性欲和攻击欲。

精神分析者认为，我们大部分的日常心理活动都充满象征——用一些事情来代替其他事情（Loevinger，1987；Moore & Fine，1995）。你突然将你的一位女教师称为"妈妈"，弗洛伊德学说的支持者可不会把这尴尬的口误当作一个独立的错误来看待。相反，他们将很快告诉你，你的老师可能让你想起了你的母亲，这可能是对象转移的好理由。精神分析的目标是解读舌尖现象（就是我们常说的"无意间泄露的心事"）、梦、心理特征的象征和意义。精神分析者称，他们可以通过这些找到我们内心深处心理冲突的根源。精神分析者比其他学派更加强调早期经历的作用。对于弗洛伊德和其他精神分析者来说，我们人格的核心在生命的前几年就已经定型，特别在我们与父母有联结的时候。

弗洛伊德和精神分析对科学心理学的影响一直存在争议。一方面，一些反对者认为，精神分析耽误了科学心理学的进程，因为他们太过关注无意识这种很难甚至不能核实的心理过程。我们将会学到这些有一定影响的批评（Crews，2005；Esterson，1993）。另一方面，一部分精神分析者宣称，诸如"大部分心理过程都是在无意识状态下进行的"这种主张，对科学心理学的帮助很大（Schwartz，2015；Westen，1998；Wilson，2002）。然而，弗洛伊德关于无意识的观点是否还包含了除它们相同的内容外更多的内容，这一点尚不清楚，但这并不预示着一个巨大的隐藏记忆和冲动的存在（Kihlstrom，1987）。

弗洛伊德接待病人用的长椅，现在陈列于英国伦敦的弗洛伊德博物馆。与传统观念相反，许多心理学家不是精神分析者，许多精神分析者也不是心理治疗师。现在的治疗师也不会要求病人躺在长椅上。

多元化的现代心理学

心理学不仅仅是一门学科，更是多种分支学科的综合。从生物学和文化学的角度看，这些分支学科在分析水平上有很大的不同。通过这些心理学分支，我们可以发现研究者的研究范围十分广泛，例如视觉的脑部基础、记忆的机制、偏见的成因、抑郁的治疗。

一个领域的发展

今天，在世界范围内大约有 500 000 名心理学家（Kassin，2004）。仅仅在美国就有 106 000 名（Psychological Assessment Resources，2015）。1892 年成立的美国心理学会（APA）如今已成为世界上最大的心理学家协会，包含了 117 000 名会员（American Psychological Association，2012；1900 年仅有 150 名会员，可见发展之快）。另一个更具研究性的协会，即在 1988 年从美国心理学会分离并成为一个独立部门的心理科学协会，已经拥有了 26 000 名会员。APA 中女性和少数民族的比例也在持续稳定地增长，这些人关注的主题多种多样，例如成瘾、艺术心理学、临床心理学、催眠、心理学和法律、传媒心理学、智力迟钝、神经科学、心理学和宗教、运动心理学，还有与女性、女同性恋、两性人以及变性有关的心理学。

心理学家的类型：事实与假象

图 1.9 列出了心理学家不同的工作领域。正如我们看到的，一部分在研究机构工作，其他的则在应用机构工作。表 1.6 描述了我们在本书中将会提到的一部分心理学家的主要类型和工作内容。同时也可以通过假象与事实的

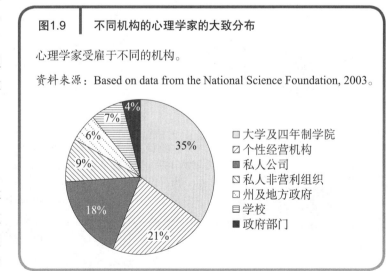

图1.9　不同机构的心理学家的大致分布

心理学家受雇于不同的机构。

资料来源：Based on data from the National Science Foundation, 2003。

大学及四年制学院 35%
个性经营机构 21%
私人公司 18%
私人非营利组织 9%
州及地方政府 6%
学校 7%
政府部门 4%

表1.6	心理学家的类型和他们的工作内容		

类型	工作内容	常见的假象与事实	
临床心理学家 	1. 对心理障碍进行评估、诊断、治疗。 2. 对有心理障碍的人进行研究。 3. 在学院或大学、心理治疗中心或私人诊所工作。	假象：成为治疗专家必须要有哲学博士学位。 事实：大多数临床心理学家的哲学博士项目都以研究为导向，治疗师的其他选择是Psy.D.（即心理学博士，他们更倾向于训练治疗师而不是自己搞研究）或是MSW（社会工作的硕士学位，也同样倾向于训练治疗师）。	
咨询心理学家 	1. 帮助那些正在经受短暂的或相对独立的生活问题的人，例如婚姻冲突、性生活问题、职业压力或者事业不稳定。 2. 在咨询中心、医院和私人诊所工作；也有的在学院或研究机构工作。	假象：咨询心理学家跟临床心理学家是完全一样的。 事实：临床心理学家帮助那些有严重心理障碍如抑郁症的人，而咨询心理学家则不会。	
学校心理学家 	帮助教师、学生及儿童纠正、治疗学生的行为、情绪及学习困难的问题。	假象：学校心理学家是教育心理学家的另一种表达。 事实：教育心理学是一门重要的但不同的学科，它关注的是帮助教育工作者找到更好的教学方法并对学习进行评估。	
发展心理学家 	1. 研究人们如何以及为什么随时间改变而改变。 2. 对婴儿、儿童、成人及老人的情绪、心理、认知过程进行研究，包括他们如何随年龄变化而变化。	假象：发展心理学家将大部分时间用于陪伴孩子们玩耍。 事实：大部分发展心理学家将时间花在实验室，对数据进行收集和分析。	
实验心理学家 	1. 用实验的方法研究人类的记忆、语言、思维以及社会行为。 2. 基本上在研究机构工作。	假象：实验心理学家的工作大部分在实验室进行。 事实：许多实验是在日常生活中的真实环境中进行的，以检测人们怎样获得语言、记住事情。将心理学概念或类似概念应用于日常生活。	
生物心理学家 	1. 研究人类和动物行为的生理基础。 2. 基本上在研究机构工作。	假象：所有的生物心理学家在研究中用的都是伤害性方法。 事实：尽管许多生物心理学家在研究动物的脑对它们行为的影响时，会给脑带来伤害，但还有一部分生物心理学家则使用脑成像方法，这种方法不会对有机体造成伤害。	
司法心理学家 	1. 在监狱、拘留所等机构工作，对里面的犯人进行评估和诊断，帮助他们治疗、康复。 2. 其他的对目击证人的证明或陪审团的决定进行评估。 3. 大部分拥有临床心理学或咨询心理学学位。	假象：大部分司法心理学家都是犯罪侧写师，就像为联邦调查局（FBI）工作的那些人那样。 事实：犯罪侧写只是司法心理学的一个小的有争论的分支（在14章将会学到）。	

种类	工作内容	常见的假象与事实
工业 / 组织心理学家 	1. 在公司或企业工作，帮助选拔员工、评估绩效，研究不同工作或生活条件对人们行为的影响（称为环境心理学家）。 2. 设计能将员工绩效最大化、事故最小化的设备（称为人类因素心理学家或机械心理学家）。	假象：大多数工业 / 组织心理学家跟员工进行一对一的谈话以提高他们的激情和生产效率。 事实：大部分工业 / 组织心理学家将时间花在编制测验以及选拔程序，或实现组织性的改变上，以提高工人生产效率和满意度。

对比消除对于心理学家工作内容的误解（Rosenthal et al.，2004）。

正如我们看到的，作为主要的职业类型，心理学的领域着实多种多样。而且，心理学领域里的面孔也在改变，更多的女性和少数族群进入心理学的分支领域（见图 1.10）。抛开内容上的不同，这些心理学的领域有一点是相同的，即大部分专注于自己领域的心理学家都很依赖科学方法。特别是，他们用科学的方法去寻找人类和动物行为中的新发现，并且利用已知的发现提高人类福利。

心理学的两大争议

现在我们已经了解了一些心理学的过去与现在，我们得为那些将来的事做准备。心理学从开始就被两种观点所影响，并且看起来还会继续影响下去。由于这些争议仍然存在，本节我们将通过事实对它们进行阐释。

图 1.10　在过去三十年中，心理学发生了巨大变化

纵轴：获得哲学博士学位的女性百分比（0%–100%）

图例：1974　1990　2005

横轴：临床　发展　工业组织　实验　认知　咨询服务

在所有领域中，女性获得博士学位的人数有所增加。2005 年，在临床和发展心理学领域，获得哲学博士学位的女性占四分之三甚至五分之四。

资料来源：Based on data from American Psychological Association [APA]，2007。

先天 - 后天之争

先天和后天的争论提出了这样的问题：我们的行为究竟是由基因（先天）还是由环境（后天）决定的？

我们在后面将会发现，先天 - 后天之争在智力、人格和精神病理学（精神疾病）领域尤其激烈。许多早期思想家，例如英国哲学家洛克（John Locke，1632—1704）将刚出生的人的大脑比作一张未书写的白纸。后续的人则把大脑比作白板。对于洛克等研究者来说，我们来到这个世界时，没有带遗传的偏见或预先的想法，即我们完全通过环境来塑造自我（Pinker，2002）。20 世纪的大部分时期，许多心理学家认为，所有的人类行为都是学习的产物。行为遗传学家用复杂的研究（如双生子研究和收养儿童研究）证实了许多重要的心理学特性，如智力、兴趣、人格以及许多心理疾病，主要受基因影响（Plomin et al.，2016）。越来越多的现代心理

我的科研项目的题目是："我的弟弟：先天或后天"。

进化心理学
（evolutionary psychology）
将达尔文的进化论应用于人类和动物行为的学科。

美国男性每年花费数亿美元在植发治疗上的事实，跟进化心理学的关于女性喜欢秃顶男人的假设不符合。

学家渐渐认识到，人类行为不仅取决于后天环境，也取决于先天基因（Bouchard，2004；Harris，2002）。

一些人认为先天-后天之争已经不存在了（Ferris，1996），因为现在每个人都同意基因和环境在大多数的人类行为中起同样重要的作用。但是，关于基因和环境对不同行为到底有什么作用，它们又是怎样同时发挥作用的，我们还有很多东西要学习。实际上，在后面的章节中，我们会发现，之前的二分法并没有将基因和环境完全分清，它比我们想象得更有趣。基因和环境有时候以一种复杂和惊奇的方式交互作用着。

心理学领域中给先天-后天之争带来光明的是**进化心理学**，一门将达尔文的自然选择进化论应用到人类和动物行为中的学科（Barkow，Cosmides，& Tooby，1992；Dennett，1995；Tooby & Cosmides，1989）。威廉·詹姆斯等机能主义者最早提出了一种假设：许多人类心理上的特性，如记忆、情绪、人格等，提供了一种关键的适应功能，即它们帮助有机体生存、繁衍。达尔文和他的追随者认为，自然选择对心理特质就像对生理特质（如手、肝脏、心脏）一样有这种适应功能。

生物学家用"适应性"来表示一种特性，跟那些缺少这一特性的有机体相比，拥有这种特性的有机体的生存和繁衍机会将会大大增加。值得注意的是，适应性跟有机体的强壮和强大没有关系。相比其他有机体，有适应性的有机体具有更强的生存能力和更高繁殖率，他们能顺利地将自己的基因传给下一代。例如，那些有一些焦虑的人比没有焦虑的人存活率更高，因为焦虑提供了一种必要的功能：它能警告我们危险的存在（Barlow，2000；Damasio & Carvalho，2013）。

然而，进化心理学也受到了许多批评（Kitcher，1985；Panksepp & Panksepp，2000；Rose & Rose，2010）。进化心理学的许多预想根本无法证伪。一部分原因是因为行为没有留下化石，它并

对争议的评价

下面是对先天-后天和主动-被动之争的一种简短的描述。仔细阅读每一项内容，并决定哪一个争论是有意义的。

互动

1. 行为理论认为，动物和人的行为主要是受过去强化的历史的影响。这一理论采用了主动-被动的哪一面？　　a. 主动　b. 被动

2. 人本主义理论和治疗方法往往是指人们能控制自己命运的能力，而不管他们过去的困难是什么。这一理论采用了主动-被动的哪一面？　　a. 主动　b. 被动

3. 弗洛伊德认为，人类天生就有一种侵略意识，这后来被自我和超我控制了。简而言之，所有人都有这些消极的特征。在宣称我们生来就有侵略倾向的时候，弗洛伊德采用了先天-后天的哪一面？　　a. 先天　b. 后天

4. 社会心理学家认为，人类通过他们的社会化、父母和重要的成年人来学习他们的行为习惯（比如如何与权威人物互动，甚至是如何和何时表达情感）。在先天-后天的争论中，这反映了什么？　　a. 先天　b. 后天

1. b, 2. a, 3. a, 4. b。

不像恐龙的骨头、早期人类或其他动物那样。这就导致了跟研究鸟的翅膀的作用相比，研究焦虑或者抑郁的进化作用更难。例如，两个研究者假设，男性秃顶是一种进化功能，因为女人将倒退的发际线看作成熟的标志（Muscarella & Cunningham，1996）。但是如果结果证明，女性更喜欢男性有很多头发来美化他们，那么要解释这个发现也很简单（女性认为发量多的男性更强大和健壮）。对两种结果，心理学都能解释。虽然进化心理学的发展将可能促进心理学形成一个统一的认识（Buss，1995；Confer et al.，2010）。但是我们要留意那些进化论的解释，因为它们几乎能为每一个事实提供其背后的证据（de Waal，2002）。

基础研究（basic research）
研究大脑怎样工作。

应用研究
（applied research）
研究怎样将基础研究的结果应用到真实世界。

主动－被动之争

主动-被动之争针对的是这样一个问题：我们的行为是我们自主选择的还是由外界无法控制的因素引起的？

大多数人倾向于相信我们在任何时候都能自由地做想做的事。例如，你应该会相信，在这个时候，你可以决定是继续阅读直到这个章节结束还是休息一下看会电视。事实上，我们的法律系统的前提就是我们有选择的自由。之所以惩罚罪犯是因为他们本来可以选择服从法律，在法律允许的框架下获得自由的行为，但他们却没有遵守法律。当然，有一种例外就是精神障碍。法律系统一般认为严重的精神疾病会干扰人们的意志自由（Hoffman & Morse，2006；Stone，1982）。一些杰出的心理学家认为我们倾向于自由意志（Baumeister，2008）。

但是，许多心理学家认为，意志自由本质上是种幻觉（Bargh，2008；Sappington，1990；Wegner，2002）。行为主义学家斯金纳（1971）争辩说，我们的自由意志起源于我们无法随时随地对那些成千上万的能影响我们行为的细微环境保持警觉。就像戏剧中的木偶，它们没有意识到演员在操纵它们的绳子。同样的道理，我们之所以得出我们是自由的这个错误结论，是因为我们没有意识到那些作用于我们行为的不同的影响。对于斯金纳和其他行为主义者来说，我们的行为完全是被动的。

一些心理学家认为，大部分甚至我们所有的行为都是自动产生的，也就是说，是无意识的（Gazzaniga，2012；Kirsch & Lynn，1999；Libet，1985）。我们甚至可能会相信，某些东西或某个人正在做我们自己也同样做的行为。举个例子，那些从事自动写作的人——虽然看起来像是在一种恍惚的状态下写作——坚持认为他们是被一些外部的力量强迫去做的。但有强有力的证据表明，他们自己也在做这种行为，尽管是无意识的（Wegner，2002）。根据许多决定论者的说法，我们的日常行为是受我们无意识（Bargh & Chartrand，1999）的影响自动产生的。但仍有许多心理学家不相信，他们坚信我们能够保持大量意识来控制行为（Newell & Shanks，2013）。

心理学怎样影响我们的生活

在整本书中都可以发现，心理学在日常生活的方方面面都有重要的作用。心理学家通常将心理学区分为基础研究和应用研究。**基础研究**是研究大脑怎样工作，而**应用研究**则研究怎样将基础研究的结果用来解决实际问题（Nickerson，1999）。在一些大的心理学系里，有的人进行基础研究，如研究人员研究学习的基本法则；有的人进行应用研究，如研究人员研究怎样帮助人们应对抗癌带来的压力。两类研究人员有序地组织在一起。

应用心理学研究

调查显示，很少有人意识到心理学对日常生活的巨大影响（Lilienfeld，2012；Wood，Jones，

& Benjamin，1986）。事实上，心理科学在当代社会中发挥的作用已经远比我们所知道的要大（Salzinger，2002；Zimbardo，2004a）。让我们看一下美国心理学会制作的小册子中所举的例子吧。

如今越来越多的消防车是柠檬黄，而不是红色。这是因为心理学研究已经证明，在黑暗中，柠檬黄的物体比红色物体更容易被发现。

- 如果你住在大城市或离大城市很近，你会发现消防车的颜色发生了很大的变化。尽管过去的消防车是明亮的红色，但是现在的新消防车却是一种古怪的颜色——柠檬黄。原因在于，研究知觉的心理学研究者发现，柠檬黄在黑夜里更容易被发现。实际上，柠檬黄消防车发生事故的频率只有红色消防车的一半（American Psychological Association，2003；Solomon & King，1995）

- 作为一名司机，你有没有为了避免撞上前面突然停下来的车而突然刹车的经历？如果有，并且你成功地避免了一起严重交通事故的发生的话，你最好感谢约翰·弗沃特斯基（John Voevodsky）。几十年来，汽车一直只有两个刹车灯，20 世纪 70 年代早期，弗沃特斯基灵光一闪，想在汽车后挡风玻璃的底部装上第三个刹车灯。他解释说这种增加的视觉信息可以减少突然碰撞的危险。他花了十个月时间，对装有新刹车灯的出租车和没有装新刹车灯的出租车进行研究，结果发现，前者发生突发事故的概率比后者小 61%（Voevodsky，1974）。正是因为他的研究成果，所有的美国新汽车都有了第三个刹车灯。

- 如果你是一名普通的美国民众，你每天都会收到 100 多条商业信息。这种概率很大，因为它们每一个都是心理学家精心设计的结果。华生，行为主义的创始人，在 20 世纪二三十年代最早将心理学应用于广告。今天，那些研究者对某些公司成功的市场营销仍有不可磨灭的贡献。例如，那些研究杂志广告的心理学家发现，人的面部在左边出现比在右边出现更能吸引读者的注意。相反，在教科书上，放在右边比左边更能吸引读者的注意（Clay，2002）。

多亏心理学研究，广告商才知道把模特的脸放在左边，文字写在右边更能吸引读者的注意。

- 为了进入大学，你可能得参加一个或几个测试，例如 SAT 或 ACT。如果是的话，那么你应该感谢或责怪那些专门测量学业成绩和知识水平的心理学家，他们编制了这些测试（Zimbardo，2004a）。尽管测试远不能完全预测学校成绩，但是它们在预测学生在学校的表现方面有重要意义（Geiser & Studley，2002；Sackett，Borneman，& Connelly，2008；Sackett et al.，2009）。

- 警察经常让暴力犯罪的受害人从一排人里面选出一个疑犯。这么做的时候，警察使用的就是同时队列，将一个或几个嫌疑人跟几个"无辜者"站成一排，通常是五到八个人。这是我们在犯罪电视节目中经常看到的队列。心理学家研究表明，连续队列——受害者每次只看到一个人，然后决定他或她是不是罪犯，比同时队列更加准确（Cutler & Wells，2009；Steblay et al.，2003；Wells，Memon，& Penrod，2006），尽管这种精确的队列可能会使一定数量的罪犯逃脱法律的制裁（Clark，2012）。根据这个研究结果，美国的警察部门开始越来越多地使用连续队列而不是同时队列（Lilienfeld & Byron，2013）。

- 很多年以来，许多美国公立学校可以合法地进行种族隔离。1954 年以前，美国大陆的法律规定"分开但平等"是为了充分保证种族平等。但是心理学家克拉克夫妇（Kenneth & Clark，1950）开创式的研究表明，非裔美国小孩更喜欢白色洋娃娃，而不是黑色。1954 年布朗诉堪萨斯州托皮卡市教育局之案发生后，美国最高法院表示学校实行种族隔离的做法对黑人小孩的自尊产生了负面影响。

心理学的研究成果随处可见，远不止我们已经意识到的，心理学无时无刻不在影响着我们每一天的生活，并且在大多数情况下是好的影响。

日志提示

你可以想到将心理学研究应用到生活中的其他方式吗？

科学思维：一种生活方式

在你继续探索心理学的其他领域时，有一点我们必须告诉你：学会科学地思考，不仅有助于你在这门课程以及其他心理学课程上做出更好的决定，还有助于你在日常生活中做出更好的决定（Gawande，2016）。每一天我们都被新闻或娱乐媒体中那些关于不同主题的、令人困惑的、自相矛盾的说法包围着。比如草药、减肥计划、养育方法、失眠治疗、快速阅读课程、政治阴谋说、不明飞行物、精神疾病的突然治愈……这些说法中至少有一些是真的，其他的完全是伪造的。对于怎样区分哪些说法是科学的，哪些说法是伪科学的，或者二者兼有，媒体很少提供指导意见，甚至网上"新闻"也增加了混杂着真实和虚假的故事。

幸运的是，在本章中你已经学会了科学思考的方法，在后面的章节中你还可以了解更多，而且我们希望你喜欢这种方法。它能帮助你在这个充斥着大众心理学和大众文化的令人迷惑的世界里找到方向。

在这本书甚至日常生活中，科学思考的关键在于始终记住这四个字：拿出证据。在认识到常识并不能给我们评价各种不同说法带来什么的时候，我们应该清楚：只有科学证据才能避免我们被愚弄，同时避免我们愚弄自己。但是我们应该怎样收集科学的证据，又该怎样使用它们？我们将在后面的章节中谈到。

总结：心理学与科学思维

1.1　什么是心理学？科学与直觉的对抗
1.1a　解释为什么心理学不仅是常识。

心理学是对思维、大脑以及行为的科学研究。尽管我们很多时候靠自己的常识来理解世界，但是这种常识的理解有时候是错误的。朴素现实主义就是一种认为我们看到的世界就是它本来面目的错误理论。它会导致我们对自己、对世界产生错误的信念。例如，认为我们的直觉和记忆总是准确的。

1.1b   了解科学作为抵抗偏见堡垒的重要性。

证实偏差是指一种寻找支持假设的证据而忽视或曲解与假设相反的证据的倾向。信念固着是指即使有相反的证据也坚持自己的想法。而科学的方法是一系列排除这两种偏见的有效途径。

1.2   伪心理学：披着科学的外衣

1.2a   描述伪心理学并将其与科学心理学区分开来。

伪科学经常以科学的形式出现，但是它们并不遵循科学的原则。伪科学没有对证实偏差和信念固着予以区分，而这正是科学的特点。

1.2b   了解我们被伪科学吸引的原因。

我们被伪科学的信念所吸引，因为人类的思维倾向于在混乱和无序中感知。尽管通常是适应性的，但这种倾向会导致我们在不存在的时候看到幻象性错觉。伪科学的说法会导致机会的浪费，甚至由于危险的治疗带来直接伤害。它们还会使我们在其他的生活领域中缺少科学思维。

1.3   科学思维：辨别真伪

1.3a   识别科学怀疑论的主要特征。

科学怀疑论需要我们用开放的态度去评估所有的说法，但是在没有令人信服的证据之前不接受任何观点。科学怀疑论在每种观点的价值基础上去评估它们，并不是靠其权威性就接受它们。

1.3b   学习并理解这本书的科学思维的六个原则。

科学思维的六大原则是排除其他假设的可能性、相关还是因果、可证伪性、可重复性、特别声明、奥卡姆剃刀原理。在过去的10年里，由于某些心理发现对独立研究的重复性提出了

挑战，可重复性在过去的10年中起了特别重要的作用。

1.4   心理学的过去和现在：一个漫长而奇特的旅程

1.4a   掌握心理学的主要理论框架。

在心理学的历史上，有五个主要的理论在心理学的发展中起着重要作用。构造主义通过内省的方法探索经验的基本元素；机能主义试图了解行为的适应功能；行为主义认为心理科学必须是客观的。认知主义则强调心理过程在理解行为时的重要性。精神分析则关注无意识行为和欲望。

1.4b   描述不同学派的心理学家并了解他们每个人的思想。

心理学家有多种类型，临床和咨询心理学家经常进行治疗工作；学校心理学家为学校机构的儿童开展干预项目；工业／组织心理学家经常在公司或企业工作，旨在最大化员工绩效。许多司法心理学家在监狱或法庭工作，还有许多进行研究工作。发展心理学家研究心理在时间变化基础上的系统改变。实验心理学家研究学习和思维，生物心理学家研究行为的生物学基础。

1.4c   描述影响心理学发展的两大争议。

这两种争议是：先天－后天之争，即我们的行为是受基因影响大还是周围环境的影响大；主动－被动之争，即我们的行为是自主决定的，还是受外界因素所控制。这两种争议将继续影响心理学的发展。

1.4d   了解心理学研究是如何影响我们的日常生活的。

心理学的研究已经显示心理学是怎样运用于不同领域的，如广告、公共安全、犯罪系统以及教育领域。

第 2 章　研究方法

防止错误的重要保障

质疑你的假设

互动

这些研究设计是为了解答大多数心理学问题的答案吗？

我们关于人类大脑如何工作的直觉通常是准确的吗？

相关性与因果关系有不同吗？

实验只是一个奇特的研究术语吗？

如果有两个关键的主题贯穿本章，那就是我们都容易犯错误以及使用研究方法可以帮助我们避免错误。没有科学提供关键保障，我们将会在某些情况下犯灾难性的错误，并很可能危害人们的生活。

自从道格拉斯·拜克伦（Douglas Biklen）向美国人民介绍了辅助沟通训练，很多研究人员便开始在严格控制的实验条件下检验该训练的过程。在一个经典实验中，辅助人员和自闭症儿童分别坐在相邻的两个小房间里，中间有一面墙将他们分开，但是辅助人员可以通过一个窗口在键盘上与自闭症儿童进行手与手的接触（见图2.1）。

研究者在屏幕上闪现两幅不同的画面，一幅只被辅助人员看见，另一幅只被自闭症儿童看见。举个例子，呈现给辅助人员的是一幅狗的图片，而呈现给自闭症儿童的是一幅猫的图片。接下来，让他们敲出各自看到的图片的单词。因此，一个关键的问题是：自闭症儿童打出的单词是呈现给辅助人员的"狗"，还是呈现给自闭症儿童的"猫"？

此类研究的结果惊人的一致，在几乎所有的实验中，打出的单词与呈现给辅助人员的图片一致，而不是与自闭症儿童的一致（Jacobson，Mulick，& Schwartz，1995；Romancyzk et al.，2003）。令人难以置信的是，辅助沟通训练全部依赖于辅助人员的想法（Todd，2012）。辅助人员用手轻松地引导自闭症儿童的手指在键盘上敲击，而产生的单词是来自他们的思想而不是自闭症儿童的，但辅助人员对此并不知情。早在辅助沟通训练出现的数十年前，科学家就已经了解到我们的想法可以控制我们的行为而与我们的知识无关（Wegner，2002）。当你在电脑键盘上打字或给朋友发短信时，你可能发现了这种现象，当你发现自己打算写一句话时（如"稍后电影院见"），却写了一个不同的句子，里面有一个你正在全神贯注地思考的单词（如"稍后考场见"）。辅助沟通训练中的键盘只不过是一种现代版的通灵板，即一种被巫师用以同死者交流的流行装置。它就像在占卜游戏中辅助人员无意识地控制的小指针的运动。遗憾的是，辅助沟通训练的支持者却忽视了考虑这种对立假说显而易见的影响。

图2.1　辅助沟通训练实验

通过将自闭症儿童和辅助人员放置在相邻的小房间，并且向他们呈现不同的图片，研究者证实辅助沟通训练完全依赖于辅助人员的想法，而不是自闭症儿童的。

自闭症儿童　　辅助人员

排除其他假设的可能性
对于这一研究结论，还有更好的解释吗？

2.1　良好设计的合理性和必要性

2.1a　确定两种思维方式及其在科学推理中的应用。

辅助沟通训练的悲剧给我们上了宝贵的一课，这也正是我们将要在全书中强调的：研究设计的重要性。这个故事也是科学成功战胜伪科学的强有力的证明，原因有二（Lilienfeld，Marshall，Todd，& Shane，2014）。第一，科学帮助那些与自闭症患者一起工作的人员，避免浪费宝贵的时间在促进沟通和其他无效或有害的干预措施上。第二，科学已经允许从业人员进行开发和测试工作，我们在后面的内容中将会发现，严谨的研究已经帮助心理学家来设计和评价干预措施，而这能真正提高个人与自闭症儿童沟通的效果，同时也能提高自闭症儿童的社会技能和解决问题的能力（Leaf et al.，2016）。与促进沟通不同的是，这些技能不是神奇地或快速地修复自闭症，但它们给自闭症患者的治疗提供了真正的希望，而不是虚假的希望。

为什么我们需要研究设计

很多心理学的初学者会有疑问："为什么我需要学习研究设计，我上这门课是研究人类的，而不是数字。"辅助沟通训练的案例告诉我们答案。没有严谨的研究设计，即使是天资聪颖并受过良好教育的人也可能被愚弄。与自闭症患者一起工作的辅助人员确信辅助沟通训练有成效：他们天真的现实主义使他们"亲眼"看到了人们对儿童的错误引导，并且，他们的证实偏差（见 1.1b）预示着一个自我实现的预言，引导他们去看他们想看的东西。像众多伪科学的辩护者一样，他们是谬误的受害者。我们将在这一章以及之后的章节中讨论一些研究设计，如果辅助沟通训练的支持者用到这些研究设计，可能他们就不会被愚弄。在这一章，我们将要学到这些研究设计是什么。我们也将了解它们怎样帮助我们不仅在心理学课程中而且在日常生活中避免被蒙蔽从而更好地评估某些观点。

让我们看另一个悲剧的例子。在二十世纪初的几十年里，心理健康专业人士认为**脑前额叶白质切除术**（流行语称"脑叶白质切除术"）是一种有效地治疗精神分裂症以及其他严重的精神疾病的技术。使用这种技术的外科医生切断了连接大脑额叶和丘脑的神经纤维（见图 2.2）。大约有 50 000 名美国人接受了脑前额叶白质切除术，大多数人是在 20 世纪 40 年代末和 50 年代初进行的，这些人中的一些人今天仍然活着。

科学界非常肯定地认为脑前额叶白质切除术是一个了不起的突破，1949 年他们授予其主要的早期支持者——葡萄牙人埃加斯·莫尼兹（Egas Moniz）——诺贝尔生理学或医学奖。在辅助沟通训练的案例中，那些令人惊叹的报告或脑前额叶白质切除术的效果几乎完全依靠主观的临床描述（El-Hai，2005）。美国神经外科医生沃尔特·弗里曼（Walter Freeman）进行了约 5 000 例切除术，并骄傲地宣称："我是一个敏感的观察者，我的结论是，我的绝大多数病人经过我的治疗变得更好而不是更糟。"（Dawes，1994，p.48）。

就像辅助沟通训练的支持者，脑前额叶白质切除术的信仰者没有进行系统的研究，他们仅仅假定他们非正式的临床观察——"我可以

图2.2　脑前额叶白质切除术

在脑前额叶白质切除术的手术中，外科医生切除脑前额叶的外皮连接组织。

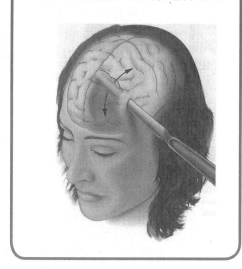

看到它是有效的"——对于证明这种治疗方法对精神分裂症来说的有效性。他们大错特错了。当科学家最终进行了对照研究去验证脑前额叶白质切除术的效果时，他们发现这种方法基本没用。手术确实使行为产生了根本改变，但不能将目标的具体行为与精神分裂症联系起来，如听到声音与被害妄想。此外，脑前额叶白质切除术使个体产生了许多其他问题，包括极端的冷漠（Ducharme，Price, & Dougherty, 2016；Valenstein, 1986）。这种治疗方法的倡导者再一次被天真的现实主义和偏见蒙蔽了。如今，脑前额叶白质切除术更像是一个较早的伪科学时代的精神障碍治疗的遗迹，这一过程后来被药物和其他干预措施所取代，这些干预措施在科学上有着更坚实的基础。虽然这些治疗方法不能治愈精神分裂症，但它们往往是很有帮助的，并且，它们能使成千上万的患有严重心理疾病的人过上正常的生活（Lieberman et al., 2005）。所以科学研究设计很重要。

事实与虚构

互动　在20世纪初的几十年里，一位训练有素的，并受人尊敬的精神病学家亨利·科顿（（Henry Cotton，新泽西州特伦顿一家大型精神病院的院长），去除病人的牙齿、扁桃体、肠、脾、胆囊以及其他器官，并在此基础上提出严重的心理疾病是由细菌感染引起的"理论"。（请参阅页面底部答案）
○ 事实
○ 虚构

我们是怎样被愚弄的：两种思维方式

提到这一点，一些人可能感到有点排斥。乍看之下，这本书的作者可能暗指很多人，或许包括你在内，都是愚人。但是我们不应该对号入座，因为此书的中心主题是如果我们不小心，我们都可能被愚弄，包括此书的作者。

我们是怎样如此轻易地被愚弄的？过去的几十年的研究形成了一个关键的发现，就是在大多数情况下运转良好的心理过程，同样会使我们产生思想上的错误，也就是说，大多数的错误想法是从我们最有效的想法中产生的（Ariely, 2008；Novella, 2015；Pinker, 1997）。

为了理解为什么我们都会被愚弄，引入两种思维方式之间的区别是很有帮助的（Kahneman, 2011；Stanovich & West, 2000）。第一种思维模式是首先由记者马尔科姆·格拉德威尔推广的，他在2005年的一本书《眨眼之间》中，指出我们对他人的第一印象，有时是惊人的准确。诺贝尔奖的获得者心理学家丹尼尔·卡尼曼（Daniel Kahneman, 2011；见8.1a）指出这些类型的快速判断是系统思维1，我们称之为"直觉"思维（Hammond, 1996）。直觉思维是迅速反应的，它的产生主要来自"直觉的预感"，它不需要意志努力，当我们处于直觉的思维模式中，我们的大脑主要是自动运行的。当我们遇到陌生人并对他或她产生直接的第一印象时，或者当我们过马路并决定要避开一条路时，看到一辆迎面而来的汽车冲向我们，我们会进入直觉思维中。没有直觉的思考，我们会陷入严重的困境，因为日常生活中很多时候都需要立即做出决定。

答案： 事实。我们希望它是虚构的，但不幸的是，这是真的。令人不安的是，科顿和他的许多同时代的人都相信他的程序是有效的。他们依靠病人改善的主观判断得出结论（Scull, 2005）。

但是这里有第二种思维模式，卡内曼称它为系统思维 2，我们称它为"分析"思维（Hammond，1996）。与直觉思维相反，分析思维是缓慢反应的，它需要意志的努力。当我们试图找出一个问题的原因或了解入门心理学教科书中一个复杂的概念时，我们就会进入分析思维（当你读这个句子时，你正在进行分析思考）。在某些情况下，当有些问题看上去似乎是错的时，分析思维可以让我们超越直觉思维（Abrami et al.，2015；Gilbert，1991；Herbert，2010）并拒绝我们直觉的预感。当你在聚会上遇到某人时，你会因为他脸上的负面表情而反感，可是在和他交谈后你改变了主意，意识到他原来不是一个坏人。

当我们获得了复杂的习惯和技能，我们常常会从分析思维开始，并逐渐发展到直觉思维。例如，如果不吸取经验，学习驾驶汽车最初是一种精神上的要求。在驾驶的头几次，我们觉得我们需要同时记住 15 件事（"方向灯在哪""有道理，我应该检查我的视角盲点""有辆车在我前方 50 英尺[①]处，我要预留足够的距离吗？"……），这时我们处于分析思维模式中。但随着时间的推移，我们的驾驶变得更加自动化，我们的决定几乎没有意志上的努力。最终，我们可以熟练地开车去上班或上学，事后甚至不记得开车上路的过程是什么样的：这就是直觉思维模式。

我们的直觉思维模式大部分时间能很好地发挥作用（Gigerenzer，2007；Krueger & Funder，2005；Shepperd & Koch，2005）。下面是一个从实际研究中得出的例子。想象一下，我们问一群美国人以下问题："圣迭戈和圣安东尼奥哪个城市更大？"然后再问一群德国人同样的问题，哪个群体更可能给出正确答案（Gigerenzer & Gaissmaier，2011）？

像大多数人一样，你可能会惊讶地发现，德国人比美国人更有可能给出正确的答案。那是因为大多数德国人没有听说过圣安东尼奥，所以他们依据直觉思维判断（系统思维 1）。具体来说，他们可能依赖一种叫**启发式**的心理学术语，一种思维捷径或经验。在这种情况下，他们可能使用的启发式是"当我听说一个城市时，我会假设它的人口比我从来没有听说过的城市更大"。往往这种启发式像大多数心理捷径一样，效果显著。相比之下，美国人听说过这两个城市，可能很困惑，所以很多人把问题弄错了。

但是，直觉思维由于常常依赖于启发式，偶尔会导致我们犯错，因为我们本能的直觉和判断并不总是正确的（Croskerry et al.，2014；Myers，2004）。为了了解启发式的概念，你可以尝试回答下列问题：想象你在内华达州的里诺市。如果你想要去加利福尼亚州的圣迭戈市，你会走什么方向？闭上你的眼睛，然后画出你要怎样到达那里的地图（Piatelli-Palmarini，1994）。

那么，我们当然需要向西南方走才能从里诺到达圣迭戈，因为加利福尼亚州在内华达州的西边，是吗？错了！实际上，从里诺到达圣迭戈需要向东南方走，而不是西南方。如果你不相信我们，可以看图 2.3。

---

① 注：1 英尺约合 30.48 厘米。——译者注

启发式（heuristic）
思维捷径或经验法则，引导我们简化思维，使我们的世界变得有意义。

我们在日常生活中使用直觉思维和分析思维。直觉思维帮我们迅速作出判断，如转弯避坑。分析思维是缓慢反应的，就像我们解决数学题一样。

图2.3　为了从内华达州的里诺市到达加利福尼亚州的圣迭戈市，你将朝哪个方向出发？

如果你猜的不是从东南方向（正确答案），那你也不是唯一一个这样猜的。依据启发式，即一种心理捷径，我们很有可能会被蒙蔽。

如果这个问题你回答错了（如果你错了，不用感觉糟糕，因为作者也做错了！），那么你一定自然而然地使用了直觉思维。你可能是这样使用这种心理捷径的：加利福尼亚州在内华达州西边，圣迭戈在加利福尼亚州的南部，而里诺的南部在靠近墨西哥的地方有较多的土地。而你遗忘或者不知道的是，加利福尼亚州的一大块（差不多南部的三分之一）其实是内华达州和加利福尼亚州东部。当然，对于大多数的地理问题（比如，圣路易在洛杉矶的东部还是西部？）这种心理捷径会起到很好的作用。但是，在这个例子中启发式却让我们陷入困境。那些认为辅助沟通和脑前额叶白质切除术有效的人也依赖直觉思维（例如，我看这个病人的病情好像有所缓解，所以我推测治疗有效），主要依靠启发式来推断治疗是否有效。在下文中，我们将遇到其他几个启发式方法，并学习它们是如何帮助我们更快更有效地做出决策的。但是如果我们不小心，我们也会看到它们是如何导致我们犯错误的。

排除其他假设的可能性
对于这一研究结论，还有更好的解释吗？

好消息是，研究设计可以帮助我们避免由于过度依赖直觉思维和不加批判地使用启发式而带来的陷阱（Heinzen，Lilienfeld，& Nolan，2014）。我们可以把研究设计看作心理学和其他领域的科学家开发的系统技术，以利用另一种思维方式的力量——分析思维。这是因为研究设计迫使我们利用分析思维来解释结果而忽略直觉思维。在日常生活中，研究设计可以成为我们最好的朋友，保护我们避免因误导而做出误入歧途的仓促判断。

日志提示

上文讲述了两种思维方式：直觉思维和分析思维。用自己的语言描述这两种方式，并解释为什么分析思维在心理学实验中是必不可少的。

2.2 科学的方法：技能的工具箱

2.2a 描述自然观察、个案研究、问卷调查和实验法的优缺点。

2.2b 从因果关系中描述相关设计与区分性相关的作用。

2.2c 确定一个实验的组成部分可能导致错误结论的潜在误差，以及心理学家如何控制这些误差。

许多心理学家认为"科学方法"好像是唯一的方法，就像制作面条的唯一配方。事实上，"科学方法"是一个神话，因为心理学家使用的技术不同于在化学、物理和生物学中的专家们使用的技术（Bauer，1992；Lilienfeld et al.，2015）。

事实上，科学家使用各种各样的方法来保护自己不犯错误，从而更接近世界的真实面目。我们所说的科学可以被看作一个精心设计的工具箱，虽然是不完美的，但它可以用来防止我们愚弄自己。我们可能会说，本章中所学的知识，包含了防止过于依赖直觉思维的危险的保障措施。所有的这些工具都有一个主要的共同特点：允许我们去检验假设，正如我们在第一章提到的特殊的预言。心理学家常常从更广泛的理论中获得这些假设。如果这些假设可以被证实，我们关于理论的自信就会被加强，尽管我们应该记住该理论其实从未被真正"证实"过。如果这些假设无法证实，科学家就会修改这个理论或者将它全部否定。当然，在各个方面都使用工具箱并不是万无一失的，这只是防止偏差和其他直觉性思维错误的最好的保障。现在让我们打开这个工具箱，看看里面是什么（见表 2.1）。

自然观察法

（naturalistic observation）在自然环境中观察人们的行为而不试图控制情境。

表2.1　研究设计的优缺点

	优点	缺点
自然观察	外部效度高	内部效度低 不能推断因果关系
个案研究	提供实际证明 允许我们研究罕见的不同寻常的现象 为以后的系统测试提供参考	典型逸事 不能推断因果关系
相关设计	可以帮助我们预测行为	不能推断因果关系
实验设计	推断因果关系 内部效度高	有时外部效度低

自然观察：在自然状态下研究人类

我们想进行一个观察人们笑的调查研究。人们在日常生活中多久笑一次？在什么环境下人们更容易笑？我们可以把人带到实验室，观察他们在各种情况下的笑来回答这些问题。但是我们不可能重现所有使人发笑的场景。而且，即使参与者没意识到他们被我们观察，他们的笑声仍然会受到他们在实验室里的影响。除此之外，他们可能比在现实世界更紧张或更不自然。

解决这些问题的一种方法就是**自然观察法**：在自然环境中观察人们的行为而不试图操纵他们的行为（Angrosino，2007）。通过这种技术，我们可以观察行为"自然"地展开，而不干涉行为。我们可以运用摄像机或者录音机来进行自然观察，如果希望更简单一点，一张纸一支笔就够了。很多研究动物自然习性的心理学家，比如研究猩猩或者长臂猿自然习性的心理学家，都运用自然观察法，研究人类的心理学家有时也会用到它。通过自然观察法，我们可以更好地理解真实世界中的人们表现出的行为，以及他们表现出这种行为的情境。

罗伯特·普罗文（Robert Provine，1996，2000）借助自然观察法研究人们的笑。他偷听了在 1 200 个社会情境下的人们的笑声，包括在商场、饭店和大街上，并且记录了参与者的总数、笑之前的标志和他人对笑的反应。他发现在社会情境中女人要比男人笑得更多。令人惊奇的是，他发现只有不到 20% 的笑是被那些很幽默的语言引起的。大多数的笑是被没有幽默感的、相当普通的、常见的事件引起的（比如客套话"我也非常高兴见到你"）。普罗文还发现说话者比听者笑得更多，这个发现对于我们当中的任何一个人来说都是非常熟悉的，因为当我们的朋友们以一种茫然的眼神看

调查者简·古道尔（Jane Goodall）花费了她事业的大部分时间在肯尼亚的贡贝用自然观察法观察黑猩猩。正如我们将在第 13 章所提到的，她的研究明显地显示出战争并不是只在人类社会才有的。

外部效度
（ external validity ）
可以将结论推广于实际情景
的程度。

内部效度
（ internal validity ）
我们从一个研究中得到的因
果关系的程度。

个案研究（ case study ）
用来深入观察一个人或者一
小部分人的实验设计，常常
持续一段时间。

存在性证明
（ existence proof ）
某一特定的心理现象可以发
生的证明。

着我们时，我们却被自己的笑话逗得哈哈大笑，这种情况并不少见。他的研究提出了新的有关人们笑的原因和结果方面的观点，但是很难在实验室里进行验证。

自然设计的一个主要优点就是它具有较高的**外部效度**，即我们可以将结论推广于实际情景的程度（ Neisser & Hyman，1999 ）。因为心理学家在人们日常生活中进行这些实验设计，所以他们的发现可以频繁地直接运用到真实的世界中。有些心理学家认为自然的设计几乎总是比实验室实验的外部效度高，虽然事实上他们的主张没有多少研究支持（ Mook，1983 ）。

然而，没有研究设计是完美的，自然观察法也有它的缺点。它的**内部效度**很低，即我们能得到的因果关系的程度很低（ Roe & Just，2009 ）。正如我们所知，良好的实验设计具有较高的内部效度，因为我们能自由操控关键变量。相比较而言，我们在自然观察中对这些关键变量不能加以控制，需要等待行为呈现在我们眼前。如果人们意识到他们正在被观察，那么自然设计也是有问题的，因为这种意识会影响他们的行为。这只是足以使心理学比天文学或化学更复杂的许多因素之一。如果我们用望远镜观察土星数月，土星不会改变其行为，因为它不知道我们正在观察它。

个案研究：开始了解你

在心理学家的"工具箱"中，最简单的一个设计是个案研究。在**个案研究**中，研究者研究一个或几个人，一般都持续一定的时间（ Davison & Lazarus，2007 ）。一个研究者可能花费 10 年甚至 20 年的时间研究一个精神分裂症患者，小心地记录他的童年经历、工作表现、家庭生活、朋友和他的心理问题的起伏。进行个案研究是没有什么秘诀的。一些研究者可能会长期观察一个人，而另一些研究者可能会用调查问卷，还有一些研究者可能会进行重复的访谈或者行为观察。

个案研究在提供**存在性证明**方面很有帮助，即证明某一特定的心理现象可以发生。就存在性证明来说，所有人通常需要的是一个明确的例子。如果有人声称"所有斑马都有条纹"，那么我们就需要一个无条纹斑马的例子来证明这一说法是错误的。在心理学上，虐待儿童"恢复记忆"实验的存在是最激烈的争论之一。专家们不认为个体在几年甚至几十年前的童年性虐待的情节，在她们成年之后，只是在心理治疗师的帮助下，就能够准确无误地回忆起来。为了证明恢复记忆的存在，我们所需要的只是一个清晰的例子，一个人忘了几十年的虐待记忆，然后突然间回忆起来。虽然已经有几个相关的恢复记忆的存在性证明（ Duggal & Sroufe，1998；Schooler，1997 ），但是没有一个是完全有说服力的（ McHugh，2008；McNally，2003 ），所以争论持续至今。

即使个案研究具有一定的局限性，它也偶尔可以提供一个现象可能发生的存在性证明。例如，几十年来，科学家们认为只有人类和类人猿如黑猩猩，能在镜子中辨认出自己。但是，当研究人员发现两个宽吻海豚能够对着镜子自我识别时，他们就提供了一个非灵长类具有这一先进能力的存在性证明（ Reiss & Marino，2001 ）。

个案研究还提供了一个宝贵的机会来研究罕见或不寻常的现象，这些现象难以或不可能在实验室中重现，如非典型症状或罕见类型的脑损伤的人。理查德·麦克纳利和布里安·路克奇（ McNally & Lukach，1991 ）报告了一个男人把自己暴露在大型犬类前以此获得性满足的一个历史案例，这种症状被称为"动物性露阴癖"。为了治愈这个男人的症状，他们制定了一个为期六个月包括旨在增强对女性的性冲动，消除对狗的性反应的技术的计划。研究人员可能会在实验室里耗费几十年，才能收集 50 个甚至 5 个具有这种症状的样本。麦克纳利和路克奇的研究对治疗这种症状提供了有利的证据，这是实验室研究所做不到的。

最后，个案研究可以提供一些研究者能够在系统的调查研究跟进和检验方面的有益的见解（Davison & Lazarus，2007）。在这方面，它们对假设的形成有极大的帮助。例如，在二十世纪六十年代，精神病学家的先驱艾伦·贝克（Aaron Beck）在对一位女性客户进行心理治疗期间，她出现了焦虑（D.B.Smith，2009）。当贝克询问她为什么焦虑时，她不情愿地承认她担心贝克会对她感到厌烦。贝克进行更深入地探究，发现她怀有一种非理性的想法，即认为每个人都觉得她很迟钝。从这些和其他非正式的观察中，贝克总结出一种新的有影响力的治疗方法（见 16.4b），它以人们的情感痛苦源于他们根深蒂固的非理性信念为基础。

然而，如果我们不够谨慎的话，个案研究可能会误导我们，甚至导致灾难性的错误结论。正如我们在前文中发现的，逸事的重复不是事实（见 1.2a）。许多观察结果表明，辅助沟通训练对于自闭症谱系障碍的治疗是有效的或脑前额叶白质切除术治疗精神分裂症是有效的，现在不足以断定这些技术是有效的，因为严谨的控制研究已经找到了影响治疗效果的其他因素（Adam & Manson，2014）。因此，案例研究很少能对关于某一现象发生的原因假设进行系统的测试。所以尽管案例研究对生成假设很有帮助，但对于测试它们却往往相当有限。

排除其他假设的可能性 对于这一研究结论，还有更好的解释吗？

自我报告法和调查法：询问别人关于自己和其他人的情况

如果我们想知道某人的个性和态度，直接询问他们不失为一个好办法。心理学家经常使用自我报告的方法，这也经常被叫作问卷法，用来评定一系列的特征，比如人格特征、心理疾病和兴趣爱好等。与自我报告的方法密切相关的是调查法。调查法是心理学家采用的测量人们的观点和态度的典型方法。正如我们所看到的，问卷法和调查法很难进行解释，但是如果我们设计和管理得当，也能从中学到很多（Chan，2009）。

随机抽样：泛化的关键

设想一下你被一家研究机构聘用，去研究人们对于推出的新款牙膏"亮齿"（Brightooth）的态度，据推测它可以预防 99.99% 的蛀牙。我们该怎样设计实验？我们可以在街上拦下一些人，付给他们钱让他们用亮齿刷牙，通过量表来评定他们对亮齿的反应。这个方法好吗（在阅读下文前暂停几秒钟回答这个问题）？

这不是好的方法，由于逛街的人们也许通常并不具有典型性。而且，有些人几乎肯定会拒绝参加实验，而他们可能有异于那些同意接受试验的人。比如，那些牙齿特别不健康的人可能拒绝尝试亮齿，但也许他们正是亮齿公司主管们最理想的市场推广对象。

现代心理学家可能会采用的一个比较好的方法就是：确定总体的

民主党人哈里·杜鲁门（Harry Truman）曾高举一份错误宣称共和党人托马斯·杜威（Thomas Dewey）是 1948 年总统选举赢家的《芝加哥每日论坛报》。实际上，杜鲁门在那次选举中比对手的选票多了近 5%。这些民意测验者之所以会犯如此大的错误是因为他们的问卷结果是通过使用电话的参与者得出的。在 1948 年的时候，使用电话的共和党人（他们较为富有）多于民主党人，因此导致了一个错误预测结果的产生。

一个代表性样本，然后对样本中选取的参与者进行调查研究。例如，我们可以查看美国人口普查的数据，然后在这个数据清单中每隔 10 000 个人选择一人进行接触。这种问卷调查中经常使用的方法就是**随机抽样**。在随机抽样中，总体中的每个个体都有相同的概率被选中作为参与者。如果我们想要我们的结果能推广到更大的人群中，随机抽样十分关键，因为我们更倾向于选择一个能精确反映总体真实特征的样本（Frey & Steiner，2014）。政治的民意测验者通常十分关注随机抽样。如果他们非随机地选取参与者，那么他们对选举的预测可能完全被歪曲。一些分析师争论，非随机抽样导致一些民意测验专家错误地预测希拉里·克林顿在 2016 年美国总统大选中会击败唐纳德·特朗普（Newkirk，2016）。近些年来，投票机构被迫在很大程度上依赖于打手机电话（在过去，他们依赖于座机电话）。这个问题可能给 2016 年投票带来了偏差；特别是，拥有手机的人们有可能是民主党而非共和党，这会歪曲民意测验专家的预测。

如果我们想把我们的结果推广到大多数人，那么获得一个随机样本几乎总是比获得大样本更关键。如果我们想了解普通美国人对歌手泰勒·斯威夫特的看法，那么实际上，在被称为世界乡村音乐之都的田纳西州的纳什维尔，问 100 个随机抽样的美国人比问 100 000 个人更好。第二个样本很可能是无可救药的、扭曲的、非典型性的普通美国人。当涉及调查时，更大的并不总是更好的。

所以，非随机抽样可能导致重大错误。关于爱情、激情和情感暴力的海蒂报告是一个臭名昭著的例子（1987）。20 世纪 80 年代中期，性研究者雪儿·海蒂给美国妇女发出 10 000 份问卷用来调查她们与丈夫间的关系。她从女性杂志订户名单中挑选出了那些可能的问卷参与者。海蒂的调查结果是如此惊人以至于《时代》和其他的著名出版物把这些发现作为杂志封面故事。下面是海蒂的一些研究结果。

- 70% 的有 5 年或 5 年以上婚史的妇女承认她们发生过婚外情。
- 87% 的已婚妇女承认她们最亲密的感情伴侣并非丈夫而是另有其人。
- 95% 的妇女认为她们情感和心理上的困扰源于伴侣。
- 98% 的妇女承认她们对现在的爱情关系总体上不满意。

毫不夸张地说，这则报告很令人失望。然而导致海蒂研究结论产生致命缺陷的一点是只有 4.5% 的样本参与者回应了她的调查。而且，海蒂不知道这 4.5% 的人能否代表整个样本。有趣的是，哈里斯调查差不多在同一阶段采用随机抽样法所做的民意测验报道的结果和海蒂的结果完全相反。在这个组织更完善的调查中，89% 的妇女说总体上对她们现在的亲密关系感到满意，只有一小部分人说有婚外情。很有可能海蒂的高百分比是非随机抽样的结果：4.5% 对调查作出回应的参与者更可能是那些亲密关系开始出现问题的妇女，因此她们也是最积极参加实验的人。

评价手段

当评价由测量得出的结果时，我们需要考虑两个关键问题：这个结果可靠吗？它有效吗？

信度是指测量的一致性程度（Haynes，Smith，& Hunsley，2011；Sijtsma & van der Ark，2015）。比如，一份可靠的问卷对于一群人进行反复施测可以得出前后相近的分数。这种信度称为重测信度。要去评价重复测量的信度，我们可以在今天对一大群人做一份个人问卷，一种外向性的测量问卷，然后在两个月之后再测量。如果这个问卷是可靠的，参与者的外向性分数在两次应该相似。信度也可以运用到谈话和观察的数据中。评分者信度是指不同的人在进行一个谈话、行为观察时，在一些他们测量的特征上会表现出一致性。如果两位心理学家在精神病院采访病人所给出的大部

非科学民意调查

互动

虚假新闻观众投票

你相信不明飞行物是来自其他星球的飞碟吗？

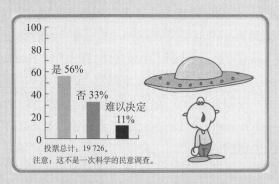

是 56%
否 33%
难以决定 11%

投票总计：19 726。
注意：这不是一次科学的民意调查。

通常，人们会在新闻中看到这样的免责声明"这不是一次科学的民意调查"（当然，人们会想：为什么要首先报告结果？）。上面的调查并不科学，因为它是基于登录网站的人，这些人可能并不是所有观看虚假新闻的人的代表性样本——也几乎可以肯定并不是所有美国人都参与了调查。

分诊断意见不一致——一位心理学家诊断大多数病人患有精神分裂症，另一位诊断大多数病人患有抑郁症。那么他们的评分者信度将会很低。

相反，**效度**是指一个测量的结果反映出所要测量的特质的程度（Borsboom，2005；Haynes et al.，2011）。我们将效度视为"广告内容的真实性"。如果我们去电脑商店，购买了一个标有"苹果"商标的精美包，打开后发现里面是一只手表，我们会要求退钱。同样，如果我们拿到一份声称是对内倾性进行有效测量的问卷，但是研究却表明它实际上是测量焦虑的，那么以这份问卷去测量内倾性就是无效的。由于问卷没有发挥测量内倾性的作用，我们也应该同样要求退款。

信度和效度是不同的概念，尽管人们经常混淆它们。在法庭上，我们经常会听到关于生物反馈仪（或称所谓的测谎仪）是否可靠的辩论。但是就如我们在下文中提到的（见 11.2b），测谎仪的核心问题不是它的信度，因为它每次测出的分数都是相近的。相反，它的核心问题是效度。因为很多罪犯坚持测谎仪实际上是检测情绪波动，而不是说谎（Grubin，2010；Lykken，1998；Ruscio，2005）。

信度对效度来说很必要。也就是说，我们在能很好地测量某个东西之前，需要确定测量的一致性。想象一下，用一把尺子测量一间房的地板和墙，如果这把尺子的长度每天都在变，我们为精确测量做的努力也随之白费。然而，仅有信度对于效度而言却是不够的。尽管一个测验可能因为有效而可靠，但是一个可靠的测验却可能完全没有有效性。想象我们已经发展了新的测量智力的方法，即"食指-中指宽度差智力测验"（DIMWIT），它计算我们的中指和食指的平均宽度，然后比较两者之差。DIMWIT 对于智力测验可能具有高的可靠性，因为我们的中指和食指的宽度之差不可能随时间变化太多（高重测信度），不同的评价者可能测量到相似的结果（高评分者信度）。但是 DIMWIT 对于智

效度（validity）
一个测量的结果反映出所要测量的特质的程度。

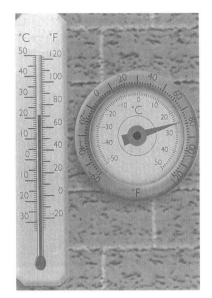

在相同的环境下两个温度计提供了不同的温度读数。心理学家可能会说这些温度计表现出了不完美的评分者信度。

力测验可能是完全无效的，因为手指的宽度与智力没有任何关系。

当解释自我报告法和调查法的结果时，我们需要铭记：对问题的组织表达方式不同，我们可能得到的答案不同（Schwarz，1999；Smith，Schwarz，& Roberts，2006）。一个研究者对 300 个家庭主妇做了调查。在一些调查中，一些妇女回答这个问题："如果可能，你想工作吗？"而另一些妇女回答另一个问题："你是更愿意工作还是只想做个家庭主妇？"这两个问题非常相似。然而被问第一个问题中的 81% 的人回答她们想工作，而被问第二个问题的人中，只有 32% 的人回答她们更愿意工作（Noelle-Neumann，1970；Walonick，1994）。而且，我们不能假定回答者清楚她们所给出的答案代表什么。2015 年底的一份调查显示，美国 30% 的共和党人和 19% 的民主党人支持轰炸阿格拉巴（Berenson，2015）。问题在于阿格拉巴不存在，它只是迪士尼电影《阿拉丁》中虚构的国家。

自我报告法的利与弊

自我报告法有一个明显的优势：实施简单。我们所需要的就是一支铅笔、一张纸和一名自愿的参与者，然后我们就可以开始进行实验了。甚至，如果我们对于某人有疑问，我们可以在第一时间直接去询问他（Samuel，in press）。我们大多数人能感受到关于情绪状态的细微信息，例如焦虑或内疚，而外部观察者并不知道（Grove & Tellegen，1991；Sellbom et al.，in press）。

自我报告法报告的人格特征和行为经常相当准确。比如，人们的外倾性和内倾性的报告可能和别人花费了多少时间和他们在一起有关。那些更加易于观察的特征，如外倾性，与那些像焦虑这样的不易观察的特征相比，这种相关可能会高一点（Gosling，Rentfrow，& Swann，2003；Kenrick & Funder，1988，Vazire，2010）。

然而，自我报告法也有缺点。首先，报告通常假设参与者对自己的人格特征达到足够的认知水平，能对实验做出精确的回答（de Waal，2016；Nisbett & Wilson，1977；Oltmanns & Turkheimer，2009）。对于某些人来说，这个假设存在问题。比如，一些有着较高自恋水平的人，像以自我为中心和自信膨胀的人，会比别人更积极地看待自己（Campbell & Miller，2011；John & Robins，1994）。（"自恋"这个词来自希腊神话中的那喀索斯，他爱上了自己水中的倒影）自恋的人通常过于乐观地看待自己。

其次，自我报告的问卷通常假设参与者能够真实地回答问题。设想一家公司要求你进行性格测试以便为你安排真正适合的工作。你对自己的评价是完全坦白的，还是尽量减少自己的性格怪僻？毫无疑问，一些参与者回答问题的时候会陷入**反应定势**——比如，在回答问题时倾向于歪曲他们对问题的回答，通常以一种积极的方式来描述自己（Edens，Buffington，& Tomicic，2001；McGrath et al.，2010；Paulhus，1991）。

一种解释是我们倾向于朝着社会期望的方向回答问题，也就是说，让我们自己看起来比真实的自己更好（Paunonen & LeBel，2012；Ray et al.，2012）。在申请一份重要工作时，我们极有可能陷入这一反应中。这个反应定势使人们很难相信他们对自己能力和成就的报告。例如，大学生们把 SAT 成绩夸大了比平均分高 17 分（Hagen，2001）。其他研究表明，当连接到一个假测谎机时，女大学生报告的终生性伴侣数量比她们通常报告得更多，这表明她们通常低估了真实的数据（de Waal，2016）。幸运的是，心理学

反应定势（response set）
参与者歪曲地回答问卷题目的倾向。

家已经设计出巧妙的方法来测量这种反应，从而在临床实践和研究中弥补这一点（van de Mortel，2008）。例如，在他们的问卷中，他们可能会嵌入使受访者看起来完美的几个问题（如"我从不让别人生气。"），以衡量受访者的倾向。对其中几个主题的积极反应能提醒研究人员人们有可能以一种符合社会需要的方式对问卷进行回应。

一个几乎相反的反应是诈病，即让自己出现心理障碍以实现一个明确的个人目标的倾向（Ebrahim et al.，2015；Rogers，2008）。我们很有可能观察到那些试图由于工作中的伤害或虐待而获得经济补偿的人，或是试图逃避军事责任的人——在最后一种情况下，也许是假装精神错乱。就像社会需要的回应，心理学家们已经研究出了方法来检测自我报告中的伪装，并往往将其运用在评估不存在或非常令人难以置信的精神疾病症状中（如"我经常听到电脑屏幕左上角发出的吠声。"）。

评定数据：他们如何评级？

一种非同寻常询问别人的方法是问那些了解他们的人，让他们提供评价。在许多工作中，雇主会对雇员的工作效率和协调性做出常规性评价。评级数据可以规避自我报告数据中的一些问题，因为观察者可能和他们所评价的人没有相同的"盲点"（通常称为评级目标）。想象一下，如果你问你的心理学导论讲师："你认为你在教这门课时做得怎么样？"她不太可能说："太糟糕了。"事实上，有越来越多的证据表明观察员评价人格特质，如责任感，往往比预测学生的学业成绩与员工的工作绩效这些特质的自我报告更有效（Connelly & Ones，2010；Samuel，in press）。

就像自我报告法，评定数据也有它们的缺点；这样的缺点就是晕轮效应。这是将一个积极特征评级为"溢出"来影响其他正面特征评价的趋势（Guilford，1954；Moore，Filippou，& Perrett，2011）。深陷晕轮效应的评价者们似乎将目标看作"天使"——因为光环——他们不可能做错。如果我们找到一名员工身体上的吸引力，我们可能会在不知不觉中让这一理念影响他或她的功能评级，如自觉性和生产力（Rosenzweig，2014）。事实上，人们认为身体上有魅力的人比其他人更成功、自信和聪明，尽管这些差异往往不能反映客观现实（Dion，Berscheid，& Walster，1972；Eagly et al.，1991）。

学生教学课程评价尤其容易受到晕轮效应的影响，因为如果你喜欢一个老师，你更可能给他一个突破性的教学评分。相反，如果你讨厌这位老师，你更可能通过对教学质量的低评价来惩罚他（这个反晕轮效应有时也被称为号角效果——就像画恶魔的头角——或音叉效应；Corsini，1999）。

在一项研究中，理查德·尼斯贝特和蒂莫西·威尔逊（Richard Nisbett & Timothy Wilson，1977）将参与者随机分为两组。一组参与者观看一位带有外国口音的大学教授对他的学生很友好的录像带；另一组观看同一名教授（具有相同口音）对他的学生很粗鲁的录像带。观看录像带后的参与者不仅更喜欢对人友好的教授，而且更积极地评价他的外貌、举止和口音。那些喜欢教授的学生也倾向于提供一些与教学效果无关的教授特征，包括课堂视听设备的质量和教授所写字迹的易读性（Greenwald & Gillmore，1997；Williams & Ceci，1997）。

相关设计

一个外向的人更不诚实吗？高智商的人更势利吗？自恋的总统更容易成功吗（显然是的，参见 Watts et al.，2013）？这些问题都穿插着心理学工具箱中的另一种基本研究方法，即相关设计。当用到**相关设计**时，心理学家首先要仔细考虑两个变量相关的程度。回顾一下，变量是一些因人而异的因素，像动机、创造力和宗教信仰。当我们想到相关这个词，我们应该将它分为两个部分：统计相关和人际相关。

相关设计
（correlational design）
检验两个变量相关程度的研究设计。

如果两者相关，那么它们彼此存在联系，但仅仅是统计层面的，而非人际层面的。

虽然自然观察和案例研究允许我们描述心理世界的状态，但相关的设计往往能让我们对未来产生预测。如果 SAT 分数与大学成绩有关，那么了解学生的 SAT 分数就能预测他们的大学成绩——虽然他们的大学成绩预测不是完美的。相关研究得出的结论是有限的，因为我们不能确定为什么这些预测的关系存在。

鉴别相关设计

一开始鉴别相关设计可能会比较棘手，因为使用这个设计的研究者，还有描述它的新闻记者，没有在他们的研究的描述中用到相关这个词。他们经常使用关联、联系、联结或者共同变化来加以替代。任何时候，研究者进行一项关于两个变量共同变化的程度的研究，他们的设计就是相关设计，即使他们并没有以准确的方式对它加以描述。所以，如果你看到一份研究说"研究者发现人们的体重与他们对于古典音乐的喜欢具有紧密的联系"（我们只是进行假设），这就是一份相关研究，即使相关这个词没有在里面出现。

相关：入门指南

在我们深入了解之前，让我们先来了解一下关于相关的两个基本要素：

- 相关可以是正相关、零相关和负相关。正相关是指一个变量的值变化，另一个变量的值也向同一方向变化。如果一个变量上升，那么另一个变量也随之上升；一个变量下降，另一个变量也随之下降。如果大学生拥有的脸书朋友的数量与他们外出的频率成正相关，那么学生们出去得越多，他们的脸书朋友也就越多，同理，较少出去的学生脸书朋友也较少。零相关意味着变量间不存在共同变化。如果数学能力与歌唱能力零相关，那么知道一个人擅长数学并不能帮助我们判断这个人的歌唱能力是好是坏，反之亦然。最后，负相关是指当一个变量的值变化时，另一个变量的值向反方向变化：如果一个变量增加，那么另一个变量会随之降低，反之亦然。如果社会焦虑与自身的吸引力呈负相关，那么社会焦虑感越高的人吸引力越低，社会焦虑感较低的人吸引力较高。

- 相关系数（心理学家用来测量相关程度的统计数值）。至少我们在本书中讨论到的相关，它的值的变化范围在 $r = -1.0 \sim 1.0$。相关系数 -1.0 也就意味着完全负相关，而相关系数 1.0 就是完全正相关。我们暂不讨论怎样计算相关，因为数理统计有很高的技巧

区分不同类型的相关

互动

1. 参与者每周锻炼的天数越多，他们体重越轻。
   a. 正相关　b. 负相关　c. 零相关

2. 参与者的血液酒精水平（BAC）增加时，反应时间趋于增加。
   a. 正相关　b. 负相关　c. 零相关

3. 人错过了多天的课，往往具有较低的成绩。
   a. 正相关　b. 负相关　c. 零相关

4. 在智商与大脑的大小方面不存在系统联系。
   a. 正相关　b. 负相关　c. 零相关

5. 人们经历的负性生活事件越多，他们患抑郁症的可能性就越大。
   a. 正相关　b. 负相关　c. 零相关

6. 学生的体重与他们的学业成绩无关。
   a. 正相关　b. 负相关　c. 零相关

1. b, 2. a, 3. a, 4. c, 5. a, 6. c。

性（有兴趣的同学可以登录：www.easycalculation.com/statistics/correlation.php 去学习如何计算相关系数）。低于 1.0 的相关（不管是正相关还是负相关），比如 0.23 或 0.69[①]，都称为不完全相关。要找出相关程度有多高，我们需要观察它的绝对值。也就是，在相关系数的数值前没有正、负号。+0.27 的绝对值是 0.27，-0.27 的绝对值也是 0.27。相关程度为同一数值，但是它们却在相反的方向上。

> **散点图（scatterplot）**
> 在一个二维平面上的点群，其中一个点代表一个被测对象的数据。

所以，这里有个快速问答题：哪个相关更高，0.79 还是 -0.79？如果你觉得这是一个技巧问题，给出自己的观点。正确答案是："它们一样高。"

散点图

图 2.4 呈现了描述三种不同相关的三幅图。每一幅图都是**散点图**——在二维平面上用一组点来表示关系的图（因为这些点散落在直线周围，所以称为散点图）。散点图中的每一个点代表一个参与者的数据。正如我们所看到的，散点图上呈现的每一个人在一个变量或者两个变量上的数据都与他人不同。

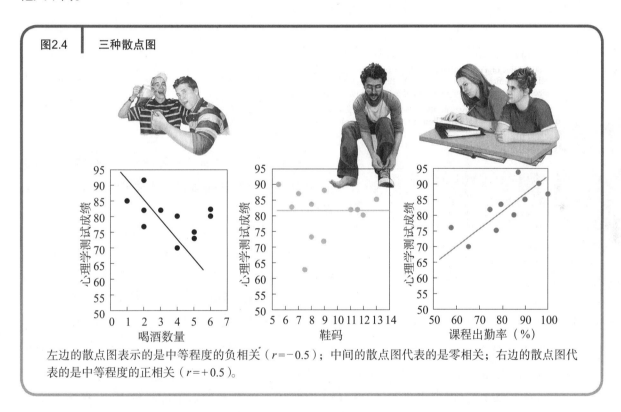

图2.4　三种散点图

左边的散点图表示的是中等程度的负相关（$r=-0.5$）；中间的散点图代表的是零相关；右边的散点图代表的是中等程度的正相关（$r=+0.5$）。

左边第一幅虚拟散点图反映的是中等程度的负相关（$r=-0.5$）。这个相关呈现了学生在他们第一次的心理学测试前一晚喝啤酒数量的平均值与他们在测试中的分数的联系。我们可以知道这个相关是负相关，因为图中的点由左边高的地方向右边低的地方发展。负相关，这就意味着学生喝的酒越多，他们在心理学测试中的成绩就越糟。注意这个负相关不是完全相关（因为，r 不等于 -1.0）。这就意味着有些学生可能喝了很多酒，但是仍然在他们的测试中做的很好（的确，我们知道它不公平），有些学生可能几乎不喝酒，但是在测试中仍然很糟糕。

[①]　疑 -0.69 之误。——译者注

接下来，在中间的虚拟散点图中相关系数为零（ r = 0 ），这个相关显示了学生的鞋码与其第一次心理学测试成绩的关系。最简单的证明零相关的办法就是散点图呈现出一堆杂乱的点，没有向上或向下的趋势。这个零相关表明，无论怎样，学生的鞋码与他们首次的心理学测试成绩之间没有任何关系。如果我们想根据一个人鞋码来猜测他的考试成绩，可能掷硬币比我们预测的效果更好。

最后，图 2.4 中右边的虚拟散点图反映的是相关系数为 0.5 的正相关。这个相关说明学生的心理学课程的出勤率与他们的首次心理学测试成绩的关系。也就是，这些点从图中左边较低的位置发展到右边较高的位置。这个正相关表明学生的心理学课程的出勤率越高，他们越可能在测试中获得高分。另外，由于这个相关不是完全相关（它的相关系数不是 1.0 ），也就是说，不可避免地，一些顽皮的不经常上课的学生也有可能考得很高；而另一些学生参加了所有的课，却成绩很差。

除非一个相关是完全相关，也就是相关系数是 -1.0 或 1.0，否则总会有背离整体趋势的例外。因为，实际上，心理学中所有的相关的绝对值都小于 1，所以，心理学又是一门特殊的科学。为了反对某一相关的存在，会有人提出"我知道一个人……"的论据（见 1.2a）。因此，如果我们试图驳斥有关吸烟与肺癌相关的压倒性科学证据，我们可能会坚持说："我认识一个人，他每天吸 5 包烟，40 年都没得过肺癌。"但这则逸事并没有反驳这种关联的存在，因为吸烟和肺癌之间并不完全相关。如果一个相关系数的值低于 1.0，这些例外可以被充分地期待，事实上，它们在数理上是被要求存在的。

事实与虚构

互动

两变量可以是完全相关的（ r = 1 ），但它们仍然可以是不同的。（请参阅页面底部答案）

○ 事实
○ 虚构

虚假相关

为什么我们首先需要计算相关呢？难道我们不能只是用眼睛去观察数据然后估计两个变量之间的关系吗？

不行，因为心理学研究证实我们难以准确估计相关程度的大小。事实上，我们经常很容易将一个非常特别的现象理解为**虚假相关**，即认为两个不存在统计相关关系的变量存在相关关系的认知倾向（Chapman & Chapman，1967，1969；Dawes，2006）。虚假相关是数理的幻象。这里有三个显著的例子：

- 很多人相信满月和一些怪事的发生率有着非常密切的数理联系，比如暴力事件、自杀、精神病医院的入院率、狗咬人事件、曲棍球打架事件以及人的出生率，这就是所谓的满月效应 ["lunatic（疯子）"这个单词源于"Luna（月神）"，古罗马神话中的月神]。一些警察部门甚至在满月的晚上加强警力，还有很多急诊室的护士坚持认为在满月的日子出生的小孩更多（ Hines，2003 ）。然而一堆数据显示满月和这些事件没有任何的关系，因为真正的相关系数几乎完全为 0（ Margot，2015；Plait，2002；Rotton & Kelly，1985 ）。
- 很多关节炎患者相信他们的关节疼痛会随着雨天的来临而加剧，然而一些严格控制的研究显示关节疼痛和雨天之间没有联系（ Quick，1999 ）。
- 你是否曾经多次在人行横道按下"行走"按钮并且感到自己在影响交通？如果有，你可能经

答案： 事实。例如，我们越用力踩油门，汽车的移动速度就越快。但是施加在加速器上的力和汽车本身的运动是两种不同的东西。

历了一个虚假相关。在美国许多主要大城市中，比如纽约市，绝大多数人行横道按钮都是"安慰剂按钮"，即什么用都没有（Mele，2015）。无独有偶，许多或大多数电梯"关门"按钮和办公室恒温器的开关也是如此。

虚假相关与迷信　虚假相关成为许多迷信的基础（Vyse，2000）。以韦德·博格斯（Wade Boggs）为例，他是棒球明星球员，并且是一名出色的击球手。20 年来，博格斯在每场比赛前都会吃鸡肉，他相信这种特殊的习惯与击球手的成功表现有关。博格斯最终对于烹饪鸡肉达到痴迷至死的程度，他甚至写了一本食谱叫作《鸡肉小技巧》。吃鸡肉和以每小时 95 英里的带球速度到外场之间是不可能有联系的，但博格斯相信这种关联。无数其他的迷信，比如留着兔子的脚能带来好运，不在梯子下行走以避免厄运，也可能部分来自虚假相关。

为什么我们会陷入虚假相关　所以你可能想知道：究竟怎么回事，会有这么多人犯下类似的错误？事实上，我们对于虚假相关很敏感，所以这种现象在日常生活中是一个无法回避的事实。为了了解原因，我们可以从四项概率表的角度考虑日常生活，如表 2.2 所示。正如你所见，我们称它为"生活事件四角表"。

即使传说动物和人类在满月时行为怪异，研究证据也表明这种假设的关联是假的。

表2.2	生活事件四角表		

		犯罪发生了吗？	
		是	否
满月出现了吗？	是	（A）满月 + 犯罪	（B）满月 + 无犯罪
	否	（C）没满月 + 犯罪	（D）没满月 + 无犯罪

让我们回顾满月效应。正如我们从生活事件四角表中看到的，月亮的盈亏和犯罪事件之间有四种可能的关系。表的左上角（A）是由满月和犯罪发生的情况组成的。右上角（B）是由满月和没有犯罪发生的情况组成的。左下角（C）由没有满月和犯罪发生的情况组成。最后，右下角（D）由没有满月和没有犯罪发生的情况组成。

几十年的心理学研究得出了一个不可回避的结论：我们往往过于注意四角表的左上角（A）的情况（Eder，Fielder，& HammEder，2011；Lilienfeld et al.，2010）。这种情况对我们来说特别有趣，因为它通常符合我们期望看到的，并导致我们的证实偏差。在满月效应的例子中，满月和犯罪同时出现的示例特别会让人产生兴趣并且印象深刻（"看，就像我总说的那样，奇怪的事情都发生在满月的晚上。"）。甚至，当我们思考满月那天发生了什么时，我们倾向于记住最戏剧化的实例，因此最容易想到。在这种情况下，这些实例通常是引起我们注意的实例，也就是那些落入（A）单元格中的事件（Gilovich，1991）。

不幸的是，我们的大脑并不擅长发觉和记住那些无关的事件，也就是没有发生的事件。我们不可能兴奋地跑回家并且告诉我们的朋友："哇，你不会相信这个。在今天满月的晚上，什么也没有发生！"我们对表格中不同单元格差异的注意会导致我们去关注虚假相关。

我们怎样避免我们对虚假相关的认同倾向或者怎样将其趋势降到最低呢？一个最好的方法就是强迫我们去注意、了解那些不能证实相关的例子——给生活事件四角表中其他三个单元格更多的时间和关注。詹姆斯·奥克（James Alcock）和他的学生让一些声称自己可以通过梦境来预测未来的参与者——所谓的预言梦者，用日记仔细记录他们的梦境，最终他们对于自己是预言梦者的信念消失了（Hines，2003）。奥克通过鼓励这些参与者去记录他们所有的梦，强迫他们去注意（B）单元格的情况，包括那些不能证实预言的梦境事件。

虚假相关的现象部分解释了为什么我们不能依靠我们的主观感受去判断两个变量是否有联系——以及为什么我们需要相关设计。我们的直觉总是误导我们，特别是，当我们已经学会去期望两个事物的联系时（Majima，2015；Myers，2002）。确实，成年人可能比孩子更倾向于虚假相关，因为他们已经花费数年建立起对于特定事件（比如满月和奇怪行为）之间存在联系的期望（Kuhn，2007）。幸运的是，相关设计帮助我们去处理虚假相关带来的问题，因为它们迫使我们将表格中所有的问题都考虑到。

相关还是因果：操之过急

正如我们所知，相关设计对于判断两个或多个变量之间是否有联系是极其有用的。结果显示，它们能够让我们去预测行为。例如，它们可以帮助我们发现那些变量——例如通过人格特质或犯罪前科来预测服刑人员出狱后是否会再犯，或是通过生活习惯如酗酒或抽烟来预测心脏病。

相关还是因果
我们能确信 A 是 B 的原因吗？

但是，这却严重地限制了我们从相关设计中获得结论。正如我们学到的（见1.2a），我们在解释相关设计时会犯的最常见的错误就是操之过急，并且从这些相关设计中得出因果关系的结论；相关关系并不是必然意味着因果关系。尽管一个相关关系有时是因为一个因果关系造成的，但是我们不能仅仅依靠一个相关关系的研究就推断出这个关系是因果关系。

顺便说一下，我们不能将相关关系等同于因果关系时所犯的谬论和虚假相关相混淆。虚假相关指的是发现的这个相关关系，实际上是不存在的。对于相关关系等同于因果关系时所犯的谬论来说，一个相关关系存在，但我们不能错误地将它解释为暗指了一个因果关系。我们现在来看两个相关关系等同于因果关系时所犯的谬论的例子（除图 2.5 之外的一些其他的例子）。

- 统计学家曾经花费大量时间研究发现，美国一个州授予的博士学位数量与该州的骡子数量有着显著的负相关关系（Lilienfeld，1995）。对，是骡子。这个负相关是否表明博士学位的数量（A）影响了骡子的数量（B）呢？它是有可能的，也许拥有博士学位的人反对骡子并且下大力气把它们安置到邻近的州。但这种情况似乎不太可能。或者相反的，骡子的数量（B）造成了拥有博士学位的人（A）迁往邻州？也有可能，但是不要赌。在阅读下一段之前，问问自己是否存在第三种解释。

当然有。即使我们不知道是否真实，但是最有可能的解释是存在第三个变量 C，与 A 和 B 都有相关。在这种情况下，这第三个变量最有可能的原因是农村和城市的地位。在大部分是农村地区的州，如怀俄明州拥有许多骡子和少量大学。相反的，在大部分是城市地区（大城市）的州，如纽约，拥有少量的骡子和许多大学。所以这样看来，变量 A 和 B 的关系几乎可以确定是第三个变量 C 造成的。

- 一个研究小组发现随着时间的推移，出生在德国柏林的婴儿数量（A）与附近地区的鹳的数量（B）具有正相关关系（Hofer, Przyrembel, & Verleger, 2004）。特别是在三十多年的时间里，更高的出生率伴随着更多的鹳。研究者认为，这不能证明鹳与婴儿间具有相关性。一个非常可能的解释是存在一个第三变量，人口规模（C）；人口高度密集的城市地区的特点是同时具有很高的出生率——因为大城市有很多医院，以及许多鹳——往往被城市中心吸引而来。

我们不应该依靠新闻媒体来区分相关关系与因果关系，因为它们经常混淆相关关系与因果关系。例如，思考图 2.5 中的第一个例子"脸书成瘾就像可卡因、赌博一样影响大脑。"（Navarro, 2016）。这篇文章的标题——注意"影响"这个词——清晰地表明了脸书成瘾与大脑功能间的因果关系。是的，这篇文章所描述的研究证明了这一点，因为它是相关的。研究表明，那些沉迷于脸书和其他社交媒体网站的大学生表现出一些与传统成瘾（如吸毒或赌博）相同的脑影像学异常。这个结果很有趣，但是它们不证明脸书成瘾能影响大脑。这是完全可能的，例如，某些大脑的特征使人对脸书成瘾，或者第三变量如冲动使两者产生关系。

图2.5 | 混淆相关关系和因果关系

脸书成瘾就像吸可卡因、赌博一样影响大脑

低自尊使大脑萎缩

长寿的神奇秘密：待在学校里

家务劳动减少乳腺癌的风险

费德说，害怕痛苦会让我们变得更富有

研究表明，戴头盔导致骑自行车的人处在危险中

赢得世界杯降低了心脏病死亡率

吃鱼预防犯罪

要点回顾

我们还要注意那些阐述两个变量间的因果关系的新闻头条或者新闻故事。如果该新闻的研究仅仅是建立在相关数据的基础上，我们就可以知道它们将研究结论过度延伸了。

相关中的第三变量

互动

消费冰激凌的数量和同一天暴力犯罪的数量呈相关。但是，这并不意味着吃冰激凌导致犯罪，也不意味着犯罪导致吃更多的冰激凌。第三变量或许可以解释这个相关，就是在炎热的天气，人们的犯罪率很高（一部分因为他们经常去外面，一部分因为他们是暴躁的），且吃更多的冰激凌。

两个混淆相关关系与因果关系的例子：（上图）一项分析（Vigen，2015）表明，在2002到2010年间，鲨鱼袭击与龙卷风高度相关（r=0.77）。也就是说，在过去的几年里，更多的鲨鱼袭击与更频繁的龙卷风有关。（下图）另一项分析显示（Vigen，2015），在1999至2010年间，演员布鲁斯·威利斯的电影出现次数与爆炸锅炉的死亡人数密切相关（r=0.81）。不用说，这些相关性不可能直接反映因果关系，这对布鲁斯·威利斯的粉丝来说是个好消息（对于鲨鱼的粉丝来讲也是如此）。

实验设计

如果自然观察、个案研究和相关设计不能让我们得出因果关系的结论，那么什么设计可以呢？答案就是实验设计，通常被简称为"实验法"。实验设计区别于相关设计的一个关键点是：当执行地完美时，它们能够得出因果结论。这就是为什么在相关设计中，研究者测量参与者先前存在的差异是非常重要的，比如年龄、性别、智商和外倾性。这些是研究者无法控制的差异，例如，研究人员不能让参与者太年轻或太老。相比之下，在实验设计中，研究者通过控制变量来弄清这些操作是否能够引起参与者行为的差异。换句话说，在相关设计中参与者间的差异是被测量的，而在实验设计中它们是被创造出来的（Cronbach，1975）。

什么使研究成为实验：两个要素

尽管新闻记者频繁地使用"实验"一词，甚至非常宽泛到用它指代任何一种研究，但是"实验"实际上在心理学中有特殊的意义。准确地说，**实验**，包含两种特殊成分：

- 按照条件对参与者随机分配。
- 控制自变量。

这两点对实验都很重要。如果一个研究不能兼具这两个条件，那就不是一个实验。下面我们来详细介绍这两个要素。

随机分配　关于**随机分配**，我们指的是实验者将参与者随机地分成两组。通过使用这个程序，我们倾向于消除两组之间存在的差异，例如性别、种族或个性特征的差异。其中一个组称为**实验组**，这个组接受实验处理。另一组称为**控制组**，这一组不接受实验处理。

人类并非生来就有科学思维。当考虑到这一点，我们可能就不会对控制组的概念直到20世纪才清晰地出现在心理学中而感到惊奇了（Coover & Angell，1907；Dehue，2005）。在此之前，许多心理学家认为他们可以通过不使用控制组来判断治疗是否有效。然而，脑前额叶白质切除术的例子以深痛的教训告诉我们，他们是错的。

让我们来看随机分配在实际实验中是如何发生的一个例子。假设我们想要知道新药——神秘果蛋白（Miraculin）是否对治疗抑郁症有效。我们首先要从一个大的抑郁症患者样本入手，然后随机地抽取（比如，通过掷硬币）参与者中的一半成为实验组，接受新药的治疗，而另外一半为控制组，不接受新药的治疗。

顺便说一下，我们不应该混淆随机分配和随机选择，正如我们讨论的那样，随机分配是一个允许每个人都有平等参与机会的过程。随机选择涉及我们最初如何选择我们的参与者，而随机分配则涉及我们在选择了参与者后如何分配参与者。

控制自变量　实验的第二个要素就是控制自变量。**自变量**就是指能够由

实验（experiment）
随机将参与者按条件和自变量的控制进行分配的研究设计。

随机分配（random assignment）
实验者将参与者随机地分成两组。

实验组（experimental group）
在实验中，接受实验处理的一组参与者。

控制组（control group）
在实验中，未接受实验处理的一组参与者。

自变量（independent variable）
能够由实验者控制或改变的变量。

实验者控制或改变的变量。**因变量**是指实验者能够测量的可表明控制是否已经有效的变量。为了了解这个定义，需要记住因变量是"取决于"自变量的水平的。在用新药治疗抑郁症的实验中，自变量就是使用或者不使用新药。相反的，因变量就是参与者在实验过后的抑郁水平。

当我们为了研究目的来定义自变量和因变量时，用心理学术语说，我们就是在进行**操作定义**，一种研究人员测量的工作定义。例如，想要测量一种新的心理治疗法对慢性焦虑症的影响的研究者，可以将他的因变量定义为"连续四周持续每天超过两个小时焦虑"。重要的是要明确我们如何具体化我们的变量，因为不同的研究者对相同的变量的操作化往往不同，并最终得出不同的结论。假设两个研究者使用的是不同剂量的神秘果蛋白并且测量抑郁值用的也是两个不同的量表。一个操作定义为抑郁症是一种持续两周以上的极其悲痛的心情，而另一个操作定义为抑郁症是持续五天或以上的中等或极其悲痛的心情。研究人员很可能最终得出关于新药是否有效的不同结论，因为他们的测量是不同的。不过，操作定义不像"字典"里面对一个词的定义，那是几乎所有的字典都认同的"正确"定义（Green，1992；Lilienfeld et al.，2015），而不同的研究者却可以采用不同的操作定义来达到自己的目的。

因变量
（dependent variable）
实验者能够测量的可表明控制是否已经有效的变量。

操作定义
（operational definition）
一种研究人员测量的工作定义。

混淆：错误结论的来源

如果一个实验具有足够的内部效度——可以得出因果结论，那么它的自变量水平一定是实验组和控制组的唯一的区别。如果两个组之间还有其他区别，那就不可能确定自变量是否能对因变量有作用。心理学家用术语混淆变量，去指代在实验组和控制组中除了自变量之外的其他变量（Brewer，2000）。在我们对于抑郁症治疗的早期案例中，假如病人接受了神秘果蛋白药物，但是与此同时，非控制组也接受了一些其他的心理治疗，这个心理治疗就有可能是一个混淆变量，因为在实验组和控制组中又多了一个变量。这个让我们无法确定组间的因变量（抑郁水平）的差异到底是由于药物治疗还是心理治疗导致的，或者二者皆有。

允许因果关系的推断

实验的两个主要特征：即参与者的随机分配和自变量的操控，允许我们在正确实施实验的条件下进行因果关系的推断。为了决定是否能从一项研究中推断因果关系，这里有一个提示，它将在 100% 的时间内起作用。第一，使用我们所概述的标准，问问自己的研究是否是一个实验。第二，如果它不是一个实验，不要从中得出因果结论，无论它可能是多么诱人。

不幸的是，当报告关于身体或心理方面的研究时，新闻媒体几乎不会告诉我们这些数据是否来自实验设计或相关设计。例如，他们可能报告"许多新的研究发现，喝巧克力牛奶会降低肝癌的发病率"，但是他们通常不会告诉我们这些数据是否来自实

控制组是心理实验"设计"的重要组成部分。

做瑜伽帮助人们降低血压和减轻压力吗？只有一个实验，随机分配的条件下操作一个独立的变量，才能使我们能够推断因果关系。

安慰剂效应（placebo effect）
仅仅由于参与者想要改善的期望而产生的情况改善。

验，参与者是否被随机设计并是否喝了许多巧克力牛奶，或者来自研究人员仅仅检查了许多人喝巧克力牛奶，并检查这个变量是否与患肝癌的风险有关的相关研究。如果，但只是如果，这项研究是一个实验，我们能从中得出合理的有信心的因果推论吗？

在深入探究之前，让我们确保掌握与实验设计相关的一些要点。阅读下面这个研究，然后回答紧随其后的四个问题。

实验设计误差

就像相关设计一样，实验设计也会被曲解，因为在评价实验中有很多的误差。我们将要关注这些误差中最重要的部分，并且解释心理科学家如何学会控制它们。

安慰剂效应　为了理解实验中的第一个主要误差。想象我们研发了一种新的"神奇药物"可以治疗孩子们的注意缺陷/多动障碍（ADHD）。我们随机将符合这种条件的参与者分为两组，一组服用这种药物，另一组不做处理。作为我们的研究结论，我们发现服用了药物的孩子比起没有服用药物的孩子显得不活跃了。这是一个好消息，如果可以相信的话，但是它是否就意味着我们现在就可以公布这个结果并且庆祝这种药物是有效的呢？在阅读下一段之前，尝试自己回答这个问题。

如果你回答无效，你答对了。我们不能庆祝的原因是我们没能控制实验中的安慰剂效应。安慰剂这个词来源于拉丁语中的"I shall please

"了解清楚是谁在操作这个实验。看起来一半参与者使用了一种安慰剂，另一半使用的是另一种安慰剂。"
资料来源：© Science Cartoons Plus. com。

（我希望如此）"。**安慰剂效应**是仅仅由于参与者想要改善的期望而产生的情况改善（Kaptchuk，2002；Kirsch，2010）。接受了药物的参与者情况会转好，仅仅是因为他们知道了他们在接受治疗；

针灸疗法研究：评估你的知识

互动

简介

一个研究假说声称中国的一种医疗方法——针灸疗法，通过在身体的特殊部位插进小针，就可以降低那些压力过大的心理学学生的焦虑水平。研究者按照随机抽样的方法将参与者分成两组，一组接受针灸，另一组什么都不处理。两个月之后，研究者测试参与者的焦虑水平，发现接受了针灸治疗的参与者的焦虑水平比没有接受治疗的参与者焦虑水平低。

1. 这是一个相关设计还是实验设计？
2. 实验中的自变量和因变量分别是什么？
3. 这个设计中有混淆吗？如果有，是什么？
4. 我们可以从这个研究中得到因果关系吗？为什么可以或不可以？

反馈

1. 这是一个实验设计。因为对参与者进行了随机分组，并且实验者对参与者是否接受治疗进行了分配。
2. 自变量是是否接受针灸治疗，因变量是焦虑水平。
3. 有一个潜在的混淆点是接受针灸治疗的参与者知道自己接受了治疗，他们的低焦虑水平可能是对治疗的期望造成的。
4. 是的。因为混淆的存在，我们不知道实验组为什么出现低焦虑水平。但是我们可以得出一些关于这个治疗可以减轻焦虑的事实。

对于自己在接受治疗的认识能够增强自信或者起到安抚的作用，安慰剂效应是对于期望能够成为现实的强有力的暗示。

在医药学研究中，研究者们控制安慰剂效应的典型方法就是对控制组提供糖片（有时被称为"假药丸"，虽然这个词并不是对研究者或病人的侮辱），它本身就被称作安慰剂。通过这种方法，实验组和控制组的病人都不知道他们是服用了真正的药物还是安慰剂，所以他们对药效的预期几乎一样。在神秘果蛋白的研究中，可能出现了安慰剂效应，因为在控制组的参与者没有接受安慰剂，也没有接受其他东西。所以实验组的参与者可能比控制组有更好的改善，因为他们意识到自己正在接受治疗。

为了避免安慰剂效应，还要让参与者不知道自己是服用了药物还是安慰剂。也就是说必须保证参与者盲，即不知晓情况，包括他们在哪一组、叫什么名字、是实验组还是控制组。如果病人知道了这些情况，实验就彻底毁了，因为病人会按照他们不同的期望改进自己的表现。这些差异由此产生了混淆。

如果患者碰巧知道了他们所在的组（实验组或控制组）的情况，那会发生什么，心理学隐语"盲断裂"出现会引发两件不同的事情。第一，在实验组"接受药物治疗"的患者将会比在控制组（接受安慰剂治疗）的病人提升更多，因为他们很清楚他们的治疗是真的而不是虚假的。第二，控制组的病人可能会怨恨他们接受安慰剂治疗，而且想去"打败"实验组的病人（"嘿，我们要向实验者展示我们很厉害。"）总之，在控制组的参与者可能会惊讶地发现他们优于实验组。心理学家有时候称这种现象为约翰·亨利效应，他是十九世纪七十年代的非洲裔美国民间英雄和钢铁工人，试图超越自动化的钢钻，只是在这个过程中不幸身亡了（Adair，1984）。

作者有时候描述安慰剂效应完全存在于人们的头脑中。然而安慰剂效应就像真实的药物一样存在着（Kaptchuk & Miller，2015；Mayberg et al.，2002）。安慰剂呈现了真正药物才能引起的许多特征，比如越高的用量就会有越好的结果（Rickels et al.，1970）。安慰剂注射（研究者通常注射盐水来达到目的）往往比口服安慰剂有更快速更大的影响（Buckalew & Ross，1981），可能是因为人们认为注射安慰剂比药片安慰剂进入血液的速度快。一些病人甚至对安慰剂药片成瘾（Mintz，1977）。我们相信更昂贵的安慰剂往往比廉价的安慰剂更有效（Ariely，2008），可能是因为我们假设如果某件东西更贵，它可能更有效。正如一句古谚语"物有所值"。

除非我们十分谨慎，否则安慰剂效应会诱使我们得出结论：即使没有效果，干预也能起作用。例如，许多公司都在市场上快速发展电子游戏，据说可以增强记忆力、注意力和其他与思维有关的能力。然而，因为参与者希望在玩这些游戏后提高记忆力和注意力，这些公司的广告宣传结果可能是安慰剂效应所致（Boot et al.，2013）。另一个例子是，一些研究人员认为，多达80%的药物的积极效应，如百忧解和舍曲林，都归功于安慰剂效应（Kirsch，2010；Kirsch & Saperstein，1998），尽管另一些学者怀疑并没有这么高的比率（Dawes，1998；Klein，1998；Kramer，2016）。越来越多的证据表明安慰剂在轻度或中度的抑郁症中所发挥的作用大致相当于抗抑郁药物，但对于不严重的抑郁症，抗抑郁药与安慰剂相比，显得更有效果（Fournier et al.，2010；Kirsch，Deacon，& Huedo-Medina，2008）。

安慰剂效应在每种情况下都不是同等有效的，它们似乎对抑郁症和疼痛的主观报告发挥了最大的作用。但其对身体疾病的客观指标影响更弱，如癌症和心脏病（Hröbjartsson & Götzsche，2001）。另外，安慰剂的作用可能比实际的药物更短命（Rothschild & Quitkin，1992）。

反安慰剂效应　安慰剂效应有一个"邪恶的双胞胎"：反安慰剂效应（Benedetti，Lanotte，&

✳ 心理科学的奥秘
安慰剂如何起作用

正如我们所看到的，我们的期望有时会对我们的健康产生很大的影响。但是安慰剂是如何起作用的呢？

在我们试图回答这个问题前，让我们回到18世纪中叶，在那时，医生法兰兹·安东·麦斯默（Frans Anton Mesmer）在巴黎风靡一时。麦斯默借术语"催眠"（催眠的同义词）作为他的名字，声称自己是能治愈所有的身体和心理疾病的人。麦斯默认为，当人们的身体变得不平衡时，一个看不见的磁流体触发情感疾病。穿着华丽斗篷的他，只需要用磁力棒使病人们尖叫，并笑着进入昏迷，然后他们的症状就会消失。人们对麦斯默有了如此多的需求，以至于他开始为群众磁化树，假设在更少的时间内给予相同理论上的治疗。

但法国政府怀疑麦斯默的妄言，想知道他是否有支持的证据。所以他们成立了一个委员会，由本杰明·富兰克林担任会长，即当时的美国驻法国大使，探讨麦斯默的断言。富兰克林设置了一系列巧妙的测试来检验麦斯默的技术是否如它们看上去那般神奇（Kihlstrom, 2002; Lynn & Lilienfeld, 2002）。例如，一方面，富兰克林委员会成员磁化了树，却告诉人们它不是磁化树；另一方面，他们没有将一棵树磁化却告诉人们这是被磁化了的树。人们只有在相信树木被磁化的时候才会经历昏厥，即使它们没有被磁化过。富兰克林已经取得了两项令人印象深刻的科学成就。首先，他是最先发现安慰剂效应的人中的第一个，同样重要的是，他发现了一种巧妙的方法来隔离这种效应。这是公式：给参与者一种操作，其中只有一部分暴露在假定的治疗下（磁化的树），而另一部分用于控制治疗（未磁化的树），同时确保所有参与者对他们正在接受的治疗是"盲的"。这是心理学科学家在被控制的研究中使用的同样的研究方法的精髓。

在富兰克林的启发下，今天科学家们开始了解安慰剂效应是如何起作用的。一个很有希望的线索来自手术对帕金森病患者的影响的研究，这种疾病的特征是严重的运动问题，包括震颤。帕金森病是由脑内的化学信使多巴胺大量退化引起的，多巴胺在运动和奖励期待中起着至关重要的作用。在一项使富兰克林感到骄傲的研究中，研究者们尝试将含多巴胺的胚胎细胞植入大脑治疗帕金森病患者。为了控制安慰剂效应，研究人员随机分配了其他帕金森病患者，他们接受了手术，但没有注射胚胎细胞。正如预期的那样，接受胚胎细胞移植的患者在运动和生活质量方面有所改善（McRae et al., 2004）。然而，值得注意的是，被分配到安慰剂控制条件下的病人也有改善。后来的研究表明，这种效应是由控制组参与者大脑中多巴胺的爆发引起的（Benedetti, 2013）。改善的期望激发了他们大脑的奖励系统，并缓解了他们的运动异常，这两部分都是由多巴胺控制的。

尽管麦斯默认为他用他非凡的磁性力量治疗了人们，实际上他可能只是利用了安慰剂效应的力量。

这些发现表明，至少通过提高多巴胺的活性产生了一些安慰剂的作用，虽然其他的化学物质可能也参与其中（Hall, Losalzo, & Kaptchuk, 2015; Lidstone et al., 2010）。通过增加希望，安慰剂效应可能经常利用我们大脑的自然奖赏系统。富兰克林就算今天还活着，也许也并不感到意外，因为他明白希望本身就可以治疗疾病。

Lopiano，2007；Freeman et al.，2015；Häuser, Hansen, & Enck，2012）。反安慰剂效应的伤害是由危害期望造成的（反安慰剂效应来自拉丁语，意思是"伤害"）。古老的非洲人和后来的加勒比人实践巫术可能利用了反安慰剂效应：相信别人在用大头针戳自己的人有时也会经历痛苦。在一项研究中，当用假玫瑰时那些对玫瑰过敏的人也会打喷嚏（Reid，2002）。在另一个案例中，研究人员欺骗了一群大学生，让他们认为电流通过他们的头部会引起头痛。超过三分之二的学生报告头痛，尽管这种情况是虚构的（Morse，1999）。一个病人认为他过量服用了抗抑郁药的假药甚至体验了严重的躯体反应，如血压极低（Enck & Hauser，2012）。

> **实验者效应**
> （experimenter expectancy effect）
> 实验者的假设引导他们对研究的结果产生了无意识的偏见的现象。
>
> **双盲实验**（double-blind）
> 不论是实验者还是参与者都不知道谁在实验组，谁在控制组。

日志提示

> 相信巫术力量的人，当他们的一个敌人，将针插入一个模仿他们的娃娃时可能会经历痛苦。正如文中提到的，这种现象说明了反安慰剂效应。还有什么其他的例子从迷信的领域来说可能是反安慰剂效应？

实验者效应　显然，在控制条件下提供安慰剂治疗是非常重要的，即保持让参与者对自己的处理一无所知。然而，实验设计中还有一个更有可能出现的误差。在一些实例中，参与者不知道自己的处理条件，但是实验者知道。

当处于这样的情况时，一个棘手的问题就出现了，那就是**实验者效应**，或称为罗森塔尔效应（Rosenthal & Rubie-Davies，2015）。当实验者的假设引导他们对研究的结果产生了无意识的偏见时，实验者效应就发生了。要注意前一句中的"无意识"，因为这个效应不是指故意地篡改或者编造数据，幸运的是这只发生在科学的研究中（John, Loewenstein, & Prelec，2012）。然而，在实验者效应中，实验者的偏见几乎总是在他们的知识之外以微妙的形式间接地影响着结果。在一些案例中，即使实验者的假设是错误的，实验者也能证实他们的假设。

因为这个效应，实验者一直用**双盲实验**来实施实验。双盲实验，我们指的是不论是实验者还是参与者都不知道谁在实验组，谁在控制组。通过自觉掩藏哪一类参与者在哪一分组的情况，研究者再次防止自己受到偏见的影响。双盲设计最能代表科学，因为它们展示了优秀的科学家如何采取特殊的预防措施来避免愚弄自己和他人。

实验者效应最古老、最著名的实例之一，是维尔海姆·范·奥斯坦（Wilhelm von Osten）和他的马的故事（Fernald，1984；Heinzen et al.，2015）。在 1900 年，范·奥斯坦买了一匹英俊的雄马，也就是现在心理学实验中很著名的聪明的汉斯，这匹马似乎有惊人的数学能力。通过敲打他的蹄子，聪明的汉斯可以准确地回答它的主人提出的数学问题（比如 8 加 3 等于几？）。它甚至可以计算平方根，加减分数，还可以告诉你现在的时间。它甚至可以准确地回答一些特殊的问题，比如站在

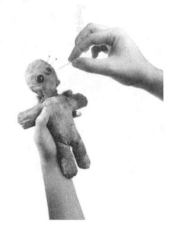

在海地、西非与美国路易斯安那州的一些地区盛行一种超自然的练习，当相信巫术力量的人的一个敌人将针插入一个模仿他们的娃娃时，他们可能会经历痛苦。这是反安慰剂效应的一个例子，这种心理现象表明期望疼痛本身可以产生痛苦。

它面前的那些人有多少人戴了黑色的帽子。可以理解，它的主人非常引以为傲，所以他开始将汉斯带到公众场合表演，获得了一大群观众的惊叹。

你可能会怀疑汉斯的技艺是不是欺骗人的。一个由 13 个心理学家组成的小组研究了聪明的汉斯，没有发现能够证明它主人做假的证据，并判断汉斯拥有和 14 岁的人一样的数学能力。此外，聪明的汉斯似乎是一个真正的数学天才，即使范·奥斯坦不提问它也能进行加减法。

然而，心理学家奥斯卡·芬格斯特（Oscar Pfungst）对汉斯究竟多聪明的真实性表示怀疑。1904 年他开始了一系列仔细的观察。在这种情况下，他做了一些之前的心理学家没有想到的事。他没有关注那匹马，而是关注问它问题的人。改变关注点后，他发现范·奥斯坦和其他人总是在无意间给马暗示正确的答案。特别是，芬格斯特发现：聪明的汉斯的提问者在汉斯给出正确答案之前总是绷紧肌肉。当芬格斯特阻止汉斯看到提问者或是其他知道答案的人时，汉斯就没那么幸运了。疑问得以解决：汉斯能够敏锐地观察到提问者无意给出的身体暗示。

事实与虚构

互动 对心理疗法是否有效进行双盲研究是不可能的。（请参阅页面底部答案）
○ 事实
○ 虚构

聪明的汉斯在当众表演。如果一个观察者可以发现实验者效应在动物身上同样奏效，那么在人身上将会有多大的影响呢？

聪明的汉斯的故事是第一个证实存在实验者效应的实例。这个故事说明人们，甚至毫无知识的人也可以无意间给出提示来影响研究对象的行为，即使研究对象是一匹马。这个故事还提醒我们不同常理的结论需要有特别的证据，比如这个事例中的马具有数学能力。范·奥斯坦的结论很奇特，但证据却很平庸。有趣的是，在一个文字游戏中，一些作者提到促进沟通，我们在本章开始时遇到了"聪明的汉斯现象"（Wegner，Fuller，& Sparrow，2003），因为它似乎也是实验者期望效应的结果。

特别声明
这类证据可信吗？

你可能已经注意到，我们也称实验者效应为罗森塔尔效应。因为 20 世纪 60 年代心理学家罗伯特·罗森塔尔（Robert Rosenthal）做过一系列很精彩的实验，向心理学界证实了实验者效应的真实存在。在其中的一个实验中，罗森塔尔和福德随机分给一些心理学学生五只所谓的聪明的老鼠——经过多代训练后能够迅速地走出迷宫的老鼠，而另一些学生则分到五只所谓的迟钝的老鼠——即使经过多代训练仍不能迅速走出迷宫的老鼠。注意这是一个实验，因为罗森塔尔和福德随机将学生分成两

答案：事实。对心理疗法进行双盲研究基本上是不可能。研究者几乎不能使患者对是否正在接受心理治疗不知情，这是心理治疗效果比药物疗效更难研究的一个因素。

组并且控制学生分到何种老鼠。他们随后让学生指导老鼠走迷宫并记录每只老鼠所用时间。但是他们设置了个陷阱：他们随机地给学生分配老鼠，而没有采用其他的分配方法，只是编造了聪明老鼠和迟钝老鼠的说法。然而，当罗森塔尔和福德询问学生的结果时，他们发现"聪明"老鼠的一组走迷宫的速度比另一组高出了29%。由于一些不知道的原因，学生影响了老鼠的速度。这就是为什么实验者需要保持对某个条件是盲目的；通过屏蔽他们的知识，他们不能无意中影响研究的结果。

需要特征　最后一个可能影响心理学实验研究的潜在陷阱是很难避免的。参与者可以由于实验允许其对主试的假设作出猜测而获得线索，即**需要特征**（Belongax & Bellizzi，2015；Orne，1962；Rosnow，2002）。在一些案例中，参与者也许对实验者所要研究的内容的猜想是准确的，而在另一些案例中，猜测并不准确。这就存在问题了：当参与者认为他们知道实验者想要他们做出何种反应时，他们会相应地改变行为。不管他们猜对与否，这种信念都会影响实验者获得参与者真实无偏见的想法和行为。

为了克服需要特征的干扰，实验者可能会掩盖研究的目的，也许是给参与者提供一个与调查的实际目的不同的似是而非的"封面故事"。另外，实验者会增加误导作业或者空白项目——不涉及个人兴趣的题目。这可以防止参与者以他们认为实验者所希望的方式来改变对实验的反应。

需要特征

（demand characteristics）
参与者可以由于实验允许其对主试的假设作出猜测而获得线索。

2.3　研究设计中的伦理问题

2.3a　解释研究者对参与者的伦理义务。

2.3b　描述以动物作研究对象的争议。

当设计和执行研究时，除了科学价值，心理学家还要考虑很多问题。研究的伦理性也很重要。虽然心理学和其他科学一样坚持着相同的基本科学原则，但是我们知道，化学家不必担心伤害到矿物质的感觉，物理学家不必考虑一个中子长期的情感幸福。关于人类及其行为的科学研究就需要考虑许多独特的因素了。

许多哲学家以及本书的作者都相信科学本身是价值中立的。因为在一些科学研究中，科学是对真理的探求，不存在本质上的好与坏。这个事实并不意味着科学研究，包括心理学研究的价值也是中立的。寻求真理的方法既有伦理性的，也有非伦理性的。况且，我们可能并不同意所有寻求真理的方法都是伦理性的。我们很可能都会同意通过观察脑损伤的人在实验室进行学习的实验任务来了解脑损伤，只要这些任务不会给参与者带来很大的压力。但是通过用棒球棍击打人的头部，然后测量他们从一段楼梯上掉下来的频率，以检查他们的运动协调性，我们都会认为（我们希望）这一做法是不可取的。然而，通过给猫制造严重的脑损伤来研究脑损伤的猫在面对可怕的刺激物（比如凶猛的狗）时的反应，也许并不是我们所有人都认为是不可取的。在许多情况下，研究是否符合伦理，这一问题并没有清晰的界限。

塔斯基吉：可耻的道德故事

科学家们对健康知识的渴望有时会使他们忽视关键的伦理性问题，他们也从中得到了惨痛的教训。这里有一个非常令人不安的例子，从1932年到1972年，美国公共卫生服务部进行了一项塔斯基吉研究（Jones，1993）。在这段时间里，一些研究人员想更多地了解一种性传播疾病——梅

知情同意
（informed consent）
在请参与者参加实验前告诉
实验涉及的内容。

毒的自然病程。他们想知道，如果梅毒没有得到及时治疗，会发生什么？

这项研究的对象是住在亚拉巴马州最贫穷的农村地区的 399 名非洲裔美国人，他们被诊断出患有梅毒。事实上，研究对象甚至不知道他们是实验对象，因为研究人员没有告诉他们这一关键信息。相反，研究人员只是跟踪研究对象的进展情况，隐瞒所有重要的医学信息和所有可用的治疗方法。

研究结束时，有 28 名男性死于梅毒，100 人死于梅毒相关并发症，40 名男性的妻子感染了梅毒，19 名儿童患梅毒。1997 年，在这项研究终止后的 25 年，时任美国总统的比尔·克林顿代表美国政府，为塔斯基吉研究仅剩的 8 名幸存者做出了正式的道歉。

人类研究中的伦理准则

如果说可怕的塔斯基吉研究和其他科学研究伦理的灾难带来了什么好处的话，那就是科研人员高度重视了要保护人类受试者的权益。幸运的是，如今研究人员再也无法进行塔斯基吉研究，至少美国不会。那是因为美国每一个主要的研究学院和大学都至少有一个机构审查委员会（IRB），来仔细考察每一个研究以保护参与者不被虐待和折磨。机构审查委员会由学院和大学内不同部门的教师和学校外面的一个或更多的人组成，比如来自学院或大学附近的社区人员。

知情同意

机构审查委员会坚持要求履行一个被称为**知情同意**的步骤：在请参与者参加实验前必须告诉他们要做什么。在知情同意过程中，参与者可以提有关研究的问题，了解所要涉及的更多内容。塔斯基吉的项目没履行知情同意，我们可以肯定参与者不会同意，如果他们知道的话他们不会同意一个潜在的致命性疾病不被治疗。对知情同意的一个挑战是，如患有阿尔茨海默病或精神障碍的一些参与者（如精神分裂症的个体在一些情况下会分不清现实），可能在不完全了解他们的情况下同意某些研究程序（Nishimura et al., 2013）。因此，调查人员必须确保提供知情同意的参与者是真正知情的。

不过，机构审查委员会有时候也允许研究者放弃对某些因素的知情同意，但仅仅是在这样做被认为是必要的情况下。尤其是在一些必须隐瞒的心理学研究中。当研究者使用隐瞒时，他们故意使参与者误解有关研究的设计或目的。在一项心理学史上最著名也是最具争议的研究中（见 13.2c），后来在耶鲁大学的斯坦利·米尔格兰姆（Milgram, 1963），邀请志愿者来参加一个实验——惩罚对学习的影响研究。实验者让被试相信他们在使用能够控制疼痛强烈程度的电棒来电击另外的在学习任务中犯了反复的错误的参与者。实际上，没有电击发生。另外的参与者实际上是实验者的同盟，也就是研究助理，扮演参与者的角色。此外，米尔格兰姆对于惩罚对学习的影响不感兴趣；他对权威者对服从者的影响感兴趣。许多真正的参与者在实验过程中经历了相当大的痛苦，很多参与者对于他们以为给予了一名无辜者具有强烈痛感的电击的这一事实感到十分痛苦。

米尔格兰姆精心策划的欺骗是有正当理由的吗？米尔格兰姆

在心理学杂志上发表的最具人类伦理争议的研究的奖项可能会追溯到 20 世纪 60 年代的一项研究中，调查人员想确定极端恐惧对注意力的影响。一名飞行员告诉飞机上的十名美国士兵，在一次例行训练飞行中，飞机的螺旋桨和起落架发生了故障，他们要在海洋中迫降。事实上，飞行员欺骗了士兵们：飞机状态良好。被"欺骗"的空中乘务员向士兵分发了调查表，并指导他们填好后把它们放在防水的容器里。也许毫不奇怪，这些士兵在填写这些调查表时犯的错误比在地面上的一组控制兵犯的错误要多（Berkun et al.,1962; Boese, 2007）。不用说，这种奇怪的调查在现代的机构审查委员会中永远不会通过。

（1964）辩解说为了推动这个研究，欺骗是必须的，因为知道研究真实目的的参与者已经形成了明显的需要特征。他进一步指出后来他也向参与者解释了研究真实的目的，并向他们保证，他们的服从不是残忍或心理障碍的表现。此外，他进行了一个问卷调查，所有参与者在研究完成后，发现只有1.3% 的人报道存在负面的情绪后果。相反，戴安娜·鲍姆林德认为米尔格兰姆的研究是由于没有价值的知识或心理困扰产生的。米尔格兰姆未能提供充分的知情同意，她坚持认为，这在伦理上是站不住脚的。简单地说，米尔格兰姆的参与者自愿参与实验的时候，他们并不知道自己在做什么。

关于米尔格兰姆研究的伦理争论仍在继续（Blass，2004）。虽然我们不想在这里解决这一争议，但我们会指出，美国心理学会（2002）的道德标准确认，只有当（a）研究者不欺骗就不能进行研究，而（b）从研究中获得的科学知识价值超过其成本时，欺骗才是正当的（见表 2.3）。不用说，评估（b）是不容易的，这取决于研究人员（最终是 IRB）来决定一项研究的潜在科学利益是否足以证明欺骗是正当的。多年来，机构审查委员会——在米尔格兰姆的时代还没存在——感到更加迫切需要知情同意这一原则。

任务报告：教育参与者

机构审查委员会也要求研究者在得出研究结论时写一个完整的任务报告。通过任务报告，研究者告诉参与者实验是关于什么内容的。在一些实验中，研究者甚至在实验报告中用非技术性的语言来解释他们的假设。在实施任务报告中，研究不仅对研究者是一个学习的体验，对参与者也是。

动物研究中的伦理问题

几乎没有什么主题像动物研究一样产生这么多可被理解的愤怒和不快。尤其是在侵入性研究中，研究者给动物造成了身体伤害。在心理学中，侵入性研究经常通过手术的方法给动物的脑造

表2.3 | **美国心理学会制定的人类研究的伦理准则**

心理研究者必须仔细衡量研究的潜在科学价值和可能给参与者带来的危险。2002年，美国心理学会颁布了一整套伦理准则来规范所有以人为参与者的研究。下面是对主要的伦理准则的总结。

知情同意
- 研究的参与者必须对研究的目的、持续时间以及所有可能的风险、不适应和相关的负面影响有完全的了解。
- 参与者应该是自愿加入研究的，而且要告诉他们有权在任何时候退出。
- 应该提供一个联系方式以解答有关研究的问题及告知参与者所拥有的权利。

避免参与者受到伤害
- 心理学研究者必须采取有效合理的措施来避免参与者受到伤害。

隐瞒和任务报告
- 当在研究中使用隐瞒技术时，心理学研究者在隐瞒结束之后就应该马上告诉参与者关于隐瞒的事。
- 不能向参与者隐瞒所有可能引起其身体疼痛和情感伤害的研究环节。
- 一旦研究结束，不仅要告知参与者隐瞒的东西，还要告诉参与者研究的本质和结果。

成伤害，然后通过观察动物的行为来探究这一损伤的影响。大约有 7% 至 8% 已发表的心理学研究以动物为研究对象［American Psychological Association（APA），2008］，而绝大多数研究都是以啮齿类动物（尤其是老鼠）和鸟为研究对象的。这种研究的目的是在不给人造成伤害的前提下弄明白人类大脑和行为有怎样的相关性。

许多动物权利保护组织都十分关心对待动物的伦理问题，强调给动物提供充足的居住和饲养条件的重要性（Beauchamp，Ferdowsian，& Gluck，2014；Marino，2009；Ott，1995）。相比之下，一些极端的动物权利保护者认为这些都是非伦理的，一些人甚至洗劫了实验室并且放生了那里的动物。1999 年，动物解放阵线袭击了明尼苏达大学的一些心理实验室，释放了老鼠和鸽子，造成了大约两百万美元的损失（Azar，1999；Hunt，1999）。顺便一提，对于动物权利的争论，持不同观点的绝大多数人都认为释放动物是一个很可怕的想法，因为绝大多数动物在释放不久后都死去了。

且不谈这些极端的方式，实验的伦理问题不是那么容易解决的。一些批评者坚持说每年大约一亿只（Humane Society International，2012）用于医学和心理学的实验室动物的死是不值得的。例如，有关于如何做好心理和生理紊乱的动物模型转化到人类条件的合法性问题（van der Worp et al.，2012）。比如说，老鼠和人类都会以相同的方式经历"抑郁"，这是极不可能的。其他批评者认为通过研究动物的攻击性、恐惧、学习、记忆和相关的主题而得到的知识推广到人类，其外部效度是值得怀疑的，因此是没有利用价值的（Ulrich，1991）。

以上批评有其可取之处，但可能过于极端。一些动物研究不仅给人类带来了直接的利益，也使人类对于自身的权利有了很好的认识。许多心理治疗，尤其是那些基于学习原理的心理治疗，都来源于动物研究。如果没有动物研究，我们就几乎不会了解脑的生理特征，或者说了解大脑异常与患精神障碍的风险有多大关系（Domjan & Purdy，1995；Stewart & Kalueff，2015）。而且，为了回答许多批判性的心理学问题，没有比使用动物更好、更简单的选择了（Gallup & Suarez，1985）。例如，如果没有动物，我们就没办法检验许多抗抑郁药和抗焦虑药的安全性和有效性。

在研究中，没有人告诉我们什么时候应该使用动物，什么时候不应该用。然而，我们知道动物研究已经给我们带来了大量关于大脑和行为的重要领悟，并且心理学家可以依靠这些研究来得出更为重要的结论。显然，动物研究者必须仔细衡量他们研究的潜在科学价值和由此产生的死亡和痛苦的代价。因为理性的人将会不可避免地反对动物研究，不论怎样权衡该研究的利弊。因此，关于动物研究的强烈的争执在短期内不可能减少。

> **日志提示**
>
> 动物研究在伦理上是有争议的，许多考虑周到的人对它的优缺点持有不同的观点。描述一些在研究中使用动物的潜在的长期利益和成本。

2.4　统计：心理研究的语言

2.4a　了解集中趋势与离散趋势的应用。

2.4b　解释统计学如何帮助我们确定是否可以从样本归纳总体。

2.4c　了解为了达到预期的目的，数据是怎样被误用的。

直到本章的这一节，我们之前几乎没有谈到心理学研究中所有的数学细节。除了相关系数，我们对心理学家如何分析他们的发现没做什么介绍。但是，为了理解心理学研究以及更好地解释它，我们至少需要对**统计**有一些了解，它是指应用数学来描述和分析数据。不必对数学感到恐惧（或者说有"数字恐惧症"，如果你想用专业术语给你的朋友留下深刻的印象），也没有理由去惊慌。我们保证一切都是很简单和无压力的。

描述统计：它是什么？

在某种程度上减少事情的风险中，心理学家主要使用两种统计数据。第一种是**描述统计**，正如名称暗示的那样：描述数据。对基于自我报告法评估友善水平的一个由 100 名男性和 100 名女性构成的样本进行描述统计，我们可以问以下问题：

- 这个样本友善水平的平均数是什么？
- 男性友善水平的平均数是什么？女性友善水平的平均数是什么？
- 所有参与者的总数是多少？男性有多少参与者，女性有多少参与者？男性和女性的友善水平是否存在差异？

为了使问题简单化，我们只讨论两种主要的描述统计类型：第一种描述统计的方法是**集中趋势**，即向我们呈现一系列数据的中间数或大量数据向某个方向集中的程度。与之相反，这里有三个集中量数，即均数、中数和众数（被称为"3 个 M"）。附在我们在表 2.4a（表中左边部分）计算的每个式子旁。

均数，也被称作平均数，就是分数的总和除以人的个数。如果我们的例子包括 5 个人，正如表中所示，IQ 的均数仅仅是 5 个数据的总和除以 5，恰巧是 102。

中数，即一系列数据的中间数，就像我们不会对高速公路中间的绿化带感到迷惑一样。我们获取中数时，首先要将数据排序，然后找出中间的那个数。因此，我们把 5 个 IQ 的得分从低到高排序后就能找出中数 100，因为 100 在这列数据的中间。

众数是一系列数据中出现次数最多的那个数。因此，上面例子的众数是 120，因为在例子中有两个人 IQ 得分为 120，其他任何一个人的得分都是单个的数。

正如我们所看到的，这 3 个 M 有时是完全不同的集中量数。在这个例子中，均数和中数更接近，但众数比其他两个数据大。在正态分布中，均数是最好的报告数据，正如我们在图 2.6 上方的图表中所看到的一样。但当数据分散呈偏态时会发生什么呢？在这种情况下，顶部就会偏向于一边或另一边。正如图 2.6 下方的图所示，这里的均数作为集中量数会给我们带来误导，所以这里最好用中数或众数代替。因为这些统计数字受低或高的极端分数影响较小，在另一种情况下，我们需要众数来给我们最有意义的答案。想象一下，我们让来自普通人群的 100 个人说出他们认为的最不吉利的数字，而 90 人说是 13，7 人认为是 3，1 人认为是 25，剩下的人说是 1000。在这种情况下，众数就是 13——这能准确告诉我们大多数普通人认为最不吉利的数字是 13——但均数是 22.16，这就可能会导致误解。

统计（statistics）
应用数学来描述和分析数字。

描述统计（descriptive statistics）
用数字的特征描述数据。

集中趋势（central tendency）
描述一系列数据的中间数的方法或大量数据向某个方向集中的程度。

均数（mean）
平均数，一种集中趋势的度量方式。

中数（median）
一系列数据的中间数，集中趋势的一种。

众数（mode）
一系列数据中出现次数最多的那个数，集中趋势的一种。

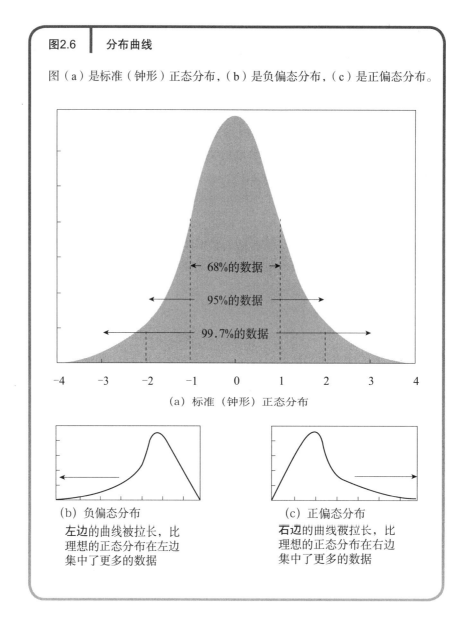

图2.6 | 分布曲线

图（a）是标准（钟形）正态分布，（b）是负偏态分布，（c）是正偏态分布。

（a）标准（钟形）正态分布

（b）负偏态分布
左边的曲线被拉长，比
理想的正态分布在左边
集中了更多的数据

（c）正偏态分布
右边的曲线被拉长，比
理想的正态分布在右边
集中了更多的数据

表2.4 | 3个M：平均数，中数和众数

（a）	（b）
样本IQ分数：100，90，80，120，120	**样本IQ分数**：80，85，95，95，220
均数：（100+90+80+120+120）/5=102	**均数**：（80+85+95+95+220）/5=115
中数：数据从低向高依次排列：80，90，100，120，120；中间数是100	**中数**：95
众数：只有120在数列中出现两次，所以它是最常出现的数据	**众数**：95
	注意：均数受极端数据的影响，而众数和中数则不会

为了强调 3 个 M 会给我们提供不同的答案这一点，让我们通过表 2.4b 来看一个集中量数的变化。该分布的均数是 115，但是有 4 个数比 115 低很多，均数过高是由于有一个人得了 220 分（专业术语上，我们称之为异常值，因为他或她的分数远偏于其他值）。相反，中数和众数都是 95，正好描述了分布的集中趋势。

第二种描述统计的方法是**分散趋势**（有时叫离散趋势），呈现给我们一种数据分布松或紧的感觉，看下面 5 个人的两组 IQ 分数：

（1）80，85，85，90，95

（2）25，65，70，125，150

这两个数列中，均数都是 87。但是第二组分数比第一组更加分散。所以我们需要用某些量数去描述两列数据的不同分散趋势。

描述分散趋势最简单的方法是**全距**。全距是最高分数和最低分数的差距。在第一列数据中，全距仅仅是 15，但在第二列数据中，全距是 125。所以全距告诉我们，即使两列数据有相似的集中趋势，它们的分散程度也可能是非常不同的（见图 2.7a）。即使全距是预测分散最简单的方式，它也可能是有误导的，正如图 2.7b 所显示的，两个全距相同的数列可以在分散的全距范围内有个非常不同的分布。

为了抵消这种现象，心理学家经常用另外被称为**标准差**的量数去描述数据的分散趋势（这个量数计算起来有点复杂，所以我就不给你们添麻烦了）。这种处理数据的方法比全距的准确性更高，因为它考虑了每个数据和均数的差异，而不是只是简单地考虑极端数据之间的差距。

分散趋势（variability）数据分布松或紧的测量方法。

全距（range）最高分数和最低分数的差距，分散程度的一种描述方法。

标准差（standard deviation）一种分散量数，考虑到每个数据和均数的差异。

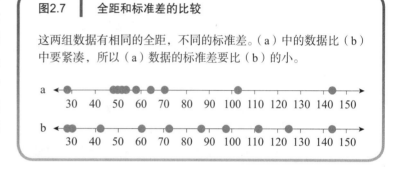

图2.7　全距和标准差的比较

这两组数据有相同的全距，不同的标准差。(a)中的数据比(b)中要紧凑，所以(a)数据的标准差要比(b)的小。

统计测试

根据给出的两组数据回答下面几个问题：

数据组 A：23，32，45，45，80

数据组 B：22，35，45，58，58

1. 哪组数据有最小的均数？

反馈：数据组 A 均数 =45，数据组 B 均数 =43.6

a. 数据组 A
b. 数据组 B
c. 两组都是

2. 哪组数据有最小的中数？

反馈：数据组 A 中数 =45，数据组 B 中数 =45

a. 数据组 A
b. 数据组 B
c. 两组都是

3. 哪组数据有最小的众数？

反馈：数据组 A 众数 =45，数据组 B 众数 =58

a. 数据组 A
b. 数据组 B
c. 两组都是

互动

1. b，2. c，3. a。

根据定义，一半美国人的智商低于平均水平，特别是如果我们的平均指的是中数的时候（如果智商得分的分布不偏斜，那么均数也会保持不变）。

推断统计：假设检验

　　除了描述性统计之外，心理学家还使用**推断统计**，它可以允许我们从我们的样本中归纳出大量的结果。当使用推断统计时，我们会问自己是否能把通过观察样本得出的推论应用于相似的其他样本。之前，我们提到过一个研究，100名男性和100名女性用自我报告的方法来测量友善水平。在这个研究中，推断统计使我们能够发现研究中发现的男性和女性友善水平的差别是否真实存在，还是只是样本中偶然出现的。想象我们计算了男性和女性的平均分数（我们首先证实了男性和女性分数的分布接近钟形曲线）。这样做以后，我们发现在友善水平上男性得 10.4 分（分数变化范围 0～15），女性得 9.9 分。所以，在我们的样本中，男性报告比女性拥有更高的友善水平。我们可以得出一般情况下男性比女性更友善的结论吗？我们如何排除小样本内偶然因素造成差异的可能性呢？这就要发挥推断统计的作用。

统计显著性

　　为了弄清楚我们在样本中观察到的差异是否可信，我们需要进行统计检验，以确定我们的结果是否可以推广到更广泛的群体中。要做到这一点，基于我们的研究设计，我们可以使用各种各样的统计手段。但是不论我们使用的是哪一种检验，通常使用 0.05 水平的置信区间来检验结论是否可信。这个最小的 5/100 被认为是偶然发现的概率。当一个发现偶然发生的概率小于 5/100 时，我们认为这个发现具有统计显著性。统计显著性上是可信的，意味着很可能是真实的差别。在心理学期刊中，我们经常看到的"$p < 0.05$"（小写 p 代表概率）意味着结论是偶然的可能性小于 5/100 或 1/20（虽然这有点过于简单化了，但这是我们可以接受的）。

推断统计
（inferential statistics）
允许我们判断我们是否能把结论从样本推广到全部个体的数学方法。

实际意义

　　作家和心理学毕业生格特鲁德·斯泰因（Gertrude Stein）说过"差异是差异所产生的差异"。斯泰因的格言提醒我们不要把统计显著性和实际意义混淆。也就是说，一个具有统计显著性的结论对于真实世界的预测可能毫无意义。为了理解这一点，我们需要明白统计显著性上的一个主要决定因素是样本大小。样本容量越大，具有重要统计显著性的可能性就越大（其他的都是相等的；Meehl，1978；Schmidt，1992）。只要样本容量足够大，几乎所有发现，甚至是很小的发现，都是具有重要统计显著性的。

如果我们发现在一个 500 000 人的样本中，智商和鼻子的长度的相关系数 $r=0.06$，这个相关系数在 $p<0.05$ 水平上显著。然而这个发现的数值是如此接近 0（没有相关）以至于从本质上来讲对于预测毫无用处。

人们怎样利用数据作假

幽默作家马克·吐温曾经写过谎言有三种："谎言，该死的谎言和统计数字"。因为有些人在看到一堆数字时眼睛就呆滞了，使用统计的花招很容易愚弄他们。这里，我们将提出人们滥用统计的三个例子，而更重要的是，人们如何正确地利用数据。当然，我们的目的不是鼓励你用数据撒谎，而是使你具备批评性的思考技能来发现统计滥用（Huck，2008；Huff，1954，Levitin，2016）。

例 1

国会代表迪伊·瑟普欣（Dee Seption）女士正在进行竞选。作为她竞选方案的一部分，她刚为你的州的人民提出了一个新的税务计划。根据瑟普欣女士的计划，今年你所在州的 99% 的人民将会有 100 美元的税务减免。

剩下的 1% 的人，每年收入超过 3 000 000 美元将会得到 500 000 美元的税务减免（根据瑟普欣女士的说法，给最富裕的人大笔的税务减免是有必要的，因为她的竞选经费多数来源于他们）。

根据这个计划，迪伊·瑟普欣女士在一家报纸的头版上宣布："如果我竞选成功，而且税务计划通过，我们州每个人平均会减免 5 099 美元的税务"。在电视上看到这个新闻发布会，你会想："哇，成交！毫无疑问，我会选迪伊·瑟普欣。如果她赢了，我的银行账户会有超过 5 000 美元的额外收入。"

"谎言，该死的谎言和统计数字。我们找的是可以利用以上三者为我们服务的人。"

资料来源：© www.CartoonStock.com。

问题： 你为什么应该怀疑迪伊·瑟普欣的讲话？

答案： 迪伊·瑟普欣使用了一个狡猾的骗术，正如她的名字一样。她给我们保证在她的计划中，她所在州的"平均每个人"都会得到 5 099 美元的税务减免。从某一方面她是正确的，因为平均税务减免确实是 5 099 美元。在这个例子中，这个均数有误导作用，因为在瑟普欣的计划中，事实上，她所在州的每个人只有 100 美元的税务减免，只有最富的人有 500 000 美元的税务减免，这使均数很大程度上对集中趋势的反映不具有代表性。迪伊·瑟普欣应该用中数或众数代替均数，二者都是 100 美元。正如我们所学，中数和众数对极端数据的影响比均数小得多。

例 2

一名研究者，佛德·坎卡鲁因（Faulty Conclusion）博士，实施了一项关于超觉静坐（TM）的研究，一种源自东亚的可以使犯罪率下降的放松方式。根据佛德·坎卡鲁因博士的观点，那些城镇居民体验超觉静坐之后，被逮捕的人数戏剧性地降低了。他找了一个位于艾奥瓦州的小镇潘凯克（人口 300），并教镇上所有的居民练习超觉静坐。作为控制组，他也考察了艾奥瓦州的另一个与潘

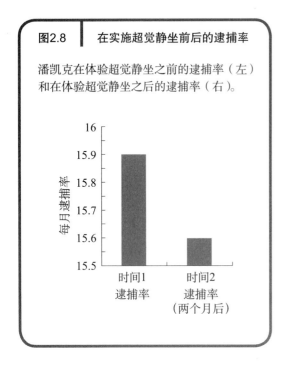

图2.8　在实施超觉静坐前后的逮捕率

潘凯克在体验超觉静坐之前的逮捕率（左）和在体验超觉静坐之后的逮捕率（右）。

凯克相邻的小镇，叫沃夫（人口也是 300），这里的人不知道超觉静坐。根据坎卡鲁因博士的观点，沃夫是潘凯克的一个很好的控制组，因为它们有相同的人口、民族组成、收入和原始的逮捕率。

在向潘凯克介绍超觉静坐两个月后，坎卡鲁因博士统计了潘凯克和沃夫的逮捕率。在一个学术会议上，他自豪地宣布虽然沃夫的逮捕率不变，但是潘凯克的逮捕率下降很多。为了证明超觉静坐在潘凯克的惊人效果，他让听众们看一幅图（见图 2.8）。当他这样做时，观众惊讶得倒吸了一口气。"正如你能从图表中看到的那样"坎卡鲁因表示，"潘凯克的逮捕率起初很高。但是在我教潘凯克的居民超觉静坐之后，他们的逮捕率在两个月后变得非常非常低"。坎卡鲁因博士胜利地得出结论："我们的研究结果毫无疑问地表明超觉静坐可以降低犯罪率。"

问题：坎卡鲁因博士的结论有什么问题？

答案：坎卡鲁因博士的图 2.8 内的数字的确看起来令人印象深刻，不是吗？从研究开始到结束，逮捕率确实下降了。但是请再仔细地看一下这幅图的 Y 轴（即纵轴）。我们是不是能发现一些令人疑惑的地方？

坎卡鲁因博士戏弄了我们，或者也许他戏弄了他自己。Y 轴（纵轴）的每月逮捕率始于 15.5，止于 16。事实上，坎卡鲁因博士仅仅表明潘凯克的逮捕率从每月的 15.9 降到每月的 15.6，每月一共减少 0.3。这几乎没有价值，让超觉静坐见鬼去吧。

坎卡鲁因博士使用的是一种被称为"截线图"的图表。虽然研究者在统计上总是使用它，但是这种图表是一个真正的"禁忌"（Huff，1954；Smith，2001）。在一个截线图中，Y 轴不是从理应最低的可能性分数开始（在这个例子中，应该从 0 开始，因为每月最低的逮捕率可能是 0），而是从接近最高的可能性分数开始。但是通过使用截线图，坎卡鲁因博士使超觉静坐的影响看起来明显巨大。事实上，它们小得可怜。下一次，他最好在图表上使用全套可能的分数。

例 3

瑞普斯勒（Representation）女士进行了一项研究，以确定国籍和饮酒模式之间的联系。根据瑞普斯勒教授的新的"饮酒行为的统一理论"，德国血统的人比挪威血统的人更容易酗酒。为了检验这一假设，她开始从酒醉城市印第安纳州中选取一个 10 000 人的随机样本。她对所有参与者进行调查，询问他们的饮酒习惯和国家背景。当分析数据时，她发现 1 200 名市民达到酒精使用障碍的官方诊断标准（酗酒）。在这 1 200 个人中，450 人是德国人后裔，只有 30 人是挪威人后裔——相差 15 倍！她进行了一次统计检验，确定这个惊人的大差异在统计学 $p < 0.05$ 上有显著相关。在一次国际会议年会上，作为真正聪明的酒精中毒研究者，瑞普斯勒称："我的大胆假设得到了证实。我可以自信地得出结论，德国人后裔比挪威人后裔有较高的酒精中毒的风险。"

问题：为什么瑞普斯勒女士关于饮酒的结论完全站不住脚？

答案：还记得我们在本章中介绍的基准利率谬论吗？在解释调查结果时，很容易忘记基准利率，这是因为我们的脑海中并不是经常浮现基准利率。在这种情况下，瑞普斯勒女士忘记了一个重要的事实：在酗酒的人中，印第安纳州的有德国血统的人的基准利率比有挪威血统的人的基准利率高出 25 倍。从结果看，德国人后裔多于挪威人后裔 15 倍的这个事实并不支持她的假设。由于有 25

倍以上的德国人后裔比挪威人后裔酗酒，实际上会得出与瑞普斯勒女士假设相反的结论：挪威人后裔饮酒的百分比高于德国人后裔饮酒的百分比。

> **要点回顾**
>
> 不要相信你在报纸上阅读到的所有统计内容。

要记住，我们在这里集中讨论的是误用和滥用的统计数据。这是因为我们要防止你可能在报纸上、电视上以及在互联网和社交媒体上看到的统计错误。但你不应该从我们的例子中得出我们绝不能相信统计数字的结论。我们将在本书中学习到，统计是一个奇妙的工具，可以帮助我们了解行为。当评价统计时，最好是在对它们的不加批判地排斥和接受之间找到一条中间路线。正如心理学中经常发生的那样，记住我们应该保持头脑开放，但也不要太开放，否则大脑会吃不消。

"那是什么？那是同行评审？"
资料来源：© ScienceCartoonsPlus.com。

2.5 评价心理学研究

2.5a 识别数据中的缺陷以及怎样去修正它们。
2.5b 了解大众媒体中评估心理学言论的技术。

每天网络、报纸和电视都以心理学和医学研究的结果轰炸我们。其中一些研究结果是可信的，而其他的许多研究都不可信。我们怎样才能弄清楚哪些可信哪些不可信呢？

成为心理学研究的同行评审员

几乎所有的心理学期刊都把投稿的文章寄给外面的评审员来仔细判定文章的质量。正如我们学过的，这个过程叫同行评审。这些人的一个关键任务是找出可以推翻一项研究的发现和结论的点，也就是告诉研究者下一次如何做得更好。目前，我们已经了解了一个心理实验的关键要素和会使实验出错的陷阱，让我们努力成为一个同行评审员吧。这样做会让我们成为更好的实际研究的拥护者。

我们将呈现两个研究的具体模型，这些模型是在实际公布的调查之后建立的，它们隐藏了至少一处缺陷。阅读每一项研究并指出错误的地方。你完成后，再阅读每项研究下面的段落，看看你的答案与正确答案的接近程度。

准备好了吗？开始。

研究 1

一位调查者，萨多·塞-特博士，准备验证"阈下自助磁带能够提高自尊"这一假设。她从目标参与者中随机抽取了 50 名大一新生。新生得到了可用的阈下自助磁带，这些磁带里含有一句话："你将会感觉更好。"她叫他们每晚在睡前听一个小时的磁带，持续两个月（和磁带上的标准使用说明一致）。萨多·塞-特博士在研究开始的时候测量了参与者的自尊水平，两个月后再次测量。她发现两个月之后他们的自尊水平有了显著的提高。萨多·塞-特博士得出结论："阈下自助磁带能够提高自尊。"

问题：这个实验存在什么问题以及你怎样去完善它？

答案：这个实验的"错误"在于它甚至不算是一个实验。对控制组和实验组的参与者没有进行随机分配，实际上根本就没有控制组，也没有对自变量进行操控。不要忘记其中变量是多个的。在这个实验中没有自变量，因为所有的参与者都得到了相同的处理，也就是每晚听阈下自助磁带。因此，我们无法判断自尊的提高是否真的是因为听磁带导致的。它也可能是因为其他任何因素，比如安慰剂效应或者自尊的提高也可能常伴随着新生度过一学年而发生。

排除其他假设的可能性
对于这一研究结论，还有更好的解释吗？

下一次，萨多·塞－特博士最好是随机分配一些参与者听阈下自助磁带以提高自尊，而其他参与者听不同的阈下自助磁带，也许是具有中立指导语的磁带（如"你自己也会有同样的感受"）。

研究 2

一名研究者，阿特·菲科特博士对一个新的治疗方法（愤怒表达疗法）在治疗焦虑上是否有效感兴趣。他把 100 名有焦虑症状的人随机分成两组。实验组接受愤怒表达疗法（由菲科特博士自己操作），而控制组安排在等待名单上，不接受任何治疗。在这项研究的六个月中，菲科特博士采访了参与者并发现实验组比控制组的有焦虑症状的人的比例明显降低。他得出结论："愤怒表达疗法在治疗焦虑上有明显效果。"

问题：这个实验存在什么问题以及你怎样去完善它？

答案：从表面上看，这个实验看起来似乎没问题。实验中，研究人员将参与者随机分配到实验组和控制组，且也有对自变量的操控，也就是使用或者不使用愤怒表达疗法。但是菲科特博士没有控制两个关键的问题。第一，他没有控制安慰剂效应，因为接受愤怒表达疗法的人知道他们接受这一疗法，而控制组的人知道他们没有被治疗。

为了解决这一问题，菲科特博士应该建立一个能够控制安慰剂效应的条件：辅导者也对那些在控制组中没有接受正式心理治疗的参与者给予一种关注（Baskin et al., 2003）。比如辅导者只是简单地和他或她的病人一周谈一次话，与病人接受愤怒表达疗法的时间相同。

第二，菲科特博士没有控制实验者效应。他知道病人所在的组别，可能因此会微妙地影响接受愤怒表达疗法的病人改善或者报告更好的结果。为了控制这个效果并尽量减小构象偏见，最好是让同样的治疗师——其他人而不是阿特·菲科特博士——管理治疗和控制的条件，使阿特·菲科特博士在研究结束后采访参与者时不知道组是如何分配的。

愤怒疗法

互动

在一项针对愤怒问题的婚姻治疗实验中，研究人员可以检查接受特定治疗的患者是否比不接受这种治疗的人表现出更少的愤怒。在这样的研究中，自变量是客户是否接受愤怒疗法，因变量是在研究结束时客户的愤怒程度。

大多数记者并不是科学家：评价媒体中的心理学

很少有大型的美国报社雇用通过正规心理培训的记者——《纽约时报》是一个著名的例外——所以我们不能认为写心理学新闻故事的人都接受过把心理

学的事实与假说分辨开来的训练，因为绝大多数的人都不可以（Stanovich，2009a）。这意味着新闻故事很可能是错误的结论，因为记者依据的是和我们一样的启发式和偏差。

当我们评估媒体中的心理学报道的合理性时，有一些忠告需要牢记。第一，我们要考虑出处（Fritch & Cromwell，2001；Gilovich，1991）。我们应该更多地信任一份著名的科学杂志上（像《科学美国人》或《发现》）报道的发现而不是一个超级市场的小报上（像《国家询问者》）或畅销杂志上（像《人物》或者《时尚》）的新闻。"考虑出处"这一原则也同样适用于网络。而且，我们应该更多地信任来自第一手资料的发现，比如原始期刊中的文章（如果我们可以在图书馆或者网上查到的话），而不是第二手的资料，比如那些仅仅报告原始资料成果的报纸、杂志或网站。

当评论媒体信息时，我们要经常考虑它们的来源。

资料来源：Grizelda/CartoonStock Ltd.

第二，我们需要警惕锐化和过度平衡化（Gilovich，1991；Hornik et al.，2015）。锐化是指夸大研究中的要点或者主要信息的倾向，平衡化是指把研究中不太重要的细节减到最少的倾向。锐化和平衡化经常会得到一个"好故事"，因为它们最后可以将一项研究中最重要的事实引入尖锐的关注焦点中。当然，新闻媒体在报道研究时需要对二手资料进行一定程度的打磨，因为它们不可能描述调查的每一个细节。但是太多的锐化和过度的平衡化会导致误解。如果一名研究员发现一种新药对 35% 的焦虑症患者有效，而安慰剂对 33% 的焦虑症患者有效，报纸的编辑可能以这样显眼的标题来作为故事的头版——"突破：新药在治疗焦虑症方面胜过其他药物"。从字面意思看，这个标题没错，但是它夸大了研究者的结论。

第三，我们很容易会被一个看似平衡的故事报道所误导。真正的科学争论与这种由新闻记者创造的平衡之间有一个关键性的区别，即新闻记者确保文章争论双方的代表都有相同的自由空间。当报道一个心理学故事时，新闻媒体通常努力使故事中出现对一个问题持对立观点的"专家"（把专家打上引号是因为通常他们不是真正的专家）的意见以使他们的报道看起来似乎更加平衡。

问题是"平衡的报道"有时会导致伪对称（Dixon & Clark，2013；Park，2002），即一个根本不存在的科学争论的出现。比如，一份报纸或许特载了一个关于某项研究提供了反对超感官知觉（ESP）的科学证据的故事。他们可能用前四段来描述这一研究，但是用最后四段来陈述 ESP 的支持者对该证据的一些慷慨激昂的批判。这种新闻报道以一半的研究支持 ESP，一半的研究反对 ESP，给人留下了关于 ESP 的科学证据依然存在很大争议的印象。这使人很容易只关注反对 ESP

评价观点　脱发补救措施

互动

想象一下你为一家联邦机构工作，该机构收到了一位客户关于潜在虚假广告的投诉。一个月前他完全秃顶了，他花了几百美元买了一瓶叫"Mane-Gro"的新的生发产品，但他现在的状况仍未得到改善。你的工作是评估公司的广告，评估"3 周完全长出来头发"这个广告是否真实，如果是真实的，那么为什么，如果不真实又为什么。广告还断言："我们从数十位满意的客户那里

得到了这个非凡效果的证据。不信你自己试试看！"

"3 周完全长出来头发"听起来很好（对于那些正在经历脱发的人确实很有吸引力），但是它的效果是不是太好了以至于不像是真的？这一说法与实际的脱发治疗广告没有什么不同。

当你评估这一主张时，考虑一下科学思维的六大原则是如何运用的。

互动

1. 排除其他假设的可能性

对于这一研究结论，还有更好的解释吗？

这则广告中的言论可以提供多种解释。例如，或许"这几十个满意的消费者"仅仅只是顾客中的一小部分；这个公司不想让我们知道它有成百上千的不满意的客户。这个公司也有可能夸大了它的言论。例如，也许有一百个消费者只是注意到了似乎有一个轻微的头发生长的迹象，而不是一个满头头发生长的现象。也有可能那些满意的顾客同时也在使用其他的生发产品，那些产品使他们生发而不是"Mane-Gro"。

2. 相关还是因果

我们能确信 A 是 B 的原因吗？

这种科学思维的原则与这种情形并不十分相关。

3. 可证伪性

这种观点能被反驳吗？

在这个原则中，宣称他的产品可以让顾客长出一头头发是可证伪的，理想的情况是进行多个控制良好的实验，其中一些参与者使用"Mane Gro"，其他人使用安慰剂。但公司显然没有进行这些实验；或者，如果他们有，他们并没有告诉我们他们所发现的结果。

4. 可重复性

其他人的研究也会得出类似的结论吗？

至今并不清楚这个公司在一开始有没有进行实验，更不用说试图应用它了。在任何一种情况下，都没有独立的、可重复的证据证明这个言论是可靠的。

5. 特别声明

这类证据可信吗？

虽然这个广告它宣扬产品的效果多么"显著"，但对其言论的支持证据却是靠不住的；它以逸事为基础，只能提供微弱的科学支持。

6. 奥卡姆剃刀原理

这种简单的解释符合事实吗？

关于这个公司的言论可能存在简单的解释。例如，这个公司只提供了使用产品有效果的人的证据——或者至少看上去有效的那些人的证据。

总结

总之，宣称这种产品会导致快速而引人注目的头发再生，这一说法值得怀疑。这是一个非同寻常的说法，很多证据都不会支持它，竞争对手的解释也会让它站不住脚。

的批评，而忽视掉最后四段其实没有任何科学证据的内容。此外，这篇文章可能没有注意到关于 ESP 的科学证据大部分是负面的（Hines，2003；Wagenmakers et al.，2011）。

我们大部分人难以对科学证据进行批判思考的原因之一是我们不断地受到媒体报道（无意识地）提供给我们的用以对研究进行解释的那些粗劣的作用模型的轰炸（Lilienfeld，Ruscio，& Lynn，2008；Stanovich，2009a）。记住以下这些小窍门能使我们在日常生活中变成心理科学的更好的拥护者，并做出更好更真实的决定。

日志提示

为什么记者会对一个有争议的关于心理学研究的报道提供"平衡报道"？在新闻界使用这种方法有什么问题？

总结：研究方法

2.1 良好设计的合理性和必要性

2.1a 确定两种思维方式及其在科学推理中的应用。

有很多证据证明有两种主要的思维方式。系统思维 1，或"直觉"思维，它往往是快速和依靠直觉的预感，而系统思维 2，或"分析"思维，它往往是缓慢和依赖仔细的思考。

研究设计充分运用了分析思维，因为科学的因素经常要求我们提问并有时候替代我们对世界的直觉。

2.2 科学的方法：技能的工具箱

2.2a 描述自然观察、个案研究、问卷调查和实验法的优缺点。

自然观察、个案研究、问卷调查和实验法都是重要的研究设计。自然观察涉及在真实环境中记录行为，但往往不好控制。个案研究包括检查一个或几个人很长一段时间的行为；这些设计往往对产生假设是有用的，但对严格测试是有限的。自我报告和问卷调查让人们回答自己的一些情况；他们可以提供丰富的有用信息，但是有明显缺点。

2.2b 从因果关系中描述相关设计与区分性相关的作用。

相关研究让我们去建立两个或两个以上因素之间的关系，但不能得出因果关系的结论。当我们错误地察觉到统计联系，虚假相关就发生了；相关设计能帮助我们弥补错误。

2.2c 确定一个实验的组成部分可能导致错误结论的潜在误差，以及心理学家如何控制这些误差。

实验设计涉及随机分配参与者和操纵一个独立的变量，当其顺利地进行时，我们可以得出心理干预的原因的结论。在研究中会导致错误的例子有安慰剂效应、实验者效应。

2.3 研究设计中的伦理问题

2.3a 解释研究者对参与者的伦理义务。

鉴于研究中的伦理问题，研究机构，如学院和大学，已经建立了制度来规范研究的实施，建立机构审查委员会审查所有涉及人类参与者的研究，并要求参与者获得知情同意。在一些研究中，还需要在研究的总结阶段提交完整的任务报告。

2.3b 描述以动物作研究对象的争议。

动物实验可以很好地帮助我们理解人类的学习行为、人脑的生理机能以及心理治疗，但仅提及一些进展。

在解决许多有争议的心理学问题时，没有比动物实验更好的选择了。然而，质疑动物实验伦理问题的人在对待动物上提出许多有建设性的问题，并强调充足的居住条件和良好的饮食条件的必要性。许多人抗议每年有大量的实验动物被杀，并质疑这些动物研究是否有足够的外部效度。

2.4 统计：心理研究的语言

2.4a 了解集中趋势与离散趋势的应用

度量集中趋势的三个量数是均数、中数、众数。均数指所有数的平均值。中数指所有数的中间值。众数指出现频率最高的数。均数是运用最广泛的，但是对于极端数据最敏感。两种度量离散趋势的量数是全距和标准差。全距是对变量更直观的表达方式，但可能无法反映个体分数是如何分散和集中的。标准差是离散趋势的一种更好的度量方式，但计算比较复杂。

2.4b 解释统计学如何帮助我们确定是否可以从样本归纳总体。

统计可以让我们决定能从样本到全体数据中归纳出多少成果。不是所有的统计结果都足够大到可以造成现实世界的差异。所以在评估结果的含义时，我们必须考虑到现实的意义。

2.4c 了解为了达到预期的目的，数据是怎样被误用的。

报告中的集中趋势并不代表大多数参与者的情况，利用夸大效果的视觉呈现方式，不把基数考虑在内，以上几种是常见的统计操作，为的是达到预期的实验目的。

2.5 评价心理学研究

2.5a 识别数据中的缺陷以及怎样去修正它们。

好的实验设计不仅要求随机分配和自变量的操控，还包括通过适当的控制来消除安慰剂效应。最重要的是，他要求重视对观察到的反应做出另一种解释的可能性。

2.5b 了解大众媒体中评估心理学言论的技术。

评估新闻中和任何一个媒体中出现的心理学主张，我们都要考虑到只有少数的做心理学报道的记者接受过心理学的专业培训。当提及媒体观点时，我们应该考虑它们的来源，注意过度锐化和过度平衡化以及伪对称的问题。

第 3 章 生理心理学

建构分析的水平

学习目标

3.1a 区分神经元的各个部分以及它们的功能。

3.1b 描述神经元的电反应及产生原因。

3.1c 解释神经元之间是如何通过神经递质相互作用的。

3.1d 描述大脑如何因为发育、学习和损伤而改变。

3.2a 识别中枢神经系统的不同部分在行为中所起的作用。

3.2b 阐述躯体和自主神经系统在紧急情境和日常情境中
的作用。

3.3a 了解什么是激素以及它们是如何影响行为的。

3.4a 分辨不同的脑部刺激、脑部记录、脑部成像技术。

3.4b 评估一些证明大脑机能定位说的证据。

3.5a 描述什么是基因以及它们对心理特性的影响。

3.5b 解释遗传率的概念以及有关它的认识误区。

质疑你的假设

互动

大脑皮层上的特定区域与不同的人格特质有关吗？

我们一直使用着我们大脑的大部分区域吗？

我们可以像追溯宗教信仰（发源地）一样，追踪到大脑复杂心理机能的特定区域吗？

是否有左脑人或者右脑人，人的遗传特性可以随着时间改变吗？

几乎所有人都把我们大脑的想法当作是理所当然的。比如，对于我们来说，我们几乎没有意识到我们需要同时关注视觉世界的左右两个方面——直到我们的大脑用于注意力集中的特定区域受到损害。大脑损伤会导致我们大部分的思维、情感和行为活动变得很糟糕。更为重要的是，对脑损伤的研究使我们更进一步地了解了大脑的独特性。它们轻松地进行了数百项复杂的活动，不论是清醒还是熟睡时，这些活动都在进行。

21世纪初期，我们认为其他事情很重要是理所当然的。我们认为大脑是心理活动的器官，包括阅读、记忆和思维。当我们求解一道难题时，我们会说"我很头疼"；当我们在解决难题并征求朋友的意见时，这一过程则被称为"征求他们大脑的意见"；当我们侮辱别人的智商时，我们会骂他们"没脑子"。然而贯穿整个人类历史，我们似乎很长时间里都认为大脑不是我们进行思维、记忆和情绪情感过程的主要位置。

例如，占埃及人认为人的灵魂源于心脏，人脑与人的精神生活无关（Finger，2000；Raulin，2003）。埃及人通常在准备把尸体做成木乃伊的时候，先用铁钩把大脑从鼻孔里掏出来（很高兴这样的习俗没有延续到今天；Leek，1969）。尽管古希腊人明确指出大脑是心灵的源泉，但有些人，如伟大的哲学家亚里士多德却认为大脑的功能仅仅是一个散热器，当心变得太热的时候，大脑帮它冷却下来。甚至到现在，在我们语言习惯中仍然保留了这样的认知，当我们记住一些东西时，我们称之为"用心记住"（Finger，2000）；当我们失恋时，我们会感到"心碎"。

相关还是因果
我们能确信A是B的原因吗？

为什么有那么多的古人认为我们心理活动的场所是心而不是大脑呢？可能是因为他们更愿意相信"常识"，然而正如我们所知道的，"常识"是缺乏科学性的（见1.1a）。他们注意到当人们变得兴奋、生气或恐惧时，他们的心跳得很快，而他们的大脑好像什么也没做，因此他们推论，一定是心脏引起了这些情绪反应。如今我们知道心脏几乎不能反映情绪，也不能产生情绪。古人的直觉混淆了因果关系，误导了他们。

现在，我们已知道在我们的两耳之间糊状的粉红色的器官是宇宙中最复杂的结构。我们大脑就如同胶状物质，它只有3磅重。尽管它的外表不起眼，但却有惊人的容量。就像诗人罗伯特·弗罗斯特所写的那样："大脑是个无与伦比的器官，它从我们每天起床开始工作，直到你进入了办公室也不会停下。"

近几十年来，科学家在神经技术领域实现了许多突破，告诉我们大脑是如何工作的，这些成就同时也帮助他们修正了先前的错误观念（Aamodt & Wang，2008；Jarrett，2014）。神经系统是由大量的神经细胞组成的庞大的交流系统，大脑和脊髓内外都有。我们称研究神经系统之间关系的研究者，也就是大脑和行为的研究者，为生物心理学家或生理心理学家，但如今大多数情况下我们称之为神经科学家。通过将大脑与行为联系起来，这些科学家经常根据心理学的知识建构多层次的分析（见 1.1a）。我们对大脑理解的研究历史正好证明了科学具有自我修正性。在过去的时间里，正确的知识虽然缓慢却无疑逐渐取代了有关大脑的错误理解（Finger，2000；Jarrett，2014）。当然，在即将到来的几十年里，我们现在关于大脑的正确的"理解"也有可能会被进一步修正。

> **神经元（neuron）**
> 专门负责彼此间交流的神经细胞。

3.1　神经细胞：大脑通信渠道

3.1a　区分神经元的各个部分以及它们的功能。

3.1b　描述神经元的电反应及产生原因。

3.1c　解释神经元之间是如何通过神经递质相互作用的。

3.1d　描述大脑如何因为发育、学习和损伤而改变。

如果我们想弄清楚一辆车是如何运作的，我们首先得打开它，辨别出它的组成，比如它的引擎、化油器和传输装置，然后分析出它们是怎么串联在一起运作的。同样，为了了解大脑如何工作，我们首先要掌握它的关键组成并分析出它们是怎么合作的。为了完成这些，我们从大脑的基本通信单元即单个脑细胞的功能开始，检查这些细胞是如何协调运作从而产生我们的思维、感受和外显行为的。

神经元：大脑的信息传播者

大脑的工作依赖于**神经元**的持续交互作用，神经元即神经细胞，它专门负责彼此间的交流（见图 3.1）。我们的大脑包括大约 850 亿个神经元，可能比这个稍多或稍少。人脑中神经元的数目是地球人数的 10 倍不止。如果我们将我们大脑里的这些神经元一个个排列起来，可以绕纽约到加利福尼亚 5 个来回。这些可以给你一个直观的感觉，这些数目有多么巨大。另外，许多神经元与其他神经元形成数以万计的连接从而允许细胞间的大量通信。总计，人脑中大约有 160 万亿个连接。对于我们每个人来说，这个数字过于庞大而无法估计（Tang et al.，2001）。另外，尽管我们的大脑比我们的电脑以及智能手机慢多了，但是智能设备仍然不能与我们很多的关键心理机能匹配。比如，没有一台计算机能与人脑对语言的理解或者对声音和表情的认知能力相媲美（Formisano et al.，2008）。你可能会发现一个让人沮丧的事实，如果你尝试在电话中与一个声音识别的计算机系统进行对话，它不一定可以理解你所说的话。

尽管人体上的很多细胞有简单和规则的形状，但神经元却不一样。神经元有很长的分支，这些分支帮助它们对刺激做出反应，并与其他神经元交换信息。要想知道神经元怎么工作，首先得知道它的各个组成部分。

细胞体

细胞体也叫神经元胞体，是神经元的中心区域，它产生新的细胞成分，由大大小小的分子组成（见图 3.1）。因为细胞体包含有制造蛋白质的细

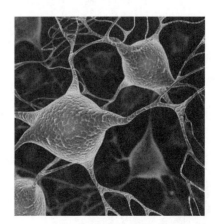

神经元与它们的树突以及它们的核。

核，所以对这部分细胞核的严重伤害是致命的。并且细胞体还提供不断更新的细胞成分。

树突

神经元有许多个树枝状的触角，可以从其他神经元接收信息。就好像移动电话的接收者，这些广泛分布的**树突**接收相邻细胞的信息并把它们传送到细胞体（见图3.1）。

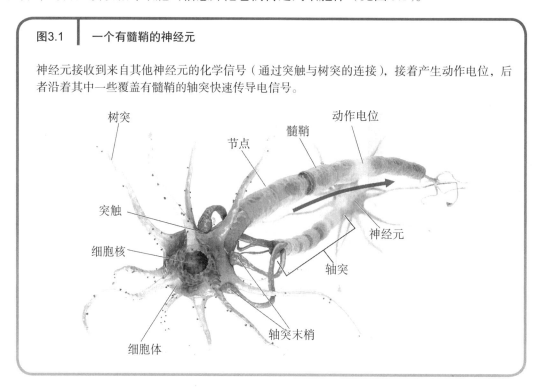

图3.1 ｜ 一个有髓鞘的神经元

神经元接收到来自其他神经元的化学信号（通过突触与树突的连接），接着产生动作电位，后者沿着其中一些覆盖有髓鞘的轴突快速传导电信号。

轴突和轴突末梢

如果说树突像是移动电话的接收者，那么**轴突**就像是移动电话的发送者。它们专门负责给其他神经元发送信息。这些尾巴状的长触手通常在细胞体附近。这个狭窄的部分产生了一个触发区域，是一个很容易活跃的地方。一种叫作**突触小泡**的细小圆球穿过整个轴突到达一个叫作轴突末梢的圆形结构（见图 3.2）。当这些突触小泡到达旅途的终点，也就是轴突末梢的时候，它们会爆裂，释放出**神经递质**—— 一种化学信息的携带者，神经元通过它与其他神经元进行交流。我们可以把突触小泡看成一个类似于感冒胶囊的东西。当我们吞下一粒胶囊时，它的外部会溶解，里面的药会顺着我们的消化道移动。

突触

一旦从突触小泡里释放出来，神经递质就会进入到**突触**——传递神经递质的两个神经元之间的间隙。突触包括**突触间隙**，它是神经递质刚从轴突末梢释放出来的那个间隙。这个间隙两边都由一层薄膜所包裹，方便神经递质从第一个神经元的轴突传到第二个用于接收神经元的树突。当神经递质从细胞的轴突释放出来进入突触时，它们会快速地被附近的神经元的树突所接收，就像移动电话快速地从相邻的移动电话那接收信号一样。

树突（dendrite）
神经元接收信号的部分。

轴突（axon）
神经元传递信号的部分。

突触小泡（synaptic vesicle）
包含神经递质的球囊。

神经递质（neurotransmitter）
神经元之间专门用于传递信息的化学信使。

突触（synapse）
可以传递化学信号的两个神经元连接的间隙。

突触间隙（synaptic cleft）
神经递质从轴突末梢释放出来的间隙。

胶质细胞

神经元对我们的机能是至关重要的，但是它在我们的神经系统中并不是扮演着唯一的角色，**胶质细胞**（"胶质"指代胶）也一样有很重要而丰富的作用。研究者曾经认为胶质细胞的数量远远超过神经元，比例大概是 10∶1，但最近通过对小白鼠的实验，他们发现两者数量上的比例大概是 1∶1（Azevedo et al.，2009）。胶质细胞有着非常强大的功能。科学家们曾一度认为它不过是保护突触的神经元支架。然而在最近的 20 年里，科学家们意识到胶质细胞的作用远不止那样，它们扮演着非常重要的心理机能上的角色（Elsayed & Maghistretti，2015；Fields，2009）。有趣的是，有关爱因斯坦大脑的研究表明他的大脑的胶质细胞数量是一般细胞的两倍（Fields，2009）。尽管我们很显然都知道在实证中做出结论要小心翼翼（见 2.2a），但这个有趣的发现可以作为证据表明胶质细胞在神经交流过程中担任着重要的角色。

胶质细胞中最多的一种叫作星状胶质细胞，它名字的由来也是由于它的形状和星星差不多（注意区分天文学和占卜学）。一个简单的星状胶质细胞连接着 300 000 到 1 000 000 个神经元。星状胶质细胞与神经元交流频繁，它可以提高信息交流的精准度，帮助控制进入大脑的血液流向，有助于神经元在发育初期的成长（Metea & Newman，2006）。星状胶质细胞与其他胶质细胞相互配合，与我们的思维、记忆以及免疫系统有着密切的联系（Gibbs & Bowser，2009；Koob，2009）。

我们能够在血脑屏障里发现大量的星状胶质细胞的供给。血脑屏障是一种大脑保护机制，它可以使大脑免受细菌、各种毒性物质以及其他讨厌的入侵者的影响。血脑屏障中的细小血管被脂肪层所包裹，大分子物质、高度带电离子，以及那些溶于水但不溶于油脂的分子就被阻止进入大脑。血脑屏障是大脑的保护系统，没有它，我们早死了。

另外一种叫作少突胶质细胞，它可以为整个神经细胞提供新的连接以及释放修复用的化学物质。除此之外，这种细胞还可以在轴突周边产生一种叫髓鞘的绝缘层。髓鞘沿着神经元有很多间隙，这些间隙处被称作节点，它帮助神经元更加有效地传导电冲动（见图 3.1）。就像人们玩的跳房子游戏那样，神经元信号从一个节点跳到另一个节点，加速它们的信息交流。髓鞘的重要性可以在多发性硬化

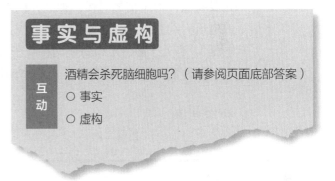

图3.2　突触传导

互动

神经冲动
突触小泡
突触表面
轴突末稍
突触
受体位点
突触后神经
神经递质
钠离子

事实与虚构

互动　酒精会杀死脑细胞吗？（请参阅页面底部答案）
○ 事实
○ 虚构

胶质细胞（glial cell）
神经元系统中的支持细胞，在髓鞘和血脑屏障的形成中起作用，并且增强了个体的学习和记忆能力。

髓鞘（myelin sheath）
包裹在轴突外以隔离神经元信号的胶质细胞。

答案：虚构。但是这并不意味着过量喝酒是安全的，因为酒精可能会伤害或损伤我们神经细胞的树突（Aamodt & Wang，2008）。这个发现也能解释这个错误观念的起源，因为持续过度饮酒确实会缩小我们大脑的体积。

症里面显示出来。在这种自身免疫疾病里，包裹着神经元的髓鞘逐步被腐蚀，导致神经元内的电流信息逐渐失去与外界的隔离。结果就使得这些信息变得十分混乱，最后导致出现身体上和情绪上的多种症状，包括行动协调困难。

另外胶质细胞作为大脑细胞垃圾的处理者也会清除掉一些垃圾。对准胶质细胞的治疗可能会在某天对与这些细胞的数量和活性有关的疾病有用，包括抑郁症和精神分裂症（Cotter，Pariant，& Everall，2001；Schroeter et al.，2009），以及炎症、慢性疼痛和阿尔茨海默病（Suter et al.，2007）。

带电的思维

神经元通过产生电活动对神经递质做出反应（见图3.3）。我们知道这些是因为科学家通过微小的电极传导记录了来自神经元的电位变化，这种微小的电极是一种由电线或细玻璃管组成的装置。这些电极可以测量在神经元内外的电荷中的电子的电位差。在神经元中，所有电反应的基础取决于带电粒子在神经元周围膜上的不平均分布（见图3.3）。一些粒子是带正电的，一些是带负电的，当没有神经递质作用在神经元上时，细胞膜处在**静息电位**。此时，当神经元没有做任何事情的时候，神经元内部带负电的粒子多于外部。在一些大的神经元上，静息电位的电压大约是闪光弹电池的1/20，或大约 -60毫伏（负电符号意味着内部较外部而言更多的是负电压）。当处于静息电位时，两种粒子进出细胞膜。当神经元内部的电压相对外面达到足够高的水平，这种情况下叫作**阈限**，此时称作动作电位的电冲动就发生了。

动作电位

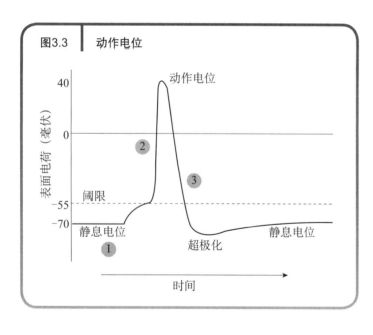

图3.3　动作电位

动作电位是人类和所有其他动物神经元的通用语言，是神经元交流的方式。动作电位是在轴突内部，由电势能改变引起的突然地放电。当这发生时，我们可以描述神经元是"发动的"，相当于开枪。就像一把枪，神经元遵守"全或无"的法则：它们要么开火，要么不开火。动作电位开始于细胞体附近的激发区域，然后一直向下沿着轴突到轴突末端。在动作电位的产生过程中，带正电粒子迅速流入轴突内部，然后又迅速流出，由于电压的突然降低，引起正电势急剧而突然地增强，而且伴随着内部电压的逐渐消失出现比最初静息时更低的负电压（见图3.3）。

这些电压的突然变化导致电流的释放。当电流到达轴突末端时，就引起神经递质——化学信使——释放入突触中。

绝对不应期

神经元放电特别快，每秒达到100次到1000次。此时此刻，能量以超过每小时220英里的速度沿着数以万计的轴突传导。此刻我们如果停下来思考那个速度，会感觉那个真的无法想象。和其他的特别声明不一样，这个是有大量的神经科学的证据支持的。每一次的动作电位后，会产生一个**绝对不应期**，在这个短暂的时间里，其他的动作电位不会发生。绝对不应期限制了最大放电速率，即一个神经元放电的最大速率，我们需要过一段时间才能重新加载。这样一来，动作电位在长距离轴突上的传播速率就成了一个问题，比如从脊髓传到大腿骨的坐骨神经。在人体中，每三英寸①就有一个这样的轴突。世界上最大的动物蓝鲸身体的轴突，可以达到 60 英寸。

特别声明
这类证据可信吗？

日志提示

现在你知道神经元是如何"燃烧"的，试着用你自己的话描述这个过程。你是否能提出一些有意思的类比或比较的例子来帮助理解这个过程？

化学通信：神经传递

当电信号在神经元内能够传输信息时，化学信号被神经递质在神经元之间的交流下触发。在这些神经递质被释放入突触后，它们沿着相邻神经元的树突与特定**受体位点**相互连接。就像一把锁只能配一把钥匙，不同的受体位点识别不同种类的神经递质（见图 3.4）。我们可以想象每一个神经递质就是一把只适合它们自己受体类型的钥匙或者锁。

神经递质的传递也可以通过神经递质被**再摄入**到轴突的终端而停止——突触再摄入神经递质的过程。我们可以把释放和再摄入看成让一些液体流到瓶子底部（释放）再把它吸上来（再摄取），这是一种自然循环机制。

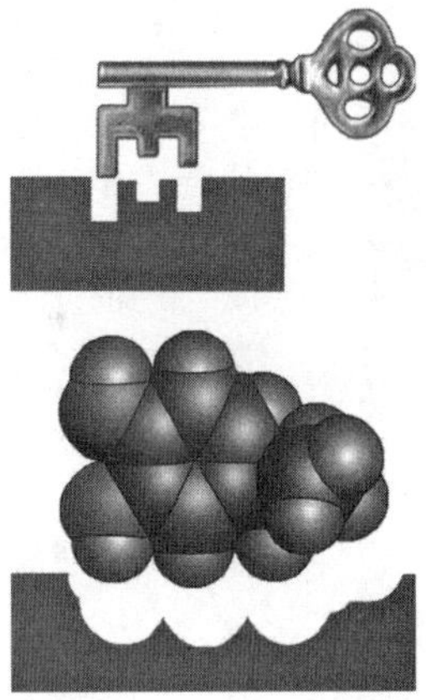

神经递质

不同的神经递质传送不同的信息。其中一些是为了刺激神经系统，增加它的活力；一些是为了阻止神经活动，减少它的活力。一些在流动中起作用，一些在痛知觉中起作用，当然还有一些在思维和情感中起作用。科学家已经辨别出超过 100 种的神经递质（Hajjawi，2014），但是我们只把注意力放在那些我们最为了解的一部分。现在，让我们来看看神经递质大家庭比较引人注意的一小部分（见表 3.1）。

神经递质和精神活性药物

科学家已经研制出来了致力于产生或消灭一些特定神经递质的特制药（见表 3.1）。与神经递质系统相互作用的药叫精神活性药物，这意味着它们以某种方式影响心境、思维、唤醒或可观察的行为。

弄清楚精神活性药物如何与神经递质相互作用，可以使我们清楚地了

图3.4　神经递质与受体位点结合的锁和钥匙模型

不同的受体位点只识别特定的神经递质。

绝对不应期
（absolute refractory period）
另一个动作电位不可能发生的时期，限制最大放电率。

受体位点（receptor site）
只识别一种神经递质的位置。

再摄入（reuptake）
循环神经递质的方式。

---

① 1 英寸约合 2.54 厘米。——译者注

| 表3.1 | 神经递质以及它们的主要功能 |

互动	谷氨酸和 γ-氨基丁酸（GABA）	谷氨酸和 γ-氨基丁酸是中枢神经系统里最为普遍的神经递质，正如我们即将学到的，它们在大脑和脊髓都有分布。实际上大脑每个区域都通过这两个化学信使来互相交流（Cai et al., 2012；Fagg & Foster，1983）。谷氨酸会快速地刺激神经元，增加其与其他神经元交流的可能性。当谷氨酸异常升高时，它可能会导致精神分裂症以及其他心理疾病，因为当它处于一种过高的状态时，它具有毒性，过度刺激它们反而会导致神经受体的损坏。 相反地，GABA 抑制、麻痹神经元，这就是为什么大部分抗焦虑的药物需要激活 GABA 受体位点；它们主要负责控制有关焦虑的脑区的过度活跃。GABA 在我们神经系统里是工作狂，它对我们的学习、记忆和睡眠都有重要的影响（Gottesman，2002；Jacobson et al.，2007；Wang & Kriegstein，2009）。科学家对 GABA 将来能治疗各种症状的用途非常感兴趣，比如说身心失调、失眠症、抑郁症和癫痫等（Mann & Mody，2008；Olivier, Vinkers, & Olivier，2013；Winkelman et al.，2008）。
	乙酰胆碱	乙酰胆碱在唤醒、选择性注意、记忆和睡眠中起作用（McKinney & Jacksonville，2005；Woolf，1991）。事实上，如果你曾经服用过像苯海拉明这种药物——比如说在一次长时间飞行中——以帮助你睡眠的话，你就已经感受过乙酰胆碱对睡眠的影响了；这些药物会抑制神经递质的活跃性（Ardhanareeswaran，2015）。就像一些类似于阿尔兹海默病的症状，神经元含有的乙酰胆碱（还有其他几种神经递质）水平会渐渐损坏，导致记忆的严重损伤。不过不用太担心，一些与记忆相关的症状比如阿尔兹海默病，像安理申（它通用名字是多奈哌齐）这类药物可以通过提高乙酰胆碱在大脑的水平来缓解症状。直接连接肌肉细胞的神经元也释放乙酰胆碱，这使它们在运动中起重要作用。这个同样是杀虫剂的原理：它们限制了昆虫乙酰胆碱的分解（使更多的乙酰胆碱在突触周围被粘住），造成昆虫剧烈的挣扎，不能控制自己的行动从而致死。
	单胺类神经递质	去甲肾上腺素、多巴胺以及血清都属于单胺类神经递质这一类（它们之所以叫单胺类神经递质是因为它们都只包含一种氨基酸，氨基酸是蛋白质的基本组成单位）。在我们寻找或预先期望目标时，比如性、一顿美妙的晚餐或者赌博（Schultz，2012），多巴胺在产生的有益体验中起着关键作用。调查研究甚至表明就算只是听到一些有意思的笑话，我们脑区的多巴胺也会分泌过多（Mobbs et al.，2003）。去甲肾上腺素和血清能够激活或者减弱大脑各个部分的兴奋性，影响我们对刺激反应的觉醒程度和准备状态（Jones，2003）。
	大麻素	我们都知道大麻和它的活跃组成部分——四氢大麻酚，但我们很长时间都不知道它们的工作原理是什么。这种神经递质大麻素帮助科学家们解决了这个问题。我们身体的细胞包括神经元制造出的大麻素都能与四氢大麻酚类似的受体结合。大麻素在我们日常的饮食、行动、记忆和睡眠中都有重要的作用，这也许就能解释为什么大麻总是给我们饥饿感而不是使我们昏昏欲睡。
	神经肽	神经肽是神经系统中连成一短串的氨基酸。它们的作用类似于神经递质，不同的是它们的角色更倾向于专业化。**内啡肽**是在减少疼痛方面有突出作用的一种神经肽（Holden, Jeong, & Forrest，2005；Usdin, Bunney, & Kline，2016）。它们在 20 世纪 70 年代早期被神经学家坎达丝·珀特（Candace Pert）和所罗门·斯奈德（Solomon Snyder）发现。这两位科学家明确指出了阿片类药物的药理机制，比如说毒品里的吗啡和可卡因是如何缓解疼痛以及让人精神愉快的。值得注意的是，他们发现我们的大脑包含它们本身的内源性受体，或者是自然发生的像内啡肽那样的阿片类药物（Pert, Pasternak, & Snyder，1973）。而人工合成的阿片类药物——像吗啡这种——通过"劫持"内啡肽运作体系，与内啡肽受体结合并模仿它们的作用来表现出影响力。我们大脑存在很多神经肽：其中一些调节饥饿感和满足感，还有一些与学习和记忆有关。

资料来源：Garlson，Neil R.；Heth，Donald S.；Miller，Harold L.；Donahoe，John W.；Buskist，William；Martin，G.Neil, Psychology：The Science of Behavior，6th Ed.，c.2007.Reprinted and Electronically reproduced by permission of Pearson Education Inc.，Upper Saddle River，New Jersey。

内啡肽（endorphin）
在减少疼痛方面有突出作用的一种脑中的化学物质。

解它们是如何影响我们的心理状态的。阿片类药物，例如可待因和吗啡，有类似兴奋剂的提高受体位点活性的功能。它们通过和阿片受体及内啡肽结合，减少对疼痛刺激的情绪反应（Evans，2004）。像阿普唑类型的镇静剂（通用名是阿普唑仑）通过刺激 GABA 受体来减少焦虑，从而减少神经元活性（Roy-Byrne，2005）。但仍有其他药物阻碍神经递质再摄入轴突末梢。许多抗抑郁的药，如百忧解（通用名叫氟西汀）和可忧果（通用名叫帕罗西汀）抑制来自突触的某些神经递质的再摄取，特别是血清素（Schatzberg，1998）。来自突触的多巴胺或去甲肾上腺素允许这些神经递质在神经元中作用的时间比以往更长，增强它们对受体位点活动的效果——就像我们让可口的食物在嘴巴待的时间长一点就会有比较舒适的感觉那样。

可塑性（plasticity）
神经系统随着时间而改变的能力。

一些药物以相反的方式起作用，作为受体拮抗物，同时也意味着它们降低了受体位点的活性（思考下这个词"拮抗剂"）。事实上，拮抗剂活动时就像伪装的神经递质，让受体把它们当作一种没有发挥神经递质该有的作用的多巴胺。你可以想象成用一把错的钥匙开你邻居的门锁，一把形状非常像对的钥匙却并不能打开这道门的钥匙。你的邻居将会被锁到门外，更不用提会生气了。拮抗剂的运作机理大概就是这种方式。

大部分药物一般通过阻止多巴胺与受体结合来治疗精神分裂症方面的严重心理疾病（Bennett，1998；Compton & Broussard，2009）。另一个拮抗剂的例子是肉毒杆菌毒素，它是因为一种叫保妥适的产品而知名的，它能通过阻碍拮抗剂对肌肉的作用而造成麻痹。这种麻痹能通过放松额头上和眼部周围的肌肉暂时地减少小皱纹（Mukherjee，2015）。

神经可塑性：大脑如何以及何时发生改变

我们通过观察神经系统改变的能力得出了研究结论。先天——我们的基因组成——决定了我们生理有哪种改变的可能性以及我们从出生到年迈这条长而曲折的路是怎样的。在成熟发育的过程中，我们的学习、生活事件、受到的伤害以及疾病，都会通过作用我们的基因而影响我们的道路。科学家用专业术语**可塑性**来描述神经系统随着时间而改变的能力。虽然一些科学家说脑回路是不太发生变化的"固定路线"，但事实并非如此。

不论大众媒体怎么强调，事实上很少有人类的行为真正固定化。所以当我们听到一些有关于语言、嫉妒、道德或人类的其他能力被固定化的时候，我们应当抱着批判的态度（Lilienfeld et al.，2015）。我们天生倾向于这些行为习惯，但是它们并没有固定预设路线。在早期的发育过程中或者更为隐蔽的时候，神经系统随着成熟和经验持续地发生跳跃性变化，就和学习一样。不幸的是，神经系统也会因为损伤和中风不能发育完全，这样可能会导致永久性瘫痪和残疾。

发展过程中的神经可塑性

在早期发展过程中，当我们的神经系统还没有固定下来时，大脑具有较强的可塑性。那是因为直到青春期晚期或成年早期，我们的大脑才成熟，但是大脑的一些结构比其他的部分成熟得更快。所以我们大脑有部分区域在幼儿时期有相当强的可塑性，但是有些区域在婴幼儿时期就已经失去了可塑性。

在发展的过程中，大脑中的神经元网络以如下四种方式改变：

- 树突和轴突的生长。

- 突触发生，新突触的形成。
- 修剪，包括通过特定神经元的死亡和轴突的撤销来移除无用的连接。
- 髓鞘化或轴突绝缘化。

在这四个步骤中，修剪过程可能是最令人惊奇的一个。在修剪过程中，多达 70% 的神经元消失了。然而这个过程是有益的，因为它使神经元组织流水线化，提高了脑结构之间的交流（Oppenheim，1991）。在真正意义上，少即多，因为我们的大脑可以用更少的神经元高效率地处理信息，就像在委员会中更少的人参与往往能更有效率地做出决定。自闭症谱系障碍（通常简称为自闭症）的一种理论，表明这种状态就是由于不适当的修剪造成的（Hill & Frith，2003），也许这可以解释为什么自闭症患者往往有很大的脑袋（Herbert，2005）。这其实是个吸引人的故事，但是一些研究者并不相信（Thomas et al.，2016）。

神经元的可塑性与学习

正如我们所学的一样，我们的大脑是可以改变的。这些改变是源于新突触的形成，它使神经元之间的交流和联系更加紧密。大脑的改变一样可以通过加强已经存在的突触联系而发生，这样神经递质进入到突触时可以从相邻神经元那得到强度更大更持久的反应。研究者们称之为第二现象增强（见 7.3a）。

许多科学家相信神经元结构的可塑性，即改变神经元的形状对学习至关重要（Woolf，2006）。在一项研究中，研究人员训练老鼠游到一个隐藏在牛奶桶里的平台。当老鼠们熟练地这样做时，它们大脑中的一部分轴突已经形成，与空间能力有关的轴突已经扩大了（Holahan et al.，2006）。暴露在复杂的环境中也会改变树突的结构。例如，老鼠暴露在复杂的环境中——比如一个有各种动物的大笼子，里面还有玩具和跑步机器——与放置在一个只有两只动物以及没有物品的标准环境的老鼠相比较，形成了更复杂精细的树突（Freire & Cheng，2004；Leggio et al.，2005；见图 3.5）。

神经元受伤后的修复和退化

人类的大脑和脊髓在受损和重大疾病之后只呈现部分的再生。不过，某些大脑区域有时也会出现代偿功能，即接管以前由其他器官执行的功能，就像运动队的替补可以代替受伤的队员一样。例如，盲人用手指阅读盲文（一个有凸起小圆点的系统，上面能够对应字母表中的字母）的能力的相关脑区取代了正常人与视觉相关的脑区域（Hamilton & Pascual-Leone，1998；Sathian，2005）。

科学家们正试图找到增强大脑和脊柱在受伤后自我修复能力的方法（Maier & Schwab，2006）。因为神经退行性疾病，如阿尔茨海默病、帕金森病和肌萎缩侧索硬化（ALS，或"卢·格里克症"，在名人馆里有位著名的棒球运动员死于此种疾病），对社会提出了巨大的挑战，科学家们正在积极研究预防大脑损伤或让其自愈的方法。

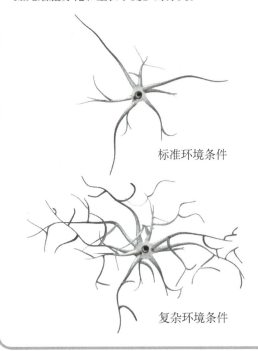

| 图3.5 | 在标准条件和复杂条件下的神经元 |

在复杂环境条件下（底部）饲养的老鼠的神经元细胞比标准条件下（顶部）饲养的老鼠的神经元细胞分化和生长了更多的分支。

标准环境条件

复杂环境条件

成人神经的再生　**神经再生**是成年人脑中新神经元的出现。不到 20 年前，大多数科学家都认为我们出生时就拥有我们将拥有的所有神经元。然后，弗雷德·盖奇（Fred Gage）[有趣的是，他被认为是菲尼亚斯·盖奇（Phineas Gage）的后裔，我们将在本章的后面看到]，伊丽莎白·古尔德（Elizabeth Gould）和他们的同事发现在成年猴子中，大脑的一些区域存在神经再生的现象（Gage，2002；Gould & Gross，2002）。在成人的脑部有神经再生发生的概率也是很大的，虽然这个问题仍然具有争议性（Dennis et al.，2016）。通过神经再生，科学界有一天也许能帮助成人实现神经系统的自愈（Kozorovitskiy & Gould，2003；Lie et al.，2004）。神经再生也可能在学习中同样起着重要的作用（Aimone，Wiles，& Gage，2006）。

干细胞　我们中的许多人已经听过或读过关于**干细胞**的研究了，特别是在新闻中经常听到的胚胎干细胞。它们之所以能够获得这么多关注，是因为它们没有限定只能有某一种特定的机能，而是有变成各种各样种类特定细胞的潜能（见图 3.6）。就像第一年刚入学的大学生还没有申报自己的主修——他们有各种可能性。一旦细胞开始分化，细胞类型就永久固定下来了，就像一个花了三年时间学习医学预科课程的本科生。神经干细胞能够提供好几种治疗神经退行疾病的方法（Fukuda & Takahashi，2005；Miller，2006；Muller，Snyder，& Loring，2006）。例如，研究人员可以将干细胞直接植入人的神经系统并诱导它们生长和替代受损的细胞。此外，研究人员可以通过制造干细胞来提供基因治疗——就是给病人提供可替换的基因。

　　然而，干细胞研究由于伦理原因而极具争议性。拥护者拥护它治疗严重疾病的潜力，包括老年痴呆症、糖尿病和一些癌症，但是它的反对者指出，这样的研究会要求研究者创造并提取实验室里产生四天或五天时间的细胞球（这个阶段比正常过程的末尾阶段的周期还要短）。在反对干细胞研究的人眼里，这些细胞是人类生命的早期形态。正如我们先前所学到的（见 1.1b），某些极为重要的问题是形而上学的，因此这些问题超过了科学的边界：科学只处理在自然世界的范围内可检验的问题（Gould，1997）。干细胞问题研究可能有一天治愈属于科学范围的疾病，但问题是这样的研究是否具有道德性。科学也不可能最终解决人类生命存在的时间问题（Buckle，Dawson，& Singer，1989）。因此，理智的人对干细胞是否应该进行研究这个问题会继续持否定态度。

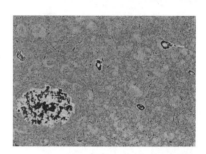

老年斑（在左下方的大的黄／黑色斑点）和神经原纤维缠结（小的黄色斑点）往往会出现在阿尔茨海默病患者的大脑里。几个脑区的变性可能会导致记忆丧失、智力下降。（见彩插）

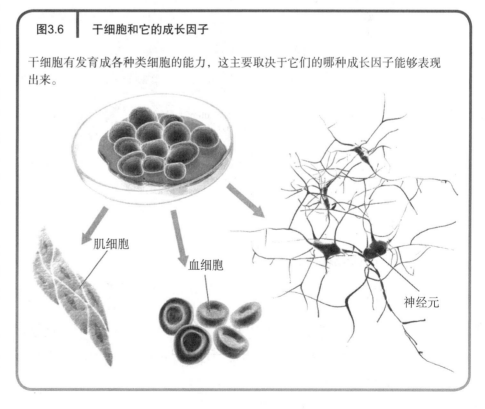

图3.6　干细胞和它的成长因子

干细胞有发育成各种类细胞的能力，这主要取决于它们的哪种成长因子能够表现出来。

肌细胞

血细胞

神经元

中枢神经系统
（central nervous system, CNS）
神经系统的一部分，包含脑和脊髓，控制思想和行为。

外周神经系统
（peripheral nervous system, PNS）
身体中由中枢神经系统中延伸出来的神经。

脑室
（cerebral ventricles）
大脑中包含脑脊液的地方，能够给大脑提供营养并避免外部伤害的保护垫。

3.2   大脑行为网络

3.2a   识别中枢神经系统的不同部分在行为中所起的作用。

3.2b   阐述躯体和自主神经系统在紧急情境和日常情境中的作用。

神经元之间数以万计的链接构成了我们思维、情感和外显行为的生理基础。但是当我们做一张期末试卷或者询问别人今天的日期时，我们如何从电荷和神经递质的释放中得到如此复杂的行为？让我们来谈谈我们决定走到自助售货机去买一瓶苏打水这一的过程。我们的大脑——无数神经元的集合，是怎么完成的呢？第一步，我们的大脑做出一个有意识的去这样做的决定——或者至少看起来会这样；第二步，我们的神经系统驱使我们去行动；第三步，我们需要确定售货机的位置再操作它。我们在售货机的外形和给人什么样的感觉的基础上可以准确定位售货机的位置，放上足够的正确数量的钱；第四步，我们取回我们的苏打水，然后喝上一口。神经元在我们称之为大脑的巨大链接网络中交流使我们能完成如此复杂的活动成为理所当然的事。

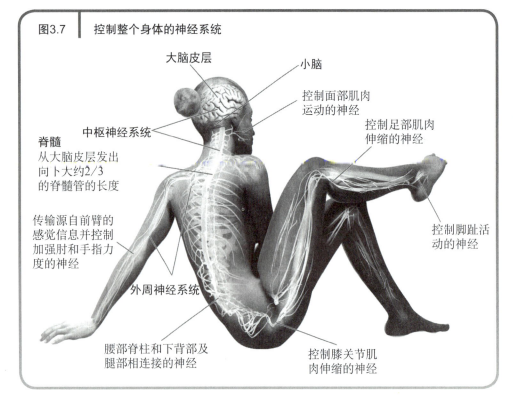

图3.7   控制整个身体的神经系统

大脑皮层

小脑

控制面部肌肉运动的神经

中枢神经系统

控制足部肌肉伸缩的神经

脊髓
从大脑皮层发出向卜大约2/3的脊髓管的长度

传输源自前臂的感觉信息并控制加强肘和手指力度的神经

控制脚趾活动的神经

外周神经系统

腰部脊柱和下背部及腿部相连接的神经

控制膝关节肌肉伸缩的神经

我们把神经系统中的一组联结看成有两个通道的高速公路，感觉信息进入——或者决定离开——由大脑和脊髓组成的**中枢神经系统**（CNS）来决定。然而**外周神经系统**（PNS）是由所有中枢神经的外展神经组成的（见图3.7）。外周神经系统可以进一步分为控制有意行为的躯体神经系统和控制自主或无意身体功能的自主神经系统。当你看到词语"神经系统"之前的词语"自主"一词时，你会联想到类似的词"自动"，因为自主神经系统控制行为是自动发生的，这是我们的意识之外的意识。

中枢神经系统：控制中心

科学家将中枢神经系统划分为六个不同的部分或系统（见表3.2），脑和脊髓由三层薄薄的膜保护。**脑室**提供了进一步的保护。脑室是中枢神经系统的口袋，中枢神经系统延伸到整个大脑和脊髓。一种被叫作脑脊液（CSF）的清澈的液体，流过脑室，沐浴着大脑和脊髓，提供营养并避免外部的伤害。这种液体是中枢神经系统的减震器，可以让我们在日常生活中快速移动头部，而无须承受大脑损伤。

表3.2	中枢神经系统的组成	
中枢神经系统		
皮层	额叶：协调其他脑区域的动作规划、语言和记忆 顶叶：处理触觉信息；联合视觉和触觉 颞叶：处理听觉信息、语言和自传式记忆等 枕叶：处理视觉信息	
基底神经节	控制运动和动作规划	
边缘系统	丘脑：为皮层提供感觉信息 下丘脑：控制内分泌和自主神经系统 杏仁核：调节唤醒和恐惧 海马体：主管近期的记忆处理	
小脑	控制平衡协调运动	
脑干	中脑：传递视觉刺激和由声音引起的反射 脑桥：在皮层与小脑之间传递信息 延髓：调节呼吸和心跳	
脊髓	在大脑和身体之间传递信息	

大脑皮层（cerebral cortex）
前脑最外层，负责分析感知过程，增强大脑功能。

前脑（cerebrum）
大脑的前面部分，赋予我们高级智力能力。

当我们回顾不同的大脑区域时，请记住，尽管它们具有不同的功能，但它们无缝地协作以生成我们的思想、感觉和可观察的行为（见图3.8）。我们将从心理学家研究最广泛的那部分大脑开始我们的大脑导游之旅。

大脑皮层

大脑皮层分析感觉信息，帮助我们完成复杂的大脑功能，包括推理和语言。它是**前脑**的最大组成部分，是人脑中高度发达的区域，它包括120亿到200亿个神经元，约占大脑总量的40%。我们的前脑赐予我们高级的智力能力——这点也充分说明了为何心理学家会对它如此感兴趣。前

图3.8	大脑主要结构

人类大脑主要结构概览，包括大脑皮层。

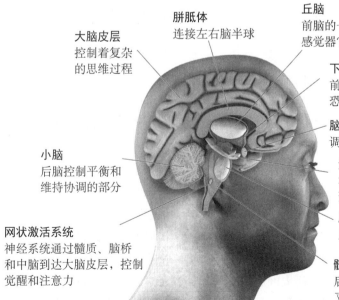

胼胝体
连接左右脑半球

大脑皮层
控制着复杂的思维过程

丘脑
前脑的一部分，将信息从感觉器官传递到大脑皮层

下丘脑
前脑的一部分，调节我们感觉到的恐惧、口渴、性欲和攻击性

脑垂体
调节其他内分泌腺

小脑
后脑控制平衡和维持协调的部分

海马体
在我们的学习、记忆以及将感觉信息与预期进行比较的能力中起重要的作用

脑桥
后脑在小脑和皮层之间传递信息的部分

网状激活系统
神经系统通过髓质、脑桥和中脑到达大脑皮层，控制觉醒和注意力

髓
后脑的一部分，神经从身体的一侧交叉到大脑的另一侧，控制心跳、呼吸和吞吐

脑组成了两个**大脑半球**（见图 3.9）。它们看起来相似，却执行着不同的功能。然而，就像两名花样滑冰运动员在双人比赛中那样，它们不断地交流和合作。有一个叫作**胼胝体**的纤维带，在拉丁语中意味着巨体，连接两半球并允许它们交流（见图 3.10）。

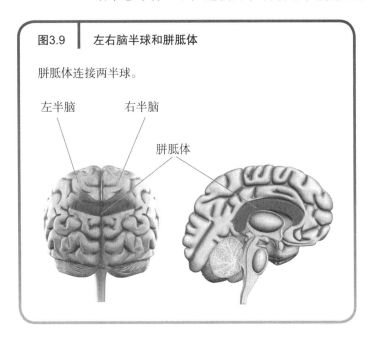

图3.9　左右脑半球和胼胝体

胼胝体连接两半球。

左半脑　　右半脑

胼胝体

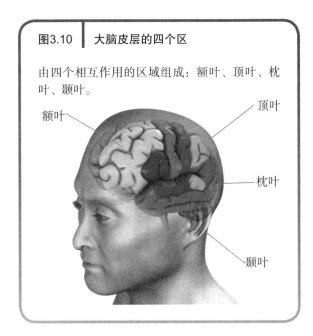

图3.10　大脑皮层的四个区

由四个相互作用的区域组成：额叶、顶叶、枕叶、颞叶。

额叶

顶叶

枕叶

颞叶

大脑半球（cerebral hemispheres）
大脑皮层有两个不同功能的半球，每一部分分工明确，又紧密联系，相互协调。

胼胝体（corpus callosum）
连接两半球的大的纤维带。

额叶（frontal lobe）
位于大脑皮层的前部，负责组织并监督运动功能、语言、记忆和制定计划。

运动皮层（motor cortex）
负责身体运动的额叶的一部分。

前额皮层（prefrontal cortex）
负责思考、计划和语言，是额叶的一部分。

布洛卡区（Broca's area）
控制语言产生的在额叶的语言区。

可重复性
其他人的研究也会得出类似的结论吗？

大脑皮层是前脑最外层的部分。它的名字很贴切，因为皮层意味着边缘，皮层包围着大脑半球，就像树上的树皮一样。反过来，大脑皮层包含四个称为脑叶的区域，每个脑叶与某些不同的功能相关（见图 3.10）。我们的每一个半球都有四个相同的脑叶；它们是我们旅行的下一站。

额叶　额叶位于大脑皮层的前部，如果你现在触摸你的前额，你的手指离你的额叶不足一英寸，额叶负责组织并监督运动机能、语言和记忆，其他大部分心理功能也由它组织，这个过程叫执行功能。就像美国总统控制他的内阁人员那样，大脑的执行功能提供了对其他更简单的认知功能的高水平控制（Alvarez & Emory，2006；Miyake & Friedman，2012）。

在大多数人的脑中有一个深沟，叫中央沟，它将额叶同其他的皮层分开。**运动皮层**是位于中央沟旁边的额叶的一部分。运动皮层的每个区域控制身体特定部分。需要更精确的运动控制的区域，比如我们的手指，会消耗更多的皮层空间（见图 3.11）。

位于大脑半球的运动皮层前部，有一条被称作**前额皮层**的宽阔的额叶，这部分负责思考、计划和语言（见图 3.12）。前额皮层的一个区域，即**布洛卡区**，以法国医生布洛卡命名，他发现大脑该部位在语言产生的过程中起着重要作用（Broca，1861）。布洛卡发现许多有语言障碍的病人的这个地方都受到了损伤。他的第一个患有这种奇怪病症的病人名叫"谭"，当问这个病人问题时，他只回答了"谭"这个词。布洛卡和他的同事很快发现，谭和其他患有这种语言障碍的患者的大脑损伤几乎都位于左半球（Kean，2014），许多研究者也验证了这一发现。

图3.11 大脑皮层的运动感觉区的身体位置匹配图

大脑网络和身体共用一个系统，运动和躯体感觉皮层都映射在身体具体的区域上。

资料来源：Marieb，Ecailne N.：Hoehn，Katja，Human Anatomy and Physiology，7th Ed.，c.2007.Reprinted and Electronically reproduced by permission of Pearson Education，Inc.，Upper Saddle River，New Jersey。

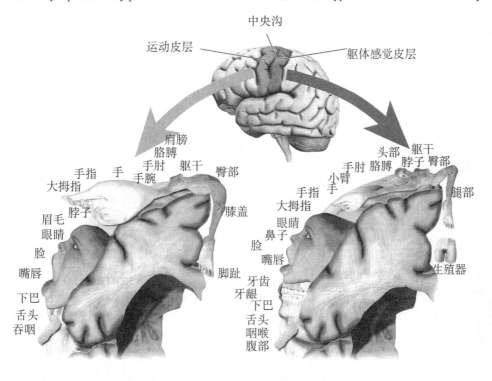

图3.12 大脑皮层的特定领域

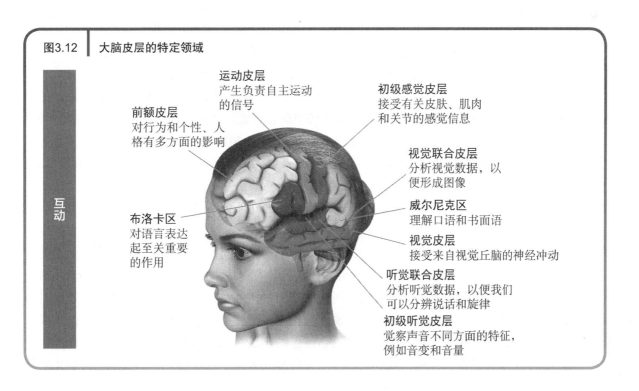

互动

运动皮层
产生负责自主运动的信号

前额皮层
对行为和个性、人格有多方面的影响

布洛卡区
对语言表达起至关重要的作用

初级感觉皮层
接受有关皮肤、肌肉和关节的感觉信息

视觉联合皮层
分析视觉数据，以便形成图像

威尔尼克区
理解口语和书面语

视觉皮层
接受来自视觉丘脑的神经冲动

听觉联合皮层
分析听觉数据，以便我们可以分辨说话和旋律

初级听觉皮层
觉察声音不同方面的特征，例如音变和音量

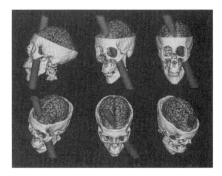

一根捣铁穿过菲利亚斯·盖奇头部的电脑重构照片，正如我们看到的，这根捣铁明显地穿过了他的左额叶。

在 2009 年，照片上这个人被历史学家认为是盖奇（Wilgus & Wilgus，2009）。你可以清楚地看到：（a）盖奇手上拿着一根曾穿过他额叶的捣铁；（b）他那失去的左眼是被捣铁毁坏的；（c）他头部左侧一簇头发可能覆盖了他的头皮，而捣铁正是从那里穿出来的。

顶叶（parietal lobe）
位于中央沟之后靠近运动皮层的专门负责机体感觉的皮层。

接收从其他许多大脑皮层区域传来的信息的前额叶与情绪、个性以及自我意识也密切相关（Chayer & Freedman，2001；Fuster，2000）。例如，对这一区域的破坏往往会增加人们冲动甚至发生犯罪行为的风险（Glenn & Raine，2014）。著名的菲尼亚斯·盖奇（Phineas Gage）的故事就证明了前额叶对个性是多么重要。

菲利亚斯·盖奇是一位铁路领班，在 1848 年他经历了一次可怕的事故。当时他的工作是修建一条穿过佛蒙特州乡间的铁轨。盖奇经常做的工作是往洞里填火药粉来炸毁坚硬的岩石。有一次，他正准备用捣铁将药粉放入洞中，突然一个爆炸导致捣铁刺入并穿过了他的头。这根捣铁从他的面颊骨下刺入，并损坏了他的前额叶皮层。后来的计算机分析显示，这根捣铁大部分或全部穿过了他的左额叶（Ratiu et al.，2004）。值得一提的是，盖奇幸免于难，但他和从前不一样了。他的内科医生哈洛（J.M. Harlow，1848）这样描述事故之后盖奇的个性：

他变得很反常、不尊敬别人，有时使用很粗暴的语言（以前的他不是这样的）。他的思想发生了根本的变化，他的朋友和亲人也认为他不再是曾经的盖奇了。

然而，越来越多的历史证据表明，盖奇的性格变化可能并不像人们有时认为的那样剧烈或持久。例如，事故发生之后的多年来，盖奇在智利驾车就像驾驶教练一样娴熟，在这期间他的医生发现他在很大程度上是正常的（Griggs，2015；MacMillan，2000；MacMillan & Lena，2010）。因此，尽管盖奇的故事很悲伤，但它可能有一个大多数心理学家都相信的更幸运的结局。此外，这个结局让我们想起了大脑的可塑性，以及即使面对毁灭性的损伤，它通常也能至少恢复部分功能的惊人能力。

2012 年 8 月，阿根廷建筑工人爱德华多·莱特（Eduardo Leite）的额叶被一根 6 英尺长的柱子刺穿，悲剧重演。令人惊讶的是，雷特活了下来，而且似乎表现得很好，但现在判断他是否会摆脱人格障碍还为时过早（MacKinnon，2012）。

顶叶　顶叶是大脑皮层的上中部分，位于额叶之后（回看图 3.11）。靠近运动皮层的顶叶的后面部分是初级感觉皮层。它对压力、温度和疼痛都很敏感（见图 3.12）。顶叶扮演的是一个跟踪对象位置（Nachev & Husain，2006；Shomstein & Yantis，2006）、形状和方向的角色。它也帮助我们处理其他活动和表征数字（Gobel & Rushworth，2004）。每次我们伸出手，顶叶就向运动皮层传达视觉和触觉信息（Culham & Valyear，2006）。如果你现在立刻闭上眼睛并想象一下你床上的枕头感觉如何，你可能在脑海中浮现出松软、毛茸茸的感觉。这就是你的顶叶在工作。

由于顶叶在空间知觉中所起的作用，顶叶受损的患者往往很难理解周围的环境，甚至自己的身体方位。顶叶损伤的一个常见后果是对损伤发生位置的相反一侧的忽视（这种忽视发生在损伤位置的相反一侧，因为损伤位置的大脑功能作用于身体的另一侧；Mattingly，1999）。S 太太就是这样的一个病人。她的右顶叶曾遭受严重中风，所以她照例只在脸的右侧化妆，而忽略了脸的左侧。科学家将这种奇怪的现象称为单侧（或半侧）被忽略的现象。她经常会感到饥饿，因为她只注意到盘子左边的食物，尽管事实上，所有食物都在她的视野之内。幸运的是，她能够解决这个问题，她吃完东西后把轮椅稍微向右移了一下，这样她就能处理好盘子里剩下的食物了（Gautier，2011）。

颞叶　颞叶是听觉区，也是言语理解和储存过去自传式记忆的地方（回看图 3.11）。一个叫外侧裂的水平凹槽将这块区域与大脑皮层的其他部分区分开。

颞叶的顶部包含有听觉皮层，部分皮质作用于听觉。听觉皮层就位于大脑皮层的运动区域附近，这可能有助于解释为什么当我们听到朗朗上口的音乐时，我们几乎不能阻止自己运动——或者跳舞。颞叶的语言区叫**威尔尼克区**，同时这块区域也包含顶叶的较低部分（回看图 3.12）。它位于左耳的上方和后方（除非你是左撇子，这种情况它可能位于右耳上方）。威尔尼克区的损伤将导致语言理解上的困难。此外，这一部位受损的患者往往会胡言乱语，可能是因为他们没有意识到，他们从嘴里说出来的话没有意义。当被问及"趁热打铁"这句话是什么意思时，在这一区域造成损害的病人的回答是："雄心是非常非常坚定的。最好是做个好人，去邮局、邮筒、分发、邮寄、调查和当校长。"（Kinsbourne & Warrington，1963，P.29）

颞叶的较低部分对储存自传事件记忆起关键作用。加拿大的神经外科医生怀尔德·潘菲尔德（Penfield，1958）发现用电流探测器刺激这块区域会产生记忆，例如对某一首熟悉的歌曲或某个童年场景的栩栩如生的回忆。然而，今天许多心理学家怀疑，潘菲尔德通过刺激大脑，引发了错误的记忆或改变了感知，而不是对过去事件的真实记忆（Schacter，1996）。事实上，这种替代假设很难排除。

枕叶　枕叶位于大脑的最后方，它包含视觉皮层，作用于视觉。如果你曾经不小心把后脑勺撞到什么东西上，你可能看到过"星星"。这几乎可以肯定是因为与视觉有关的枕叶被激活了（Burnett，2016）。与大多数动物相比，我们人类高度依赖我们的视觉系统——我们也经常被称为"视觉灵长类动物"（Angier，2009）——所以我们理所当然有很多的视觉皮层。但我们也不是唯一视觉高度发达的生物。对每一个物种来说，每种类型的感觉皮层的总数是与对这种感觉的依赖程度成比例的。例如蝙蝠高度依赖听觉线索，相应地有更多的听觉皮层；鸭嘴兽更多依赖触觉线索，因此鸭嘴兽会有更多的触觉皮层。松鼠像人类，更多依赖视觉的信息输入，所以相应地有更多的视觉皮层（Krubitzer & Kaas，2005）。

皮质层级　来自外部世界的信息通过一种特定的感觉，例如视觉、听觉、触觉，被传输到那些专门对应特定感觉的**初级感觉皮层**（回看图 3.12）。这些信息从眼睛、耳朵和皮肤被传送到初级感觉皮层以后，又被传送到叫**联合皮层**的地方，它分布在大脑的四个脑叶。实际上，大约四分之三的大脑由联合皮层组成，这表明我们之所以聪明，在很大程度上依赖于跨大脑不同区域的联合（或"结合"，因此得名）信息。联合皮层整合信息去执行更复杂的功能，例如将大小、形状、颜色和位置等信息放在一起去识别一个物体。这个完整的皮层组织就叫作"层级"。因为随着信息在神经网络上的传递，处理就会变得愈发复杂。结果是，颞叶联合皮层受损严重的人，可能会在识别熟悉面孔或仅凭看面孔回答有关人的问题时遇到困难。

颞叶（temporal lobe）
在听觉、言语理解和记忆中起作用的大脑皮层的较低部分。

威尔尼克区（Wernicke's area）
与语言理解相关的颞叶部分。

枕叶（occipital lobe）
大脑皮层的后面部分，负责视觉。

初级感觉皮层
（primary sensory cortex）
初步处理来自感官的信息的大脑皮层区域。

联合皮层（association cortex）
把较简单的功能联合起来以完成较复杂的功能的大脑皮层区域。

排除其他假设的可能性
对于这一研究结论，还有更好的解释吗？

基底神经节（basal ganglia）
位于前脑帮助控制运动的结构。

边缘系统（limbic system）
大脑的情绪中心，在嗅觉、动机和记忆中也起一定的作用。

丘脑（thalamus）
从感觉器官到初级感觉皮层的通道。

下丘脑（hypothalamus）
负责维持一个持久的内部状态的大脑区域。

杏仁核（amygdala）
边缘系统的一部分，主要控制兴奋、唤醒和恐惧。

基底神经节

基底神经节是埋在皮层深处的两个结构装置，用于控制运动。基底神经节的损伤导致人对运动失去控制并且控制不住颤抖，是帕金森病的主要病因。妥瑞症，一种以运动抽搐（如耸肩）和声音抽搐（如咕哝，在更少见的情况下会咒骂）为特征的疾病，似乎与基底神经节的异常有关（Mallet et al., 2015；Peterson et al., 2003）。感觉信息在到达初级和联合区之后，被传输到基底神经节，它反过来又会评估运动过程及到达运动皮层的传递计划。

基底神经节也负责确保帮助我们获得奖赏（Graybiel et al., 1994；Seger & Spiering, 2011）。当我们期待回报时，例如品尝美味的三明治或是与心仪对象约会时，这取决于我们基底神经节的活动。

边缘系统

大脑感知情绪的部分位于**边缘系统**。这些脑区是高度关联的（Lambert, 2003；MacClean, 1990）。与处理外部刺激信息的皮层相比，边缘系统处理关于内部状态的信息，例如血压、心率、呼吸速率，还有情绪状态。

事实上，在某种情况下，我们可以把边缘系统当作大脑的情绪中心。边缘系统在嗅觉、动机和记忆中也起一定的作用，所有的这些形成了我们的情绪。边缘系统结构从最初的嗅觉系统（有助于嗅觉）中进化而来，这个系统在早期哺乳动物中控制各种生存行为。正如许多遛狗的人知道的那样，嗅觉对很多哺乳动物在理解它们的世界中起到很重要的作用。此外，人类的大量数据也证实了一个事实，即气味常常会唤起人们对情感强烈经历的记忆。例如，许多创伤后应激障碍患者在暴露于气味（如炸弹的气味）时，会经历可怕记忆的重新激活，这些气味会触发他们对创伤事件的回忆（Aiken & Berry, 2015）。

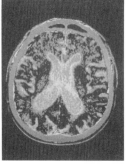

2016年去世的拳王穆罕默德·阿里（左）和演员迈克尔·福克斯（右）都患有帕金森病。基底神经节损伤会导致疾病，导致人们对运动失去控制。右侧的计算机断层扫描显示多巴胺神经元显著减少，多巴胺神经元在帕金森病患者的大脑中天然含有一种黑色色素。由于周围脑组织死亡，位于大脑中部的心室（蓝色部分）异常大。（见彩插）

接下来，我们探索边缘系统的四个区域：丘脑、下丘脑、杏仁核、海马体（见图3.13）。

丘脑包含很多区域，每一个都与大脑皮层的特定区域相连，我们想象一下把丘脑看作通向感觉区的大门。大量的感觉信息通过这个门而来，在进入大脑皮层之前，进行一些初步的处理（见图3.13）。

下丘脑（意味着在"丘脑"下面）位于大脑的底层，调节和维持持久的内部身体状态。下丘脑的不同区域在情感和动机上起不同作用。有些区域与关键的心理驱动力密切相关，在调节饥饿、渴、性冲动和其他的情绪行为上起作用。一个流传给几代心理学学生的老笑话是，下丘脑在"四个F"中起着关键作用：进食、战斗、逃跑和性冲动（Lambert, 2011）。下丘脑还帮助控制我们的体温，就像一个恒温器，根据室内温度的变化来调节我们自己的温度。

杏仁核因它像杏仁而得名（事实上，杏仁核是从希腊语中被称为"杏仁"的词衍生出来的）。兴奋、唤醒和恐惧都是杏仁核工作的内容。在一个针对青少年的研究中，当青少年在玩激烈的暴力游戏

图3.13 ｜ 边缘系统

边缘系统主要包括丘脑、下丘脑、杏仁核和海马体。

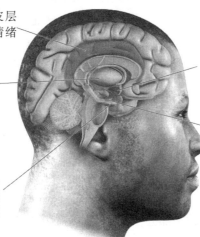

扣带皮层
边缘系统的主要皮层
组成部分，涉及情绪
和认知处理

下丘脑
前脑的一部分，
控制我们感到的
恐惧、口渴、性
欲和侵犯的程度

丘脑
前脑的一部分，将信
息从感觉器官传递到
大脑皮层

杏仁核
影响我们的动机、
情绪控制、恐惧反
应和对非语言情绪
表达的解释

海马体
在我们的学习、记忆以
及将感官信息与预期进
行比较的能力中起着重
要作用

时或者当我们看到令人害怕的面孔时，杏仁核就会达到高度运转状态（Mathews et al., 2006）。杏仁核也在恐怖情境中起着作用，当可怕的事情将要发生时，动物——包括人类——能通过它学会预测（Davis & Shi, 2000；LeDoux, 2000）。拉夫尔·阿道夫斯（Ralph Adolphs）和他的同事们对一名名叫 S.M. 的 30 岁女士进行了研究以证实杏仁核的作用，结果显示她的左右杏仁核几乎全被疾病破坏了。尽管她在面孔识别方面是没有问题的，但在识别面孔的恐惧表情方面的能力明显受损（Adolphs et al., 1994）。此外，当被要求在宠物店处理一条蛇时，她表现得毫不害怕，并且在看恐怖电影，比如《女巫布莱尔》时，她也一点都不害怕（Feinstein et al., 2011；Lilienfeld et al., 2015）。尽管如此，正如我们在前文（见 2.2a）中了解到的，我们需要谨慎地进行孤立的个案研究，因此在其他杏仁核受损的个体身上重复这些发现将是重要的。

可重复性
其他人的研究也会得出
类似的结论吗？

　　海马体承担几种记忆功能，特别是保持空间记忆，即对我们环境中事物的物理布局的记忆。当我们在头脑中制作一个如何从一个地方到另一个地方的大脑思维地图时，就是在使用我们的海马体。这就解释了为什么伦敦出租车司机海马体在大脑中所占的比例比普通人更大一些，尤其是经验丰富的司机（Maguire et al., 2000）。这种相关可能意味着，要么人们在复杂的环境中经过大量经验的引导从而发展了更大的海马体，要么人们伴随着空间定位搜寻工作的重复而发展出了更大的海马体，例如依靠空间定位（或者两者都有）的出租车司机。一项研究可以帮助我们找出是什么导致了什么，这项研究将检验出租车司机的海马体是否会随着他们获得更多的驾驶经验而变大。虽然研究人员还没有进行这样的调查，但他们已经在最近学会玩杂耍的人身上研究过这个问题。可以肯定的是，他们已经发现了海马体在短期内增大的证据，这表明这块大脑区域在学习之后确实会发生变化

相关还是因果
我们能确信 A 是 B 的原
因吗？

出租车司机的海马体似乎特别大，尽管
这一发现的因果方向尚不清楚。

海马体（hippocampus）
在空间记忆中起作用的大脑部分。

（Boyke et al.，2008）。

海马体的损坏会导致新记忆产生的障碍，但以往的记忆是完好无损的。一种假设是海马体暂时贮存记忆，然后把它们转到其他位置，例如转到皮层作永久的贮存（Sanchez-Andres，Olds，& Alkon，1993）。多通道理论是记忆贮存在海马体的一个假说（Moscovitch et al.，2005）。根据这个理论，记忆最初贮存在多个位置。随着时间的推移，一些地方的贮存加强，另一些地方的减弱。多通道理论认为记忆并不是从海马体转移到皮层，相反，记忆已经贮存在皮层中，仅仅是随时间而加强。

排除其他假设的可能性
对于这一研究结论，还有更好的解释吗？

小脑

小脑在拉丁语中是"小脑"的意思，从很多方面来说，它是大脑皮层的一个缩影。小脑是后脑的一部分，在我们的平衡感中起着重要作用，它使我们能够协调运动，学习运动技能。除此之外，它有助于防止我们疲惫。毫不奇怪，当人类经历小脑损伤时，他们经常会出现严重的平衡问题（Fredericks，1996）。但近年来，科学家逐渐认识到小脑不仅仅是稳定我们的运动，它还对执行力、记忆、空间和语言能力起作用（Schmahmann，2004；Swain，Kerr，& Thompson，2011）。

脑干

脑干位于皮层内部并在大脑后面，包括中脑、桥脑和延脑（见图 3.14）。

脑干执行一些基本的身体功能，它保证我们的生存。**中脑**在运动中起重要作用。它控制视觉刺激的传输路径和由声音引起的反射，比如我们听到汽车爆胎的声音会惊讶得跳起来。

网状激活系统 网状激活系统（RAS）与前脑和大脑皮层连接，在唤醒过程中起着关键作用。RAS 的损伤会导致昏迷。一些科学家甚至认为，拳击比赛中的许多击倒动作都是在遭到有力一击后，RAS 受到短暂的压迫造成的（Weisberg，Garcia，& Strub，1996）。

来自 RAS 的通路通过提升大脑神经元之间的信噪比来激活大脑皮层。当手机工作正常时，它会发出高信噪比的声音，这样人们可以在每个电话中理解对方的信息。但是当有大量的静态背景时——导致低信噪比——通话的内容就变得很难理解。

我们可能会在注意缺陷/多动障碍（ADHD）中看到这个问题的发生，注意缺陷/多动障碍起源于儿童时期。多动症的特征是极度的注意力不集中、过度活跃和冲动。用于治疗多动症的兴奋剂，如甲苯酸甲酯，似乎会增加前额皮层的信噪比

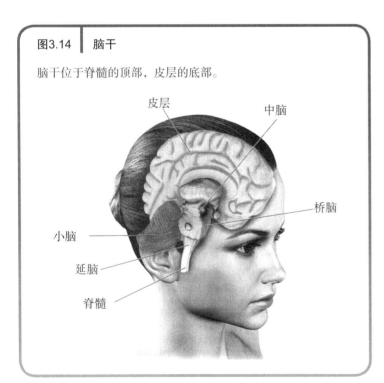

图3.14 | 脑干

脑干位于脊髓的顶部，皮层的底部。

皮层
中脑
桥脑
小脑
延脑
脊髓

（Devilbiss & Berridge，2006）。一种假设是，这些药物模仿 RAS 和邻近大脑区域的活动，但也有其他可能的解释。例如，甲苯酸甲酯可以提高神经递质多巴胺的水平，这可能有助于解释为什么它可以改善注意力和冲动控制（Volkow et al.，2005）。

排除其他假设的可能性
对于这一研究结论，还有更好的解释吗？

桥脑和延脑　桥脑和延脑是位于中脑下方的被称为**后脑**的区域。桥脑连接着大脑皮层和小脑，正如我们稍后学习的（见 5.1c），它在触发梦境方面扮演着重要的角色。

延脑调节呼吸、心跳和其他重要功能。有趣的是，它还能控制恶心和呕吐（Hesketh，2008），这就解释了为什么如果你的后脑勺受到重击，你可能会有明显不愉快的想吐的感觉。延脑的损坏会引起脑死亡，被科学家定义为是不可逆转的昏迷。脑死亡的人完全不能意识到他们周围的环境而且没有任何反应，甚至对非常疼痛的刺激也没有反应，他们没有显示任何有关自发运动、呼吸、反射动作的迹象。

人们经常将持续植物状态的大脑皮层死亡与脑死亡相混淆，但它们不一样。一个处于持续植物状态的女子特瑞·夏沃躺在病床上 15 年并在 2005 年成为头条。在 1990 年，夏沃倒在她佛罗里达州的家里，伴随着暂时的心脏停搏，她脑中的氧被剥夺并导致大脑损伤。她脑干中的控制呼吸、心跳、消化和某种反射反应的深层结构仍在运行，因此夏沃不是脑死亡。许多新闻媒体错误地报道了这个事件。不过，她的更高级的皮层结构，即对自我和周围环境的意识起重要作用的部位遭到了永久损伤。她的医生知道，她的大部分皮层已经萎缩了，稍后的一个检查表明她已经失去了半个大脑（皮层）。

一些认为对意识和行为很重要的高级脑中心的死亡就是相当于实际死亡的人，认为夏沃实际上 15 年前就死了。虽然如此，夏沃的死亡引发了许多问题和麻烦，甚至是连科学家都不能完全解决的问题：真正的死亡是以大脑死亡为标准，还是以意识的永久丧失为标准？

脊髓

脊髓从脑干中延伸出来并随背中部而下，在大脑和身体之间来回传递信息，神经从神经元向身体延伸，沿着两个不同的方向，就像高速公路的双车道一样。感觉信息通过感觉神经元从身体传向大脑。运动指令通过运动神经元从大脑传到身体。脊髓也包括联系**中间神经元**的感觉神经元，中间神经元将信息传递至附近的神经元。在脊髓中，中间神经元连接运动神经元和感觉神经元，不需要向大脑报告。中间神经元说明了**反射**、由感觉刺激引起的自主运动是如何发生的。

例如一个叫牵张反射的自主行为，它只依赖脊髓。我们拿着便携式电脑去教室，但是随着时间的推移我们的抓握变松了，但我们却没有意识到。这是因为我们的感觉神经发现了肌肉的牵张，并把信息传到脊髓。中间神经元的介入和运动神经元自主地传递信息，引起我们胳膊肌肉收缩。以前我们从不知道，一个简单的反射会引起我们胳膊肌肉紧张，以至于我们的电脑掉不下来（见图 3.15）。

外周神经系统

到目前为止，我们已经探索了中枢神经系统（CNS）的内部运作。现在我们来看一下外周神经系统（PNS）。它是神经系统的一部分，由延伸到中枢神经系统外的神经组成。外周神经系统包

后脑（hindbrain）
中脑下方包含小脑、桥脑和髓质的区域。

桥脑（pons）
连接皮层和小脑的部分脑干。

延脑（medulla）
控制如心跳、呼吸等基本生命活动的部分脑干。

脊髓（spinal cord）
在大脑和身体之间传递信息的浓密的神经束。

中间神经元（interneuron）
传递信息给附近神经元的神经束。

反射（reflex）
一个感觉刺激引起的自主运动。

含两个分支，躯体神经系统和自主神经系统。

躯体神经系统

躯体神经系统将信息从中枢神经系统传到肌肉，控制运动（回看图 3.8）。无论我们何时固定或移动我们的关节，中枢神经系统和躯体神经系都一起调节我们的姿势和身体运动。

让我们回顾一下，当我们走到自动售货机那里买一罐苏打水时发生了什么。各种类型的感觉输入到大脑皮层。然后皮层的各个部分将信息传到基底神经节。基底神经节有助于我们做关于做什么的决定，然后将信息传到运动皮层。接下来运动皮层将指令传到脊髓，激活特定的运动神经元。这些运动神经元传送信息到达遍布全身的肌肉，触发肌肉收缩。我们走到售货机面前，触碰售货机和握住苏打水这些动作，都是由大脑触发的，但我们的躯体神经系统执行这些活动。在我们喝过酒之后，自主神经系统仍在工作，让我们能走到最近的垃圾桶。

自主神经系统

大脑和脊髓与躯体神经系统相互作用来引起感觉和行为。在很多相同的行为中，大脑，特别是边缘系统与**自主神经系统**相互作用来调节情绪和内脏状态。自主神经系统是神经系统的一部分，它控制我们的器官和腺体的不自主行为，并与边缘系统一起调节我们的情绪。

自主神经系统有两个分支：**交感神经系统**和**副交感神经系统**（见图 3.16）。这两个分支在两个相反的方向上工作，所以，当一个活跃时，另一个则是抑制的。

交感神经系统，之所以这么叫是因为它的神经元倾向于一起被激活（"以示同情"），在情绪唤醒时期，特别是处于危险中时，交感神经系统是兴奋的。交感神经系统调动或战或逃反应，它由沃特·坎农（Warlter Cannon）在 1929 年首次提出（见 12.2a）。坎农发现，当我们处于危险时，比如看到一个巨大的捕食者向我们冲来的时候，交感神经系统就变得兴奋，让我们做好准备，要么战斗，要么逃跑。在极端的情况下，当我们无法避免威胁时，我们可能很容易呆住不动（Maack, Buchanan, & Young, 2015），这是一种奇怪的进化适应，这可能源于这样一个事实：当这些猎物停止移动时，一些捕食者对猎物失去了兴趣（你能在松鼠身上观察到这种反应，有时当一辆车向松鼠驶来的时候，它们便呆住不动）。交感神经激活会引发一系列的有助于在危机中做出反应的生理反应，包括提高心率（让更多的血液流入我们的四肢，从而让我们准备战斗或逃离）、呼吸和排汗。相反，**副交感神经系统**是在休息和消化时活动。当我们的心理雷达屏幕没有威胁时，这个系统就会启动。因此，你可以把你的交感神经系统想象成你焦虑不安、压力重重的朋友，当危险潜伏时，它就会做出强烈的反应；副交感神经系统则是一个当你感到焦虑时一直提醒你"冷静"的朋友（Burnett, 2016）。

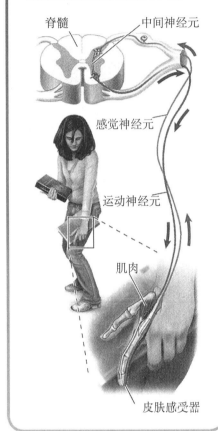

图 3.15 脊髓反射

我们发现肌肉的小幅拉伸和收缩产生的力可以相互抵消，这样我们就能避免失去重心从而保持平衡。

脊髓
中间神经元
感觉神经元
运动神经元
肌肉
皮肤感受器

躯体神经系统（somatic nervous system）
在中枢神经系统和躯体之间传递信息的部分神经系统，控制和协调自主运动。

自主神经系统
（autonomic nervous system）
神经系统的一部分，控制着我们内脏器官和腺体的非自主行为，（与边缘系统一起）参与情绪调节。

交感神经系统
（sympathetic nervous system）
自主神经系统的一部分，在危机行动中要求战斗或逃跑。

副交感神经系统
（parasympa-thetic nervous system）
自主神经系统的一部分，控制休息和消化。

日志提示

有些学生可能认为这一章规划为生物课或解剖学课比规划为心理学课更好。为什么你会认为在心理学课堂熟悉大脑和神经系统的结构和功能是必要的呢？

图3.16　自主神经系统（如男性图显示）

自主神经的交感神经和副交感神经负责系统控制内部器官和腺体。

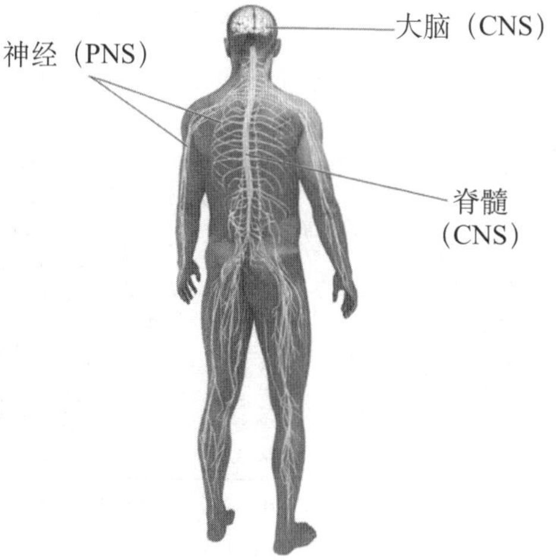

大脑（CNS）
神经（PNS）
脊髓
（CNS）

3.3　内分泌系统

3.3a　了解什么是激素以及它们是如何影响行为的。

神经系统作用于**内分泌系统**，内分泌系统是由腺体组成的网络，它释放**激素**到血液中（见图 3.17）。激素是一种影响特定器官的物质。它们与神经递质不同，它们由我们的血管所携带，而不是我们的神经，所以它们的动作要慢得多。我们可以认为激素信息有点像蜗牛邮件（普通邮件），而神经递质就像电子邮件一样。激素的作用往往超过神经递质，因此它们的影响往往更持久。

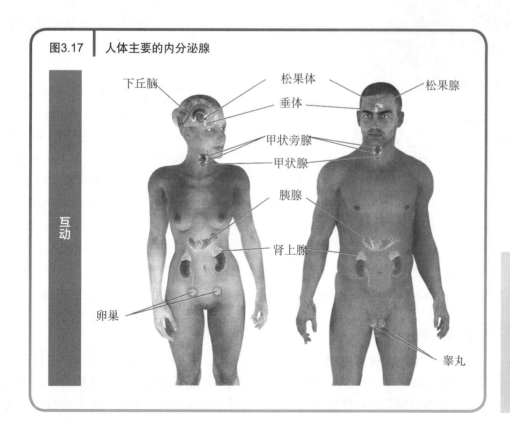

图3.17　人体主要的内分泌腺

互动
下丘脑
松果体
松果腺
垂体
甲状旁腺
甲状腺
胰腺
肾上腺
卵巢
睾丸

内分泌系统（endocrine system）
腺体和激素的分泌系统，控制血源性化学信使的分泌。

激素（hormone）
一种化学物质，释放到血液中影响特定器官和腺体。

垂体和垂体激素

垂体控制身体内的其他的腺体，由于这个原因，它被称为"主腺"，尽管很多科学家现在还没有意识到它在很大程度上取决于其他腺体的活动。垂体腺受到海马体的控制。垂体释放多种激素到血液中，承担许多不同的功能，从调节身体生长到控制血压再到决定多少水分留在肾脏中。

一种叫催产素的垂体激素近年来备受关注。它负责几个生殖功能，包括在分娩过程中伸展宫颈和阴道，以及帮助哺乳期的母亲催乳。催产素在母爱激发和浪漫的爱情方面也起着非常重要的作用（Esch & Stefano，2005），催产素甚至被称为"爱情分子"（Zak，2012）或"拥抱激素"（Griffiths，2014）。科学家已经发现了两种密切相关的田鼠（一种啮齿类动物），它们在配对过程中存在差异：一个物种的雄性要交配，会从一个有吸引力的伴侣身边飞到另一个身边，而另一个物种的雄性则忠诚于一个伴侣。只有在忠诚的田鼠的大脑中，催产素受体与多巴胺系统有关，正如我们所知，它影响了对奖赏的期望（Young & Wang，2004）。至少对于雄性田鼠来说，保持忠诚并不是一件苦差事，而是一种爱的劳动。

尽管这两种田鼠（左边的草原田鼠和右边的山地田鼠）看起来很相似，但它们的"个性"却各不相同，至少在爱情方面是不同的。雄性草原田鼠对一个伴侣忠诚，但雄性山地田鼠却不忠诚。这在于它们的催产素系统不同。

催产素似乎也会影响我们对他人的信任程度。一项研究表明，在风险投资的竞争中，使用含有催产素的喷鼻剂的人比使用安慰剂的喷鼻剂的人更有可能向他的同伴提供资助（Kosfeld et al.，2005；Rilling，King-Cassas，& Sanfey，2008）。

然而，与此同时，催产素对信任和依恋的影响也并不简单（Walum，Waldman，& Young，2016），这表明"爱情分子"和"拥抱激素"这两个词过于简单化了（Lilienfeld et al.，2015）。事实上，催产素被认为可能是因为心理作用而最被夸大的分子。例如，尽

交感神经系统和副交感神经系统

互动

如果非洲大草原的犀牛突然看见了三个人，它的交感神经系统会变得兴奋起来。

管催产素使我们更好地对待我们喜欢的人，但它使我们对局外人更坏（Beery，2015；De Drue，Greer，Van Kleef，Shalvi，& Handgraff，2011）。在那些已经具有攻击性的人群中，催产素似乎增加了对浪漫伴侣的亲密暴力的风险（DeWall et al.，2014）。科学家最好的猜测是，催产素提高了我们对社交线索的敏感度，无论是好的还是坏的。

肾上腺和肾上腺素

心理学家有时称**肾上腺**为身体的紧急中心。它们位于肾脏的顶部。它们产生肾上腺素和皮质醇，肾上腺素加快肌肉细胞中的能量释放，促进它们行动，同时在肌肉细胞外保存尽可能多的能量。自主神经系统的神经向肾上腺发信号，释放

垂体（pituitary gland）
主管腺体，并在下丘脑的控制下指挥身体的其他腺体。

肾上腺（adrenal gland）
位于肾脏的上方，在情绪激发时会释放肾上腺素和皮质醇。

肾上腺素。肾上腺素引发各种行为，包括（1）收缩心肌和血管为人体提供更多的血液；（2）开放肺的细支气管道（很小的气道）以吸入更多的空气；（3）脂肪分解成脂肪酸，提供更多的燃料，以抓住潜在的猎物或躲避潜在的捕食者；（4）糖元（碳水化合物）的分解；（5）放大眼睛的瞳孔，使个体在紧急情况下能够看得清楚。

肾上腺素也会抑制胃肠道分泌物，这就解释了为什么当我们感到焦虑不安时，我们会失去食欲或嘴巴干燥，比如当我们在期待一个重要的工作面试、一个盼望已久的日子或一场期末考试的时候。

肾上腺素使得人们在危机中表现出惊人的技艺，尽管这些行为被认为是受到我们的身体极限所限制的。一个绝望的母亲为了拯救她被困的婴儿成功地举起了一辆很重的卡车（Solomon，2002）。她可能需要感谢进化论，因为进化可能提前赋予这一系统以发现危险刺激使我们能更好地为反攻和逃跑做准备。但是肾上腺素并不是只在有威胁的情况下起作用。愉悦的兴奋的活动，像赛车和跳伞时也会产生大量的肾上腺素。

像肾上腺素一样，在遇到身体和心理的压力时，皮质醇也会增加。患有焦虑症的人往往会有高水平的皮质醇（Mantella et al.，2008），孩子也有可能因为这个产生问题，比如撒谎、欺骗和偷窃等行为更可能在低水平皮质醇的人身上发生（Oosterlaan et al.，2005），这可能表明他们对自己的善行不够担忧。毕竟，焦虑在日常生活中是一种基本的情感，它可以阻止我们从事诱人的、不道德的或危险的行为。皮质醇有调节血压和心血管的功能，同时调节身体所需的蛋白质、碳水化合物和脂肪。皮质醇调节营养物质的方式已经启发一些研究者提出皮质醇可以调节体重的观点，因为压力而引起的皮质醇的增加可能导致体重增加（Talbott，2002）。

性生殖腺和性激素

男性的性生殖器是睾丸，女性的性生殖器是卵巢（回看图 3.17）。通常情况下我们认为性激素是雌性激素或雄性激素。毕竟，睾丸产生男性性激素，即睾酮，卵巢产生女性性激素，即雌激素。尽管男性和女性拥有较多的他们各自类型的性激素，但两种性别也会产生与其性别相反的激素。例如，女性体内产生相当于男性体内睾酮总量二十分之一的男性性激素。这是因为卵巢也产生睾酮，两种性别的肾上腺也会产生少量的睾酮。相反，睾丸产生的雌激素较少（Hess，2003）。

科学家已长期讨论了性激素和性驱动之间的关系（Bancroft，2005）。大多数科学家认为睾酮增加男性的性驱动，也增加女性的性驱动，只是后者程度相对较低些。澳大利亚研究人员进行了一项关于 18～75 岁的女性性唤起和性高潮的频率的调查（Davis et al.，2005）。研究者并没有发现女性血样中睾酮含量与女性的性驱力之间有任何关系。然而，这个研究依赖于自身的报告，并且这个研究没有按照要求控制特征需求。因而大多数研究者仍然认同睾酮影响女性性驱动这一说法。尽管出现了多种研究结果，但在下定结论之前，我们需要进行多种严格的实验室试验。

可重复性
其他人的研究也会得出类似的结论吗？

答：事实。在一项研究中，男性观看世界杯足球比赛时，如果自己喜欢的球队赢了，他们的睾酮水平呈现上升趋势，但如果自己喜欢的球队输了，他们的睾酮水平呈下降趋势（Bernhardt et al.，1998）。

3.4 脑定位：大脑的活动

3.4a 分辨不同的脑部刺激、脑部记录、脑部成像技术。
3.4b 评估一些证明大脑机能定位说的证据。

尽管很多问题仍未解决，但是我们现在了解的有关大脑和思维的知识比我们在200年前甚至在20年前要多得多。为此，我们应该感谢那些发明许多方法来探索大脑和检验关于它的功能假设的心理学家和相关科学家。

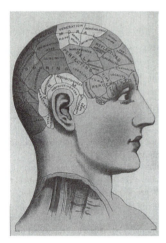

一个颅相学家的图表显示特定的心理特征应该与头盖骨上的隆起有关。

马克·吐温（1835—1910），被公认为是美国最伟大的幽默家，他曾经接受过来自美国最重要的颅相学的支持者洛伦佐·福勒的颅相学预测。福勒对吐温的身份一无所知，他告诉吐温，他的头骨上的凸起图案表明他是个非常不起眼的人，连幽默感也缺乏。三个月后，当吐温回来并自明身份时，福勒"发现"了一个与幽默相对应的大的颅骨隆起物（Lopez，2002）。

脑图定位探索的方法

在过去的两个世纪许多先进和重大的突破让科学家能够测量大脑的活动，从而更好地理解已知宇宙中最复杂的器官是如何工作的。但是大脑研究工具并非一直可靠和有效。一些最早期的方法被证明有一些根本的漏洞，但是它们为我们今天使用的更精深的方法铺平了道路。

颅相学：一个令人质疑的脑定位图

在19世纪，颅相学是一种非常流行的理论，它是第一次将心灵和头脑联系在一起的尝试（Goodwin，2015）。颅相学家预测了头盖骨特定脑区的隆起和某些性格与智力特征之间的正相关关系。颅相学，又称为"bumpology"，假设颅骨的隆起与大脑的扩张有关，而这些大脑的扩张与不同的心理能力有直接的联系。从19世纪20年代到19世纪40年代，成千上万的颅相学门诊在欧洲和北美迅速出现。任何一个人都可以去颅相学门诊去发现自己的心理构造。这样一种流行的活动来源于一句老话，"检查一下你的脑子是否正常。"

颅相学的主要创始人，维也纳医生弗兰茨·约瑟夫·加尔（1758—1828），关于大脑区域和性格特征相联系的假设完全是趣味的观察结果（见1.2a），也就是说，我们所学习的都是错误的。然而，颅相学有一个优点：它是可证伪的。但是讽刺的是，这唯一的优点被证明是伪科学。最终，研究人员发现大脑特定部位有损伤的患者并没有像颅相学家所预测的那样有各种心理缺陷。更具批判性的是，头盖骨的外表形状，并不是与大脑深层紧密匹配的，颅相学家甚至没有像他们所相信的那样，测量大脑上的隆起。这些发现预示了颅相学的没落。

可证伪性
这种观点能被反驳吗？

脑损伤：通过它来研究大脑活动

新的方法迅速出现并填补颅相学留下的空白。这些方法包括当脑损伤后对脑功能的研究（Kean，2014）。最近，科学家已经在实验动物的身上利用立体定位的方法创建了病变体，也就是特定的损伤区域，这种技术允许他们使用坐标来指出特定脑区域的位置，就像航海家使用地图一样。现在，神经心理学家依赖复杂的心理测验，比如推理、注意力、口语和空间能力的测验，依次来推断病

脑成像技术

清醒状态下的一次脑电图（EEG）读取。

磁共振成像（MRI）是一种不具备伤害的程序，能够显示高分辨率的软组织图像，如大脑。

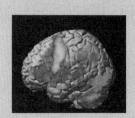

当参与者记住他们所见（绿色），所听（红色）或兼而有之（黄色）的时候，大脑的一种功能性磁共振成像（fMRI）能表现出大脑的活跃程度。（见彩插）

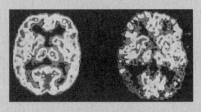

正电子发射断层扫描（PET）显示相对于控制组大脑（左）在阿尔茨海默病中的病脑（右）有更多的区域显示低活性（蓝色和黑色区域），而控制组大脑显示更多活动区域（红色和黄色）。（见彩插）

一位病人正在脑磁图仪（MEG）下面测量，这是一种可以测量大脑表面的大脑皮层的技术。

人大脑损伤的位置。神经心理测试需要专门的训练来管理、评分和解释，包括实验室、计算机和纸笔测量，以评估病人的认知能力和弱点（Lezak et al., 2012）。

电刺激和神经系统活动的记录

尽管早期的对脑损伤功能的研究提供了有价值的参考，比如脑区和心理机能的关系，许多问题仍然存在着。研究者很快发现刺激那些正在进行脑部手术的病人的部分运动皮层产生了一些特殊的动作（Penfield，1958）。这些实验和类似的其他实验显示神经元能够对电刺激做出反应，并推导出了这样的假设：神经元自身可以运用电刺激传递信息。为了验证假设，科学家需要记录来自神经系统的电位活动。

最后，汉斯·伯格（Berger，1929）发展了**脑电图**（EEG），一种能测量大脑产生电活动的方法（现在还被广泛使用着；见上图）。EEG 的模式和时序使科学家能推断一个人是醒着还是睡着，做梦与否，并且辨别在特定的活动中大脑哪些区域是活动的。为了得到 EEG 记录，研究者记录来自安放在头皮表面的电极的电活动。

因为脑电图是没有损伤性的（也就是说，它不需要穿透我们的身体组织），所以研究者将它用于动物和人的实验上。它可以发现人脑中发生在一千毫秒以内的转瞬即逝的脑电活动。科学家仍可用它来研究普通人的大脑和患癫痫病以及神经逻辑混乱的个体的大脑。但 EEG 有许多缺点，因为它向我们展示能到达头皮表面的一般的电位活动时，关于神经元内部发生了什么却反映得比较少。

脑电图
（electroencephalograph, EEG）
对头盖骨表面大脑电活动的记录。

计算机断层扫描
（computed tomography, CT）
使用很多 X 光线建立三维图像的扫描技术。

磁共振成像
（magnetic resonance imaging, MRI）
用磁场来间接呈现大脑结构的技术。

正电子发射断层扫描
（positron emission tomography, PET）
一种影像技术，根据测量大脑不同区域葡萄糖分子的消耗以产生一个不同大脑区域神经元活动的图像。

功能性磁共振成像
（functional MRI, fMRI）
利用磁场改变血氧水平来观察大脑活动的技术。

经颅磁刺激
（transcranial magnetic stimulation, TMS）
将很强很快速的变化的磁场作用于头盖骨的表面，可以提高或者中断大脑功能的技术。

它们不能很好地判断活动是由大脑中的哪个部分发生的：它们更擅长告诉我们大脑一些活动什么时间发生，而不是在哪儿发生。

大脑扫描和其他成像技术

　　虽然电位刺激和记录技术为区域脑图定位提供了研究途径，但随着大脑扫描的普及，关于大脑实质的研究探索，即神经成像技术也出现了。这些成像的方法可以让我们看到大脑的结构和它的功能，当然有时候可以同时了解到两者。

　　CT 扫描和 MRI 图像　在 20 世纪 70 年代中期，独立的研究团队开发了**计算机断层扫描（CT）**和**磁共振成像（MRI）**，这两种方法都可以让我们大脑的结构可视化（Hounsfield, 1973；Lauterbur, 1973）。CT 扫描是使用 X 光穿透一部分身体——例如大脑——而建立三维图像的一种技术。因此，它比单独的 X 光显示更多的细节。磁共振成像使用不同的原理去显示结构细节。在生物组织接受一个有磁性的区域之后，MRI 扫描仪通过探索磁场来测量生命体组织中水释放的能量。MRI 比 CT 在测量一些软组织，如脑瘤上表现得更具优势。

　　PET　CT 和 MRI 扫描显示的只是大脑的结构，而不是它的活动。因此，对思想和情感感兴趣的神经科学家将重点转向了功能成像技术，就像**正电子发射断层扫描（PET）**利用刺激大脑来测量它的反应变化那样。PET 的基本原理是：神经元就像其他细胞，当它们激活时会增加葡萄糖的消耗。我们可以把葡萄糖看作大脑的汽油。PET 需要向患者注射放射性的类似葡萄糖分子的东西。虽然它们是放射性的，但它们寿命短暂，所以它们很少甚至没有危害。扫描仪测量了人脑中哪个区域葡萄糖分子被消耗得最多，这让神经科学家们了解在特定任务中哪一部分大脑最活跃。因为 PET 是摄入性的，研究者还需要继续工作以发展不需要放射性分子注射的功能成像方法。事实上，在大多数研究项目中，PET 已经被一种不同的脑成像技术 fMRI 所取代。

　　功能性磁共振成像（fMRI）　1990 年，研究人员发现当神经活动加快速度的时候，血氧的需求也会增加（Ogawa et al., 1990），就像运动员需要更多的水一样，大脑细胞在忙碌的时候需要更多的氧气来完成工作。这一反应的发现使**功能性磁共振成像**（fMRI）得以发展，并使它现在成为功能脑成像研究的标准技术。因为 fMRI 主要测量血氧水平的变化，所以这是一个间接的神经活动指标。神经学家经常使用 fMRI 来反应大脑活动以响应特定的任务，如看情绪面孔或解决数学问题（Marsh et al., 2008）。功能性磁共振成像依赖于磁场，MRI 也同样如此。功能性磁共振成像的力量，特别是与 PET 相比，是能够在小的大脑区域和短暂的时间间隔提供详细的活动图像的能力。但与 PET 和其他成像技术相比，功能性磁共振成像对运动非常敏感，所以如果参与者移动太多，研究人员经常不得不抛弃 fMRI 数据。

磁刺激和记录

　　经颅磁刺激（TMS）通过对头颅施加很强的快速的磁场变化来创造脑中的电场。根据刺激水平，TMS 可以增强或中断大脑特定区域的功能。TMS 提供了在不同的心理过程中，有哪些大脑区域参与的有用的线索。例如，如果经颅磁刺激中断颞叶的功能，参与者就会暂时性地表现出语言功能的损伤

相关还是因果
我们能确信 A 是 B 的原因吗？

（暂时性的），我们可以得出颞叶对语言处理很重要的结论。因为它允许我们直接操纵大脑区域，TMS 是唯一对大脑没有损害并允许我们推断原因的技术——所有其他技术只能将脑活动和心理过程联系起来。一些报告显示，TMS 可以缓解抑郁症状，减少幻听（Saba，Schurhoff，& Leboyer，2006）。重复性的 TMS（rTMS）有治疗抑郁症的希望（Lee et al.，2012）。

我们将讨论的最后一种成像技术是**脑磁图描记（MEG）**，它通过测量大脑中微弱的磁场（Hari & Salmelin，2011；Vrba & Robinson，2001）来检测大脑的电活动。通过这种方法，MEG 产生的结果图像呈现出头盖骨表面磁场的格局，因此在对刺激的反应中能够显示哪些脑区变得活跃。MEG 的作用在于它能在极短的时间间隔内追踪大脑的变化。与 PET 和 fMRI 扫描这种可以测量一秒接一秒的活动改变相比，MEG 可以测量一毫秒接一毫秒的活动变化。

如何解释大脑扫描 PET、fMRI 和其他脑功能成像技术已经教会了我们很多关于大脑的活动是如何随着不同的刺激而变化的知识。它们还帮助科学家发现大脑的缺陷会导致某些精神疾病的人的功能障碍。例如，它们揭示精神分裂症是一种思维与现实失去联系造成的严重的思想和情感障碍，通常与额叶的不正常活动有关（Andreasen et al.，1997）。

但脑部扫描非常容易被误解，很大程度上是因为许多门外汉甚至新闻工作者对它们是如何工作的有曲解（Poldrack，2011；Racine，Bar-llan，& Illes，2006）。首先，许多人认为脑功能图像，像 PET 和 fMRI 扫描，产生的多色图像本质上是大脑正在活动的照片（Roskies，2007；Satel & Lilienfeld，2013）；然而它们并不是。在大多数情况下，这些图像是由大脑在正常情况下执行"实验"任务的"控制"活动时所产生的活动，这是研究人员最感兴趣的。例如，如果研究人员想要了解临床的抑郁症患者如何加工悲伤面孔，他们会将悲伤面孔和中性面孔诱发的大脑激活图像相减。所以尽管我们只看到一幅图像，但实际上是两张图像相减得到的。此外，这些图像中漂亮的颜色是由研究人员任意叠加的。他们不直接去研究大脑的活动（Shermer，2008）。更复杂的是，当大脑区域在大脑扫描中"点亮"时，我们只知道那个区域的神经元变得更加活跃。它们实际上可能是在抑制其他神经元，而不是在激活它们。此外，尽管许多人相信这项技术很好，并且一些心理健康专家也这么认为（Martin & Nobar-Zahari，2013），但是脑部扫描并不能诊断精神疾病。

另一个复杂的地方是当研究人员进行脑部扫描的计算时，他们通常会将数百个大脑区域的活动与实验任务进行比较（Eklund，Nichols，& Knutsson，2016；Vul et al.，2009）。因此，这有可能出现某些风险——那些在以后的研究中不会被重复的风险。

可重复性
其他人的研究也会得出类似的结论吗？

为了说明这一点，一个淘气的研究团队（Bennett et al.，2009）在大脑扫描仪中放置了一条死鲑鱼，在社交场合展示这些照片，并让人们猜测鲑鱼正在经历的情绪（不，我们不是在瞎编）。值得注意的是，调查人员"发现"了鲑鱼大脑中的一个区域在对该任务的反应中变得活跃起来。当然，在现实中，这种激活只是一种统计学上的侥幸，结果是他们计算出了这么多的分析结果，其中只有一些具有一定的意义。这一发现是一个必要的提醒，我们应该在其他调查人员重复验证它们之前，对许多大脑成像的发现进行一些谨慎的观察。

最后，和研究功能性脑图像一样的是，我们必须小心，不要以为它们能读懂大脑或者给我们提供传统心理测试不能提供的隐藏信息。因为脑成像研究似乎特别具有科学性（Munro & Munro，2014），所以我们更容易被说服。一些研究表明，非专家们（Ali，Lifshitz，& Raz，2014；McCabe &

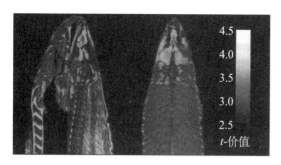

一个"可疑"的结果？研究（Bennett et al., 2009）显示即使是死鲑鱼也会对刺激产生反应——请看红色区域的"大脑活动"——如果我们没有仔细控制好脑成像研究中的偶然发现。（见彩插）

Castel, 2008）可能特别容易接受伴随着脑成像发现的虚假声明。例如，在一个研究中，仅仅是插入"大脑扫描指示"就会让参与者混淆相关性与因果关系（Weisberg et al., 2008）。所以我们必须警惕"神经诱惑"的危险性（Satel & Lilienfeld, 2013）——从脑成像研究中得到毫无根据的信心。这一提醒尤其重要，因为律师们正越来越多地将大脑成像的证据引入法庭（Farahany, 2016）。法官和陪审员可能会倾向于得出这样的结论：仅仅因为一种如冲动或精神病思维的心理能力，现在可以"在大脑中看到"，因此它比以前更加真实。这样的结论说明了批判性思维的不足，因为冲动和精神病思维都是真实的心理现象，而不是大脑图像。

日志提示

以上内容告诉我们，只有一种成像技术（TMS）可以为因果关系的解释提供证据。其他的（fMRI、CT、EEG）只能用相关的方式来解释。请解释是什么让 TMS 在这方面有不同之处。

我们大脑的使用率有多高？

尽管有如此多的可利用的信息唾手可得，但许多人对大脑和行为之间的关系持有误解是可以理解的，因为媒体经常宣传错误。好消息是这些谬见已经被可靠的科学研究证实了。一个被广泛支持的说法是多数人只利用了大脑的10%（Beyerstein, 1999；Jarrett, 2014）。如果我们能运用那没被开发使用的90%，我们可以做什么？我们能发现治愈癌症的方法吗，获得难以置信的财富吗，或者写我们自己的心理学书吗？

那个10%的说法大约和颅相学是在相同的时间（19世纪晚期）获得了它的立足点。美国现代心理学之父（见 1.1a）威廉·詹姆斯（1842—1910）写道，大多数人只发挥了他们智慧潜能的一小部分。一些人曲解了詹姆斯的这句话，把它理解为我们只运用了大脑的10%。10%的说法一传十，十传百，渐渐成为一个都市传言。

早期在鉴别大脑哪一区域控制哪一功能方面的困难可能强化了这个错误概念。在1929年，卡尔·拉什利（Karl Lashley）的研究表明在大脑中没有单独的负责记忆的区域（见 7.3a）。他在实验鼠的大脑上制出许多切口，用一系列迷宫测试它们。结果显示没有特定的皮质区域比其他区域对迷宫学习产生更关键的影响。拉什利的结果被误解为为大脑皮质"沉默"区域提供了证据——那些大概什么也没做的区域。事实上，我们今天知道，这些假定的沉默区域构成了大量的联想皮层，而我们已经知道，联想皮层具有无价的功能。沉浸在激发我们大脑的全部潜能的想法多么吸引人，毫无疑问，当代心理作家、媒体人物和所谓自我提高的专家的宗旨就是使我们相信他们知道如何利用大脑的全部潜能。一些自助书籍的作者，尤其喜欢科学家说的10%的说法，频繁地引用并错误地将它解释为90%的大脑没起任何作用。超自然想象的信奉者开始广泛传播这个说法，因为科学家不知道那90%的大脑做了什么，因此它必定为一个超自然的目的服务，像超感官知觉（ESP；

Clark，1997）。2010 年的科幻电影《盗梦空间》在这一主题上有所变化，它告诉观众，我们只使用了大脑容量的一小部分，而 2011 年的科幻电影《无限》则说是传统估计的两倍，说我们只使用了大脑的 20%。

今天，我们知道得足够多，可以肯定地说，这些主张确实最适合于科幻电影。在临床神经生理和神经心理方面专门处理脑损伤的专家的研究表明，脑部特定区域经常性的小范围损伤将引起大脑永久性和灾难性的后果（Sacks，1985）。如果我们有 90% 的大脑没有任何功能，情况就不是这样了。即使这些大脑的损伤有时没有引起严重的缺陷，也会引起一些行为上细微的改变。

对 10% 说法致命的一击来自神经成像和脑刺激的研究。使用这些技术的研究者并没有发现存在永远静止的区域，或者当大脑受到刺激时 90% 的大脑没有产生心理反应。

> **要点回顾**
>
> 在我们思考、感觉和知觉时，在大脑扫描仪下所有的大脑区域都兴奋了，所以 10% 的断言是谬论（Beyerstein，1999；Jarrett，2014）。

大脑每个部分的功能是什么？

一些科学家发现当大脑执行某一特定的心理任务并且高于正常心理活动基线时，大脑的一些特定区域就会相应地激活，因此他们提出了"功能定位说"。但是，我们应该谨记不要过分强调"功能定位说"，并且我们对于神经成像结果的解释也应该特别谨慎。威廉·尤塔（Uttal，2001）警告说研究者太急躁了以至于不能仔细地将特定的功能指派到特定的大脑区域。他指出，我们并不是总能把更高级的大脑功能解剖成更小的组成部分，因为大多数大脑区域是协同工作的。

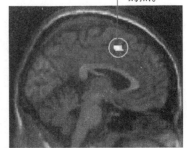

嫉妒点：圈内的区域是大脑控制嫉妒的点。

前扣带回激活会与嫉妒产生联系

大众媒体经常暗示这种复杂的心理能力，比如嫉妒，只发生在特定的脑区。但神经科学家现在相信大部分——尽管不是全部——这些心理能力也受很多大脑区域的影响。

令人遗憾的是，许多主流媒体过分简化了问题，通常将复杂的心理功能与一个大脑区域联系在一起（Miller，2010）。事实上，每周我们都会遇到这种新闻标题——"大脑中的酒精中毒中心"和"嫉妒的基础"（Cacioppo et al.，2003；Jarrett，2014；Satel & Lilienfeld，2013）。

再举一个例子，在 20 世纪 90 年代末和 2009 年，当科学家发现了在个体思考上帝时大脑额叶区会兴奋，一些报纸便宣称在大脑中发现了一个"上帝点"。然而，之后的大脑成像的研究表明宗教的经验激活了大脑很大一片区域，而不是只有一处（Beauregard & Paquette，2006）。就像许多脑区都会对某一种心理功能共同起作用，单个不同的大脑区域也会影响多个心理功能。众所周知，我们之前学过的布洛卡区对口语表达起重要作用，但是当我们注意到一个音乐乐符走调的时候，它也会兴奋（Limb，2006）。当我们听到振奋人心的音乐，杏仁核和其他边缘区域的活动兴奋也会提高，尽管这些区域不是传统所认为的"音乐区"（Blood & Zatorre，2001）。根据大拇指规则，每个脑区都有许多功能，因此，大脑区域的相互合作是规则而不是例外。在解释脑成像研究时，我们应该规避把心理功能只限定于大脑的某个区域的错误。

左脑和右脑的功能是什么

我们已经知道，大脑皮层由两个半球组成，这两个半球主要由胼胝体连接。尽管它们紧密地协同工作，但每个半球的功能却有些不同。许多功能依赖两半球的一个而不是另一个，这是一种

单侧化（lateralization）
更依赖一侧大脑的认知功能。

裂脑手术
（split-brain surgery）
为了减少癫痫的发作而切割胼胝体的手术。

叫作**单侧化**的现象（见表3.3）。许多单侧化功能涉及特定的语言和语言能力。

罗杰·斯佩里（Sperry，1974）因为发现两大脑半球拥有不同的功能而获得诺贝尔奖，特别是发现了语言能力的不同水平。他非凡的研究结果是在检查一个进行**裂脑手术**的癫痫病人时发现的。现在这是一种非常罕见的手术，神经外科医生在此过程中通过切断胼胝体分离左右半脑的联系以让病人从疾病中解脱。

精心设计的研究揭示了裂脑病人惊人的缺陷。具体来说，他们经历了一种心理功能的分裂，我们大多数人通常经历的心理功能是综合的（Gazzaniga，2000；Zaidel，1994）。

表3.3	单侧化功能
左半球	**右半球**
精细的语言技能	**粗略的语言技能**
·言语理解	·简单的发音
·言语产生	·简单的写作
·语音	·语调
·语法	**视觉空间的功能**
·阅读	·知觉组织
·写作	·面部识别
动作	
·面部表情	
·行动预测	

资料来源：Based on Gazzaniga, M. S.(2000). Cerebral specialization and interhemispheric communication: Does the corpus callosum enable the human condition? Brain,123, 1293-1326; M. Gazzaniga & J.E. LeDoux, (1978) The Integrated Mind. New York: Plenum Press。

斯佩里和他的同事们对病人的右视野或左视野呈现了刺激，如书面文字。进入右视野的是信息的右半部分，进入左视野的是信息的左半部分。在正常的大脑中，来自左视觉区或右视觉区的大部分信息最后进入视觉皮层的相反区域。大脑的解剖结构也会产生交叉运动：左脑控制右手，右脑控制左手。

因为胼胝体在两个半球之间传递信息，切断胼胝体可以阻止左右视觉区域大部分的视觉信息到达同侧的视觉皮质。这是因为，当胼胝体被切断时，来自左视野的信息（最初流向右半球）被阻断在左半球（反之亦然）。由于这种跨脑信息传递的中断，我们经常看到明显的功能分离。在一个极端的例子中，一位裂脑患者抱怨说他的左手不能和右手协调合作，他的左手常做出不当的行为：当他在看电视节目的过程中，他会关掉电视，并且经常违背自己的意愿攻击家人（Joseph，1998）。

割裂脑患者常常体验到整合来自不同半脑的信息时有困难，但他们经常找到一种方式来使他们令人费解的行为合理化。在一项实验中，研究者给一位割裂脑患者的左脑快速显示一个鸡爪，同时给右脑呈现雪景（见图 3.18）。当被要求将她所看到的事物和一系列刺激匹配时，她用左手（被她的右脑控制）指一把铲子，说的却是"小鸡"（因为语言被左脑控制），当被要求解释这些行为时，她说："我看见鸡爪，然后选择了小鸡，而你必须用铲子清理鸡舍。"

我们应当避免过分强调功能偏侧化。很明显，只有大脑的一半，也就是说，只有一个大脑半球，是有可能活下来的。确实，一些人通过手术移除一半大脑来摆脱疾病。结果显示患者手术在童年进行的，结果将会是最好的，这就给剩下的半脑更好的机会去承担失去的半脑的功能（Kenneally，2006）。经历这种手术的儿童发展基本正常的事实证明功能定位说并不是预料之中的必然结果。

单侧化

互动

这个人遭受中风并被影响到左脸。这意味着中风可能发生在他的右脑，因为神经从大脑的一边穿过，到达身体的另一边。

图3.18　裂脑人

这位女士的右脑识别了雪景并指导她指向铲子，但她的左脑识别了鸡爪并用语言表明小鸡是匹配客体。

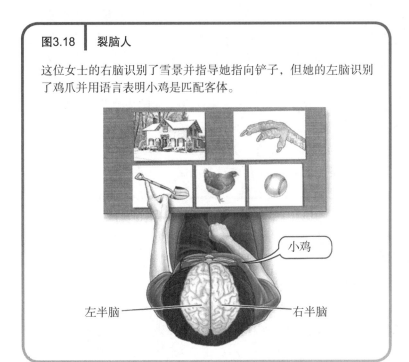

小鸡

左半脑　　　　　　　右半脑

"罗杰不使用他的左脑和右脑，他只使用中脑。"

资料来源：© ScienceCartoonsPlus.com。

✳ 心理学谬论
一些人惯用左脑而另外一些人惯用右脑吗？

尽管割裂脑研究有极大的科学贡献，但关于正常人是"左脑人"还是"右脑人"的大众看法还只是个谜（Lethaby & Harries, 2016; Lilienfeld et al., 2010）。根据这个构想，左脑人是学者式的，富有逻辑，善于分析，而右脑人是有艺术气息的，富有创造性且是感性的。一位网络博客博主试图根据左右脑的差异来解释一个人政治信仰的差异。他宣称，保守党趋于使用左脑，而自由党趋于使用右脑（Block, 2006）。但是，这些观点将这个真理过分简单化了，我们用一种互补的方式同时使用我们左右大脑的结论证明了这一点（Corballis, 1999; Hines, 1987）。而且，胼胝体和其他的联结物保证大脑的左右半脑持续的交流。

我们可以将过分夸大左右脑差异的言论追溯到对科学家报道的误解上。吸收了这个观点的自助书籍变得非常畅销。罗伯特·奥恩斯坦（Robert E. Ornstein）就是推崇用不同方法开发与智慧左脑相对的创造性右脑的人之一，这在他1997年出版的《正确的观念：理解我们的两个半脑》中有提及。针对儿童的右脑定向教育计划旨在降低分数的重要性，支持发展创造性能力。如"应用创造性思维工作坊"，它训练公司的领导者使用他们的右脑（Herrmann, 1996）。仅需195美元，"全脑开发"据称是用一种新的，只能被左脑

左右翻转的太阳眼镜被设计出来，它可以提高精神状态。

或者右脑听见的"无意识信息"方法来扩展思维（Corballis, 1999）。尽管通过不同的方法运用我们的大脑，试图让我们变得更具创造性没错，但将右脑和左脑协调运用才是更好的。

据称，左脑、右脑的不同也可用来应对心境障碍和愤怒，甚至可转动的太阳镜被设计出来去选择性地给左脑或右脑增加光亮。然而，"眼动疗法"获得的支持是很小的，甚至几乎没有科学支持（Lilienfeld, 1999a）。《消费者报告》杂志（2006）并不能肯定地得出结论说哪种太阳镜能降低愤怒或降低其他消极情绪。因为多于7/12的参与者报告没有效果。确实，在我们把这一不同寻常的观点看作科学观点之前，还需要更多的证据。

评价观点　法庭上的脑部扫描

互动

随着大脑扫描，尤其是功能性大脑图像的日益普及，律师们把这种扫描用作法庭上的证据的兴趣越来越大。特别是，一些辩护律师想要用大脑扫描来证明罪犯暴力袭击或谋杀并不完全是被告的过错。其逻辑是，如果在与之相关的大脑区域中发现功能障碍，被告应被认为对暴力犯罪行为负有更少的责任。

想象一下，你是一个谋杀案的陪审员。被告是28岁的男歌手萨姆·琼斯（Sam Jones），他被拍到在一场酒吧争论中残酷地将另一个人刺死，他们都和同一个女人约会过。辩护律师介绍了一位专家，史密斯博士，他提出了几个磁共振成像以显示琼斯大脑对刺激的反应。史密斯博士说："这些大脑图像表明琼斯的杏仁

核没有对令人恐惧的刺激做出非常多的反应，比如蛇和蜘蛛。那么，"他继续说道，"这证据证明这些大脑的缺陷导致了琼斯的暴力行为，而且他不能对他的行为负全责。"作为陪审团成员，你会作何反应？

科学的怀疑论要求我们以开放的心态评估所有的主张，但要求在接受之前一定要有坚定有力的证据。科学思维的原理如何帮助我们评估在法庭上使用大脑图像的说法？

当你评估这一主张时，考虑一下科学思维的六大原则是如何运用的。

1. 排除其他假设的可能性

对于这一研究结论，还有更好的解释吗？

这些脑部扫描的结果确实有可能与琼斯对恐惧的敏感程度异常低是一致的。然而，大部分或全部大脑区域的心理功能，杏仁核都参与其中，而不仅仅是恐惧。例如，某些杏仁核的区域似乎也对产生幸福和厌恶的情绪发挥作用，所以也有可能琼斯在情感缺陷方面缺乏的不仅仅是恐惧。

2. 相关还是因果

我们能确信 A 是 B 的原因吗？

史密斯博士声称大脑扫描证明了琼斯的杏仁核缺陷导致了他的暴力行为，但是我们没办法确认此点。例如，也可能是琼斯的暴力倾向导致了他杏仁核活动的不足。

3. 可证伪性

这种观点能被反驳吗？

这个原则与情景没有特别的联系。

4. 可重复性

其他人的研究也会得出类似的结论吗？

目前尚不清楚史密斯先生提出的脑扫描证据是否能被重复。他声称在琼斯大脑发现杏仁核缺陷的情况能够被其他研究团队验证，这是非常重要的。

5. 特别声明

这类证据可信吗？

这一原则与描述的方案并没有特别大的联系。

6. 奥卡姆剃刀原理

这种简单的解释符合事实吗？

尽管史密斯博士介绍的琼斯的脑部扫描提供了一定的信息量，但目前尚不清楚它是否可提供更多的更直观的任何新信息，比如从调查问卷或访谈中获得琼斯缺乏恐惧意识的证据。

总结

史密斯博士提出的对琼斯脑部扫描的说法是有趣的，但它们不能证明琼斯的大脑缺陷导致了他的暴力行为。这些扫描是否给了我们更多传统心理测验如有关恐惧的问卷调查所不能提供的信息，我们也不太清楚。

3.5　先天与后天：是先天遗传还是后天教育使你这样做？

3.5a 描述什么是基因以及它们对心理特性的影响。

3.5b 解释遗传率的概念以及有关它的认识误区。

到目前为止，我们还没有说什么影响了我们的大脑发展。我们的神经系统是由我们的基因（先天）和我们的后天环境（后天）决定的——在受精后影响我们的一切。但是先天和后天是怎样塑造我们的生理以及我们的心理的呢？

染色体（chromosome）
细胞核中携带基因的丝状物。

基因（gene）
由DNA组成的遗传物质。

基因型（genotype）
遗传的组成。

表现型（phenotype）
我们表现出的外显特征。

显性基因（dominant gene）
掩蔽其他基因效果的基因。

隐性基因（recessive gene）
只有在显性基因不发挥作用时才被表达的基因。

我们是怎样成为现在的我们的？

至少150年以前，即使最聪明的科学家对于我们人类是如何形成的还几乎一无所知。今天，拥有平均受教育水平的人都比达尔文知道更多关于人类生活与脑的起源的知识。很明显，我们十分幸运地运用关于遗传、适应、进化的科学原理来武装自己，这将使我们能够理解心理特征的起源。

遗传的生物基础

1866年，一个当时鲜为人知的奥地利人格雷戈尔·孟德尔（Gregor Mendel）根据他对豌豆植物的研究发表了一篇关于遗传的经典论文。当时，孟德尔和与他同时代的科学家都不知道这些植物的高度、形状和颜色是如何代代相传的。在遗传学领域研究的帮助下，我们现在知道植物和动物都拥有**染色体**（见图3.19），即细胞核中携带**基因**（即遗传物质）的丝状物（如果没有遗传变异，人类有46条染色体）。

反过来，基因由脱氧核糖核酸（DNA）组成，这个形状像双螺旋的DNA存储了细胞进行自我复制所需的全部材料（见图3.20）。人类基因组工程在2001年完成了，它的目的在于描绘所有人类基因特征。这个项目得到了极大的关注，并被寄托了极大的希望，因为它坚持了治疗的承诺，也许有一天它会治愈许多人的疾病，包括受到基因影响的精神障碍（Plomin & Crabbe，2000）。

基因型和表现型

人们的基因组成是他们的**基因型**，即一组由父母遗传给后代的基因。相反，**表现型**则是一组我们表现出的能看到的特征。我们不能通过观察一部分人们的表现型来判断他们的基因型。在某种程度上，这是因为我们的表现型是受环境影响而形成的，比如我们的性格特征受父母教养和生活压力的影响。基因型和表现型不同是因为一些基因是**显性基因**——它们掩蔽了其他基因的影响，而相反有些基因是**隐性基因**——只有在显性基因"缺席"时它们才被表达。

| 图3.19 | 人类的染色体 |

如果没有遗传变异，人类有46条染色体。男性有一对染色体XY，女性有一对染色体XX。其余22对染色体与性别无关。

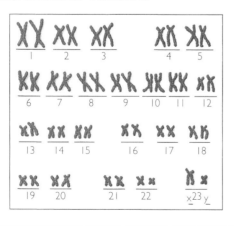

| 图3.20 | 基因的表达 |

神经元的核心包含有DNA链的染色体，它们储存编码以构建细胞所需的蛋白质。

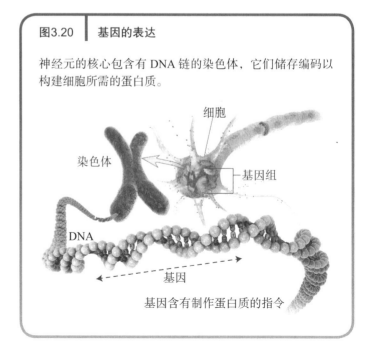

基因含有制作蛋白质的指令

眼睛的颜色、头发的颜色甚至皮肤的颜色都是由显性基因和隐性基因共同决定的。例如，两个棕色眼睛的父母可以有一个蓝眼睛的孩子，因为这个孩子继承了来自父母的关于蓝眼睛的隐性基因。相反地，许多或大部分生理特征并不是简单由单个显性基因或者隐性基因决定的，而是受成千上万个基因的影响，这些基因每个都会施加影响。

行为适应

达尔文的经典著作《物种起源》（1859）介绍了他的自然选择进化论的框架（见1.4c）。达尔文假设有机体的数量随时间的改变而改变。他认为，一些有机体遗传了可以使它们更好适应环境的属性。这些个体有更高的存活率和繁殖率。我们现在知道这些生物比起其他生物更容易将基因延续给后代。

一些适应是遵守自然法则的变化，这些变化使动物能更好地应对周边的环境。例如，一根与其他手指相区别的拇指（可以和其他手指分开活动的那根手指），极大地增强了我们手的功能，特别是抓住食物和其他物体的能力。和其他个体相比，许多成功适应环境的有机体都有高水平的**适应度**，这意味着它们更有可能把基因传给后代。

其他的适应条件是行为性的。更进一步说，**进化心理学**领域（见1.4a）研究了心理特征的潜在适应性功能（Buss，1995；Kenrick，Li，& Butner，2003）。根据大部分的进化心理学的观点，攻击性是一种适应行为，因为它能让有机体获得更多的资源，也许还能打败潜在的对手。然而，攻击性过高却是一种不良适应，它意味着有机体失去提高生存和繁殖的机会，更可能在斗争中被消灭或因为它们的进攻吓跑潜在的同伴。进化心理学具有科学争议性，很大程度上是因为它通常很难知道心理特征是否是自然选择的直接产物（Buller，2009；Kitcher，1985；Panksepp & Panksepp，2000）。与骨骼和其他身体特征相比，心理特质离不开过去所做的研究，所以我们需要对这些特征的自适应功能进行有根据的猜想。例如，宗教是一种进化适应，也许是因为它帮助我们巩固社会关系？这是很难知道的（Boyer，2003）。或者什么是道德、嫉妒、艺术能力和其他心理特征？在所有这些案例中，我们可能永远不知道它们是自然选择的直接产物，还是被选择而产生的其他间接副产品。然而，有一些心理特征，如焦虑、厌恶、幸福和其他情绪，使生物体对某些刺激做出反应是具有适应性的（Nesse & Elsworth，2009）。例如，焦虑会使我们提前注意潜在的威胁，比如捕食者。

人类大脑的进化

在几百万年的进化过程中，人类的神经系统与行为已经可以很好地协调（Cartwright，2000）。有复杂功能的脑区域，例如皮层，已经最大限度地进化（Karlen & Krubitzer，2006）。因此，我们的行为比其他动物更复杂且灵活，这使我们能够运用不同的方式对某一特定的情境做出反应。

是什么使我们在动物王国里那么与众不同？化石和基因的证据表明，大约在六七百万年前，人类和类人猿从同一祖先中分裂（所以，与许多人认为的相反，人类并不是由猿类进化而来的）。在至关重要的二选一的进化道路上，我们走了不同的路。人类路线最终产生了人这一物种，即现在的人，而类人猿逐渐进化成更大的类人猿：黑猩猩、倭黑猩猩（曾被称为"侏儒黑猩猩"）、大猩猩和猩猩。如果我们正确看待这个时间轴，现代人类在整个人类历史进程中只占了1%的时间

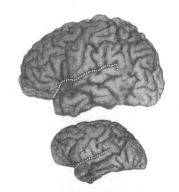

人类的大脑（上）和黑猩猩的大脑（下）。人类大脑大约是黑猩猩大脑的三倍，尽管人类只有黑猩猩的两倍大。

大脑相对尺寸

互动

在动物王国中，大脑重量最大差别在 15～20 磅，不过，这个现实并没有让抹香鲸成为地球上脑最大的生物，因为我们必须考虑到它巨大的身体决定了它大脑的相对尺寸。

段（Calvin，2004），而人类文明的历史远比这短。

我们与类人猿分开进化的起初，我们的大脑并不比它们的大多少。大约在三四百万年前，一些巨大的变化产生，尽管我们不知道为什么。我们只知道仅在几百万年里——相对于地球 45 亿年的历史而言不过是一次眨眼——人类基因组中的一小部分比其他部分变化得快 70 倍，最终导致脑皮层具有非凡意义的进化（Pollard et al.，2006）。人类大脑的尺寸迅速增大，从不到 400 克（不到一磅）猛增了两倍多，发展到如今的 1 300 克（大约 3 磅；Holloway，1983）。而现在大型类人猿的脑重是 300～500 克，尽管它们的身体形态和人类没有明显差别（Bradbury，2005）。

相较于我们的身体比例，我们或许是现今存在的动物里大脑最发达的（我们应该正确考虑到身体的大小，因为那些大型的动物，如鲸鱼和大象，它们的脑很大，部分原因在于它们的身躯也很庞大）。然后是海豚（Marino，McShea，& Uhen，2004），再接着是黑猩猩和大型类人猿。跨物种研究表明，比例恰当的脑的大小——脑的大小和躯体大小相符——与我们通常认为的智力行为有关（Jerison，1983）。例如，脑大的动物倾向于有特别广泛而复杂的社交网络（Dunbar，2003；Marino et al.，2007）。

行为遗传学：遗传和环境对行为的影响

科学家用行为遗传学来检验在特征的起源中自然和环境的作用，如智力的起源。事实上，行为遗传模式其实被错误命名了，因为它实际上允许我们观察基因与环境二者在行为上的作用（Waldman，2007a）。

行为遗传模式也允许我们评估特征和疾病的**遗传率**。通过遗传，我们对基因在个体差异方面所起作用的大小作出解释。特别地，我们用百分数来表示遗传率。一般我们认为遗传起到了部分作用。因此，如果我们说一个特征的遗传率占 60%，我们的意思是指在他们特征的水平上超过一半的个体差异是由于他们的基因造成的。也就是说，其他 40% 的差异来源于环境。一些特征，像身高，是高度遗传的：成人身高的遗传率为 70%～80%（Silventoinen et al.，2003）。相反，其他的特征，像宗教信仰（我们选择信奉哪个宗教），几乎全部取决于环境，因此遗传率为零。毫不奇怪，我们的宗教信仰在很大程度上受到我们成长过程中信仰的影响。有趣的是，尽管我们的宗教信仰的程度是适度遗传（Turkheimer，1998），但这也许是因为它部分源于个性特征，而这些特征本身就是部分遗传的（见 14.1a）。

遗传率（heritability）
由基因引起的一个特征在跨个体间的变化率。

遗传率的错误和正确理解

遗传率并不是一个简单的概念，它仍然困扰着一些心理学家。因此在讨论心理学家如何在不同种类的实验中使用它之前，我们首先说明三种有关遗传率的常见的错误看法，然后再修改正确：

错误观点 1：遗传率适用于单独的个体而不适用于个体间的差异。

事实：遗传仅仅适用于群体。如果有人问你："你的 IQ 的遗传率是多少？"你应该立即给那个人复述这章的内容。遗传率告诉了我们人与人之间的而不是个体内部的差异的原因。

错误观点 2：遗传率告诉我们一个特征是否可以被改变。

事实：遗传率很低或许根本不能决定某一特征是不是可以改变。许多人认为如果一个特征是高遗传率的，那么，我们就不能改变它。事实上，一个特征即使有 100% 的遗传率也完全可以改变。这有一个例子。设想有 10 株高度明显不同的植物，其中一些只有二三英尺高，其他的是五六英尺高。设想一下它们只有几天的年龄，从萌芽开始，我们就让它们生长在相同的环境下：等量的水分、同样的土壤和光照条件。这些植物的高度遗传率是多少呢？是 100%：引起它们高度上的差异的一定是基因，因为我们让所有的环境影响都保持了一致性。现在想象一下，我们突然决定停止浇水，也不为它们提供光照。所有的植物不久就死了，它们的高度都会变成 0 英尺。因此，尽管这些植物的高度的遗传率是 100%，我们还是可以通过改变环境而轻易改变其高度。

　　行为遗传学家指出因为适应环境而使心理特征做出改变的程度会受基因限制（Gottlieb，2003；Platt & Sanislow，1988）。眼睛的颜色有一个有限的反应范围，因为它即使在激进的环境变化中也不会改变我们的正常生活。相反，有一些受遗传影响的心理特征比如智力，可能会有更大的反应变化，因为它们可以以一种积极的或者消极的反应来适应环境，如早期的丰裕或早期的丧失。我们稍后将在文中了解到，真正的智力反应范围是未知的。

错误观点 3：遗传率是一个固定的值。

事实：遗传率在不同的时期和种群中可以显著不同。记住，遗传率是指人们之间某一特征的差异受基因影响的程度。因此，如果我们想减少某一种群的某一特征受环境的影响，遗传率会增加，因为那个特征的差异更多是由基因因素导致的。反之，如果我们加强环境对某一种群的某一特征的影响，遗传率会降低，因为那个特征的差异更少源于基因的因素。

尽管植物间高度的不同可能大部分源自遗传。但一项环境操纵研究发现，浇灌这些植物可能可以大幅度提高高度。这说明遗传不是不可改变的。

家庭研究（family study）
分析特征在家庭中是如何分布的方法。

双生子研究（twin study）
分析特征在双生子之间是怎样的不同的方法。

行为遗传学设计

　　科学家通过三种行为遗传学设计来评估遗传率：家庭研究、双生子研究和收养研究。在这样的研究中，科学家在不同的关系中追溯出现的或缺乏的特征。这些研究帮助他们决定基因和环境对哪种特征分别有多少影响。

　　家庭研究　在**家庭研究**中，研究者检验一个特征对一个完整家庭——所有成员在同一家庭环境里成长——的作用程度。这些信息对于评估患有这种疾病的人的亲属患这种疾病的风险是有用的。然而，家庭研究有一个重要的缺点：亲戚不仅有共同的环境，也有相同的基因物质。研究结果显示，家庭研究不能让我们把生物因素和环境因素分开。研究者因此致力于其他的更有效的研究模式用以分离这种影响，并排除了基因对环境影响的替代假说。

　　双生子研究　为了了解**双生子研究**——其中大部分研究研究了同卵双生子和异卵双生子在性格上的差异——我们首先要说一下基本的性知识。当精子使卵子受精的时候，会发生两件不同的事情。首先，一个精子只能使一个卵细胞受精从而形成一个合子，即受精卵。科学家现在仍不清

收养研究（adoption study）
通过比较收养儿童与其亲生父母和养父母在心理或行为特征上的相似程度来说明遗传和环境因素对这种发展特征的影响。

表观遗传学（epigenetics）
探讨环境怎么影响基因表达的一个领域。

楚，为何受精卵有时会分裂成两个（在大约 250 次受孕中就出现一次），产生两个同卵的基因复本。研究者把这些双生子称作同卵双生子（MZ），因为它们起源于一个受精卵。同卵双生子实质上是彼此基因的克隆，因为它们有 100% 相同的基因。在其他情况下，两个精子可能使两个卵细胞受精，形成两个受精卵。这种双生子是两个合子发育而成的，简单来说，是异卵双生子（DZ）。和同卵双生子相比，异卵双生子一般只有 50% 的基因相同，而且并不比普通的兄弟姐妹更相像。

双生子研究的原理是基于同卵双生子比异卵双生子基因更相似这一事实。因此，如果同卵双生子在同一个心理特征上比异卵双生子更为相似，如智力或外向的性格，并假定环境对我们研究的特征的影响在同卵双生子和异卵双生子身上是一样的，我们可以推断出这个特征是受基因影响的（Kendler et al.，1993；Waldman，2007a）。

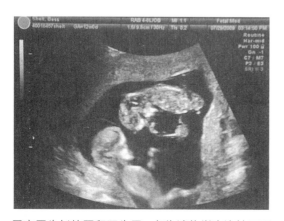

子宫里生长的同卵双生子。行为遗传学家比较了同卵与异卵双生子，并评估了遗传和环境在心理特征上的影响。

收养研究　正如我们已经叙述过的，完整家庭的研究是受到限制的，因为它不能将遗传从环境的影响中分离出来。为了避免这个缺点，心理学家开始转向于**收养研究**，被收养的孩子和他们亲生父母有遗传关系，但所处的环境不同，即研究被新家庭收养的孩子在多大程度上与他们养父母的相似程度更甚于亲生父母。收养的孩子如果与亲生父母在心理特征上相似，我们就可以假定这部分的心理特征是受遗传的影响。

影响收养研究的一个因素就是"选择性安置"：收养机构经常将孩子安置在相似于他们亲生父母家庭的地方（DeFries & Plomin，1978）。这个影响研究结果的因素，致使研究者错误地认为被收养的孩子和他们亲生父母的相似是由于基因的影响。在收养研究中，研究者试图通过在统计学上抵消养父母和亲生父母在心理学特征上的相关性来控制"选择性安置"的影响。

在后面的章节我们会发现，心理学家已经开始认识到遗传和环境相互交叉以复杂的方式影响我们的神经系统、思想、感情和行为。例如，他们已经了解了人们的某些遗传结构显现倾向于特定环境（Plomin，DeFries，& McClearn，1977；Ridley，2003）以及当人们在其他环境下基因的反应会不同（Kim-Cohen et al.，2006）。他们还了解到，许多环境影响，比如生活压力和母爱，实际上是通过将某些基因打开或关闭而起作用的（Weaver et al.，2004）。一个激动人心且影响力越来越大的领域——**表观遗传学**（Nigg，2016）正在研究环境因素如何影响基因的表达，以及这种表达如何影响我们的行为。先天和后天，尽管是不同的心理影响来源，但它们远比我们想象的关系紧密。

总结：生理心理学

3.1 神经细胞：大脑通信渠道

3.1a 区分神经元的各个部分以及它们的功能。

神经元有一个细胞体，细胞体里面有细胞核，这是制造构成我们细胞的蛋白质的地方。神经元有很多树突，即从其他神经元接触信息的长分支和从每个细胞体延伸出来的轴突，轴突负责传送信息。

3.1b 描述神经元的电反应及产生原因。

神经元对来自其他神经元的输入刺激做出兴奋或抑制的反应。当兴奋足够强时，神经元产生一个动作电位，这个动作电位沿着轴突一直到轴突末端。神经元的细胞膜上的带电粒子负责这些事情。

3.1c 解释神经元之间是如何通过神经递质相互作用的。

神经递质是神经元用来相互交流的或引起肌肉收缩的化学信使。

轴突末端在突触处释放神经递质，使接收递质的神经元受体产生兴奋或抑制的反应。

3.1d 描述大脑如何因为发育、学习和损伤而改变。

大脑在个体出生之前即早期发展过程中变化最大。纵观一生，证明大脑有一定程度的可塑性，从而有利于我们的学习和记忆。生命晚期，健康大脑的可塑性降低，而且神经元有退化的迹象。

3.2 大脑行为网络

3.2a 识别中枢神经系统的不同部分在行为中所起的作用。

大脑皮层由额叶、顶叶、颞叶和枕叶组成。与视觉有关的皮层位于枕叶，与听觉有关的在颞叶，与触觉有关的在顶叶。大脑皮层的联合区通过分析和再分析感觉输入的信息来建立起我们的知觉。

在额叶的运动皮层，基底神经节和脊髓以及躯体神经系统协同合作产生运动和行为。躯体神经系统有感觉和运动的成分，从而能够使来自肌肉的触觉和反馈指导我们的行动。

3.2b 阐述躯体和自主神经系统在紧急情境和日常情境中的作用。

自主神经系统从中枢神经系统传送信息到机体肌肉。自主神经系统由副交感神经和交感神经两部分组成。副交感神经系统在我们休息和消化时是活跃的；交感神经驱使个体在一个紧急事件或危机中采取行动。在应对每天的压力时交感神经也会唤醒。

3.3 内分泌系统

3.3a 了解什么是激素以及它们是如何影响行为的。

激素是释放到血液中的化学物质，并会对身体产生特殊影响。交感神经系统的兴奋引发肾上腺释放肾上腺素和皮质醇，这会使我们的身体精力充沛。性激素控制性反应。

3.4 脑定位：大脑的活动

3.4a 分辨不同的脑部刺激、脑部记录、脑部成像技术。

脑的电刺激能产生鲜明的图像和运动。像脑电图（EEG）和脑磁图（MEG）等方法可以让研究者记录大脑活动。

成像技术提供了一种观察大脑的方法。第一代成像技术包括计算机断层扫描（CT）、磁共振成像（MRI）。可以让我们观察到心理功能中哪些区域在活动的脑成像技术，包括正电子发射断层扫描术（PET）和功能性磁共振成像（fMRI）。

3.4b　评估一些证明大脑机能定位说的证据。

刺激、记录和成像技术已经显示特定的大脑区域与特定的功能有关。尽管这些结果提供了关于我们的大脑如何分配我们的很多操作任务的深入洞见，但是对于每一个特殊任务，我们大脑的很多部分都是相互协作的。因为大脑的许多区域参与多个心理机能，所以许多认知功能不能全都定位化。

3.5　先天与后天：是先天遗传还是后天教育使你这样做？

3.5a　描述什么是基因以及它们对心理特性的影响。

基因由脱氧核糖核酸（DNA）组成，它们排列在染色体上。我们从父母那里继承这一遗传特质。每个基因都带有一个密码来制造一种特殊的蛋白质。这些蛋白质影响我们可观察的生理和心理特征。

3.5b　解释遗传率的概念以及有关它的认识误区。

遗传率指的是人与人之间在一特征上的不同如何受到与环境因素相对立的基因因素的影响。性格的遗传率在人群中有时会随着时间的推移在个体内部发生变化。

第4章 感觉与知觉
我们如何感知和概念化这个世界

质疑你的假设

互动

有人能"尝出"形状和"听见"颜色吗？

我们的眼睛可以察觉光线中的微小粒子吗？

有些盲人仍能"看"到他们身边的事物？

我们能感知到无形的刺激吗？

我们能"读"出别人的想法吗？

感觉和知觉是视**错觉**的基本操作过程，因为你对刺激的反应方式与它们的物理现实不相符。你的大脑，而不是你的眼睛——即使从不同的角度看，都会将非变形的图画看作现实的三维物体，而很明显它们实际上只不过是二维平面的绘画而已。**感觉**是通过眼、耳、皮肤、鼻和舌这样的感觉器官觉知物质能量，然后将信息传送至大脑的过程。**知觉**是大脑对输入的原始感觉信息的解释。简单来说，我们通过感觉获得生活环境中的信号，通过知觉赋予这些信号以意义。

我们常常假定我们的感觉系统是准确无误的，我们的知觉可以完美地反映我们周围的世界。我们将这些观点称为朴素现实主义（见 1.1b）。而在这一章里我们将会发现朴素现实主义是错误的，因为正如错觉生动地阐释了世界并不是像我们所见的那样——视觉上的一个简单的转变可以改变我们的认知，使其产生令人难以置信的效果。

有一种方法可以让我们理解我们经常感到困惑和混乱的感知世界，那就是通过我们每天所遇到的对象的信息来填充已有的信息储存。这一过程往往在我们没有意识到的情况下发生（Weil & Rees，2011）。知觉研究人员向参与者展示了电脑屏幕上的不完全物体，并确定了参与者依赖哪些像素或图片元素对物体做出知觉判断（Gold et al.，2000）。参与者使用感知图像的像素通常位于旁边的没有感官信息的地区，证明我们使用可用感官信息来理解什么是失踪，从而识别不完整的对象。换句话说，我们常常通过现实与想象结合来获取信息，这样的信息远远超越了原本的信息。通过这样做，我们简化了这个世界，但在这一过程中我们又更加清晰地认识了这个世界。

4.1　硬币的两面性：感觉与知觉

4.1a　了解所有感觉的基本原则。

4.1b　讨论注意力的作用和捆绑问题的本质。

信号是怎样由我们的感觉器官——眼、耳和舌——转化为我们的大脑能够解释和利用的信息的呢？原始的感觉信息又是怎样传递到我们的大脑，并与我们原有经验相结合，引导我们去识别事物，避免意外，并且找到我们每天出门的路的呢？

这就是原因。大脑在各种感觉信息中挑选有用的信息，通常是依靠期望和先前的经验来填补信息空当和简化过程。然而最后的结果通常是超过它各部分之和，甚至在某些情况下这个结果是完全错误的！知觉错误和其他我们将在本章中验证的概

错觉（illusion）
我们感知刺激的方式和物理现实不符。

感觉（sensation）
感觉器官对物理能量的觉察并将信息发送到大脑。

知觉（perception）
大脑对输入的原始感觉信息的解释。

念一起提供了很多信息。它们向我们展示了我们的感觉体验中哪些部分是准确的，哪些部分是大脑为我们填补的。

我们将首先回顾一下我们的感觉系统能完成什么操作，它们是怎样将外部世界的物理信号转化为大脑内部的神经活动的，然后探索我们的大脑如何以及何时进一步完善细节，使得原始感觉信息能够为我们所用。

感觉：作为侦探的意识

我们的感官让我们看到壮丽的景色，聆听到美妙的音乐，感受到爱的触摸，品尝美味的食物，在我们走过台阶时保持平衡。尽管存在差异，但我们所有的感官都依赖于一些基本原则。

换能：内化外部世界

感觉的第一步是将外部能量或者物质转换为神经系统可以识别的语言。**换能**就是通过神经系统将外部的刺激如光线或者声音转化为神经元内的电信号的过程。相应类型的**感觉感受器**和特殊细胞可以转换为一种对应的刺激。正如我们学习的，眼睛内部的特殊细胞转换光能，耳蜗中的细胞转换声音。附着在皮肤深层的轴突上的奇怪的末梢会产生压力，鼻子内部的受体细胞会产生空气中的气味，而味蕾则会产生含有味道的化学物质。

对于所有的感觉而言，我们首次觉察到一个刺激时的反应强度是最大的。在此之后，反应的强度不断变小，这一现象就叫作**感觉适应**。一个很好的例子就是，当我们刚坐上某一张椅子时我们能感觉到它的存在，若干秒后又会怎么样？我们不再能感觉到这张椅子，除非它本身就是一张极其坚硬的椅子，或者更糟糕的是上面有一颗钉子。这种适应性取决于感受器的水平。为了节约能量和注意力，感受器的反应水平开始时很强，随后会降低。如果我们不进行感觉适应，我们只能一直不断觉察我们周围的刺激。

心理物理学：测量可觉察的刺激

早在 19 世纪，当心理学逐渐将自己作为一门科学与哲学区分开来时，许多研究人员将注意力集中在感觉和知觉上。1860 年，德国科学家古斯塔夫·费希纳（Gustaf Fechner）开展了一项关于感知的里程碑式的工作。在他的努力下，**心理物理学**即我们如何根据身体特征来感知感官刺激的研究得以发展。

绝对阈限 想象一下研究人员给我们戴上一副耳机并将我们安置于一个安静的房间。她反复地询问我们是否能听到一些很微弱的声音。察觉不是一种全或无的反应状态，因为当刺激变得微弱时人们的错误就会增加。心理物理学家研究刺激的**绝对阈限**是这样的现象——当刺激出现，我们有 50% 的可能性察觉到刺激的最低强度，这种阈限是在没有其他刺激的影响下得到的。绝对阈限表明了我们感觉系统的感受性有多敏锐。在晴朗的夜晚，我们的视觉系统可以直接察觉到 30 英里外的一支烛光。我们能从多达 50 种气味分子中分辨出一种气味，火蜥蜴的嗅觉灵敏的嗅探器只用一个这样的分子就能完成这一壮举（Menini，Picco，& Firestein，1995）。

最小可觉差 那么，刺激有多大的差异才能让你感觉到不同呢？最小可觉差是我们能察觉到的刺激强度变化的最小值。**最小可觉差**（JND）是有关我们从一个弱刺激中辨别出强刺激的能力，比如从一个微弱的声音中分离出

换能（transduction）
将外部能量或者物质转化为神经活动的过程。

感觉感受器（sense receptor）
感觉系统中负责将外部刺激转化为神经活动的特殊细胞。

感觉适应（sensory adaptaton）
当刺激第一次出现时反应最大。

心理物理学（psychophysics）
关于我们如何基于生理特征感知感官刺激的研究。

绝对阈限（absolute threshold）
感觉系统有 50% 的可能性觉察到某个刺激的最低强度。

最小可觉差
（just noticeable difference，JND）
我们能察觉到的刺激强度变化的最小值。

韦伯定律（Weber's law）
在最小可觉差和原始刺激强度之间有一个恒定的比例关系。

信号检测论
（signal detection theory）
关于在不同条件下如何检测刺激的理论。

一个较大的声音。想象一下我们正在平板电脑上听歌，但是声音太小以至于我们根本就听不到，如果我们把音量调高到刚刚可以开始听到这首歌的程度，那就是一个最小可觉差。**韦伯定律**认为最小可觉差与最初的刺激强度成正比（见图4.1）。说得通俗一点，一个强刺激需要一个更大的强度变化才能被觉察到。试想一下，与黑暗的房间相比，我们需要增加多少光亮，才能使原本明亮的厨房在明度上看起来有所变化。在明亮的厨房中，我们需要很强的光，而在黑暗的情境中，只需要一点点。

信号检测论 大卫·格林和约翰·斯怀茨（Green & Swets，1966）创立的**信号检测论**，帮助心理学家明确了怎么在一个不确定的环境中去觉察刺激。在手机接通的状态下有静电时，即当有高背景噪音的时候，如果我们试图弄清楚一个朋友在电话里说的是什么，我们需要通过大声叫喊来增强信号以抵消静电干扰的影响，否则电话的另一端就无法了解我们的意思。如果信号传输不受干扰，那么另外一端可以很容易地理解我们的意思，当然我们也无须叫喊。这就阐明了信号噪音比的概念：当背景噪音增大时，我们觉察信号会变得困难。

格林和斯怀茨也对反应偏差感兴趣，或者说当我们对弱信号在噪声条件下是否存在感到怀疑时，我们倾向于对另一种类型的信号进行猜测。他们开发了一种聪明的方法，即统计一些人在不确定的时候说"是"的倾向，以及其他人在不确定的时候说"否"的倾向的次数。他们有时会发出声音，有时不会发出声音，而不是总是发出声音。这个过程允许他们检测和解释参与者的反应偏差。从表4.1中我们可以看到，参与者可以报告他们听到了声音（击中），或否认听到了声音（漏报），也可以报告没有听到声音（虚报），或确定没有听到声音（正确否定）。漏报和虚报的频率帮助我们测量了参与者对"是"或"否"的反应。

感觉系统是对一种还是多种感觉做出反应？
在1826年，约翰内斯·缪勒（Johannes Müller）提出了神经特殊能量学说。他说，尽管有很多不同的刺激因素，比如光、声音或触摸，但我们的体验是由感官受体的性质而不是刺激决定的。为了了解这一原理，下次你在醒来后可以感受一下，在眼睛受体细胞的压力下，你的眼前会看到磷光。许多磷酸盐看起来像火花，有些甚至像万花筒里五彩斑斓的形状。一些人推测，磷酸盐可能会解释某些关于鬼魂和不明飞行物的报道（Neher，1990）。

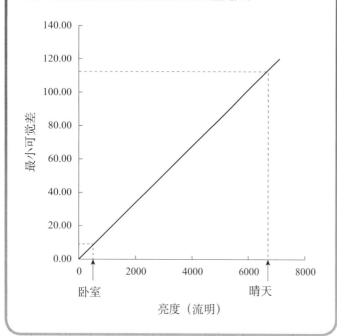

图4.1 根据韦伯定律的最小可觉差（JNDs）

在这个例子中，光刺激的大小变化使用流明来测量，一流明相当于一英尺外一烛光的强弱。根据韦伯定律，光越强，我们能察觉亮度变化所需要的光差越大。

纵轴：最小可觉差（0.00–140.00）
横轴：亮度（流明）（0–8000），卧室、晴天

表4.1 从声音中分辨信号

在信号检测论中有击中、漏报、虚报和正确否定。主观偏见可能会影响对"有刺激信号吗"这个问题回答"是"或"否"的结果。

	回答"是"	回答"否"
有刺激	击中	漏报
无刺激	虚报	正确否定

为什么光幻视会发生？在大脑皮层，不同的区域被用于不同的感觉。无论我们的大脑是轻微地还是严重地激活了感受器，都不影响大脑的感知受体：我们的大脑在任何情况下都有相同的反应。也就是说，一旦我们的视觉感官受体将信号发送到大脑皮层，大脑就会将它们的输入解释为视觉，而不管我们的感受体是如何受到刺激的。

联觉（synesthesia）
人们体验交叉式感觉的一种状态。

大脑的大部分区域都连接到大脑皮层区域，这些区域都是相同的：视觉区域往往与其他视觉区域相连，听觉区域和其他听觉区域相连，等等。科学家发现许多例子都说明跨通道加工与单通道产生的知觉经验是不同的。麦格克效应（McGurk & MacDonald, 1976; Nahorna, Berthommier, & Schwartz, 2012）就是一个很好的例子。这个效应证明了我们会在说话过程中整合视听觉的信息，根据这两种信息来源，我们的大脑会自动计算出最可能的声音。在麦格克效应中，我们如果听见一串重复的音节（如"ba"），而看到的是另外一种音节的嘴型（如"ga"），就会产生第三种声音的知觉经验（如"da"）。这第三种声音是大脑整合两种信息冲突来源的最佳解释。

另一个有趣的例子是一种错觉，它显示了我们的触觉和视觉是如何相互作用而产生一种错误的感知体验的（Erhsson, Spence, & Passingham, 2004; Knox, Coppieters, & Hodges, 2006）。将一只橡胶手放在桌面的精确位置，这个位置是参与者的手放松摆在桌面会放的位置。而参与者的手放在桌下，并且在他/她的视线之外。研究人员同时用画笔轻敲参与者隐藏在桌下的手和桌面的橡胶手。当画笔的触碰相匹配时，参与者会体验到一种诡异的错觉：橡胶手似乎就是他/她自己的手。

正如我们所见，这些跨模态效应可能反映了不同大脑区域之间的"交叉谈话"。但还有另一种解释：在某些情况下，单个大脑区域可能会有双重作用，有助于处理多种感官刺激。例如，听觉皮层的神经元对声音的反应也弱于触觉（Fu et al., 2003）。视觉刺激增强了躯体感觉皮层的触觉感知（Taylor-Clarke, Kennett, & Haggard, 2002）。天生的盲人阅读盲文，会激活他们的视觉皮层（Beisteiner et al., 2015; Gizewski et al., 2003）；视觉皮层有助于盲人儿童的口语反应（Bedny, Richardson, & Saxe, 2015）；猴子在看有声电影的时候，与单单只听到声音相比，它们的听觉皮层上的活动增加了（Kayser et al., 2007）。

排除其他假设的可能性
对于这一研究结论，还有更好的解释吗？

弗朗西斯·高尔顿（Galton, 1880）即我们在这本书的其他章节中已讨论过的达尔文的堂兄，首次描述了**联觉**，即人们体验到跨通道的感觉的现象，如看到颜色时会引起相应的听觉——有时称为"色-听"联觉——有时候甚至能尝出或者闻出颜色的味道（Cytowic & Eagleman, 2009; Marks, 2014）。在表4.2中，我们展示了迄今为止发现的60种联觉（Day, 2013）。

联觉可能是我们偶尔经历的跨通道反应的一种极端表现，例如将高音调与明色调，低音调与暗色调联系在一起（Rader & Tellegen, 1987; Ward, Huckstep, & Tsakanikos, 2006）。没有人知道联觉出现的概率有多大，但是一些证据显示2 000个人中不超过一个人（Baron-Cohen

表4.2	不同类型的联觉的案例
镜像-触摸联觉	一个人体验到另一个人的体验，比如触摸
词汇-味觉联觉	单词与特定的味道或纹理有关
色像联觉	声音会触发颜色的体验，在恐音症的例子中，声音会引发强烈的情绪，例如愤怒或恐惧
拟人化	每周的数字、信件或天数具有个性特征并且有时会有一个特点。例如，数字6可能被解释为国王，数字8可能被解释为巫师
数字形式联觉	数字被想象成精神地图
空间序列联觉	某些数字、日期或月份的序列被认为在空间上更接近或更远。

图4.2 | 你有联觉吗？

尽管大多数人看上边的那幅图是一堆杂乱的数字，但是一些联觉者知觉到上图和下图一样。联觉者更容易发现混在 5 当中的 2。（见彩插）

资料来源：Synesthesia: A window into perception, thought and language. Journal of Consciousness Studies, 8, 33-34。

et al.，1993）。然而，最近对 500 名英国大学生进行的一项调查显示，这一比例约为 4%，这意味着它可能并不像人们想象得那么罕见（Simner et al.，2006）。

在过去，一些科学家质疑联觉的真实性，但研究表明这种情况是真实的（Johnson，Allison，& Baron-Cohen，2013；van Leeuwen，Singer，& Nikolić，2015；Ward，2013）。图 4.2 是一个巧妙的测查联觉的测试。在大部分的联觉体验中，视觉皮质的特定部分变得活跃起来，使这些体验与大脑活动相关联（Paulesu et al.，1995；Rouw，Scholte，& Colizoli，2011）。

注意的作用

在一个我们的大脑沉浸在感官输入海洋的世界里，灵活的注意力对我们的生存和生活是至关重要的。例如，我们在公园里玩一款电子游戏时，我们必须忽略掉衬衫上的灰尘、移动的微风以及周围的色彩和声音的变化。然而，在任何时候，我们都必须准备好使用能发出潜在威胁信号的感官信息，比如一场即将到来的风暴。幸运的是，我们有能力应对我们丰富多变的感官环境所带来的挑战。

选择性注意：我们怎样注意特定的信息输入

就像打开电视机就启动了所有电视频道一样，我们的大脑在不断地接收来自所有感觉通道的信息。我们如何避免变得无助和困惑？**选择性注意**使我们可以选择一个通道并关掉其他通道或者至少降低它们带来的影响。

唐纳德·布罗德本特（Broadbent，1957）的注意过滤器理论，把注意看成一个信息通过的瓶颈。这种精神上的刺激使我们能够注意到重要的刺激，而忽视其他的刺激。布罗德本特用一种叫作"双耳分听实验"的任务来测试他的理论，参与者听到了两种不同的信息，一种传递给左耳，另一种是右耳。当布罗德本特要求参与者忽略传递给他们的信息时，他们似乎对这些信息一无所知。安妮·特瑞斯曼（Treisman，1960）复制了这些发现，她通过要求参与者重复他们听到的信息，详细阐述了这些发现。虽然参与者只能重复他们曾经听到过的信息，但是他们有时会把一些他们原本应该忽略的信息混在一起，特别是当他们添加信息的时候。如果参与的耳朵听到了"我看见那个女孩……歌唱时希望"，那只没有参与的耳朵听见了"我是那只鸟……在街上跳"，参与者可能会听到"我看到那个女孩在街上跳"，因为这个组合形成了一个有意义的句子。那些已经被我们假设过滤掉的信息仍然在一定的水平上被加工——甚至在我们没有注意到它时（Beaman，Bridges，& Scott，2007）。

可重复性
其他人的研究也会得出类似的结论吗？

"鸡尾酒会效应"是一种与注意力有关的现象，它指的是我们能够在不涉及我们的谈话中，挑出一个重要的信息，比如我们的名字。我们通常不会注意到别人在嘈杂的餐厅或聚会上说什么，除非它与我们有关——然后，我们突然间就活跃起来了。这一发现告诉我们，我们大脑里的过滤器，它选择了什么将会什么将不

选择性注意
（selective attention）
选择一个感觉通道并忽视或减少其他感觉通道影响的过程。

会得到我们的注意，这比仅仅一个"开启"或"关闭"的开关更复杂。即使是在表面上"关闭"的时候，如果它感知到了一些重要的东西，它也会准备好开始行动。

无意盲视

在阅读之前，请尝试图4.3中的超感官知觉（ESP）技巧。我们要试着去读你的想法，然后回来读下一段。

图4.3　超感官知觉技巧？试试看并且去找出来。

试试这个"ESP技巧"，改编自克利福德·皮寇弗的演示。这一非凡的技巧将会证明，我们这篇文章的作者能读懂你的心思！

选择六张牌中的一张，一定要记得。为了帮助你记住它，多次重复它的名字。一旦你确定你有了这张卡片，请翻到 137 页。

当我们的注意力集中在其他地方的时候，我们就会感到惊讶（Henderson & Hollingworth，1999；Levin & Simons，1997；McConkie & Currie，1996）。这一原则有助于解释为什么司机有时会在他们的视野中对一个骑自行车的人进行攻击。这一现象的惊人表现，叫作**无意盲视**，丹尼尔·西蒙斯和克里斯托弗·查布里斯（Simons & Chabris，1999，2011）要求参与者观看一段人们迅速地来回扔篮球的视频，并要求他们记录下传球的数量。然后，在视频的中间，一个穿着大猩猩服装的女人在镜头里整整走了 9 秒。值得注意的是，大约有一半的观众没有注意到这个多毛的不合适的人，尽管她停了下来，面对着镜头，位于屏幕中央。这和其他的发现均表明我们经常需要密切关注我们的环境中发生的巨大变化（Koivisto & Revonsuo，2007；Rensink，O'Regan，& Clark，1997）。

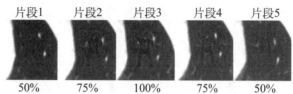

即使是专家有时也看不出"显而易见"的结果：在计算机断层扫描（CT）扫描中，24 名放射科医生中，有 83% 的人没有注意到大猩猩的图像，而这张图片的白色轮廓被插入到最后的病例中。这些发现令人印象深刻（或吓人）的是，这张照片中的大猩猩图像大约是一个火柴盒的大小，在这个例子中，它比一般的平均结节要大 48 倍。幸运的是，专家们比未受过训练的观察人士更善于发现真正的肺结节（Drew，Vo，& Wolfe，2013）。

一个与之密切相关的现象叫作"变化盲视"，它是一种无法察觉到环境中明显变化的现象（如果你尝试了我们提到的超感技巧，你就会明白我们的意思）。变化盲视是飞机飞行员的一个特别关注的问题，他们可能没有注意到另一架飞机在跑道上滑行就准备着陆（Podczerwinski，Wickens，& Alexander，2002）。你可能会听到关于工业／组织心理学家正在积极与航空机构合作以减少这个问题发生率的消息。

无意盲视
（inattentional blindness）
当我们的注意力集中在其他地方的时候，我们无法察觉到这些明显的刺激的存在。

日志提示

研究人员认为，变化盲视会导致许多车祸。你觉得为什么会这样？为什么在我们开车的时候，可能会发生变化盲视？

捆绑问题：整合各部分信息

捆绑问题是心理学中最神秘的问题之一。当我们感知到一个苹果时，我们大脑的不同区域会处理它的不同方面。然而，我们并不知道我们的大脑如何将这些不同的信息组合成一个统一的整体。苹果看起来又红又圆，摸起来很光滑，尝起来甜甜的、酸酸的，闻起来很香，有苹果味。这

✳ 心理科学的奥秘
魔术师是怎样工作的？

当你想到舞台魔术表演的惊人技巧时，心理科学会出现在你的脑海里吗？可能不会。然而，在过去的十年里，心理学家和神经科学家已经与著名的魔术师合作，包括神奇的兰迪和泰勒（宾夕法尼亚大学的出纳员；Macknik et al.，2008），建立了一个"魔法科学"。这一科学承诺解开魔术师所创造的扭曲现实的幻想的心理机制（Kuhn，Amlani，& Rensink，2008；Stone，2012）。那些让我们感到迷惑和震惊的魔术把戏，可以向研究人员提供它们的秘密（这里只有一些剧透），并有助于我们对感知的理解。

我们中的许多人都听过这句古老的谚语："手比眼睛快。"舞台魔术师创造了一些让人不可思议的花招，包括戏法。然而，这句谚语实际上反映了一种流行的误解，因为大多数的魔术都是以正常的速度进行的（Kuhn，Amlani，& Rensink，2008）。研究人员发现了一个更准确的短语来说明魔术师如何愚弄我们："手比大脑快。"

考虑下面的例子。一个舞台魔术师可以让人们相信，一枚硬币在从他的左手转到右手之后就消失了，因为观众不能看出他在右手边偷偷地藏了硬币。魔术师利用了一个鲜为人知的事实：信息在到达大脑后，大脑并没有有意识地将信息记录在一秒内，这使得它看起来仍然在左手，但它实际上已经被移走并藏在右手中了（Stone，2012）。因为在硬币被转移后，旁观者的视觉神经元会保持百分之一秒的时间（Libet et al.，1983），它确保了硬币会在左手上待的时间看起来足够长，足以愚弄观察者。所以当魔术师打开他的左手，让观众惊讶的是，硬币似乎已经消失了！

研究人员已经研究了消失的球的错觉，以了解心理预测和期望——而不是现实——如何影响感知。下面是这一令人着迷的过程的原理。魔术师把两个球抛向空中，一次扔一个，然后用手抓住。在前两次扔球的时候，他的头和眼睛都在仰望着球的运行轨迹。第三次，魔术师假装把球扔了，但他却偷偷地把球放在他的手里，他的头向上移动，以跟上想象中的球。在一项关于这一问题的研究中（Kuhn & Land，2006），三分之二的观察者认为球离开魔术师的手，在飞行中消失了。在第二种情况下，魔术师看着那把球藏起来的手，而不是移动着头去跟随那想象中的球的轨迹。当这种情况发生时，不到三分之一的参与者说球消失了。魔术的成功取决于魔术师的头部方向，这是一种社会暗示，它创造了人们对球在飞行中的期望，而这种期望从未真正发生过。

舞台魔术师也通过其他方式欺骗人们，比如误导注意力和意识。这一技术愚弄着我们，因为我们有意识地只关注进入我们眼睛的信息的一小部分（Kuhn，Amlani，& Rensink，2008；Rensink，O'Regan，& Clark，1997）。通过将观众的注意力吸引到一场宏大的戏剧运动中，比如把众所周知的兔子从帽子里拉出来，表演者会分散观众的注意力，使他们不会注意到一个与秘密道具有关的不那么明显的动作，这对下一个技巧至关重要。所以，下次当你目睹"神奇的法布里尼"在舞台或屏幕上表演迷人的魔术表演时，如果科学家们正在研究他，以了解注意力、意识和感知是如何在我们的头脑中耍花招，不要感到惊讶。

些特征任意一个孤立起来都不是一个苹果甚至不是苹果的一部分。一种假设是，跨多个皮层区域的快速、协调活动有助于结合（Engel & Singer，2001）。捆绑可以解释许多知觉和注意的问题。我们依赖形状、运动、颜色和深度线索来看这个世界，每一个都需要花大量时间进行个别觉察（Bartels & Zeki，2006），然而我们的思维能准确无误地将这些视觉线索转换成单个统一的知觉形象（Keizer，Hommel，& Lamme，2015）。为了更好地理解知觉和注意力是如何协同工作的，接下来，我们将从视觉系统开始，讨论我们在这个世界上赖以生存的各种器官。

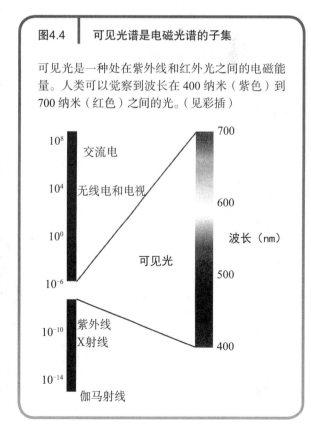

互动

看看这里的牌，你注意到一张牌不见了。我们已经把你的牌拿走了，我们是怎么做的？

毕竟这不是一种特别的技巧。所有的五张牌都不同于第一批，但你可能没有注意到这一变化。这个技巧说明了变化盲视——一种注意到我们环境中明显的变化的方法。

4.2　看：视觉系统

4.2a　阐释眼睛是怎样进行视觉加工的。

4.2b　了解不同类型的视知觉。

4.2c　描述不同的视觉问题。

我们在睡醒后看到的第一件东西，是不受任何之前的图像偏见的影响的。如果我们正在度假，在新的地方睡觉，我们可能不会在一到两分钟的时间里认出我们周围的环境。建立一个图像涉及许多外部因素，如光、眼睛和大脑中的生物系统，这些系统为我们处理图像，以及我们过去的经验。

光：生命的能量

光是我们视知觉世界中的核心角色之一，它是由电磁波构成的电磁能的一种形式。可见光的波长是几百纳米（一纳米等于十亿分之一米）。如图 4.4 所示，人类只能分辨有限波长范围内的光，而这个范围即是人类的可见光谱。每一种动物都能分辨一种特定波长范围的光，比人类的可见光谱稍微高一点或者低一点。例如，蝴蝶可以感知到我们能感知到的除了紫外线的所有波长，紫外线的波长稍短于紫色光。我们可以假设人类的可见光谱是固定的，但是在我们的饮食中增加维生素 A 的数量可以增加我们看到红外线的能力，红外线的波长比红光要长（Rubin & Walls，1969）。

当光投到一个物体上，光的一部分被物体反射，一部分被吸收。我们对于物体的明度的知觉是指进入人眼中的反射

| 图4.4 | 可见光谱是电磁光谱的子集 |

可见光是一种处在紫外线和红外光之间的电磁能量。人类可以觉察到波长在 400 纳米（紫色）到 700 纳米（红色）之间的光。（见彩插）

10^8　交流电

10^4　无线电和电视

10^0

10^{-6}

10^{-10}　紫外线　X射线

10^{-14}　伽马射线

700

600

波长（nm）

500

可见光

400

色调（hue）
光的颜色。

光的强度。纯白的物体能够反射投射来的所有光线，几乎不吸收任何光线，而黑色物体正好相反。所以白色和黑色并不是真的"颜色"，白色是所有的颜色，黑色是所有颜色的缺失。物体的亮度不仅取决于反射的光的量，也取决于物体周围的整体光线。

心理学家将光的颜色称为**色调**。我们对三种基本的光的颜色很敏感：红、绿和蓝。这三种基本的光的颜色以不同的量相混合——加法混合——可以形成任何一种颜色（图 4.5）。等量的红、绿、蓝三色混合形成白光。这个过程与画板上有色颜料的混合及墨汁的混合有所不同，后者即减法混合。我们可以在许多打字机的颜色墨水盒中看到，颜料的三基色是黄色、蓝绿色和品红色，三者相互混合后形成了黑色，因为每一种色素都会吸收特定的波长。将它们混合能够吸收大部分或全部波长，只留下很少的颜色或不留下颜色（图 4.5）。

| 图4.5 | 加法和减法混合 |

色光的加法混合不同于颜料的减法混合。（见彩插）

原色

绿　黄

蓝　红　　蓝绿　品红

加法混合　　减法混合

眼睛：我们如何表征视觉领域

除了感受到光所产生的热量，没有双眼我们将不能感觉到或观察到与光有关的其他任何事物。请看图 4.6 来学习眼睛的构造。

光是如何进入眼睛的

眼睛的不同部位接收不同数量的光线，这允许我们在明亮的阳光下或在黑暗的剧院里都能看得见。在眼球前面的结构会影响光线进入我们的眼睛，它们将射入的光线聚焦在眼睛的后面形成一个图像。

巩膜、虹膜和瞳孔　虽然诗人们告诉我们眼睛是心灵的窗户，但当我们直视一个人的双眼时，我们看到的是他们的巩膜、虹膜和瞳孔。巩膜就是眼睛的白色部分。虹膜是眼睛的有色部分，通常有蓝色、棕

| 图4.6 | 眼睛的关键部位 |

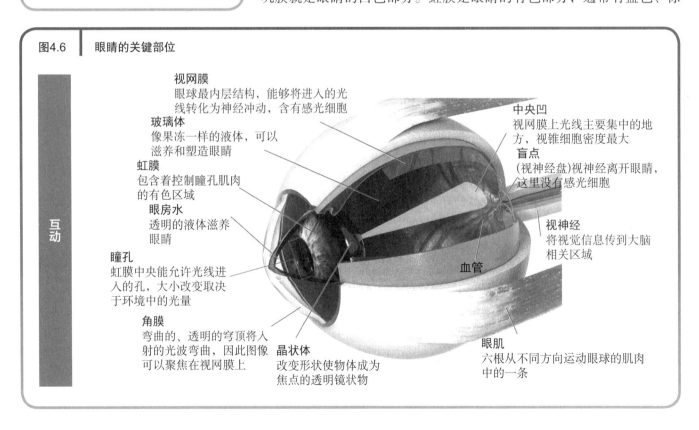

互动

视网膜
眼球最内层结构，能够将进入的光线转化为神经冲动，含有感光细胞

玻璃体
像果冻一样的液体，可以滋养和塑造眼睛

虹膜
包含着控制瞳孔肌肉的有色区域

眼房水
透明的液体滋养眼睛

瞳孔
虹膜中央能允许光线进入的孔，大小改变取决于环境中的光量

角膜
弯曲的、透明的穹顶将入射的光波弯曲，因此图像可以聚焦在视网膜上

晶状体
改变形状使物体成为焦点的透明镜状物

中央凹
视网膜上光线主要集中的地方，视锥细胞密度最大

盲点
（视神经盘）视神经离开眼睛，这里没有感光细胞

视神经
将视觉信息传到大脑相关区域

血管

眼肌
六根从不同方向运动眼球的肌肉中的一条

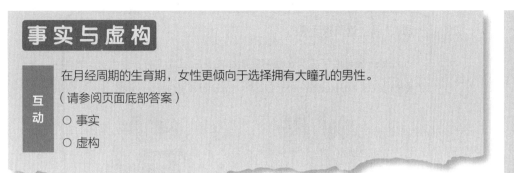

瞳孔 (pupil)
能允许光线进入的孔。

角膜 (cornea)
眼睛的一部分, 含有能将光聚焦在视网膜上的透明的细胞。

晶状体 (lens)
眼球的一部分, 能通过改变曲度使成像集中。

适应性调节 (accommodation)
改变晶状体形状, 聚焦近处或者远处的物体。

色、绿色或者淡褐色。就像相机的快门一样, 虹膜控制着有多少光线进入眼睛。

瞳孔是一个可让光线进入眼睛的圆孔。瞳孔的收缩是对朝向我们运动的光线或物体的反射反应。当我们走出建筑物, 沐浴在明媚的阳光下, 我们的眼睛会用瞳孔反射来减少进入我们视野的光线量。这种反射在双眼内同时发生 (除非有神经损伤), 所以如果用闪光灯照射一只眼就会引起双眼的反射反应。

瞳孔放大也具有心理意义。当我们试图加工复杂信息, 像难的数学题时, 瞳孔会放大 (Beatty, 1982; Karatekin, 2004)。当我们看到一个体格有吸引力的人时, 我们的瞳孔也会放大, 也反映了同性恋以及异性恋者的性兴趣 (Rieger & Savin-Williams, 2012; Tombs & Silverman, 2004)。这一发现可以帮助解释为什么人们认为瞳孔大的人比瞳孔小的人更有吸引力, 即使他们并没有注意到这一身体差异 (Hess, 1965; Tomlinson, Hicks, & Pelligrini, 1978)。

角膜、晶状体和眼肌　角膜是覆盖在虹膜和瞳孔外的一层弯曲、透明的膜。它的形状弯曲, 光线才能聚焦在眼睛后面形成视觉图像。**晶状体**也可以折光, 但是与角膜不同, 晶状体会改变它的曲率, 这使得我们能对视觉图像进行微调。晶状体由一些最不寻常的细胞组成: 它们是完全透明的, 这使得光线能够穿过它们。

在一个叫作**适应性调节**的过程中, 晶状体改变形状以使光集中在眼球的背面。通过这种方式, 它们可以适应不同的感知距离。因此, 大自然慷慨地为我们提供了一对 "内部" 矫正镜片, 尽管它们通常并不完美。适应性调节能使晶状体变 "扁平" (就是又长又窄), 以使我们能够看到远处的物体, 也可以使其变 "宽厚" (就是又短又宽), 让我们能够看到近处的物体。看近处的物体时, 曲度大的晶状体能够更好地工作, 是因为它能够更有效地折射零散的光线, 并使它们集中在眼球背后的一点上。

眼睛的形状　我们的眼睛要折射多少光的路径才能使光线进行合适地聚焦, 这取决于我们角膜的形状以及眼球前后径。近视眼是成像集中在视网膜前导致的, 原因是我们的角膜太陡或者眼球前后径太长 (见图 4.7a)。近视眼正如字面意思一样, 有能看见近处物体的能力而缺少看清远处物体的能力。远视眼是我们的角膜太平或者眼球前后径太短导致的 (见图 4.7b)。远视眼, 如字面意思一样, 可以看清楚远处的物体但是却看不清楚近处的物体。当我们变老时, 我们的视力会变差。这是因为我们的晶状体能够适应并克服大多数轻微畸形的眼球的影响, 直到由于老化而失去弹性。这就解释了为什么只有少数的一年级学生需要眼镜, 而大多数老年人都需要眼镜。

答案: 事实。研究人员发现, 当她们处于月经周期的生育期时, 女性更倾向于喜欢有大瞳孔的男性 (Caryl et al., 2009)。几个世纪以来, 欧洲的妇女们在一种叫作颠茄 (意大利语称为 "美丽女人") 的有毒植物 (有时又叫致命的夜色) 中提取了一种汁液, 放入她们的眼睛, 会使瞳孔扩张, 从而使自己对男性更有吸引力。今天, 杂志摄影师经常通过特效来扩大模特的瞳孔, 理由是这将增加她们的吸引力。

视网膜（retina）
眼球后部负责将光线转化为神经冲动的膜。

中央凹（fovea）
视网膜的核心部分。

视敏度（acuity）
视觉的敏锐程度。

视杆细胞（rods）
视网膜上的感光细胞，能使我们在弱光条件下看清物体。

暗适应（dark adaptation）
在黑暗中恢复到最大的光灵敏度的时间。

视锥细胞（cones）
视网膜上的感光细胞，能使我们看清颜色。

视神经（optic nerve）
从视网膜到大脑的神经。

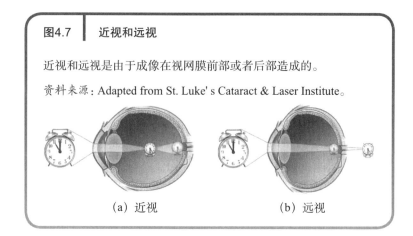

图4.7　近视和远视

近视和远视是由于成像在视网膜前部或者后部造成的。

资料来源：Adapted from St. Luke's Cataract & Laser Institute。

（a）近视　　　　（b）远视

视网膜：将光线转变为神经活动

　　视网膜，很多学者认为的大脑的核心部分，是眼睛后的一层薄膜。**中央凹**是视网膜的核心部分，它决定着视觉的**视敏度**。当我们看书、开车、缝纫或者做其他一切要求细节的事情时都需要有敏锐的视力。我们可认为视网膜就像一个电影屏幕，在它上面可以放映来自世界的光线。它包含了一亿个视觉受体细胞，处理视觉信息并将其发送到大脑的细胞。

　　视杆细胞和视锥细胞　光线穿过视网膜，感受位于最外层的受体细胞。视网膜有两种类型的感光细胞。**视杆细胞**的数目众多，它们的形状长而窄，能使我们看清楚物体的基本轮廓和形状。在光线较弱的情况下，我们主要依赖视杆细胞。当我们从一个明亮的环境中进入一个昏暗的房间，比如一个影剧院时，**暗适应**就发生了。暗适应大约会持续 30 分钟，或者是用视杆细胞来恢复他们对光的最大敏感性的时间（Lamb & Pugh，2004）。一些人甚至推测，那些在海上度过了许多漫长而黑暗的夜晚的老海盗可能会戴上眼罩，以促进黑暗适应。在视网膜中央凹中没有视杆细胞，这就解释了为什么我们要在夜晚稍微倾斜一下头部以看到一颗暗淡的星星。矛盾的是，我们不直接看星星，就能更好地看星星。依靠我们周围的视觉，我们允许更多的光落在我们的视杆细胞上。

　　视锥细胞数量较少，形状——你可以猜一猜——像小锥子，它们让我们能够分辨颜色。当我们读书的时候，我们的视锥细胞在工作，因为它对细节敏感。然而，视锥细胞比视杆细胞需要更多的光线。这就解释了为什么我们中的大多数在黑暗的房间里读书会困难。

　　不同类型的受体细胞含有光化学物质，这些化学物质会随着光的照射而改变。棒状的光色素是视紫质。在胡萝卜中发现的大量的维生素，是用来制造视紫质的。这一事实导致了民间传说：吃胡萝卜对我们的视力有好处。不幸的是，维生素 A 改善视力的唯一机会是由于缺乏维生素 A 而导致视力受损的时候。

　　视神经　神经节细胞，是包含轴突的视网膜电路中的细胞，它把所有的轴突捆绑在一起，然后离开眼睛到达大脑。**视神经**，包含神经节里面的轴突，联通视网膜和大脑的相关区域。当视神经离开双眼后就进入被称为视神经交叉的分叉口。一半的神经轴突穿过视神经交叉，而另一半则留在原来的一边。在很短的距离内，视神经进入大脑转换成了视觉地带。这个视觉地带将大部分的神经轴突传送到视丘脑，然后再传到初级视觉皮层——V1——视觉感知的主要路径（见图 4.8）。其余的轴突进入中脑的结构，特别是上丘（见 3.4 d）。这些轴突在反射过程中起着关键作用，就像转动我们的头去关注一些有趣的事情一样。

在视神经与视网膜连接的那一点，有一个**盲点**，在那一点我们无法看到物体。它是视网膜的一个区域，里面没有任何的视杆细胞或感觉受体（见图4.8）。我们之所以有盲点，是因为神经节细胞的轴突把其他的东西都推到了一边。

在你进一步阅读之前，先尝试图 4.9 中的练习。这个练习利用了盲点，当我们把脸从白 X 移到一定的距离时，就产生了错觉。我们的盲点实际上一直存在，创造了可能是所有视觉错觉中最引人注目的一种——一种在我们的生活中随时能体验到的错觉。我们的大脑填补了盲点所造成的空白，并且，正因为我们的每一个眼睛都为我们提供了一个与世界稍有不同的图像，我们通常不会注意到这一点。

盲点（blind spot）
我们不能看到的视觉区域，它位于视神经与视网膜的连接处。

我们如何知觉事物的形状和轮廓

20 世纪 60 年代，大卫·休伯尔（David Hubel）和托斯坦·维厄瑟尔（Torsten Wiesel）试图揭开我们知觉事物的形状和轮廓的秘密。他们的工作最终获得了诺贝尔奖。他们用猫做实验，这是因为猫的视觉反应与我们很相似。休伯尔和维厄瑟尔在给猫呈现显示屏上的视觉刺激图像时，记录了猫视觉皮层上的脑电活动（图 4.10）。起初，他们不知道哪种刺激效果最好，所以他们尝试了多种类型，包括明亮和暗点。在某一时刻，他们在屏幕上放了一种不同的刺激，一长段的光线。据说，其中一张幻灯片被挤进了幻灯机，稍稍偏离了中心，产生了一道狭缝（Horgan，

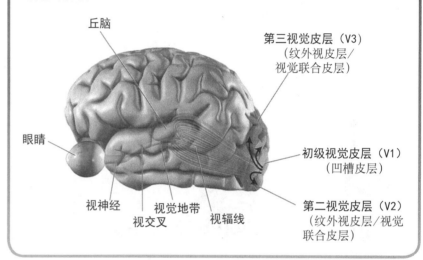

图4.8　感知觉和视觉皮层

来自视网膜的视觉信息会传到视丘脑，然后将收到的信息传给初级视觉皮层（V1），接下来再沿着两条视觉通道进入第二视觉皮层（V2）。一条通道与掌管视觉形状、位置和动作的顶叶相连；另一条通向掌管视觉形状和颜色的颞叶。

丘脑
第三视觉皮层（V3）（纹外视皮层/视觉联合皮层）
眼睛
视神经
视交叉
视觉地带
视辐线
初级视觉皮层（V1）（凹槽皮层）
第二视觉皮层（V2）（纹外视皮层/视觉联合皮层）

图4.9　从知觉中分离出感觉

将这一页放在你面前约 10 英寸的地方，闭上你的右眼，左眼盯着白色的圆圈。你能看见白色的 X 吗？现在慢慢地将书靠近你的脸然后再拿远；在某一时刻白色的 X 将会消失然后再重新出现。令人惊奇的是你的大脑用一个虚幻的背景图案填充了 X 所占据的白色空间。
你是否会惊讶于白色的 X 从视野中消失？你是否会更加地惊讶于你用完全跟复杂的背景图案一致的心理图像填满了 X 占据的空白空间？

1999）。大脑区域的细胞突然失控，当缝隙移动到屏幕上时，它以惊人的高速率触发动作电位。在这一令人惊讶的结果的激励下，休伯尔和维厄瑟尔花了数年的时间来找出哪种类型的光带产生了这样的反应。他们发现 V1 区的许多细胞对特定方向的光带有反应，例如，垂直的、水平的、倾斜的线条或边界（回顾图 4.10）。在视觉皮质中，一些简单的细胞，对特定方向的光带显示出"不"的反应，但是这些裂缝需要位于一个特定的位置。其他的细胞，复杂的细胞，也都是定向的，但是它们的反应不局限于一个位置。这个特性使得复杂的细胞比简单的细胞更先进。

特征觉察   我们使用特定的最小模式来识别对象的能力被称为特征觉察。简单的和复杂的细胞都叫作**特征觉察细胞**，因为它们觉察线条和边界。我们还有更复杂的功能检测器单元，也就是后期的视觉处理水平。它们觉察特定长度的线条、复杂的形状，甚至是移动的物体。我们利用我们的特征觉察能力来检测边缘和角落，来感知许多人类制造的物体，比如家具、笔记本电脑，甚至是你正在阅读的屏幕的角落。

图4.10	细胞对特定方向的光带作出反应

上图：休伯尔和维厄瑟尔研究当猫注视屏幕上的一道光带时，它们视觉皮层的活动。

下图：视觉对亮处的暗条（减号在加号之中，即 a）或暗处的亮条（加号在减号之中，即 b）的反映是特定的，它们都是有特定方向的，比如水平的、斜向的或垂直的（即 c）。视觉皮层的细胞也可以觉察边界。

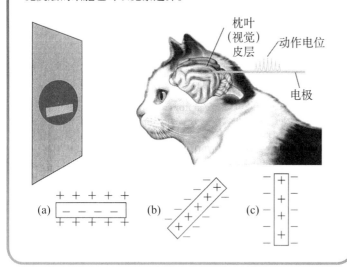

正如图 4.8 所示的，视觉信息沿着两条主要路径从 V1 传到更高级的视觉区域——V2。一条路径通往顶叶的高级部位。另一条路径通往颞叶的低级部位（见 3.2a）。许多研究者提出一个视觉处理过程模型，这个模型可以相继地处理更高的皮质区域的越来越复杂的形状（Riesenhuber & Poggio，1999）。大脑皮层的许多视觉处理区域使我们能够从感知基本形状到感知我们日常生活中所看到的极其复杂的物体。

特征觉察细胞
（feature detector cell）
一种能觉察线条和边界的细胞。

三原色原理
（trichromatic theory）
认为色彩视觉是基于我们对三种不同颜色的灵敏度。

我们如何知觉颜色

颜色令人愉快并会激起我们的想象，但是我们的大脑是如何感知的呢？科学家发现我们利用颞叶中的低级视觉通道来加工颜色信息（回顾图 4.8），但它并不在这里产生。不同的色彩知觉理论解释了我们察觉颜色能力的不同方面，这使得我们在鲜艳的颜色中看到周围的世界，观看电视，享受电影。

三原色原理   三原色原理认为我们的视觉基于三种基本的颜色——红、绿、蓝。三原色原理与我们有三视锥细胞的事实一致，每种视锥细胞都对某一特定波长的光线高度敏感。20 世纪 60 年代，三种类型的视锥细胞得以提出（Brown & Wald，

1964），令人惊讶的是托马斯·杨（Thomas Young）和赫尔曼·冯·赫尔姆霍茨（Hermann von Helmholtz）早在 100 年前就已经对三原色原理进行过描述。杨的理论（1802）认为我们的视觉对三种基本颜色的光线敏感。赫尔姆霍茨（1850）通过测试色盲的参与者可以区分的颜色，验证并发展了杨的提议，这样杨—赫尔姆霍茨的视觉三原色原理就诞生了。

色盲（color blindness）
无法知觉色彩或部分色彩。

对立过程理论
（opponent process theory）
该理论认为我们通过三对相反颜色来感知色彩，分别是：红色或绿色，蓝色或黄色，黑色或白色。

色盲的人不能看到所有的色彩。色盲最常见的原因是遗传变异导致的一种或多种视锥细胞的缺失或者减少。另一个原因是大脑区域对颜色视觉的损害。与一种普遍的误解相反，单色人——他们只有一种视锥细胞，因此失去对所有颜色的知觉——是极为罕见的，只占总人口的 0.0007%。大多数色盲的人都能感知到他们的世界，因为他们是双色的，这意味着他们有两种视锥细胞，只缺一种。那些患有红绿色盲的人可以分辨很多颜色，但缺失可以将红与绿区别开来的视锥细胞。通常用图 4.11 来测试红绿色盲。很多男性会有这种情况，但是他们甚至都不知道，因为它很少干扰到日常功能。

人类、猿类和一些猴子是三色的，这意味着我们和我们亲密的灵长类物种有三种视锥细胞。大多数其他哺乳动物，包括狗和猫，只能用两种视锥细胞看世界，就像红绿色盲（最常见的色盲）。三色视觉是大约 3 500 万年前进化的，也许是因为它让动物能够轻易地从绿色背景中挑选成熟的果实。最近的化石证据提出了另一种假说，即三色视觉可能使灵长类动物能够找到幼嫩的、红色的叶子，这些叶子的营养价值更高（Simon-Moffat，2002）。所有的科学家都同意，看到更多的颜色为我们的祖先在寻找食物的时候提供了更大的便利。有初步的证据表明，一小部分女性是四色的，这意味着她们的眼睛里有四种视锥细胞：包括我们大多数人都拥有的三种视锥细胞，以及另外的一种能知觉红色和绿色之间的一种颜色的视锥细胞（Jameson，Highnote，& Wasserman，2001）。

对立过程理论　三原色原理很好地解释了眼睛中不同种类的视锥细胞以及它们如何协作来分辨全部颜色的工作机制。但进一步的调查揭示了一个现象，即三原色原理不能解释后像。我们长时间注视一种颜色后再看向别处，会看到同一图片的不同颜色的复制品神秘地出现了，如图 4.12，就是后像。三原色原理很难解释为什么连续地看一种颜色总是产生另一种颜色的后像，比如，红色的后像往往是绿色。研究结果表明，后像是视觉脑皮层加工从视锥和视杆细胞传送来的信息的结果。

一些人偶尔会报告在一些物体的周围看到了模糊的负面后像，这一现象可能引起了超自然的想法，即我们都被神秘的由精神能量组成的"光环"包围着。然而，由于没有人能够在严格控制的条件下拍摄到光环，因此对这些说法不能提供任何支持（Nickel，2000）。

一种理论提供了对后像的解释的竞争模型，即**对立过程理论**，认为我们用三对对立

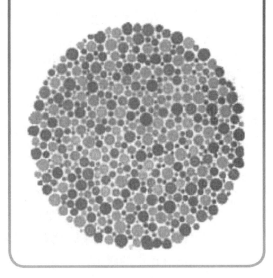

图4.11　红绿色盲的石原氏检测表

如果你不能看到那个两位数，你可能就是红绿色盲，这种情况很普遍，尤其是在男性中。（见彩插）

图4.12　后像对立的过程

在你开始尝试之前，找一块空白的白墙，或者在附近放一张空白的白纸。然后放松你的眼睛，把你的目光集中在头骨的中央至少30秒，而不要环顾四周或离开。然后，盯着白色的背景看几秒钟。你看到了什么？

的细胞来感知颜色：红色或绿色，蓝色或黄色，黑色或白色。后像以颜色的补色出现，说明了对应过程的处理。视网膜上的神经节细胞和在丘脑的视觉区域的细胞对红点的反应被绿色的斑点所抑制。其他的细胞表现出相反的反应，而其他的细胞则区分黄色和蓝色。我们的神经系统在颜色视觉上使用三色和对立的处理原则，但是不同的神经元更依赖这个原则。这里有一个很有用的经验，它适用于许多科学领域的争议：两个看似矛盾的观点有时都是正确的，但它们只是描述了同一现象的不同方面。

排除其他假设的可能性
对于这一研究结论，还有更好的解释吗？

> **日志提示**
>
> 首先，描述颜色视觉的对立过程理论和色彩视觉的三色理论。接下来，描述两种相互竞争的模型在解释颜色知觉上的不同之处。

当我们无法看见或者无法感知视觉

我们已经学习了人们如何看见周围的世界，并且学习了如何总是能更精确地看见物体的位置。然而全世界现在有 3 900 万人完全看不见（World Health Organization，2012）。

失明

失明，即看不见，或更确切地说，在熟悉的斯内伦眼图上，视力小于或等于 20/200——20/20 是完美的视力。对于拥有 20/200 视力的人来说，20 英尺的物体相当于在正常视力的人的 200 英尺处出现。大多数的眼盲症——白内障、眼混浊、青光眼（一种会引起眼睛压力及损害视神经的疾病）——都是可以治疗的，而且这些疾病很有可能随着年龄的增长而发生。

盲人用不同的方式来应对视力的丧失，通常更多地依赖于其他感官，包括触觉。多年来，这个问题一直备受争议，因为研究没有发现盲人触觉的提升。最近的研究表明，在成年盲人中，触觉的敏感性确实提高了，这让他们和 23 岁的年轻人一样敏感（Goldreich & Kanics，2003）。众所周知，盲人的视觉皮层在功能上发生了深刻的变化，使其对触摸输入敏感（Sadato，2005）。这就意味着他们可以将更多的皮层——躯体感觉皮层和视觉皮层——用于触摸任务，如阅读盲文。这种现象说明了大脑的可塑性，在这个过程中，一些大脑区域逐渐取代以前的工作。

可重复性
其他人的研究也会得出类似的结论吗？

盲视：一些盲人是如何应对他们的世界的？

最近，研究人员（de Geldere et al.，2008）报道说，一个被称为"TN"的盲人，能够在没有任何帮助的情况下，绕着障碍物走，没有任何的辅助设备，包括箱子以及各种各样的小物体。他虽有正常的眼睛，但在几次中风之后，他的大脑无法感知感官输入。TN 的罕见能力可能是迄今为止最令人印象深刻的一种现象，即大脑皮层有损伤的失明的人对他们周围的事物可以进行正确的猜测（Hamm et al.，2003；Weiskrantz，1986）。在 TN 的案例中，研究人员使用高科技的脑成像技术来证明他能够识别出愤怒、恐惧或快乐的面部表情。

因为盲视是运作在意识活动范围之外的，一些非科学人员猜测这可能是一个超自然现象。当然也有一个简单的自然解释：盲视的人的 V1 受损，导致通往视觉联合区的信息通路被堵塞。未经精细加工的视觉信息不通过 V1 仍然可以到达视觉联合皮层，所以这种视觉信息或许可以说明盲视的原因（Moore et al.，1995；Stoerig & Cowey，1997；Weiskrantz，1986）。

奥卡姆剃刀原理
这种简单的解释符合事实吗？

因为 TN 并没有被剥夺听觉线索，所以问题在于他是否能够用另一种同样惊人的能力——回声定位能力来提高他的导航能力。某些动物，如蝙蝠、海豚和许多鲸鱼，发出声音并聆听它们的回声，以确定它们与墙壁或障碍物的距离，这一现象称为回声定位。

排除其他假设的可能性
对于这一研究结论，还有更好的解释吗？

值得注意的是，有证据表明人类具有一种原始的回声定位能力。这一事实说明，盲人有时可以在几英尺之外发现物体的距离（Buckingham et al.，2015；Schörnich，Nagy，& Wiegrebe，2012；Teng，Puri，& Whitney，2011），这也能解释 TN 的自由行走。本·安德伍德在三岁时因视网膜癌症而失明，他学会了从敲击物体表面反弹的声音中，获得他周围的环境的线索。他滑滑板、打篮球和电子游戏。最近，科学家发现，当擅于运用回声定位的盲人使用这种能力去熟悉周围的环境时，大脑中与视觉图像相关的区域就会变得非常活跃（Thaler，Arnott，& Goodale，2011）。

尽管回声定位的解释不能完全排除在外，但研究了 TN 的研究人员认为，回声定位不太可能，因为在检测被成功避免的小物体方面它不是一种特别有效的方法。盲视和回声定位是一个很明显的例子，说明即使是来自神经通路的细微信号也会影响我们对世界的丰富感官体验。

视觉失认症

视觉失认症是感知物体的缺陷。有这种缺陷的人可以告诉我们物体的形状和颜色，但不能识别或命名它。比如在一次晚宴上，患有视觉失认症的人可能会说"请把那八英寸的银东西递给我"，而不是"请把勺子递给我"。奥利弗·萨克斯在 1985 年的书《错把妻子当帽子》中，有一个患有视觉失认症的人，他把他的妻子当成了一个时尚的配饰。

4.3　听：听觉系统

4.3a　阐释耳朵是怎样进行听觉加工的。

4.3b　了解不同类型的听知觉。

如果森林里一棵树倒了并且没有人听到声音，那么树发出声音了吗？在我们探索听觉期间，请仔细思考一个古老的问题：**听觉**。介绍完了视觉，紧接着我们来看看听觉。我们的听觉，可能是我们最依赖的获取周围信息的感觉形式。

听觉（audition）
对声音的感觉。

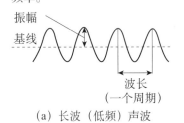
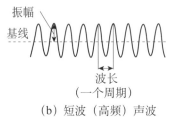

图4.13 声波的频率和振幅

声波的频率（每秒的周期数）是波长（一个周期的宽度）的倒数。声波的振幅是每个周期的最大值。中央 C（a）的频率要低于中央 A（b）的频率。

（a）长波（低频）声波

（b）短波（高频）声波

声音：机械振动

声音是振动，一种通过媒介传播的机械能量，这种媒介通常是空气。这种干扰产生于空气中的分子振动产生的声波。声波在任何气体、液体或固体中都能传播，但当它们通过空气传播时，我们会听到它们的最佳声音。在一个完全真空的空间（真空）中，没有声音，因为没有任何空气分子可以振动。这应该能帮助我们回答我们的问题：因为森林里有空气分子，一棵倒下的树肯定会发出响亮的声音，即使没有人听得到。

音高

声音有音高，声音的音高与声音振动的频率有关。高频率对应高音高，低频率对应低音高。科学家用每秒的周期数或赫兹（Hz）来测量音高（如图4.13）。人类的耳朵可以感觉到频率在20～20 000赫兹之间的声音（如图4.14）。

当涉及音高的敏感性时，年龄起着重要的作用。年轻人对音高的敏感程度高于老人。手机铃声巧妙地利用了这个自然现象的简单性质，青少年可以听见，而他们的父母和老师听不见（Vitello，2006）。

响度

声波的振幅或者高度，对应的是响度，以分贝（dB）为单位（回看图4.14）。振幅增加会产生很大的噪声是因为有更多的机械振动，也就是说，更多的空气分子振动。表4.3列出了多种常见的声音和它们的典型响度。

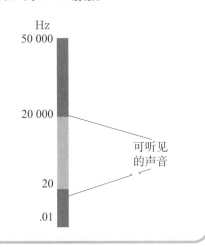

图4.14 音频谱（Hz）

人类的耳朵对机械振动的敏感程度，从20到20 000赫兹。

Hz
50 000
20 000
20
.01

可听见的声音

音色

音色涉及声音的品质和复杂性。不同的乐器听起来不同，是因为它们的音色不同，这也同样适用于人的声音。

耳的构造和功能

就像视觉感受器将光信号转换成神经活动一样，听觉感受器是将声音转换成神经活动。耳有三个部分：外耳、中耳和内耳，每一部分发挥着不同的作用（见图4.15）。外耳，包括耳廓（我们看到的部分，即它的皮肤和软骨瓣）和外耳道。外耳的功能很简单，它把声波聚集到鼓膜上。

在鼓膜的另一面是中耳，中耳内有听小骨——人体中最小的三块骨头——根据它们的形状分别叫锤骨、砧骨、镫骨。这些听小骨把声波振动从鼓膜传到内耳。

一旦声音频率传送到内耳，**耳蜗**将振动转换成神经活动。耳蜗的外表面是骨

音色（timbre）
声音的复杂性或声音的质量，使得乐器、人声或其他来源的声音听起来与众不同。

耳蜗（cochlea）
螺旋形的感觉器官。

表4.3	常见的声音

此分贝表比较了一些常见的声音并显示了这些声音对听力的潜在危害等级。

声音	噪音水平（分贝）	影响
喷气发动机（近似） 摇滚音乐会（变奏）	140 110～140	大约在 125 分贝时我们开始感到疼痛
雷声（近似） 电锯（链锯）	120 110	经常在超过 100 分贝的声音环境中停留 1 分钟以上 会有永久失聪的风险
垃圾车 / 水泥搅拌机	100	建议在 90 到 100 分贝的声音环境中裸耳时间不要 超过 15 分钟
摩托车（25ft） 割草机	88 85～90	很吵 85 分贝时听力开始出现损伤（8 小时后）
一般的城市交通	80	吵；谈话受到影响；经常暴露在此声音环境中可能 会导致听力损伤
吸尘器	70	会被打扰；打电话会受影响
正常谈话	50～65	在 60 分贝以下为舒适的声音
耳语 树叶的沙沙响	30 20	非常静 稍有声响

资料来源：NIDCD，1990。

图4.15	人耳及其结构

人耳的剖面图和细胞特写图。

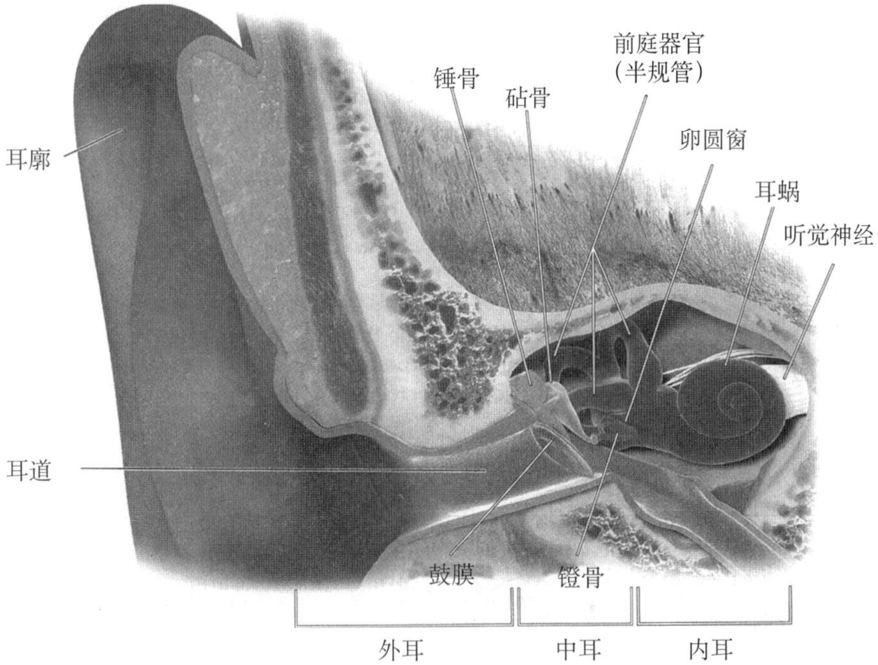

耳廓　锤骨　砧骨　前庭器官（半规管）　卵圆窗　耳蜗　听觉神经　耳道　鼓膜　镫骨　外耳　中耳　内耳

柯蒂氏器（organ of Corti）
含有必要的毛细胞的组织。

基底膜（basilar membrane）
在耳蜗中支持柯蒂氏器和毛细胞的器官。

位置理论（place theory）
基底膜的特定位置与特定音高的音调匹配。

频率理论
（frequency theory）
神经元触发动作电位再产生音调的速率。

质的，它的内腔充满黏稠的液体。声波的振动扰动液体，振动传播到耳蜗的底部，压力的释放和传导就发生在此。

同样坐落于内耳，**柯蒂氏器**和**基底膜**对听觉起着非常关键的作用，因为毛细胞就深嵌在它们之中（如图4.15）。毛细胞是声音信号转换的部位：它们将声音信号转化成动作电位。这得益于毛细胞上有突出到耳蜗液体中的纤毛（毛发状结构）。当声波在耳蜗中传播时，产生的压力会使毛细胞的纤毛结构发生弯曲，从而使毛细胞兴奋起来（Roberts，Howard，& Hudspeth，1988）。这一信号传入听神经，通过丘脑这个感觉中转站，之后到达脑部。

一旦听神经进入大脑，它首先和脑干建立联系，脑干把听觉信号向上传输到听觉皮层。在每一阶段，知觉都会变得更加复杂。在这方面，听觉感知和视觉感知是相似的。

不同的音高在初级听觉中枢的不同部位呈现（见图4.16）。这是因为每个部位都接受来自基底膜特定部位的信息。位于基底膜底部的毛细胞对高音调的感受性最高，反之位于基底膜顶部的毛细胞对低音调的感受性最高。科学家把这种音高感知模型叫作**位置理论**，因为基底膜（听觉中枢也是如此）的特定部位对应特定的音高（Békésy，1949）。位置理论只用于我们对高音调的感知，即从5 000到20 000赫兹。

有两条途径可以感知音调低的音调。我们先讨论更简单的方法。在**频率理论**中，神经元触发动作电位的速率忠实地再现了音高。这种方法的效果非常好，达到了100赫兹，因为许多神经元在这个极限附近有最大的发射率。神经齐射理论是频率理论的一种变体，它适用于100到5 000赫兹的音调。根据神经齐射理论，一组神经元以最高的频率发射，比如说100赫兹，彼此之间稍微不同步的话，就可以达到5 000赫兹的整体频率。

当我们听音乐时，我们不仅对不同的音调很敏感，而且对音调的排列（Weinberger，2006）也很敏感。我们对愉快和不愉快的旋律有不同的反应。在一项研究中，表面上引起"寒战"或"颤抖"感觉的音乐，刺激了对性、食物和毒品（Blood & Zatorre）的作出兴奋反应的相同的大脑区域的活动。这就很好地解释了为什么经常把"性""毒品""摇滚"混为一谈。

图4.16 | 基底膜音高分布组织图

基底膜底部的毛细胞对高频声音产生反应，相反在顶部的毛细胞对低频声音产生反应。

A B C D E F G A B C D E F
440 Hz

基底膜

对低频声音产生反应

对高频声音产生反应

20 Hz   440 Hz   20 000 Hz

日志提示

首先，简要地描述声音知觉的位置理论和频率理论。接下来，根据我们如何感知高音调和低音调将两种理论进行对比。

当我们听不见的时候

大约每1 000人中就有1人是聋人：他们经历着严重的听力丧失。大约有15%的成年人其一个或两个耳朵检测出有听力缺陷（Blackwell，Lucas，& Clark，2014）。造成耳聋的原因有很多，有些是遗传的，有些是由疾病、伤害或暴露于噪音引起的（Pascolini & Smith，2009）。传导性耳聋是耳朵发生故障的结果，特别是耳膜或内耳的听小骨的破坏。相反，神经性耳聋是由于听觉神经受损造成的。

如果你的祖母警告你"关掉随声听，否则你在我这个年纪的时候就会聋"，那么她的警告就是事实。响亮的声音，尤其是那些持续了很长时间或重复的声音，可能会损害我们的毛细胞，导致噪音引起的听力损失（Le Prell et al.，2012）。这种类型的听力损失往往伴随着深深困扰我们的耳鸣、咆哮声、嘶嘶声或嗡嗡声（Baguley，McFerran & Hall，2013）。听力损伤也可能发生在听到一个非常巨大的声音之后，比如爆炸声。但是像我们这个年龄的大多数人随着年龄的增长已经丧失了一些听力能力，尤其是对高频声音的听力，它是失去感觉细胞和听神经退化的副产物。即使我们从未参加过一场没戴耳塞的摇滚音乐会，也是一样的结果（Ohlemiller & Frisina，2008）。

嗅觉（olfaction）
我们对气味的感觉。

味觉（gustation）
我们对味道的感觉。

4.4　嗅觉和味觉：感官的官能

4.4a　了解我们如何感知味道和气味。

没有嗅觉、味觉，我们生活中的许多事情会变得平淡无味。世界著名的烹调流派都用富有特色的调料来为他们的菜肴增色。同样，嗅觉和味觉刺激我们的感官并提起了我们的精神。"安慰食物"一词就是指我们苦苦寻觅的熟悉食物，这些食物能唤起温暖的感觉。

嗅知觉又叫**嗅觉**和**味觉**。嗅觉和味觉一起加强了我们对某些食物的喜爱和对另一些食物的厌恶。嗅觉和味觉被称作"化学感觉"，因为我们的这些感觉是从对物质中的化学成分的感官经验中发展而来的。

动物们用嗅觉来追踪猎物、建立领地、识别异性等。我们人类不是最以嗅觉为导向的生物。普通狗的嗅觉比我们灵敏至少10万倍，这就解释了为什么警察会用训练有素的狗而不是爱管闲事的人来嗅炸弹。令他们吃惊的是，研究人员发现，受过专门训练的狗，例如拉布拉多，可以用优秀的嗅觉高精确度地通过检测从呼吸、尿液或组织碎片中提取出的有机化合物气味样本来识别癌症患者的肺癌、前列腺癌、膀胱癌、皮肤癌和结肠癌（Brooks et al.，2015；Jezierski et al.，2015）。然而，即使有大量的培训，狗正确识别癌症标本的能力也有很大的可变性。对这一发现的另一种解释是，狗抓住了它们的处理者的微妙反应，即处理者根据他们对样本中存在或不存在的癌症的想法会无意识地给出信号（Lit，Schweitzer，& Oberbauer，2011）。如果狗确实嗅出了化学成分，那么狗嗅出了什么化学成分或混合物是不清楚的，否则这可能是一项了不起的成就。毫无疑问，研究人员将继续固执地（双关语）探讨我们"最好的朋友"是否能真正地发现癌症。

> **排除其他假设的可能性**
> 对于这一研究结论，还有更好的解释吗？

化学感觉的最重要的作用就是在我们吃下食物之前能尝出来。馊牛奶的气味和味道对我们来说是种强烈的刺激，即使我们想喝，也很少有人可以忍受得了。一种陌生的苦味可能预示着危险的细菌或是有毒的食物。我们根据气味和味道形成对"安全"食物的偏爱。一项对年轻的法国女性的研究发现，只有那些喜欢红色肉类的，喜欢它们的气味和味道的人，对它们的照片才会做出积极的反应（Audebert，Deiss，& Rousset，2006）。我们喜欢好闻的并且好吃的东西。

文化也塑造了我们所认为的美味或恶心的东西。食用神圣的牛肉（就像一个汉堡一样），对印度教徒来说，就像吃炸狼蛛；柬埔寨的一种美味佳肴，活蛆奶酪，即一种撒满昆虫幼虫的撒丁奶酪，对大多数美国人来说也是难以忍受。即使在一个社会里，在食物选择上也有明显的差别，因为美国的肉食爱好者和纯素食者享受着截然不同的饮食。通过学习，我们可以获得食物偏好，包括饮食行为、父母批准的食物选择和可用性的食物（Rozin，2006）。

什么是味觉和嗅觉

气味是由那些依靠空气传播的化学物质作用于我们鼻腔黏膜上的感受器而产生的。我们的鼻子是真正的气味鉴赏家，完全有能力侦探到 2 000 到 4 000 种气味。但并不是每种物质都是有气味的，比如干净的水就是一种没有味道的物质。不是所有的动物都闻空气分子的气味。星鼻鼹鼠，以其独特的鼻子命名，可以在水下探测到气味（Catania，2006）。这种动物会吹出气泡，然后"嗅探"它们，以便在水下和地下找到食物。

相反，我们只能感知到少数几种味道。我们对五种基本的味道敏感——甜味、咸味、酸味、苦味和鲜味，最后一种鲜味是最近才被发现的与"肉"味和"咸"味类似的味道。现在已经有初步证据证明第六种味觉的存在——含脂肪食物的味道（Besnard，Passilly-Degrace，& Khan，2016；Gilbertson et al.，1997）。最近，有证据表明，有第七种可能的味道——一种淀粉的味道——研究人员惊讶地称之为"淀粉"（Lapis，Penner，& Lim，2016）。

味觉和嗅觉的感觉受体

我们人类拥有超过 1000 种嗅觉基因，其中有 347 种嗅觉受体（Buck & Axel，1991）。每一种嗅觉神经元都包含一种嗅觉受体，根据其形状"识别"气味。这种锁钥的概念类似于神经递质与受体位点的结合。当嗅觉受体与气味分子接触时，嗅觉神经元的动作电位就会被触发。

我们用舌头上的**味蕾**来感知味道。舌头上的突起叫作舌乳头，包含了大量的味蕾（图 4.17）。甜、咸、酸、苦和鲜都有各自的味蕾（Chandrashekar et al.，2006）。

然而，这是一个虚构的故事，即"舌味图"描述了舌头对不同味道的敏感度，尽管有些书仍然含有这张图（见图 4.18）。事实上，只有一种微弱的倾向，那就是单个味觉受体集中在舌头上的

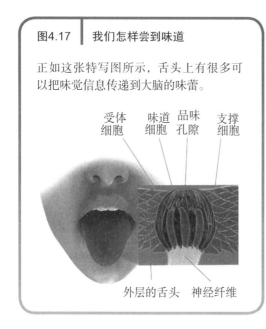

图4.17　我们怎样尝到味道

正如这张特写图所示，舌头上有很多可以把味觉信息传递到大脑的味蕾。

受体细胞　味道细胞　品味孔隙　支撑细胞

外层的舌头　神经纤维

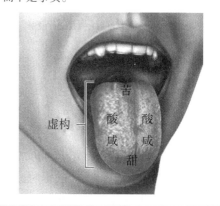

图4.18　虚构的"舌味图"

尽管在许多受欢迎的书里或报道里出现了类似这样的舌味图，但它们是虚构的而不是事实。

苦
酸　酸
虚构
咸　咸
甜

某些位置，而舌头上的任何位置都至少对所有的味道都有轻微的敏感度（Marshall，2013）。试试这个练习：在舌尖上放点盐。你可以品尝它吗？现在试着在你的舌头后部放一小块糖。即使你把它们放在了神秘的"舌味图"之外，你也很有可能品尝到盐和糖的味道。这是因为感知甜味的受体通常位于舌尖，而检测盐的受体通常位于舌头的两侧，但舌头上到处都有很好的受体。

可重复性
其他人的研究也会得出类似的结论吗？

鲜味感受器一直备受争议，直到通过验证以往的生理学研究才证实鲜味感受器确实是在味蕾（Chandrashekar et al.，2006）。池田菊苗（Kikunae Ikeda）就在很多日本食物，如肉汤、干海苔中分离出了导致鲜味的分子，在此之后的一个世纪，鲜味感受器才得到证实（Yamaguchi & Ninomiya，2000）。这些产生美味或鲜味的分子都有一个共同点：它们含有大量的神经递质谷氨酸（见 3.1 c）。谷氨酸钠（味精）是一种有名的增味剂（市场里的增味剂几乎完全由味精组成）。今天，多数科学家都认为鲜味是第五味觉。

类似的争论围绕着脂肪的味觉受体。很明显，脂肪对我们的舌头有影响。理查德·迈斯特（Mattes，2005）和他的同事们发现，仅仅把脂肪放在人们的舌头上，就会改变他们的脂肪水平。这就意味着，一旦脂肪进入我们的嘴里，它就会开始影响我们身体的脂肪代谢。起初，研究人员认为这些反应是由脂肪的嗅觉受体触发的。后来这一假说被排除了，因为他们发现，脂肪必须与舌头接触，气味脂肪并没有改变血液中的脂肪含量。在淀粉食物的味道成为一种新的主要味道之前，科学家必须首先识别舌头上专门检测这种味道的受体（Lapis，Penner，& Lim，2016）。

排除其他假设的可能性
对于这一研究结论，还有更好的解释吗？

既然我们只有五六种味觉，那我们为什么还可以尝到那么多的味道呢？原因就在于我们的味觉感知在很大程度上得到了嗅觉的帮助，这也可以解释为什么当我们鼻塞时，食物就会变得索然无味。然而我们之前没有意识到的是，我们觉得某些食物好吃仅仅是因为它们闻起来不错。如果你不信的话，我们来做一个实验。买一些多种口味的软心糖豆，打开盖子并闭上眼睛保证你看不见自己拿着的是哪一种口味的软心糖豆；然后用一只手捏住你的鼻子，用另一只手把软心糖豆塞进嘴里，最初你无法辨别出你吃的是哪一种软心糖豆的味道；然后松开捏着鼻子的手，你就能很快辨别出你吃的是哪一种味道的软心糖豆了。

我们的舌头在味觉受体的数量上有所不同。琳达·巴托斯萨克（Bartoshuk，2004）把那些拥有明显过量的味蕾的人（大约占人类的 25%）称为"超级味觉者"。如果你发现西兰花、咖啡和黑巧克力（我们不希望如此）有难以忍受的苦，而含糖的食物有难以忍受的甜，那么你就有可能成为超级味觉者。在 10 岁的时候，超级味觉者很可能是在最低的 10% 的高度，这可能是他们对苦味的敏感和他们的饮食习惯的结果（Golding et al.，2009）。在女性和非洲或亚洲后

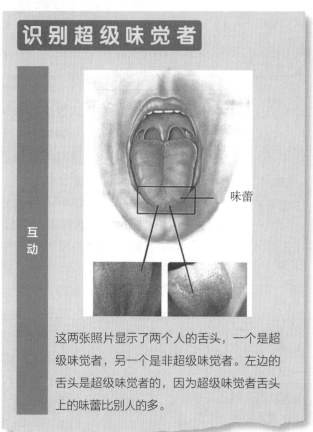

识别超级味觉者

味蕾

互动

这两张照片显示了两个人的舌头，一个是超级味觉者，另一个是非超级味觉者。左边的舌头是超级味觉者的，因为超级味觉者舌头上的味蕾比别人的多。

裔中，味觉过度的他们对口腔疼痛也特别敏感，因此往往会避免吃苦味。他们也倾向于避免酒精和吸烟的苦味，这可能使他们比我们其他人更健康（Bartoshuk，2004）。

嗅觉和味觉感知

我们对气味和味道的感知是非常敏锐的，而且比我们通常所认为的更加有益处，尽管我们并不经常擅长通过名字识别气味。研究发现婴儿可以辨别母亲的气味，兄弟姐妹之间也可以用气味辨别彼此。研究还发现女性可以通过对腋窝气味样本的感知来判断一个人刚刚看过的电影是悲剧还是喜剧（Wysocki & Preti，2004）。我们也许应该把能让人流汗而不是催人泪下的电影称为悲伤的电影？

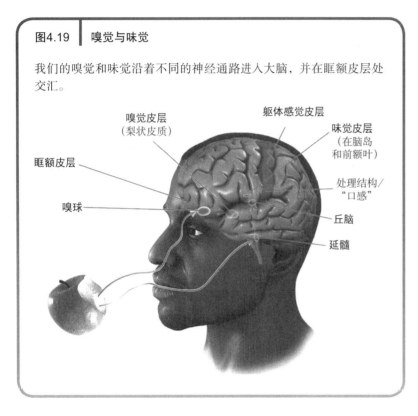

图4.19　嗅觉与味觉

我们的嗅觉和味觉沿着不同的神经通路进入大脑，并在眶额皮层处交汇。

气味和味道是如何激发我们的接收器的呢？气味分子和鼻黏膜上的感受器发生作用之后，信号进入大脑，被传输到嗅觉中枢和边缘系统的某些区域（见图4.19）。同样，味觉信号和味蕾发生作用之后，信号会进入大脑，到达味觉中枢、躯体感觉中枢（因为食物也会具有结构）和边缘系统的某些区域。额叶皮质是味道和气味的集合地（Rolls，2004）。

我们分析了气味的强度并确定它是否令人满意。边缘系统的某些部分，比如杏仁核，可以帮助我们分辨令人愉快的和令人讨厌的气味（Anderson et al.，2003）。味道也同样可以令人愉快或者讨厌；品尝令人不愉快的食品和看厌恶的表情都会刺激味觉皮层（Wicker et al.，2003）。另外，味觉皮层受损的人是无法体验到恶心的感觉的（Calder et al.，2000）。这些事实都说明并强调了嗅觉、味觉和情绪之间的紧密联系。

情绪障碍，如焦虑和抑郁，可能会扭曲味觉知觉（Heath et al.，2006）。某些神经递质，如血清素和去甲肾上腺素——活性由抗抑郁剂增强的同样的化学信使——使我们对味道更加敏感。汤姆·希思（Health，2006）和他的同事发现抗抑郁药物使参与者对各种甜味、酸味和苦味的组合更加敏感。他们的研究可能揭示了抑郁症的常见症状——食欲减退。

嗅觉在很多动物的交配行为中也发挥了特别重要的作用。事实上有嗅觉基因缺陷的小鼠根本没有交配的欲望（Mandiyan，Coats, & Shah，2005）。那么，嗅觉在人类的性行为中也发挥着核心作用吗？很多香水和古龙水生产商肯定这样认为。有意思的是，对我们性行为发生作用的并不是香的味道，而是**信息素**——一种在某一物种内部传递社会信号的没有气味的化学物质——改变着我们的性行为。有证据证明啮齿动物在交配和社会行为的过程中对信息素有反应

排除其他假设的可能性
对于这一研究结论，还有更好的解释吗？

信息素（pheromone）
物种成员之间传递社会信号的无味化学物质。

（Biasi，Silvotti，& Tirindelli，2001）。其他大部分的哺乳动物包括鲸鱼和马也是如此（Fields，2007）。大多数的哺乳动物都用位于鼻子和嘴之间的犁鼻器来侦探信息素。但是人类并没有这种犁鼻器（Witt & Wozniak，2006），这就导致有人认为人类对信息素并不敏感。另一种假说认为人类通过另一种不同的方式来侦探信息素。人类可以产生信息素的事实支持了这一假说（Pearson，2006）。一种最近被称为"神经零"的神经，可能会介入，使信息素在"大脑的敏感区域"中触发反应（Fields，2007）。

虽然如此，但在花大把的钱购买那些声称可以增添浪漫气氛的信息素产品时，我们仍要谨慎地考虑考虑。科学证据表明这些信息素产品很可能压根就没有任何作用。信息素是大分子，所以虽然在热吻时很容易从一个人传播到另一个人，但要让这些分子飘过餐馆的桌子到达另一个人，效果就不是那么明显了。此外，人类的浪漫远比物理化学浪漫更重要；也比心理学浪漫更重要。

除信息素外的其他气味也可能对人类的性行为造成影响。引人注目的是，人类的精子细胞可能含有气味受体，这是帮助它们找到女性卵子的方式（Spehr et al.，2003）。有时，真理比小说更离奇。

日志提示

除了刺激性的感觉和行为外，气味对触发记忆很重要。有时候，一股气味能让我们联想到很久以前的经历。你是否曾把一种特定的气味和一段特殊的记忆联系在一起？为什么认为气味和记忆是有联系的？

当我们失去味觉和嗅觉时

大约有 200 万美国人患有味觉、嗅觉障碍或两者兼而有之。味觉和嗅觉的逐渐丧失可能是正常老化的一部分，因为在我们年轻时经常更换的味蕾数量减少了。但这些丧失也可能是由糖尿病和高血压等疾病造成的。

有很多的嗅觉障碍（Hirsch，2003）。虽然不像失明或失聪那样严重，但它们可能会造成一些危险，比如，无法探测到气体泄漏和在我们吃变质的食物之前闻到它的味道。对嗅觉神经的损害，伴随着因帕金森病和阿尔茨海默病等疾病所造成的脑损伤，可能会损害我们的嗅觉和识别气味的能力（Haehner，Hummel，& Reichmann，2014；Zou et al.，2016）。失去味觉也会产生负面的健康后果。失去味觉的癌症患者比其他患者预后性较差，因为他们营养不良，不太能容忍化疗、手术和其他疗法的副作用，并且无法快速恢复能量。在老年人的饮食中加入调味剂可以改善他们的免疫和健康状况。因此，味觉可能给生活增添了一种必不可少的"热情"：一种可以通过激发食欲来预防疾病的心理上的调味品。

4.5　我们的躯体感觉: 触摸、体位和平衡

4.5a 描述三种不同的躯体感觉。

4.5b 描述痛觉和触觉的区别。

4.5c 描述心理学中被称为人为因素的领域。

阿兰·罗伯特（Alain Robert），绰号"法国蜘蛛侠"，只用手上的粉笔和登山鞋，就已经爬上了世界上最高的摩天大楼。要做到这一点，他必须依靠他的触觉、身体姿势和平衡力。一旦算错，

躯体感觉（somatosensory）
我们对触摸、温度和疼痛的感觉。

他的脚或手一滑，他就会从超过 80 层楼高的高度跌落。

对罗伯特来说，幸运的是，他和我们其他人一样，有三种身体感觉可以同时工作。我们用来触摸和感受疼痛的系统是**躯体感觉**系统。我们也拥有一种叫作本体感觉或动觉感觉的身体感觉，和一种叫作前庭感的平衡感觉。

躯体感觉：触觉和痛觉

可以使躯体感觉系统兴奋的刺激有各种各样的类型。在这方面躯体感觉与视觉和听觉是不同的，因为视觉和听觉只对一种特定类型的刺激发生反应。

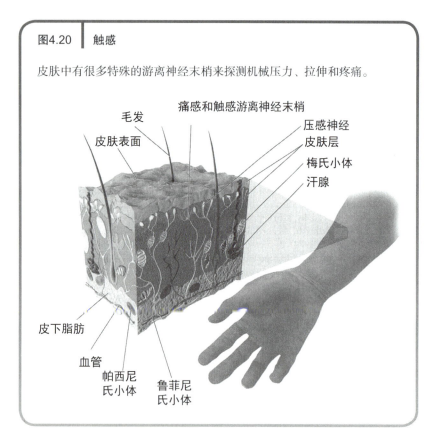

图4.20　触感

皮肤中有很多特殊的游离神经末梢来探测机械压力、拉伸和疼痛。

毛发
皮肤表面
痛感和触感游离神经末梢
压感神经
皮肤层
梅氏小体
汗腺
皮下脂肪
血管
帕西尼氏小体
鲁菲尼氏小体

压感、温感和损伤

我们的躯体感觉系统对作用在我们皮肤上的诸如轻触和重压、冷热，或化学的、机械的（与接触相关）可致痛的损伤发生反应。我们的躯体感觉系统对感觉的感知可以达到非常具体的程度，比如它可以识别盲文字母上的浮雕图案，也可以识别作用在我们身体大部分位置的刺激。对内脏器官的损伤有时会导致"疼痛"——不同部位的疼痛——比如在心脏病发作时整个左手臂和肩膀的疼痛感。

皮肤中特殊的游离神经末梢

我们用皮肤中神经末梢上的机械刺激感受器来感知轻触、深度压力、温度（见图 4.20）。我们也用游离神经末梢来感知接触、温度，特别是疼痛。这些游离神经末梢要比特异性神经末梢多得多。各种不同的神经末梢在我们身体上的分布是不均匀的。我们的指尖有大量的神经末梢（这就可以解释为什么我们割伤手指时异常的疼痛），接着就是嘴唇、面部、手掌和脚。背部中央的神经末梢最少，也许这就可以解释为什么我们在进行强烈的背部推拿时却不会感到痛。

我们怎样感知触觉和疼痛

身体接触、温度、疼痛刺激的信号从皮肤传导至脊髓。触觉信号的传导速度要比痛觉信号的传导速度快得多。我们也许都有这样的经验：当我们不小心踢到家具上时，我们往往是先感到我们的脚趾踢到了家具，但在一两秒钟后才感觉到剧烈的疼痛。那是因为触觉和痛觉有着不同的功能。触觉会使我们立即感知到周围环境的情况，让我们进入紧急状态，比如有些东西太热要避免被烫伤，而痛觉则是警告我们小心受伤，这个感觉经常要等一会儿才会传来。

通常，触摸和疼痛信息会激活局部的脊髓反射，然后再传导到大脑的感知区域。在某些情况下，痛苦的刺激会触发撤退反射。当我们接触到火或热的火炉时，我们会立即离开，以免被烫伤。

在激活了脊髓反射后，触摸和疼痛信息通过脑干和丘脑到达了躯体感觉皮层（Bushnell et al.，1999）。有些皮层区域在触摸信息的定位上是活跃的，例如顶叶的关联区域。

我们都知道疼痛有不同的种类：剧痛、刺痛、阵痛和持续稳定的痛。痛觉的类型与致痛的刺激有关——温度的（和热有关）、化学的或机械的。疼痛可以是急性的，即持续时间很短，也可以是慢性的，即持续时间很长，有时甚至可以持续数年。每种痛觉刺激都有阈值，或者说是我们刚刚感觉到它时的刺激强度。不同的人有不同的痛觉阈值。令人吃惊的是，有一项研究指出天生红色头发的人比其他颜色头发的人需要更多的麻醉剂（Liem et al.，2004）。当然这一相关研究并不能说明红色的头发是导致低痛阈的原因。而是说明一些人的痛阈恰好和与头发颜色相关的基因因素有关。与没有基因变异的人相比，与红头发有关的基因变异的人更容易回避牙齿护理，他们会将牙齿护理与焦虑和恐惧联系起来（Binkley et al.，2009）。

> **相关还是因果**
> 我们能确信 A 是 B 的原因吗？

事实与虚构

互动　吃冰激凌或其他冷物质会让我们的大脑感到疼痛。
（请参阅页面底部答案）
○ 事实
○ 虚构

我们不能像触觉一样精确地定位疼痛。此外，疼痛有很大的情感成分。这是因为疼痛信息的部分来源是躯体感觉皮层，部分是在脑干和前脑的边缘中心。痛苦的经历常常与焦虑、不确定和无助联系在一起。

科学家认为，我们可以通过控制我们的想法和情绪来控制疼痛（Bushnell, Čeko, & Low, 2013; Moore, 2008）。人们在战斗或自然分娩时忍受极度痛苦的故事支撑了这种信念。根据罗纳德·梅尔扎克和帕特里克·沃尔（Melzack & Wall, 1965, 1970）的**门控模型理论**的描述，在这种情况下，疼痛被阻止了，因为脊髓中的神经机制是一种"门"，控制着中枢神经系统的感官输入。

门控模型理论可以解释疼痛如何基于我们的心理状态而有所不同，我们大多数人都经历过当完全专注于一个事件，例如一个有趣的谈话或电视节目时，我们忘记了头痛或牙痛。门控制模型理论提出，我们所经历的刺激与意识的疼痛竞争并阻断疼痛。因为疼痛要求注意力，干扰是一种使痛苦的感觉短路的有效路径（Eccleston & Crombez, 1999; McCaul & Malott, 1984）。例如，科学家发现，他们可以通过将他们浸泡在一个由雪人和冰屋所组成的虚拟环境中，来缓解烧伤病人正在接受物理治疗、伤口护理和皮肤移植的痛苦（Hoffman & Patterson, 2005）。另一方面，当人们陷入关于痛苦的灾难性想法时（比如我无法忍受痛苦），痛苦的闸门就会打开。

有什么证据能证明脊髓在门控模型理论中的参与度呢？帕特里克·沃尔（2000）表示，大脑控制脊髓的活动，使我们能够放大、减小，或者在某些情况下忽略疼痛。安慰剂效应对主观报告的疼痛有强烈的反应。法尔科·艾珀特和他的同事们（Eippert et al., 2009）使用脑成像来证明，当参与者接受了被告知的已经使用了可以缓解痛的安慰剂时，脊髓的疼痛活动会大幅减少。安慰剂也可以刺激身体产生天然止痛药：内啡肽（见 3.1 a；Glasser & Frishman, 2008）。科学家正在研究促进内啡

门控模型理论
（gate control model）
认为疼痛是通过脊髓的神经机制阻断或从意识中进入的。

答案： 虚构。在我们的大脑中，快速地食用冰激凌或其他的冷物质不会引起疼痛。"大脑冻结"，并不会对大脑产生任何影响。它只是由我们的口腔顶部的血管收缩产生的，以应对强烈的低温，接着是血管扩张，产生疼痛。

肽的方法，同时在脊髓中激活增强疼痛的神经细胞（Bartley，2009；Watkins & Maier，2002）。

在人们经历痛苦的过程中是否存在种族差异？有证据表明某些文化背景下，比如美国印第安人、柬埔寨人、中国人和德国人对待疼痛更加保守，也不愿公开地谈论它，相反，南美洲和中美洲地区的人们更可能在疼痛时叫喊和呻吟（Ondeck，2003）。另一个假设是医护人员区别对待不同种族的人。非

事实与虚构

互动 尝试忍耐过去，忽视和抑制慢性疼痛是长期治疗慢性疼痛的最好方法。（请参阅页面底部答案）
○ 事实
○ 虚构

裔和西班牙裔美国人在急救门诊比白种人接受麻醉处理的可能性更小（Bonham，2001），这或许可以解释疼痛报告中的一部分差异。尽

排除其他假设的可能性
对于这一研究结论，还有更好的解释吗？

管非裔美国人疼痛耐受情况比非拉美裔白人低（Rahim-Williams et al.，2012），但非裔美国人的病人更有可能遇到负面刻板印象的医生，认为自己忍受疼痛的强度超过其他社会人口群体，导致疼痛管理不足和不必要的痛苦（Stanton et al.，2007；Tait & Chibnall，2014）。

有什么不寻常的活动可以让一种坚忍的心态派上用场吗？一些受欢迎的心理学大师肯定会这么想。过火人表演流行于印度、日本、北非和波利尼西亚岛，过火人必须走过一段 20～40 英尺燃烧过的炭火。此表演最早可以追溯到公元前 1 200 年。最近，加利福尼亚州、纽约和其他州都出现了大量的"过火人研讨会"。这些鼓舞人心的课程向普通人承诺从高度自信到精神上的启迪中的每件事——所有这些都是沿着一条 8～12 英尺长的燃烧的灰烬的路径前进的。与我们在研讨会上学到的相反。成功的过火表演和痛觉感受性没有关系，而和物理现象有关。用于过火表演的炭和木材的热量交换率很低，虽然炭的中部烧的通红，但外部的温度并不是很高（Kurtus，2000）。所以只要在炭火上走得足够快（或者跑起来），我们任何人都可以成功地进行过火表演。当然，如果炭火的准备不当或是过火人走得太慢，也会发生严重的事故。举个例子：在得克萨斯州达拉斯参加托尼·罗宾斯激励性研讨会的 30 名消防志愿者遭受了轻微的脚烧伤，其中有 5 人被送往医院（Page，2016）。

镜箱由一个两层的盒子组成，中间有一面镜子。当参与者在盒子里看着她的右手时，就会产生这样的错觉：她的右手的镜像是她的左手。这个盒子有时可以通过将完整的肢体放在幻肢的位置上，从而减轻幻肢疼痛的不适感，然后将其移动到一个更舒适的位置。

幻肢错觉

四肢截肢的人经常会出现**幻肢疼痛**或不舒服的现象。大约 90% 的截肢者都有幻肢感觉（Chan et al.，2007）。缺失的肢体常常感觉就像是处在一个不舒服的扭曲的位置。

维兰努亚·拉玛钱德朗和他的同事们对幻肢疼痛进行了一种创造性的治疗，名

幻肢疼痛（phantom pain）
截肢之后的疼痛或者是不舒服的感觉。

答案：虚构。多年来，科学界的共识是，我们可以忽略痛苦，或者至少可以忍受它（Szasz，1989）。在慢性疼痛的情况下，这种策略并不是特别有效。事实上，在冥想中，冥想者被指示非评判性地接受痛苦，而不是忽视或压抑它，这对许多人在减轻痛苦和伴随的悲伤情绪上是有效的（Baer，2015；Kabat-Zinn，1982）。在一种方法中，研究人员会有意识地观察疼痛的感受、情绪和与此相关的态度，以及身体感觉在痛苦、中性与愉悦、宜人间的来回转变（Smalley & Winston，2010）。

✳ 心理学谬论
慢性痛的心理治疗

许多人相信心灵的力量能战胜痛苦，但有些人声称拥有超自然能力或"天赋"，使他们能够减轻他人的痛苦。这是事实还是虚构？在 2003 年的夏天，澳大利亚的电视节目《一个真实的故事》讲述了邦德大学心理学家进行的一个双盲、随机对照实验来检测心灵治疗的力量。

通过报纸广告，研究者招募了参与者，他们长期遭受由癌症引起的疼痛、慢性背部疼痛，纤维肌痛（一种长期的肌肉、关节和骨疼痛；Lyvers，Barling，& HardingClark，2006）。将参与者分配一半接受心理治疗，另一半为控制组，不接受心理治疗。无论是实验组还是控制组都不知道谁被分配了。在治疗的情况下，心理治疗师在另一个房间里观看和触摸参与者的照片。

研究人员使用了麦吉尔疼痛调查表（Melzack，1975）来测试参与者在实验前后的不适程度。然后，研究人员对他们的前后进行了比较。平均而言，在治疗前后，得分没有变化，有一半的参与者报告了更多的疼痛，一半的参与者报告的疼痛减轻，而不管是否有心理治疗。

这些结果与英国研究人员在精神治疗方面取得的先前发现一致（Abbot et al.，2001）。在一项对 120 名慢性疼痛患者的研究中，他们同样使用了麦吉尔疼痛调查表。这些研究人员比较了在面对面和远距治疗前后的疼痛报告并与无精神治疗进行对比。研究结果表明，尽管英国的精神治疗很受欢迎，但这种方法缺乏科学的支持。然而，一个不同的研究小组报告说，参与者在接受精神治疗之后颈部疼痛会有所改善（Gerard，Smith，& Simpson，2003）。但是，由于他们的研究缺乏安慰剂疗法，也没有对治疗师的双盲控制，无法排除安慰剂效应。

利弗斯和他的同事（2006）用一个双重约束的设计，对安慰剂效应进行了研究，并对参与者的慢性疼痛进行了 5 分等级的评估，评估了他们对精神现象的看法。他们发现，心理治疗与减轻疼痛之间没有相关性；然而，他们也发现，报告疼痛的减少与对精神现象的信仰增加有关。因此，对超自然现象的信仰可以创造现实，至少是心理现实。

为"镜像波"（Ramachandran & Rogers-Ramachandran，1996）。有幻肢疼痛的病人会把他们的另一个肢体放在一个位置，这样它就能准确地反映截肢的位置。然后病人执行"镜像等效"的运动，截肢的肢体需要缓解抽筋或者做让其感受到舒适的活动。为了减轻截肢的疼痛或不适，这种幻觉必须是逼真的。在 2010 年的海地地震中，有 18 名 17 岁的青少年患者被截肢，他们接受了幻肢疼痛的治疗（Miller，Seckel，& Ramachandran，2012）。

日志提示

> 对慢性疼痛的心理治疗似乎是通过安慰剂效应来减轻疼痛的。如果安慰剂效应真有效，且患者的疼痛感降低，那么使用这种方法的患者是否有危险或需要付出代价？

本体感受（proprioception）
我们对身体姿势的感知。

前庭觉（vestibular sense）
我们对平衡的感知。

半规管
（semicircular canals）
内耳中充满液体的三条管道，它负责我们的平衡感。

当我们无法感知疼痛的时候

　　就像有些人失明或失聪一样，另一些人也会经历障碍，从而削弱他们感知疼痛的能力。虽然疼痛并不有趣，但对疼痛的敏感性研究表明疼痛是一种基本的功能。出生时对疼痛的不敏感是一种极其罕见的情况，有时会遗传（Victor & Ropper，2001）。在大多数情况下，患有这种疾病的孩子完全无法察觉到痛苦的刺激。由于缺乏对疼痛的意识，他们可能会咀嚼身体的某些部位，比如指尖或舌头的末端，或者在没有意识到的情况下，忍受骨折。不用说，这种情况可能非常危险。其他的个体对痛苦的刺激表现出冷漠的态度：他们能辨别出疼痛的类型，却没有感受到明显的不适。

本体感受和前庭觉：身体方位与平衡

　　此时此刻，你可能正坐在某个地方。你可能不会考虑身体控制或者保持头部和肩膀的功能，因为你的大脑会很好地照顾你的一切。如果你决定站起来吃点零食，你就要保持姿势和平衡，还要控制身体的运动。**本体感受**，又叫动觉感受，帮助我们记录我们在哪儿，并且帮助我们有效地运动。**前庭觉**，也叫平衡觉，使我们在运动时感知和保持平衡。我们对身体方位的感知和对平衡的感知是协同进行的。

本体感受器：告诉你内部发生了什么

　　我们用本体感受器来感受肌肉的张力和强度。通过对这两种信息的分析，我们即使闭着眼睛也能知道我们在干什么。我们有两种本体感受器：一种是嵌入在我们肌肉中的伸展感受器，一种是嵌入在肌肉肌腱中的压力探测器。本体感受的信息进入脊髓，然后向上传输到脑干和丘脑，最后到达躯体感受和运动皮层（Naito，2004）。在这里，大脑连同我们对获得身体定位的意图一起，整合来自我们的肌肉和肌腱的信息（Proske，2006）。

前庭觉：平衡的作用

　　除了耳蜗，内耳还有三根小管，叫作**半规管**，因它们弯曲的半圆形状而得名（见图 4.21）。半规管中充满了液体，它们帮助我们保持平衡。前庭神经信息到达控制眼部肌肉和触发协调头眼运动反射的脑干的相应部位（Highstein，Fay，& Popper，2004）。前庭信息也会到达协调身体反应的小脑，这种反应使我们在快要歪倒时保持平衡。

　　前庭神经的感觉在我们的大脑皮层中并不是很明显，所以我们对这种感觉的认识是有限的。只有当我们失去平衡感或者在前庭神经系统和视觉输入之间出现严重的不匹配时，我们才会意识到这种感觉，而当前庭系统和眼睛告诉我们不

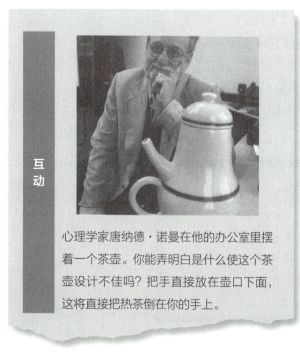

图4.21　我们怎样感知运动

内耳中的半规管可以觉察运动和重力。

半规管

毛细胞

互动

心理学家唐纳德·诺曼在他的办公室里摆着一个茶壶。你能弄明白是什么使这个茶壶设计不佳吗？把手直接放在壶口下面，这将直接把热茶倒在你的手上。

同的东西时，就会出现这种情况。在这些不匹配的情况下，我们通常会感到头晕和恶心，例如，当我们在车里快速移动，而不是看着外面的道路快速闪过时。

工效学：工程心理学

我们的身体和新技术是怎样相互作用的呢？一种叫作人为因素的心理学领域优化了技术，使得技术更加适应我们的感知能力。我们可以运用对人类感知觉系统——从位置感到视觉的了解——来制造出更加符合工效学的、有效的、精巧易用的工具（Dul et al.，2012）。

正如唐纳德·诺曼（Norman，1998）指出的那样，许多日常用品都是在没有用户的知觉经验的情况下设计的。因此，他们很难弄清楚如何操作。你有没有试过不断地去推一扇需要拉才能打开的门，或者花很长时间想办法在公寓或酒店房间里打开淋浴？糟糕的设计使美国在 2000 年布什和阿尔·戈尔的总统大选之后的 5 个星期里陷入了困境。佛罗里达州的一些县出现了令人困惑的选举结果，使得州官员无法判断选民选择了哪位候选人。

幸运的是，工程心理学家已经能够运用他们广博的感知觉知识来改善我们日常用品的设计了。比如，很多人的工作要求他们要坐在电脑前一整天，这就意味着设计出新式电脑显示器、键盘或更加灵活而精确的鼠标会提高电脑使用者的操作效率。工程心理学家除了设计电脑部件，还设计像安全、易用的飞机控制面板之类的设备。工效学的运用启示我们，我们所了解的大部分感知觉的知识都可以应用于我们生活的各个领域。

4.6 知觉：感觉与思维的融合

- 4.6a 追踪我们的大脑是如何建立感知的。
- 4.6b 描述我们在环境中如何感知人、物和声音。
- 4.6c 区分阈下知觉与潜移默化。
- 4.6d 分析支持与反对 ESP 的科学依据。

既然我们已经了解到我们如何加工感觉信息的基本原则，我们将开始一次令人兴奋的旅程，去了解我们的大脑怎么将极少的感觉数据碎片转换成更有意义的信息。让我们的大脑拥有整合如此之多的数据的卓越能力是因为大脑不仅仅依靠感觉区域的输出。我们的大脑将（a）感觉区域中的信息与（b）刚才的真实信息以及（c）记忆中的过去经验结合在一起。当我们感知世界的时候，我们会牺牲小细节来支持那些更有意义的表达。在大多数情况下，这种权衡是值得的，因为它能帮助我们理解周围的环境。

并行加工：大脑的多任务处理方式

我们可以同时注意到多种感觉通道，这种现象叫作**并行加工**（Rumelhart & McClelland，1987）。有两个与并行加工息息相关的重要概念，分别是**自下而上的加工**和**自上而下的加工**（见 8.1a）。在自下而上的加工中，我们通过刺激的各个部分构建整个刺激。例如，根据物体的边缘来认识物体。自下而上的加工从我们所感知到的原始刺激开始，以我们将其合成为一个有意义的概念结束。这种加工是刺激驱动加工，是初级视觉皮层的活动的结果，联合皮层的加工紧随其后（见 3.2a）。与

并行加工
（parallel processing）
能够同时兼顾多种感官的能力。

自下而上的加工
（bottom-up processing）
整个过程都是由刺激的各个部分构建的。

自上而下的加工
（top-down processing）
概念驱动的过程受到信念和期望的影响。

知觉定势（perceptual set）
当期望影响知觉时形成的定势。

知觉恒常性
（perceptual constancy）
我们在不同条件下稳定地觉察到刺激物的过程。

之相对，自上而下的加工过程是概念驱动加工，受我们的信念和期望的影响。然后我们就将其作用于我们所感知到的原始刺激上。自上而下的加工首先是在联合皮层进行处理，然后在初级视觉皮层进行处理。

　　一些知觉主要是自下而上的加工（Koch，1993），另外一些是自上而下的加工（McClelland & Plaut，1993）。但是在多数情况下，这两种加工共同起作用（Patel & Sathian，2000）。我们可以通过加工模棱两可的图片来证明（见图4.22）。根据我们不同的期望，我们会觉察到不同的图片。在图4.22中，有关爵士音乐家的自上而下的思维方式，使我们对图形的自下而上加工发生了偏差，导致我们看到的更像一个萨克斯演奏者。与此相对，如果自上而下加工期望出现的是妇女的脸，我们感觉依据的自下而上加工也会相应地发生改变。（你可以看到两个图形吗？）

知觉假设：猜出那里有什么

　　因为我们的大脑非常依赖于我们的知识和经验，所以我们通常可以在感官处理中节省开支，并对感官信息所告诉我们的信息进行合理的猜测。此外，用较少的神经元进行一个相当合理的猜测，比用大量神经元进行更确切的回答更有效。作为认知吝啬鬼，我们通常会尽可能少地利用神经力量。

知觉定势

　　当我们的期望影响我们的知觉时，我们就形成了一个**知觉定势**——一个自上而下处理的例子。我们可能会认为一个畸形的字母是"H"或"A"取决于周围的字母和我们的解释所产生的词（见图4.23）。

　　我们也倾向于根据我们的偏见来感知世界。由伊尔绘制的一幅模棱两可的卡通画提出了一个问题：它是一个年轻的女性还是一个老巫婆？参与者通过观看一幅卡通画的版本来展示一个年轻女性的知觉定势，并把这些特征夸大了（见图4.24）。相比之下，参与者通过观看一幅卡通画夸大了一个老妇人的知觉定势而将这些特征描述为看到一个老妇人。

知觉恒常性

　　我们在不同条件下稳定地觉察到刺激物的过程叫作**知觉恒常性**。没有知觉恒常性，我们就会陷入绝望的迷惑中，因为我们会看到我们的世界在不断地变化。但是我们的大脑允许我们纠正这些微小的变化。有这样几种知觉恒常性的类型——形状恒常性、大小恒常性和颜色恒常性。试想我们从不同的角度去看一扇门（见图4.25，第一张图片）。由于形状恒常性，不论那扇门是完全地关闭、刚刚打开，还是敞得更开，即使这些形状彼此差异比较显著，我们仍然可以看出它是一扇门。

　　拿大小恒常性来说，无论事物距离我们远近，我们都有能力感觉事物的真实大小（见

图4.22	你看到的是什么？

因为自上而下的加工的影响，这个"萨克斯演奏者"的图像因为模棱两可而易被知觉成一位"女子"的正面。

图4.23	环境影响知觉

根据周围字母的上下文所提供的知觉定势，中间的字母可以是"H"，也可以是"A"。因为上下文，我们大多数人都把这个短语读成 THE BAT（蝙蝠）。

这条裙子是什么颜色？

互动

这取决于观众。对一些观众来说，现实生活中的蓝色和黑色在照片中呈现为白色和金色；但对其他观众来说，这条裙子似乎是蓝色和棕色的；而对少数观众来说则是蓝色和白色，甚至是蓝色和蓝色的。这一现在很有名的"服装颜色错觉"2015 年在互联网上疯传，在 1 000 万条左右的推文中被提到。尽管科学家们对如何解释这种错觉提出了不同的假设，但这条裙子的外观可能取决于我们的大脑如何在不同的光照条件下解释衣服的颜色。显然，在这个例子中，人们可以采取完全不同的视角（在本书中，即用不同颜色）来看待这个世界。（见彩插）

图 4.25，第二张图片）。当一个朋友走远时，她的身影变得越来越小。但是我们几乎从来都没有发现这一现象，也没有认为我们的朋友会神秘缩小。在无意识之中，我们的大脑在心理上放大了远离我们的图像，使得它们更像在相同场景中出现的那样。

颜色恒常性是我们在不同的照明条件下觉察颜色一致的能力。试想一队穿着明黄色夹克的消防员，甚至是在非常暗的光线下，他们的夹克看上去也是明黄色的。这是因为我们是根据背景光线和周围的颜色来估计物体颜色的。让我们花点时间来观察图 4.25 中的第三张图片。棋盘上似乎包含了所有的黑白方块，但实际上它们是不同的灰色。值得注意的是，A 和 B 的正方形（一个来自黑色的集合，一个来自白色的集合）都是完全相同的灰色。戴尔士和他的同事（2002）以同样

图4.24　知觉定势的例子

互动

根据我们的认知，这幅图片可以看成是一个年轻的女人或者一个老妇人。你的第一感觉是哪一个？

老妇人　　年轻人

看看那些能改变你的知觉的双歧图。
资料来源：Hill, 1915。

图4.25　**知觉恒常性**

互动

1. 形状恒常性

我们把一扇门看作一扇门，而不管它是长方形还是正方形。

2. 大小恒常性

那个站在桥后面的男人看上去大小很正常，但是当将图像准确复制到前面之后，由于大小恒常性，他看上去就像一个玩具人。

3. 方格阴影错觉

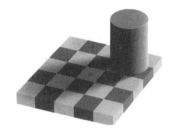

我们看到黑白相间的方格图案，由于颜色的恒常性，我们忽略了由绿色圆柱体所产生的阴影所造成的戏剧性的变化。信不信由你，A 和 B 的颜色是相同的。

4. 取决于环境的颜色感知

灰色可以根据周围的颜色呈现出一种相应的颜色。左边的立方体顶部的蓝色方块实际上是灰色的（见立方体下面的图片）。同样，右边的立方体顶部的黄色方块实际上是灰色的（见立方体下面的图片）。（见彩插）

5. 取决于环境的颜色感知：另一种看法

图上相同的蓝绿色圆看起来是不同的颜色，这取决于棋盘方格的背景颜色。当背景是绿色的时候，圆圈看起来是绿色的，但是当背景变成洋红色的时候，圆圈看起来是蓝色的。

资料来源：© Dale Purves and R. Beau Lotto, 2002。

图4.26　**卡尼萨正方形**

卡尼萨以正方形为例阐述了主观轮廓。我们在图像中感知到的正方形是想象出来的。

的原则，用不同颜色的小正方形组成了一个立方体，即使一些形状较小的正方形实际上也都是灰色的（见图 4.25，第四张图片），我们根据这些小正方形的周围环境获得我们对颜色的感知。在图 4.25 第五张图片中，我们可以看到背景颜色的变化如何改变相同的蓝绿色的圆点的外观。

格式塔原则

正如我们所了解到的，我们的大部分视觉感知是在其周围环境和我们的期望中分析一个图像得来的，我们的大脑经常填补丢失的信息，即主观轮廓现象。1955 年加埃塔诺·卡尼萨（Gaetano Kanizsa）对这种现象产生了浓厚的兴趣。他表示仅仅是四个角的暗示就能使知觉的图形看起来更像是一个想象出来的正方形（见图 4.26）。

格式塔原则是管理我们在整体环境下怎样将对象知觉成一个整体的规则（格式塔在德语中的意思是"完形"）。知觉的格式塔原则能够解释为什么我们把世界看作统一的图形而不是简单混乱的线条。这些原则给我们提供了一个组织和认识我们知觉世界的路线图。

有些主要的完形原则，是由心理学家韦特海默、科勒和考夫卡在 20 世纪初制定的（见图 4.27）：

- **邻近性**：比如，空间上紧挨着的知觉对象往往被当作整体来知觉（图 4.27 a）。
- **相似性**：所有的事物都是平等的，我们看到相似的物体会把它们组成

图4.27 知觉的格式塔原则

正如格式塔心理学家发现的那样，我们运用各种原则来帮助我们组织世界。（见彩插）

(a) 邻近性　(b) 相似性　(c) 连续性

(d) 封闭性　(e) 对称性　(f) 图像-背景

一个整体，这种情况比看到不同的物体要多。如果红圈和黄圈的图案是随机混合的，我们就不会觉得特别。但是如果红色和黄色的圆圈是水平排列的，我们就会看到不同的圆圈（图 4.27 b）。

- **连续性**：我们仍然会把一些物体知觉成整体，尽管它们只是物体的一小部分。连续性原则使得我们将图 4.27c 中的十字形知觉成一条横线和一条竖线的叠加，而不是四条短的线段组合在一起。
- **封闭性**：当呈现的是局部的视觉信息时，大脑会补全缺失的信息。当缺失的信息是轮廓线时，这个原则基本上和主观轮廓是一样的。这个格式塔原则是卡尼萨的主要观点。（图 4.27 d）
- **对称性**：我们感知到的对称排列的事物比那些被认为是整体的物体更常见。图 4.27e 表明在知觉过程中两个对称的图形更有可能被组合在一起作为一个整体来知觉。
- **图像—背景**：知觉过程中我们会瞬间做出决定把我们的注意力集中到那些我们认为是中心的图形上，并忽视那些被我们认为是背景的部分。我们可以从两个角度看一些图形，比如图 4.27f 中鲁宾（Rubin）的花瓶错觉。当我们忽视那些背景时，我们可以在图上看到一个花瓶。如果再仔细看一看这个图形，我们可以把背景看成这样的一幅图片：两个互相对视的人脸。

鲁宾的花瓶错觉也是双歧图的代表，双歧图就是通过两种途径进行知觉的图片。另一个例子是图 4.28 的纳克方块。

当我们观察双歧图时，我们通常一次只能用一种方式来感知它们，并且在我们快速从一个视角转换成另一个视角的过程中有限制。与双歧图有关的一个概念是突现，它几乎是从纸上跳出来，并且一下子就击中了我们。试着在下面的图片中找到达尔马提犬。如果你对此感到困难，那就盯着那张黑白照片，直到狗出现。等待是值得的。

图4.28 纳克方块

纳克方块是双歧图的一个代表。

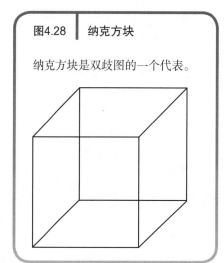

我们如何识别脸部

想象一下，你最好的朋友走在大街上，你却不认识她，或者把你的

嵌在这张照片里的是一只达尔马提犬的图片。你能找到它吗？

约会对象错认成完全的陌生人，或者反过来说，你会怎么样？面部识别对我们在社交世界中导航的能力至关重要，更不用说它对电影中包含大量角色的情节的重要性了（Russell, Duchaine, & Nakayama, 2009）。即使是非人类的灵长类动物也能识别人脸（Pinsk et al., 2005）。

人类不需要一张人脸的确切图片来识别它。漫画艺术家们长期以来都在利用这一事实，他们用一些名人的面部特征来逗乐我们，通常是采用一些夸张的手法。然而，我们之所以能够识别出古怪的面孔，是因为我们的大脑只得到部分信息，就可以补全其他信息。

面部识别是一种非凡的能力，我们通常认为它是理所当然的。心理科学如何帮助解释我们识别人脸的能力？为了解释面部识别是如何加工的，看看那些无法识别人脸的人是很有帮助的。我们大多数人都能毫不费力地在一秒内辨认出熟悉的面孔（Bruce & Young, 1986）。然而对一些人来说，面部识别绝不是"给定的"。虽然这种情况一度被认为是极其罕见的，但一种被称为"面孔失认症"的疾病，可能至少在一定程度上折磨着2%的人。面部识别需要依赖于非面部的线索，比如雀斑、体重、眼镜和衣服，以识别熟悉的人（Nakayama, 2006）。在某些情况下，他们甚至不能从父母和配偶的面部特征中认出他们（Duchaine & Nakayama, 2006）。他们在出生时的认知能力严重受损，但这往往是由于脑外伤、中风或神经系统疾病造成的。此外，它通常是限制于面部，而非一般的刺激或对象（Busigny et al., 2010）。

这张照片捕捉到了大多数人的面孔失认症的过程——是零零散散的，而不是完整的整体。

许多心理学家认为，整体加工——将一张脸整体的视觉化，而不是其部分的总和——对于人脸识别来说是至关重要的。尽管我们所有人可能也会处理面部特征，比如大鼻子或大眼睛，以提高我们对人的认识（Rotshtein et al., 2007），但是擅长面部识别的人，同样擅长将面部整体加工（R.Wang et al., 2012）。许多有面孔失认症的人缺乏处理面部特征的能力，这意味着这种类型的加工可以解释面部识别能力正常还是受损（Busigny et al., 2010; Duchaine et al., 2006）。例如，著名的美国艺术家查克·克洛斯（Chuck Close）声称他有"失认症"。他的自画像和其他人的肖像由成千上万的点组成，因为他很难处理人类的面部表情（Stokes, 2014）。

研究人员最近发现了关于人脸识别的生物学基础的重要线索。尽管我们还需要学习很多知识，但是我们现在知道，颞叶的一个叫作梭状回的区域在这个能力中起着核心作用，当它受损的时候，就会出现失认症。在那些患有面孔失认症的人当中，连接着与面部识别相关的大脑的不同区域的蛋白质的连接和数量，都被破坏了。当这种情况发生时，神经沟通就会中断，即使这些婴儿长大成人了，面部加工也会受到干扰。面部失认症是大脑可塑性极限的一个很好的例子。尽管有无数机会认识到他们最亲密的朋友和亲人的面孔，但他们的面部识别障碍却持续了一生。

一些学者近来已经在海马中找到了对名人如哈莉·贝瑞和詹妮弗·安妮斯顿面部做出选择性反应的神经细胞（Quiroga et al.，2005）。在 20 世纪 60 年代，杰瑞·莱特文（Jerry Lettvin）半开玩笑地提出了大脑中的每一个神经细胞都贮存了一份独立的记忆，就像我们能回忆出我们小时候看到祖母坐在客厅里的情形。莱特文创造了术语"祖母细胞"来代表他的观点，并假设"祖母细胞"是很容易被篡改的（Horgan，2005）。

可证伪性
这种观点能被反驳吗？

奥卡姆剃刀原理
这种简单的解释符合事实吗？

某种神经细胞，诸如对詹妮弗·安妮斯顿做出反应的细胞，会让我们联想到"祖母细胞"的观点，但是我们还不能这么快地接受这种可能性。即使单独的细胞可能对安妮斯顿有反应，其他别的脑叶神经也可能会有协调作用。研究者每次只能记录到一小部分神经元的活动，我们并不知道大脑中的其他部分在干什么。目前，最保守的假设是面部识别的形成原因是一个规模庞大的神经元网的作用，而不仅仅是某一部分细胞的作用。

我们如何知觉运动

我们的大脑通过比较物体在眼中形成的视觉构架来判断物体持续的变化，如同在电影里一样。当我们穿过马路时，我们就是根据这样的判断来觉察一辆正驶向我们的车子，没了这种判断，我们就无法过马路，更不用说驾驶一辆车了。我们的眼睛有时也会被欺骗，将一些实际上静止的东西知觉为运动的。如图 4.29 所示，将一个图片时远时近地移动就会让人产生一种运动的错觉。由格式塔心理学家马克斯·韦特海默发现的似动现象，是我们对连续闪现的画面产生一种运动错觉的现象，就像绕着电影屏幕闪烁的灯光一样。这些灯光往往从屏幕上的一点跳到另一点，但看起来就像是连续的一样。这种似动现象显示出我们对运动和静止的判断仅仅依赖我们知觉到的部分信息，而我们的大脑会对缺失的东西做出最好的猜测。幸运的是，大部分

这张照片说明了消失点，在这个点上，平行线似乎会聚在远处。如果照片中的平行线在空间中进一步延伸，你能感觉到消失点在哪里吗？

图4.29 | 知觉运动

互动

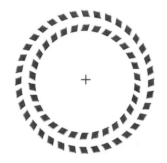

紧盯图中间的加号并将你的脸紧贴在纸上，然后慢慢向远处移动。这两个圆圈会反方向地运动，当你把你的脸向反方向移动时，运动的方向就会反过来。

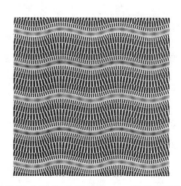

这是我们最喜欢的运动错觉之一。当你凝视着这幅图像时，你会着迷于看到这些条纹似乎在流动。它们在向哪个方向流动？当你盯着图像时，无意识地发生的微小的眼球运动很可能是导致幻觉运动的原因。

深度知觉（depth perception）
判断距离和三维空间关系的能力。

单眼深度线索
（monocular depth cues）
能使我们只用单眼判断深度的刺激物。

双眼深度线索
（binocular depth cues）
能使我们用双眼判断深度的刺激物。

的猜测都是准确的或是至少足够准确到让我们能够正常生活。

运动盲症是一种严重的疾病，患者无法将其大脑处理的静态图像无缝地转换为对正在进行的运动的知觉。正如我们之前提到的，运动感觉就像在我们的头脑中创造一部电影。真实的电影每秒钟包含 24 帧静止的照片，这就产生了一种运动错觉。在患有运动盲症的病人中，许多这样的"框架"缺失了。这种障碍妨碍了许多简单任务的完成，比如过马路。想象一下，一辆汽车出现在 100 英尺外，然后突然行驶到距你 1 英尺远的地方。不用说，这种经历将会是可怕的。就是在室内，生活也没那么简单了。就算倒一杯咖啡都是极具挑战性的，因为患有运动盲症的人没有看到杯子满了。最初，它是空的，然后再过一会儿，地板上就洒满了溢出来的咖啡。

我们如何知觉深度

深度知觉是一种看到三维空间关系的能力，它使我们可以够到一个玻璃杯，抓住它而不是打翻它并洒出里面的东西。我们需要知道如何靠近或者远离我们周围环境的物体。我们利用两种线索来知觉深度：**单眼深度线索**（只依靠一只眼睛）和**双眼深度线索**（依赖双眼）。

单眼线索　我们可以仅仅用一只眼睛知觉三维空间。我们这样做是依靠图像线索来让我们知道我们在静止的场景中是什么位置。以下的图像线索帮助我们感知深度：

- **相对大小**：所有的东西都是一样的，较远处的物体看上去比近处物体更小。

- **纹理梯度**：当对象变远时，它的纹理变得更不明显。

- **遮挡**：一个挡住我们视线的物体看上去离得更近 些。根据这个事实，我们知道哪些物体更近，哪些更远。

- **线条透视**：房间或者建筑的轮廓随着距离增加而汇聚，这是一个被艺术家们充分利用的事实。我们可以在一个场景中看到大多数的线条直到它们交织在一点——消失点。实际上，平行线永远不会相交，但它们从远处看上去会相交。一些不可能的图像——打破物理定律的图像——拥有不止一个消失点。

- **相对高度**：在一个场景中，远处的物体比近处的物体显得高。

- **明亮与阴影**：物体投射出的阴影，会使它们看上去有种三维的感觉。

另一种没有图像的单眼线索是**运动视差**：一种通过运动物体的速度判断物体距离的能力。运动速度相同时，近处的物体似乎比远处

单眼深度线索

互动

这幅画描绘了一个提供单眼深度线索的场景。

1. 相对大小：房屋大约与篱笆一样高，但是我们知道房屋会更大些，所以它肯定更远一些。

2. 纹理梯度：篱笆前的草丛被画得像一片片单独的叶子，但是后面原野里的草就没有过多的细节描绘。

3. 遮挡：房屋一角的那棵树遮挡了房屋的一部分，所以我们能够知道那棵树比房屋离我们更近。

的物体动得更快一些。当我们移动的时候，运动视差也同样会出现。离我们更近的物体会比离我们远的物体更快地经过我们，这是我们从一辆行驶的汽车的窗户望出去时发现的事实。我们的大脑很快就能计算出这些速度的差异及它们离我们的距离。

双眼线索 我们建立视觉系统是为了利用我们的两只眼睛观看两个视觉视野。我们可以回忆一下，在视觉神经轴突进入大脑之前，一半绕到另一边，而一半则保留在相同的一边。两侧的视觉信息被发送到我们的大脑，我们的大脑利用视觉皮质的邻近细胞进行比较。这些比较构成了双眼深度知觉的基础；我们用一些双眼线索来感知我们的世界的深度。

- **双眼视差**：就像双眼的两个晶状体一样，我们左眼和右眼对近处物体传递着不同的信息，但看远处的物体还是相似的。为了证明这种线索，闭上你的一只眼睛，拿起一支笔竖着放在离你的脸一英尺远的地方，使它的顶部与墙上远处的一点（比如一个球形门把手或画框的一角）相连。然后平稳地拿着笔，与此同时，交替睁开你的眼睛。你会发现，虽然那支笔和你的一只眼睛连成一线，但当你换成另一只眼睛时就不再这样了。每只眼睛看到的世界会有所不同，而我们聪明的大脑会很好地利用这个信息的特点来判断深度。

- **双眼辐合**：当我们看近处的物体时，我们会反射性地用眼睛肌肉使双眼向内转动来注视物体。这样的现象称作辐合。我们的大脑会意识到双眼辐合了多少，并用这个信息来估计距离。

婴儿期出现的深度知觉 我们一学会爬行就能够判断深度。埃莉诺·吉布森在一个经典的实验设置中证实了这一现象，这个实验叫作视觉悬崖（Gibson，1991；Gibson & Walk，1960）。通常，视觉悬崖由桌子和低于桌子几米的地面构成，两个都铺着相同的方格布。在地板上方有一块干净的从桌子那里延伸出去的玻璃，制造出一种忽然坠落的景象。6～14 个月的婴儿即使在他们的妈妈打手势引诱时也会犹豫是否要爬过离地面几尺高的玻璃。视觉悬崖的发现告诉我们，出生后不久就会出现的深度线索很可能是先天就有的，只不过它们在后天经验中得到了加强而已。

视觉悬崖测试了婴儿判断深度的能力。

我们如何感知声音来自何处

线索在定位声音的过程中也发挥着重要的作用。我们使用不同的脑中枢来定位来自我们身体的各个方位的声源。当听觉神经进入脑干时，一些轴突和脑的一侧的细胞发生联系，而另一些则穿行到脑的另一侧。这种巧妙的布局可以让来自两耳的信息到达脑干的同一结构。因为两种信息走的是不同的路线，因而到达脑干稍不同步。我们的脑根据我们耳朵的差异——双耳线索——来定位声源（图 4.30）。到达两耳的声音的强度也是不同的，因为离声源较近的一侧耳朵在声波的直线路径上，而远一点的耳朵处在由头部形成的声影里。我们主要依靠双耳线索来探测声音的来源。但是我们也使用单耳的线索，即只听到一个耳朵的声音。这些提示能帮助我们分辨清楚因耳朵、头和肩膀的阻碍而变得模糊的声音，即让我们能够分辨出声音是从哪里来的。

图4.30 | **我们怎样定位声源**

当有人站在我们的左侧对我们说话时，声音到达我们的左耳要稍微早于右耳。并且到达左耳声音的强度也要比到达右耳声音的强度大，这是因为右耳位于由头和肩形成的声影里。

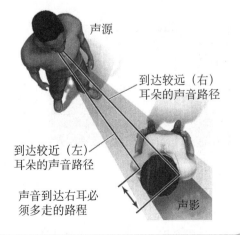

声源

到达较远（右）耳朵的声音路径

到达较近（左）耳朵的声音路径

声音到达右耳必须多走的路程

声影

当知觉欺骗了我们

有些时候，理解一些事物是怎样工作的最好的办法就是去了解它们不工作时的情况，或者在非正常状态下如何工作。我们已经检测了大量的可以用来解释感知觉原理的错觉。现在我们将进一步研究错觉和其他不寻常的现象是如何解释我们的日常感知的。

可证伪性
这种观点能被反驳吗？

- 月亮错觉。几个世纪以来，它一直吸引着人们。这个错觉就是，当月亮靠近地平线时比高高挂在天上时显得更大。科学家对这个错觉做了很多解释，但是没有一个解释可以被广泛接受。一个常见的误解就是月亮之所以在靠近地平线时候显得大是因为大气层的放大效应，但是我们很容易反驳这个假设。

尽管大气层会改变地平线上月亮的颜色，但并不会把月亮变大。让我们将这种常见的误解与一些更好的解释进行对比。首先，月亮错觉是由于感知距离的误差造成的。月亮离我们大约 24 万英里远，这是一个我们几乎没有什么经验判断的巨大的距离。当月亮在天空时，没有其他东西可以和它比较。相反，当月亮靠近地平线的时候，我们可能无意识地感觉到它变远了，因为我们看到它和我们已知的很遥远的事物紧靠在一起，像大楼啊，山丘啊，还有一些树。因为知道这些事物很大，我们会认为月亮更大。另一种解释是，我们错误地理解了我们所居住的三维空间，以及月球。例如，许多人都有一种错觉，认为天空的形状就像一个扁平的圆顶，让我们看到月亮在地平线上比在天空的顶部更遥远（Rock & Kaufman，1962；Ross & Plug，2002）。

排除其他假设的可能性
对于这一研究结论，还有更好的解释吗？

- 艾姆斯房间错觉，是由艾戴尔伯特·艾姆斯（Ames，1946）开发的令人震惊的错觉，如图 4.31 所示。这个扭曲的房间实际上是倾斜的，墙壁是倾斜的，天花板和地板也都是倾斜的。有两个

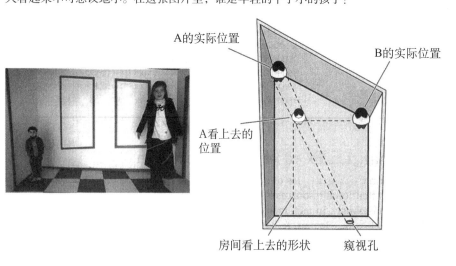

图4.31　艾姆斯小屋

从窥视孔看进去，这个艾姆斯小屋让小个子的人看起来不可思议地大，而让大个子的人看起来不可思议地小。在这张图片里，谁是年轻的个子小的孩子？

A的实际位置
B的实际位置
A看上去的位置
房间看上去的形状　　窥视孔

月亮错觉使我们觉得月亮在地平线上比在天空中更大。

同样身高的人在房间里，在房间的天花板较低（但看起来不是）的一侧，有一个巨人，然而在天花板较高的房间里，有一个小的人，这使得艾姆斯小屋给人一种奇怪的印象。这种错觉是由相对大小的原则造成的。天花板的高度是错觉的关键，房间里的其他变形只是使房间显得正常的必要条件。好莱坞特效导演们在电影《指环王》《查理和巧克力工厂》等影片中利用了这一原则，让一些角色显得庞大而让其他显得有些矮小。

还有其他类型的错觉，如图 4.32 所示。

阈下知觉和超感官知觉

我们已经看到了很多例子，它们证明了我们认知错误的能力。我们节省注意力资源的一种方法是处理我们在无意识中暴露出来的许多感觉输入。事实上，我们的许多行动都是很少或没有事先考虑的（Hassin，Uleman，& Bargh，2005）。如果我们必须仔细考虑每一个字，输入每句话，或者做一个小的调整来驾驶安全的汽车，那么我们的生活将会陷入停滞状态。在一般情况下，我们不会有意识地将注意力集中到这些活动上，但我们会不断地调整感官体验。也许一些感官输

图4.32 | **你如何准确判断相对大小？**

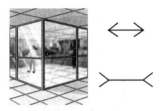

(a) 哪条水平线更长？

图 1： 在缪勒-莱耶错觉中，相同长度的一条线段，在两端加上向内的箭头会比加上向外的箭头显得更长。这是因为我们是将线段作为大背景的一部分来知觉的。三位研究者（Segall，Campbell，& Herskovitz，1966）发现，不同文化背景的人对缪勒-莱耶错觉的反应是不同的。生活在围成圈而不是排成列的茅屋和街道中的祖鲁人，相对而言不易受缪勒-莱耶错觉的影响，很可能是因为他们相对来说缺少一些线性环境的经历。

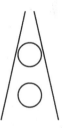

(b) 上面哪条线更长？哪个圆更大？

图 2： 在潘佐错觉，又称铁轨错觉中，将两个相同大小的物体融合于汇聚的线条中，会导致我们感觉靠近汇合线的物体更大，我们的大脑"假定"靠近汇合线的物体更远——通常这种猜测是正确的——通过使物体看起来更大来进行知识的填补。

(c) 哪条线更长？

图 3： 水平垂直错觉使我们能看到倒"T"的垂直部分比水平的部分要长，因为水平部分被垂直部分分割为了一半。

(d) 哪个中心圆更大？

图 4： 多尔波也夫错觉使我们感觉被小圆包围的中心圆比被大圆包围的中心圆要大。尽管这个错觉愚弄了我们的眼睛，但是它并不能愚弄我们的手。参与者必须亲自测量这个中心圆的研究表明他们要用实际的工具确认自己的猜测（Milner & Goodale，1995）。尽管一些科学家最近对这一发现提出了挑战（Franz，Bulthoff，& Fahle，2003）。

阈下知觉
（subliminal perception）
低于阈限或有意识注意的知觉。

入是如此的微妙以至于它们没有被意识到，但却仍然影响着我们的日常生活？换句话说，如果我们在不知道的情况下能觉察到刺激，那是否会影响我们的行为呢？

阈下知觉和说服

一个周日的下午，你蜷缩在自家沙发上看电视机里的电影。突然，在很短的时间内，你在屏幕上看到三四次的快速闪光。只在几分钟之后，你就产生了一种不可抗拒的欲望——想吃奶酪汉堡。难道广告者极坏地在电影中播放若干张关于奶酪汉堡的照片，快到以至于我们没有觉察到它？

美国公众长期被**阈下知觉**的可能性所吸引，这种感觉信息加工发生在意识水平之下（Cheesman & Merikle，1986；Rogers & Smith，1993）。为了研究阈下知觉，研究者通常快速呈现一个单词或图片，如 50 毫秒（二十分之一秒）。他们一般在这个刺激之后马上接着呈现另一个刺激，即另外一个勾勒出阈下刺激的心理加工过程的刺激（如点图或线图）。当参与者不能在机会水平之上正确识别刺激的内容时，研究者就认为它们是潜意识的。阈下知觉的主张是离奇的，但是支持它的证据是很合理的（Seitz & Watanabe，2003）。

特别声明
这类证据可信吗？

当调查者通过呈现一些引起参与者愤怒的单词来引导他们的潜意识中的情绪时，这些参与者更可能认为别人充满敌意（Bargh & Pietromonaco，1982）。在一项研究中，研究人员下意识地向参与者展示诸如教堂、圣徒和传教士之类的词语，然后给他们提供一个在不同任务中作弊的机会。和那些下意识地接受了中立的、非宗教的词语的 20% 的人相比，那些下意识地接受了宗教词汇的参与者，没有一个人作弊（Randolph-Seng & Nielsen，2007）。由于不清楚的原因，当参与者意识到甚至怀疑研究人员有意识影响他们时，尽管这些影响都是非常短暂的，潜意识信息的影响仍然会消失（Glaser & Kihlstrom，2005；Kihlstrom，2015）。

尽管我们常常受阈下知觉的支配，但是那并不意味着我们麻木地屈服于潜意识说服。换句话说，阈值不一定影响我们在选举、产品选择和生活决策中的投票（Newell & Shanks，2014）。下意识地呈现与口渴有关的词，比如"饮料"，可能会轻微影响人们的饮酒量，但与品牌名称相关的特定词汇，比如"可乐"，不影响饮料的选择（Dijksterhuis，Aarts，& Smith，2005）。这可能是因为我们不能深入加工阈下刺激的意义（Rosen，Glasgow，& Moore，2003）。结论是，这些刺激不能使我们的态度发生巨大的或持久的改变，更不用说会改变我们每一天的决定了。

但是，潜意识自助 CD 机、DVD 以及博客仅在美国一年就有百万美元的产量。据称它们包含了用来影响我们行为和感情的重复的阈下信息（例如自我感觉良好）。然而大量的研究结果表明那些潜意识自助磁带

互动

2000 年，共和党全国委员会发布了批评戈尔的卫生保健计划的广告，"老鼠"这个词出现了几分之一秒。这种下意识的信息不会让观众相信戈尔的计划是糟糕的，因为即使观众接受潜意识的感知，他们也不会对"老鼠"这个词的含义进行深入的处理。

评价观点　为消费者包装潜意识说服

互联网上充斥着各种潜在的自助 DVD、CD 和播客，这些广告都有望改变你的生活。制造商声称，这些改变生活的自助工具很容易在你家中使用，并能奇迹般地发挥作用，因为它们会向你的潜意识发送信息来影响你的行为和态度。但这些夸张的说法是否有证据呢？

几天前，你读了一本科幻小说，讲述了一个无情的领导者如何运用狡猾的手段来操纵一群人，操纵他在遥远的银河系里的一颗行星。这个情节似乎牵强附会，但你却发现自己在想：潜意识的劝说是否会被用于个人利益？接下来，你做了强制性的谷歌搜索，并阅读了潜意识自助工具。它们看起来是可信的，似乎很有可能值得一试，但是每张 CD 需要花费 40 美元，值得吗？

"超过一百万人都发现了我们的 DVD 的力量，你也可以。利用我们的 DVD 力量来定制你想要的生活。我们的专利 DVD 将会改善你生活的方方面面。你可能不会马上注意到变化，但几周后，随着信心的增加，你可能不会在镜子里认出原来的你自己了。在潜意识的力量下，你会学会提高你的情绪，战胜你的恐惧，减轻体重，甚至可以吸引异性伴侣，如果你现在需要的话。不要相信我们的说法，亚特兰大的安德鲁曾说：'你们的DVD 是我试过的最好的，它们改变了我的生活。'"

科学的怀疑主义需要我们用开放的思维来评估所有的主张，但是在接受这些主张之前，我们要先去接受那些有价值的证据。而科学思维原则是如何帮助我们评估关于潜意识说服自助工具的呢？

考虑一下，当你评估这一观点时，科学思考的六个原则是如何相关的。

1. 排除其他假设的可能性

对于这一研究结论，还有更好的解释吗？

重要的替代解释并没有被排除在外。到目前为止，科学家们还没能记录下能产生微小的、不那么深刻的个人变化的潜意识说服的能力。尽管如此，在使用 DVD 的情况下，这种变化是显而易见的，但安慰剂效应可能正在发挥作用。此外，DVD 可能会促使人们比平时更加注意积极的想法和价值行为（比如限制饮食以促进减肥），从而使人们感觉更好、更自信。并且，如果人们

在特别沮丧的时候购买 DVD，随着时间的推移和积极生活体验的出现，消费者可能会产生错觉，认为潜意识信息会带来积极的改变。

2. 相关还是因果

我们能确信 A 是 B 的原因吗？

我们不能确定与 DVD 有关的个人变化是由潜意识的说服引起的，因为广告并不是隔离信息影响的控制性研究。但是，根据以往的研究，我们可以相当肯定地说，潜意识的说服是无效的，与广告中的说法相反。

3. 可证伪性

这种观点能被反驳吗？

研究人员还没有找到对潜意识说服的支持，当然也不支持像广告宣传的那种效果。尽管如此，研究人员有可能通过将一些包含相关信息的 DVD 与一些不包含相关信息的 DVD 比较的方法对如广告所述的 DVD 的有效性以及潜意识信息的确切作用进行评估。如果这些DVD 没有产生所谓的积极效果，如果这些信息没有被包含在其中，那么它就会反驳关于潜意识说服的说法。

4. 可重复性

其他人的研究也会得出类似的结论吗？

没有证据表明这种说法来源于对 DVD 广告的研究。我们应该对那些基于单一研究的说法表示怀疑，尤其是当研究结果与数十年前的重复研究相矛盾时。

5. 特别声明

这类证据可信吗？

关于潜意识说服的离奇主张需要离奇的证据，而广告则没有提供这样的证据。科学家们未能证明潜意识说服的能力能够产生有意义的个人改变。大量购买产品的人没有提供与产品有效性相关的证据。此外，一个"满意的顾客"提供的证明和逸事证据不足以证明该产品有效。

互动

6. 奥卡姆剃刀原理

这种简单的解释符合事实吗？

是的。对于任何积极的改变都和安慰剂效应有关的简单的解释都增加了自我观察和对积极变化的关注，并增加了其与自然发生的生活事件的相关性。

总结

对于这种离奇的说法，即潜意识的说服可以产生深刻的生活变化，并没有科学的支持。广告中的说法并不是基于经过良好重复的研究，它们尽管可以在严谨的研究中进行测试，但是也可能是伪造的。对于积极变化和广告 DVD 的关联，有比潜意识的说服更简单的解释。

超感官知觉

（extrasensory perception, ESP）

通过已知的几种感觉通道之外的通道来感知事物。

是没有用的（Eich & Hyman，1991；Moore，1992）。然而，听那些自助磁带的人相信他们已经进步了，即使没有证据支持进步（Greenwald et al., 1991）。菲尔麦克（Merikle，1988）发现了另一个为什么潜意识的自助磁带不奏效的原因：他的听觉分析显示，这些磁带中有很多都不包含任何信息！

一些人甚至声称，相反的潜意识信息会影响行为。1990 年，当时流行的摇滚乐队"犹大牧师"因一名青少年自杀和另一名青少年自杀未遂而陷入审判。当听着"犹大牧师"的歌时，男孩们应该听到了"就去做"的歌词。检方称，这条反动信息导致男孩开枪自杀。最后，"犹大牧师"的成员被无罪释放（Moore，1996）。正如专家证人所指出的那样，超前的阈下信息不能在行为上产生重大的改变，因此，落后的信息可能性就更小了。在某些情况下，离奇的主张依然存在仅仅是因为——离奇的主张没有科学支持。

特别声明

这类证据可信吗？

超感官知觉（ESP）：事实还是虚构？

超感官知觉的支持者声称我们可以通过除了视觉、听觉、触觉等已知通道以外的其他通道来感知事物。在检测关于这个特别的理论证据之前，我们首先要解决一个问题。

什么是超感官知觉？ 超心理学家——结合心理现象来研究超感官知觉的研究人员，把超感官知觉现象分成了三种主要的类型（Hines，2003；Hyman，1989）：

- **预知**：在未来事件以超常的方式出现之前就获得它们的信息，也就是说，此种预测机制超出了传统科学的领域（你知道我们将要说这个，不是吗？）。
- **心灵感应**：解读他人的思想。
- **透视**：感知被遮挡住的人或物。

齐纳卡片，以约瑟夫·莱茵的一个研究伙伴而命名，现已广泛地应用在超感官知觉的研究中。

有关于超感官知觉的科学证据吗？ 在 20 世纪 30 年代，约瑟夫·莱茵（Joseph B. Rhine）创造了"超感官知觉"这个词并在美国组织开展了对超感官知觉的大规模研究。莱茵曾用一套"齐纳卡片"作为刺激物，这套卡片包括五种标准图形：波形线、星形、圆圈、加号和方形。他把卡片随机地呈现给参与者，并让他们猜哪一张卡片将会出现（预知）、另一参与者心里想的是哪一张卡片（心灵感应）、被遮盖的是哪一张卡片（透视）。莱茵（1934）首次得出有效的实验结果，他的参与者平均每 25 次可以猜中 7 次，其中有 5 次是受概率影响的。

但一个困扰超感官知觉研究长达一个多世纪的问题：其他的研究者即便尝试过，却无法复制莱茵的实验结果。另外，科学家们后来指出了莱茵的研究方法中存在的致命缺陷。有些齐纳卡片非常的破旧或者粗制滥造，参与者能通过卡片背面的压印而判断出卡片正面的内容（Alcock，1990；Gilovich，1991）。在其他情况下，科学家们发现莱茵和他的同事并没有正确地随机分配卡片的顺序，这使得他的分析基本上没有意义。最终，人们对齐纳卡片研究的热情消失了。

从 1972 年开始，美国政府向"星际之门"项目投入了 2000 万美元，用于研究"远程观察者"在遥远的地方获取有用军事信息的能力，比如通过千里眼获取敌方国家的核设施的位置。1995 年，政府停止了这一项目，显然是因为"远程观察者"没有提供有用的信息，有时甚至会出现严重的错误（Hyman，1996）。

最近，在使用超感官知觉全域测试法技术的研究中，一直有重复的问题出现。在实验中，实验人员用一种类似于乒乓球的两部分的护目镜来覆盖参与者的眼睛，当一个红色的泛光灯指向眼睛时，他们就能创造出一个统一的视觉区域。另一个人（"发送者"）试图在精神上传递一张目标图片，而参与者则报告脑海中浮现的图像。然后，参与者对四张图片中的每一张进行了比较，以了解它与精神意象的匹配程度，但是其中只有一张图片是发送者试图发送的目标。

研究发现，超感官知觉全域测试法的影响是很小的，并且与性能上的机会差异相一致（Bem & Honorton，1994；Milton & Wiseman，1999）。其他的 ESP 范例也同样令人失望。比如，三十多年前的一项实验结果表明，人们可以用意念把图像传输到其他正在做梦的参与者（Ullman，Krippner，& Vaughn，1973）。然而，后来的研究都无法得到这些结果。

最新的关于可重复的研究源于一项对前认知的研究，康奈尔大学的研究人员达恩·贝母（Bem，2011）最近声称，他所做的 10 个实验中有 9 个表明，人们对未来事件的了解能力会影响他们现在的行为。达恩·贝母的每一项研究都改变了刺激和反应的典型顺序，让参与者在刺激之后，而不是在他们对实验任务做出反应之前进行反应。例如，在许多心理学研究中，研究人员发现，当参与者在背诵单词（就是刺激）时，他们的回忆（就是反应）相对于未被学习的单词有所改善。然而，如果参与者在回忆测试后背诵单词，并且他们对背诵单词的记忆在之前的测试中有所改善，那么相对于那些没有经过背诵的单词，又会怎样呢？这一惊人的发现将彻底打破"原因先于结果"的观念，并暗示人们可以通过某种方式"预见未来"来影响他们之前的反应。然而，这正是贝母所发现的。未来事件（就是在考试后的背诵）似乎预示着过去的行为（就是考试成绩）。

可重复性
其他人的研究也会得出类似的结论吗？

甚至在贝母的研究在著名的心理学杂志上发表之前，它就在方法论和统计上引起了一场激烈的讨论（Francis，2012；Wagenmakers et al.，2011）。不过，科学家认为研究是否可靠的依据就是重复、重复、重复。因此，斯图尔特·里奇、理查德·怀斯曼和克里斯多佛·弗伦奇——三个不同的大学里的科学家——都有机会重复贝母的记忆复述研究，这一研究声称提供了最有力的证据，证明了所有的因果关系。结果呢？这三名研究人员都没有重复得到与贝母的发现相一致的结果：在学习过和未学习过的单词之间没有记忆差异。

其他最近试图重复贝母的有争议的研究的尝试也产生了类似的不确定的结果，但其他的尝试肯定会紧随其后（Barušs & Rabier，2014；Galak et al.，2012）。尽管最近的一项对 90 个实验的元分析为贝母的理论提供了统计支持（Bem et al.，2015），但许多科学家仍然非常怀疑，并怀疑这些积极的结果是由于发表论文的倾向，即学术期刊不会刊发未能重复先前研究发现的

可重复性

其他人的研究也会得出类似的结论吗？

论文的倾向。如果一些研究重复了贝母的发现，而其他的研究却没有，那么找出原因是很重要的。但就目前而言，上述原因的常识性观点似乎并未受到严重威胁。许多没有重复的超感官知觉的研究发现都强调了这一特征的缺失，那就是成熟科学的标志：即一种通过独立的实验室设计产生可重复的结果的"实验配方"（Hyman，1989）。

在缺乏科学证据支持的情况下，许多超感官知觉的支持者提出了一些专门的假设来解释负面的发现。重复贝母（2011）研究的失败已经被归因于实验者的怀疑，一种声称抑制超感官知觉并被称为实验者效应的态度。超感心理的消失指的是比超感官知觉任务上的机会表现明显恶化的现象（Gilovich，1991）。一些超感官知觉的支持者甚至认为，超感心理的缺失证明了超感官知觉的存在，因为在机会表现任务中，超能力的人故意选择不正确的答案！这种专门的假设使有关超感官知觉的理论难以造假。

可证伪性

这种观点能被反驳吗？

为什么人们相信超感官知觉　神奇的超感官知觉声明并没有同样神奇的证据的支持。然而，调查显示，41% 的美国成年人相信超感官知觉的存在（Haraldsson & Houtkooper，1991；Moore，2005）。并且，三分之二的美国人表示他们有过超感官知觉的心理体验。例如做预示所爱的人去世的梦或在车祸发生之前就预感到会发生车祸

特别声明

这类证据可信吗？

（Greeley，1987）。150 多年来的验证失败表明，为什么我们对于研究证据不足的超感官知觉的信念是如此强烈，对这一现象的思考是合理的。

可重复性

其他人的研究也会得出类似的结论吗？

虚假相关（见 2.2b）提供了一个可能的答案。我们注意并回忆那些惊人的巧合，忽略或忘记那些不巧合的事件；结果，当它不在的时候，我们就会察觉到一个统计学关联。想象一下，我们在一个新城市，想着我们多年不见的老朋友。几个小时后，我们在街上碰到了那个朋友。"真巧！"我们告诉自己。这个不可思议的事情是超感官知觉的证据，对吗？也许吧。但是我们忘记了我们在新城市里想起了我们从未遇到过的老朋友几千次（Presley，1997）。

我们倾向于低估巧合的频率，这进一步助长了人们对超感官知觉的信仰。我们大多数人都没有意识到某些看似"不可能"的事件是多么的可能。试着问自己这样一个问题：在一个群体的规模有多大的前提下，这个群体中的两个人同一天生日的概率超过 50%？

许多参与者的回答是 365、100，甚至是 1 000。令大多数人大感意外的是，正确答案是 23。也就是说，在一个由 23 人组成的群体中，至少有两个人的生日相同的概率超过 50%（见图 4.33）。一旦我们的群体达到了 60 人，概率就会超过 99%。因为我们倾向于低估巧合的可能性，我们可能会把它们错误地归结为心灵现象。

巫师的预言　多年来，科学记者基尼·埃默里追踪了失败的心理预测。2005 年，他发现通灵者预测飞机会撞向埃及金字塔，宇航员会发现在月球上插上的纳粹旗帜，地球的磁场将会逆转，而电视真人秀的参与者将会吃掉其中一名选手，但这一切都没有发生。相反，没有任何一个通灵者能够预测 2005 年发生的重大事件，比如卡特里娜飓风，它给新奥尔良及其周边地区造成了巨大

的生命和财产损失（Emery，2005）。

许多心理预测者都使用了多个端点，这意味着他们的预测是无限期的，以至于它们与几乎所有可能的结果一致（Gilovich，1991）。一位通灵者可能会预言："名人今年会被卷入丑闻之中。"但除了含混不清，这一预测范围是极大的。什么才算是"名人"呢？当然，我们都同意碧昂丝和布拉德·皮特是名人，但我们的国会代表不算吗？当地的电视新闻播音员呢？同样，什么才算是"丑闻"呢？

什么是巫师？就像约翰·爱德华或詹姆斯·冯·布拉格一样，他们声称告诉我们关于我们自己或我们死去的亲戚的事情，但这些事情他们可能不知道。大多数巫师大概都使用一种叫作冷读术的技术，这是一种让初

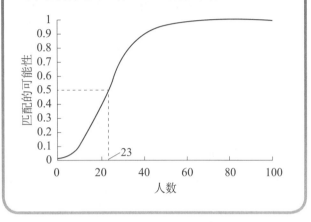

图4.33 ｜ 生日悖论

当一个群体达到 23 人时，至少有两个人同一天生日的概率超过了 0.5，或者 50%。研究表明，大多数人明显低估了这类巧合和其他巧合的可能性，这有时会导致他们将这些巧合归因于超自然事件。

次见面的人相信我们知道关于他（她）的全部情况的技术（Hines，2003；Hyman，1977）。如果你想用冷读术让你的朋友大吃一惊的话，那就记住表 4.4 的几项要点。

表4.4 ｜ 冷读术

技术	例子
让人们相信在开始的时候你并不是完美的人。	"我收集到了很多不同的信号。有些是准确的，但有些可能不是。"
开始时使用例行话题，也就是几乎适用于每个人的概括性的话。	"你最近正在为生活中的一些事情做着艰难的选择。"
用模糊的试探性的言语刺激你的思维以套出细节。	"我感觉到名字中带有字母 M 或 N 的人在你最近的生活中很重要。"
使用巧妙的说话方式，也就是提出一连串的猜测，这样至少能猜中几项。	"你的父亲病了？""你的母亲怎么样？""嗯……我感到你的家中有人生病了或者担心会生病。"
使用道具。	水晶球、塔罗牌或星象所传达给你的信息是你从神灵那里得到的。
利用人口刻板印象，多人报告的反应及特征。	我想你有一件类似旧裙子或旧衬衫的衣服，虽然多年未穿但因为对它有感情而一直保留着它。
从对方的外表寻找一个人的性格或生活史的一些线索。	打扮传统的人往往做事有分寸，打扮得珠光宝气的人往往比较浮夸，等等。
记住"赞美别人可以让你如鱼得水"。	说对方想听的话，如"我预测一段非常浪漫的爱情即将诞生"。

　　冷读术发挥作用的一个主要原因是：就像我们在前几章中介绍过的，我们总是在周围世界中找寻意义，甚至还能发现根本不存在的意义。所以在很多方面我们对冷读术的了解至少和冷读术者对我们的了解一样多。

　　你可以试试这个，因为它很有趣。为了说服别人相信你是一个有超感官知觉的人，请在一大群朋友中尝试下面的演示。告诉他们，"我想让你考虑一个小于50的两位数奇数，唯一的问题是个位与十位上两个数字必须是不同的，因为那样会让我觉得太容易了"。给他们一些时间，然后说，我觉得你们中的一些人想的是37岁，然后停下来，说："我最初想的是35岁，但后来我改变了我的想法。我猜的对吗？"研究表明，有超过一半的人会选择37或35，这是人口刻板印象，这可以让许多人相信你拥有心灵感应能力（French，1992；Hines，2003）。

日志提示

　　上文指出，有些人可能会因为幻觉相关性相信超感官知觉，即人们倾向于感知现实与非现实之间的统计关联。请解释幻觉相关性如何提高人们对超感官知觉的信念。仔细思考一下在你的生活中，你是否有那么一两次认为某一事件可能是"超自然的"，并且描述一下幻觉相关性现象是如何解释你得出此结论的。

总结：感觉与知觉

4.1　硬币的两面性：感觉与知觉

4.1a　了解所有感觉的基本原则。

　　换能是将外部的能量，比如光波、声波，转换成神经系统活动的过程。具体的神经能量学说是指每一个感官模式是如何由大脑的特定区域来处理的。虽然我们大部分的大脑神经连接只对一种感觉形式产生反应，但大脑的某一区域通常也会对另一不同的感觉形式做出反应。

4.1b　讨论注意力的作用和捆绑问题的本质。

　　为了适应不断变化的环境的挑战，灵活的注意力对生存和幸福至关重要。然而，注意力也必须是有选择性的，这样我们才不会被感官输入所压倒。心理学的一大奥秘就是我们如何能够将不同的感官信息和线索结合在一起，形成一个统一的整体。

4.2　看：视觉系统

4.2a　阐释眼睛是怎样进行视觉加工的。

　　眼睛中的晶状体通过从"圆"到"扁"的变化，来聚焦近处和远处物体的图像。晶状体可以将光线精确地聚焦在位于眼睛后面的视网膜上。视网膜上存在让我们看见形状的视杆细胞和看见颜色的视锥细胞。视网膜上的其他细胞则将光信号通过视神经传至大脑。

4.2b　了解不同类型的视知觉。

我们的视觉系统可以感知形状、颜色和运动。我们用视觉皮层的不同区域来处理不同的视知觉。V1 细胞可以感知特定方向的光线。颜色知觉包括三色理论和对立过程理论。

4.2c　描述不同的视觉问题。

失明是一个世界性的问题，特别是在不发达国家。有几种类型的色盲，最常见的是红绿色盲。盲视现象表明，一些盲人可以对环境中物体的位置做出合理的猜测。

4.3　听：听觉系统

4.3a　阐释耳朵是怎样进行听觉加工的。

空气分子震动产生的声波被耳廓收集到外耳。这些声波会震动鼓膜，导致中耳中的三块听小骨发生震动。这个过程对耳蜗产生压力，耳蜗包括基底膜和柯蒂氏器，毛细胞就深嵌在它们之中。毛细胞弯曲后产生兴奋，接着听觉信号通过听神经传到大脑。

4.3b　了解不同类型的听知觉。

位置理论是指我们根据基底膜上得到最大激活的毛细胞的位置来确定音高。频率理论是基于毛细胞在发射频率上复制音高的频率。在神经齐射理论中，一组神经元交错地对一个音调进行反应。

4.4　嗅觉和味觉：感官的官能

4.4a　了解我们如何感知味道和气味。

舌头能感知甜味、酸味、咸味和鲜味，也可能有脂肪和淀粉类的接收器。

我们感知不同食物味道的能力在很大程度上依赖于嗅觉。我们鼻子中的嗅觉感受器可以分辨出几百种不同的气味分子。我们同时用味觉和嗅觉来辨别食物。我们对可以影响我们性反应的信息素和无味分子也敏感。

4.5　我们的躯体感觉：触摸、体位和平衡

4.5a　描述三种不同的躯体感觉。

我们可以处理皮肤接触、肌肉活动和加速度等方面的信息。这些被称为躯体感知。对肌肉位置的感知叫作本体感受，对平衡的感知叫作前庭觉。躯体感受系统可以感知轻触、深度压力、热和冷，还有轻微损伤。我们的肌肉中也存在着感受器，这些感受器中有些可以对伸拉进行感知，而其他的则可以对力的大小进行感知。借此我们可以计算我们身体的位置。然而我们却对自己的平衡能力浑然不知。

4.5b　描述痛觉和触觉的区别。

痛觉中有很大一部分是情绪性的体验，而触觉则没有。这是因为痛觉信息会激活附加在躯体感觉皮层上的边缘系统的一部分区域。

4.5c　描述心理学中被称为人为因素的领域。

人为因素始于心理学家对感知觉的了解，并利用这类知识设计出用户友好的设备，比如电脑键盘和飞机驾驶舱。

4.6　知觉：感觉与思维的融合

4.6a　追踪我们的大脑是如何建立感知的。

信息从最初的感觉传递到次感觉皮层，然后再传递到联合皮层。在此过程中，感知变得越来越复杂。我们同时处理许多不同的输入，即一个叫作并行处理的现象。除了感觉输入之外，我们的期望也会影响我们的知觉。感知的一致性使我们能够感知不同条件下的刺激。

4.6b　描述我们在环境中如何感知人、物和声音。

许多神经网络中聚集的神经元可能负责人脸识别。我们通过比较像电影中那样的视觉框架来感知运动，我们通过使用单眼和双眼线索来感知深度。线索在定位声音方面也扮演着重要的角色。有时，感知欺骗我们，我们就体验到了错觉。

4.6c 区分阈下知觉与潜移默化。

阈下知觉是指在意识知觉的阈下或阈下发生的感觉信息的处理。潜移默化是指对我们的态度、选择或行为的影响。

4.6d 分析支持与反对 ESP 的科学依据。

即使缺少科学证据，大多数人还是相信超感官知觉现象的存在，这在一定程度上是因为人们低估了小概率事件发生的可能性。超感官知觉的证据太微弱而且并不能通过独立的、重复的实验室实验得出结论。

第5章 意 识

扩大心理探究的范围

学习目标

5.1a 解释昼夜节律的作用，以及我们的身体对生物钟紊乱的反应。

5.1b 确定睡眠的不同阶段以及每个阶段的神经活动和做梦行为。

5.1c 确定睡眠障碍的特征和原因。

5.2a 介绍弗洛伊德关于梦的理论。

5.2b 解释三种主要的现代梦境理论。

5.3a 科学家如何解释感知觉近乎神秘的变化。

5.3b 辨别有关催眠的真假。

5.4a 确定药物使用可能产生的影响。

5.4b 区分不同类型的药物和它们对意识的影响。

质疑你的假设

我们能相信关于人类被外星人绑架的报道吗？

一个人的意识在进行体外体验时会离开身体吗？

有濒死体验的人会有来世生活的闪现吗？

催眠会产生一种恍惚状态吗？

酒精是一种镇静药吗？

在 一项调查中，近五分之一的大学生赞同"外星人"（ETs）可以进入我们的梦境的观点，10% 的人声称自己"经历过或遇到过外星人（ET）"（Kunzendorf et al.，2007—2008）。但是他们真的遇到了外星人吗？这个问题的答案是一个响亮的"不"字。然而，为什么人们会报告这种奇怪的现象呢？苏珊·克兰西对那些认为自己被外星人绑架的人进行了一项具有里程碑意义的调查（Clancy et al.，2002；McNally & Clancy，2005），这一惊人发现可能解释了关于绑架的报告。

他们采访的很多人都有**睡眠瘫痪**的经历—— 一种在入睡后或刚醒来时无法动弹的奇怪经历。这种令人费解的现象出奇地普遍。三分之一到一半的大学生至少有过一次睡眠瘫痪的经历，这通常是无须担心的（Fukuda et al.，1998）。睡眠瘫痪是由睡眠周期的中断引起的，经常与焦虑甚至恐惧、振动、嗡嗡声以及可怕的危险人物联系在一起。人们在解释这种奇怪的经历上存在着文化差异。在泰国，人们把它归因为一个鬼魂，但在纽芬兰，人们把它归因于一个"老巫婆"—— 一个坐在人的胸上的上了年纪的女巫。根据苏珊·布莱克莫尔所说，"最新的睡眠瘫痪神话可能是外星人绑架"（p.315）。

排除其他假设的可能性
对于这一研究结论，还有更好的解释吗？

克兰西发现，一些怀疑自己经历过外星人造访的人，会向那些不将睡眠瘫痪作为替代解释的治疗师进行咨询。一些患者报告说，他们的治疗师使用催眠来帮助他们恢复与外星人交流的记忆。然而，催眠并不是一种挖掘准确记忆的值得信赖的方法。事实上，我们很快就会发现，催眠会使我们创造出错误的记忆。在克兰西报道的很多案例中，对于那些怀疑自己被绑架的人来说，在催眠过程中详细讲述他们的故事，并想象外星人在他们身上进行医学实验，就像许多电影制片人和科幻小说作家让我们相信的那样，这并不是一个大的飞跃。

睡眠瘫痪只是我们在这一章中遇到的许多与睡眠有关的经历之一，还有其他一些令人着迷的关于**意识**变化的例子。意识包括我们对不断变化的思想、情绪、身体感觉、事件和行动的认识。关于意识，有这样一种定义："意识是你晚上熟睡时会失去，而早上醒来时会得到的东西。"（Sanders，2012，p.22）但我们会发现，即使在我们睡觉的时候，我们中的一些人也仍然保持着自我意识，知道我们有时在做梦。

睡眠瘫痪
（sleep paralysis）
在入睡后或刚睡醒时无法动弹的状态。

意识（consciousness）
我们对世界、我们的身体以及我们的心理视角的主观体验。

我们的睡眠和我们醒时的经历彼此微妙地交织在一起。平均来说，我们在醒着的时间里有30%～50%的时间在走神、幻想和做白日梦（Killingsworth & Gilbert，2010；Klinger，2013；Smallwood & Schooler，2015）。一些所谓的易幻想的人（约

占总人口的 2%～4%）说，他们至少花费了一半的清醒时间生活在白日梦和幻想当中（Lynn &
Rhue，1988；Wilson & Barber，1981）。一个普遍的观点是，幻想是一种脱离现实的不健康的逃避。
然而，幻想和白日梦是完全正常的，可以帮助我们规划未来、解决问题、表达我们的创造力，并
通过打破常规和枯燥的任务来为我们重新注入活力（Klinger，1971；Schooler et al.，2011）。

通过数十万年的自然选择，我们大多数人可以在需要时轻松集中注意力，以便有效地——通
常无意识地——应对几乎任何情况或威胁（Kirsch & Lynn，1998；Wegner，2004）。意识的改变和
控制意识的能力也适用于动物王国的成员。海豚和其他水生动物（如海豹和海狮）在睡觉的时候，
它们大脑的一个半球睡着了，另一个醒着。位于睡眠半球另一侧的眼睛通常会保持关闭状态，而
另一只眼睛则保持睁开。几个小时后，另一个半球和另一只眼睛会得到休息。这种非凡的安排使
得这些动物在睡觉的同时，还能注意到捕食者和障碍物以及定期浮出水面呼吸（Ridgway，2002）。
最近，研究人员发现，大型鸟类在长达 10 天的不间断的跨大西洋飞行中，睡觉时两个半球同时
关闭，或者只有一个半球在活动，这样它们就能用一只眼睛对威胁保持警惕（Rattenborg et al.，
2016）。

在本章中，我们将会遇到许多例子，说明我们的意识和警觉水平的焦点如何不断变化，以及
意识如何敏感地适应我们的大脑化学物质、期望和文化的变化。当我们考虑关于我们对世界和我
们自己的主观体验如何在瞬间发展和变化的关键问题时，我们将会欣赏科学家如何利用高科技工具来
测量神经活动并探索最基本的塑造我们的意识流的生物过程（Chalmers，1995；Crick & Koch，2003）。

我们还将研究意识的统一是如何以不同寻常的方式有时甚至是令人着迷的方式分解的，比如
在梦游时，当我们处于无意识状态时，却像醒着的时候一样移动，并拥有既视感体验，即当我们
感觉好像在重新体验一件我们从未体验过的事情时的体验（Voss，Baym，& Paller，2008）。在被
称为闭锁综合征的极其罕见的疾病中，人们可能被误诊为昏迷，但实际上是清醒和警觉的。他们
会对旁观者显得无意识，因为实际上他们所有的随意肌都瘫痪了，使他们无法说话或移动。著名
的巴黎记者让·多米尼克·鲍比在中风后只能控制他的左眼睑。尽管如此，他还是写了一本回忆
录，使用的是他的治疗师设计的一种特殊的字母表代码，他眨着眼睛，每次只写一封信，强调了
人们在最艰难的环境下适应的能力。就像在很多心理学案例中一样，功能异常往往能揭示正常的
功能（Cooper，2003；Harkness，2007）。

5.1　睡眠的生物学理论

5.1a　解释昼夜节律的作用，以及我们的身体对生物钟紊乱的反应。

5.1b　确定睡眠的不同阶段以及每个阶段的神经活动和做梦行为。

5.1c　确定睡眠障碍的特征和原因。

我们在一个特定的意识状态中花费了三分之一甚至更多的生命。不，我们不是说在无聊的讲
座中浪费掉。我们指的是睡眠。尽管很明显，睡眠对我们的健康和日常运作是最重要的，但是心
理学家仍然不确定我们睡眠的原因。一些理论认为睡眠在新学习、记忆和记忆情感信息方面扮演
着重要的角色（Gómez & Edgin，2015；Payne & Kensinger，2010），其他人认为睡眠对免疫系统至
关重要。其他模型强调睡眠在促进洞察和解决问题上可能会发挥作用（Wagner，et al.，2004）以
及它在神经发育和更普遍的神经连接上也可能会发挥作用（Bushey et al.，2011；Frank & Cantera，
2014；Mignot，2008）。艾伦·霍布森（Hobson，2009）认为，睡眠期间的大脑活动对于唤醒意

识至关重要，对我们的计划、推理能力以及将我们的能力最大限度地发挥出来也至关重要。或者，一些进化理论家提出，睡眠有助于我们的生存，它在当我们可能最容易受到隐形捕食者的伤害时将我们带离这个循环，并恢复我们抵御它们的能力（Siegel，2005）。对于以上几个甚至所有的这些解释，可能有相当多的事实可以证明。

昼夜节律：日常生活的循环

早在科学家们开始在实验室探索睡眠的秘密之前，原始猎人就已经敏锐地意识到每天的睡眠和觉醒周期。**昼夜节律**是一个很奇特的术语（昼夜在拉丁语中是"大约一天"的意思），指的是我们的许多生物过程在 24 小时内发生的变化，包括激素释放、脑电波、体温和困倦。位于下丘脑的 2 万个神经元，通常被称为大脑的**生物钟**，它使我们在白天和黑夜的不同时间感到昏昏欲睡。我们很多人都注意到，我们想在下午 3 点或 4 点睡个午觉。事实上，在欧洲和拉丁美洲的许多国家，午睡（西班牙语的午睡）是日常生活的一部分。这种疲劳感是由我们的生物钟触发的。晚上睡觉的冲动之所以会出现，是因为褪黑激素的分泌在天黑后会增加，从而引发睡意。

生物钟甚至在海洋藻类和血红细胞中也存在（Edgar et al.，2012）。当人类的生物钟被打乱时，比如我们上晚班、跨越时区旅行或经历时差时，它会扰乱睡眠，增加受伤、致命事故和产生健康问题（包括肥胖、糖尿病和心脏病）的风险（Akerstedt et al.，2002；Kirkcaldy，Levine，& Shephard，2000；Parsons et al.，2015）。科学家们热衷于研究针对大脑中褪黑激素受体的药物，以重新同步我们大脑的生物钟（Rajaratnam et al.，2009）。这是因为褪黑激素在调节昼夜节律中起着关键作用。

人们在 24 小时内能获得多少睡眠？最近一项针对 32 万多名受访者的调查显示，美国成人的平均睡眠时间为 7.18 小时，尽管 29.2% 的人表示他们每晚睡眠时间少于 6 小时（Ford，Cunningham，& Croft，2015），这一数字远远低于我们大多数人需要的 7 到 10 小时。新生儿酷爱睡眠，一天需要 16 个小时。另一个极端是少数幸运的人——不到总人口的 1%——他们携带一种名为 DEC2 的基因突变，这种突变能让他们每晚只睡 6 个小时甚至更少，第二天也不会"崩溃"（He et al.，2009）。大学生可能需要每晚睡 9 个小时，尽管大多数人的睡眠时间不超过 6 个小时（Maas，1999），这就产生了一种强烈的想要在第二天小睡的冲动（Rock，2004）。一个常见的误解是，老年人需要的睡眠时间比我们其他人少，每晚只睡六七个小时。事实上，他们可能需要同样多的睡眠，但他们的睡眠更不规律（Ohayon，2002）。

通常来说，除了让人感觉烦躁、易怒、第二天无法集中精力，失眠似乎并没有太多的负面影响。然而，经过几个晚上的睡眠剥夺之后，我们会感到更加"窘困"，并开始积累"睡眠债"的平衡，这就需要至少几个晚上的睡眠时间来偿还。人们被剥夺了多个晚上的睡眠时间，或者睡眠时间大幅减少，通常会经历轻微的抑郁；在学习新信息和注意力上都会遇到困难；在思考问题、解决问题和做决定上也会有问题；增加了情绪反应并且减缓了反应时间（Cohen，et al.，2010；Gangswisch et al.，2010；Rosales-Lagarde et al.，2012）。经过四天多的严重睡眠剥夺，我们甚至可能会出现短暂的幻觉，如听到声音或看到事物（Wolfe & Pruitt，2003）。睡眠不足会导致各种不良的健康结果：体重增加（我们通过睡眠消耗掉大量的卡路里）；高血压、糖尿病和心脏病的风险增加；对病毒性感染的免疫反应较弱（Dement & Vaughan，1999；Motivala & Irwin，2007）。最后一种影响可能解释了为什么你在连续几天甚至一周睡眠不足的情况下更容易感冒（Prather et al.，2015）。一些研究人员甚至认为，过去几十年美国患肥胖症和糖尿病的人口大量增加主要是由于美国人长期缺乏睡眠（Buxton et al.，2012；Hasler et al.，2004），尽管这一说法

昼夜节律

（circadian rhythm）
许多生物过程在 24 小时内发生的变化。

生物钟（biological clock）
用于控制我们的警觉性水平的下丘脑的区域。

在科学上存在争议。睡眠不足也与 1991 年波斯湾战争中的友军失火事件有关，在那场战争中，士兵误把战友当成敌人，造成了无谓的伤亡（Kennedy，2009）。

最近的数据也指出了睡眠丧失的种族因素：少数民族，特别是非裔美国人，似乎比高加索人睡得更少也更不好。造成这种差异的原因尚不清楚。即使考虑到非裔美国人和白人在社会阶层和受教育程度上的不同，这种差异仍然存在，所以其他因素，比如日常生活压力中的种族差异，似乎也在起作用（Carnethon et al.，2012；Quenqua，2012）。

就像我们许多父母明智地建议的那样——"一切都适度"——过多的睡眠也会带来问题。父母们通常会担心他们睡眠不足的青少年。但居住在英格兰南部的 15 岁少年路易莎·鲍尔的父母却因为另一个事情而担心：除非他们的女儿接受药物治疗，否则她经常连续睡两个星期没有中断。路易莎患有一种罕见的神经系统疾病——克莱恩–莱文综合征，这被戏称为"睡美人症"。她的父母需要每 22 个小时叫醒她、喂她、带她去卫生间，然后她马上又睡着了。

睡眠的阶段

在人类历史的大部分时间里，人们相信大脑中有某种类似开关的东西，当我们醒着的时候就会开启意识，当我们睡着的时候就会关闭意识。但 1951 年的一个晚上，芝加哥大学纳撒尼尔·克莱特曼睡眠实验室的一项发现改变了我们对睡眠和做梦的看法。克莱特曼的研究生，尤金·阿瑟林斯基，在他 8 岁的儿子睡觉的时候，对他儿子的眼球运动和脑电波进行了监测。阿瑟林斯基惊讶地发现，他儿子的眼睛在紧闭的眼睑下，不时地来回跳动。根据脑电图（EEG）的测量，每当眼球运动发生时，男孩的大脑就会发生脑电活动，就像他醒着时一样（Aserinsky，1996）。

这位初出茅庐的科学家很清楚地知道自己正在从事一项极其重要的工作。沉睡的大脑并不是一种惰性的神经元；相反，它至少在不同的时间间隔内充满了活动。尤金·阿瑟林斯基进一步怀疑他儿子的眼睛运动证明他在做梦。尤金·阿斯林斯基和克莱特曼（1953）通过叫醒正在进行**快速眼动（REM）**的参与者证实了这一设想。在几乎所有的案例中，他们都报告了生动的梦境。相比之下，当研究人员在参与者没有快速眼动的情况下把他们从睡眠中叫醒时，他们很少报告生动的梦，尽管后来的研究表明，生动的梦偶尔也会发生。

利用整夜记录装置进行的具有里程碑意义的研究中，克莱特曼和迪蒙特（Dement & Kleitman，1957）继续发现，在睡眠中，我们每晚都要经过五个阶段。每个周期持续约 90 分钟，每个阶段的睡眠都与清醒状态清晰地区分开来，如图 5.1 所示。

睡眠的第一阶段

是否有人曾经把你推醒，而你甚至不确定你刚才是醒着还是睡着了？也许你甚至回答："不，我不是真的在睡觉。"但是你的朋友坚持说："不，你是在睡觉，你都开始打呼噜了。"如果是的话，你可能处在睡眠的第一阶段。在这个持续 5～10 分钟的轻度睡眠阶段，我们的大脑活动减弱了 50% 甚至更多，产生了每秒 4～7 次的 θ 波。这些波比在活跃状态下每秒产生 13 次或更多次的 β 波慢，而在我们安静和放松时每秒则产生 8～12 次的 α 波。当我们进入深度睡眠时，我们会变得更加放松，我们可能会经历入睡前的影像——混乱的、奇异的、梦幻般的影像在我们的意识中进进出出。我们可能也会经历突然的抽搐（有时是被称为肌肉型抽搐），就像被惊吓或摔倒一样。在这种睡眠状态下，我们很困惑。一些科学家推测，许多关于鬼魂和其他灵魂的报道来源于睡眠者将入睡表象曲解成人像（Hines，2003）。

快速眼动
（rapid eye movement，REM）
在睡觉期间，眼睛在闭着的状态下在眼皮下跳动的过程。

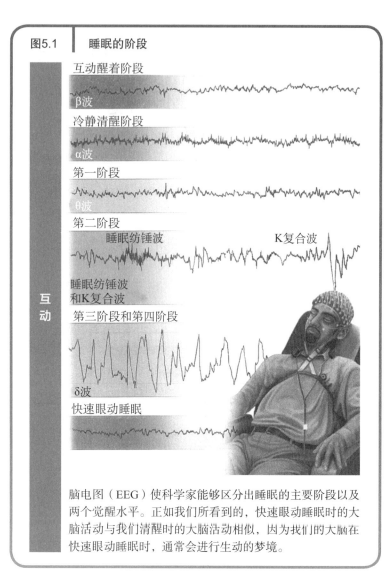

图5.1　睡眠的阶段

互动醒着阶段
β波
冷静清醒阶段
α波
第一阶段
θ波
第二阶段
睡眠纺锤波　K复合波
睡眠纺锤波和K复合波
第三阶段和第四阶段
δ波
快速眼动睡眠

互动

脑电图（EEG）使科学家能够区分出睡眠的主要阶段以及两个觉醒水平。正如我们所看到的，快速眼动睡眠时的大脑活动与我们清醒时的大脑活动相似，因为我们的大脑在快速眼动睡眠时，通常会进行生动的梦境。

睡眠的第二阶段

在第二阶段的睡眠中，我们的脑电波会变得更慢。突然强烈迸发的脑电波称为睡眠锭，每秒有12～14个周期，而偶尔出现的急剧上升和下降的波称为K复合波，这两种波都第一次出现在脑电图（EEG）中（Aldrich，1999）。只有在我们睡着的时候，K复合波才会出现。此时我们的大脑活动减慢，心率放缓，体温下降，我们的肌肉更加放松，我们的眼球运动停止。我们在第二阶段的睡眠时间是整个睡眠时间的65%。

睡眠的第三阶段和第四阶段

10～30分钟后，轻度睡眠让位于更深的慢波睡眠，我们可以在脑电图中观察到δ波，它的速度很慢——每秒1～2个周期。在第三阶段，δ波出现的时间有20%～50%，而在第四阶段，它们出现的时间超过一半。近年来，研究人员倾向于将睡眠的第三阶段和第四阶段概念化为单一、统一的睡眠阶段，以慢波、深度睡眠为标志（Iber et al.，2007）。要想在早上感到得到充分休息，我们需要在整个晚上都有更深层的睡眠。在这种情况下，一个常见的误区就是喝酒是一种很好的补觉的方法，但不完全是。睡前喝几杯酒通常会让我们早睡，但第二天通常会让我们感觉更累，因为酒精会抑制δ波的睡眠。众所周知，儿童睡眠质量很好，因为他们在"深度睡眠"中花了多达40%的时间睡觉，而且很难被唤醒。相比之下，成年人在深度睡眠中的时间大约只有儿童的四分之一。

睡眠的第五阶段：深度睡眠阶段

15～30分钟后，我们回到第二阶段，这时我们的大脑会产生类似清醒状态的高频率、低振幅的波，并迅速进入高速运转状态。我们进入了第五阶段，通常被称为**快速眼动睡眠（REM）**。相反，睡眠的第二至第四阶段称为**非快速眼动睡眠（NREM）**。

在快速眼动睡眠期间，我们兴奋的脑电波伴随着心率和血压的升高，以及急促而不规则的呼吸，这种状态占据了我们夜晚睡眠的20%～25%。经过10～20分钟的快速眼动睡眠后，这个循环又开始了，我们回到了睡眠的早期阶段，然后再次进入深度睡眠。每天晚上，我们都会回到快速眼动睡眠5～6次（见图5.2）。与弗洛伊德和其他人所持的观点相反，梦的出现时间超过了几秒钟。事实上，我们晚些时候的快速眼动睡眠期通常会持续半个小时或更长时间，相比之下，我们在入睡后的快速眼动睡眠时间是10～20分钟。所以，如果你的一个梦感觉上持续了45分钟，

快速眼动睡眠（REM sleep）
大脑最活跃并且最经常发生的梦境的睡眠阶段。

非快速眼动睡眠（non-REM sleep，NREM）
第一到第四阶段的睡眠周期，在这期间，快速眼动不会发生，做梦也不那么频繁和生动。

那通常是因为它确实做了这么长时间。

尽管我们在快速眼动睡眠中做的梦更多，但我们并不只是在快速眼动睡眠期间做梦（Domhoff，1996，1999）。许多快速眼动期的梦是情绪化的，不合逻辑的，而且容易在情节上突然变化（Foulkes，1962；Hobson，Pace-Schott，& Stickgold，2000）。相比之下，非快速眼动的梦通常更短（Antrobus，1983；Foulkes & Rechtschaffen，1964），更具有思想性和重复性，并处理当前我们关注的日常话题，如家庭作业、购物清单或税收（Hobson，2002；Rechtschaffen，Verdone，& Wheaton，1963）。然而，随着时间的推移，非快速眼动睡眠（从第二阶段开始）的梦境报告类似于快速眼动睡眠的梦境报告，因此一些研究人员提出，快速眼动睡眠和非快速眼动睡眠的梦境并不像人们曾经认为的那样截然不同（Antrobus，1983；Foulkes & Schmidt，1983；McNamara et al.，2005）。

快速眼动睡眠在生理上是很重要的，而且可能是必不可少的。剥夺老鼠快速眼动睡眠通常会导致它们在几周内死亡（National Institute on Alcohol Use and Alcoholism，1998），尽管被剥夺全部睡眠的老鼠死得更快（Rechtschaffen，1998）。当我们的人类被剥夺了几个晚上的快速眼动睡眠时，我们会经历快速眼动的反弹：快速眼动睡眠的数量和强度会增加。这表明快速眼动睡眠有重要的生理功能（Ocampo-Garces et al.，2000）。当我们连续几个晚上没怎么睡时，我们中的许多人都能观察到快速眼动反弹。当我们终于睡个好觉时，我们往往会经历更强烈的梦境，甚至是噩梦，这可能反映了快速眼动睡眠的严重缺乏。然而，科学家们仍在讨论快速眼动睡眠的生理学功能。

一些研究人员曾经认为快速眼动睡眠的眼球快速运动有助于扫描梦的图像（Dement，1974；Siegel，2005）。威廉·迪蒙特曾在快速眼动睡眠期间观察到一个人以惊人的模式进行前后水平的眼球运动。当迪蒙特叫醒他时，他说他梦到了一场乒乓球比赛。然而，快速眼动睡眠"扫描假说"的证据是复杂的，而且，从出生起就失明的个体参与了关于快速眼动的研究，这让这一假说受到了质疑。在快速眼动期间，我们中耳的肌肉变得活跃，就好像它们在帮助我们听到梦中声音（Pessah & Roffwarg，1972；Slegel et al.，1991）。

图5.2　一个正常夜晚的睡眠阶段

这张图显示了 1～4 阶段和快速眼动睡眠阶段的典型进展。阶段 1～4 在 y 轴上表示，而快速眼动睡眠阶段由图上的浅色曲线表示。快速眼动期大约在整晚的每 90 分钟发生一次（Dement，1974）。

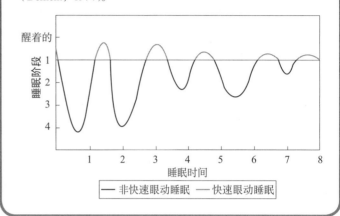

快速眼动睡眠

研究表明，快速眼动和非快速眼动的梦在内容上往往有所不同。上面的梦境图像更有可能在快速眼动的梦中出现。

米歇尔·茹韦（Jouvet，1962）的经典著作表明，在 REM 睡眠时，被称为脑区的大脑脑干区域，负责使我们在快速眼动时大脑瘫痪，从而引导猫做出自己的梦。如果茹韦在白天给猫玩了一团毛线，它们通常会在梦里重现这种玩耍的行为。

清醒梦（lucid dreaming）
意识到自己在做梦。

在快速眼动睡眠期间，我们超强的大脑正在创造梦境，但我们的身体却很放松，而且，从实际的角度来说，身体已经瘫痪了。由于这个原因，科学家有时称快速眼动睡眠是一种反常睡眠，因为在大脑活动的同时，身体却不活动。如果快速眼动睡眠没有让我们瘫痪，我们就会把梦付诸行动，这是一种奇怪的、罕见的，被称为快速眼动行为障碍（RBD）的情况。在 RBD 的一个案例中，一位 77 岁的牧师在长达 20 年的时间里在睡梦中表现出暴力行为，偶尔会伤害他的妻子（Mahowald & Schenck，2000）。幸运的是，200 人中只有 1 人有 RBD 症状，但在 60 岁以上人群中，RBD 的比例最高可达 2%，而 70 岁以上的人则高达 6%。评分者观看经历 RBD 的人睡觉的录像，成功地将他们观察到的运动与参与者报告的 39.5% 的梦的内容匹配起来，这有力地表明 RBD 患者是在将他们的梦付诸实践（Peever，Luppi，& Montplaisir，2014）。

在 RBD 中，通常阻止我们在快速眼动睡眠中运动的脑干部分不能正常工作。最近，人们发现 RBD 可能是痴呆和帕金森病的早期标志，人们在神经退行性疾病的主要症状首次出现之前，平均患 RBD14～25 年（Boeve，2010；Schenck，Boeve，& Mahowald，2013）。

日志提示

你在睡觉时手机是否是开机状态，并且经常在半夜接到电话、短信或其他提醒？即使你不知道，你认为这会影响睡眠质量吗？你知道睡眠的阶段会如何发展吗？

清醒梦境

我们一直在谈论睡眠和清醒是截然不同的阶段，但它们可能会逐渐融合在一起（Antrobus，Antrobus，& Fisher，1965；Voss et al.，2009a）。下面这个例子描述了一种现象，它挑战了我们要么完全睡着、要么完全醒着的观念。"我短暂地回顾过去。跟随我的人看起来不像一个普通人，他和巨人一样高。现在我完全明白，我正在做一个梦。我突然想到，我没有必要逃避，而是有能力做其他的事情。所以……我转过身来，让追赶者接近我。然后我问他到底想要什么。他的回答是：'我怎么知道？！毕竟，这是你的梦，而且，是你学的心理学而不是我。'"（Tholey，1987，p. 97 translated in Metzinger，2009，p. 146）。

你如果像这个睡眠者一样，做梦时也知道你在做梦，那你经历着**清醒梦**（Blackmore，1991；LaBerge，2014；Van Eeden，1913）。我们大多数人至少经历过一次清醒梦。五分之一的美国人每月都有清醒梦（Saunders et al.，2016；Snyder & Gackenbach，1988），不到 5% 的人说他们每周都在做清醒梦（Dresler et al.，2011）。许多做清醒梦的人会意识到他们在做梦，当他们看到一些如此奇怪或不可能的事情时，他们会（正确地）断定他们在做梦。

可重复性
其他人的研究也会得出类似的结论吗

利用大脑成像技术，研究人员（Dresler et al.，2012）最近发现，当参与者经历清醒梦时，他们大脑皮层中与自我感知、评估想法和感觉相关的部分会比较活跃。另一项研究（Voss et al.，2009a）通过测量大脑中的电活动，表明清醒梦是一种混合的意识状态，具有清醒和快速眼动睡眠的特征。如果这些研究能够被重复，那就意味着我们有可能在睡着的同时也有自我意识，而且我们在醒来后不仅仅只是报告梦很清晰。

清醒梦为控制梦境提供了可能性（Kunzendorf et al.，2006—2007）。在噩梦中保持清醒的能力通常会改善梦的结果（Levitan & LeBerge，1990；Spoormaker & Van den Bout，2006）。不过没有充分的证据表明清醒梦的改善可以帮助我们克服抑郁、焦虑或其他适应性问题，尽管一些自称流行的心理学书籍、网站，甚至手机应用程序声称可以提高梦的清醒度（Mindell，1990）。

睡眠障碍

我们几乎所有人都有入睡困难或一直昏睡的问题。当睡眠问题复发，干扰我们在工作或学校的能力或影响我们的健康时，它们可能让我们付出昂贵的代价。就失去的工作效率而言，睡眠障碍的成本在美国每年高达 63 亿美元（Kessler et al.，2011）。我们还可以用人命来衡量代价，据估计，每年约有 1 500 名美国人死于开车时打瞌睡（Fenton，2007）。这些可怕的统计数字是可以理解的，因为有 30%～50% 的人报告有某种睡眠问题（Althius et al.，1998；Blay，Andreoli，& Gastal，2008）。

失眠症

最常见的睡眠障碍是**失眠症**。失眠包括以下几种形式：（1）难以入睡（经常需要 30 分钟以上的时间才能入睡）；（2）早上醒来的时间过早；（3）在夜间醒来，无法入睡。据估计，有 9%～15% 的人患有严重或长期失眠的问题（Morin & Edinger，2009）。

在一项针对医疗系统中 7 600 多名患者的调查中，被诊断为失眠的患者在确诊后一年的医疗费用比未被诊断为失眠的患者的医疗费用高出 46%（Anderson et al.，2014）。此外，据估计 7.2% 的代价高昂的工作事故和失误与失眠有关（Shahly et al.，2012）。然而，我们在解释这些发现时必须谨慎，因为失眠可能与这些负面结果相关，但两者并非因果关系，因为伴随失眠而来的其他疾病，如抑郁、持续疼痛或各种医疗状况，可能会导致医疗成本的增加（Katz & McHorney，2002；Smith & Haythornthwaite，2004）。

相关还是因果
我们能确信 A 是 B 的原因吗？

短暂的失眠往往是压力和人际关系问题、药物和疾病、加班或轮班、时差、喝咖啡、白天小睡的结果。如果我们在不能马上入睡时感到沮丧和焦虑，失眠就会复发（Spielman，Conroy，& Glovinsky，2003）。许多人没有意识到，即使是大多数"睡眠良好的人"也要花 15～20 分钟才能入睡。如果你无法入睡，数羊也无济于事，詹姆斯·马斯（1999）建议你试试下面的方法：把闹钟藏起来，避免被无法快速入睡的问题所困扰；在凉爽的房间里睡觉；按时睡觉和起床；避免咖啡因、白天打盹、躺在床上看书、睡前看电视或上网。

安眠药可以有效地治疗失眠。尽管如此，研究人员发现，简短的心理疗法比安必恩（Ambien）更有效（Jacobs et al.，2004）。安必恩是一种很受欢迎的安眠药，不过心理疗法和治疗失眠的药物可以有效地结合起来（Sudak，Kloss，& Zamzow，2014）。最近，人们发现在极少数情况下，服用安必恩的人会做出奇怪甚至危险的行为，包括准备并生吃食物，在走路、打电话甚至开车时睡觉。就像安必恩一样，另一种流行的安眠药艾司唑仑会导致患者在服用后健忘（Schenck，2006）。更严重的是，有迹象表明服用安必恩与患痴呆症的风险增加有关，服用越多，风险就会越高（Shih et al.，2015）。

长期服用许多安眠药会使人产生依赖性，一旦人们停止服用安眠药，就会使睡眠变得更加困难。因此，安眠药实际上会导致失眠，这颇具有讽刺意味（Bellon，2006）。

嗜睡症

嗜睡症是一种很奇怪的疾病，患者会经历一段时间的突然睡眠，持续时间从几

失眠症（insomnia）
很难入睡或/和很难一直保持睡眠状态。

嗜睡症（narcolepsy）
以突发的、经常出人意料的睡眠发作为特征的睡眠障碍。

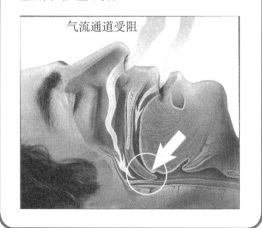

图5.3　空气流动和睡眠质量

当空气流通受阻，睡眠呼吸暂停时，睡眠质量会受到严重干扰。

气流通道受阻

秒到几分钟不等，偶尔甚至长达一小时。强烈的睡眠冲动随时都可能袭来，嗜睡症患者在各种情况下都会入睡：看他最喜欢的电影、洗澡、开车。比如，他是一名狱警，但他无法在工作中保持清醒。他担心他的老板会解雇他，并在他老板面前忍住了许多哈欠。

正如这个突出的例子所揭示的那样，嗜睡症的症状会干扰日常活动，这相当令人不安，所以有近20%的嗜睡症患者患有严重的抑郁症或社交焦虑症也就不足为奇了（Ohayon，2013）。惊讶、高兴或其他强烈的情绪——甚至因笑话而大笑或进行性行为——会导致一些嗜睡症患者出现猝倒，肌肉张力完全丧失。在猝倒的时候，人们会摔倒，因为他们的肌肉会像布娃娃一样柔软。在快速眼动睡眠期间，身体健康的人会出现猝倒。但在嗜睡症患者经历猝倒时，他们即使无法移动，也仍然保持警觉。通常情况下，睡眠者在入睡后一小时内不会进入快速眼动睡眠。但当人们经历嗜睡症发作时，他们会立即进入快速眼动睡眠，这表明这是由于睡眠－觉醒周期严重失调造成的。活灵活现的催眠幻觉常常伴随着嗜睡症发作，这就增加了快速眼动干扰是短暂的清醒幻觉的原因之一的可能性。

基因异常会增加患嗜睡症的风险，有些人会因脑部长有肿瘤或脑部因事故而受损伤时患上嗜睡症（Kanbayashi et al.，2015）。食欲肽在引发突然的嗜睡发作中起着关键作用（Mieda & Sakurai，2016）。的确，嗜睡症患者能够产生激素食欲肽的脑细胞异常少。也许有一天，可以替代或模仿它在大脑中作用的药物可以治愈这种疾病。

睡眠呼吸暂停综合证

2008年，一名53岁的航空公司机长和他的副驾驶在飞行中睡着了，在近20分钟的时间里没有对空中交通管制员做出任何反应，在他们醒来之前，飞机冲出了跑道30多英里（CNN，August 3，2009）。发生了什么事？机长患有**睡眠呼吸暂停综合证**。这是一种严重的睡眠障碍，一般人群中有2%～20%的人患有这种疾病，具体情况取决于它的定义是宽泛还是狭窄的（Peppard et al.，2013；Shamsuzzaman，Gersh，& Somers，2003；Strohl & Redline，1996）。呼吸暂停是由于睡眠期间气道堵塞引起的，如图5.3所示。这个问题导致呼吸暂停的人大声打鼾、喘气，有时停止呼吸超过20秒。在夜间，挣扎着呼吸会让人多次（通常是数百次）醒来，干扰睡眠，导致第二天疲劳。然而，大多数患有睡眠呼吸暂停综合证的人都没有意识到这种多次醒来的情况。

氧气的缺乏和二氧化碳的积累会导致许多问题，包括盗汗、体重增加、疲劳、听力损失、心律不齐（Sanders & Givelber，2006），还会增加患痴呆症或其他认知障碍的风险（Yaffe et al.，2011）。一项对6 441名男性和女性为期10年的研究强调了睡眠呼吸暂停综合证的危害。研究人员发现，这种疾病使40～70岁严重呼吸暂停综合证患者的总体死亡风险增加了17%，与同龄健康男性相比，风险增加了46%（Punjabi et al.，2009）。

由于呼吸暂停与超重有关，医生通常会将体重减轻作为首选治疗方案。很多人戴上氧气罩让机器往呼吸道里吹气，这可以让他们的呼吸道保持畅通。尽管如此，适应这台令人相当不舒服的机器还是很有挑战性的（Wolfe & Pruitt，2003）。

睡眠呼吸暂停综合证
（sleep apnea）
睡眠时气道堵塞引起的紊乱，会导致白天疲劳。

夜惊

夜惊对旁观者来说比对睡觉的人来说更令人不安。目睹儿童夜惊的父母很难相信孩子对所发生的事情没有记忆。尖叫、哭泣、出汗、困惑、睁大眼睛，孩子可能在重新陷入深度睡眠之前胡乱踢打。这样的情节通常只持续几分钟，尽管对于心烦意乱的家长来说，这些情节似乎是永恒的。

尽管**夜惊**具有戏剧性，但它通常是无害的，几乎只发生在儿童身上。如果孩子没有身体上的危险，父母们通常不会反应过度，甚至会忽略这些情节。夜惊偶尔会发生在成年人身上，尤其是在他们处于极度紧张的状态下。尽管大多数人相信，夜惊并不与生动的梦境联系在一起，事实上，它们只发生在非快速眼动睡眠中。

梦游和睡眠性交症

对我们很多人来说，"梦游"的形象是一个闭着眼睛的人，双臂张开，双手放在肩膀的高度，像僵尸一样走路。事实上，梦游的人经常表现得像个完全清醒的人，尽管梦游的人可能有点笨。15%～30% 的儿童和 4%～5% 的成人偶尔会梦游（Mahowald & Bornemann，2005；Petit et al.，2015）。**梦游**期间患者的活动相对较少，但众所周知，他们会在睡觉时开车和打开电脑（Underwood，2007）。事实上，一些犯有谋杀罪的人将梦游作为一种法律辩护理由。在一个有争议的案件中，一名年轻男子开了近 20 英里的车，从一辆汽车上取下了一块轮胎铁，并用它杀死了他的岳母。他还把他的岳父掐死，并用刀肢解了他们。这名男子被宣布无罪，因为他在整个事件中都在睡觉，对自己的行为不用负责任（McCall，Smith，& Shapiro，1997）。

在一种被称为"睡眠性"或"性睡眠"的奇怪状态中，人们在睡觉时进行性行为，醒来后不记得发生了什么。在一些有争议的法律案件中，人们声称自己患有睡眠性交症，从而被判无罪（Bothroyd，2010）。

与普遍的误解相反，梦游者并不是把他们的梦表现出来，因为梦游几乎总是在非快速眼动（尤其是第三或第四阶段）的睡眠中出现。对大多数人来说，梦游是无害的，梦游者在醒来后很少记得自己的行为。如果有人在梦游，不管我们在电影中看到或听到是什么样的，把他或她叫醒都是一件相当安全的事情（Wolfe & Pruitt，2003）。

夜惊（night terrors）
突然惊醒的情景，以尖叫、出汗和困惑为特征，然后又回到深度睡眠。

梦游（sleepwalking）
沉睡的时候在游走。

答案：事实。太不可思议了，但事实上，我们可以睁着眼睛睡觉！在 1960 年的一项研究中，一名研究人员将三名志愿者（其中一人睡眠严重不足）的眼睛睁得大大的，同时向他们发出强光，朝他们的耳朵播放响亮的音乐，并对他们的腿进行周期性的电击。他们在 12 分钟内就熟睡了（Boese，2007）。

梦游

互动

上面的照片错误地展现了一个梦游的人会在旁观者面前出现的情况。梦游者通常像普通人一样走路，不像僵尸。

5.2 梦

5.2a 介绍弗洛伊德关于梦的理论。
5.2b 解释三种主要的现代梦境理论。

做梦是一种普遍的体验。一些人坚持他们从来没有做过梦，但研究表明，这种现象总是由未能回忆起梦境而不是没有经历做梦造成的。当被带到睡眠实验室时，几乎每个人都报告说，在快速眼动期间被唤醒时，他们做了生动的梦（Dement，1974；Domhoff & Schneider，2004），尽管有少数神秘的人没有报告做梦（Butler & Watson，1985；Pagel，2003）。即使是盲人也会做梦。但是，他们的梦境是否包含了视觉图像，取决于他们何时失明。4岁之前失明的人不会经历视觉梦境图像，而7岁以后失明的人会出现视觉梦境图像，这表明在4～6岁是人能够产生视觉图像的窗口（Kerr，1993；Kerr & Domhoff，2004）。

无论我们是通布图还是纽约市的研究人员，我们都会在梦中找到跨文化的一致模式。我们所有人都经历过这样的梦：侵犯多于友好，消极多于积极，不幸多于和谐。至少梦中的一些差异与文化因素有关。例如，在科技发达的社会中，人们的梦境中动物的数量比小的传统社会中要少（Domhoff，1996，2001）。

科学家们仍然不知道为什么我们会做梦，但从各种来源的证据表明，梦参与以下进程：（1）处理情感记忆（Malinoski & Horton，2015；Maquet & Franck，1997）；（2）将新的体验与记忆整合起来理解和创建一个模型，包括一个人的社会现实（Hobson，2009；Revonsuo，Tuominen，& Valli，2015；Stickgold，James，& Hobson，2002）；（3）学习新策略和新方法，像挥动高尔夫球杆（Walker et al.，2002）；（4）模拟威胁事件，这样我们在日常生活中可以更好地应付它们（Revonsuo，2000；Robert & Zadra，2014）；（5）重组和巩固记忆（Crick & Mitchison，1983；Diekelmann & Born，2010）。然而，梦的功能仍然是一个谜，因为关于梦中的学习和记忆作用的研究证据是混杂的。我们将讨论四种主要的梦境理论，并从它们的鼻祖弗洛伊德开始。

答案：虚构。人们在解释他们的梦境时表现出一贯的偏见。当人们对自己不喜欢的人的时候，他们的消极的梦是有意义的；当他们和朋友在一起时，他们的积极的梦是有意义的（Morewedge & Norton，2009）。

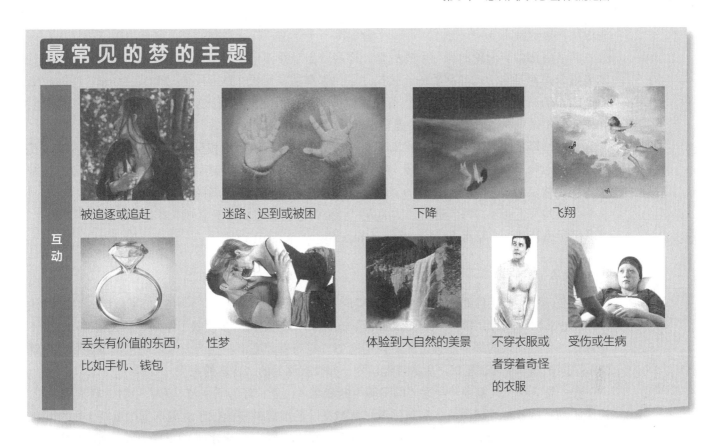

最常见的梦的主题

互动

被追逐或追赶

迷路、迟到或被困

下降

飞翔

丢失有价值的东西，比如手机、钱包

性梦

体验到大自然的美景

不穿衣服或者穿着奇怪的衣服

受伤或生病

弗洛伊德的梦的保护理论

几千年来，人类一直在试图解读梦的含义。古巴比伦人相信梦是由诸神发出的信息；亚述人认为梦包含了征兆或预兆；希腊人建造了梦神庙，游客在梦中等待神发出的预言；北美印第安人相信梦揭示了隐藏的愿望和欲望（Van de Castle，1994）。

弗洛伊德支持印第安人的看法。在其里程碑式的著作《梦的解析》（1900）中，弗洛伊德将梦描述为睡眠的守护者。在睡眠中，自我扮演着一种精神审查者的角色，它的能力不如人在清醒时抑制性欲和侵略性本能的能力。如果不是因为梦，这些本能就会冒出来，扰乱睡眠。梦伪装了威胁性和侵略性的冲动，把它们变成代表愿望实现的象征——我们多么希望事情可以实现。

根据弗洛伊德的理论，梦不会轻易地放弃秘密；它们需要解释来逆转梦的工作，并揭示它们的真实含义。他区分了梦境本身的细节，并称之为显性内容，这是真实的；隐藏的意义，他称之为潜在内容，例如，梦到轮胎瘪了（显性内容）可能意味着对失去工作的焦虑（潜在内容）。

大多数科学家都反对梦的保护和愿望实现理论（Domhoff，2001）。与弗洛伊德的梦的保护理论相反，一些脑损伤病人报告说他们没有做梦，但睡得很好（Jus et al.，1973）。如弗洛伊德所言，"愿望实现是每一个梦的意义"（Freud，1900，p.106）。我们认为梦的内容大部分是积极的。然而，尽管我们大多数人偶尔会梦见飞行、中彩票或与我们最狂热的幻想对象在一起，但这些梦并不像噩梦那样频繁出现。弗洛伊德还认为，大多数梦的本质都是性的。但是性主题只占我们记忆中的梦的 10%（Domhoff，2003）。当然，尽管坚定的弗洛伊德主义者可能会说，我们只是忘记了许多性梦，但这一

可证伪性
这种观点能被反驳吗？

排除其他假设的可能性
对于这一研究结论，还有更好的解释吗？

假设从未得到验证。

弗洛伊德的梦理论的另一个挑战是，许多梦似乎并不像他所主张的那样被伪装。多达九成的梦境报告是对日常活动和问题的直接描述，比如和朋友聊天（Domhoff，2003；Dorus，Dorus，& Rechtschaffen，1971）。而噩梦显然不是愿望的实现，可它们在成人或儿童中也并不少见。所以，如果你偶尔做噩梦，请放心：这是完全正常的。

然而，经常性的噩梦可能会令人不安。与弗洛伊德所认为的相反，用心理疗法来改变噩梦是可能的。意象预演疗法通过在一天中的不同时间排演——思考和想象——一个新的更积极的梦来对抗噩梦（Krakow et al.，2001）。最近一项对创伤相关噩梦患者的研究进行了荟萃分析，结果表明，那些写下新梦并每天进行预演的人，会报告他们的噩梦频率急剧下降，睡眠质量得到改善，并减轻了患精神压力障碍的症状（Casement & Swanson，2012）。

激活－合成理论

从20世纪60年代和70年代开始，艾伦·霍布森和罗伯特·麦卡利提出了**激活－合成理论**（Hobson & McCarley，1977；Hobson et al.，2000），该理论认为梦反映了睡眠中的大脑活动，而不是像弗洛伊德所说的那样压抑了无意识的愿望。霍布森和麦卡利认为，梦反映了大脑在快速眼动睡眠期间试图理解内部随机产生的神经信号，并没有深刻的、普遍的意义。

在一整天中，大脑中神经递质的平衡不断变化。由于神经递质血清素和去甲肾上腺素被关闭，快速眼动睡眠被神经递质乙酰胆碱的激增所激活。乙酰胆碱激活位于大脑底部的脑桥上的神经细胞，而羟色胺和去甲肾上腺素水平的下降则会降低思考能力、推理能力、注意力和记忆力。激活的脑桥向感觉信息中转站丘脑前脑的语言和视觉区域发送不完整的信号，如图5.4所示。这就是理论的激活部分。前脑尽其所能将所接收到的信号拼凑成一个有意义的故事。这是理论的合成部分。然而，它所接收到的信息却是杂乱无章的，因此叙述很少连贯或合乎逻辑。杏仁核也增强了信号，增加了恐惧、焦虑、愤怒、悲伤和得意的情绪色彩。根据激活－合成理论，这些复杂大脑变化的最终结果是我们所经历的梦，它可能与我们的日常生活毫无关系。

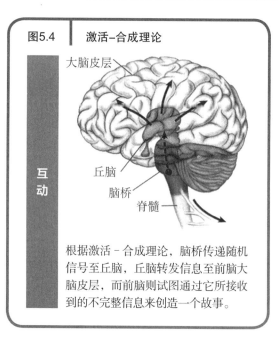

图5.4　激活－合成理论

大脑皮层

丘脑
脑桥
脊髓

互动

根据激活－合成理论，脑桥传递随机信号至丘脑，丘脑转发信息至前脑大脑皮层，而前脑则试图通过它所接收到的不完整信息来创造一个故事。

激活－合成理论
（activation-synthesis theory）
认为梦反映的是来自大脑皮层激活的输入，而前脑则试图将其编织成一个故事的理论。

霍布森（Hobson，2009）最近提出梦反映了他所谓的"原始意识"，他将其描述为大脑组织的一种原始或初级状态，这种状态甚至在出生前母亲的子宫中就开始发展，是意识的基础（p.808）。在这个梦境中，原始的情感和感知成为主导。当我们的推理能力萎缩时，大脑就可以自由地产生一个工作的虚拟现实模型，它可以帮助人们在日常生活中做出准确的预测。做梦者探索新的假设和可能的经历。当我们把外界的感官输入关闭时，批判性的判断、自我反省和记忆被暂停，而我们对现实的感知是"内在激活的"，这样的探索就成为可能。简而言之，霍布森认为，梦可以帮助我们驾驭日常生活的需求，理解世界，尽管梦境的内容很少与我们生活中发生的事情有相似之处，或者反映出我们过去的经历。在这种情况下，梦通常不会像弗洛伊德所说的那样，作为愿望实现的产物，得出清晰而有意义的解释（Fosse et al.，2003；Hobson & Friston，2012）。

梦和前脑

激活 - 合成理论的另一种解释强调前脑在做梦中的作用。马克·索姆斯（Mark Solms，1997；Solms & Turnbull，2002）调查了 332 例脑卒中、肿瘤和脑损伤患者。从这一充满金矿的数据中，他确定了顶叶和额叶白质的损伤——额叶白质连接着大脑皮层的不同部分和大脑较下的部分——会导致完全不会做梦。大脑受损的区域很可能是让大脑中枢参与做梦交流的途径。当它们断开连接时，梦就会停止。

因此，即使脑干正常工作，对前脑的损伤也能完全消除梦境。这一发现似乎驳倒了"激活 - 合成理论"的说法，即脑干在产生梦境中扮演着独特的角色，并强调了前脑在做梦中的作用。索姆斯认为，梦的主要驱动力是前脑的动机和情感控制中心，它是大脑中逻辑的"执行"部分。

排除其他假设的可能性
对于这一研究结论，还有更好的解释吗？

可证伪性
这种观点能被反驳吗？

梦的神经认知观点

提出梦的**神经认知理论**的科学家认为，仅从神经递质和随机神经冲动的角度来解释梦，并不能说明梦的全部。相反，他们认为，梦是现实生活的反映，是我们认知能力的一个有意义的产物，而认知能力决定了我们梦的内容。例如，7 岁或 8 岁以下的儿童回忆起从快速眼动睡眠中醒来时做梦的次数占比仅为 20%～30%，而成年人的这一比例为 80%～90%（Foulkes，1982，1999）。儿童在 9 岁或 10 岁之前的梦往往比较简单，缺乏动机，除了偶尔做噩梦，没有成年人的梦那么情绪化和怪诞（Domhoff，1996）。一个 5 岁孩子典型的梦可能是动物园里的宠物或动物。根据神经认知理论的观点，复杂的梦是认知的成就，它与视觉想象和其他高级认知能力的逐渐发展相平行。当我们的大脑形成这样的"线路"时，我们开始像成年人一样做梦（Domhoff，2001）。

根据神经认知理论的观点，梦通常是非常普通和戏剧化的这个事实对我们来说是非常重要的。当我们不在睡眠的时候，这暗示着它们反映的不仅仅是脑干产生的随机神经脉冲（Domhoff，2011；Foulkes，1985；Revonsuo，2000）。对数以万计的成人梦境进行的内容分析（Hall & Van de Castle，1966）揭示了梦多与日常生活、情感和职业有关（Domhoff，1906；Hall & Nordby，1972；Smith & Hall，1964），包括运动、准备考试、对我们外表的自我意识和单身（Pano，Hilscher，& Cupchik，2008-2009）。此外，梦的内容在长时间内具有令人惊讶的稳定性。有一本日记记录了 904 个梦，反映了一个女人 50 余年的梦境，六个主题（对食物的吃与思考，失去一个对象，去洗手间，在一个小或凌乱的房间，错过公共汽车或火车，和她的母亲做一些事情）占了她梦境的四分之三以上（Domhoff，1993）。另外，50%～80% 的人多年来报告重复的梦境，比如错过一次考试（Cartwright & Romanek，1978；Zadra，1996）。

梦的连续性假说认为梦反映了我们的生活环境（Domhoff，1996）。如果残疾人的梦与没有残疾的人的不同，那么这个假设就会得到支持。但是，当霍布森和他的同事（Voss et al.，2011）研究了出生时聋哑人或半身不遂者的梦境时，他们发现其梦境的形式和内容与那些没有残疾的人的没有什么不同。很明显，梦往往有自己的生活，远离日常现实。

正如我们所看到的，科学家们对于脑干和快速眼动睡眠的作用，以及发育在做梦中所起的作用有很大的分歧。尽管如此，科学家们普遍认为：（1）乙酰胆碱能开启快速眼动睡眠；（2）前脑在梦境中扮演着重要的角色。

神经认知理论
（neurocognitive theory）
梦是塑造了我们的梦的认知能力的一个有意义的产物的理论。

梦的连续性假说
（dream continuity hypothesis）
睡眠和清醒的经历之间是有连续性的并且梦可以反映生活环境的假说。

评价观点   梦的解释

一段时间以来，你一直在好奇你的梦到底意味着什么。你偶然发现一些声称梦试图告诉我们一些事情并且可以通过它们的符号进行分析的网站和书籍，但你不确定你是否完全认同这一说法。

最近，当你上网去了解更多关于梦境的知识时，下面的这个说法吸引了你的注意。

"你的梦是你潜意识里发出的信息，用来引导你的生活。利用古老的梦境分析艺术，你可以发现梦境中的隐藏含义。例如，通过任何人都能学会的梦境分析，你会发现在你的梦中看到一个椰子意味着你会收到意想不到的钱。"

科学的怀疑主义要求我们以开放的心态来评估所有的主张，但在接受它们之前，要坚持对证据进行整理。科学思考的原则如何帮助我们评估关于梦的分析和梦的意义？

在评估这个主张时，考虑一下科学思维的六个原则是如何相关的。

1. 排除其他假设的可能性

对于这一研究结论，还有更好的解释吗？

科学证据并不支持梦中的特定符号在潜意识中具有更深层的意义，也不能预测我们生活中的某些事情。许多梦根本没有特别的意义，有些梦仅仅反映了日常的工作。而且，那些解读梦境的人可能会对椰子在梦境中意味着什么做出许多不同的解释。没有证据表明为什么我们应该重视这种解释或者为什么它比其他可能的解释更有效。

2. 相关还是因果

我们能确信 A 是 B 的原因吗？

读者可能会推断，在梦中看到一个椰子和后来得到一大笔钱之间存在因果联系。然而，看到椰子和收钱之间的联系可能纯属巧合。

3. 可证伪性

这个观点能被反驳吗？

要反驳这种说法即使是可能的，但也是很困难的。这种说法是如此含糊，以至于任何情况都可以被当作对

该主张的真实性的证明。举例来说，它并没有说明这笔钱将在第二天或数年后是否会出现，这将使理论变得难以证伪。此外，该声明没有说明"意外"的含义。"意外"指的是收到的钱的数量，还是仅仅是指你收到钱出乎意料？

4. 可重复性

其他人的研究也会得出类似的结论吗？

没有证据表明这一说法来源于研究。我们应该对那些不是基于一项研究的论断持怀疑态度，或者不对关于如何通过严格控制的研究来评估这些主张提出建议。

5. 特别声明

这类证据可信吗？

这一说法非同寻常，因为大多数梦境报告实际上是对日常活动和问题的直接描述，而不是隐藏或伪装的信息。另外，梦的解释已经存在了很长时间并不意味着它们是有效的。

6. 奥卡姆剃刀原则

这种简单的解释符合事实吗？

一个更简单的解释可能是，这些图像并不是隐藏在潜意识里的信息，没有特别的意义，只反映了复杂的大脑活动和拼凑在一起的图像，在睡眠过程中形成有意义的叙述。

总结

关于梦有特殊含义的说法没有科学依据，梦的特殊含义可以通过对梦的象征性内容的解释来揭示，而梦的象征性内容有很多可能的解释。

互动

日志提示

⌐ 描述一下梦的激活－合成理论和梦的神经认知观点的异同 ⌐

5.3　其他感觉和不寻常经历的变化

5.3a　科学家如何解释感知觉近乎神秘的变化。

5.3b　辨别有关催眠的真假。

正如睡眠的各个阶段所证明的那样，意识远比"有意识"和"无意识"要复杂得多。此外，在意识的主题上，除了睡眠和觉醒，还有其他的变化。意识的一些更彻底的改变包括幻觉、灵魂出窍、濒死和即视感体验。

幻觉：体验不存在的东西

幻觉，指看到幽灵般的幻影或美丽的景色，听到命令人们参与到无法形容的暴力中的声音，感受虫子在皮肤上行走的感觉，这类似乎是令人惊讶的真实的体验。幻觉是在没有任何外界刺激的情况下产生的真实的知觉体验，它们可以发生在任何形式中。脑部扫描显示，当人们报告视觉幻觉时，他们的视觉皮质变得活跃，正如当他们看到一个真实的事物那样（Allen et al.，2008；Bentall，2014）。其他感觉同样也有这种情形，如听觉和触觉，其所强调的是我们的知觉经验和大脑活动之间的联系。

最常见的误解是认为幻觉只出现在有精神障碍的人身上（Aleman & Laroi，2008）。然而，调查显示，即使是在没有使用毒品和不患有精神障碍的情况下，10%～14%（Tien，1991）甚至39%（Ohayon，2000；Posey & Losch，1983）的大学生和普通人群报告说，他们至少有一次在白天产生幻觉的经历（Ohayon，2000）。一些非西方文化背景下的人把幻觉看成是神明赐予的启示并运用到宗教仪式中。这些社会中的人甚至费尽心思地通过祈祷、禁食和服用致幻药来制造幻觉（Al-Issa，1995；Bourguignon，1970）。

视觉幻觉也可以由缺氧和感官剥夺带来，如癫痫、发烧、痴呆、偏头痛（Manford & Andermann，1998）。当病人错误地将他们的想法或内心的话语归因于外部来源（Bentall，2014；Frith，1992）时，就会出现幻听（包括声音）。在许多方面，精神病患者和功能正常的非精神病患者的听觉性幻觉是相似的。但他们的不同之处在于，精神病患者听到的声音要消极得多，而且被认为是不可控的（Daalman et al.，2010）。通过教病人一些技能来帮助他们注意到和接受令人不安的幻觉，并且让他们认识到幻觉只不过是正在过去的精神事件的心理干预在减少患者的感觉真实性并改善精神疾病患者的功能方面展现了潜力，而这也是以损失部分现实内容为条件的（Khoury et al.，2013；Thomas et al.，2014）。

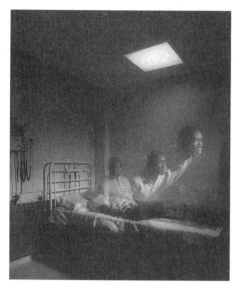

人们好像确实体验过灵魂出窍，但相关研究没有找到意识存在于肉体之外的证据。

灵魂出窍和濒死体验

卡洛斯·阿尔瓦拉多（Alvarado，2000）描述过一名 36 岁警官的**一次灵魂出窍体验（OBE）**。这次体验发生在她第一次巡逻的夜晚，那晚她追捕一名武装的犯罪嫌疑人。"当我和另外三位警官拦住了嫌疑人的汽车，并开始向嫌疑人靠近时……我非常害怕。此时我迅速离开了我的身体，上升到 20 英尺高的空中，我一直待在那里，异常平静地看着整个过程——包括我自己——完全按照我所接受的训练去做。"阿尔瓦拉多说。"忽然，她发现在嫌疑人被制服之后，她又回到了自己的体内。"（p.183）

灵魂出窍体验的普遍性令人吃惊：大约 25% 的大学生和 10% 的普通人报告有过一次或更多的灵魂出窍体验（Alvarado，2000）。在多数情况下，人们的描述是他们脱离身体，浮在空中，静静地看着自己，这暗示我们的自我意识不必被主观地禁锢在我们的身体里（Smith，2009）。经常经历灵魂出窍体验的人报告了其他不寻常的经历，包括生动的幻想、清醒梦、幻觉、知觉扭曲，以及日常生活中奇怪的身体感觉（Blackmore，1984，1986；Cardeña & Alverado，2014）。有些人在服用药物、使用致幻剂、偏头痛或癫痫发作时，或者要么极度放松要么极度紧张时，也会经历灵魂出窍体验。

可证伪性
这种观点能被反驳吗？

可重复性
其他人的研究也会得出类似的结论吗？

在灵魂出窍的过程中，人们真的离开了自己的肉体吗？实验研究比较了人们体验到灵魂出窍时报告的内容与给定地点发生的情景和发出的声响，就像床上 10 英尺高的隐蔽的窗台。有趣的是，虽然参与者报告说他们看见和听见了很远地方发生的事情，但他们的报告往往是不准确的，即使是正确的，也只是"合理的猜测"。当研究得出肯定的实验结果时，实验结果也很难再被重复（Alvarado，2000）。

所以，尽管人们以为体验到了离开自己身体的感觉，但一直没有有力的证据证明这种情况真的存在（Cheyne & Girard，2009）。这些发现似乎证明了人们确实在灵魂出窍体验中从身体中出来的说法是伪造的。

那么，对于这些剧烈的意识变化，有什么可能的解释呢？我们的自我意识依赖于感官信息之间复杂的相互作用。研究表明，当我们的触觉和视觉被打乱时，我们就会经历与灵魂出窍体验相似的身体体验（Ehrsson，2007；Lenggenhager et al.，2007）。"俱乐部毒品"，克他命（被广泛称为"特殊 K"）使用者经常报告产生奇异的灵魂出窍体验和脱离物质世界的感觉，这种药物通过减少神经递质谷氨酸的传递，扰乱大脑活动的模式，从而产生一种自我和身体的统一感觉（Wilkins，Girard，& Cheyne，2011）。灵魂出窍体验提醒我们，人类大脑的伟大成就之一就是它能够将来自不同路径的感觉信息整合到一个统一的体验中。然而，当这种能力被破坏时，它可以诱使我们认为我们的身体自我与我们的身体是分开的（Cheyne & Girard，2009；Terhune，2009）。

根据那些濒临死亡或者认为自己快要死的人的报告，灵魂出窍有时也会在**濒**

灵魂出窍体验
（out-of-body experience，OBE）
我们的意识离开身体的体验。

濒死体验
（near-death experience，NDE）
临近死亡或认为自己会死的人所报告的经验。

死体验（NDEs）出现。事实上，大约有四分之一的濒死体验者体会到了灵魂出窍（van Lommel et al., 2001）。自从 40 多年前雷蒙德·穆迪（Moody，1975）对濒临死亡进行分类后，美国人就熟悉了几种"经典"的濒临死亡的基本内容，而这些都暗地里广泛流传于书和电影里面：穿过一条黑暗的隧道；体验白光作为一种精神力量，如已故亲人或天使；对生命回顾（对生前生活的回顾）；与灵魂或已死去的亲人见面，所有一切都回到自己的身体里（见表 5.1）。并不是所有关于濒死体验的报告都遵循这一精确的脚本，但大多数都是相近的，就像下面的例子。伊丽莎白·基布尔罗斯博士（Kübler-Ross，1973）报道了以下一则事件：一名男子被一辆大卡车严重撞伤，然后他从他的身体上方观察了事故现场，然后他看到了他那被光环所环绕的家人。经历了这个家庭奇妙的、无条件的爱，他决定回到自己的身体，与他人分享他的经历。

尽管"濒死体验"有许多变体，但我们文化观中的大多数人都认为它是一条走向白光的隧道。

接近死亡的人中有 6%～33% 的人报告了濒死体验（Blanke & Dieguez, 2009; Greyson, 2014; Ring, 1984; Sabom, 1982; van Lommel et al., 2001）。濒死体验具有个体和文化差异性，这就说明它并不能真实地展示死后情景，它只是对死亡威胁的一种反应，这种反应是在面对死亡威胁时对普遍信仰的来世的一种建构（Ehrenwald, 1974; Noyes & Kletti, 1976）。有基督教和佛教文化背景的人在濒死体验中经常报告有穿过一条隧道的感觉，而北美的原住民、太平洋岛民和澳大利亚人则很少出现这种感觉（Kellehear, 1993）。

特别声明
这类证据可信吗？

表5.1	成人的濒死体验中的常见内容

- 难以用言语形容某种经历
- 听到自己被宣布死亡
- 感觉异常的安静和平和
- 听见异常的噪音
- 遇见"天主"
- 感觉自己变成了明亮的光线
- "人生回放"，也就是看到自己的一生在自己眼前一幕幕地播放
- 到了包含所有知识的王国
- 看见光明之城
- 看见满是鬼魂和精灵的王国
- 被"界限"阻隔
- 回光返照

相信濒死体验证明了我们死的时候都会被朋友或所爱的人领入来世的观点是很有诱惑力的。然而支持这种特殊观点存在的证据不是很充分。科学家已经对这种现象给出了另外一种解释，他们认为濒死体验是与心脏衰竭、感觉缺失、麻醉和其他的机体损伤有关的大脑的化学变化造成的（Blackmore, 1993）。例如，伴随濒死体验的完全平静的感觉可能来自濒死的大脑中大量释放的内啡肽，而嗡嗡声、铃声或其他不寻常的声音可能是缺氧的大脑发出的隆隆声（Blackmore, 1993）。

排除其他假设的可能性
对于这一研究结论，还有更好的解释吗？

资料来源：www.CartoonStock.com。

研究人员最近研究了人类和啮齿类动物在接近死亡时大脑发生的奇妙变化。在一项对七名重症患者的脑波活动的研究中，研究人员记录了三名患者（Chawla et al., 2009）的高频率伽马波活动激增。在对死于窒息（缺氧）的大鼠的研究中，研究人员同样观察到脑伽马波活动的峰值，即神经递质水平飙升 20 倍（Borjigin et al., 2013; Li et al., 2015）。研究人员认为，神经递质激增可能是濒死体验的原因，因为死亡前激增的神经递质与警觉、注意力和觉醒（去甲肾上腺素）、认知和

既视感（déjà vu）
对新情景有很强的熟悉感。

情感体验（多巴胺）以及生动的幻觉和神秘体验（5- 羟色胺）（Lake，in press）的变化有关。

那么底线是什么呢？除非有更确凿的证据证明濒死体验反映的不仅仅是濒死大脑的生理变化，否则似乎没有理由抛弃对濒死体验的这种更为简洁的解释（Lynn et al.，2010）。

奥卡姆剃刀原理
这种简单的解释符合事实吗？

✳ 心理科学的奥秘
我们为什么会经历既视感体验？

你是否曾经在和一个朋友聊天时，注意到谈话和周围的环境似乎出奇地熟悉？或者去了一个新的地方，感觉你以前去过那里？这篇文章的作者第一次访问他的母校康奈尔大学时，他有一种明显的感觉，那就是虽然他以前从未到过那里，但感觉已经见过这个校园。如果你有一种或多种 10～30 秒的熟悉场景的闪现，那你就体验到了**既视感**，这在法语中指"似曾相识"。我们超过三分之二的人至少经历过一次既视感体验（Adachi et al.，2008）。

有些人经历了一种鲜为人知的现象，叫作"似不相识"，法语为"从未见过"，这与既视感完全相反。在似不相识中，这个人说感觉好像以前熟悉的经历突然变得陌生了。大约三分之一的大学生报告了这种感觉，而且这种感觉有时会出现在神经系统疾病中，比如健忘症和癫痫症（Brown，2004a，2004b）。

我们如何解释既视感的起源呢？虽然有些人提出，既视感是对过去生活的记忆，但这种解释是不可证伪的，因此超出了科学的界限（Stevenson，1960）。在生物心理学领域进行的研究提供了更有希望的线索。颞叶中过量的神经递质多巴胺在"既视感"的形成过程中发挥了作用（Taiminen & Jääskeläinen，2001）。此外，人们（右颞叶有小幅度的癫痫发作）有时在癫痫发作前会有即视感体验（Bancaud et al.，1994；Warren-Gash & Zemen，2014）。对其他啮齿类动物的研究提出了这样一种可能性，即在通常情况下，让生物体能够区分两个相似的物理环境的大脑区域可能偶尔无法交流，这或许解释了人类的既视感体验（McHugh et al.，2007）。

然而，直到最近，这些转瞬即逝的现象——同时出现的新奇感和熟悉感——在经过精心控制的实验室条件下，还没有得到很好的理解和研究。

最近，一组研究人员利用虚拟现实技术来验证一个假设，即既视感是在当前的经历与之前的经历相似时产生的。他们的研究是基于这样一种观点，即当我们没有有意识地回忆起以前的经历时，熟悉感就会发生。也许我们曾多次在公园里开车，却从来没有注意到它，但我们的大脑在不知不觉中处理了信息（Strayer，Drews，& Johnston，2003）。所以过了一段时间，当我们开车经过公园时，就会觉得"似曾相识"。

安妮·克利里和她的同事（Cleary et al.，2012）为参与者配备了一种头戴式显示器，给人一种置身于三维场景中的感觉。参与者可以向左或向右转，也可以从不同角度来观察场景。克利里让他们在观看场景时，向他们报告他们是否经历了既视感，并给参与者们定义了既视感："尽管知道当前的情况是新的，但仍有一种自己曾经在某个地方或做过什么事情的感觉。"（p.972）。根据研究人员的熟悉假设，当场景中的元素排列映射到先前看到的排列时，就会产生既视感，但之前的场景并没有出现在脑海中。当参与者看到一个新的场景，其关键元素的排列方式与之前观看的场景类似，比如卧室或保龄球馆，但未能回忆起那一幕时，他们报告的熟悉程度更高，有更频繁的既视感体验，而不是完全新奇的体验。

新场景与之前观看的场景更相似，他们报道的次数越多。研究人员得出的结论是，当参与者无法回忆起之前的场景时，场景特征的匹配会产生熟悉感和似曾相识的感觉。

这一结论可能符合那些经常旅行的人经常会有体验到既视感（Brown，2003，2004a）的经历，因为他们有很多机会在不同的地方遇到类似的场景。尽管如此，克利里和他的合作者们的研究仍然让人疑惑为什么某些人，尤其是那些年轻的、政治上自由的人（Brown，2004a），经常会体验到既视感。一些关于既视感的原因还尚未得知。

神奇的经历

一位 30 岁的男性，听着 ABBA 摇滚乐队的歌，用这种方式描述了一种深刻的神秘体验。他想象着自己正在凝视满天星星的夜空。突然，他的意识，而不是他的身体，开始向天上的星星走去。尽管他不再关注音乐，即使它继续演奏，在意识回到他体内之前，他体验到他的意识正在加速膨胀，并以惊人的速度扩展到宇宙中（Mystical Experience Registry，2012）。

神秘体验，就像这个 ABBA 乐队的爱好者所描述的那样，只能持续几分钟，但它们往往能留下持久的，甚至是终生的印象。这些经历，虽然常常难以用语言表达，但往往与世界的统一，时间与空间的超越，失去自我意识，感受和平、欢乐、惊奇和敬畏有关。这样的经历往往具有强烈的精神色彩，可能促成了世界许多宗教的形成。据报道，长期以来，它们与祈祷、禁食、冥想和社交孤立有关（Wulff，2014）。然而，不同的宗教信仰又有所不同。基督徒经常用令人敬畏的神的存在来描述神秘的经历。相比之下，佛教的精神实践更多地关注于实现个人的教化而非崇拜神，他们经常用幸福和无私的和平来描述神秘事件。尽管这是由学习和文化塑造的，但每个人的神秘体验仍可能是独一无二的。多达 35% 的美国人表示，他们至少曾与一股强大的、令人振奋的精神力量有过亲密接触（Greeley，1975）。

因为强烈的神秘体验是罕见的，不可预测的，而且常常是短暂的，所以它很难在实验室里研究（Wulff，2014）。尽管如此，科学家们最近已经开始探索它们的奥秘。一种方法是诱导神秘体验并检查其后果。采用这种方法，研究人员使用功能性磁共振成像（fMRI）扫描 15 名罗马天主教修女的大脑，让她们闭上眼睛，重温她们所经历过的最强烈的神秘事件（Beauregard & Paquette，2006）。他们还指示她们重新体验与另一个人最强烈的结合状态，这是她们作为修女时的感受。与修女闭眼静坐和修女重新体验人际的情形相比，"神秘体验"产生了独特的大脑激活模式。事实上，当修女们重新体验神秘的体验时，至少有 12 个与情感、感知和认知相关的区域变得活跃起来。我们可以质疑研究人员是否真的捕捉到了神秘的体验。在实验室里重温一种经验可能不同于由禁食、祈祷、发烧、颞叶癫痫或冥想产生的自发的神秘事件（Geschwind，1983；Persinger，1987）。

在第二种方法中，神经系统学家（Griffiths et al.，2008）询问了 36 名没有任何个人或家族病史的参与者，他们服用了一种影响血清素受体的致幻剂——它是圣菌的活性成分，在宗教仪式中使用了几个世纪。在 14 个月后的随访中，58% 的参与者表示他们有一种神秘的体验，他们声称这是他们生命中最有意义的事件之一。此外，约有三分之二的参与者认为这是他们在精神上最重要的五个时刻之一，并报告了生活满意度的提高。在服用安慰剂的参与者中，有神秘和积极体验的比例要

神秘体验
（mystical experience）
与世界统一或合一的感觉，通常带有强烈的精神色彩。

两个多世纪以来，催眠让科学家和临床医生着迷，但催眠的基本方法在过去的几年中几乎没有改变。

低得多。服用致幻剂的人也报告了他们对体验的开放能力（MacLean，Johnson，& Griffiths，2012）。研究人员还报告了癌症晚期患者的情绪和焦虑的长期改善（Grob et al.，2011），以及完全戒烟的吸烟者——尤其是那些报告有神秘经历的人——相信致幻剂的结果（Garcia-Romeu，Griffiths，& Johnson，2015）。

然而，在一项研究中即使是经过了精神障碍筛查的健康的参与者，在严格控制和支持性的实验室条件下，仍有 31% 的人（Griffiths et al.，2006）报告说，与服用致幻剂有关的短期反应是负面的，包括极度恐惧和偏执。尽管负面影响不会在疗程结束后持续，但它们会引起人们对某些人可能出现长期和不可预测的负面反应的担忧。为了解决这个问题，林恩和埃文斯（在媒体上）用催眠的方法，在实验室中测试了超过 20% 的没有产生负面影响的参与者的神秘体验报告。最近的研究让我们看到了在实验室中研究神秘体验的希望，同时提醒我们，使用能引起负面情绪和积极情绪的致幻药物，需要谨慎。

催眠

图5.5　反吸烟广告

很多广告夸大了催眠在戒烟中的效果，这是一种误导公众的行为。不过，有时使用催眠与一些成熟的治疗方法相结合来帮助人们解除烟瘾不失为一种经济有效的选择。

催眠是一种运用暗示来改变人们的感知觉、思想、情感和行为的技术（Kirsch & Lynn，1998）。为了增加人们的暗示性，大多数催眠师使用诱导法，通常包括提出建议以令人放松、平静和幸福，以及提供指示以使人们想象或思考愉快的经历（Kirsch，1994）。当建议是自我管理的时候，这个过程就叫作自我催眠。

曾经被认为是最大的伪科学的催眠，现在已经成为科学和临床实践的主流。基于可靠有效的量表，科学家们已经证实，有 15%～20% 的人很少接受暗示（12 个暗示中接受了 0～3 个；不易受影响的）；另外 15%～20% 的人接受了 9～12 个暗示（易受影响的）；剩下的 60%～70% 的人接受了 5～8 个暗示（较易受影响的）。催眠具有广泛的临床应用。研究表明，催眠可以提高认知行为心理疗法的有效性（Kirsch，1990；Kirsch，Montgomery，& Sapirstein，1995）。催眠对治疗疼痛、肥胖、焦虑和习惯障碍，如吸烟成瘾等都很有用处（Lynn，Rhue，& Kirsch，2010；见图 5.5）。

然而，催眠所带来的好处在多大程度上可归因于催眠本身的独特之处，而不是放松或提高改善的期望，目前还不清楚。因为没有证据表明

排除其他假设的可能性
对于这一研究结论，还有更好的解释吗？

催眠是一种有效的治疗方法，我们应该对专业的催眠治疗专家持怀疑态度（我们可以在当地的黄页或互联网上找到很多人，他们只使用催眠疗法来治疗严重的心理问题）。

催眠（hypnosis）
一套运用暗示来改变人们的感知觉、思想、情感和行为的技术。

催眠的神秘感和误解：什么是催眠，什么不是催眠

尽管专业团体对催眠的热情越来越高，但是，公众对催眠的了解并没有和科学的发展同步。我们首先来看看下面表格所示的六种关于催眠的误解并以科学依据加以纠正。然后我们探讨两种著名的催眠机制理论。

事实还是误解：催眠

事实还是误解 1："惊人"的事情在催眠产生的恍惚状态下发生了。

想象一下，一部电影描绘催眠的恍惚状态是如此可怕，使原本正常的人会：（1）自杀（《花园谋杀》）；（2）用滚烫的水伤到自己（《催眠之眼》）；（3）协助勒索（《女王密使》）；（4）认为一个人只有心灵美（《庸人哈尔》）；（5）体验幸福（《上班一条虫》）；（6）偷（《玉蝎子的诅咒》）；以及（7）被外星人牧师用布道信息洗脑（《太空传教士的入侵》）。

其他流行的关于催眠的刻板印象源于舞台催眠表演。催眠师似乎设计了一套程序，使得人们按照程序表现出学鸭子嘎嘎叫或跟随着 U2 乐队的音乐激情地弹奏"空气吉他"的行为。但事实上舞台和电影里人们怪异的行为和恍惚的状态没有任何关系。在舞台上，催眠师通过观察潜在的表演者在清醒时对富有想象力的暗示的反应来仔细选择他们，这些暗示与人们对催眠暗示的反应高度相关（Braffman & Kirsch, 1999）。例如，那些将所暗示的正围绕他们头顶飞的蚊子挥来挥去的人，会被邀请上台，因为他们适合做这个表演。此外，由于"被催眠"的志愿者承受着取悦观众的巨大压力，经常觉得有必要做一些稀奇古怪的事情，一些催眠师甚至对志愿者耳语，让他们遵从指令，让表演生动起来（"当我打响指时，像狗一样吠叫"；Meeker & Barber, 1971）。更重要的是，我们在舞台催眠表演中看到的一些技巧，比如让志愿者悬浮在两把椅子的顶部，在没有催眠的情况下很容易在动机强烈的参与者身上复制。

实际上，催眠对受暗示性没有太大的影响。一个人在没有被催眠的情况下对 12 个暗示中的 6 个作出反应，在催眠后可能会对 7 个或 8 个作出反应（Kirsch & Lynn, 1995）。此外，人们可以随意抗拒甚至反对催眠暗示（Lynn, Rhue, & Weekes, 1990）。当然，好莱坞的恐怖电影是个例外，催眠不能让一个温和善良的人变成一个冷血杀手。

事实还是误解 2：催眠现象是独一无二的。

科学家还没有发现任何独特的生理状态或催眠标记。斯蒂尔（Still）、卡利奥（Kallio）和他们的同事们（2011）最近声称发现了证明这种"催眠的凝视"是催眠状态下恍惚状态的一种独特标记的证据。研究人员测试了一个高度易被催眠的参与者，在催眠过程中，他的眼睛看起来又大又亮，很像电影里描述的那些被催眠的参与者。令研究人员感兴趣的是，这名参与者在催眠过程中对视觉刺激没有表现出典型的自动眼球运动，而那些试图假装被催眠了的参与者却无法复制这一举动。从这项研究得出的结论的问题在于，结果只基于一个参与者，因此，是否有其他高暗示的人也会做出类似的反应，这是值得怀疑的。研究人员可能只发现了一个人，她对视觉刺激表现出非常不同寻常的反应，而不管她是否被催眠了。事实上，与普遍的看法相反，即使没有被催眠，当人们独自接受暗示时，也会经历许多催眠现象，如幻觉和对疼痛不敏感（Barber, 1969; Sarbin & Coe, 1979; Spanos, 1986, 1991）。

事实还是误解 3：催眠是一种类似睡眠的状态。

苏格兰的内科医师詹姆斯·布雷德（Braid, 1843）指出被催眠的大脑产生了一种类似睡眠的状态。布雷德把这种现象称作神经性睡眠（来自希腊文 hypno，意为"睡眠"），其简称"催眠"沿用至今。然而，被催眠时的脑电波和睡眠时的脑电波并不相似。更重要的是，人们在固定的自行车上锻炼时对催眠暗示的反应和他们在睡眠与放松时对催眠暗示的反应一样（Banyai & Hilgard, 1976; Wark, 2006）。

事实还是误解 4：被催眠者对周围环境没有意识。

另一种普遍的看法是被催眠的人在"精神恍惚"状态下会失去对环境的感知。而事实是大多数被催眠的人对周围正在发生的事情非常清楚，他们甚至可以回忆出在催眠状态下听到的周围电话谈话的细节（Lynn, Weekes, & Milano, 1989）。

事实还是误解 5：被催眠者会忘记被催眠时发生的事情。

2004 年重拍的 1962 年的电影《谍网迷魂》中有一个人被催眠去完成一项暗杀任务，并且事后忘记了在催眠状态下发生的一切。在现实中，催眠中的自发性遗忘是极少见的，并且仅出现在那些期望催眠可以让自己遗忘的人身上（Simon & Salzberg, 1985; Young & Cooper, 1972）。

事实还是误解 6：催眠可以促进记忆。

1976 年，在加利福尼亚州，三个年轻人意图"完美

互动

犯罪"，绑架了 26 个孩子和他们的司机。这些笨手笨脚的罪犯没想到他们的俘虏在地下藏了 6 个小时后会逃跑。在警察逮捕了罪犯之后，巴士司机被催眠，并正确地提供了绑匪的汽车牌照号码。媒体利用这个著名的案例来宣传催眠的力量——增强记忆。问题是，这则逸事并没有告诉我们催眠是否对司机的记忆负有责任。也许司机会回忆起这个事件，因为当人们第二次试图回忆起一个事件时，他们会记得更多的细节，而不管他们是否被催眠了。

此外，媒体倾向于不报道催眠不能增强记忆的大量案例，比如波士顿的布林克斯装甲汽车抢劫案（Kihlstrom，1987）。在这起案件中，证人被催眠，并自信地回忆起哈佛大学校长的汽车车牌。但遗憾的是，

他把一辆他见过很多次的车和抢劫案中的车弄混了。

科学研究表明通常情况下催眠并不能提高记忆能力（Erdelyi，1994；Mazzoni，Heap，& Scoboria，2010）。催眠的确可以提升信息的回忆量，但这些回忆出的信息并不都是准确的（Erdelyi，1994；Steblay & Bothwell，1994；Wagstaff，2008）。更糟糕的是，催眠试图增强目击者在准确或不准确的记忆中的自信心（Green & Lynn，2005）。确实，美国大部分的州法院已经禁止采纳证人在催眠情况下给出的证词，因为他们担心这些不准确的证词会影响陪审团，从而导致错误的判决。

催眠理论

研究人员试图从以下几个方面来解释催眠：无意识的驱动和动机，忽视逻辑不一致的意愿，增强对暗示的接受能力，以及对大脑额叶的抑制（Lynn & Rhue；1991；Nash & Barnier，2008；Sheehan & McConkey，1982）。这些理论都为催眠现象提供了有价值的见解。然而，另外两个模型，社会认知理论和分离理论，已经得到了很大的关注。

社会认知理论 社会认知理论家（Barber，1969；Coe & Sarbin，1991；Lynn，Kirsch，& Hallquist，2008；Spanos，1986）反对催眠是一种精神恍惚状态或特殊的意识状态这一说法。相反，他们使用与解释日常社会行为的同样的方法来解释催眠。根据**社会认知理论**，人们对催眠的态度、信念、动机和期望，以及他们清醒时对富有想象力的暗示作出反应的能力都会影响他们对催眠的反应。

与社会认知理论相一致的是，人们对于他们是否会对催眠暗示作出反应的预期与他们的反应是相关的（Kirsch & Council，1992）。然而，这种相关性并不一定意味着人们的期望会使他们容易被催眠。研究中，参与者的反应随着他们被告知的关于催眠的作用而变化，这为因果关系提供了更有说服力的证据。如果事先告知参与者，他可以抵抗催眠暗示，结果就会发现参与者能够抵抗催眠暗示，而那些被告知无法抵抗催眠暗示的参与者则往往不能够抵抗催眠暗示（Lynn et al.，1984；Spanos，Cobb，& Gorassini，1985）。

相关还是因果
我们能确信 A 是 B 的原因吗？

研究表明，一项提高人们对催眠的积极信念和期望，以及他们想象和提出建议的意愿的训练计划，增强了他们对催眠的反应能力（Gorassini & Spanos，1998）。在最初得分最低的参与者中，约有一半人在训练后的测试中得分最高。这些发现都挑战了催眠暗示是一种不能被修改的稳定特征的观点（Piccione，Hilgard，& Zimbardo，1989），并为社会认知理论提供了支持。

分离理论 欧内斯特·希尔加德（Ernest Hilgard，1977，1986，1994）的**分**

社会认知理论
（sociocognitive theory）
基于人们的态度、信念、期望，以及对清醒时的建议的反应来解释催眠的理论。

分离理论
（dissociation theory）
基于一种良好、整合的人格功能的分离来解释催眠的理论。

离理论是除了社会认知理论外的另一种有影响力的催眠理论（Kihlstrom，1992，1998；Woody & Sadler，2008）。希尔加德（1977）把分离定义为意识分离，在这种状态下，注意、主观努力和计划都是在无意识的情况下进行的。他假设催眠暗示使得在正常情况下整合在一起的各种思想分离开了。

排除其他假设的可能性
对于这一研究结论，还有更好的解释吗？

希尔加德（1977）的发现对他的理论发展起了关键作用。在一次催眠暗示耳聋的演示中，一名学生被问到是否能听到一些人的声音。然后，希尔加德告诉参与者，当他触碰参与者的手臂时，他就能与这个能听到的部分对话，如果有这样的部分存在的话。当希尔加德把他的手放在参与者的手臂上时，参与者描述了房间里的人说了什么。然而，当希尔加德移走他的手时，参与者又一次"聋了"。希尔加德发明了隐蔽观察者的隐喻来描述分离理论，他可以在线索中得到未被催眠的"部分"的思想。

排除其他假设的可能性
对于这一研究结论，还有更好的解释吗？

后来的研究人员对隐蔽观察者现象提出了另一种解释（Kirsch & Lynn，1998；Spanos，1986，1991）。尼古拉斯·斯帕诺斯（Spanos，1991）认为，隐蔽观察者之所以出现，是因为催眠师直接或间接地暗示了这一点。也就是说，参与者会发现，用来引出隐蔽观察者的指令意味着他们应该表现出是可以与催眠师交流的一个独立的、非催眠的人。斯帕诺斯假设改变指令会改变隐蔽观察者报告的内容。这正是他所发现的。改变指令会让隐藏的观察者感受到更多或更少的痛苦，或者以正常的或相反的方式感知一个数字（Spanos & Hewitt，1980）。简而言之，隐蔽观察者与其他暗示的催眠反应没有什么不同：它是由我们所期望和相信的东西塑造出来的。

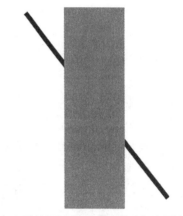

研究人员使用波根多夫错觉（如上图所示）来研究催眠导致的年龄退行的效果。成年人往往把上图中两段在同一直线上的线段看成不在同一直线上，而儿童则不会。当成年人退行到童年时他们看到的线段依然不在一条直线上，这表明催眠导致的年龄退行并不能使成人出现孩子似的知觉。

根据对希尔加德的分离理论的修正（Woody & Bowers，1994），催眠绕过了我们对行为施加的一般的控制感。所以，暗示直接带来了很弱的或没有主观努力和意识控制的反应（Jamieson & Sheehan，2004；Sadler & Woody，2010）。这个理论很好地描述了人们在催眠过程中所经历的事情，并且很好地与社会认知理论相吻合，社会认知理论强调了在催眠情境内外大多数行为的无意识的、自动的本质（Lynn & Green，2011）。

日志提示

举例说明你所遇到的一个催眠神话（电影、电视、书中的情节或者你认识的人）。为什么这些神话在缺乏科学证据的情况下仍然存在？请谈谈你的看法。

✳ 心理学谬论
年龄退行和前世

催眠最为广知的神秘之处在于它可以帮助人们重新记起发生在早年甚至是出生时的事情。一部电视纪录片（Bikel，1995）展示了一位妇女在一系列治疗过程中经历的年龄退行，她回到了童年时期、胎儿时期，最后甚至回到了她卡在母亲输卵管里的时候。这位妇女描述了她被卡在这个不舒适的位置时所经历的极其不适的情感体验。尽管这位妇女确信她的确经历过这些，但是我们仍然可以断定这并非基于记忆（毕竟那时她还未发育出大脑，甚至她还是一个未受精的卵细胞）。相反，经历年龄退行的参与者会按照他们认为的该年龄儿童应有的行为方式去表现。但是年龄退行的成年人并没有表现出该年龄所预期的各项发展指标。比如说，当退行到童年期时，他们表现出的脑电波（EEGs）仍是成人的而不是儿童的。无论年龄倒退的经历多么引人注目，它都不是童年经历的心理复制品（Nash，1987）。

一些治疗师认为当前的问题可以追溯到前世，从而使用**前世回溯法**来治疗他们的病人（Weiss，1988）。通常，他们实施催眠并让年龄退行的病人"追溯"目前的心理、生理障碍的源头。比如，一些运用前世回溯法的治疗理论主张脖子和肩膀的疼痛可能是在前世的生活中被执行了绞刑或斩首所致。

除了个别特殊情况外，科学家们认同绝大多数前世回溯法报告的内容来自想象或某个已知时期的历史事实这一说法（Stevenson，1974）。当查证那些已知的事实（如当时国家是处在战乱还是和平时期，那个时期硬币上的人物头像）时，发现参与者对所"回溯"的前世历史环境的描述很少是准确的。即使准确，我们通常也可以用他们受到了良好的教育或是熟知历史知识来解释（Spanos et al.，1991）。比如，一个参与者退回到了公元前50年，他声称自己是罗马皇帝尤利乌斯·恺撒。而事实上公元前和公元的名称直到几个世纪后才被采用，而尤利乌斯·恺撒在第一个罗马皇帝掌权前几十年就去世了。

5.4　药物和意识

5.4a　确定药物使用可能产生的影响。
5.4b　区分不同类型的药物和它们对意识的影响。

前世回溯法
（past-life regression therapy）
一种催眠病人并使病人想象回到了以前的生活，从而找到当前问题的根源的治疗方法。

精神药物
（psychoactive drug）
类似于那些我们大脑里自然生成的化学物质，这种化学物质通过改变神经元的化学过程来改变意识。

事实上，每一种文化都发现某些植物可以显著地改变我们的精神状态。关于发酵的水果和谷物、罂粟汁、煮过的咖啡豆和茶叶的汁液、烟草或大麻叶的燃烧、作物中生长的某些霉菌、古柯叶的颗粒状萃取物的知识，都是从远古时代流传下来的。我们现在知道，这些**精神药物**包含类似于那些我们大脑里自然生成的化学物质，这些分子通过改变神经元的化学过程而改变精神状态。一些精神类药物被用于治疗身体和精神疾病，但其他一些则几乎完全用于娱乐目的。心理和生理影响取决于药物的类型和剂量，正如我们在表5.2中总结的那样。

但是我们会看到，药物的效果不仅仅取决于它们的化学性质。心理定势——对药物效果的信念和期望——人们服用这些药物的环境，以及他们的文化遗产和遗传禀赋，都会影响人们对药物的反应。

表5.2	主要药物类型和它们的功效		

药物类型	举例	对行为的效果
抑制剂	酒精、巴比妥类药物、安眠酮、安定	抑制中枢神经系统的活动（最初伴随睡意、思考缓慢和注意力分散）
兴奋剂	烟草、可卡因、安非他命、甲基苯丙胺	加强中枢神经系统活性（警觉感，感觉良好，充满能量）
麻醉类	海洛因、吗啡、可待因、氧可酮	愉快感，减少疼痛
致幻类	大麻、LSD（麦角酸二乙基酰胺）、摇头丸、赛洛西宾	显著地改变知觉、心境和思维

物质滥用

　　药物是改变我们思考、感觉或行动方式的物质。人们很容易忘记酒精和尼古丁是毒品，因为它们通常都是普通的而且是合法的。然而，滥用合法和非法毒品是一个严重的社会问题。根据约翰斯顿等人的一项全国性调查显示，70% 的年轻人（29～30 岁）曾吸食过大麻，54% 的人表示曾尝试过其他非法毒品，如可卡因、海洛因和致幻药等。

物质滥用的诊断

　　一般来说，当人们经历了与一种或多种药物相关的复发显著性痛苦时，他们有资格被诊断为物质滥用（APA，2013）。物质滥用是一种相对较新的研究类别，它出现在美国精神医学学会的诊断手册的最新（第五）版中。新的诊断结合了以前的药物滥用诊断类别（包括家庭、工作、学校或法律中药物的反复问题）和药物依赖（包括耐受性和戒断症状）。新的诊断方案考虑了所有与酒精有关的问题，并强调了这些问题的严重性，而不是对以前的物质滥用和物质依赖目录作一个明显区分。

　　耐受性，是药物使用障碍的一个重要特征，当人们需要消耗更多的药物来达到麻醉状态时，耐受性就会出现。或者，在使用了一段时间后，产生耐受性的人可能不会得到相同的反应或在使用药物之后完全无效。耐受性通常与人们服用药品数量的增加有关。当人们长时间使用药物，然后停止或减少它们的使用，他们可能会经历**戒断症状**，症状根据使用药物的不同而不同。例如，酒精戒断症状可从失眠和轻度焦虑到更严重的症状，如癫痫发作、混乱和奇异的视幻觉（Bayard et al.，2004；Schuckit，2015）。当人们为了避免戒断症状而继续服用某种药物时，他们会表现出**生理依赖性**。相比之下，当人们因为强烈的渴望而持续使用毒品时，他们会产生**心理依赖**，即使使用药品会在人际关系或工作中造成问题。根据一项调查（Knight，Maines，& Robinson，2002），在 12 个月的时间里，6% 的大学生报告了酒精使用的严重症状，包括耐受性和戒断症状，31% 的人报告了符合药物滥用标准的严重酒精问题。总的来说，约有 10% 的酗酒者达到了酒精依赖的标准（Esser et al.，2014）。

物质滥用的解释

　　通常当人们有药物可用时，当人们的家人或同伴批准他们使用药物时，当人

耐受性（tolerance）
由于重复使用而导致药物效果的减少，它要求使用者大量摄入药物以达到同样的效果。

戒断症状（withdrawal）
减少或停止使用那些使用者依赖的药物所产生的令人不快的影响。

生理依赖性
（physical dependence）
当人们继续服用药物以避免戒断症状时就会产生依赖性。

心理依赖
（psychological dependence）
受强烈的渴望驱使而持续使用药物的非生理依赖。

们没有预料到他们使用药物的严重后果时，人们开始使用药物（Pihl，1999）。非法药品的使用通常开始于青春期早期，在成年早期达到高峰，然后急剧下降。幸运的是，在后来的生活中，就业和建立家庭的压力往往可以抵消早期与药品有关的压力和态度（Newcomb & Bentler，1988）。在接下来的章节中，我们将重点讨论酒精使用障碍的原因，因为它们是科学家们最了解的药物滥用的形式。

排除其他假设的可能性
对于这一研究结论，还有更好的解释吗？

社会文化影响　严格禁止饮酒的文化或团体，如穆斯林或摩门教徒，表现出低酒精依赖率（物质滥用导致的耐受性和戒断症状；Chentsova-Dutton & Tsai，2007）。在埃及，每年的酒精依赖率仅为0.2%（World Health Organization，2004），而在法国和意大利，他们认为饮酒是日常生活中保持健康的一部分，酒精依赖的发病率要高得多。在波兰，酒精依赖年增长率为11.2%。一些研究者将这些差异归因于对酒精滥用态度的文化差异。然而，这些差异也可能部分归因于基因的影响，而文化态度本身可能反映了这些差异。

真的有成瘾人格吗？　尽管社会文化因素很重要，但它们并不容易解释文化中的个体差异。我们可以在对饮酒有严格限制的社会中找到酗酒者，在饮酒普遍的社会中找到禁酒主义者。为了解释这些事实，大众心理学和科学心理学家们长期以来一直在想，某些人是否有一种使他们容易滥用酒精和其他药物的"成瘾人格"（Shaffer，2000）。一方面，研究表明，没有单一的成瘾人格特征（Rozin & Stoess，1993）。另一方面，研究人员发现，某些性格特征易导致酗酒和吸毒。特别是，研究将物质滥用与冲动性联系在一起（Baker & Yardley，2002；Kanzler & Rosenthal，2003；Khurana et al.，2013）；寻求高水平的新奇和刺激感官体验的倾向（Leeman et al.，2014）；社会性（Wennberg，2002）；消极情绪倾向，如焦虑和敌意（Jackson & Sher，2003）；发现药物有效的倾向（喜欢它，想要它）（King et al.，2014）。但是其中的一些特征可能部分是由于物质滥用造成的，而非原因。此外，我们很快就会知道，基因影响似乎至少在一定程度上解释了反社会行为和酗酒风险（Slutske et al.，1998）。

相关还是因果
我们能确信A是B的原因吗？

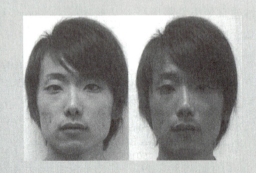

增加或降低风险

互动

和一些亚裔美国人一样，这个人喝完酒后就会表现出明显的充血反应（右），正如我们在照片上看到的饮酒前和饮酒后面部变化一样。根据研究文献，与大多数人相比，他在晚年是否会增加或减少酒精问题的风险？（见彩插）

学习和期望　根据紧张降低假说（Cappell & Herman，1972；Sayette，1999；Sher，1987），人们饮用酒精和服用其他药物来缓解焦虑。这种自我用药加强了药物的使用，增加了继续使用的可能性。酒精和多巴胺一样会影响并奖励有关的大脑中枢（Koob，2000），而多巴胺在奖励中起着至关重要的作用。然而，当人们认为酒精是一种减压剂时，他们更倾向于通过喝酒来缓解焦虑（Goldsmith et al.，2012；Greeley & Oei，1999），因此，几乎可以肯定，预期也起到了一定的作用。但是一旦个体对酒精产生依赖，戒断症状带来的不适就会促使他们寻求酒精并继续使用。

遗传影响　酗酒倾向于在家庭中蔓延（Sher，Grekin，& Williams，2005）。但这个证据并没有告诉我们这一发现是源于基因还是所处的环境，还是两者兼而有之。双生子和孩子收养研究已经解决了这个问题：它们表明遗传因素对酒精易感性的关键作用（McGue，1999；Verhulst，McNeale，& Kendler，2015）。这可能涉及基因的多样性问题（Enoch，2013；Rietschel & Treutlein，2013），但是到底遗传了什么呢？没有人知道确切的答案，但研究人员已经发现了人们对酒精的反应和他们酗酒的风险之间的基因联系（Li，Zhao，& Gelernter，2012）。对酒精的强烈负面反应会降低酗酒的风险，而较弱的反应会增加这种风险（Schuckit，1994）。醛 2（ALDH2）基因的突变导致了对酒精的明显不愉快的反应：脸红、心悸（感觉心跳加速）和恶心（Higuchi et al.，1995）。这种基因存在于约 40% 的亚洲人身上，他们的酒精中毒风险较低，并且比其他大多数族群的人都少喝酒（Cook & Wall，2005）。

抑制剂

酒精和镇静催眠药（巴比妥类药物和苯二酮类药物）是镇静剂，因为它们抑制了中枢神经系统的作用。顺便说一下，**镇静剂**意味着"镇静"，**催眠药物**意味着"睡眠诱导"（尽管它的名字是催眠，但并不意味着"催眠诱导"）。相比之下，我们将在下一节中回顾的兴奋剂，会加速我们中枢神经系统的运作，如尼古丁和可卡因。我们将了解到酒精的影响范围非常广泛，从低剂量的刺激到高剂量的镇静作用。

酒精

长久以来，人类与酒精有着密切的关系。一些科学家推测，一个被遗忘已久的人，可能是在 1 万年前，意外地食用了一罐储存太长时间的蜂蜜（Vallee，1988）。他或她便成为第一个喝酒的人，从那以后，人类就再也不一样了。今天，酒精是最广泛使用和滥用的药物。到青春期后期，78.2% 的年轻人有饮酒行为（Swendsen et al.，2012），而且几乎 60% 的大学生说他们在过去的一个月内喝过酒（SAMHS，2014）。在我们的社会中，大多数（51.8%）的成年男性经常饮酒（在过去的一年里，至少有 12 杯酒；Centers for Disease Control，2011），65% 的学生报告他们在高中毕业前有过一次饮酒（Johnston et al.，2016）。

我们必须注意酒精的作用，以了解它的强大吸引力。尽管许多人认为酒精是一种兴奋剂，但在生理上它主要是一种镇静剂。酒精作为一种情绪和生理刺激，只有在相对较低的剂量下才会起作用，因为它会抑制大脑中抑制情绪和行为的区域（Pohorecky，1977；Tucker，Vucinich，& Sobell，1982）。少量的酒精可以促进心情的放松，提升情绪，增加谈话性和活性，降低抑制力，削弱判断力。在大多数州，血液酒精浓度（BAC）——血液中酒精的浓度——超过 0.08 时驾驶一辆汽车就是法律意义上的醉驾。我们将在后文中探讨与饮酒相关的其他健康风险。在高剂量时，当 BAC 达到 0.05～0.10 时，酒精的抑制和镇静作用通常会变得更加明显。大脑中心被抑制，思维考放缓并且注意力不集中，行走和肌肉协调失调（Erblich et al.，2003）。在高剂量下，使用者有时会体验到兴奋和镇静的混合作用（King et al.，2002）。

中毒的短期效果与 BAC 直接相关。与流行的说法相反，在不同类型的酒之间转换——比如啤酒、葡萄酒和烈性酒——并不比坚持一种类型的酒更容易导致醉酒（见表 5.3）。醉酒的感觉在很大程度上取决于血液吸收酒精的速度——主要是通过胃和肠道。胃里的食物越多，酒精吸收的速度就越慢。这个事实解释了为什么我们会觉得酒精在空腹下影响更大。与男性相比，女性的体脂更多（酒精不是脂溶性的），稀释酒精的水更少。因此，体重与男性相当，且饮酒量相同的女性的血液酒精浓度将高于男性（Kinney & Leaton，1995；Paxton & McCune，2015）。图 5.6 显示了血液中酒精浓度和酒精吸收之间的关系。因为个人胃的容量和体重等变量的作用的不同，这些影响因人而异。

镇静剂（sedative）
能产生镇静作用的一种药物。

催眠药物（hypnotic）
能产生睡眠诱导的一种药物。

表5.3	事实还是假象：酒精

虽然我们已经讨论了一些流行的关于酒精的概念，但也有很多其他的概念。你们听说了多少个？

假象1：每次我们喝酒时，我们就会损坏大约1万个脑细胞。	科学家们还没有精确地确定单一的饮酒对脑细胞损伤的影响。大量饮酒和大脑损伤以及记忆问题有关。
假象2：酒后过了几小时开车是没问题的。	协调性可能在饮酒后10～12小时一直受影响，所以酒后开车是不安全的。80%的交通事故与酗酒（如果是男性的话，每次喝五杯或更多的酒；如果是女性的话，四杯以上）有关（Marczinski, Harrison, & Fillmore, 2008）。
假象3：为了避免宿醉，服用两到三片扑热息痛（一种常见的阿司匹林替代品）或者喝含有咖啡因的能量饮料。	服用扑热息痛可以增加酒精对肝脏的毒性。能量饮料不会影响血液酒精含量，并且会增加酗酒的可能性（Thombs et al., 2010）。
假象4：我们的判断力不会损坏，除非我们完全喝醉。	在明显的醉酒迹象出现之前，判断力就会发生受损现象。
假象5：喝酒会导致眩晕。	眩晕是指在醉酒的情况下一段时间内的记忆丧失，与昏厥无关。
假象6：将无糖饮料与酒精混合可以降低醉酒的风险。	将无糖汽水与酒精混合会使呼吸中的酒精浓度增加18%，从而增加中毒的风险（Marczinski & Stamates, 2012）。

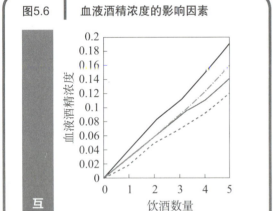

图5.6	血液酒精浓度的影响因素

一个人的血液酒精含量（BAC）依赖于多种因素，而不仅仅是喝酒的数量。这个人的体重、性别和胃的容量都起了一定的作用。这张图显示了体重和性别对BAC的影响。对于男性和女性来说，体重较重的人的BAC水平较低，但在120磅和160磅组，女性的BAC水平比男性高。

虽然药物的作用受到药物剂量的影响，但使用者的预期也同样发挥了重要作用。平衡安慰剂设计是一种四组设计（见图5.7），研究人员告诉参与者，他们要么正在接受一种活性药物，要么没有，事实上也是如此（Kirsch，2003）。这一巧妙的设计使得研究者们能够梳理出预期（安慰剂效应）的相对影响以及酒精和其他药物的生理作用。

平衡安慰剂设计研究的结果表明，在低酒精剂量水平下，不同文化背景下的预期会影响情绪和复杂的社会行为。值得注意的是，那些摄入了与酒精类似的安慰剂饮料的参与者，表现出了与饮用真正含酒精饮料的参与者相同的醉酒的主观影响。在影响社会行为，如攻击性方面，预期往往比酒精的生理效应更为重要（Lang et al.，1975）。酒精可以为一些人提供一个借口，让他们参与那些被社会禁止或不鼓励的行为，比如调情（Hull &Bond，1986）。在男性中，预期可能会超越酒精的药理作用，增强幽默，减少焦虑和性反应。相反，非社会行为（如反应时间和运动协调性）更受酒精本身的影响，而不是预期的影响（Marlatt & Rosenow，1980）。饮酒会产生积极结果的预期预测了谁会喝酒以及他们会喝多少，而饮酒会产生消极结果的预期预测了谁会戒酒（Goldman, Darkes, & Del Boca, 1999；Leigh & Stacy, 2004）。

人们饮酒的背景或社会环境也影响着它的功效。例如，在酒吧或类似酒吧的情况下，与饮酒同伴进行测试的参与者在喝酒时感到更加友好和兴奋，他们的饮酒量是自己饮的时候的两倍

（Lindman，1982；Monk & Heim，2013；Sher et al.，2005）。

镇静－催眠药

当人们入睡困难或极度焦虑时，他们可能会咨询医生获得镇静－催眠药。因为这些药物会产生镇静剂的效果，它们在高剂量的情况下是危险的，会导致人无意识、昏迷甚至死亡。

研究人员通常将镇静－催眠药分成三个类别：*巴比妥类药物*（如西可巴比妥、戊巴比妥钠和吐诺尔）；*非巴比妥类药物*（如舒眠片和甲奎酮，更广为人知的是安眠酮）和*苯二氮卓类药物*。苯二氮卓类药物（包括安定）在二十世纪六七十年代是非常受欢迎的，并且今天仍然被广泛使用以减轻焦虑。滚石乐队的歌曲《母亲的小帮手》（1966 年上映）是关于安定的。这首歌的副歌讲的就是眠尔—— 一种曾经被广泛使用的苯二氮卓类药物，用来安抚母亲的黄色小药丸。巴比妥酸盐会产生一种类似于酒精的醉酒状态。巴比妥酸盐的滥用可能性最大，这是很麻烦的，因为剂量超标的后果往往是致命的。

图5.7　平衡安慰剂设计的四组设计

参与者的平衡安慰剂设计包括四组：（1）被告知他们接受一种药物，实际上获得药物；（2）被告知他们接受一种药物，但实际上接受安慰剂；（3）被告知他们接受安慰剂，但实际上获得药物；（4）被告知他们接受安慰剂，实际上接受安慰剂。

		接受	
		药物	无药物
被告知	药物	药物作用＋安慰剂作用	安慰剂作用
	无药物	药物作用	基线

兴奋剂

因为尼古丁、可卡因和安非他命加快了我们中枢神经系统的运转，所以它们都是**兴奋剂**。和抑制类药物相反的是，它们加快了心率、呼吸，并促使血压升高。

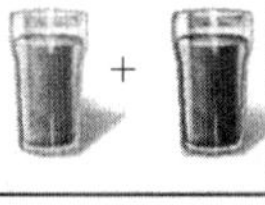

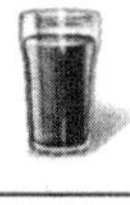

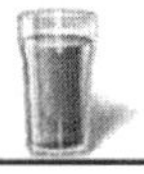

尼古丁

在人类历史上，人们以各种方式消费烟草：吸烟、嚼、蘸、舔、通过水烟袋吸入，甚至喝。烟草公司早就知道，但不愿意承认，烟草中的尼古丁是一种强效且让人上瘾的毒品。它在吸入后大约 10 秒钟到达大脑。尼古丁激活了对神经递质乙酰胆碱敏感的受体，吸烟者经常报告兴奋感以及放松与警觉。

和许多其他非医疗目的的药物一样，尼古丁具有*更大的价值*，这意味着它可以增强积极的情绪反应，并减少负面情绪反应，包括尼古丁水平下降时所经历的痛苦（Leventhal & Cleary，1980）。对许多年轻人来说，与吸烟有关的正面形象是有吸引力的。在后文中，我们将考虑吸烟者的广泛程度以及烟草使用对健康的诸多负面影响。

可卡因

可卡因是最强烈的天然兴奋剂。可卡因吸食者通常表现出欣快感，心理和生理能力增强，兴奋感增强，饥饿感降低，疼痛淡化，以及伴随疲劳感的降低而获得的良好感觉。可卡因来自一种灌木，这种灌木在南美洲大量生长。到了 19 世纪晚期，医生为各种各样的疾病开了可卡因处方。在世纪之交，许多药物、酒精滋补品，甚至可乐都含有可卡因。1906 年，可卡因在美国受到严格的政府控制。

调查显示，大约有 4.5% 的大学生曾在过去使用过可卡因，50 岁的人中有 40% 的人报告说他们至少曾经使用过可卡因（Johnston et al.，2015）。可卡因的使用已经非常普遍，在美国，90% 的美元钞票（和其他纸币）都含有微量的可卡因。在毒品问题发

兴奋剂（stimulant）
能增加中枢神经系统的活动（包括心率、呼吸、血压）的药物。

事实与虚构

互动

经过烟熏或蒸汽熏蒸后的烟草，通过喷雾器或水烟袋吸入不含尼古丁。（请参阅页面底部答案）
○ 事实
○ 虚构

生率最高的城市，这些数量最高；例如华盛顿，96%的纸币至少含有一些可卡因残渣（Raloff，2009）。

可卡因是一种强大的增强剂，它的吸引力在很大程度上是因为其作为一种违禁药物的"身份"以及它令人上瘾的特性。当恒河猴习惯于自我注射可卡因时，它们会长期处于醉酒状态。当有无限数量的可卡因可用时，它们甚至可能会"服死自己"（Johanson，Balster，& Bonese，1976）。人类大量摄入可卡因也产生了强烈的使用欲望（Spotts & Shontz，1976，1983）。可卡因不仅增强了神经递质多巴胺的活动，也增强了血清素，这有助于增强它的强化作用，但可卡因也会影响与监测行为、洞察力和运动自我意识相关的大脑区域和活动，助长这种物质的上瘾效果（Moeller et al.，2014）。

可卡因使用者可以静脉注射。但是他们更多的是通过鼻子吸入或喷出，鼻腔黏液细胞膜能吸收它。快乐可卡因是一种高度浓缩的可卡因，它是通过将可卡因溶解在碱性（基础）溶液中，然后将其煮沸直到形成白色的块状或者"岩状"。快乐可卡因的受欢迎程度可归因于它所产生的高度的精神欢愉，并且价格相对便宜。但短暂的兴奋和随之而来的痛苦导致使用者每当想要再次获得快感时都必须吸食可卡因（Gottheil & Weinstein，1983）。最近，研究人员发现，长期使用可卡因与大脑灰质减少有关，而灰质通常与哀老有关（Ersche et al.，2013a）。不过，我们还是可以合理地质疑这些变化是由可卡因产生的，还是在可卡因依赖之前就已经发生了，并且可能增加对可卡因依赖的风险（Ersche et al.，2013b）。

排除其他假设的可能性
对于这一研究结论，还有更好的解释吗？

安非他命

安非他命是所有药物中最常被滥用的药物之一。在最近的一项调查中，约有15%的大学生表示他们至少有一次尝试过服用安非他命（Johnston et al.，2015）。对安非他命的不同使用方法会产生不同的心理效果。第一种方法是偶尔使用小剂量的口服安非他命来延缓疲劳，或者在做不愉快的任务时提升情绪，或用于考试前临时抱佛脚，或用于体验快感。在这种情况下，服用安非他命并不能成为使用者生活方式的日常内容。在第二种方法中，使用者从医生那里获得了安非他命，定期用它们来制造兴奋，而不是达到药效。在这些病例中，可能会出现对药物的严重心理依赖，患者如果经常使用药物，则会出现抑郁症状。第三种方法与街头使用者有关——使用兴奋剂成瘾的人——他们注射大剂量的安非他命，在注射后立即获得快感。这些使用者可能会焦躁不安、健谈、兴奋，并通过持续注射安非他命来延长兴奋的感觉。睡眠不足和食欲不振也是所谓的"兴奋剂成瘾"的标志。使用者可能会变得越来越多疑和充满敌意，并产生妄想症（相信其他人会去找他们）。

答案：虚构。吸水烟袋能释放大量的尼古丁。一项研究测试了55名有经验的水烟袋使用者，他们通常在水烟袋里吸烟。研究人员在他们抽完水烟后，发现他们的尿液中尼古丁含量增加了73倍（Helen et al.，2014）。

近年来，对甲基苯丙胺（冰毒），一种化学性质类似安非他命的药物，已经出现了大量的滥用现象。其因为晶体状的形状和高度成瘾的效果，被称为晶体脱氧麻黄碱或者简称为脱氧麻黄碱。使用者在吸食时会感到强烈的快感，接着会产生一种能持续 12～16 小时的兴奋感。晶体脱氧麻黄碱比安非他命更强烈，通常有更高的纯度，并且有很高的过量使用和依赖的风险。晶体脱氧麻黄碱能破坏组织和血管，引起粉刺；它还会导致体重减轻、颤抖和牙齿问题。

麻醉剂

阿片麻醉类药物海洛因、吗啡和可可因都是从罂粟中提取出来的。罂粟是一种广泛生长在亚洲的植物。吗啡是鸦片的主要成分。海洛因的作用与吗啡的作用几乎相同，但海洛因的功效是吗啡的三倍，并且目前占阿片类药物滥用的 90%。阿片类药物通常被称为**麻醉剂**，因为它们能减轻疼痛并诱发睡眠。

海洛因的使用者经常体验到强烈的欣快感。但通常剂量下，海洛因产生的快感只能维持三四个小时。如果海洛因成瘾的人没有在 4～6 个小时内继续使用，他们将体验到比如腹部绞痛、呕吐、对药物的渴望、打哈欠、流鼻涕、出汗和发冷等特征的海洛因戒断综合征。随着海洛因的持续使用，药物产生的兴奋作用就会逐渐减弱。成瘾者可能会继续使用更多的海洛因来避免快感消散，从而体验到第一次少量注射时的强烈快感（Hutcheson et al.，2001；Julien，2004）。海洛因的诱发睡眠的特性主要是由于它对中枢神经系统的抑制作用：伴随着注射会产生嗜睡，呼吸和脉搏减慢，瞳孔收缩等表现。在高剂量下，昏迷和死亡可能随之而来。

有 1%～2% 的年轻成年人尝试过海洛因（Inhongbe & Masho，2016；Johnston et al.，2015）。许多人把海洛因的使用与注射毒品联系在一起，但近年来最常用的方法是嗅食海洛因，其中经常将海洛因与其他毒品结合使用（Ihongbe & Masho，2016）。近年来，随着海洛因成本的大幅下降和剂量纯度的提高，海洛因服用过量的情况急剧增加：每克纯海洛因的价格每下降 100 美元，与服用过量海洛因相关的住院治疗就会增加 2.9%（Unick et al.，2013）。

即使是不经常使用者也可能会对海洛因上瘾。但与流行的观点相反，海洛因成瘾并非不可避免（Sullum，2003）。例如，使用阿片类药物如止痛剂，用于医疗目的的人，在使用时不一定会上瘾。

尽管如此，自从 20 世纪 90 年代中期，由于合法的医疗目的引进了阿片类止痛药奥施康定，药物滥用者越来越多地通过获得处方类阿片类止痛药来获得"快感"。不幸的是，注射或服用酒精与奥施康定的混合物以及其他镇静剂，可能是致命的（Cone et al.，2004）。与滥用其他药物相比，在 2000 年至 2014 年期间因过量使用阿片类药物而导致的死亡人数增加最多，而在那个时期死亡人数增加了近四倍（Compton，Jones，& Baldwin，2016）。

在一项对注射海洛因的成年人的调查中，大约 40% 的人报告说他们在第一次吸食海洛因之前，滥用了这种处方药类型的阿片类药物来获得"快感"（Pollini et al.，2011）。然而，由于许多使用海洛因的人同时使用可卡因、致幻剂、安非他命等其他药物，因此很难建立处方型阿片类药物与海洛因使用之间的牢固因果关系（Wu et al.，2011）。

致幻剂

科学家们将迷幻剂（LSD）、酶斯卡灵、五氯酚（PCP）和引起幻觉的摇头丸称为**致幻剂**或者迷幻剂，因为它们的主要作用是显著地改变人们的感知觉、情绪和思

相关还是因果
我们能确信 A 是 B 的原因吗？

麻醉剂（narcotic）
缓解疼痛，使人入睡的药物。

致幻剂（hallucinogenic）
显著改变人们的感知觉、情绪和思维的药物。

维。因为大麻"扭曲思维"的效果不像 LSD 一样厉害，一些研究者不将大麻归为致幻剂。相反，其他研究者形容其为"温和的致幻剂"。有趣的是，大麻可能也有镇静或安眠的性质。

大麻

在美国，大麻是最常用的非法毒品，有 79% 的成年人表示在 55 岁之前至少曾吸食过一次，有 7%～8% 的成年人报告说仍在使用大麻（Johnston et al.，2015；Schauer et al.，2016）。大麻在流行文化中作为烟袋、草、草药、玛丽珍、大麻日被大众所熟知。大麻来自大麻植物（拉丁名为 Cannabis sativa）的树叶和花朵。大麻的主要作用是由它的主要成分 THC（四氢大麻酚）决定的。人们在几分钟内体验到一种"兴奋"的，在半小时内能达到高潮的感觉。从雌性植物的芽和花里提取的印度大麻制剂包含了比大麻浓度更高的 THC，且效果更明显。

无论是直接吸食还是将其放在茶里，或通过水管吸入，使用者报告的短期影响包括感觉到时间减慢、触觉感受提高，对声音、饥饿感、幸福感的识别能力增强以及傻笑或者大笑。之后，他们可能变得安静、内省和嗜睡。在更高的剂量上，使用者会体验到短时记忆受到干扰，情绪夸大和自我感觉的改变。一些反应更令人不愉快，包括注意力不集中、思维放缓、人格解体（某种意义上的"脱节"或脱离自我），而且，极度焦虑、恐慌，并伴有精神病发作（Earleywine，2005）。吸食大麻后驾车是危险的，特别是在高剂量的时候（Ramaekers et al.，2006）。

大麻令人兴奋的效果可以持续两到三个小时，但当 THC 通过血液循环进入大脑时，它会刺激大麻素受体。这些特殊受体主要集中在控制着快乐、知觉、记忆和协调肢体动作的大脑区域。最显著的生理变化是心率加快，眼睛发红，嘴巴干涩。

相关还是因果
我们能确信 A 是 B 的原因吗？

科学家们正在努力更好地了解大麻使用的长期生理和心理影响。尽管大麻比烟草对细胞造成的损害还多（Maertens et al.，2009），但除了增加肺部和呼吸系统疾病的风险（Tetrault et al.，2007），科学家们还没有找到确切的证据证明吸食大麻会导致严重的身体健康伤害或生育后果。尽管如此，习惯性地长期大量使用大麻会损害人们的注意力和记忆力。幸运的是，正常的认知功能通常在戒除一个月后便能恢复（Pope，Gruber，& Yurgelun-Todd，2001）。关于因果关系的问题在解释有关大麻使用的危险的研究时起了作用。吸食大麻的高中生会获得低的成绩，并且比其他学生更有可能触犯法律（Kleinman et al.，1988；Substance Abuse and Mental Health Services Administration，2001，2012）。但是，吸食大麻的高中生可能依然会这样做，因为他们在吸食大麻之前在家庭生活或心理问题上遇到了麻烦，并且在学校表现不佳（Shedler & Block，1990）。事实上，这两种情况都有一定的道理。

假冒或合成的大麻，通常被称为香料、K2、火焰或黑曼巴，是由喷洒化学药剂的草药制成的，这些化学物质被吹捧成具有大麻的效果，最近在加油站和烟草商店出售。吸食假大麻的人报告说有惊恐发作、呼吸困难、癫痫、幻觉和呕吐等不良身体反应。考虑到安全性，法律对其禁止销售和使用。

一些研究人员认为，大麻是一种"诱导性"毒品，它可以让使用者尝试后果更严重的毒品，如海洛因和可卡因（Kandel，Yamaguchi，& Chen，1992）。在一项同卵双生子的研究中，其中一个青春期使用大麻，另一个则没有，使用大麻的那一个后来有显著的滥用酒精和其他药物的风险（Lynskey et al.，2003）。然而，评估大麻是否为诱导性毒品并不容易。正如我们已看到的，摄入可卡因和相关的大脑变化，仅仅是因为一个事件发生在另一个事件之前，并不意味着由它引起。例如，在婴儿时期吃

相关还是因果
我们能确信 A 是 B 的原因吗？

婴儿食品并不会使我们成年后吃"成年人"的食物。在使用其他药物之前，青少年可能倾向于使用大麻，因为它的威胁性更小，更容易获得，或者两者兼而有之。对此的科学争论仍在继续。

目前美国有一种趋势，即推动大麻的医用和娱乐使用合法化。28 个州和哥伦比亚特区已经将大麻用于医疗目的的持有合法化。尽管美国公众舆论的潮流已经转向将大麻用于娱乐用途，但对大麻合法化下的个人和社会成本以及收益仍然存在争议，并引发了许多争论。

日志提示

鉴于大麻及其对精神和身体的影响，当各州讨论大麻合法化时，应该考虑哪些重要信息？

LSD 和其他的致幻剂

1943 年 4 月 16 日星期五，瑞士化学家阿尔伯特·霍夫曼发现了一件奇怪的事情。1938 年，霍夫曼合成了一种化合物麦角酸二乙基酰胺（LSD），它是一种从生长在黑麦上的真菌中发现的化学物质。五年后，霍夫曼决定再次研究这种化合物，他不知不觉地通过皮肤吸收了其中的一部分。当他回到家时，他感到不安、晕眩，并且"察觉到一串不间断的精彩画面，不同寻常的形状，有着强烈的、千变万化的色彩。两小时后，这种情况就消失了"（Hofmann，1980，p.5）。霍夫曼是数百万人当中第一个体验到迷幻药改变思维效果的人。

到 21 岁时，大约 6% 的美国人尝试过迷幻剂麦角酸二乙基酰胺，也就是 LSD；到 50 岁时，估计有 14%～26% 的受访者尝试过一种或多种迷幻剂（Johnston et al.，2015）。LSD 引起幻觉作用可能由于它干扰了神经递质血清素的活动。LSD 的效果同样和大脑区域富含神经递质多巴胺的受体有关。即使是少量的 LSD 也能在我们的知觉和意识中产生戏剧性的变化。一片大约有两片阿司匹林大小的药片，可以提供超过 6 000 个"兴奋"点。一些使用者报告说，他们的思维异常清晰，感觉和知觉发生了奇妙的变化，包括联觉（感觉的混合——例如，"噪音的气味"）。还有一些使用者同样会有神秘体验（Pahnke et al.，1970）。

LSD 是如何产生显著的迷幻效果的？卡哈特-哈里斯和他的同事（Carhart-Harris et al.，2016），在一项开创性的研究中提供了一个答案。他们使用多种神经成像方法来观察参与者在实验室中使用 LSD 的情况。在参与者摄入了迷幻剂后，研究人员发现参与者的大脑发生了显著的变化，包括电流活动减少，血液流动增加，并极大地增加了神经网络之间的交流，尤其是那些与视觉皮质有关的神经网络。这些大脑的变化与药物的幻觉效应有关。随着大脑区域与视觉皮层的连接被加强，大脑其他区域的大脑回路被抑制，产生了一种"自我瓦解"的感觉，也就是说，"自我"的感觉消失了，这一发现也在参与者参与另一项摄入致幻剂的研究中被发现（Lebedev，2015）。在对 LSD 和致幻剂的研究中，研究人员观察到大脑网络之间的交流水平提高了，但是一般来

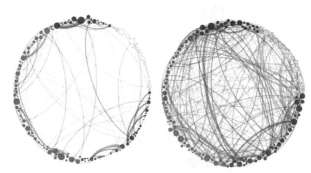

这张照片显示了在参与者摄取了致幻剂（右）后发生的大脑网络中令人瞩目的"交叉谈话"，而这在参与者服用安慰剂（左）之后的通常情况下并不明显。

说这些网络通常不会"相互交流"，这为那些与强效迷幻剂相关的丰富的、多感官的体验提供了一个初步的解释（Petri et al.，2014；Tagliazucchi et al.，2016）

不像 LSD，一种叫 MDMA（专业术语为亚甲基二氧基甲基苯丙胺，现在你可以理解为什么人们会缩写它了）的致幻剂，有刺激性和致幻的特性。它对大脑中的神经递质血清素产生冲击，这样可以增加自信感和幸福感，并产生对他人强烈的共情。考虑到包括摇头丸、迷幻药、赛洛西宾和克他命在内的药物对神经递质具有强效迷幻性的特点，它们吸引了心理学家的注意并不奇怪。心理学家们对治疗各种病症感兴趣，包括抑郁、药物成瘾、创伤后应激障碍、强迫症和与晚期癌症相关的焦虑。

在实验室严格控制的条件下，治疗这些问题的初步发现令人鼓舞。尽管如此，积极的影响通常会在几天后迅速消失，而且需要更多的研究来评估那些对意识产生不可预知影响的干预措施的风险和回报（Barrau-Alonso et al.，2013）。例如，LSD 和其他致幻剂同样能产生恐慌、偏执妄想、迷惑、抑郁和身体的不舒服——所谓的"糟糕的旅行"。一个有趣的历史趣闻是，LSD 的主观效果被证明对中央情报局（CIA）来说是如此的迷人，以至于 1953 年它启动了一个名为"精神控制实验"的研究项目来探索 LSD 作为一种精神控制药物的潜力。这个秘密计划包括向毫无防备的人（包括陆军科学家们）提供 LSD。在一名科学家经历了一场精神上的反应，从酒店的窗口跳下身亡后，中央情报局开始测试 LSD 对药物依赖者和妓女的影响。这个实验的全部范围只有在 1972 年该项目停止后才被发现。研究人员并没有发现 LSD 是一种很有前途的精神控制剂，因为它的主观影响是不可预测的。

尽管如此，LSD 和其他致幻剂引发的持续的精神病或负面反应，对那些没有精神障碍病史的人来说是罕见的情况，尽管这类人在服用这类药物后有时会出现一种或多种迷幻体验的闪回。闪回通常并不特别令人不安，美国的大规模研究没有发现任何证据表明使用迷幻药（如 LSD 和致幻剂）与心理问题有关，如焦虑、抑郁、自杀行为或精神错乱（Johansen & Krebs，2015；Krebs，& Johansen，2013）。然而，在另一项调查中，约有 4% 的人在服用了迷幻药后报告了后来的无药经历，这些经历令人不安，以至于他们考虑寻求治疗（Baggott et al.，2011）。服用致幻药物会带来些风险，心理科学家需要进行长期的研究来准确评估在治疗中使用这些药物是否安全。

药物，就像其他改变意识的方式一样，可以提醒我们，我们的"大脑"和"意识"仅仅是以不同方式来看待同一现象。它们也阐明了我们感知世界和我们自己的方式。尽管我们对意识的精确把握并不存在，但领会意识的细微差别和它们的神经相关因素使我们更接近于理解我们生命在清醒和睡眠时的生理和心理基础。

总结：意识

5.1 睡眠的生物学理论

5.1a 解释昼夜节律的作用，以及我们的身体对生物钟紊乱的反应。

5.1b 确定睡眠的不同阶段以及每个阶段的神经活动和做梦行为。

在 20 世纪 50 年代，研究人员确定了睡眠的五个阶段，包括做梦的时间，参与者的眼睛快速地来回移动（快速眼动）。尽管在快速眼动睡眠中，生动、怪诞和情绪化的梦最有可能发生，但梦也发生在非快速眼动睡眠中。在第一阶段的睡眠中，我们感到昏昏欲睡，并迅速过渡到第二阶段的睡眠。在此期间，我们的脑电波会慢下来，心率减慢，体温下降，肌肉放松。在第三阶段和第四阶段的睡眠（"深度睡眠"）

中，大振幅 θ 波（1～2 个周期 / 秒）变得更加频繁。在第五阶段，发生快速眼动睡眠，大脑被激活的程度和清醒时差不多。

5.1c 确定睡眠障碍的特征和原因。

失眠（包括难以入睡，夜间醒来或早起）是最常见的睡眠障碍。对社会来说，疲劳、错过工作和意外事故都是高昂代价。嗜睡发作通常以快速入睡为评判标准，可以持续长达一个小时。睡眠呼吸中止症也与白天的疲劳有关，是人在睡眠时气道阻塞所引起的。夜惊和梦游，都与深度睡眠有关，通常是无害的，不会被唤醒的人回忆起来。

5.2 梦

5.2a 介绍弗洛伊德关于梦的理论。

弗洛伊德认为梦代表隐藏的愿望，然而很多梦包含了不愉快和不想要的体验，许多梦涉及对日常事件的无趣回顾。因此，弗洛伊德的梦的理论并没有获得实证支持。

5.2b 解释三种主要的现代梦境理论。

根据激活 - 合成理论，前脑试图解释来自脑干（特别是脑桥）的无意义信号。另一种关于做梦的理论认为，减少前额皮质的活动会导致生动的、情绪化的，但逻辑上脱节的梦。神经认知理论认为，我们的梦很大程度上取决于我们的认知和视觉空间能力。

5.3 其他感觉和不寻常经历的变化

5.3a 科学家如何解释感知觉近乎神秘的变化。

幻觉和神秘体验与禁食、感官剥夺、使用致幻剂、祈祷和濒死体验有关，在不同文化的内容中有很大的不同。在灵魂出窍中，人们的意识并没有真正地离开他们的身体，有些濒死体验是那些不接近死亡的人所经历的。既视感并不是一种关于过去的生活的记忆，但可能是由颞叶的小抽搐引起的，或者是当一个现在的经历与一个被遗忘的早期经历相似的时候触发的。

5.3b 辨别有关催眠的真假。

跟我们通常认为的相反，催眠并不是睡眠的状态，参与者也不是意识恍惚的，他们不会忘记在催眠中发生的事情。催眠不会提升记忆能力，反而会增加发生错误记忆的概率。根据催眠的社会认知模型，与催眠相关的戏剧性效果可能主要归因于先前存在的对催眠的期望和信念。分离理论是另一种对催眠的有影响的解释。这个模型强调可以用与知觉和注意力分离的意识经验来解释催眠。

5.4 药物和意识

5.4a 确定药物使用可能产生的影响。

药物滥用与药物经常使用有关，并且可能与抗药性和戒断症状有关。禁止饮酒的文化，如穆斯林文化，通常表现出低酗酒率。许多人服用药物和酒精，部分是为了减少紧张和焦虑。

5.4b 区分不同类型的药物和它们对意识的影响。

药效和药的剂量有关，也和使用者的期望、性格和文化有关。尼古丁是一种强大的兴奋剂，它主要通过烟草对意识产生影响。吸烟者经常报告感觉受到刺激，同时也感到平静、放松和警惕。可卡因是最强大的天然兴奋剂，其效果与安非他命相似。可卡因是非常易上瘾的。酒精是中枢神经系统的镇静剂，就像镇静催眠药，如安定。镇静催眠药物在低剂量下可以减少焦虑，并在适度剂量下诱导睡眠。预期会影响人们对酒精的反应。海洛因和其他鸦片剂会让人上瘾。海洛因戒断症状从轻微到严重不等。大麻有时被归类为轻度迷幻药，其影响包括情绪变化、知觉改变和短期记忆障碍。LSD 是一种有效的致幻剂。虽然闪回很少见，但 LSD 可以引起广泛的积极和消极的反应。

第6章 学 习

教养是如何改变我们的？

学习目标

6.1a 描述巴普洛夫的经典性条件作用的过程并区分条件刺激与反应和非条件刺激与反应。

6.1b 解释经典性条件作用的主要原则和相关术语。

6.1c 解释经典性条件作用是如何引起复杂行为的？而这些复杂行为又是如何出现在我们的日常生活中的。

6.2a 识别操作性条件作用与经典性条件作用的异同。

6.2b 介绍桑代克的理论的影响。

6.2c 描述强化及其对行为的影响，并且区别负强化与惩罚对行为的影响。

6.2d 描述四种主要的强化程序表及其相关反应模式。

6.2e 描述操作性条件作用的一些应用。

6.3a 阐述在缺乏条件作用的情况下支持学习的证据。

6.3b 识别顿悟学习的证据。

6.4a 解释生物学倾向是如何促进某些联系的学习的。

6.5a 评估支持或反对用于提高学习的流行技术的证据。

质疑你的假设

互动

我们能学会对动物和其他物体产生恐惧吗？

对动物的每一个正确反应给予奖励是不是训练它做出正确反应的最好方法？

在电视上观看暴力事件是否会让孩子们变得暴力？

我们能在睡眠中学习新语言吗？

当教师们将教学风格与学习风格相匹配时，学生的学习效果最好吗？

你 在考试时用的是"幸运笔"吗？又或者你总是穿一件你最喜欢的 T 恤衫，而你在穿的时候曾经在测试中获得过成功吗？如果没有，你会在重要的事件之前，比如工作面试或重大会议上，敲敲木头或做其他具体的动作，或者避免这样的动作吗？如果是这样的话，你并不孤单，因为调查显示，很高比例的大学生都有类似的迷信（Vyse，2013）。研究数据表明，迷信是非常普遍的，甚至在高智商和受过良好教育的人当中也是如此。但是迷信是如何产生的，又是为什么产生的呢？正如我们将在这一章中发现的，迷信和许多其他日常习惯一样，都是人们在一定程度上学会的。它们来自我们的日常经验，以及我们从别人那里听到的，在电视上看到的，或者在互联网上读到的。

心理学家所说的**学习**，是指生物体在经历过程中行为、思想或情感的变化。我们在学习的时候大脑和行为一同在发生变化。值得注意的是，你的大脑现在和几分钟前在物理上是不同的，因为它经历了化学变化，使你能够学习新的事实，其中包括学习的定义本身。学习是每个心理学研究领域的核心内容。正如我们在本章最终发现的，实际上，所有的行为都是遗传因素与学习的一个复杂混合物。没有学习，我们将有很多事情无法完成：不能行走，不能与人交谈，不能阅读心理学课本上介绍的关于学习的章节。

心理学家曾经为究竟有多少种不同的学习方式进行过长期的激烈争论。我们在此不去讨论他们到底谁对谁错，只回顾一下心理学家曾经深入探讨的几种学习模式，我们先从最基础的开始。

在开始前，先让你的大脑休息会，闭上眼睛，关注一些你从未注意过的事情：你房间里的灯发出的轻微的嗡嗡声，衣服贴在皮肤上的感觉，你的舌头舔到牙齿或嘴唇的感觉。除非别人让我们把注意力集中在这些刺激上，否则一般我们不会意识到它们的存在，因为我们学会了忽略它们。**习惯化**是指随着时间的推移，我们对重复刺激的反应逐渐减弱的过程。它可以解释为什么打鼾者自己睡得很香而他们的室友却彻夜难眠。长期打鼾的人已经习惯于自己的鼾声，就不会注意到它了。

习惯化是最简单并且可能是最早的一种人类学习形式。胎儿早在 32 周就显示出习惯化的能力。当研究人员在母亲的胃部放置一个动作温和的振动器时，胎儿首先会对刺激做出反应，但在反复振动后胎儿停止了反应（Morokuma et al.，2004）。最初影响胎儿的系统的振动，后来就变成可以认为是安全的可以忽略的骚扰而已。

神经生理学家埃里克·坎德尔（Eric Kandel）在一项 2000 年获得诺贝尔奖的研究中发现了一种五英寸长的海兔的习惯化的生物学机制。当身体的某一部分被刺痛，它的鳃会在防御中收缩。但当同一个地方被反复刺痛后，它开始忽略刺激。坎

学习（learning）
经验导致的有机体的行为或思维的变化。

习惯化（habituation）
对重复刺激的反应逐渐减弱的过程。

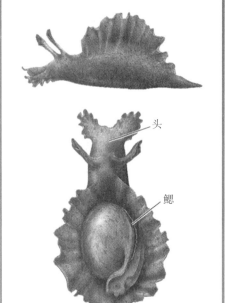

图6.1 | 简单动物的习惯化

加利福尼亚的海兔大约5英寸长，当它被刺痛时，会收缩它的鳃，但如果反复被刺痛，它就会习惯（停止收缩它的鳃）。

头

鳃

尾巴

德尔发现，这种习惯化伴随着神经递质血清素（见3.1c）在海兔的突触的释放（Siegelbaum，Camardo，& Kandel，1982）。这一发现帮助心理学家厘清了学习的神经基础（见图6.1）。

心理学家通过测量出汗来研究习惯化。因为我们指尖上的汗通常是焦虑的一个很好的指标（Fowles，1980；Rosebrock et al.，2016），科学家们通过使用一种叫作皮肤电导反应的电导率来测量它。大量研究表明，我们的手在微弱的刺激下比在强烈的刺激下更早地停止出汗，这意味着与强烈刺激相比，微弱刺激会使人很快停止产生焦虑。在非常强烈的刺激下，比如痛苦的电击，我们通常看不到任何习惯化（Lykken et al.，1988）。

研究表明，习惯化可以使人产生良好的适应。我们不会想关注神经雷达屏幕上出现的每一个微弱感觉，因为它们基本上不会威胁到我们。然而，我们不希望习惯于可能是危险的刺激。幸运的是，不是所有的重复刺激都能导致习惯化，只有那些我们认为是安全的或是容易忽视的刺激才行。

有时反复接触某些刺激并不会导致习惯化，而是形成敏化——也就是说，随着时间的推移，反应会更加强烈（Blumstein，2016）。当刺激是危险的、令人恼火的，或者两者兼而有之的时候，敏化很有可能发生。许多生物，从海兔到人类，都表现出敏化和习惯化。你是否有过这样的经历，当你旁边的人在窃窃私语时，窃窃私语变得越来越烦人，以至于你无法集中注意力？如果是这样，你经历了敏化。

6.1　经典性条件作用

6.1a　描述巴甫洛夫的经典性条件作用的过程并区分条件刺激与反应和非条件刺激与反应。

在学习的时候习惯吵闹的环境是很困难的，特别是当声音非常大的时候。

6.1b　解释经典性条件作用的主要原则和相关术语。

6.1c　解释经典性条件作用是如何引起复杂行为的？而这些复杂行为又是如何出现在我们的日常生活中的。

习惯化的形成过程再简单不过了——我们接收到一个刺激，紧接着做出反应，然后对重复呈现的刺激不再有反应。我们学到了一些重要的东西，也了解了一些不重要的事情。但是，我们并没有学会在两个刺激之间建立联系。然而许多学习依赖于将一个事物与另一个事物联系起来。如果我们没有学会将一个刺激（苹果的外观）与另一个刺激（苹果的味道）

联系起来, 我们将生活在一个感官体验互不关联的世界。

　　在 19 世纪, 一群被称为英国联想论者的人相信, 我们通过条件反射, 也就是说, 通过在刺激反应之间建立联系, 获得了几乎所有的知识 (Goodwin, 2015)。一旦我们形成了这些联系, 就像我们母亲的声音和她们的脸之间的联系一样, 我们只需要回忆起这一对中的一个元素就能检索另一个。早在 18 世纪和 19 世纪, 英国的联想论者认为简单的联系为我们所有更复杂的想法提供了精神基础。至少, 他们的一些不切实际的猜想得到了一位俄罗斯生理学家的证实, 该生理学家在实验室中演示了这些联想过程。

巴甫洛夫对经典性条件作用的发现

　　那位生理学家名叫巴甫洛夫 (Ivan Pavlov)。巴甫洛夫主要研究的是狗的消化——实际上, 他研究的是消化而不是经典性条件作用, 这为他赢得了 1904 年的诺贝尔奖 (Todes, 2014)。巴甫洛夫将狗置于一个特殊的装置内, 并在狗的唾液腺下插一根插管或收集管来研究狗对肉末刺激的唾液反应。在实验中, 他观察到了一些意料之外的事: 他发现狗开始分泌唾液 (更甚者流口水), 不仅对肉末刺激分泌唾液, 对先前的与条件刺激 (肉末) 有关的中性刺激例如送肉末的研究人员, 也会分泌唾液。实际上, 狗甚至对这些助理靠近实验室时的步伐声也会产生刺激反应, 分泌唾液。狗似乎在预期肉末刺激的到来, 并对肉末刺激到来的信息刺激发生反应。

　　如今, 我们称这种联系的过程为**经典性条件作用** (或**巴甫洛夫条件作用**): 它是指一种将中性刺激与另一个能引发自动反应的刺激配对, 进而动物对这一中性刺激进行反应的学习形式。巴甫洛夫起初的观察仅仅是趣闻逸事, 像其他科学家一样, 他也用更严格的测验检验了这个非正式的观察结果。

　　下面的介绍演示了巴甫洛夫如何系统地首次证明经典性条件作用 (见图 6.2)。

- 他以一个不会引发任何特殊反应的中性刺激开始。在这个案例中, 巴甫洛夫利用了一个节拍器, 一个用来记录时间的可以发出节拍声的钟摆 (在其他的研究中, 巴甫洛夫则利用一个音叉或哨子, 与一般的观点相反, 巴甫洛夫没有使用铃铛)。

- 然后, 他一次又一次地用**非条件刺激 (UCS)** 与中性刺激进行配对, UCS 是一种会引发自发性反应的刺激。在巴甫洛夫的狗的例子中, 非条件刺激是肉末, 它引起的狗的自动的本能反应是**非条件反应 (UCR)**。对于巴甫洛夫的狗来说, 非条件的反应是分泌唾液。关键的一点是, 动物不需要学会用非条件的反应来回应非条件刺激: 狗会自然地对食物流口水。动物在没有任何训练的情况下产生非条件的反应, 因为反应是自然 (基因) 的产物, 而不是后天培养 (经验) 引起的。

- 当巴甫洛夫反复地将中性刺激与非条件刺激配对时, 他观察到一些很新奇的现象。如果他单独呈现节拍器, 会引发狗一个反应, 即分泌唾液。这一新的反应是**条件反应 (CR)**: 一个与先前的非条件刺激相联系的中性刺激引发的反应。你瞧, 学习发生了。先前的中性刺激 (节拍器) 现在成了一个**条件刺激 (CS)**, 正是由于和非条件刺激相结合的缘故, 这个先前的中性刺激能引发一个条件反应。狗先前听到节拍声时, 除了将头转向节拍器, 没有其他任何反应, 而现在它听到节拍声就会分泌唾液。与非条件反应相反, 这个条件反应是由经验而非生物因素引起的。

经典性 (巴甫洛夫) 条件作用
(classic Pavlovian conditioning)
一种将中性刺激与另一个能引发自动反应的刺激配对, 进而动物对这一中性刺激进行反应的学习形式。

非条件刺激
(unconditioned stimulus, UCS)
能引发自动反应的刺激。

非条件反应
(unconditioned response, UCR)
不需要学习就可以对非中性刺激产生的自动反应。

条件反应
(conditioned response, CR)
由先前的中性刺激通过条件作用与非中性刺激相联结而产生的反应。

条件刺激
(conditioned stimulus, CS)
是与非条件刺激相关联的, 能引发反应的最初的中性刺激。

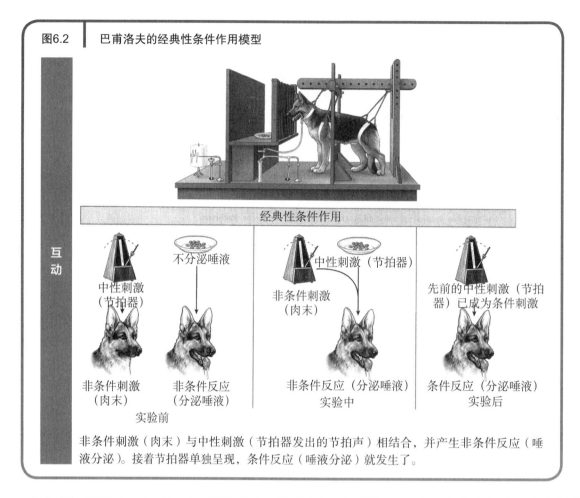

图6.2　巴甫洛夫的经典性条件作用模型

经典性条件作用

互动

中性刺激
（节拍器）

不分泌唾液

中性刺激（节拍器）

先前的中性刺激（节拍器）已成为条件刺激

非条件刺激
（肉末）

非条件反应
（分泌唾液）

非条件刺激
（肉末）

非条件反应（分泌唾液）

条件反应（分泌唾液）

实验前

实验中

实验后

非条件刺激（肉末）与中性刺激（节拍器发出的节拍声）相结合，并产生非条件反应（唾液分泌）。接着节拍器单独呈现，条件反应（唾液分泌）就发生了。

在大多数情况下，CR 与 UCR 相当相似，但很少相同。例如，巴甫洛夫发现相对于肉末刺激（UCS），狗在节拍器刺激（CS）下的唾液分泌量有所减少。

有趣的是，经典性条件作用甚至不需要动物有意识地学习。即使是处于植物人状态的人也会出现经典性条件作用。在一项研究中，研究人员反复向处于植物人或最低意识状态的 22 名患者发出一个音符，然后向他们的眼睛呼出一股气体，作为非条件刺激，使患者产生眨眼的非条件反应（UCR；Bekinschtein et al.，2009）。最终，这个音符变成了条件刺激，甚至使这些基本或完全无意识的个体中也能眨眼。

尽管最近提出了心理调查结果的可重复性问题（见 1.2a），但是我们不需要担心经典性条件作用。很少有心理学的发现能像经典性条件作用一样不断重复。我们可以将经典性条件作用范式应用到任何具有完好的神经系统的动物中去，并且可以重复演示而不出一点差错。要是所有的心理学发现都那么可靠就好了。

可重复性
其他人的研究也会得出类似的结论吗？

经典性条件作用的原理

接下来我们将探讨经典性条件作用下的主要原理。巴甫洛夫注意到，并且许多其他人的研究证实了以下这一点，即经典性条件作用的发生可以划分为三个阶段——习得、消退和自然恢复。此外，正如我们将看到的，一旦经典性条件作用于刺激，它通常会延伸到一系列相关的刺激，使其在日常生活中的影响惊人的强大。

习得

在**习得**阶段中，我们逐渐学习或习得条件反应。我们从图 6.3a 中可以发现，如果条件刺激和非条件刺激一次又一次地配对，条件反应就进一步增强。这条曲线陡峭程度的变化，在一定程度上依赖于条件刺激与非条件刺激在时间上配对的紧密程度。一般地，条件刺激与非条件刺激配对的时间越近，学习发生得就越快，半秒左右的延迟是学习发生的最佳配对时间。通常长时间的延迟会使有机体的反应速度和强度减弱。这在进化上是有道理的，因为在第二次刺激之前的刺激而不是在它之前很久的刺激更有可能导致它。

顺便说下，倒行条件作用（非条件刺激在条件刺激之前呈现），是很难奏效的（Alexander，2013）。所以，如果我们反复地给狗提供肉末，然后一个节拍器在一两秒钟后发出声音，那么这个节拍器就不会触发很多反应，如果有的话，也是狗自己在分泌唾液。为了使作用发生，条件刺激必须预测非条件刺激的出现。再一次强调，这在进化上是有意义的，因为在第二次刺激之后出现的刺激是不可能造成反应的。

消退

在**消退**的过程中，当条件刺激单独地重复呈现，也就是说没有非条件刺激时，条件反应在强度上会逐渐降低，直到最终消失（见图 6.3b）。多次呈现节拍而没有肉末后，巴甫洛夫的狗最终停止了唾液的分泌。许多心理学家曾经相信消退与遗忘相似：随着反复的实验，条件反应逐渐消失，正如许多记忆逐渐消失一样（见 7.1b）。然而事实要比这个复杂、有趣的多。消退是一个积极主动而非消极被动的过程。一个新反应的消退（巴甫洛夫的狗不再分泌唾液）逐渐地"改写"或抑制了条件反应（即唾液分泌）。消退的条件反应并没有完全消失，它仅仅是被一个新的行为掩盖了（Vervliet，Craske，& Hermans，2013）。这与许多传统的遗忘形式不同，比如记忆痕迹是自动消失了的。有趣的是，巴甫洛夫在他的著作中提出了这个假设，尽管当时很少人相信他。那么，我们怎样才能知道他的假设是不是正确的？请继续阅读。

经典性条件作用

互动

和许多人一样，这个女孩第一次乘坐过山车时感到很恐惧。现在，她所要做的就是看一张过山车的照片，让她的心脏开始怦怦跳。用经典的术语描述这个场景：（a）她的第一次坐过山车是非条件刺激；（b）一张过山车的照片是一个条件刺激；（c）她的心脏对这张照片的反应是条件反应。

图6.3　习得与消退

习得是随着非条件刺激与条件刺激的重复配对，增加条件反应的强度的过程（a）。消退是随着条件刺激单独呈现的次数增加，条件反应逐渐减弱甚至消失（b）。

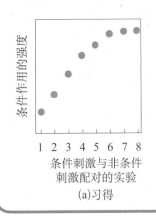
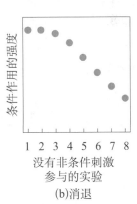

（a）习得

（b）消退

习得（acquisition）
条件反应建立的学习阶段。

消退（extinction）
条件刺激重复出现后，由于没有非条件刺激的结合，条件反应逐渐减少和消退。

更新效应：一个女人在树林里徒步旅行时，如果她之前在那里发现了一种危险的动物，那么她在接近那种场景时可能会感到害怕。

自然恢复

有种现象叫**自然恢复**，即如果条件刺激再次呈现，表面上看似消退了的条件反应又会再度出现（通常是以一种微弱的形式）。它好像隐藏在背景中，等待着随着条件刺激的呈现而浮现出来。在一项经典的研究中，巴甫洛夫（Pavlov，1927）一次又一次地单独呈现条件刺激（节拍器发出的一个响声），因为没有紧接着非条件刺激（美味的肉末），条件反应（分泌唾液）被减弱了。两个小时后，他又一次呈现条件刺激，条件反应又出现了。动物并没有真正地遗忘条件反应，而仅仅是抑制了它。

一个相关现象是**更新效应**：当动物在某种环境中获得一种反应，而我们在不同环境下消灭了这种反应，就会发生更新效应。当我们把动物恢复到原来的环境时，消灭的反应就会重新出现（Bouton，1994；Vervliet et al.，2013）。这种更新效应可能有助于解释为什么患有恐惧症的人——强烈的、非理性的恐惧——克服了他们的恐惧之后，当他们回到他们获得恐惧的环境中时，往往会经历症状的重现（Denniston，Chang，& Miller，2003）。尽管有时会导致恐惧症的复发，但这种更新效应往往是有适应性的。如果我们在森林的某一处被蛇咬伤，当我们再次发现自己在那里的时候，即使是多年以后，也会感到恐惧。同样的蛇或它的后代可能仍然躺在同一个地方等待着。

刺激泛化

巴甫洛夫发现，遵循着经典性条件作用，狗不仅仅在最初的中性刺激作用下分泌唾液，对相似的刺激也会做出相同反应。这种现象称为**刺激泛化**：对与最初的条件刺激相似但不同的刺激做出相同的条件反应的过程。刺激泛化沿着一个泛化梯度发生：新的条件刺激与最初的条件刺激越相似，条件反应越容易发生（见图6.4）。巴甫洛夫发现他的狗对最初的声音刺激分泌最大量的唾液，随着刺激的相似性降低，唾液的分泌量逐渐减少。刺激泛化允许我们将所学到的反应迁移到新的事物中。例如，我们在学会开自己的车以后，借朋友的车时就不需要重新学习开车了。

自然恢复
（spontaneous recovery）
在延迟接触条件刺激后，一种已经消失的条件反应突然再度出现。

更新效应
（renewal effect）
条件反应突然消失后，当动物重新回到条件反应获得的场景时，条件反应会再次出现的现象。

刺激泛化
（stimulus generalization）
对与最初的条件刺激相似但不同的刺激做出相同的条件反应的过程。

刺激分化
（stimulus discrimination）
对一个不同于最初的条件刺激的刺激呈现一个较弱的反应。

图6.4	泛化梯度

新的条件刺激与原来的刺激越相似，条件反应越强烈：巴甫洛夫利用一个接近原来的音高来刺激。

（纵轴）条件反应的强度

200　400　600　800　1000　1200　1400　1600 (Hz)

条件刺激梯度（初始条件刺激是1000赫兹）

刺激分化

刺激分化是刺激泛化的反面，它是指：我们对不同于原刺激的条件刺激会呈现一个较弱的条件反应。刺激分化帮助我们去理解为什么有人喜欢看恐怖电影。尽管当看到电影《颤栗汪洋》里鲨鱼围绕着潜水员的镜头时，我们的呼吸会加快，但如果一条鲨鱼在水族馆的泳池里追捕我们，我们的反应会更强烈。我们已经学会区分电影里的刺激和现实中的刺激并做出不同的反应。就像刺激泛化一样，刺激分化通常都是由于它让我们能够区分出一些相似的刺激，但在重要的方面有所不同。如果没有它，如果我们上周被一只看起来很像现在的这只狗的狗咬了，我们就会害怕养现在这只狗。

高级条件作用

有机体通过学习建立一些与先前的条件刺激有关联的条件联系, 进一步发展条件作用。如果我们训练狗对与声音配对的一幅圆圈图片进行唾液分泌反应, 最终这条狗会对圆圈图片做出与声音刺激一样的唾液分泌反应, 尽管有时候这些反应并不强烈。这个发现证明了**高级条件作用**: 有机体建立起与先前的条件刺激有关联的另一个条件刺激的条件反应 (Gewirtz & Davis, 2000; Onuma & Sakai, 2016)。在高级条件下, 每一个进步的水平都会导致较弱的条件反应, 就像一个口头信息, 当它从一个人传递到另一个人的时候变得不那么准确。正如我们预料的, 二级条件作用—— 一个新的条件刺激与原始的条件刺激配对, 比一般的经典性条件作用有所减弱; 三级条件作用——第三个条件刺激与二级条件刺激相配对, 它的反应会更弱。四级条件作用或者四级以上的条件作用就很难出现或者根本不可能出现了。

> **高级条件作用**
> (higher-order conditioning)
> 建立一种与条件刺激相关联的另一条件刺激的条件反应。

高级条件作用使我们能够将经典性条件作用扩展到一系列新的刺激。这也解释了为什么我们在看到路边广告牌上的牛排、水果或甜点等令人垂涎的食物的照片后, 会突然感到饥饿。我们已经开始将我们喜爱的食物的视觉、声音和气味与我们的饥饿联系在一起, 我们最终将它们的视觉图像与这些条件刺激联系起来了。

在人们将药物或毒品作为高级条件刺激的情况下, 许多成瘾行为的部分原因在于高级条件作用 (Lewis, 2016; Sullum, 2003)。一个研究小组 (Robins, Helzer, & Davis, 1975)调查了 451 名越战老兵, 他们带着严重的海洛因毒瘾回到了美国。许多心理健康专家自信地预测, 在他们返回美国后, 他们和其他成瘾的退伍军人将会继续沉迷其中。令人惊讶的是, 86% 的人在回到美国后不久就失去了毒瘾。因为从越南到美国, 环境发生了变化, 退伍军人对海洛因的传统条件反应消失了。

经典性条件作用在日常生活中的应用

没有经典性条件作用, 我们就不可能与那些标志着重要生理事件的刺激形成心理上的联系, 例如我们想吃的东西或者想吃我们的生物。我们在经典性条件作用中表现出的许多生理反应有助于生存。例如, 唾液分泌有助于我们消化食物。皮肤传导反应可能对我们的灵长类祖先很重要 (Stern, Ray, & Davis, 1980), 他们发现黏糊糊的手指和脚趾在躲避捕食者时可以很方便地抓住树枝。微微湿润的指尖可以帮助我们粘住东西, 你会发现, 如果你湿润你的指尖, 你会更容易翻开书的下一页。

经典性条件作用并不局限于在俄国古老的实验室里让狗流口水, 它也适用于日常生活。我们最喜欢的一个例子是, 以字母 "z" 开头的单词, 如 zany, 和 "k" 开头的单词, 如 kooky, 特别容易让我们发笑 (Wiseman, 2009)。对这个例子的解释很可能是经典性条件作用。说这些字母会让我们扭曲自己的脸, 这样我们就会笑一笑; 这些微笑的表情可能会变成对积极情绪的条件刺激。接下来我们将考虑四种经典性条件作用的日常应用: 广告、恐惧的习得、恐惧症、恋物癖。

经典性条件作用与广告

几乎没有能比广告商利用经典性条件作用原理更好的群体了, 尤其是高级条件作用。市场专家将英俊的男明星和衣着暴露的女明星的图片与产品的视觉和声音效果进行重复配对, 试图在他们的商标与正面情绪之间建立起经典条件联系。他们这么做是因为: 研究显示这的确起作用。广告商的另一个惯用伎俩也是如此: 反复地将产品的图片与我们最喜欢的名人的照片配对 (Till, Stanley, & Priluck, 2008)。即使是在电视上向消费者推销药物的公司, 也会定期将有关抗抑郁药、伟哥和其他药物的信息与令人愉快的刺激联系起来, 比如日落、刺激感官的音乐和有魅力的人的图片 (Biegler & Vargas, 2013)。

一名研究者 (Gorn, 1982)将蓝色或米黄色的笔 (条件刺激)与参与者已经标好喜欢的或不喜欢的音乐 (非条件刺激)进行配对, 然后在参与者离开实验室时, 让他们选择一支笔。然而, 70% 的参与者听完音乐后喜欢选择与音乐相配对的那种颜色的笔, 只有 30% 的参与者听完他们不

可重复性
其他人的研究也会得出类似的结论吗？

喜欢的音乐后选择了与音乐配对的笔。

并不是所有将产品，比如熟悉的品牌麦片，与愉快的刺激配对的研究，都能成功验证经典性条件作用效应（Gresham & Shimp，1985；Smith，2001）。然而这些发现提供了这样一个解释：潜在抑制。**潜**

排除其他假设的可能性
对于这一研究结论，还有更好的解释吗？

在抑制是指当我们已经多次单独接受一个条件刺激时，就很难对另一个刺激产生经典性条件作用（Palsson et al.，Vaitl & Lipp，1997）。因为研究者所选的是参与者熟悉的商标，他们的这种消极的发现可归因于潜在抑制。实际上，当研究者用新商标时，他们一般能够表现出经典性条件作用效应（Stuart，Shimp，& Engle，1987）。

恐惧习得和恐惧症：小阿尔伯特的故事

经典性条件作用能解释我们怎样开始害怕、厌恶或者躲避刺激吗？约翰·华生，行为主义的创始人（见 1.4a），在 1920 年与他的研究生罗莎莉·雷纳做了一个在心理学史上被公认为有伦理问题的研究，这个研究回答了这个问题。

可证伪性
这种观点能被反驳吗？

华生和雷纳（1920）在一定程度上是为了推翻弗洛伊德关于恐惧症的观点（见 1.4a 和 14.2a），该观点认为恐惧症源于隐藏在潜意识中的深层次冲突。为了验证他的观点，他们选择了一个九个月大的婴儿小阿尔伯特（Albert）——他将被永远地记载在心理学文献中。那时候的小阿尔伯特很喜欢带毛的小动物，比如老鼠。但是华生和雷纳准备改变这个事实。

两个月后，华生和雷纳允许小阿尔伯特和一只小老鼠玩。但是几秒钟后，华生悄悄来到小阿尔伯特身后，敲击铁锤，产生巨大的声响，吓得他不知所措，号啕大哭。在七次这样将条件刺激（老鼠）和非条件刺激（巨大响声）配对后，小阿尔伯特在老鼠单独出现时会产生一个条件反应（哭泣），表明老鼠现在已经变成了条件刺激。五天后，当华生和雷纳给小阿尔伯特呈现老鼠时，这个条件反应仍然存在。小阿尔伯特也表现出了刺激泛化，不仅看到老鼠会哭，像兔子、狗、毛皮外套，甚至是圣诞老人的面具和华生的头发都会惹他哭。幸运的是，研究至少证实了小阿尔伯特的一些刺激分化，他没有对棉花球、华生助手的头发表现出太多的消极反应。很明显，这个研究因为使婴儿产生了持久的恐惧反应，从而产生了一系列严重的伦理问题。华生和雷纳关于小阿尔伯特的研究永远无法得到当今大学或学院的机构审查委员会的认可（见 2.3a）。

顺便说一句，没人知道可怜的小阿尔伯特后来变成了什么样。这个研究开始一个月后他的妈妈就要回了小阿尔伯特，从此销声匿迹。一组心理学家最近声称，小阿尔伯特实际上是道格拉斯·梅里特，他于 1919 年由约翰霍普金斯大学医院的一名护士生产，不幸的是，由于大脑中液体的积聚（Beck，Levinson，& Irons，2009），他在 6 岁时就去世了。与此相反，其他几位心理学家认为，小阿尔伯特是威廉·巴格尔，他的童年昵称是阿尔伯特。与梅里特不同的是，威廉·巴格尔活到了 87 岁的高龄（Digdon，Powell，& Harris，2014；Powell，2010；Reese，2010）。这种争论仍在继续。

刺激的泛化，就像小阿尔伯特所经历的那样，让我们的学习变得非常灵活——这通常是一件好事，尽管并非总是如此。它让我们对许多刺激产生恐惧。某些特定恐惧，比如对蛇、蜘蛛、高的地方、水和血，相比对其他东西会更普遍（American Psychiatric Association，2013）。并且有些是完全陌生的，就如表 6.1 所示。

潜在抑制
（latent inhibition）
很难将经典性条件作用建立在我们已经反复经历过的条件刺激下，也就是说，没有非条件刺激。

好消息是经典性条件作用不仅与恐惧症的习得有关，和它的消退也有关联。华生的一个学生，玛丽·卡文·琼斯，治愈了一个三岁大的叫小彼得的孩子，他患有一种兔子恐惧症。琼斯（1924）成功治愈了彼得的恐惧，她在给小彼得一颗他喜欢的糖果的同时，逐渐向他呈现一只小白兔。她把兔子移得离小彼得越来越近，最终小彼得看到兔子会引起一个新的条件反应：愉悦而非恐惧。尽管现在的心理治疗师很少用糖果奖励来访者，但他们会运用相似的方法消除恐惧症。他们可以将恐惧刺激与放松相结合，或者是与其他令人愉悦的刺激相结合（Wolpe，1990）。

恋物癖

从恐惧症的另一面来看，**恋物癖**——对无生命的事物产生性吸引——在一定程度上是由经典性条件作用引起的（Akins，2004；Hoffmann，Peterson，& Gamer，2012）。与恐惧症一样，恋物癖也会以各种令人困惑的方式出现：人们依恋鞋子、袜子、娃娃、毛绒动物玩具、汽车引擎（对，是这样的）和其他任何物品（Lowenstein，2002）。

在一系列研究中，迈克尔·多米扬（Michael Domjan）和他的同事成功地在经典性条件作用下训练出雄性日本鹌鹑的恋物癖。例如，他们在一个研究中，给雄性日本鹌鹑呈现一个由毛圈织物做成的圆柱物体，紧跟着一只雌性鹌鹑与它很快乐地交配。这样 30 次配对后，当毛圈织物做成的一个圆柱物单独出现时，有一半的雄性鹌鹑尝试与之交配（Köksal et al.，2004）。尽管对人类来说这个发现并不一定具有普遍性，但是有可靠证据表明，至少对一些人来说将中性刺激与性活动进行重复配对会形成恋物癖（Rachman & Hodgson，1968；Weinberg，Williams，& Calhan，1995）。有趣的是，在人类中，男性比女性更容易对各种类型的事物产生恋物癖（Dawson，Bannerman，& Lalumière，2016），也许是因为男性在性刺激方面比女性更倾向于视觉化。因此，他们更有可能对那些性刺激产生传统的条件反射。

厌恶反应

想象一下，一名研究人员让你吃一块软糖。没问题，对吧？好吧，现在想象一下，软糖的形状就像狗的粪便。如果你像大多数在保罗·罗津（Paul Rozin）和他的同事们的研究中的参与者，你就会犹豫（D'Amato，1998；Rozin & Haidt，2013；Rozin，Millman，& Nemeroff，1986），因此，一位多伦多女人打算开一个甜点酒吧，酒吧里的所有食品形状都像粪便并装在像马桶的盘子里（不，我们不是胡编乱造），她可能需要再次考虑她的计划（Romm，2016）。

表6.1	各类恐惧症

这些恐惧症的例子——少部分较普遍，大部分罕见——说明了人们的恐惧是多么的不同。许多恐惧症至少在一定程度上是通过经典性条件作用获得的。

恐惧症	害怕的事物
恐蒜症	大蒜
花生酱粘在上腭恐惧症	粘在口腔顶部的花生酱
长笛恐惧症	长笛
雷电恐惧症	雷暴
蟾蜍恐惧症	蟾蜍
恐镜症	镜子
小丑恐惧症	小丑
流鼻血恐惧症	流鼻血
蔬菜恐惧症	蔬菜
恐蜂症	蜜蜂
秃发恐怖症	秃顶的人
胡须恐惧症	胡须
被羽毛搔痒恐惧症	挠痒的羽毛
长皱纹恐惧症	长皱纹
万圣节恐惧症	万圣节
活埋恐惧症	被活埋
剃刀恐惧症	剃刀

迈克尔·多米扬和他的同事们用经典性条件作用来训练雄性鹌鹑的恋物癖。

恋物癖（fetishism）
对无生命的事物产生性吸引。

罗津（Rozin，绰号是"厌恶博士"）和他的同事们发现，我们获得厌恶反应竟是难以置信的容易。在大多数情况下，这些反应可能是经典性条件作用的产物。条件刺激（类似于"臭鸡蛋"的照片）与令人作呕的非条件刺激产生关联（比如臭鸡蛋在我们的嘴里所产生的味道），可能会让人产生厌恶感。在许多情况下，厌恶反应与对我们具有生物学意义的刺激有关，比如肮脏或可能有毒的动物或物体（Connolly et al.，2008；Rozin & Fallon，1987）。

✳ 心理学谬论
吃啥补啥？

许多人都听说过"我们吃啥就补啥"，但是在20世纪50年代，心理学家詹姆斯·麦康奈尔（James McConnell）还仔细揣摩过这个谚语。麦康奈尔认为他发现了一个从一种动物到另一种动物的化学式迁移学习。实际上很多年前大学生们就从心理学课本中得知科学家可以对动物进行化学式迁移学习。

麦康奈尔选择的动物是涡虫，一种几英寸长的扁形虫。麦康奈尔和他的同事使用经典性条件作用，将涡虫暴露在灯光下，在这里，灯光是条件刺激，将它与一秒钟的电击配对，电击是非条件刺激。当涡虫受到电击，它们会本能地收缩。在灯光和电击多次配对后，灯光就能引起涡虫的收缩反应（Thompson & McConnell，1955）。

麦康奈尔想了解是否能以化学方式将经典性条件作用的经验迁移到另一只涡虫身上。他的方法简单而又残酷。由于许多涡虫会吃同类的小型虫，所以他将这些训练过的涡虫剁碎并用来喂养它们的同类。特别要指出的是，麦康奈尔（1962）认为那些吞噬同类的涡虫对光刺激的条件反应速度比没有吃同类的涡虫更快。

可想而知，麦康奈尔的记忆迁移研究激起了业界广泛的兴趣。如果麦康奈尔是正确的，你可能会报名参加心理学课程，吞下一片包含了所有能让你获得成绩A的心理学知识的药片，然后……瞧，现在你是一名心理学专家了。事实上，麦康奈尔已经在《时代周刊》《新闻周刊》和其他流行杂志上直接向民众公布了科学家正在发明一种"记忆药片"（Rilling，1996）。

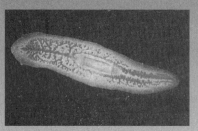

詹姆斯·麦康奈尔和他的同事将灯光和一个电击进行配对，引起了涡虫本能地收缩。

然而，麦康奈尔的科学航行之风并未刮多久：尽管有50多个实验室想要重复他的实验，但是很多人无法重复（Stern，2010）。更重要的是，研究人员对他的研究结果提出了许多不同的解释。首先，麦康奈尔并没有排除他的发现与伪条件作用相吻合的可能性。伪条件作用是在条件刺激自身触发非条件反应时发生的。也就是说，他并没有排除光本身导致了动物的收缩的可能性（Collins & Pinch，1993），这可能导致他得出了一个错误的结论即涡虫已经获得了对光线的经典条件反射。最终，在多年的激烈争论和重复研究失败之后，科学团体得出结论，麦康奈尔其实是在自欺欺人。他很可能成为证实偏差的受害者（见1.1b）。他的涡虫实验室在1971年关闭了并且之后再也没有被提及过。

然而，麦康奈尔可能还是会笑到最后。尽管他的研究可能是有缺陷的，但一些科学家推测，在某些情况下，记忆可能确实是可化学转移的（Smalheiser，Manev，& Costa，2001）。就像科学中经常出现的情况一样，真相终会水落石出。

在另一项研究中，罗津和他的合作者要求参与者喝两杯水，这两杯水中都含有糖（蔗糖）。在一组中，蔗糖来自一个标有"蔗糖"的瓶子，另一个则来自一个标签为"氰化钠，毒药"的瓶子。调查人员告诉实验对象，这两瓶都是完全安全的。他们甚至要求参与者选择哪一个标签与哪个杯子贴在一起，证明标签是没有意义的。即便如此，参与者还是不愿意喝含有被标记为有毒的蔗糖水（Rozin，Markwith，& Ross，1990）。在这项研究中，参与者的反应是不理性的，但也许是可以理解的：他们可能依赖于启发式的"安全总比遗憾好"。经典性条件作用有助于保证我们的安全，即使它有时太过了（Engelhard，Olatunji，& deJong，2011）。

日志提示

想象一下你认为你已经接受了传统的刺激。也许你对某些食物有一种特别积极或消极的情绪反应，一种对某种动物的恐惧，或者当你看到某人的照片时，你会感到愉悦。在每一种情况下，识别非条件刺激、非条件反应、条件刺激和条件反应，并描述你如何相信你获得了条件反应。

6.2　操作性条件作用

6.2a　识别操作性条件作用与经典性条件作用的异同。

6.2b　介绍桑代克的理论的影响。

6.2c　描述强化及其对行为的影响，并且区别负强化与惩罚对行为的影响。

6.2d　描述四种主要的强化程序表及其相关反应模式。

6.2e　描述操作性条件作用的一些应用。

下面四个例子的共同点是什么？

- 一名行为心理学家用鸟食作为奖励，教鸽子区别莫奈（Monet）的画作和毕加索（Picasso）的画作。在训练结束时，这只鸽子成了名副其实的艺术家。
- 一个训练员用鱼作为犒劳，教一只海豚跳出水面，旋转三圈，跳入水中，并飞跃穿过一个铁环。
- 一个沮丧的 12 岁男孩，在他初次打网球时，前面 15 次都将对手的发球打到了网上。经过两个小时的练习，他多半能成功地回击对手的发球。
- 一名患有分离性身份识别障碍的住院病人（以前被称为多重人格障碍）在工作人员注意他的时候，会表现出"改变"人格的特征。当他们忽视他的时候，他的个性似乎就消失了。

动物训练师使用操作性条件反应技术来教动物表演技巧，比如跳圈。

答案：所有都是操作性条件作用的例子。起初来自一个偶然的真实研究（Watanabe，Sakamoto，& Wakita，1995）。**操作性条件作用**通过有机体的行为结果来控制学习（McSweeney & Murphy，2014；Staddon & Cerutti，2003）。在上面的每一个例子中，虽然表面上看起来不同，但有机体的行为都由随之而来的东西即奖励，塑造而成。心理学家也将操作性条件作用称作工具性条件作用，因为有机体的反应相当于一个工具性的功能。也就是说，有机体通过反应"获得某物"，例如食物、性、关注或者避免某些不开心的事。

行为学家称由动物做出的获得奖励的行为为操作性行为，因为是动物"操作"它的外界环境来获得它想要的。扔 75 分钱进冷饮售卖机是一个操作，正如邀请一个有魅力的同学约会一样。在第一个操作中，我们的报酬是一杯提神的饮料，而在第二个案例中，我们的报酬是一次热情的约会——如果幸运的话。

区别操作性条件作用与经典性条件作用

操作性条件作用和经典性条件作用的区别主要体现在三个重要方面，我们在表 6.2 中已经强调了。

表6.2	比较操作性条件作用和经典性条件作用的主要区别	
	经典性条件作用	操作性条件作用
目标行为	无意识地诱发	有意识地自发
奖励	无条件地提供	因行为而定
行为的最初依赖	自主神经系统	骨骼肌

- 在经典性条件作用中，有机体的反应是诱发的，也就是说，由非条件刺激和之后的条件刺激"引起"有机体做出反应。请记住在经典性条件作用中的无条件反应是一个无意识的反应，不需要训练。在操作性条件作用中，有机体的反应是自发的，也就是说，有机体是在一个看似自愿的模式中进行的。
- 在经典性条件作用中，有机体的奖赏是独立于它所做的，巴甫洛夫给他的狗喂食肉末，不管它们是否分泌或分泌多少唾液。在操作性条件作用中，动物的奖励因情况而定——也就是说，取决于它所做的事情。动物如果在操作性条件作用范式中没有做出反应，则将一无所获（在狗的实验中，就是两爪空空）。
- 在经典性条件作用中，有机体的反应最初依赖于自主神经系统（见第 3 章）。在操作性条件作用中，有机体的反应最初依赖于骨骼肌。也就是说，经典性条件作用中的学习伴随有心率、呼吸、汗液和其他身体系统的改变，与之相反，操作性条件作用中的学习伴随有自愿的行为改变。

效果律

心理学家桑代克（E.L.Thorndike）提出了著名的效果律，这是第一个也是最重要的操作性条件作用定律：*如果个体对某种刺激所起的反应伴随着一种满意的状况，那么刺激与反应之间的联结将会增强。* 这个定律并不像它呈现出来的那么复杂。简单来说，如果我们对刺激的反应获得了奖励，那么在将来，我们更有可能会重复这个行为来响应此刺激。心理学家有时称行为主义的早期形式为 S-R 心理学（S 代表刺激，R 代表反应）。S-R 理论家们认为，我们大多数的复杂行为反映了刺激和反应之间联结的累积：看见亲密朋友和打招呼的行为，或者闻到美味汉堡的味道，然后伸手去拿。S-R 理论家们还认为我们几乎是自愿去做每一件事——开车、吃三明治，或是亲吻某人的嘴唇——都是由效果律而逐渐形成的 S-R 联结造成的。桑代克（1898）在一项关于猫和谜盒的经典研究中发现了效果律。下面是他所做的。

桑代克把一只饥饿的猫放在一个盒子里，在外面放了一条诱人的鱼。为了逃离盒子，猫需要找到（字面上的）正确的解决方案，即按下一根杠杆或拉动盒子内的一根绳子（见图 6.5）。

当桑代克第一次把猫放在迷盒里时，它通常会毫无目的地四处走动，疯狂地想要逃跑。然后，这只猫最终找到了正确的解决办法，急忙跑出了盒子，狼吞虎咽地吃了它美味的食物。桑代克想知道随着时间的推移，猫的行为会发生什么变化。一旦它找到了这个难题的解决方案，它会不会每次都正确？

桑代克发现，在 60 次试验中，猫从迷盒中逃脱的时间逐渐减少。这只猫突然意识到它需要做些什么来逃脱，这是毫无意义的。根据桑代克的说法，他的猫是通过不断的尝试和错误建立 S-R 联结来学习的。事实上，桑代克和许多其他的刺激－反应理论家都得出结论，即所有的学习，包括所有的人类学习，都是通过尝试和错误来实现的。对他们来说，刺激－反应是通过奖励逐渐"踩进"有机体的。

桑代克的结论是，这些发现有力地驳斥了猫是通过**顿悟**来学习的这一假设，即猫是通过抓住问题的本质来学习的。如果他的猫对问题的本质有了深入的了解，那么结果大概就会像我们在图 6.6 中看到的那样。这个数字说明了心理学家对"啊！（顿悟）"的反应："啊，我明白了！"（Luo，Niki，& Philips，2004）。一旦动物解决了这个问题，在那之后的每一段时间都是正确的。然而，桑代克从来没有发现过一个"啊哈！"时刻，即找到正确解决方案的时间只会逐渐减少。

斯金纳和他的支持者们

桑代克在"效果律"上的开拓性发现奠定了对操作性条件的研究的基础。斯金纳用电子技术又让它上升了一个等级。

斯金纳发现桑代克的实验装置很笨拙，因为研究人员需要在每次试验后都要把这只不开心的猫放回迷盒里。这种限制使人们很难在数小时、数天或数周的时间里，在持续的行为中建立联系。所以他发明了**斯金纳箱**（更正式地说，是一个操作室），这个箱子可以电子化记录动物的反应，并且打印出那个动物活动的累积记录（专业地说是曲线图）。斯金纳箱包含了一根按压时会传送食物的杠杆、一台食物输送机和一盏表示食物来临的信号灯（见图 6.7）。

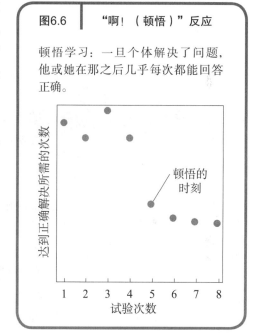

图6.5	桑代克的迷盒

桑代克的经典迷盒研究似乎表明，猫是通过反复试验来解决问题的。

能打开门的拉绳
迷盒的门
猫
盒子
猫食

图6.6	"啊！（顿悟）"反应

顿悟学习：一旦个体解决了问题，他或她在那之后几乎每次都能回答正确。

达到正确解决所需的次数

顿悟的时刻

试验次数

顿悟（insight）
领会问题的本质。

斯金纳箱（Skinner box）
由斯金纳构建的小动物操作室，可以持续地执行条件作用以及在无人监管下记录行为。

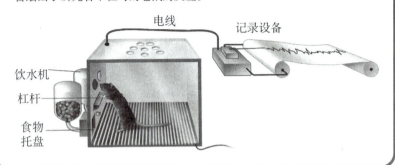

图6.7　斯金纳箱里的老鼠和用于记录老鼠行为的电子设备

斯金纳设计了一个小操作室（斯金纳箱），包括一根老鼠按压来获取食物的杠杆、一台食物供应器和一盏在奖励即将来临时发出信号的灯。电子设备绘出了研究者不在时的老鼠的反应。

通过这个设备，斯金纳研究了老鼠、鸽子和其他动物的操作性行为，并且画出它们对奖励反应的示意图。通过设备记录行为，而不是直接的人为观察，因此斯金纳错过了一些设备无法记录的重要行为。尽管如此，他的发现仍永远地改变了心理学的面貌。

操作性条件作用的术语

为了理解斯金纳的研究，你需要学习一些心理学术语。在斯金纳的心理学中有三个关键的概念：强化、惩罚和辨别性刺激。

"噢，不错。灯亮了，我按了这根杠杆，他们给我写了一张支票。你呢？"
资料来源。© The New Yorker Collection 1993 Tom Cheney from cartoonbank.com. All Rights Reserved。

强化

到目前为止，我们已经用"奖励"这个词来指代任何使行为更有可能发生的结果。然而斯金纳发现这个术语并不精确，因为它没有告诉我们有机体的行为是如何随着奖赏而改变的。他更喜欢"**强化**"这个词，意思是任何能够增强反应概率的结果（Skinner，1953，1971）。

斯金纳区分了**正强化**（给予一个刺激）和**负强化**（去除一个刺激）。

两种形式的强化，都增加了行为产生的概率。正强化可以是当孩子捡起他的玩具时给他一颗好时巧克力；负强化可以是因为孩子的不良行为而中止他的休息时间，直到他停止哭闹。在这两种情况下，最常见的结果是反应的增加或加强。不过，要注意的是，斯金纳将这些行动称为"增援"，只有当他们在未来更有可能做出反应时才会这样做。

多年来，成百上千的心理学学生使用了一个非常规的参与者（他们的教授）证明了强化的力量。在"控制教授"的游戏中（Vyse，2013），基础心理学课的一个班上的学生，同意每当他或她移动到一个特定的位置，比如房间左边的较远处，就提供正强化（比如微笑或者点头）给他们的教授。笔者认识一名著名的基础心理学教师，他大半生的时间都只站在讲台后面讲课。在一堂课中，每当他走下讲台时，他的学生都给予大量的微笑和点头。可以肯定的是，直到下课，教授大部分时间都是离开讲台的。你和你的同学可以和你的心理学导论教授做一个类似的实验：只是不要提是我们建议的。

惩罚

我们不应该将负强化与**惩罚**相混淆，惩罚是减弱反应可能性的后果。就像强化一样，惩罚可以是积极的，也可以是消极的。如果惩罚给予一个刺激，那就是积极的；如果去除一个刺激，那就是消极的（见表6.3）。

积极的惩罚通常包括实施有机体想要避免的刺激，比如身体上的电击或打屁股，或者不愉快的社会结果，比如嘲笑某人。消极惩罚包括去除一种有机体想要体验的刺激，比如一件喜欢的玩具或衣服。

强化（reinforcement）
一个行为的结果或后果能够增强该行为发生的可能性。

正强化（positive reinforcement）
一个刺激的出现加强了行为的可能性。

负强化（negative reinforcement）
去除一个厌恶性刺激以加强行为的可能性。

惩罚（punishment）
一个行为的结果或后果减弱了这种行为再次发生的可能性。

表6.3	强化和惩罚的区别		
	程序	行为效果	典型案例
正强化	呈现一个刺激	增加目标行为	家庭作业上的金色星星会让学生更想学习
负强化	去除一个刺激	增加目标行为	当你移动到房间的另一个位置，电话的静电减弱了，因为你长期站在那个位置会减少静电
正惩罚	呈现一个刺激	减少目标行为	主人责骂小狗，阻止它咬鞋子
负惩罚	去除一个刺激	减少目标行为	没收喜欢的玩具来阻止孩子发脾气

我们也不应该混淆惩罚和与之相关的惩戒性的练习，惩戒只有当目标对象减少了可能的行为时才能被称为惩罚。坚持语言精确性的斯金纳，认为某些活动可能表面上表现为惩罚，而实际上是强化。他仅根据强化和惩罚的结果来定义它们。想象一下这个场景：一位母亲当她每次听到她3岁的儿子敲打墙壁的时候都冲进他的卧室，大叫一声："停下！"她是在惩罚孩子的需求行为吗？在不知道行为影响因素的情况下没办法说清楚。如果他在被责骂后更频繁地敲打墙壁，那么这位母亲实际上是在加强他的行为——加强回应的可能性。如果他被责骂后，他的敲打墙壁行为就会减少或停止，那么母亲的责骂就是一种惩罚，削弱了回应的可能性。

长远来看，惩罚能起到作用吗？大众智慧告诉我们是的：省了棍子，惯坏了孩子。然而，斯金纳（1953）和他的大多数追随者反对用日常惩罚来改变行为。他们认为只有强化可以使大多数人的行为向好的方面发展。

根据斯金纳和其他人（Azrin & Holz，1966）的观点，惩罚有以下几个缺点：

- 惩罚仅仅告诉有机体不做什么，而不是该做什么。一个因为发脾气而被惩罚的孩子，不会学习到如何更加建设性地处理挫折。
- 惩罚通常会产生焦虑，焦虑反过来会干扰将来的学习。
- 惩罚可能鼓励破坏性行为，促使人们暗中寻找表现被禁止的行为的方法。一个因为抢了弟弟的玩具而受到惩罚的孩子，可能学会只有在父母不注意的时候才抢弟弟的玩具。
- 来自父母的惩罚也许为儿童侵犯行为提供了一个范例（Straus, Sugarman, & Giles-Sims, 1997）。一个因作弊而被父母打耳光的孩子也许"获得了信息"——打耳光是可接受的。

许多研究者都报告称父母对孩子的体罚与儿童侵犯行为呈正相关（Fang & Corso，2007；Gershoff，2002），尽管科学家们对这种相关性的大小存在分歧（Paolucci & Violato，2004）。经过许多研究，默里·施特劳斯和他的同事（Strauss & McCord，1998）发现，体罚与儿童的多数问题行为相关。在一项从普通人群中抽取的1 575名参与者的研究中，凯西·魏德姆（Cathy Widom）进一步发现，遭受身体虐待的儿童成年后的攻击性更大（Widom，1989a，1989 b）。许多研究人员将这一发现解释为，早期的身体虐待会导致攻击性。

魏德姆（1989a）的结论是，她的发现揭示了"暴力循环"的运作方式，即父母的攻击性会导致儿童的攻击性。当这些孩子成为父母时，许多人自己也会成为虐待者。类似地，伊丽莎白·格什（Gershoff，2002）回顾了88项基于39 309名参与者的体罚研究。尽管她发现体罚有时与孩子行为的短期改善有关，但她也发现，童年时期这种惩罚历史与成为虐待者的可能性增加有关。这些发现让一些学者认为应该禁止打儿童屁股（Gershoff，2013）。

然而，我们必须知道这些研究只得出相关的结论，并不能证明因果关系的存在，也可能还有其他解释（Jaffee，Strait，& Odgers，2012）。例如，因为儿童部分遗传了其父母的基因，那么攻击就有可能是遗传的（Krueger，Hicks，& McGue，2001；Nivetal.，2013），所以父母的体罚和他们孩子的侵犯行为之间是相关的；可能是因为以攻击去回应不良情境的父母将这一基因倾向遗传给了孩子（Boutwell et al.，2011；DiLalla & Gottesman，1991；Lynch et al.，2006）。同样可以猜测因果关系的箭头是相反的：也许是因为侵犯性儿童很难控制，所以才引起了父母的体罚行为。这个假设并不能作为身体虐待或暗示它是可以接受的借口，但它可能有助于解释为什么会发生这种情况。此外，轻微的惩罚也有可能是有效的，但是严厉的惩罚，包括虐待，是无效的（Baumrind，Larzelere，& Cowan.1992；Lynch et al.，2006）。

更复杂的是，体罚和儿童行为问题之间的联系可能因种族和文化而异。在一些研究中，打屁股和其他形式的体罚与白人家庭的儿童行为问题呈正相关，但与非裔美国家庭呈负相关（Lansford et al.，2004）。然而，并不是所有研究者都能重复这一发现，所以，这一问题需要更深入的研究（Gershoff et al.，2012）。此外，相较于肯尼亚和印度等打屁股普遍发生的国家，在中国和泰国等打屁股不常见的国家，打屁股容易用来预测儿童的攻击性和焦虑水平（Lansford et al.，2005）。造成这种差异的原因尚不清楚，不过，在文化上更容易接受体罚的国家，被体罚的孩子可能比在文化上受到谴责的国家的孩子感觉不那么受侮辱。

尽管如此，并不是说我们应该永远不使用惩罚，而是说我们应该谨慎地使用它。

大多数研究表明连续地给予惩罚并立即伴随不受欢迎的行为时惩罚最有效（Brennan & Mednick，1994）。特别是，即时惩罚通常是有效的，而延迟惩罚通常是无效的（Church，1969；McCord，2006；Moffitt，1983）。惩罚一个不受欢迎的行为的同时，迅速强化一个受欢迎的行为，也很有效（Azrin & Holz，1966）。可能是因为这样可以告诉人们什么可以做，什么不可以做。

斯金纳和他的追随者相信强化一般能比惩罚更有效地塑造儿童的行为。

辨别性刺激

操作性条件作用中的另一个关键术语是**辨别性刺激**，即任何表明存在强化的刺激（注意不要把这个术语与刺激辨别混淆）。当我们对小狗打响指，希望它过来时，小狗可能接近我们来获得一个颇为亲切的爱抚。对于小狗来说，我们打响指是一个辨别性刺激。它是一个信号，如果小狗靠近我们，它将得到强化（Neuringer，2014）。根据行为学家的观点，我们事实上一直都在对辨别性刺激做出反应，甚至我们自己都没意识到。一个朋友在校园里向我们招手是另一种常见的辨别性刺激：它经常向我们暗示，我们的朋友想和我们聊天，从而加强我们对他挥手的反应。

适用于两种作用的术语

习得、消退、自然恢复、刺激泛化和刺激分化都是我们在经典性条件作用中所介绍的术语。这些术语同样适用于操作性条件作用。表 6.4 中列出了这些术语的定义。下面，我们将探讨其中的三个概念是如何应用于操作性条件作用中的。

消退　在操作性条件作用中，消退发生在我们停止强化一个先前已经被强化了的行为的时候。渐渐地，这个行为的频率减小并最后消失了。如果父母给一个正在

辨别性刺激
（discriminative stimulus）
与强化存在相关的刺激。

表6.4	经典性条件作用和操作性条件作用的重要概念的定义备忘录

术语	定义
习得	反应建立过程中的学习阶段
消退	在一个刺激被重复呈现之后，反应逐渐减少并最终消退
自然恢复	一个消失了的反应在短暂的延迟之后突然再度出现
刺激泛化	对与原始刺激相似但不完全相同的刺激产生的反应
刺激分化	对不同于原始刺激的刺激表现出不太显著的反应

尖叫的孩子一个玩具来使她安静，他们也许反而强化了她的行为，因为她正在学习靠尖叫来获得某物。如果父母买了耳塞，停止用玩具来抚慰孩子，尖叫行为就会逐渐消失。在此类案例中，我们通常看见一个消退突现。也就是说，在撤销强化之后的一个短暂时间内，不受欢迎的行为最初强度增加，可能是因为孩子正试图努力获得强化。所以这验证了老人所说的真理，事情在变好之前有时需要变坏。

如果当他尖叫时，父母停止给这个男孩他喜欢的玩具，他将更努力尖叫来得到他想要的。最终他将意识到这是徒劳，并放弃尖叫行为。

刺激分化 如我们之前提到的，一个调查小组使用食物强化来训练鸽子区分莫奈和毕加索的画作（Watanabe et al., 1995）。那是刺激分化，因为鸽子正在学习辨别两类不同刺激的差异。

刺激泛化 有趣的是，这些研究者也发现他们的鸽子表现出了刺激泛化。在操作性条件作用之后，他们区分出了风格类似于莫奈的印象派艺术家的画作（比如雷诺阿，Renoir）和类似于毕加索的立体派艺术家的画作（比如布拉克，Braque）。

强化程序表

斯金纳（1938）发现动物的行为依赖于**强化程序表**，即给予强化的模式。在一种最简单的模式中，**连续强化**，即每次动作行为发生时都得到强化。**部分强化**有时被称为间歇性强化，发生在我们只在某些强化反应的时候。尝试回答这个问题：如果我们想训练狗表演把戏，比如接住飞盘，我们应该强化（a）每一次成功的拦截，还是（b）仅仅是其中的某一些呢？如果你和大多数人相同，你将回答（a），这个看起来符合我们关于强化效果的常识。这个假设似乎是符合逻辑的，强化越连贯，行为就越持续。

除此之外，斯金纳的部分强化原则还说明了我们对强化的直觉是背道而驰的。根据斯金纳的部分强化原则，我们偶然强化的行为比每次都强化的行为消失得更慢。这个观点看起来是不是有悖常理呢？请这样想：如果狗学习到它偶然一次抓住飞盘会被奖励，它就更可能会继续试着去抓住飞盘以希望能得到奖励的强化。

所以如果我们希望动物长久地掌握一个把戏，其实我们应该偶然地强化它们的正确反应。斯金纳（1969）提出了连续强化，认为这样能让动物更快速地学习新行为，但是部分强化更能防止行为的消失。这个原则也许能帮助我们解释为什么有些人会持续陷入可怕的、不正常的，甚至是虐待关系中多年（Dutton & Painter, 1993）。有些伴侣对他们的另一半进行间隔强化，大多数时间对他们很糟糕，但是

强化程序表
（schedule of reinforcement）
强化行为的模式。

连续强化
（continuous reinforcement）
每次行为发生时都给予强化，比偶然强化学习速度更快但是消失也更快。

部分强化
（partial reinforcement）
偶然强化的行为与连续强化的行为相比，消退更慢。

偶尔对他们很好。这种部分强化的模式可能会让个人在一段非正常的关系中"上钩"，而且从长远来看也不太可能会正常。

显然，这些强化程序表的效果在各种物种（诸如蟑螂、鸽子、老鼠和人类）上是一样的。尽管强化的方式有很多种，在这里我们将讨论主要的四种方式。它们有令人印象非常深刻的可复制性。

强化程序表的变化原则有两个维度：

其他人的研究也会得出类似的结论吗？

- 实施强化的一致性。某些强化的偶然性是固定的，而其他的是可变的。也就是说，在一些案例中实验者定期地（固定的）提供强化，而其他的案例中，他们不定期地（可变的）提供强化。

  可变强化比固定强化产生的反应更连贯。这一发现也符合直观判断。如果我们不知道下一次的报酬何时到来，我们最好保持反应来确保我们已经做了足够多的准备来获得报酬。

强化

互动

如果我们想让这只狗在未来保留这种舞蹈技巧，我们应该在它表演技巧的时候加强它。

- 实施强化的基础。某些强化是比率强化，而有些是间隔强化。在比率强化中，实验者基于动物发出反应的数量来强化动物。在间隔强化中，实验者基于上一次强化后过去的时间来强化动物。

  比率强化通常比间隔强化产生的反应率更高。这一发现符合直观判断。如果狗每翻滚 5 次得到一次强化，它将比每 5 分钟得到一次强化更愿意翻滚，无论在间隔中它是翻滚一次还是 20 次。

  我们将两个维度合并起来能得到四种强化程序表，每一种都产生了一种独特的反应模式（见图 6.8）。

- 在**固定比率强化（FR）**中，我们在固定的反应数量之后给予强化。例如，我们可以在老鼠每按压 15 次斯金纳箱里的杠杆后，给它一个小球。

- 在**可变比率强化（VR）**中，所采用的是在一个特定的平均反应次数之后给予强化的模式，强化的次数间隔呈随机安排。在可变比率表上的鸽子，平均比率为 10，可能会在 6 次啄食后得到一片鸟食，然后在 12 次啄食之后，然后在 1 次啄食后，然后在 21 次啄食后，分别得到一片鸟食，平均起来这些的比率是 10。

固定比率强化（FR）
（fixed ratio schedule）
我们在固定的反应数量之后给予强化的模式。

可变比率强化（VR）
（variable ratio schedule）
在一个特定的平均反应次数之后给予强化的模式，强化的次数间隔呈随机安排。

可变比率强化（VR）通常产生的反应率最高。在一个地方我们可以确保发现可变比率强化：赌场（Rachlin，1990）。旋转轮、老虎机和类似不定期地给予现金报酬的游戏，它们都基于赌徒的反应。有时候，赌徒必须拉老虎机（"独臂强盗"）几百次才能拿到钱。另一些时候，赌徒仅拉动把手一次，然后就能像土匪一样得到钱，也许几秒钟内就能带着数千美元离开。可变比率强化的极端不可预料性，恰恰使赌徒持续沉迷其中，因为强化能够随时到来。一名男子在一年的时间里成功地在拉斯维加斯的两家赌场挥霍了近 1.27 亿美元，因此陷入经济困境。有时，他会连续 24 小时不间断地玩 21 点赌桌，一次只输 5 美元（Berzon，2009）。

可变比率强化程序表也让鸽子着迷。斯金纳（1953）发现，在超过 15 万次的

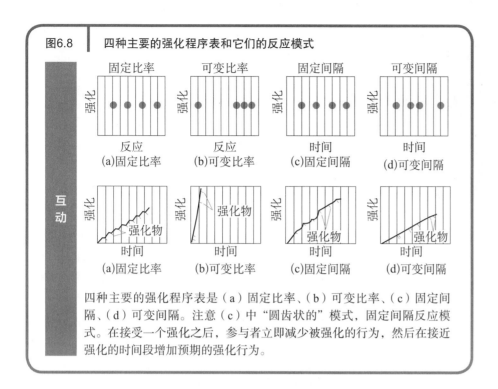

图6.8　四种主要的强化程序表和它们的反应模式

四种主要的强化程序表是（a）固定比率、（b）可变比率、（c）固定间隔、（d）可变间隔。注意（c）中"圆齿状的"模式，固定间隔反应模式。在接受一个强化之后，参与者立即减少被强化的行为，然后在接近强化的时间段增加预期的强化行为。

固定间隔强化（FI）
（fixed interval schedule）
在一个特定的时间之内至少产生一次反应时给予强化的模式。

可变间隔强化（VI）
（variable internal schedule）
在一个平均时间间隔内至少产生一次反应时给予强化的模式，间隔时间随机变化。

非强化的反应之后，放置在可变比率强化设备上的鸽子有时会继续啄食一个圆盘。在某些情况下，它们会在这个过程中把它们的喙磨掉，就像拉斯维加斯赌场里的绝望赌徒——他们希望得到巨大的回报，尽管他们一再失望，他们还是不会放弃。

- 在**固定间隔强化**（FI）中，在一个特定的时间之内至少产生一次反应时给予强化。例如，一个玩具工厂的工人因为她完成了工作而能在每周五下午的同一时间领取薪水，只要她已经在一周的间隔中至少生产出一件玩具。

  固定间隔强化程序表在他们所做出的行为中非常有特色。固定间隔强化与"圆齿状的"反应模式相联系。这种 FI 圆齿状反映了一个事实：动物在它接受强化之后"等待"了一段时间，然后，由于它开始预期强化，所以就在间隔结束之前增加它的反应率（Groskreutz，2013）。

- 在**可变间隔强化**（VI）中，在一个平均时间间隔内至少产生一次反应时给予强化。例如我们可以在一个可变间隔强化中，以平均间隔 8 分钟给表演把戏的狗一个强化。这只狗也许不得不在开始的 7 分钟间隔中至少表演一次把戏，但接着在仅 1 分钟的间隔内表演第二次，然后是一个较长的 20 分钟间隔，再然后是一个 4 分钟间隔，而平均间隔是 8 分钟。

操作性条件作用的应用

操作性条件作用以惊人的数量在每天的经历和一些特殊的环境中都起着作用。正如我们已经提到的，操作性条件作用是一些育儿实践的核心。它还与大范围的其

强化程序表

如果这个橄榄球运动员每五次触地能得分一次，他就会得到一个固定比率的强化时间表。

赌徒的谬论描述了一个常见的错误，即相信随机事件有"记忆"。在连续输掉10次轮盘赌之后，赌徒通常会得出结论，他现在"应该"赢了。然而，他或她在第11次旋转中获胜的概率并不比他的前10次旋转中的概率高。根据可变比率强化表，这种虚妄的推测很少能使人上瘾。

他情境相关，从训练动物到减肥——甚至到学习掌握视频游戏！这里我们看几个操作性条件作用的著名研究案例。

训练动物

如果你曾经在一个马戏团、动物园或是水族馆看过动物表演，你也许想知道动物究竟是如何学习如此复杂的活动的。有一个老笑话是这样说的：魔术师把兔子从帽子里拽出来，行为主义者从老鼠还有其他动物身上形成习惯。它们通常依靠一个称为逐步接近塑造法的程序（简称**塑造法**）。使用塑造法，我们强化的事实上不是目标行为而是逐步接近它的行为（Murphy & Lupfer，2014）。通常，我们通过间隔强化大部分或全部的接近期望行为的反应来塑造有机体的反应，然后随着时间的推移，我们对不完全正确行为的强化（降低频率）逐渐减弱。

动物训练师经常将一种称为链锁作用的技术与塑造法相结合，在这种技术中，他们将大量有内在联系的行为联系起来形成更长的系列。链中的每一个行为成为下一个行为的线索，就像当我们学习字母表的时候，A 是 B 的线索，B 是 C 的线索一样。

通过塑造法和链锁作用，斯金纳教鸽子打乒乓球，尽管它们完全不是奥林匹克水准的乒乓球选手。为了做这件事情，他首先强化它们向着球拍运动，然后接近球拍，之后将球拍放入鸟嘴，再用鸟嘴捡起球拍，等等。然后，他将之后的行为，类似于挥球拍，然后击球，与之前的行为链接起来。正如我们可以想象的，塑造和链锁复杂的动物行为需要耐心，过程可能持续数天或数周。尽管如此，收获是实在的，因为我们能训练动物从事许多它们正常机能之外的行为。事实上，所有当代的动物训练师都依赖的是斯金纳法则。

克服拖延症：我之后会去做

相关还是因果
我们能确信 A 是 B 的原因吗？

老实说：这一刻之前，你是否在拖延阅读本章内容？如果是，别感到害羞，因为拖延是大学生发生最频繁的学习问题之一。尽管这个现象很普遍，但是拖延症可能并不是无害的。它可能会对我们的生理和心理健康造成危害。除此之外，拖延者比笨鸟先飞者在课堂上表现得更差（Kim & Seo，2015；Tice & Baumeister，1997）。尽管这些发现是相关的，也并没有发现拖延导致成绩差的因果关系，但他们仍坚定地认为拖延是不好的。

那么我们如何克服拖延症呢？不要把阅读这一章节剩下的部分的任务往后拖，因为我们很有可能会浪费更多的时间。尽管有一些可能解决拖延的方法，但其中最好的可能是大卫·普雷马克（Premack，1965）在他对猴子的研究中所发现的那个。普雷马克原则认为，我们可以用一个更频繁出现的行为来积极强化一个不太频繁出现的行为（Danaher，1974）。虽然这个原则不是万无一失的（Knapp，1976），但它的作用尤其显著。调查显示，这个原则可能帮助人们停止将那些他们一直想要避免的事情向后拖延，就比如说去看牙医（Ramer，1980）

塑造法（shaping）
通过逐步强化越来越接近于目标的行为来形成目标行为。

如果你发现自己拖延阅读或写作任务，想一下如果有机会，你往往会做些什么——也许是邀请一些亲密朋友外出，看喜欢的电视节目，或是吃一个冰激凌来犒劳自己。然后，只有在你完成作业之后才能利用这些高频率的行为强化自己。

操作性条件作用的治疗应用

我们也可以将操作性条件作用应用到临床上。最成功的操作性条件作用的应用之一是代币制。代币制经常设立在精神病医院里以强化适当行为和消除不适当行为（Carr, Frazier, & Roland, 2005; Doll, McLaughlin, & Barretto, 2013; Kazdin, 1982）。通常情况下，那些心理学家通过识别目标行为来创建代币制，也就是说，他们希望更频繁地采取行动。管理人员使用符号、筹码、得分或其他**次级强化物**来强化病人做出被期望的行为。次级强化物是与**初级强化物**相关联的中性物质。初级强化物，即自然而然地能增加目标行为的东西，比如一份喜欢的食物或饮料，这些基本上会增加目标行为。

作为一名高年级研究生，你的课本的第一作者在精神病院里工作，这所医院收治有严重行为问题（包括大喊大叫和诅咒）的孩子。在这项研究中，一个目标行为是对工作人员有礼貌。所以，每当一个孩子对一个工作人员特别有礼貌时，他就会得到分数，他可以用分数来交换他想要的东

> **次级强化物**
> （secondary reinforcer）
> 与初级强化物相关联的中性物质。
>
> **初级强化物**
> （primary reinforcer）
> 使目标行为自然增加的事物或结果。

✳ 心理科学的奥秘
为什么我们会迷信？

你做过下面哪些行为？

- 从不在房间里打伞。
- 不在梯子下面行走。
- 无论你什么时候看到一只黑色的猫时，你都要穿过街道。
- 佩戴幸运符或项链。
- 在你走路的时候避免踩到人行道上的裂缝。
- 敲击木头。
- 十指交叉。
- 避开数字 13（比如不停靠在楼房的第 13 层）。

很多人都害怕 13 这个数字，所以很多建筑物都不设 13 层。

如果你有过以上的几个行为，你至少是有些迷信的。但是并不是你一个人如此（Lindeman & Svedholm, 2012）。例如，12% 的美国人害怕在梯子下面行走，并且有 14% 的人害怕带着黑猫穿过街道（Vyse, 2013）。许多人害怕数字 13（**十三恐惧症**），所以许多高楼的楼层设计直接从 12 跳到 14（Hock, 2002）。在巴黎，打算与 12 个人共进晚餐的十三恐惧症者会雇佣第十四个人来充当第十四个客人。多达 90% 的大学生在考试之前有过一种或更多迷信的行为。比如，一半以上的人

使用一支"幸运"笔或是佩戴一件"幸运"首饰（Vyse, 2013）。

迷信与操作性条件作用是如何联系起来的？在一个经典研究中，斯金纳（1948）在斯金纳箱中放了 8 只饥饿的鸽子，并且不管它们表现出什么行为，都每 15 秒呈现一次强化（喂鸟食）。也就是说，鸽子不管做了什么都能受到强化。几天之后，斯金纳有惊人的发现，他发现 8 只鸽子中的 6 只已经显著获得了奇怪的行为，比如让它们做两到三次转弯，或者从右向左摆动它们的

头部。

你也许已经在人们在城市广场上喂食的一大群鸟中发现了类似的古怪行为。比如，一些鸽子在期待强化时，会活蹦乱跳或者绕着圈子迅速走动。据斯金纳所说，他的鸽子已经表现出了迷信行为：行为与强化通过纯粹的巧合连接起来（Morse & Skinner, 1957）。迷信行为和强化并没有实际的联系，尽管动物表现得好像有联系。鸽子刚开始表现的行为在被强化之前立即被加强了——记住，强化会增加反应的可能性——所以鸽子继续做（这种偶然的操作性条件作用有时被称为迷信条件作用）。

不是所有的研究都能复制在鸽子身上发现的研究结果（Staddon & Simmelhag, 1971），尽管在斯金纳描述的模式中可能至少有一些动物或者人类表现出了迷信行为（Bloom et al., 2007; Garcia-Montes et al., 2008）。

所以，如果我们碰巧在一次大考之前穿了一双袜子，然后得到了A，我们可能会产生一种错误的信念，认为这双袜子在某种程度上导致了我们的好表现。在下次考试前，我们可能会穿同样的袜子。随着时间的推移，我们可能会变得迷信。一些研究人员发现，依靠"幸运"的选择，就像你最喜欢的魅力一样，实际上提高了诸如高尔夫球和记忆任务等技能的表现，可能是因为这样做

可以增强我们的自信心（Damisch, Stoberock, & Mussweiler, 2010）。然而，其他研究人员未能复制这些发现（Calin-Jageman & Caldweu, 2014），所以不清楚迷信行为是否真的"起作用"。

运动员是众所周知的迷信群体（Ofori, Biddle, & Lavalee, 2012）。有趣的是，在体育运动中迷信的流行程度取决于由偶然因素造成的结果（Vyse, 2013）。这正是斯金纳所预测的，因为部分强化，而不是连续强化，更有可能产生持久的行为。在棒球比赛中，击球成功率在球员的控制下比防守成功率小得多：即使是最好的击球手也只能在10次中击中3次，而最好的防守队员在10次中成功了9.8次，甚至9.9次。所以击打是由部分强化程序控制的，而防守是由接近于连续强化程序的东西控制的。正如我们所料，棒球运动员有更多的与之相关的迷信，比如在击球手的盒子里画一个他最喜欢的符号，而不是与现场有关的迷信（Gmelch, 1971; Vyse, 2013）。

可以肯定的是，人类的迷信并不是完全由操作性条件作用引起的。许多迷信都是通过口口相传传播的（Herrnstein, 1966）。如果我们的母亲一次又一次地告诉我们黑猫会带来坏运气，我们可能会对它们变得警惕。对于许多迷信来说，操作性条件作用可能起着重要的影响。

代币制是操作性条件作用最成功的应用之一。一些教师使用代币制变体，即点卡，来加强学生的积极行为。

西，比如冰激凌或者和工作人员一起看电影。每当一个孩子对一名工作人员无礼时，他就会被罚分。

研究表明代币制对改进医院、儿童之家和少年拘留所里的行为通常是有效的（Ayllon & Milan, 2002; Paul & Lentz, 1977）。然而，代币制是有争议的，因为在机构中学习的行为并不总是能迁移到外部世界（Carr et al., 2005; Wakefield, 2006）。病人如果返回到之前的环境中，比如不正常的同伴群体，他们就会被强化，因为他们的社会行为不适当，这是很有可能的。

操作性条件作用在治疗自闭症谱系障碍（自闭症）方面也有帮助，特别是在改善他们的语言缺陷方面。应用行为分析（ABA）在自闭症治疗上进行了广泛的应用；心理

识别理论和假说

互动	充满压力的生活事件会增加迷信。（请参阅页面底部答案） ○ 事实 ○ 虚构

健康专家为自闭症患者提供食物和其他初级强化物，以让他们逐渐说某些词，最终能说出完整的句子（Matson，Hather，& Belva，2012）。

依瓦·洛瓦斯（Ivar Lovaas）和他的同事们开创了最著名的 ABA 自闭症治疗项目（Lovaas，1987；McEachin，Smith，& Lovaas，1993）。洛瓦斯的工作成果很有成效。患有自闭症的儿童接受 ABA 训练后，他们的语言和智力水平都比那些没有接受过这种训练的自闭症儿童群体（Green，1996；Matson et al.，1996；Romanczyk et al.，2003）更有优势。

然而，由于洛瓦斯并没有将自闭症儿童随机分配给实验和对照组，他的发现很容易受到另一种解释的影响：也许实验组的孩子们的功能水平更高。事实上，有证据表明这是事实（Schopler，Short，& Mesibov，1989）。目前的共识是，ABA 并不是治疗自闭症语言缺陷的灵丹妙药——在心理治疗中，几乎没有什么灵丹妙药，但在很多情况下，它都是非常有用的（Herbert，Sharp，& Gaudiano，2002）。

排除其他假设的可能性 对于这一研究结论，还有更好的解释吗？

将经典性条件作用和操作性条件作用结合起来

到目前为止，我们已经讨论了经典性条件作用和操作性条件作用，并将它们视为两个完整独立的过程。然而，事实几乎肯定会更加复杂。经典性和操作性条件作用有很多相似之处，我们在两者中都发现的习得、消退、刺激泛化等，这导致了一些理论家认为这两种形式的学习并不像传统上认为的那样不同（Brown & Jenkins，1968；Staddon & Cerutti，2003）。

尽管在经典性条件作用和操作性条件作用之间有很多相同之处，但是脑成像研究为它们之间的区别提供了一些支持，研究显示这两种学习形式分别与不同的脑区活动有关。经典性条件作用下的恐惧反应大多基于大脑的杏仁核（LeDoux，1996；Likhtik et al.，2008；Veit et al.，2002），而操作性条件作用主要基于大脑中多巴胺丰富的区域，多巴胺则与奖赏有关（Robbins & Everitt，1998；Simmons & Neill，2009；见 3.1c）。

然而，这两种条件作用经常相互影响。我们已经看到某些恐惧症，部分上是由经典性条件作用引起：一个先前的中性刺激（条件刺激）——比如一只狗——与一个不受欢迎的刺激配对（非条件刺激）——被狗咬——导致恐惧的条件反射。这一结论到目前为止一切正常。

但是这一个完整的方案并没有回答一个重要的问题：为什么恐惧的条件反射最终没有消除呢？考虑到我们已经了解的经典性条件作用，我们可能期望通过重复地呈现狗的这一条件刺激，从而使

答案： 正确。例如，在一项研究中，在 1991 年海湾战争期间遭受导弹袭击的以色列平民比其他以色列人更迷信（Keinan，1994）。对许多人来说，迷信似乎是一种重新控制不可预知的环境的手段。

对狗的恐惧的条件反射随着时间而最终消退。然而，这通常不会发生（Rachman，1977）。许多患有恐惧症的人在数年甚至几十年的时间里仍然非常害怕他们所曾害怕的刺激。事实上，只有大约 20% 的患有恐惧症的成年人克服了他们的恐惧（American Psychiatric Association，2013），为什么？

作为一种解释方式，可将两种过程理论作为一种解释（Mowrer，1947；Schactman & Reilly，2011）。根据这个理论，我们可能同时需要经典性条件作用和操作性条件作用两者来解释这类恐惧症的存在。过程是这样的：人们通过经典性条件作用患上恐惧症。然后，一旦他们变得恐惧了，他们开始避开看见引起恐惧的刺激。如果他们有对狗的恐惧症，当他们看见有人牵着一只大型德国牧羊犬朝他们走来时，他们可能会绕道而行。当他们这样做时，他们的焦虑降低了，即消极地强化他们自己的恐惧。回想一下，消极的强化包括消除刺激，在这种情况下，焦虑会使与之相关的行为更有可能，所以当他们看到狗时，会躲避，患恐惧症的人会消极地增强他们的恐惧，尽管他们几乎肯定是在没有意识到的情况下这样做的。具有讽刺意味的是，他们正在自我调节，以使他们的恐惧更容易持续。他们在用长期痛苦换取短期利益。双因素理论指出了有效治疗焦虑症的方法：强迫人们面对，而不是避免他们的焦虑。事实上，正如我们稍后将在本书中所了解到的，这是暴露疗法的最佳处方，也是治疗焦虑症的最佳支持治疗方法（见 16.4a）。

日志提示

想出一个你想要打破的坏习惯。用一个操作性条件作用来创造一个想象的行为修正程序，帮助你改变这个坏习惯，使它变成一个好习惯，并且你可能会用到强化。

6.3　学习的认知模型

6.3a　阐述在缺乏条件作用的情况下支持学习的证据。
6.3b　识别顿悟学习的证据。

到目前为止，当我们谈论如何学习时，我们会忽略一个词：思维。这并非偶然，因为早期的行为主义者并不相信思维与学习之间的因果关系。斯金纳（1953）是他所主张的激进的行为主义的坚决拥护者。他之所以这么说是因为他坚持认为，可观察的行为、思维和情感都是被相同的学习规律，也就是经典性条件作用和操作性条件作用，所支配的。换句话说，思维和情感也是行为，它们只是不可观察的行为。

奥卡姆剃刀原理
这种简单的解释符合事实吗？

斯金纳认为人类和其他有智力的动物都有思维（deBell & Harless，1992；Wyatt，2001），同时他坚持认为思维和其他行为在原则上没有不同。对于斯金纳来说，这种观点比起为思维而不是其他行为援引不同的学习规则来说要简洁得多。斯金纳（1990）甚至把认为思维在引起行为的过程中起着关键的作用的认知心理学的支持者比作伪科学家，他认为，认知心理学用不可观察的、最终毫无意义的概念如"心智"来解释行为。

S-O-R 心理学：综合思考

如今，很少有心理学家认同斯金纳对认知心理学极其苛刻的评价。事实上，大多数心理学家现在都认为，如果没有思考的作用，人类学习的故事是不完整的（Bolles，1979；Kirsch, Lynn, Vigorito, Miller, 2004；Pinker，1997）。

在过去的三四十年里，心理学已经从简单的 S-R（刺激-反应）心理学转变为更复杂的 S-O-R 心理学。O 是在产生反应之前解释刺激的有机体（Mischel，1973；Woodworth，1929）。支持 S-O-R 模式的心理学家认为，S 和 R 之间的联结不是盲目的，也不是自动的。相反，有机体对刺激的反应取决于刺激对于它意味着什么。S-O-R 原则帮助我们解释一个我们都曾经遇到过的现象。

你可能有这样的经历，给两个朋友同样温和的责备（比如：你来晚了让我有点困扰），但是他们的反应却大相径庭：一个表示歉意，另一个竭力寻找借口或者甚至怀有敌意。为了解释这些不同的反应，斯金纳可能援引你朋友的不同学习史，其本质是每个朋友对责备的反应是如何被训练的。相反，相信认知是解释学习的中心的 S-O-R 理论家们，声称你朋友反应的不同是由于他们对你的责备的理解有差异。你的第一位朋友可能把责备认为是建设性的意见，第二个则将其认为是人身攻击。

S-O-R 理论家并不否认经典性条件作用和操作性条件作用存在于学习中，但是他们认为这种形式的学习通常依赖于思维。让一个已经对音调和电击有经典性条件反射的人，以流汗来回应音调的变化。如果告诉她不再给予电击了，她的皮肤传导性反应会迅速消失（Grings，1973）。这种认知条件作用现象，凭借我们对情境影响条件作用的解释，证明了条件作用不仅仅是自动的盲目的过程（Brewer，1974；Kirsch et al.，2004）。

S-O-R 理论家也强调期望在学习中的作用。他们指出经典的条件只在条件刺激预测非条件刺激（Rescorla，1990；Rescorla & Wagner，1972）的情况下发生。如果我们重复地把条件刺激和非条件刺激及时地放在一起，那就不行了。只有当条件刺激可靠地预测非条件刺激时，有机体才表现出经典的条件反射。这表明他们正在建立下一步的预期。因此，根据 S-O-R 理论，每当巴甫洛夫的狗听到节拍器的滴答声，它们想到（"想"字在这里很重要）："啊，我想一些肉末正在路上。"

为了不用行为主义来解释心理学的逐渐转变，我们有必要讲讲心理学先驱和他们的老鼠们的故事。

内隐学习

对纯粹的行为主义者关于学习的解释最严峻挑战之一是由爱德华·切斯·托尔曼（Edward Chace Tolman，1886—1959）提出的，他对心理学学习理论的贡献是难以估量的。托尔曼怀疑强化不是学习的全部。为了解释原因，请回答这个问题："谁是最先向纯粹行为主义发起挑战的心理学家之一？"如果你留意了，你会回答"托尔曼"。在我们问这个问题之前你已经知道了答案，尽

我从哪里来？我为什么在这里？

斯金纳和其他激进的行为主义者承认人们和其他聪明的动物会思考，但是他们认为思维与其他行为没有什么不同，只是它不可观察而已。

虽然很少有人喜欢挨批，但一些人应对得很好，而其他人就不能。S-O-R 心理学家认为，这种差别取决于我们对批评意义的解释。

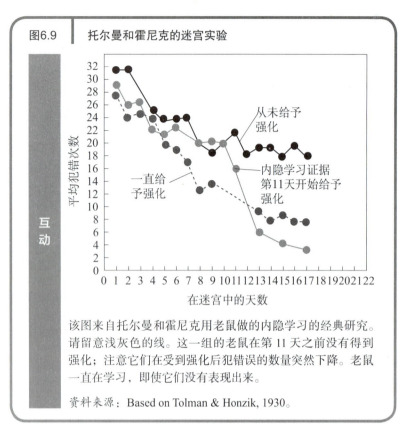

图6.9 托尔曼和霍尼克的迷宫实验

互动

平均犯错次数

一直给予强化

从未给予强化

内隐学习证据
第11天开始给予强化

在迷宫中的天数

该图来自托尔曼和霍尼克用老鼠做的内隐学习的经典研究。请留意浅灰色的线。这一组的老鼠在第11天之前没有得到强化；注意它们在受到强化后犯错误的数量突然下降。老鼠一直在学习，即使它们没有表现出来。

资料来源：Based on Tolman & Honzik, 1930.

管你没有机会去论证它。据托尔曼（1932）所说，你进行了**内隐学习**，即不能直接观察到的学习（Blodgett，1929）。我们学习了许多东西，但没有表现出来。也就是说，在能力（我们所知道的）和表现（展现我们所知道的）之间有着关键的区别（Bradbard et al.，1986）。

那么为什么这个区别如此重要？因为它暗示了强化不是学习必不可少的条件。下面展示了托尔曼和霍尼克（Tolman & Honzik，1930）是如何系统论证这一点的。

他们随机安排三组小老鼠在三周的时间里走迷宫（见图6.9）。第一组老鼠穿过迷宫时经常有奶酪作为强化物。第二组老鼠穿过迷宫时从未获得强化。第一组的错误极少，这一点也不奇怪。第三组老鼠在前10天没有得到强化，直到第11天才开始获得强化。正如我们在图6.9中看到的，第三组的老鼠在接受第一次强化后

错误率急剧减少。事实上，几天之后，第三组的错误数和第一组（经常强化）的错误数没有多大差异。

托尔曼认为第三组的老鼠一直处于学习的状态。它们不用费心去表现出来，因为它们什么都没得到。一旦学习有了回报，也就是尝到了甜头，它们很快成为了小迷宫的主人。

托尔曼（1948）认为，老鼠已经产生了**认知地图**——也就是对迷宫的空间表征。如果你和大多数大学生一样，到学校的第一天你对方位会感到很无助和困惑。过一段时间，无论怎样你都会对学校的布局有一种主观的感觉，这样你就不会再迷路。这种内部的空间蓝图，托尔曼认为是认知地图。

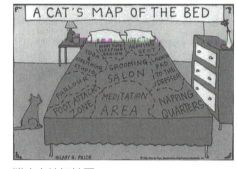

猫也有认知地图。

资料来源：© Hilary B. Price. King Features Syndicate.

在一个巧妙地论证认知地图的研究中，三个研究者（McNamara，Long，& Wike，1956）让一组老鼠重复地走迷宫来接受强化。他们把另一组老鼠放在一个移动的"有轨电车"内，这样它们只知道迷宫的布局但不能获得通过迷宫的经验。当研究者让第二组的老鼠穿过迷宫时，它们和第一组的老鼠做得一样好，有轨电车里的啮齿旅行者，它们已经获得了迷宫的认知地图。

托尔曼等人的内隐学习研究挑战了保守的行为主义者，因为他们展示了在没有强化的条件下，学习也能发生。对许多心理学家来说，这项研究颠覆了所有形式的学习都需要强化的观点。这也表明思维以认知地图的形式，至少在部分学习中扮演

内隐学习

（latent learning）
不能直接观察到的学习。

认知地图

（cognitive map）
对一个物理空间是怎样布局的心理表征。

了主要角色。在最近的研究中，研究者们利用虚拟现实方法来更好地了解人类内隐学习和认知地图的来源。通过将人们放置在他们从未遇到过的"虚拟房间"中，然后监控他们的脑电波，研究者研究了人类大脑在"无意识学习"环境（即那些不涉及指令、强化或惩罚的环境）中的表现。除此之外，科学家已经发现，在每四次到七次之间出现的 θ 波低频脑波似乎在形成认知地图中起着关键作用（Fields，2016）。但他们不完全确定如何作用或为什么如此。

可证伪性
这种观点能被反驳吗？

日志提示

再看一遍图 6.9，关于托尔曼和霍尼克研究的这幅图，用你自己的话说，这幅图如何支持内隐学习的老鼠（浅灰色线组）在没有得到强化的情况下学习的假设。

观察学习

一些心理学家认为，内隐学习的一种重要变式是**观察学习**：通过观察他人来学习（Bandura，1965；Singer-Dudek，Cho，& Lyons，2013）。在许多情境中，我们都是通过观看榜样来学习：父母、老师以及对我们产生重要影响的他人。许多心理学家把观察学习看成内隐学习的一种形式，因为我们无须强化就能学习。我们能够仅仅通过观看他人由于做了某事而得到强化，然后从他人那里得到线索。

观察学习弥补了我们学习一切事情都要亲力亲为的缺陷（Bandura，1977）。大多数人都没有特技跳伞的经历，如果我们观看过特技跳伞表演，你会觉得从飞机上跳下之后有个降落伞是个不错的想法。请注意我们不需要通过反复试验来学习这个有用的建议，否则我们就不会在这里讨论它了。观察学习可以使我们避免严重的，甚至是致命的错误。但是它也会使我们养成不良习惯。

攻击行为的观察学习

20 世纪 60 年代的经典研究中，阿尔伯特·班杜拉（Albert Bandura）和他的同事证明了儿童能够通过观看攻击性角色榜样学习到攻击性行为（Bandura，Ross，& Ross，1963）。

班杜拉和他的同事让学龄前的男孩和女孩观看一个成年人（榜样）与一个大的波波玩偶玩，这个玩偶被击打后还会还原到原来的位置（Bandura，Ross，& Ross，1961）。实验者随机地安排一些儿童看成年人榜样安静地玩，忽视波波玩偶，而其他儿童观看成年人榜样击打波波玩偶的鼻子、用木棒打它、坐在它身上、踢它。这样还不够，后来这个榜样在实施暴力时还大声地辱骂并生动地描述他的行为："重击它的鼻子"，"踢它"，"砰"。

儿童通过观察学习成人（尤其是他们的父母）的行为从而获得他们的行为。

观察学习
（observational learning）
通过观察他人来学习。

班杜拉和他的同事把儿童带到一间有一大堆玩具的房间里，里面有微型消防车、喷气式战斗机和一大套洋娃娃。当孩子们刚要开始玩这些玩具时，实验者打断他们并告知他们要移到另一个房间。这个打断是故意的，因为研究者想要阻挠孩子们，使他们的行为更可能有攻击性。然后实验者将他们带入另一个房间，里面有一个和他们见过的一样的波波玩偶。

可重复性
其他人的研究也会得出类似的结论吗？

依据不同的研究，班杜拉以及同事发现，比起面临无攻击性榜样，先前面临攻击性榜样的儿童明显地表现出了对波波玩偶的更多的攻击。观看了朝玩偶叫喊的攻击性榜样的儿童也做出了同样的行为，他们甚至会模仿榜样的言语攻击。在后来的一项研究中，班杜拉和他的同事（Bandura，Ross，& Ross，1963）以影片方式向孩子们展示攻击性的模型而不是以真人演示时，也重复了以上结果。

媒体暴力与现实世界攻击

班杜拉的研究和后期关于观察学习的研究数据引起心理学家们考虑一个重要的理论及社会问题：媒体暴力，例如暴力电影、录像或电子游戏，会造成现实世界的暴力吗？关于这个问题的研究文献是如此的庞大且令人困惑，而且很容易就能占据整本书的内容。因此，我们将简要地介绍一下这方面的一些研究重点。

相关还是因果
我们能确信 A 是 B 的原因吗？

数百名研究者使用相关设计已经证实了观看许多暴力电视节目的儿童比其他儿童更具有攻击性（Wilson & Herrnstein，1985）。但是这些发现能证明媒体暴力会导致现实世界的暴力吗？如果你回答"不"，那么给你自己一个奖励。它们只能简单地表明高攻击性的儿童比其他儿童更喜欢看有攻击情节的电视节目（Freedman，1984）。相反地，这些发现可以推出第三个变量：例如儿童最初的攻击水平。也就是说，高攻击水平的儿童可能比其他儿童更喜欢看暴力电视节目和表现攻击行为。

研究者试图用纵向研究来解决这个问题（见 10.1a），他们在很长一段时间里对个体行为进行追踪调查。纵向研究显示，尽管研究者视儿童的初始攻击水平是相等的，但是观看许多暴力电视节目的孩子比那些看得少的在几年后表现出更强的攻击性（Huesmann et al.，2003；见图 6.10）。

排除其他假设的可能性
对于这一研究结论，还有更好的解释吗？

尽管这些研究比相关研究提供了媒体暴力和攻击性有因果关系的更令人信服的证据，但是它仍没有证明这种联系的存在，因为它们不是真正的实验（见 2.2c）。研究者没有将参与者随机分配，而是选择了那些观看暴力电视节目的人。结果，无法测量的人格变量，如冲动，或是社会变量，如缺少父母监管，也许能解释这些发现产生的原因。此外，不能只因为变量 A 在变量 B 之前发生就说变量 A 导致变量 B。举例来说，如果我们发现大多数常见感冒是以喉咙疼痛和流鼻涕开始的，但我们不能说是喉咙痛和流鼻涕引起了感冒，它们仅仅是感冒的初始症状而已。

排除其他假设的可能性
对于这一研究结论，还有更好的解释吗？

还有其他研究者研究了媒体暴力与后来的攻击行为之间的联系是否能在实验室严密控制的条件下实现。在这些研究中，研究人员让参与者接触暴力或非暴力媒体，观察前一组参与者是否表现得更具攻击性，比如对实验者大喊大叫，或在被激怒时对另一参与者施以电击。结果，这些研究有力地暗示了媒体暴力与实验室攻击之间的因果联系（Wood，Wong，& Chachere，1991）。同样的结论可能适用于暴力视频游戏与攻击之间的关系（Anderson，

Gentile，& Buckley，2007；Bushman & Anderson，2001），尽管这两者的因果联系还存在争议并且不太完善（Ferguson，2009；Ferguson，2015）。特别是，一些研究人员认为，暴力视频游戏和现实世界暴力之间的联系是可供选择的解释，例如攻击性儿童倾向于观看这些游戏（Ferguson，2013）。

最后，一些研究者进行了媒体暴力和攻击性之间关系的现场研究（Anderson & Bushman，2002）。在现场研究中，研究者检验现实世界中自然发生事件和攻击性之间的关系。例如，一位研究者（Williams，1986）对加拿大一个偏僻的小山村进行的一项现场研究。这个小山村在 1973 年之前没有电视。她把这个小村子叫作"Notel"，也就是"no television（没有电视）"的缩写。与其他两个已经有电视的村庄的学龄儿童相比，Notel 的儿童两年之后，在身体或语言攻击方面有显著性的增强。尽管如此，考虑到一个潜在的影响，这些发现还是很难说明两者的关系，即在 Notel 有了电视的同时，加拿大政府在 Notel 与其他村庄之间修建了一条宽阔的高速公路。这条高速公路可能给 Notel 的孩子带来了外界的负面影响，包括从其他城市带来的犯罪。

> **排除其他假设的可能性**
> 对于这一研究结论，还有更好的解释吗？

那么我们能从媒体暴力和攻击性行为的研究中得出什么结论呢？我们面对四种证据——相关性研究、纵向研究、实验室研究和实地研究——每种都有自己的长处和弱点。相关研究、纵向研究和实地研究在外部效度（即对现实世界的可推广性）方面往往较强，但在内部效度（即它们因果推论的程度）方面较弱（见 2.2a）。相反，实验室研究往往在外部效度方面较弱，但内部效度很强。然而，尽管存在缺陷，但四种类型的研究指向相同的方向：至少在媒体暴力与攻击之间存在一些因果关系（Anderson et al.，2003；Carnagay，Anderson，& Bartholow，2007）。科学结论往往是最有说服力的，当我们以不同研究设计的结果为基础时，每一种都有其缺陷（Shadish，Cook，& Campbell，2002）。结果是，现在的大部分心理学家同意至少在一些情景下媒体暴力会导致攻击行为（Anderson & Bushman，2002a；Bushman & Anderson，2001；Gentile，2015）。

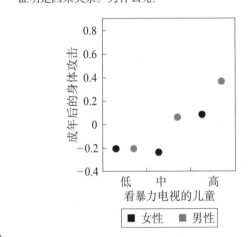

图6.10　儿童时期观看暴力电视的个体的纵向研究

不管女性还是男性，在儿童时期观看暴力电视与成年时期的暴力行为有正相关关系，但是这种相关并没有证明是因果关系。为什么呢？

成年后的身体攻击（纵轴）：0.8　0.6　0.4　0.2　-0.2　-0.4

看暴力电视的儿童（横轴）：低　中　高

■ 女性　■ 男性

同时，同样清楚的是媒体暴力只是这个多因素谜团的一个小方面。我们不能只通过媒体暴力这一个手段来解释攻击，因为潜在的大部分高暴力水平的人并没有表现出攻击性（Freedman，2002；Wilson & Herrnstein，1985）。此外，媒体暴力和攻击之间的关系往往是适中的，这表明影响暴力的原因不仅仅是电视媒体的作用。

镜像神经元和观察学习

你发现你独自一人在一个新的城市里站在一个正在使用自动取款机的人身后。就像许多其他的取款机一样，这台和你所见过的其他取款机有点不同，而且令人恼火。你看前面的人插入她的卡，按几个按钮，然后拿走从机器底部的插槽里吐出来的钱。现在轮到你了，你知道该怎么做。你通过观察来学习。但是如何学习的呢？尽管我们的大脑如何从事观察性学习的问题仍然是一个谜，但是神经科学家最近已经开始为它找到了一个潜在的生理基础。

镜像神经元

（mirror neuron）

当动物执行某项动作或观察到动作被执行时，前额皮层的细胞会被激活。

当一只猴子观察另一只猴子的动作时，比如伸手去拿一个物体，它前额叶皮层中靠近运动皮层的一组神经元（见 3.1c）就会变得活跃（Rizzolatti et al.，1996）。这些细胞被称为**镜像神经元**，因为它们是相同的细胞，如果猴子进行同样的运动，它们就会变得活跃。这就好像这些神经元在"想象"在表现出行为时是什么样子。

镜像神经元似乎是非常有选择性的。当猴子看到另一只猴子静止不动，或者看到另一只猴子抓住食物时，它们就不会活跃起来。相反，只有当猴子看到另一只猴子在做动作时，比如抓东西，它们才会活跃起来。此外，这些神经元似乎对特定的行为非常敏感。研究人员在猴子身上发现了一个镜像神经元，它只有当猴子本身或猴子观察到的人抓住了一个花生时，才会启动，而另一个镜像神经元只有在猴子或它观察到的人吃花生的时候才会启动（Winerman，2005）。通过使用脑成像技术，研究人员已经确定了人类中类似的镜像神经元系统（Gallese & Goldman，1998；Molenberghs，Cunnington，& Mattingley，2012），但是他们还没有识别出单个的镜像神经元，就像他们在猴子身上发现的那样。没有人确切地知道镜像神经元是怎么工作的，也没有人知道它们为什么在我们的大脑里。但一些神经科学家推测，这些神经元在移情作用中起着核心作用（Azar，2005；Iacoboni，2009；Ramachandran，2000），包括感受他人的情绪状态和模仿他们的动作（Fabbri-Destro & Rizzolatti，2008）。一些心理学家进一步推测，镜像神经元异常在自闭症谱系障碍（自闭症）中扮演着关键的角色，这通常与接受他人观点的困难有关（Dingfelder，2005；Kana，Wadsworth，& Travers，2011）。

相关还是因果

我们能确信 A 是 B 的原因吗？

然而，近年来，镜像神经元的性质和功能已经在科学上引起了争议。例如，目前尚不清楚这些神经元是在移情中发挥作用，还是在以移情不足为特征的心理状态（比如自闭症和精神病人格）中发挥作用。这些有限的发现充其量是相关的（Dinstein et al.，2008；Fecteau，Pascual-Leone，& Théoret，2008）。例如，很有可能，移情不足会导致镜像神经元的异常，而不是相反。让事情变得更复杂的是，有研究已经提出了一个问题：镜像神经元的缺陷是否与自闭症有关（Hickok，2014；Jarrett，2014；Sowden et al.，2015）。因此，镜像神经元在人类中的作用仍然是一个谜。

顿悟学习

内隐学习和观察学习绝不是行为主义理论中唯一的漏洞。另一个严峻的挑战来自一战期间德国心理学家沃尔夫冈·科勒。

大约在同一时间，心理学家正在进行对第一次潜伏的学习研究。科勒（1925）是格式塔心理学的奠基人之一（见 4.6a），他对在非洲海岸外的加那利群岛的四只黑猩猩提出了各种各样的问题。四只黑猩猩中他最喜欢的是一只名字叫苏丹、特别擅长解决谜题的黑猩猩。有一次，科勒在苏丹够不到的地方，把一串诱人的香蕉放在笼子外面，笼子里还有两根竹竿。两根竹竿都不够长，够不着香蕉。苏丹突然发现了一个解决办法：把一根竹竿插在另一根竹竿里，形成一根超长的竹竿。

科勒认为，值得注意的是，黑猩猩似乎经历了我们之前讨论过的"啊！（顿悟）"的反应。它们对它们的问题的解决方案似乎并没有像桑代克的猫那样，反映出反复试验的结果，而是对问题解决方案的顿悟。也就是说，它们的解决方案与我们在图 6.6 中看到的相似。黑猩猩似乎突然"得到"了解决问

科勒的黑猩猩也想出了怎样才能够到悬挂在它们头上的香蕉：把一堆盒子叠在一起，爬到顶层盒子上。

题的方法，从那时起，他们几乎每次都得到正确答案。

尽管如此，科勒的发现和结论并非没有缺点。他的观察是有趣的并且是没有系统的。因为科勒只拍摄了一些黑猩猩的解决问题的方法，所以在分析每一个问题之前很难排除至少一些黑猩猩急切地试误的可能性（Gould & Gould，1994）。此外，因为黑猩猩经常在同一个笼子里，它们可能会从事观察性学习。然而，科勒的工作表明，至少一些聪明的动物可以通过顿悟而不是试误来学习。人类也可以（Dawes，1994）。

> **排除其他假设的可能性**
> 对于这一研究结论，还有更好的解释吗？

6.4　影响学习的生物学因素

6.4a 解释生物学倾向是如何促进某些联系的学习的。

几十年来，大多数的行为主义者认为人类的学习跟动物的学习完全不同。动物的学习历史和基因的构成方式就好像驶过的两艘黑暗的船。现在我们已经知道生物因素复杂而又深深地影响着我们学习的速度和本质。下面是三个有力的事例：

条件性味觉厌恶

20 世纪 70 年代的一天晚上，心理学家马丁·塞利格曼（Martin Seligman）和他的妻子出去吃饭。他点了一份菲力牛排蘸蛋黄酱，大约六小时之后，当看歌剧时，塞利格曼感到很恶心并生了重病。虽然他和他的胃最终康复了，但是对蛋黄酱的爱一去不回。从那以后，塞利格曼一想起蛋黄酱就感觉想吐，更别提尝了（Seligman & Hager，1972）。

蛋黄酱综合征，也就是条件性味觉厌恶，是会引起味觉防御反应的经典性条件作用。在继续阅读之前，问自己一个问题：塞利格曼的案例与我们已经讨论过的另一个经典性条件作用的案例（巴甫洛夫和他的小狗）相矛盾吗？

事实上，至少在三方面确实如此（Garcia & Hankins，1977）：

- 与其他大多数需要把条件刺激和非条件刺激反复配对比较的经典性条件作用相比，条件性味觉厌恶只需要一次就能成功。
- 在条件性味觉厌恶作用中，条件刺激和非条件刺激之间的延迟可以长达 6～8 小时（Rachlin & Logue，1991）。
- 条件性味觉厌恶往往是非常特定的某物，并且几乎没有刺激泛化现象。本书作者最早的儿时记忆之一是，他吃了 4 条美味的宽面，然后几个小时后就变得非常虚弱。20 多年来，他不惜一切代价避开宽面，却尽情享用意大利面、意式通心粉、小牛肉帕尔马干酪，以及几乎所有其他意大利菜，尽管它们与意大利宽面很相似。但他经过激烈的斗争之后，最终还是迫使自己克服了面条恐惧症。

从进化的角度来看，这些反应是有道理的（O'Donnell，Webb，& Shine，2010）。我们不想一遍遍地经历可怕的食物中毒来学习味觉和疾病之间的条件性联结。这样做不仅让人感觉很难过，而且在某些情况下会有生命危险。吃和疾病的时间滞后性违背了典型的经典性条件作用，因为条件刺激和非条件刺激之间短暂的间隔时间对学习来说是十分必要的。但在这种情况下，条件刺激和非条件刺激之间的延迟关联是适应性的，因为它教会我们避免在几个小时前摄入危险食物。

条件性味觉厌恶是正在进行化疗的癌症病人的一个特殊问题，化疗经常引起反胃和呕吐。因此，他们经常对化疗前所食用的任何食物产生厌恶情绪，尽管他们知道这种食物与治疗毫无逻辑联系。幸运的是，健康心理学家们已经找到一个很好的解决方法。利用条件性味觉厌恶的特征，他们让癌症病人在化疗之前吃一种不熟悉的替代食物。这是一种新的他们不喜欢的食物。一般地，病人会对替代食物而不是对之前喜欢的食物产生条件性味觉厌恶（Andresen，Birch，& Johnson，1990）。

约翰·加西亚（John Garcia）和他的一个同事尝试证明生物因素对条件性味觉厌恶的影响。他们发现老鼠暴露在 X 射线下会感到恶心，并对一种特定的味道，而不是 X 射线照射之后呈现的特定的言语或听觉的刺激，产生条件性厌恶（Garcia & Koelling，1966）。换句话说，在一次接触之后老鼠更容易将厌恶与味道而不是其他的感觉刺激联系起来。条件性味觉厌恶虽然让人很不开心，但是它们通常有适应作用。在现实世界里，让动物生病的毒饮料和食物既看不出也闻不出。结果，现实世界中动物很容易对引发恶心的刺激产生条件性厌恶（见图 6.11）。

这个发现反驳了等位性假设——我们能把所有的条件刺激与所有的非条件刺激进行配对——许多传统的行为主义者都这么认为（Plotkin，2004）。加西亚和其他人发现，某些条件刺激，如与味觉有关的条件刺激，很容易被某些非条件刺激所制约，例如与恶心有关的非条件刺激（Rachman，1977；Thorndike，1911）。马丁·塞利格曼回想起他与妻子外出后的情景，他想到蛋黄酱就反胃而不是想到歌剧或者——幸运地——想到他的妻子。

日志提示

你对特定的食物或某类食物有一种有条件的厌恶吗？描述那些可能导致这种厌恶的事件。

准备学习与恐惧症

等位性假设的第二个挑战来自对恐惧症的研究。我们如果看一下恐惧症在一般人群中的分布，会发现奇怪的现象：人们并不害怕最常让自己不愉快的东西。对黑暗、高度、蛇、蜘蛛、深水、血的恐惧症很常见，尽管许多害怕这些刺激的人从来没有遇到过可怕的遭遇。相反，剃须刀、刀、家具的边缘、微波炉和插座恐惧症是很罕见的，尽管我们中的很多人都曾被它们割伤、撞伤、烧伤或是遭遇它们所致的其他伤害。

塞利格曼（Seligman，1971）指出我们可以用**准备学习**的方法来解释人群中的恐惧症分布：我们进化性地倾向于恐惧特定的刺激而不是其他的（McNally，2015）。塞利格曼说那是因为特定的刺激如悬崖和有毒的动物对我们人类的祖先构成了威胁（Hofmann，2008；Ohman & Mineka，2001）。相反，家具用品和家用电器则不会，因为它们经常出现。用苏珊·米尼卡（Susan Mineka，1992）的话来说，有准备的恐惧是"进化性的记忆"：记忆是自然选择的产物。

米尼卡和迈克·库克（Michael Cook，1993）让从没有接触过蛇的恒河猴去接触一条蛇来检验准备学习。猴子对蛇并不恐惧。接下来，研究者给猴子们放了一盒其他同类猴子惊恐地看着蛇的录像带。不超过半小时，猴子们通过观察学习习得了

准备学习
（preparedness）
根据他人基于生存价值的反应学习一些恐惧刺激配对反应的进化趋势。

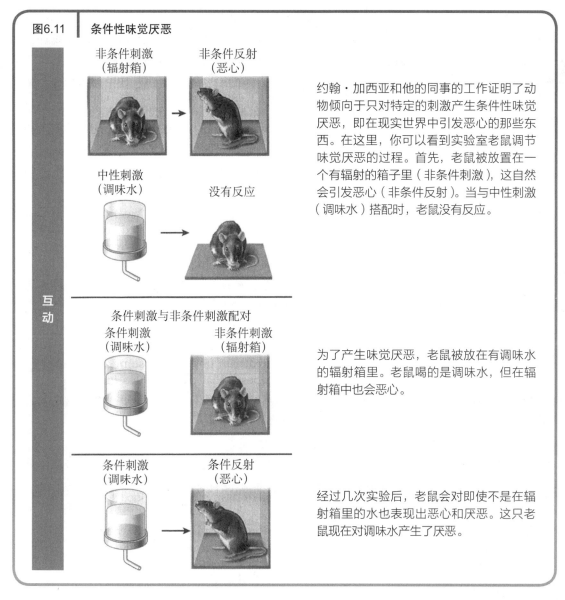

图6.11 │ 条件性味觉厌恶

非条件刺激（辐射箱） → **非条件反射（恶心）**

约翰·加西亚和他的同事的工作证明了动物倾向于只对特定的刺激产生条件性味觉厌恶，即在现实世界中引发恶心的那些东西。在这里，你可以看到实验室老鼠调节味觉厌恶的过程。首先，老鼠被放置在一个有辐射的箱子里（非条件刺激），这自然会引发恶心（非条件反射）。当与中性刺激（调味水）搭配时，老鼠没有反应。

中性刺激（调味水） → **没有反应**

条件刺激与非条件刺激配对

条件刺激（调味水）　　**非条件刺激（辐射箱）**

为了产生味觉厌恶，老鼠被放在有调味水的辐射箱里。老鼠喝的是调味水，但在辐射箱中也会恶心。

条件刺激（调味水） → **条件反射（恶心）**

经过几次实验后，老鼠会对即使不是在辐射箱里的水也表现出恶心和厌恶。这只老鼠现在对调味水产生了厌恶。

互动

对蛇的恐惧（惊讶吧，从没见过蛇的恒河猴对蛇产生了恐惧）。后来，研究者剪辑了这盒录像带，看起来好像同样一群猴子产生恐惧的反应，但是，这次是对花、玩具兔子、玩具蛇或玩具鳄鱼。之后，他们给其他没有做过花、兔子、蛇或者鳄鱼实验的猴子看这盒改造过的录像带。观看改动过的录像带的猴子对玩具蛇和玩具鳄鱼产生了恐惧而对花和玩具兔则没有。从准备学习的观点看，这一点是可以理解的。蛇和鳄鱼对我们的祖先造成危险，而花和兔子则不会（Ohman & Mineka，2003）。

准备状态可能会让我们在引发恐惧的刺激和负面后果（Fiedler，Freytag，& Meiser，2009；Tomarken，Mineka，& Cook，1989）之间形成虚假相关，回顾（见 2.2b）一下虚假相关；它是认为两个不存在统计相关关系的变量存在相关关系的认知倾向（Watts，Smith，& Lilienfeld，2015）。当参与者观看蛇与损坏的电击口的幻灯片时，一组研究人员对参与者进行间歇性电击，这些参与者中的其中一些人害怕蛇，另一些人则不害怕。幻灯片刺激与电击的配对是随机的，因此它们之间的实际相关性为零。然而，具有高度蛇恐惧感的参与者被认为与蛇幻灯片的出现有显著的相关性，但损坏电击口与电击之间没有明显的相关性。对蛇的恐惧程度较低的研究对象没有受到这种

草原狼吃被慢性毒药所感染的绵羊的尸体几个小时后就会发病。从那以后，草原狼就不敢吃绵羊了。农场主就用这个方法保护牲畜不受草原狼的袭击。

虚幻相关性的影响（Tomarken，Sutton & Mineka，1995）。害怕蛇的人在寻找任何可能是蛇的信号的危险刺激，所以他们高估了在电击的同时关于蛇的幻灯片出现的频率。有趣的是，他们并没有显示出对电源插座的过高估计，尽管在我们的头脑中，它们比蛇与电击的联系更紧密。这一发现表明，准备可能起了作用，因为对我们的灵长类祖先构成威胁的是蛇，而不是电源插座（Grupe & Nitschke，2011）。

可重复性
其他人的研究也会得出类似的结论吗？

尽管如此，准备学习的实验证据并不是完全一致的。当研究者用电击配对像蛇和蜘蛛这样的准备刺激或者花和蘑菇这样的无准备刺激时，他们不能总是重复这个发现：参与者对准备刺激的获得比无准备刺激的获得更快（Davey，1995；McNally，1987）。此外，一些作者还提出，准备学习可能是另一种非进化性解释的结果：潜在抑制。正如我们在本章前面提到的，潜在抑制是指多次单独出现（没有非条件刺激）的条件刺激特别难以在经典性条件反应状态下被刺激。因为我们经常遇到电插座、炉子、刀子等，而没有经历任何负面后果，这些刺激可能对经典性条件反应刺激有抵抗力。相反，因为我们很少有人经常遇到蛇、悬崖、深水等，这些刺激可能更容易被经典的条件反射出来（Bond & Siddle，1996）。

排除其他假设的可能性
对于这一研究结论，还有更好的解释吗？

除了准备学习之外，基因影响可能在获得恐惧之间发挥着重要的作用。患有狗恐惧症的个体和没有狗恐惧症的人在他们对狗的负面体验的数量上没有什么不同，如咬伤（DiNardo et al.，1988）。只有大约一半患有狗恐惧症的人曾与狗发生过可怕的遭遇，对于有许多其他恐惧症的人来说也是如此。这些结果使得仅凭经典性条件作用不太可能解释所有的恐惧症病例。相反，一些人似乎在遗传上倾向于在有一定的经典性条件作用经历的情况下产生恐惧症（Czajkowski et al.，2011；Kendler et al.，1992；van Houtem et al.，2013）。

本能漂移

动物训练师玛丽安和凯勒·布里兰为马戏团和电视广告商训练鸽子、小鸡、浣熊、小猪和许多其他动物表演各种各样的把戏。作为在哈佛时斯金纳的学生，他们用操作性条件作用的传统方法来塑造动物的行为。所以现代的动物训练师都是用这种方法。

在他们训练动物的过程中，布里兰夫妇发现他们的小动物的表现并不总像预期的那样。一次他们尝试让浣熊把代币扔进小猪存钱罐里。尽管他们成功地用食物强化的方法让浣熊捡起硬币，但他们很快遇到一个令人惊奇的问题。尽管反复强化浣熊将硬币丢进小猪存钱罐中，但它们却开始摩擦这些硬币并把它们放在一起，抛散开，然后又继续摩擦。

米妮卡和库克（1993）展示了猴子通过观察学习能获得对蛇的恐惧。尽管如此，猴子并不会对无危险刺激产生恐惧，如：花朵，这表明进化在恐惧发展中扮演了重要的角色。

本能漂移（instinctive drift）
动物在反复强化之后，重新表现出本能行为的倾向。

浣熊恢复了一种本能行为——冲洗。它们把代币看成一片片的食物，或是它们从河岸或溪流边拾到的硬贝壳（Timberlake，2006）。布里兰夫妇（1961）称这种现象为**本能漂移**：动物在反复强化之后，恢复本能行为的倾向（Burgos，2015）。研究者观察了其他动物的本能漂移，包括老鼠（LeFrancois，2012；Powell & Curley，1984）。心理学家不能充分解释这种漂移产生的原因。但本能漂移告诉了我们如果不考虑先天的生物因素就不能充分解释学习，因为这些因素限制了我们可以通过强化而习得什么样的行为。

6.5　时尚的学习策略：它们有用吗？

6.5a　评估支持或反对用于提高学习的流行技术的证据。

如果你已经领会了本章中所学内容（恭喜你！），你已经知道学习新内容是一件多么艰难的事情了。可能是因为学习新事物需要花许多时间和努力，许多心理健康专家推荐了各种杂七杂八的技术，据说可以让我们学习起来比现在更快更容易。这些新奇怪异的方法有用吗？我们可以通过检验三种流行的技术来找出答案。

睡眠辅助学习

设想在你几晚酣睡之中，就能掌握这本书里所有的内容。你可以花钱请某人用音频记录这本书的全部内容，在几个夜晚里播放录音，你就可以全部学会。那么你可以对这种在阅览室看心理学课本到深夜的日子说再见了。

和心理学的诸多领域一样，希望永无止境。许多睡眠辅助学习（在睡眠中学习新知识）的支持者已经根据这个技术的潜力做出一些特别声明。公司提供各种 CD，并声称它们能帮助我们学习语言、戒烟、减肥和减轻压力，这些我们都可以在睡觉时完成。

特别声明
这类证据可信吗？

这些主张肯定是值得我们注意的。睡眠辅助学习的科学证据跟得上支持者的这些让人印象深刻的主张吗？

和生活中的常识一样，太美好的事情反而不真实。不可否认，睡眠辅助学习的早期发现让人很受鼓舞。一组观察者让睡着的船员接触莫尔斯电码（无线话务员有时使用的一种交流速记形式）。这些船员比其他船员快了 3 个星期掌握莫尔斯电码（Simon & Emmons，1955）。来自苏联的其他研究为这个主张提供了证据，即人们能在睡眠中学习新知识，如磁带记录的单词或句子（Aarons，1976）。

然而，这些早期的正面报道忽略了一个重要的替代解释：录音可能唤醒了参与者。问题是几乎所有表现出正面结果的研究都没有监控参与者的脑电图（EEGs）以确保当他们听磁带时已经睡着（Druckman & Bjork，1994；Druckman & Swets，1988；Lilienfeld et al.，2010）。监控参与者脑电图以确保他们已经睡着的良好控制的研究，为睡眠辅助学习提供的证据很少。所以在某种程度上，睡眠学习磁带"起作用"，是因为参与者在时睡时醒时听到了磁带播放的只言片语。关于迅速减少压力的问题，我们只需要跳过磁带而好好地睡一觉。

排除其他假设的可能性
对于这一研究结论，还有更好的解释吗？

不过，这并不是说睡眠对学习没有帮助。例如，证据表明与保持清醒相比，集中学习新语言的课间睡眠可以帮助学生保留更多关于这种语言的信息，甚至在一年后还能保持多达一半内容（Mazza et al.，2016）。不过，这样做有一点小收获：与睡眠辅助学习的倡导者的坚持形成鲜明对比，参与者在学习新单词的时候需要保持清醒。

评价观点   学习技能课程

在许多学院和大学，新生的不堪重负是可以理解的。他们还没有学会如何为大学的水平考试学习，也没有为课程中布置的大量阅读做好准备（比如必须阅读《心理学导论》课本中关于学习的冗长章节）。因此，学习技能课程和工作坊越来越受欢迎，尤其是在大一新生中，也就不足为奇了。

想象一下，作为普林斯顿大学第一学期的新生大学生，你发现自己在大学课程中落后了。你刚参加了第一轮考试，尽管你每一门课程都学习约 20 个小时，但是你仍然在"心理学导论"这门课程上得到了一个 D+，在"物理学导论"课上得 F，这更增加了对自己的伤害和侮辱，而在"入门篮筐"课上得到 C-。而当你在校园附近的一家商店喝咖啡时，你会看到一个技能课程广告。广告上写着：

"为普林斯顿学生举办周末学习技能课程，只需要 50 美元。使用经过良好测试的学习方法，如基于操作条件和分布式实践。研究表明，这些技术可以提高你 10% 的考试成绩，这可能并不适合每个人，但是也许值得你试一试"。

科学怀疑论要求我们开诚布公地评估所有的主张，但在接受之前必须坚持不可抗拒的证据。科学思维的原则如何帮助我们评估关于学习技能课程有效性的这一说法？

在评估这个主张时，考虑一下科学思维的六个原则是如何相关的。

1. 排除其他假设的可能性

对于这一研究结论，还有更好的解释吗？

从广告中还不清楚是否排除了相互竞争的假设。技能课程在过去曾经奏效过，但也有可能报告的一些改进是由于随着时间的推移，安慰剂效应，实践效应（也就是，学生参加多次考试），或其他因素。我们需要知道研究人员是否比较了学习技能课程与一个替代的、以非学习为基础的干预作为对照组。

2. 相关还是因果

我们能确定 A 是 B 的原因吗？

这个原则与所描述的场景并不特别相关。

3. 可证伪性

这种观点能被反驳吗？

是的，原则上，这一说法可能是假的。如果对技能课程与不涉及学习技能的替代干预措施进行了比较，与干预措施相比，技能课程始终没有取得更好的成绩，那么这就驳斥了关于它有效的说法。

4. 可重复性

其他人的研究也会得出类似的结论吗？

广告中确实提到了"几项研究"，这是令人鼓舞的。然而，我们需要更多的了解才能评估这些调查是否是真正地复制最初的研究，并确保它们被严格执行。

5. 特别声明

这类证据可信吗？

这则广告似乎克制住了自己的不寻常之处。它只声称学习技能课程有所改进。测试性能"高达 10%"，并承认这门课不是对每个人都有效，它也是基于操作条件和分布式实践（见 7.5b），这两者都是值得支持的学习原则。

6. 奥卡姆剃刀原理

这种简单的解释符合事实吗？

这个原则与所描述的场景并不特别相关。

总结

这则广告对学习技能提出了几点主张。可能得到或可能得不到充分支持的课程，以及需要通过对原始研究的检查来验证。同时，广告提到了良好的学习原则并且避免提出过多的有效性要求。这门课程应该被持怀疑态度的人适当地检查一下。

互动

加速学习

还有一些公司承诺让消费者使用超快的学习技术。这些方法，被称为超学习或暗示加速学习和教学技术（SALTT），据称可以让人们以正常学习速度的 25 到数百倍来获取新信息（Wenger，1983）。SALTT 依赖于多种技术的混合，例如产生加强学习信息（告诉学生会学得更快），让学生想象他们正在学习的信息，在学习期间播放古典音乐，以及学习时让呼吸有规律（Lozanov，1978）。当这些技术结合在一起时，据说可以让学习者接触到他们头脑中直觉方面的东西，而这些东西在其他情况下是无法接触到的。一本关于加速学习的新书声称让学生"在 10 分钟或更短的时间内将学习能力提高一倍""释放你内在的天才，成为你注定要成为的学生"（McCullough，2014）。

然而，加速学习方法有效性的证据并没有符合特别声明的原则（Della Sala，2007）。几乎所有的研究都表明，这些方法并没有产生更强的学习效果（Dipano & Job，1990；Druckman & Swets，1988）。即使研究人员报告了这方面的积极结果，这些发现也没有排除其他假设。这是因为关于加速学习的研究将这种方法与学生很少做或什么也不做的控制条件进行了比较。加速学习可以归因于安慰剂效应，特别是因为加速学习的主要组成部分是提高学习者的期望（Druckman & Swets，1988）.

特别声明
这类证据可信吗？

排除其他假设的可能性
对于这一研究结论，还有更好的解释吗？

排除其他假设的可能性
对于这一研究结论，还有更好的解释吗？

发现学习

通过本书我们发现，学习如何排除关于研究结果的其他可能的假设是批判性思维的关键因素。但是科学教育工作者还没有在如何教授这个重要技术上达成一致。

传授这种知识的一个日趋流行的方法是发现学习：向学生呈现实验性材料并让他们独自总结出其中的科学原理（Klahr & Nigram，2004）。例如，一个教操作性条件作用的心理学教授可能呈现给她的学生一只温和的老鼠、一个迷宫、充足的奶酪，并询问他们哪个变量影响了老鼠的学习。例如，是持续强化老鼠还是偶然强化老鼠让它更快地学会走迷宫？

然而，像大卫·克拉（David Klahr）与其他同事所呈现的那样，旧式的直接教学法，即我们简单地告诉学生如何解决问题，比发现学习更快速、更有效（Alfieri et al.，2011）。在一项研究中，他们检验了三、四年级学生分离出影响球滚下斜坡速度的变量的能力，比如斜坡的深度或者长度。后来只有 23% 的学生独立地在发现学习条件下解决了一个稍有不同的问题，而 77% 的学生在直接教学的情况下完成了任务（Klahr & Nigram，2004）。

这并不是说发现学习在教育中就一无是处，从长远来看，它会鼓励学生学会如何独自应对科学问题（Alferink，2007；Kuhn & Dean，2005）。但是，由于许多学生可能永远都不知道如何独立解决某些科学问题，因此将发现学习作为一种独立的方法是不明智的（Kirschner，Sweller，& Clark，2006；Mayer，2004）。此外，数据显示发现学习尤其是对整体认知能力薄弱的人来说可能是个坏主意。数据显示那些人独自学习新任务时往往很慢（DeDonno，2016）

学习风格

几乎没有人相信每个人都有自己独特的**学习风格**——他们喜欢运用的获取知识的方法。这个观点的支持者认为：一些学生是分析型学习者，他们擅长把问题分解

学习风格
（learning style）
一种个人喜欢的或最适宜的获取新知识的方法。

识别理论和假说

互动　在课堂上使用 PPT 可以促进学生的学习。（请参阅页面底部答案）
○ 事实
○ 虚构

学习风格

互动

有某种学习风格的学生受益于特定类型的操作材料的观点在教育心理学领域曾盛行一时，研究不支持这种"匹配"学习方法的理论。如果这个说法是真的，那么"视觉学习者"在材料方面会比"空间学习者"表现得更好更直观。但是研究人员很少发现这种效应。

为不同的组成部分，而一部分则是整体型学习者，他们擅长把问题看成整体；一部分是言语型学习者，他们喜欢讨论问题，其他的为空间型学习者，他们更喜欢在头脑中构思问题（Cassidy，2004；Desmedt & Valcke，2004）。一些教育心理学家已经提出教学方法与个人的学习风格相一致能显著促进学习。他们认为，语言学习者应该用书面材料学得更快更好，空间学习者应该用视觉材料学得更快更好，等等。这些关于学习风格的观念非常普遍：在一项对五个国家进行的调查中，93%～97% 的教师认为将教学风格与学生学习风格相匹配，提高了学生的学习水平（Howard-Jones，2014）。

尽管这些断言很有吸引力，但它们还没有经受住详细研究的考验（Lilienfeld et al.，2009；Rohrer & Paschler，2012；Willingham，Hughes，& Dobolyi，2015）。首先是很难适当地评估学习风格（Snider，1992；Stahl，1999）。我们回顾之前学过的内容（见 2.2a）发现，信度是指测量的可靠性。这种情况下，研究者发现用来评估人们学习风格的不同测量手段经常产生关于他们喜欢的学习方法的不同答案。一部分可能是因为几乎没有人是纯粹的分析型或整体型，言语型或空间型学习者，等等；大部分人是两种类型的混合型。此外，研究普遍显示针对人们的学习风格采用不同的方法并不能促进学习（Kavale & Forness，1987；Kratzig & Arbuthnott，2006；Tarver & Dawson，1978）。相反，大多数研究显示出某些教学方法，例如为学生设定高标准，并为他们提供动力和达到这些标准的技能，无论学生学习风格是什么样的，这些都发挥了很大的作用（Geake，2008；Zhang，2006）。像流行的心理学中其他大量观点的昙花一现一样，关于学习风格的观点似乎想象多于现实（Alferink，2007；Holmes，2016；Pashler et al.，2009；Stahl，1999）。

答案： 错误。虽然学生可能虚幻地认为与不使用 PPT 的其他讲座相比，他们从使用 PPT 的讲座中学习得更多。但是研究表明他们实际上学到更多的证据是靠不住的（Holmes，2016；Nouri & Shahid，2005）。这种对学习效果的幻觉可能是导致各种学习潮流的主要原因。

日志提示

你试过本节描述的流行的学习方法吗？如果试过的话，你学习中的进步是由于技术本身而引起的吗？为有可能是由于技术以外的因素而导致的进步提供两三种不同的解释。

总结：学习

6.1　经典性条件作用。

6.1a　描述巴普洛夫的经典性条件作用的过程并区分条件刺激与反应和非条件刺激与反应。

在经典性条件作用下，动物逐渐对先前的条件刺激（CS）产生反应；这个条件刺激与其他能够引起非条件反应（UCR）的非条件刺激（UCS）进行配对。与非条件刺激反复配对之后，它引起有机体的非条件反应（UCR）然后条件刺激渐渐引出一个与非条件反应相似的条件反应。

6.1b　解释经典性条件作用的主要原则和相关术语。

习得是我们逐渐学习条件反应的一个过程：当单独重复呈现条件刺激时，条件反应逐渐减少甚至消失时，消退就发生了。消退会以被新信息覆盖的条件反应的形式出现，而不是重新得到这个信息。

6.1c　解释经典性条件作用是如何引起复杂行为的？而这些复杂行为又是如何出现在我们的日常生活中的。

当有机体对其他与先前的条件刺激相联系的条件刺激发展出经典性条件作用时，高级条件作用就发生了。这样的条件反射使我们能够将我们的学习扩展到日常生活中一系列不同但相关的刺激。

6.2　操作性条件作用。

6.2a　识别操作性条件作用与经典性条件作用的异同。

操作性条件作用是被有机体的行为结果所控制的学习。这也相当于工具性条件作用，因为有机体在反应之外"获得了某些东西"。两种形式的条件作用包括许多相同的加工阶段，包括习得和消退。然而在操作性条件作用中，反应是自发的而不是引出的，奖励据行为而定，并且反应主要牵涉骨骼肌而不是自主神经系统。

6.2b　介绍桑代克的理论的影响。

桑代克的效果律告诉我们如果一个反应是在奖励紧接着刺激出现的情况下产生，这种行为很可能重复多次，最终形成一般的 S-R 联结。强化可以是正强化（施加一个刺激），也可以是负强化（撤销一个刺激）。

6.2c　描述强化及其对行为的影响，并且区别负强化与惩罚对行为的影响。

强化既可以是积极的（提供一个刺激），也可以是消极的（去除一个刺激）。负强化会增加行为发生的可能性，惩罚却会削弱反应。惩罚的一个坏处就是它仅仅告诉我们什么不该做，而不是该做什么。

6.2d 描述四种主要的强化程序表及其相关反应模式。

有四种主要的强化程序表：固定比率强化、可变比率强化、固定间隔强化、可变间隔强化。四种程序表在两个维度上不同：实施强化的一致性（固定或可变）及实施强化的基础（比率或间隔）。

6.2e 描述操作性条件作用的一些应用。

操作性条件作用在日常生活中有许多应用，包括塑造法——这是动物训练的基本技术——还有克服拖延症。心理学家还利用操作性条件原则来发展代币制和其他治疗方法。操作条件原理可能也有助于解释日常生活中的某些非理性行为，包括迷信。

6.3 学习的认知模型。

6.3a 阐述在缺乏条件作用的情况下支持学习的证据。

S-O-R心理学家相信有机体对刺激的解释在学习中扮演着主要角色。托尔曼的内隐学习研究，表明了动物在没有强化的作用下也可以学习，挑战了极端行为主义者的学习观点。研究表明人们可以由观察学习获得攻击性行为。相关研究、纵向研究、实验室研究和现场研究都表明媒体暴力会导致攻击，尽管对这中间的联系仍然存在着争议。

6.3b 识别顿悟学习的证据。

科勒的研究表明猿类可以通过顿悟学习，后来对人类的研究也得出了同样的结论。这项研究使桑代克的所有的学习都是通过尝试和错误来实现的的结论受到质疑。

6.4 影响学习的生物学因素。

6.4a 解释生物学倾向是如何促进某些联系的学习的。

大多数心理学家逐渐认识到我们的遗传能力影响了学习。条件性味觉厌恶是指用经典性条件作用使我们对食物味道产生回避反应的现象。约翰·加西亚和他的同事表明条件性味觉厌恶违反了等位性原则，因为他们证明了特定的条件刺激比特定的非条件刺激更容易产生条件作用。关于准备学习的研究认为我们的进化性倾向于更容易习得恐惧刺激，而不是其他刺激。

6.5 时尚的学习策略：它们有用吗？

6.5a 评估支持或反对用于提高学习的流行技术的证据。

睡眠辅助学习的支持者声称人们能在睡觉时学习新知识。尽管如此，早期的睡眠期间学习成功的报告似乎是由于未能仔细监测参与者的脑电图并确保他们没有睡觉。加速学习的研究技术也显示出很少或没有积极的影响，并且积极的结果似乎可以归因于安慰剂效应和其他假象。尽管发现学习在科学教育界很有名，但是与直接教学法相比，其功能和效率较低。一些教育心理学家称可以把个人的学习风格与不同的教学方法相匹配来提高学习，但是对匹配学习风格和教学方法的研究已经得出了消极结果。

第 7 章 记 忆
构建和重建我们的过去

学习目标

7.1a 了解记忆能或不能准确反映经验的途径。

7.1b 解释三个记忆系统各自的机能、容量以及持续时间。

7.1c 区分长时记忆的各种子类型。

7.2a 确定新信息与已有知识之间建立联结的方法。

7.2b 识别图式在记忆储存中的作用。

7.2c 了解测量记忆的各种方法。

7.2d 了解编码与检索条件的关系是如何影响记忆的。

7.3a 描述长时程增强效应在记忆中的作用。

7.3b 区分不同类型的健忘症以及健忘症和大脑记忆组织的
联系。

7.3c 了解阿尔茨海默病的主要损伤部位。

7.4a 阐述儿童的记忆力怎样随着年龄发生变化。

7.5a 了解错误记忆和记忆误差敏感性的影响因素。

7.5b 描述一些真实世界中虚假记忆和记忆错误的含义。

质疑你的假设

互动

你真的记住了曾经发生在我们身上的每一件事情吗？

诸如"ROY G. BIV"（彩虹的颜色）等记忆辅助物真的有助于记忆吗？

人们会重新回忆起他们不再相信会发生在他们身上的事情吗？

人类可以恢复被压抑的关于创伤经验的记忆吗？

我们的记忆并不是很完美，有时候甚至会出现很大的偏差。现在让我们来做一个小测试，试试手（即你的记忆），需要一支笔和一张纸（为了达到最大效果，你可能想要和一群朋友一起尝试这个演示）。阅读下面的单词表，每个单词大约花费一秒钟。先阅读左边的一列，再读中间，最后阅读右边的一列。准备好了吗？好，那我们开始吧。

Bed	Cot	Sheets
Pillow	Dream	Rest
Tired	Snore	Yawn
Darkness	Blanket	Couch

现在，放下你的书，花费大约一分钟的时间尽可能地写下你能回忆起的所有单词，不能偷窥。你记住了 Couch 吗？如果答案是肯定的，给自己加一分。那么 Snore 呢？如果答案还是肯定的，很好，给自己再加一分。那么 sleep 呢？如果你像三分之一的典型参与者一样，那你就"记得"自己看见过单词 sleep。但是请你仔细看看上面的列表，sleep 不在其中。现在你能更好地理解一些人在面对他们记忆的不完美时所感到的惊讶了吧。

如果你或者你的朋友记得你在列表中看过这个单词，那么你就出现了**记忆错觉**：一种错误的但是主观上认为是正确的记忆（Brainerd，Reyna，& Zember，2011；Deese，1959；Roediger & McDermott，1995，1999）。像视错觉一样，大多数的记忆错觉是大脑普遍适应性趋势的产物，而且其超出了大脑已处理信息的范围。借此，大脑帮助我们了解世界，但它们有时也会将我们引入歧途（Gilovich，1991；Kida，2006）。你可能记得看见了单词 sleep，因为它与列表中的其他单词在意义上联系密切——比如睡觉、做梦和休息。结果是，它会让你错误地以为 sleep 也在其中。我们通常依靠代表性启发（见 8.1a）——就像我们经常做的——将事物简化以便于记忆。尽管如此，在这个例子中，代表性启发使我们产生了记忆错觉。

7.1 记忆是怎样工作的：记忆流程

记忆错觉
(memory illusion)
错误的但主观上认为是正确的记忆。

7.1a 了解记忆能或不能准确反映经验的途径。

7.1b 解释三个记忆系统各自的机能、容量以及持续时间。

7.1c 区分长时记忆的各种子类型。

我们可以将**记忆**定义成随着时间的流逝人们对信息的存储。我们对各种各样的信息都有记忆，从 16 岁的生日聚会到学会怎样骑自行车，再到金字塔的形状。我们的记忆在大多数时间里都工作良好。很有可能，明天你会发现你很顺利地考上了大学或找到了工作，稍微幸运点的话，你甚至还能记得你在本章中学到的一些内容。而在另一些情形中记忆也会出现差错，常常是我们自己也意想不到的。你有多少次忘记把钥匙或是手机放在某处？隔了多久你把见过几遍的人的名字忘啦？我们把这种看似矛盾的现象叫作记忆的悖论：我们的记忆在一些情况下出奇的好，而在另一些情况下却出乎意料的差。

事实与虚构

互动

人类记忆工作就像一个摄像机，完全地记录着我们看到或者听到的事情。（请参阅页面底部答案）

○ 事实
○ 虚构

记忆的悖论

在很大程度上，这一章讲述的是这个神秘悖论的故事。如我们所见，记忆悖论的答案依赖于一个重要的事实：在大多数情况下能为我们提供良好服务的记忆机制，有时却会在其他情况下引起一些问题。

当我们的记忆很好地为我们服务的时候

研究发现，我们的记忆通常有着惊人的精确性。大多数人在数十年后都还能认出曾经的校友，能背诵数十甚至上百首歌的歌词。来看一下一组调查人员的研究，他们给大学生呈现 2 560 张不同的物体或情境的照片，每张只呈现几秒钟。三天之后，研究者将每一张先前的照片与一张新照片配对后呈现给这些学生，然后让他们挑出先前的照片。结果很明显，学生们挑出先前照片的正确率达到 93%（Standing，Conezio，& Haber，1970）。在另一个案例中，研究者们在 17 年后联系了一些曾在实验室中花了 1～3 秒观看了 100 张以上图片的参与者。其结果显著表明，他们比那些从未见过这些图片的控制组的参与者识别出那些图片的概率更高（Mitchell，2006）。

一小部分患有自闭症谱系障碍（自闭症）的人的记忆力更令人吃惊。与普遍的误解相反（Stone & Rosenbaum，1988），大多数自闭症患者缺乏专门的记忆能力，但也有令人印象深刻的例外。以金·皮克（Kim Peek）为例，他（于 2009 年去世）是 1998 年奥斯卡获奖影片《雨人》的灵感来源。皮克的 IQ 是 87，明显低于大约 100 的平均值。然而，

萨尔瓦多·达利（Salvador Dail）的代表画作，《记忆的永恒》，它有力地提醒了我们，我们的记忆更像是正在融化的石蜡而不是坚硬的金属。它们经常超乎我们的意料随着时间而变化。

答案：虚构。一项对公众的调查显示，64% 的美国人同意这一说法（Simons & Chabris，2011），在另一项调查中，同样比例的执法官员也认可了这一观点（Wise et al.，2011）。在前一项调查中，38% 的受访者表示，一旦记忆形成，就不会改变。甚至大多数心理治疗师认为，我们所学到的一切都是永久地储存在大脑中的（Loftus & Loftus，1980；Yapko，1994）。然而，研究反驳了这种错误而又流行的观点：记忆虽然通常是准确的，但却可能是时好时坏，常常出错，并且随着时间的推移而改变。

记忆（memory）
随着时间的流逝人们对信息的存储。

皮克记住了大约 12 000 本书，美国每个城镇的邮政编码，以及连接美国每个城市的高速公路的数量（Foer，2007a；Treffert & Christensen，2005）。金·皮克也是一个日历计算器：如果你给他任何过去或未来的日期，比如 2094 年 10 月 17 日，他会在几秒钟内给你一周的正确时间。不出意料，在研究他惊人记忆力的研究人员中，皮克获得了"金电脑"的绰号。

然而，不仅仅是患有自闭症的人拥有非凡的记忆力。让我们来看拉詹·马哈德万的案例（更多的人就叫他拉詹），他现在是田纳西大学心理学系的讲师。动画片《辛普森一家》中滑稽地模仿了拉詹展示他惊人记忆能力的一幕。拉詹以某种方式记住了圆周率（π）——圆的周长与直径的比率——的 38 811 位（见图 7.1）。他以每秒钟三个以上数字的速度，花费了三个小时来背诵它们（顺便说一下，记住圆周率的世界纪录现在已经超过了 8 万位数，这也许会让你很惊讶）（Foer，2007a）。究竟拉詹是怎样记住圆周率的？本章的后面将会给出答案。然而，拉詹也为记忆的悖论提供了一个很好的例证。尽管他记住圆周率是小菜一碟，但他还是忘记了明尼苏达大学心理学系的男厕所位置，尽管它就在他反复进行测试的大厅里（Biederman et al.，1992）。

如果我们能以某种方式记住我们所经历过的一切，会是什么样子呢？这种天赋会是一种福气吗？还是一种诅咒？或者两者兼而有之？下面来看一个 40 多岁女人的迷人案例。我们只知道她名字的首字母是 A. J.，她有非常惊人的记忆力，甚至让经验丰富的心理学研究人员困惑地摇头。虽然通常她情绪很正常，但在某种程度上明显是不正常的：她记得她所经历过的一切。当给她一个日期，比如 1989 年 3 月 17 日，她可以准确地说出她那天在做什么——做一个测试，和一个好朋友一起吃晚餐，或者去一个新城市旅行。这里的说法是不同寻常的，但现在已经得到了研究的证实。科学家已经证实，她几乎总是对的。此外，她还记得那天是哪一天。2003 年，一组调查人员要求 A. J. 记住在过去的 24 年里所有的复活节日期。她给出了除了两个意外其他都正确的结果，并准确地说出了她每天所做的事情（Parker，Cahill，& McCaugh，2006）。

特别声明
这类证据可信吗？

A. J. 和目前为止发现的其他几个人一样，"患有"一种极其罕见的"超忆综合征"：对生活事件的记忆太好了。或许她真的很痛苦吗？这并不完全清楚，因为她把她非凡的记忆看作既是诅咒又是祝福（Price & Davis，2008）。她说，她有时会记得那些她宁愿忘记的痛苦的事情，但她也不想放弃她的特殊记忆"礼物"。对引起超忆综合征的原因，科学家们感到困惑（Foer，2007b）。然而，最近的研究表明，人们在没有这种情况和有这种情况下大脑结构有细微差别，特别是涉及自传记忆的大脑区域（LePort et al.，2012）。

从一个非常真实的意义上说，我们是我们的记忆。我们的记忆不仅定义了我们的过去，也定义了我们的身份。对于 A. J. 来说，生活就像她说的"在她的脑海里永远不会停止的电影"。她对自己的生活和与朋友互动的回忆非常生动，情感也很强烈。她的记忆深刻地塑造了她的人格。

当我们的记忆欺骗了我们

在一些非常罕见的像 A. J. 那样的案例中，记忆几乎是完美的。许多人在一到两个狭窄的领域内拥有良好的

图7.1 | 拉詹记忆数字 π 的演示图

拉詹展示了人类记忆能力的最高峰。

记忆力，譬如艺术史、棒球的平均击中率，又或是有关内战的琐事。然而记忆又是那么具有可塑性而又容易出错。

记忆的重构性

这些证据引出了一个关键性问题：我们的记忆经常愚弄和误导我们。事实上，这一章的中心主题是，我们的记忆是重构的，而不是复制的。当我们试图回忆某件事时，我们总会运用一些有价值的线索和信息积极重构我们的记忆。我们的大脑不会像我们从网页上下载信息一样被动复制我们的记忆。记忆就是将大量模糊的信息与我们对事实的直觉拼凑在一起。当我们回忆过去的经历时，我们几乎不可能精确地复制它们（Neisser & Hyman，1999；Lynn et al.，2015；Mori，2008）。因此，我们可能会怀疑现在广为流传的理论：某些生动的记忆，甚至是梦，都是对过去事件的精确"影印"（van der Kolk et al.，1984）。

当你想象你最近在沙滩上散步时，你会发现自己像旁观者一样，可以产生"观察者记忆"吗？如果可以，这样一种回忆提供了记忆可以重构的强有力证据。

事实上，我们的记忆经常会重构是很容易说明问题的。在阅读过这句话后，闭上你的眼睛，想象你最近沿着海滩、湖泊或是池塘边散步的情景。然后，睁开眼睛，问你自己"看见"了什么。

你有种好像在远处看着自己的感觉，就像上帝视角一样吗？很多人都报告了这个虚幻的体验。就像一个多世纪以前弗洛伊德指出的那样，观察者记忆向我们证明了（见 2.2a）至少我们的某些记忆是经过重构的（Schacter，1996）。你不可能站在远处看着自己，因为当你环顾四周时，你看不到你自己：你一定是已经重构了你的记忆，而不是以它原来的形式呈现（Nigro & Neisser，1983）。有趣的是，亚裔美国人比欧裔美国人更有可能在这种距离内的记忆中看到自己（Cohen & Gunz，2002；Martin & Jones，2012）。这一结果与发现许多亚洲文化的成员比西方文化的成员更有可能采纳他人的观点相符（见 1.1a）。所以我们的记忆重构可能不仅是通过我们的预感和期望，而且会根据我们的文化背景进行。

我们的记忆是怎样做到在一些情况下很好，而在其他情况下不好的呢？我们怎么去解释像 A. J. 和拉詹那样有着令人惊叹的记忆力而我们大部分人没有那么完美的记忆力呢？为了掌握记忆的悖论，我们需要搞清楚我们的某些经验是怎样进入记忆中，而其他经验却进不去的。为了解决这个问题，让我们在头脑中开始一段参观记忆流水线工厂般的旅程吧！

记忆的三个系统

至此，我们已经谈到的记忆似乎只是一个单一的过程，实则不然。多数心理学家将记忆区分为三个主要系统：感觉记忆、短时记忆和长时记忆，如图 7.2 所示（Atkinson & Shiffrin，1968；Norman，2013；Waugh & Norman，1965）。这些系统各自承担不同的任务，并至少可以从两个重要的维度来区分：**广度**——每个系统可以保持的信息量；**持续时间**——每个系统保持信息的时间长短。

在现实中，这三种记忆系统之间的区别并不总是清晰的。此外，许多现代研究人员怀疑有超过三种记忆系统（Baddeley，1993；Hasson，Chen，& Honey，2015；Healy & McNamara，1996）。为了简单起见，我们将从讨论三种系统模型开始，尽管我们将在此过程中指出一些含混不清的地方。

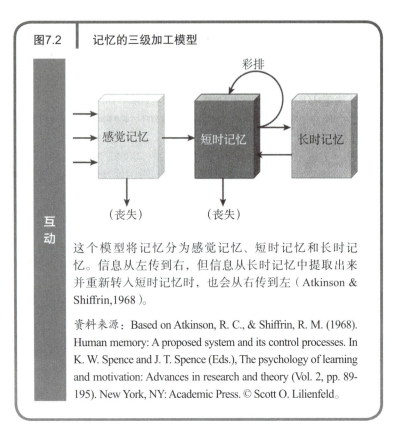

图7.2　记忆的三级加工模型

彩排

感觉记忆　→　短时记忆　→　长时记忆

（丧失）　（丧失）

互动

这个模型将记忆分为感觉记忆、短时记忆和长时记忆。信息从左传到右，但信息从长时记忆中提取出来并重新转入短时记忆时，也会从右传到左（Atkinson & Shiffrin,1968）。

资料来源：Based on Atkinson, R. C., & Shiffrin, R. M. (1968). Human memory: A proposed system and its control processes. In K. W. Spence and J. T. Spence (Eds.), The psychology of learning and motivation: Advances in research and theory (Vol. 2, pp. 89-195). New York, NY: Academic Press. © Scott O. Lilienfeld.

我们可以想象这三个系统就好像在一个工厂流水线上工作的不同工人。第一个系统是感觉记忆，与我们经验中的原始材料紧密相连——对世界的感知；在将其中一部分信息传递到下一个系统之前，感觉记忆会将这些信息存储几秒钟或者更短时间。第二个系统是短时记忆，短时记忆会将传递来的信息进行积极的加工，并在将其中的部分信息传递到第三个记忆系统之前将它们转换成更加富有意义的材料。短时记忆中存储信息的时间较感觉记忆阶段长，但不会长很多。第三个也是最后一个系统，即长时记忆，可以保存重要的信息几分钟、几天、几周、几个月，甚至几年。在一些情况下，存储在长时记忆中的信息会维持一生。举个例子来说，你很有可能会记住你的初吻以及你高中毕业时的情景长达数十年之久，也许直到死前。就像你能区分先前句子中出现的"some"的多种用法一样，在记忆流水线的每一个阶段我们都会丢失大量信息。

印象记忆：一道闪电划过后，我们仍能保持它的视觉图像约一秒钟。

感觉记忆
（sensory memory）
在传到短时记忆之前，对感知觉信息的短暂存储。

印象记忆（iconic memory）
看得见的感觉记忆。

感觉记忆

如果你正处在电视机旁，打开电视机 10 秒钟或者更长时间（或者，在你的电脑或智能手机上观看视频的前 10 秒钟），你看到了什么？

不管你在看什么电视节目，你几乎接受了一系列平稳且不间断的视觉信息。事实上，那种持续不断的图像信息是一种错觉，因为电视节目和电影都是由一系列不连贯的图像构成的，它们之间是极为短暂且不易被察觉的间隔图像。然而，你的大脑将这些图像看作严丝合缝的整体，一部分是因为图像消失后大脑会在短时间内继续检测到这个图像的存在。

也就是说，我们的大脑会将每一个图像保留在**感觉记忆**，即记忆流水线的第一个工作者中。感觉记忆会将我们的感知觉短暂地保存一段时间，然后传递到下一个记忆系统，即短时记忆系统。感觉记忆是一个很有用处的系统，它可以为我们的大脑争取一些额外的时间来加工输入的感觉信息。它也允许我们在我们的感知觉中"完形填空"，将这个世界看作一串连续的事件。

心理学家认为每一种感觉，包括视觉、听觉、触觉、味觉和嗅觉，都有它自己的感觉记忆形式。对于电视或电影信息的摄入，我们使用的是**印象记忆**，这是一种应用于视觉的感觉记忆（Persuh, Genzer, & Melara, 2012）。印象记忆仅持续一秒，然后就永久性地消失了。

心理学家乔治·斯伯林（George Sperling, 1960）进行了一项开创性的研究，证明了印象记忆的存在。他给参与者快速呈现 3 行 4 列共 12 个字母，如图 7.3 所示。呈现时间仅持续二十分之一秒。斯伯林发现大部分参与者能记得 4～5 个字母。令人惊奇的是，不同的参与者记得的字母是不同的。这个发现提示了斯伯林，12 个字母被回忆起的概率相同，可是却没有一个人能将它们全部回忆出来。这个发现让人们感到困惑。毕竟，如果参与者已经记忆了所有视觉呈现的内容，为什么他们只能回忆起少数字母，而不能再多些呢？

为了检测，斯伯林体验了"灵光一闪"。当闪现 12 个字母后，他立刻用声音（高、中、低）做信号来示意参与者他想让他们报告哪一行（第一、二、三行）。然后他随机指示参与者报告三行中的一行。当他使用这项技术的时候，他发现实际上所有的参与者都可以正确记住那一行的所有字母。这个发现证实了斯伯林的猜想：参与者已经将全部的 12 个字母存储在了他们的记忆里，并且能回忆起任何一行。斯伯林推断：我们的印象记忆消失得非常快，所以在它完全消失之前我们不能读取所有的信息。因此斯伯林的参与者能够接收所有的信息，却只能记下几个字母。

印象记忆可能有助于解释这种非凡的极其罕见的遗觉像现象，也经常被称为"摄影式记忆"。有遗觉像的人大部分是孩子，他们可以在头脑中保持一种视觉形象，使他们能够几乎完美地描述它（见图 7.4）。一些心理学家认为，遗觉像记忆反映了一些幸运的人对印象图像的长期坚持。然而，目前还不清楚是否有任何记忆是真正的摄影式记忆，因为即使是这些记忆也常常包含一些小错误，比如在最初的视觉刺激中没有的信息（Minsky，1986；Rothen，Meier，& Ward，2012）。更有可能的是，有遗觉像记忆的人有很好的记忆力，虽然不是完美的回忆。

感觉记忆也适用于听觉。现在大声读出这句话："感觉记忆也适用于听觉。"如果你说过之后停顿一段时间，你可以立即将它精确地复述出来，就像几秒钟之前刚听到的一样，就像一个轻缓的回声一样。这就是为什么心理学家将这种形式的感觉记忆称为**出声记忆**（Neisser，1967）。与印象记忆相比，出声记忆可以持续 5 ～ 10 秒的时间（Cowan，Lichty，& Grove，1990），以便你能在你的心理学教授说完后将他或她刚刚说的话记录下来。有趣的是，也有一些关于听觉的遗觉像记忆的证据，在这个记忆中一些幸运的人报告说他们的出声记忆会持续很长一段时间。那么，这难道不会

图7.3 斯伯林在1960年的研究中使用的12个字母

斯伯林的部分报告法证明了 12 个字母都保持在感觉记忆中，但在它们全部进入短时记忆之前都迅速消退了（Sperling，1960）。

资料来源：Based on Sperling, G. (1960).The information available in brief visual presentations. Psychological Monographs: General and Applied, 74 (11,Whole No. 498), 1-29. ©Scott O. Lilienfeld。

S D F G
P W H J
X C V N

图7.4 爱丽丝与柴郡猫

记忆心理学家们使用了刘易斯·卡罗尔（Lewis Carroll）的《爱丽丝梦游仙境》中的这幅画的变化来测试遗觉像。为了找出你是否有遗觉像记忆，看这幅画的时间不超过 30 秒。在阅读之前先做这个测试。现在，如果不回头看这幅画，你还记得猫尾巴上有多少条条纹吗？很少有成年人能记住这样的细节（Gray & Gummerman，1975），尽管遗觉像记忆在小学生中更为普遍（Haber，1979）。

出声记忆
（echoic memory）
听得见的感觉记忆。

让课堂笔记变得轻松吗？

短时记忆

信息一旦经过感觉记忆储存后，就将进入我们的**短时记忆**，并在此系统中保留很短的时间。短时记忆是我们记忆流程上的第二个工作者。一些心理学家也将短时记忆称为工作记忆——虽然工作记忆倾向于特指我们储存当前正在思考、注意或积极加工的信息的能力（Baddeley，2012；Baddeley & Hitch，1974；Unsworth & Engle，2007）。如果感觉记忆是将未经加工的材料输入记忆流程，那么短时记忆就是对记忆进行重建的地方。重建之后，我们或是将产品送入仓库长时间储存，或是全部丢弃。

短时记忆的持续时间　如果短时记忆是记忆流程上一个短暂的停顿，那么究竟有多短呢？在 20 世纪 50 年代后期，一对同为心理学工作者的夫妇决定一探究竟。劳埃德·彼得森和玛格丽特·彼得森（Peterson & Peterson，1959）向每个参与者呈现三个字母一组的列表，譬如 MKP 或者 ASN，然后要求参与者回忆这些字母串。在一些情况下，在字母呈现完 3 秒之后就立刻让参与者回忆；而另一些情况下则会将时间延长至 18 秒。每次，实验者都会要求参与者在等待的同时倒数三、二、一。

很多心理学家都对彼得森夫妇得到的结果很惊讶，也许你也会。他们发现在暂停 10～15 秒之后，回忆起的成绩并不比凭运气猜测的结果更好。所以短时记忆的持续时间是很短暂的，很可能最长不超过 20 秒。一些研究人员认为它比这还要短，甚至可能不到 5 秒钟，因为彼得森夫妇和他们研究的一些参与者甚至可以在倒数的时候静静地背诵这些字母（Sebrects，Marsh，& Seamon，1989）。

顺便说一下，很多人在日常用语中都会误用短时记忆。举个例子，他们可能会说"我的短时记忆不行"，因为他们忘记昨天的晚餐吃了什么。如上文所见，短时记忆保持的时间比他们所认为的要短得多。

短时记忆的遗忘：衰退说 VS 干扰说　为什么彼得森夫妇的参与者的短时记忆遗忘得如此之快，就像我们很快会忘记我们刚刚看到的名字或者在手机上听到的电话号码？最常见的解释就是短时记忆的**衰退**说，也就是记忆的消退。时间拖得越久，所保留的信息就越少。但是关于短时记忆的遗忘还有另外一个争议：**干扰**说。根据这个观点，我们的记忆之间是相互干扰的。也就是说，我们的记忆更像是无线电信号。它们虽然不随时间而改变，但是被其他的信号干扰之后检索起来就会很困难。

排除其他假设的可能性
对于这一研究结论，还有更好的解释吗？

事实证明，有证据表明衰退和干扰都有。最近的生理学证据表明，海马体中新生神经元的产生会导致大脑区域记忆的衰退（Kitamura et al.，2009）。当我们创造新的记忆时，我们的旧记忆逐渐消失。然而，有更有力的证据证明干扰对记忆丧失的作用。例如，两名调查人员（Waugh & Norman，1965）向参与者提供了许多不同的 16 位数字，如 6271853426974583。在参与者看到每个列表后，研究人员给他们一个"目标"数字，然后询问参与者在这个目标数字之后的数字。在所有情况下，这个目标数字在列表中出现两次，参与者必须记住在列表中目标数字后面的一个数字。在前面的数字列表中，目标项可能是"8"，所以我们会搜索列表中的第一个 8，正确的回应是 5。

短时记忆
（short-term memory）
在有限的时间内保持信息的记忆系统。

衰退（decay）
记忆中的信息随着时间消退。

干扰（interference）
因其他信息的进入，记忆中的一些信息丧失了。

排除其他假设的可能性
对于这一研究结论，还有更好的解释吗？

作为排除其他假设的一种巧妙方法，实验者操纵两个变量来找出其中哪一个影响了遗忘。具体地说，他们操纵在列表中目标数字的出现（早或晚）以及向参与者呈现数字速度的快（每秒钟一个数字）或慢（每 4 秒一个数字）。他们告诉参与者要仔细地听每一个数字，但不要在大脑里排序。现在，如果衰退是遗忘的罪魁祸首，那么当研究人员缓慢地阅读列表时，参与者的表现会变得更糟，因为更多的时间在数字之间的传递中流失。相反，如果干扰是主要的罪魁祸首，那么当目标数字出现在列表中较晚而不是更早的时候，参与者的表现就会变得更糟，因为对于较早的数字的记忆会受到较晚的数字的影响。

结果表明，干扰是遗忘的主要因素。参与者的遗忘几乎完全是由于目标数字出现在列表中的位置，而不是显示的速度（Keppel & Underwood, 1962）。然而，大多数研究者相信衰退和干扰都影响着短时记忆的遗忘（Altmann & Schunn, 2002；Hardt, Nader, & Nadel, 2013）。

我们还没有完全完成对干扰的检查，因为存在着两种不同的干扰（Ebert & Anderson, 2009；Underwood, 1957）。一种被称为**倒摄抑制**，是指新学的知识覆盖了先前学过的知识，即新知识干扰旧知识（想想它的前缀 retro-，因为倒摄抑制是反向影响的）。举个例子，你之前学过一种语言，假设是西班牙语，之后你又学了与它有点相似的另一种语言，也许是意大利语，你可能会发现你在学西班牙语时出现了以前不会出现的错误。尤其是你会发现，你将意大利语中的单词像 buono 错当作西班牙语的 bueno（buono 和 bueno 均有"好"的意思）。

与倒摄抑制正好相反，**前摄抑制**是指先前的学习影响了之后的学习。举个例子，学会了打乒乓球很可能会影响到我们学习打球拍更小的壁球。很显然，前摄抑制和倒摄抑制都很可能发生在新、旧学习内容很相似的时候。学习一种新的语言并不影响我们掌握做千层面的方法。

短时记忆的容量：魔术数字　我们已经知道短时记忆不能持续太久。20 秒或者更短的时间——噗的一声——记忆就消失了，除非我们做额外的努力去保持它。但是短时记忆的广度究竟有多大呢？

试着阅读每一排的数字，一次看一排，一秒钟一个数字。一旦你看完了一排，闭上眼睛并写下你所记下的数字。准备好了吗？那好，我们开始吧。

干扰

互动

这名球员正在积极参加一场美式墙网球比赛。如果她是一名有经验的网球运动员，在尝试打美式墙网球比赛之前，她的网球挥拍将会阻碍她学习如何正确地挥拍的方式，这是很有可能的。也就是说，她需要一段时间才能"忘却"她的网球摆动。她正在经历积极的干预（旧的干扰新事物）。

倒摄抑制
（retroactive interference）
新信息的获得对旧信息的保留的干扰。

前摄抑制
（proactive interference）
先前学习的信息对新信息的获得产生干扰。

魔术数字（magic number）
短时记忆的容量——7±2 个信息的组块。

日志提示

举例说明倒摄抑制阻止你正确回忆或者做某件事情。接着，举例说明前摄抑制阻止你正确回忆或者做某件事情。

9－5－2

2－9－7－3

5－7－4－9－2

6－2－7－3－8－4

2－4－1－8－6－4－7

3－9－5－7－4－1－8－9

8－4－6－3－1－7－4－2－5

5－2－9－3－4－6－1－8－5－7

你刚刚做的是"数字广度"的测试。你是怎样完成的呢？很可能很顺利地记住了 3 个数字，但到了记第 4 个数字时你觉得有些困难，在记 5～9 个数字时可能就达到极限了。完全正确地记住 10 位数的列表是不太可能的；但若你做到了，那么你便可以自豪地称自己为"记忆明星"。

这是因为大多数成年人的记忆广度在 5～9，平均为 7。事实上，这项发现在所有人身上都是适用的，因此普林斯顿大学的心理学家乔治·米勒（Miller，1956）称信息的 7±2 为**魔术数字**。

在米勒看来，魔术数字不仅仅适用于数字。它也是短时记忆的一般容量，适用于我们遇到的所有信息，如数字、字母、人、蔬菜和城市。因为我们的短时记忆难以保持多于 7±2 个信息块，几乎可以肯定这不是一个巧合：美国电话号码（不计区号）恰好是 7 位数字的长度。电话号码超过 7 位数时，我们就开始出错。一些心理学家曾经提出米勒的魔术数字可能高估了短时记忆的容量，而真正的魔术数字容量可能低至 4 个（2001；Cowan，2010；Mathy & Feldman，2011）。暂且不论孰对孰错，可以确定的是短时记忆的容量是极其有限的。

组块　如果短时记忆的容量不超过 9 个数字，那么我们是如何在短暂的时间内记住更多的信息的呢？例如，阅读下面的句子，几秒钟后，自行复述：Harry Potter's white owl Hedwig flew off into the dark and stormy night. 你能记住大多数甚至是全部的信息吗？很有可能你能记住。尽管这个句子包含了 13 个单词，超过了魔术数字。你是如何完成这项技艺的呢？

我们可以通过运用**组块**技术来扩大我们短时记忆信息的能力：将材料组织成有意义的分组。例如，用几秒钟观看以下 15 个字母的字符串，然后试着回忆：

KACFJNABISBCFUI

你记住了多少？很可能你做得不太好，只记住了魔术数字范围左右的字母，也就仅仅是字母列表中的一个子集。现在换下面的 15 个字母的字符串试一下。

CIAUSAFBINBCJFK

这一次是不是记得多了些呢？如果是，那么很有可能是因为你已经注意到了一

组块（chunking）
通过将信息组织成有意义的分组来扩大短时记忆的广度。

些不同之处：它们是由一些有意义的缩写词组成的。所以你可能将这15 个字母通过组块进行组织，构成每组 3 个、共 5 组有意义的分组：CIA、USA、FBI、NBC、JFK。这样，你就把需要记忆的项目从 15 个减到了 5 个。事实上，你甚至可能通过将 CIA 和 FBI（均为美国政府的情报机构代写）联系成为一个组块，从而使得记忆的组块减少到 5 组以下。

象棋大师们比初学者能更确切地回忆起现实的象棋位置，就像所展示的那样。但是，在回忆非现实的象棋态势时他们并没有比初学者更好。因此，专家的优势不是来自原始的记忆能力，而是来自组块记忆。

看一下这一疯狂的壮举：在经过两年的培训后，有一个叫 S. F. 的人能通过组块把他的数字记忆广度增加到 79 个（Chase & Ericcson，1981；Foer，2011）。而在其他技巧方面，S. F. 也是一位领先者，他能记住大量田径比赛世界纪录的时间并且运用它们把数字组块变成更大的单元。但是 S. F. 并没有真正地增加他短时记忆的容量，增强的只是组块能力。他的单词记忆广度只有很少的 6 个，在我们这些懒虫也能达到的魔术数字的范围内。

组块可以解释拉詹可记忆 π 的超凡技艺。拉詹可以记住大量的区号、著名历史事件的日期以及其他包含在 π 中的有意义的数字，他有效地把 3 万多个数字减少成了一组组小得多的数字。

专家依靠组块帮助他们加工复杂的信息。比如象棋大师在回忆现实的象棋位置时比初学者好，但是在回忆随机的象棋位置时并不如初学者，这表明象棋大师将有意义的国际象棋位置组织成更为广泛的模式（Chase & Simon，1973；Gobet & Simon，1998）。

复述 正如组块能够增加短时记忆的广度，复述的策略能够延长短时记忆保持信息的时间。**复述**就是在心里（或是出声）重复信息。这样，我们可以使短时记忆中的信息保持鲜明、生动，就像玩杂耍的人通过不断地将保龄球抓住和抛出使它们一直都在空中保持运动一样。当然，如果他停下哪怕一秒钟去挠他的鼻子，保龄球就会掉落在地上。同样地，如果我们停止复述并且把注意力转换到其他地方，我们很快就会遗忘我们短时记忆中的内容。

复述主要有两种类型。第一种复述类型是**保持性复述**（又叫机械复述），它仅仅将刺激以最初的形式不断重复；我们不会尝试以任何方式改变原始刺激。我们总在进行保持性复述：无论何时当我们听到一个电话号码，我们都会重复它——无论是以出声的方式或是默念——直到我们准备好拨打电话。当然，如果我们在复述时有人打扰，我们就会忘掉那个号码。

第二种复述类型是**精细化复述**，它通常需要更多的努力。在这种形式的复述中，我们会对需要记忆的刺激"煞费苦心"，通过一些有意义的方式将它们联系在一起，可能是将它们可视化，也可能是试图理解它们之间的相互联系（Craik & Lockhart，1972；Mora & Campbell，2015）。

为了弄清保持性复述与精细化复述的区别，让我们想象有位研究者给我们一项配对 - 联想任务。在这项任务中，研究者首先呈现给我们一些成对的词，譬如狗 - 鞋，树 - 导管，钥匙 - 猴子，还有风筝 - 总统。然后，研究者向我们呈现了每对的首个词——狗、树等——要求我们记忆每对的第二个词。如果采用保持性复述，我们将仅仅在一听到它们时就一遍又一遍地重复（狗 - 鞋，狗 - 鞋，狗 - 鞋……）。相反，如果采用精细化复述，我们会设法以有意义的方式把每一对词联系起来。完成此目标的一种行之有效的方式是想出一幅将两种刺激物联系起来的有意义的视觉画面（Ghetti et al.，2008；Paivio，1969；见图 7.5）。

复述（rehearsal）
重复信息以增加短时记忆的保持时间。

保持性复述（maintenance rehearsal）
以最初的形式重复刺激以将其保持在短时记忆中。

精细化复述（elaborative rehearsal）
以有意义的方式将刺激相互联系来增加其在短时记忆中的保持时间。

图7.5 | **单词配对**

使用精细化复述帮助我们回忆词对"狗－鞋"（Paivio，1969）。

资料来源：Based on Paivio, A. (1969). Mental imagery in associative learning and memory. Psychological Review, 76, 341-363. © Scott O. Lilienfeld.

研究表明，如果我们想象它们以某种方式相互作用，我们就特别容易记住这两个刺激（Blumenfeld et al.，2010；Wollen，Weber，& Lowry，1972）。这可能是因为这样做可以让我们把它们组合成一个单一的综合刺激。所以比如为了记住"dog-shoe"（狗－鞋），我们可以想象一只狗穿了一只鞋，或者是一只外形像狗的鞋。

精细化复述通常比保持性复述效果更好（Harris & Qualls，2000）。这项发现推翻了人们所持有的关于记忆的普遍误解：死记硬背是典型的保持信息的最好记忆方式（Holmes，2016）。每当谈及学习习惯时，人们自然而然就会想到家庭作业。为了记住复杂的信息，比起仅仅不断重复，将信息与我们已知的事物联系起来记忆效果会更好。

加工的深度　这项发现与记忆的**加工水平理论**是一致的。根据这个理论，我们加工信息的程度越深，记忆得就越好。

这个理论认为口头信息的加工有三个层次（Craik & Lockhart，1972）：视觉、语音和语义。视觉加工是最浅的加工，语音加工有时候比较浅，语义加工是最深的加工。为了更好地理解这三个加工方式，试着去记住下面的句子：

ALL PEOPLE CREATE THEIR OWN MEANING OF LIFE.

如果你依赖于视觉处理，你就会知道这个句子的样子。例如，你可以试着把注意力集中在这个句子完全由大写字母组成的事实上。如果你依赖于语音处理，你会关注句子中的单词是如何发音的。最有可能的是，你会一次又一次地重复这个句子，直到它开始听起来令人厌烦。最后，如果你依赖于语义处理，你会强调句子的意思。你可能试图创造它对你生活的独特意义，并且使它对你产生益处。研究表明，更深层次的加工尤其是语义加工往往会形成更持久的长时记忆（Craik & Tulving，1975；Lindsay & Norman，2013）。

但是，一些心理学家批评了加工水平理论，主要因为它无法证伪（Baddeley，1993）。在他们看来，首先，决定我们记忆加工的深度几乎是不可能的。另外，他们认为加工水平理论的支持者只不过是把"深度"等同于个体后来记忆的好坏。这种批评可能有一定道理。尽管如此，我们仍可以说，为刺激提供的意义越多，我们越有可能在很长时间后回忆起来。

可证伪性
这种观点能被反驳吗？

加工水平理论
（levels of processing）
加工水平理论认为我们加工信息的程度越深，我们记忆得越好。

长时记忆
（long-term memory）
关于事实、我们的经验和技能信息的持久的保存（几分钟到几年）。

长时记忆

现在第二个流水线工人——短时记忆——已经完成了"他"的建设工作，"他"把什么传给最后的第三个工人呢？第三个工人接收到的信息与第二个工人开始接收到的信息有何不同呢？第三个工人，即**长时记忆**，是我们最后的信息储存所在。它包括事实、经验和我们一生中学到的技能。

长时记忆和短时记忆的区别　长时记忆与短时记忆在几个重要的方面有不同之处。第一，短时记忆在同一时间内仅能保存大约七个刺激，与之相反，长时记忆的容量巨大。有多大？没有人能确切地知道。一些科学家估计一个普通人的记忆能保存多达 500 套在线百科全书（每套有 1 500 页）的信息（Cardón，2005）。所以如果有人赞赏你是"百科全书式记忆"，接受这种赞赏，因为他是正确的。

第二，尽管短时记忆中的信息在最多 20 秒后或者更短时间内就消失，但长时记忆中的信息经常能够保持数年甚至数十年，并且有的是永久的。心理学家哈里·巴维克（Harry Bahrick）研究了个体在学校里学习了好几十年的语言的记忆。在图 7.6 中，我们可以看到上完一堂西班牙语课后与此相关的记忆水平在两到三年内显著下降了。但是大约两年后，下降趋势逐渐平缓。的确，它稍后开始呈平稳状态，在此后长达 50 年的时间里几乎没有再降（Bahrick & Phelps，1987）。巴维克提到了这种长时记忆，就像**永久储存器**一样，随着时间的推移，它仍然被"冻结"，就像在北极或南极发现的永久冻土一样，永远不会融化。

第三，在长时记忆和短时记忆中我们所犯错误的类型不同。长时记忆中的错误通常是语义性的，基于我们接收到的信息的意义。因此我们可能把"长卷毛狗"错记为"一种活泼的小狗"。与此相反，短时记忆中的错误通常是听觉性的，基于我们接收到的信息的语音（Conrad，1964；Wickelgren，1965）。因此，我们可能把"noodle"错记为"poodle"。

首因效应和近因效应　当我们试图记住大量的条目时，比如购物清单或日程安排，我们经常会忘记其中一些内容。心理学家可以在某种程度上预测我们更可能忘记和记住哪些条目。

为证明这一点，请默读或者大声朗读下面 21 个词语。先读左边一列，然后读中间一列，再读右边一列。然后放下你的书，用几分钟的时间试着以任意顺序回想尽可能多的单词。准备好了吗？让我们开始吧。

Ball	Sky	Store
Shoe	Desk	Pencil
Tree	Car	Grass
Dog	Rope	Man
Paper	Dress	Cloud
Brid	Xylophone	Hat
House	Knife	Vase

如果你和大多数人一样，那你可能对列表前面的单词比中间的单词记得更好一点，比如 Ball（球）、Shoe（鞋）和 Tree（树）。这就是**首因效应**，即倾向于记住列表中靠前的刺激，比如单词。同样地，你可能对后面的单词记忆得更好，比如 Cloud（云）、Hat（帽子）、Vase（花瓶）。这是**近因效应**，即倾向于记住列表后面的刺激。你还可能记得列表中比较奇怪的单词，如 Xylophone（木琴）。这是因为我们也倾向于记住特殊刺激（Hunt，2012；Neath & Surprenant，2003；Radvansky, Gibson, & McNerny, 2011）。

如果把你和其他几百个参与者的结果取平均值，我们最终会得到一个如图 7.7

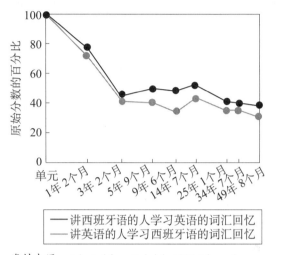

图7.6　长时记忆的保存

哈里·巴维克（1984）的经典研究显示了对一门外语的记忆在最初下降后的 50 年内几乎保持不变。

纵轴：原始分数的百分比（0, 20, 40, 60, 80, 100）

横轴：单元、1年2个月、3年2个月、5年9个月、9年6个月、14年7个月、25年1个月、34年7个月、49年8个月

—— 讲西班牙语的人学习英语的词汇回忆
—— 讲英语的人学习西班牙语的词汇回忆

资料来源：Adapted from Bahrick, 1984, Figure 3。

永久储存器（permastore） 长时记忆的类型似乎是永久性的。

首因效应（primacy effect） 倾向于更好地记忆列表中靠前的单词。

近因效应（recency effect） 对列表中最后的单词记忆的更好。

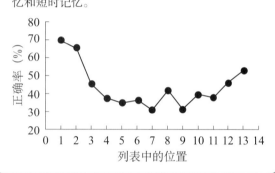

图7.7　系列位置曲线

大多数心理学家认为在这条曲线中，首因效应和近因效应分别象征着两种不同记忆系统：长时记忆和短时记忆。

中所示的曲线图，称作**系列位置曲线**。从图中我们可以看出，这条曲线清楚地展现了首因效应和近因效应。

　　大多数研究者认为首因效应和近因效应反映了不同的记忆系统。因为表中最后几个单词仍在你的短时记忆中徘徊，所以你可能特别容易记起它们。所以近因效应看起来好像反映了短时记忆的工作机制。

　　那么如何解释首因效应呢？这是一个比较棘手的问题，但是有证据表明你能够回忆起表中较前的单词可能是因为你更多次地去默默复述它们——或者你可能甚至将它们分组块记忆。因此，这些单词更可能从短时记忆转到长时记忆中去。所以，首因效应看起来好像反映了长时记忆的工作机制。

　　长时记忆的类型　正如我们之前提到的，一些心理学家认为我们的记忆系统不仅仅有三种。特别是，他们认为长时记忆并不只有一个系统，而是多个系统的组合。

　　为了找到原因，试试看下面的四个问题：

- 美国是哪一年从大英帝国独立出来的？
- 贝拉克·奥巴马在2012年美国大选中击败了哪位共和党总统候选人？
- 你多大的时候第一次试着骑自行车？
- 你上一个生日是在哪里庆祝的？

　　根据安道尔·塔尔文（Tulving，1972）和许多其他记忆研究者的研究（Renoult et al.，2012），我们对前两个问题的回答与对后两个问题的回答依赖的是不同的记忆系统。我们回答前两个问题依靠的是**语义记忆**，即对这个世界的知识的记忆。相反，我们每个人对后两个问题的答案都是唯一的，这时我们依靠的是**情景记忆**，即对我们生活中各种事件的记忆。在这一章开始我们讨论的 A.J. 有着惊人的情景记忆能力。一些证据有力地证明了这两个记忆系统分别位于大脑不同的区域。语义记忆更倾向于激活左前额叶皮层而不是右前额叶皮层，而情景记忆恰恰相反（Cabeza & Nyberg，1997）。尽管如此，普通的神经通路可能会将语义记忆和情景记忆结合在一起，不管它们的内容是什么（Burianova，McIntosh，& Grady，2010）。

　　语义记忆和情景记忆都具有一个重要的特征，即它们需要有意识的努力和认

系列位置曲线
（serial position curve）
描绘人们回忆列表中项目的能力的首因和近因效应的曲线图。

语义记忆
（semantic memory）
我们关于世界各种事实的知识的记忆。

情景记忆
（episodic memory）
我们关于生活中各种事件的回忆。

答案： 事实。美国总统选举甚至有一个连续的位置曲线。如果有机会提名尽可能多的总统，大多数人都会列出早期的总统比如华盛顿、杰斐逊和亚当斯，以及最近的总统比如克林顿、布什和奥巴马，比中间的总统多，亚伯拉罕·林肯是一个引人注目的例外（Roediger & Crowder，1976；Roediger & DeSoto，2014）。同样的原理也适用于对加拿大总理的回忆（Neath & Saint-Aubin，2011）。

知。无论我们尝试回忆本章前面提到的"组块"的定义还是我们的初吻，都使我们意识到自己在试图去记住。另外，当我们回忆这个信息的时候，我们有一个存取它的有意识的经验。换言之，语义记忆和情景记忆都是**外显记忆**的例子，是有意地回忆信息的过程（一些研究者更倾向于将通过外显记忆回忆的信息称作陈述性记忆）。

内隐记忆不同于外显记忆，它是回忆那些我们无意记忆的信息的过程。内隐记忆不需要我们的意识进行努力的记忆（Gopie，Craik，& Hasher，2011；Roediger，1990）。例如，我们每个人都不需要有意识地回忆动作顺序就能穿过我们面前的一扇未上锁的门。事实上，我们不能说我们没有在脑海里重演这个过程，或是说没有站在插着钥匙的门前想怎样用手里的钥匙打开门。

对脑损伤患者的研究为区分内隐记忆和外显记忆提供了显著的存在性证明（见 2.2a）。安东尼奥·达马西奥（Damasio，2000）研究了一个叫大卫的病人，他的左颞叶和右颞叶在很大程度上被一种病毒摧毁。大卫对他遇到的任何人都没有明确的记忆；当达马西奥向他展示最近与他互动的人的照片时，他无法认出其中任何一

长时记忆的错误

互动

在 2009 年密歇根的一场摇滚音乐会中，布鲁斯·斯普林斯汀多次提到在俄亥俄州（甚至在观众面前大喊"你好，俄亥俄州！"）。这位"老板"犯了一个语义记忆的错误，它是长时记忆的一种子类型。

个。然而，当达马西奥问大卫，如果他需要帮助的时候，他会向谁寻求帮助，达马西奥指的是那些对大卫友善的人，而大卫完全不知道他们是谁。大卫对谁帮助他没有明确的记忆，但他的内隐记忆仍然完好无损。

内隐记忆有好几种类型。在这里我们将讨论其中的两种：*程序性记忆和启动效应*。然而，根据大多数心理学家的研究，内隐记忆也包括习惯化、经典性条件反射以及其他学习方式，正如图 7.8 所展示的那样。

程序性记忆是内隐记忆的一种，是指对自动化技能和习惯的记忆。每当我们骑自行车或者打开罐装苏打水时，我们都在依赖着程序性记忆。对同一技能的程序性记忆和语义记忆有时会有很大的不同。例如，大多数大学生有足够的打字经历来毫无困难地打出"the"这个单词。但是现在不要看也不要移动你的手指，试着记住"t""h"和"e"在键盘上的位置。如果我们像大多数人一样，那么我们就会脑袋里一片空白。你甚至会发现，记住这些字母位置的唯一方法就是用你的手指悬在半空中想象着去打出这些字母。尽管程序性记忆对于锁定键盘上字母位置的影响很小，你的语义记忆对于锁定它们的位置的影响却截然不同。

内隐记忆的另外一种类型是**启动效应**，是指当遇到一个和以前相似的刺激时，我们能更快更容易地识别那个刺激的能力。想象一下一个研究者在布满几百个单词的电脑屏幕上非常迅速地闪现一个单词"QUEEN"。一个小时后，你需要补全一个缺失字母的单词。在这个例子中，这个填空任务是 K___。研究结果表明，如果你先看到单词"QUEEN"，相对于其他没有看到"QUEEN"的参与者，你更可能填成 KING（而不是"KILL"或者"KNOW"；Neely，1976）。另外，即使是那些坚持认为记不得单词"QUEEN"的参与者也是如此。这个记忆是内隐的，因为它不包含

外显记忆
（explicit memory）
有意回忆和需要意识努力的记忆。

内隐记忆
（implicit memory）
不需要有意回忆或意识努力的记忆。

程序性记忆
（procedural memory）
对如何做事情的记忆，包括动作技能和习惯。

启动效应（priming）
当我们遇到一个和以前相似的刺激时，我们能更快更容易地去识别那个刺激的能力。

(a)　　　　(b)

底部的图画是鸭子还是兔子？这个错觉最初是由心理学家约瑟夫·贾斯特罗（Joseph Jastrow）提出的。它提供了一个很好的例子，你可以在你的朋友身上尝试。让你的一些朋友只看图片 a（遮住图片 b），然后向其他朋友展示图片 b（遮住照片 a），问他们在图中看到了什么。你的看 a 图片的朋友会更有可能"看到"鸭子的相关图像，而你的看 b 图片的朋友则会"看到"兔子的相关图像（见 4.6a）。

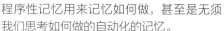

程序性记忆用来记忆如何做，甚至是无须我们思考如何做的自动化的记忆。

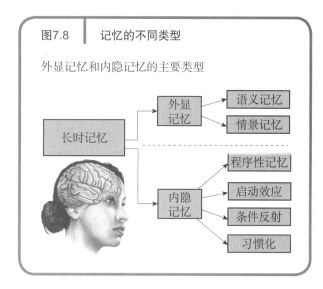

图7.8 ｜ 记忆的不同类型

外显记忆和内隐记忆的主要类型

任何有意的努力或者意识的参与（Yeh，He，& Cavanagh，2012）。

如果你很难清楚地记住长时记忆的所有类型，可以看图 7.8，它概括了外显记忆和内隐记忆的主要类型，包括我们之前提起的。

7.2 记忆的三个阶段

7.2a 确定新信息与已有知识之间建立联结的方法。

7.2b 识别图式在记忆储存中的作用。

7.2c 了解测量记忆的各种方法。

7.2d 了解编码与检索条件的关系是如何影响记忆的。

信息是怎样进入我们的长时记忆中的呢？记忆心理学家认为记忆有三个主要的阶段：编码、储存和提取。需要注意的是，我们不应该将这些阶段与我们刚刚讨论过的三个记忆系统（感觉、短时、长时）相混淆。相反，这三个阶段是指解释信息如何进入长时记忆以及当我们需要的时候又怎样再提取出来的过程（见图 7.9）。

为了理解记忆的这三个阶段，想象你自己是一名学院或者大学图书管理员。当到了一本新书时，你首先给它一个号码来识别它，即编码。接着你把它归档在书架上，这是储存。然后，当你在几周、几个月甚至几年后想要找到这本书的时候，你走向书架然后拿下它，这是信息的提取。当然，和所有的比喻一样，这是一个过度简化的比喻，因为我们提取的这些记忆与起初的编码是不完全相同的。我们的心理图书馆里的一些"图书"可能会随着时间的流逝而发黄，其他的一些可能会因损伤甚至被破坏而无法识别。

图7.9　记忆的三个程序

互动

第一步　编码：图书管理员使用计算机将一本书的目录信息输入到数据库中。在这个过程中，图书馆员找到了这本书的应放之处。计算机打印出一个标签（我们可以认为是一个编码标签），图书管理员把它固定在书脊上，这样每个人都知道这本书应该放在哪里。

第二步　储存：图书管理员根据它们的分类，把书放在图书馆的适当位置。

第三步　提取：当图书管理员想要访问这本书的时候，他会查阅编目信息，然后用他的电脑打印出来，依据电脑所显示出的这本书的目录位置来检索它。

编码：记忆的"图书编号"

编码是指信息进入我们记忆银行的过程（Tulving & Thomson，1973）。为了记住一些事情，我们首先要确定这些信息是记忆可以识别的。我们没有意识到的是，我们有许多记忆是在编码的过程中"丢失"的。我们回到图书馆的类比，想象图书管理员给一些书分派了识别码，但又将一些书扔到了垃圾堆里。这些被扔的书就永远不会出现在书架上。一旦我们失去了编码一件事情的机会，那么我们将无法记住它。

有句谚语叫"一只耳朵进，一只耳朵出"。如果你遇到了一个人，几分钟后忘记了他的名字，你很可能在一开始就没有进行编码。

注意的作用

为了对一些东西进行编码，我们必须注意到它们。你曾经有过这样尴尬的经历吗？你去参加一个聚会，同时被介绍给一群人，接着很快你就意识到你已经忘记了他们所有人的名字。这很有可能是因为你过于紧张和慌乱，所以你无法在第一时间编码他们的名字。

这个原则可以帮助我们解释为什么普遍流行的说法——我们的大脑中记忆了我们曾遇到的每一个事件——几乎是个天方夜谭（Alvarez & Brown，2001；Lynn et al.，2015）。我们经历过的大多数事情没有被编码，而几乎所有我们编码过的事情只是包括了经历的一些细节而已。很多我们日常生活的经历在一开始就没有进入我们的大脑。举个例子，考虑一下我们已经见过几百次甚至几千次了的某个日常物品。看一看图 7.10，在那里你会看到一排六便士的硬币。这些硬币中哪一个才是真的？

如果你在这个小测验中不及格，不要觉得太糟。当两名研究人员在大约 30 年前进行类似的测试时，他们发现在 203 个接受测试的美国人中，只有不到一半的参与者能正确地识别出来（Nickerson & Adams，1979）。我们每天都可能会看到便士，但是我们多久才会真正注意这些便士的细节呢？

编码（encoding）
将信息输入记忆的过程。

图7.10　哪一个便士是真的？

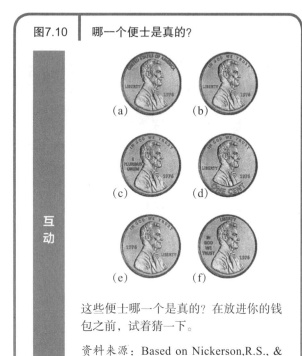

互动

这些便士哪一个是真的？在放进你的钱包之前，试着猜一下。

资料来源：Based on Nickerson,R.S., & Adams, J.J. (1979). Long-term memory for a common object.Cognitive Psychology, 11, 287-307.© Scott O. Lilienfeld.

编码也有助于解释熟悉的依次失真效应。如果你曾经在课堂上见过老师叫几个学生来回答一个问题或者说出他们的名字，你当时就会经历这种效应。你可能会发现，你对于刚刚在你之前说话的同学的记忆尤其糟糕（Bond，Pitre，& van Leeuwen，1991；Innes，1982）。那是因为你太专注于你将要说的东西，以至于没有注意到你说话之前的那个人所说的话。

记忆术：有价值的记忆辅助工具

下面的段落有哪些共同点？

- Please Excuse My Dear Aunt Sally（请原谅我亲爱的姑妈萨莉）。
- 4 月、6 月、9 月和 11 月，每月都有 30 天。除了 2 月只有 28 天外，其余的都有 31 天，你可能认为这很棒。当闰年的时候，2 月有 29 天，可能也还不错。
- Every Good Boy Dose Fine（每个好孩子都能做得很棒）。

它们都是**记忆术**，即学习的助手、策略或者是帮助记忆的方法。记忆术能利用一种能够使回忆变得容易的方法来帮助我们编码记忆。

有时候，所有人都会使用回忆辅助物，比如做记录或者在日历或手机、掌上电脑上记录日程安排（Intons-Peterson & Fournier, 1986；McCabe，Osher，Roche，& Susser，2011）。尽管如此，记忆术与这些"外部"记忆辅助手段不同，因为它们依赖于内部的心理策略，即我们在编码过程中使用的策略，帮助我们以后检索有用的信息（我们已经讨论过的组块记忆，也是一种助记手段）。第一句，通过用相同字母开头的单词作为数学运算，来列举数学运算合适的顺序（Parentheses-圆括号、exponents-指数、multiplication-乘、division-除、addition-加、subtraction-减）。第二句，是一首英文押韵诗，那是一个简便的记住每个月天数的方法。第三句，代表了线谱中谱号的名字（E、G、B、D、F）。

助记手段有两个主要特点。首先，我们可以把它们应用到任何事物上，如行星的名称，元素周期表的元素，手骨，地质时期的顺序，以及彩虹的颜色（最后一个是ROY G. BIV，红、橙、黄、绿、蓝、靛、紫）。其次，大多数的记忆术都依赖于我们开始的知识储备。我们需要知道一些关于数学运算的方法（类似前文的 Aunt Sally）的助记，这是有意义的。所以一般来说，记忆术是最能帮助我们回忆起我们已经学过的信息列表的心理捷径。除了我们已经讨论过的，还有许多其他的助记方法：我们将在这里复习几种方法。

字勾法　到了上小学的年纪，大部分人会很熟悉 *Jack and Jill*、*Little Bo Peep* 和 *Little Jack Horner*（英国儿童歌曲）。从"一闪一闪小星星"到黑眼豆豆合唱团（Black Eyed Peas）的说唱歌曲都因为押韵而很容易被记住。

押韵是字勾法的重要组成部分，经常被用来记单词表。要掌握这个记忆术，首先要将有相同韵脚的单词和列表中的数字联系起来，例如"one is a bun"。单词与数字相联系就是一个"字勾"。本质就是像数字 one 那样记住一个列表的内容，而事

记忆术（mnemonic）
学习的助手、策略或者帮助回忆的方法。

实上这些数字和单词的韵脚很容易联系起来：（1）One is a bun，（2）Two is a shoe，（3）Three is a tree，（4）Four is a door。

假设心理学课上你需要学习与记忆和概念相联系的四个单词（难道你不希望这一章只有四个概念吗？）并且需要按照以下顺序回忆它们：chunking（组块）、elaboration（加工）、hippocampus（海马体）、decay（衰退）。在你已经记住的与每个数字相联系的字勾后（例如 "One is a bun"），你创造一个字勾来与你想记住的单词的图画相联系（如 "bun"）。第一个单词 "chunking（组块）"，你可以想象成缺失了一块或者被分成了几块的 "bun"（字勾）。第二个单词 "elaboration（苦心经营）"，你可以想象成一只用珠子、亮片和弓形饰片精心加工（elaborate）的鞋。第三个单词 "hippocampus（海马体）"，你可以想象成一只河马（hippo）在树下小憩（camp）。第四个单词 "decay（衰退）"，你可以想象成一座老房子里的一扇腐烂（decay）的门。当你需要记住你的列表上的第三个单词，例如，你告诉自己，那儿有一棵树，你会立即想起一只河马在树下小憩，然后你就知道了列表上的第三个单词是 "hippocampus"（见图 7.11）。研究人员发现，重复使用字勾法可以提高学生对不熟悉的词汇列表的延迟记忆，这表明该方法可能是提高词汇量的有用的学习策略（Carney & Levin，2011）。

位置记忆法　位置记忆法依赖于位置的图像，也就是说 "位置" 是助记的名字（Bellezza，1999；Foer，2011）。这个方法很简单：想想一条你熟悉的、能引起你生动地想象的路。也许是从你的宿舍去自助餐厅的路线，或者是在你公寓的房间里漫步。想想你所走的路，以及你在一个固定的顺序中遇到的事物。举个例子，去自助餐厅，你首先进了电梯，然后在一棵大树下走过，再经过一个喷泉，等等。如果你需要记住五个特定顺序的单词，想想在去自助餐厅的路上会遇到的五件事物；如果你需要回忆十个单词，想象一下你的路线上的十个位置。如果你想用位置记忆法来记住记忆术语的列表，你可以想象在电梯的地板上有大块的岩石或玻璃。研究人员使用了位置记忆法来帮助抑郁的人回忆积极的、自我肯定的记忆来提升他们的情绪（Dagleish et al.，2013）。

关键字法　如果你上过外语课，你可能会熟悉关键字法。这个策略取决于你是否有能力想出一个英语单词（关键字），它会让你想起你想要记住的单词。以西班牙语单词 "casa" 为例，英语中意思是 "房子"。想一个英语单词，比如 "case"，听起来像是或者让人想起 "case"。现在设想一个结合案例（或者你选择的另一个词）和房子的图像。也许你可以在你的房顶上画一个吉他盒。当你想到这个图像和伴随的单词 "case" 时，它们应该帮助你找回 "case" 的意思。与传统的方法相比，学习外国词汇的人受益于关键字策略，比如死记硬背（Beaton et al.，2005；Gruneberg & Sykes，1991）。同样地，研究人员发现，关键字策略对于三年级学生包括有学习障碍的学生在掌握新词汇方面是有效的（Uberti，Scruggs，& Mastropieri，2003）。

音乐法　可以把材料当成熟悉的旋律，比如流行歌曲《黄鼠狼》或者《胜利之歌》来帮助学习吗？这是两位研究人员做的研究（Rainey & Larson，2002）。列表中包括两首歌中的名字，参与者要么听这一首，要么听另一首曲子，要么听列表中的单词。研究人员发现，在音乐伴奏下学习这些名字的人没有任何最初的回忆优势。尽管如此，那些听过这首歌的人一周后需要更少的尝试

学音乐的学生使用记忆术 "Every Good Boy Does Fine" 来记线谱上的谱号（E、G、B、D、F）。

图7.11　字勾法

字勾法是一种很有用的记忆术，能帮助我们按顺序回忆起列表上的对象。详见书中对这幅假想的插图的解释。

✳ 心理学谬论
聪明药丸

下一次当你停留在当地药店的柜台前时，你会发现各种各样所谓增强记忆的"聪明药丸"，它们的成分有银杏、维他命 E 以及那些名称很难读但是听起来貌似科学的药物，比如磷脂酰丝氨酸、胞磷胆碱和吡乙酰胺。它们真的能帮我们记起早上我们把钥匙丢在哪儿了，昨晚的聚会上我们遇到的那十个人的名字，或者是想起如何拼写"磷脂酰丝氨酸"吗？

最有名的增强记忆的草药可能就是银杏（有效成分的学名叫银杏黄酮，这是一种从银杏叶中提取的古老的药材成分）了。尽管人们很容易认为银杏是有效的，因为它已经被使用了好几个世纪了，但是这是古代谬论的一个例子（见 1.2b），因为某种东西已经存在很长一段时间了，而认为它一定有效的观点是错误的。银杏黄酮的生产商声称它至少能够在四周内显著提升一般人的记忆力。像其他的助记忆药物一样，银杏黄酮可能也是通过增加大脑局部的乙酰胆碱（对记忆起主要作用的神经递质）的含量来增强记忆的（见 3.1c）。

银杏黄酮在美国非常流行，美国人每年会花费 24.9 亿美元来购买它（DeKosky et al., 2008）。然而有研究将银杏黄酮和安慰剂作比较，发现在改善正常人记忆的作用上二者差异很小，甚至不存在差异（Gold, Cahill, & Wenk, 2002; Elsabagh et al., 2005）。如果银杏黄酮对于记忆没有用，那么它就和喝一杯柠檬汁或者甜饮料的作用是一样的（糖是大脑的能量来源，见 3.4a）。银杏黄酮对于那些患有阿尔茨海默病的人或者其他痴呆患者在改善记忆方面的作用会稍大一些（Gold, Cahill, & Wenk, 2002）或者甚至可能是不存在的（DeKosky et al., 2008; Vellas et al., 2012）。目前，没有证据表明银杏黄酮能够治疗严重的记忆衰退或者避免与年龄相关的认知衰退（Snitz et al., 2009）。此外，和其他草药一样，银杏中的银杏黄酮在一些情形下会对人体产生危害。例如，它可能和稀释血液的药物相互作用，从而导致严重的出血。至于其余噱头十足的所谓"聪明药丸"，证明它们功效的证据都站不住脚，得不出任何强有力的结论（McDaniel, Maier, & Einstein, 2002）。

最后，那些旨在提高注意力、让我们保持清醒的药物，也许只是为了让我们有足够的时间准备那可怕的期末考试？毫不奇怪，这些药物在大学校园里越来越流行。

调查显示，高达 30% 的大学生使用了广泛用于注意缺陷/多动障碍的利他林、安非他命和类似的兴奋剂，帮助他们集中精力学习或参加考试（Greely et al., 2008; Garnier-Dykstra et al., 2012; Van Hal et al., 2013）。一组调查人员比较了参加 SAT 的学生，其中一些人认为他们摄入了利他林，另外一些人认为他们正在摄入一种安慰剂。前一组学生的心理功能和注意力都有所提高，但他们的 SAT 分数并不高。然而，这两组人实际上都摄入了安慰剂，这表明利他林对测试的"影响"可能是由于安慰剂效应（Gowin, 2009）。还有其他证据表明，兴奋剂可能有助于巩固陈述性记忆，比如对事实的记忆，但证据太过初步，无法得出确切的结论（Smith & Farah, 2011）。

莫达非尼（它的品牌名称是 Provigi），通常是为嗜睡症、睡眠呼吸暂停症和其他睡眠障碍而研发的。它也很受欢迎，因为它有助于服用者保持清醒和警觉。研究表明，尽管莫达非尼可能和咖啡因一样有效，可以提高睡眠不足的人的注意力，但至少它对疲劳的一些影响可能不会超过安慰剂（Drabiak-Syed, 2011; Kumar, 2008）。因为美国食品药品监督管理局（FDA）不再对膳食补充剂和草药疗法，包括那些旨在增强记忆的药物，进行监管，所以任何人都在猜测它们是否有效，甚至是否有害（Bent, 2008）。在通俗心理学中这样的事情太常见了，我们能给那些想一夜之间变成记忆专家的人最好的建议是**一经出售概不负责：请小心购买。**

来重新学习这些名字，这表明学习信息的旋律可以提高长期的记忆力。

一般来讲，如果我们定期积极地进行练习，记忆术是很有用的。记忆术需要训练、耐心甚至少许的创造力。

存储：将记忆存档

只要我们把图书归档在书架上，它就会一直在那里，数年后也只不过多了些灰尘。我们已经把它存储了起来，或许有一天有学生或者教授需要它来完成一个写作任务，它才被重新取出来。**存储**是指在记忆中保存信息的过程。

然而，在图书馆我们根据我们对这本书内容的解释和预期来将其归类。例如，让我们想象一本刚到图书馆的名为《约会心理学》的新书。我们应该根据它涉及个性品格、情绪和社会心理学而将这本书归类于心理学类？还是根据它涉及约会、吸引力和婚姻，而将其归类于人际关系类？答案取决于我们认为什么是最重要的或者书的内容与什么相关联。同样，我们如何在记忆中存储我们的经验也取决于我们对这些事情做何解释以及有何预期。

我们对日常生活中发生的模糊事件的解释，就像对大街上人们谈话的解释一样，部分地依赖于我们的图式。

图式的价值

请思考这样的场景。你和你的朋友去一家新开的餐厅。尽管这是你第一次去，但是你很清楚里面都有什么。那是因为你拥有关于在一家不错的餐厅用餐的图式。**图式**是一个我们存储在记忆中的有组织的知识结构或心理模式。我们关于餐厅的图式是以一系列的顺序事件为特征的，有时也叫作脚本（Schank & Abelson，1977）。你在桌子旁边坐下来，拿菜谱点菜，等待你的食物做好，开始吃饭，核对账单，付费然后离开。别忘了付小费！在美国文化中，甚至点单也有标准顺序。我们首先点喝的东西，接着是开胃小吃、汤或者沙拉、主菜，最后是甜点和咖啡。

图式的作用是给我们提供有关解释新情境的参考框架。如果没有图式，我们会发现一些几乎不可能理解的信息（Bransford & Johnson，1972；Ghosh & Gilboa，2014）。举个例子，如果你突然换了一款新的智能手机，你就会知道一开始你会感到多么的困惑。你可能不了解键盘是如何排列的，哪些应用在哪些地方，或者甚至是如何改变各种设置。

图式和记忆错误

图式是有价值的，但有时也会产生记忆错觉，因为它们会导致我们记住从未发生过的事情，而这仅仅是因为我们的图式使得我们期待它们出现。简化的图式有利于我们了解世界。但有时过于简化的图式是不好的，因为它们会产生记忆错觉。图式提供了一把解释记忆悖论的钥匙：它们在一些情况下增强记忆，但是在另一些情况下会使记忆出现错误。

例如，马克·斯奈德和西摩·拉诺维茨（Snyder & Uranowitz，1978）向参与者展示了一个名叫贝蒂的女人的生活案例。在阅读了这个案例之后，一些参与者了解到贝蒂现在正过着异性恋生活，其他人则认为她过着同性恋生活。斯奈德和拉诺维茨随后向参与者们提供了一份关于文章细节的重新编码测试。他们发现，参与者扭曲了他们对原始信息（比如她与父亲的关系以及过去的约会习惯）的记忆，以便与

存储（storage）
在记忆中保存信息的过程。

图式（schema）
我们存储在记忆中的有组织的知识结构或心理模式。

他们的图式一致——他们对她现在的生活方式的看法。例如，那些认为贝蒂是同性恋的参与者错误地回忆起她在高中时从未和男人约会过。如果我们不小心，我们的图式就会导致我们过分概括所有类别的成员，使用相同的宽笔刷对所有人涂色。

日志提示

图式有时会导致不准确的记忆。描述为什么会发生这种情况，并描述一个图式导致你错误地记住事件的简短示例。

评价观点　记忆的提升

互动

我们中的许多人都希望提高我们的记忆力——让我们在课堂或工作中表现得更好，记住生日、周年纪念日和其他重要的日子，或者只记得我们把钥匙放在哪里了。市场上宣传的那些大量的以改善我们的记忆和大脑整体功能的产品，真的有用吗？

在一段时间内，你会因为偶尔忘记把手机放在哪里而烦恼。有时，你也会体验到在几分钟前刚写完字的一支笔不见了，或者就在前几天，当你在停车场花了大约五分钟找不到你的车时，最后一根稻草就出现了。你的朋友们已经向你保证，那些轻微的记忆缺失是完全正常的。尽管如此，当你在互联网上看到下面的广告时，它会像磁铁一样吸引你的注意力：

"永远不会再忘记你的钥匙在什么地方了！使用我们的产品，治愈你的心不在焉！这个独一无二的公式被科学证明可以改善你的记忆力。我们已经开发出一种混合的抗氧化剂、突触加速器、令人聪明的芳香剂、氨基酸和特定的神经递质营养素，通过促进健康的线粒体功能，清除自由基，促进大脑血液循环，从而帮助维持健康的细胞能量生产。75% 的美国人正在转向补充和替代疗法来改善他们的记忆力，通过使用我们的全天然记忆增强剂，你可以成为其中一员。"

科学的怀疑主义要求我们以开放的心态来评估所有的主张，但在接受这些主张之前坚持要有证据。科学思考的原则是如何帮助我们评估关于记忆助推器的主张的？

在评估这个主张时，考虑一下科学思维的六个原则是如何相关的。

1. 排除其他假设的可能性
对于这一研究结论，还有更好的解释吗？

不，重要的替代解释没有被排除。例如，一个人试用这个产品的事实可能会通过激励他或她变得更加专注，并在日常生活中编码更多的事件来减少心不在焉。成功地获得更多的关注，而不考虑这些提高是否由产品产生，可能会获得社会和个人的奖励，这可能会加强持续的努力，使其更加专注并关注重要的生活任务。而且，对心不在焉的感觉如此沮丧，可能只能朝一个方向发生改变：改善注意，因为你已经因为如此心不在焉而变得很沮丧。综上所述，这些因素可能会让你相信在没有实际收益的情况下记忆会有所改善。

2. 相关还是因果
我们能确定 A 是 B 的原因吗？

我们不能确定与产品相关的个人变化会导致记忆的改善和心不在焉的减少。我们没有办法知道任何记忆改进的原因，即使这种情况确实发生了，因为广告并没有描述评估产品质量的有争议的研究。

3. 可证伪性
这种观点能被反驳吗？

如前所述，我们很难反驳这种说法。例如，目前还不清楚什么是"混合的抗氧化剂"，更不用说"突触加速器"了，尽管这些术语听起来有点科学。我们应该警惕那些无意义的"心理问题"，它使用的是那些缺乏实质内容的科学词汇。这则广告也没有描述这些成分是如何一起作用来达到所宣称的效果。此外，每一种成分的精确数量既不指定也不标准化，这使得根据广告中的信息来证明效果具有挑战性。

4. 可重复性

其他人的研究也会得出类似的结论吗？

没有证据表明这种说法来源于使用广告的产品的研究，也没有各种成分的相关效力：它们是如何被加工的，它们的比例是多少，等等。这使得严格的结果重复变得不可能。我们应该对这个公式的有效性持怀疑态度，它仅仅是基于一种说法，即该产品"被科学证明可以改善记忆"，而不涉及发表、同行评议的研究，更不用说成功重复了。这则广告使用了"证明"这个词，但科学知识很少，如果有的话，也是概括性的。

5. 特别声明

这类证据可信吗？

这种产品是治疗健忘和不完美记忆的良方，这是很不寻常的，但这则广告并没有提供任何证据来支持这一说法。"75% 的美国人正在转向补充和替代疗法来改善他们的记忆力"这一事实与此产品是否有效无关。此外，不要被那些认为产品是有效的仅仅因为它是"天然的"的观点所误导。仅仅因为一个产品含有天然成分并不意味着它是安全有效的。

6. 奥卡姆剃刀原理

这种简单的解释符合事实吗？

是的。对与产品相关的积极变化的更简单的解释包括自我观察、思维方式和对积极变化的关注，与产品中所包含的成分无关。

总结

关于这种产品可以改善健忘和记忆力的特别说法没有科学的支持。广告中的断言不能轻易伪造，也不是基于良好的重复研究。此外，该广告没有在产品与所声称的积极效果之间建立因果联系。最后，更简单的解释同样可以说明与广告产品相关的任何积极变化。

提取："前往书库"

为了记住一些事，我们需要从我们的长时记忆银行中提取它。这是信息的**提取**，是记忆的第三阶段也是最后阶段。然而，正如我们先前提到的，这也是我们将其比作图书馆而无法解释的地方，因为我们从记忆中提取的信息和我们存入的信息往往无法匹配。我们的记忆是重构的，我们经常转换记忆信息使之与我们的信念和预期相符。

很多类型的遗忘都是由信息提取失败而造成的。我们的记忆仍然存在，但是我们却无法读取它们。要证明这一点是相当容易的。如果你身边有个朋友，可以尝试下面由心理学家安道尔·塔尔文提供的示范（即使你身边没有朋友，你仍然可以自己完成它）。请给你朋友读表 7.1 的"类别"一栏，紧接着读出与之相应的词，告诉你的朋友当你读完所有的类别和对应的词后，你会让他或她以任何顺序回忆单词而不是类别。

在你读完列表之后，让他或她用几分钟写下能记得的所有单词。几乎可以肯定的是，你的朋友会遗漏一些。对于这些遗漏的词，你可以提示单词所属的"类别"。即如果你的朋友遗漏了"手指"这个词，你可以提示："你还记得有关人身体部位的词吗？"你或许会发现这些提示词会帮助你的朋友记起一些被忘记的词。在心理学术语中，这种"类别"叫作**提取线索**：一种使我们更容易回忆起信息的提示。所以你朋友的长时记忆中包含着这些被遗忘的词，但他或她需要提取线索才能记起它们。

记忆的测量

心理学家主要通过三个方面对人的记忆进行评估：回忆、再认和再学习。可以将它们看成三个 Rs（另一个助记方法）。

回忆和再认　你认为什么类型的考试最困难，作文还是多项选择？可以确定，

提取（retrieval）
从我们的记忆存储中重新激活或重构经验。

提取线索（retrieval cue）
使我们能更容易回忆起信息的线索。

回忆（recall）
导出先前已记住的信息。

我们都会认为多项选择测试是"杀手"。然而，其他所有情况都相同时，作文测试通常比多项选择测试更难一些。因为作文测试需要回忆，也就是导出先前我们已记住的信息，这往往比**再认**（从一系列的选择项中选择先前记忆的信息）更缺乏准确性和完整性（Bahrick，Bahrick，& Wittlinger，1975）。为了证明这个说法，请试着回忆美国第六任总统。除非你是一个美国历史爱好者，否则你可能会被难住。如果是这样，试着做下面这道题目：

美国第六任总统是：

（a）乔治·华盛顿　　　　　（c）比尔·克林顿
（b）约翰·昆西·亚当斯　　（d）卡莉·菲奥莉娜

经过一些思考，你可能选出（b）是正确答案。你可以安全地排除（a）因为你知道乔治·华盛顿是第一任总统，排除（c）选项是因为你知道比尔·克林顿是较近的总统，排除（d）选项因为你知道卡莉·菲奥莉娜没有当过总统。另外，你或许已经想起约翰·昆西·亚当斯是美国早期的一位总统，即使你不知道他是第六任。

为什么回忆通常比再认难？一方面是因为回忆需要两步——产生一个答案并且决定它是否正确——然而再认仅仅需要一步：判断列表上的哪个项目看起来最正确（Haist，Shimamura，& Squire，1992）。

再学习　第三种测量记忆的方法是**再学习**：当我们在学习某种信息之前已经学习过与之相关的知识时，我们学习的速度会更快。出于这个原因，心理学家经常把这种方法称为储蓄法：既然我们已经研究了一些东西，我们就不需要花那么多时间来更新我们的记忆了（也就是说，我们通过研究它"节省了"时间）。

再认的概念源于德国研究者赫尔曼·艾宾浩斯（Ebbinghaus，1885）一个多世纪以前的开创性研究。艾宾浩斯用几百个"无意义音节"，例如 ZAK 和 BOL，来测试他自己的再认。正如我们在图 7.12 中所看到的，他发现大多数人的遗忘几乎在刚学完新材料后就立即发生，之后遗忘得越来越少。尽管如此，他还发现当他尝试去重新记忆他已经遗忘的无意义音节时，用的时间要比初次记忆少很多。

想象一下，你在高中时学会了弹吉他，但已经好几年没弹了。当你坐下来弹一首老歌时，你刚开始是生疏的。尽管你需要坐下来重看你的笔记好几次来提醒自己，你可能会发现你不需要花那么长时间就能回忆起如何弹这首歌。这就是再学习。再学习更快的事实表明对于这一信息的记忆仍旧保持在你的大脑里的某个地方。

再学习是一种比回忆或再认更敏感的记忆方法。这是因为再学习可以让我们用相对数量来评估记忆（第二次的材料学习要快多少？），而不是我们从回忆或再认中获得的简单的"正确"或"错误"结果（MacLeod，2008；Nelson，

表7.1　提取线索示例

给你朋友读"类别"一栏，接着按顺序读对应的"词语"一栏。然后，让你的朋友按任何顺序回忆词语。对于遗忘的词，你可以问他或她是否记得词所对应的类别中的某些东西。这样你会发现，这个证据帮助我们弄清了一个简单的问题：许多记忆失败实际上是提取失败。

类别	词语
一种金属	银
一种鸟	金丝雀
一种颜色	紫色
一只四条腿的动物	老鼠
一件家具	梳妆台
身体部位	手指
一种水果	樱桃
一种含酒精的饮料	白兰地
一种犯罪活动	绑架
一种职业	水管工
一种运动	曲棍球
一款衣服	毛衣
一种乐器	萨克斯管
一种昆虫	黄蜂

1985）。它还允许我们测量程序性记忆，比如驾驶汽车或弹钢琴，以及对事实和数字的记忆。

当记忆无意义音节时，艾宾浩斯偶然发现了一个至关重要的适用于大多数学习方式的原理：**分散学习**与**集中学习**法则（Donovan & Radosevich，1999；Willingham，2002）。简单地说，这个法则告诉我们，就长远来看，长间隔的学习比短间隔的学习更有利于记忆。这个原理很可能是在心理学上验证效果最好的原理之一（Cepeda et al.，2006），甚至在婴儿身上也出现了这种情况（Cornell，1980；Haq et al.，2015）。

可重复性
其他人的研究也会得出类似的结论吗？

图7.12　艾宾浩斯遗忘曲线

这张来自艾宾浩斯的经典记忆研究的图显示了"储存"的百分比，或者是他在各种延迟之后重新学习信息所需时间（以小时计算）。

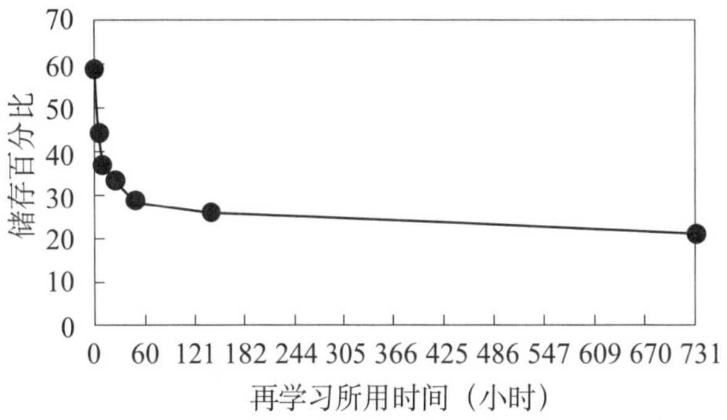

聪明的人都知道，为了应付考试，死记硬背可以让我们记住要考的内容，但是这样只能形成短暂的记忆。如果你想掌握你的心理学课程中的信息——或者其他课程，如果是那样的话——你应该在一个长时间段内分散复习这些材料。所以当老师提醒你"至少要在考试前的一周复习，不要等到考试前几分钟才复习"时，你应该感谢艾宾浩斯还是责怪艾宾浩斯呢。

舌尖现象

我们都经历过令人沮丧的提取失败的**舌尖（TOT）现象**，也就是我们确定知道问题的答案，但就是想不起来（Brown，1991；Ecke，2009；Schwartz & Brown，2014）。我们可能会说，如果你参加一个益智比赛，舌尖现象可能会成为一个真正的问题。不可思议的是这种现象很容易出现（Baddeley，1993）。读表 7.2 中的美国 10 个州的名称，并且试着说出它们的首府。现在将重点放在你不确定正确答案的州，并继续尝试。如果你还不能确定，看已给出各州首府首字母的列表。

首字母对你有帮助吗？研究表明当我们经历舌尖现象时，它们通常会起到作用。我们经常遇到的舌尖现象告诉我们，那些因为没有储存在记忆中而被遗忘的事情与那些储存了但是不能完全提取的事情之间是有些许不同的。

两名调查人员发现，当人们认为某件事发生舌尖现象时，他们往往是对的（Brown & McNeill，1966）。他们向参与者展示了相对罕见的词语（比如"放弃王位"）的定义，并要求他们讲出这个词（在这个例子中，是退位）。这时大约 10% 的参与者报告发生了舌尖现象：他们很确定他们"知道"这个词，但无法说出来。在这些情况下，研究人员让参与者猜出单词的第一个字母或音节的数量。有趣的是，参与者做得比碰运气好得多。所以参与者确实知道这个词的一些信息，他们只是不能把它完整说出来。

编码特异性：在我们放置它们的地方寻找它们

为什么从我们的记忆中提取一些事要比另一些事更容易？安道尔·塔尔文等（Tulving & Thomson，1973）介绍的**编码特异性**原则可以回答这个问题。当我们编

分散学习与集中学习
（distributed versus massed practice）
一次学习少量的知识（分散学习）与在短时间内学习大量的知识（集中学习）。

舌尖现象
（tip-of-the-tongue phenomenon）
我们有时候知道某事物却无法说出来的现象。

编码特异性
（encoding specificity）
在提取信息的条件与编码信息的条件相似的情况下，我们能更好地想起一些事情的现象。

识别理论和假说

互动

舌尖现象发生在那些使用手语和口语的人身上。（请参阅页面底部答案）

○ 事实
○ 虚构

表7.2 | 舌尖现象

互动

首先试着说出各个州的首府。如果你还不能确定，看以下各州首府首字母：Georgia（A）、Wisconsin（M）、California（S）、Louisiana（B）、Florida（T）、Colorado（D）、New Jersey（T）、Arizona（P）、Nebraska（L）、Kentucky（F）。

州	首府
佐治亚州	
威斯康星州	
加利福尼亚州	
路易斯安那州	
佛罗里达州	
科罗拉多州	
新泽西州	
亚利桑那州	
内布拉斯加州	
肯塔基州	

背景依存学习
（context-dependent learning）
当原始记忆的表面背景与信息提取时的背景相符时的更高级的记忆提取。

状态依存学习
（state-dependent learning）
当有机体处在一种与当前编码阶段相类似的状态中时，回忆效果会更好。

码信息的条件和提取信息的条件相吻合时，我们更可能记住一些事。在一些心理现象中我们可以发现这一原理的作用。现在我们来检验两个心理现象：背景依存学习和状态依存学习。

背景依存学习 这是指当原始记忆的外部背景与提取时的背景一致时记忆提取得更好（Vlach & Sandhofer，2011）。邓肯·古德尔和艾伦·巴德利（Godden & Baddeley，1975）给出了一个可以巧妙地验证这个效应的潜水员研究例证。他们让潜水员记 40 个毫无关联的单词，无论这些潜水员是站在岸边还是潜入水中大约 15 英尺的地方。接着古德尔和巴德利分别在与潜水员当初记忆这些单词相同的和不同的背景环境下对他们进行测试。不管他们是在岸上还是在水里，当原始背景环境与信息提取时的背景环境相符时，潜水员的记忆效果最好，就像图 7.13 中所显示的那样。

大学生也会表现出明显的背景依存学习。学生在他们学习这些知识时的教室考试，成绩往往会更好（Smith，1979）。你可能想要温柔地提醒你的心理学导论老师在你的下一个测试时为你安排房间。但是，这个结果不是很有说服力，而且不是所有的研究者都能重复其研究结果（Saufley，Otaka，& Bavaresco，1985）。这可能是因为你不仅是在教室，在其他环境（如在你读这本书的房间）里也习得了这些知识。

> **可重复性**
> 其他人的研究也会得出类似的结论吗？

状态依存学习 尽管它是这样的名称，但这并不意味着如果你在假期的时候在蒙大拿州学习，你就要回到蒙大拿州回忆。相反，状态依存学习类似于背景依存学习，但不同的是与外部背景环境相比状态依存学习更注重有机体的内部状态。也就是说，在编码的过程中当生物体处于相同的生理或心理状态时的高级的记忆提取（McNamara，Trimmer，& Houston，2012）。

一个有关酗酒者的趣闻证明了这一现象，酗酒者们经常说他们需要靠喝酒来

答案：事实。使用手语和口语的人都会出现TOT现象（心理学家称之为舌尖现象）。有人发现那些因耳聋而使用手语的人虽不能从记忆中提取相当有名的名人的名字，但感觉已处在忆起的边缘，此时他们中有 80% 的人仍可以用手指比画出一部分名人的名字（Thompson，Emmorey，& Gollan，2005）。

记起东西放哪儿了——包括他们在喝酒时藏起来的最钟意的白酒瓶子（Goodwin，1995）。当然，我们知道，把趣闻作为科学证据的来源是很有局限性的（见 1.2a）。尽管如此，在这个案例中，在条件控制下的一项研究证明了这个趣闻：在酒精的作用下学习一项任务的人们往往在酒精的影响下比在清醒的时候更容易记起它（Goodwin et al.，1969；Sanday et al.，2013）。但是，研究者们无法重复这些研究结果（Evans et al.，2009；Lisman，1974），这表明状态依存学习可能取决于参与者和实施的刺激等多种复杂情况。

可重复性
其他人的研究也会得出类似的结论吗？

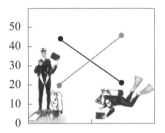

图7.13　**研究表明潜水员依据背景学习单词**

如果潜水员是在水下学习的单词，那么他们再次在水下的时候回忆得最好（Godden & Baddeley，1975）。

资料来源：Based on Godden, D. R., & Baddeley. A. D. (1975). Context dependency in two natural environments: On land and underwater. British Journal of Psychology, 91, 99-104. © Scott O. Lilienfeld。

状态依存学习有时会扩展到情绪，在这种情况下，它被称为情绪依赖学习（Bower，1981）。研究表明，年轻和年长的成年人当他们悲伤时回忆和识别不愉快的记忆更容易，当他们感到快乐时回忆愉快的记忆更容易（Knight，Maines，& Robinson，2002；Nelson & Craighead，1977；Robinson & Rollings，2011）。

情绪依赖学习会给那些想要对人们的生活历史做出结论的研究人员带来严重的困难。具体来说，它可能导致一种回顾偏见：我们当前的心理状态会扭曲我们过去的记忆（Dawes，1988；Ross，1989；Taylor，Russ-Eft，& Taylor，2009）。例如，大多数患有临床抑郁症的人在童年时受到父母的严厉对待，而没有临床抑郁症的人并没有这种情况。对这一发现的一种解释是，童年受到严厉父母的对待会诱发后来的抑郁症。但还有另一种解释：也许人们的坏心情会扭曲他们对童年的记忆。

排除其他假设的可能性
对于这一研究结论，还有更好的解释吗？

为了评估这种可能性，关于父母在童年时的对待情况，研究人员询问了三组参与者：（1）患有临床抑郁症的人；（2）有临床抑郁症病史但目前没有抑郁症的人；（3）从未感到抑郁的人。目前抑郁的参与者回忆说，在童年时期他们的父母对他们的态度比其他两组参与者的父母更排斥和专横（Lewinsohn & Rosenbaum，1987）。因此，参与者的情绪似乎影响了他们对父母如何对待他们的评价。在这种情况下，除了他们的记忆是不同的，我们不知道有临床抑郁症的参与者是否比其他组的参与者更不准确 [虽然抑郁的人在他们的记忆中有时比不抑郁的人更准确（见 15.3b）]。为了克服与情绪相关疾病引起的回溯性偏见所带来的挑战，研究人员正越来越多地使用实时监控参与者回忆的方法，比如在一天中随机地对他们进行观察（Santangelo，Bohus，& Ebner-Priemer，2014）。

7.3　记忆的生物学基础

7.3a　描述长时程增强效应在记忆中的作用。

7.3b　区分不同类型的健忘症以及健忘症和大脑记忆组织的联系。

7.3c　了解阿尔茨海默病的主要损伤部位。

尽管鲜有人思考，但是记忆的生物学基础在我们日常生活中扮演着关键的角色——无论是在回忆我们把钥匙放在哪儿了中，还是在回忆昨晚晚会上遇见的那个友人的名字中。另外，理解我们的大脑如何储存记忆或许有助于发现那些有损于我们回忆起日常生活事件的毁灭性疾病的治疗途径。

记忆存储的神经基础

一般来说，定位一本图书馆的书放在哪里是相当简单的。从图书馆的电脑系统或卡片目录里查找它，记下它的号码，去书架，然后找到它，除非它刚被别人拿走了。如果我们足够幸运，它就在我们要找的那个书架上。然而我们将看到，大脑中记忆的储存并不是像这样一成不变的。

难以捕获的痕迹

从20世纪20年代开始，心理学家卡尔·拉什利（Karl Lashley）就开始寻找记忆的痕迹，即记忆在大脑中的物理痕迹。他教老鼠走迷宫，然后损害它们大脑的不同区域看它们是否忘记了怎样找到迷宫的路。拉什利希望这样做可以找到记忆储存在大脑的哪个部分。然而，经过几年的辛苦工作后他仍一无所获。

尽管如此，拉什利仍发现了两个重要的问题。第一，老鼠的大脑被切除得越多，其走迷宫就走得越糟糕。这一点倒不令人惊奇。第二，不管他切除脑组织的哪个部分，这些老鼠或多或少还保留了一些走迷宫的记忆（Lashley，1929）。即使切除老鼠一半的大脑皮层也不能消除它们的这些记忆。拉什利根据这些结果总结出：我们不能简单地指着脑中的某一点，然后说"我初吻的记忆在这"，因为这个记忆不是在一个单一的地方，就像图书馆里书架上的书。相反，正如科学家们所了解到的那样，对不同经历的记忆如它们的声音、视觉和嗅觉，几乎可以肯定是储存在不同的大脑区域。

半个多世纪前，唐纳德·赫布（Hebb，1949）提出，记忆印记位于大脑中神经元组织的组群中。根据赫布的说法，当某一个神经元反复激活另一个神经元时，它就会与这个神经元相连。神经元由一种丰富的神经递质混合而成，形成电路，以有意义的方式整合感官信息，并将我们的世界体验转化为持久的甚至是终生的记忆。

长时程增强——记忆的生理学基础

我们在第3章学习过，神经元之间的连接通过反复刺激而增强，这个过程就叫作**长时程增强（LTP）**（Abrari et al.，2009；Bliss，Collingridge，& Morris，2004）。1966年，特杰·洛莫（Terje Lomo）首次在兔子的海马体中观察到LTP，这一发现被许多后来的其他动物和人类的研究人员重复。自从发现LTP后，神经科学家们学到的东西的要点是"把电线连接在一起"的神经元（Malenka & Nicoll，1999）。这在很大程度上证明，赫布是对的。

目前，许多研究者相信我们储存记忆的能力依赖于神经元间连接的增强，这些神经元可以延伸到大脑更远更深的凹回处，呈扩散的网络状排列（Rojas，2013；Shors & Matzel，1999）。LTP是直接负责记忆的储存，还是通过增加唤醒和注意来间接

可重复性
其他人的研究也会得出类似的结论吗？

长时程增强
（long-term potentiation）
神经元的连接通过反复的刺激而逐渐增强。

排除其他假设的可能性
对于这一研究结论，还有更好的解释吗？

影响学习，仍然不得而知。尽管如此，大部分科学家还是认为 LTP 在学习中扮演着一个非常关键的角色，并且海马体在形成持久记忆方面起着至关重要的作用。

长时程增强和谷氨酸　LTP 往往发生在突触，在那里，发送神经元释放出神经递质谷氨酸进入突触间隙——发送和接收神经元之间的空间（见 3.1a）。如图 7.14 所示，谷氨酸与 NMDA 和另一种物质（AMPA）的受体相互作用。LTP 增强了谷氨酸在突触间隙的释放，从而增强了学习能力（Lisman & Raghavachari，2007；Lüscher & Malenka，2012；Navakkode & Korte，2012）。一个研究小组甚至可以通过操纵其基因来创造出 NMDA 的额外受体，从而创造出一种"超级聪明的老鼠"。与普通老鼠相比，超级聪明的老鼠是一个特别快速和有效的学习者（Lee & Silva，2009；Tsien，2000）。

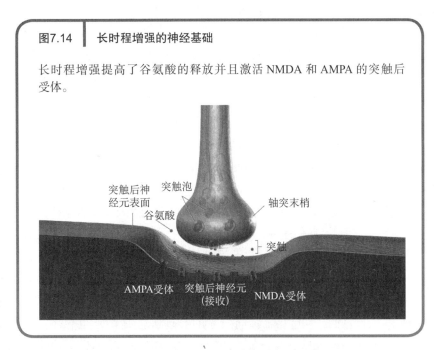

图7.14　长时程增强的神经基础

长时程增强提高了谷氨酸的释放并且激活 NMDA 和 AMPA 的突触后受体。

突触后神经元表面　突触泡　轴突末梢
谷氨酸　突触
AMPA受体　突触后神经元（接收）　NMDA受体

记忆存储在哪？

很明显，海马体是记忆的关键。一些研究者甚至找出了海马体中某些只对名人产生反应的神经元，例如女演员哈莉·贝瑞（Quiroga et al.，2005，见 4.6b）。关于海马体在记忆中的作用的一个证据来自对克氏星鸦的研究。它是一种了不起的北美鸟类。为了帮助自己为漫长的冬天做准备，克氏星鸦在大约 5 000 个地方埋下了 33 000 粒种子，散布在大约 150 平方千米的地方，并且设法在几个月后找到了大部分的种子，尽管它们经常被埋在几英尺深的雪下！克氏星鸦有一个异常大的海马体，这可能有助于解释它特殊的空间记忆能力（Basil et al.，1996；Gould et al.，2013）。

但我们能够确定记忆痕迹是在海马体里，还是在任一单独的脑结构里吗？答案是否定的。fMRI 研究显示，我们学习到的信息不会长期存储在海马体里。相反，前额皮层似乎是我们支取记忆的主要"银行"之一（Zeinah et al.，2003）。但是，就像拉什利所发现的一样，即使破坏前额皮层的隔离区域或其他大脑皮层的组织，也没能清除存储很久了的记忆。就像一间房子里面散开的玫瑰香味似的，我们的记忆是建立在这些皮层的很多区域上的。

遗忘症——外显记忆和内隐记忆的生物基础

之前我们学习过外显记忆和内隐记忆。研究证明这两种记忆形式是由不同的脑部系统管理的，尽管大脑的记忆系统相互作用，以塑造我们的经历和记忆，无论它们是内隐的还是外显的（Cabeza & Moscovitch，2013；Squire，1987；Voss & Paller，2008）。关于内隐和外显记忆的生物学根源的最好证据来自那些对严重遗忘症个案的研究。两种最常见的遗忘症形式是**逆行性遗忘症**和**顺行性遗忘症**。前者会使我们失去一些关于过去的记忆，而后者则会使我们失去关于现在的记忆。

失忆的事实和虚构　与通常的看法相反，普遍的遗忘——人们忘记了他们之

逆行性遗忘
（retrograde amnesia）
失去我们对过去的记忆。

顺行性遗忘
（anterograde amnesia）
无法从我们的经验中编码新的记忆。

前生活的所有细节 [American Psychiatric Association（APA），2013]，是相当罕见的（Baxendale，2004）。即使是逆行性遗忘也不是特别常见。但在脑损伤的人群中，顺行性遗忘出现的频率要高得多（Lilienfeld et al.，2010）。此外，尽管许多好莱坞电影将记忆从失忆症中的恢复描述为突然的，但失忆症的恢复往往是逐渐发生的 [American Psychiatric Association（APA），2013]。

一个遗忘症的个案研究：H. M. 和克莱夫·韦尔林　到目前为止，心理学文献中最著名的健忘症患者是一个来自康涅狄格州的人，最初只知道他名字的首字母是 H. M.。他有严重的癫痫病发作症状，他的医生无法用药物对其进行控制。1953 年 3 月，在最后一次消除癫痫病灶的尝试中，外科医生切除了 H. M. 大部分的颞叶，包括他的左海马体和右海马体，他们认为这些区域是癫痫病发的源头（那个时候的医生们并没有预想到这个激进的手术将带来灾难性的后果，这些可能在今天不会重演）。当时，H. M. 26 岁。这次手术后，H. M. 几乎完全患上了顺行性遗忘症：他几乎无法回忆最近发生的事情（Postle & Kensinger，2016）。虽然手术前 11 年，他也有过一些逆行性遗忘（Corkin，1984），但他 15 岁前的记忆却保存得相当完整。

在他手术后的几十年里，无论从什么角度来看，H. M. 的生命都是被冻结在时间里的。用他自己的话说："每一天都是孤独的，无论我有什么享受，无论我有多么悲伤。"他不知道最近发生了什么，当然也不知道自己接受了那个手术。两年以后，即 1955 年，他还以为自己是在 1953 年 3 月。H. M. 阅读相同的杂志，一遍又一遍地完成相同的拼图，却意识不到他之前已经见过这些东西。他回忆不起几分钟前所见的心理医生是谁，也想不起他半小时前的午饭吃了什么（Milner，1972；Scoville & Milner，1957）。当一遍又一遍地告诉他他叔叔去世的消息，他每次都会显露出同样伤心的神情和反应（Shimamura，1992）。H. M. 是亨利·莫莱森（Henry Molaison）的真实身份在他去世的时候才被揭露出来。他于 2008 年 12 月份去世，终年 82 岁。他过了 55 年没有任何新近记忆的日子。尽管如此，至少有一位作者最近提出，在 H. M. 手术过程中可能他的额叶受到了损害，这增加了这种可能性，即他的海马体损伤可能无法完全解释他严重的记忆障碍（Dittrich，2016）。

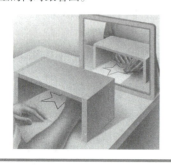

图7.15	对H. M.所做的镜子追踪实验的模拟实验

在镜子里面，你是如何化好妆的？用这个任务来评估内隐记忆，参与者必须在看镜子中的星星的同时跟着画。

H. M. 的悲剧案例显示了外显记忆和内隐记忆的一个巨大不同点。研究者们反复地让 H. M. 通过一个镜子跟踪简单的几何图形（见图 7.15），对这个任务，人们在开始尝试的时候都发现它很难。而 H. M. 没有任何关于以前做过这个任务的记忆，随着时间的推移他的表现一直比较平稳（Milner，1964，1965）。所以虽然 H. M. 没有关于这个任务的外显记忆，但是他表现出明显的内隐记忆。

当研究者们用脑成像技术检测 H. M. 的大脑时，发现除了他的海马体以外，海马体周围的皮层和相邻的杏仁核都被手术损坏了（Corkin et al.，1997）。这个发现使得研究者们假设边缘系统不同部位的大型环路连接——包括海马体、下丘脑、杏仁核——都对记忆起着关键性的作用（见图 7.16）。

表明外显记忆和内隐记忆相区别的类似证据来自克莱夫·韦尔林（Clive Wearing）这一个案，韦尔林是英国的一名前音乐制作人，他的海马体（连同其他几个大脑结构）在 1985 年被一种疱疹病毒摧毁（Wearing，2005）。像 H. M. 一样，韦尔林几乎完全得了失忆症。当他的妻子离开房间几分钟后回来时，他对她显露出了巨大的感情，仿佛他已经很多年没有见到她了。然而，韦尔林以启动效应的形式显示了内隐记忆。当他的妻子说"圣玛丽"时，他很快就回答了"帕丁顿"，而完全没有意识到他为什么这么说。韦尔林在感染病毒后被送入的医院的名字是——你猜对了，就是圣玛丽帕丁顿医院（Wearing，2005）。关键一点：对海马体的损伤会损害外显记忆，但会使内隐记忆完好无损。

情感记忆

我们通常认为记忆是我们的好朋友，作为一个终身伴侣帮助我们储存有用的信息，让我们能够应付周围的环境。然而，我们的记忆也会给我们带来痛苦，就像一个 53 岁的女人，她报告的嗅觉记忆可以追溯到几十年前的一场残忍的轮奸（Vermetten & Bremner，2003）。皮革、酒精和剃须旧香料——所有这些都出现在强奸场景中——引发了强烈的恐惧反应，导致她退到壁橱里，进行自我毁灭的行为。

杏仁核的作用　杏仁核是记忆，尤其是那些控制恐惧的记忆的情感组成部分。在记忆形成过程中，杏仁核与海马体相互作用，但每一种结构都提供不同的信息（见图 7.16）。研究人员在对两名患者 S. M. 和 W. S. 的研究中发现了杏仁核和海马体的具体作用。第一个被破坏的是杏仁核，第二个是海马体（LeBar & Phelps，2005）。杏仁核损伤的病人（S. M.），记住了关于制造恐惧的经验，但是没有经历恐惧情绪。与此相反，海马体损伤的病人（W. S.）经历了恐惧情绪，而不是恐惧产生的事实。因此，杏仁核和海马体在记忆中扮演着独特的角色，杏仁核帮助我们回忆起与恐惧引发的事件有关的情绪，海马体帮助我们回忆事件本身（Fitzgerald et al.，2011；Marschner et al.，2008）。

消除痛苦的回忆　如果有可能将痛苦或痛苦的记忆，比如目睹某人的死亡或经历一段感情的破裂，抹去或消除，那该多好。正如我们所了解到的，情感记忆是持续的，即使它们经常随着时间的推移而扭曲。肾上腺素和去甲肾上腺素（见 3.3a）在压力下释放，刺激神经细胞的蛋白质（β - 肾上腺素能）受体，从而巩固情感记忆。

劳伦斯·卡希尔和詹姆斯·麦克高（Cahill & McGaugh，1995）在一项简洁的研究中展示了情感记忆的持久力。他们为参与者制作了两篇有关 12 张幻灯片的故事。他们告诉一半的参与者一个情绪中立的故事，讲的是一个男孩去他父亲工作的医院。他们向另一半参与者展示同样的幻灯片还有一个更令人不安的故事；在故事的中间，他们告诉参与者，这个男孩受伤了，在医院做了手术，重新接上了他的断腿。24 小时后，参与者返回进行记忆测试，卡希尔和麦克高问他们记住了什么。那些听过这个情感刺激的故事的参与者，对这个男孩的创伤的故事进行了很好的回忆。相比之下，听到中性故事的参与者回忆起故事中所有部分的细节。

卡希尔和他的同事（Cahill et al.，1994）做了一个类似的中间有一个有趣的插曲的实验。这一次，他们给一些参与者服用了一种叫作"普萘洛尔"的药物，这种药物可以阻止肾上腺素对 β - 肾上腺素能受体的影响（医生也用它来治疗高血压）。当参与者的肾上腺素为普萘洛尔所抑制时，他们并没有对故事的情感唤起部分表现出特别好的回忆。事实上，他们的回忆和那些听了情感上中立的故事的人没有什么不同。

精神病学家罗杰·皮特曼（Roger Pitman）认为，普萘洛尔可能会削弱现实生活中的创伤，比

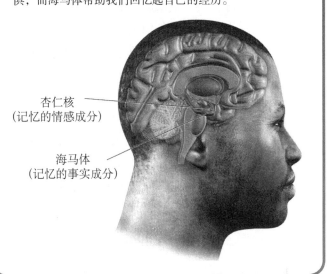

图7.16　情感记忆和脑

研究表明，杏仁核帮助我们回忆起与恐怖经历有关的恐惧，而海马体帮助我们回忆起自己的经历。

杏仁核
（记忆的情感成分）

海马体
（记忆的事实成分）

如汽车事故。皮特曼和他的同事（Pitman et al., 2002）对刚经历了一场创伤性事件（如轿车事故）的人们，在 10 天内给他们服用了普萘洛尔。一个月后，他们检查了服用药物的人对单独准备的磁带的身体反应，这些磁带重新播放了事件的关键部分。接受安慰剂的参与者中，有 43% 的人对磁带产生了身体上的反应，重现了他们的创伤经历。然而，没有一个接受过这种药物的人有这种反应。研究人员建议，在创伤性事件发生后不久，将普萘洛尔与心理疗法结合使用，以防止长期的应激反应，如创伤后应激障碍（Giustino，Fitzgerald，& Maren，2016）。

可重复性
其他人的研究也会得出类似的结论吗？

皮特曼的药丸只会抑制创伤记忆的影响，并没有消除它们。其他研究人员使用不同的设计来重复这些发现（Brunet et al., 2011；Kindt, Soeter, & Vervliet, 2009；Menzies, 2012）。尽管如此，这项研究并没有让人们停止对这些处理手段是否合乎道德、是否真正需要提出质疑。毕竟，如果我们可以选择忘记所有的消极经历，我们会从错误中学习和成长吗？我们能做某件事的事实并不意味着我们应该这样做，所以争论还在继续。

日志提示

> 海马体和杏仁核似乎在记忆形成过程中扮演着重要的角色。描述与每个大脑结构相关的记忆过程，以及本章中讨论的案例研究如何为这些过程提供证据。

记忆退化的生物机理

当人们到了 65 岁以后，他们通常会经历记忆困难和脑部退化。尽管许多人相信，随着年龄的增长，衰老是可以避免的，有些人 100 岁后每天只有些许的遗忘。但是科学家们对关于在人的晚年失去多少记忆才是"正常的"的论调持否定态度。一些人认为在正常的情况下我们不会有任何记忆损伤。尽管如此，对年龄在 59 岁至 84 岁之间的参与者进行的纵向研究表明，在 2~4 年的时间间隔内，大脑皮层的总体区域会有微小但持续的收缩（Resnick et al., 2003）。我们可能会认为，伴随这些组织的损失会有细微的认知衰退，但是其他的假设也是可能的。例如，认知可能会被完全保存，直到出现严重的组织缺失。

排除其他假设的可能性
对于这一研究结论，还有更好的解释吗？

很多人将衰老与它的一个常见诱因阿尔茨海默病相提并论。虽然阿尔茨海默病是衰老最为常见的诱因，占了痴呆症（严重的记忆丧失）起因的 50%～60%；但还有两个常见起因是脑部累积的各种小撞击以及额叶和颞叶退化。随着人们年龄的增长，阿尔茨海默病的发病率也在上升——到 2050 年，每 33 秒就会有一个美国人患上阿尔茨海默病（Alzheimer's Association, 2016）。在 65 岁以上的人群中，阿尔茨海默病的患病率为 13%，但是 85 岁以上的人群中，患病率竟高达 42%。随着美国人口的"老龄化"，在未来的几十年里，人们预计阿尔茨海默病将会变得更加令人难以接受，如果无法找到治愈的方法，到本世纪中叶，将有 1 400 万至 1 600 万美国人患上这种疾病（Alzheimer's Association, 2016）。

阿尔茨海默病患者的认知缺损跟语言与记忆有关，这与阿尔茨海默病的大脑皮层缺损相符合

（见图 7.17）。这种记忆的缺失先从最近的事情开始，然后再是以前的事情。阿尔茨海默病患者会在忘记他们儿子的名字之前先忘了他们孙子的名字。患者还会迷失方向，忘了他们现在在哪里，今年的年份以及现任总统是谁。

阿尔茨海默病患者大脑中含有大量的老年斑和神经纤维结（见 3.1d）。这些反常状况会使得突触连接减少以及大脑皮质和海马体细胞死亡，同时也会导致记忆缺失和思维能力减弱。随

相关还是因果
我们能确信 A 是 B 的原因吗？

着病情的发展，突触会进一步减少，而这会直接影响到智力状况（Scheff et al.，2007）。但是这个结果并不一定说明突触的减少导致了记忆功能的减弱。随着突触的减少，前脑的乙酰胆碱神经元会退化和死亡。因此，目前对阿

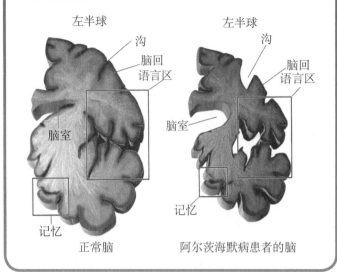

图7.17 | 阿尔茨海默病患者大脑的变化

改变包括负责语言和记忆方面的脑室的增大和大脑皮层的严重丧失。

左半球　左半球　沟　脑回　语言区　脑室　记忆　正常脑　阿尔茨海默病患者的脑

尔茨海默病最常见的治疗方法是使用药物，如多奈哌齐（它的通用名称是安理申），通过抑制它的分解，增加了大脑中乙酰胆碱的含量。也有一些实验性方案，比如能增强神经营养（生长）因子的基因疗法，使乙酰胆碱神经元得以存活和茁壮成长。还有其他有前景的药物阻断了神经递质谷氨酸的行为（Francis，2008），但在高剂量时对神经元是有害的（见 3.1c）。没有任何的治疗能够转变或者阻止阿尔茨海默病所带来的脑部变化，而最好的药物治疗也只能延缓病情的发展（Briks，2012）。

因为这个原因，研究者们已经开始评估人们的生活方式，看看如何能够减轻阿尔茨海默病的发病率。一份大规模的研究表明，60 岁到 70 岁的人中有超过 2 600 人的结果显示，与没有接受干预的人相比，那些参与了一项为期 2 年的干预（改善饮食，增加锻炼，监测血管风险，并提供认知训练）的人，他们的认知能力得到了保持或改善（Ngandu et al.，2015）。这项研究之前的一项有希望的研究发现，体育活动和强大的社交网络与降低认知障碍和患阿尔茨海默病的风险有关（Laurin et al.，2001）。一项对 10 人进行的初步研究表明，有可能通过一个个人定制的项目来逆转阿尔茨海默病或较轻的记忆丧失症状，包括饮食、锻炼、大脑刺激、睡眠优化、药物和维生素的全面改变（Bredeson et al.，2016）。尽管如此，在我们能够认识到它们反映了可靠的、持久的变化之前，重复和扩展这些有希望的发现是必要的。

可重复性
其他人的研究也会得出类似的结论吗？

大量的其他研究表明，有较高教育水平和智力活动的人可以降低患阿尔茨海默病的风险（Ngandu et al.，2007；Sattler et al.，2012）。不可否认的是，这些相关研究结果的因果关系是模糊的，可能是身体上和心理上都很健康的人有更多的脑功能。然而，这些结果却增加了一个古老格言的可信度："用进废退"。这句格言可能就是真理（Cracchiolo et al.，2007；Wilson et al.，2007）。

相关还是因果
我们能确信 A 是 B 的原因吗？

7.4　记忆的发展：对个人历史的获取

7.4a　阐述儿童的记忆力怎样随着年龄发生变化。

孩子多大开始有记忆？他们都记些什么？问题的答案取决于我们讨论的是哪一种记忆。至少在某种意义上可以说，我们可以记得出生前的事情。那是因为婴儿表现出的习惯化——对熟悉事物注意的减少。我们在第 6 章中介绍过，32 周大的婴儿随着时间推移表现出对振动刺激反应的减少。习惯化是内隐记忆的一种形式——为了将一种刺激识别为熟悉的，我们需要回忆出之前经历过它。这与回忆一首歌的歌词或者回忆上个生日派对我们穿了什么相去甚远，但仍然是记忆的一种形式。

随时间流逝的记忆

随着年纪的增长记忆会发生改变，但在发展的过程中记忆仍保持相当强的连续性。婴儿比儿童的记忆力差，而儿童的记忆力又没有成年人好，年轻人的记忆力又比年纪大的好。但是相同的基本加工操作贯穿了人的一生。例如，婴儿表现出了和成年人一样的系列位置曲线（Benavides-Varela & Mehler，2015；Cornell & Bergstrom，1983；Gulya et al.，2001）。然而，记忆的广度和使用策略的能力在婴儿期、幼童期、学前期和中学期间有了显著增加。

儿童的记忆随着时间的推移变得日益复杂。可以从以下几个方面来解释。第一，儿童的记忆广度随着年龄的增长而增加（Pascual-Leone，1989）。事实上，他们的记忆广度在 12 岁左右之前是达不到 7±2 的。如果我们让一个三岁大的孩子去记一串字母或者数字，她平均只能记得三个左右。五岁大的孩子平均能记四个左右。到了九岁，儿童的记忆广度开始接近成年人的记忆广度，平均能记六个。

这种记忆广度增加的情形是更好地使用记忆策略（如练习）的结果吗？那只是一部分原因（Flavell，Beach，& Chinsky，1966；McGilly & Siegler，1989），身体机能的成熟也占了很大一部分。

相关还是因果
我们能确信 A 是 B 的原因吗？

所以，令人感到意外的是儿童记忆广度与鞋码之间的联系实际上比与年龄或智力的联系更为紧密。然而，我们可以确定这种关系不是因果关系！因为儿童的成长速度是不同的，这种联系只反映了生理成熟与记忆广度的联系，比如鞋码或身高的变化都是很好的预测物。

第二，我们对概念的理解也随着年龄增长而增长。这很重要，因为我们组块相关信息的能力和以有意义的方式存储记忆的能力都依赖于我们对这个世界的认识。例如，如果不知道"CIA"代表着中央情报局，儿童就无法将字母 C、I、A 组合到一块。

第三，儿童元记忆的能力随着时间的推移而增强，**元记忆**是有关他们记忆能力和记忆局限性的概念。这些能力帮助儿童了解他们什么时候使用记忆策略来增强记忆，什么策略最有效（Schneider，2008；Schneider & Bjorklund，1998；Weinert，1989；Zabrucky & Ratner，1986）。如果我们展示一个四岁儿童的十张照片，问她有多少张她能记住，她可能会非常自信地告诉你，她能记住所有的十张照片。但是她不能。这个年龄段的孩子不喜欢自己的记忆力局

卡罗琳·罗威尔-科利尔和其他研究者使用可移动的物体来研究婴儿的内隐记忆。尽管婴儿无法告诉你他们记住了这个物体，但他们的记忆通过踢腿的动作体现出来。

元记忆（meta-memory）
了解我们自己的记忆能力和局限性。

限，因此高估了自己的能力。那些比年幼的孩子更能记得事情的大孩子们，估计他们会记住得更少。因此，他们能更准确地判断自己的记忆能力（Flavell，Friedrichs，& Hoyt，1970）。

婴儿的内隐记忆：利用踢腿来交流

卡罗琳·罗威尔-科利尔（Carolyn Rovee-Collier）使用了一个创新型技术来研究婴儿的内隐记忆。在她的研究中，我们可以操控条件（见6.2a）让婴儿表现出特殊的动作。罗威尔-科利尔将婴儿放在一张床上，婴儿的头顶上方有一个可移动的装置。她先观察一会儿他们的行为，在基线水平下评估其活动水平。然后，她将一根丝带系在了可移动的物体上，并将另一头系在了婴儿的脚踝上。当婴儿下一次踢脚时，她惊奇地发现，那个可移动的物体晃动了一下。婴儿发现了物体运动的原因。因为物体的运动是由于婴儿自己的踢腿动作引发的，所以他们很快就开始有意地踢腿来晃动物体。

施加条件让婴儿靠踢腿来晃动物体后，罗威尔-科利尔就将他们送回家。然后，一天，一周，或一个月后，她再将他们带回实验室放入那张婴儿床中。这一次，那个可移动的物体没有系在婴儿的脚上，所以没有强化。问题是，婴儿会提高踢腿的频率来晃动物体吗？如果是这样，这就意味着他们记得了这个操作实验。

✳ 心理科学的奥秘
为什么我们无法记住人生的前几年？

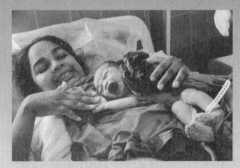

有些人声称自己还记得自己的出生。非常成熟的婴儿遗忘现象使这种说法极其难以置信。研究表明，在两岁半到三岁之前的记忆是不可能真实的。

在阅读这一部分内容之前，请深呼吸，试着回忆一下你最早的记忆。你记得什么？那时你多大？大多数学生报告他们最早的记忆是在 3～5 岁。**婴儿期遗忘**是指成年人无法提取他们早年精确的记忆（Hayne，Imuta，& Scarf，2015；Wetzler & Sweeney，1986）。

很少有人能准确地回忆出 2 或 3 岁前（婴儿期遗忘的最低年龄）的事情（West & Bauer，1999；Winograd & Killinger，1983），尽管不同的人有不同的遗忘（Peterson，Warren，& Short，2011）。

答案：事实。当我们中的大多数人在思考记不起来的事情时，我们通常会想到的是忘记的过去事件或信息。然而，根据一项研究，大学生中大约 70% 的记忆错误都是预期的记忆错误，这些记忆与未来的事件或行为有关，比如忘记带礼物到生日聚会或忘记带铅笔去参加考试。年幼的儿童的预期记忆非常有限，预期记忆在成年早期达到顶峰，而在中老年时期下降（Mahy，Moses，& Kliegel，2014；Zimmerman & Meier，2006）。

婴儿期遗忘
（infantile amnesia）
成年人无法回忆出个人早年的经历。

2 或 3 岁前的记忆都不太可信。所以如果你记得 1 岁时甚至更早的事情，那些记忆不是虚假的就是后来才发生的真实事件的记忆。

最新研究表明，文化可能会影响记忆的年龄和初次的记忆。欧裔美国人比来自台湾地区的人报告的初次记忆的时间更早。新西兰毛利人报告了迄今为止记录的最早的记忆，平均时间超过两年半。与新西兰的欧洲血统母亲相比，他们的母亲在与孩子的互动中更多地提到了与她们的孩子相处的时间和内在的情感状态。了解自传式记忆的顺序性可以帮助毛利儿童在时间上组织他们的记忆，并在他们年老时加强他们对早期事件的回忆（Chen, McAnally, & Reese, 2013; Hayne & MacDonald, 2003）。另外，欧裔美国人的初次记忆大多都集中在他们自己身上，来自台湾地区的人的初次记忆则更多集中在别人身上（Wang, 2006）。这些发现与我们后来在书中所描述的研究结果相吻合，这些研究表明，欧裔美国人的文化倾向于以个人为导向，而许多亚洲文化倾向于以他人为导向（Lehman, Chiu, & Schaller, 2004）。

不幸的是，那些非主流心理治疗的支持者忽视了有关婴儿期遗忘的科学依据。许多用催眠治疗年龄退行的支持者认为人能提取 2 岁之前的记忆，有时甚至还能提取出生前的记忆（Nash, 1987）。至少有一位治疗师甚至试图恢复他的女性客户在受精前被困在她母亲的输卵管里的记忆（Frontline, 1995）。同样地，科学教派（Church of Scientology）的支持者认为那些被胎儿、胚胎甚至是受精卵听到的封存在记忆中的负面消息可以在成年以后被激活，尤其是在压力的状态下。科学教派教徒（Scientologists）认为，这些记忆会引起自卑和其他心理问题（Carroll, 2003; Gardner, 1958）。例如，如果一个胎儿在母亲与父亲的激烈争吵中无意中听到母亲说"我恨你"，她成年后可能会把这个说法误解为指她而不是她的父亲。幸运的是，没有证据表明胎儿或成年人有这种极端情况。胎儿无法准确理解他们在子宫里听到的大部分语言（Smith et al., 2003），就让他们几十年后再回忆吧。

没有人能确切解释我们为什么会永远遗忘生命最初那几年的记忆，但是心理学家们给出了几个可能的原因（Bauer, 2006）。在长时记忆特别是情景记忆中扮演关键角色的海马体，在婴儿期仅仅有部分的发展（Mishkin, Malamut, & Bachevalier, 1984; Schacter & Moscovitch, 1984; Zola, 1997）。所以 2 岁之前，我们可能不具有保留长时记忆的能力（Jossely & Frankland, 2012）。

婴儿没有或者只有少部分的自我概念（Fivush, 1988, Howe & Courage, 1993）。18 个月前的婴儿不能从镜子中认出自己（Lewis Brooks-Gunn, & Jaskir, 1985; Zmyi, Prinz, & Daum, 2013）。因为没有一个发展良好的自我，婴儿可能无法以一种有意义的方式对他们的经历进行编码或存储，所以这些经历永远不会被记住。

罗威尔－科利尔（1993）发现两个月大的孩子仍旧保留了对这个实验的记忆，尽管他们在数天后就会忘记。不管怎样，他们记忆的广度在快速增加着。三个月大的孩子就能记得这个条件作用达一周以上，六个月大的孩子能记两周以上。婴儿对这个实验的记忆特别具体。如果研究者改变了移动物体的几个元素或者改变了床的样子，婴儿似乎就认不出这个装置了：他们的踢腿速度又回到了基线水平。

7.5　记忆由好变坏：错误记忆

7.5a　了解错误记忆和记忆误差敏感性的影响因素。

7.5b　描述一些真实世界中虚假记忆和记忆错误的含义。

我们一般相信记忆会给我们提供有关过去的准确描述。在很多情况中, 我们的记忆表现得很好。然而, 在过去的几十年里, 研究表明我们的记忆比我们所想象的更不可靠, 而且太相信自己记住的某些事情是可靠的。

错误记忆

1997 年, 威斯康星州的一位 44 岁的助理护士娜蒂安·库尔在与心理治疗师的诉讼中赢得了 240 万美元的医疗事故赔偿金。她因为轻微的情绪问题接受治疗, 譬如情绪低落、暴饮暴食。然而, 据说在接受治疗五年之后, 娜蒂安恢复了一些童年的记忆, 包括她曾是一个凶残的撒旦组织的狂热信徒, 她曾被强奸, 以及她目睹了 8 岁的童年伙伴被谋杀。她的治疗师使她相信她隐藏着 130 多种人格, 包括魔鬼、天使、儿童和小鸭子 (由于需要治疗大量不同的人格, 治疗师甚至将她的案例归为团体治疗)。

在娜蒂安接受多次治疗之后, 所有这些记忆都出现了。治疗技术包括引导想象——治疗师会让来访者想象过去的事情; 催眠性返童现象——治疗师通过催眠让来访者回到心理上的童年状态。治疗师会给娜蒂安驱除邪魔, 并进行长达 15 个小时的治疗。随着治疗的持续, 她被那些治疗师迫使其相信的恐怖的记忆击垮。然而最终她开始怀疑那些记忆的真实性, 并终止了治疗。

娜蒂安的故事传达了一个强有力的信息: 我们所认为的记忆可能是完全错误的, 尽管我们中很少有人会受到娜蒂安所忍受的记忆塑造技术和压力的影响。当我们像娜蒂安一样, 记忆发生了改变, 我们的身份就会改变。通过心理治疗, 娜蒂安逐渐相信她是一个反复受到残忍的儿童虐待的受害者。她甚至逐渐相信自己患上了一种严重的疾病, 即分离性身份识别障碍, 或者是以在两种或多种人格间转换为特征的 DID (以往被称为多重人格障碍, 详见第 13 章)。

我们的记忆可能会因此而改变, 这似乎有些奇怪。这怎么可能? 乍一看, 我们的日常经验强有力地证明我们所依赖的记忆是可靠的, 因为我们大部分的回忆似乎如电影中的场景那样鲜活。当你听到喜剧演员罗宾·威廉姆斯或音乐家王子最近去世的消息, 你记得你在哪里和在干什么吗? 大部分美国人都说记得, 而且很多人都说能生动地回忆起这些令人惊讶的甚至是令人震惊的死亡的时刻。一些年纪大点的美国人报告说对 1963 年 11 月 22 日约翰·肯尼迪总统遭暗杀的事情或者是 2001 年 9 月 11 日的恐怖袭击事件都有同样鲜明的记忆。对刺杀罗纳德·里根总统未遂事件的准确回忆 (Pillemer, 1984), 对"挑战者"号航天飞机爆炸 (McCloskey, Wible, & Cohen, 1988) 以及戴安娜王妃和歌手迈克尔·杰克逊逝世 (Krackow, Lynn, & Payne, 2005-2006) 等事件的记忆也是如此的深刻。

闪光灯记忆

罗杰·布朗和詹姆斯·库利克 (Brown & Kulik, 1977) 将这些记忆称为**闪光灯记忆**, 毫无疑问如此逼真的情绪记忆让人们能够清晰地回忆出那些历历在目的细节。他们还认为闪光灯记忆不像一般的记忆那样随着时间推进而衰退。因此闪光灯记忆表明我们的记忆有时会像摄像机那样运作, 是这样吗?

可能不是, 乌尔里克·奈瑟尔和妮科尔·哈施 (Neisser & Harsch, 1992) 决定通过研究大学生对 1986 年"挑战者"号航天飞机爆炸事件的回忆来验证如此鲜明的记忆是否准确。对于很多人来说, 这是个相当悲伤和难忘的事件。一名非正式宇航员, 名叫克里斯塔·麦考利夫的教师也在飞机上。奈瑟尔和哈施发现在"挑战者"号爆炸之后的两年半到三年的时间里, 75% 的大学生对该事件的记忆与这件事发生

闪光灯记忆
(flashbulb memories)
被认为是格外逼真和细节化的情绪记忆。

几天之后的记忆并不相符。而且，大约有三分之一的学生叙述随时间推移发生了很大的变化。下面是在"挑战者"号爆炸之后立即从一位参与者那里得到的回忆记述。

　　开始的记忆。（1986 年 1 月）："那时我在宗教课堂上，很多人走进教室并开始讨论爆炸的事。我不知道任何细节，只知道它爆炸了，当时学校的教师和学生都在观看，我也感觉很难过。下课后我回到自己的房间，看了此次事故的电视报道了解了更多的细节。"

以下是两年半之后同一参与者的回忆：

　　后来的记忆。（1988 年 9 月）："当我初次听到这个爆炸时，我正和室友一起在大一新生寝室看电视。电视里突然插播了这条新闻，我们俩对此都感到非常震惊。我的心完全被打乱了，于是上楼与一个朋友谈论此事，随后给父母打了个电话。"

可重复性
其他人的研究也会得出类似的结论吗？

当奈瑟尔和哈施给学生看他们几年前写下的回忆时，一些学生坚持说撰写这些回忆的肯定另有其人！作者创造了一个术语"幻象闪光灯记忆"来说明似乎许多闪光灯记忆都是错误的。这一现象在一群被要求回忆 O. J. 辛普森实验结论的学生那里也得到了证实（Schmolk，Buffalo，& Squire，2000）。32 个月后，40% 的学生的记忆报告都表示，与他们最初的记忆有"很大的歪曲"，而他们最初的记忆是在实验结束后三天记录的。尽管如此，闪光灯记忆通常包含大量的准确性。例如，那些了解 2001 年 9 月 11 日恐怖袭击的人，在他们回忆起袭击事件的时候，通常是正确的，但他们在回忆当时所做的事情或者是谁告诉他们的时候经常是错误的（Rimmele，Davachi，& Phelps，2012）。德克尔和布亚诺（Dekel & Bonanno，2013）记录了"9·11"恐怖袭击的幸存者在事件发生后的 7 个月和 18 个月的回忆。随着时间的推移，人们的回忆有所不同：面对创伤或从创伤相关症状中恢复过来的个体，与那些继续经历痛苦的人相比，随着时间的流逝，他们对事件产生了更美好的记忆。

奥卡姆剃刀原理
这种简单的解释符合事实吗？

这项研究显示，闪光灯记忆或者其他的情感记忆像其他所有的记忆一样会随着时间的推移发生改变。此外，忘记闪光灯记忆的速度与普通记忆相似（Hirst et al.，2009；Talarico & Rubin，2007）。闪光灯记忆提醒我们，虽然我们的记忆看起来像摄像机那样工作着，但实际上并非如此。我们不必再用一套新的解释来阐释生动的记忆。最简单的假设是：闪光灯记忆并不是一种独立的记忆种类，它们就像其他记忆一样会随时间消退，只是印象更深些罢了。

源监控：记忆来自哪里？

回头想想昨天与一个朋友的谈话。你怎么知道它真的发生过？大约 25% 的大学生报告说清楚地记得经历了某一件事但不确定它是否真的发生过或者只是梦的一部分（Rassin，Merckelbach，& Spaan，2001）。这是**源监控混乱**的一个例子，即缺乏对记忆来源的清晰了解。

根据记忆的源监控观点（Johnson，Hashtroudi，& Lindsay，1993；Johnson & Raye，1981），我们试着通过寻找我们编码记忆的线索来鉴别记忆的来源。源监控是指我们努力去确认记忆的来源。我们也依赖源监控来回忆可能提供信息的信息源——你是在新闻上看到的还是从朋友那里听到的？你是否曾经准备给某人讲一个笑话或者一个故事，却未意识到他是第一个告诉你的人？无论我们努力查明记忆是真的反映发生了的事情还是只是我们的想象，我们都在进行源监控。例如，我们通常依靠线索来了解我们

源监控混乱
（source monitoring confusion）
对记忆的起源缺乏清晰性。

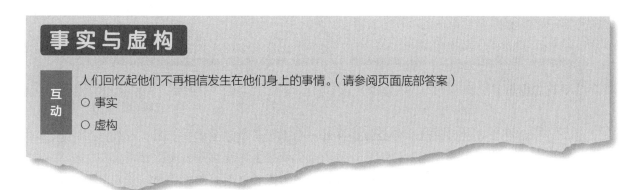

的记忆是多么的生动和详细。在所有条件相同的情况下，对离我们最近的过去的记忆更加生动和详细，更有可能反映真实的事件（Lynn et al.，2003a），尽管我们已经了解到这些记忆有时也是不准确的。如果我们记得在校园里与朋友的对话是模糊的，我们可能会开始怀疑它是否真的发生了，或者仅仅是我们过度活跃的想象的产物。

在许多情况下，源监控可以帮助我们避免混淆记忆和幻想。当我们试图回忆我们是否真的揍了讨厌的老板的鼻子时，或者只是幻想着这样做时，这种能力就很有用了。然而，由于关于记忆的生动和细节的线索远非完美，所以源监控也不是完美的。我们有时会被愚弄，而且正如我们所知道的，会产生错误的记忆。

源监控失败可以解释为什么有些人错误地回忆起他们参与了一个行动，尽管他们没有执行，而是观察其他人在做这件事（Lindner et al.，2010）。考虑另一个源监控失败的例子。福斯特和加里（Foster & Garry，2012）要求参与者建造乐高汽车（如警车或火车），并完成一些而不是所有的步骤来建造车辆。当参与者闭上眼睛时，实验人员完成了参与者没有完成的步骤。在第二天的测试中，参与者自信地记得他们已经完成了他们还没有完成的步骤。参与者在精神上填满了与缺失步骤相关的动作，然后将他们认为发生的事情与他们真实的行为混淆了。

一个源监控的视角帮助我们理解为什么有些人特别容易接受错误的记忆。还记得在这一章开头的所有令人困倦的单词的记忆错觉测试吗？（不，这不是一个错误的记忆。）一些研究表明，那些容易幻想的人更有可能在这个任务上经历记忆错觉（Geraerts et al.，2005；Winograd, Peluso, & Glover，1998）。老年人（Jacoby & Rhodes，2006）甚至那些认为自己被外星人绑架的人（Clancy et al.，2002），可能会报告以前生活中不太可能的记忆（Meyersburg et al.，2009）。所有这些人以及年幼的孩子（Peters et al.，2007；Thierry & Spence，2002）很可能更容易将他们的想象与现实混淆。

许多记忆错误都反映了源监控的混乱。就拿**内隐记忆**（字面意思是"隐藏的记忆"）现象来说，为何我们会错误地忘记"我们"的某个思想来源于其他人。一些剽窃事件的例子可能就反映了内隐记忆：当乔治·哈里森（披头士组合的前任成员）写出了热门歌曲 *My Sweet Lord* 时，他显然忘记了这首歌曲的旋律事实上与十年前就已出现的 Chiffons 的歌曲 *He's So Fine* 完全相同。在抄袭发生之后，Chiffons 歌曲的创作者控告了哈里森，哈里森用内隐记忆来作为一种合法的防护，争辩说他只是错误地认为自己发明了这种旋律。法官尽管裁定哈里森可能并不是故意剽窃的，但仍

答案： 事实。大约 20% 的本科生报告说他们回忆起他们不再相信的事情（Mazzoni, Heap, & Scoboria，2010）。人们通常会拒绝这些记忆，因为其他人告诉他们这些事情并没有发生，或者发生在别人身上。尽管如此，参与者们仍然频繁地体验到不相信的记忆，就像真实的记忆一样生动和详细（Clark et al.，2012；Otgaar, Scoboria, & Smeets，2012）。基线是什么？对事件的真实性和对该事件的记忆的信念可以独立发生。

内隐记忆（cryptomnesia）没有意识到我们的想法是由别人产生的。

判决剽窃者支付赔偿金给原曲的版权所有者。

日志提示

你是否曾经有过这样的经历：你从一个人那里听到了一些东西，却发现你是从别人那里听到的？也许你认为你的室友给你讲了一个关于朋友的故事，其实是朋友告诉你这个故事的。如果你有过这样的经历，请在这里描述一下。记忆研究如何帮助我们解释这种现象？

在实验室植入错误记忆

40年前，心理学家伊丽莎白·洛夫特斯（Loftus，1979；Loftus，Miller，& Burns，1978；Wells & Loftus，1984）让研究者们见识了日常记忆和目击者报告的误导性暗示所产生的巨大的影响。她发现**暗示记忆法**（一种强烈鼓励人们回忆的程序）经常创造出根本没发生过的记忆（Lynn et al.，2015）。她开创性的研究证明了我们的记忆并不像大多数心理学家所假定的那样操作简单。

误导信息效应

在一项著名的研究中，洛夫特斯和约翰·帕尔默（Loftus & Palmer，1974）给参与者展示了一些交通事故发生的简单过程，并要求他们估测事故中汽车的行驶速度。他们改变了提问语，"当他们相互_____时，车子行驶的速度大约是多少？"在空白中填入不同的词语，如接触、碰上、碰撞、撞击、粉碎。当填入的词语表明汽车之间有更大程度的接触时，参与者报告的速度更高。比如，当参与者听到词语"撞击"时估计的速度比听到词语"轻擦"时估计的要快9英里／小时（用"撞击"时是40.8英里／小时，用"轻擦"时是31.8英里／小时）。在第二项研究中，洛夫特斯和帕尔默通过使用"撞击"和"撞碎"这两个词来重复这些发现，一周后，询问参与者是否记得在现场看到任何碎玻璃。果不其然，与那些听到"撞击"的人相比，那些听到"撞碎"的参与者中有更多的人说看到了碎玻璃。

可重复性
其他人的研究也会得出类似的结论吗？

暗示记忆法
（suggestive memory techniques）
鼓励病人回忆起一些可能发生过或可能没发生的记忆的程序。

误导信息效应
（misinformation effect）
通过在一件事件发生之后提供误导性的信息从而创造出虚构的记忆。

在后续的研究中，洛夫特斯和她的同事要求参与者观看一个交通事故的系列幻灯片。事故中一辆车穿过了十字路口，撞上了一个行人。他们就此事件对参与者进行提问，有些问题包含了一些误导性的暗示。例如，在实际的幻灯片中，十字路口的标牌是一个让车标志。然而，洛夫特斯和她的同事设计了一个问题"当车子停在停车标志旁时，你看到有一辆红色的达特桑汽车过去了吗？"后来，接受误导性问题的参与者更可能说这是一个停车标志而非让车标志。与此相比，没有接受这个假信息的大多数参与者准确地回忆起了让车标志。这个现象就是**误导信息效应**：在事件发生之后，提供给人们错误的信息可以导致他们产生错误记

可重复性
其他人的研究也会得出类似的结论吗？

忆（Cochran et al., 2016; Loftus, Miller, & Burns, 1978; Loftus, 2005）。老年人尤其容易受到错误信息的影响，部分原因是与源监控有关（Roediger & Geraci, 2007）。

在购物中心迷路和其他的植入记忆

洛夫特斯著名的"在购物中心里迷路"的研究证明了我们可以在人的记忆中植入一个详细的编造的事件。洛夫特斯和她的同事（Loftus, Coan, & Pickrell, 1996; Loftus & Pickrell, 1995）要求 24 个参与者的亲属描述参与者儿时经历的事件。他们随后给参与者呈现了一个小册子，在这个小册子里包含了三项亲属们报告的事件和一项亲属们证明从未发生的事件：儿时在购物商场里走丢。参与者写下了他们所能回忆起来的这些事件的内容。后来的采访中，1/4 的参与者表示记起自己儿时确实在商场里走丢过。令人惊讶的是，一些事件的记忆是如此清晰。

许多研究者跟随了洛夫特斯开创性研究的步伐。研究者运用暗示性的问题和陈述对 20%～25% 的大学生植入了大量事件的记忆，从在婚礼接待会上不小心将一杯酒洒在新娘父母的身上，到一次动物的袭击，到魔鬼似的附身，再到在童年时期被欺负，或者犯下重大罪行（Bernstein et al., 2005; DeBreuil, Garry, & Loftus, 1998; Hyman, Husband, & Billings, 1995; Mazzoni et al., 1999; Porter & Baker, 2015; Porter, Yuille, & Lehman, 1999）。

参与者在错误记忆研究中的报告是否反映了他们记忆中的实际变化？或者，这些报告仅仅反映了需求的特征，试图取悦实验者，或者让实验者相信他们正在寻找的答案（见 2.2c）？可能不会，因为即使研究人员告诉参与者他们植入了记忆，很多人仍然坚持认为记忆是真实的（Ceci et al., 1994）。此外，许多研究人员使用不同的实验设计，重复了记忆是可塑的这一发现，这一事实为记忆是重构的说法提供了强有力的支持。

可重复性
其他人的研究也会得出类似的结论吗？

事件可信度

我们可以想象，在植入错误记忆的过程中，我们能走多远是有限度的。你有多大可能会相信你去年赢了彩票或参加了一场国

1978 年，洛夫特斯、米勒和伯恩斯所做的研究中，参与者看到了一辆停在让车标志处（上图）的汽车。然而当提示这辆车停在停车标志处（下图）时，他们后来又"记起"看到了停车标志。

答案：虚构。 即使是那些具有非凡自传记忆的人也不会对错误记忆免疫。帕蒂斯（Patihis）和他的同事（2013）发现了具有非凡记忆的参与者（比如 A.J. 这个在本章的前面讨论过的人），她具有准确地说出著名公共事件的日期，以及提供一个日期她就能说出那天发生的重大公共事件的能力。这些"记忆健将"可能也会产生错误的记忆，以应对各种创造它们的方法，就像人们为他们完美的正常记忆所选择的那样。

际赛事比赛？我们怀疑，不太可能。这是因为它更容易植入一些貌似可信的东西，而不是一些不存在的东西（Pezdek，Finger，& Hodge，1997）。此外，从遥远的过去植入一个事件的虚构记忆更容易，因为我们有模糊或不记得的记忆，而不是我们可能记得的最近的事件。

对不可能或难以置信的事件的记忆

排除其他假设的可能性
对于这一研究结论，还有更好的解释吗？

目前对我们过去所验证的大部分研究都至少存在一个重要疑点。那就是参与者可能实际上受到了暗示性事件的影响，例如在购物商场迷路，但是他们忘记了这件事，直到暗示提醒了他们。对不太可能的或极度难以置信的记忆的研究排除了这种可能性假设。实际上，研究者们找到了存在性证明（见 2.2a）能证明创造出未发生事件的详细记忆是可能的，通常通过向参与者提供信息来增加事件的合理性。对此，有个很好的例子。

在一项研究中（Braun，Ellis，& Loftus，2002），调查人员向参与者展示了迪士尼乐园的广告，里面有兔八哥，并询问他们小时候在迪士尼乐园看到的兔八哥是不是小孩。16% 的参与者说他们记得和兔八哥的会面和握手；有些人甚至记得听到他说："医生，怎么了？"这有什么奇怪的？兔八哥是华纳兄弟卡通人物，不是迪士尼卡通人物，所以记忆一定是假的。

在另一项研究中，研究人员（Mazzoni，Loftus，& Kirsch，2001）为意大利本科生提供了虚假的报纸文章，暗示在他们的文化中恶魔附身的案例比我们之前认为的更普遍，从而增加了这种事件的合理性。在收到这些虚构的信息后，18% 的学生开始相信他们可能目睹了恶魔的存在。赫恩登和他的同事们（Herndon et al.，2014）设置了一种实验者增加儿童早期事件的合理性的情况——在这种情况下，一个潜在的痛苦的医疗过程是将染料注入膀胱。他让受到训练的学生同伴假装参与者，并要求参与者观察试图回忆起那一过程的引导图像。参与该小组和引导图像观察练习的人中，有 75% 报告了对事件的错误记忆，其中包含了最初没有提出的事件的细节。

一组研究者（Wade et al.，2002）给参与者展示了一个伪造的热气球照片，他们将参与者与其亲属的照片粘在了上面（家庭成员已证实参与者从未经历过热气球旅行）。50% 的人报告说他们至少回忆起了一些热气球旅行有关的事，而且有些人报告了一些细节描述，例如从高空中看到了一条道路。

这些关于合理性的研究与娜蒂安·库尔的故事有什么关系？例如，通过使用暗示或暗示她经历过可怕虐待的技术，她的"治疗师"让这些事件看起来很有可能。库尔最终相信它们是在现实中发生的。考虑到许多治疗疑似性侵犯史的治疗师开列的是"幸存者书"——自助书，通常包含过去性虐待的症状清单，比如对性的恐惧，自卑，对自己外表的不安全感，或过度依赖（Lynn et al.，2015）。然而，研究表明，这些症状大多是如此模糊和笼统，以至于它们几乎可以适用于所有人，这就增加了这样一种可能性，即这些书的消费者可能会错误地（但似乎有可能）得出结论，他们的性格特征预示着性侵犯史（Emery & Lilienfeld，2004）。

从实验室推广到现实生活

建议不仅会影响记忆，还会影响我们的偏好和行为。考虑一下所谓的"芦笋研究"（Laney et al.，2008）。研究人员向参与者提供了他们喜欢吃芦笋的建议。与那些没有接受过这种建议的参与者相比，接受这一建议的参与者对他们第一次尝试芦笋的时候更有信心。在参与者获得这些新的错误信念后，他们报告说自己对芦笋的喜爱程度增加了，在餐馆里吃芦笋的欲望更强烈，并且愿意在杂货店里为芦笋支付更多的钱。在另一项研究中，调查人员向一些参与者建议，他们在吃了鸡蛋沙拉后，会在童年时生病（Geraerts et al., 2008）。后来，这些参与者吃的鸡蛋沙拉三明治要比那些没有接受这个建议的参与者要少得多，甚至在四个月后也是这种情况。

孩子们尤其容易受建议的影响而去回忆那些没有发生的事情（Ceci & Bruck，1993），可能是因为他们经常把幻想和现实混淆在一起。在一项研究中，研究人员（Otgaar et al., 2009）将那些被外星人绑架的孩子的记忆植入了他们的文章中，他们向孩子们提供了一些报纸上的文章，表明这些经历是相对常见的。7～8 岁的年幼的孩子相比于 11～12 岁的孩子，更有可能报告被绑架的记忆。斯蒂芬·切奇（Stephen Ceci）和他的同事（Ceci et al., 1994）要求学前儿童想象真实的和虚构的事情。面谈每周一次，总共 7～10 次。他们命令孩子们"努力回想"，不管事件是否发生过。例如，他们要求孩子们试着记起虚构的事情，如拿着捕鼠器去医院。58% 的孩子说出的故事涉及了至少一件虚构的事情。有趣的是，当父母和实验者都保证事件从未发生过时，大约 1/4 的孩子仍旧坚持认为他们的记忆是真的。即使是权威人士告诉孩子们记忆是错误的，孩子们仍旧坚持自己的错误记忆。这个事实表明这些记忆是可以令人信服的。这些研究结果还因另一个原因显得重要：许多怀疑小孩受过虐待的社会工作者和警官不断提问孩子关于虐待的事情。重复提问导致偏差：孩子可能给调查者他们想寻求的答案，尽管这些答案是错误的。因此，心理学家和其他卫生保健工作者在询问孩子时应该使用较少的暗示程序。事实上，大多数研究表明，许多孩子在被简单地问及一次非主流的事件时，可以提供相当准确的记忆（例如，"你能告诉我发生了什么吗？"）（Ornstein et al., 1997）。

但是我们在将实验的研究结果推广到现实生活中时要十分谨慎，因为这些实验研究的外部效度可能很低（见 2.2a）。伦理上的限制使我们很难确定我们是否能在实验室内外植入性和身体虐待的记忆。然而，对错误记忆的研究提出了一种可能性，即记忆错误对现实世界的情况有重要影响，比如目击者辨认。它们是真的吗？

目击者证词

截至今天，有 344 名犯人因为他们的 DNA 与犯罪者留下的基因成分不匹配而被无罪释放。这些前囚犯总共服刑 4 685 年（Innocence Project，2016）。请看吉恩·比伯斯（Gene Bibbons），"第 125 号"案例，因为性侵犯一个 16 岁女孩而被判决终身监禁。受害者描述这个犯罪者是一个有着长而卷曲的头发，穿着牛仔裤的人，而比伯斯当时却留着一头短发，穿着短裤。尽管如此，她仍旧指认比伯斯是强奸犯。几年过后，研究者找到了一个生物样本，随后的基因检测证实比伯斯的 DNA 与犯罪现场的 DNA 不匹配。在坚持自己无罪 16 年之后，比伯斯终于走出监狱，做回一个自由人。

如果要寻找比伯斯和其他 300 多位含冤入狱的人的共同点，那就是目击者错误地指证他们有罪。超过 70% 的被 DNA 检测无罪的囚犯被目击者错误地指认出来（Duckworth et al., 2011；Innocence Project，2016），大约 1/3 的案件有两个或更多的目击证人（Arkowitz & Lilienfeld，2009）。目击证人的错误识别是错误定罪最常见原因（The Innocence Project，2016；Duke, Lee, & Pager，2009）并不令人惊讶，当我们考虑到当目击者确信他们已经确定了一个罪犯时，陪审团倾向于相信他们（S. M. Smith et al., 2001；Wells & Bradford，1998）。即使是律师和法官也会受到充满信心但不准确的目击者证词的影响（Van Wallendael et al., 2007）。与流行的（错误）观念相反，证人的证词与证词的准确性之间的相关性通常是不高的（Bothwell, Deffenbacher, & Brigham，1987；Kassin, Ellsworth, & Smith，1989；Sporer et al., 1995）。然而，在最初鉴定时，目击者辨认的准确性要高得多（Wixted et al., 2015），可能是因为目击者的记忆就像其他记忆一样，随着时

目击者记忆

互动

尽管出纳员可能很清晰地看到了这个银行抢劫犯的脸，但她对他的面部表情的记忆很可能会被武器的焦点所削弱。

间的流逝而逐渐扭曲。

有时目击者能提供极有价值的证据，尤其是当他们在很好的照明条件下有足够的时间观察罪犯，且罪犯没有伪装以及犯罪活动与识别罪犯之间的间隔时间极短时（Memon，Hope，& Bull，2003）。但是当不具备这些理想化条件，目击者的证词就偏离事实了。而且，人们在观察那些与自己不同种族的人时（Kassin et al.，2001；Pezdek，O'Brien，& Wasson，2011；S. G. Youny et al.，2012），在与其他目击者讨论时（Goodwin，Kakucha，& Hawks，2012；Pezdek，O'Brien，& Wasson，2011；Wells，Memon，& Penrod，2006），当他们仅仅对罪犯瞥了一眼时（Wells，Memon，& Penrod，2006），或是在压力的环境下，例如他们感到被威胁时，目击者的证词就可能不准确了（Deffenbacher et al.，2004；Valentine & Mesout，2009）。有时，目击者也会把他们在犯罪前看到的人误认为是真正的罪犯（Deffenbacher，Bornstein，& Penrod，2006）。目击者的准确性也经常受到武器关注的影响：当犯罪涉及武器时，人们往往会把注意力集中在武器上而不是犯罪者的外表上（Pickel，2007；Steblay，1992）。心理学家可以在教育陪审员关于鉴别目击者回忆的科学性方面扮演重要角色，从而使他们能更好地权衡证据（Arkowitz & Lilienfeld，2009；Lynn et al.，2015）。

错误记忆的争论

心理学中最大的争议之一是心理疗法中的暗示性技术可能提高孩子回忆起受虐待和其他痛苦经历的记忆的可能性。事实上，关于错误记忆的争论变得如此激烈，以至于一些作家把它们称为"记忆战争"（Crews，1990）。尽管自 20 世纪 90 年代以来，战争的战火已经减弱，但余烬仍在燃烧，而对于虚假记忆的本质仍存在分歧。

争论的一方是记忆恢复治疗师，他们认为被病人压抑的痛苦事件的记忆（如儿童时期的性虐待）会在之后的几年甚至几十年后恢复（Brown，Scheflin，& Hammond，1997）。正如我们在本书所要学到的，大部分弗洛伊德的追随者相信压抑是人们将痛苦的记忆塞进潜意识中将其遗忘的一种形式。记忆恢复治疗师认为，这些受压抑的记忆是现在生活中心理问题的根源所在，所以必须想办法解决它们才能让心理治疗有所进展（McHugh，2008；McNally，2003）。有些人，比如娜蒂安·库尔的治疗师，声称他们的来访者对凶残的撒旦邪教有过压抑的记忆，尽管联邦调查局的调查一直没有发现任何邪教的证据（Lanning，1989）。在 20 世纪 90 年代中期，大约 25% 的心理治疗师在研究中指出（Polusny & Follette，1996；Poole et al.，1995）他们用了两个或以上的潜在暗示程序，包括梦的解析、重复提问、引导想象和催眠来帮助那些最初没有性虐待回忆的病人恢复有关性虐待的记忆。来自加拿大的最新数据也显示了类似的数字（Legault & Laurence，2007），这表明这些技术在许多方面仍被广泛使用。尽管自 20 世纪 90 年代以来大学生和心理治疗师对被压抑的记忆表达了越来越多的怀疑，但仍有 66% 到近 80% 的大学生和临床医生继续相信记忆是永久储存的，创伤性记忆在治疗中经常被压抑并且是可恢复的（Lynn et al.，2015；Patihis et al.，2014）。

越来越多的研究者站在错误记忆争论的反方立场上，他们认为人们压抑痛苦经历（包括童年性虐待）的记忆其证据是不充分的。这些研究者指出越来越多的证据表明人们能很好地记住痛苦的经历，比如说大屠杀（Golier et al.，2002），甚至可以说记得异常清楚（Loftus，1993；McNally，2003；Pope et al.，2007）。他们还认为，有充分的理由怀疑许多记忆可以被压抑并在几年或几十年之后恢复这一说法。这些研究者也怀疑暗示性的程序是否会导致病人产生家庭成员在儿时曾虐待过他们的错误记忆。事实上，仅仅根据恢复的记忆而声称童年遭遇过性虐待，已经造成几百人同家庭分离，甚至在一些案例中其家人还被监禁了起来。从这个角度看，至少一些记忆恢复技术会造成伤害（Lilienfeld，2007；Lynn et al.，2015）。

从科学和伦理的角度来看，这类事件特别不幸，甚至可以说是场悲剧。我们现在知道了记忆是多么不可靠，除非有确凿的证据，孩子恢复受虐待的记忆不应该完全相信。在过去十年左右的时间里，人们一致认为，暗示性的程序会在许多心理治疗的来访者中产生对童年事件的错误记忆。

学习建议：使用科学的记忆为我们工作

正如我们在这一章中所了解到的，我们的记忆是非凡的，但远非完美。我们的许多记忆会相互干扰，或者随着时间的流逝而消失；我们的图式会使我们对事件的记忆发生偏差；以及误导信息，比如引导性问题会引导我们去"记住"从未发生过的事情（Schacter，2001）。

但这些都不能让我们陷入绝望。事实上，正如乔舒亚·福尔（Joshua Foer，2011）的故事告诉我们的那样，即使是普通人也能在至少一些领域获得非凡的记忆。福尔是一名有着完全正常记忆的记者，他决定用助记手段包括位置记忆的方法来增强他的记忆能力。经过一年的训练，福尔赢得了美国记忆冠军赛，他在 1 分 40 秒内，记住了（除了其他事情）一副牌的 52 张牌的精确顺序。

虽然我们中很少有人有时间或决心成为记忆的天才，但有个好消息：我们在这一章中遇到的科学记忆可以帮助我们更有效地学习材料。因此，利用我们所学到的知识，我们在学习这门课程和其他课程时，给你们留下一套以证据为基础的建议。这些技巧将有助于你不仅在大学里，而且在日常生活中获得和巩固你的记忆。

- **分布与集中学习**。在你的学习时间复习一下你的笔记和课本，而不是死记硬背。
- **测试效果**。把你读过的内容写下来，并经常在材料上测试自己。
- **精细复述**。将新知识与现有知识联系起来，而不是简单地记住事实或名字。
- **加工水平**。努力去深化思想及其意义，避免从讲师的讲座或幻灯片中逐字逐句地记笔记。试着用你自己的语言捕捉信息，并使用本课程中的其他概念。
- **助记手段**。从你的知识库中找到越多的提醒或提示，你就越有可能回忆起新的材料——包括你在这一章学到的材料！

总结：记忆

7.1　记忆是怎样工作的：记忆流程

7.1a　了解记忆能或不能准确反映经验的途径。

记忆能在很长时间内保持准确无误，但倾向于重建而不是复制。

7.1b　解释三个记忆系统各自的机能、容量以及持续时间。

感觉记忆、短时记忆和长时记忆是根据信息存储量和持续的时间不同而划分的记忆阶段。短时记忆有有限的 7+2 个组块，并通过组合事物而变大，被称为组块的有意义的单元。

7.1c　区分长时记忆的各种子类型。

外显记忆包括语义记忆和情景记忆，内隐记忆包括程序性记忆和启动效应。

7.2　记忆的三个阶段

7.2a　确定新信息与已有知识之间建立联结的方法。

记忆术是将新信息与更多的已有知识相联系的记忆策略。记忆术有很多种，使用它们需要很多努力，但它们可以帮助我们回忆。

7.2b　识别图式在记忆储存中的作用。

图式为我们提供了用于解释新情况的参考框架。然而，它们有时会导致记忆错误。

7.2c　了解测量记忆的各种方法。

回忆需要我们生成自己先前遇到的信息，而再认仅仅是从一系列信息中选择出正确的。另一种测量记忆的方法是将再次学习已学过知识的速度和遗忘的速度相比。

7.2d　了解编码与检索条件的关系是如何影响记忆的。

在与当初编码信息时相同的生理和心理条件下，个体的记忆效果更好。

7.3　记忆的生物学基础

7.3a　描述长时程增强效应在记忆中的作用。

大多数科学家相信长时程增强效应——通过重复刺激逐渐加强神经元之间的联系——在记忆形成和记忆存储阶段中起关键作用。

7.3b　区分不同类型的健忘症以及健忘症和大脑记忆组织的联系。

对失忆症患者的研究表明，存在着不同的记忆系统，因为对陈述性记忆有健忘症的人通

常仍然会形成新的程序记忆。逆行性失忆症会导致忘记过去的经历，而顺行性失忆症会使我们无法形成对新体验的记忆。

7.3c　了解阿尔茨海默病的主要损伤部位。

有阿尔茨海默病的患者先失去最近事件的记忆，那些遥远的记忆通常是最后才被遗忘的。阿尔茨海默病患者以缺失神经元突触和乙酰胆碱为标志。

7.4　记忆的发展：对个人历史的获取

7.4a　阐述儿童的记忆力怎样随着年龄发生变化。

婴幼儿对事件有内隐记忆；婴幼儿和儿童的记忆与成年人的记忆一样，会受到一些因素的影响。儿童记忆力的增强一部分是因为大脑的成熟增大了记忆广度。随着时间的推移，儿童更多地使用到记忆术和练习策略，并且更加意识到记忆力的局限性。

7.5　记忆由好变坏：错误记忆

7.5a　了解错误记忆和记忆误差敏感性的影响因素。

对一些有重大意义事件的闪光灯记忆比其他的记忆更加清晰和逼真，但较之其他类型的记忆更加容易出错。记忆错乱的原因之一是源监控困难，有时也因为潜在记忆的影响。我们对于事件的记忆更容易受到其他人的不同暗示而不是我们自己的观察的影响。我们容易受到事件是否发生和如何发生的暗示影响，这在目击者证词中起着重要的暗示作用。

7.5b　描述一些真实世界中虚假记忆和记忆错误的含义。

事实上，我们接受关于事件是否或者如何发生的建议，对孩子的记忆和目击者的证词具有重要的意义。许多科学家认为，早期创伤的明显"恢复记忆"实际上可能是由于暗示治疗程序导致错误记忆的倾向。

第 8 章　思维、推理和语言

让我们开始讨论

心理学能教给我们最重要的课程之一就是学会重新审视那些被忽略的心智能力。以思维和语言为例。当我们处于清醒状态时，我们无时无刻不依赖它们，但却极少去注意其复杂的运行机制。只有当我们遇到必须解决的问题时或者当我们需要努力表达新的想法时，我们才会注意到自己的思维。

在这一章中，我们将探讨如何进行思考和交流以及为什么要进行思考和交流。首先，我们将探索日常生活中的思维和推理过程，并发现我们是如何做决定并解决问题的。我们将会发现我们的思维和推理是如何正确（大部分是这样的）或者错误地引导我们。然后，我们将研究如何用语言来沟通并理解意义，以及我们在这样做的过程中面对并需要克服的巨大挑战。

8.1　思维和推理

8.1a　找出实现认知经济的方法。

8.1b　描述影响我们对世界推理的因素。

到目前为止，本书中的几乎所有章节都在描述思维的各个方面。一般来说，我们可以从很多心理活动或过程的信息中给**思维**下定义，它包括学习、记忆、感知、沟通、推理及决策。所有这些都是心理学家所说的认知的基本方面。

正如我们之前在文中提到的（见 1.4a），行为主义者试图从刺激与反应、强化与惩罚的角度来解释心理活动。然而，心理学家早就发现，我们的思维往往会超越可利用的信息，做一些顿悟和推理，还会填充一些不存在的内容去创造信息。行为主义，至少在传统意义上不能很清楚地解释这种现象。

认知经济——使世界规则化

考虑到我们每天必须完成的认知任务的复杂性，我们的大脑已经适应通过寻找方法来简化这个过程。这就是认知经济的发展方向。正如一些心理学家（Fiske & Taylor, 2013）所指出的，我们都是认知的吝啬鬼，就像每一个吝啬鬼不愿意花很多钱一样，一个认知吝啬鬼不愿意花费很多精力在思考上，尽管这很必要。我们以各种方式节约我们的精力，但却能在大多数情况下把事情做好。然而，认知经济有时会给我们带来麻烦，尤其是当它导致我们想得过于简单化的时候。

我们的大脑使用多种启发式或心理捷径来提高我们的思考效率（Ariely, 2008；

思维（thinking）
有关处理信息的所有心理活动或过程，包括学习、记忆、感知、推理及决策。

Herbert，2010；Kahneman，2011）。从进化角度来看，启发式可能提高了我们的生存能力。例如，在有史实记载之前，"躲避陌生人"的启发式可以使人类远离掠夺者和敌人。但在某些情况下，启发式会阻碍我们。因为躲避陌生人可能会导致错失机会，比如遇见一个潜在的伴侣或者一个拥有帮助我们解决问题的独特技能和知识的人。如果我们不小心的话，心理捷径会适得其反，但我们发展思维的原因是：它们在日常生活中是有用的（Gigerenzer，2007；Gilovich, Griffin, & Kahneman，2002）。

我们每天每分钟都在处理大量的信息。从我们醒来的那一刻起，我们必须考虑到现在是几点，注意我们去浴室的过程中是否有障碍物（比如室友的鞋），计划我们什么时候需要去教室或工作，并带好我们需要的所有东西。当然，那都是我们在出门前才要做的。如果我们时刻对每一方面加以注意并得出结论，我们便会因负担过重而造成心理上的瘫痪。

我们每天的推理提供了很多次心理捷径，并且在很多时候，它们会给我们正确的指引。如果室友的钥匙放在咖啡桌上，我们可以推断出室友在家。我们可能会得出这样的结论：一个盯着手机走得很快的看起来压力大的女人，可能不是最好的问路人选。我们只要闻一下就知道冰箱里已经存放三周的牛奶变味了，而不需要去品尝它，更不用去做细菌分析。这些结论在严格的基于证据的推理标准下是没有根据的。然而，大多数的猜测（我们称之为"直觉"思维或系统思维 1；见 2.1a）可能足够准确以至于可以相信。

认知经济使我们可以在简化注意的同时，最低程度地储存我们做决定时所需要的信息（Kusev & van Schaik，2013）。格尔德·吉仁泽和他的同事们（Gigerenzer & Goldstein，1996；Gigerenzer, Hertwig, & Pachur，2011）称这种认知经济是"快而省"思维。吉仁泽认为这为我们节约了很多时间。事实上，在很多案例中，启发式对于许多潜在因素来说比详尽的（也是令人筋疲力尽的）分析更可靠（Gladwell，2005；Hafenbrädl et al.，2016）。

一项研究显示，未经训练的观察者可以在有限的信息基础上做出惊人准确的判断。塞缪尔·戈斯林（Samuel Gosling）和他的同事让一组未经训练的观察者通过进入学生宿舍或卧室参观几分钟来对学生进行性格的评价。他们不呈现任何关于房间特征的信息，并将房子里所有的照片都藏起来，从而让他们觉察不出主人的性别、种族和年龄。然而观察者们对于主人性格方面的描述准确地令人惊奇，比如他们情绪稳定、对新思想比较开放、一丝不苟（Gosling，2008）。可以推断观察者是依靠心理捷径来得出结论的，因为他们没有第一手的资料。最近的研究表明，人们的个人特质，比如外向性，在某种程度上可以从他们的 Facebook 中发现（Back et al.，2010）。有趣的是，相比于社交媒体账号（Graham & Gosling，2012），人们从玩家的网络游戏头像和名字中感知到的人的个性特征更少，这表明玩家的在线状态可能反映出他们比真实的自己更想被感知。

纳利尼·艾姆贝迪和罗伯特·罗森塔尔（Ambady & Rosenthal，1993）提供了另一个关于认知经济如何为我们服务的例子。他们向参与者展示了 30 秒的教师无声上课的视频，并要求他们评估教师的非语言行为。参与者在 30 秒的接触的基础上的评分与对教师的期末课程评价有显著的相关性。事实上，即使这些剪辑只有 6 秒钟的时间，他们的评分仍然可以预测课程评价。艾姆贝迪和罗森塔尔表示我们有从微小的行为中提取有用信息的能力，并称之为"薄切片"。约翰·高特曼（John Gottman）和他的同事们还发现，在观察了 15 分钟的夫妻互动录像后，他们可以预测出夫妻在未来的 15 年内的离婚率达到 90%。事实证

塞缪尔·戈斯林和他的同事的研究表明，观察者仅仅通过观察房间从而推测出房间主人的人格特质好于随即猜测水平。你认为此房主的责任心水平如何？

明，情感上的蔑视——可能是惊讶，但不是愤怒——是最好的预测因素之一（Carrère & Gottman，1999）。

但认知经济是一件喜忧参半的事，因为它也会导致我们得出错误的结论（Lehrer，2009；Myers，2002）。虽然我们快速的判断通常是准确的（或者至少是足够准确的），但我们可能偶尔会犯严重的错误（Gigerenzer，2007；Krueger & Funder，2004；Shepperd & Koch，2005）。例如，心理变态的人有着不诚实、麻木不仁和缺乏愧疚感的个性，他们自信和肤浅的魅力，经常在第一次见面时很吸引人（Babiak，1995）。直到我们更深入地了解他们之后，我们才意识到我们被愚弄了。

启发式和偏见：双刃剑

心理学家已经发现了很多的启发式和**认知偏差**，并期望我们可以用来解释我们日常生活中的经历。我们将在这里研究其中的一些。

代表性启发式

代表性启发式是根据事件在过去的经验中有多普遍来判断事件发生的概率（Kahneman，Slovic，& Tversky，1982；Tversky & Kahneman，1974）。如果我们遇到一个害羞、笨拙但是专业的象棋选手，我们可能会猜测他更有可能是计算机科学专业，而不是通信专业。如果是这样的话，我们依赖于一个代表性启发式，因为这个人符合我们对计算机科学专业的刻板印象。

刻板印象是认知经济的一种形式，这通常是由于我们从少数群体（比如非裔美国人或穆斯林美国人）的经历中过度概括的结果。因此，代表性启发式有时会导致我们得出错误的结论。想象一下，我们遇到了一个亚裔美国人，是英语和中文的双语者，也是中国学生协会的副主席。我们可能会认为她更有可能是亚裔美国人研究专业，而不是心理学专业。然而，在这种情况下，代表性启发式可能误导了我们。虽然这个学生的特点可能与许多亚裔美国人研究专业的学生相一致，但我们也需要考虑这样一个事实：即使是在亚裔美国学生群体中，心理学专业的学生比亚裔美国人专业的人要多。所以从概率预测，她更有可能是心理学专业的。

在这个例子中，推理的挑战在于我们不善于考虑基础比率。**基础比率**是一个关于行为或者特征有多少共同点的专业术语（Finn & Kamphuis，1995；Meehl & Rosen，1995）。比如说酗酒在美国人口中有 5% 的基础比率（American Psychiatric Association，2000），意思是大约二十分之一的美国人都有酗酒的经历。当估计一个人可能属于哪一类别（比如亚裔美国人研究专业）时，我们需要考虑的不仅仅是一个人与这个类别中的其他成员的相似性，还有这个类别的基础比率（见图 8.1）。

许多人在评价医疗信息时忽视了基础比率（Gigerenzer et al.，2007）。例如，在本书作者的经验中，祖父母患有精神分裂症的学生，当他们得知这种情况下他们得精神分裂症的风险增加了 5 倍——即 500 个百分点——的时候，都会变得非常担心。然而，因为基础比率告诉我们在一般人群中，精神分裂症只有 1% 或更少，这意味着这些学生永远不会患上精神分裂症的概率是 95% 或更高。

可得性启发式

在我们的日常生活中，我们也严重依赖**可得性启发式**。基于这种启发式，我们估计事件发生的可能性是基于我们容易想到这件事情——关于事件在我们的记忆中如何"可用"（可访问性）（Kahneman et al.，1982）。像代表性那样，可得性通常都

认知偏差（cognitive bias）
思维中的逻辑错误。

代表性启发式
（representativeness heuristic）
根据与原型的表面相似性来判断事件发生的可能性的启发式。

基础比率（base rate）
特征或行为的相同程度。

可得性启发式（availability heuristic）
根据我们的想法来估计事件发生的可能性的启发式。

事实与虚构

互动

想到开头是 K 的单词比想到第三个字母是 K 的单词要容易得多（尽管在英语中还有很多单词的第三个字母是 K），是因为"可得性启发式"。（请参阅页面底部答案）

○ 事实
○ 虚构

图8.1　基础比率的花卉示范

如果一束花中包含了紫色鸢尾花和黄色、紫色的郁金香，我们随机选择一朵紫色的花，它会是鸢尾花还是郁金香？
鸢尾花吗？这是一种常见的回答，但是这种回答没有考虑到基础比率。所有的鸢尾花都是紫色的，而大多数的郁金香是黄色的。因此，随机抽中的紫色花朵似乎更可能是鸢尾花。但是实际上，紫色郁金香的数量是紫色鸢尾花的两倍。这意味着该花束中紫色郁金香的基础比率高于紫色鸢尾花的基础比率。
（见彩插）

发挥很好的作用。如果我们问你（a）在你的大学校园里，还是（b）最近的大城市的市中心有大面积的树林，你很可能会回答（a）。你可能是对的（当然，除非你的大学校园位于市中心）。当你回答这个问题时，你不太可能真的把你在每个地方观察到的树木的精确比例计算在内。相反，你可能会在脑海里回想起你的校园和市中心的景象，并注意到在你脑海中浮现的校园里的例子往往比浮现的市中心的例子还要多。

但是现在考虑一下这个例子，你可能想在你的朋友身上尝试一下（Jaffe, 2004）。让你的一半朋友猜测密歇根州每年发生的谋杀案数量，另一半朋友猜测每年在密歇根州底特律的谋杀案数量。如果你将每个组的答案平均，根据可得性启发式，你可能会发现你的朋友对密歇根州底特律的谋杀案数量的估计，比对整个密歇根州的谋杀案数量高！在一项研究中，人们被问及密歇根州，他们估计每年有 100 起谋杀案，但被问及底特律时，他们估计每年有 200 起谋杀案（Kahneman, 2011）。

这种矛盾的结果几乎可以肯定是我们对可得性启发式的依赖的结果。当我们想象密歇根州的时候，我们脑海中浮现出广阔的农场和宁静的郊区的景象。然而，当我们想象底特律的城市时，我们脑海中浮现出危险的市中心和破败的建筑。所以想到底特律，我们更容易想到谋杀。

日志提示

最近，一对夫妇因允许 6 岁和 10 岁的孩子从公园步行一英里回家而陷入法律纠纷。许多家长认为，如今的社会对孩子来说比前几代人更危险，所以他们不允许孩子在户外散步或在户外玩耍。然而，儿童被诱拐的实际比率并没有上升，孩子出一次车祸的风险比被诱拐的可能性要大。试着解释为什么父母更担心孩子被诱拐，而不担心其在车祸中受伤或死亡。

答案：事实。当用 k 来思考单词时，用 k 开头的单词比以 k 为第三个字母的单词更容易想到，即使我们知道很多，比如 poke，take，like，wok，like，hike，elk，ink，awkward 等。

后视偏差

互动

诺查丹玛斯（Nostradamus）是一位 16 世纪的预言者，他的四行诗据说预示着未来。这是其中著名的一首：

> 饥饿的野兽在河中穿梭，战场的大部分人都在与希斯特搏斗。当德国的孩子什么都不注意的时候，就会把伟大的人拉进铁笼里。

看完之后，你能猜出它预测的历史事件吗？你应该猜不到。然而，在发现希特勒上台后，你可能会发现这首诗很适合这个事件。这是"事后诸葛亮"的例子。

后视偏差（hindsight bias）
我们倾向于高估我们在已经发生的事情之前预测它们发生的能力。

概念（concept）
我们对客观物体、行为和相同的核心特征的认识。

后视偏差

后视偏差，有时也被称为"我早就知道了"的意思，指的是我们倾向于过高估计我们对一些已经发生的事情在它们发生之前就能预测的能力（Fischoff，1975；Kunda，1999）。正如一句老话"事后诸葛亮"。这也是"马后炮"一词的由来——即一场足球比赛的评论员和观众在周日晚间比赛结束之后指出比赛中不同的策略会产生更好的效果。尽管他们是正确的，也更容易说"如果……会更好"，然而你知道这个行为没有什么意义。例如，在 2003 年美国入侵伊拉克之前，许多美国政客都大力支持军事干预。然而，就在几年后，当人们明显地意识到美国的入侵并不顺利时，许多美国政客坚持认为，入侵伊拉克"显然"是一个可怕的想法。一旦我们知道了结果，一切似乎都是显而易见的（Watts，2011）。

正如我们之前讨论过的（见 1.1b），我们也有一种被称为"证实偏差"的认知错误，即我们倾向于寻找支持我们的假设或信仰的证据，并且否认、反驳或歪曲不支持我们的假设或信仰的证据（Nickerson，1998）。正如我们所学到的，科学方法帮助我们弥补研究中的偏见。然而，正如我们在之后会发现的，证实偏差也会对我们的现实决策产生影响。

自上而下的加工

除了启发式和偏差，我们的大脑已经进化到以其他方式简化处理的程度。一个重要的例子是我们利用我们的经验和背景知识来填补信息缺失的空白。心理学家把这种现象称为自上而下的加工（见 4.6a）。我们可以将大脑在接受信息时自上而下的加工与自下而上的加工过程进行对比，并通过它慢慢地构建意义，通过经验建立理解。在前文（4.1a）中，我们看到了感觉与知觉的不同之处，因为我们的知觉经验不仅依赖于原始的感觉输入，而且还依赖于我们的大脑对这些经历的理解。我们也学习了组块（见 7.1b），即另一种形式的自上而下的加工，是一种依靠我们将信息组成更大的单位的能力的记忆辅助工具，从而扩大我们记忆的广度和细节。每一个例子都体现了我们的大脑通过利用现有知识来简化我们的认知功能的倾向。

概念和模式

帮助我们思考和推理的自上而下加工方式的一个常见来源是我们对**概念**和模式的使用。**概念**是我们对客观物体、行为和相同的核心特征的认识，比如说我们有关于所有摩托车相同特征或者所有紫色东西相同特征的概念。模式是我们存储在记忆中的关于特定的操作、对象和想法以及它们如何相互关联的概念。它们帮助我们在精神上组织一些活动，比如去餐馆、打扫房间或者参观动物园。当我们获得知识时，我们创建相应的模式，这使我们能够大致知道在特定的情况下会发生什么，并在遇到新事物时使用这些知识。

例如，当我们照顾新生狗 Rover 时，我们必须有关于狗的所有常识的概念。我们不需要从头开始发现 Rover 的吠叫和喘气是因为热和胃痛。一旦我们知道它是一只狗，所有这些其他信息都是随之而来的。同样，当我们去一个新医生的办公室时，没有人会告诉我们去前台登记，然后坐在等候室里直到有人叫我们进入检查室，因为医生来访的模式告诉我们这是标准的程序规定。当然，我们的概念和模式并不适用于所有实际情况。例如，一些高档餐厅已经开始违反就餐模式，在客人到达之前通过信用卡收取顾客的费用，所以在用餐后不用再付钱。然而大多数时候，我们的概念和模式允许我们在基础知识上进行较少的认知努力，使我们能够进行更复杂的推理和情感处理。

> **语言决定论**（linguistic determinism）
> 认为思维是口语的代表，语言决定了我们的思维的观点。
>
> **语言相对论**（linguistic relativity）
> 认为语言特征塑造了思维的过程的观点。

事实与虚构

互动　概念是认知经济的一种形式，因为它不用依赖任何知识或经验。（请参阅页面底部答案）
　　○ 事实
　　○ 虚构

语言如何影响我们的思维？

我们都有过这样的经历：当我们意识到自己在精神上与自己交谈时，我们甚至可能对自己大声倾诉。显然，我们有时用语言思考。但是把我们的想法变成文字时会改变我们的想法吗？例如，如果我们在心理上给某人贴上"兴奋"而不是"痛苦"的标签，那么这会不会影响我们对他或她行为的思考？

关于语言在思想上的作用，有一种极端的观点认为我们不能进行没有语言的思考。这种被称为**语言决定论**的观点提供了一种极端的自上而下的加工，在这个过程中，如果没有语言知识，就不会产生任何想法（图 8.2）。但有几个理由让我们怀疑语言决定论。

第一，儿童在学会表达一些复杂的认知任务后不久便会做这些事。第二，最近关于神经成像的研究表明，尽管在某些认知任务中——比如说阅读——语言区会被激活，但在空间任务和视觉表象上，语言区不会被激活（Gazzaniga, Ivry, & Mangun, 2002）。这些研究表明，没有语言，思维也能发生。

显然，语言决定论——至少在最初的形式中——并没有太多的意义。尽管如此，还是有一些不那么激进的观点，即**语言相对论**。这种观点的支持者认为语言的特点塑造了思维过程。这一理论以萨丕尔 - 沃尔夫假说（Sapir-Whorf hypothesis）而闻名，以提出它的两个学者的名字命名（Sapir, 1929; Whorf, 1956）。这里有支持和反对语言相对论的两个证据。

> **图8.2　海伦·凯勒在学会沟通之前会思考吗?**
>
> 海伦·凯勒在 19 个月大的时候不幸失去了听力和视力，她最终学会通过手势进行交流。在学习了通过手势和书写进行交流之后，她描述了自己在学习语言之前的经历："我不知道我是谁。我活在一个没有世界的世界里……我不知道我知道我的生活、行动或渴望。我没有意志，也没有智力。"（Keller, 1910, 第 113 ~ 114 页）
>
>

答案：虚构。事实上我们形成概念时利用了一些主要的知识体系或经验以便于节省我们的思维，我们没必要每次进行一个主题、事件或者情境时都进行这个思维过程。

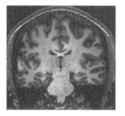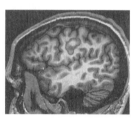

左侧的脑部扫描显示的左颞叶被激活，是参与者听演讲时的扫描结果。右侧的脑部扫描显示，当参与者从事非语言的运动活动，额叶和顶叶被激活。注意，右脑图像显示并没有短暂的激活，这说明认知处理并不总是涉及语言处理。（见彩插）

一些研究表明，语言可以影响思维（Majid，2010；McDonough，Choi，& Mandler，2003）。两名研究人员对生活在美国的对英语很熟悉的俄罗斯人进行研究。当使用俄语时，参与者能更准确地回忆出在俄罗斯发生的事情，而使用英语时，则能更准确地回忆出在美国发生的事情，尽管参与者在回忆这两组事件时都身处美国（Marian & Neisser，2000）。

然而在其他案例中，语言并不影响思维。其中一个例子是颜色的分类（Lenneberg，1967）。不同的语言包含不同数量的基本颜色词。在英语中，我们一般会使用11种基本的颜色词：红、蓝、绿、黄、白、黑、紫、橙、粉红、棕色及灰色。相反，其他种类语言的词汇量较少，有的只有3种。不管颜色词有多少，世界上大多数人仍然在感知颜色时将它们划分为大致相同的颜色类别（Rosch，1973）。

这是否意味着所有语言的使用者都以同样的方式思考？不，因为有证据表明语言决定了某些方面的知觉、记忆和思维。然而，当研究者识别思维与语言的差异时，他们发现很难把语言从文化的影响中脱离出来。不同的语言区域也有不同的重点、核心和价值观，它们决定了他们对世界的看法。因为几乎所有跨语言的比较都是相互关联的，而不是实验性的，语言和文化几乎总是相混淆的。当我们对语言影响思维做出因果关系的结论时，我们必须谨慎。

相关还是因果

我们能确信 A 是 B 的原因吗？

日志提示

萨丕尔-沃尔夫假说认为，我们用来描述某事的语言会影响我们对它的思考。当语言影响到你对某件事的看法时，你能想到自己生活中的一个例子吗？

8.2 最困难的思考：决策和问题解决

8.2a 描述是什么影响我们做决定。

8.2b 描述常见的问题解决策略和挑战。

8.2c 描述人类思维的各种模型。

也许我们所做的最艰难、最努力的思考就是做决定和解决问题。心理学家把这些方面称为"最高级"的认知，因为它们要求我们接受认知的所有基础方面，比如知觉、记忆、语言和推理，并将它们整合从而生成一个行动计划。

决策：选择，选择和更多的选择

决策是对一组替代方案进行选择的过程。我应该点三明治还是沙拉？我应该主修哲学还是物理？哪一种观点看起来更专业？

我们做出的每一个决定看起来都很简单：这是一个非此即彼的选择。但是很多因素影响着决策。让我们来看看这个看似简单的问题：是点沙拉还是薯条。这种选择通常取决于各种各样的因素，比如我们是否在关注我们的体重，我们是否喜欢餐馆里的沙拉酱和薯条，甚至我们餐桌上的其他人的点餐方式。对于许多这样的小决策，我们经常快速而含蓄地权衡考虑，即有意识地进行考虑。正如前面我们所学习的内容（见 2.1a），这个过程通常涉及系统思维 1，这是快速且直观的（Kahneman，2011）。但对于其他一些决定，比如去哪里上大学或者是否结婚，这些决定会带来更大的后果，需要更仔细的考虑。在这些情况下，决策往往变得更加明确并需要深思熟虑。我们会仔细考虑这些选项，有时会发现并列出每个选项的优缺点，并可能会征求朋友、家人和其他一些人的意见和建议。在这里，我们依赖于缓慢和善于分析的系统思维 2。

在做出一个好的决定之前，你是否明确地分析了当前情况？这取决于什么（Lehrer，2009）？蒂莫西·威尔逊（Timothy Wilson）和他的同事们让女大学生们在五张艺术海报中选择其中一张带回家。研究人员让一半的学生"跟着感觉走"，选择他们喜欢的海报，另一半则仔细地列出每张海报的优缺点。几周后，当研究人员再次联系这些人时，那些跟着感觉走的人报告说他们对自己的选择更满意（Wilson et al.，1993）。当考虑到情感偏好时，比如我们喜欢哪一种艺术，或者我们认为哪些人有吸引力，想得太多可能会给我们带来麻烦。具有讽刺意味的是，对于复杂的、情绪化的决定，比如购买哪辆车，这可能尤其适用，因为我们的大脑很容易被过多的信息所淹没（Dijksterhuis et al.，2006）。在这种情况下，列出所有的优点和缺点有时会使我们感到困惑，产生"分析瘫痪"。

然而，当在实验室和现实生活中评估科学主张时，这种仔细的分析可能是更好的选择（Lilienfeld et al.，2010；Myers，2002）。在这种情况下，有更好的客观性和更少的理想化结果，如下棋或商业谈判，这种更慢和更慎重的决策往往会带来更好的结果（Moxley et al.，2012）。事实上，商业交流正越来越多地鼓励管理者在关于人员、资源和组织结构的决策时更具有战略性。"决策管理"的新领域试图将科学证据带入商业世界，帮助企业通过合理的决策和避免偏见从而获得成功（Yates & Potworowski，2012）。

市场研究员、广告主管和政治家早就知道，一个额外的因素会影响我们的决策：**框架**，即一个问题是如何形成或呈现的（Tversky & Kahneman，1986）。我们的决定很容易受到框架的影响，这一事实具有重要的社会影响。例如，关

决策（decision-making）
决策是对一组替代方案进行选择的过程。

框架（framing）
会影响人们做出决定的一种问题构成方式。

于退休储蓄、医疗保健计划选择和学生贷款还款计划的决策受到框架的严重影响，经常导致人们做出不符合他们最佳利益的非理性决定。事实上，这些影响在 2015 年已经足够大，美国总统奥巴马发布了一项行政命令，指示政府机构在为美国公民开发材料时要有框架和其他行为科学方面的考虑。理查德·泰勒和卡斯·桑斯坦（Thaler & Sunstein，2008）写了一本有争议的书《助推》，书中概述了人们经常做出的非理性决定，他们做出这些决定的原因，以及一些框架可以"推动"人们做出有利于他们和整个社会的决定。例如，像让人们选择不退休而不是选择退休这样简单的事情会显著增加办理退休储蓄的人的数量。

框架

想象一下，你被诊断出患有癌症，你的医生会给你一个选择：

1. 手术后存活率为 90%，34% 的 5 年存活率。

2. 辐射治疗，其术后存活率为 100%，22% 的 5 年存活率。

你会选哪一个？

现在想象你被诊断出患有脑瘤，你的医生又给你一个选择：

3. 手术后死亡率为 10%，66% 的 5 年死亡率。

4. 辐射治疗后病死率为 0%，78% 的 5 年死亡率。

你会选哪一个？

互动

如果你选择：

手术–辐射：你在第一种情况下选择了手术，但在第二种情况下选择了辐射。这是最常见的反应。但是如果你仔细观察，你会发现这两种情况实际上确切地包含了相同的信息，只是表达方式不同而已。例如，00% 的存活率与 10% 的死亡率相同。但是，不同的框架会让我们在考虑我们的选择时，对即将死亡的可能性有不同的想法。

手术–手术：你在两种情况下都选择了手术，即使第二种情况给了你 10% 的死亡率。也许你已经注意到第一个选择给了你同样的机会，只是表现得不同。恭喜你，你抵制了影响很多人思考的框架偏见。你意识到，虽然手术后死亡的概率出现了，但手术后的长期存活率要高于辐射的。

辐射–辐射：你在两种情况下都选择了辐射，这意味着你在做决定时没有受到框架的影响；很多人在第一种情况下更倾向于选择手术，因为它提供 90% 的术后存活率，但在第二种情况下被手术吓跑了，因为它强调死亡而不是生存。但是，你可能已经展示了一个稍微不同的偏离率。这两例患者的 5 年死亡率[①] 都高于手术。因此，在选择治疗方案时，你可能过于强调眼前的生存，而不是长期考虑。

辐射–手术：有意思！你选择了大多数人完全相反的治疗计划。大多数人在第一种情况下选择手术，第二种是辐射治疗。就像那些首先选择手术、第二选择辐射的人一样，你受到了框架结构的影响，因为两种情况都提供了完全相同的信息，只是呈现不同。例如，在第一种情况下，90% 的存活率在第二种情况下是 10% 的死亡率。但是不同的框架让你对选择有不同的想法。也许在第一种情况下，你考虑的是立即的存活率 100%，但是在第二种情况下你会意识到长期的预后也应该考虑在内。

---

① 原文为存活率，疑误。——译者注

显著的表面相似性

互动

一个将军想要攻占一座堡垒，但却意识到他的部队如果沿着一条单一的道路进攻，会使自己的部队很容易受到攻击，所以他把部队分成许多攻击单位，沿着不同的道路前进。部队从各方面围住了堡垒，最终堡垒被攻占而且部队没有受到太大的损失。

医生正试图用激光治疗胃癌，但要意识到发射的全强度光束可以摧毁肿瘤，但也会损害健康组织。你能想出一种能摧毁肿瘤但能保护健康组织的解决方案吗？

解决方案：你是否解决了第二个问题？提示：它涉及与第一个问题相同的推理过程。就像攻占堡垒一样，从多个方向发送大量强度光束将能解决肿瘤问题。在一项研究中，只有 20% 的学生认为堡垒问题解决了肿瘤问题（Gick & Holyoak，1983）。但当研究人员告诉学生，堡垒问题可以帮助他们解决肿瘤问题时，他们的成功率高达 92%。学生没有注意到堡垒的解决方案与这个是相关的。

最近兴起的神经经济学领域的研究人员对大脑在进行经济决策时是如何工作的非常感兴趣（Glimcher et al.，2008；Hasler，2012）。通过使用功能性磁共振成像技术来识别那些在特定的决策情境中变得活跃的大脑区域，比如在与一个吝啬或自私的人交流时，研究人员希望能更好地预测和理解情感、推理和唤醒对我们的决定的影响（Kato et al.，2009）。例如，决策激活了大脑中参与处理奖励的区域，同时也涉及在选择时对不同优点进行比较的大脑领域。虽然大脑的奖励区域对于激励做出好的决策是很重要的，但是注意力控制区域的激活会影响更好的选择（Laureiro-Martínez et al.，2015）。神经经济学有可能帮助我们理解为什么某些人在某些时候会做出错误的决策。例如，临床心理学家最近开始探索如何运用神经经济学诊断心理障碍（Sharp，Monterosso，& Read Montague，2012）。

解决问题：完成我们的目标

我们每天都面临着很多要解决的问题。有些问题很简单，比如弄清楚把最喜欢的鞋子放在哪里了，但有些问题却很复杂，比如找回一个损坏的电脑文件，或者想办法把很多行李放进一个只能存放一周衣服的旅行袋里。**问题解决**就是一个实现目标的认知策略。

问题解决
（problem solving）
生成一个认知策略来完成目标。

解决问题的方法

我们遇到了各种各样的启发式，比如可得性和代表性，我们用快速并节约的方法来得出结论和解决问题。虽然这些启发式通常是有效的，但我们也可以利用各种更深思熟虑的解决方案。具体来说，我们可以解决后续的许多问题。按步骤学习的程序称为**算法**。算法对于那些依赖于解决方案的基本步骤的问题都很有用，比如在汽车上更换启动器，做扁桃体切除术，或者制作花生酱和果冻三明治。算法确保我们在解决一个问题时处理所有的步骤，但它们是相当灵活的。想象一下，你有一个烹饪蘑菇煎蛋卷的算法，其中包括融化一些黄油，但是你的黄油用完了，所以你陷入了困境。因此，你要么放弃，要么"用你的头脑"去设计一种更灵活的解决方案。

另一种更灵活的方法是将问题分解成更容易解决的子问题。如果我们想要建造一个狗屋，我们可能会把问题分解成确定狗屋的大小和尺寸、购买材料、建造地板等等。通过将问题分解成块，我们可以更快更容易地解决它。还有一种有效的方法涉及相关的推理，例如我们意识到在烘焙食谱中油常常代替黄油，它可能也适用于蛋卷（Gentner et al., 2009）。在实验室和现实世界中，科学问题的许多突破都来自两个截然不同的主题之间的类比。这些类比可以解决相似的问题。例如，在观察了苍耳是如何粘在狗毛上的（苍耳有一系列的小钩子，这些小钩子钩在皮毛上），乔治·德·梅斯特拉尔（George de Mestral）在1948年发明了维可牢尼龙搭扣。

分布式认知是解决问题的另一种方法。分布式认知指的是群体问题的解决方法，即多个思想一起工作，相互碰撞，各自贡献不同的思想、知识和观点。换句话说，思维是分布在大脑中的各个机能协调运作产生的。人们在听到别人的想法后，就会想到那些他们想不到的解决方案。心理学家利用这种方法来优化所有结果，从医疗计划到运动队表现到空中管制（Krieger et al., 2016; Walker et al., 2010; Williamson & Cox, 2014）。群体问题的解决可能会有不利的一面，尤其是当每个人都陷入同样的思维模式时。不过，只要每个人都愿意分享一个独一无二的见解，分布式问题解决是非常有效的。

解决问题的障碍

尽管我们使用各种有效的策略来解决问题，但我们也面临着各种各样的障碍——认知倾向会干扰有效的问题解决策略的使用。我们将会考虑三个这样的障碍：显著的表面相似性、心理定势和功能固着。

显著的表面相似性　显著指的是注意是怎样被一些事物吸引的。我们趋向于将注意力集中于问题表面的（浅显的）特征，并试图用能解决相似问题的相同方法来解决这一问题。例如代数字符的问题，一些题目要用减法，另一些要用除法，但事实上它们解决的问题对我们并没有太大的意义。忽略问题的表面特征，而关注于解决问题所需的潜在推理将是一个挑战。

心理定势　一旦我们发现了一种可靠有效的解决方法，我们就会经常使用那种解决方式，这导致我们在做抉择时或"跳出思维定势"时就会遇到麻烦。心理学家将这一现象称为**心理定势**。当我们试图找出期末考试的题目时，我们可能会在教授上课时没讲的题目上遇到困难。然而，那些没有上过课的朋友可能会提出更有创造性的想法，因为我们的思维被经验束缚了。在一个关于心理定势的经典研究中，参与者需要解决一系列问题，他们要用给定的三种量杯通过增加或减少水量来准确量出一定量的水（例如仅用21夸脱、127夸脱和3夸脱的量杯来向量杯里面装入精确的100夸脱的水，见图8.3）。

一半的参与者在解决一个要运用不同公式的问题之前，用同一公式（A－

算法（algorithm）
运用一步一步的步骤来解决问题。

心理定势（mental set）
思维固着在一种特定的问题解决策略上，从而抑制我们的选择能力的现象。

B－C－C＝总量）解决了八个问题，或者他们直接解决第九个问题而不涉及前八个问题。在那些解决前八个问题都用同一公式的人中，仅有 36% 的人成功解决了第九个问题。相反，那些首先解决第九个问题的参与者有 95% 的可能性获得成功（Luchins，1946）。解决前八个问题实际上给解决第九个问题带来了困难，因为这八个问题让人形成了一个很难打破的心理定势。

最近的研究探索了一些打破心理定势的方法。一项研究表明，给予人们实际的量杯来操纵，使他们不太可能陷入思维的困境。这种方法奏效了，对于具有较强的视觉空间能力的参与者来说尤其好（Vallée-Tourangeau, Euden, & Hearn, 2011）。利用功能性磁共振成像（fMRI）技术的研究表明，能够摆脱一种心理定势依赖于额叶和顶叶的激活，这可能是因为这些区域帮助我们抑制先前的反应，并允许我们产生新的策略（Witt & Stevens，2012）。

功能固着　我们很难将物体具备的某种功能运用于其他方面，这就是**功能固着**（German & Defeyter，2000）。也就是说，我们被"固定"在一种常规用法中。你是否曾经历过需要锤子、胶带或剪刀但却没有的情形？你会选择其他什么样的方式去解决？功能固着可能使我们很难意识到我们可以用鞋子来代替锤子，用信件标签来做胶带或者用钥匙来将绳子弄断等。

一个测试功能固着的传统实验要求参与者找出一种方法将蜡烛安置在墙上，仅提供一根蜡烛、一盒火柴及一盒图钉，如图 8.4 展示的那样（Duncker，1945）。你能想出来怎么做吗？

想不出来的不止你一个人。我们大部分人都认为这个题目很难，因为它强制我们用不合常规的方式来使用这些常规性的物体。然而，一项研究的发现对功能固着发起了挑战。研究人员指出，生活在厄瓜多尔偏远且传统、落后社会中的人，赋予这些物体的功能更多，但

排除其他假设的可能性
对于这一研究结论，还有更好的解释吗？

即便是他们也存在功能固着（German & Barrett，2005）。所以，即使我们有很少甚至没有经验，也可能会出现功能固着。既然我们都倾向于功能固着，我们该如何摆脱它呢？一个最近记录的解决方案是将注意力从整体问题转移到更小的，甚至有些模糊的细节上，比如火柴头的颜色和纹理，以及如何构造火柴盒的一角。这种关注的转变似乎是帮助我们以不同的方式感知事物，并发现它们可能提供的新机会（McCaffery，2012）。

图8.3	心理定势问题

解决这些问题的方法是弄清楚如何使用所提供的量杯来增加和减少精确的水量。前两个问题使用相同的公式：用第一个量杯的量，减去第二个量杯（B）的量，然后再减去两次第三个量杯（C）的量（A-B-C-C= 目标量）。第三个问题需要一个不同的解决方案。你能弄明白吗？如果你被困住了，你可能正在经历一场"心理定势"。

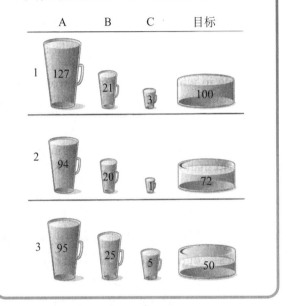

	A	B	C	目标
1	127	21	3	100
2	94	20	1	72
3	95	25	5	50

图8.4	功能固着

一个经典的关于功能固着的设计，要求参与者找出将蜡烛安置在墙上的方法，仅提供一根蜡烛、一盒火柴及一盒图钉（Duncker，1945）。问题的解决方案请见下页。

功能固着
（functional fixedness）
很难将物体具备的某种功能运用于其他方面。

日志提示

奥尔顿·布朗因在烹饪节目《美味佳肴》中使用了烹饪工具的多种用途而出名。他利用纸箱和花盆来吸油烟，展示了如何克服功能固着。分别思考下当你（a）克服了功能固着，或者（b）因为功能固着而无法解决问题时的两种例子。

思维模式

我们已经了解了快速和节省资源的处理方法——启发式和偏见，以及我们解决问题时的能力和局限，那么，什么是思维运作的最佳模式呢？在20世纪80年代，许多心理学家利用电脑的类比来解释大脑处理信息，填补空白，并进行推断的倾向。他们提出思维也许类似于计算机程序运行数据。从这个角度看，大脑的算法就像编程；大脑通过它的"软件"运行数据并给出一个答案。

尽管一些现代心理学家仍然依赖计算机模型，但大多数人认为计算机类比并不能很好地解释我们的思维方式（Searle，1990）。事实上，人类认为一些最简单的任务对于计算机是最难的。尽管我们可以毫不费力地感知和识别语音，但是任何试图在自动手机点餐时使用语音指令的人都知道，计算机在这方面是出了名的差。人类在这样的任务中击败计算机的一个原因是，我们可以把背景考虑进去，并可以做细微的推断，但是计算机不能。例如，我们听到有人说了一些听起来很像"I frog"的话，但那是发生在他的语境中，他为没有给你带来他承诺的东西而道歉。所以我们猜对了，他想说"我忘了。"相比之下，计算机无法使用自上向下的加工来解决这种模糊性问题。计算机也很难对世界进行推理，因为它们往往以一种更简单的方式来表示"知识"。例如，如果你通过问一个计算机模型"狗有皮毛吗？"这样的问题引入狗的概念会得到正确的答案，但如果你问"你能从涤纶衬衫里做沙拉吗？"因为没有任何与衬衫相关的沙拉，所以不管电脑学了多少关于衬衫和沙拉的知识，都将会被这个问题困扰，而人类却很明显地找到了答案（Davis & Marcus，2015）。人类思维不同于计算机的另一个重要的方式是计算机没有机会去探索和与世界互动。从婴儿时期起，我们就对世界采取行动，并观察我们行动的后果。我们知道如果站立不保持平衡就会摔倒，或者知道说别人"你是个混蛋"在通常情况下会产生一种与说他"我对你的话感到烦恼"不同的情绪反应。

最近的思维模式试图通过发展具体的思维方式来反映我们的知识和经验两者的物理相关性。根据具体思维模型，我们的知识以一种能够模拟我们实际体验的方式进行组织和访问（Lakoff，2012）。例如，听到"那个人看到天空中的鹰"这句话的人，接着看一幅鹰的图片，他在鹰的翅膀展开时（与句子中描述的场景一致）要比翅膀折叠时更快地认出老鹰（Fischer & Zwaan，2008）。脑激活的神经成像研究与一种具体的思考方式相一致（Barsalou，2008）。这些研究表明，当人们考虑对象、行动和事件时，大脑的感官领域（例如，视觉、听觉和运动皮层）被激活。

互动

答案：你考虑过这个答案吗？

人类的认知过程是非常灵活并具有创造性的，过去的经验、背景、想象力和心理捷径能够帮助我们快速、高效地解决问题。我们的快速和节省资源的思想为我们节约了很多时间。尽管如此，我们叙述这段内容的主要目标之一是提高人们对我们的认知系统如何引导我们的意识——同样重要的是，我们如何防范这种倾向。这种意识可以帮助我们认识到我们很容易受到错误推理的影响。再仔细想想我们的直觉。当我们听到有一位总统候选人在民调中领先，或者说双语教育对孩子不好的时候，我们应该停下来想想媒体凭什么做出这一结论。当你决定是否在笔记本电脑上做一个难以置信的交易（"只花 200 美元，而且比你的家用电脑快 5 倍！"）或者你想买的车价格太优惠到底是否为真的时候，你应该考虑一下这些信息是否足够可信。在决定我们的饮食计划是否有效时，我们应该想想科学研究是怎么说的，而不是依赖朋友们的一些道听途说。认知经济能适应于这一问题，但是我们要意识到它的缺陷，这将使我们对日常生活的点点滴滴了解更多。

特别声明
这类证据可信吗？

8.3　语言是如何工作的

8.3a　描述语言建立的四种分析水平。

8.3b　理解儿童手势语言的发展。

8.3c　识别双语的利弊。

8.3d　区别人类语言和动物交流。

我们倾向于认为词语有固定的含义，就像在字典里找到的那些字一样。但是我们如何解释一个词取决于它的上下文。当上下文信息缺失时，许多有趣的（有时也不那么有趣）错误理解就会出现。表 8.1 给出了实际报纸标题的例子，其中字面意思是无意中幽默的解释。

语言是一种由单词或手势等符号构成的，基于规则来创造意义的庞大的交流体系。语言的特点之一是任意性：语音、词和句子意义之间的联系很模糊。例如，"狗"这个词象征着一个友好的、毛茸茸的，还会吠叫的动物，还有"狼蛛"这个词比"猪"这个词还长，尽管狼蛛（谢天谢地）本身比猪小很多。语言有很多功能。最明显的是信息的传播功能。当我们告诉室友"派对从九点开始"或在一家咖啡厅点"脱脂拿铁"时，我们表达信息以确保我们或其他人能达到目标，如准时参加派对或确保我们的拿铁是无脂的。

语言还是调节社交和情绪的关键。它使我们能够表达对社会交往的观点和看法，如表达思想情感"我以为你在生我的气"或"这个家伙真搞笑"。我们花费大量的时间在语言交流上以建立和维持与他人的关系（Dunbar，1996）。

语言的特征

我们之所以不重视语言，是因为它是通过大量练习和自动化认知过程而形成的，就像是使用一辆已经开了几个月的车。自动化意味着通常在使用和理解语言时只需要很少的注意力，并且可以同其他任务如走路、烹饪或运动一起进行（Posner & Snyder，1975）。直到我们试图学习和使用一种新的语言时，我们才意识到它是多么复杂。事实上，我们使用语言的能力依赖于大量的认知、社交以及生理上的技能。甚至仅仅是语音的产生，也依赖精细的呼吸控制，声带、喉咙和嘴的位置，以及舌头的活动。

为了更有效的交流，我们可以从四个不同的层面分析语言。这四个层面分别是

语言（language）
一种由单词或手势等符号构成的，基于规则来创造意义的庞大的交流体系。

表8.1 | 又是怎么回事？模棱两可的新闻头条

在断章取义的情况下，语言可能是模棱两可的，甚至是无意识的幽默。（A）中的例子很模糊，因为它们使用具有多重含义的单词。（B）中的例子有歧义，这导致有两种可能的解释。

（A）模棱两可的词义

在小提琴案件中，醉汉可判九个月监禁。

伊拉克寻找武器。

被闪电击中的人面临电池充电。

老学校的支柱被校友所取代。

两名犯人逃避绞刑架，陪审团悬而不决。

矿工死后拒绝工作。

（B）语法模糊

架子上的眼药水。

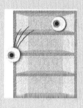

英国人在福克兰群岛留下华夫饼。

凶手在十年后第二次被判处死刑。

在做饼干的时候，把孩子也放进去。

少年法庭审判枪杀被告。

学生做饭并服务祖父母。

音素（phoneme）
我们的发音器官产生的声音种类。

词素（morpheme）
句子中有意义的最小单元。

语法（syntax）
规定我们如何把单词组成有意义的字符串的规则。

额外的语言信息（extralinguistic information）
不是语言的一部分，但是对理解其意思有重要作用的沟通元素。

（1）**音素**，我们语言的发音；（2）**词素**，句子中有意义的最小单元；（3）**语法**：规定我们如何把单词组成有意义的字符串的规则；（4）**额外的语言信息**：不是语言的一部分，但是对理解其意思有重要作用的沟通元素，如面部表情和语调。我们可以把每个层面想象成做饭时所包含的几个明确的步骤，从个人选料到确定菜单，再到做饭本身，最后同样很重要的是整体的进餐过程。

音素：成分

　　音素是我们的发音器官发出的声音的种类。这些种类受到我们的声道的影响，包括嘴唇、牙齿、舌头所处的位置，声带的振动，喉咙的开闭，以及我们的喉咙和嘴巴的其他部位。

　　专家们对世界上所有语言的音素总数有不同的看法——大概有 100 个——但他们同意每种语言只包括其中的一个子集。英语包含了40 到 45 个音素，这取决于我们如何计算它们。有些语言只有大约15 个音素；有些超过60 个。

　　虽然在语言上有一些重叠，但有些语言包含其他语言中没有的声音。这一事实无疑增加了学习第二语言的挑战。这一原则的最著名的例子，至少在说英语的人当中是这样，是日语的 *R/L* 的区别。日语有一个单一的声音范畴，包括 "r" 和 "l" 的发音，这是英语母语人士很难理解的一个事实，因为听起来似乎完全不同。然而，也有类似的例子扭转了局面。说英语的人很容易区分 "d" 和 "t" 的声音，但是印度语（在印度的许多地方）有在 "d" 和 "t" 之间的第三个声音类别，其产生于字母 "d" 的发音，但是舌头被压在牙齿后面。这第三类听起来就像印度语使用者区分 "d" 和 "t"，英语使用者区分 "r" 和 "l" 一样，但英语使用者看不出这种差异（Werker & Tees，2002）。他们把它看成是 "d" 或 "t"。

词素：菜单项

　　词素是句子中有意义的最小单元。它们是由音素串在一起产生的。我们的词素大多是词，如 "猫" 和

"快乐"。词素传达了来源于词和句子的**语义**。然而，我们也有一些听起来不是词的声音，但是，当词被附加上去时，就可以修改词的意思。这些也都是词素，虽然它们不能单独作为词。例如，词素"re-"在"recall"和"rewrite"意味着"再做一次"，词素"ish"在"warmish"和"pinkish"中意味着"中等程度"。

语义（semantics）
来源于词和句子的词义。

语法：将饭放在一起

语法是我们构造句子的一套语言规则。例如，"我在晚餐时吃比萨"的几个词构成了一个完整的句子，它遵循了英语的语法规则。相比之下，"我晚餐吃的比萨饼"并不遵循英语语法，尽管它遵循了一些其他语言的语法规则。语法不仅仅是词序，它还包括形态标记和句子结构。形态标记的词缀，这表明它们改变一个词的意思，但它们是基于一个语法规则的改变。例如，在英语中，我们增加了复数"-s"、过去时态"-ed"和持续动作"-ing"。

虽然语法规则描述了语言是如何组织的，但现实世界的语言很少能完美地遵循它们。如果你要写下心理学教授在你下节课开始时所说的话，你会发现他或她至少违反了一两个语法规则。所以语法描述了一种理想化的语言形式，就像我们在书面文件中读到的正式语言一样。这就是语言需要大量认知加工的原因之一。即使他们所说的句子是不完整或不完美的，但我们仍需推断出他们要表达的意思。

额外的语言信息：整体的用餐体验

我们通常认为语言是不言自明的：我们说的就是我们要说的意思（大多数时候都是这样）。然而，当我们解释所听到的语言时，我们把大量额外的信息视为理所当然。额外的语言信息不是语言的一部分，但它在我们理解语言的过程中起着至关重要的作用。例如，之前的陈述是由他人做出的或是说话者的非语言线索——比如他或她的面部表情、姿势、手势和语调。人们如果不注意这些信息，或者在电话交谈中或在短信中某些信息被屏蔽了，就容易产生误解。

假设我们听到有人说"这里太可怕了！"。这个句子没有提供足够的信息来弄清楚说话人的意思。为了理解她的话，我们需要观察她的面部表情和手势，并考虑她在哪里，她在做什么，以及人们在她说之前在谈论什么。如果她站在一个热的厨房里挥手擦头，我们可能会推断她指的是房间的温度。如果她站在海鲜店里，手捂鼻子，看起来很恶心，我们可能会推断她指的是一种可怕的气味。如果当她参加某种活动时，她的脸上有一种沮丧的表情并且有人正评论活动有太多的人，我们可以推断她指的是房间里有多拥挤。

我们如何理解一个句子在很大程度上取决于语境。如果你听到有人说："这里太可怕了！"在这两种情况下，你认为每种情况"可怕"的东西是什么？我们总是通过语境来理解语言。

方言（dialect）
一群有共同的地理环境以及种族背景的人使用的变体语言。

语言方言：饮食习惯的地域和文化差异

　　虽然每种语言都有自己的一套音素、词素和语法规则，但在这些元素内存在着可变性以及跨语言性。**方言**是一种语言的变体，由特定地理区域的群体或种族背景的人群使用。方言并不是不同的语言，因为两种方言的使用者在很大程度上可以相互理解（Labov，1970；Tang & van Heuven，2009）。不同的方言可能有标准发音的细微变化，以及各自语言的词汇和语法。例如，许多来自波士顿（和英国）的人因为丢弃他们的 "r"（"I pahked my cah"）而出名，许多得克萨斯州人以他们的 "鼻音" 而闻名。同样，你也可以参考一些生活中常见的饮料的命名比如 "soda" "pop" "tonic" 或 "Coke"。要理解不同于 "标准化" 母语的方言并没有在发音或语法上犯错误，而是遵循一套稍微不同的规则是非常重要的。

　　许多人认为说非主流方言的人试图将这种方言标准化，但没有成功（Smitherman-Donaldson & van Dijk，1988）。这种假设会导致毫无根据的偏见（Baugh，2000）。这些方言的使用者在他们的演讲中使用了一致的语法规则，尽管这些规则与 "主流" 方言（Ellis，2006；Rickford & Rickford，2000）所使用的规则不同。例如，非裔美国人可能会用方言说 "插上插头" 而不是 "插进插头"。

很多生活在阿巴拉契亚山脉的阿巴拉契亚方言的使用者说 "他去过商店" 而不是 "他去了商店"。只要他们系统地使用这些结构，就是使用一种同样有效的基于规则的沟通方式。然而，许多人认为说非标准方言的人一定是愚蠢或懒惰的（Kinzler & De Jesus，2013）。这个不合理的结论最终导致了人们失去了一些社交、教育和就业机会（Dunstan & Jaeger，2015），比如被拒绝约会，被老师忽视，或者失去工作。

事实与虚构

互动

两个不同的孩子说："他到店里去了。" 其中一个父母从来没有使用过 "已经去了" 这个短语，而另一个父母则经常使用这个短语。两个孩子都没有犯语法错误。（请参阅页面底部答案）
○ 事实
○ 虚构

语言是如何产生的以及产生的原因

　　长期以来，科学家们一直在争论语言是如何进化的，以及这种复杂的沟通系统所带来的优势。一个明显的优势是，语言使我们能够交流极其复杂的思想。一些进化理论家认为，随着早期的类人猿开始从事日益复杂的社会组织工作和活动，例如协调群体狩猎，语言演化为一个复杂的系统。进化理论家一致认为，语言必须为人类提供强大的生存优势，以弥补其劣势。但是它也有很多缺点。例如，语言需要一个漫长的学习周期，耗费巨大的脑力资源。此外，一个声道能让我们发出各种各样的声音，实际上也增加了我们被 "噎住" 的概率（Lieberman，2007）。

　　解释语言如何演变的一个挑战是语言通常是随意的这个事实。大多数音素、词汇和语法规则与它们所指的事物无关。这似乎是一个不太直观的 "设计特征"。许多学者认为语言是随意的，这是有原因的。使用随意的词汇可以让我们更灵活地表达复杂的想法，尽管这些想法听起来并不自然。尽管如此，仍有一些有趣的非随意语言的例子，它们确实与含义相似。最明显的是拟声词或类似的所指的声音词，比如扑哧、喵、哔哔和嗡嗡。另一个例子是在世界上的语言里，"母亲" 这

答案：虚构。第一个孩子使用的短语不是她正在学习的方言的一部分，而另一个则是用一个她父母说的被认为符合语法的短语。所以第一个孩子有语法错误的，但是第二个孩子没有。

个词几乎总是以"m"或"n"开头，而"父亲"这个词几乎总是以"b""p"或"d"开头。这个事实可能不仅仅是一个巧合，更可能是因为这些音素往往是孩子们最早获得的。还有一些语义相关的词集群的例子，它们有着被称为"phonesthemes"的公共声音序列。例如，在英语中，"sn"音与鼻子相关的活动有关，包括打喷嚏、嗅、打鼾、窃笑、哼哼和擤鼻涕。发光、闪烁、闪光、光泽、光荣等所有属于发光的东西都有"gl"的声音。当然，这并不是说所有带有这些发音的单词都是集群的一部分。"噼噼啪啪"（snapping）这个词和鼻子没有关系，"高兴"（glad）这个词和闪光也没有关系。但是这些集群表明语言并不完全是随意的。

对声音符号的研究——即某些语音似乎与特定的意义有关——进一步挑战了语言完全随意的观点（Aveyard，2012；Imai，Kita，Nagumo，Okada，2008；Nygaard，Cook，& Namy，2009；见图 8.5）。例如，在日语中，"hayai"的意思是"快"。被告知"hayai"的意思是"快"的英语母语者，相对于那些被告知"hayai"的意思是"甜"的人更容易记住这些信息（Nygaard et al.，2009）。这一发现表明"hayai"听起来像它的真正含义。至少有一些声音符号是跨语言存在的，这一事实提出了一种有趣的可能性，即大脑中听觉和其他感觉系统之间的联系首先影响了语言的进化。

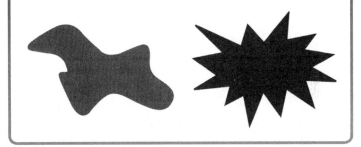

图8.5　一个典型的声音符号例子

哪个看起来像"maluma"，哪个看起来像"takete"？如果你和大多数人一样（世界各地的儿童和成人），你会说左边像"maluma"，右边像"takete"。

儿童是怎样学习语言的？

在一些案例中，儿童比成年人的语言学习更高效。在儿童学会说话之前，语言学习就已经开始了。事实上，语言甚至在他们还未出生之前就开始了。在怀孕的第五个月，胎儿的听觉系统就发育成熟，能识别出母亲的声音，学会识别母语的特征，甚至能识别他们曾听到的一遍又一遍的歌曲或故事（DeCasper & Spence，1988；Moon，Lagercranz，& Kuhl，2013）。

我们知道这是事实，因为研究人员已经开发出一种方法来测试新生儿辨别声音的能力，即一种利用操作性条件反射的方法（见 6.2a）。这项技术是一种高振幅的吮吸过程，它能够利用婴儿在吮吸过程中的少数行为。两天大的婴儿听到母语时，比听到一门外语时吮吸得更强烈，即使是完全陌生的人说两种语言。即使在很小的时候，他们也明显地偏爱母语。这对讲英语和说西班牙语的妈妈们来说也是一样的：母语是英语的婴儿当听到英语而不是西班牙语时会更努力地吮吸，而母语是西班牙语的婴儿在听到西班牙语而不是英语的时候会更努力地吮吸（Moon，Cooper，& Fifer，1993；Moon，et al.，2013）。研究人员对以英语为母语的婴儿和以西班牙语为母语的婴儿进行了测试，这是一个好的实验设计。它让研究人员排除了所有婴儿都喜欢英语而不是另一种语言的可能性，不管他们的母亲会说哪种语言。

排除其他假设的可能性 对于这一研究结论，还有更好的解释吗？

胎儿可以学习他们母语的旋律和节奏，并在出生之前学会识别母亲的声音。他们甚至可以在出生之前能识别曾读给他们听过的故事（DeCasper & Spence，1988）。

咿呀学语（babbling）
缺乏特殊意义的有意识的发声。

感知和产生语言的声音

在出生后第一年或刚出生时，婴儿习得大量母语发音。他们开始找到语言的音素，并用发音器官制造出特殊的音符。虽然婴儿的咿呀学语声似乎没有任何意义（通常是这样的），但咿呀学语在语言发展中起到重要作用，它使得婴儿明白如何通过移动声道来产生特定的声音。**咿呀学语**是指所有缺乏特殊意义的有意识发声（除了哭声、打嗝声、叹息声和笑声等无意识的发声）。咿呀学语在出生后第一年就发展起来了，随着阶段的发展，婴儿逐渐控制了自己的声道（Kent & Miolo，1995）。当婴儿咿呀学语时，他们会进行一种声音探索，寻找特定的声音。一些研究人员甚至将这种探索比作动物觅食。在接近一周岁时，婴儿的咿呀学语呈现了有意义交谈的特征，甚至已不再是咿咿呀呀了（Goldstein & Schwade，2008）。

就像调节声道一样，婴儿也能很好地调节他们的听力。正如我们学过的，不同的语言有不同的音素种类，所以要想成功地使用母语，婴儿必须学习识别哪些声音与他们的语言是相关的。所有婴儿最初都有相同的音素类别，无论他们的母语是什么。然而，婴儿在出生后第一年就会迅速调整音素，以适应他们的母语。10个月大的婴儿对于母语的音素掌握已经与成年人非常相近了（Werker & Tees，2002）。然而，最近对学习汉语和学习英语的婴儿的咿呀学语模式的分析表明，8个月、10个月或12个月的婴儿没有差异（Lee et al.，2016）。对婴儿语言产生过程的分析结果无法从对其语言感知分析的研究中复制。这种感知和产生之间的不匹配可能意味着，产生不同语言特有音素所需的运动协调能力落后于婴儿对母语发音的认知。

可重复性
其他人的研究也会得出类似的结论吗？

学习词汇

儿童是如何以及何时开始学习讲话的呢？一个关键的原理描述了早期的词汇学习：理解先于表达。儿童先是学习识别和理解词汇，然后才会说。这是因为他们对于如何发声只有一个初步了解。他们可能很清楚地知道"大象"指的是一个有长鼻子和大耳朵的巨型灰色动物，但却不能拼出这个词汇。

儿童大约在他们第一个生日时开始说出第一个单词，尽管在这一阶段有很大的可变性。他们缓慢地学习第一个词。在1至1岁半之间，他们的词汇量逐渐从20个积累到100个。随着学习新词的经验的不断丰富，他们的学习速度也提高了，而且他们知道并能说出来的词的数量也在不断增长（Golinkoff et al.，2000；Smith，2000）。到两岁的时候，大多数儿童能说几百个词，上了幼儿园，他们的词汇量扩展到几千个。

然而，孩子们在理解词的含义以及如何使用这些词时，通常会犯一些一致的错误，比如经常过度使用。这意味着他们比成年人更广泛地（比如把所有成年男子称为"爸爸"）或狭义地（比如认为猫只是说他们的宠物猫）应用词汇。当然，大多数时候，孩

说说你知道的

互动

词汇量有限的婴儿不能很好地说话，而且常常羞于在陌生人面前说话。研究人员经常让婴儿通过指来测量婴儿所理解的单词，或测量当孩子们听到熟悉的单词时，是否对相应的物体注意时间更长。

子们都能完全正确地理解词义，这是一项了不起的成就。

句子的发展：把所有词放在一起

儿童句子发展的第一个重要里程碑是将词组合成短语。儿童从**单字阶段**开始说话，他们用单字来表达整个思想。一个孩子可能会用"doggie"这个词来表示"有一只小狗！""小狗在哪儿？"或者"狗狗在舔我！"在单字阶段理解孩子的意思是很有挑战性的。两岁时，大多数的儿童开始将两个单词连成简单的两字短语。虽然这些短语离完整的句子还相差甚远，但它们大大提高了可理解性。例如，孩子现在可以说"更多橘汁"来表达要求或说"哦－哦橘汁！"来通知妈妈果汁刚刚洒出来。在这些短语中儿童已经了解了一些关于语法的规则。比如，他们倾向于在正确的规则下使用这些单词，尽管他们偏离了这些规则。

伴随词的学习，儿童在使用语法规则前就了解到了一些基本的规则。例如，在学会说完整的句子之前，他们便知道单词顺序与意义有怎样的联系。两名研究人员向 17 个月大的婴儿们展示了两段视频，其中一名展示了饼干怪兽给大鸟挠痒，另一名展示了大鸟给饼干怪兽挠痒。实验者问孩子们："哪一个是大鸟给饼干怪兽挠痒？"孩子们指出正确的视频，证明他们可以从单词顺序决定谁是"挠痒者"，谁是"被挠痒者"（Hirsh-Pasek & Golinkoff，1996）。（见图 8.6 中用猪和狗来举的另一个例子）

在使用两个词构成的短语的几个月后，他们开始运用更复杂的句子，包括三个词或四个词的组合。与此同时，他们开始说出不同的形态标记，如加"s"在英语中表示复数，加"ed"在英语中表示过去式等。在前期，他们学会了大多数的语法规则，而在学龄期早期，他们继续学习更复杂的规则（Owens，2011）。

双重语言

大部分人试图学习第二种语言，有一些人是**双语者**，能熟练说出和理解两种截然不同的语言。我们中很多人都想要掌握第二种语言，为什么我们很少会说自己是双语者？答案就在于我们如何对待第二语言。我们在生活中掌握一种经常说的语言比在课堂上掌握这种语言更容易（Baker & MacIntyre，2000；Genesee，1985）。毫不奇怪，我们学习一门新语言的动机也发挥了关键的作用（Ushioda & Dornyei，2012）。一般来说，学习第二语言最简单的方法就是在年轻时学习——越早越好。

语言学习

互动

一个用"爷爷"这个词来称呼任何白头发的人的孩子犯了对一个词过度使用的错误。

图8.6 儿童对词的规则的理解早于说出一句完整的话

通过显示与听见的句子相匹配的录像，展示他们对于语法的理解。在这里，一个 17 个月大的婴儿正在通过指出与"猪在给狗挠痒"相对应的录像来表现他对此句的理解。

单字阶段
（ one-word stage ）
儿童使用单字表达整个思想的早期的语言发展时期。

双语者 (bilingual)
能熟练说出和理解两种截然不同的语言的人。

元语言（metalinguistic）
有关语言是如何构造和使用的意识。

对于大多数双语者，其中一种语言是主导。这是典型的第一语言，这是他们听得最多和使用得最频繁的语言。当父母用两种语言说话时或孩子有一个说的语言和她父母说的不一样的全职保姆时，孩子可以从一开始就学习两种语言。双语者是怎样熟练地说两种语言的呢？这两种语言在大脑中的联系又是怎样的呢？

双语学习的儿童遵循着与单语学习的儿童所经历的相同阶段和顺序。一些证据表明，学习双语的儿童相对单语学习的儿童在每种语言学习上稍有延迟（Gathercole，2002a，b），尽管词汇发展未受影响（Pearson & Fernández，1994；Pearson，Fernández，& Oller，1993）。此外，发生在早期获得过程中的延迟经常被各种各样的长远利益抵消（Bialystok，Craik，& Luk，2012）。双语者不仅可以与两种语言群体进行交流，而且了解两种语言如何工作的过程会让他们对语言的结构和使用有更高的**元语言**理解力。因此，他们往往在语言任务方面表现更好（Bialystok，1988；Galambos & Hakuta，1988；Ricciardelli，1992）。事实上，最近的研究表明，双语甚至可以缓解阿尔茨海默病和其他形式的痴呆症患者认知能力的下降（Schweizer et al.，2012）。

在对语言处理过程中大脑活动的研究表明，在早期发展过程中学习第二语言的人在加工两种语言时使用的是相同的脑区（Buchweitz et al.，2012；Fabbro，1999）。

排除其他假设的可能性
对于这一研究结论，还有更好的解释吗？

相比之下，那些在后来的发展中学习第二语言的人使用不同的大脑区域（Kim et al.，1997），这表明大脑可以将第一语言和第二语言区分为不同的区域进行加工。另一种假设是，在后来接触到第二语言的人使用不同的脑区，是因为后来学习第二语言的时候变得不那么熟练，并且需要更多的大脑参与（Abutalebi，Cappa，& Perani，2005）。

语言学习的关键期

正如我们前面所提到的，年龄较小的孩子在学习语言方面往往比年长的孩子和成年人更好。这一结论的大部分证据来源于对第二语言习得的研究。这项研究关注的是语言的发展是否存在一个关键期。关键期是发展时期的狭窄窗口期，在这期间个体如果要学习的话，必须学习一种能力（见10.4a）。我们可以通过观察学习语言的年龄来发现这种学习是否必须发生在学习语言的特定时间段内。一项研究通过测量从中国和韩国移民到美国的不同年龄的成年人的英语语法技能来检验这个问题。该测试要求参与者检查语法错误，如"男人小心翼翼地爬上梯子"和"小男孩正在和警察说话"。图8.7显示了学习第二语言的流利程度是如何受到年龄的影响的：在较早的年龄学习第二语言的人比在较晚的年龄学习第二语言的人更流利（Johnson & Newport，1989）。年龄对语法和发音的影响比对词汇的影响更为显著（Johnson & Newport，1989；Piske，MacKay，& Flege，2001）。但是，在学习第一语言时，早期接触有什么好处吗？

出于道德，我们决不会因为科学研究故意剥夺孩子在合适的年龄学习语言的权利。然而，在这方面的一些悲惨的事情已经成为心理学家所谓的"自然实验"，也就是说，自然发生的事件为我们提供了对其潜在原因的有用见解（Dunning，2012）。你会注意到，我们在这个术

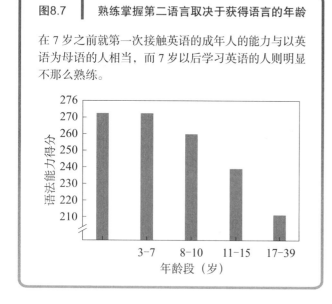

图8.7   熟练掌握第二语言取决于获得语言的年龄

在7岁之前就第一次接触英语的成年人的能力与以英语为母语的人相当，而7岁以后学习英语的人则明显不那么熟练。

（纵轴）语法能力得分
（横轴）年龄段（岁）   3-7   8-10   11-15   17-39

语上加了引号，比如"实验"不是真正的实验，因为它们没有随机分配以及操纵一个独立变量（见 2.2c）。尽管如此，这些实验有时能提供重要的信息，说明语言学习的关键期是否存在。

例如，一个叫吉妮的女孩被严重忽视和虐待，在她的 13 岁之前的大部分时间里，她都被锁在卧室后面的马桶后座上并且几乎完全被剥夺了社会互动和语言输入（Curtiss，1977）。从这个可怕的虐待环境中解救出来并学习语言之后，吉妮有了基本的沟通能力。但她和其他像她这样的人都没能流利地使用语言。然而，有一些其他的解释可以说明这种情况，例如严重的情绪障碍和躯体忽视的经历可能会导致出现这种状况。正如前文所述的（见 2.2a），像吉妮这样的案例研究有时有助于为未来的研究提供思路，但它们往往没法排除其他假设的可能性。

苏珊·戈尔丁 – 梅多（Susan Goldin-Meadow）发现了另一种研究语言剥夺的方法，这一方法排除了许多像吉妮这样的悲惨案例的假设。她开始研究那些不会使用任何手语但父母听力正常的失聪的孩子。与吉妮不同的是，这些孩子享受着爱以及父母的照顾，还被父母养大，并且在除语言之外的所有方面都正常发展。戈尔丁 – 梅多发现许多失聪的孩子发明了自己的手语，即使他们没有接受手语训练。这一现象被称为**家庭手语**（homesign），显示出这部分儿童令人钦佩的独创力（和交流的积极性），因为他们在没有成年人引导的情况下发明了这些手势语言（Goldin-Meadow et al.，2009）。尽管如此，如果没有系统地接触到语言交流模式，例如美国手语，他们永远不能发展成熟的语言。并且，这项研究并没有直接指出孩子们必须在特定的年龄才能熟练掌握语言。

最近，研究人员通过对那些在不同年龄接受了耳蜗植入的天生失聪的孩子进行研究，发现了语言关键期的证据。人工耳蜗植入可以让这些孩子的大脑接收听觉输入。耳蜗植入器对年龄较小的孩子往往比大一点的孩子有更积极的影响（Svirsky，Chin，& Jester，2007）。目前尚不清楚这些年龄效应是否是由于大脑处理和解释听觉刺激的能力或是学习语言的能力所导致的结果。

很明显，习得年龄影响了语言学习。人类并没有证据证明存在严格的语言关键期，至少在语言方面是如此。请注意，在图 8.7 中，语言学习能力在 7 岁之后出现了下降，但它是渐进的而不是突然的下降。因此，心理学家认为语言学习具有敏感期，在这段时间里，人们更容易接受学习和获得新知识（见 10.4a）。我们不能完全理解为什么年幼的孩子比年长的孩子和成年人更容易学习新语言。最有研究价值的项目是伊莉萨·纽波特（Elissa Newport，1990）"少即是多"假说（Newport，Bavelier，& Neville，2001）。根据这个假说，孩子们的信息处理能力更有限，分析能力也更少，具体关于语言如何工作的认识比成年人也要少。因此，他们学习语言更自然，并且从"底层"开始学习。与此相反，成年人试图在学习上强加更多的组织和结构，最终会让语言学习更具挑战性。

事实与虚构

互动　学习两种语言可以比只学习一种语言带来认知上的好处。（请参阅页面底部答案）
○ 事实
○ 虚构

排除其他假设的可能性
对于这一研究结论，还有更好的解释吗？

排除其他假设的可能性
对于这一研究结论，还有更好的解释吗？

排除其他假设的可能性
对于这一研究结论，还有更好的解释吗？

家庭手语（homesign）
由听力正常的父母和未接受语言信息的失聪儿童发明的语言系统。

答案：事实。学习两种语言的人的语言能力要比一种语言能力的人强，并且还似乎对大脑有保护作用。

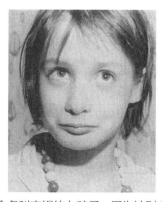

一个名叫吉妮的女孩子，因为被剥夺了人身权利，一直到青春期都没有学会用语言进行流利地交流。这个例子与语言关键期的猜想是一致的，尽管她的生长环境使我们很难得出确切的结论。

语言习得理论的解释

儿童在如此小的时候就能学会使用如此复杂的系统，那孩子们的语言学习能力是如何解释的呢？在先天－后天的争论中，一些人偏重先天，而另一些人更倾向于后天。然而，即使最强大的先天决定论也承认，儿童并不是天生就知道语言的工作机制的：他们学习他们听到的。同样，最强大的后天决定论也承认，孩子的大脑是建立在接受学习和组织语言输入的方式上的。在这里，我们将回顾三种主要的语言习得理论。

纯粹的先天和后天之争：语言习得装置

对于语言学习最简单的解释是，他们是通过模仿来学习的。这个解释是最简捷的。婴儿听到了一些规则用语便学习像成人一样使用语言。从某种意义上讲，这当然

奥卡姆剃刀原理
这种简单的解释符合事实吗？

是正确的，因为婴儿只是学习他们听到的。但是一个仅仅基于模仿的解释并不完全站得住脚，因为语言是有**衍生力**的，衍生力不仅仅是一组预先定义好的，我们可以把它应用到适当的环境中的句子；相反，这一系统允许我们创造出大量前所未有的句子，新的表达、思想和从未有过的观点（事实上，任何人都不可能写出你刚刚读过的句子）。最强大的**先天决定论**是那些声称儿童来到这个世界时便知道语言的工作机制的研究者的理论。他们认为儿童天生就掌握了那些决定构建句子的语法规则（Chomsky，1972），尽管母语规则需要通过学习来习得。当代语言学的开创者诺姆·乔姆斯基（Noam Chomsky）猜测人类生来就有一个特殊的语言"器官"在大脑里用以装置这些规则，他称之为**语言习得装置**并认为它是预先设定好的，从而让儿童能够使用语言。

先天决定论有一个致命的缺陷，即很难被证伪。批评家们则指出语法的学习是循序渐进的，甚至成人也会使用语法错误的句子。先天决定论认为不同的语法需要或多或少的时间去建立，并且那些不合语法的句子并不意味着缺乏语法知识。这当然是合理的解释，但理论的

可证伪性
这种观点能被反驳吗？

缺陷在于很难想象先天决定论不能解释任何研究结果。正如我们在前几章中所提到的（见 1.2a），一种可以解释所有可能的结果的理论基本上解释不了什么。对语言习得的两个不那么极端的描述更有力地支持了它们。

衍生力（generative）
通过新颖的方式将单词组合起来从而创造出大量的独特句式。

先天决定论（nativist）
认为儿童来到这个世界时便知道语言的工作机制。

语言习得装置
（language acquisition device）
先天决定论者认为存在于大脑中获得语法知识的器官。

社会语言学
（social pragmatics）
认为儿童是从社会和聊天背景中推断出单词和句子的意思，从而获得语言的。

社会语言学理论

社会语言学理论则表明，社会环境的特殊方面有利于语言结构的习得。根据这一描述，儿童利用对话的语境从说话者的行为、表情、手势及其他行为举止来推测它的主题（Bloom，2000）。不过，这个理论也有缺陷。在社会理解的基础上解释儿童语言要求我们假设婴儿对别人的想法有足够的了解。此外，我们可以解释大多数的社会语言学能力不需要孩子

奥卡姆剃刀原理
这种简单的解释符合事实吗？

✳ 心理学谬论
关于手语的一般误解

手势语言是失聪群体成员创造出的一种语言形式，允许他们运用视觉的交流而不是听觉的交流。

许多人对手势语言有各种各样的误解。许多人认为手势语言是一种复杂的语言，是一种试图将人想说的话用其他的方式默默地演绎出来的哑谜式的语言形式。这与事实相差不远。手势语言被称为"语言"是有原因的。它是一种交流的语言系统，有它自己的音素、词语、语法及语言学以外的信息（Newport & Meier, 1985; Poizner, Klima, & Bellugi, 1987; Stokoe, Casterline, & Croneberg, 1976）。语言学家分析了各种手势语言（美国手语、法国手语，甚至尼加拉瓜手语）的组织结构，他们认为手势语言与口语具有相同的特征，包括一系列复杂的语法规则，这些规则决定了一连串的符号是一个语法句子。它包括使用手、脸、身体及"手势距离"——手语者间的距离——去交流。就像许多有声语言一样，在不同的国家和失聪群体中也有不同的手势语言。这里列出三个对失聪者及手势语言的一般误解。

1. 失聪者不需要手势语言，因为他们会读唇语。 即使是最熟练的读唇语者也仅能了解到谈话内容的 30% 到 35%。因为大部分的工作是在表象背后通过喉咙、舌头和牙齿而完成的。当我们说 "nice" 和 "dice" 甚至是 "queen" 和 "white" 时，我们的嘴唇活动是很相似的。

2. 学习手势语言会减弱失聪儿童学习说话的能力。 纵观历史，聋人教育项目总是试图阻止失聪儿童学习手势语言，因为他们害怕儿童将永远不可能学会说话。现在，我们很明确地知道学习手势语言事实上会加快学习说话的速度。

3. 美国人学习手势语言是通过将单词逐个转成手势而形成的。 美国手语与英语没有任何相似之处，尤其是语法方面与英语语法完全不同。一些失聪群体用他们所谓的手势英语来代替美国手语，这种手势英语是将英语句子中的单词用美国手语中的手势逐个转换来进行表达的。美国手语实际上起源于法国手语，而不是英语口语。

进一步的研究表明，手势语言与其他语言的运作方式非常相似。首先，处理口语的脑区域在处理手势语言的过程中同样会变得活跃（Hickok, Bellugi, & Klima, 2011; Newman et al., 2015; Poizner et al., 1987）。事实上，手语者的大脑既包括传统的"语言区域"，也包括在视觉和空间处理中扮演重要角色的其他区域（Newman et al., 2002）。其次，婴儿学习手势语言的年龄与婴儿学习口语的年龄阶段相一致（Newport & Meier, 1985; Orlanksy & Bonvillian, 1984; Petitto & Marentette, 1991）。

有足够的洞察力（Samuelson & Smith, 1998）。例如，社会语言学理论家可能会说，孩子们学会了从指向中解释意义，因为孩子们意识到说话者的目的是引导孩子对某一特定对象的注意力，比如玩具。但是孩子们可能会使用一个更简单的过程。也许他们注意到，监护人每次指着一个特定的物体时，她或他都会发出同样的声音。通过这种方式，孩子们可以推断出指向与词义相关。这种推论并不要求孩子们考虑到他人的社会背景或交流意图。

一般认知过程理论

另一种对于儿童如何学习语言的解释是一般认知过程理论。它提出，儿童学习语言的能力是通过各种各样的活动而获得的一般技能。儿童的感知能力、学习、识

> **手势语言**（sign language）
> 失聪群体中的成员发明的语言，运用视觉而非听觉进行交流。

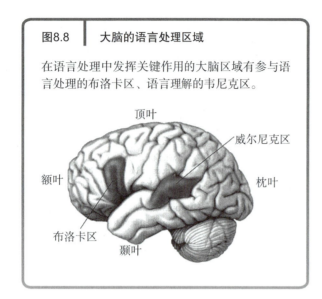

图8.8 | 大脑的语言处理区域

在语言处理中发挥关键作用的大脑区域有参与语言处理的布洛卡区、语言理解的韦尼克区。

顶叶

威尔尼克区

额叶

枕叶

布洛卡区

颞叶

别图案的能力可能都是学习语言时所必需的。如果是这样的话，就没有必要像乔姆斯基那样提出语言习得机制了。

不过，这个解释也面临着挑战。其一就是儿童比成人更擅长语言学习，而成年人更擅长一般的学习。另一个是大脑特定的区域，尤其是左颞叶（见图 8.8），在语言处理方面比其他类型的学习、记忆和认知活动更活跃（Gazzaniga，Ivry，& Mangun，2002）。这一发现意味着，在语言中至少有一些独特的认知过程参与。

日志提示

以上介绍了语言习得的三种理论：语言习得装置、社会语言学理论和一般认知过程理论。描述这三种理论在解释语言习得时的不同之处。

非人类动物间的交流

不同动物物种的交流系统在形式和复杂性上有所不同。一些物种用特殊气味作为它们主要的交流形式，另一些则依赖于视觉刺激的呈现，如暴露它们的牙齿或拍打它们的翅膀。还有一些，类似于人类的动物用声音交流。大多数物种有许多用于表达固定信息的固定方式，但却没有一种方式去交流全新的思想或信息。

动物如何交流

对大多数非人类动物而言，交流主要发生在两种行为上——交配和暴力。举个例子，雄性鸣禽（如金丝雀和雀科小鸟）创造出了一种能吸引异性的歌曲以及另一种特殊的歌曲来传达这种信息——"这是我的地盘，走开"（Kendeigh，1941）。黑猩猩用声音与视觉刺激的联结来传达攻击性，例如面部表情和拍打地面（de Waal，1989）。当交配时，雄性黑猩猩会蹲着并伸开膝盖以展示它们的阴茎（诚然，黑猩猩并不以它们的名字而闻名）。

提供了超越暴力和交配的信息交换的非人类交流的一个有趣的例子，就是跳舞的蜜蜂。蜜蜂利用这种舞蹈与同伴们交流关于食物的位置。蜜蜂的摇摆舞方向和持续时间告诉其他的蜜蜂食物的方向和距离，摆动的幅度说明食物有多丰富（Riley et al.，2005；von Frisch，1967）。蜜蜂的摇摆舞是随处可见的一些非人类交流的例子之一。

长尾黑颚猴提供了另一个有趣的例子：它们使用不同的警报信号来传达不同的捕食者信息（Seyfarth & Cheney，1997）。当它们看到一只美洲豹时，它们会发出一种叫声；当它们看到一条蛇时，会发出另一种叫声；当它们看到一只鹰或其他飞行捕食者时，会发出第三种叫声。这些警报是科学家在人类语言之外观察到的最接近人类语言词汇的声音，因为特定的声音对应特定的意义。

向非人类动物教授人类语言

我们虽然努力去教动物使用人类的语言，但遭遇了很大的挫折。由于黑猩猩的基因与人类基因最为接近，所以最早的尝试是去教黑猩猩语言，结果是完全失败。研究人员错误地假设黑猩猩拥有与我们相似的发音器官：黑猩猩的发音器官无法发出任何在我们可以发出的语音的范围和协调性上的声音（Lieberman，Crelin，& Klatt，1972）。然而，类人猿在语言方面是公认的比其他物种更有天赋。最新的证据表明，猩猩表现出类似于人类的声音控制（Lameira et al.，2016）。在放弃尝试教黑猩猩说话之后，研究人员试图教它们使用手语或符号字板，即一种能让它们指出代表特定单词的视觉符号的装置。

这些尝试更有希望，但也有限制。黑猩猩需要进行多次强化实验（通常给它们小食物）来学习将手势或符号和它们代表的含义联系起来。即使这样，黑猩猩也只学会了有限的词汇。它们也从来没有掌握过语法规则。

有两种动物物种在语言学习方面可能做得更好。一种是倭黑猩猩，它曾被认为是黑猩猩的一类，但现在被认为是独特的物种，在基因上更近似于人类。少数研究倭黑猩猩的机构表明倭黑猩猩存在一种不同的学习方式，这是一种更类似于人类学习的方式（Savage-Rumbaugh，1986）：（1）倭黑猩猩中年幼的比成年的学得更好；（2）它们趋向于观察学习而不是强化学习；（3）它们用符号表达意见或进行社会交流，而不单单是为了获得食物。但是在学习语法方面，它们似乎也遇到了障碍。

另一个物种似乎有能力与我们说相同的语言，它就是非洲灰鹦鹉。当然，非洲灰鹦鹉因为它们有模仿声音的能力而闻名（有时是臭名昭著）。在 2016 年的一个案件中，密歇根州桑德湖的检察官们考虑使用非洲灰鹦鹉的模拟"证词"来确认犯罪现场发生了什么。但至少有些非洲灰鹦鹉似乎不仅仅是模仿。它们用一种更像人类一样的语言来展示它们理解的概念（Pepperberg，2006）。然而，它们的学习过程更像是黑猩猩而不是倭黑猩猩和人类。这是许多次重复实验的结果，而不是通过观察和与世界互动的结果。

我们人类在使用语言的能力上是独一无二的。当然，复杂性本身并不能让我们变得更好，尽管它可能在某些关键方面使我们"更聪明"。松鼠和蟑螂的工作做得相当不错，不管它们用什么通信系统，就它们的目的而言，它们和我们一样，在交流中也同样有效。

8.4　书面交流：语言和阅读的联系

8.4a　确定学习阅读所需要的技能。
8.4b　分析阅读速度和阅读理解之间的关系。

考虑到语言的复杂程度，我们可能会好奇我们的口语是如何转换成文字的。

回想一下当你第一次学习阅读的时候，你还记得被所有的规则弄糊涂了吗？例如，为什么字母 c 在英语中同时带有"k"音和"s"音？为什么不直接用 k 和 s 呢？为什么没有一个独特的字母代表"ch"的声音？我们的拼写习惯可以追溯到语言的历史和演变，但结果是我们没有一个直接的一对一对应的单个音素和单个书面字母。书面语言是人类进化史上的最新进展，与感知、记忆和口语不同，阅读并不是我们所有人都发展出的基本认知能力。相反，它必须通过教育和练习才能学会。

阅读，就像口语一样，最终成为一种自动化的语言过程，即不消耗我们的注意力资源，除非当我们读一些有挑战性的或有吸引力的东西时。你可以边吃薯片边阅读这一章节，而不影响你的理解。事实上，当我们到了大学的时候，阅读通常会变得非常自动化，以至于即使我们想要停止都停止不了。一般来说，这是一件好事，因为这意味着即使我们旁边的人在闲聊时，我们也可以边开车边看路标。但是，当我们不经意地去看某人的药瓶或手机上的私人信息时，自动化阅读就不那么理想了。在这些情况下，我们几乎忍不住会侵犯他人的隐私，因为我们无法阻止大脑对我们看到的东西进行加工。

一项引人注目的对自动化语言加以展示——不管是好的还是坏的——的任务是斯特鲁普颜色命名任务，这是以它的发现者约翰·莱德利·斯特鲁普（J. Ridley Stroop）命名的。这项任务要求参与者识别文字颜色。这听起来很简单，问题是印刷出来的文字是与墨水颜色相矛盾的颜色名称（见图 8.9）。

大多数人都很难忽视单词本身，即使任务不要求他们阅读。斯特鲁普任务表明阅读是自动的，很难抑制（MacLeod，1991）。有趣的是，那些仍然需要掌握阅读窍门的孩子们在斯特鲁普任务中并没有受到干扰，所以他们比成人更容易完成（Schadler & Thissen，1981）。因为他们的阅读是需要努力的，所以可以不关注文字而只注意文字的颜色。随着孩子们成为越来越熟练的阅读者，他们在斯特鲁普任务中会表现得越来越糟。

阅读：学会识别书面文字

在开始阅读之前，读者必须学习大量的口语和书面语。例如，儿童必须弄清楚他们的语言的书写规则是什么（见图 8.10）。

而且，尽管孩子们在学习阅读的时候会说流利的语言，但他们对语言的语音的认识在很大程度上是没那么清楚的，但他们没有意识到这一点。这意味着尽管一个四岁的孩子可以很清楚地说出"frog"这个词，但她并没有明确地意识到四个不同的声音组成了这个词。在她学会辨认书面文字"frog"之前，她必须通过视觉

图8.9	stroop效应
控制条件	Stroop 干扰条件
兔子	红色
房子	蓝色
毯子	绿色
跳舞	黄色
花卉	紫色
钥匙	橙色
七	黑色
跳舞	黄色
房子	蓝色
钥匙	橙色
七	紫色
花卉	黑色
兔子	红色
毯子	绿色

Stroop 任务表明阅读是自动化的。大声说出上面每个词打印所用的墨水颜色。首先尝试控制条件列表中的词，您可能会发现这是一项相对简单的任务。然后尝试 Stroop 干扰列表下的词，您可能会发现任务要困难得多。（见彩插）

图8.10	根据不同语言而变化的书写规则

在孩子们开始理解书面语言之前，他们必须知道这种语言的书写方向。比如说英文是从左往右的。在希腊语中是从右向左的。而中文是从上往下写的。

观察意识到这个单词有四个部分的口语表达。这种能力，被称为音位意识，是儿童最初阅读能力的最好预测因素，可能因为它实际上是阅读过程中最困难的部分。这需要他们在书面上寻找文字发音，这样他们就能把说话和书面文字联系起来（Goodman，Libenson，& Wade-Woolley，2010；Wagner & Torgesen，1987）。

　　孩子们可以通过两条途径来读单词。第一个是他们学会了识别在书面上出现的熟悉的单词。如果没有这个技能，阅读就不能自动化。我们需要识别常见的单词，而不需要像我们第一次看到它一样把每个单词都读出来。普通读者使用**整词识别**技术来阅读大多数的书面文字（LaBerge & Samuels，1974）。然而，这显然不是全部的技能，因为我们需要制定阅读新单词的策略，尤其是在我们刚学会阅读的时候。对于这些词，我们会使用第二条途径，叫作**语音分解法**或自然拼读法（National Research Council，1998）。这条途径包括通过找出书面文字和声音之间的对应关系来读出单词，正如我们所提到的，这并不简单。对于像"livid"这样的单词，这个任务很简单，因为每个字母的辅音（l、v、d）都对应一个音素，而元音（i）是相同的发音。然而，并不是所有的英语发音都与一个独立字母（或字母组合）相联系。举个例子，在字母与音素联系的基础上读出"pleasure"这个词不会让我们发音太离谱；但一般我们会这样读，比如"plee-ah- sir -eh"。在这些情况下，我们需要记住单词的拼写是如何翻译成口语的。

　　关于整词识别还是语音分解是学习阅读的最佳途径这一问题引起了激烈的争论。很长一段时间以来，美国的教育工作者认为整词识别是最好的方法。尽管这些教育者看起来是正确的，有经验的读者主要依赖于整词识别，但他们误解了阅读能力和整词识别之间的因果关系。他们得出的结论是，整词识别有利于更好的阅读。事实上，实验表明，训练孩子意识到字母发音可以增强阅读能力（Bradley & Bryant，1983；Gibb & Randall，1988；Lundberg，Frost，& Petersen，1988）并且是保持儿童阅读能力的更有效的方法（Rayner et al.，2002）。

> **整词识别**
> （whole word recognition）
> 根据单词的整体组成来识别而不需要读出来的阅读策略。
>
> **语音分解法**
> （phonetic decomposition）
> 通过在书面文字和声音之间寻找对应关系来读出单词的一种阅读策略。
>
> **相关还是因果**
> 我们能确信 A 是 B 的原因吗？

快速阅读有作用吗？

　　我们可以在杂志、网络广告和校园公告栏上找到关于快速阅读训练项目的广告，快速阅读也被称为影像阅读、急速阅读和字母词学。一些大学甚至提供自己赞助的课程来提高学生的阅读率。但是有效果吗？

　　快速阅读"工作"的意义在于它加快了我们的阅读速度。那么重点是什么呢？从某方面来说，我们的理解受到了极大的影响（Graf，1973）。阅读是一种速度与准确率的权衡：我们读得越快，我们就越容易产生错误。普通大学生每分钟阅读 200～300 个单词（Carver，1990）。对照研究表明，阅读速度超过每分钟400字，阅读理解率低于50%（Cunningham，Stanovich，& Wilson，1990）。

　　那么为什么快速阅读如此受欢迎呢？因为它们基于一个真实的发现，即阅读速度与理解相关。然而，这种相关性并不意味着如果我们读得更快，我们就会理解得更多。与普通的读者相比，熟练的读者阅读速度更快，理解能力也更强，但阅读速度并不是阅读理解的原因。

> **相关还是因果**
> 我们能确信 A 是 B 的原因吗？
>
> **特别声明**
> 这类证据可信吗？

　　快速阅读计划承诺将我们的阅读速度提高很多倍，达到每分钟 1 000 甚至 2 000 个单词。甚至有一些人声称他们每分钟能

评价观点　快速阅读课程

你是否曾经认真计算过每周花多少时间阅读所有课程的课本、文章、课堂讲稿和其他课程材料？这些可能看起来很多，好像一天中没有足够的时间来完成它。

有一天，当你走出教室时，你看到一张快速阅读课程的传单贴在布告栏，它承诺会把你的阅读时间减半，让你有更多的时间睡觉或和朋友出去玩。

"那不是很好吗？"你对自己说。也许你可以学着做一个更有效率的读者。这张传单上面写着，学习提高阅读速度的过程非常快；更重要的是，有一个专家团队对它进行了研究，并说它是有效的。

科学的怀疑论要求我们以开放的心态来评估所有的主张，但在接受它们之前必须坚持有说服力的证据。科学思维的原则如何帮助我们评估这个关于快速阅读课程有效性的主张？

当你评估这一主张时，考虑一下科学思维的六大原则是如何运用的。

1. 排除其他假设的可能性

对于这一研究结论，还有更好的解释吗？

广告没有具体说明研究人员发现了什么。也许这门课的参与者实际上并没有测试他们对材料的理解和记忆能力，而是测试他们完成材料的速度。没有其他的信息，我们不能排除其他的假设。

2. 相关还是因果

我们能确信 A 是 B 的原因吗？

即使研究证据表明阅读速度有所提高，那些选择这门课程的人可能存在自我选择偏见。报告阅读速度增加的人可能是那些一开始就特别有动力或原本阅读速度就很快的人。

3. 可证伪性

这种观点能被反驳吗？

当然，一项精心设计的研究就算不能推翻全部的说法，也可能会推翻许多说法。这门课可能会教你如何很好地浏览，但我们从以前的研究中知道，双倍或三倍的速度会导致记忆力下降。一项研究比较了每位参与者在课程前后的阅读速度，并对课程前后的理解准确率进行了控制以探讨阅读速度的提高是否也会导致记忆力的提高。因为快速阅读者会错过很多信息，这更有可能导致记忆力的下降。

4. 可重复性

其他人的研究也会得出类似的结论吗？

要证明这门课程的有效性，所需要的是在本质上对以往一些研究的复制。如果这张传单上的研究结果与之前的研究结果不一致，研究人员需要进行更深入的研究来发现为什么他们不能复制之前的研究。

5. 特别声明

这类证据可信吗？

虽然传单声称研究证明了这门课程的有效性，但没有证据，也没有论文可以证明这一说法。

6. 奥卡姆剃刀原理

这种简单的解释符合事实吗？

这个原则与所描述的事情不是特别相关。

总结

虽然传单声称有研究支持他们的主张，但这些主张是离奇的而且并没有提出支持它们的证据。这些是让我们停下来思考的危险信号。之前关于速度/准确率权衡的研究几乎有理由让我们相信这门课程不会对我们有所帮助。这份传单承认，这门课程真正教的是如何略读；但它也声称，如果你只是略读，就不可能提高理解能力。忽视这门课程，向导师或学习技巧顾问咨询策略以帮助你更聪明地学习而不是更努力地学习，这可能是个好主意。

读 15 000 到 30 000 字。然而事实证明并非如此。这些读者找到特定单词的速度不比一般读者好（Homa，1983），并且理解不足 50% 的阅读内容。

能够在提高我们的阅读速度的同时不降低我们的阅读理解能力吗？幸运的是，有一些辅导方法可以提高阅读速度，但只有在每分钟 200～400 字的预期的阅读范围内。更重要的是，在这个范围内提高阅读速度的学生通常也会提高他们的阅读理解能力，尤其是在考试的时候。为什么？因为他们可以在相同的时间内阅读更多的材料。

总结：思维、推理和语言

8.1　思维和推理

8.1a　找出实现认知经济的方法。

认知经济是我们认知功能必不可少的方面。没有一些精简信息处理的方法，我们就不能有效地工作。启发式和自上而下的处理是我们日常使用的认知经济的例子。认知经济学也有缺点，这包括错误推论。

8.1b　描述影响我们对世界推理的因素。

启发式和认知偏差在大部分情况下是有用的，但如果我们不加批判地运用它们，就会导致我们在推理中付出巨大的代价。

代表性启发式是一种基于过去经验估计特定事件可能性的方法，但它可能导致过度概括。这通常被解释为没有考虑到基本比率。可得性启发式是根据我们能多容易地想到事件来对事件概率进行估计。证实偏差常常会导致我们忽视相互矛盾的证据，只寻找与我们期望一致的证据。

8.2　最困难的思考：决策和问题解决

8.2a　描述是什么影响我们做决定。

我们的许多日常决策都是在无意识的情况下，通过启发式（系统思维 1）快速而含蓄地做出的。对于更大的决策，我们可以尝试在更明确的层面上分析利弊，并向专家、值得信赖的朋友和顾问咨询，这是一个更慢但更慎重的过程——即系统思维 2。尽管更谨慎地做出更大的决定是有道理的，但过度分析有时会让我们不知所措。框架指决策是如何呈现给我们的，它对这些决策有很大的影响，尽管与这些决策相关的基本信息是相同的。

8.2b　描述常见的问题解决策略和挑战。

许多日常问题都是用启发式来解决的，但其他问题就要用更深思熟虑的策略。算法是一步一步解决日常问题的过程，但它往往是不灵活的。其他解决方案包括将问题分解为子问题，基于对看似不相关领域的其他问题的类比进行推理。有效问题解决的三个难关是表面相似性、心理定势、功能固着。

8.2c　描述人类思维的各种模型。

科学家们曾经认为，大脑的工作原理很像一台计算机，通过运行程序来计算问题的答案，并执行心理指令。然而，现在很清楚的是，对于人类的大脑来说，计算机是一个糟糕的类比。我们联系上下文，并用自上而下的知识体系来做出推论，而这些计算机做不到。我们与世界进行接触的能力也会对我们的思维能力产生很大的影响。对思维的具体描述似乎能更好地解释我们的思维和推理能力，并且得到了神经成像研究的支持，这些研究表明，我们大脑的知觉和运动区域在思考时被激活。

8.3　语言是如何工作的

8.3a　描述语言建立的四种分析水平。

要充分理解语言的复杂性，我们必须分析音素、词素、语法和额外的语音信息。这四个层次共同创造意义并传递信息。词素是句子中有意义的最小单元，即语义学。诸如声调、面部表情、手势、上下文线索和文化习俗等额外语音信息会影响我们对语言的理解。方言是一种语言在不同的地域、社会和民族使用方式上的差异，所有方言都是语言的有效版本。

8.3b　理解儿童手势语言的发展。

随着对声道控制的不断加强，婴儿的咿呀学语历经一年的学习，开始慢慢变得复杂。婴儿喜欢发出他们能够感知的音素，这是他们在第一年中听到的本土语言。儿童对词和句法的理解发生在语言表达之前。他们在一岁左右就学会了第一个单词，通常在两岁之前就学会把单词组合成基本的短语。对语言外交流的理解在学前和小学阶段逐渐发展。孩子们在关键期学习语言更容易，但长大成人后发现要精通语言更加困难。

8.3c　识别双语的利弊。

说两种语言的人有一个典型的占优势的语言，学习两种语言会在获得过程的某些方面减弱，但是最终结果是强化了言语技巧。双语似乎也可以防止老年认知能力的衰退。

8.3d　区别人类语言和动物交流。

大部分非人类动物间的交流范围非常有限，主要发生在攻击和交配过程中，并且它们缺乏人类语言系统的创造性。教非人类动物人类语言的尝试鲜有成效。黑猩猩和非洲灰鹦鹉能学会基本的交流用语，但是与人类学习有很大的不同。倭黑猩猩似乎能学习更多的人类行为，但是熟练水平无法超越一岁多儿童。

8.4　书面交流：语言和阅读的联系

8.4a　确定学习阅读所需要的技能。

对我们大多数人来说，阅读是一项非常自动化的技能，以至于我们想要停止阅读都停止不了。然而，学习阅读是具有挑战性的，因为书面文字和口语之间不是完全的对应关系。成为一个熟练的读者所需要的最重要的预读技能之一是音素意识，即明确地意识到常用的口语单词中的单个声音成分。我们在学习阅读时通常使用两种策略：整词识别和语音分解。整词识别在阅读熟悉的单词时效率更高，但语音分解对于不熟悉的单词来说至关重要。

8.4b　分析阅读速度和阅读理解之间的关系。

速读课程效果不佳。虽然我们可以学会提高阅读速度，但阅读速度超过每分钟 400 个单词会严重影响对文本的理解。

第9章 智力与智商测验

争论与共识

质 疑 你 的 假 设

互动

人类的智力和脑的大小有关吗？

智商测验已经过时了吗？

一种智商测试能有效预测它在另一种智商测试的分数吗？

智商测试对一些少数群体有偏见吗？

所有有智商的人都是具有创造性的吗？

无论哪种智力都是很重要的。智力超常的年轻人往往会有与其他年轻人截然不同的未来，而他们中的大多数的职业生涯也相当成功。但并不是所有人都如此，有些原因心理学家并不完全了解，这表明尽管通常情况下智力是必要的，但并不意味着以后的生活中一定会获得智力上的巨大成功。尽管如此，我们仍然面临着古老的问题：什么是智力？什么使人聪明？

9.1 什么是智力？概念混乱

9.1a 识别智力的不同模型和类型。

9.1b 描述智力和大脑大小以及效率之间的联系。

使心理学如此具有挑战性的问题之一——有时令人恼火——是对许多问题缺乏明确的定义。也许心理学没有哪个领域比智力领域更能说明这一挑战。即使在今天，心理学家也无法就智力的精确定义达成一致（Cooper，2015；Sternberg，2003b；Sternberg & Detterman，1986），一些人甚至怀疑是否能有一个确切的定义（Neisser，1979）。

埃德温·波林（Boring，1923）在什么是智力这个令人头疼的问题中发现了一个简单的定义方式。根据波林的定义，智力是智力测验所测量的东西。是的，就是这么简单。一些现代心理学家已经接受了这个定义，它让我们从什么是智力的困境中摆脱出来。然而这一解释回避了一个中心议题，那就是什么使一些人更聪明——或者说是不是一些人在所有方面真的都比另一些人强。对于这一问题的研究并没有很大的进展。智力的定义必定不只局限于波林的定义。带着这一观点，让我们来检验一下下面几个最具影响力的尝试，从而明确并理解智力。

智力是一种感觉能力：眼不见，心不烦

弗朗西斯·高尔顿爵士（Sir Francis Galton，1822—1911）是一位杰出的科学家、发明家，也是伟大的生理学家查尔斯·达尔文的表弟，他是自然选择进化论的发展者。高尔顿是一个受到尊重的创造型天才，在跟随他的表哥的脚步中，他对高智商的潜在自适应优势产生了兴趣。也许作为一个他本身很期待的高智商者，他着迷于什么使人变得更聪明。

弗朗西斯·高尔顿提出，智力是感觉能力的副产品。他认为大部分知识最初来源于感觉，尤其是视觉、听觉。因此，他假定拥有高感觉能力的人，如视力好的人，能比其他人获得更多的知识。即使在今天，我们有时也把聪明人称为"感知者"。

从 1884 年开始的六年时间里，高尔顿在英国伦敦的一个博物馆建立了一所实验室。在那里，他对 9 000 多名参观者进行了 17 次感官测试（Gillham，2001）。他测量每个人一切潜能与感官能力：个人可以感受的最高和最低音高的声音，对各种刺激的反应时间，以及他们对于相似物体的重量的区分能力。在高尔顿手下工作的美国宾夕法尼亚州立大学的第一位心理学教授詹姆斯·麦基恩·卡特尔（James McKeen Cattell），引进了高尔顿的测试，并对成千上万的大学生进行测试。和他的老师一样，卡特尔认为智力是一种原始的感官能力。

然而，后来的研究表明一种特殊的感觉，比如强化的听觉，与其他异常的感觉没有多大关系，比如强化的视觉能力（Acton & Schroeder，2001）。感觉能力的测量与全面的智力评定也没有很高的相关性（Li，Jordanova，& Lindenberger，1998）。这些发现证明了高尔顿提出的智力等于感觉能力的观点是错误的。不管智力是什么，它都不仅仅只是良好的视力、听觉和嗅觉能力。花上片刻进行一个思考便可揭示这一事实：根据高尔顿的说法，海伦·凯勒这种盲聋人，尽管成为一位杰出的作家和社会批评家，但依旧被定义为智力发育迟缓。这说明高尔顿的定义不可能完全正确。

可证伪性
这种观点能被反驳吗？

尽管如此，我们稍后将会学到，高尔顿可能在某方面是正确的。最近的研究表明，某种形式的感觉能力与智力有关，尽管这两个概念显然并不相同。

智力是一种抽象思维

在 20 世纪初期，法国政府想要找出一个能鉴别需要特殊教育帮助的儿童的方法。在 1904 年，阿尔弗雷德·比奈（发音为"Bee-NAY"）和西蒙（Théodore Simon，发音为"See-MOAN"）发明了一项心理测验，意在不依赖老师主观判断的情况下将学习缓慢的儿童与其他儿童区分开来。

比奈和西蒙用许多不同的项目来测试（一个项目是某种标准上的问题，包括一个智力或性格测试），目的是区分那些被老师认为是学生中较为迟钝的学生。在 1905 年，他们发明了被现代心理学家们称为"当代第一个"的**智力测验**，一个能测出全部思维能力的测量工具。

比奈-西蒙测验量表的内容是相当多且不尽相同的。涉及物体命名，单词的含义，根据记忆画图，残句补全（"这个人用他的__写了一封信"），确定两个物体之间的相似性（"狗和玫瑰在哪方面看起来一样？"），并用三个词（如"女人""房子"和"散步"）造句。尽管这些项目有表面上的差异，但它们有一个共同点：高级心理过程。这些过程包括推理、理解及判断（Siegler，1992）。在这方面，他们的项目与高尔顿的项目大相径庭，因为高尔顿完全依靠感觉。如今几乎所有现代智力测试项目都遵循了比奈和西蒙的方法。

事实上，当今的大多数专家认为，无论智力是什么，它都与**抽象思维**有关联：理解抽象概念而非实际概念的能力（Gottfredson，1997；Sternberg，2003b）。在 1921 年，一个由 14 位美国专家组成的小组提出了一个关于智力的定义列表。他们没有成功地做出一个单一的定义，但他们大多认为智力包括以下能力：

- 抽象思维；
- 学会适应新的环境；
- 获取知识；
- 从经验中获益。

有趣的是，至少在美国，关于外行人如何看待智力的研究得出了类似的结论。

智力测验
（intelligence test）
测量整个思维能力的测量工具。

抽象思维
（abstract thinking）
理解抽象概念的能力。

如果专家们认为智力方面有共性的话，那就是学习的能力（Matzel，Sauce，& Wass，2013），尤其是掌握复杂事物的能力（Lubinski，2004）。聪明的人是"快速学习"：他们获得复杂的知识和能力更快，并且相对容易。

然而，在人们如何概念化智力方面存在着跨文化差异。大多数美国人认为智力是由推理能力和推理速度所组成的，即"快速思考"，以及在短时间内学习大量知识的能力（Sternberg et al.，1981）。相比之下，在一些非西方国家，外行人认为智力更是一种智慧和判断，而非知识才华（Baral & Das，2003）。例如，在中国，人们倾向于把聪明的人看作为社会利益做出更大贡献并且谦虚的人（Yang & Sternberg，1997）。在美国，那些"自吹自擂"的人可能会获得名声和财富，但在许多中国人眼中，他们可能被视为自大的吹嘘者。这种差异与中国文化倾向于更注重群体和谐的研究结果是一致的（Ma，Hu，& Goclowska，2016；Triandis，2001；见 10.4a）。

智力是一般能力和特殊能力

还有一个重要的方面表明比奈和西蒙的项目与高尔顿的不同。当研究人员研究这些项目之间的相关性时，他们会大吃一惊。尽管比奈和西蒙的测验中的项目有很大的不同，但它们之间存在正相关：人们在一个项目上正确，则在其他项目上也更有可能正确。当然必须承认的是，大多数的相关性都很低，比如 0.2 或 0.3（正如我们在前文所了解到的，最大相关性是 1.0；见 2.2b），但它们几乎从不为零或负值。有趣的是，这一发现和现代智商测试的项目相关（Alliger，1988；Carroll，1993；Lubinski，2004；MacDonald，2013）。比奈和西蒙的一些项目评估了词汇量，而另一些评估了空间能力，还有一些评估了语言推理能力，这一发现令人费解。

可重复性

其他人的研究也会得出类似的结论吗？

智力测验项目之间的正相关现象吸引了心理学家查尔斯·斯皮尔曼（Spearman，1927）的注意。为解释这些相关性，斯皮尔曼假定在所有项目上存在一个单一因素——*g*（**一般智力**），它描述了人在智力方面的所有不同。他认为所有的智力测验项目间都呈正相关，因为它们反映了人们智力间的整体差异。甚至啮齿类动物也表现出 *g*，或者至少类似的智力。例如，老鼠很容易掌握走迷宫的能力，学会避免惩罚和区分不同的气味都是正相关的（Matzel et al.，2013）。

虽然斯皮尔曼推测一般智力与我们的心理动力相类似，但对于是什么造成了一般智力有个体差异，他并不清楚（Sternberg，2003b）。对于斯皮尔曼来说，它相当于我们精神引擎的力量。他认为，就像某些汽车拥有比其他汽车更强大的引擎一样，一些人有更"强大"或者说更有效率且起到更大作用的大脑。他们有更多的 *g*。

g 的含义仍然具有很大的争议（Gould，1981；Herrnstein & Murray，1994；Jensen，1998；van der Maas et al.，2006）。因为这个假设，一些智力研究者几乎不谈论，这是为什么？因为 *g* 意味着一些人只是比别人聪明。可以理解的是，许多人认为这种观点令人反感，因为它带有精英主义色彩。另一些人，如已故的史蒂芬·杰伊·古尔德，认为 *g* 只是一种统计假象。古尔德（1981）在其影响深远且仍广为流传的《人类的误测》一书中指出，所有人都可以在一般智力的单一维度上进行排名的观点是错误的。古尔德的批评者们正确地回应说，*g* 不太可能是统计上的错觉，因为科学家们发现智力测试项目都呈正相关，不管它们的内容是什么（Gottfredson，2009）。

一般智力

（general intelligence，*g*）假设人在智力方面的所有差异上存在的一个单一的因素。

特殊智力

（specific abilities，*s*）在狭窄领域内的特殊智力水平。

斯皮尔曼（1927）并不认为 *g* 代表了全部的智力。对于每一个智力测验项目，斯皮尔曼提出还有一个因素存在，称为 *s*（**特殊智力**），它对于每一个项目来说都是独一无二的。斯皮尔曼认为，我们如何执行一个给定的心理任务不仅取决于我们的一般智力（g），还取决于特殊智力（s）。例如，我们能解决图 9.1 的空间问题，不仅是因为我们有一般的问题解决能力，还因为我们有空间测试的特殊能力，以及检查物理空间中物体位置的能力。所以即使我们真的很聪明——在一般智力水平上比较高——我们依旧可能不及格，因为我们在空间问题上有严重的缺陷。这种缺陷可能意味着我们天生就不擅长空间任务，或者我们对之没有太多的经验。要理解这一区别，可以把体育看成一个类比。有些运动员几乎肯定在整体上比其他运动员更优秀，但有些运动员在某些领域表现突出（有些人在跑步、游泳上表现最好，还有些人在投掷类运动上表现最好），因为他们具有较强的特定运动技能的能力更不用说他们还在这些领域内勤加练习了。

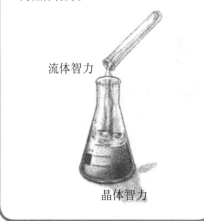

图9.1　这两个谜题你能解决吗？

下面的问题哪个能解决？

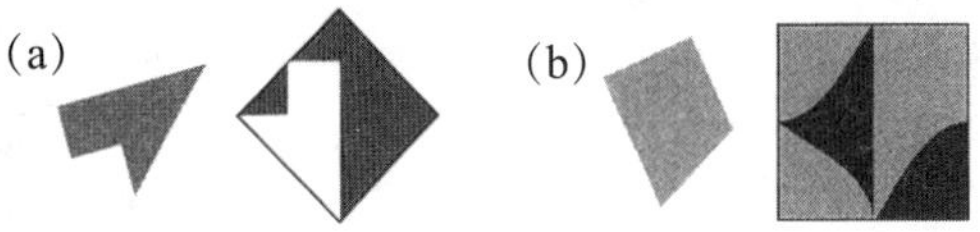

(a)　　　　　　　　(b)

尝试一下！对于这里展示的两个谜题，试着用左边的形状去完成它。（请参阅页面底部答案）

图9.2　用烧瓶表示流动的知识

根据卡特尔和霍恩的解释，有两种智力，即流体智力和晶体智力。随着时间增长，流体智力渐渐"流"为晶体智力。

流体智力

晶体智力

流体智力与晶体智力

后来研究人员发现，虽然斯皮尔曼的 g 是真实的，但它并不像他认为的那样统一（Carroll，1993；Vernon，1971）。在 20 世纪 30 年代，路易斯·瑟斯顿（Louis Thurstone，1938）发现，一些智力测试项目之间的相关性比其他项目更高：这些项目形成了与不同智力能力相对应的集合。之后雷蒙德·卡特尔（Raymond Cattell）和约翰·霍恩（John Horn）将流体智力与晶体智力区分开来，认为我们所说的"智力"实际上是两种相关但略有不同的能力的混合体。

流体智力指的是学习用新方法解决问题的能力，例如我们第一次尝试解决一个我们从未见过的谜题，或者第一次尝试操作一个设备，比如一种新型的、我们从来没有使用过的手机。**晶体智力**指的是随时间推移而积累的关于世界的认识（Cattell，1971；Ghisletta et al.，2012；Horn，1994）。我们依靠晶体智力去回答"意大利的首都在哪？""英国的最高法庭有几个法官？"等问题。根据卡特尔和霍恩的说法，知识从新学习的任务中"流"到我们的长期记忆，再"结晶"为持久的知识（见图 9.2）。大多数现代研究者都不相信流体智力和结晶智力的存在会破坏 g 的存在。相反，他们将流体智力和晶体智力看为 g 的一部分或更为特殊的方面（Bowden et al.，2004；Messick，1992）。

有令人印象深刻的证据证明流体智力和晶体智力的区别。流体智力会随着年龄的增长而下降（Nisbett et al.，2012）。事实上，一些研究人员发现，晶体智力通常随着年龄的增长而增长，这对老年人也适用（Salthouse，1996；Schaie，1996；Schroeders，Schipolowski，& Wilhelm，2015）。此外，流体智力比晶体智力与 g 的相关性更高（Blair，2006；Gustafsson，1988）。这一发现表明，在这两种能力中，流体智力或许能更好地解释斯皮尔曼提到的"精神引擎"的力量。

晶体智力和我们稍后会遇到的个性特征（14.5a）——经验开放性——是中等的正相关（大约 0.3；Ackerman & Heggestad，1997；DeYoung，Peterson，& Higgins，

流体智力

（fluid intelligence）

学习用新方法解决问题的能力。

晶体智力

（crystallized intelligence）

随时间推移而积累的关于世界的认识。

图 9.1 答案：A

2005; Gignac, Stough, & Loukomitis, 2004）。经验开放性高的人是富有想象力的，求知欲强，对探索新的想法、地方和事物感到兴奋（Goldberg, 1993; Nusbaum & Silvia, 2011）。我们不能完全理解这种有趣的相关性的因果关系。更高的晶体智力可能会导致更高的经验开放性，因为了解更多事情的人可能会发现学习新事物变得更容易，因此会更有兴趣。或者，更高的经验开放性可以产生更高的晶体智力，求知好学的人可能促使自己了解和学习更多的知识（Ziegler et al., 2012）。

相关还是因果

我们能确信 A 是 B 的原因吗？

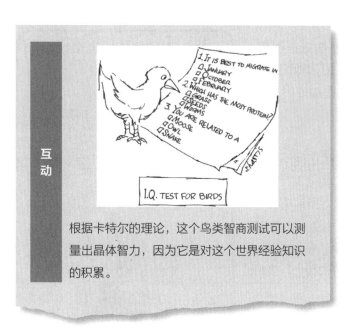

互动

根据卡特尔的理论，这个鸟类智商测试可以测量出晶体智力，因为它是对这个世界经验知识的积累。

多元智力：变聪明的不同方式

到目前为止，我们一直在讨论"智力"，就好像它只是一种重要的能力。但到 1930 年，一些心理学家开始主张**多元智力**的存在：不同领域的智力技能。根据他们的说法，g 的概念是错误的，或者至少是不完整的。对他们来说，我们需要多元智力来解释那些在某些知识领域极其成功，但在其他领域却不成功的人的故事。

以克里斯·兰根（Chris Langan）为例，他被认为是地球上最聪明的人之一。兰甘在 SAT 考试，即一项广泛使用的大学入学考试中获得了满分 1 600 分。他从两所大学退学，部分原因是他觉得自己比教授知道得更多——他可能是正确的。2008 年，兰甘在美国全国广播公司（NBC）的一场比赛中赢得了 25 万美元的奖金。在他的业余时间里，他写了一本书介绍他的"宇宙认知理论模型"，这是一种将思维与现实联系起来的综合理论，它包含了这样的句子："无论在这个进化的宇宙中发生了什么，它都必须被暂时地嵌入这个双重的自我包含的操作中。"（不，我们也不理解它）

如果你以为克里斯·兰甘现在是世界著名的科学家，你可以被原谅。但事实上，在大约 20 年的时间里，克里斯·兰甘在担任酒吧保镖的同时，还从事着其他各种各样的工作，包括建筑工人和消防员。今天，他和妻子在密苏里州的一个农场工作。尽管兰甘渴望获得博士学位并成为一名伟大的科学家，但他从来没有接近过这个目标。为什么？他似乎有无意识冒犯他人的本事，包括他的大学教授。此外，他似乎不愿忍受学术生活中那些小小的官僚主义挫折。直到今天，兰甘的宏大理论仍然晦涩难懂，因为他从未将其在有同行评议的杂志上发表。

兰甘的故事提醒我们，人可以以不同的方式变聪明（Guilford, 1967; Sternberg, 2015a）。就连斯皮尔曼的 s 概念也部分承认了多元智力的存在，因为它意味着具有同等水平 g 的人可以有不同的智力优势和劣势。但相比斯皮尔曼，大多数多元智力的支持者坚持认为 g 只是智力的一个组成部分。

智力结构

多元智力
（multiple intelligences）
人们在不同领域中表现出的不同智力水平。

霍华德·加德纳（Gardner, 1983, 1999）的多元智力理论在过去 20 年里对教育实践和理论产生了巨大影响。根据加德纳的说法，存在众多的思维模式，或者说对于世界我们有不同的思维方式。每一种思维模式都是不同的，在它们各自的维度上有各自的智力。

(a)　　　　　　　　　　　　　(b)　　　　　　　　　　　　　(c)

根据加德纳的说法，个人擅长的智力类型并不相同。（a）马丁·路德·金是一位语言表达能力很强的演说家；（b）泰勒·斯威夫特是一位具有音乐天赋的演唱家；（c）小威廉姆斯是具有令人印象深刻的运动智力的职业网球选手。

加德纳（1983）列举了一些判断智力是否独立的标准。此外，研究人员还必须证明，在对大脑损伤的人的研究中，不同的智力可以相互区别；对特定大脑区域造成损害的人必会在一种智力上而不是其他类型的智力上显示出缺陷。此外，不同的智力在有特殊才能的人身上尤其明显。例如，加德纳认为自闭症学者的存在为多元智力提供了证据。这些患有自闭症的个体，在一个或两个狭窄的领域表现出非凡的能力，比如知道所有棒球运动员的精确击球率，但在大多数其他领域都很低能。加德纳还建议，从进化的角度看，不同的智力应该有意义：它们应该帮助生物体生存，或者更容易遇到未来的伴侣。

加德纳（1999）指出有八种不同的智力，从语言、空间到音乐、人际交往，如表9.1。他还初步提出了第九种智力的存在，称为存在智力：能够掌握深入的哲学思想，例如生命的意义。

加德纳的模型鼓舞了全世界成千上万的教师围绕儿童的个人多元智力制订他们的课程计划（Armstrong，2009；Lai & Yap，2016）。例如，在一个有高水平的运动智力，但低水平的逻辑数学智力的学生的班级中，老师会将学生分成一组3人和一组4人，并鼓励学生学习算术问题3＋4＝7，让他们站在全班同学面前携起手来，形成一个更大的七人团体。

然而，这种方法可能不是一个好主意，甚至加德纳本人也说过，他对这个方法并不完全满意（Willingham，2004）。毕竟，如果一个孩子在某个特定的领域（比如词汇或数学）有弱点，那么试着教他"接近"那个领域而不是"远离"这个领域可能会更有意义。否则，可能会使孩子的弱化的技能更加衰退，就像我们不锻炼萎缩的肌肉一样。此外，正如我们在前文所了解到的（见6.5a），研究并没有始终支持将教学风格与学生的学习风格相匹配，从而提高学习效果的主张（Reiner & Willingham，2010；Stahl，1999）。

对于加德纳的模型，人们无法作出明确的科学解释。所有的研究人员都同意加德纳的观点，即我们的智力水平的优势和劣势各不相同。加德纳也值得赞扬，因为他强调了所有聪明的人都不聪明的观点。但加德纳的大部分模型是模糊的，很难测试。关于为什么智力是这些心理能力而不是其他的能力，这一问题还是不明确的。根据加德纳的标准，也应该有"幽默"和"记忆"智力（Willingham，2004）。或者基于加德纳的进化适应性观点，为什么不是一种"浪漫"的智力去吸引性伴侣？而且，我们也不清楚加德纳的"智力"是否真的与智力有关。例如，身体运动能力可能很大程度上接近于依赖非心理能力，比如运动能力的天赋（Scarr，1985；Sternberg，1988b）。

而且，加德纳没有编制出正规的测验来测量这些智力的独特性，因此他的模型几乎不可能被证伪（Ekinci，2014；Klein，1998）。特别是，正如他所说的，没有充分的证据证明他的多元智力是真正独立的（Lubinski & Benbow，1995）。如果这些智力的测量都是正相关的，那就意味着它们

表9.1	加德纳的多元智力理论

智力类型	得分高的特点
语言	擅长演讲和写作
逻辑数理	使用逻辑和数学技能来解决问题，如科学问题
空间	思考和推理在三维空间里的物体
音乐	演奏、理解并欣赏音乐
身体运动	操纵身体运动、舞蹈或其他身体活动
人际交往	理解并有效地与他人互动
内省	熟悉并能够洞察自我
自然	认识、识别并熟悉动植物和其他生物

资料来源：Based on Gardner, H. (1999). Intelligence reframed: Multiple intelligences for the 21st century. New York, NY: Basic Books. © Scott O Lilienfeld。

可证伪性
这种观点能被反驳吗?

都是 g 的表现，就像斯皮尔曼说的那样。即使是对自闭症学者的研究也没有明确地支持加德纳的模型，因为自闭症学者往往在一般智力测试上比其他自闭症患者得分更高（Miller，1999）。这一发现表明，他们高度专业化的能力至少部分归功于 g。

三元智力模型

和加德纳一样，罗伯特·斯滕伯格（Robert Sternberg）也认为在 g 之外有更多的智力种类。斯滕伯格（1983，1988b）的**三元智力模型**假定有三种不同的智力（见图 9.3）。

此外，他与大学委员会一直在发展第二和第三智力的测量方法，他认为这在标准智商测试中基本没有体现（Gillies，2011；Hunt 2010）。这三种智能是：

- **分析智力**：逻辑推理能力。本质上，分析智力是"书本智慧"。它是一种能使我们在智力测验及标准化测验中取得好成绩的智慧。这种智力是克里斯·兰根所拥有的。根据斯滕伯格的说法，这种智力形式与 g 密切相关。但对他来说，这只是智力的一个组成部分，而不一定是最关键的。事实上，斯滕伯格长期以来一直抱怨一个"以 g 为中心"的智力观，即与学业有关的智力，它是很多心理学家认为的唯一的智力（Sternberg & Wagner，1993）。

- **实践智力**：也称为"隐性智力"，即解决实际问题的能力，尤其是那些涉及他人的问题。与分析智力相反，这种形式的智力类似于"街头智力"。这是一种我们需要"估量"我们刚刚认识的人，或者想知道如何在工作中取得成功的智力。实践智力还涉及一些研究人员所说的社交智力或理解他人的能力（Guilford，1967）。斯滕伯格和他的同事们已经制定了一些实践智力测验来评估员工和老板在商业环境中表现如何，士兵在军事环境中表现如何，等等。

图9.3	斯滕伯格的三元智力模型

斯滕伯格的模型提出了三种智力，分析智力、实践智力、创造智力。

资料来源：Based on Sternberg, R. J., & Wagner, R. K. (1993). Thinking styles inventory. Unpublished instrument. © Scott O Lilienfeld。

三元智力模型
（triarchic model）
罗伯特·斯滕伯格提出的智力模型由三个独立的智力因素组成：分析、实践和创造。

- **创造智力：** 也被称为创造力。它是用新颖而有效的答案解决问题的能力。它是一种我们需要去寻找新的和有效的方法去解决问题的智力，比如写一首情感动人的诗或一首优美的乐曲。斯滕伯格认为，实践智力和创造智力可以预测结果，比如工作表现，而分析智力不会（Sternberg & Wagner，1993；Sternberg et al.，1995）。

我们的直觉告诉我们这三种类型的智力并不总是同时出现。我们都能想到那些拥有很好的书本智慧但并不掌握社交技能的人。同样地，我们可以想到那些有高水平的街头智慧，但在学校相关的考试中表现不佳的人。

然而，就像几乎所有的趣事一样，这些例子都有它们的局限性。事实上，一些科学家对斯滕伯格的说法提出了质疑。特别是，斯滕伯格还没有证明实践智力是独立于 g 的（Gottfredson，2003；Jensen，1993）。就像晶体智力一样，它可能只是 g 的一种特殊形式。斯滕伯格对实践智力的测试实际上可能是对工作知识的测试。毫不奇怪，对工作了解最多的人往往表现得最好（Schmidt & Hunter，1993）。此外，这种相关性的因果方向也不清楚。虽然更多的实用知识可能会带来更好的工作表现，但更好的工作表现也可能会带来更多的实用知识（Brody，1992）。即使是创造智力也可能与 g 无关。正如我们后面会学到，这两种结构的衡量标准至少在一定程度上是相关的（Preckel，Holling，& Wiese，2006）。

相关还是因果
我们能确信 A 是 B 的原因吗？

然而，多元智力理论还存在争议。毫无疑问的是，我们拥有不同的智力上的优点或缺点，但正如加德纳和斯滕伯格所断言的那样，它们之间是否相互独立还不明确。因此，可能仍然存在一个一般智力维度（Chooi，Long，& Thompson，2014）。与此同时，值得称赞的是加德纳和斯滕伯格提醒了我们几十年前斯皮尔曼发现的一个不可否认的真理，即智力类型不仅仅只有 g，而且我们所有人都拥有特殊智力优势和弱势。

日志提示

斯滕伯格提出有三种类型的智力。请描述这三种类型。对于每一种类型，请从你的生活中举例说明你是如何使用它的，并举例说明你是如何从中受益的。

智力的生理基础

一种有关智力的普遍观点认为它与大脑尺寸呈正相关。我们称聪明的人为"大脑发达"或"有聪明的大脑"。但智力实际上与大脑尺寸和效能间的相关程度有多少呢？

智力和大脑结构与功能

多年来，几乎所有的心理学教科书都告诉学生，尽管大脑尺寸与物种之间的智力有关，但它与物种内的智力（包括人类）是不相关的。一些研究证明通过功能性磁共振成像测得的大脑容量（见 3.4a）与智力测验分数呈正相关——在 0.3 到 0.4 之间（Brouwer et al.，2014；McDaniel，2005；Willerman et al.，1991）。所以，当我们把班上的超级聪明的孩子称为"大脑发达"时—— 一个

相关还是因果
我们能确信 A 是 B 的原因吗？

在没有努力学习的情况下，却在所有的考试中都能拿到100分的学生——我们可能并非完全错了。尽管如此，脑容量和智商之间的关系还是很复杂的，而且可能对语言能力比对空间能力的影响更大（Witelson，Beresh，& Kiger，2006）。

但我们并不知道这些发现是否反映的是直接的因果联系。或许是大脑袋导致了高智商，或者可能是有一些第三变量，如出生前或出生后不久的丰富营养，会导致以上两者同时发生。此外，小于0.4的相关性告诉我们，大脑尺寸和智力之间的联系远小于完全相关。例如，爱因斯坦的大脑实际上重约1 230克，略小于一般的大脑。然而有趣的是，爱因斯坦的顶叶皮层（一个在空间推理任务中变得活跃的区域）的下半部分比正常范围宽15%（Witelson，Kigar，& Harvey，1999）。这一发现可能有助于解释爱因斯坦非凡的视觉想象能力（Falk，2009）。此外，爱因斯坦的大脑也有异常高密度的神经元和胶质细胞（见3.1a），这表明他的大脑比一般人的大脑更有质量（Anderson & Harvey，1996）。

可重复性
其他人的研究也会得出类似的结论吗？

近期关于大脑发展的研究表明这种故事可能还有很多，一项使用功能性磁共振成像的研究表明7岁大的高智商儿童（排在前10%的儿童）的大脑皮层比其他同龄儿童的薄。但这类儿童的大脑皮层会迅速变厚，并在12岁的时候达到顶峰（Shaw et al.，2006）。我们还不知道这些发现意味着什么，独立的研究者也不知道如何去复制它们。这可能和好酒一样，聪明的大脑要花更长的时间成长。

可重复性
其他人的研究也会得出类似的结论吗？

大脑功能成像研究以及信息加工的实验室研究提供了关于什么是智力以及它在大脑中的位置的有趣线索。在大约一个月的时间里，理查德·海尔和他的同事（Haier et al.，1992）组织了八名大学生玩电脑游戏《俄罗斯方块》。随着时间的推移，所有参与者水平都有所提高，而那些得分最高的参与者的智力水平得到了更好的提高。令人惊讶的是，智力水平较高的参与者在大脑的许多区域的活动比智力水平较低的参与者更少（Haier，2009）。海尔是怎样解释的呢？高智商学生大脑的效率特别高。就像训练有素的运动员在跑五英里赛跑时几乎不出汗一样，他们可以在学习的时候很轻松（Haier，2009）。诚然，并不是所有研究都能检验这个发现（Fidelman，1993），并且其他研究人员提出了一些问题，即这些发现是否适用于新任务（Nussbaumer，Grabner，& Stern，2015）。尽管如此，它仍然增加了智力在反映心理过程效能的某些方面的可能性（Langer et al.，2012）。

智力的位置

那么智力位于大脑的什么位置？这似乎是一个愚蠢的问题，因为神经外科医生不太可能指着大脑的某个特定区域说："就在那里……这就是使我们聪明的

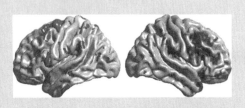

大脑图像和智商

互动

这是两个玩过电脑游戏《俄罗斯方块》的人的大脑图像。正如脑图像所显示的那样，红色描绘了高水平的大脑激活，蓝色描绘了低水平的大脑激活。根据海尔和他们同事的研究，右边的大脑来自高智商人群，为什么？因为智商高的人往往有更加高效的大脑，而又不需要太多的工作努力。（见彩插）

地方。"然而，智力在大脑皮层内的分布很广。一组研究者设置大量高"g 载荷"的推理任务，而这种测量实际上测出的是与一般智力有关的内容（见图 9.4）。

这些任务都激活前额皮质（Duncan et al., 2000），一个在计划、控制冲动以及短时记忆中起到关键作用的脑区。这一联系似乎尤其体现在流体智力方面（Cole, Ito, & Braver, 2015）。其他证据表明，智力与前额皮质（尤其是大脑左侧）以及其他大脑区域的神经连接密切相关，这表明前额皮质可能是一个"指挥和控制中心"，从大脑的其他部位收集信息来帮助我们思考（Cole, Yarkoni, Repovs, Anticevic, & Braver, 2012）。

然而，当谈到智力时，前额皮质并不代表整个完整的过程。例如，与空间智力密切相关的顶叶区域（见 3.2a），似乎和智力也有关系（Haier, 2009；Jung & Haier, 2007）。

智力与反应时间

广泛意义上，我们有时把那些看起来不如其他人聪明的人看成是反应"慢"的。心理学家也通过研究智力与反应时间的关系，或者说与刺激的反应速度的关系来将这个民间说法带进了实验室进行了研究（Jensen, 2006）。令人惊讶的是，流体智力似乎能稍微预测人们对简单刺激的反应速度，比如突然打开的光（Woods, Wyma, Yund, Herron, & Reed, 2015）。

想象一下坐在图 9.5 中反应时间装置前面，有八个旁边有灯光的按钮（Hick, 1952）。

每一次试验中，八盏灯中任何一个都可能打开，然后其中一个会突然关掉。你的任务是当某盏灯灭的时候尽可能快地击打旁边的按钮。众多的研究结果表明，在这项任务中，智力测验分数与反应时间呈中度的负相关（大约在 -0.3 到 -0.4 之间；Deary, Der, & Ford, 2001；Detterman, 1987）：当灯灭的时候，拥有高智商的人比其他人反应更快（Brody, 1992；Schubert et al., 2015）。他们每次的反应时间似乎也更一致（Doebler & Scheffler, 2015）。因此，尽管这两个概念不是相同的，但高尔顿认为感官处理的速度有助于智力可能并不是完全错误的。

智力与记忆

智力还表现出与记忆容量密切相关。许多研究者已经测出了"工作记忆"和智力间的关系。如我们在前面（7.1b）所学的一样，这种类型的记忆与短时记忆关系最为密切，它反映了我们同时在头脑中处理多个信息的能力。一个典型的工作记忆任务可能要求参与者在试图弄清一个谚语的含义的同时，对数字广度进行测试（例如，谚语"一鸟在手，胜过两鸟在林"是什么意思？）。工作记忆任务的得分与智力测验分数具有中度的正相关（大约为 0.5）（Ackerman, Beier, & Boyle, 2005；Engle, 2002；Kane, Hambrick, & Conway, 2005）。事实上，

图 9.4 答案：d。它是图中唯一一个点和边的数量不相等的图形。

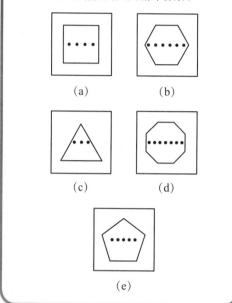

图9.4　简单任务（高 g 载荷项目）

这个样例题目类似于研究者们定义的高"g 载荷"的项目，这意味着它是一般智力的很好的测量物。在这一项目中，五个中的一个不同于其他，你能指出是哪一个吗？（请参阅页面底部答案）

(a)　　(b)

(c)　　(d)

(e)

图9.5　反应时间装置

心理学家用简单的反应装置来研究智力与简单的刺激反应之间的关系。典型的测试是，红色指示灯（较大的按钮）亮起，然后会很快熄灭，参与者要尽快按下旁边蓝色的（较小的）按钮。

越来越多的研究人员认为，人之间的工作记忆差异可能有助于解释为什么有些人处理信息的速度比其他人快，并因此在智商标准化测验中得分更高（Conway et al.，2011；Duggan & Garcia-Barrera，2015；Redick，Unsworth，Kelly，& Engle，2012）。

根据我们刚刚回顾的研究结果，许多商业公司的产品如"动动脑"，以及市场上非常流行的电脑产品如"智能旋风"和"大脑健美"都有助于工作记忆。例如，它们可以教用户识别序列中的数字与前面的数字相匹配。这些公司通常声称这样做可以提高工作记忆和智商；一些产品，比如"动动脑"，甚至声称能够逆转阿尔茨海默病和其他形式的痴呆症引起的认知能力下降。

对照研究表明，尽管这些产品可能会增加对同一任务的工作记忆，但不清楚这些增加是否能扩展到新的工作记忆任务，也就是说，是否能扩展到与最初的任务不同的任务中去（Simons et al.，2016）。换一种说法，大脑训练游戏似乎可以改善人们在游戏中的表现，但也许改善得并不是很多。最重要的是尽管公司声称它们有效，但这些产品可能不会提高智商（Makin，2016；Redick et al.，2012；Shipstead，Redick，& Engle，2012）。因此，尽管工作记忆和智商是相关的，但这些发现提醒我们不能去假设改善工作记忆会提高一般智力。最后，正如前文所提到的（2.2c），大脑训练游戏对智力的影响可能只是安慰剂效应的结果（Boot et al.，2013）。在一项研究中，研究人员招募一组参与者进行大脑训练干预，以提升大脑训练可能带来的认知效益，但招募另一组参与者时却没有提到这些效益。结果只有第一组在标准智商测试上稍稍改进（Foroughi et al.，2016）。

相关还是因果
我们能确信 A 是 B 的原因吗？

总结

如果对这些不同的发现有一种中心理论——智力与信息加工的有效性与速度有关（Schmiedek et al.，2007；Vernon，1987），那么，常识有可能是正确的：思考迅速的人可能有特别高的智商。然而，这样的关联与完全相关的相关系数 1.0 相差甚远，这告诉我们智力并不仅仅是指思维的敏捷性。这些结果还表明，在我们处理在线信息时，获取短期信息的能力和保持这些信息的活跃度与智力有关，尽管这个关联的因果方向并不清楚。

9.2 智力测验：超常、中常和低常

9.2a 描述智商的计算方法。

9.2b 解释美国滥用智力测验的历史。

9.2c 描述当今使用的智力测验以及智商分数的信效度。

9.2d 区别智力发育迟缓和天才的特征。

长期以来，心理学家一直纠结于如何测量智力这个棘手问题。当然，最简单的方法就是问他们"你有多聪明？"。尽管这种方法很诱人，但它不太可能奏效。智力的自我估计与智力的客观评价仅有 0.3 相关（Freund & Kasten，2012；Hansford & Hattie，1982；Paulhus，Lysy，& Yik，1998）。

让问题更加复杂的是，证据表明，认知能力较差的人特别容易高估自己的智商（Dunning，Heath，& Suls，2004；Kruger & Dunning，1999）。心理学家有时会说，这种"无能的双重诅咒"也许可以解释为什么有些人在学校和工作中表现不佳，尽管他们确信自己的表现很好。正如莎士比亚所言："愚者自以为聪明，智者则自知为愚人。"这句话也可能有助于解释一些歌手和舞者在

电视选秀节目上的尴尬行为，他们似乎完全忘记了他们的技能（且有时也不熟练）比街上的普通人要弱得多的事实。元认知技能可能在这一现象中起关键作用（Koriat & Bjork，2005）。元认知是指我们对自己认知的认识。元认知技能较差的人可能会高估自己在某个区域的技能，因为他们不知道他们到底知道什么，不知道什么（Dunning，Heath，& Suls，2004；Dunning & Helzer，2014；Sinkavich，1995）。

这些发现证实了比奈、西蒙和其他心理学家的直觉，即我们需要系统的测试来测量智力，因为自我评估是不可靠的。当比奈和西蒙在大约一个世纪之前创造出第一个智力测验时，他们并未认识到他们改变了心理学的研究取向。他们的发明改变了为学校、企业和军队选拔人员的方式，改变了学校教育和社会政策，也改变了我们看待自己的方式。智力测验的历史开始于比奈和西蒙。

我们如何计算智商

在比奈和西蒙向法国介绍了他们的测试之后不久，斯坦福大学的刘易斯·推孟（Lewis Terman）在翻译并修改的基础上发展出一种被称为**斯坦福－比奈智商测验**的新版本，它在 1916 年首次出版，修订的第五版至今仍在使用中。它最初是为儿童开发的，但后来扩展到成人，斯坦福－比奈智商测验的项目繁多，像比奈和西蒙使用过的，比如测试词汇和记忆的方法、命名对象、重复语句以及遵守命令等（Janda，1998）。推孟的伟大成就是建立了一套标准，即在一般人群中，我们可以比较每个人的分数。通过规范的使用，我们可以询问一个人在智力测验项目上的得分是否高于或低于与年龄相仿的人的分数。所有现代智力测验都包含不同年龄组的标准，比如 30 岁至 54 岁的成年人或者 55 岁至 69 岁的成年人。

在第一次世界大战前不久，德国心理学家维尔海姆·斯特恩（Stern，1912）发明了**智力商数**的公式，后因 IQ 这个词而闻名于世。斯特恩的智商公式很简单：心理年龄除以实足年龄，再将所得结果乘以 100。**心理年龄**就是个体在智力测验中平均成绩所反映的心理水平的年龄。一个女生在智力测验中所得分数与 6 岁大儿童的平均分数相同，不管她的实足年龄多少，她的心理年龄就是 6 岁。她的心理年龄与她的实足年龄无关。因此，如果一个 10 岁大的儿童在智力测验中与 8 岁大儿童的平均水平一样，那么依据斯特恩的公式，他的智商就是 80（心理年龄 8 除以实足年龄 10，再乘以 100）。相反，如果一个 8 岁大的儿童在智力测验中与 10 岁大的儿童的平均水平一样，那么根据斯特恩的公式，他的智商便是 125（心理年龄 10 除以实足年龄 8，再乘以 100）。

对于儿童和青少年来说，这一公式确实能够很好地评估智力。但斯特恩的公式存在一个关键的缺陷。心理年龄在儿童时期不断增加，但到 16 岁左右达到平衡（Eysenck，1994）。当我们到了 16 岁左右后，我们在智力测验中的分数不会提高很多。因为我们的心理年龄保持稳定，而实足年龄随时间递增，斯特恩的公式将导致每个人的智商随年纪的增长而变得越来越低。到 30 岁的时候，几乎所有的人都有智力障碍；当他们 80 岁了，他们几乎没有能力做任何需要脑力劳动的事情。当然，事实并非如此。这就是为什么当代智力研究者在计算成人智商时依赖于一个被称作**离差智商**的统计数据（Wechsler，1939）。大体上，离差智商即使用一个称为标准差的统计度量表明个体智商在同龄人中的水平。智商平均值是 100，表明此人智商是同龄人的平均水平。智商 80 低于同龄人平均水平，智商 120 高于平均水平。离差智商以此方式解决了斯特恩公式的问题，因为智力测验结果不会在 16 岁后递减。

斯坦福－比奈智商测验
（Stanford-Binet IQ test）
是斯坦福大学推孟在比奈－西蒙量表基础上改编的智力测验量表。

智力商数
（IQ, intelligence quotient）
辨别个人智力差异的系统方法。

心理年龄（mental age）
在智力测验中个体表现出的平均年龄。

离差智商（deviation IQ）
关于体的智力与他或她同龄人之间的关系的表述。

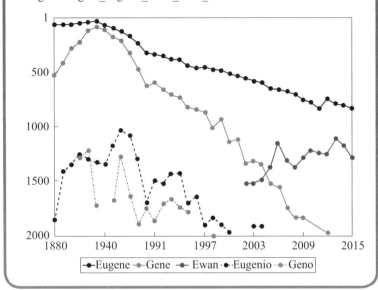

图9.6　尤金这个名字在过去时间的受欢迎程度

在 20 世纪初期，"尤金"（Eugene）这个男生名字非常受欢迎，反映了优生对流行文化的强大影响。

资料来源：Retrieved from http: //www.thinkbabynames.com/graph/1/0/Eugene/ Eugene_Eugenio_Ewan_Gene_Geno. © Scott O Lilienfelda。

优生学的发展：智商测验的误用和滥用

在法国心理学家比奈和西蒙发明他们的测试之后不久，其他国家的研究人员开始将其翻译成各种语言。第一个是美国心理学家亨利·戈达德，他于 1908 年将其翻译成英文。仅仅几年的时间，智力测验在美国就盛行起来。它不再仅仅是鉴别那些需要特殊帮助的学生的工具，而且是鉴别智障成人的方式。

智力测验的发展快速升级，失去控制。施测者们经常用英语对那些几乎不懂英语的新移民进行英语测试。因此，大约 40% 的移民被归类为智力迟钝（今天被称为智障），这并不奇怪。而且，戈达德和其他心理学家没有充分考虑智商分数是否适应于成年人，就直接将儿童测验给成人使用（Kevles, 1985）。结果，很多做过这些测验的成年人，包括监狱的犯人和债务者被归类为智力缺陷。

最终，人们对许多移民的低智商感到担忧。许多美国人发起一场社会运动，称为**优生学**（意为"良好的基因"）运动。优生学运动是为提高人口基因库的质量所做的努力，鼓励有"良好基因"的人多生，同时阻碍有"劣质基因"的人生育。高尔顿一直是优生学中前一种方法的倡导者，但后来许多心理学家这两种都提倡。

尽管优生学并不是美国独有的（Kuntz & Bachrach, 2006），但在 20 世纪早期，特别是 1910 年到 1930 年间，它在美国尤其盛行。几十所大学，包括几所常春藤名校，开设了优生学课程（Selden, 1999）。大多数高中及大学的生物课本把优生学作为科学的事业来展现。有趣的是，20 世纪初优生学运动的流行使得尤金成为美国最常用的男孩名字之一（Gottesman & McGue, 2015），见图 9.6。

对优生学的接受导致出现了一些令人深感不安的问题。20 世纪 20 年代初，美国国会通过一项法律，打算限制来自其他国家的所谓智商分数低的移民者，尤其是那些来自欧洲东部和南部的人（Gould, 1981）。更糟糕的是，美国的 33 个州通过了一项法律，要求低智商者绝育来中止假设性的人口智力衰退。当所有这些都被接受和执行之后，大约 66 000 个北美人，其中很多为非裔美国人和其他贫穷的少数族群，被强制绝育（Reynolds, 2003）。

令人不安的是，美国最高法院在 1927 年巴克诉贝尔案例中支持这些绝育政策（Cohen, 2016; Nourse, 2016）。凯莉·巴克的上两代人智力都有缺陷，为了让 18 岁的凯莉·巴克绝育，最高法院法官奥利弗·温德尔·霍姆斯写道："三代的智力缺陷已经足够了。"强制绝育在美国法律里保持了几年，幸运的是，在 20 世纪 40 年代绝育这一情况已经减缓，在 20 世纪 60 年代时完全消退。弗吉尼亚州是最后一个废除这一法律的州（1974 年）。

今天，我们仍然可以感受到优生学运动的持久影响。许多人怀疑关于智商及其遗传基础的说法是可以理解的，因为这些说法让他们想起了优生学提倡从基因库中"清除"低智商个体的努力。不过，我们必须小心不要把主张的有效性与提倡它的人混淆，否则就会受逻辑的"牵连"。的确，许多优生学的支持者都是 IQ 测验的

优生学（eugenics）
在 20 世纪早期发展起来，企图通过鼓励"优良基因"的人生育，阻止"劣质基因"的人生育，来改善人口的基因库。

支持者，也是 IQ 基因研究的支持者。但这一事实本身并不意味着我们应该摒弃智商测验或基因基础研究的科学。尽管对美国优生学运动的悲惨历史感到沮丧是应该的，但这两个问题在逻辑上无须混为一谈。

当代智商测验

现今，智商测验是心理学中最有名，也是最具争议和成就的一块领域。1989 年，美国科学促进会将智商测验作为 20 世纪 20 项最高科技成就项目之一列在了科技进展中（Henshaw，2006）。无论我们是否同意这种评价，毫无疑问，智商测验都具有显著的影响力。虽然心理学家已经编制出了几十种智商测验，但仅仅只有几种影响了现在流行的测验，接下来我们将讨论这些测验以及像 SAT 和婴儿智力测试这样的标准化测试。

常用的成人智商测验

在成年人的智商测验中用于估算智商应用最广的是**韦氏成人智力量表**或 WAIS（Watkins et al.，1995）。具有讽刺意味的是，大卫·韦克斯勒（David Wechsler）作为发明这一测验的心理学家，是一个从罗马尼亚移民到美国的移民者，也是在早期错误的智商测验中处于弱智阶层的人。这也许并不奇怪，韦克斯勒的负面经验让他在语言能力的基础上建立了一个 IQ 测验。他的测验的最新版本，WAIS-IV（Wechsler，2008），包含 15 个"子测验"或特殊任务，旨在评估心理能力，如词汇、算术、空间能力、言语推理和对世界的一般性认识（WAIS-IV 的数据收集目前正在进行中）。从图 9.7 中，我们能看到子测验中一些简单的项目样本。WAIS-IV 提出了五个主要分数：（1）总体智商分数；（2）言语智商分数；（3）知觉推理；（4）工作记忆；（5）处理速度。言语的智商分数主要与晶体智力有关，而知觉推理、工作记忆、处理速度则主要与流体智力有关。

韦氏成人智力量表

（WAIS，Wechsler Adult Intelligence Scale）

在成人智力测验中广泛应用，包含 15 个子测验来测试不同类型的心理能力。

常用的儿童智商测验

两种运用广泛的儿童智商测验分别是适用于儿童的韦氏儿童智力量表（WISC）（第五版）和韦氏学前及小学儿童智力量表（WPPSI，发音为"WHIP-see"）（第三版）。它们是适用于大龄儿童和青少年（WISC-V）或两岁半到七岁儿童（WPPSI-IV）（Kaplan & Saccuzzo，2012）的量表的不同版本。

文化公平智商测验

智商测验最受争议的部分是它在很大程度上依赖于语言。那些对本地语言不熟练的人在智商测验中分数很低，这是因为在很大程度上他们不理解测验的指导语或测验题目。而且文化因素会影响人们对测验材料的熟悉程度及他们在智力任务中的成绩（Neisser et al.，1996）。在一项研究中，研究者让来自英国和赞比亚（非洲南部的一个国家）的学生都用纸、笔（英国孩子更熟悉的工具）和金属丝（赞比亚儿童更熟悉的工具）再现出一系列他们的视觉图像。在用纸和笔时英国儿童做得更好，但在使用金属丝时赞比亚儿童完成得更好（Serpell，1979）。

结果，心理学家编制出了各类**文化公平智商测验**，包括不依赖于语言的抽象推理测验项目（Cattell，1949；van de Vijver & Hambleton，1996）。这些测验的开发人员通常假定这些测验与标准的智商测验相比更少受文化差异的影响，尽管这个猜想很少经过测试。

文化公平智商测验

（culture-fair IQ test）

不依赖语言的抽象推理项目，被认为比智商测验更少受文化因素影响。

图9.7	韦氏成人智力量表的项目样本

WAIS-IV（最新版本）15 个子测验中的 11 个与这个版本的测验的项目是相同的。

韦氏成人智力量表（WAIS）项目样本*

测验	描述	示例
知识	常识知识的选择	法国在哪个洲？
理解	测量对社会习俗的认识及评估过去经验的能力	为什么人们需要出生证明？
算术	通过言语问题测量算术推理	以 50 英里每小时的速度开 150 英里的路程要多长时间？
相似性	提问物体或概念的相似之处，测量抽象思维	计算器与打字机有哪些相似之处？
数字广度	通过口头呈现一系列数字，让参与者正向或反向复述，测量注意及机械记忆	反向复述以下数字：2435186。
词汇	测量给词语下定义的能力，测量时难度逐级增加	拒绝的意思是什么？
数字符号	测量计时编码任务的学习速度。任务中数字需要与各种各样的图形标记联系起来	
图画填充	通过呈现不完整的图形，要求找出缺失部分并命名，测量视觉敏锐性及视觉记忆	告诉我缺少什么：
积木设计	通过呈现设计图让参与者用积木重建，测量觉察和分析图形的能力	配置积木使其与设计图相符：
视觉测试	测量将图形的部分组织成更大的空间组合的能力	下面哪三个能组合解决这个问题？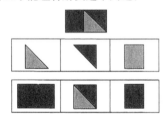
重量守恒	测量数字逻辑推理能力	下面哪一个可以让天平平衡？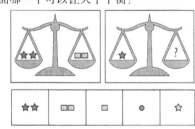

*注意：因版权问题，我们没有将真实测验中的项目呈现出来。

最有名的文化公平测验可能是瑞文（Raven）推理测验，在英国被广泛应用于智力测验，特别是流体智力测验中（Raven, Raven & Court, 1998）。如图 9.8 所示，这一测验要求参与者从一系列图形中选出恰当的几何图形（这些矩阵是"逐步发展的"，开始简单然后逐步变得复杂）。瑞文推理测验是关于一般智力的优秀测验（Neisser et al., 1996; Nisbett et al., 2012）。

大学入学考试：它们测量的是什么？

在你的生活中，你至少参加过一次，也可能是许多次大学入学考试（SAT）。事实上，要进入大学，你可能已经忍受了 SAT 的痛苦，它曾经被称为学术评估测试，在此之前，被称为学术能力测验（奇怪的是，缩写"SAT"不再代表任何东西）或 ACT（以前曾代表美国大学考试，也不再适用）。SAT 现在由三个部分组成，分别是数学、批判性阅读和写作——每一项的得分在 200 分至 800 分之间。

大学入学考试和智商

大学入学考试的目的是测试某一特定领域的综合能力，或预测学术成就。多年来，美国教育考试服务中心显然收集了 SAT 和 IQ 之间的相关性数据，但直到 15 年前才发布（Seligman, 2004）。当墨菲·弗雷和道格拉斯·德特曼（Frey & Detterman, 2004）分析这些数据时，他们发现 SAT 与两种标准的智力指标，包括瑞文测验高度相关（约 0.7 到 0.8）。所以 SAT 与智商测量显著相关。

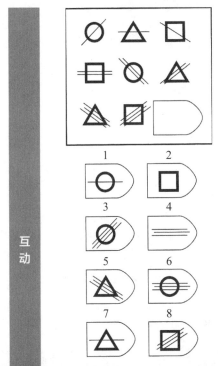

| 图9.8 | 与瑞文的推理测验相类似的测验 |

互动

类似于瑞文的推理测验——高级推理。答案见底部。

资料来源：Based on Raven, J. C., & Court, J. H.（1998）. Manual for Raven's Advanced Progressive Matrices. Oxford, England:Oxford Psychologists Presse.©Scott O. Lilienfeld。

✴ 心理学谬论

大学入学考试能预测成绩吗？

心理学家设计了 SAT、ACT、研究生入学考试（GRE）以及其他的入学考试来预测大学生和研究生课程的表现。然而，这些测试和大学成绩之间的相关性往往低于 0.5，而且在一些情况下接近于零（Morrison & Morrison, 1995）。此外，尽管 SAT 和 GRE 倾向于在合理的水平上预测一年级成绩，但通常并不能很好地预测接下来几年的大学生活表现（Kuncel & Hezlett, 2007）。

这些低相关性促使许多批评者认为 SAT 和 GRE 对成绩预测并没有帮助（Oldfield, 1998; Sternberg & Williams, 1997）。超过四分之一的美国主要的人文科学院不再使用 SAT，而且这个数字还在增长（Lewin, 2006）。2001 年，作为加利福尼亚州立大学校长，著名的心理学大师理查德·阿特金森（Richard Atkinson）认为 SAT 对学生实际成就的预测性极低（Atkinson, 2001）。从那以后，许多学院和大学取消了 SAT 和其他标准化考试。

图 9.8 答案：6

这些大学的做法是正确的吗？是也不是。说他们是对的，是因为 SAT 和 GRE 是非常不完美的预测指标，而且它们与未来的成绩没有太大的相关性。但他们也有错的地方，即这样做使得测试基本上毫无用处。为了理解原因，让我们看一下图 9.9a。我们把这个图称为散点图（见 2.2b），因为这是两个变量之间的关系图，这个图指 SAT 和大学平均绩点（GPA）之间的关系。正如我们所看到的，SAT 分数（所有三个子测试的总和）在 700 到 2 300 之间，GPA 在 1.5 到 4.0 之间。这个散点的相关系数是 0.65，这是相当高的。回想一下，高的正相关系数在图中显示出明显的向上倾斜。

现在让我们看一下图 9.9b，这是 x（水平）轴上 1 500 及更高的点的一段。正如我们所看到的，SAT 分数的范围现在只有 1 500 到 2 300。这一范围是在许多竞争激烈的大学中发现的比较典型的特征。现在的相关性是什么样子的呢？如我们所见，远低于在图 9.9a 的数据；事实上，相关性是接近于零（甚至是负的）的。这种时候相关性的上升趋势明显地消失了。

这两个散点图显示的其实是一种重要的现象，但被许多对 SAT 和 GRE 的批判者忽视了（Sternberg & Williams, 1997），即受范围限制了。范围限制是指当我们限制一个或两个变量的分数范围时，相关性会下降（Alexander et al., 1987）。为了理解范围限制，我们可以考虑身高与篮球运动的关系。在一个周六下午，一群普通的人在打一场篮球赛，身高与得分更高的人高度相关。但是在一个职业篮球运动的比赛中，身高几乎无关紧要，因为几乎每个进入职业篮球队的人都很高。

范围限制有助于解释为什么 SAT 和 GRE 对大学生和研究生没有很高的成绩预测性：大学和研究生院很少接受低分者（Gamara, 2009）。事实上，当两名研究人员考查了 GRE 考试的效度之后发现，无论 GRE 成绩如何，GRE 成绩都与 GPA 成绩有很大的相关性（0.55 ~ 0.70；Huitema & Stein, 1993）。因此，当我们取消了范围限制时，GRE 和其他标准化考试确实对以后的成绩依旧有很高的预测性。

图9.9 | SAT与GPA的成绩相关性散点图

在图 a 所描述的图表中，SAT 成绩与 GPA 显著相关，我们可以通过散点看到得分如何从低到高的。在图 b 中，只对 SAT 成绩从 1 500 到 3 000 这个范围的分数进行描述。我们可以看到在这个范围内 SAT 与 GPA 并没有明显的相关性。

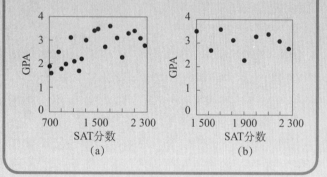

在职业篮球运动中，身高并不能很好地预测得分，因为身高的范围受到了极大的限制。

大学入学考试辅导

你可能听说过像普林斯顿评论和楷博教育这样的公司为 SAT 和其他大学入学考试做辅导。许多这样的公司在学员第二次参加测试时保证了惊人的 100 分以上的增长（Powers & Rock, 1999）。

然而，这些课程的实际效益并不完全清楚（DerSimonian & Laird，1983）。人们是否参加辅导课程和他们的 SAT 成绩之间肯定存在着正性相关，但这种关系可能是由第三个变量造成的：参加辅导课程的学生往往受教育程度更高，并且在这些测试开始时有更好的准备（Camara，2009）。尽管如此，有证据表明，辅导对 SAT 分数有轻微的提高，可能是平均每部分增长 10 到 15 分（Kulik，BangertDrowns，& Kulik，1984；Powers，1993）。

此外，该公司可能忽视增加考试分数的另一种解释：练习效应（Shadish，Cook，& Campbell，2002）。我们的意思是，人们经常因为单独练习而提高考试成绩。因此，这些公司可能会错误地得出结论：那些人成绩提高是因为上了它们的课程。当研究人员通过控制第二次参加 SAT 考试但没有参加 SAT 辅导课程的人来控制练习效应时，这些课程所带来的成绩上的改进要比公司所宣传的要小得多（Camara，2009；Powers & Rock，1999）。

> **相关还是因果**
> 我们能确信 A 是 B 的原因吗？

> **排除其他假设的可能性**
> 对于这一研究结论，还有更好的解释吗？

智商分数的信度：智商永远不变吗？

我们总认为智商分数就和社保号码一样，一生不变。乔的智商分数是 116，玛利亚的是 130，比尔的是 97。然而智商不可能永远保持不变；事实上，同一个人在不同时间智商会上下浮动 10 个点或更多。

成人智商的信度

成年阶段的智商分数通常保持相对稳定。正如前文提到的（2.2a），信度指的是测量的一致性。正如我们所了解到的，信度的一个重要类型是重测信度，它指的是在某种程度上，分数会随着时间的推移而保持稳定。对于像 WAIS-IV 这样的成人智商测试来说，重测信度在几周内测量都是大约 0.95（Wechsler，1997）。你可能记得，0.95 是一种非常高的相关性，几乎是接近完美的。即使在很长一段时间内，智商分数也趋于稳定（Deary & Brett，2015；Gow et al.，2011）。在一项针对 101 名苏格兰学生的研究中，随着时间的推移，孩子在 11 岁时的智商得分与 77 岁时的智商得分有 0.73 的相关（Deary et al.，2000）。

婴儿和儿童时期智商的信度

关于 IQ 测试的高重测信度有一个重要的例外。两岁初或三岁初的智商测验分数并不稳定。事实上，生命最初六个月的智商与成年后智商间的相关系数为 0（Brody，1992）。而且在生命早期几年中所得到的智商分数也不能很好地预测以后的情况，除非它们极度低，如低于 50；这种分数能够预测后来的智力迟钝。为非常年幼的孩子设计的 IQ 测验评估了高尔顿所强调的感官能力，而这与智商几乎毫不相关。相比之下，为年龄较大的儿童设计的 IQ 测验对比奈和西蒙所强调的抽象推理的评估更为可靠。正如我们所发现的，这种推理是我们所说的智商的核心。

> **相关还是因果**
> 我们能确信 A 是 B 的原因吗？

一些关于婴儿智力的指标在预测后来的智商方面稍微有一些前景。一是习惯化的速度。正如我们在前文（6.1a）中发现的，习惯化指的是不对相同刺激作出反应的倾向。能更快速地习惯视觉刺激（如红圈）的婴儿（通过测量他们盯着看的时间），在之后的童年期和青春期，他们的智商比其他孩子要高。大约是 0.3 到 0.5 的相关性（McCall & Carriger，1993；Slater，1997），尽管一些研究人员坚持认为数据应该更低（Bakker，van

Dijk，& Wicherts，2012）。

相关还是因果

我们能确信 A 是 B 的原因吗？

现在还不完全清楚为什么习惯化可以预测后来的智商。也许这种相关性反映了智力和习惯之间的直接因果联系：聪明的婴儿很快就能从新奇的刺激中获取信息，所以他们已经准备好去适应新的事物。或者，这种相关性可能反映了第三个变量的影响，例如对新刺激的兴趣（Colombo，1993）。也许婴儿对新事物更感兴趣，习惯化更快，学到的东西也更多，从而导致更高的智商。

一种方法是先给婴儿看一对照片，比如脸部照片。这两张脸是一样的。然后，突然呈现一张新的面孔和一张之前呈现过的面孔。与其他婴儿相比，看了新面孔的婴儿在童年和青少年时期的智商更高（DiLalla et al.，1990；Rose et al.，2012；Smith，Fagan，& Ulvund，2002）。不过，这一测验也存在问题。尤其是重测信度特别低（Benasich & Bejar，1992）。

研究人员是否会开发出更好的婴儿智商测验还有待观察。最终，这些测验可能会提供关于什么是智力以及智力如何发展的线索。

事实与虚构

互动 在政界人士中，智商基本上与工作表现无关，尤其是较高层次的职员。（请参阅页面底部答案）
○ 事实
○ 虚构

智商分数的效度：预测行为结果

无论我们对于智力测验的看法是什么，有一个问题就是对于某些方面它们至少是有效的。正如我们前文所学的（2.2a），效度指的是测验能够准确测出所需测量事物的程度。关于测验效度的一个重要指标是它与同一时间进行测量的结果相关的程度，也就是心理学家所说的同时效度。现代 IQ 测验拥有强大的同时效度；例如，它们与同时进行的其他智商测验有中度至高度的相关性（Wechsler，1988）。

关于测验效度的另一个重要指标是预测行为的能力（心理学家称之为"预见效度"）。智商分数能很好地预测学术成就；它与参与者在高中和大学的成绩的相关为 0.5（Neisser et al.，1996）。然而，这一相关比 1.0 低很多，所以它也告诉我们在学校的成功不仅仅取决于智商。动机、好奇心、努力和心理能量——长期专注于困难问题的能力（Lykken，2005）——也同样起着很重要的作用。智商分数也同样预测着其他重要的生活行为；例如，高智商的人不管他们的观点如何，都倾向于在政治上更加活跃（Deary，Batty，& Gale，2008）。

像克里斯·兰根这样的人有多典型（他的智商极高，但却没有显著的职业成功）？比我们想象的可能要少。智商分数也能对各种各样工作

一个婴儿舒舒服服地坐在妈妈膝盖上接受用来评估对新奇事物的反应的婴儿智力测试。这孩子之前看过许多一模一样的照片，其中有两个人在玩玩具，现在看到两张不同的人玩不同玩具的照片。婴儿看照片的程度可以预测他们的成人智力。

答案：虚构。智力会导致不同的工作表现，即使对于总统也一样。总统的智力测试分数与他执政时的成就是息息相关的（Simonton，2006）。

中的表现进行预测，它们间的相关系数也大约为 0.5（Cheng & Furnham，2012；Ones, Visweswaran, & Dilchert，2005；Sackett, Borneman, & Connelly，2008）。相比之下，人们在面试中与工作中表现好的比例之间的相关仅为 0.15，这对于许多在挑选求职者时更注重面试而不是智商的雇主来说是一个讽刺（Dawes, Faust, & Meehl，1989；Hunter & Hunter，1984）。相较于智商要求低的工作如办事员与邮递员，在智商要求高的工作如医生和律师中智商与工作表现之间相关较高（Salgado et al.，2003）。智商分数也能预测其他的工作表现。例如，它们与在工作场所是否是个"好公民"有中等的相关性（约 0.2；Gonzalez-Mulé, Mount, & Oh，2014）。

也许智商和成就之间的联系比我们所想象的要复杂得多。一些人，比如记者马尔科姆·格拉德威尔，也是畅销书《异类》（2008）的作者，声称高智商和生活成就之间的关系并不显著，它们的相关性在本质上是不存在的。这一现象被心理学家称为阈值效应，它意味着智商在一定水平之上不再能预测重要的真实世界成就。然而，有些证据并不支持这种说法：相关性在智商和生活成就之间，即使是在高智商水平上结果也基本相同（Kuncel, Ones, & Sackett，2010；Lubinksi，2009；Sackett, Borneman, & Connelly，2008）。

智商也能预测在教室和工作室之外的各种各样的真实世界中的行为。例如，智商与犯罪风险负相关（Lubinski，2004）。有证据表明，有犯罪倾向的青少年的智商比其他青少年低 7 个点（Wilson & Herrnstein，1985）。此外，低智商与有关健康的东西包括疾病和车祸有关（Gottfredson，2004；Johnson et al.，2011；Lubinski & Humphreys，1992）。值得注意的是，儿童的低智商甚至预示着成年的过早死亡风险（Wraw et al.，2015）。至少智商与疾病之间的一些负相关归因于健康状况辨别力，即理解关于健康信息的能力，如医生或药品标签的说明。拥有低健康状况辨别力的人可能在维持健康行为方面有些困难，如做足够的运动、吃正确的食物或者吃合适剂量的药。

由于缺乏与智商相关的科学知识，在使用相关药物时，可能会因为误解使用说明而产生危险。一些人将药品的标签解释为：a. 在吞咽前将药品嚼碎；b. 要谨慎用药；c. 不能将药品置于阳光下（Davis et al.，2006）。

这里有一个潜在的混乱。智商与社会经济水平呈负相关，穷人倾向于低智商（Strenze，2007）。因此应该用贫穷而不是智商来解释我们讨论过的联系中的一部分。研究者们在解释低收入水平时已经尝试通过确定有无相关来验证这个对立假设。在很多案例中，包括健康结果及犯罪，它们都起作用（Herrnstein & Murray，1994；Johnson et al.，2011；Neisser et al.，1996）。尽管如此，但在某种程度上，因果关系可能是双向的。贫穷可能导致低智商，但低智商也可能导致贫穷，因为低智商的人可能缺乏一些认知能力，从而使他们难以获得并保持高薪工作。

相关还是因果
我们能确信 A 是 B 的原因吗？

排除其他假设的可能性
对于这一研究结论，还有更好的解释吗？

日志提示

这里讨论了一些有关智商测验对之后在真实世界中的行为进行预测的案例。IQ 是否真的能预测今后的成就，哪些变量可能无法预测在真实世界中的行为？为什么会这样？

智商分数的两端：从弱智到天才

群体的智商分数是呈**钟形曲线**的，这个是由德国数学家卡尔·弗里德里希·高斯（1777—1855）发现的。在这个钟形曲线分布中，大部分的分数落在中间区域，至尾部或极限的分数逐渐减少，形成了钟的形状。

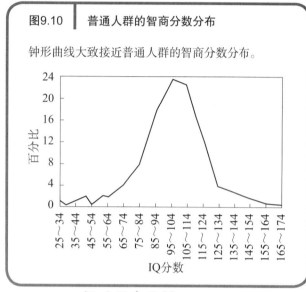

图9.10　普通人群的智商分数分布

钟形曲线大致接近普通人群的智商分数分布。

图 9.10 中展示出钟形曲线与人群中智商分数的分布完全匹配，只有一个小例外。大部分的分数都落在广阔的中间区域，大约 95% 的人智商在 70 到 130 之间。但这条曲线的左边有一个小小突起，表明智商分数比我们预想的完美的钟形曲线的要低。这些极端的分数很可能是"选择性交配"的结果（Mackintosh，1998）：具有相似基因的个体倾向于共同生育子女。在这种情况下，具有各种智力缺陷的个人尤其可能与其他有智力缺陷的人一起生育子女，可能是因为他们经常在相同的地方（比如特殊学校）相遇，然后发展关系并且生孩子。

下面让我们来看一下我们对处于智商分数的两端了解多少：智力发育迟缓到天才。

智力发育迟缓

心理学家们用三个标准来定义**智力发育迟缓**，即智力障碍：（1）开始于成年之前；（2）智商低于 70；（3）适应能力缺乏，如在穿衣服和吃饭上、与人交流上及其他基本生活技能上有困难（Greenspan & Switzky，2003）。适应能力这一标准很好地解释了为什么 2/3 的智力发育迟缓儿童在成年后不再符合智力发育迟缓的诊断（Grossman，1983）——因为个体在成长过程中获得了生存技能，所以他不再符合适应能力缺乏这一标准。智力发育迟缓的定义在过去的十年里已经变得越来越重要，在 2002 年的最高法院判决中，弗吉尼亚州的阿特金斯法官裁定，被法院称为"智力发育迟缓"的罪犯不能被处死。

一些专家还强调了易受骗性（容易受到他人欺骗）作为智力发育迟缓的标准，部分是因为社会政策。对智力发育迟缓的诊断可以使个人获得额外的政府服务。因此，能否保护自己不被他人利用的能力应该受到重视，它在很大程度上决定一个人是否是智力发育迟缓（Greenspan，Loughlin，& Black，2001；Greenspan & Woods，2014）。

在美国大约有 1% 的人，大多数是男性，达到智力发育迟缓标准（American Psychiatric Association，2013）。通用的美国精神病诊断方法将智力发育迟缓分为四种类型：温和型（曾称为可教育型）、中间型（曾称为可训练型）、严重型及彻底型。与普遍概念相反的是，大多数——至少 85%——智力发育迟缓个体属于温和型。在很多案例中，温和型的智力发育迟缓儿童能融入或进入班级。与我们预料的相反，越严重的智力发育迟缓，在家庭中遗传的可能性越小（Reed & Reed，1965）。温和型的智力发育迟缓通常是由遗传和环境影响混合形成的。相反，严重型的智力发育迟缓更常见的原因是在出生时发生罕见的基因突变或意外，这两种情况都不是家庭带来的。

至少有 200 种不同原因导致智力发育迟缓。与智力发育迟缓有关的常见的病症，是由 X 染色体（女性有两个染色体，男性只有一个）变异引起的脆性 X 染色体综合征和一条多余的 21 号染色体引起的唐氏综合征。大多数唐氏综合征儿童不是温和型

钟形曲线（bell curve）
大部分的分数区域落在中间区域，至"尾部"或极限的分数逐渐减少的一种分布。

智力发育迟缓
（intellectual disability）
在成年前表现出的特征，智商（IQ）低于 70，缺乏对日常生活的适应能力。

事实与虚构

互动

像"傻瓜""低能""白痴"这些词在如今的日常用语中都被认为是辱骂，而在过去曾经指代不同水平的智力缺陷：温和型（"傻瓜"）、中间型到严重型（"低能"）、彻底型（"白痴"）。（请参阅页面底部答案）
○ 事实
○ 虚构

就是中间型。被称为嵌合体的唐氏综合征患者（因为只有部分细胞含有额外的 21 号染色体）具有相对正常的智商。唐氏综合征患者通常表现出独特的身体特征，包括扁鼻子、眼外侧上斜、舌胖和颈短。唐氏综合征的患病率随着亲生母亲年龄的增长而急剧上升；在 30 岁的时候，患病率不到千分之一，但到了 49 岁时，大约在 1/12（Hook & Lindsjo，1978）。

幸运的是，在过去的一个世纪里，对于智力发育迟缓个体的社会态度有了巨大的改善。在 1990 年通过的《美国残疾人保护法》（ADA，Americans with Disabilities）认为，对有心理和生理缺陷的人的工作和教育的歧视是非法的。1996 年通过的《残疾人教育法》（IDEA），为那些接受心理和生理有障碍的年轻人的州和地方教育机构提供联邦政府援助。ADA 和 IDEA 都帮助那些有智力缺陷的人离开社会机构，进入我们的工作场所和学校。当我们增加与这些人的接触时，这些法律可能会进一步削弱一些美国人对这些社会成员的挥之不去的耻辱感。2010 年，美国总统奥巴马签署了《罗莎法案》（Rosa's Bill）[以马里兰的智障女孩罗莎·马塞利诺（Rosa Marcellino）的名字命名]，正式将智力迟钝这一术语改为智力发育迟缓。因为迟钝的意思是"慢"，所以这个新术语应该可以减轻与智力发育迟缓有关的不必要的自卑感。

天才和超常的智力

下面让我们转到钟形曲线的另一端。如果你够幸运，能在智商范围的前 2% 内得分，你就有资格成为门萨俱乐部的成员。大部分有这种智商或接近于这一智商的人从事如医生、律师、工程师及大学教授的工作（Herrnstein & Murray，1994；见图 9.11）。然而，我

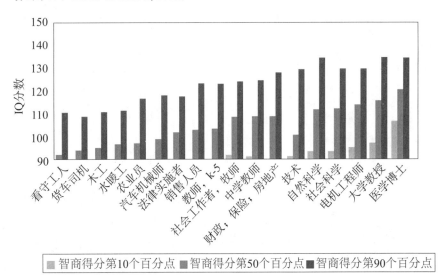

图9.11　职业选择中的智商得分

关于智商分数的研究表明，在一系列的职业中，医学和大学教学以及工程学吸引了那些智商较高的人。在这些职业中，至少有一半的人测验中得分超过了 90 分，他们都是些聪明人。

资料来源：Based on Hauser, 2002。

答案： 事实。事实上这些带有侮辱性质的用语在日常中一直存在，增加了智力缺陷人士不必要的耻辱（Scheerenberger，1983）。

们对于高智商个体具有的心理特征的了解相对较少。一些研究提供了线索。

在 20 世纪 20 年代，刘易斯·推孟和他的助手（Terman & Oden，1959）发起了第一个关于天才的经典研究。推孟从来自加利福尼亚州的 25 万名初中生中挑选了大约 1 500 人，这些人的智商大约在 135 或更高。他对这些被亲昵地称为"推孟的白蚁"的个体（有些人现在还活着）追踪数十年。尽管推孟的研究出现的错误在一定程度上是由于没有设置低智商这样一个控制组，但他批判了对于高智商者的两个普遍的误解。

第一，人们普遍认为，少年聪明成年笨，而推孟的参与者（高智商少年组）在未来的表现有力地驳斥了这一观点：97 人获得博士学位，57 人获得医学学位，92 人获得法学学位。这些数字都比我们从普通人群中预期的要高得多（Leslie，2000）。在巴尔的摩约翰斯·霍普金斯大学后来开展的一项研究中（见图 9.12），调查了一个更有选择性的群体——在语言或数学能力测试中得分最高的 0.001% 的青少年。正如在前文所讨论的，结果是相似的。在 20 岁出头的时候，这些人读研究生的概率比一般人要高出 50 多倍，并且许多人已经发表了科学或文学论文（Lubinski，2009；Lubinski et al.，2006；Makel，Kell，Lubinski，Putallaz，& Benbow，2016）。在约翰斯·霍普金斯大学进行的另一项相关研究也发现，在大学入学考试中得分最高的 1% 人群取得了很高的艺术和其他成就。其中有一个是有抱负的年轻艺术家，名叫史蒂芬妮·杰尔马诺塔（Stefani Germanotta）。她现在名叫 Lady Gaga（Clynes，2016）。然而，为什么极具天赋的人比其他人更优秀，这仍然是一个令人着迷的科学谜题。

第二，推孟的研究结果驳斥了人们普遍认为的天才和傻瓜只有一线之差的观点。虽然没有一个控制组让人很难确定，但他的发现表明，天才比一般人患有心理疾病和自杀行为的概率低。之后的研究人员也发现了类似的结果（Simonton & Song，2009），尽管有一些报告认为智商高于 180 的人要承受更多的孤独和沮丧（Janos & Robinson，1985；Winner，1999）。这些负面的结果可能源于这些孩子经历过更多的嘲笑和孤立。然而，很少有证据表明高智商与严重的精神疾病有关。

创造一个天才的诀窍是什么呢？我们不知道，尽管我们很快就会发现基因因素可能扮演了一个重要角色。然而，正如杰出的发明家托马斯·爱迪生所言："天才是百分之一的灵感加上百分之九十九的汗水。"这告诉我们，"熟能生巧"在一定程度上是正确的：在小提琴、钢琴、芭蕾舞、棋艺及体育这些领域有杰出成就的最好预测指标是我们花在练习上的大量时间。例如，最有天分的音乐家花的时间是天分低的音乐家的两倍（Ericsson，Krampe，& Tesch-Römer，1993；Gladwell，2008）。

当然，这里的偶然因素是不确定的。更大量的练习能带来

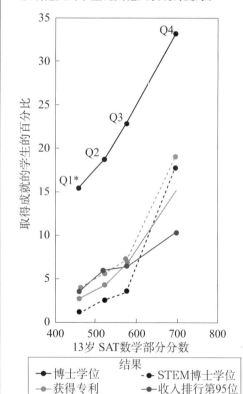

图9.12　极具天赋的学生的发展轨迹

在约翰斯·霍普金斯大学的数据中可以看出 13 岁（在这里是 Q4）在 SAT 数学部分中得分在前 1% 的学生，在博士学位获得率、科学、技术学、工程和数学（STEM）博士学位以及在出版物、新发明专利和收入方面都超过了几乎所有其他学生。

资料来源：How to raise a genius: lessons from a 45-year study of super-smart children. 2016. © Nature Publishing Group. Reproduced with permission via CCC.

图表的顶部

对有天赋的学生——那些在 SAT 数学部分得分最高的学生——的长期研究表明在最顶端范围的学生比其他人表现得更好。

* 按照 13 岁时的数学 SAT 分数的四分位数（Q₁ ~ Q₄）对学生进行分组

成功，或者是更高水平的先天因素会促进更多的练习。我们不会每天在吉他上花 10 个小时，除非我们在弹吉他方面有特殊的天赋，使我们一开始就能适应。此外，研究表明，在许多领域，比如科学、艺术和音乐，个人很少能获得显著的智力成就，除非他长期专注于此。事实上，有些人甚至提到"一万小时定律"，也就是说，在一个特定领域内取得杰出成就是不可能的，除非已经在这个领域里练习了至少一万小时，或者平均 10 年（Gladwell，2008；Simonton，1997）。因此，对好莱坞展现的在几乎没有任何努力的情况下，取得了惊人的智力成就的青少年或成人的刻板印象是非常不现实的。

尽管如此，我们也不该夸大练习的作用。练习是必需的，但要想达到卓越还远远不够。最近有关音乐、美术、体育等学科中的研究表明，尽管都有大量的练习，但只有一小部分人取得了成功（Macnamara，Hambrick，& Oswald，2014）。例如在体育和音乐方面，它可能占不到 20%。因此，尽管练习很重要，但可能不是决定性的，除非我们在所选择的领域里拥有与生俱来的天赋。

相关还是因果
我们能确信 A 是 B 的原因吗？

电影描绘的天才

互动

像 1997 年《心灵捕手》这样的好莱坞电影，在描绘童年或者青春期的天才时其实并不现实，一般这样的人需要十年甚至更长的时间才能在自己的领域做出卓越的贡献。

9.3　遗传和环境对智商的影响

9.3a　解释遗传和环境作用是怎么被家庭、双生子以及收养研究所影响的。

9.3b　识别环境对智商的潜在影响。

关于这个问题，我们已经讨论过什么是智力以及如何测量它，但是我们对原因以及自然和后天培养在其发展过程中的作用却知之甚少。在过去的几十年里，心理学家已经查明了许多影响智力的因素。然而我们将会发现，仍存在一些不可忽视的争议。

探索基因对智商的影响

正如我们在前文（3.5b）了解到的，科学家可以通过三种主要方式来研究遗传对心理特征的影响：家庭研究、双生子研究和收养研究。他们已经做了智力研究，并且得出了惊人的一致的结果。

家庭研究

家庭研究，正如你所记得的那样，即对具有"所有家庭成员都在一起生活"这一特征的完整家庭所进行的研究。弗朗西斯·高尔顿爵士首创了"自然与养育"这个词（Galton，1876），并主持了第一个关于智力的家庭研究。他收集了那些以智力成就而闻名的人的资料，其亲属也是以智力成就而闻名的。他发现，随着生物学距离的增加，获得智力成就的亲属的比例稳步下降。高智商者的一级亲属（父母、兄弟姐妹和孩子）也很聪明，但二级亲属（如表兄妹）和三级亲属（如第二代表兄妹）不一定那么聪明。后来的研究证实了家庭对智商的影响：在同一个家庭中抚养的兄弟姐妹智商的相关系数大约是 0.45，然而表兄弟姐妹间的相关系数约为 0.15（Bouchard & McGue，1981；Plomin

双生子智力研究比较同卵双生子（上）和异卵双生子（下）的心理表现。

& Petrill，1997）。高尔顿（1869）认为，这些研究结果证明了遗传对智商的基础性影响，但他忽略了应用到所有家庭研究中的一个至关重要的限制：家庭研究不能从环境中区分基因的作用。因此，当这些家庭呈现某个特点时，我们不知道它是基因因素、环境因素，还是两者共同引起的。

双生子研究

家庭研究不允许调查者从教养环境中排除自然作用，他们已经转向提供更多信息的实验设计。这包括双生子研究，比较两种类型双生子在同一特点上的相关性：同卵（单卵双生）和异卵（双卵双生）。

双生子研究的逻辑很简单。因为同卵双生子的相同基因平均是异卵双生子的两倍，所以我们可以比较这两种类型双生子的智商的相关性。一些假设我们就不在这里赘述了。同卵双生子智商相关系数高于异卵双生子表明了基因对特点的影响。在几乎所有的案例中，研究都为同卵双生子智商相关系数高于异卵双生子提供了证据（Bouchard & McGue，1981；Loehlin，Willerman，& Horn，1988；Shakeshaft et al.，2015；Toga & Thompson，2005）。在智商的经典性研究中，同卵双生子相似度为 0.7～0.8，而异卵双生子相似度仅为 0.3～0.4。然而，所有在一起抚养的双生子研究中，同卵双生子的相似度低于 1.0。

这些发现告诉我们两件事。第一，同卵双生子的相关度高于异卵双生子说明了智商受基因因素的影响。对智商遗传可能性的最佳估计介于 40% 到 70% 之间（Brody，1992；Devlin，Daniels，& Roeder，1997）。有趣的是，智商的遗传可能性似乎从婴儿期的 20% 增加到成人期的 80%（McClearn et al.，1997；Plomin & Deary，2015），也许是因为人们在远离家庭后很少受到家庭环境的影响，尤其是父母的影响。

双生子研究结果并没有告诉我们哪些基因与智力有关，而试图定位影响智力的特殊基因的研究有些已经成功了（Chabris et al.，2012）。无论这些基因是什么，它们都似乎是跨多个智力领域，包括注意力、工作记忆，甚至可能是得阿尔茨海默病的风险（Plomin & Kovas，2005；Plomin & Deary，2015；Posthuma & de Gues，2006）。此外，很明显智力并不是由一个或几个基因决定的；相反，它似乎与大量的基因有关，每个基因可能对大脑功能产生微小的影响（Davies et al.，2011）。因此，很明显智力不是由单独的"基因"，甚至很少的几个基因决定的。

由中到高的智商可遗传性似乎有一个明显的例外。越来越多的证据表明，智商可遗传性在贫困线或低于贫困线的个人尤其是儿童中特别低（Deary，Spinath，& Bates，2006；Nisbett et al.，2012；Rowe，Jacobson，& Van den Oord，1999；Turkheimer et al.，2003）。这些发现降低了在高水平的环境下基因对智商可遗传性的影响，环境对智商的影响可能很大程度上抵消了基因影响。相反，当环境最优时，可能会让人们实现学习和寻找新的信息，从而提高他们的智力（Tucker-Drob，Briley，& Harden，2013）。这些有趣的发现也提醒我们，可遗传性不是一个固定的数字，因为它可能受到环境的影响（见 3.5b）。

在这种情况下，因为贫困地区的人们使用书籍和电脑等环境资源经常受限，所以他们没有机会认识到他们智商的遗传潜能（Nisbett et al.，2012）。

排除其他假设的可能性
对于这一研究结论，还有更好的解释吗？

第二，双生子研究也提供了智商受环境影响的确切证据，因为同卵双生子的智商不完全相关：如果只有基因因素起作用的话，同卵双生子的基因完全相同，他们的智力应该完全相关（假设智力测验是可靠的）。其相关度低于 1.0 表明环境影响也起作用，尽管研究没告诉我们这些影响是什么。

到目前为止，我们只讨论了对双生子的研究。这些研究很容易受到另一种假说的抨击：也许同卵双生子比异卵双生子更相似，因为他们有更多的时间在一起。为了排除这种可能性，调查人员将同卵和异卵双生子在出生后不久就分开进行研究。在 20 世纪 80 年代和 90 年代，明尼苏达大学的托马斯·布沙尔（Thomas Bouchard）和他的同事们进行了一项具有里程碑意义的双生子研究。值得注意的是，这项研究的结果显示，40 多对分开抚养的同卵双生子在三个智商测验（包括 WAIS 和瑞文标准推理测验）上的表现与一起抚养的同卵双生子一样（Bouchard et al., 1990）。其他研究人员也重复了这些发现（Pederson et al., 1992）；因为双生子分开抚养非常罕见，所以这些研究的样本规模相对较低。

> **可重复性**
> 其他人的研究也会得出类似的结论吗？

收养研究

正如我们知道的，完整家庭研究受到局限是因为它们不能从环境影响中排除基因影响。为了解决这个缺陷，心理学家转向收养研究，以检验收养在新家庭里的孩子与他们的养父母和亲生父母的相似程度。收养研究可以从基因对智商的影响中区分环境的影响，因为被收养者是由与他们共享一个环境，但没有基因关系的养父母抚养的。在收养研究中有一个潜在的缺陷是选择性安置：领养机构频繁将孩子放在与亲生父母的家庭类似的家庭中（DeFries & Plomin, 1978；Tully, Iacono, & McGue, 2008）。这种混淆可能会导致调查人员错误地将收养的孩子和养父母之间的相似性解释为环境的作用。在智商的收养研究中，研究人员经常试图通过校正在亲生和养父母之间的智商相关性来控制选择性放置。

收养研究对于弄清环境因素对智商影响有明显的贡献。例如，来自贫困家庭的收养儿童在一个富裕的家庭中生活时，智商会升高（Capron & Duyme, 1989）。研究显示，在法国一个非常恶劣的环境中长大的儿童，被收养的孩子平均智商比没有被收养的孩子多了 16 分（Schiff et al., 1982）。

但是收养的儿童的智商和他们亲生父母的智商相似吗？收养儿童研究结果证实答案确实如此。收养儿童的智商与其亲生父母的智商相似，证明了基因的影响。当孩子年幼时，被收养者在智商上往往与养父母相似，但这种相似性会在孩子进入青春期时消失（Loehlin, Horn, & Willerman, 1989；Phillips & Fulker, 1989；Plomin et al., 1997）。

探索环境对智商的影响

因此，双生子和收养研究描绘了一幅一致的画面：基因和环境都影响智商。但这些研究留下了一个神秘的问题：这些环境因素到底是什么？心理学家并不确定，尽管他们已经在寻找参与者方面取得了重大进展。正如我们所看到的，环境不仅包括社会环境，如学校和父母，也包括生物环境，如可获得的营养和有毒物质（例如铅）。我们还会发现，这些环境影响的证据比其他的更有说服力。

我们对智力的看法会影响智商吗？

最近的研究表明，我们如何概念化智力——我们对智力的"思维定势"——实际上可能会影响我们的智商。卡罗尔·德韦克（Carol Dweck, 2002, 2006）指出，那些认为智力固定不变的人，往往会向具有更少学术风险的领域转变，比如参加有挑战性的课程。根据德韦克的说法，他们认为"我如果在课堂上表现很差，就可能意味着我很愚蠢，我对此无能为力"。在一个问题上失败后，他们往往会变得灰心丧气甚至放弃，这可能是因为他们认为这样不能提高他们的智力。相

可重复性
对于这一研究结论，还有更好的解释吗？

反，那些认为智力是一个灵活的过程的人，随着时间的推移往往会承担更多的学术风险；他们会想："我如果在课堂上表现很差，那么下次我仍然可以做得更好。"他们往往会在失败后坚持下去，这可能是因为他们相信努力可以得到回报（Dweck，2015）。结果，他们可能在挑战智力任务上表现得更好（Salekin，Lester，& Sellers，2012）。尽管如此，因为并非所有的研究人员进一步的调查都发现智力的思维定势与在智力测试上的表现有关，因此这一论断还需要进一步研究（Glenn，2010）。

出生顺序：年长的兄弟姐妹更聪明吗？

相关还是因果
我们能确信 A 是 B 的原因吗？

在 20 世纪 70 年代，罗伯特·扎荣茨（奇怪的是，他的名字与"science"谐音）引发了一场争论，他认为早出生的孩子往往比晚出生的孩子更聪明（Zajonc，1976）。扎荣茨认为，随着家庭中孩子数量的增加，晚出生的孩子智商会依序稳步下降。他甚至还在《今日心理学》杂志上发表了一篇文章，题为《傻瓜的故事》（Zajonc，1975）。

一方面，扎荣茨是正确的：晚出生的孩子往往比早出生的孩子智商低（Damian & Roberts，2015；Kristensen & Bjerkedal，2007）。但不清楚他是否正确解读了这种弱相关。问题是：智商低的父母比智商高的父母更容易生很多孩子。因此，当我们观察家庭时，出生顺序与智商有关联，但这仅仅是因为低智商家庭比高智商家庭拥有更多的孩子。相反，当我们观察家庭内部时，出生顺序和智商之间的相关变得更小，甚至可能消失（Michalski & Shackelford，2001；Rodgers et al.，2000）。因此，更准确的说法是，来自大家庭的孩子的智商比来自小家庭的孩子略低。

学校教育让我们更聪明吗？

尸体解剖研究表明，受教育程度较高的人比受教育程度较低的人有更多的神经突触，也就是神经连接（Orlovskaya et al.，1999）。学校学习的时间与智商分数的相关度在 0.5 到 0.6 之间（Neisser et al.，1996）。尽管一些作者把这种相关系数看成学校教育导致高智商，甚至可能有更多的突触，但是因果关系很可能颠倒了。事实上，有证据证明高智商分数的人比低智商分数的人更喜欢上课（Rehberg & Rosenthal，1978）。因此，他们更有可能留在学校，继续上大学。高智商的人往往在他们的班级里表现得更好也就不足为奇了。

相关还是因果
我们能确信 A 是 B 的原因吗？

尽管如此，仍有一些证据表明教育影响智商（Ceci，1991；Ceci & Williams，1997；Nisbett，2009；Nisbett et al.，2012）：

- 研究人员测试几乎完全相同的年龄的成对儿童，但其中一个孩子上了一年学，因为他或她仅仅早几天出生（比如，8 月 31 日与 9 月 2 日）。这会发生是因为公立学校一般规定几岁的孩子必须开始上学。在这种情况下，上了一年学的孩子的智商往往更高，尽管他们的实际年龄几乎是一样的。
- 孩子们的智商在暑假期间会显著下降。
- 辍学的学生的智商比上学的学生低，即使他们一开始的智商是一样的。

孩子们的智商在暑假期间会显著下降，这表明环境对智商有影响。

通过早期干预提高智商

在 20 世纪 60 年代后期的一篇有争议的文章中，心理学家阿瑟·詹森（Arthur Jensen）认为，智商具有高度可遗传性，因此很难通过环境干预的方式来改变（Jensen，1969）。在提出这个论点时，詹森犯了个我们之前在本书中提到的逻辑错误（见 3.5b），即认为可遗传性表明一个特征是不能改变的。然而他提出了一个重要的问题：早期教育能提高我们的智商吗？

启智计划（Head Start）给出了很好的证据，这是一个开始于 20 世纪 60 年代的学前项目，通过提供给贫困儿童丰富的教育经验让其"跳跃式发展"。这个项目的愿景能让他们在智力上赶上其他的孩子。启智计划的很多研究产生了让人很失望的并未提高的结果。积极方面，这个项目让智商在短期内提高，特别是对于那些被剥夺教育环境的儿童（Ludwig & Phillips，2008）。但是项目结束后，这些提高通常不能维持下去（Caruso, Taylor, & Detterman, 1982; Royce, Darlington, & Murray, 1983）。其他早期干预项目的研究也得出了类似的结果（Brody, 1992; Herrnstein & Murray, 1994）。此外，即使智商在短期得到提高，也可能主要是由于"教学测试"，因为这些提高并不会扩展到与一般的智商测试相关的智力测试项目上（Nijenhuis, Jongeneel-Grimen, & Kirkegaard, 2014）。

与此同时，这些早期的干预似乎产生了持久的、有时大幅提高的学校成绩，这并不是毫无意义的成就。一些研究表明，启智计划和类似的早期干预计划导致低比例的高中辍学，并且与控制条件相比，干预组学生辍学晚了一年（Campbell & Ramey, 1995; Darlington, 1986; Neisser et al., 1996）。它们还可能提高早期读写能力和理解他人的情绪的能力（Bierman et al., 2008）。此外，还有一些初步的证据表明，它们可以提升某些执行能力，正如我们在前面所了解的，这些能力包括抑制和改变个人冲动的能力（Bierman et al., 2010）以及改善社会和情感的能力，包括抑制攻击性，获得同伴的认可，与老师建立亲密的关系等能力（Nix et al., 2016）。

一个自我实现的预言：期望对智商的影响

在 20 世纪 60 年代，罗伯特·罗森塔尔（Robert Rosenthal）和勒诺·雅各布森（Lenore Jacobson）想研究教师期望对智商的影响。正如前文提到的（2.2c），实验者期望效应指的是实验中研究人员无意中影响研究结果。在这种情况下，罗森塔尔和雅各布森（1966）研究了教师而不是研究者的期望。他们对一到六年级的学生们做了一个 IQ 测验，这个测验用一个假名字来伪装（哈佛未来录取测验）。然后，他们给教师们提供了结果，结果显示，在随后的 8 个月里，他们的学生中有 20% 会显示出惊人的智力成就，这些学生都是"大器晚成者"，他们很快就会充分发挥他们的智力潜能。但是罗森塔尔和雅各布森误导了老师。这 20% 的学生是随机选择的，这些学生的最初成绩和其他学生没有什么不同，但在一年后的测验中比其他学生高 4 个百分点。预期最终成为现实。

这一效应在许多研究中都得到了证实，尽管其影响的大小通常是有限的（Rosenthal, 1994; Smith, 1980）。此外，旨在提高教师对学生智力表现的期望的干预措施似乎也存在，尤其是在提高学生的数学方面的成绩上（Rubie-Davies & Rosenthal, 2016）。我们不知道这种影响是如何发生的，尽管有证据表明，老师经常微笑以及与某些学生进行眼神交流，并向他们点头示意，老师认为与其他学生相比，这些学生更聪明（Chaiken, Sigler, & Derlega, 1974），因此，他们可能会积极地强化这些学生的学习。

可重复性
其他人的研究也会得出类似的结论吗？

然而，期望对智商和成就的影响可能有其局限性。这些影响只有在教师不了解学生的情况下才有意义；当教师和学生一起工作至少几周时，效果往往会消失（Raudenbush, 1984）。一旦老师形成

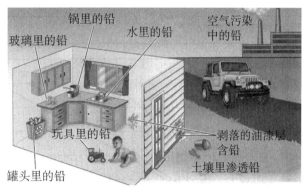

锅里的铅
玻璃里的铅
水里的铅
空气污染中的铅
玩具里的铅
剥落的油漆层含铅
罐头里的铅
土壤里渗透铅

铅在日常生活中有许多来源，并可能导致智商下降。然而，它与智商之间的因果关系仍然存在争议。

对他们的学生有多聪明的印象，就很难让他们相信他们的印象是错误的。

贫穷和智商：社会经济与营养匮乏

很难判定贫穷对智商产生多大的影响，但是有理由相信社交和经济的匮乏会对智商产生不利影响。阿瑟·詹森（1977）研究了佐治亚州一个极其贫困的地区的一组家庭。他发现了非裔美国人和白人的孩子相比，智商不断下降的证据，也就是随着时间的推移，智商的差异不断增加的证据。年长的兄弟姐妹的智商一直比弟弟妹妹低，平均每年都低1.5个百分点。詹森的解释是，这个贫困地区的兄弟姐妹随着年龄的增长，他们的智商水平逐渐下降，导致他们比其他孩子落后（Willerman，1979）。此外，由于非裔美国儿童的环境比白人儿童更贫困，这些儿童可能特别容易受到这种不良影响。

排除其他假设的可能性
对于这一研究结论，还有更好的解释吗？

伴随贫穷产生的往往是饮食不足。对美国中部贫困地区的研究表明，儿童期的营养不良，尤其是持久的不良，能使智商变低（Eysenck & Schoenthaler，1997）。在一个研究人员向危地马拉贫困地区的学前儿童提供营养（蛋白质）补品的实验中，这些儿童在学校相关的考试成绩显著高于未接受补品的儿童（Pollitt et al.，1993）。在童年时摄入高脂肪和高糖的食物，几年后智商会降低，尽管这些数据只是相关，可能是由于不可测的原因，如父母在孩子的成长过程中发挥积极作用的程度（Northstone & Emmett，2010）。贫困的儿童更可能喝污水、呼吸污染的灰尘或吃令人生病的食物。诸如此类的有害物质与智力受损密切相关（Bellinger & Needleman，2003；Canfield et al.，2003；Ris et al.，2004）。然而，这种贫穷或其他因素，如营养不良的直接作用与智力受损的相关性如何目前还不清楚。

排除其他假设的可能性
对于这一研究结论，还有更好的解释吗？

科学上的争论围绕着另一个潜在的营养影响：母乳喂养。一方面，有研究人员声称母乳喂养的婴儿比那些喝奶粉的婴儿的智商大约高一些（Horta, Loret de Mola，C.，& Victora，2015；Mortensen et al.，2002；Quinn et al.，2001）。婴儿母乳喂养与成人智商之间的关系似乎是根深蒂固的，其中跨越至少30年，甚至可能扩展到更高的收入和教育成就方面（Victora et al.，2015）。事实上，母乳中含有大约100种不同于奶粉的成分，包括一些可以加速神经元的髓鞘生长的成分；正如前文提到的，髓磷脂是一种包裹神经元的涂层，可以加速神经递质的传播。另一方面，研究人员认为这种智商差异是一个或多个因素混淆的结果。例如，母乳喂养的母亲在社会阶层和智商上要比奶粉喂养的母亲高一些（Der，Batty，& Deary，2006；Jacobson，Chiodo，& Jacobson，1999）。这些混淆可以解释母乳喂养对智商的影响。现在争论仍在继续（Caspi et al.，2007；Crosby，2015）。

越来越聪明：神秘的弗林效应

弗林效应（Flynn effect）
发现人们的平均智商分数以每十年大约3%的比率上升。

20世纪80年代，政治科学家詹姆斯·弗林（James Flynn）发现了一些奇怪的事情（Dickens & Flynn，2001；Flynn，1981，1987）。随着时间流逝，人群中的平均智商分数以每十年大约3%的比例上升，这个现象就是**弗林效应**（Herrnstein & Murray，1994；Nisbett et al.，2012）。弗林效应的效果令人难以置信。这意味着，我们的智商平均比我们的祖父母辈高出整整 10% 到 15%（见图 9.13）。它出现在世界上许多地方，包括美国、欧洲和南美洲（Colom, Flores-Mendoza, & Abad，2007）。除了少数例外（Mingroni, 2007；Rushton，1999），大多数研究者都认为这种效应是由于环境对智商的影响而产生的，因为在短时间内，基因的变化不太可能导致智商的快速提高。尽管一些初步数据表明弗林效应正在减弱甚至逆转（Pietschnig, & Voracek, 2015），但最近的证据表明这种影响实际上可能是持续的（Trahan et al.，2014）——这对年轻的读者来说是一个好消息。弗林效应无疑是智商研究历史上最重要的发现之一，因为它证明了智商分数比大多数心理学家认为的更具有可塑性。

那这些环境影响到底是什么？心理学家提出了至少四种解释：

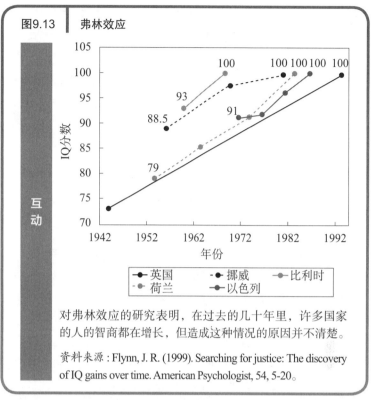

图9.13 | 弗林效应

对弗林效应的研究表明，在过去的几十年里，许多国家的人的智商都在增长，但造成这种情况的原因并不清楚。

资料来源：Flynn, J. R. (1999). Searching for justice: The discovery of IQ gains over time. American Psychologist, 54, 5-20.

- **测试复杂性的提高**。根据这一解释，智商分数的上升不是因为人们变得更聪明，而是因为人们在参加考试时变得更有经验（Flynn，1998）。弗林效应似乎源自智商测验项目的变化，而这些测验项目与一般智力不太相关（te Nijenhuis, & van der Flier，2013）。测验复杂性假设可能有些道理，但是"美中不足"。弗林效应在"文化公平"测验中最为显著，比如瑞文标准推理测验，因为人们对它的接触最少（Brouwers, Van de Vijver, & Van Hemert，2009；Neisser，1998）。

- **现代世界的复杂性的提高**。通过电视、电子邮件、互联网、推特、手机等等，我们被迫比我们的父母和祖父母更快地处理更多的信息。现代教育也更加注重抽象推理，尤其是几何的推理，这在许多智商测验中都扮演了重要角色（Blair et al.，2005）。因此，现代信息爆炸可能会给我们施加压力，让我们变得更聪明——或者至少更善于迅速处理信息（Greenfield，1998；Schooler，1998）。

- **更好的营养**。更多证据表明，弗林效应主要影响的是钟形曲线的下部，而不是上部。这一发现的可能解释是饮食。人们比以往任何时候都吃得更好，世界许多地区（尽管不是全部）的营养不良率正在下降（Lynn，1998；Sigman & Whaley，1998）。正如我们知道的，有充分的证据表明营养可以影响智商。

- **家庭和学校的变化**。在过去的几十年里的美国，家庭变得更小，让父母有更多的时间陪伴他们的孩子。父母也比以往任何时候更容易获得智力资源。此外，儿童和青少年在学校待的时间比上一代要长得多（Bronfenbrenner et al.，1996）。

一个与他美国内战期间祖先不同的美国人。

典型美国内战期间士兵（5 英尺 6 英寸，145 磅）　典型现代美国人（5 英尺 11 英寸，235 磅）

从这些人的制服中我们可以看出，大多数人的身材比美国内战期间（1861—1865）的人们身材要魁梧得多。这一差异反映了过去 150 年来营养状况的巨大差异，一些心理学家提出营养可能是弗林效应产生的原因。

日志提示

请描述一下心理学家所确定的对智商分数的一些可能的环境影响。你认为哪一个对你的智商有正面影响，哪一个可能会产生负面影响？

评价观点　智商助推器

互动

我们都希望变得更聪明，并且想以最小的努力获得巨大的成功。因此，许多公司利用我们对提高智商的渴望，做出耸人听闻的断言，这也就不足为奇了。

当你在网上搜索时，你会看到 Supersynapse 公司的一个广告，它承诺"一个月至少能将你的智商分数提高 25 分，否则就退钱！通过在富有挑战但有趣的记忆测试上每天练习一小时，你将逐步发展你的大脑潜能，并变得更聪明。在多项研究中，Supersynapse 公司的科学家已经证明，这种卓越的产品确实能增加智力。在五项研究中，智商平均增长 27 分！"

科学的怀疑论要求我们以开放的心态评估所有的主张，但在接受之前一定要坚持有说服力的证据。科学思维的原理如何帮助我们评估 Supersynapse 公司的说法，即你可以通过使用它们的产品变得更聪明？

当你评估这一主张时，考虑一下科学思维的六大原则是如何运用的。

1. 排除其他假设的可能性

对于这一研究结论，还有更好的解释吗？

许多其他的假设仍然被排除在外，我们需要更多地了解 Supersynapse 公司的内部研究，然后才能对它们进行充分的评估。例如，智商分数的明显提高可能是由于心理学家所说的"练习效应"——参与者之所以在测试中有所改进，可能仅仅是因为他们一次又一次地接受测试。我们也不知道任何关于参与者退出研究的事情。也许研究开始有 100 名参与者，但只有 5 人坚持到最后。

这些记忆训练游戏的参与者可能是那些从记忆训练游戏中获益的人。我们也不知道经典的实验报告结果是

什么；也许它们仅仅适用于少数接受了培训的人。

2. 相关还是因果

我们能确信 A 是 B 的原因吗？

这种批判性思维的原则与这种情况并不相关（因为研究并没有描述相关性）。

3. 可证伪性

这个观点能被反驳吗？

是的，原则上说 Supersynapse 公司的产品提高智商的说法可能是编造的。理想情况下，人们需要将参与记忆训练任务与未参与记忆训练任务的效果进行比较，而在这些任务中，期望（消除安慰剂效应）以及其他变量（例如任务的时间和精力）应该是等同的。

4. 可重复性

其他人的研究也会得出类似的结论吗？

这则广告指出，Supersynapse 公司的积极影响已经出现在多个研究领域。这是鼓舞人心的消息。与此同时，该广告也承认，这些是由为该公司工作的科学家进行的内部研究，他们可能会偏向于该产品。在科学领域，重要的是实验可以被独立的研究者重复，特别是那些和正在进行的测试没有个人或财务利益冲突的人。

5. 特别声明

这类证据可信吗？

一个产品可以在每天训练一个小时的条件下一个月内将智商分数提高 25 分，这是非常了不起的。这则广告并没有给我们足够的理由去相信这一论断的证据是令人信服的，因为它几乎没有提供关于 Supersynapse 公司科学家所做的研究的细节。这则广告没有做任何同行评审，因此我们很难或不可能独立地评估这一主张。

6. 奥卡姆剃刀原理

这种简单的解释符合事实吗？

正如我们观察到的，可能会有更多的关于 Supersynapse 公司的详细解释，比如练习效应或者那些没有从记忆训练游戏中受益的人退出研究的趋势。

总结

我们有充分的理由怀疑 Supersynapse 公司的说法。广告中的断言是值得注意的，但是提供的证据是很少的，因为这些研究没有任何细节描述。显然，消费者也没有办法查阅原始的研究报告。虽然这个广告提到了重复研究，但这些重复不是由独立研究者进行的，所以目前还不清楚这些积极的发现是否反映了研究人员的部分偏见。

9.4　智商的群体差异：科学家和政治家

9.4a　区别男性和女性在心理能力上的异同。

9.4b　评估种族差异影响智商的证据。

迄今为止，我们几乎将全部的注意力集中在智商个体差异这个棘手的问题上：为什么一个族群中人们测出的智力是不同的？如果你认为我们目前讨论的问题是有争议的，请留意我们接下来的讨论。智商群体差异的话题可能是整个心理学中争论最多的话题。下面我们看看研究是怎么对两个群体在智商上的差异进行诠释的：（1）性别差异；（2）种族差异。

我们将会发现，这个议题从情感上讨论和从科学角度上讨论一样复杂。伴随着站在不同立场的人控诉对方的偏见和不良意图，它们也被深深地卷入政治中（Hunt，1999）。有些人甚至认为科学家应该远离智商的群体差异的研究（Rose，2009）。评价这些议题时我们必须尽可能保持客观。也就是说，我们必须尽量避免感情用事或影响启发式（见 1.2b）即一种通过我们的情绪反应判断一个想法的有效性的倾向。仅仅因为我们在智商方面的一些想法可能会让我们感到不安甚至愤怒并不意味着我们应该把它们赶走。尽管困难重重，但我们必须努力客观地评估这些议题，并以开放的心态对待科学得出的证据。

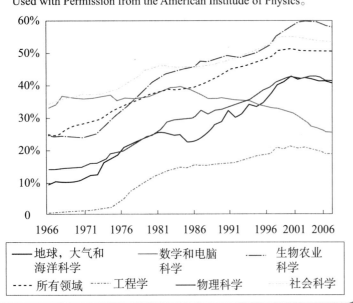

图9.14　女性在不同领域获学士学位的比例（1966—2008）

在这 40 年中，女性没有出现在大多数"高端"科学领域，只有一小部分在这些研究领域获得学位。

资料来源：Ivie，R.，& Ray，k. N.（2005）.Women in physics and astronomy，2005.College Park，MD:American Institute of Physics Used with Permission from the American Institude of Physics。

地球，大气和海洋科学　　数学和电脑科学　　生物农业科学
所有领域　　工程学　　物理科学　　社会科学

心理能力和智商的性别差异

2005 年 1 月，当时的哈佛大学校长劳伦斯·萨默斯（Lawrence Summers）引起了一场轰动。萨默斯在全美全体大学教师的一个非正式会议上大声地问，为什么在诸如物理、化学和生物学等"高端"科学领域方面，女性会如此罕见（见图 9.14）。

他尝试性地提出几个原因，第一个涉及对女性的歧视，第二个涉及女性偏好操持家务，而不是令人筋疲力尽的职场竞争。但是萨默斯的第三个理由确实存在，猜测可能女性来到这个世界上就在科学和数学上有基因的缺陷。许多人震惊了。一个来自麻省理工学院杰出的女生物学家对萨默斯大发雷霆。几天之内，数百名哈佛大学的教职员工"要求他辞职"（不久后他就辞职了）。

紧跟萨默斯挑衅言论的是一番关于心理能力性别差异的激烈争论。对于这一部分，我们要尽量以科学的眼光看待这些证据。在这样做之前，我们应该记住答案并不简单（Halpern et al.，2007）。我们应该对人们普遍认为的心理能力的性别差异持怀疑态度。例如，一些作者引用脑成像数据来尝试证明女性的大脑半球比男性更紧密地联系在一起，这也使得女性比男性更有能力同时处理多项任务。然而，这些大脑和行为的性别差异即使存在那也很小（Fine，2014）。

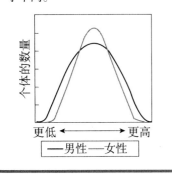

图9.15　男女智商测验分布图

男性的智商分布比女性的更广。结果，更多的男性有高和低两端的智商分数，而女性更多居于中间。

个体的数量

更低　更高

男性——女性

智商的性别差异

总体智商方面男性与女性不同吗？可能不是。少数研究者近来报告男性平均智商稍高于女性——可能超过 3 个百分点（Irwing，2012；Jackson & Rushton，2006；Lynn & Irwing，2004），但是委婉地说，这些断言也有争议。大部分研究者发现智商很少或根本没有平均性别差异（Flynn & Rossi-Case，2011；Jensen，1998）。

此外，正如我们所学的，平均差异无法解释全部问题；我们还必须研究分布的离散程度。大量的研究表明男性的整体智商分数比女性更易于变化（Hedges & Nowell，1995；Johnson，Carothers，& Deary，2009；Lakin，2013）。因此尽管男性没显出平均智商分数比女性高，但是更多男性的智商分数处在智商钟形曲线的两端（见图 9.15）。我们不知道这种差异的原因，不要意外，研究者们已经试图用基因和环境来解释。

特殊心理能力的性别差异

即使男性和女性在总体智商方面有差异，那也是极小的差异，当我们讨论特殊心理能力时，这幅图会变得更有意思——更复杂。当说到大多数的智力能力时，男女是极其相似的（Hyde，

2005；Maccoby & Jacklin，1974），但进一步的观察显示出在一些领域的一致的性别差异（Block，1976；Halpern，1992；Halpern et al.，2007；Pinker，2005）。

女性倾向于比男性更好地从事一些言语任务，比如拼写、写作和单词发音（Feingold，1988；Halpern et al.，2007；Kimura，1999）。这种性别差异可能与激素成分有关。雌激素是一种性激素，女性体内多于男性，语言能力似乎随着雌激素水平的变化而产生差异。在一项研究中，当雌激素水平处于顶峰时，女性在快速重复绕口令任务中表现得最好（比如 "A box of mixed biscuits in a biscuit mixer"；Hampson & Kimura，1988）。然而，并不是所有的研究人员都发现，性激素水平与男性和女性的心理能力有关（Halari et al.，2005）。女性平均在算术上也比男性做得更好，如数字加减，不过这种差异目前只存在于儿童期（Hyde，Fennema，& Lamon，1990）。最后，女性比男性更易于发现和识别他人的情绪反应，尤其当她们到成年期时（Hall，1978；McClure，2000）。例如，她们通常在区分表现出不同情绪（比如恐惧和愤怒）的表情的能力上比男性强。顺便说一句，尽管有普遍的成见，但没有充分的证据表明女性比男性更爱说话。一项对美国和墨西哥的 6 对男性和女性的跟踪研究发现男女每天都说大约 16 000 个单词（Mehl et al.，2007）。

相反，男性在完成需要大量空间能力的任务时比女性做得好（Halpern et al.，2007）。最大的区别体现在心理旋转任务上，如图 9.16 所示，这需要参与者决定一系列旋转体中哪个与目标组旋转体相匹配（Estes & Felker，2012；Voyer，Voyer，& Bryden，1995）。值得注意的是，这种性别差异在 3 个月大的时候就出现了，这就增加了先天的可能性（Quinn & Liben，2008；Quinn & Liben，2014）。此外，有 53 个国家进行的调查也发现了这种差异，尽管各国的情况各不相同。有趣的是，最大的性别差异出现在男性和女性都有很多机会表现出色的国家，这也许表明在这些国家男性更能实现他们的空间能力（Lippa，Collaer，& Peters，2010）。即使是老鼠也会表现出这种性别差异，雄性老鼠比雌性老鼠能更快更准确地走迷宫（Locklear & Kritzer，2014）。在西方文化中，男性和女性在找路时也会有所不同：男性通常只依赖于空间方向，而女性通常依赖于地标。所以男性比女性更有可能给出诸如 "往南走 1 英里，然后往西走约 500 英尺" 的话，而女性比男性更有可能给出诸如 "走大约 15 个街区，经过右手边的麦当劳，然后你会看到目标物，当你看到加油站时，停下来并向左转" 的话。不过，这种差异可能在非西方国家不存在，例如玻利维亚的采摘者（Trumble et al.，2016），这提高了这种差异不完全由于生物学因素的可能性。

有趣的是，表现出最明显的心理性别差异的领域之一是地理，一个完全依赖空间能力的研究领域。在参与国家地理研究的 500 万儿童中，77% 是男孩（Zernike，2000）。男性比女性更擅长复杂推理的数学任务，比如几何证明题（Benbow & Stanley，1980）。不过，这种差异直到青春期才出现（Hyde，Fennema，& Lamon，1990），

可重复性
其他人的研究也会得出类似的结论吗？

| 图9.16 | 心理旋转任务 |

互动

在做心理旋转任务时，男性比女性表现得更好，实验要求参与者将左边的标准图形与右边改变后的图形相匹配。你也可以试试这几道题目（或许你也有敏锐的空间思维能力）：把左边的图形旋转后能够得到右边图形的形状吗？（请参阅页面底部答案）

图 9.16 答案：不能得到。

这也许反映了青春期前后激素的变化。在钟形曲线的尾部，这种差异被放大了。例如，在最近的一项对在 SAT 数学部分上得到了 700 或更高的分数的学生的研究中，男女比例大约 4 : 1（Wai et al.，2010），这和曾经大约是 13 : 1 的比例有差异，近几十年来这种情况似乎已经大大减少。但在低分段，男性仍比女性多。

性别差异的潜在原因

可重复性
其他人的研究也会得出类似的结论吗？

所以重要的是什么？一方面，很可能是一些心理能力的性别差异，比如女性在特定的语言任务中得到更高的分数，而男性在空间和复杂的数学任务中得高分，这植根于基因。事实上，尽管过去的几十年间，男女的角色发生了许多变化，空间能力的性别差异却没有减少（Voyer，Voyer，& Brgden，1995）。此外，一些研究表明，水平过量的睾酮（一种男性体内比女性多的激素）与较好的空间能力相关（Hampson，Rovert，& Altmann，1998；Jones，Braithwaite，& Healy，2003），不过并不是所有的研究者都认同这个发现。

另一方面，我们有充分的理由怀疑科学和数学能力上的性别差异在某种程度甚至是很大程度上与环境有关（Levine et al.，2005）。第一，男婴和女婴在空间和计算能力上几乎没有差异（Spelke，2005）。即使这些能力的性别差异在以后的生活中出现，也可能更多是由于问题解决策略的差异而不是固有的能力造成的。例如，当研究者鼓励男性和女性用空间想象力解决数学问题（男人更擅长）而不是语言推理（女人更擅长）时，在数学表现上的性别差异明显变小（Geary，1996）。第二，进入高端科技领域的女性比例在过去的三十年内平稳上升（Ceci，Williams，& Barnett，2009），这个发现说明高端科学研究领域缺乏女性的现象是社会因素造成的，比如歧视和社会期望，而不是女性的科研能力差。

智商的种族差异

可重复性
其他人的研究也会得出类似的结论吗？

智力研究中最有争议和令人头痛的发现之一，可能是不同种族的平均智商分数不同。这些差异大小不同，但可以多次重复检验（Loehlin，Lindzey，& Spuhler，1977；Gottfredson，2009；Wicherts，Dolan，& van der Maas，2010）。平均来说，在标准智商测验中非裔美国人和西班牙裔美国人的得分低于白人（Hunt & Carlson，2007；Lynn，2006；Neisser et al.，1996），亚裔美国人得分高于白人（Lynn，1996；Sue，1993）。美国的白人中，犹太人的智商略高于非犹太人（Lynn，2003）。一些研究者已经评估出白人的平均智商比非裔美国人高出 15 个百分点，因而受到极大关注。关于不同种族之间人们能力和潜力的不同告诉了我们存在着什么样的差异以及这些差异为什么存在。我们将尽力来总结这个极其复杂的调查结果，理解差异产生的强烈的情绪并将之铭记于心。

丧钟钟形曲线为谁而响？

多年来，一些社会部门已经尝试用这些发现误导人们，有时甚至有关于一些种族天生优于其他种族的恶意争论。这一论断有几个问题。第一，固有的种族"优越性"的主张超出了科学的界限，不能以数据来回答。科学家仅仅可以确定种族差异可能起源于遗传或是环境，或者两者都有。第二，近几十年来种族间的智力差异在缩小（Hauser，1998）。例如，有证据表明白人和非裔美国人之间的差距自 20 世纪 70 年代初可能缩小了 5 个百分点（Dickens & Flynn，

2006；Nisbett et al.，2012）。第三，一个种族内的可变性似乎比种族间的可变性大（Nisbett，1995，2009）。这个发现意味着不同种族间智商分数的分布有很大的重叠（见图 9.17）。结果，很多非裔美国人和西班牙裔美国人比许多白人和亚裔美国人的智商分数高。底线是明确的：我们不能以种族为基础来推断任何一个人的智商。

1994 年，理查德·赫恩斯坦（Richard Herrnstein）和查理斯·莫瑞（Charles Murray）在科学家和政治家之间引发了一场激烈的争论。在《钟形曲线》一书中，他们认为智商在社会中扮演着比大多数人都愿意承认的更重要的角色。他们坚持认为，处于钟形曲线顶端的人，往往会"爬上社会阶梯的顶端"，因为他们拥有高水平的认知能力。结果，他们比处在底端的人赚了更多的钱，担任了更多的领导职位，进入了更强大的企业。

如果赫恩斯坦和莫瑞（1994）研究到这里就停止了，他们的书可能不会引起公众的关注。但他们进一步猜想种族间的智商差距可能源自遗传。赫恩斯坦和莫瑞并不是第一个提出这个猜想的人（Jensen，1973；Rushton & Bogaert，1987）。然而，他们的言论被媒体大肆报道，重新唤起了 20 世纪 60 年代的一场争论，当时亚瑟·詹森（Arthur Jensen）提出种族差异源于基因不同。詹森的论断引起了人们对种族主义的广泛怀疑，甚至一些白人主义者也认为他支持白种人在基因上优于非裔美国人。菲利普·鲁什顿（J. Philippe Rushton，1995）在 20 世纪 80 年代到 90 年代也成为一个极具争议性的人物，因为当时他提出了一个关于智商种族差异的进化论解释。尽管一些研究人员对这些差异的遗传作用提出了强有力的论据，但我们很快就会发现，大量证据表明，智商的种族差异在很大程度上或完全源于环境的影响。这些差异反过来可能反映了不同种族使用资源和获得机会的可能性。

消除种族差异

为了解智商的种族差异并不一定意味着智力或学习潜能的遗传差异，我们先看看图 9.18 上方的两个植株组（Lewontin，1970）。

如果这个例子听起来有点熟悉，那是因为我们在前文引入了非常相似的概念（见 3.5b）。就像我们看到的那样，这个思维实验中每组的植株高矮不一，这些高度差异（至少部分）反映了遗传对植株生长和茂盛趋势的影响。然而，如果考虑到生长周期这一点，两组植株的平均高度是大致一样的。现在假设我们给左边的那组提供大量的水和光，而给右边那组提供少量的水和光，耐心地等待几个星期后，我们发现左边的那组平均高度高于右边的，尽管两组都有相同的潜力以生长并达到茂盛，但是环境影响导致一组比另一组高。

这说明了什么呢？两组植株的高度差异完全来自环境因素——光和水。所以我们不能用遗传来解释两

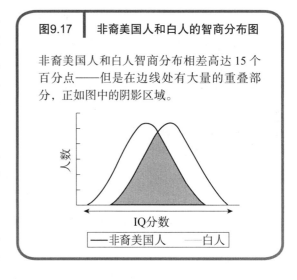

图9.17 | **非裔美国人和白人的智商分布图**

非裔美国人和白人智商分布相差高达 15 个百分点——但是在边线处有大量的重叠部分，正如图中的阴影区域。

人数 / IQ分数

——非裔美国人　　——白人

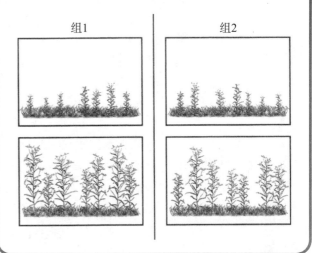

图9.18 | **两组植株的图片**

种植这些植株时，它们的高度不相上下，但随着时间的推移，由于不同的环境条件，一组超过了另一组。这演示了群体智商的差异可能完全是环境因素决定的。
资料来源：Based on Lewontin，1970。

组1　　组2

组的差异。换句话说，群体差异并不能全部遗传给后代。如果我们把孩子们看作
"人类的植株"（毕竟，"幼儿园"这个词在德语中的意思是"儿童花园"），则我们
很容易猜想到，早期不同种族是没有显著的智商基因差异的。但是多年来，因素积
累下来的影响（比如社会剥夺和偏见）可能在种族间产生显著的智商差异，其中影
响最大的是环境因素。

　　值得重点指出的是：尽管我们例子中的一组植物长得高于另一组，但是在更矮
组中却有一两株长得比更高组的一些还要高。两组间高度的重叠分布突出表明即使
是来自"贫乏"组，也有一些植株的生长超过来自"优越"组的许多植株。这一点
提醒我们，不能用智商的群体差异来推断一个人的智商。尽管这个例子说明可能完
全是自然环境造成了智商的种族差异，但没有肯定的证据说明就是自然环境。我们需要找出科学
的证据来解决这个问题。

智商的种族差异的原因是什么？

　　一些研究者指出，智商是可遗传的，并根据这个发现认为种族差异一定或至少部分是受基因
影响的。然而，这是一个基于误解个体是如何受到组间遗传影响的而得出的错误结论。

　　组内遗传指事物的特质在组内成员间的遗传，如智商，在亚裔美国人或女人间是可以遗传的。
组间遗传指组间特质的差异是可以遗传的，比如亚裔美国人和白人之间、男人和女人之间。关键
要记住，组内遗传不一定都包含组间遗传。意思就是，仅仅因为智商在组内是可遗传的，不意味
着这些组间的差异就都与成员的基因有关系。一些研究者混淆了组内遗传和组间遗传，错误地认
为任何组内智商都是遗传的，比如民族和性别，那么组间智商的种族差异也都是它们自己组内遗
传的（Lilienfeld & Waldman，2000；Nisbett，1995，2009）。回到我们的植物类推实验，我们记得
在任何一个植株组里，总有一些植株长得比其他的植株高。这些差异是由每一个组内植株个体本
身基因固有差异引起的。虽然组内差异完全是由基因引起的，但植株的组间差异仍然是由环境因
素造成的。

阅读的测验偏向

互动

研究表明，在几乎所有的国家，女孩都比男孩更喜欢
读书（Halpern，2004）。这个发现表明阅读测试对男
孩有偏见吗？不，因为两组测试的平均差异没有表现
出偏见。

　　由环境而不是基因引起的智商的种族差
异，其证据是什么？关于非裔美国人和白人的
大量差异研究分析，大部分都指向基因引起种
族智商差异这一观点。

　　二战后不久，德国进行了一项研究：比较
父亲是非裔美国士兵与母亲是德国白人的儿
童的智力商数和父亲是美国白人士兵与母亲是
德国白人的儿童的智力商数。两组中，都是由
母亲抚养孩子，所以社会环境相同。最后测
验显示这两组儿童的智商没有差别（Eyferth，
1961）。因此，当环境相同时，不同种族的基
因好像对儿童的智商没有什么影响。其他的研
究也测试了有白人欧洲血统的非裔美国人与那
些没有欧洲血统的人相比，是否在智商上获得
了"提升"，如果种族差异是遗传的话，那么
这将在预料之中。这项研究表明，拥有更多白

人血统的非裔美国人和那些没有白人血统的人相比，智商并没有显著差异（Nisbett，2009；Scarr et al.，1977；Witty & Jenkins，1934）。一个研究小组甚至发现了一个相反的趋势：有更多白人欧洲血统的非裔美国人智商较低（Loehlin，Vandenberg，& Osborne，1973）。无论如何，这些发现并没有提供明确的证据来解释非裔美国人和白人之间的智商差距。

另一个研究检验了交叉种族收养对智商的影响。这个研究表明由中产阶级白人父母收养的 7 岁非裔美国儿童，智商高于非裔美国人或者白人儿童的平均水平（Scarr & Weinberg，1976）。这个发现说明种族效应可能与社会地位有关，因为与白人和亚裔美国人相比，更高比例的非裔和西班牙裔的美国人生活贫困。这些孩子的后续研究显示他们的智商在十年间出现下降（Weinberg，Scarr，& Waldman，1992），这可能意味着社会经济地位的作用结束了，或者意味着成为主要白人社会中少数族群中的一员而产生的消极影响（比如歧视）逐渐抵消环境变化的作用。

测验偏向

对智商在种族上的差异，最普遍的解释是这些测验对一些族群存在偏见而对另一些族群青睐有加。测验偏向对于心理学家具有特殊的意义，它不同于大众对该术语的使用。专业的解释认为，一个测验没有偏向仅仅是因为测出一组的表现好于另一组（Warne，Yoon，& Price，2014）。当我们用量尺测量身高时，男人的平均分高于女人，但心理学家们不认为量尺有偏向。量尺测量的是男人和女人在身高上的实际差别。

相反，当心理学家们出现**测验偏向**时，说明测验结果具有预测性——例如可以预测在学习成绩或职业成就上一组表现好于另一组（Anastasi & Urbina，1996；Reynolds，1999；Kaplan & Saccuzzo，2008）。不同点在于，测验偏向指的是组内差异。让我们假设智商分数和学分平均绩点（GPA）的相关系数在白人中是 0.7，如图 9.19a 所示，但在亚裔美国人中只有 0.25，如图 9.19b 所示。这个发现说明智商能够很好地预测

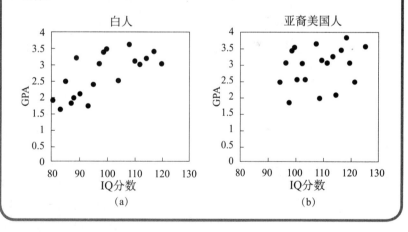

图9.19　**两个散点图代表测验偏向**

这两个散点图展示了一个测验偏向假设的例子。（a）中的白人智商分数与 GPA 高度相关（相关系数是 0.7），而（b）中亚裔美国人智商分数和 GPA 相关较低（相关系数是 0.25）。尽管例子中亚裔美国人的平均智商较高，但测验对他们存在偏见，因为这组的 GPA 不是一个很好的预测指标。

白人而不是亚裔美国人的 GPA。在这种情况下，即使亚裔美国人的平均智商分数高于白人，智力测验对亚裔美国人也还是带有偏见。因此，两组的平均差异不足以说明测验偏向。

那么智商测验有种族偏见吗？答案虽然没有完全确定，但答案似乎是否定的（Brody，1992；Lilienfeld et al.，2010；Neisser et al.，1996）。几乎在所有的研究中，研究者都发现各种族间智商测验和学业及职业成就的相关是近乎一致的（Brown，Reynolds，& Whitaker，1999；Gottfredson，2009；Hunter，Schmidt，& Hunter，1979；Reynolds，2013）。在特定的智商测验项目中可能会有一些例外（Aguinis，Culpepper，& Pierce，2010），但它们并不足以解释各种族智商的整体差异。

在智商测验上很少或没有种族偏见的发现可推导出种族间的智商差异与各种族

测验偏向（test bias）
预测一组实验结果好于另一组的测验倾向。

平均成就的差异密切相关的结论。然而，美国社会某些种族在学业上很出色，拥有更高的社会地位，从事高薪的工作。一些心理学家认为，造成智商和成就会因种族不同而存在差异这种现象，最具解释力的原因可能不是智力测验本身，而是社会因素，是偏见导致了种族间智力测验结果、学习成绩以及职业成就的差异。例如，非裔美国人和西班牙裔美国人可能因为偏见、低级教育和其他环境缺陷而在智商测验中得分较低。这些不利因素反过来又使许多非裔美国人和西班牙裔美国人在准备高等教育和就业市场竞争上的人数减少。在美国，智商测验也同样与不同种族的反应时间测试有关，这一发现表明这种解释或许不能说明一切，因为这些测量值不太可能受到社会劣势的影响（Jensen，1980）。

刻板印象威胁

　　另一个影响个人表现和成功的环境因素，尤其是在智商测验和标准化测验中，是**刻板印象威胁**。刻板印象威胁指出恐惧可能会强化我们某一方面的负面刻板印象，比如我们产生比别人更笨，更不擅长运动的刻板印象。刻板印象威胁甚至会产生一种自我实现的预言，当一个人过度担心一个消极的刻板印象事件的发生时，这反而会增加他做那件事的可能性。克劳德·斯蒂尔（Claude Steele）认为，刻板印象威胁会损害个人在智商测验和标准化测验（如 SAT）中的表现。这是他的推理过程：如果我们是智商测验成绩很糟糕那组的成员，那么仅仅做智商测验这一想法就会唤起刻板印象，我们会认为"我在这个测验中应该表现得很糟糕"。斯蒂尔（1997，2011）认为这个信念会影响行为，导致一些能够做好的人的表现也大打折扣。

　　斯蒂尔和他的同事们已经证明，刻板印象威胁会降低非裔美国人的智商分数，至少在实验室中是这样的。当研究人员从智商测验中抽取一个题目给非裔美国人，但告诉他们题目是测量智商以外东西的，比如"解决难题的能力"时，他们的表现好于研究人员告诉他们题目是测量智商的情况（Nguyen & Ryan，2008；Steele & Aronson，1995；Walton & Spencer，2009）。刻板印象威胁可能使非裔美国人变得紧张、专注或过度关注自我，从而阻碍其表现（Logel et al.，2009；Schmader，Johns，& Forbes，2008）。顺便说一句，刻板印象威胁似乎也会降低女性在数学（而非空间）能力方面的得分（Doyle & Voyer，2016）。

　　此外，在一些但不是所有的研究中，给非裔美国人和白人在课堂上的写作任务是为了提高他们的个人身份——通过让他们确定他们最重要的个人价值，比如他们的朋友、家人，或者用艺术来表达自己的需要——使得他们在学业上的差距减少了 40%（Cohen et al.，2006）。这些有趣的发现的意义并不清楚。一种可能性是思考什么对我们是重要的，或者把自己作为一个个体而不是一个群体的成员，不容易使我们受到刻板印象的威胁。因为最近的证据表明这些效应可能难以复制，而且可能比曾经认为的要小得多，因此我们需要等待这本教科书的下一版来确定这些结果是否可信（Hanselman，Rozek，Grigg，& Borman，2016）。

　　从更广泛的角度来看，人们有理由对刻板印象威胁的发现保持怀疑。最近的一些证据表明，刻板印象威胁的规模可能被高估了，这或许是因为这一领域的研究人员相对于消极的发现更有可能发布积极的结果（Flore & Wicherts，2014），这是一种在科学研究中普遍存在的偏见。此外，几乎所有的刻板印象威胁发现都来自严格控制的心理实验室，因此外部效度可能是有限的（见 2.2a）。因此，刻板印象威胁在现实世界的推广程度仍然是值得研究和争论的（Danaher & Crandall，2008；Stricker & Ward，2004）。

　　一些研究人员（McCarty，2001）和主流媒体的作者（Chandler，1999）甚至认为，非裔美国人和白人在智商测验上的种族差异完全是由刻板印象威胁和自我实现预言造成的（Brown & Day，2006）。然而，大多数研究表明，刻板印象威胁效应并不足以充分说明这一差距，尽管它们可以解释其中的一些（Jussim，Crawford，Anglin，Stevens，& Duarte，2016；Sackett，Hardison，& Cullen，2004）。

那么，所有这些带给我们什么呢？虽然文章有些复杂和混乱，但是我们的讨论使我们得出了令人担忧的结论，即更广泛的社会差异体现在资源、机会、态度和经验方面，它们就算不负全部责任，也要负大部分责任。然而，令人振奋的消息是智商差异研究中并没有暗指种族的智商差异是不变的。如果环境中的不利因素能导致智商差异，那么排除环境中的不利因素就能排除智商差异。

> **日志提示**
>
> 长期以来，智商测验领域一直存在着一段争议性的历史，即发现性别之间甚至种族之间存在明显差异。除了书中所讨论的问题之外，对这些差异有哪些潜在的环境解释？

9.5　剩下的故事：智力的其他维度

9.5a　评估关于创造力和情绪智力的科学研究。

9.5b　解释为什么智力不能使我们避免思维错误。

智商，智商还是智商。我们在本章讨论的几乎所有内容都假定智商是一种理想的智力指标。尽管有充分的证据证明智商测验对心理学家所说的智力是有效的，但很明显，智慧的生活远不止拥有高智商那么简单。并不是所有高智商的人都是有智慧、有思想的社会公民，许多高智商的人的行为是愚蠢的，甚至是灾难性的。如果你有怀疑，请看看一系列在过去十年中引人注目的公司的丑闻吧，受过良好教育而且高智商的 CEO 因做蠢事而被逮捕。我们将会从研究中总结出其他能使我们表现聪明，以及并不那么聪明的心理变量。

创造力

德国作曲家路德维希·凡·贝多芬在 54 岁时几乎完全失聪。然而，他在 1824 年竟然成功地谱写了不朽的《第九交响曲》，尽管他在指挥乐队进行世界首演时，听不到自己的音乐。

音乐学家们称之为《贝多芬第九交响曲》，它的独创性和显示的才华让人惊叹：它不像任何一部过去的音乐作品。在回应那些打破常规的音乐、艺术和文学作品时，一些评论家常常批评贝多芬的《第九交响曲》太粗糙，太鲁莽，太"与众不同"（Goulding，1992）。然而今天，许多专家认为贝多芬的《第九交响曲》是有史以来最伟大的音乐作品。

贝多芬的音乐体现创造力。但就像斯图尔特所说："当我看到它的时候，我就知道它是什么。"（Jacobellis v.Ohio，1964）心理学家发现识别创造力比定义创造力更容易。然而，大多数心理学家认为创造力包含两个特征：新颖性和有效性。当我们听到一段非常有创意的音乐，比如贝多芬

发散思维
（divergent thinking）
能产生解决问题的许多不同方案的能力。

聚合思维
（convergent thinking）
生成唯一最好的解决方案的能力。

的《第九交响曲》，或者看到一幅非常有创造力的画时，我们会点头说："哇！太棒了！他或她完全正确。"

心理学家们经常用**发散思维**测验来测量创造力（Guilford，1967；Razoumnikova，2000）：能够产生许多不同的解决方案。因此，心理学家有时把它叫作"创新之举"。例如，在"物品使用"测验中，参与者必须想到一个普通物品的众多用途，比如一个回形针或一块砖头的各种用途（Hudson，1967）。这是有可能的，不过，发散思维测验似乎并不能测量创造力的所有方面。为了达到创造性，我们还需要有很好的**聚合思维**：找出问题的最佳答案（Bink & Marsh，2000）。作为两次诺贝尔奖得主的莱纳斯·鲍林（Linus Pauling）认为，要变得有创造力，我们首先需要提出很多想法，然后再将无用的丢掉。

我们不应该混淆智力与创造力：这两种能力的测验只有弱或中等相关，相关性大约是 0.2 ～ 0.3（Furnham et al.，2006；Willerman，1979）。许多聪明的人并不是特别有创造力，反之亦然。

极富创造力的人是十分有趣的人。他们往往很大胆，愿意冒智力风险（Sternberg & Lubart，1992）。他们也容易在情感上陷入困境，同时拥有高度的自尊。不足为奇的是，他们并不总是容易相处的人（Barron，1969；Cattell，1971）。

古希腊哲学家亚里士多德说过，创造力和疯狂之间有着密切的联系。但这是真的吗？也许吧。但至少有一些证据表明，创造力和躁郁症之间存在联系。躁郁症患者经历着大量的兴奋、活力、自尊和冒险（Furnham et al.，2008）。他们经常报告说，语言跟不上思维的速度，而且这样的状况可以不用睡觉地持续好几天。在这种情绪和活动的戏剧性爆发（称为躁狂发作）中，具有艺术天赋的躁郁症患者可能会觉得特别有成效。然而，没有多少证据表明他们的工作有质量上的提高，只有数量上的变化（Weisberg，1994）。传记表明，许多伟大的画家如文森特·梵高、保罗·高更和杰克逊·波洛克，伟大的作家如艾米莉·狄金森、马克·吐温、欧内斯特·海明威，以及伟人的作曲家如古斯塔大　马勒、彼得·伊里奇·柴可夫斯基和罗伯特·舒曼，可能患有躁郁症或某种近似的病症（Jamison，1993；McDermott，2001）。最近，女演员凯丽·费雪（在 2016 年去世）和凯瑟琳·泽塔 - 琼斯以及歌手希妮德·奥康娜公布她们也有这类病症。当然，这些仅仅是一些趣闻逸事，并不能提供充分的证据证明躁郁症和创造力之间存在相关性（Schlesinger，2013）。然而，与这些逸事报道相一致，研究表明在艺术和文学领域具有高度创造性的个体比预期有更高的躁郁症患病率或者更多相关症状（Andreasen，1987；Jamison，1989；见图 9.20）。此外，易患躁郁症的基因似乎也易获得创造性成就（Power et al.，2015）。

因为愿意承担智力风险，故有创造力的人通常比没有创造力的人更容易陷入困境，就连贝多芬也创作了一两部引人注目的烂曲。可能最能预测一个人的创造性成就的是那个人的作品质量（Simonton，1999）。有创造力的艺术家、音乐家和科学家创造的东西比其他人多得多。虽然有些不是特别好，但大部分是好的。而且每隔一段时间，就会创造出很棒的东西。

弗兰克·劳埃德·赖特（Frank Lloyd Wright）的建筑杰作《流水别墅》是一个非凡的创造性成就。它现在还骄傲地站在宾夕法尼亚州乡间里。

兴趣和智力

研究表明，智力不同的人倾向于表现出不同的个性特征和兴趣

（Ackerman & Beier，2003）。在所有可能的情况下，智力不同的人倾向于有不同的生活追求，有不同的独特的兴趣（Bouchard，2016）。

　　事实上，我们发现，当达到特定的智力水平时，拥有不同智力的人通常表现出不同的智力兴趣。具有较高的科学和数学能力的人往往对自然科学方面的工作特别感兴趣，他们常常将其描述为享受日常生活的实践活动，比如保持收支平衡或修缮房子。语言能力高的人往往对艺术和音乐感兴趣。而那些数学和空间能力差的人更倾向于从事帮助他人的职业（Ackerman & Heggestad，1997；Ackerman，Kanfer，& Goff，2005）。我们所擅长的和不擅长的让我们知道我们喜欢做什么。

情绪智力：情商和智商同样重要吗？

　　情绪智力——我们理解自己及他人情绪的能力，以及在日常生活中利用这种情绪信息的能力（Goleman，1995；Mayer，Salovey，& Caruso，2008；Salovey & Mayer，1990）——是大众心理学中最活跃的话题之一。一些研究人员认为，情商由几个子集组成，比如理解和识别一个人的情绪，领会他人的情绪，控制自己的情绪，并使自己的情绪适应不同的情况（Bar-On，2004）。大多数情商的倡导者认为，对于实用性来说，情商与智商一样重要。

　　一些情绪智力测验项目要求参与者报告自己是怎样处理压力情绪的。另一些则要求参与者识别出面部所表达的情绪。还有一些要求在给定情境中预测一个人将会经历什么样的情绪，如第一次见到未来的岳父岳母或在面试时被问到很尴尬的问题（见图 9.21）。

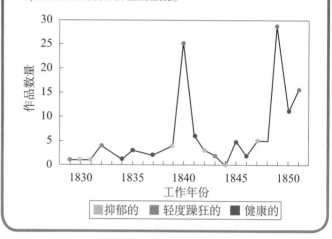

图9.20　**罗伯特·舒曼的工作效率图**

德国作家罗伯特·舒曼几乎肯定患有躁郁症。正如我们所看到的，他的工作效率在轻度躁狂期间急剧增加，在抑郁发作时效率降低（躁郁症患者都经历过这种情况）。

资料来源：Based on Weisberg, R.W. (1994). Genius and madness? A quasi-experimental test of the hypothesis that manic depression increases creativity. Psychological Science, 5,361-367.© Scott O. Lilienfeld。

图例：抑郁的　轻度躁狂的　健康的

图9.21　**情绪智力测验的小测试**

对于一个情绪智力测验，你将如何作答？假设这是一道情绪智力测验题目，试着做出选择。（请参阅页面底部答案）

当安妮的朋友麦吉因与男友分手而沮丧时，安妮放弃为一场重大考试而做准备，而花费几个小时的时间开车去麦吉的公寓并安慰她。两个星期后，安妮因与姐姐吵架而难过，于是打电话给麦吉说了这件事。麦吉却告诉她，自己正忙于即将到来的旅行，问她能不能将谈话推迟到下一个星期。这时安妮感到——（选出最佳答案。）

（a）悲伤　　（b）紧张　　（c）尴尬　　（d）愤怒　　（e）嫉妒

　　现在很多美国公司为他们的雇员及管理者提供正规的情绪智力训练，以提高他们的情绪智力（Locke，2005）。据估计，在财富 500 强（美国收入 500 强企业名单）中，约有 75% 的公司采用了旨在提高情商的培训。在其他方面，情商培训研讨会教导员工在做决定时要"倾听"自己的情绪，找到更好的方法来应对紧张的工作环

情绪智力
（emotional intelligence）
能够理解我们自己及他人情绪的能力，以及在日常生活中利用这种情绪信息的能力。

图 9.21 答案：d（愤怒是人们感受到不公平的待遇之后感到的情绪）。

境，并和同事产生共情。然而，这些研讨会有效提高长期的情商的证据是不充分的（Joseph et al.,
2015）。

很少有人会质疑这些技能会对工作有帮助。此外，情商低的人容易出现一些心理问题，如抑郁、滥用药物等（Hertel, Schutz, & Lammers, 2009），甚至心理变态，即不诚实，缺乏内疚，和以自我为中心的人格特点（Ermer et al., 2012；Watts et al., 2016；见 15.4a）。

对于情商这一概念有很多的批判。特别是我们还不清楚对这些概念的测量是否已经超出人格范围（Matthews, Zeidner, & Roberts, 2002）。大多数智商测验评估了人格特质，如外倾性、宜人性、开放性，它们对智力至少有些影响（Conte, 2005）。尽管情商的拥护者认为情商与一般智力和个性相比能更好地预测工作绩效（Mayer, Roberts, & Barsade, 2008；O'Boyle et al., 2010），但至少一些研究表明并非如此（Joseph, Jin, Newman, & O'Boyle, 2015, Van Rooy & Viswesvaran, 2004）。而且没有太多的证据证明不同的情商测验之间是高度相关的（Conte, 2005）。最简单的假设是，情商不是什么新鲜词，它是心理学家研究了几十年人格特质的混合物。

奥卡姆剃刀原理
这种简单的解释符合事实吗？

好奇心和意志力

虽然在某些生活领域中，一定程度的智商可能是成功的必要条件，但这显然是不够的。许多心理学家已经找到了智力成就所需要的个性或性格变量；最近几年受到了广泛关注的两个因素是好奇心和意志力。

出于某种人们不太了解的原因，人们在求知欲方面存在着巨大的差异。有些人对了解世界是如何运作的非常感兴趣，而另一些人则远没有那么感兴趣（Silvia, 2008）。有证据表明，好奇心是学术成就的有力预测因子，它大大增加了对上述成就的预测，并且超越了智商的预测作用（Von Stumm, Hell, & Chamorro-Premuzic, 2011）。因此，如果我们希望谁能在学校取得成功，以及谁能获得重要的发现或完成重要的发明，则智商可能会有帮助，但内在兴趣也是必要的。

心理学家安吉拉·达克沃斯（Angela Duckworth）和她的同事（Duckworth & Gross, 2014；Duckworth et al., 2007）最近已经注意到一个重要的人格特质，他们称之为意志力。根据他们的观点，意志力包括两大要素：毅力（尽管有挫折和失败但还是坚持不懈地努力），以及根深蒂固的实现目标的激情。在几项研究中，他们发现，意志力比智商更能预测学术表现。鉴于这些令人振奋的发现，许多学校已经启动了教育儿童意志力和类似性格特征的计划。虽然意志力的概念是有趣的，但它在科学上也是有争议的。除此之外，目前尚不清楚意志力与公认的责任心的个性特征（即学校和工作表现的预测指标）有多大不同（Schmidt & Oh, 2016；见 14.3b）。例如，在一项双生子研究中，一种测量意志力的方法在很大程度上与责任心的测量方法相重叠。此外，意志力似乎与责任心的大部分基因相同（Rimfeld et al., 2016）。因此，意志力是否真的是一个新的表现，还是仅仅是一个现有的性格特征的重新包装，还有待观察。

智慧

智慧（Wisdom）
应用于公共利益的智力。

聪明并不等同于智慧。的确，智力的衡量标准与智慧的衡量标准仅仅是中等程度的相关（Helson & Srivastava, 2002）。罗伯特·斯滕伯格（2002）将**智慧**定义为将智力应用于公共利益。聪明的人已经学会了在三种互相竞争的利益中达到微妙的平衡：（1）关心自我（自身利益）；（2）关心他人；（3）关心社会。聪明的人将他们的智力运用到有益于他人的途径上（Sternberg，2015b）。为了达到这一目的，他们欣赏不同的观点，尽管可能不同意它们。在很大程度上，智慧是认识到我们的偏见和认知错误（Meacham，1990）。在这些方面，我们可以将智者视为对日常生活有科学思考的人（Lilienfeld，Ammirati，& Landfield，2009）。智慧有时，但绝不是永远，随着年龄的增长而增加（Erikson，1968）。

> **意识形态免疫系统**
> （ideological immune system）
> 我们对与我们的观点相矛盾的证据有心理防御机制。

✱ 心理科学的奥秘
为什么聪明的人会相信奇怪的事情？

我们可能会认为高智商的人会对奇怪的事情免疫；如果这样认为，我们就错了。数据显示高智商的人至少和其他人一样倾向于相信阴谋论，比如认为肯尼迪总统遇刺是美国政府内部的阴谋（Goertzel，1994），或者乔治·布什总统策划了 9 月 11 日的袭击（Molé，2006a）。此外，科学的历史中充满了那些有奇怪信念的人的例子。曾两度获得诺贝尔奖的化学家莱纳斯·鲍林（Linus Pauling），我们在讨论创造力时提到过他，他坚持认为有决定性的证据表明高剂量的维生素 C 可以治愈癌症，而不管其他的反对证据。此外，其他几位"硬科学"领域的诺贝尔奖得主，比如物理学家，已经接受了一些奇怪而没有根据的观点，比如对未经证实的超自然现象或者无效的心理治疗的迷信（Lilienfeld & Lynn，2016）。

正如心理学家基思·斯坦诺维奇（Stanovich，2009b）所说的那样，尽管智商测验很好地评估了我们处理信息的效率，但并不评估理性，即我们认为可以反映科学思维的能力。例如，证实偏差的度量，比如沃森选择任务（见 1.1b），只与智商有着弱相关（Stanovich & West，2008；Teovanović，Knežević，& Stankov，2015）。如此高水平的智商并不能保证反对这些信念，因为证据很少（Hyman，2002）。最近的研究也表明高智商的人和低智商的人一样有盲点（West，Meserve，& Stanovich，2012）；正如我们在前文（1.2b）提到的，偏见盲点（"不是我谬论"）是一种倾向，认为我们不受偏见的影响，比如证实偏

著名的"科廷利仙女"骗局，其中一张照片被作家阿瑟·柯南·道尔记载。非常聪明的人都可能被虚假的言论所愚弄。

差和后视偏差（见 8.1b），这种偏见几乎适用于所有人。

在很多情况下，聪明的人会接受一些奇怪的观点，因为他们善于发现看似合理的理由来支持自己的观点（Shermer，2002）。智商与捍卫我们立场的能力呈正相关，但与改变我们的立场的能力呈负相关（Perkins，1981）。高智商也可能与**意识形态免疫系统**相关：我们对与我们观点相矛盾的证据有心理防御机制（Shermer，2002；Snelson，1993）。当一个朋友挑战我们的政治信仰时，我们都觉得我们的意识形态免疫系统正在高速运转以便否认我们不想听的证据（比如死刑）。首先，我们会有防御心，然后我们疯狂地进行头脑风暴去寻找论据来驳倒朋友提供的令人厌烦的证据。我们反驳矛盾的观点来捍卫自己的立

场的手法有时会导致证实偏差，让我们对我们应该重视的信息视而不见。

罗伯特·斯滕伯格（2002）指出，因为高智商的人往往知道很多事情，所以他们尤其容易受到毫无根据的假设的影响。以才华横溢的作家阿瑟·柯南·道尔爵士为例，他创造了福尔摩斯这个人物。柯南·道尔是超自然现象的忠实信徒，他被一个明显得令人尴尬的骗局骗了（Hines，2003）。1917 年，在"科廷利仙女"骗局中，两个年轻的英国女孩和跳舞的仙女一起拍照。柯南·道尔不顾怀疑者的批评，写了一本书，讲述的是关于科廷利的仙女们的故事，并为女孩们辩解说她们不是在诈骗。他已经忘记了非凡的主张

需要非凡证据的基本原则。在有人发现她们从一本书中剪下了这些小天使的照片放在硬纸板上，并和这些照片一起合照后，这些女孩最终承认照片是伪造的（Randi，1982）。柯南·道尔有着非常敏锐的头脑，他可能认为自己不会被骗。

这里传递的信息是，我们当中没有一个人能够不受思维错误的影响。当有头脑的人忽视了用科学的方法提供安全保障时，他们就会被愚弄。好消息是越来越多的证据表明，理性是可以传授的。例如，相对简单的干预措施，比如电脑游戏，能向他们快速反馈如何提高决策能力，也能提高他们的批判性思维能力和克服思维偏差的能力（Hambrick & Burgoyne，2016）。

日志提示

想想一个你认为有智慧的人。这个人如何考虑文中列出的三个相互竞争的利益关系（关心自我，关心他人，关心社会）？

总结：智力与智商测验

9.1 什么是智力？概念混乱

9.1a 识别智力的不同模型和类型。

弗朗西斯·高尔顿假想智力来源于感觉容量。比奈和西蒙建立了第一套智力测验体系，认为智力由高级心理过程构成，比如推理、理解和判断。斯皮尔曼发现，心理能力测试往往是正相关的。为了解释这一模式，他提出存在 g，即一般智力，同时指出存在适用于特殊心理任务的 s（特殊智力）。一些心理学家争论过关于迅速提高智力的可能性的问题。据此，出现了各种各样的方法。然而，这些被提及的智力是相互独立的还是一个更普遍的智力因素的问

题仍然悬而未决。

9.1b 描述智力和大脑大小以及效率之间的联系。

人类的头脑大小和智力还算有点联系。一些证据表明智力水平高的人具有尤其高效的大脑。与工作记忆能力一样，智力似乎与快速反应时间有关，并可能是大脑前额皮层的活动。

9.2 智力测验：超常、中常和低常

9.2a 描述智商的计算方法。

斯特恩将智力商数（智商）定义为心理年

龄除以实足年龄乘以 100。这个简单公式在运用于青少年期和成年期时会出现问题，因为心理年龄在 16 岁左右保持恒定水平。然而，大多数现代智力测验定义智商偏离了智力测验的初衷。

9.2b 解释美国滥用智力测验的历史。

优生学是通过鼓励有"良好基因"的人多生，反对有"劣质基因"的人生育，达到改善人类的基因库的目的。

智商测验成为优生学运动的一个重要工具，因为许多优生学的支持者希望以此阻碍低智商个体的生育行为。由于优生学的部分原因，今天的人对智商测验持怀疑态度。

9.2c 描述当今使用的智力测验以及智商分数的信效度。

心理学家已经为成人（如 WAIS-IV）和儿童（如 WISC-IV）开发了 IQ 测验。在成年期，智商分数相当稳定，尽管在婴儿期或童年期并不特别稳定。IQ 测验预测了各种重要的现实世界的结果，包括工作表现和身体健康。

9.2d 区别智力发育迟缓和天才的特征。

智力残疾有四类（以前称为智力障碍）：温和型、中间型、严重型、彻底型。至少 85% 的智障人士属于温和型。推孟关于天才学生的研究有助于揭穿一些广为流传的观点，即"少年聪明成年笨"，天才和傻瓜只有一线之差。

9.3 遗传和环境对智商的影响

9.3a 解释遗传和环境作用是怎么被家庭、双生子以及收养研究所影响的。

双生子和收养的研究表明至少家庭智商存在基因影响的趋势，尽管这些研究也提供了环境影响的证据。然而，在极度贫困的个体中，智商可遗传性相对较低，这可能反映了环境剥夺对潜在基因的不利影响。

9.3b 识别环境对智商的潜在影响。

学校教育与高智商有关。研究表明，贫穷和营养都与智商有因果关系，尽管从诸如社会阶层等其他因素中分离出营养的作用正受到挑战。

9.4 智商的群体差异：科学家和政治家

9.4a 区别男性和女性在心理能力上的异同。

大部分调查表明智商可能无性别差异，即使有也是很小的。

无论怎样，研究表明男人的智商分数比女人的更多变。女人比男人更擅长一些言语任务，而男人比女人更擅长一些空间任务。

9.4b 评估种族差异影响智商的证据。

平均下来，标准智商测验中非裔美国人的分数低于白人 15 个百分点。亚裔美国人高于白人 5 个百分点。然而，不同种族间智商分数的分布中有很大的重叠。测验偏向似乎不能解释非裔美国人和白人之间的智商差距，因为 IQ 分数预测了非裔美国人和白人是一样的标准。然而，一些研究为相信非裔美国人和白人之间的智商差异是因为环境影响提供了充分的理由。

9.5 剩下的故事：智力的其他维度

9.5a 评估关于创造力和情绪智力的科学研究。

创造力包含两个特征：新颖性和有效性。心理学家们经常用发散思维测验来测量创造力，即能够产生许多不同的解决方案。除此之外，创造力还需要聚合思维，即找出问题的最佳答案。情绪智力指的是理解自己和他人情绪的能力，并在生活中应用这种能力。尽管情绪智力和工作表现相关，但它在智力或人格特质（如外倾性）之外的贡献还不清楚。好奇心和意志力同样也有助于学业成就和其他形式的成就，尽管意志力的科学地位是有争议的。

9.5b　解释为什么智力不能使我们避免思维错误。

智慧是应用于公共利益的智慧。智慧与智力不一样，它有时，但不总是随年龄增长而增加。即使是高智商的人也会相信奇怪的事情，因为标准的智商测验并不是衡量科学思维能力的好方法。一些人甚至提出，高智商可能会让人们找到虚假的，但貌似可信的论据来支持他们不被支持的观点。

第 10 章　人类发展

我们如何以及为什么改变

学习目标

10.1a　阐明先天和后天对发展的影响。

10.1b　采取辩证方式去思考发展中的一些发现。

10.2a　追踪胎儿发育的轨迹，并确定正常发育的障碍。

10.2b　描述婴儿如何学会协调动作，并取得重大的里程碑式的行为发展。

10.2c　描述在儿童和青少年时期身体上的成熟。

10.2d　解释衰老过程中有哪些身体能力方面的下降。

10.3a　理解儿童思维发展的主要理论机制。

10.3b　解释儿童在重要的认知领域里掌握新知识的过程。

10.3c　描述人们在青少年期对知识的态度是如何变化的。

10.4a　描述儿童何时以及怎样与看护人建立情感纽带。

10.4b　解释环境和遗传对儿童的社会行为和社会风格的影响。

10.4c　确定在青春期和始成年期的道德和自我同一性的发展。

10.4d　了解成年时期重大生活转变带来的发展性变化。

10.4e　总结定义老龄化的不同方法。

质疑你的假设

互动

婴儿时期的情感创伤经历是否会影响孩子的一生？

与其他国家相比，美国的父母和学校教育技术给孩子们带来了发展上的优势吗？

青少年能做出成熟的决定吗？

做父母是如何影响人们的生活质量的？

随着不断衰老，人体的生理状况都是呈下降趋势的吗？

在短短几年时间里，孩子们从无助的、可爱的小不点发展成复杂、活跃、健谈的生物个体，他们对世界和他们在世界上的地位有了更多的了解。大多数孩子都随着成长时间发育出相似的技能，但不同的孩子之间在以下方面有很多不同的个体差异：他们怎样与他人交流（害羞和外向），他们喜欢做什么（说话和唱歌，还是建造和绘画），以及他们的身体特征（高而重还是小而轻）。对个体差异的解释是理解人类的一个重要问题。即使是同卵双胞胎，有时也会有显著的差异。双胞胎之间的相似性和差异带来的问题远多于答案——在这种情况下，基因和环境如何结合以导致发育结果，有哪些相似，又有哪些不同？像这样的案例研究几乎总是更适合提出问题，而不是解决问题。幸运的是，我们很快就会了解到，心理学家们已经发明了一种巧妙的方法来解释随着时间推移而发展的原因。

10.1　人类发展的特殊观点

10.1a　阐明先天和后天对发展的影响。

10.1b　采取辩证方式去思考发展中的一些发现。

发展心理学是一门研究行为是怎样随着时间变化的学科。变化可能是由于身体的成熟，也可能是由经验决定的，或者两者兼而有之。我们的先天特质（基因遗传）和后天环境（所处的成长环境）在发展中都发挥了巨大作用。然而，我们很快会发现想分清它们的影响很困难，因为先天特质和后天环境以各种奇妙的方式交织在一起。

澄清先天和后天的争论

20 世纪 90 年代中期，贝蒂·哈特和托德·里斯利（Hart & Risley，1995）进行了一项经典的纵向研究，研究表明，父母常与他们的孩子交流会使孩子的词汇量大于那些父母没有这样做的孩子。这项研究已经被不同的研究群体和实验重复进行（Greenwood et al.，2011）。令人难以置信的是，他们的计算结果显示，在人生的前四年，与父母交谈较少的孩子比与父母交谈

发展心理学
（developmental psychology）
对行为如何随时间而变化的研究。

可重复性
其他人的研究也会得出类似的结论吗？

较多的孩子少听到了超过 3 000 万的字并且后者更健谈。哈特和里斯利的研究为环境对儿童词汇的影响提供了有力的证据吗？那些与父母交流少的孩子学的词语更少？当然，我们不能这么快下结论。在一个完整的家庭中，父母和孩子不仅处于同一环境，而且他们的基因也有相似之处。因此，对于哈特和里斯利的发现，有另一种解释：也许反映了那些与孩子交流多的父母的词汇量本身就比其他人多这一事实（Stromswold，2001）。所以这些父母可能仅仅是把在词汇量较丰富方面的基因遗传给了他们的孩子。最近的研究发现，对儿童词汇的影响在很大程度上取决于环境，或者至少可以通过环境的变化来改变儿童的词汇量（Suskind，2015）。

排除其他假设的可能性 对于这一研究结论，还有更好的解释吗？

遗传−环境的相互作用

遗传和环境在个体发展进程中经常是相互作用的，这意味着一个因素的影响依赖于另一个因素的作用。例如，一些研究表明，拥有导致低单胺氧化酶（MAO）基因的孩子，其成为暴力罪犯的风险有所增加（Moore，Scarpa，& Raine，2002）。2002 年，阿夫沙洛姆·卡斯皮（Avshalom Caspi）和他的同事对拥有该基因的儿童进行了一项纵向研究，其中有些人犯下了暴力罪行，有些人没有。研究发现这个危险基因是否与暴力相关取决于特定的环境因素。具体地说，含低 MAO 基因并有受虐史（如身体虐待）的孩子更有可能去做危害社会的行为，如偷盗、袭击和强奸。仅仅含低 MAO 基因的孩子并不会有高度风险，并且有受虐史的高 MAO 基因的孩子也不会有高度风险（Caspi et al.，2002；Kim-Cohen et al.，2006）。这一发现表明**遗传−环境的相互作用**现象：在很多情况下，基因的影响取决于个体所处的环境状况，而且反之亦然。

先天经由后天

先天因素会影响孩子们所处的环境。特别是有一定遗传倾向的孩子经常寻求和创造他们自己的环境，这种现象称为**先天经由后天**（Lykken，1995；Ridley，2003）。通过这种方式，后天因素让孩子们有机会表达他们的遗传倾向（Scarr & McCartney，1983）。例如，随着年龄的增长，高度恐惧的孩子倾向于寻找保护他们免受焦虑的环境（Rose & Ditto，1983）。高度恐惧的孩子之所以选择更安全的环境，可能是因为在安全的环境中成长可以帮助抵抗恐惧，而事实上，环境是孩子遗传倾向的结果。

基因表达

环境实际上是基因的开关，虽然这听起来很奇怪。**基因表达**现象表明，拥有特定特征的基因并不会自动激活（Champagne & Mashoodh，2009；Plomin & Crabbe，2000）。是的，在我们体内的 100 万亿左右的细胞中，每一个都含有我们的基因。然而，这些基因中只有一些是活跃的，有时它们会利用环境经验打开。例如，有容易焦虑基因的孩子可能永远不会焦虑，除非一个高度紧张的事件（例如，早期发展过程中父母的死亡）触发了这些基因并使之变得活跃。

近年来，基因表达最令人惊讶的一个方面是它处于一种不断波动的状态，而这些基因的变化并不一定会持续下去。相反，环境因素可能导致基因在任何给定时间都在积极影响发育和行为，进行逐月甚至逐日的调整。这种现象被称为表观遗传，其对理解生理和心理健康方面很重要。对表观遗传如何影响儿童行为发展的研究刚刚开始，所以在未来的几年里，该领域将会更多地探索表观遗传是如何影响行为的。表观遗传效应提醒我们，后天影响先天。反过来，先天也会影响我们对后天的反应

遗传−环境的相互作用
（gene-environment interaction）
遗传的影响取决于个体所处的环境状况。

先天经由后天
（nature via nurture）
具有特定遗传倾向的个体倾向于寻找并创造环境来允许这些遗传倾向的表达。

基因表达
（gene expression）
整个发展过程中通过环境激活或者灭活基因。

（Akbarian & Nestler，2013）。

关于先天与后天交叉的总结见表10.1。

表10.1　先天与后天的交叉

先天与后天是很难区分的——我们很容易把环境作用误以为遗传效应，反之亦然。这里有一些基因和环境相互交叉的方式，这些交叉作用导致区分基因与环境的影响变得困难。

先天与后天的交叉	定义
基因 - 环境相互作用	基因对行为的影响取决于行为发展的环境
先天经由后天	遗传倾向可以驱使我们选择和创造特定的环境，从而影响我们的行为，导致我们错误地认为这是纯粹的自然效应
基因表达	一些基因只会在特定的环境中才会表达出来
表观遗传	基因是否活跃是由每天和每时每刻的环境条件所决定的

早期经验的神秘性

毫无疑问，一个人早期的生活经历有时对塑造以后的发展有深远的影响力。事实上，来自外部世界的早期投入对大脑的发展产生了重要的影响。然而，这些对大脑和行为的影响在生命的头几年之后并没有停止，而是在整个生命周期中都有作用。因此我们不应该高估婴儿期的经验对于长期发展的影响。虽然这些经验是有影响力的，但它们常常会被逆转（Bruer，1999；Clarke & Clarke，1976；Kagan，1998；Paris，2000）。

事实上，人多数孩子比我们通常认为的更有弹性。例如，刚出生不久的婴儿与母亲分离的这事实并不会对婴儿的情绪调节产生持久的消极影响（Klaus & Kennell，1976）。毫无疑问，早期的经验对于儿童在身体、认知和社会发展方面发挥了很重要的作用。但是我们没有理由相信，以后的经验在发展中所起的作用要比早期的经验的作用小。事实上，后来的积极经验往往可以抵消早期的消极影响（Kagan，1975；McGoron，Gleason，Smyke，…Zeanah，2012）。我们知道婴儿的大脑在怀孕和出生的第一年经历了巨大的增长和变化。但神经科学研究也表明，大脑在整个童年和成年早期对经历做出重要反应的过程中会发生重大变化，这说明了：生命后期的经历可能与早期的经历具有同等的影响（Greenough，1997）。大多数孩子都能承受压力和创伤，并且从潜在的危险情况（包括绑架甚至性虐待）中摆脱出来（Bonanno，2004；Cicchetti & Garmezy，1993；Garmezy，Masten，& Tellegen，1984；Rind，Tromovitch，& Bauserman，1998；Salter et al.，2003）。这些孩子表现出一些短期的消极影响并不罕见，包括行为或睡眠习惯的改变，当然也有一些孩子经历了持久的消极影响。但幸运的是，大多数孩子从这些事件中恢复过来，并且其健康几乎没有受到永久的伤害。

关注组群效应

想象一下，我们进行一项调查人们的计算机知识是怎样随年龄的变化而变化的研究。我们的假设很简单：从青少年期至成年早期，人们的计算机知识应该是稳定增长的，30岁之后保持不变。我们预测，30岁左右时计算机知识应该保持不变或略微增长。为了检验我们的假设，我们从美国人口中抽出100 000人作为样本，他们的年龄在14～80岁。我们仔细将痴呆患者或有其他形式的大脑损伤的人筛选出去，以确保不会有认知障碍患者。但是，与我们假设相反，我们发现人们的电脑知识随年龄增长而戏剧性下降，特别是在 60～80 岁时。我们在什么地方出错了吗？

排除其他假设的可能性
对于这一研究结论，还有更好的解释吗？

横断设计
（cross-sectional design）
在同一时间内研究不同年龄的参与者，每一个年龄组叫作一个群体的研究设计。

组群效应（cohort effect）
某一样本中的个体的变化是因为个体成长在同一个时代环境的原因。

纵向设计
（longitudinal design）
研究同一群体在多重时间段上发展变化的研究设计。

结果证明我们忘了考虑另一种解释。我们有了一个合理的假设。但在科学上，我们还必须确保我们选择的研究设计是正确的。而在此研究中却并非如此。我们采用了**横断设计**——这是一种研究者在同一时间研究不同年龄的参与者，每个年龄组叫作一个群体的研究设计（Achenbach，1982；Raulin & Lilienfeld，2008）。在这个横断设计中，我们获得每个人在某一年龄的快照，我们测量一些处于 24 岁、47 岁、63 岁等年龄的参与者。

横断设计的主要问题是无法控制**组群效应**：我们通常依据于出生在同一年或者出生在具体界定时间范围来对生活在不同时期的人进行区分，而这一群人被称作"组群"。在这项研究中，组群效应是横断设计的一个致命缺点，因为在 20 世纪 80 年代末之前，很少有美国人使用电脑。所以那些超过 60 岁的人的计算机知识可能不如青年人。这样看来，计算机知识与年龄影响无关，但与成长过程中的其他因素有关。

解决这一问题的唯一可靠的方法是**纵向设计**。在纵向设计里，心理学家追踪同一组参与者的整个发展时期（Shadish，Cook，& Campbell，2002），而不是获得每个人在单个时间点的快照，我们获得的是一系列同等的在不同年龄阶段的家庭录像。这个设计允许我们检验真实的发展性的影响：随着时间变化出现的改变是年龄增长的结果（Adolph & Robinson，2011）。没有纵向设计，我们可能会错误地得出结论。例如，很多大众心理学作品警告我们离婚会导致孩子的一些破坏性行为，比如耍性子，不守纪律，不服从权威，并实施犯罪（Wallerstein，1989）。然而一项以一些男孩为样本的追踪几十年的纵向研究却揭示了不同结果：父母离异的男孩显示出这些外显问题行为的发生甚至比离婚早几年（Block & Block，2006；Block，Block，& Gjerde，1986）。这就有了一些有趣的问题：为什么那些有问题行为的男孩的父母比其他父母更容易离婚呢？关键的一点是，纵向研究使我们能够排除其他貌似合理（本案例中为"不正确"）假设——男孩的行为是对离婚的反应——的可能性。

排除其他假设的可能性
对于这一研究结论，还有更好的解释吗？

虽然纵向设计研究很适合研究变量在时间因素中的变化，但也需要大量经费和时间消耗，并且在一定程度上几乎是不可能的。例如，我们关于计算机知识的研究大概需要 60 年去完成。这样的研究也会导致一些消耗——参与者在实验结束前退出。当退出的参与者与留下来的参与者在重要方面存在差异时，自然损耗可能是一个棘手的问题。当纵向设计不可行时，我们应谨慎地解释横断设计研究的结果，并考虑到群体效应可以解释不同年龄的任何观察到的变化。然而，有许多研究采用横断设计比纵向设计更有用。例如，当比较两岁和两岁半的孩子在记忆力测试中的表现时，群体效应似乎很低。事实上，在这样的研究中，纵向设计可能会有问题，因为将相同的记忆任务交给相同的孩子两次，很可能会导致他们在第二次测试中表现更好，因为任务更熟悉。我们也应该记住大多数纵向研究使用观察设计而非实验设计，因为在这些研究中我们显然不能随机地把人

年龄较大的人使用一些科技产品时可能不太舒服，因为他们成长的过程中并没有这些东西，这限制了我们在横断设计中比较年长的人与年轻人表现的能力。

事后归因谬误
（ post hoc fallacy ）
因为一个事件发生在另一个事件前，就认为之前的那个事件一定会引致后面那个事件的错误假设。

按条件进行分组。因此，我们不能用它们去推论因果关系。

相关还是因果
我们能确信 A 是 B 的原因吗？

事后归因谬误

有许多在心理发展调查中经常出现的挑战。理解这些挑战以及本书自始至终所依赖的科学思维原则，将会给我们提供从孩童到老年发展过程中的生理、认知方式、情绪和社会性变化的原因的评估手段。

首先，我们在前文了解到，同时测量的两个变量之间的相关性并不意味着其中一个变量会导致另一个变量。但是当涉及发展的时候，事情会随着时间的推移逐步发展，这个逻辑谬论就会变得特别诱人。我们很容易假设，早期发生的事情会引致后来发生的事情。例如，如果我们了解到害羞的孩子更有可能成为工程师，我们就可以很容易地想象到，害羞可能会引起孩子在工程领域的兴趣。但是现在想象一下，几乎 100% 连环杀手小时候都喝牛奶，所以我们认为喝牛奶创造了大量的杀手，这样断定是愚蠢的。我们没有理由从这个联系中推断因果关系，因为很多因素都可能影响这两种行为。这个逻辑错误——假设 A 在 B 之前出现，A 一定导致 B——被称为"**事后归因谬误**"。

双向影响

人类的发展几乎总是一条双行道。也就是说，发展的影响是相互的。儿童的经验影响着他们的发展，但他们的发展也影响着他们的经验。家长和孩子之间的心理交流是双向的：家长影响着孩子的行为，相反，孩子也影响着他们父母的行为，等等（Bell，1968；Collins et al.，2000；O'Connor et al.，1998）。孩子通过改变自己来影响他们的兄弟姐妹、朋友和老师（Plomin，DeFries，& Loehlin，1977；Steele，Rasbash，& Jenkins，2012）。而且，随着孩子的成长，他们越来越积极地选择他们的环境。

在大脑中保持双向影响的观念是很重要的，因为大众心理学都是单向解释，即以单箭头的形式解释发展的问题：父母打架→他们的孩子就会有消极反应；孩子在学校目睹暴力→他们会逐渐变得具有攻击性。也许这些解释都有一点道理，但它们只讲了故事的一部分。这就是为什么心理学中的箭头中有那么多是双箭头，而非单箭头。在研究人类发展中，双箭头比单箭头更好，或者说更准确。

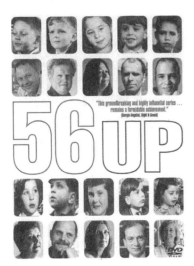

跟踪同一组人的生活的纵向设计。导演迈克尔·艾普特（Michael Apted）的《人生七年》系列片中记录了 14 位英国人，从 7 岁到 56 岁全部的"纵向"生活轨迹。

基因与环境的解释

互动

你能想到环境和基因是怎么解释青少年成为麻烦制造者的吗？环境解释是孩子们和其他麻烦制造者一起出去玩的时候，他们自己也会被说服去做一些破坏性的行为。基因解释是遗传上倾向于从事破坏性行为的孩子，会去寻找其他志同道合的孩子。

10.2　发展的身体：身体和运动的发展

10.2a　追踪胎儿发育的轨迹，并确定正常发育的障碍。
10.2b　描述婴儿如何学会协调动作，并取得重大的里程碑式的行为发展。
10.2c　描述在儿童和青少年时期身体上的成熟。
10.2d　解释衰老过程中有哪些身体能力方面的下降。

人类身体发展远远开始于出生之前，就像运动协调能力的发展一样。学习、记忆，甚至对特定声音或躯体姿势的偏好，都已经在婴儿出生前就显现出来了。然而，身体结构，包括大脑，在整个生命周期中都经历着根本性的变化，形成了发育过程中表现出来的一系列行为。

怀孕和产前的发展：从受精卵到婴儿

在**产前**（出生之前）的发育时期，人体获得基本形式和结构。

产前发育变化最大的阶段是在怀孕初期。当一个精子使卵子受精而产生**受精卵**，就开始了受孕。受孕后，出生前身体发育经历三个阶段。在生发阶段，受精卵开始分裂和复制，形成**胚泡**——一个由相同细胞组成的球，但这些细胞还没有具体分化成具有不同功能的躯体部分。在受精后的头一周或一周半的时间里胚泡随着细胞不断分裂继续生长（见图 10.1）。第二周中期，这些细胞开始分化，在身体器官中承担不同角色的细胞开始生长。

一旦不同的细胞开始承担不同的功能，胚泡就开始变成一个**胚胎**。胚胎阶段为发育的第二周到第八周，在这个阶段四肢、面部特征以及主要的身体器官（包括心脏、肺和大脑）开始成形。在这个阶段，在胎儿发育过程中许多环节会出现异常。流产通常发生在胚胎发育不正常的时候（Roberts & Lowe，1975），在这一阶段母亲基本上不知道她怀孕了。

到第九周，主要器官已经形成并且心脏已经开始跳动。最后一个里程碑叫作胎儿阶段，因为这是胚胎发育成**胎儿**的阶段。在怀孕后期，胎儿的"工作"就是达到生理成熟。这个阶段更多是已有器官等的生长发育而非形成全新的结构。怀孕的最后阶段即第三个阶段，胎儿身体的发育主要是"体形增长"。

大脑的发展：18 天及以后

人类的大脑仅仅在受精后 18 天就开始发育。与其他器官不同，大脑在出生时

产前（prenatal）
在出生之前。

受精卵（zygote）
已受精的卵子。

胚泡（blastocyst）
怀孕早期由相同的细胞组成的球，还没有开始分化成具有不同特定功能的躯体部分。

胚胎（embryo）
产前，受精后的第二到八周，这个阶段四肢、面部特征以及主要的身体器官开始形成。

胎儿（fetus）
在产前发展中，处于主要器官形成后的第九周到出生阶段；在胎儿期，躯体的发育成熟是主要变化。

图10.1　受精卵从卵巢到子宫的旅程

- (a) 受精卵
- (b) 4-细胞阶段（2天）
- (c) 早期胚泡（4天）
- 受精作用（精子和卵子相结合）
- 卵细胞
- 排卵
- (d) 植入胚泡（6天）
- 输卵管
- 卵巢

互动

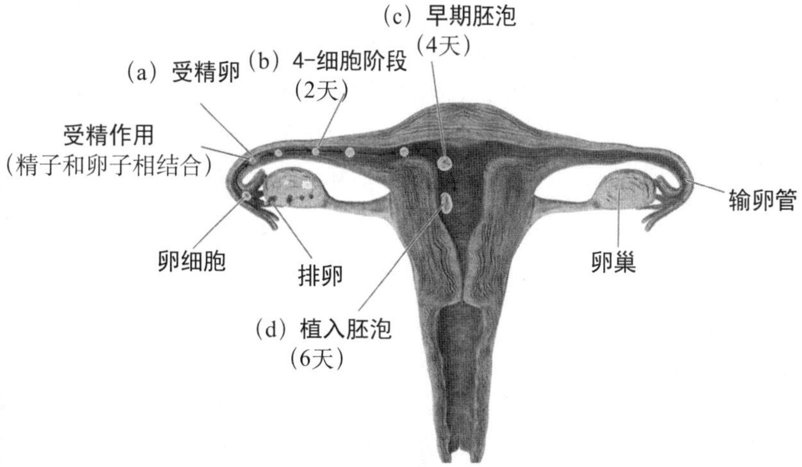

精子使卵子受精后，卵子开始通过输卵管进入子宫。随着它的旅行，细胞开始分裂和复制，成为一个胚泡。到第六天，胚泡植入子宫。

资料来源：Adapted from Marieb and Hoehn, 2007。

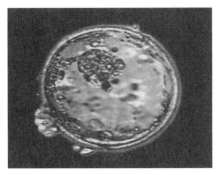

胚泡由大量相同的细胞组合在一起，这一阶段是受精后细胞分裂的最早阶段。

胚胎期是细胞开始分化成初步结构（如骨骼、器官和四肢）的时期。

胎儿是一种可辨认的人类形态，在怀孕 9 个月后会有心跳。

就已经完全成形，之后只是体积继续增长，我们的大脑一直到青少年期甚至成年早期都在持续发展（Caviness et al.，1996）。

从孕期的第 18 天开始到第六个月末，神经细胞以极大的速度发展，这个过程称为激增。有些部位的神经系统在顶峰时期发展速度惊人，高达每分钟产生 250 000 个脑细胞。胎儿最后制造出很多神经元，甚至远远超过婴儿所需。除了生长这些细胞之外，大脑必须组织它们执行协调的功能。第四个月开始，细胞开始出现迁居。神经元开始分组，移动到大脑特定结构的最后位置，如海马体和小脑。

25天　35天　40天　50天　100天

5个月　6个月　7个月

8个月　　9个月

胎儿的大脑开始就像一个长管，先发育出脑干（控制像呼吸和消化之类的基本功能），然后发育形成各种不同结构，随后在妊娠晚期发育形成脑皮层结构。（资料来源：Based on Restak，1984。）

相关还是因果

我们能确信 A 是 B 的原因吗？

胎儿发展阻碍

虽然大部分婴儿出生后都是健康和完整的，但有四种方式可能破坏胎儿的发育：（1）早产，（2）低出生体重，（3）受到危险的环境影响，（4）由遗传疾病或在细胞复制期间细胞分裂出现错误所造成的生物影响。

早产　一个足月出生的婴儿是在怀孕 40 周后出生——实际上是接近 9.5 个月，这是正常情况。早产儿是在怀孕不到 36 周就出生的婴儿。在妊娠期婴儿生存点即通常可以独立存活的发育时间，是 25 周。在极少数情况下，发育仅 22 周的胎儿会存活下来，但有严重的身体和认知障碍。早产儿的肺部和大脑发育不全，而且常常无法运行基本的生理功能，例如呼吸和保持健康的体温。他们经常在认知和身体发育方面有严重的延迟。随着怀孕周数的增长，胎儿存活的概率增加，发育障碍的发生概率下降（Hoekstra et al.，2004）。许多原本健康的早产儿设法"迎头赶上"，并且没有遭受什么长期后果，尤其是那些在怀孕 32 周后出生的早产儿。

低出生体重　早产儿通常没有足月婴儿重，因为他们没有机会在出生之前就长大。然而，还有一些在 40 周后出生的足月婴儿的体重仍然较轻。体重低于 5.5 磅的婴儿被定义为低出生体重（与约 7.5 磅的平均出生体重相比；Pringle et al.，2005；Windham et al.，2000）。低出生体重与高死亡率、感染、发育迟缓，甚至是心理障碍，如抑郁和焦虑，有关（Boyle et al.，2011；Copper et al.，1993；Schothorst & van Engeland，1996）。然而，这其中有多少是由于低出生体重直接导致的目前尚不清楚，因为低出生体重本身可能反映了怀孕期间的其他问题。总的来说，足月低出生体重的婴儿比其他健康的早产儿有更明显的问题——那些有机会长大但没有成功的人可能由其他的风险因素导致低出生体重。例如，低出生体重婴儿通常是由单亲妈妈、年轻妈妈、教育水平较低的女性和贫穷的女性以及那些没有得到产前检查的人生的（Defo & Partin，1993；Gebremedhin et al.，2015）。大多数专家认为，通过提供更广泛的产前教育和孕妇保健，可以将低出生体重率降至最低。

受到危险环境影响 大多数女性直到胎儿的身体和大脑已经发育好了才意识到自己怀孕了。结果她们可能经常在不知情的情况下从事有害于胎儿的活动。**致畸物**是对胎儿产前发展有消极影响的环境因素。它们的范围从药物、酒精到水痘和 X 射线，甚至母亲的焦虑和抑郁也是潜在的致畸因子，因为它们改变了胎儿的化学和生理环境（Bellamy，1998；Katz，2012）。

摄入酒精会导致胎儿酒精综合征——包括学习障碍、身体发育迟缓、面部畸形和行为障碍等（Abel，1998）。在怀孕期间烟草是最普遍的致畸物之一。在怀孕期间吸烟或吸食大麻或使用其他娱乐性药物的母亲特别有可能分娩低出生体重婴儿。医疗专家越来越关注母亲的心理健康对胎儿发育的不良影响。例如，母亲长期不断的压力对婴儿的产前发育有不良影响（DiPietro，2012；Glover，1997）。怀孕期服用抗抑郁药物的孕妇面临着一个两难的选择。大多数心理学家认为，药物可能具有致畸效应，因此女性在怀孕期间往往会决定停止服用抗抑郁药物。然而，抑郁症状的复发也会使胎儿处于危险之中。在这些情况下，女性和医疗保健者必须决定哪一种可能对胎儿产生最小的不利影响。但是，影响取决于胚胎期或胎儿期是否遭受致畸物，一些致畸物影响脑部一些特定区域的发展，但其他的致畸物则对发育有普遍影响。因为大脑相较于其他器官有相当长的发育时间，特别容易受到致畸物的侵害。

遗传疾病 遗传疾病或细胞分裂过程中的随机组合错误是第二个胎儿期发展不利因素。通常一个单细胞（包括卵子和精子）或一组细胞在复制过程中会出现错误或遗传物质的中断。就如同一张有污点的纸被不断影印，这些细胞不断复制并把错误保留下来，最终损害器官或影响器官系统的发展。产生的影响轻微的会导致胎记，严重的可能导致智力障碍和凝血功能障碍或退行性肌肉组织疾病。

婴儿动作的发展：婴儿如何学会行走

从出生开始，婴儿开始学习如何通过移动自己的身体来与环境协调互动。某些运动协调是通过出生后一系列的条件反射得以显现的，其他运动则在幼儿期和儿童早期得到逐渐发展。

生存本能：婴儿反射

婴儿出生就具有一系列自动行为——或反射——它是对特定外界刺激的自动行为，对于生存非常重要（Swaiman & Ashwal，1999）。例如，吸吮反射就是直接对嘴部刺激的自动反应。如果我们放一些东西在婴儿的嘴里（包括手指头——尝试一下……当然要在父母的允许下），他会含住手指并开始吸吮。另一种相关的反射是寻乳反射，它满足同样的生存需要：吃。如果我们轻轻地抚摸一个饥饿婴儿的脸颊，他会自动地把头转向我们的手，并用他的嘴急切地寻找一个乳头吮吸。这些反射有助于维持生存。如果他们需要通过试误来习得吮吸一个物体获得营养，那么他们可能会在尝试中饿死。

学会站立和行走：协调运动

但是反射所起的作用非常有限。婴儿必须通过试误来学习其他运动行为。**运动行为**是婴儿自主移动骨骼和肌肉的结果。在发展过程中，主要的里程碑式动作包括坐立，爬行，无须支撑的站

致畸物（teratogen）
对产前发展有消极影响的环境因素。

胎儿酒精综合征（fetal alcohol syndrome）
产前期母亲大量摄入酒精引起的，会导致个体学习障碍、身体发育迟缓，面部畸形以及行为障碍。

运动行为（motor behavior）
婴儿自主移动骨骼和肌肉从而使身体运动。

图10.2 ｜ 动作发展的进程

尽管在每个里程碑式的动作发展里，每个小孩需要不同系列的动作协调技巧，然而，其往往以相同的顺序实现不同的动作发展。例如，孩子在需要支撑的行走、无须支撑的行走、奔跑等不同发展阶段，往往需要不同的肌肉组织以及力量转移以实现移动。

爬行
（9个月）

站立
（11个月）

无须支撑的坐立
（6个月）

需要支撑的行走
（12个月）

无须支撑的行走
（13个月）

奔跑
（18～24个月）

立、行走。不同年龄的孩子达到动作发展指标有很大不同，虽然几乎所有的孩子都以同样的顺序获取这些能力（见图 10.2）。

我们想当然地认为，坐在桌子上喝一杯咖啡是多么容易，然而我们身体做出计算——通过身体的调整来控制身体的位置、运动的方向和速度——是非常复杂的。我们还可以根据不同的情况进行调整，否则大多数时候我们会把咖啡倒在地上（Adolph，1997）。作为新手，婴儿还没有学会快速地计算以进行良好的手眼协调和运动的计划。爬行和行走甚至比伸手够到东西更复杂，因为它们涉及支撑婴儿的体重，协调四肢，并以某种方式保持婴儿的运动方向。

运动行为的影响因素

孩子们达到运动里程碑的速度和方式有很大的差异。有些人爬行和行走要比其他人早得多，还有一些完全跳过了爬行阶段。这些发现表明，这些技能不一定是以先因后果的方式一个一个先后发展起来的，因为事后归因谬误可能会让我们误信。那么，还有什么可以解释为什么所有的孩子都能以同样顺序获得运动里程碑吗？

身体和大脑的成熟在增强孩子动作的稳定性和灵活性上起着很大作用。一些运动的发展可能是天生的程序化的运动模式的结果，它会在刺激的反应中被激活。许多运动成就，如爬行和行走，也依赖于身体成熟到允许儿童获得必要的力量和协调能力。儿童在运动发展速度上的差异也与他们的体重有关。体重较重的婴儿比较轻的婴儿更容易达到运动里程碑，因为他们需要在支撑体重之前增加肌肉（Thelen & Ulrich，1991）。

教养方式和文化经验在运动发展中也发挥重要作用（Thelen，1995）。在运动里程碑发展时限上也存在相当大的跨文化差异。在秘鲁和中国的一些地方，婴儿被紧紧地裹在褓褓和温暖的毛毯里，这阻碍了婴儿肢体的自由运动（Li et al.，2000）。褓褓中的婴儿往往会哭得更少，睡得更香，但一岁后的婴儿还长时间裹在褓褓里就会减缓他们的运动发展。相比之下，很多非洲和西印度的妈妈和他们的孩子一起从事不同的伸展、揉捏和力量加强的练习，这些在美国人眼中看来是有害的练习加快了婴儿的动作发展（Hopkins & Westra，1988）。即使是像布或一次性尿布这样只在工业化社会中普遍存在的基本用品，也减缓了婴儿行走技能的发展（Cole，Lingeman，& Adolph，2012）。

在婴儿期之后的成长和生理发育

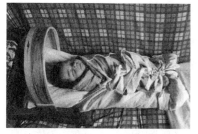

许多文化中的婴儿养育的做法对其他文化的人来说似乎是极端的。例如，许多美国人认为头一年一直裹在襁褓中的婴儿早期的身体发育就被限制了。虽然养育方式影响运动发展的速度，但这些早期的身体经验并没有产生长期的损害或优势。

从童年早期到青少年我们的身体经历着戏剧性的变化。仔细检查一个处于婴儿初期的孩子会发现，他并没有修长的脖子，头几乎是他躯干一半的大小，甚至他的手臂无法触碰到他的头顶。在漫长的童年时期，身体各部位的生长速度不同，因此身体的最终比例和出生时有很大不同。例如，头的绝对尺寸随发育而持续增长，但其速度小于躯干和腿。因此，青少年或年轻成人相比于幼儿有较小的头-身比例（见图 10.3）。

可重复性
其他人的研究也会得出类似的结论吗？

在本书中，我们已经零散地讲述了大量错误的大众心理学智慧的例子。然而，有一些常识是正确的：快速生长期是真实的。迈克尔·赫姆努森（Michael Hermanussen）和他的同事们发现，3 岁至 16 岁的儿童每 30～55 天就会出现"小的快速生长"，随后是增长缓慢的间歇期（Hermanussen，1998；Hermanussen et al.，1988）。一项测量三名婴儿的日常生活的研究发现婴儿的生长速度会突然加快。他们在一段时间内没有显示出任何增长，然后一夜之间增长了一英寸（Lampl, Veldhuis, & Johnson, 1992）！然

事实与虚构

互动　爬行经验丰富的婴儿善于在狭窄的洞口和斜坡下穿行。当婴儿学会走路时，他们的穿行技能很容易转化为直立行走。（请参阅页面底部答案）
○ 事实
○ 虚构

图10.3　发展过程中的身体比例变化

这张图显示个体生长过程中头、躯干、四肢和整个身体的比例。在整个发展过程中头与身体的比例急剧下降，而腿的相对比例急剧增长。

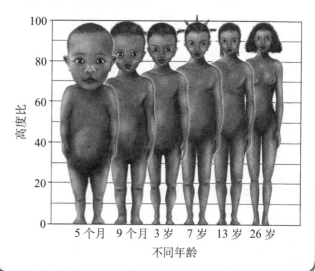

不同年龄

答案： 虚构。一旦婴儿开始行走，他们就必须重新学习他们的身体要适应什么样的空间，比如如何爬楼梯。行走不仅使用不同类型的运动协调，还包括如何改变他们的视角，以及婴儿的身体在移动时如何占据空间。

而，其他的研究未能重复这一发现，相反还表明增长实际上是渐进的，在发展的不同阶段，增长速度会发生变化（Heinrichs et al.，1995；Hermanussen & Geiger-Benoit 1995；Lampl，2012）。有证据表明，生长确实会出现井喷，但在井喷前的这段时间并不意味着增长完全停滞。尽管所有的婴儿都经历了快速生长，但这些生长突增的时限似乎至少在某种程度上是由母亲在怀孕期间的特征（如她的体重和她是否有高血压）以及是不是第一次怀孕所预测的（Pizzi et al.，2014）。有趣的是，婴儿在成长期间睡得更久，睡得更频繁（Lampl & Johnson，2011），尽管对睡眠和生长之间的因果关系的方向还不清楚。在所有的可能性中，睡眠和生长都是第三个变量，如新陈代谢或基因表达的结果。

相关还是因果
我们能确信 A 是 B 的原因吗？

身体成熟：青少年期的力量

我们的身体直到**青少年期**——儿童期和成年期过渡阶段——才完全成熟。青少年期是身体发生深刻变化的时期，其中很多都是激素的变化。脑垂体会刺激身体生长，并且生殖系统会释放雌激素和雄激素（见 3.1c）到血液中，促进生长和其他身体变化。许多人认为雄激素，如睾丸激素，是男性激素而雌激素是女性激素。事实上，两种类型的激素在两性中都有不同的比例。对于男孩，雄性激素会促进肌肉组织的增长，面部和躯体毛发的生长，以及肩膀的拓宽。对于女孩，雌激素会促进胸部的生长，子宫和阴道的成熟，臀部的变宽以及月经的到来。女孩体内的雌激素也会促进身体成长和阴毛的生长（见图 10.4）。在青少年期男孩的肌肉力量会超过女孩，并且在该时期男孩会经历一系列的肺功能和血液循环的变化。相比于女孩，这些变化在男孩体内会引起更强的身体力量和耐受性，这就解释了男孩和女孩在青春期出现的运动能力的差异（Beunen & Malina，1996；Malina & Bouchard，1991）。

在青少年期由激素引起的重要变化是**青春期**，也可称为性成熟——身体的繁殖潜能得以实现。成熟包括第一性征的变化，**第一性征**包括内生殖器和外生殖器；同时也包括第二性征的变化，**第二性征**包括那些不与生殖直接相关并且标示不同性别的特征，例如女孩胸部变大，男孩嗓音变粗，以及他们阴毛的出现。女孩的*初潮*——月经的开始——往往是在身体完全成熟之后才开始的。月经初潮是身体的保障安排，防止女孩在能够怀孕并安全分娩之前怀孕（Tanner，1990）。月经的开始时间是不一致的，因为女孩达到身体成熟的年龄是不相同的。

首次遗精堪称是男孩人生中的里程碑。它发生的平均年龄是 13 岁左右。由于男孩的身体没有完全发育成熟，因此，首次遗精并不像初潮那样与身体成熟紧密相关。事实上，男孩走向成熟所需的时间远远超过女孩，这也就是为什么我们经常看到六七年级的女孩相对要高于同年级的男孩。男孩性成熟的第一个迹象是睾丸和阴茎的增大以及阴毛的生长（Graber，Petersen，& Brooks-Gunn，1996）。后来，男孩们开始出现面部和体毛的迹象，并且声音越来越低沉。

男孩和女孩的发育时间受基因影响，同卵双胞胎彼此月经初潮时间相隔通常不会超过一个月，而异卵双胞胎初潮时间平均会有一年之差（Tanner，1990）。然而，大量的环境因素（如一些关系到身体健康的）影响青少年步入青春期的时间。社会经济水平较高的家庭通常有良好的营养物质和健康护理，因而其子女能够更早地步入青春期（Eveleth & Tanner，1976）。来自富裕国家的女孩初潮时间通

青少年期（adolescence）
童年期和成年期之间的转折期，通常与青少年联系起来。

青春期（puberty）
性成熟导致繁殖潜能得以实现的时期。

第一性征
（primary sex characteristics）
用于区分不同性别的内生殖器和外生殖器。

第二性征
（secondary sex characteristics）
与生殖没有直接联系的标志，如女孩胸部变大，男孩的嗓音变浑厚。

初潮（menarche）
月经的开始。

首次遗精（spermache）
男孩的第一次射精。

常会早于那些来自贫穷国家的女孩。日本和美国的女孩通常在 12 岁半到 13 岁半之间开始有初潮。而非洲最贫困地区的女孩通常在 14 岁至 17 岁之间才开始初潮（Eveleth & Tanner，1990）。

平均来说，在过去的 100 年里，女孩月经初潮的年龄已经提前，从 15 岁左右提前到 13 岁左右。研究人员还发现，美国男孩的青春期特征比之前报告的 9 岁平均提前了 2 年——黑人平均在 9 岁，白人和西班牙裔平均在 10 岁（Herman-Giddens et al.，2012）。这些变化可能主要是因为有更好的营养和卫生保健（Tanner，1998）。而其他因素，例如经常接触家畜的激素，可能也会有作用（Soto et al.，2008）。

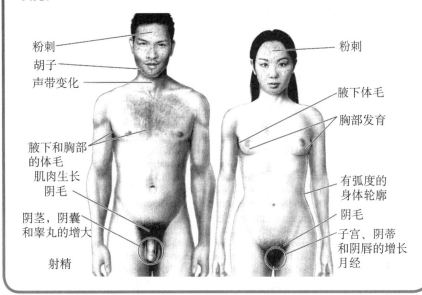

图10.4　青春期前和青春期孩子的身体和性成熟

性激素使身体快速增长，他们的身高完全达到成人标准。同时它们也会引起生殖系统和第二性征的变化，例如：女孩的胸部和臀部的变化，男孩肩部的变宽。

粉刺　胡子　声带变化　腋下和胸部的体毛　肌肉生长　阴毛　阴茎，阴囊和睾丸的增大　射精

粉刺　腋下体毛　胸部发育　有弧度的身体轮廓　阴毛　子宫、阴蒂和阴唇的增长　月经

虽然更年轻的青春期被认为是健康的积极表现，但经历一个特别早的初潮（11 岁或更早）似乎有一些消极的联想。例如，根据亨里希斯和她的助手（Henrichs et al.，2014）的研究发现，过早出现初潮的女孩往往会接触到多种早期的逆境，如虐待、父母的忽视，或在早期的发展中接触到社会暴力。不幸的是，过早出现初潮实际上与各种消极的长期健康状况如成年时的心血管疾病和癌症有关（Jacobson et al.，2009），并且会增加危险行为的发生率（Vaughan et al.，2015）。当然，很难判断过早的初潮是否会导致其他的健康风险，或者说，它是这些消极结果倾向的标志。

相关还是因果
我们能确信 A 是 B 的原因吗？

成年期的身体发育

在青春期身体和生殖能力得到充分发育后，我们当中很多人在二十几岁就达到了身体发育的顶峰（Larsson, Grimby, & Karlsson, 1979; Lindle, et al., 1997）。体力、协调能力、认知发展的速度以及身体和思维的灵活性均在成年早期达到顶峰。

中年期的身体变化

为了试图延缓不可避免的老龄带来的影响，美国人每年花费数百万美元在市场上推广的产品和噱头上面，其目的是让他们看起来和感觉起来更年轻。然而，年龄对身体外观和身体机能的一些影响是人生中不可避免的事实。随着年龄的增长，我们的肌肉张力下降，体脂增加。像视觉、听觉这样的基本的感觉过程，功能也趋向于下降。甚至是嗅觉，其敏感性在人到了 60 或 70 来岁时也开始下降。

女性的生育能力在三四十岁时急剧下降（见图 10.5），这对当代社会的许多女性来说是一个挑战，她们选择推迟生育，直到她们获得事业上的成功。因此，生育治疗一直在进行。坏消息是，在三四十岁怀孕的女性中，所生婴儿具有严重缺陷的风险大大增加。

对女性而言，身体老化的一个重要的里程碑是**闭经**——月经的终止，这标志着一名女性生殖潜能的结束。闭经是由雌性激素减少引起的，雌性激素可导致突然的"热潮红"，其症状包括变得出奇的热，出汗，口干舌燥。许多妇女报告说会引起情绪波动、失眠和暂时失去性欲。有趣的是，这些症状存在文化差异。虽然大约有 50% 的美国人和加拿大人报告说有热潮红症状，但是在日本，却只有不到 15% 的妇女报告有该症状（Lock，1998）。此外，女性闭经的意义也因文化而异。超过一半的澳大利亚女性恐惧闭经是衰老的迹象，超过 80% 的老挝女性说闭经对她们来说没有个人意义（Sayakhot，Vincent，& Teede，2012）。一个常见的误解是，闭经期是一段高度抑郁的时期。研究表明，女性在闭经期并不比其他阶段的女性更容易抑郁（Busch，Zonderman，& Costa，1994；Dennerstein，Lehert，& Guthrie，2002）。

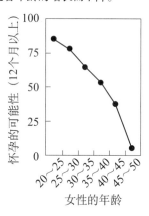

图10.5　**20来岁是生育能力高峰，此后逐渐下降**

女性在 20～25 岁是生育能力高峰，在 30～50 岁怀孕的可能性大幅下降。这一数字显示了女性怀孕的成功率随着年龄的增长而下降。

男性没有与闭经类似的体验；直到年迈，他们仍能够继续拥有生育的能力。当然，产精量和睾酮水平会随年龄增大而逐渐下降，保持阴茎勃起并且完成射精变得具有挑战性——备受欢迎的"伟哥"和"希爱力"电视广告是针对年老男性的。就像年老女性一样，年老男性生育的后代患发育障碍（包括自闭症）的风险更高（Callaway，2012）。

尽管随年龄增长生殖系统会发生变化，但是大多数年长者——包括男性和女性——都能有健康的性欲。

随年龄增长灵活性和身体协调能力发生的变化

年龄对运动协调能力的影响存在个体差异和具体任务的差异。它对复杂任务的影响程度显著高于简单任务（Luchies et al.，2002；Welford，1977）；简单的机械任务，例如手指轻轻敲击，相对而言较少因年龄增长而能力下降（Ruff & Parker，1993）。老年人学习新技能的灵活性也会下降（Guan & Wade，2000）。

与年龄有关的衰退在不同个体间存在很大的差异。力量训练和渐增的身体运动可能会最大限度地减缓身体部分功能衰退同时能够延长寿命（Fiatarone et al.，1990；Frontera et al.，1988；Hurley，Hanson，& Sheaff，2011）。通常伴随年迈而来的很多变化实际上与年迈带来的疾病有关，比如心脏病和关节炎。虽然实龄和身体健康状况相关，但许多灵活性很好的老年人驳斥了这样一个普通的观点：年迈总是会带来身体机能的减弱。

闭经（menopause）
月经的终止，标志着女性生育功能终止。

认知发展
（cognitive development）
对儿童如何学习，思考，判断、交流和记忆的研究。

10.3　发展思维：认知发展

10.3a　理解儿童思维发展的主要理论机制。

10.3b　解释儿童在重要的认知领域里掌握新知识的过程。

10.3c　描述人们在青少年期对知识的态度是如何变化的。

认知发展——我们如何学习、思考、交流和记忆——揭示我们自身如何能够认

评价观点　抗衰老治疗

许多人都在寻找"青春之泉"——一种快速、简单并且可以负担得起的方法来减缓甚至逆转衰老的迹象。各种各样的产品和手段都声称可以做到这一点，但是很难分辨出哪一个是有效的。

当你和你那个注重外表的阿姨坐在一起看电视的时候，一段由某著名的 40 岁女演员主演的广告出现了。她的皮肤完美无瑕。她对着镜头说："你以为我做过整形手术，是吗？在我这个年纪，没有人的皮肤看起来这么自然。那么让我来告诉你有一个非常自然有效的方法使皮肤这样完美无瑕。"这时，镜头切换到她把护肤霜涂在脸上，然后一个声音开始介绍：

- "哈罗德大学医学院的研究表明，这种产品能有效地逆转皱纹和瑕疵的出现，并防止出现新的皱纹。"在一项随机的、双盲的实验中，我们的产品与几个受欢迎的市场竞争对手相比，对老化现象有明显的效果。
- "看看我们的产品让你看起来多么自然，多么年轻。"我们提供的不是一夜之间的奇迹或昙花一现，而是在那些坚持的人身上发现产生了渐进的效果。
- "我们在世界范围内享有这一高度细化的配方并且只在有限的时间内对公众开放，所以现在行动吧！"

你的阿姨似乎很感兴趣，正在认真考虑下订单。你怎么认为？

科学的怀疑论要求我们以开放的心态评估所有的主张，但在接受之前一定要坚持有说服力的证据。科学思维的原理如何帮助我们评估这种抗老化产品的有效性？

当你评估这一主张时，考虑一下科学思维的六大原则是如何运用的。

1. 排除其他假设的可能性

对于这一研究结论，还有更好的解释吗？

该广告中提到了一项随机双盲实验研究，该研究直接将其产品与其他受欢迎的产品进行比较。双盲设计将安慰剂效应最小化。要弄清楚对比的产品是什么，以及它们是否是合适的竞争对手，这一点很重要，但事实上，该实验是由特定的大学做的，使名声比那些广告更有说服力。

2. 相关还是因果

我们能确信 A 是 B 的原因吗？

是的，我们可以相当肯定地假设这项研究是正常进行的。随机实验设计的使用表明，所观察到的效果可以归因于产品。

3. 可证伪性

这种观点能被反驳吗？

这种说法可以被证伪，而在医学院进行的一项随机双盲研究的研究，为可证伪性提供了机会。如果该产品对老化皮肤的影响与竞争对手相同或更少，则该观点是可证伪的。

4. 可重复性

其他人的研究也会得出类似的结论吗？

假设研究的方法和结果是可以得到的，其他研究人员确实可以重复这项研究，并确认这些发现可以被重复，不过这些发现应该被谨慎解读，直到有多个相同结果出现。

5. 特别声明

这类证据可信吗？

解释结果可能需要时间，广告并没有特别声明。它也没有承诺任何具体的量化结果，只是说你的外表会更"自然"和"年轻"。

6. 奥卡姆剃刀原理

这种简单的解释符合事实吗？

广告声称产品是有效的，但并没有真正解释它为什么起作用。因此，对于产品的效果，有各种各样的潜在的解释，既简单又复杂。在购买产品之前，最好先研究一下研究人员或制造商如何解释数据。

总结

总的来说，这个广告在提供给消费者需要的信息方面做得相当不错，消费者需要能够做出关于是否购买该产品的决定。宣称由一家声誉良好的机构进行实验研究，并对有效性提出适度的要求，这两项都是优点。研究他们如何衡量研究结果和他们使用的竞争产品的细节，这将是有用的，其做法也是绝对正确的。他们唯一的问题是利用了稀缺的启发式——试图通过给消费者造成购买产品的机会有限的印象来促进消费者购买。

识世界的秘密。在过去的 50 年或 60 年里，心理学家们构建了各种系统理论来解释整个生命周期的认知发展。

认知发展理论

心理学家用各种各样的理论来解释我们的思维是如何发展的。认知发展理论有三种不同的核心方式：

- 一些人认为是理解上的阶段性变化（知识的突然迸发之后是一段稳定的时期）；另一些人则认为是理解上的持续性（渐进的）变化。
- 一些人坚持发展领域的一般性，另一些人坚持发展领域的特殊性。领域一般性理论认为，儿童认知技能的变化同时影响认知功能的大部分或所有领域。相反，领域特殊性理论认为，儿童的认知技能在不同的领域（如推理、语言和计数）以不同的速度独立发展。
- 心理学家对学习的主要来源有不同的看法。一些强调身体经验（在周围环境中的活动）；另一些强调社会互动（父母和同龄人如何与他们交往）；还有一些是身体的成熟（某些心智能力的先天作用）。

皮亚杰的理论：儿童如何建构他们的世界

瑞士的杰出心理学家让·皮亚杰（Jean Piaget，1896—1980）是第一位全面阐述认知发展理论的人。他试图区分出儿童在形成成年思维的过程中不同的认知发展阶段。皮亚杰的理论使认知发展的形成具有明显的规律，而且之后几十年引发这一领域的许多研究来证明或反驳他的观点。

可能皮亚杰的最伟大的贡献在于他对儿童不是微型成人具有敏锐的洞察力。他指出儿童对世界的理解完全不同于成年人，但儿童对世界的有限经验是完全理性的。例如，儿童常常相信老师

皮亚杰的发展阶段理论

阶段	典型年龄	描述
感知运算阶段	0～2 岁	完全依赖身体经验
婴儿的主要知识来源、思维和经验是在与周围世界具体实在的接触中获得的。他们获取的信息来自观察世界以及获得的行为结果。这个阶段的标志就是*心理表征*——能够思考周围存在的事物的能力，如记得以前看见过的东西。			
前运算阶段	2～7 岁	可以超出此时此刻的情形来思考，但是具有自我中心性并且不能够实现心理转换
儿童在此阶段可以运用符号如语言和图画来代表观念。当一个儿童拿着香蕉并假装它是电话时，他是在展示象征行为或符号行为。他有一个与实际经验不同的心理表征。这一阶段之所以被称为"前运算阶段"是因为儿童无法进行皮亚杰所称的*心理运算*。尽管儿童在这个阶段有心理表征，但他们并不能对其完成心理转换。			
具体运算阶段	7～11 岁	可以进行心理转换但只能停留在具体的物体上
在这个阶段，儿童能够进行心理操作，但也只是针对现实的具体事件。例如根据尺寸将硬币分类或用玩具士兵布置一个战场。但他们无法执行抽象的或假设性的心理运算。他们需要以物理经验为依据，这样就可以与心理运算相联结了。			
形式运算阶段	11 岁以后	能够进行抽象的逻辑推理
这时儿童可以执行皮亚杰所认为的最复杂的思维：抽象思维。儿童在这个阶段可以理解逻辑概念了，像"如果……那么"的关系（如果我迟到，那么就会被送去教务办公室）。他们也可以开始思考一些抽象的问题，比如生命的意义。			

互动

住在学校里，一个合理的假设是：那是他们看到老师的唯一地点。皮亚杰也发现儿童积极主动地获取信息和观察事物，而不是做一个被动的观察者。

皮亚杰是一个阶段论者。他认为儿童发展成熟的标志是对世界的理解达到某一特殊点，随后在这个阶段上孩子对世界的理解是稳定的。皮亚杰还相信认知发展的最后阶段是形成对假定问题进行合理推理的能力。正如下面给出的皮亚杰认定的四个阶段，每一阶段都是以某一抽象推理能力为标志，并且达到每一个阶段的时候能力水平都有所提高。皮亚杰理论的阶段是一般领域阶段，即涵盖认知能力的所有领域。因此，在数学中有一定抽象推理能力的孩子也能在解决空间问题的任务中达到这个水平。

皮亚杰认为认知改变是儿童获得平衡这一需要的结果：保持对世界的经验和对其看法的平衡。他认为，孩子们的动机是将他们对现实的思考与他们的观察相匹配。当孩子体验新事物时，他们会检查这种经历是否与他们对世界运转方式的理解相符。如果信息是不一致的，就像一个孩子认为世界是平的，但在学校里学的是地球是圆的，那么他就要做出一些思想上的改变。皮亚杰提出儿童用两个程序——同化和顺应——来维持经验和对世界认识的平衡。

同化和顺应　把新信息纳入已有的认知结构中的过程就是**同化**。儿童在某一阶段用同化来获取新知识。在同化过程中，儿童的基本认知技能和世界观并没有改变，所以当她学到了和已经知道的知识有矛盾的新知识时，她重新解释新的经验以融入她已经知道的知识中。

同化过程持续的时间有限。最终，儿童不再能够把她的经验和原有观念调和。当一个孩子不再能够把经验同化到已有的认知结构中，有些事必须有改变，她就会被迫做出顺应。

顺应是儿童通过改变对世界的信念来运用经验更好地生存的过程。阶段性改变是顺应的结果，因为顺应是通过迫使儿童进入一个新的认知结构来促成阶段性改变。这个同化和顺应的过程是为了确保孩子大脑中的概念与现实能达到平衡。图 10.6 是一个同化和顺应的例子。

反对与支持之声　皮亚杰的理论是心理学界一个富有意义的里程碑，它帮助我们理解儿童的思维怎样过渡到成人的思维。尽管如此，他的理论也被证明在某些方面是不准确的。后来的研究表明这些发展的出现是渐进的而不是阶段性的（Flavell，1992；Klahr & MacWhinney，1998；

同化（assimilation）
把新的信息纳入已有的认知结构中。

顺应（accommodation）
改变已有的认知结构以适应新的环境和信息。

皮亚杰是提出全面认知发展理论的第一人。他的观点是基于这样一种假设，即儿童的思维不是成人思维的一种仅仅不成熟的形式，而是与成人的思维方式有本质的不同。

图10.6　　一个同化和顺应的例子

（a）原始信念　　　　　　　　（b）同化　　　　　　　　（c）顺应

（a）一个儿童本来认为地球的形状是平的，但当她知道地球是圆的时，她的信念面临着挑战。（b）她就会通过构想一个像硬币的扁平的圆形来把这个新知识同化。这个调整允许她去吸收新的事实而不用改变地球是平的的信念。当面对一个地球仪时，一个孩子要把地球是平的的观念同化为地球是圆的要经历一段困难期。（c）当儿童的现有信念不再能同化新知识的时候，她就会通过顺应来反映新知识。

Siegler，1995）。发展变化也不如皮亚杰认为的那么普遍。

　　关于皮亚杰理论的另一个批判是他观察到的很多现象至少有一部分是需要完成任务并有结果的。他经常依赖儿童反映和报告他们的推理过程的能力。因此，他可能低估了儿童的能力。研究者发现使用更少语言为依据的任务很难重复皮亚杰观察到的发展进程。事实上，许多研究人员已经发现，孩子们可能在比皮亚杰报告的还要早很多的时候就在检验假设上取得重要里程碑式进展

皮亚杰理论的不同阶段的不同认知任务

当玩具从视线中离开后，这个孩子似乎就忘记了玩具的存在，说明皮亚杰理论中心理表征的缺失。

初始状态	改变后状态
相同的两杯液体	其中一杯液体倒入更细、更高的另一个杯子中
相同的两排硬币	将一排硬币的间距加大

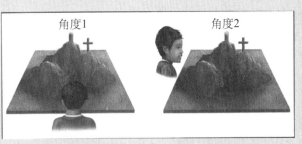

互动

皮亚杰的三山实验要求儿童从一个角度去看这个模型（角度 1），然后猜测别人从另一个不同的角度观看能看到什么（角度 2）。皮亚杰认为前运算阶段儿童的自我中心会阻止他们成功地完成这一任务。

皮亚杰的守恒任务要求孩子检查两杯等量的液体，然后观察研究人员以某种方式处理其中一杯液体。然后研究人员让孩子比较这两杯液体。上面的是液体守恒任务；下面的是数量守恒任务。为了成功地完成这项守恒任务，孩子们会说尽管他们看起来不相等，但其实是一样的。

皮亚杰的钟摆实验要求儿童回答这样的问题："是什么使钟摇摆得快或慢？"孩子有机会去建构一个摆脚长短或重量不同的钟摆。孩子在形式运算阶段可以系统地操作不同长度和重量的组合并观察它们如何影响钟摆的速度。

了（Baillargeon，1987；Gopnik，2012）。

他们指出皮亚杰的研究方法也许存在文化偏见，西方国家接受常规教育的孩子比非西方国家的孩子具有更复杂的反应。但非西方国家的儿童在面对更具文化敏感性的采访时经常展现出更好的洞察力（Cole，1990；Gellatly，1987；Luria，1976；Rogoff & Chavajay，1995）。与此同时，即使在西方国家，相当比例的青少年甚至成年人在一些形式运算任务中也失败了（Byrnes，1988；Kuhn et al.，1995），这表明皮亚杰可能对这个认知发展的典型过程过度乐观。也许皮亚杰理论是基于一些受过特别教育的样本，这导致他对典型发展轨道的评估被扭曲了。而且，皮亚杰的观察本身可能也存在偏见，因为其中很多观察都是以他自己的三个孩子为对象的。

尽管有些不足，皮亚杰在认知发展领域仍起着重要作用（Lourenco & Machado，1996）。根据他留下的成果，现在的心理学家通过以下几点对认知发展重新进行了概念化：

- 从儿童的角度而不是成人的角度来看待儿童的差异。
- 把学习看成主动的而不是被动的过程。
- 探究一般的认知发展过程需要多个领域的知识，因此解释认知发展应该是多角度的而不是单一的。

> **可重复性**
> 其他人的研究也会得出类似的结论吗？

> **奥卡姆剃刀原理**
> 这种简单的解释符合事实吗？

维果斯基的理论：社会和文化因素对学习的影响

在皮亚杰创建他的理论的同时，俄国研究者维果斯基（Lev Vygotsky，1896 — 1934）正在发展一个与众不同的但相当全面的认知发展理论。

维果斯基对社会和文化如何影响学习非常感兴趣。他注意到父母和其他监护人给儿童建构学习环境的方式是指导儿童去做，好像他们之前已经学过一样。维果斯基把这一过程称为**支架性引导作用**，这是一个他从建筑业借来的名词（Wood，Bruner，& Ross，1976）。正如建筑工人提供外部支架来支撑正在建筑的建筑物，父母提供支架去帮助他们的孩子。随着时间的推移，孩子能越来越好地独自完成任务，从而父母会逐渐移除这些支架，就像从自行车上卸下训练轮一样。

支架这个词用来代表父母为孩子建构的学习环境。在图中，父亲正指导孩子如何自己动手将积木插入底盘上合适的位置。

维果斯基一个很有影响力的观念是准备学习理论。他将**最近发展区**看作一个阶段，或者说是学习阶段——它是指当儿童准备好接受学习新技能但还未成功掌握这一时期。对于任意一个需要发展的技能，即使在有帮助的情况下，当儿童从无法学习、掌握新的技能这一阶段过渡到最近发展区时，他们会运用"支架"的引导作用。在他的观点中，孩子学习执行任务是个渐进的过程，但在开始时需要指导。维果斯基还认为不同的孩子掌握技能、完成任务的速度不同。对于他来说，并没有领域普遍性阶段。

维果斯基的研究对欧洲和美国的研究人员至今仍有巨大的影响，尤其对教学设计（主要集中于指导学习和同伴合作）产生了极大的影响（Gredler，2012；Jaramillo，1996；Rogoff，1995；Tomasello，2008）。但皮亚杰强调外部世界的物理作用是学习的最初资源，而维果斯基则强调儿童与社会的相互作用。

当代认知发展理论

当代认知发展理论与经典认知发展理论有很大不同，然而其深受皮亚杰主义和维果斯基主义的影响。其实，我们可以将任一当代理论的源头追溯到这两

> **支架性引导作用（scaffolding）**
> 维果斯基提出的学习机制：父母在孩子学习时提供初始辅助，但当孩子能力提高时要逐步移除支架。

> **最近发展区**
> **（zone of proximal development）**
> 儿童能够从指导中受益的学习阶段。

位理论家中的其中一位。

一般认知理论　一些有影响力的当代理论与皮亚杰的理论有些相似，它们都强调普遍的认知能力，以经验为基础的学习，以及知识是获得的而非先天拥有（Bloom，2000；Elman，2005）。大多数认知理论家对一般认知过程和以经验为基础的学习的看法与皮亚杰一致。但是，他们与皮亚杰不同的是倾向于把学习解释为一个渐进而不是阶段性的过程。

社会文化理论　这一理论强调社会环境，同时强调孩子看护者以及孩子同伴的相互作用对孩子世界观的影响（Rogoff，1998；Tomasello，1999）。一些社会文化理论家强调以经验为基础的学习，但其他人强调先天知识。但是，与维果斯基一致的是，他们都注意到孩子与社会的相互作用是其早期发展的资源。

模块理论　就像维果斯基的理论，这些理论强调不同领域的知识是在不同学习领域内获得的（Carey，1985；Waxman & Booth，2001）。例如，言语理解能力与探索宇宙起源的能力完全不同，这两者在认知技能上没有重叠。

早期认知发展的标志

我们已经学习了感知觉、记忆和语言中包含的主要认知过程。但是儿童必须获得其他不同的认知能力去感知他们的世界。在这里，我们将学习以下重要的部分。

维果斯基（图中是他和他的女儿）提出了一种认知发展理论，强调社会和文化信息是学习的主要来源。尽管维果斯基的学术生涯因早逝而结束（他37岁死于肺结核），可是他的理论仍然极具影响力。

物理推理：寻找哪种方式是正确的

孩子们为了理解他们的物理世界，必须学会对它们进行推理。他们需要学习物体是固体的，当被打翻后会下落，也需要学习一个物体既可以消失在另一个物体后面也可以出现在另一边。我们成人觉得这些观点理所当然，但孩子们作为探索世界的新手，显然没有这方面的认知。

皮亚杰认为感知运算阶段的儿童不明白物体在他们看不见的时候仍然存在——这是一种被称为物体恒存性的能力。他的结论是基于婴儿不会去寻找藏在布下的物体这一发现。然而，雷尼·巴亚尔容（Baillargeon，1987）的研究表明，在婴儿五个月甚至更小的时候，如果给他一项不需要身体协调寻找物体的任务，他们就会对物体恒存性有所理解。拜爱宗的结论是基于对婴儿观看与物体恒存性一致或不一致现象的时间长短的研究。她假设婴儿之所以无法通过皮亚杰的物体恒存性任务测试，并不是因为他们缺乏物体恒存性认识，而是因为他们缺乏对隐藏的玩具进行物理搜索的计划和执行能力。当拜爱宗通过观察消除了这些

排除其他假设的可能性
对于这一研究结论，还有更好的解释吗？

任务要求时，婴儿就可以掌握物体恒存性。婴儿对物理对象状态的一些方面有基本的认识。例如，他们知道物体没有支撑物就会掉下

来（Spelke，1994）。然而，这些基本常识通过实践变得更加完备而复杂（见图 10.7；Baillargeon & Hanko-Summers，1990；Needham & Baillargeon，1993）。特别是，随着年龄的增长，我们对直觉的依赖越来越少，而对事物实际运行方式的依赖越来越多。

对物理世界推理能力的发展的一个主要障碍是，儿童（甚至是成年人）会经历一些所谓的"幼稚"或"民间"心理的干扰，其中很大一部分来自我们对世界如何运作的常识。例如，孩子们经常无法准确地预测运动物体的轨迹，因为他们将意图或目的指向违反基本物理原理的目标（Bloom & Weisberg，2007）。任何曾经打过高尔夫球或台球的人都会大喊大叫，因为球没有朝它应该去的方向移动。

民间心理学可以通过其他方式干扰我们对物理对象的推理。例如，孩子们经常认为，云的存在是为了让它下雨，或者树木生长是为了给鸟类提供家园（Kelemen，Rottman，& Seston，2012）。随着时间的推移，特别是在正规的科学教育中，许多孩子可以学会停止将物理事件和观察归因于人类的目的或意图（Opfer & Gelman，2011）。但即使是大学生，在不熟悉的情况下，他们的物理推理也会被民间心理学干预（McCloskey，1983）。正规的科学教育不仅只是部分成功的，而且似乎没有必要去推翻这些假设。土著文化，比如危地马拉的玛雅，与工业化社会相比，其成员与自然世界的联系更紧密，似乎在没有接受正规教育的情况下克服了推理偏见（Medin & Atran，2004）。正如在本文中所讨论的，科学推理并不特别直观（McCauley，2012），这就是为什么我们如此努力地帮助你理解和应用它。实践并不完美，但它确实有帮助！

图10.7　孩子逐渐理解没有支撑的物体会掉下来

早在婴儿四个半月大的时候，他们就猜测物体完全没有支撑物就会掉下来，如（a）图；物体完全有支撑物，如图（e），就不会掉下来。知道多大程度的支撑能阻止物体掉下来则需要随成长而进一步发展。早期，婴儿猜想任何与支撑物表面的接触都能阻止物体掉下来，如（b）图、（c）图、（d）图。随着经验的积累，婴儿学习到只有在（d）（e）图中，物体的主要重量在支持物表面时才不会掉下来。

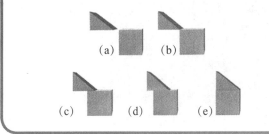

概念和类别：将世界分类

最基本的认知成就之一就是学习对物体进行分类。尽管狗的形状、大小和颜色都不相同，但孩子们也能认识狗。他们还学会区分猫、马和山羊。分类是至关重要的，因为它使我们不必去探索每一个对象，去发现它是什么以及做什么（见 8.1a）。想象一下，如果每次给一个婴儿一个新的瓶子，她都必须通过反复试误来发现它是什么，那将是一件非常麻烦的事。孩子，更不用说成人了，不会分类就不会走得太远。

甚至婴儿也有基本的分类能力。当看到一系列鸟的照片时，婴儿最终会对它们感到厌烦，并将目光移开，但当对他们展示出恐龙的图片时，他们会表现出新的兴趣。这一发现意味着他们将所有

✳ 心理学谬论

一键创造"超级宝宝"

很多年来，父母们都期望能用一种快捷容易的教育方式来提高他们孩子的智商。毕竟，在当今残酷的社会中，哪位父母不想让自己的孩子在竞争中处于优势地位呢？当然，为了得到一个跳跃式起点，父母必须早早开始，最好是在出生后就准备。在20世纪80年代，成千上万的父母被广告商误导。他们针对新生儿的活动旨在教他们外语和高级的数学知识，从而创造"超级宝宝"（Clarke-Stewart，1988）。20世纪90年代，媒体报道了一项被称为"莫扎特效应"的研究发现。实际的发现是一项非常温和但有趣的发现：如果大学生在听完古典音乐之后立刻呈现任务（Rauscher，Shaw，& Ky，1993），那么他们在空间推理任务上表现得更好。这一发现被媒体夸大了，媒体认为这是一种提高智力的可靠方法，导致成千上万的父母开始为他们的孩子播放古典音乐。不幸的是，没有证据表明听古典音乐对智力的提升有任何持久的影响（Chabris，1999；Steele，Bass，& Crook，1999）。事实上，

观察到的瞬时效应似乎并不是音乐特有的。相反，最简单的解释是，情绪唤醒会暂时提升整体的表现，而古典音乐只是影响人们情绪的一种方式（Thompson，Schellenberg，& Husain，2001）。

随着科技的发展，面向婴儿的多媒体教育工具已经成为一个巨大的产业，包括视频、互动玩具、智能手机和平板电脑。父母们花了数亿美元去买这些产品，如小小爱因斯坦视频和蛙跳玩具，来提高婴儿的智力（Minow，2005；Quart，2006）。然而，这些产品并不是很有效。事实上，研究表明，婴儿在视频中学到的要少于在同一时间段内的玩耍中学到的（Anderson & Pempek，2005；Zimmerman，Christakis，& Meltzoff，2007）。视频学习缺陷的原因可能是它们是没有父母支持的单独学习活动。当父母参与到学习过程中，从视频和其他媒体上的学习可能更成功（Dayanim & Namy，2015）。许多专家认为与技术无关的学习可能是最自然也是最有效的。

孩子们获得对事件和物体的概念，如小孩子可以迅速了解在日常生活中可能发生的事情，比如聚会、去医生办公室以及去快餐店。孩子们很大程度上依赖于他们对事件的期望，以至于他们有时错误地回忆起一个没有发生的事件的典型特征（Fivush & Hudson，1990；Nelson & Hudson，1988）。

鸟类归类为同类，而将恐龙归类于不同的种类（Arterberry & Bornstein，2012；Quinn & Eimas，1996）。在发展过程中，概念知识变得更丰富、更详细、更灵活（Nelson，1977）。孩子们知道物体是如何相互关联的，比如狗和骨头之间的关系，因为狗吃骨头。他们还会更多地了解类别的各个方面，这些方面解释了类别之间的联系，比如水果尝起来是甜的，长在树上。这增加了类别的概念性知识，帮助他们推理世界。

自我概念和"他人"概念：我们是谁，我们不是谁

婴儿形成一种对自我的感知，将自我区别于他人，这对他们的发展至关重要。在学步和学前阶段他们能逐渐意识到自己作为一个独立而不同的身份存在于世。但即便是在3个月时，婴儿也有与他人不同的自我意识。在这个年龄，如果给他们一个自己的录像，旁边再放一个其他宝宝的录像，他们会更喜欢看录像中其他宝宝而不是他们自己（Bahrick，Moss，& Fadil，1996；Rochat，2001），这表明他们认识到其他孩子不同于自己。尽管他们只能看到腿，他们仍然更喜欢看其他宝宝的腿的录像。这个发现表明婴儿更喜欢其他婴儿的脸，并不仅仅是因为他们通过镜子或照片看过自己的脸。

早在一周岁时，孩子们就可以在镜子里辨认出自己（Amsterdam，1972，Priel & deSchonen，1986）。两年之后，他们可以认出自己的照片并用名字标记自己（Lewis & Brooks-Gunn，1979）。这些认知任务的完成得益于大脑一个特定区域的发展，这一特定区域处于左颞叶和顶叶的交界处（Lewis & Carmody，2008，Grossman，2015）。更进一步具有里程碑意义的是：孩子们产生了**心理理论**的能力，即理解别人具有与自己不同观点的能力（Premack & Woodruff，1978）。心理理论指孩子对他人心理状态及其信念的推理或认知。在此之前对于孩子的巨大挑战是意识到"别人并不知道我的想法"。从某种意义上说，孩子们在一岁或两岁的时候就知道这个事实，因为他们会问父母诸如"爸爸在哪？"和"这是什么？"之类的问题，这揭示他们期望父母知道他们不知道的事情。然而，意识到他们知道别人却不知道的事情具有挑战性。

心理理论（theory of mind）
个体对他人的心理状态及其信念的推理能力或认知能力。

在观看一段有关自己和他人的视频时，婴儿看其他人的时间会比看自己的更长些。这一发现表明，婴儿认识到视频图像和他们自己的身体之间的对应关系（Bahrick & Watson，1985），并且认为他们自己的行为不那么有趣。

一个经典的心理理论测验任务是错误信念任务（Birch & Bloom，2007；Wimmer & Perner，1983），测试孩子意识到别人相信的东西事实上是错误的的能力。在这个任务中，孩子们会听到一个故事（正如图 10.8 中描述的那样），讲述一个孩子在一个地方储存特殊的食物，但是第三个人（比如孩子的母亲）在孩子不知道的情况下把食物转移到另一个地方。研究人员问孩子，当故事里的孩子回来的时候，应该去哪里找这些食物。通过这项任务测试的孩子们明白，尽管他们知道食物实际上是隐藏在什么地方，但故事中的孩子却对食物的地点有错误的信念。而那些未能通过这样任务测试的孩子认为，如果他们知道食物在哪里，故事中的孩子也一定知道。

在 4 岁或 5 岁左右之前孩子通常不能成功完成这项任务。但孩子多早可以完成错误信念任务在很大程度上取决于任务中看似微小的变化，比如它是故事书中的场景还是现实场景（Wellman，Cross，& Watson，2001）。同样，如果研究者告诉孩子改变的方式——"欺骗"别人，他们会在更

图10.8　错误信念任务

在错误信念任务中，孩子作为参与者知道一些其他人不知情的秘密。（a）孩子知道乔伊正在帮助他的妈妈把糖果拿出来。（b）乔伊的妈妈让他把糖果放在橱柜里。（c）然后乔伊走开了。（d）乔伊离开了房间，他的妈妈把糖果放到了冰箱里。
孩子现在知道糖果在哪里了。问题是她是否意识到乔伊不知道。当被问到乔伊认为糖果在哪里时，孩子是会根据她自己的知识来反映真实位置，还是能意识到乔伊其实并不知道糖果位置的改变呢？

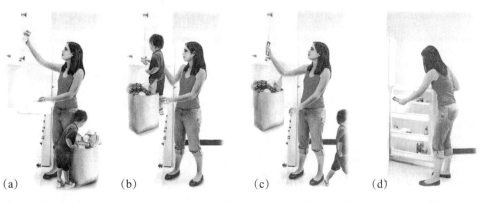

(a)　　(b)　　(c)　　(d)

早的年龄完成这样的任务。因此，孩子在什么年龄完成错误信念的任务，除了与他们对理解他人意思的掌握有关外，也部分要归因于任务方面（Dake，2011）。尽管如此，孩子理解他人的能力是随年龄增长而提升的。

算术和数字运算：如何计数

算数和数学是人类历史上相对近期的认知成果。人类在几千年前就研究出第一个算术系统。与很多认知技能获得不同的是，儿童的算数和数学运算能力并不是一直发展的。实际上，在某些尚存的非工业文化（如毗拉哈人——位于巴西的一个部落）中，传统的算数和数学运算并不存在（Gordon，2004；Everett & Madora，2012）。

学习算术远比看起来更复杂。当然，许多孩子很早就学习"数到十"，快速地背诵"1、2、3、4、5、6、7、8、9、10"，然后期待接下来的掌声。但孩子也必须认识到（1）数字是代表数量，（2）数字代表特定数量（不仅仅是"一些"或"几个"），（3）数字是按照从小到大的顺序排列（Gelman & Gallistel，1978）。孩子必须认识两只大象与两粒稻子在数字意义上是一样的——实体的尺寸与数量无关，凯莉·米克斯（Kelly Mix）和她的同事们表示，这一观点对孩子们来说极其困难（Mix，1999；Mix, Huttenlocher, & Levine，1996）。当要计算的对象非常相似时，孩子更容易匹配两个相同数量的集合，而不是看上去不同的物体（见图10.9）。当物体之间的相似性很高时，孩子们在3岁的时候就掌握了这个任务，但是当物体看起来不同的时候，孩子们直到3岁半的时候才能掌握。而当他们需要匹配数字时，他们直到4岁以后才会成功。

学前和学龄儿童的算术和数学技能随文化不同以不同速度发展。由于文化差异，在某种程度上父母和老师对孩子的引导会有所差别。语言计数系统的差异也起着一定作用。例如，英语单词"twelve"不传达任何代表的数量信息，而中文翻译为"十二"（"one ten, two"），这似乎帮助孩子明白它代表数量（Gladwell，2008；Miller et al.，1995）。

青少年期认知的变化

皮亚杰指出，直到青少年期，我们才能拥有抽象推理能力。认知发展一直持续到青少年期有很多原因。一部分与大脑发育有关，一部分与我们刚进入青少年期就会遇到的问题、机会和经历有关。

事实与虚构

互动 许多西方文化教导孩子们用手指数到10，但也有其他文化使用更多的身体部位来让他们掌握更多的数字，包括手臂、腿和头。（请参阅页面底部答案）。
○ 事实
○ 虚构

图10.9　孩子发现，当数量相等时，更容易匹配数量

在米克斯的研究中，孩子将左边和右边匹配时。发现上面的图（a）更容易匹配（在这个图中，圆盘就像点），而下面的图（b）不容易匹配（其中的刺激是不同的）。

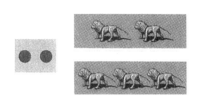

(a)

(b)

资料来源：Based on Mix, 1999。

答案：事实。一些计数系统有足够的身体指定部分，所允许的计数高达74。

虽然大部分脑部成熟发生在胎儿期和出生后的最初几年里，但额叶是在青少年晚期或成年早期才完全发育成熟的（Casey，Giedd，& Thomas，2000；Johnson，1998）。正如我们在 3.2a 中所讨论的，额叶主要负责推理、计划、决策和对欲望的控制。前额叶在青少年期仍然在发育这一事实可以用来解释一些冲动行为，如参与从一个陡峭的坡上踩滑板滑下这样的活动（Weinberger，Elvevag，& Giedd，2005）。即使是在简单的任务中，如抑制去看一盏闪光灯的冲动，青少年都显得比成年人更难做到而且需要更多的大脑活动过程（Luna & Sweeney，2004）。此外，在青少年期，大脑中参与社会奖励的边缘结构变得更加活跃，这可能使青少年容易受到同伴群体的影响，从而导致进一步的冒险任务（Steinberg，2007）。青少年期不同大脑系统的连接性也发生了显著变化。有些领域在青少年期变得更加紧密，而另一些则在功能上更独立。这两种变化都对青少年的行为（包括学习、动机、运动协调和抑制控制）有影响（Stevens，2016；van Duijvenvoorde et al.，2016）。

青少年通常会拥有与成年人相同的机会参加极具危险性的活动，但他们的大脑并没有准备好做出成熟而理性的决策。例如，青少年经常会面临是否进行性行为，是否从事破坏行为，是否酒后驾驶等决策。青少年应该毫不犹豫地放弃这些选择。然而，在我们能否将青少年行为问题完全归因于"青少年头脑"方面仍存在争议。青少年和年幼的孩子们相比，并不容易冒险，尽管他们的大脑组织发生了变化——风险行为似乎与增加的机会而不是风险决策有关（Defoe et al.，2015）。一些研究者争论说有些问题行为在非西方文化中不会出现，这就表明同生物因素一样，文化因素也会引起这种现象（Epstein，2007；Schlegel & Barry，1991）。

排除其他假设的可能性
对于这一研究结论，还有更好的解释吗？

关于青少年的一个普遍的假设是，他们从事冒险行为是因为他们有一种无坚不摧的感觉——他们不相信坏事会发生在他们身上。但是研究认为这种观点是有问题的（Vartanian，2000）。大多数青少年实际上并没有低估这种行为的风险，比如开快车或发生过早及无保护的性行为（他们经常意识到自己在冒险，但相信他们可以接受后果；Albert，Chein，& Stein，2013；Reyna & Farley，2006）。

青少年和早期成年人对知识的态度

在高中和大学期间发生的另一个重要的认知变化是青少年和成年早期对知识的看法。刚开始上大学的学生常常会沮丧地发现很少有非黑即白的答案，包括心理学课程的问题。对于他们来说，最困难的事情之一就是对诸如"哪种理论更好？"之类问题的答案往往是"看情况"。威廉·佩里（Perry，1970）对学生在大学期间所经历的转变进行了分类，因为学生发现，他们的教授几乎没有给出绝对的答案。他指出，在学生们的大学生涯中，他们通过各种各样的"立场"或观点来了解知识。

那些对所有问题都有明确的正确或错误答案的学生，最初可能会拒绝改变他们的观点，而是试图将他们的期望与他们在课堂上所学的东西（回忆皮亚杰的同化过程）调和起来。他们可能会明白，"视情况而定"的观点是他们的教授希望他们接受的。因此，他们经常会在考试中写"正确的答案"来取得高分，而且深深相信在大多数问题上有正确的和错误的答案。随着时间和经验的累积，学生们松动了对绝对答案的期望，并将知识解释为相对的。他们通常会意识到，他们不能完全放弃寻找"真理"或"真实"的想法，但可以欣赏和尊重不同的观点。尽管过去 30 年有些许修改，但是佩里的整体模式已经经受住了时间的考验（Cano，2005；Cano & Cardelle-Elawar，2004）。

可重复性
其他人的研究也会得出类似的结论吗？

成年期的认知功能

在年龄增长的过程中认知功能有减弱的方面也有增强的方面。减弱的方面在于，很多年龄大的人抱怨他们只是记不得自己曾做过的事。他们是对的：当人们开始变老时，认知功能的很多方面确实下降了（Ghisletta et al.，2012）。在 30 岁之后，人们回忆信息（特别是人名、物名和地名）的能力开始急剧下降。然而，对记忆能力会下降多少存在相当大的差异性，大部分人随着年龄增长只是体验到记忆力适度下降（Shimamura et al.，1995）。人们总体的认知加工速度也会随之下降，这就是为什么在电子游戏和其他速度型任务中，青年人通常可以打败成年人（Cerella，1985；Salthouse，2004）。这些与年龄有关的衰退很可能是随着年龄的增长而发生的大脑变化的结果，因为整个大脑物质在成年期会减少。与年龄有关的某些脑区的脑容量有明显下降（Scahill et al.，2003），包括大脑皮层（见 3.2a）和在记忆中发挥着关键作用的海马体（见 7.1c）。老化的大脑在"清空垃圾"（清除废弃蛋白质）上也变得低效，这也导致认知能力下降（Kress et al.，2014）。

增长的方面在于：认知功能的一些方面并未因年龄增长而下降，有些甚至是随年龄增长而提高了：

- 虽然自由回忆（被要求从记忆中提取项目）能力随年龄增长而下降，但是线索回忆或认知能力保持不变（Schonfield & Robertson，1966）。
- 与回忆那些记忆研究者所指定的无意义记忆相反，年老的人对与他们日常生活相关的材料回忆的能力随着年龄增长衰减的程度小一些（Graf，1990；Perlmutter，1983）。
- 老年人在类推测试和词汇测试中比年轻人表现更好（Cattell，1963）。我们所积累的知识和经验所构成的晶体智力，往往会随着年龄的增长而增长或保持不变（Baltes，Saudinger，& Lindenberger，1999；Beier & Ackerman，2001；Horn & Hofer，1992）。这有一句谚语可以表明常识是正确的：姜还是老的辣。

10.4　人格发展：社会性和道德发展

10.4a　描述儿童何时以及怎样与看护人建立情感纽带。

10.4b　解释环境和遗传对儿童的社会行为和社会风格的影响。

10.4c　确定在青春期和始成年期的道德和自我同一性的发展。

10.4d　了解成年时期重大生活转变带来的发展性变化。

10.4e　总结定义老龄化的不同方法。

我们人类天生就是社会性生物。我们的工作生活、学校生活、爱情生活以及所有的一切都涉及与别人互动。因为社会关系对我们的日常运作至关重要，所以我们的人际关系随着我们的发展而改变也就不足为奇了。

婴儿和儿童时期的社会性发展

婴儿几乎刚出生后就对他人产生了极大兴趣。婴儿喜欢看人脸胜过感知其他的视觉信息。其实，出生后 4 天，相比于其他女性，婴儿表现出更喜欢妈妈的脸（Pascalis et al.，1995）。婴儿对其他人非常感兴趣，这是一件好事，因为熟悉的人（特别是家庭成员，例如他的父母）作为婴儿所需并且有价值的信息源，能够给婴儿提供爱的支持。

在出生的最初的 6～7 个月里，婴儿变得逐渐社会化并会与他人互动。但后来发生了戏剧性的变化。在 6 个月大时，一个婴儿还坐地板上对一个完全陌生的人咯咯笑，仅仅几个月后他就可能对要靠近他的陌生人恐惧地尖叫。这个现象被称为**陌生人焦虑**。这一行为显示幼儿对陌生人的恐惧是在八九个月的时候产生的（Greenberg，Hillman，& Grice，1973；Konner，1990）。它一般持续到 12～15 个月的时候，然后逐渐消失（见图 10.10）。陌生人焦虑对进化有意义，因为大多数婴儿大约在这个年龄开始自己四处爬行了（Boyer & Bergstrom，2011）。因此，这个年龄的婴儿经常能给自己制造麻烦。所以这种焦虑是一种可以让婴儿远离具有潜在危险的陌生人的适应机制。有趣的是，陌生人焦虑的开始在所有文化中近乎完全相同（Kagan，1976）。尽管陌生人焦虑实际上是普遍存在的，但表现出更极端或更长期的陌生人焦虑的婴儿在童年后期也会受到更多的抑制（Brooker et al.，2013）。

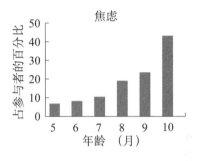

图10.10 陌生人焦虑

从图中我们可以看到，婴儿的陌生人焦虑开始于约八或九个月时而且在持续增长。通常，直到 12～15 个月的时候才开始下降。

资料来源：Waters，Matas & Sroufe，1975。

气质和社会性发展：儿童的情绪天赋

任何一个和婴儿在一起的人都可以证明，婴儿在他们的社会交往方式中有着广泛的差异。有些是友好的，有些是害羞的和谨慎的，还有一些是完全忽略其他人的。这些婴儿社会和情感风格的差异反映了**气质**的差异（Mervielde et al.，2005）。气质可以区别于其他后来出现的性格特征，因为它出现的比较早并且很大程度上由基因决定，但也有一些证据表明，母亲在怀孕期间的压力水平也可能影响婴儿气质（Baibazarova et al.，2013；van den Heuvel et al.，2015）。

排除其他假设的可能性 对于这一研究结论，还有更好的解释吗？

亚历山大·托马斯和斯拉特·切斯（Thomas & Chess，1977）在对美国婴儿的研究中，他们将婴儿区分为三个主要的气质类型。容易型婴儿（大约占婴儿的 40%）更易适应环境并感觉很轻松；困难型婴儿（大约占婴儿的 10%）具有挑剔性且容易受挫；迟缓型婴儿（大约占婴儿的 15%）会在开始时难以被新刺激所吸引，但后期会逐渐适应新环境。剩下 35% 的婴儿不能准确地归入这三类中的任何一类。

在整个婴儿时期，气质基本上是稳定的（Bornstein et al.，2015）。尽管气质在很大程度上是受基因影响的，但婴儿的气质影响着父母如何与其互动（Dunn & Kendrick，1980；Lee & Bates，1985）。反过来，父母的行为可能会影响婴儿的气质。这一发现说明了先天可以影响后天。气质甚至会影响到成年人对婴儿的认知。例如，在其他条件相同的情况下，父母会认为婴儿比其他孩子笑得更可爱（Parsons et al.，2014）。

根据最初对猫的研究结果，杰罗姆·卡根（Jerome Kagan）发现了另一类被他称为行为抑制的气质类型（Kagan et al.，2007）。这些婴儿就像"胆小猫"一样，当看到陌生人或者移动的物体时，就会爬到最近的床底下。行为抑制型婴儿在看到没有预想到的刺激，如陌生的面孔、响的声音或移动的小机器人时会变得很惊慌

陌生人焦虑（stranger anxiety）婴儿成长到八九个月大的时候会对陌生人感到恐惧。

气质（temperament）在发展过程中出现较早的基本情绪类型，很大程度上由基因决定。

大多数婴儿可以归为以下三种气质类型中的某一种：（a）容易型，（b）困难型和（c）迟缓型。

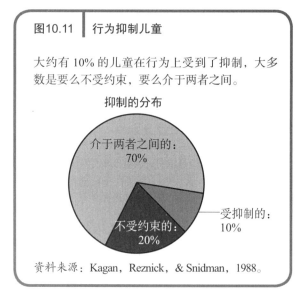

图10.11 | 行为抑制儿童

大约有 10% 的儿童在行为上受到了抑制，大多数是要么不受约束，要么介于两者之间。

抑制的分布

介于两者之间的：70%
不受约束的：20%
受抑制的：10%

资料来源：Kagan，Reznick，& Snidman，1988。

排除其他假设的可能性
对于这一研究结论，还有更好的解释吗？

（Kagan，Reznick，& Snidman，1988）。他们心跳加速，身体紧张，杏仁核变得活跃（Schwartz et al.，2003）。这一发现是有意义的，因为我们在前文提到，杏仁核在处理恐惧中起着关键的作用。根据卡根和他同事们的研究，这类气质的婴儿大约占 10%（见图 10.11）。

高行为抑制水平的婴儿更容易在婴儿期、青春期和成年期体验到羞怯和焦虑（Biederman et al.，2001；Rotge et al.，2011；Turner，Beidel，& Wolff，1996）。不过，行为抑制并不都是坏事。低行为抑制水平的婴儿可能在之后的童年期会增加冲动行为的风险（Burgess et al.，2003），所以一定程度的行为抑制可能是健康的。像其他的气质一样，行为抑制是受基因影响的，但仍然可以由环境因素决定。例如，在日常生活环境中受到行为抑制的孩子们往往会变得不那么拘束，从而适应这种社会环境（Martin & Fox，2006）。

新生儿的气质类型也有跨文化的差异（Freedman & DeBoer，1979；Farkas & Valloton，2016）。丹尼尔·弗里德曼等（Freedman & Freedman，1969）比较了当研究人员将一块布盖在华裔和欧裔四天大的婴儿的脸上的时候他们的反应。华裔婴儿比欧裔婴儿要平静得多，欧裔婴儿都竭尽全力地想要扯开这块布。这些发现似乎表明种族之间存在遗传差异。尽管如此，还是有一些对立的解释。例如，孕妇的不同文化习俗（如运动和饮食）可能会改变婴儿的产前环境。早期的气质与后来的调整也有文化上的差异（Gartstein et al.，2013），这说明在不同的文化或家庭环境中，遗传倾向是不同的。另外，不同文化中的母亲在怀孕时可能有不同的激素释放，进而改变宫内环境。

依恋：建立联结

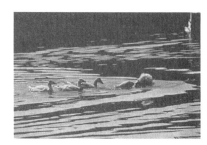

诺贝尔奖获得者——动物学家康拉德·劳伦兹在游泳，他身后跟着刚刚孵化并把他作为印刻对象的三只鹅。

依恋（attachment）
人们和与他们关系亲密者（如父母、伴侣）之间存在一种特殊而强烈的情感联结。

我们表现出来的与亲近人的感情联结叫作**依恋**。也许建立依恋联结有一个良好的进化原因。正如心理学家约翰·鲍尔比（Bowlby，1973）所说，这就确保婴儿和孩子不会远离养育和保护他们的大人。为了了解依恋的起源，我们需要从一个澳大利亚动物学家和他的鹅的故事讲起。

印刻 在 20 世纪 30 年代，康拉德·劳伦兹（Konrad Lorenz）——一个因为观察鹅的行为而获得诺贝尔奖的人，出于完全偶然的机会，他发现幼鹅似乎会跟着孵化后看到的第一个大的移动物体，而在 99% 的情况下，它们身边只有母鹅。虽然劳伦兹（1937）提到这个现象在德国称为"印记"，但它因英文"印刻"而为人所知。一旦幼鹅在某物或某个人身上留下印刻，它就会更专注于它，不太可能跟随其他任何东西或与其他任何东西建立联结。当母鹅不在的时候会发生什么呢？无论它们首先看到的是什么大的移动物体，小鹅都会留下印刻，包括大的白色跳跳球、转动的盒子，甚至是劳伦兹本人。

我们人类不会像鹅那样在母亲身上留下印刻：我们不会自动地与我们看到的第一个移动的物体建立联结。尽管如此，婴儿和大多数哺乳动物的"婴儿"都表现出一种"柔和"的印刻，婴儿与那些在出生后不久就接近他们的人建立了牢固的联结。

劳伦兹发现印刻仅发生在一个关键期（Almli & Finger，1987）：某一事件必然发生的窗口期。劳伦兹认为这个关键时间大约是 36 小时。如果在窗口关闭之前幼鹅没有看到它们的妈妈，它们就不再跟着她或任何类似的东西。事实上，大多数关键期并不像劳伦兹所深信的那样突然结束（Bruer，1999）。特别是对于智慧的哺乳动物，像猫、狗、人类这些远比禽类灵活的动物，它们的关键期并不会突然结束。这就是为什么许多心理学家现在使用敏感期来提及人类发展中更广泛的行为。

人类在发展人际关系上也有敏感时期吗？尽管这个问题是有争议的，但是一些迹象表明与所依恋的人的早期和持续性的分离会对心理调节包括社会关系产生有害影响。

一些最好的证据来自对罗马尼亚孤儿院收养的一些婴儿的纵向研究。20 世纪 70 年代和 80 年代，罗马尼亚禁止一切形式的避孕措施，导致大量的意外怀孕和父母无力抚养的婴儿。弃婴数量之大让罗马尼亚的孤儿院被迫超负荷收养，并不得不照顾他们。结果，这些孤儿院几乎没有提供社会互动或情感关怀，婴儿常常整日整夜地被放在婴儿床里。直到被美国和英国的家庭收养，这些婴儿才有机会与成人建立联结。这个悲情的"自然实验"为研究和测试约翰·鲍尔比的依恋理论提供了一个独特的机会。鲍尔比首先关注在第二次世界大战期间，儿童与父母早期分离的影响。因为德国经常轰炸伦敦，成千上万的伦敦家庭决定把他们的孩子送到乡下安全的地方。鲍尔比预测并发现了一些令人信服的证据，表明在 5 岁之前与主要看护人分开的孩子更有可能成为少年犯，并在以后的生活中从事犯罪行为。

"这是一个有趣的心理学现象。它们认为他是它们的妈妈。他也是这么认为的。"

罗马尼亚的情况使人们有机会更系统地研究儿童如何受到缺乏依恋的影响，以及在敏感期依恋显得特别重要。迈克尔·路特（Michael Rutter）和他的同事发现了与鲍尔比研究一致的结果。在来自罗马尼亚孤儿院的婴儿中，尽管在 6 个月大以前被收养的婴儿在后来发展很好，但 6 个月大以后被收养的婴儿往往由于早期环境的负面影响而表现不良，包括注意力不集中，患有多动症，很难

排除其他假设的可能性
对于这一研究结论，还有更好的解释吗？

和他们的看护人建立联结并且很难建立新的友情（Almas et al.，20154；O'Connor & Rutter，2000；Rutter et al.，2012）。然而，也许对这些发现还有另一个解释：晚些被收养的孩子可能在开始时有更多的情绪问题。因此，他们更难在收养家庭适应生活。早期的寄居是与后来的情绪问题相联系的，这一发现已在大量使用不同方法的研究中得以验证（Ames，1997；Kreppner，O'Connor, & Rutter，2001）。

可重复性
其他人的研究也会得出类似的结论吗？

接触安慰：治疗式碰触　人类的幼儿不会印刻人物，那他们是怎样与父母建立联结的呢？几十年来，心理学家猜想依恋关系建立的主要基础是生存。孩子与这些给他们提供牛奶和食物的人（大多数情况下是母亲）建立关系。这个观点与行为主义的猜想相反，行为主义的观点是我们的偏好主要受强化的影响。

哈里·哈洛（Harry Harlow）在 20 世纪 50 年代推翻了这个假设，他的研究对象是与人类基因接近的猴子（Blum，2002）。哈洛（1958）把出生后几小时的小猴子与它们的妈妈分开。然后他把它们放入一个笼子，里面有两个无生命的"代理"妈妈。一个是"金属妈妈"，由一张棱角分明的面孔和一些冷冰冰的铁丝扎成的网状物构成。这个"金属妈妈"可提供食物，实验者在它身上配

接触安慰

（ contact comfort ）

通过接触，促使被接触者产生积极的情绪、情感体验。

置了一个小的奶瓶以给小猴子喂奶。与此形成鲜明对比的是，第二个妈妈是有圆圆的脸的"布妈妈"，它由泡沫橡胶做成，套有一件舒服的毛织外衣，并用灯泡加热。哈洛发现小猴子尽管定期去"金属妈妈"那喝奶，但它们实际上花更多时间与"布妈妈"在一起。另外，当哈洛给猴子呈现恐惧刺激，例如机械敲打鼓玩具时，它们则更喜欢跑去"布妈妈"那里寻求安慰。哈洛把这个现象称为**接触安慰**：通过接触，促使被接触者产生积极的情绪、情感体验。接触安慰可以帮助我们理解为什么我们人类这样的灵长类动物发现简单的触摸，比如牵着恋人的手，会让人安心。事实上，照看者的直接触摸可以帮助婴儿茁壮成长，这是皮肤接触护理的基础，这一护理有时也称为"袋鼠式护理"。在这种情况下，婴儿会与父母或看护人（就像在袋鼠的口袋里）有皮肤与皮肤的接触。这种做法在产科病房和分娩中心得到广泛应用，并且可以帮助婴儿增重、睡得更好，和无皮肤接触关照的婴儿相比能与父母建立更紧密的联结（Field，2003）。

依恋

互动

当受到异常东西的吓唬时，哈洛的小猴子更喜欢去布妈妈而不是金属妈妈那儿。这一发现告诉我们依恋是以接触安慰而不是喂养为基础的。

依恋类型：陌生情境　尽管几乎所有的婴儿都对他们的父母有依恋，但不同的孩子以不同的方式表现出这种依恋。有些是可爱热情的，有些是黏人的，还有一些似乎对他们的父母很生气。为了调查婴儿和照看者之间是否有明显的依恋类型，玛丽·安斯沃斯（Ainsworth，1978）和她的同事研究了陌生情境。陌生情境是一种通过观察一岁儿童与他们的主要照顾者（通常是母亲）的分离反应来评估依恋类型的实验。这个陌生情境是把婴儿和母亲放在一个不熟悉的房间里，房间里面装着各种各样有趣的玩具，婴儿可以自由地去探索。然后研究者观察：（1）当婴儿自我探索时，他的舒服程度；（2）当陌生人进入房间时，婴儿的情绪反应；（3）当婴儿与陌生人单独相处时，婴儿对母亲的反应；（4）当母亲返回时，婴儿的行为（见图 10.12）。根据婴儿在这几种陌生情境下的行为，研究人员将婴儿的依恋关系分为四类。

- **安全型依恋**（大约占美国婴儿的 60%）。婴儿探索房间并检查确认母亲是否在看，当陌生人进入的时候会回到妈妈身边，婴儿对母亲的离开会表现出不安，但当母亲回来时，他们会很愉悦地表示欢迎。事实上，这类婴儿将母亲当作一个安全基地：一个在遇到麻烦时能及时给予支持的强有力的源泉（Bowlby，1990）。

- **不安全——回避型依恋**（占美国婴儿的 15%～20%）。婴儿独自探索房间，不必确认妈妈是否在场，对陌生人的进入漠不关心，对母亲的离开表现得很冷漠，母亲回来时也没有什么反应。

- **不安全——反抗型依恋**（占美国婴儿的 15%～20%）。婴儿在没有妈妈帮助的情况下不去玩玩具，当陌生人进入时表现出痛苦情绪；母亲离开时，表现得很慌张；母亲回来时，他们表现出很矛盾的情绪反应，一方面他们寻求母亲的拥抱，但当母亲把他们抱起来时，他们却扭动着想要挣脱（正因为如此，一些心理学家将这种依恋类型称为"矛盾型依恋"）。

- **混合型依恋**（占美国婴儿的 5%～10%）。初始的分类中并没有把这种最罕见的依恋类型包括进去，但后来被玛丽·梅恩和她的同事（Main & Cassidy，1988）加进去了。这种依恋类型的小孩在面对玩具、陌生人、母亲的离开与回来时会表现出一系列非持续性的迷惑反应。当与母亲团聚时，他们可能表现得很迷茫。

图10.12　陌生情境的物理设置

在母亲把孩子留下同陌生人在一起之前，母亲和陌生人都在场。孩子对母亲离开的回应和她回来时的反应，可以用于确定孩子的依恋类型。

母亲　　　　　　　　　　　陌生人

在每一分类后的括号里我们都注明了"美国婴儿"。这是因为依恋类型存在文化差异。例如，与美国婴儿相比，更多的日本婴儿属于反抗型依恋，然而美国比日本有更多回避型依恋的婴儿（Rothbaum et al.，2000）。这些差异可能与这样的事实有一定的关系：在日常生活中，日本婴儿比美国婴儿更少体验到与母亲分开的感觉。结果面对陌生情境，日本婴儿比美国婴儿更容易体验到"陌生感"和压力感（Van Ijzendoorn & Sagi，1999）。

从陌生情境中总结出的依恋类型可以预测孩子们以后的行为方式。安全型依恋的婴儿长大后比其他依恋型婴儿长大后更容易适应环境，更乐于助人并且更富有同情心（LaFreniere & Sroufe，1985；Sroufe，1983）。与之相比，反抗型依恋的婴儿在童年时比其他类型儿童更容易令人讨厌和被同伴欺压。

婴儿可以形成多个依恋关系，与父母、兄弟姐妹、祖父母和其他看护者建立亲密关系。他们对于一个看护者的依恋风格无法预测他们对其他看护者的依恋风格（van Ijzendorn & De Wolff，1997）。婴儿对某一成人的依恋并不一定会破坏其对他人形成依恋的能力。日托中心的婴儿可以与他们的照顾者建立安全型依恋关系，尽管安全型依恋关系更可能与父母有关。此外，对日托工作者的依恋质量取决于日托的质量和类型（Ahnert et al.，2006）。在父母双全的家庭，婴儿通常表现出对主要照顾者（通常是母亲）依恋的强烈的早期倾向，而这种倾向在 18 个月左右消失。

如今，大多数依恋研究者都依赖这种陌生情境来测量婴儿的依恋类型。尽管这使得不同研究和个体的结果比较更加容易，但反复依赖单一的测量方法也有其局限性（Shadish，Cook，& Campbell，2002），毕竟，陌生情境仅仅是依恋的一种标志。依恋联结涉及的情景远不止对新奇经历的反应。为了解决这些问题，一些研究人员开始开发依恋的替代性测量措施，比如在成年后进行的旨在评估与父母关系的访谈（Hesse，1999）。

这种陌生情境研究方法也不是特别可信。我们记得可靠性（见 2.2a）是指测量结果的一致性。如果这种陌生情境是一种高度可靠的依恋量具，那么，在 12 个月大的时候是安全型依恋的婴儿，在 14 个月大的时候也应该是安全型依恋。然而，许多婴儿在不同的发展阶段可能被归入不同的依恋类型（Lamb et al.，1984；Paris，2000）。一般来说，只有当家庭环境保持不变时，依恋类型才会保持一致。例如，如果父母的工作状态发生了变化，他们孩子的依恋类型往往会发生变化（Bruer，1999；Thompson，1998）。另外，近 40% 的孩子表现出对母亲的依恋类型不同于对父亲的依恋类型（Van Ijzendorn & De Wolff，1997），这强调了依恋是孩子和照顾者之间的关系，而不是单纯的孩子的性格或特征，就像气质一样。大多数依恋理论认为，婴儿的依恋类型主要归因于他们父母对他们的回应。例如，父母通过安慰来回应他们的痛苦信号的婴儿比其他婴儿更有可能形成安全型依恋（Ainsworth et al.，1978）。对于大多数依恋理论者来说，因果方向是从父母到孩子的。相反，一些心理学家认为，因果方向颠倒了，孩子的气质影响了他们的依恋类型，即特定气质的婴儿可能会对父母产生某些依恋行为

相关还是因果
我们能确信 A 是 B 的原因吗？

（Paris，2000；Rutter，1995）。例如，易怒的婴儿可能会从父母那里受到挫折，这反过来又使这些婴儿更容易发怒，等等。这种双向影响可能导致不安全型依恋。因此，气质可能是第三个变量，影响了某些育儿方式和依恋类型。

教养方式对发展的影响

在过去的一个世纪里，所谓的育儿专家不停地用矛盾的养育孩子的建议来轰炸紧张不安的父母（Hulbert，2003；Rankin，2005）。在 20 世纪 50 年代和 60 年代，儿科医生本杰明·斯波克（Benjamin Spock）成为以儿童为中心或"软"途径来育儿的主要倡导者，在这种途径中，父母应该对孩子的需求表现出高度的责任感（Hulbert，2003）。与之相反，另外一些专家则呼吁一种以父母为中心或"硬"途径来育儿，在这种途径中，父母不能强化儿童所要求的过度关注。更让人困惑的是，一些育儿建议似乎与这些心理学研究不一致。一些育儿专家主张将体罚孩子作为一种惩戒手段（Dobson，1992），尽管没有太多证据表明体罚对促进长期行为改变是有效的（见 6.2c）。有两本书的出版重新引起了人们对这一话题的兴趣，这两本书强调了育儿方式的文化差异。蔡美儿（Amy Chua，2011）提倡中国人和美国华裔信奉的许多"虎妈"方法，认为儿童的首要目标应该是要努力超越。在这种情况下，不应该考虑乐趣，而成就才是最重要的目标。帕梅拉·杜克曼（Druckerman，2012）是一位住在法国巴黎的美国母亲，她认为由于法国父母很权威，法国孩子比美国孩子表现得更好。法国父母会说"不"，而且是认真的，他们希望自己的孩子能找到自我娱乐方式。此外，尽管他们很有爱心和教养，但他们对孩子的关注较少。研究表明哪些育儿方式对促进健康发展最有效？

教养方式和后期的适应　戴安娜·鲍姆林德（Baumrind，1971，1991）的研究可能为这个永恒的问题提供部分答案。根据她对白人中产阶层家庭的观察，鲍姆林德总结出三种主要的教养类型：

- **宽容型**。宽容型的父母倾向于用宽广的胸怀来对待孩子，在家庭内外给予他们很大的自由。他们有节制地使用纪律（如果可以的话尽量不使用），并且经常给予孩子们情感关怀。
- **独裁型**。独裁型父母倾向于严厉地对待他们的孩子，给孩子很少的机会去玩耍或探索，并且当孩子们不能对他们的要求做出恰当反应时，他们就会受到批评。这类父母很少给予孩子们情感关怀。
- **权威型**。权威型父母将宽容和权威的特征很好地结合起来。他们给予孩子们支持，但又为他们设定明确的界限。

一些作者将这三种风格称为"太软""太硬"和"恰到好处"。自从鲍姆林德发展了最初的三种类型后，一些研究者（Maccoby & Martin，1983）对第四种教养类型进行了分析：

- **放任型**。放任型父母倾向于放任他们的孩子，对孩子的积极行为、消极行为均很少关心。

鲍姆林德（1991）和其他调查者（Weiss & Schwarz，1996）发现权威型父母的孩子在社会适应、情绪适应以及行为问题上表现得最好，最起码这个结果适用于美国的大多数白人中产阶层家庭。放任型父母的孩子生活得最差，宽容型或独裁型的介于两者之间。

从表面上看，这些研究发现似乎表明父母应该用权威型的方式来教养他们的孩子。然而鲍姆林德发现的相关性十分有限，所以我们不能据此得出因果关系结论。事实上，鲍姆林德所报告的那些相关性可以在很大程度上甚至全部由基因解释。例如，放任型父母可能比较浮躁并且将这种易感基因遗传给了他们的孩子，进而对他们产生影响。研究表明，婴儿在婴儿期的哭闹预测了父母是否会进行体罚，比如打屁股，从而增加了孩子的气质部分影响父母教养方式的可能性（Berlin et al.，2009）。

鲍姆林德的结论还有一个缺陷：它们可能无法在白人中产阶级家庭之外还有效。在中国这样的集体主义文化中，父母教养方式与孩子的发展之间的关系并不像美国那样强烈。集体主义文化对群体和谐给予高度评价，然而个人主义文化则看重成就和独立性（Triandis & Suh，2002），尤其是一些数据表明独裁型教养方式在集体主义社会中可以获得比在个人主义社会中更好的结果（Sorkhabi，2005；Steinberg，2001）。也许是因为在以前的社会中，人们对社会价值观的坚持更加严格。其他研究表明，即使是在个人主义文化中，对什么是最有效的也存在变化。例如，非裔美国家庭的混合的养育方式——包括严厉的（通常是身体上的）惩罚和温暖的情感联结——比其他教养方式有更好的结果（Deater-Deckard & Dodge，1997）。这一发现提出了一种可能性，即鲍姆林德的分类在她最初的研究人群之外并不能可靠地区分教养方式。

那么教养方式的基线是什么呢？父母的行为确实会影响孩子的行为。大量研究表明具体的教养方式所产生的影响并没有专家想象得那么大。一般而言，如果父母给孩子提供被海因兹·哈特曼（Hartmann，1939）称为**平均预期环境**的环境，即一个能为孩子提供基本情感需要和训练的环境，那么大多数孩子都能发展得很好。正如唐纳德·温尼科特（Winnicott，1958）所认为的，教养方式只需要足够好，而不一定要足够优秀（Paris，2000）。因此，与育儿专家相反，父母们不需要为他们做的每一件事或他们说的每一个字而失眠。

然而，如果教养方式远远低于平均预期环境——如果是特别贫困——那么儿童的社会发展就会受到影响。我们有充分的理由相信，许多被父母虐待的（即"有毒的"）孩子长大后往往会"生病"（Downey & Coyne，1990；Lykken，2000；Oshri, Rogosch, & Cicchetti，2012）。此外，当孩子出生时具有强烈的心理障碍或攻击性的遗传倾向时，教养方式就显得尤为重要。例如，当孩子在基因上倾向于高水平的冲动和暴力行为时，父母可能需要对其施加特别坚定且一致的纪律约束（Collins et al.，2000；Lykken，1995）。如前所述，基因的影响有时与环境的影响相互作用（Caspi et al.，2002；Kagan，1994；Suomi，1997）。

同伴还是父母　从历史上看，儿童发展理论强调教养方式是儿童行为的主要影响因素。1995年，一位名叫朱迪思·里奇·哈里斯（Judith Rich Harris）的研究人员提出了一个有争议的观点，即同伴在孩子的社会发展中扮演着比父母更重要的角色（Harris，1995）。她认为，大多数环境传播是"水平的"——从孩子到其他孩子，而不是"垂直的"——从父母到孩子（Harris，1998）。哈里斯的理论暗示父母在孩子的成长过程中发挥的作用要比以前认为的少得多。尽管如此，拥有很多同伴的双胞胎的性格上的相似度只比那些只有少数同伴的双胞胎的性格相似度稍微高一些（Loehlin，1997），这让人们对哈里斯的说法提出质疑。此外，这种关联的因果关系还不清楚：相似的同伴会导致双胞胎发展相似的性格，还是有相似性格的双胞胎寻找相似的同伴？无论同伴在儿童发展中扮演的角色是否比父母更强或更弱，同伴显然都是孩子成长环境的重要组成部分。

父亲的角色　父亲与孩子们的互动与母亲不同。第一，与母亲相比，父亲对孩子并没有给予太多的注意并且没有太多的表情（Colonnesi et al.，2012）。第二，即使是在父母双全的家庭里，父亲花在孩子身上的时间也比母亲少（Golombok，2000）。第三，与母亲相比，当父亲与孩子们互动时，他们在体育活动上花的时间更多（Parke，1996）。第四，男孩和女孩都倾向于选择父亲而不是母亲作为玩伴（Clarke-Stewart，1980）。尽管母亲和父亲之间存在着这些差异，父亲对孩子的心理健康和适应仍有着重要的影响。孩子们可以获得温暖以及和父亲的亲密关系，不管他们和父亲相处的时间有多长（Lamb & Tamis-LeMonda，2003；Yogman，Garfield，& Committee on Psychosocial Aspects of Child and Family Health，2016）。

"非传统"家庭：科学和政治　大多数儿童发展研究都是针对"传统"家庭的儿童进行的，他们生活在一个有异性父母的家庭里。但许多孩子在单亲家庭长大，或者有同性父母。政治家和媒体对传统美国家庭的终结以及保护传统家庭价值的需要有很多观点。关于"非传统"教养方式的影响，研究有什么要说的？

单亲家庭对儿童的影响尚不清楚。一方面，有证据表明，与双亲家庭的孩子相比，单亲家庭的孩子有更多的行为问题，如侵犯和冲动（Golombok，2000），而且犯罪风险明显增高（Lykken，1993，2000）。另一方面，这些数据只是相关，因此我们不能从它们中得出因果推论：单亲家庭与双亲家庭的差异可能会导致这种相关性。例如，单身母亲往往较贫穷，受教育程度较低，而且生活压力水平较高（Aber & Rappaport，1994）。单身母亲也经常搬家，这使得他们的孩子很难与同龄人形成稳定的社会关系（Harris，1998）。

"最后一次警告你——不要再把他随意扔到空中。"

相关还是因果
我们能确信 A 是 B 的原因吗？

解释了影响单亲家庭儿童发展的是其他变量，而不是缺失双亲之一的是一项对失偶母亲的研究。尽管这些家庭也是单亲家庭，但这些家庭的孩子在情感和行为方面的问题比例通常不会比双亲家庭孩子高（Felner et al.，1981；McLeod，1991）。这一发现表明，单亲母亲教养方式的明显影响可能是由于父亲的特征或者其他未知的变量。

当然，许多单身母亲在抚养孩子方面做得很好，所以由单身母亲抚养长大的孩子在日后并不一定有行为问题。此外，由单身父亲抚养的孩子在行为上与单身母亲抚养的孩子比起来似乎没有什么不同（Golombok，2000；Hetherington & Stanley-Hagan，2002）。与常规家庭相比，一些单亲家庭的孩子有更多的行为问题，但造成这种差异的原因还不清楚。

关于同性父母对儿童发展的影响的证据更清楚。同性伴侣抚养的孩子在社会适应结果、学业成绩或性取向等方面不同于那些异性伴侣抚养的孩子（Gottman，1990；Perrin，Cohen，& Caren，2013；Potter，2012；Wainright，Russell，& Patterson，2004）。然而，一些研究人员认为，这些研究的一个特点是样本存在偏差，这可能会导致对普通人群中同性恋父母的孩子的幸福指数的夸大（Regnarus，2012）。最重要的是，对于大多数孩子来说，有将自己的角色分为主要照顾者和次要依附者的父母是很重要的。但这些照顾者的性别构成可能并不是特别重要。

离婚对孩子的影响　许多大众心理学文献告诉我们，离婚通常会对孩子造成严重的情感伤害。这一观点得到了朱迪斯·沃勒斯坦（Wallerstein，1989）的一项广为宣传的对 60 个家庭进行长达 25 年的研究的结果的佐证，该研究报告称离婚的负面影响是持久的：许多年后，离异家庭的孩子们很难建立事业目标和稳定的恋爱关系。然而，沃勒斯坦没有将父母一方或双方因其他原因（如死亡或监禁）与子女分开的家庭纳入对照组，因此我们无法判断她观察到的结果是否是离婚的具体结果。

更好设计的研究表明，大多数孩子在父母离婚后仍能存活下来，而不会受到长期的情感伤害（Cherlin et al.，1991；Hetherington，Cox，& Cox，1985）。此外，离婚的影响似乎取决于各种因素，包括离婚前父母之间冲突的严重程度。当父母在离婚前经历轻微的冲突，离婚的表面效应比离婚前经历激烈的冲突更严重（Amato & Booth，1997；Rutter，1972）。在后一种情况下，离婚通常不会对孩子产生不良影响，这可能是因为他们发现父母无休止的争吵让离婚成为一种解脱。父母的受教育程度也能预测孩子在父母离婚后的幸福感。母亲受教育程度越高，离婚处理得越好，而父亲受教育程度越高，离婚处理得越差（Mandemakers & Kalmijn，2014）。对于母亲受过良好教育的孩子，最可能的解释是：离婚后，家庭往往拥有更多的资源，因此更稳定。对父亲受过良好教育而导致更糟糕结果的原因尚不清楚。

　　一组研究人员通过比较同卵双生子的孩子来调查离婚对孩子的影响，他们其中一个是离婚的。该设计为遗传因素提供了一个好的控制效果，因为这对双生子基因相同，所以他们后代拥有 50% 的基因。研究人员发现，离婚的同卵双生子的孩子相比没有离婚的同卵双生子的孩子的抑郁和物质滥用程度更高，学校表现也较差（D'Onofrio et al.，2006）。这些发现表明，离婚会对孩子产生负面影响，虽然结果不排除是父母在离婚之前或离婚时的冲突——而不是离婚本身——所带来的差异的可能性（Hetherington & Stanley-Hagan，2002）。

> **排除其他假设的可能性**
> 对于这一研究结论，还有更好的解释吗？

自控：学会抑制冲动

　　社会性发展的一个关键因素，也是父母在其出现之前就开始期盼的，是**自我控制**，即抑制我们冲动的能力（Eigsti et al.，2006）。我们可能会想从星巴克的柜台上抢无人认领的咖啡，或者告诉同事，他的傲慢我真的难以忍受，但我们通常——也非常感谢——抑制了我们想要这样做的欲望。在其他时候，我们必须把我们的欲望放在次要地位，直到我们履行我们的义务，比如推迟去看一部我们很感兴趣的电影，直到我们完成一项重要的任务。

　　孩子们在延迟满足方面是出了名的坏，但有些孩子比其他孩子做得好。沃尔特·米歇尔（Walter Mischel）和他的同事们发现，儿童早期延迟满足的能力是后期社会适应的一个很好的预测指标。为了研究延迟满足，实验者让一个孩子独自待在一个有小奖励（比如一块小甜饼）和小铃铛的房间里。接下来，他们告诉孩子，如果她能等 15 分钟，她就能得到更大的奖励（例如，两块饼干）。如果她不能等那么久，她可以按铃召唤实验者。孩子们有几个选择：耐心地等待，敲铃但失去大的奖励，或者不顾一切地把饼干吃了。

　　孩子们在四岁时就有能力等待更大的回报，这可能是因为在处理困难的时候，他们有能力抑制对痛苦的消极反应。它预测了他们处理青少年期挫折的优秀能力，甚至能预测青少年 SAT 分数（Mischel，Shoda，& Peake，1988；Mischel，Shoda，& Rodriguez，1989），以及成年后超重的可能性（Schlam，Wilson，Shoda et al.，2012）：大量的学习和抵制暴饮暴食的诱惑常常需要我们延迟满足。当然，这些发现并不能证明自我控制会导致以后的结果。但它们确实表明儿童期延迟满足的能力是抑制冲动能力的早期指标，这部分是由额叶控制的（Eigsti et al.，2006；Mischel & Ayduk，2004）。

> **相关还是因果**
> 我们能确信 A 是 B 的原因吗？

性别认同的发展

　　无论我们认为自己是男性还是女性，都是我们身份和对社会存在的基本特征的理解。然而，正如最近的新闻报道和政治辩论所显示的那样，男女之间的差别并不总是像我们想象的那么简单。这是因为在生物性别之间存在着一种区别——心理特征，它包括行为、思想、情感和与男性或女性有关的自我意识。对绝大多数人来说，我们的**性别认同**，就是意识到我们是男性还是女性。这并不是说我们一贯坚持

> **自我控制**（self-control）
> 抑制冲动行为的能力。
>
> **性别认同**（gender identity）
> 个体对自身是男性或女性的认知。

性别角色（gender role）
与男性化或女性化相联系的
行为。

刻板的性别行为。**性别角色**是指通常与男性化或女性化相关的行为，如割草坪（男性）和护理（女性）。许多人的生理性别和他们的性别认同相匹配，即所谓的顺性别者，如果男性成为护士或女性成为消防员就违背了他们的性别认同。社会对传统性别角色的违反程度有不同程度的社会容忍度，对女性的"假小子"行为的平均容忍度比对男性的"娘娘腔"行为的平均容忍度更高（Langlois & Downs, 1980; Wood, Desmarais, & Gugula, 2002）。

跨性别体验：当生理性别和性别认同发生冲突时　有一小部分人（不到 1%），他们的性别认同与他们的生理性别不匹配。这些人被称为跨性别者，并且他们面临着一条非常艰难的道路，尤其是因为社会在很大程度上把性和性别视为一回事，而许多性别歧视的人很难理解一个人的性别如何无法与他或她的生理联系起来。跨性别者通常说，早在他们意识到性别这个概念的时候，他们的性别认同与他们的生理性别就是不一致的。在最早发表的一项关于跨性别发展的研究中，五岁左右的孩子报告说，他们同龄儿童的性别匹配是无差别的（Olson, Key, & Eaton, 2015）。换句话说，跨性别女孩（生理性别为男性的女孩）对性别的看法必须与顺性别女孩一致，而跨性别男孩在对性别的看法上与顺性别男孩无异。这一点很重要，因为它揭示了跨性别儿童在对性别的理解上没有困惑或延迟，他们在他们所在的性别中是很典型的。我们现在也知道，那些家庭和学校环境支持其性别认同的跨性别儿童在心理上是相当典型的，尽管那些没有社会支持其性别认同的儿童报告说他们的抑郁和焦虑程度很高（Olson et al., 2016）。

在米歇尔的延迟满足任务中，如果孩子们想要得到更大的奖励，那么他们就必须抑制他们吃饼干的欲望。

　　跨性别者意识的提高引发了最近关于跨性别者应该使用哪个公共厕所的争议。许多人认为，卫生间的选择应该基于性别认同，他们指出，对于跨性别者来说，使用同性卫生间就像使用异性卫生间一样尴尬。另一些人则认为，接纳变性人的性别身份会为虐待创造机会，比如一名男子谎称自己是女性，目的是进入女性洗手间。2016 年 5 月，美国联邦检察官洛蕾塔·林奇在演讲中解释了北卡罗来纳州所谓的"厕所法案"，并宣布针对该法案对该州提起联邦民权法律诉讼。

　　性别概念的发展　孩子们是怎么认识到他们是男孩还是女孩的？他们如何知道哪些行为或特征是不同性别的典型特征？他们什么时候开始发展自己的性别认同？一个普遍的错误认识是性别差异直到社交影响有机会作用于孩子身上才出现，例如父母对子女进行教育。然而一些性别差异在婴儿早期就表现得很明显，使得以上解释不能成立。

　　在一岁或更小的时候，男孩和女孩就会喜好不同类型的玩具，即使他们只接触过中性的玩具，或者对两性玩具有相同的接触（Alexander & Saenz, 2012）。男孩通常喜欢玩球、枪和消防车；女孩喜欢娃娃、动物毛绒玩具和炊具（Caldera, Huston, & O'Brien, 1989; Smith & Daglish, 1977）。三个月大的婴儿更喜欢玩性别一致的玩具（Alexander, Wilcox, & Woods, 2009）。显而易见的是，调查者已经观察到这些选择倾向对于非人类灵长类包括长尾黑颚猴也适用。当被放在装有玩具的笼子里，雄性猴子倾向于选择车和球，而雌性猴子倾向于选择娃娃和罐子（Alexander & Hines, 2002）。这个发现表明对玩具的选择可能会反映出生理素质的不同倾向，如攻击性和关怀，这个结果适用于许多灵长类动物。事实上，人类、猴子，甚至老鼠中，成年雌性在分娩时都显示出体内睾丸激素水平过高，与其他雌性相比更容易表现出攻击性行为（Berenbaum & Hines, 1992; Edwards, 1970; Young, Goy, & Phoenix, 1964）。

　　早在三岁的时候，男孩就喜欢和其他男孩一起玩，女孩们喜欢和其他女孩一起玩（LaFreniere, Strayer, & Gauthier, 1984; Whiting & Edwards, 1988）。这种性别隔离现象表明，孩子们理解性别之间的差异，并且意识到他们和同性在一起玩比和异性在一起玩更合适。在 6～12 个月大的恒河猴中也出现了性别隔离现象（Rupp，2003），这增加了这种现象有生物根源的可能性。

　　尽管如此，正如我们在这一章中所说的，先天因素几乎总是由后天形成或放大的，比如父母、老师和同龄人的强化影响。研究表明，父母倾向于鼓励孩子参与与自身角色一致的行为，比如男孩要追求成就和保持独立，女孩要有一定的依赖性和关怀感。而父亲比母亲更有可能实施这些模式化观念（Lytton & Romney，1991）。

研究者发现当把一些玩具给猴子玩时，雌性猴子（左边）倾向于选择娃娃，而雄性猴子（右边）倾向于选择车。

　　在一项引人注目的关于社会环境和社会期望如何影响性别角色一致的强化的研究中，成年人观看了一段视频，视频中一个婴儿对几个引起情绪激动的刺激——比如一个玩偶盒突然打开——做出反应（Condry & Condry，1976）。研究人员告诉一半的成年人，婴儿是男孩（"大卫"），而告诉另一半成年人，婴儿是女孩（"戴娜"）。研究人员将成年人随机分配到这两个条件下，使研究成为一个真正的实验。他们发现，观察者对婴儿反应的看法会因他们对婴儿性别的看法而不同。认为这个婴儿叫大卫的成年人认为"他"对玩偶盒的惊吓反应反映了愤怒，而认为这个婴儿叫戴娜的成年人认为"她"对玩偶盒的惊吓反应反映了恐惧。我们可以很容易地想象，即使对一种反应的解释有如此微小的差异，最终也会导致父母与男孩和女孩的互动方式不同。

　　教师对男孩和女孩的教育应当与社会认同的男女的性别行为相一致。如当男孩表现出攻击性和女孩表现出依赖性或"渴望"行为时，教师要给予更多的关注（Serbin & O'Leary，1975）。即使男孩和女孩表现出同等的独断性和温和性，教师也会给予独断的男孩和温和的女孩更多的关注（Fagot et al.，1985）。

青少年期的社会性和道德发展

　　我们通常认为青春期是身体、大脑和社会活动发生巨大变化的时期。青春期也可以看成探索发现、参与成人活动、建立深厚友谊的一个非常好的时期。我们可以用狄更斯的话来概括青春期的特征："它既是最美好的时期，也是最糟糕的时期。"青春期存在很多骚动，例如，相对于年龄更小的儿童以及成年人，青少年与父母的冲突增多（Laursen，Coy，& Collins，1998），冒险冲动不断增强（Arnett，1995）以及焦虑（Larson & Richards，1994）。然而很多证据表明那种将青春期比作紧张的过山车是一个误解（Arnett，1999；Epstein，2007）：只有 20% 的青少年经历动荡（Offer & Schonert-Reichl，1992）。其余的孩子出人意料地顺利度过了青春期。最近的研究指出了青春期动荡流行的一个原因：青少年在控制情绪反应方面可能不如成年人熟练，因此他们所经历的调整更加明显（Silvers et al.，2012）。

建立自我同一性

　　我们都会在某些时刻问自己"我是谁？"。的确，青春期最主要的挑战就是获得稳固的**同一性**，也就是对我是谁，我们的生活目标和优势是什么的感受。埃里克森（Erikson，1963；1970）发展出了关于同一性发展的最具综合性的理论。

　　西格蒙德·弗洛伊德认为人格发展在童年晚期就已经停止了，而埃里克森认为人格发展贯穿于整个生命过程。埃里克森建立了人类从生到死生命发展的八个阶段。在每个阶段，我们会面对不同的**心理社会危机**：一种关于我们与他人，包括父母、朋友以及其他社会成员关系的困境。例如，埃里克森认为婴儿面临着一个两难问题：他们在这个世界上是否可以安全地依恋看护者。后来，孩子们面临着另一个难题：是否对自己的能力感到自信。当我们审视每一个阶段时，我们获得了一种我是谁的感觉。

同一性（identity）
关于我是谁，我们的生活目标和优势是什么的感觉。

心理社会危机
（psychosocial crisis）
个体与他人关系的困境。

成人初显期
(emerging adulthood)
在 18 岁～25 岁，当情感发展、自我同一性和人格的许多方面变得稳定的时期。

埃里克森的自我同一性：自我同一性危机　埃里克森创造出"同一性危机"这一新术语来描述大多数青少年所体验到的关于自我认同的困惑。正如我们在图 10.13 中第五阶段所说，"自我同一性混乱"是一段他们会抓住关于他们是谁的基本问题不放手的时期。在大多数情况下，青少年都会相对安全地摆脱这一危机。如果不能安全度过这个时期，那么在以后的生活中他们会在以同一性混乱为标志的心理情境中受阻。对于埃里克森来说，每一个阶段的成功解决对以后的发展都有着至关重要的影响。如果我们在早期阶段不能解决这些挑战，我们在后面的阶段解决这些挑战将变得更加困难。

虽然埃里克森的理论产生了很大的影响，但他的理论基础还是薄弱的。对于是否确实存在角色发展的八个阶段以及每个人是否以相同的顺序经历这八个阶段，人们还没有足够的研究。有证据表明那些没有成功地度过早期发展阶段的个体，如同一性混乱的人，会在后来的发展阶段中体验到比别的个体更多的困难（Vaillant & Milofsky，1980）。虽然这些研究与埃里克森的理论模型相一致，但这些发现仅仅具有相关性。结果并不能表明早期发展阶段的问题会导致后期的问题，正如事后归因谬误提醒我们的一样。

成人初显期　直到最近，研究人员还把 18 岁以下的人视为青少年，18 岁以上的视为成年人。

相关还是因果
我们能确信 A 是 B 的原因吗?

但是，在 18 岁生日的午夜钟声敲响的时候，并没有发生不可思议的转变。科学家们越来越认识到在成年早期自我同一性和情感发展与之后的成年人的经历有很大的不同。研究人员将 18 岁～25 岁定义为**成人初显期**，这个时期情感发展、自我同一性和人格的许多方面变得稳定（Arnett，2004）。

许多成年早期的人都在努力寻找自我同一性和人生目标，他们努力地"尝试不同的帽子"来看看哪一顶最合适；心理学家称这个过程为角色实验。我们也可能在不同时期用"呆子""潮人"和"发烧友"等词调侃朋友，尝试不同的主修课程，甚至是开始了对不同的宗教信仰和哲学信念进行探索。在青春期和成年早期的这一段时间中，我们经历一系列角色的转变，我们在"我们是谁"和"我们想成为谁"间不断徘徊，试图找到一个合适的位置。

图10.13　埃里克森关于人类发展的八个阶段

1. 婴儿期
信任对不信任
形成基本的安全感、乐观心态和对他人的信任感

2. 学步期
自主对羞愧和怀疑
形成独立感和自信的自我依赖感，泰然自若地承受挫折

3. 童年早期
主动对内疚
形成探索和操纵环境的主动性

4. 童年中期
勤勉对自卑
掌握和完成学校内外关于童年期发展性的任务

5. 青少年期
同一性认同对角色混乱
获得一个关于自我角色的认同和人生方向满意的预期

6. 成年早期
亲密对孤独
培养建立亲密关系的能力

7. 成年期
繁殖对停滞
通过发展对他人和社会的普遍福利的兴趣，个人和家庭的需要得到进一步满足

8. 老年期
自我整合对绝望
认识到并适应衰老的实际情况，用一种满足的态度预期未来的死亡

资料来源：Good and Brophy，1995。

道德发展：辨别是非

儿童在蹒跚学步和学龄前就开始形成是非观念。但是道德两难困境——没有明确是非观念情境，在青少年期和成年早期出现得更加频繁。我应该对父母隐瞒我所去的地方以免他们对我们过于担心吗？我应该忽略那些对我很好但略显"愚笨"的朋友来迎合那些受欢迎的朋友吗？面对这样那样的道德问题，我们所采用的解决方式会随着不同发展阶段而有所改变。

儿童的道德发展　　有充分的理由相信，我们可以将道德的根源追溯到对恐惧的理解。在婴儿期和童年期，我们将正确与奖励、错误与惩罚联系在一起，所以我们学会了不做坏事来逃避惩罚。最好的预测儿童的道德意识的力量是他们的恐惧水平（Frick & Marsee，2006；Kochanska et al.，2002）。

皮亚杰认为儿童的道德发展，就像其他方面的发展，受他们认知发展阶段的限制（Loevinger，1987）。例如，处于具体运算阶段的儿童倾向于思考他们的行为带来多大的害处。然而，后来他们制造伤害的意图比实际结果更有意义（Piaget，1932）。如果我们问一个儿童谁更应该受到责备，是一个无意中打翻橱柜中的 20 个盘子的儿童还是一个故意打翻 10 个盘子的儿童（并且他是疯狂地跳到父母身边而打碎它们的），六七岁的儿童可能说前者更应该受到责备，因为它产生了更多的损失；与之相反，一个十二三岁的孩子更可能指出后者应该受责备，因为他是故意的。随着年龄的增长，孩子们能够更好地理解个人的责任，不仅会用所遭受损失的量来衡量，还会将他们是不是有意造成损坏考虑在内。

科尔伯格和道德观：寻找道德的高地　　劳伦斯·科尔伯格（Lawrence Kohlberg）拓宽了皮亚杰关于确认道德观的发展是如何贯穿整个人生的。他通过探究参与者是如何与道德困境相抗衡的来研究道德观的发展变化。因为科尔伯格的道德困境没有明确对或错的答案，他也不对在这些情境中参与者所提供的答案打分，他仅仅对他们所使用的推理过程来进行是非评定。

我们将使用科尔伯格用过的一个著名的道德两难困境来解释这个观点。让我们看看海因茨（Heinz）的道德两难困境并思考你会怎么处理。

在研究了很多儿童、青少年以及成年人对这种和其他困境的反映后，科尔伯格（1976，1981）总结出道德观的发展过程可以分为三个主要的阶段。我们可以结合为海因茨道德两难实验提供的参考答案来看看这些阶段（见表 10.2）。第一个水平，前习俗道德，该水平的标志是注意力都集中在惩罚和奖励上。奖励的都是对的行为；惩罚的就是错的行为。第二个水平，习俗道德，它的标志是以社会价值为核心。社会承认的是正确的；社会不承认的是错误的。第三个水平，后习俗道德，它的标志是注意力集中在超社会的个人内在的道德纪律上。与人类基本权利和价值观相一致的是正确的；与这些基本权利和价值观相抵触的是错误的。科尔伯格提醒我们，理性的人在道德的每个阶段都有不同的观点，重要的是他们决定何者正确的理由。科尔伯格认为，所有人都是按固定的顺序度过这些阶段的，尽管他承认不同的人以不同的速度度过这些阶段。事实上，科尔伯

海因茨和药

在欧洲，有一位女子得了一种罕见的癌症，她基本上处于垂死的边缘。医生认为有一种药物可能救得了她。它是一种镭，是同一座城市的一名药剂师最近发现的。这种药的制作花费很大，但是那位药剂师却要收取制药成本十倍的价钱。他买镭花了 400 美元，但一小剂药就要价 4 000 美元。这位病妇的丈夫，海因茨，向每一个他认识的人借钱，并尝试了每一种合法的途径，但他只能凑足大约 2 000 美元，是药价的一半。他告诉药剂师他的妻子快死了，并请求他卖便宜点或者让他晚点付钱。但那药剂师说："不，我发现了这药，我打算从中获取一笔收益。"所以，当海因茨尝试了每一种合法的途径而未成功时，他变得绝望了，并且考虑闯进药剂师的店铺来把药偷走。

问题：海因茨应该偷药吗？为什么可以或为什么不可以？

（KOHLBERG，1981，P. 12）

表10.2	先天与后天的交叉

科尔伯格是根据对海因茨道德两难困境的归因过程而不是答案本身进行阶段划分的。

水平	海因茨应该偷药，因为……	海因茨不应该偷药，因为……
前习俗道德	他可以带着药逃走	他可能被抓住
习俗道德	如果他让他的妻子死去，别人会看不起他	该行为是违反法律的
后习俗道德	保卫人类的生命是一个更高的道德准则，可以与偷窃罪相抗衡	这么做会违反维护文明的基本社会准则，他不应该偷窃

格的研究表明，大多数成年人永远不会超越习俗道德去实现后习俗道德。

对科尔伯格研究的批判　科尔伯格的研究产生了巨大的影响；他的研究结果阐明了道德水平的发展过程，并提出通过教育的努力来提高人们的道德归因（Kohlberg & Turiel，1971；Loevinger，1987）。然而，科尔伯格的研究依然有很大的争议，我们在这里会研究一些批评。

日志提示

想象一下，你刚刚得知你的隔壁邻居——多年来一直是一个非常善良和关心他人的人——被通缉了，因为30年前当她还是一个年轻女人的时候犯下的蓄意谋杀罪。你会把她交给警察吗？为什么会或为什么不会呢？你能认同你的推理是和科尔伯格的水平相对应的吗？

事实与虚构

互动　根据科尔伯格和他的支持者的观点，当你面对道德困境时，你所做的决定会揭示你的道德推理。（请参阅页面底部答案）
- 事实
- 虚构

科尔伯格的理论假设我们的道德推理先于我们对道德问题的情感反应。然而，在某些情况下，我们对充满道德负担的刺激的情感反应，如对无辜者进行攻击的照片，几乎是瞬间发生的（Luo et al.，2006）。此外，我们知道一些事情是错的，但是无法解释；例如，许多人"知道"直接的乱伦是不道德的，但不能提供一个理由（Haidt，2007）。这些发现表明，道德推理有时可能发生在我们的情感反应之后，而不是之前。

也许更有问题的是，科尔伯格理论的分数只与现实世界的道德行为适度相关（Krebs & Denton，2005）。例如，科尔伯格理论的各个水平和道德行为之间的相关性，如诚实和利他行为，往往只有大约0.3的相关（Blasi，1980）。科尔伯格认为，他的道德发展体系不应该与现实世界的行为高度相关，因为它衡量的是人们对道德问题的思考，而不是他们的道德行为。人们可能出于不同的原因做出同样的行为：一个人可能从商店偷了一件大衣，因为他想把它添加到他的时装收藏中，或者因为他想

答案：虚构。科尔伯格感兴趣的不是人们选择做什么，而是他们为什么选择这样做。根据科尔伯格的观点，完全相反的反应可能反映出道德推理的深度是相同的，这取决于他们为自己的决定提供的理由。

对科尔伯格的道德发展理论的批判

互动

- **文化偏见**。总的来说，研究表明，科尔伯格的阶段可以在不同文化中应用（Snarey，1982）。但是，一些批评人士指责科尔伯格存在文化偏见，因为来自不同文化的人往往在他的道德发展计划上取得不同的分数。例如，个人主义社会的人往往比集体主义社会的人得分稍高（Schweder，Mahapatra，& Miler，1990）。尽管如此，群体差异并不总是意味着偏见，因此这一发现的意义尚不清楚。
- **性别偏见**。科尔伯格的学生卡罗尔·吉利根（Carol Gilligan，1982）与他决裂并认为他的理论对女性有偏见。对于吉利根来说，科尔伯格的理论不公平地偏向于男性，他们比女性更倾向于采用基于抽象的公平原则的"正义"取向，而女性更倾向于采用基于具体的养成原则的"关爱"取向。尽管在对道德的决策上有性别差异，但是在科尔伯格的理论中，很少有证据表明男性比女性得分更高（Moon，1986；Sunar，2002）。
- **与语言智力相混淆**。有效应对科尔伯格的道德困境需要一些基本的智慧。但这让我们有点不安，因为科尔伯格的理论可能是在衡量人们理解和谈论问题的一般能力，而不是特定道德问题的能力（Blasi，1980）。只有一种方法可以排除这种可能性：在同一研究中同时衡量语言智力和道德发展，看看它是否能消除这些所发现因素的影响。一些研究发现，智力因素可以解释科尔伯格的发现（Sanders，Lubinski，& Benbow，1995），但其他研究无法解释这一点（Gibbs，2006）。这个问题仍然没有解决。

让他那感到寒冷的孩子们在冬天保持温暖。尽管如此，这种推理还是向科尔伯格系统的可证伪性提出了问题。如果这个系统中的分数与行为相关，它们就为其提供证据；如果分数与行为无关，它们不一定为其提供反对证据。

可证伪性
这种观点能被反驳吗？

成年期的生活转变

当我们进入成年期后，我们生活的许多方面开始趋于稳定，但另一些开始发生更大的变化。这些变化通常与主要生活方式的转变或社会角色的变化相联系，例如，从学生变成上班族，进入一个严肃的社会关系中，或为人父母。绝大多数转变都是美好的体验，但是它们可能也会带来压力。我们倾向于按照以下生命的轨道来预测成年人的生活：在 20 岁左右读大学；毕业后得到第一份工作；和异性朋友恋爱，结婚，生子，见证孩子的长大，慢慢地衰老。事实上，我们大大高估了按照这种刻板方式生活的人数（Coontz，1992）。很多大学生都二十好几，三十或四十岁了，他们边工作边读书，而且还在经济上依附于他们的家庭。很多家庭是由单亲、同性父母、未婚父母、离婚后建立的新家庭和没有孩子的夫妇组成的。最近的人口普查报告（U.S.Census Bureau，2010）预测低于 20% 的成年人生活在常规家庭中（爸爸、妈妈和孩子）。

职业生涯

就业是年轻的大学毕业生尤其是那些还没有找到可以谋生的工作的大学生产生焦虑感的来源之一。很多毕业生都在四处投简历来寻找与他们能力和兴趣相匹配的工作。对有些人而言，这可能是一个很有用的策略，因为他们最后会找到一个意想不到的与他们的技能和兴趣爱好均相符的职业。虽然只为一个公司效力或一生只从事一种职业曾经是人们的规范，但现在不是这样了。根据美国劳工统计局（2016）数据，平均每名美国工人每 4.6 年换一次工作。这一数据因工人的年龄而有所变化。年龄在 25 岁到 34 岁之间的人平均每 3 年换一次工作，而那些年纪较大的人则倾向于在工作岗位待更长时间。

可重复性
其他人的研究也会得出类似的结论吗？

找到一份令人满意的工作——这份工作既能刺激人，又能利用个人的技能，还包括一个支持性的工作环境——是一项挑战。但是工作满意度（或缺乏工作满意度）会对我们的情绪健康产生很大的影响（Faragher, Cass, & Cooper, 2005）。在成年期，工作满意度的总体水平会发生变化。刚开始从事第一份职业的年轻人通常报告说，他们对工作的满意度很高，但一些研究报告称，在成年中期，他们的满意度有所下降，部分原因可能是新鲜感已经消退（Clark, Oswald, & Warr, 1996）。这些研究报告说，在退休年龄之前，工作满意度会再次上升，形成心理学家所说的U型曲线。在这条曲线中，工作满意度在早期和晚期都很高，但在中期会下降。最近的研究未能重复这一发现。乔杜里（Chaudhiri）和他的同事（2015）认为，性别、职业轨迹等其他因素可能会影响工作满意度随年龄变化的程度。

爱和承诺

相关还是因果
我们能确信 A 是 B 的原因吗？

最重要的一个成人转变就是找到一个生活伴侣。浪漫关系，虽然常常令人兴奋和满足，但通常会对生活方式造成大的改变。甚至是像划分壁橱空间这样简单的事情都会是充满压力的事情。然而，与重要他人共享生活可能会有益处。身体和情绪的亲密可促进身体健康，减轻压力（Coombs, 1991）。总的来说，那些具有长期亲密关系的人，包括同性恋者和异性恋者，报告的幸福水平高于那些单身者（Gove, Hughes, & Style, 1983；Wayment & Peplau, 1995）。然而，这个发现仅仅具有一定的相关性，并且能反映出这样一个倾向：快乐的人易进入一段稳定的关系。

美国结婚人群的平均年龄有所推迟，从1960年的女性20岁、男性22岁到今天的女性25岁、男性27岁，在美国超过一半的成年人结婚，大约6%的人同居但没结婚（U.S.Census Bureau, 2015）。接近1%的未婚情侣是同性恋，男女同性恋情侣基本上各占一半（U.S.Census Bureau, 2011）。大部分人在成年期能与他人建立长期稳固的关系。

亲子关系

养育小孩是生命中一件既充满意义又美妙的大事，但它也是初次为人父母的人的主要压力来源。

为人父母可能是成年人会经历的最大的转变。有了孩子，生活方式上会有一个根本性的转变，成年人突然要为另外一个人而不仅仅是他们自己的健康幸福负完全的责任。成为父母是非常值得的，但是在之后需要对计划安排来个大转变（比如睡眠时间减少，平衡工作与家庭）。这样的转变会迎来一系列挑战。初次为人父母的人经常没有为这些改变做好准备，幻想着他们仍能按照以往的方式生活，不管去哪里都可以将小孩带着，然而一切并不会像想象中那样。研究表明，最容易适应亲子关系的新手父母是那些对这一变化抱有最切实际期望的人（Belsky & Kelly, 1994）。

尽管随着孩子的成长，每年——有时甚至每月——都会迎来新的挑战，但大多数父母都会做出调整。尽管大多数成年人已经适应了为人父母的生活，但纵向研究显示，父母双方的婚姻满意度在孩子出生后的一年内有所下降，在孩子出生后的前几年一直处于低水平（Cowan & Cowan, 1995；Dew & Wilcox, 2011）。与最初的婚姻满意度水平相匹配但没有孩子的夫妇没有显示出这种下降（Schulz, Cowan, & Cowan, 2006）。好消息是，父母对生活的总体满意度在孩子出生后不会下降，只是对伴侣的满意度下降。幸运的是，一旦孩子到了上学年龄，婚姻满意度通常会反弹。

中年期转变

当成年人到达中年期时，主要的适应改变也会发生，他们开始看到白色头发和皱纹。当成年人开始感觉自己变老时，他们通常会面对新的挑战，例如他们的孩子离开了家，或者照顾健康状况下降的年迈双亲。"三明治一代"指的是成年人（通常是 30 多岁和 40 多岁），他们既关心成长中的孩子，也关心年迈的父母，这是一个特别困难的情况，因为他们的需求是相互矛盾的。

关于中年期最流行的一个概念是，大多数男人和一些女人会经历一场**中年危机**，其标志是对衰老的情绪困扰和恢复年轻的渴望。这一标志的刻板印象是一个 40多岁或 50 多岁的男人冲动地买了一辆摩托车，或者把他同样年纪的妻子换成一个 25 岁的女人。虽然心理学家曾经将这个阶段的转变看成成年人发展中正常的部分改变（Gould，1978），但是最近的很多研究并没有得出该结论，即在中年期情感危机会增加（Eisler & Ragsdale，1992；Rosenberg，Rosenberg，& Farrell，1999）。中年危机似乎比现实更神秘。

大众心理学普遍认为在中年危机中女性常常面对的问题是**空巢综合征**，即子女成年离开家后母亲感到沮丧的一种心理症状。与中年危机类似，空巢综合征被夸大了。大多数研究表明，有很多因素对空巢综合征的发生率有影响。与那些子女在 20 世纪六七十年代搬离家庭的妇女相比，那些子女在二战期间或刚刚结束后离开"家"的妇女似乎受角色变化的影响较小。这种效应似乎与女性加入劳动力大军有关，因为大多数妇女在二战期间和二战后在外工作以支持战争，而在 20 世纪六七十年代，外出就业就下降了（Borland，1982）。

那些自称在扮演父母角色中很少实行专制的妇女，甚至是那些没有在外面工作的妇女比那些对女人在社会中应扮演的角色有更加传统态度的人更难以承受空巢综合征（Harkins，1978）。有些研究者甚至推测空巢综合征只存在于不在外面工作的白人妇女身上。对非裔美国妇女和墨西哥裔美国妇女以及社会经济地位比较低下、通常需要工作的妇女（通常有更大的家庭需求），研究显示她们对孩子离开家时的痛苦较少（Borland，1982；Woehrer，1982）。幸运的是，与一般的观念相反，当发现新的适应点和自由感时，大多数空巢者体验到生活满意度的增加（Black & Hill，1984）。尽管如此，暂且不说空闲时间的突然增加，仅角色转变就需要一定的适应（Walsh，1999）。

中年危机（midlife crisis）
渴望恢复年轻的成年人在中年阶段会因老化进程带来情感压力。

空巢综合征
（empty-nest syndrome）
子女成年离开家后，母亲体验到的所谓沮丧的阶段。

可重复性
其他人的研究也会得出类似的结论吗？

那些整日工作来养育家庭的妇女比待在家里的母亲通常更容易适应"空巢"的转变。

老年人的社会转变

在 21 世纪早期，人们的寿命比以往任何时候都长。平均每位美国男性可以期望活到 76.4 岁，美国女性是 81.2 岁（Centers for Disease Control and Prevention，2016）。与仅仅一个世纪前的那些人形成了鲜明的对比，那时男性平均寿命 48 岁，女性平均寿命 51 岁（National Center for Health Statistics，2005）。现在，随着婴儿潮一代的到来，人口中老年人的比例比以往任何时候都要高。此外，老年人现在有更多的选择来度过晚年。许多人在 70 岁以后才退休。有些人退休后从事兼职工作或做慈善义工。许多人退休之后进入退休社团，帮助维护生活设施，这样可以让他们能够保持活跃的社会生活，即使他们不能再开车、购物或自己做饭。与人们普遍认为的相反，抑郁症在老年人中比在年轻人中更少见（Lilienfeld et al.，2010）。60 岁甚至 70 岁的老年人的幸福感往往会增加（Nass，Brave，&

相关还是因果
我们能确信 A 是 B 的原因吗？

Takayama，2006）。令人担忧的是，15% 的老年人有严重的抑郁症问题。也许并不令人惊讶的是，那些健康状况下降的人和有睡眠障碍的人特别容易患抑郁症（Cole & Dendukuri，2003），但是因果关系可能是另一个方向，即抑郁症增加了健康和睡眠问题的风险（Wolkowitz，Reus，& Mellon，2011）。

我们如何预测衰老对我们的影响？实际年龄并不能预测伴随衰老而来的变化。其他测量年龄的方法可以更好地预测这些变化对以后生活的影响。下面我们来讨论一下除了实际年龄的四个指标（Birren & Renner，1977）：

- 生理年龄：根据身体的生理机能来评估年龄。最有效的是人的器官系统，如心脏和肺功能如何？当一个 65 岁的人说他的医生说他有 "40 岁的身体" 时，他的医生所说的就是生理年龄。
- 心理年龄：心理年龄是指一个人的精神状态和灵活性以及处理由于前所未有的环境变化带来压力的能力。有些人在记忆力、学习能力和性格上几乎没有什么变化，而另一些人则在很大程度上有变化。
- 机能年龄：一个人能在社会上担任一定角色的能力。机能年龄可以判断是否为退休做准备，而无须根据实际年龄 "任意" 加以判定（例如，人们应当在 65 岁或 70 岁时退休）。
- 社会年龄：人们的行为是否符合与他们年龄相符的社会行为规范。当人们判断一个女人 "穿得太年轻，不适合她的年龄" 时，或者看到一辆敞篷车里坐着一个 80 岁的男人时，会唤起人们对社会年龄的期望。

俗话说，变老并不完全是一种 "心态"，因为许多身体和社会因素都会影响我们的年龄。但毫无疑问，无论在我们的生日蛋糕上插上多少支蜡烛，身体和精神上的活跃都能促进身心的年轻。

直到 2013 年他去世前几周，100 岁的米切尔·拉米（本书其中一个作者的叔祖父）都会在网上收邮件、冲浪和进行股票交易。他每周都会去打桥牌。虽然他的听力和膝盖已经衰退了，但他的 "机能年龄" 远远小于实际年龄。

总结：人类发展

10.1　人类发展的特殊观点

10.1a　阐明先天和后天对发展的影响。

基因与环境以一种复杂的方式进行交互作用，所以我们并不是总能够确定这个或那个是行为的原因。例如，当儿童成长时，基因的影响常依赖于他们的经验。

10.1b　采取辩证方式去思考发展中的一些发现。

在评估儿童是如何和为何改变时，我们必须避免这样的倾向：假设先前发生的事是后来事件发生的必要因素。并且，我们需要记住：原因和结果往往是相互的。

10.2　发展的身体：身体和运动的发展

10.2a　追踪胎儿发育的轨迹，并确定正常发育的障碍。

胎儿发展的很多重要方面发生于怀孕早期。怀孕后第 18 天胎儿脑部开始发育，这一发育延续到青春期。药物、酒精，甚至是母亲的压力等致畸物可损害或减缓婴儿的发展。虽然早产儿经常经历发育迟缓，但低出生体重的婴儿往往有最消极的结果。

10.2b　描述婴儿如何学会协调动作，并取得重大的里程碑式的行为发展。

儿童大致是按相同的顺序来实现诸如爬行和行走等动作的重大里程碑，尽管他们完成这些的年龄会不同。婴儿与生俱来的反射能力可以帮助他们，但是经验在儿童的肌肉形成和动作协调中扮演了一个关键角色。

10.2c　描述在儿童和青少年时期身体上的成熟。

在儿童期，身体的不同部位会以不同的速度生长，头身比例比婴儿时期要小。青春期以性成熟以及发生重要的生理变化为特征。

10.2d　解释衰老过程中有哪些身体能力方面的下降。

在敏捷性和身体协调性方面，与年龄有关的变化有很大的个体差异。女性生理衰老的主要里程碑之一是闭经。

10.3　发展思维：认知发展

10.3a　理解儿童思维发展的主要理论机制。

皮亚杰认为发展是发生在影响认知发展的四个阶段。维果斯基认为不同的儿童会以不同的速度发展不同方面的能力，并且父母方面的社会构造会影响儿童的学习和发展。专家仍然在争论这些问题，包括学习是以一种普遍方式还是以某一特殊方式来发生的，学习是一个渐进的还是一个阶段性的过程，儿童具有多少天赋的认知知识。

10.3b　解释儿童在重要的认知领域里掌握新知识的过程。

婴儿的物理推理，包括最基本的天生的知识以及对以经验为基础的知识的提炼。概念发展要求孩子们了解事物的外观、使用方式以及它们在某种情境下的何种表现。

当儿童经历从认识到自己的身体特征与他人不同到认识到他人有与自己不同的想法的过程时，儿童的自我认知渐趋复杂。数字方面的发展需要对计数规则的理解力和对精确数量意义的天赋。这种能力发展缓慢，并且很容易被中断。计数的能力不会出现在所有的文化中。

10.3c　描述人们在青少年期对知识的态度是如何变化的。

青少年会面对更多成人式的挑战和决策，然而青少年的大脑还不能很好地处理一些问题。

青少年的大脑额叶发育不全，不同大脑系统之间的连接模式也不成熟。

10.4：人格发展：社会性和道德发展

10.4a　描述儿童何时以及怎样与看护人建立情感纽带。

尽管婴儿可能认识并对给予他们关爱的人以积极的反应，但他们在 8 个月以前还没有具体的依恋对象。婴儿与他们的抚养者发展起来的依恋关系的类型会随着父母教养方式和婴儿气质类型的不同而有所差异。

10.4b　解释环境和遗传对儿童的社会行为和社会风格的影响。

父母的教养方式（纵容型、权威型、专制型或放任型）、家庭结构和同伴关系都可能对孩子的行为和情绪的适应有影响，虽然对它们的因果关系还存在争议。儿童的某些遗传特质比如气质，可以影响儿童长期的社会性发展。

10.4c　确定在青春期和始成年期的道德和自我同一性的发展。

儿童最初的道德观念是以害怕惩罚为基础的，但随着时间的推移，这种道德观念变得更加复杂，儿童的道德观变得以动机而不是以结果为基础。建立自我同一性是青春期的一大挑战。

10.4d　了解成年时期重大生活转变带来的发展性变化。

主要的生活转变包括职业改变，寻找一位浪漫的伴侣，拥有小孩。这些对成人来说都是很有压力的事。然而，和大众心理学所说的相反，中年危机并不常见。

10.4e　总结定义老龄化的不同方法。

生理年龄无法很好地预测老年人躯体功能、社会功能或认知能力的衰退。认知和躯体功能的某些方面早在 30 岁就开始衰退了。然而，其他一些认知能力会随着年龄而提高；衰退的速度由很多因素决定，包括我们的活动水平。

第 11 章　情绪与动机

是什么促使我们行动

学习目标

- 11.1a　描述主要的情绪理论。
- 11.1b　识别无意识对情绪的影响。
- 11.2a　解释非语言表达情感的重要性。
- 11.2b　识别主要的测谎方法及其缺陷。
- 11.3a　识别幸福感和自尊的假象与事实。
- 11.3b　描述新兴学科:积极心理学。
- 11.4a　解释动机的基本原则和理论。
- 11.4b　了解饥饿、体重增加和肥胖的影响因素。
- 11.4c　鉴别暴食症和厌食症的症状。
- 11.4d　描述人类性反应周期和性行为活动的影响因素。
- 11.4e　识别常见的误解以及性取向的潜在影响因素。
- 11.5a　了解吸引力和关系形成的原则。
- 11.5b　描述爱情的主要类型及爱与仇恨的组成元素。

质疑你的假设

互动

情绪与理智是对立的吗？

"测谎仪"真的有效吗？

拥有美好事物的人比其他人更幸福吗？

性欲会在老年时消失吗？

在恋爱关系中，是异性相吸吗？

情绪和理性不一定是对立的。相反，情绪经常为理性服务（Gigerenzer，2007；Levine，1998）。没有感情，我们就缺乏理性决策的基础。研究表明情绪有时可以帮助我们批判性地思考。在一项调查中，研究人员让大学生们写下过去的愤怒经历。也许令人惊讶的是，研究中愤怒的学生比不愤怒的学生在区分有力科学争论和无力科学争论时表现得更好（Moons & Mackie，2007）。尽管《星际迷航》中名声大噪的斯波克被誉为纯理性的缩影，但研究表明，现实版的斯波克实际上离理性差得远呢。当他试图解决日常问题时，他对情绪反应的缺乏最终会影响他。

常识告诉我们，很多情绪，特别是消极情绪对我们不利。许多大众心理学图书鼓励我们不要生气、内疚、羞愧或悲伤。书本告诉我们，这类情绪是不健康的，甚至是"有毒的"。以 2013 年出版的《你的情绪杀手》一书为例，该书警告读者，强烈的情绪"可以扼杀你的计划、你的梦想、你憧憬的生活以及对自己的渴望"（Linder，2013，p.ix）。就像大众心理学中许多夸张的说法一样，该书中包含了真理的核心。大众心理学家提醒我们，过度的生气、内疚等等是自我毁灭。正如祖辈们教导我们的"万事有度"。他们提出，如果没有这些感觉会更好，但这是不对的，因为很多情绪——特别是消极情绪——往往对我们的生存至关重要。

11.1　情绪理论：什么原因产生情绪

11.1a　描述主要的情绪理论。

11.1b　识别无意识对情绪的影响。

我们能体验到各种各样的**情绪**——一种与心理状态或与对经验的评价相联系的感受。然而对于是什么引起了我们的情绪，心理学家还没有形成完全统一的观点。接下来，我们很快就会发现他们在揭示关于情绪的谜团上已经取得了显著的进步。

情绪分化理论：情绪表达的演变

根据**情绪分化理论**，人只能体验到一小部分独特的情绪，即使这些情绪是以复杂的方式结合起来的（Griffiths，1997；Izard，1994；Tomkins，1962）。这一理论的拥护者们提出每个基本情绪都具有独特的生理学基础，并具有一个或多个与众

情绪（emotion）
与我们对于自己经验的评价相联系的心理状态或感受。

情绪分化理论
（discrete emotions theory）
声称人类只体验到少数独特的根植于生理的情绪理论。

不同的促进进化的功能，这些功能在我们所有人身上本质上是相同的（Ekman & Friesen，1971；Hamann，2012）。他们进一步认为，由于在思考中起关键作用的大脑皮层比在情感中起关键作用的边缘系统进化得更晚，所以我们对环境的情绪反应先于我们对环境的思考（Zajonc，1984，2000）。

支持情感进化的基础

事实上，有些情绪表达是与生俱来的，不是在直接强化的情况下产生的（Freedman，1964；Panksepp，2007）。新生婴儿在快速眼动阶段（REM）—— 这栩栩如生的梦发生的睡眠阶段——会自发地微笑。大约六周的时候，无论何时婴儿只要看见一张喜爱的面孔就会笑。在大约三个月，当他们学习新东西时，即使周围没有一个人他们也会微笑（Plutchik，2003）。艾伯（Irenäus Eibl-Eibesfeldt，1973）的研究表明，即使是出生时就失明的 3 个月大的婴儿，在玩耍和挠痒时会微笑，当他们被独自留下时也会皱眉和哭泣。

分析一下厌恶的情绪，它源于拉丁文中"坏味道"一词。想象我们让你吞下一块令你厌恶的食物，比如一只干瘪的蟑螂（如果您在吃饭时读到本章，我表示抱歉）。你很有可能会皱起鼻子、抿嘴、伸出舌头、头稍微转向一边，或者闭上眼睛（Phillips et al.，1997）。情绪分化理论家会说这种协调的反应是进化上的适应性。当你皱起鼻子和抿嘴的时候，你将减少摄取这种物质的可能性。你伸出舌头，增加了排出它们的可能性。你通过转头尽量避免它，并且通过闭上眼睛限制它对你视觉系统的损害。有趣的是，我们发现的许多或大部分令人厌恶的刺激物，如尸体和粪便，都含有有害的细菌（Tybur et al.，2013）。其他情绪同样为我们的一些重要生理反应做好了准备（Frijda，1986）。当我们生气时，我们通常会咬紧牙齿，握紧拳头，准备好去战斗。当我们害怕时会睁大眼睛，这样可以更好地发现像潜伏在我们周围的捕食者一样的潜在危险。

查尔斯·达尔文（Darwin，1872）首次提出，人类和非人类动物在情绪表达时往往很相似。他注意到愤怒号叫、露出尖牙的狗很容易让人联想到人类轻蔑、嘲讽的表情。尤金·莫顿（Morton，1977，1982）认为在大多数动物物种特别是哺乳动物和鸟类之间的交流中表现出了根深蒂固的相似性，这进一步表明人类和非人类动物的情感有着相同的进化传统。例如，在整个动物王国中，高音与友好有关；低音与敌意有关。雅克·潘克赛普（Panksepp，2005）发现，当老鼠高兴时能发出高音调的唧唧声，这也许与人类的笑声相似。狗在玩耍时以高频率喘气，似乎也有很多方面与人类的笑声相似，黑猩猩的窃笑也是如此（Provine，2012）。

当然，事实上这两件事只是表面上相似，不能证明它们有着相同的进化起源。然而，就情绪而言，我们了解到所有的哺乳动物是共享同一个进化原型的。事实上，许多哺乳动物在相似的社会行为中会显示出相似的情绪反应，如挠痒和玩耍，这个事实适用于一个简单的假说：也许这些反应起源于相同的进化根源。

前美国柔道运动员大卫·松本和鲍勃·威林哈姆通过观察 2004 年雅典奥运会的柔道比赛中胜利者和失败者的面部表情发现，奖牌获得者和来自 6 个大洲的其他 35 个国家或地区的运动员在赢得比赛或者获得奖牌时面部反应极为相似（Matsumoto & Willingham，2006）。

奥卡姆剃刀原理
这种简单的解释符合事实吗？

文化和情绪

情绪分化是进化的产物，对此进行评估的另一个方法是对情绪表达进行普遍性的调查。如果

识别情绪

| 互动 | 与恐惧相关的面部特征，包括大眼睛和张开的嘴，与婴儿的面部特征相似。（请参阅页面底部答案）
○ 事实
○ 虚构 |

物种能进化到用一个特定方式表达情绪，就能期望情绪在不同文化下传达相同的含义。我们还希望世界各地的人都能同样识别情绪。

识别跨文化情绪　情绪分化理论的一个有说服力的证据来自一项重复研究，该研究表明北美和欧洲国家的大学生和其他参与者可以跨文化识别和生成同样的情绪表达（Izard，1971；Sauter et al.，2015）。然而，这项研究在遇到对立理论时容易站不住脚：因为人们都已经接触到西方文化，这种相似也许是因为共享的经验而不是一种相似的遗传进化。

可重复性
这种简单的解释符合事实吗？

排除其他假设的可能性
对于这一研究结论，还有更好的解释吗？

为了排除这种解释，20 世纪 60 年代末，美国心理学家保罗·艾克曼（Paul Ekman）前往偏远的新几内亚东南地区，研究那里的人，他们基本上与西方文化隔离，并且仍在使用石器时代的工具。在翻译的帮助下，艾克曼给他们读了一段简短的故事（例如，"他的母亲去世了，他很伤心"），同时呈现描述了美国人各种情绪的照片，如高兴、悲伤和愤怒。然后艾克曼让他们选择与故事相匹配的照片。他后来又进一步让美国大学生猜测新几内亚人显示的情绪状态（Ekman & Friesen，1971）。

艾克曼（1999）和他的同事们（Ekman & Friesen，1986）总结出一些跨文化普遍性的**原始情绪**（基本情绪）——大概有七种（Ekman，2016）。尤其是，他们发现即便不是所有文化都能认识这些与情绪有关的面部表情，但大部分文化还是可以的。情绪分化理论家称这些情绪为"原始的"，因为它们可能是其他情绪产生的生理基础：

- 高兴　• 悲伤　• 惊讶　• 愤怒
- 厌恶　• 恐惧　• 轻蔑

以上七种主要情绪中的六种都有深层的生物根源。一些研究表明，与昂起头的微笑联系在一起的骄傲也可能是一种跨文化的普遍情绪（Tracy & Robins，2007）。其他研究提出了一种可能性，即当我们遇到某种巨大而神秘的事物时，我们感受到的敬畏也是一种主要的情绪（Rudd，Vohs，& Aaker，2013；Shiota，Keltner，& Mossman，2007）。在许多文化中，敬畏往往是指一个人张口凝视着上方（Valdesolo，Park，& Gotlieb，2016）。有趣的是，与敬畏相关的声音，如"啊"和"哇"，在不同的文化中似乎是相似的（Nijhuis，2016）。还有一些研究者提出其他的主要情绪，包括羞愧、尴尬和兴趣（Ekman，2016；Silvia，2008）。然而，骄傲、敬畏和其他情绪是"主要"情绪的证据比我们讨论过的七大

原始情绪（primary emotion）
理论家相信一些（大概七种）情绪具有跨文化的普遍性。

答案：事实。一些学者甚至觉得这些表情信号是一种本能，让我们小心我们所害怕的东西。

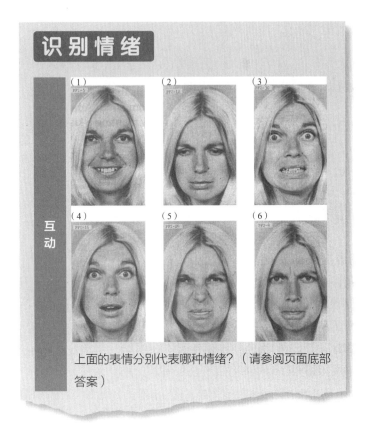

识别情绪

互动

（1）（2）（3）
（4）（5）（6）

上面的表情分别代表哪种情绪？（请参阅页面底部答案）

情绪的证据更为初级。

在他的跨文化研究中，艾克曼和他的同事发现某些基本的情绪比其他的情绪更容易被察觉。高兴往往是最容易被识别处理的情绪（Ekman，1994；Elfenbein & Ambady，2002）。相比之下，负面情绪更难识别；很多人把厌恶和愤怒、愤怒和恐惧以及恐惧和惊讶混为一谈（Elfenbein & Ambady，2002；Tomkins & McCarter，1964）。然而，对情绪分化理论的一个挑战是，来自不同文化背景的人们并不总是在表情和情绪的关系上达成一致（Barrett & Bliss-Moreau，2009；Jack，Garrod，Caldara，& Schyns，2012；Russell，1994）。然而，正如情绪分化理论所预测的那样，一致的程度要高于仅凭偶然因素所能预料到的程度，这表明至少在情绪识别中存在某种跨文化的普遍性。

原始情绪不能概括我们全部的感觉。就像才华横溢的画家从少数几种原色（如蓝色和黄色）中创造出一种极为复杂的次级颜色，如各种绿色和紫色，我们的大脑也"创造"了大量的次级情绪（Watt-Smith，2016）。"警告"的次级情绪似乎是一种包括恐惧和惊讶的混合情绪，以及"仇恨"的次级情绪似乎是愤怒和厌恶的混合（Plutchik，2000）。

情绪表达的文化差异：表达规则　这一研究发现，某些情绪在大多数或所有文化中存在，并不表示情绪表达的文化是一样的。在某种程度上，这是由于文化因**表达规则**而不同，即他们何时以及如何表达情绪的社会文化准则（Ekman & Friesen，1975；Matsumoto et al.，2005；Yagil，2015）。

在西方文化中，大多数男孩被父母教导不能哭，而在教导女孩时，哭是可以接受的（Plutchik，2003）。当一个来自南美、中东或一些欧洲国家的人，如俄罗斯的游客以亲吻脸颊的方式问候美国人时，他们将会很吃惊。

在一个表达规则的研究中，华莱士·弗里森（Friesen，1972）记录了日本和美国大学生在不知情的情况下观看电影的过程，不管是独自观看还是与实验者一起观看。他让两组学生观看两个电影片段，一个是中性的旅游风景（控制条件），另一个是非常血腥的电影，描述切除生殖器的仪式（实验条件）。当这些学生独自一人时，他们对电影的面部反应是相似的：两组对中性电影表现出较少的情绪反应，而对血腥的电影表现出明确的恐惧、厌恶和苦恼。然而当一个年长的主试者走进房间，文化的角色变得

表达规则（display rule）
一个何时以及如何表达情绪的跨文化准则。

一些心理学家认为骄傲也是一种情绪分化。骄傲往往与微笑联系在一起，伴随着头部轻微向后，胸部轻微向前，手放在臀部的姿势（Tracy & Robins，2007）。

答案：（1）高兴；（2）悲伤；（3）恐惧；（4）惊讶；（5）厌恶；（6）愤怒。

明显，尽管美国学生对电影的反应没有改变，而日本学生通常在看血腥电影的过程中用微笑掩盖他们的消极情绪。在日本文化中，顺从权威人物的行为是准则，所以学生们表现出很乐意看电影。因此，在许多情况下，文化并不影响情绪本身，它影响其公开的表达方式（Fok et al.，2008）。

尽管如此，表达规则可能并不能说明情绪上的文化差异。一个研究小组让北美的参与者猜一猜照片上是日裔美国人还是本土日本人，因为他们在照片中要么表现出中立的表情，要么表现出情绪化的表情。参与者在猜测一个人在照片中表达情感时的国籍的准确率要高得多，表明不同的文化可能与不同的"非语言口音"有关——一个人的文化在面部表情上有细微的差异（Marsh, Elfenbein, & Ambady，2003）。非语言口音的存在表明，尽管情绪分化理论很大程度上可能是正确的，但文化可以巧妙地塑造如何表达情感（Elfenbein，2013）。

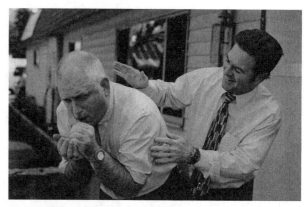

另一种鲜为人知的情绪是幸灾乐祸（schadenfreude），这是一个德语词汇，指人们对他人的不幸非常高兴。幸灾乐祸似乎是幸福、愤怒和其他主要情绪的混合物（van de Venet al.，2015）。

情绪表达的伴随

根据情绪分化理论，每一种基本情绪都与一组独特的面部表情相关。在愤怒的情绪中，我们的嘴唇持续地变窄，眉毛向下移动。在轻蔑的情绪中，我们经常抬起并绷紧一侧的嘴唇，产生一种假笑（Matsumoto & Ekman，2004），或者向上翻动眼睛，实际上是在传达"我比你高"的信息。"目空一切"（supercilious）这个词，指的是觉得自己比别人高傲，字面意思是"眉毛以上"。与轻蔑相关的面部表情常常传达出一种感觉，即他人"低于"我们（见图 11.1）。

情绪和生理机能　我们可以通过生理反应模式来区分某些情绪，虽然差异有时有点模糊（Ax，1953；Levenson，2014；Rainville et al.，2006）。为了表现某种特定情绪而故意做出的面部动作，会改变我们身体反应特有的方式（Ekman，Levenson，& Friesen，1983）。当我们做出愤怒和恐惧的面部表情时，心率比做出高兴和惊讶的面部表情时升高更多（Cacioppo et al.，1997），这也许是因为前两种情绪与我们受到威胁时的应激反应更接近。当我们处于危险之中时，我们的心脏会高速运转，促使我们采取行动（Frijda，1986）。然而恐惧和愤怒在躯体上的反应也是不同的，当我们恐惧时，消化系统会减缓运作。相反，当我们愤怒时，我们的消化系统将会加快工作，这也解释了当我们狂怒时，为什么会感到"胃绞痛"（Carlson & Hatfield，1992）。

脑成像数据至少提供了一些不同情绪有不同模式的证据。例如，恐惧和杏仁核有关，厌恶和脑岛（边缘系统的一个区域）有关，而愤怒会激活眼睛后面的额叶皮质的区域（Murphy，Nimmo-Smith，& Lawrence，2003；Vytal & Hamann，2010）。

然而在许多其他情况下，我们还不能通过它们的

图11.1　哪个面具传达了威胁？

在狩猎采集社会，人们通常会制作面具来传达威胁，尤其是愤怒。这两种形状是建立在社会里戴的木制面具的基础上的。在这两种情况下，左边的传达了更多的威胁。即使是美国的大学生也能在高概率的水平上区分威胁面具和非威胁面具。

资料来源：Aronoff, J., Barclay, A. M., & Stevenson, L. A. (1988). The recognition of threatening facial stimuli.Journal of Personality and Social Psychology, 54, 647-655。

1组　　　　　2组

识别杜尼式微笑

互动

心理学家保罗·艾克曼展示了两种微笑：一种是杜尼式微笑（真诚的微笑），一种不是杜尼式微笑。左边的图像是杜尼式微笑。一个简单的区别线索是杜尼式微笑有更多的眼部运动。

生理机能区分不同的情绪（Cacioppo，Tassinary，& Berntson，2000；Feldman Barrett et al.，2007；Lindquist et al.，2012）。令人惊讶的是，快乐和悲伤的大脑活动模式没有太大的区别（Murphy et al.，2003）。一些研究人员的发现对情绪分化理论提出了挑战，因为它们表明不同的情绪并不总是与独特的生理特征联系在一起。此外，几乎可以肯定的是，大脑中没有单一的"恐惧处理器""厌恶处理器"等等，因为各个脑区都参与了各种情绪的表达（Schienle et al.，2002）。

真实的情绪与伪装的情绪　我们可以使用一些特定的面部表情来帮助我们分辨情绪的真伪。在真正的快乐中，我们能看到嘴角向上扬、眼皮向下垂和眼角纹皱起来的过程（Ekman，Davidson，& Friesen，1990；Gunnery & Ruben，2016）。当人们从他人那里体验到积极情绪时，这种真诚的微笑尤其可能出现（Crivelli，Carrera，& Fernández-Dols，2015）。情绪理论家把这个真实的情绪表达叫作杜尼式微笑。这种微笑由精神病学家杜尼发现，它不像那种伪装的或泛美式微笑，只有嘴角拉扯而没有眼部的运动。术语泛美式微笑来自一部老商业影片，影片中泛美航空公司的全体空乘人员脸上都挂着明显虚假的微笑。如果你浏览家庭相册，你可能会发现大量的泛美式微笑，特别是在事先摆好姿势的照片中。

正如一些研究所发现的，杜尼式微笑对于重要的生命结果具有有效的预测作用（见 2.2a；Harker & Keltner，2001）。在一项巧妙的研究中，调查人员发现，在配偶最近去世的人当中，那些在谈话中露出杜尼式微笑的人比那些不这样做的人更有可能从情感上恢复过来（Bonanno & Keltner，1997）。

情绪认知理论：先思考，后感觉

正如我们所看到的，对于情绪分化理论家来说，情绪主要是由特定刺激触发的先天运动程序，我们对这些刺激的情绪反应先于我们对它们的解释。**情绪认知理论**的拥护者则不同意这个说法。对于他们来说，情绪是思维的产物。我们对该情境有什么反应取决于我们如何解释它（Scherer，1988）。例如，对情境评估的方式将影响我们在面对它们的时候是否产生紧张的情绪（Lazarus & Folkman，1984）。如果我们把将要面临的求职面试看作一个潜在的灾难，我们将会被绝望压倒；如果我们把它看作一个健康的挑战，我们就能适当地调整心态去面对。此外，认知理论学家认为没有分化的情绪，因为情绪之间的界限是模糊的（Wilson-Mendenhall，Feldman-Barrett，& Barsalou，2013）。此外，一些学者认为，因为思考本质上决定了我们的情绪，所以有多少种想法就有多少种不同的情绪（Feldman-Barrett & Russell，1999；Ortony & Turner，1990）。

情绪认知理论
（cognitive theory of emotion）
该理论提出情绪是思维的产物。

詹姆斯 – 兰格情绪理论

该理论也许是最早的情绪认知理论，其源头可追溯到美国心理学家威廉·詹姆斯（James，1890），在之前（见 1.1a）我们已认识过他。由于丹麦学者卡尔·兰格（Lange，1885）同时提出了相同的观点，心理学界将它命名为**詹姆斯－兰格情绪理论**。根据詹姆斯－兰格情绪理论，情绪是我们对刺激引起身体反应的知觉（Laird & Lacasse，2014）。

以詹姆斯的著名案例为例，让我们想象一下，我们徒步穿过森林时遇见了一只熊。接下来会发生什么呢？常识告诉我们，我们先是感到恐惧，然后跑开。詹姆斯认为我们的恐惧与逃跑是一种相关的关系，但这种关系不能证明恐惧导致逃跑。事实上，詹姆斯和兰格认为因果关系的顺序是颠倒的：我们害怕是因为逃跑。即我们观察到我们对刺激的生理和行为反应——在这种情况下我们出现心跳加速、手心出汗和逃跑——然后推断出我们害怕的结论（见图 11.2）。

相关还是因果
我们能确信 A 是 B 的原因吗？

为了支持这个理论，一个研究者调查了五组分别在脊髓不同区域受损的患者（Hohmann，1966）。脊髓受损度高的患者几乎丧失了所有的躯体感觉，那些脊髓受损程度较低的患者只失去了部分的躯体感觉。如詹姆斯和兰格预言的一样，与脊髓受损较少的患者相比，脊髓受损度高的患者报告了少量的情绪——恐惧和愤怒。据推测，脊髓受损程度较低的患者能感受到更多的躯体感觉，这使得他们的情绪反应更多。不过，一些研究者批评了这些发现，他们认为这可能是因为实验者的偏见效应（见 2.2c）：当研究者在评定情绪时知道患者是哪种脊髓受损，这些了解可能导致在诊断结果上存在偏见（Prinz，2004）。此外，一些研究者没有得到同样的研究结果：一个研究团队发现不管患者的脊髓有没有受损，其幸福感是没有差别的（Chwalisz，Diener，& Gallagher，1988）。

可重复性
其他人的研究也会得出类似的结论吗？

如今，很少有科学家坚信詹姆斯－兰格理论，但它仍在影响着现代思维。安东尼奥·达马西奥（Damasio，1994）的**体细胞标记理论**提出，我们无意识地、即刻利用我们的"肠道反应"——尤其是我们的自主反应，比如心率加快和出汗——衡量我们应该如何行动。根据达马西奥的说法，如果我们在第一次约会时感到心在跳动，我们就会把这些信息作为"标记"或信号来帮助我们决定下一步该做什么，比如和那个人第二次约会（Damasio，1994；Reimann & Bechara，2010）。

尽管如此，有证据表明，人们可以完全根据外部知识做出决定，而不需要任何身体反馈（Maia & McClelland，2004）。一组研究人员检查了患有一种罕见疾病的病人，这种疾病被称为纯粹的自主神经衰竭（PAF），其特征是从中年开始自主神经系统神经元的退化（Heims et al.，2004）。这些患者在情绪受刺激后，不会经历心率加快或出汗等自主活动。然而，他们在一项赌博任务上没有任何困难，这项任务要求他们就货币风险做出决定。这些发现并没有证明体细胞标记理论是错误的，因为体细胞标记帮助我们做决定。但他们认为，体细胞标记对于明智的选择是不必要的，即使它们能给我们一些额外的指导。

可证伪性
这种观点能被反驳吗？

詹姆斯－兰格情绪理论
（James-Lange theory of emotion）
该理论提出，情绪是我们对刺激引起身体反应的知觉。

体细胞标记理论
（somatic marker theory）
该理论提出，我们用我们的"直觉反应"来帮助自己决定如何行动。

坎农－巴德情绪理论

沃特·坎农（Cannon，1929）和菲利普·巴德（Bard，1942）指出了对詹姆斯－兰格理论的几点质疑。他们指出大多数生理变化产生得很慢——通常至少要几秒钟——以触发情绪反应，而情绪反应几乎是瞬间发生的。坎农和巴德也证明，我们意识不到很多身体反应，如我们的胃或肝脏的收缩。我们不能用它们来判断我们的情绪。

他们提出了不同的情绪和行为反应的相关模型。根据**坎农 – 巴德情绪理论**，情绪刺激事件可同时引发一种情绪的和躯体的反应。回到詹姆斯的案例中，坎农和巴德会说当我们在森林里徒步旅行时看见一只熊，看见熊的同时触发了恐惧和逃跑（见图 11.2）。

尽管坎农和巴德提出丘脑是感官的中转站（见 3.2a），并同时触发情感和身体反应，但后来的研究表明，包括下丘脑和杏仁核在内的许多边缘系统区域也在情感中发挥着关键作用（Carlson & Hatfield, 1992; Lewis, Haviland-Jones, & Barrett, 2008; Plutchik & Kellerman, 1986）。尽管如此，坎农和巴德的情绪理论鼓励了研究人员去探索大脑中情绪的生理基础。

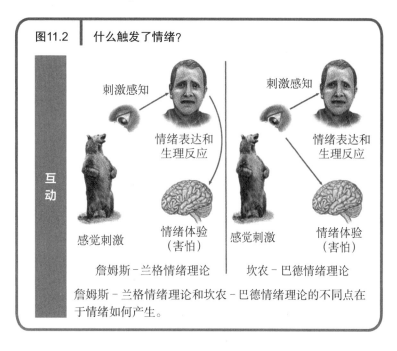

图11.2　什么触发了情绪？

刺激感知　情绪表达和生理反应　感觉刺激　情绪体验（害怕）

詹姆斯 – 兰格情绪理论

坎农 – 巴德情绪理论

詹姆斯 – 兰格情绪理论和坎农 – 巴德情绪理论的不同点在于情绪如何产生。

两因素情绪理论

斯坦利·沙赫特和杰罗姆·辛格（Schachter & Singer, 1962）认为詹姆斯 – 兰格情绪理论和坎农 – 巴德情绪理论的情绪模式都太过简单。他们认同詹姆斯和兰格理论中认知对躯体反应的解释在情绪中起着关键作用，但质疑詹姆斯和兰格将所有的情绪的产生归于躯体反应。根据他们的**两因素情绪理论**，产生一种情绪需要以下两种心理活动：

（1）遇到情绪刺激事件之后，我们体验到一种无差别的唤醒状态，即警觉状态。使用"无差别"这个词，意味着沙赫特和辛格认为情绪中的唤醒体验是一样的。

（2）我们试图解释自主唤醒的来源。一旦我们将这种唤醒归因于一件事——无论是在自身还是在外部环境中——我们就会体验到一种情绪。一旦我们找出唤醒的来源，就可以用一种情绪给唤醒贴"标签"。沙赫特和辛格指出这个贴标签的过程通常转瞬即逝，甚至无法意识到。由此可见，情绪就是我们对于唤醒的解释。

举例来说，假设我们再次在森林里徒步旅行（你可能认为我们现在已经知道我们可能会在那里遇到一只熊）。然后，我们果然遇到了一只熊。根据沙赫特和辛格的理论，我们首先完成生理唤醒；进化让我们准备战斗——在这一点上可能不是特别聪明的想法——或逃跑。然后，我们试着推断出唤醒的来源。一个不需要拥有心理学博士学位的人就能推断出我们的唤醒可能与熊有关，我们把这种唤醒解释为恐惧，这就是我们所经历的情绪。

这听起来很有道理，但我们的情绪真的是这样工作的吗？沙赫特和辛格（1962）决定在一个经典研究中查明真相。作为"封面故事"，他们告诉参与者，他们正在测试一种新的维生素补充剂——"Suproxin"——对视力改善的有效性。但事实上，他们测试的是肾上腺素（一种产生生理唤醒的化学物质）的影响。沙赫特和辛格随机分配一些参与者注射 Suproxin（再一次说明，实际上是肾上腺素），其他人注射安慰剂。当肾上腺素进入他们的循环系统，沙赫特和辛格随机分配参与者到两个附加

坎农 – 巴德情绪理论
（Cannon-Bard theory of emotion）
该理论指出情绪刺激事件可同时引发一种情绪和躯体的反应。

两因素情绪理论
（two-factor theory）
该理论指出情绪是从一种无差别的唤醒状态产生的并伴随着对那个唤醒的归因（解释）。

条件：（1）一个同谋者（一个秘密研究助理）完成问卷时表现得很愉快；（2）另一同谋者在完成问卷时表现得很愤怒。同谋者不知道参与者注射的是肾上腺素还是安慰剂。最后，沙赫特和辛格要求参与者描述他们体验到的不同情绪的强度。

结果与两因素情绪理论相吻合。注射安慰剂的参与者的情绪并没有受到同谋者行为的影响，但是注射肾上腺素的参与者的情绪受到了影响。与愉快的同谋者接触的参与者报告感觉更愉快，与那些愤怒的同谋者接触的参与者报告更加愤怒——但在这两个情况下他们只注射了肾上腺素。沙赫特和辛格总结，情绪需要生理唤醒和对情绪唤醒的刺激事件的归因。

"两因素理论最具创造性测试奖"可能要颁给两位研究人员（Dutton & Aron，1974），他们让一位迷人的女性实验者接近不列颠哥伦比亚大学校园里的男性大学生。她请他们帮忙做一项调查，并给了他们她的电话号码，他们有问题时可以给她打电话。有一半的时间，她是在一座坚固的、一动不动的桥上接近他们的，而有一半的时间，她是在一座离河面 200 英尺高、摇摇晃晃的桥上接近他们的。尽管在第一种情况下只有 30% 的男性给她打了电话，但在第二种情况下有 60% 的男性给她打了电话。在第二种情况下，摇晃的桥可能增加了男生的兴奋感，导致他们感受到更强烈的浪漫情感——正如沙赫特和辛格所预测的那样（Szczucka，2012）。

根据沙赫特和辛格的两因素情绪理论，在情绪刺激事件之后，如一场车祸，我们首先体验唤醒，然后试图解释唤醒的原因，我们将生成的标签贴在唤醒上就形成情绪。

可重复性
其他人的研究也会得出类似的结论吗？

对两因素理论支持的情况已变得很复杂。不是所有的研究者都认同沙赫特和辛格（1962）的研究结果（Marshall & Zimbardo，1979；Maslach，1979）。此外，研究表明尽管唤醒常常加剧情绪，但情绪也能在没有唤醒时发生（Reisenzein，1983）。与沙赫特和辛格所宣称的相反，唤醒对于情绪体验不是必需的。

在一项关于"一见钟情"的研究中，调查人员测试了沙赫特和辛格的两因素情绪理论。他们在坐过山车之前或之后立即找到参与者，给他们看一张异性的照片。刚从过山车上下来的人比那些马上要坐过山车的人认为照片上的人更有吸引力（Meston & Frohlich，2003）。

整合

我们应该相信哪一个理论？这种情况在心理学中很常见，即几种理论中都有一个核心的观念是合理的。情绪分化理论可能是正确的，我们情绪反应的形成部分通过自然选择，而且这些反应提供至关重要的适应功能。然而，非语言口音研究表明，情绪分化理论可能低估了情感表达的文化差异，或许还低估了情感体验的文化差异。此外，正如认知理论者提出的，情绪分化理论并没有排除我们的思维以重要的方式影响着我们的情绪的可能性。的确，詹姆斯－兰格情绪理论关于躯体反应会影响我们的情绪状态的推论，也许是正确的。最后，两因素情绪理论中，生理唤醒在我们情绪体验的强度中起着关键作用，这也许是正确的，尽管不是所有的情绪都需要这样的唤醒。

情绪的无意识影响

近几十年，研究者对于情绪的无意识影响特别感兴趣：我们意识到外部因素会影响我们的感觉。情绪的无意识影响，其中一个有力的证据来自对自动化行为的研究。

情绪的自动化生成

正如我们在前文中学到的，研究表明，我们大量的行为都是自动化产生的。然而我们经常认为这样的行为是有意识的（Bargh et al.，2012；Kirsch & Lynn，1999；Wegner，2002）。尽管并不是所有的心理学家都同意，但是这可能同样适用于我们的情绪反应：很多人可能都会有或多或少的自动化行为，就像医生的锤子轻敲我们的膝盖所引起的膝跳反射。

两个研究者给一些参与者呈现一组描述积极刺激的词语（像"朋友"和"音乐"），给另一些参与者呈现一组描述消极刺激的词语（像"癌症"和"蟑螂"），这些刺激呈现得如此迅速，以至于它们是阈下的，即低于意识的阈值（见4.6c）。即使参与者不能够辨别出他们看到的那些刺激是否超过阈限水平，那些接触积极刺激的参与者报告的心情也比那些接触消极刺激的参与者更好（Bargh & Chartrand，1999）。另一项研究表明，在潜意识中，当面对表现出某种特定情绪的面孔时，比如恐惧、高兴或厌恶，会导致与这种情绪对应的面部肌肉发生变化（Dimberg，Thunberg，& Elmehed，2000）。

然而，近年来，这些效应变得越来越具有可控性，很大程度上是因为它们的规模通常很小并且难以重复（Bartlett，2013）。此外，至少这些研究的一些积极结果可以归因于需求特征和其他实验的产物，因为当研究人员不知道被证实的假设时，这些效应可能会减弱或消失（Cesario，2014）。

可重复性
其他人的研究也会得出类似的结论吗？

单纯曝光效应

心理学改变思维。

心理学改变思维。

心理学改变思维。

心理学改变思维。

当你读完以上四句话，你对你的课本感觉如何？你越来越喜欢它了吗？（我们希望你能回答"越来越喜欢"）

常识不这么认为。它告诉我们"熟悉引起轻视"：越是我们经常看到或听到的东西，我们就越不喜欢它。然而罗伯特·扎荣茨（Robert Zajonc）和其他人关于**单纯曝光效应**的研究认为，与此相反的情况实际上更加普遍，即熟悉引起舒适（Zajonc，1968）。单纯曝光效应是指当我们反复接触一个刺激时，我们更容易对它产生积极情绪的现象（Bornstein，1989；Kunst-Wilson & Zajonc，1980）。

当然，发现我们喜欢我们以前见过很多次的东西并不令人惊讶。这种相关可能是由于这样的一个事实，即我们反复地接触我们喜欢的东西。假如我们喜欢吃冰激凌，比起讨厌冰激凌的人（假设有这种人存在），我们可能会花更多的时间去寻找冰激凌。

相关还是因果
我们能确信 A 是 B 的原因吗？

一些有力证据来源于无意义的实验材料，即个体不熟悉的材料。实验表明，反复接触不同的刺激，例如无意义音节（如"zab"和"gan"）、汉字（对于非中国参与者）和各种形状的多边形，结果是，比起那些很少或没有接触过的刺激，我们更喜欢那些反复接触的刺激（见图11.3）。

多名研究人员利用完全不同的刺激物（包括歌曲）重复了这些效果，证明了

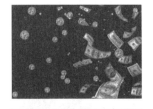

刺激会影响我们的情绪性行为，即使我们认为它们不是诱发者。在一项研究中，看到电脑的屏保漂浮着钱币（上）使人们将自己与陌生人之间保持的距离比那些看到屏保漂浮着鱼（下）的人更大，这大概是因为考虑到金钱使人更以自我为中心（Vohs，Mead，& Goode，2006）。

单纯曝光效应
（mere exposure effect）
当我们反复接触一个刺激时，我们更容易对它产生积极情绪的现象。

它们的普遍性（Verrier，2012）。单纯曝光效应也延伸到脸部。我们更喜欢自己在镜子里的形象，而不是照片中的形象（Mita，Dermer，& Knight，1977），大概是因为我们每天都在镜子里看到自己。相比之下，我们的朋友通常更喜欢照片。广告商很清楚这种单纯曝光效应，并不遗余力地加以利用（Baker，1999；Fang，Singh，& AhluWalia，2007；Morgenstern，Isensee，& Hanewinkel，2013）。重复播放一则广告往往会增加我们对产品的喜爱，尤其是当我们一开始就对其有所偏爱时。

有证据表明，单纯曝光效应会无意识地运作，因为当实验者下意识地在意识阈下呈现无意义的刺激时，它也会出现（Bornstein，1989；Zajonc，2001）。即使人们没有意识到看见过刺激，比如一个特定的多边形，他们也会更喜欢这个刺激。单纯曝光效应在阈下产生的影响可能比在（有意识的）阈上更大（Bornstein，1989）。尽管如此，科学上对于单纯曝光效应到底能持续多久仍存在争议。它似乎会影响短期偏好，但不会影响长期偏好（Lazarus，1984）。

没有人知道为什么会出现单纯曝光效应。这些效应可能反映了习惯，即一种原始的学习形式（见 6.1a）。很显然，我们遇不到坏事的情况发生得越多，我们就越感到舒适。或者，我们可能更喜欢容易处理的东西（Harmon-Jones & Allen，2001；Mandler，Nakamura，& Van Zandt，1987）。我们经历某事的次数越多，我们试图理解它的努力就越少。反过来，做一件事所花费的努力越少，我们就越喜欢它——就像我们通常更喜欢容易阅读的书，而不喜欢那些很难阅读的书（Herbert，2011；Hertwig et al.，2008）。回想一下前文，我们是认知的吝啬鬼：总的来说，我们更喜欢较少的脑力劳动而不是较多的脑力劳动。

所以，现在的重点是在其他条件相同的情况下，你读了几遍之后可能会比第一次读的时候更喜欢这一段。这是一个再读一遍的不那么微妙的暗示！

面部反馈假说

如果你周围没有人，你也不怕闹笑话，那么大笑大概 15 秒，你感觉怎么样（除了觉得自己傻以外）？接下来，深深皱一下眉，并再次保持一会儿，你现在感觉又会怎么样？

可重复性
其他人的研究也会得出类似的结论吗？

图11.3	你喜欢哪种多边形？

罗伯特·扎荣茨和他的同事在单纯曝光研究中使用的成对多边形如下所示。参与者更喜欢那个反复暴露的多边形，即使他们不记得见过它。

资料来源：Science or Science Fiction? Investigating the Possibility (and Plausibility)of Subliminal Persuasion, Laboratory Manual, Department of Psychology, Cornell University retrieved from http://www.csic.cornell.edu/201/subliminal/#appB。

多边形对

日志提示

回想一下你起初不喜欢的东西，但在反复接触之后，你喜欢上了它。描述你对它的感觉是如何随时间而改变的。你如何在日常生活中利用单纯曝光效应的优势呢？

大多数人更喜欢他们在镜子中的样子，而不喜欢摄影师给他们拍的照片。在这种情况下，参与者可能更喜欢左边的照片，大概是因为他更习惯于这种看自己的方式。

根据**面部反馈假说**，你可能感受到与面部表情一致的情绪——先是愉快，后是悲伤或愤怒（Adelmann & Zajonc，1989；Goldman & de Vignemont，2009；Niedenthal，2007）。尽管罗伯特·扎荣茨在 20 世纪 80 年代复述过，但查尔斯·达尔文（1872）仍然是最早提出这个假说的人。扎荣茨超越达尔文之处在于其指出面部血管的改变将产生的温度信息"反馈"到大脑，以可预测的方式改变我们的情绪。像詹姆斯和兰格一样，扎荣茨认为我们的情绪通常来自行为和生理的反应。但是与詹姆斯和兰格不同的是，扎荣茨提出这个过程纯粹是生物化学的，是非认知的，也就是说，它不涉及思维（Zajonc，Murphy，& Inglehart，1989）。

面部反馈假说有科学的支持。在一项研究中，实验者让参与者将筷子放在嘴里，并随机分配给他们三种姿势中的一种，一种是杜尼式（真诚）微笑，一种是假笑，一种是中性表情。然后参与者将他们的手浸入冰水一分钟，这是一种广泛使用的实验室技术，用于引发疼痛。那些微笑的参与者，尤其是表现出杜尼式微笑的参与者，在完成任务后立即表现出较低的心率，这表明微笑降低了他们的压力水平（Kraft & Pressman，2012）。然而，扎荣茨声称，仍然不清楚这些影响如何通过各种面部表情反馈到大脑。这些影响的另一个假设是经典性条件作用（见 6.1a）。从我们生命起源开始，我们就体验着无数的条件"试验"。我们在快乐时会微笑，不快乐时会皱眉，最后微笑成为快乐的条件刺激，皱眉成为不快乐的条件刺激。

排除其他假设的可能性
对于这一研究结论，还有更好的解释吗？

然而，关于面部反馈假说的其他证据却褒贬不一。在一项被广泛引用的研究中，研究者让参与者评估自己观看不同的动画片时的有趣程度（Strack，Martin，& Stepper，1988）。他们随机地让一部分参与者在看动画片时用牙齿咬着一支笔，另一些参与者在看动画片时，用嘴唇叼着一支笔。如果你在家里尝试一下，你会发现当你用牙齿咬着笔的时候，你往往会微笑；当你用嘴唇叼着笔的时候，你往往会皱眉。毫无疑问，用牙齿咬住笔的参与者比其他的参与者认为动画片更有趣。这是一个很精妙的研究，也是本书作者之一在他的心理学导论课上讲了很多年的一项研究。然而，最近在 17 个实验室（基于近 1 900 名参与者）的协作努力下我们未能重复这一发现（Wagenmakers et al.，in press），这再次说明了可重复性在心理科学中的重要性。在写这部分内容时，本书不确定这个现在著名的发现是否真实，但是我们希望在下期出版的时候能知道更多。

可重复性
其他人的研究也会得出类似的结论吗？

11.2　非语言的情感表达：眼睛、身体和文化都可以表达

11.2a　解释非语言表达情感的重要性。

11.2b　识别主要的测谎方法及其缺陷。

面部反馈假说
（facial feedback hypothesis）
面部的血管将温度变化的信息反馈给大脑，从而促使我们的情感体验发生改变。

我们大部分的情感表达都是非语言的。当我们体验强烈的情绪时，不仅我们的面部表情频繁地改变，我们的手势和肢体姿势也一样。作为棒球名人堂成员之一的尤吉·贝拉（以他的幽默语言闻名）曾说："通过看，你可以观察到很多东西。"因此，非语言行为往往比我们的语言能更有效地指示情绪，主要是因为

✳ 心理科学的奥秘
我们为什么会哭？

很少有比哭泣能更明显地表达情绪的行为。而且，我们都熟悉哭泣。女人平均每月大约有五次哭泣，男人平均每月一次（Walter，2006）。这种性别差异在面对他人的愤怒而哭泣时尤为明显（Santiago-Menendez & Campbell，2013）。然而，心理学家尚未找出哭的作用是什么（Provine，2012；Trimble，2012）。不过，他们的研究已经开始取得一些有希望的进展。

一个普遍的看法是，哭泣可以让自己感觉更好，很多人说，当我们难过时，我们只需要"好好哭一场"。事实上，94%的大众文章吹捧哭泣是减少负面情绪的好方法（Cornelius，2001）。然而，乔纳森·罗腾伯格和他的同事们认为哭泣实际上增加了大多数人的痛苦和唤醒（Rottenberg，Bylsma，& Vingerhoets，2008）。对这种差异的一种解释是当人们回想他们哭泣的时候，错误地回忆对他们有帮助。尽管如此，哭泣仍有可能具有研究人员尚未发现的长期的好处。

另一种线索来自对早期发展过程中哭的研究。正如父母所知，婴儿一出生就会大声哭泣。哭对父母显然有影响。例如，它会在刚生完孩子的母亲体内引发乳汁的分泌（Provine，2000）。从出生到大约六周的时候，哭的频率会增加，几个月后就会下降，然后到一岁的时候会趋于稳定，之后会再次下降（Provine，2012；Wolff，1969）。也许并非巧合的是，当婴儿学会说话时哭泣变得不那么频繁了，这表明哭泣最初起着吸引父母注意力的作用。在这方面，哭泣的功能就像"声学脐带"（Ostwald，1972）。当婴儿能更直接地表达他们的痛苦时（如"妈妈，我肚子痛"），他们可以更有效地吸引父母的注意力，所以这个"脐带"不再需要了。随着年龄的增长，哭泣可能会继续在那

2012 年 12 月 14 日，美国总统奥巴马在新闻发布会上谈到康涅狄格州纽顿市可怕的校园枪击事件中的儿童受害者时流下的眼泪，就证明了这一点。然而，科学家们仍然没有完全理解人类为什么哭泣，正如心理学上的典型情况一样，可能有多种解释而不只是一种解释。

些关心我们的人身上发挥着类似的吸引注意力的作用，只是不那么频繁。因此，即使是成年人，哭泣也可能在很大程度上是一种社会信号，一种暗示，告诉别人我们难过，需要情绪上的安慰。

有趣的是，这些都不能解释为什么我们哭的时候会流泪。而且，人类的这种情况在动物世界似乎是独一无二的，即当我们难过的时候，我们会流泪（Provine，2012）。一种假设认为流泪可以帮助我们摆脱产生不愉快情绪的应激激素和其他物质（Frey，1985）。根据这种观点，流泪可以让我们释放在血液中积累的有毒物质，从而改善我们的情绪。然而，眼泪中释放的压力激素的量是非常小的，所以这不太可能是一个完美的解释。另一种假设是，通过湿润眼睛，眼泪的作用进化为防止婴儿大声哭泣时血管受损（Trimble，2012）。

事实上，哭泣的神秘面纱仍未解开。哭泣可能说明了我们在书中学习到的一个关键原则，即最复杂的心理现象都有一个以上的解释。无论是什么原因，我们都可以肯定哭泣将继续提供迷人的线索，以查明人类的情感原因。

与手势、语调相比，我们更擅长掩饰口头语言（DePaulo，1992；Jacob et al.，2012）。**非言语泄露**——一种情绪上的无意识的泄露转化为非语言的行为——通常是我们试着去隐藏情绪的一个有力证据。因此，当我们同意帮

非言语泄露（nonverbal leakage）
情绪的无意识的外溢转化为非语言行为。

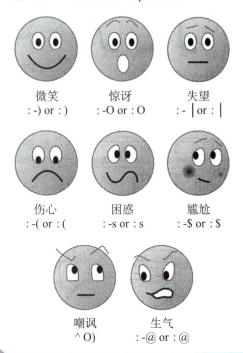

图11.4　情绪

由于电子邮件和短信以及许多其他的社交媒体交流在很大程度上缺乏非语言的暗示，人们已经开发出了各种各样的"表情符号"来表达各种情绪，这些情绪在电子邮件和即时通信中可能并不明显。

资料来源：Microsoft Corporation。

微笑	惊讶	失望
:-) or :)	:-O or :O	:-| or :|

伤心	困惑	尴尬
:-(or :(	:-s or :s	:-$ or :$

嘲讽	生气
^O)	:-@ or :@

图11.5　通过姿势表达情绪

即使没有面部特征，也很容易从这些简笔画的"肢体语言"中解读其情感状态（Duclos et al.，1989）。

助老板周末照看狗狗的无理要求（"当然，我很乐意"）时，我们会非常巧妙地翻白眼，我们可以确信"眼睛有这种能力"。

非语言暗示的重要性

我们常常想当然地认为非语言行为对我们的日常交流是多么重要。没有非语言暗示的情绪，可能会出现令人尴尬的误解。我们中的许多人都有过这样的经历，当我们向某人发送一封天真或幽默的短信或邮件（如"嘿，别担心——每个人都时不时地考试不及格！"）时被误以为是怀有敌意。如果不能听到我们的声音变化或看到我们的面部表情，接受者可能会误解我们想说的话。这个问题由于我们高估了其他人如何理解我们的邮件的意思而变得更加复杂（Kruger et al.，2005）。广义上来说，心理学家把这个问题称为知识的诅咒：当我们知道了某件事，我们经常会错误地认为别人也知道这件事（Birch & Bloom，2003；Pinker，2014；见图 11.4）。

肢体和手势语言

我们的姿势可以很好地表达我们的情绪状态。当解读他人的情绪状态时，我们通常要把面部表情和肢体语言两方面的信息都考虑在内。挺直的身体可以表达幸福与激动，尽管挺直并绷紧的身体同样也能传达出气愤（Duclos et al.，1989；见图 11.5）。

一些关于身体认知的研究（见 8.2c）表明我们的姿势有时会对我们的情绪、准备参与某些行为以及大脑的生理基础有影响。例如，强迫人们采用弯腰的姿势而不是挺直的姿势可能会降低他们的情绪（Veenstra，Schneider，& Koole，2016）。当参与者受到侮辱时，他们坐直的时候比躺着的时候更容易表现出典型的愤怒反应（左额叶的激活；Harmon-Jones & Peterson，2009）。这可能是因为我们在直立的时候比躺着的时候更容易攻击别人。尽管如此，许多这种姿势的效果，虽然是真实的但却是短暂的。

手势有各种各样的形式。说话的时候我们经常使用说明性动作（Ekman，2001；Maricchiolo，Gnisci，& Bonaiuto，2012），即强调讲话的手势，如我们有力地向前移动双手以表达重要观点时的手势。当压力过大时，我们可能会做出一些机械性的动作，用身体的一个部位去抚摸、按压、咬，或者用其他方式去触摸另一个部位。例如，在为考试临时抱佛脚时，我们可能会用手卷头发或咬指甲。

我们都熟悉象征动作（Ekman，2001），它们传达着文化成员所认可的传统意义，比如挥手和点头。有些手势在不同文化中是一致的，比如在祈求好运时交叉手指（Plutchik，2003）或耸耸肩表示"我不知道"（Matsumoto & Hwang，2013）。然而，其他的象征动作在不同的文化中是不同的，这应该作为对粗心的外国游客的警告（Archer，1997）。"竖起大拇指"在西方人中是一种认可的标志，但在许多信仰伊斯兰教的地方却是一种侮辱。一些惊讶的美国士兵在问候跟随美军的伊拉克平民时很快发现了这个尴尬的事实。熟悉的美国挥手式 "hello" 在一些欧洲国家的意思是 "走开"，而美式 "OK" 手势在土耳其是一种粗俗的侮辱（Axtell，1997）。

肢体语言在传达有关情绪状态的信息方面同样有用，我们必须谨慎地得出它对特定人的特殊意义（Ekman，2001）。许多大众心理学家专门研究如何将肢体语言 "翻译" 成情绪，就好像有一本通用的肢体语言词典。然而，这些心理学家忽略了这样一个事实：在特定的文化中，人们用来表达某些情感的肢体语言存在很大差异。例如，2012 年，肢体语言专家托尼亚·雷曼（Tonya Reiman）解释了美国总统贝拉克·奥巴马在白宫的一次会议上与前总统乔治·布什（George W. Bush）握手时把手放在前总统的上面，以此证明奥巴马正在努力发挥自己权力的作用。

2016 年，几位肢体语言专家将当时的总统候选人唐纳德·特朗普（Donald Trump）在与希拉里·克林顿（Hillary Clinton）的首场总统竞选辩论中的抽泣解读为一种焦虑的迹象。但是所有这些解释都忽略了一个事实：没有简单的一对一的将肢体语言转化为情感的方法，这在很大程度上是因为这些非语言行为对不同的人来说意味着不同的东西。

个人空间

你是否曾走进一家几乎空无一人的电影院，坐了下来，却发现有人坐在你旁边，或者你想接近的一个你喜欢的人，却发现他离你只有一步之遥？这些都是**人际距离学**——研究个人空间的科学——研究的现象。

人类学家爱德华·霍尔（1966）观察到，个人距离与情感距离呈正相关。我们离一个人越远，我们对他或她的感情就越不亲密，反之亦然。例如，患有自闭症谱系障碍的儿童往往比其他儿童更喜欢与人保持距离，这可能与他们较少需要与他人进行亲密情感接触相一致（Gessaroli et al.，2013）。但也有例外。当我们试图恐吓人们时，我们通常会更接近他们。例如，律师往往站得离证人更近（Brodsky et al.，1999）。

根据霍尔的说法，个人空间有四个层次。然而，就像大多数心理学上的区别一样，这些层次之间的区别并不明显：

- **公共距离**（12 英尺及以上）：通常用于公共演讲，如讲课。
- **社交距离**（4～12 英尺）：通常用于陌生人和普通熟人之间的对话。
- **个人距离**（1.5～4 英尺）：通常用于亲密朋友或恋人之间的谈话。
- **亲密距离**（0～1.5 英尺）：通常用于亲吻、拥抱、"甜蜜" 的耳语和深情的抚摸。

当这些隐含的规则被违反时，我们通常会感到不舒服，就像一个陌生人 "当着我们的面" 要求我们帮忙一样。霍尔（1976）认为个人空间在文化上是有差异的。在许多拉丁和中东国家，个人空间相对较近，而在许多斯堪的纳维亚半岛和亚洲国家，个人空间则较远。然而，数据表明，尽管这些文化差异是真实存在的，但并不像霍尔认为的那么大。个人空间也存在性别差异，女性比男性更喜欢更近的空间（Vrught & Kerkstra，1984）。从童年到成年早期，个人空间也在增加（Hayduk，1983），这可能是因为年轻人还没有形成清晰的人际界限。最近的数据表明，即使是在文化内部，个人空间偏好也受到人格特征比如恐惧倾向的影响。

人际距离学（proxemics）
对个人空间进行研究的科学。

说谎和测谎

我们都会说谎。日记式研究表明，大学生平均每天说两次谎（DePaulo et al., 1996）——当然，这个数字可能被低估了，因为他们可能在说谎的频率上撒谎了。说谎是如此普遍，以至于英语中"撒谎"有 112 个不同的单词（Henig, 2006）。心理学家长期以来一直致力于寻找一种可靠的检测谎言的方法。但是他们有多成功呢？

人类测谎仪

我们在日常生活中花了大量的时间试图弄清楚别人是对我们"坦诚相待"，还是在欺骗我们。为此，我们经常依赖人们的非言语行为。然而，尽管大多数警察都相信，和口头线索相比，非言语线索往往不能作为撒谎的有效指标（Vrij, 2008；Vrij, Granhag, & Porter, 2010）。更重要的是，我们中的许多人都错误地认为非言语的暗示会导致不诚实。尽管数据调查显示约 70% 的人认为"狡黠的眼睛"是说谎的标志（Bond, 2006），但数据显示，狡黠的眼睛本质上与不诚实无关。事实上，惯于撒谎的心理变态的人（见 15.4a）倾向于直视受害者的眼睛（Ekman, 2001；Kosson et al., 1997）。

研究表明，找出某人是否说谎的最好方法是听他们说什么，而不是观察他们是怎么说的。例如，不诚实的陈述往往比真实的陈述包含更少的细节和更少的限定词（例如"我不确定，但我认为……"；DePaulo et al., 2003）。

尽管我们中的许多人都对自己发现谎言的能力充满信心，但研究表明，如果我们有 50% 的概率是正确的，那么我们中的大多数人的准确率只有 55% 左右，只有少数人能超过 70%（Bond & DePaulo, 2006；Warren, Schertler, & Bull, 2009；Zuckerman, DePaulo, & Rosenthal, 1981）。此外，我们所认为的能够特别准确地测谎的职业群体，比如进行测谎仪测试的实验员、海关官员和精神病学家，通常不会比我们其他人做得更好——也就是说不比偶然好多少（DePaulo & Pfeifer, 1986；Ekman & O'Sullivan, 1991；Kraut & Poe, 1980）。最近的一项研究揭示了这一点，认为警察在测谎方面不比非警察强多少（Wright Whelan, Wagstaff, & Wheatcroft, 2015）。初步证据表明，只有少数群体包括特勤局特工、研究欺骗的临床心理学家，也许还有一些法官和执法官员尤其擅长测谎（Ekman & O'Sullivan, 1991；Ekman, O'Sullivan, & Frank, 1999）。这些相关研究结果可能表明，多年的经验使人更擅长测谎——熟能生巧。或者因果关系应当倒转：具有较强人际关系感知能力的人可能会从事能让他们发挥这种才能的职业（见图 11.6）。

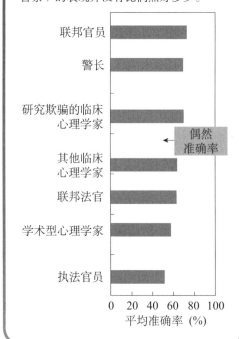

图11.6　谁能抓到骗子？

保罗·埃克曼和他的同事研究的关于不同职业群体在测谎中的准确率的数据如下：这些研究的准确率为 50%。一些团体的表现只是比偶然好一点，而执法人员（包括警察）的表现并没有比偶然好多少。

（图中柱状图）

联邦官员
警长
研究欺骗的临床心理学家
其他临床心理学家　←偶然准确率
联邦法官
学术型心理学家
执法官员

0　20　40　60　80　100
平均准确率 (%)

相关还是因果
我们能确信 A 是 B 的原因吗？

测谎仪

测谎仪或说谎审查测试长期以来一直是大众心理学感兴趣的议题之一。它经常出现在法庭剧和新闻故事中，甚至连大众心理学家菲利普·麦格劳（Phillip McGraw）也在他的电视节目中推广了测谎仪，以此来确定恋爱关系中是谁在说谎（Levenson，2005）。美国最大的测谎仪组织声称测谎仪的准确率在 85% 到 90%（American Polygraph Association，2015）。其他人则认为更高，比如 95% 到 98% 的准确度（Chronicle-Telegram Staff，2007）。研究支持这个结论吗？

特别声明
这类证据可信吗?

测谎仪假设存在匹诺曹反应，这是一种与说谎有关的生理反应。但这样的反应存在吗?

测谎仪测试，像大多数测谎技术一样，是建立在**匹诺曹反应**——说谎的完美生理或行为指标——的基础上的（Lykken，1998；Ruscio，2005；Vrij，Granhag，& Porter，2010）。就像匹诺曹的鼻子一样，人们的身体反应会在说谎的时候暴露出来。

现代测谎仪测量了一些经常反映焦虑的生理信号，最典型的是血压、呼吸频率和皮肤电导（即对手心出汗的测量）。假设不诚实的嫌疑人在面对暴露他们的谎言的问题时，会感到焦虑并且有高度的自主活动。使用最广泛的测谎仪（CQT）通过以下三个主要类型的是非问题测量嫌疑人的生理反应（Lykken，1998）：

- **相关的问题**，或者"你做了吗"的问题，即关于犯罪的问题（你在 8 月 16 日下午抢劫银行了吗？）。
- **无关紧要的问题**，那些不影响犯罪的问题或嫌疑人的谎言（你叫山姆·琼斯吗？）。
- **控制问题**，反映可能的谎言。他们通常会问一些大多数人都会撒谎的程度较轻的违法行为，尤其是在巨大的压力下（你是否曾经被诱惑从商店偷过东西？）。嫌疑人在回答这些问题后的生理活动，被认为是测量他们在已知谎言中反应的"基线"。

如果嫌疑人在回答相关问题后的自主行为高于回答不相关和控制问题后的自主行为，测谎仪就会将 CQT 结果标记为"欺骗"。否则，它们会给他们贴上"真实"的标签（如果对不相干的问题和控制问题的回答差不多，它们会给他们贴上"不确定"的标签）。

对测谎仪的评价：真相是什么？　　尽管测谎仪在测谎方面比偶然性要高（Kircher，Horowitz，& Raskin，1988），但是假阳性率比较高（也许高达 40%），也就是说无辜的人被测试为有罪的可能性较大（Iacono & Patrick，2006；National Research Council，2003；Rosky，2013）。这意味着测谎仪对无辜的人有偏见。因此，测谎仪测试的结果在大多数美国法庭上都不被接受（Saxe & Ben-Shakhar，1999）。

关键问题是测谎仪测试混淆了生理唤起和犯罪的证据。有人认为测谎仪测试是错误的：这是一个"唤起探测器"，不是一个测谎仪（Iacono，2009；Saxe，1991）。许多人在回答相关问题时表现出的兴奋感不是因为撒谎引起的焦虑，而是因为害怕被判有罪而引起的焦虑。测谎仪支持者则声称，心理学家还没有发现匹诺曹反应。

接受测谎仪测试的参与者。参与者面前显示的测谎仪测量他的血压、皮肤电导以及呼吸（后者来自围绕在他的身体上的皮带）。

这些问题困扰着其他流行的测谎方法，其中一些方法已被提议用于在机场发现潜在恐怖分子。一些机构利用语音压力分析来检测谎言，其依据是人们撒谎时音调会升高。然而，由于大多数人在压力过大时声音也会提高（Long & Krall，1990），语音压力分析比偶然判断更容易发现谎言几乎不起作用（Agosta，Pezzoli，&

匹诺曹反应
（Pinocchio response）
被认为是说谎的完美生理或行为指标。

Sartori，2013；Gamer et al.，2006；Sackett & Decker，1979）。类似地，基于温度的测谎方法以皮肤温度上升为前提，也似乎产生了很高的假阳性率（Warmelink，et al.，2011）。测谎仪也可以得到较高的假阴性率，即那些有罪的人被测试为无罪。许多人可以通过一些反措施来"打败"测试——这些反措施旨在改变他们对控制问题的反应（Ben-Shakhar，2011）。如我们所见，要通过测谎仪测试，我们必须在控制问题上表现出比相关问题更明显的生理反应。在不到 30 分钟的准备时间内，一半或一半以上的参与者可以通过咬舌头、卷脚趾或在控制问题中完成复杂的心算问题（例如在 17 秒内从 1 000 倒数）来达到这个目标（Honts，Raskin，& Kircher，1994；Iacono，2001）。一些心理学家还认为，具有较低负罪感和恐惧感的心理变态人格的人可能特别擅长通过测谎仪测试，因为他们对犯罪问题的反应较低（Lykken，1978），尽管支持这一假设的研究是多种多样的（Patrick & Iacono，1989；Waid & Orne，1982）。

如果测谎仪有这么大的缺陷，为什么测谎仪的审查者会相信它的有效性？答案可能在于测谎仪在招供方面通常是有效的，尤其是在无法通过测试的时候（Lykken，1998；Ruscio，2005）。因此，测谎仪的审查者可能会相信这个测试是有效的，因为很多未能通过测试的人后来"承认"他们在撒谎。然而，有充分的证据表明，许多刑事供述是假的（Kassin & Gudjonsson，2004）。此外，测谎仪的审查者经常得出结论，那些未能通过测试、没有认罪的嫌疑人一定是有罪的。但是，如果没有针对嫌疑人的确凿的刑事证据，这种说法是不可证伪的。

可证伪性
这种观点能被反驳吗？

日志提示

在阅读了关于测谎仪测试的这一节后，解释为什么测谎仪证据在法庭上通常不被接受。

其他测谎方法

测谎仪测试的严重局限性促使研究人员寻找这种技术的替代方法。在这里，我们将研究另外几种被广泛使用的测谎方法。

犯罪知识测试　为了解决测谎仪测试的缺点，戴维·莱肯（David Lykken）开发了**犯罪知识测试**（GKT），它的前提是罪犯隐藏了无辜的人所不知道的罪行（Ben-Shakhar，2011；Lykken，1959，1960）。与测谎仪不同的是，GKT 并不取决于匹诺曹反应假设，因为它衡量的是嫌疑人对隐藏知识的认知，而不是撒谎。

为了给嫌疑人测试 GKT，我们准备的一系列的多项选择题中只有一个选项包含犯罪现场的物体，比如一块红手帕，在每次选择之后我们会测量其生理反应，比如皮肤电导反应。如果在许多项目中犯罪嫌疑人只对犯罪现场的物品表现出明显的反应，我们就可以相当肯定地说其在犯罪现场，而且很可能是犯罪者。

一般来说，证据至少为 GKT 探索、检测隐藏信息的能力提供了一些支持（Meijer et al.，2014）。与测谎仪形成鲜明对比，GKT 假阳性率低，也就是说它很少错认无辜的人是有罪的。在这方面，它可能是执法人员使用的有用的调查方

犯罪知识测试
（guilty knouledge test，GKT）
另一种测谎仪，它的前提是罪犯隐藏了其对罪行的了解，而无辜的人却不知道。

法。然而，GKT 有一个相当高的假阴性率，因为许多罪犯可能没有注意或忘记了犯罪现场的关键部分（Ben-Shakhar & Elaad，2003；Iacono & Patrick，2006）。

大脑扫描技术测试　一些研究人员试图通过测量嫌疑人的脑电图的每一项数据来改善传统 GKT 测试（Bashore & Rapp，1993；Farwell & Donchin，1991；Tennison & Moreno，2012），这被称为大脑扫描技术，有时又被称为脑指纹识别技术。脑电波可能是一种比皮肤电导或其他在传统 GKT 中使用的指标更敏感的识别隐藏知识的对象（Farwel & Smith，2001）。然而，对大脑指纹的科学支持是初步的。问题是，这种技术的大部分证据都来自实验室研究，参与者被强制排练模拟犯罪的细节（比如被偷钱包的颜色或受害者穿的夹克的类型）。在现实世界中，许多罪犯可能会忘记这些细节，这导致准确率降低（Meijer et al.，2012；Rosenfeld，2005）。而且，大多数关于大脑指纹的证据并没有接受同行的审查，正如我们在前文所了解到的，这是防止科学错误的必要措施。

测谎仪的主要开发者威廉·马斯顿（William Marston，1893—1947）还创造了漫画书中的角色神奇女侠（Wonder Woman），她自豪地挥舞着"真理的套索"。当神奇女侠用套索套住一个罪犯的腰时，她强迫他说出真相（"是的，我承认我确实抢了银行……"）。对于马斯顿（1938）来说，测谎仪测试就相当于神奇女侠的套索：它是一个绝对可靠的谎言探测器。

其他研究者已经转向功能性磁共振成像（fMRI）技术，这是比 EEG 更直接的脑成像的方法，可以帮助他们识破谎言（Langleben，2008）。研究表明，当人们说谎时，某些大脑区域——比如前扣带皮层（在心理冲突中被激活的区域）——通常会被激活。原则上，fMRI 在测谎时比测谎仪更敏感。甚至有一些初步的证据支持这种可能性（Langleben et al.，2016）。然而，目前没有已知的"标记"撒谎的大脑区域，因为大脑活动的模式与两个不同的个体和不同类型的谎言是不一样的（Farah et al.，2014；Langleben & Moriarty，2013；Satel & Lilienfeld，2013）。

其他公司如总部位于加利福尼亚的"无谎言的核磁共振"，声称能够使用功能性磁共振成像方法来区分真伪（Stix，2008）。然而，这些技术还没有为广泛的公共消费做好准备，因为不同的研究经常发现在撒谎的时候不同大脑区域会被激活（Greely & Illes，2007；Satel & Lilienfeld，2013）。此外，与撒谎有关的大脑活动可能仅仅与撒谎思维有关的大脑活动相似或相同（Greene & Paxton，2009）。如果是这样，功能性磁共振成像的方法可能会出现和传统测谎仪一样的假阳性问题。

吐真剂

如果标准测谎方法无效，那么"吐真剂"如何？数十部好莱坞电影将吐真剂描绘为测谎仪的化学版。在 2004 年的喜剧电影《拜见岳父大人》中，一位父亲向女儿的未婚夫注射了一种吐真剂，以测试他是否配娶自己的女儿为妻。在一个人接受吐真剂之后，令人尴尬的真相会浮现出来，不管他或她想不想。

吐真剂不是一个单一神奇的药物；相反，它指的是一大类药物，其中大部分是巴比妥酸盐，如戊糖钠。这些药物通常会使人放松，而且大剂量会使他们入睡，在 20 世纪 30 年代和 40 年代，吐真剂是心理治疗中发现潜意识内容的常用工具（Dysken et al.，1979；J. Mann，1969；Winter，2005）。几十年来，警方和军方偶尔会向犯罪嫌疑人注射吐真剂，希望从中挖掘出隐藏的信息。1963 年，美国最高法院裁定，用吐真剂诱导的刑讯逼供是违法的，从而有效地阻止了它在大多数

诚信测试（integrity tests）
评估员工偷窃倾向的问卷调查。

情况下的使用。尽管如此，在 2001 年 9 月 11 日的恐怖袭击之后，一些美国政府组织对吐真剂表现出了新的兴趣，主要是为了审讯恐怖分子（Brown，2006）。然而，科学证据表明吐真剂不是绝对正确的（Sekharan，2013）。研究表明，人们可以在吐真剂的影响下撒谎，从而伪造这种化学物质

可证伪性
这种观点能被反驳吗？

总是产生真实陈述的说法（Piper，1993）。更有问题的是，有证据表明吐真剂就像许多具有启发性的记忆恢复技术一样（见 7.5b），并不能增强记忆：它只是降低了所有记忆的门槛，包括真记忆和假记忆（Lynn et al.，2003a；Piper，1993）。因此，在吐真剂的影响下得到的记忆并不比其他记忆更值得信赖，甚至可能更不值得信赖（Borrell，2008）。事实上，巴比妥酸盐的生理作用与酒精类似。吐真剂的效果与暴饮暴食的效果相当。使用它让我们的顾虑降低了，但我们所说的并不总是可信的。

最近，国家安全领域的一些专家提出，催产素，一种通常能增进信任的激素，可能是一种有效的吐真剂（Tennison & Moreno，2012），因为它可能会让间谍和其他嫌疑人更愿意向审讯人员说实话。然而，因为催产素只会在我们的内部群体中提升信任（例如和我们有类似文化的朋友），而不是我们的外部群体（比如拥有不同文化的敌人；Van Ijzendoorn & Bakermans-Kranenburg，2012），这种可能性似乎不大。

诚信测试　包括麦当劳在内的约 6 000 家美国公司没有使用旨在测量人们生理反应的复杂设备，而是进行纸笔**诚信测试**，即可能用来评估员工偷窃或欺骗倾向的问卷调查（Cullen & Sackett，2004，Marcus et al.，2016）。

诚信测试问题可分为以下几类：

（1）**偷窃史**（"你曾经从你工作的地方偷过什么东西吗？"）。

（2）**对偷窃的态度**（"你认为从商店偷东西的员工应该永远被解雇吗？"）。

（3）**对别人诚实的看法**（"你相信大多数人时不时地从他们的公司偷东西吗？"）。

对问题（1）和（3）的回答是"是"，对问题（2）的回答是"不是"，这会让你在诚信测试中获得"不诚实"分数。

诚信测试可以预测员工盗窃、旷工和在其他工作场所的不当行为（Berry，Sackett，& Wiemann，2007；Ones，Viswesvaran，& Schmidt，1993；Sackett & Wanek，1996）。然而，由于这些测试产生了大量的假阳性结果，它们检测商界不诚实行为的有效性往往相对较弱（Lilienfeld，Alliger，& Mitchell，1995；Office of Technology Assessment，1990；Van Iddekinge et al.，2012）。所以诚信测试就像测谎仪一样，可能会对无辜的人产生偏见。

11.3　幸福感和自尊：科学 VS 大众心理学

11.3a　识别幸福感和自尊的假象与事实。

11.3b　描述新兴学科：积极心理学。

20 世纪的大部分时间，多数心理学家将幸福感当作"不值得一提"的话题且不予重视，认为它不需要仔细研究而更适用于自助型图书和激发动机的研讨会。然而在过去的几十年里，越来越多的研究者提出幸福感——通常被定义为人们对生活满意度的感觉——可能会对心理和躯体产生持久的好处。

幸福感有什么益处

相关还是因果

我们能确信 A 是 B 的原因吗？

扩展建设理论
（ broaden and build theory ）
指出幸福感能促使我们以更开放的方式思考的理论。

来看一项在威斯康星州跟踪记录 180 位修女 60 年的研究结果。这些 20 岁出头的修女从 1930 年开始保持每天记日记。那些喜欢使用积极词汇——如关于爱、愉快和希望的词汇——的修女们，比其他的修女平均长寿 10 年（Danner，Snowdon，& Friesen，2001）。当然，相关并不意味着有因果关系，那些喜欢使用积极词汇的修女也许在不易察觉的方面与其他的修女不同，例如运动或保健练习。但是，这个发现仍是吸引人的。

像所有的原始情绪一样，幸福可以提供具有进化作用的适应功能。根据芭芭拉·弗雷德里克森（Barbara Fredrickson）的**扩展建设理论**，幸福感使我们倾向于以更开放的方式思考，让我们看到原本被忽略的"重点"。就像在扩展建设理论中的一个测试，收到一小袋糖果的医生能比其他医生更准确地诊断出肝癌，这显然是因为处于良好的情绪状态中可以让他们考虑更换诊断的可能性（Isen，Rosenzweig，& Young，1991）。这种开放式思维往往使我们在遇到生活问题时找到新颖的解决方案（Fredrickson，2013）。当我们幸福时，我们能看到更广阔的世界并寻找更多的机会（Keyes，Frederickson，& Park，2012；Lyubomirsky，King，& Diener，2005）。也许正是由于这种倾向，快乐的人往往比其他人拥有更好的社交生活（Diener & Scollon，2014），这可能是因为他们抓住了寻找和结交朋友的机会。

还有很多相同情况，生活对于乐观主义者来说更轻松。在日常生活中，乐观主义者比悲观主义者更幸福（Seligman & Pawelski，2003），并且更容易处理人生中的坎坷（Watson & Clark，1984），甚至可能活得更久（见图 11.7）。在这个伤痕累累的政治世界里，乐观甚至是一种优势。最能预测谁将赢得总统选举的指标是哪个候选人的演讲包含了更有希望的语言（Zullow et al.，1988）。

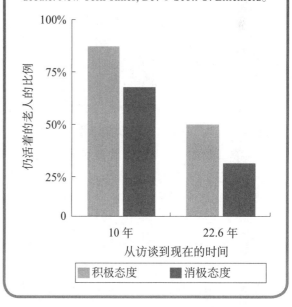

图11.7　幸福的人更长寿

一项针对 600 多名 50 岁以上老人的研究发现，对衰老持积极态度的人平均寿命要长 7.5 年。这一发现反映了直接的因果效应吗？我们能知道吗？

资料来源：Based on Duenwald, M. (2002, May 7). Religion and health: New research revives and old debate. New York Times, D5. © Scott O. Lilienfeld。

什么使我们幸福：事实与假象

根据最近的一项估计，美国每年花费约 20 亿美元在有关使人们幸福的自助类图书的设计上；此外，亚马逊网站列出了大约 40 万本自助类图书（Engelberg，2012）。有了这些丰富的信息，我们假设所有对幸福感的建议都是我们所需要的。然而正如心理学家丹尼尔·吉尔伯特（Daniel Gilbert）所观察到的，"人们有许多关于幸福感的坏理论"（Martin，2006）。所以要了解幸福感，首先需要用令人惊讶的发现打破一些大众心理学的影响。为了发现哪些关于幸福的普遍信念是被研究支持的，哪些是不被研究支持的，一定要谨慎地对待本节内容。

什么使我们幸福：事实与假象

发现 1：生活时间并不能决定幸福。

埃德·迪纳（Ed Diener）和马丁·塞利格曼（Martin Seligman）调查了 200 多名大学生的幸福感水平，并且把最高 10%、处于中间水平和最低 10% 的学生进行比较。那些最幸福的学生并没有比其他组的学生经历更多积极的生活事件（Diener & Seligman，2002）。在另一项研究中，丹尼尔·卡尼曼（Daniel Kahneman）和他的同事对 900 多名女性的情绪和活动进行了跟踪，要求她们记录自己的经历。研究人员发现，生活环境（比如女性的收入）和工作特点（比如她们的工作是否包含好的福利）基本上与女性目前的幸福水平无关。相反，女性的睡眠质量和抑郁倾向是幸福的良好预测指标（Kahneman et al.，2004）。

发现 2：金钱通常无法使我们幸福。

心理学研究告诉我们，金钱不能买到长期的幸福（Kesebir & Diener，2008；Wilson，2002）。不能否认的是，当我们缺少它时，钱与幸福感是有一点关系的（Helliwell & Putnam，2004）。在人均年收入不到 7.5 万美元的情况下，我们的富裕程度与我们的幸福感是有些关联的。但高于这个数字，额外的钱可能不会让我们更快乐（Diener & Scollon，2014；Kahneman & Deaton，2010；见图 11.8）。然而，大多数不快乐的人错误地认为，如果他们能有更多的钱，他们会更快乐。他们可能忘记更高的薪水通常需要更长的工作时间，这反过来意味着更少的自由时间——再反过来，往往幸福就更少（Kahneman et al.，2006）。

不过，这一趋势有两个有趣的例外。首先，相对于我们所认识的其他人来说，可能赚更多的钱让我们更快乐。研究表明，虽然我们的绝对财富数量与我们的幸福没有多大关系，但是与我们周围的人相比，我们的财富地位（排名）与幸福有关（Boyce，Brown，& Moore，2010）。其次，把钱花在别人身上可能会让我们更快乐（Dunn，Aknin，& Norton，2008）。让别人开心往往是我们获得快乐的最好途径。

发现 3：老年人通常比年轻人更幸福。

我们都了解那些普遍典型的悲伤老人们，独自坐在

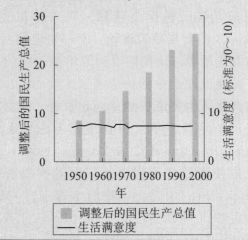

图11.8　财富能带来幸福吗？

60 年来，美国国民生产总值（GNP，一个经济增长的量度）大大增加，但美国人民的平均生活满意度一直与以往持平。

资料来源：Based on Diener, E., & Seligman, M. E. P. (2004). Beyond money: Toward an economy of well-being. Psychological Science in the Public Interest, 5, 1-31. © Scott O. Lilienfeld。

一个几乎没有装饰的房间里，没有人可以交谈。然而幸福感会随着年龄增长而提高，至少在 60 岁或者 70 岁时是这样（Mroczek & Kolarz，1998）。调查显示，最快乐的人群是 65 岁以上的男性（Martin，2006）。只有当他们很老时，通常是八十几岁，幸福感才会显著下降。值得关注的是，在生命的最后一年，幸福感会急剧下降（Mrozek & Spiro，2005）。尽管在某种程度上这种相关性反映了幸福程度与健康存在因果关系，但也能反映健康损坏与不幸福的因果关系。

老年幸福感的增加似乎是由于积极效应：随着年龄增长，个体倾向于记得的正面信息多于负面信息（Carstensen & Lockenhoff，2003；Charles，Mather，& Carstensen，2003；Reed，Chan，& Mikels，2014）。这种效应似乎主要是由于老年人喜欢关注和思考生活的光明面（Reed & Carstensen，2012）。这种积极效应还伴随着杏仁核活动的减少（Mather et al.，2004），正如我们所知，杏仁核在处理

负面情绪方面发挥着关键作用。因此，随着年龄的增长，我们也可能较少受到不愉快信息的影响。

发现 4：西海岸的人们并没有比其他任何人更快乐。

美丽的海滩、阳光、温暖的天气、最好的名胜……谁还能说出更好的幸福秘诀呢？也许是一些南加利福尼亚人。尽管非加利福尼亚人认为南加利福尼亚人尤其幸福，但其实他们并没有比其他人更幸福，包括在寒冷的中西部的人们（Schkade & Kahneman，1988）。非加利福尼亚人可能深受这种启发式教育的毒害。当我们想到西海岸，我们想到的是冲浪者、迷人的女演员和在海滩上喝马提尼酒的百万富翁。我们忘记了高昂的生活成本、拥挤的交通和人口密集的生活环境等所有其他的事情。

我们已经谈论了四种不会使我们幸福的事件，但还没说什么能够让我们幸福。幸运的是，研究提供了一些有用的线索（Martin，2006；Myers & Diener，1996）。要了解这些线索，在继续阅读之前请仔细研究下面的增加幸福感的变量。

增加幸福感的变量

婚姻

已婚人士比未婚者更容易有幸福感（Mastekaasa，1994），这是一项研究人员在 42 个国家进行的广泛研究得出的结论（Diener et al.，2000）。此外，在已婚人群中幸福是婚姻满意度的良好预测指标（Myers，2000）。

友谊

有很多朋友的人比几乎没有朋友的人更有幸福感（Diener & Seligman，2002）。

大学

大学毕业生比那些没有上过大学的人更有幸福感（Martin，2006）。

宗教信仰

那些有浓厚宗教信仰的人比没有信仰的人更有幸福感（Diener，Tay，& Myers，2011；Myers，1993b）。这一发现可能反映了这样一个事实，即宗教人士往往觉得自己与一个更大的群体以及更高的权力有联系。

政治背景

政治派别和幸福之间的关系是复杂的，人们对其知之甚少。保守党比自由党更容易有幸福感，而这两种党派往往比无党派人士更有幸福感（Haidt，2012；Napier & Jost，2008；Pew Research Center，2006）。然而，自由党往往比保守党表现出更大的幸福感，这表现在他们的语言中有更多的积极词汇，杜尼式微笑的水平更高（Wojcik et al.，2015）。因为没有一个正确的"幸福"定义，所以谁更幸福的答案还有待商榷。

锻炼

经常锻炼的人比那些不锻炼的人更加幸福，更少沮丧（Babyak et al.，2000；Stathopoulou et al.，2006）。也许是因为锻炼本身似乎是一种抗抑郁剂（Rozanski，2012；Salmon，2001）。

感恩

让参与者对日常生活中为什么要对生活感激的原因进行列举，如拥有好朋友、亲密的浪漫伙伴和一份令人满意的工作可以提高短期的幸福感（Emmons & McCullough，2003；Sheldon & Lyubomirsky，2006），也许是因为这样做让他们想起了他们所拥有的东西。事实上，一些学者认为，教人们表达感激之情可能是一个有效的治疗抑郁症和其他心理疾病的方法（Emmons & Stern，2013）。

经历

如果你明天意外地收到 5 000 美元，你宁愿把钱花在你一直想拥有的东西上（比如漂亮的衣服或一辆新的摩托车），还是一次经历上（比如一个期待已久的假期）？与许多人的想法相反，研究表明，你最好还是把钱花在度假上。总的来说，生活经历往往使我们比拥有财产更幸福（Van Boven & Gilovich, 2003）。我们很快就对财产习以为常，但我们可以珍惜我们一生的经历。

心流

米哈伊·奇克森特米哈伊（Mihaly Csikszentmihalyi）已经发现处于心流之中的个体专注于自身所做的，比如阅读、写作、从事体力劳动或者体育运动，往往特别幸福（Csikszentmihalyi, 1990, 1997）。在心流中，我们积极地参与有益的活动，屏蔽一些令人不快的干扰。我们也对自己的行为有强烈的掌控感。

在不同的文化和国家，报告的幸福程度存在着巨大的差异。2016 年，世界幸福冠军是丹麦人。

当解释这些发现时，我们脑海中应该想到两个注意事项。首先，这些变量和幸福感之间的相关通常是中度的，并且在这个趋势中也有许多例外情况。例如，尽管相对而言已婚人士较未婚者更幸福，但仍有许多不幸福的已婚人士和幸福的未婚者（Lucas et al., 2003）。此外，婚姻对幸福感的明显提升通常只持续两年左右（Luhmann et al., 2012）。

其次，这些发现大部分源于独立相关研究，所以这种因果关系是不明确的。例如，虽然有宗教信仰的人会比较幸福，但幸福的人可能会比不幸福

相关还是因果

我们能确信 A 是 B 的原因吗？

的人更容易发现一个有意义的宗教信仰。此外，尽管频繁的心流体验可能有助于保持长期的幸福感，但快乐的人更容易产生心流体验。

如果心理学告诉我们任何有关怎样去发现幸福的方法，那么它显然偏离了寻找幸福的初衷。正如心流理念所暗示的，幸福往往会在我们全然享受自己尽力做某事时显露出来，无论是对我们的工作、爱好或浪漫的恋人。幸福在于追求价值，而不在于价值本身。

日志提示

考虑文中出现的"心流"状态。描述一项你经常发现自己沉浸其中的活动。

预测幸福

在**情感预测**方面我们相当贫乏：预测我们自己和他人的幸福（Gilbert et al., 1998；T. D. Wilson, 2002）。我们的情绪测验并不完全是错误的：它们总是在某个方向上出错。具体来说，我们高估了事件对情绪的长期影响（Gilbert, 2006；Sevdalis & Harvey, 2007）。这就是说，我们面临着**持久性偏见**：我们相信不管好的或坏的情绪持续时间都比实际更长（Frederick & Loewenstein, 1999；Gilbert et al., 1998；T. D. Wilson, 2002）。焦虑程度高的人尤其容易过高估计负面事件的长期影响，这与对潜在威胁的过度敏感有关的观点一致（Wenze, Gunthert, & German, 2012）。

请看以下这些违反直觉的发现：

情感预测
（affective forecasting）
预测我们自己和他人幸福的能力。

持久性偏见（durability bias）
相信我们好的和坏的情绪能持续更长的时间。

- 每个月，数以万计的美国人排着一小时的长队，希望能赢得数百万美元的彩票，以保证终身幸福。果然，彩票中奖者的幸福感在中大奖时会得到迅速提高。然而在两个月内，他们的幸福感恢复正常——与其他任何人都一样（Brickman，Coates，& Janoff-Bulman，1978；Diener & Biswas-Diener，2008）。

- 大多数截瘫者——腰部以下瘫痪——的幸福感在事故发生之后几个月能大部分（尽管不是全部）恢复到基本水平（Brickman et al.，1978）。其他严重残疾的人也同样能应付得很好，例如，失明的人和不失明的人一样快乐（Feinman，1978）。

- 在 HIV 人类免疫缺陷测试之前，人们可以合乎情理地预测到如果他们是 HIV 阳性者，他们将会非常痛苦。然而在发现自己是 HIV 阳性者的 5 周后，他们就会感到比预想的要幸福。此外，那些是 HIV 阴性的人比他们预想的要不开心（Sieff，Dawes，& Loewenstein，1999）。

那么到底发生了什么？我们明显地低估了自己适应幸福与不幸福的基线水平。我们忘记了我们被菲利普·布里克曼和唐纳德·坎贝尔（Brickman & Campbell，1971）所称的**享乐适应症**所困：我们的情绪倾向于适应外部环境（"享乐"的意思是"与快乐相关"）。就像我们迅速调整跑步速度以适应跑步机的速度一样——否则我们就会摔倒在地——我们的幸福感也会迅速地适应我们目前的生活状况。当好事发生时，我们在短期内感觉良好。然而，我们很快适应了我们积极的生活环境，这使我们回到情绪"默认"设置（Helson，1948；Sheldon & Lyobuomirsky，2012）。

享乐适应症假说提出，我们从一个受基因影响的幸福"设定值"开始生活，在这个"设定值"中，我们的幸福感会随着短期生活事件而上下起伏（Lykken，2000；Lykken & Tellegen，1996）。除了少数例外，我们会在几天或几周后回到那个设定值。我们在幸福感设定值上彼此不同。研究表明，大多数人在大多数时候都是相对快乐的，但其他人则是长期不快乐的（Diener，Lucas，& Scollon，2006；见图 11.9）。我们的幸福设定值相当稳定，但它们有时会随时间而改变，尤其是在重大生命事件之后（Diener，Kesebir，& Tov，2012）。这似乎尤其适用于消极的经历。离婚、丧偶或下岗往往会导致不幸福感的持续增加，这种不幸福感不会完全消失（Diener et al.，2006；Lucas et al.，2004）。

这其中隐藏着一些人生哲理。有句至理名言：活在当下。当我们追寻美好的事物之时会发现，原来的才是更好的。

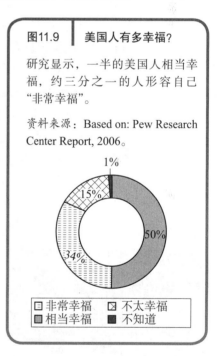

图11.9　美国人有多幸福？

研究显示，一半的美国人相当幸福，约三分之一的人形容自己"非常幸福"。

资料来源：Based on: Pew Research Center Report, 2006。

1%
15%
50%
34%

□ 非常幸福　⊠ 不太幸福
■ 相当幸福　■ 不知道

自尊：很重要还是言过其实？

许多大众心理学的资料将几乎所有心理困惑只归结为一个核心问题：低自尊（Branden，1994；Reasoner，2000）。如果你进入亚马逊网站，你会发现超过 15 万本提高**自尊**水平的图书、磁带和其他产品，自尊通常被定义为人们对自己价值的评价。你甚至能发现一个用来吃麦片的碗上印着与自尊有关的积极肯定言论，譬如"我是天才！"和"我很漂亮！"。

自尊的假象

一切都是平等的，高自尊不是一件坏事：自尊与幸福正相关，与孤独负相关（Furnham & Cheng，2000；Hudson，Elek，& Campbell-Grossman，2000）。

享乐适应症（hedonic treadmill）
我们的情绪倾向于适应外部环境。

自尊（self-esteem）
评估我们的价值。

低自尊的人也更容易抑郁和焦虑（Sowislo & Orth，2013）。大众心理学告诉我们，没有证据表明低自尊是所有不幸的根源（Baumeister，2013）。这个主张是单变量解释的基本例证，就像我们在前文（见 1.1a）提到的，能够减少大量复杂的心理现象，如抑郁症或攻击性行为。尽管低自尊可能与这些问题存在一定的因果关系，但它不可能是唯一的罪魁祸首。实际上，自尊与这些问题之间的相关性是中度的（Baumeister et al.，2003；Lilienfeld et al.，2010）。

将自尊与生活成功联系起来的证据是无力的（Dawes，1994；Marsh & Craven，2006；Sommers & Satel，2005）。高自尊的人没有比低自尊的人有更好的社会技能或学业成绩，而且他们也会做像酗酒、吸毒之类的事（Baumeister et al.，2003）。当谈到攻击性时，情况变得更加复杂了。许多主流的心理学理论将攻击性与低自尊联系起来。这种观点有一定的真实性（Donnellen et al.，2005）。然而大多数证据表明，一部分高自尊的个体尤其倾向于富有攻击性，特别是遭遇"自我威胁"即挑战自我价值的时候。那这些人到底是谁呢？

自恋：所有都与我有关

在一项研究中，布拉德·布什曼（Brad Bushman）和罗伊·鲍迈斯特（Roy Baumeister）让参与者写一篇关于他们对堕胎态度的文章，并告诉他们，另一个参与者将评估他们的文章。事实上，布什曼和鲍迈斯特随机分配参与者接受正面评价（"没有建议，非常好！"）或者是负面评价（"这是我读过的最差的文章之一！"）。然后，参与者玩一个游戏，他们可以用一声巨响来报复他们的论文评价者。高自尊的参与者同时也有高度的**自恋**——一种以极端自我中心为特征的个性特征——对负面评价的反应是用更大的噪声攻击他们的论文评价者，而非自恋的参与者则没有（Bushman & Baumeister，1998）。

其他研究也同样表明自恋会增加攻击风险，尤其是对批评的回应（Krizan & Johar，2015）。当狱警下达命令时，自恋的囚犯尤其可能会用言语攻击来回应（Cale & Lilienfeld，2006），而自尊心强、自恋的学生尤其喜欢用低课程评价来惩罚给他们低成绩的老师（Vaillancourt，2012）。此外，在青少年中，自恋和自尊的结合，而不单只是自尊，会增加被欺负的风险（Fanti & Henrich，2015）。这些数据表明，与低自尊相比，高自尊实际上更有可能成为敌意的风险因素，尤其是当对自己的高评价与自恋联系在一起时。

大众心理学通常鼓励孩子保持或提高他们的自尊。关于这样做是否是个好主意，看看研究是如何说的？

自恋（narcissism）
以自我为中心的人格特征。

事实上，自恋似乎不止一面。研究表明，有两种"类型"的自恋，自大的和脆弱的（Gore & Widiger，2016；Wink，1991）。自大的人往往是浮夸的、迷人的、霸道的，喜欢吹嘘自己的成就。相比之下，脆弱的自恋者倾向于内倾和专注于自己，同时也对被感知到的轻微怠慢过于敏感。

自恋对各种现实世界的行为有着耐人寻味的影响，包括商业和政治领域的领导力。尤其是各种自大的自恋，在这些领域似乎是一把"双刃剑"，这意味着它既有积极的一面，也有消极的一面。例如，自恋者往往比其他人更快地晋升到领导岗位，并在工作面试中表现出色，这可能是因为他们给人的第一印象很好（Küfner，Nestler，& Back，2013）。与此同时，自恋型领导者倾向于夸大自己的成就，对自己的决定过于自信，将自己的需要置于组织的需要之上（Campbell，Goodie，& Foster，2004；Harms & Spain，2015）。有趣的是，最初自恋型老板往往比其他老板更受欢迎，但几个月后就比其他老板更不受欢迎，这可能是因为他们的魅力逐渐消失。最后，自恋甚至可以预测总统的成败。在一项研究中，美国传记作者评价总统的浮夸自恋程度特别高，而其他历史学家则评价总统的强势和说服力特别强（相比之下，脆弱的自恋在很大程度上与总统的成功无关）。然而，他们比其他总统更有可能虐待下属，成为国会弹劾决议的对象（Watts et al.，2013）。所以，当我们选出高度自恋的领导者时，结果可能远远超出我们的预期。

自恋程度是否随着时间而增加？心理学家对这个问题并未得出一致的答案。一方面，一些学者指出，数据显示，在过去几十年里高中生和大学生的自恋程度一直在上升，并坚持认为我们正处于"自恋流行病"中。他们认为，包括过度保护教养方式在内的一系列环境因素导致了个体的以自我为中心（Twenge & Foster，2010；Twenge，Miller，& Campbell，2014）。相反，其他研究人员并不相信以上数据，他们认为自恋水平上升的证据是不可信的（Donnellan，Trzesniewski，& Robins，2009）。不管谁是谁非，我们得到的一个结论是，我们需要密切关注那些高度自恋者，尤其是自大的自恋者。虽然他们通常很有趣，但在日常生活中也会给我们带来麻烦。

自尊的潜在好处

显然，高度的自尊尤其是自恋型的自尊有它自己的缺点。不过，研究表明自尊本身就能带来一些明显的好处，同时也能带来更大的幸福感和社会连通性（Baumeister et al.，2003）。高自尊与更大的主动性和持久力相关——也就是说，拥有这些特质的人愿意尝试新的挑战，即使在遇到困难的时候也要坚持，并且在面对压力时也能保持弹性。然而，这些发现是相互关联的，可能不是因果关系。当对自尊的描述更具体时，对它的测量也更能预测生活结果。例如，尽管（正如我们所看到的）整体自尊与一般学校的成就没有很大的关联，但人们对自己数学能力的自尊往往与他们在数学课程上的成绩高度相关（Swann, Chang-Schneider, & McClarty，2007）。

相关还是因果
我们能确信 A 是 B 的原因吗？

自尊也与**积极的幻想**有关：高自尊者倾向于比别人更积极地看待自己。大多数高自尊者认为自己比低自尊者更聪明，更有吸引力，更讨人喜欢。然而，在这些特征的客观测量上，他们并不比低自尊者得分高（Baumeister et al.，2003）。这些幻想，尤其是如果不与现实脱节，可能会给高自尊者带来一种健康的自信，让他们在人际关系中茁壮成长。

轻微的积极偏见可能是适应性的，因为它为我们带来了承担有益的风险的自信，比如约会或求职。积极的幻想也许对恋爱有好处，至少在它们不是太极端的时候。研究发现，那些对彼此有着不切实际的看法的浪漫伴侣比其他伴侣更能忍受他们的关系（Murray, Holmes, & Griffin，

1999 年 4 月 20 日，埃里克·哈里斯和迪伦·克莱伯德在科罗拉多州的科伦拜恩高中杀害了 12 名学生和 1 名老师。虽然很多大众媒体都将谋杀案归咎于自卑，但哈里斯和克莱伯德的日记（随后公布的）显示他们把自己看成他们的同班同学。克莱伯德的日记中有一篇是这样写的："我是上帝……僵尸将为他们的傲慢付出代价……"

答案：事实。在一项研究中，德鲁·平斯基博士（最好称为德鲁博士）和马克·杨发现，在一份衡量自恋的自我报告中，名人的得分比普通人群高出 17%。真人秀选手的得分最高（Young & Pinsky，2006）。

积极的幻想
（ positive illusions ）
自我感觉比别人好。

1996）。然而当我们的积极偏见变得强烈时，它们可能会导致心理问题，包括极端地以自我为中心，因为这些偏见可能会阻止我们从建设性的反馈中受益（Kistner et al.，2006）。

积极心理学：心理学的未来还是心理学的时尚？

许多当代心理学在鼓励人们充分发挥他们情感潜能方面做得很少（Keyes & Haidt，2003）。正如我们在下文中将要提到的（见 12.1a），一些学者认为大众心理学低估了人们在面对压力生活事件时的应变能力（Bonanno et al.，2002；Galatzer-Levy & Bonanno，2016；Garmezy，Masten，& Tellegen，1984）。其他学者认为，心理学过分关注人性消极的一面而忽视了人类的亲社会行为和成长。

自从进入 21 世纪以来，新兴学科**积极心理学**已经试图寻找人类的优势，如适应力、应对能力、生活满意度、爱、善良和幸福等（Myers & Diener，1996；Seligman & Csikszentmihalyi，2000）。这个领域也专注于帮助人们找到提升积极情绪的方法，比如快乐和成就感以及建立心理健康社区（Sheldon & King，2001）。克里斯托弗·彼得森和马丁·塞利格曼（Peterson & Seligman，2004）概述了积极心理学基本的几种"性格优势和美德"。其中的几个特征，如好奇、爱和感恩，与人们的长期生活满意度呈正相关（Park，Peterson，& Seligman，2004）。在美国各地，积极心理学家开始教导学生怎样在他们的日常生活中结合这些优势和美德，希望以此促进他们的幸福感（Max，2007）。此外，积极心理学的研究表明，至少有一些控制干预措施，如定期对他人表达感谢，写下积极经验，是有助于提高情绪和对抗抑郁的（Bolier et al.，2013）。

然而，一些心理学家并不信服。许多心理学家谴责积极心理学是"一时的狂热"（Lazarus，2003），其观点是缺乏科学依据的（Ehrenreich，2009；Held，2004；Max，2007）。事实上，数据表明尽管幸福与成功生活的许多指标有关，适度的快乐实际上与更高水平的收入、教育和政治参与度有关（Oishi，Diener，& Lucas，2007），过高的幸福可能性会使我们变得自满。

此外，消极情绪也有它的好处，比如说让我们更自省。对照研究表明，在参与者中诱发消极情绪（例如，播放悲伤的音乐或者询问他们痛苦的经历）往往会让他们更有礼貌，更少去用刻板印象来评判别人，不那么自私，也不那么容易受骗。让人们处于消极情绪中也会让他们不那么容易受到我们在本书中讨论的一些认知缺陷的影响，比如记忆错误（见 7.5b）和基本归因错误（见 13.1b；Forgas，2013，2016）。正如朱莉·诺伦（Norem，2001）观察到的，**防御性悲观**对于焦虑的人来说可能有效。防御性悲观是一种预测失败的策略，在心理上对消极后果做充足的准备从而对其进行防御。例如，防御性悲观主义者倾向于对"我通常一开始就预期最坏的情况，即使我可能会做得很好"这样的问题做出"正确"的回答。防御性悲观能帮助某些人改善自身表现，这可能是因为它能激励人们更加努力地工作（Norem & Cantor，1986）。剥夺防御性悲观者的悲观——比如，逗他们开心——会使他们表现得更糟糕（Norem & Chang，2002）。

此外，那些戴着有色眼镜和试图掩饰他们所犯错误的乐观主义者，经常无法清晰地分辨事实。例如，乐观主义者趋向于更好地回忆社会技能的反馈，然而事实上他们做的并没这么好（Norem，2001）。这使得他们很少能从人际交往经验中得到反省，例如会无意冒犯别人。另外，乐观主义者在遇到压力时比悲观主义者表现出更大的生理反应，例如生病的消息，也许是他们没有花足够的时间去做最坏的打算（Segerstrom，2005）。

对于大多数人来说，这并不会削弱积极心理学的价值。但是个体差异（见 1.1a）提醒我们，对于复杂的生活问题，不能"以偏概全"。积极思考是绝大多数人的幸福秘诀里不可缺少的重要成分，但它并不具备普遍适用性。

积极心理学

（positive psychology）
寻求和强调人类优势的学科。

防御性悲观

（defensive pessimism）
一种预期失败的策略，在心理上对消极后果做充足的准备从而进行防御。

11.4　动机：我们的意愿和需求

11.4a　解释动机的基本原则和理论。
11.4b　了解饥饿、体重增加和肥胖的影响因素。
11.4c　鉴别暴食症和厌食症的症状。
11.4d　描述人类性反应周期和性行为活动的影响因素。
11.4e　识别常见的误解以及性取向的潜在影响因素。

截至目前，我们已经讨论了如何以及为何要体验情感。然而要追述其原因，我们还需要搞清楚不同类型的甚至会将我们推往反方向的心理动力。**动机**是指驱策我们朝向明确目标的内驱力。当我们被动机驱动而做某事时，例如阅读一本有趣的书，与朋友交谈，或者避免为考试而学习，我们是在心理和身体行为两方面上被驱使着趋向或回避这一活动。

全世界的大众心理学充斥着"励志演说家"，他们利用那些希望收获爱或工作灵感的人而填满自己的腰包。尽管这些演说家可以让我们的肾上腺素水平提高，并让我们在短时间内感觉良好，但并没有任何证据能够证明他们的演说具有长期效益（Wilson，2003）。

动机：新手指南

众所周知，一生中有两种最无法抵抗的动机：食物和性。我们很快就会了解这两大"生命事实"是为何并如何起作用的。在这之前，我们首先需要了解一些动机的基本理论。

内驱力降低理论

在心理学中最有影响力的动机理论之一是**内驱力降低理论**，由克拉克·赫尔（Hull，1943）、唐纳德·赫布（Hebb，1949）等人提出。根据这一理论，某些内驱力如饥饿、口渴、性挫折会驱使我们尽量减少负面情绪并寻求快乐（Dollard & Miller，1950）。要注意的是这些内驱力都是令人不愉快的，但它们被满足的时候会减少紧张感并带来快乐。例如，不愉快的饥饿感会促使人寻找食物并进食，从而产生满足感和愉快感。

从进化论的观点来看，内驱力是为了确保我们的生存和繁衍。有一些内驱力相对来说更有力。口渴比饥饿更有力，这点毫无疑问。本能的选择可能会使我们对于解渴的内驱力比对于消除饥饿的内驱力更强大，因为我们大多数人在没水时只能存活几天，但在没食物时却仍能存活一个月以上。大多数内驱力降低理论认为我们被驱动着去维持一定水平的心理**稳态**，即平衡。要想理解恒定性，可以思考一下恒温器是怎样控制你房间或公寓里的温度的。给它设定一个温度，比如说是20 摄氏度，当房间温度偏离了这一设定温度时，恒温器就会"提示"你的冷却系统或加热系统调节还原至平衡状态。同样地，当我们饥饿的时候可以通过吃来满足这一内驱力，但是最好不要吃太多。如果吃得太多，大脑会提示我们，并且让我们在一段时间内不再感到饥饿。

内驱力和唤醒水平：倒 U 曲线　影响我们内驱力的一个因素是唤醒水平。根据约一个世纪以前提出的**耶克斯 – 多德森定律**（Yerkes & Dodson，1908），唤醒水平与心境及行为效果间呈倒 U 形关系（尽管它的提出者实际上指的是刺激的强度，而不是唤醒的强度；Winton，1987）。正如我们在图 11.10 中所见，我们每一个人都有一个最佳的唤醒水平，一般在曲线的中央。低于最佳点，我

动机（motivation）
驱策我们朝向明确目标的内驱力。

**内驱力降低理论
（drive reduction theory）**
一种认为某些内驱力，如饥饿、口渴、性挫折等，会驱使我们采取行动来减少厌恶状态的理论。

稳态（homeostasis）
动态平衡。

**耶克斯 – 多德森定律
（Yerkes-Dodson law）**
唤醒水平与行为效果之间呈倒 U 形关系。

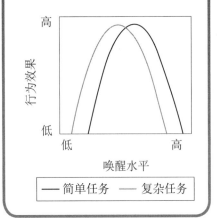

图11.10　耶克斯–多德森定律

这个定律描述了唤醒水平和行为效果之间呈倒 U 形关系。当我们体验到中等水平的唤醒时，我们会尽最大努力并且得到最大的满足。

行为效果（高 / 低）　　唤醒水平（低 / 高）

—— 简单任务　　—— 复杂任务

运动心理学研究表明，太镇定的运动员无法发挥其最大效能。所以给运动员"打气"——但不要过于"打气"——是教练和训练师的一项重要任务。

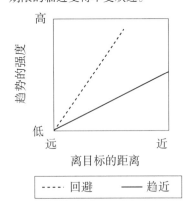

图11.11　伴随时间的趋近和回避

当我们接近目标时，回避的梯度变得比趋近的梯度更陡，那些在未来几周内看起来理想的项目随着最后期限的临近变得不受欢迎。

趋势的强度（高 / 低）　　离目标的距离（远 / 近）

---- 回避　　—— 趋近

们会因为动机水平低而不能很好地完成任务。高于那个最佳点，我们通常会感到过分焦虑或刺激，同样不能很好地完成任务。只有在适度的激活水平时，我们才能很好地平衡动机和控制来实现我们的目标。而且，即使在我们每个人的体内，唤醒水平也会随着时间的推移、我们摄入的物质（比如咖啡因）以及我们所面临的任务的复杂性的不同而变化（Berridge & Amsten，2013；Revelle et al.，1980）。

耶克斯 - 多德森定律在运动心理学家中很受欢迎。试想在一次重要赛事开始之前，某个篮球运动员的唤醒水平不足。她不大可能做到最好，因为她的动机没有被充分调动起来，所以无法尽其最大努力。因此运动心理学家可能会试图让她在耶克斯 - 多德森曲线上达到"兴奋"水平，在此范围内她会唤起去更好地完成任务，但是又不会使唤醒水平过高而不能集中精力（Anderson，Revelle，& Lynch，1989）。

根据耶克斯 - 多德森定律，当我们唤醒水平不足时，我们经常会提出"刺激饥饿"，即刺激的驱动力。如丹尼尔·伯利恩（Daniel Berlyne，1996）所指出的，唤醒不足可以增强我们的好奇心，激发我们去探索复杂或新奇的刺激，比如一本有挑战性的书或一件抽象的艺术。在 20 世纪五六十年代对感官剥夺的经典研究中，进入隔离水箱几个小时的参与者往往在这种极低的唤醒状态下创造出自己的精神刺激（Jones，1969；Zuckerman & Hopkins，1966）。许多人体验到了丰富的感觉图像，一些人开始看到或听到一些不存在的东西。他们的思维超出了耶克斯 - 多德森曲线的低端。

当我们的动机发生冲突时：趋近和回避　午夜已过，我们饿得难受，但太累了，无法从沙发上爬起来并把甜点放进微波炉里。所以我们可怜巴巴地坐在那里，花了几分钟来决定是继续坐在沙发上还是去厨房。我们正经历着动机冲突带来的心理上的痛苦。

某些动机产生趋近的倾向，也就是说倾向于某些刺激物，比如食物或性欲。与此相反，其他动机则产生回避倾向，也就是说倾向于远离某些刺激物，如粗鲁的人或令人恐惧的动物（Gray，1982）。正如库尔特·勒温（Lewin，1935）所观察到的，趋近和回避往往会产生冲突，就像当我们想要向一个有魅力的人介绍自己时却害怕被人发现一样。在其他情况下，两种动机可能都是趋近的，就像两种动机都是回避的一样。一般来说，回避梯度比接近梯度更陡（Bogartz，1965；见图 11.11）。

这意味着，当我们接近目标时，我们回避目标的倾向比我们趋近目标的倾向增加得更快。这一现象有助于解释为什么我们总是提前几个月同意做某事，事后又后悔。当我们在六月的时候组织俱乐部在十二月的假期聚会时，这个想法听起来很有趣。但是，随着日子越来越近，我们的快乐感被我们对摆在面前的所有苦差事的恐惧感淹没了。

诱因理论

尽管内驱力降低理论对心理学很有价值，但它却不能解释为什么当我们的内驱力已经满足时我们还会去工作。例如，内驱力降低理论可以预测当玛雅·安吉罗（Maya Angelou）、巴勃罗·毕加索（Pablo Picasso）或沃尔夫冈·阿玛多伊斯·莫扎特（Wolfgang Amadeus Mozart）完成一个杰作时，他们对其他方面的需求就会降低，因为这会熄灭他们对创造性的渴望。但事实常常相反，创造性成功似乎会激发人们尝试创造的渴望。

诱因理论
（ incentive theory ）
认为我们会被积极目标所激励的理论。

因此，心理学家逐渐认识到内驱力降低理论应该需要**诱因理论**来加以补充，诱因理论认为我们经常被积极的目标所激励，就像创造出一幅旷世巨作或第一次在田径运动会中赢得荣耀一样。这些理论把动机依次分为了内部动机，即人们被内部目标所激励；外部动机，即人们被外部目标所激励。如果我们在心理学课堂上表现出色是因为内部动机，那么我们主要是被掌握知识的愿望所驱动；如果是由于外部动机，我们则主要是被得高分所驱动。

正如我们在前文（见 6.2b）学到的，行为学家把强化定义为提高行为发生率的原因。然而有证据证明，某些强化可能会逐渐损害内部动机，使我们不太可能去完成曾经喜欢的行为（Deci，1971；Deci，Koestner，& Ryan，1999）。马克·莱珀和他的同事们（Lepper，Greene & Nisbett，1973）选取一些对画画特别感兴趣的学龄前儿童，并给他们随机分配三个条件：（1）其中一些孩子知道通过画画可以获得奖品（一种有金色印章和红色丝带的特殊证书）；（2）孩子们在不知道奖励的情况下画画，后来他们都得到了奖励；（3）没有奖励。两周过后，实验者再次让参与实验的儿童进行作画并在单向镜子后面观察他们。有趣的是，曾受到奖励的孩子对画画的兴趣明显低于没有受到奖励的孩子。许多心理学家和一些受欢迎的作家都把这些发现解释为暗示，当我们领会到自己完成一个行为是因为外部目标时，我们就会认为自己并不像起初那样对该行为那么感兴趣（Kohn，1993）。我们会这样告诉自己："我这么做只是为了得到奖励，所以我想我对它本身并不是特别感兴趣。"因此导致我们行为的内部动机减弱了。

在日常生活中，趋近和回避往往会产生冲突，导致我们做决定很艰难。例如，我们可能想吃美味的甜点（一种趋近驱动），但同时我们尽力避免吃它，因为它对我们的身体不好（一种回避驱动）；同样地，我们可能会想吃苹果，因为它对我们有好处（一种趋近驱动），但如果我们不喜欢苹果（一种回避驱动），也会避免吃苹果。

排除其他假设的可能性
对于这一研究结论，还有更好的解释吗？

可重复性
其他人的研究也会得出类似的结论吗？

并不是所有的心理学家都同意这种解释（Carton，1996；Eisenberger & Cameron，1996）。首先，一些研究者并没有重复验证这种损害效应（Cameron & Pierce，1994）。还有人对这些发现提供了相反的解释。其中一种解释是对比效应：当我们因完成某行为受到强化时，就会再次期望得到这种强化。而如果这种强化突然被撤销了，我们就不太可能很好地完成行为。我们和老鼠不同是因为老鼠要用奶酪来强化完成走迷宫。若老鼠走到迷宫的尽头发现终点没有奶酪（这可能是"老鼠"这个词的来源？），它们在下一次就不太可能迅速地走出迷宫（Crespi，1942；Shoemaker & Fagen，1984）。

不过，只是通过内部动机或外部动机将活动进行分类可能过于简单化。我们所做的事情可能反映了两种动机的混合。事实上，最有回报的活动——我们真正的激情所在——理想的收获包括个人（内部）和财务（外部）的回报，比如当我们的职业选择或日常活动与我们喜欢做的事情相匹配时（Reiss，2012）。

哪种类型的动机

互动

那些被激励去画画的孩子们不是为了得到外在的奖励，而是为了从中获得乐趣，他们有内在的动力。

我们的需要：生理和心理的冲动

饥饿或口渴的人都知道，人的有些需要比其他需要更重要。从亨利·默里（Murray，1938）开始，理论家们就已经区分了基本需要和次级需要，基本需要反映的生理需要，如饥饿和口渴，而次级需要反映的是心理欲望。默里划分了 20 多种次级需要，包括实现的需要，我们将在后文中学习到。戴维·麦克利兰（David McClelland）和他的同事们（McClelland et al.，1958；McClelland et al.，1953）所做的经典实验表明，在对模糊的图画（如一个男孩看小提琴）的反应中，表现出更高的成就相关意向的个体在领导地位方面比其他人更成功，比如管理与商业。

根据马斯洛的**需要层次理论**，在我们需要满足更复杂的需要之前，我们必须先要满足生理需要和安全的需要。这些复杂的需要包括归属与爱的需要、尊重的需要、认知需要，如对知识的需要；审美需要，如对美的追求和欣赏；以及能发掘我们所有心理潜能的自我实现的需要（见 14.6a），并且最终是自我超越，帮助他人实现自我实现的需要（D'Souza & Gurin，2016；Kolto-Rivera，2006）。当我们按照马斯洛的需要层次理论来解释时，我们会从生理或心理上的需要向更高层次的目标迈进。马斯洛的需要层次理论让我们想起了一个经常被忽视的观点：当人们饥饿或营养不良时，他们往往不关心心理成长的抽象原则，比如获得自我认知或获得民主自由。紧急的需求必须要首先满足。

即使马斯洛的需要层次理论是一个有效的开创性的观点，我们也不能照字面意思理解它。首先，它不是基于生理现实，因为它忽略了重要的进化需求，比如性和教养动力（Kenrick et al.，2010）。并且，有些需要相对而言更重要，但也有证据表明，有些人在还没有达到马斯洛需要层次理论中低级水平的需要的情况下，却可以满足更高水平的需要（Rowan，1998；Soper，Milford，& Rosenthal，1995）。有无数艺术家的例子，他们虽然饥饿而且贫穷，却会继续创作杰出的作品，这似乎证实了马斯洛固定的需要层次理论的缺陷性（Zautra，2003）。

可证伪性
这种观点能被反驳吗？

需要层次理论
（hierarchy of needs）
由亚伯拉罕·马斯洛建立的需要模型，认为我们必须先要满足基本的生理需要和安全的需要才能去满足更复杂的需要。

饥饿、饮食和饮食障碍

如果我们幸运的话，则不会经常或长时间经受饥饿的痛苦，并且可以吃巨无霸、蔬菜三明治或其他任何能满足我们欲望的东西来补充能量。但是对数十亿的社会下层人来说，饥饿是生命中每天都要面对的事实。饥饿感虽然会令我们感到不舒服，我们的生存却非常依赖它。饥饿和口渴会刺激我们去获取提供营养和能量的食物和水分，而营养和能量是活跃、警觉和保持免疫系统正常运行所必需的（Mattes et al.，2005；Stevenson，Mahmut，& Rooney，2015）。

饥饿和饮食：调节的过程

如果我们能够获得食物，当我们饥饿的时候就会去进食。当我们感到满足了（吃饱喝足），我们就会停止进食。很简单，对吗？但是当我们考虑到身体一系列管理饥饿和饮食的复杂体系时就没那么简单了。沃尔特·坎农和阿尔弗雷德·沃什伯恩（Cannon & Washburn，1912）提出胃收缩的观点，当我们的胃空了，就会引起饥饿。为了验证这一假设，坎农的研究生沃什伯恩吞下了一个气球，气球是用管子在他的肚子里充气的（我们不建议在家里尝试）。通过测量气球的压力，这个无畏的学生报告的饥饿与肌肉收缩有关。然而，

相关还是因果

我们能确信 A 是 B 的原因吗？

正如我们所了解的，我们不能从相关的发现中推断因果关系。从那以后，科学家们观察到，当人们的胃被手术切除时，当外科医生切断导致胃收缩的神经时，他们仍然会感到饥饿（Bray，1985）。这些发现推翻了胃收缩假说。

可证伪性

这种观点能被反驳吗？

当儿童饿了的时候，他们通常用手指自己的胃，但是大脑作为指挥和控制渴望食物的中心，远比胃的影响大得多。60 多年前，科学家粗略地认识到下丘脑的两个区域在饮食上扮演着不同的角色。设想在同一笼子里有两只老鼠，它们看起来并没有什么不同。1 号老鼠很大，或者可以说是奇大无比的。2 号老鼠瘦弱到需要强制喂食才能生存。科学家通过电刺激下丘脑外侧区来使 1 号老鼠进食（Delgado & Anand，1952）。对于 2 号老鼠，研究者通过损害其下丘脑外侧区的一小部分区域，从而导致其变得非常瘦弱（Anand & Brobeck，1951；Teitelbaum & Epstein，1962）。基于这些发现，科学家推断下丘脑外侧区对于进食起着关键作用。

当研究者刺激老鼠下丘脑腹内侧区或中下部位时，值得注意的事情发生了：老鼠吃得很少或者完全停止进食了（Olds，1959）。当研究人员损伤大脑的同一部位时，老鼠开始变胖，似乎身体就要炸开了（Hetherington & Ranson，1940；King，2006）。下丘脑腹内侧区似乎让老鼠知道何时该停止进食。

许多心理学书籍表明下丘脑外侧区是"进食中枢"，腹内侧区是"餍足中枢"，但这个结论过于简单了。下丘脑的其他区域也对应饥饿和饱腹信号（Coppari et al.，2005；Scott，McDade，& Luckman，2007）。事实上，由不同脑区和身体部位所共同调节的一系列复杂因素控制着饮食（Ahima & Antwi，2008；Rolls，2016）。例如，胃膨胀或饱胀会激活下丘脑的神经元，因而我们会压抑自己想得到第二份甜点的冲动（Jordan，1969；Smith，1996；Stunkard，1975）。胃中产生的一种激素叫作胃饥饿素，它与下丘脑沟通以增加饥饿感，而另一种叫作胆囊素（CCK）的激素则抵消了胃饥饿素的作用，并减少了饥饿感（Badman & Flier，2005）。

葡萄糖（血糖）为我们的细胞提供高辛烷的能量，以避免晕倒和饥饿。我们的身体通过食物中的蛋白质、脂肪和碳水化合物生产出葡萄糖。下丘脑也协调着体内葡萄糖（血糖）含量的变化（Schwartz et al.，2000；Woods et al.，1998）。根据**葡萄糖恒定理论**（Campfield et al.，1996；van Litalie，1990），当我们的血糖含量降低时，尤其是在一段时间内没有进餐后，饥饿会产生一种驱

葡萄糖恒定理论

（glucostatic theory）

该理论认为，当我们的血糖水平下降时，饥饿会产生一种吃东西的冲动，以恢复适当的血糖水平。

力使我们去吃东西，以恢复正常的血糖值。通过这种方式实现动态平衡，即平衡我们摄入和消耗的能量。当能量失衡时，比如更多的能量被机体所吸收，而不是通过运动被消耗或通过新陈代谢"燃烧"掉，人们的体重就会增加。

相关还是因果

我们能确信 A 是 B 的原因吗？

当我们的血糖水平大幅下降时，我们通常会感到饥饿（Levin，DunnMeynell，& Routh，1999）。但是血糖水平是非常多变的，并不总是反映我们吃的食物的数量或种类。与没有摄入葡萄糖的人相比，在吃早餐前向体内注入葡萄糖的志愿者的饥饿感、食欲或饱腹感不会受到影响（Schultes et al.，2016）。我们饿的时候吃东西可能会影响血糖水平（Corpelejin，2016）。事实上，我们自己报告的饥饿感和对一顿饭的渴望，比我们的葡萄糖水平更能预测我们在三天内的能量摄入（Pittas et al.，2005）。很明显，控制饮食所涉及的远不止葡萄糖。

体重增加和肥胖：生理和心理的影响

当我们在购物中心看着来往的人群时，我们会注意到成人和儿童的身材和大小比坎贝尔汤的种类还要多。如果那个购物中心或超市是在美国的话，我们将会发现大约有三分之二的路人都超重或肥胖。在人类的进化史上囤积美味且高热量的高脂肪食物可能是我们生存的必要条件，这可能在一定程度上解释了我们对这些食物的偏好。然而，在今天这个食物丰富的社会里，人们可以吃自助餐和超大分量的食物，通常摄入的热量远远超过生存所需的热量（Capaldi，1996；Konner，2003）。接下来我们将考察饮食和饮食过量的生理机能和心理状态。

化学信使和饮食　当我们吃一块糖果时，在吃的过程中一些葡萄糖可能会转换为脂肪，能量随即被长期储存。当能量储存在脂肪细胞中，这些细胞会产生一种叫作**瘦素**的激素。瘦素发送信号给下丘脑和脑干，以降低食欲和增加能量利用（Feng et al.，2013；Grill et al.，2002；Williams，Scott，& Elmquist，2009）。幼年缺少瘦素基因的老鼠会变得肥胖，研究者据此找出了一个导致肥胖的原因（Hamann & Matthaci，1996）。有趣的是，肥胖的人似乎对瘦素的作用有抵抗力。

同时，肥胖的个体也难以抵制食物的诱惑，因为他们总想着食物，并总能发现美味的食物。仅仅是看、尝、闻或想一下我们周围丰盛的食物，就会促使神经递质的释放，包括能够激活大脑快感中枢的血清素（Ciarella，Ciarella，Graziani & Mirante，1991；Lowe & Levine，2005）。肥胖的人暴饮暴食也可能是为了获得舒适感或摆脱消极情绪的困扰（Hoppa & Hallstrom，1981；Stice et al.，2005）。

设置点　与肥胖斗争不容易成功的另一个原因是，我们每一个人都有一个在遗传上程序化的**设置点**，这一个值——像是我们汽车上的燃料指标——确定了我们想维持的一系列身体脂肪和肌肉含量（Farias，Cuevas，& Rodriguez，2011；Mrosovsky & Powley，1977）。当我们吃得太少而低于设置点时，调节机制会增加我们的食欲或减少新陈代谢（Knecht，Ellger，& Levine，2007）。我们的身体通过这种方式防止体重减轻（Nisbett，1972）。

没有人确切地知道是什么"设定"了这个设置点，但是与瘦的人相比，那些肥胖的人可能出生时脂肪细胞更多，身体燃烧卡路里的代谢率更低，或者对瘦素的敏感度降低，或者对瘦素产生更大的抵抗力（Hall & Skipworth，2015）。有些人似乎无论吃多少，体重都会增加，而另一些人无论吃多少，体重都会减少。

瘦素（leptin）
用信号通知下丘脑和脑干以降低食欲和增加能量利用的激素。

设置点（set point）
确立我们倾向于维持的一系列身体脂肪和肌肉含量的值。

尽管如此，一些发现还是引起了人们对设置点假设的怀疑。戴维·列维茨基和他的同事们（Levitsky et al.，2005）确定了参与者在 14 天的基线期消耗了多少卡路里，然后过量喂食，这样他们消耗的热量比基线期多 35%。在第三个阶段，参与者可以想吃什么就吃什么，他们没有限制足够的食物摄入量以回到基线水平，正如设置点理论所预测的那样。很明显，我们并不是注定要保持固定的体重；我们可以"适应"一系列不同的体重。我们大多数人都可以通过保持积极健康的饮食来控制和调整自己的体重。

基因在肥胖症中的作用　基因可能对设置点和体重起着重要作用。在大约 6% 的严重肥胖病例中，黑皮质素 -4 受体基因的突变是罪魁祸首（Evans et al.，2014；Todorovic & Haskell-Lueuvano，2005）。生来就有这种基因突变的人，无论是吃过一个草莓还是半个草莓派，似乎都不会感到饱。事实上，他们的大脑不会让他们知道什么时候该停止进食。科学家们已经发现了包括瘦素基因在内的其他基因，但许多与食欲、体内储存的脂肪量和新陈代谢有关的基因组合可能会共同增加肥胖的可能性（Choquet & Meyre，2011；Hinney，Vogel，& Hebebrand，2010）。

布赖恩·万斯克在这张图片中展示了当爆米花被盛在一个大盒子里而不是小盒子里时，人们往往会吃更多的爆米花——这是心理学家所说的"单位偏差"的一个例子。所以要小心那些"你只需要多花 75 美分就能得到一份特大号爆米花"的广告宣传。

对外部线索和期望值的敏感性　基因并不能完全决定一个人的体重。外部线索，比如时间、观察别人的机会、品尝各种诱人的甜点和期望值在摄食量上也起着重要的作用。超大分量或称部分歪曲可能是导致美国人过度肥胖的原因之一（Livingston & Pourshadihi，2014；Wansink，2009）。在美国，从 1977 年到 1996 年，餐馆餐盘上的食物分量增长了 25%（Young & Nestle，2002）。可口可乐的瓶子容量从原来的 6.5 盎司① 增长到现在的 10 盎司，并且有 20 盎司的瓶装水可供非常口渴的消费者使用（Zlatevska, Dubelaar, & Holden，2014）。当人们用一个大勺子吃巧克力豆的时候，比用小勺子吃得多（Geier, Rozin, & Doros，2006）。布赖恩·万斯克和他的同事（Wansink, Painter, & North, 2005）愚弄了参与者，让他们在不知情的情况下喝了一碗深不可测的汤——盛汤的碗因为下面连着一根管子，所以总能保持满满的一碗汤。他们比那些从普通碗里喝汤的人多喝了 73% 的汤。因为我们认为事物的"单位"是最优量化指标—— 一种叫作单位偏差的启发式（Geier, Rozin, & Doros, 2006）——所以控制食物的分量是控制体重的好方法。当巧克力被分成小块的时候，人们吃的巧克力比吃一整块巧克力的时候要少 25%（Van Kleef, Kavvouris, & van Trijp, 2014）。我们敢打赌许多读者会自愿参加这项研究。要记住的一个妙招是把食物放在一个较小的盘子里：这样做会让食物的分量看起来更大，并能够限制我们吃的量。

斯坦利·沙赫特（Stanley Schachter）提出了**内外控理论**，该理论认为相比于胃的饥饿感或饱足感等内部线索，肥胖的人更容易被一些外部线索如食物的分量大小、口感、气味和外观等所刺激而进食过多（Canetti, Bachar, & Berry, 2002；S. Schachter, 1968）。根据这一理论，当人们不停地吃东西，甚至在感到饱胀后还继续吃，并且根据食物的质量、保质期或社会情境来选择食物时，就可能有患上肥胖症的危险。在实验室里，当研究者调节时间使参与者相信现在是晚饭的时间后，肥胖症患者比其他人相对而言吃得更多（Schachter & Gross, 1968）。然而，研究认为另一种可能是：对外部线索的过分敏感是一种饮食模式的结果而不是诱因（Nisbett, 1972）。

显著减肥的外科选择：减肥手术　有些人无论多么努力都不能减掉很多体重。许多严重肥胖和体重已危害健康的人可以选择减肥手术，通过限制他们的胃可以容纳的食物量以达到长期和明显的体重减轻——通常能够减掉超过他们术前体重的

相关还是因果
我们能确信 A 是 B 的原因吗？

内外控理论
（interrnal-external theory）
认为肥胖的人更多是被外部线索而非内部线索激发而进食过多的一种理论。

――――――――――
① 　1 盎司约合 28.35 克。——译者注

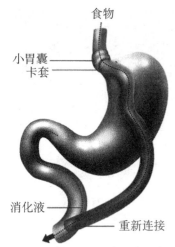

食物

小胃囊
卡套

消化液

重新连接

从图解来看，胃旁路手术可以帮助严重的肥胖症患者实现显著的减肥效果。

25%（Adams et al.，2012；Chang et al.，2014）。在最常见的胃旁路手术中，外科医生将食物引入外科手术制成的胃囊——大约有一个鸡蛋那么大，绕过胃的其他部分与小肠相连。手术一般来说是安全的，但偶尔也会出现并发症。因为"新胃"比原来的胃要小得多，而且这个过程会激活抑制饥饿感的激素，促进饱腹感。

饮食障碍：暴食症和神经性厌食症

患有饮食障碍的人有强烈的减肥或保持苗条的欲望，而他们经常在吃东西时以及吃完之后会有罪恶感和其他负面情绪。**神经性暴食症**（简称暴食症）的进食障碍与暴饮暴食有关，暴饮暴食者会在短时间内摄入大量高热量食物，随后会采用呕吐或其他剧烈减肥的方法，如疯狂运动或极度节食。在暴饮暴食的过程中，一些人会在两小时内吞下超过一万卡路里的食物，平均每次暴食相当于吃了 3 500 卡路里的食物——相当于六个没加奶酪的巨无霸（Walsh，1993；Walsh et al.，1992）。

暴食症是指人们反复暴食——至少一周一次，持续三个月——但之后不排泄［American Psychiatric Association (APA)，2013；Keel，2007］。暴食症比贪食症更常见，并且大约有 3% 的人受其折磨，而贪食症的患者只有 1% 到 3%（Craighead，2002；Kessler et al.，2013；Smink，Van Hoeken，& Hoek，2013）。这些疾病在女性中比在男性中更普遍（Hudson et al.，2007）。

一些研究人员提出了一种新的疾病，该疾病将被纳入未来版的《精神障碍诊断与统计手册》（DSM）中，患者包括那些在没有暴饮暴食的情况下进行周期性洗胃的人［American Psychiatric Association (APA)，2013］。在这种情况下，人们通常会在吃了正常或少量的食物后失去控制，然后通过泻药来调节消极情绪，之后他们会经历更多的积极情绪（Forney，Haedt-Matt，& Keel，2014；Haedt-Matt & Keel，2015）。

"暴食症"的字面意思是"极度饥饿"。暴食可怕因为它常常伴随着不能停止进食的感觉。暴食之后，大多数患暴食症的人感到内疚并且焦虑，而且更可能体重增加。他们解决这一问题的方法，除了经常大量服用泻药、减肥药或进行大量运动外，还包括洗胃，通常采用自诱式呕吐（Williamson et al.，2002）。

暴食和洗胃建立了一个恶性循环（Lavender et al.，2016；Marks，2015）。尽管洗胃是有益的，因为它缓解了人们饮食过度的焦虑，如负罪感、恐惧和伤心，并避开了体重增加这一问题（Berg et al.，2013），但是它为过度饮食的发作提供了可能。例如，呕吐可以扰乱贪食症患者的暴饮暴食，并使之后的过度饮食合理化（"我总是可以摆脱冰激凌的"）。暴饮暴食后，他们可能会决定严格节食。然而，没有严格的医学监督的节食通常会导致饥饿，增加对食物的专注和暴饮暴食的诱惑（Fairburn，2008；Stice et al.，2005）。当他们的饮食失控，他们对节食的担忧和再次暴饮暴食的可能性会提高，这就构成了一个自我毁灭的恶性循环（Fairburn，Cooper，& Shafran，2003）。这种暴食呕吐会对身体造成危害，导致心脏问题、哮喘、食道撕裂、月经问题、牙釉质受损问题（Mehler，2003；Olguin et al.，2016）。

神经性暴食症
（bulimia nervosa）
一种通过暴饮暴食和排便来减肥或维持体重的饮食失调症。

患有贪食症和暴食症的人报告说，他们对自己的身体很不满意，而且当体重正常时他们也常常认为自己很胖（Johnson & Wardle，2005）。事实上，任何进食障碍的最佳预测指标都是对身体的不满（Hudson et al.，2010；Keel & Forney，2013）。尽管如此，双生子研究表明，进食障碍受遗传因素的影响（Bulik et al.，2006；Mitchison & Hay，2014；Root et al.，2010），尽管它们也可能部分由社会文化对理想身体形象的期望触发。在现代社会，媒体把美丽等同于苗条。电影、情景喜剧和杂志中的女性体重都非常轻，通常比女性的平均体重低 15%（Johnson，Tobin，& Steinberg，1989）。因此，难怪那些经常看电视节目的女性会比其他女性更不满意自己的身材（Himes & Thompson，2007；Thompson et al.，2004；Tiggemann & Pickering，1996）。也可能是那些已经对自己的身体形象感到担忧的女性会倾向于看电视节目中出现的理想化的女性形象，因此因果关系可能会指向相反的方向。尽管如此，至少有一些令人信服的间接证据表明媒体宣传与饮食失调有一定的因果关系。美国和英国的电视节目在遥远的太平洋岛国斐济播出后，十几岁的女孩的饮食失调症在短短 4 年内增加了 5 倍（Becker et al.，2002）。在没有接触过理想的苗条体型的文化中，贪食症很少或从未出现过（Keel，2013；Keel & Klump，2003）。

相关还是因果

我们能确信 A 是 B 的原因吗？

神经性厌食症，或厌食症，比贪食症要少见，发病率从 0.5% 到 1% 不等（Craighead，2002；Hudson et al.，2007）。但就像贪食症和暴食症一样，厌食症通常开始于青春期，主要是由于追求苗条的社会文化压力导致的。尽管一般女孩的厌食症比男孩更常见，但有多达 25% 的被诊断为厌食症的人是男性青少年（Wooldridge & Lytle，2012）。暴食症患者往往是在正常体重范围内，而那些厌食症患者则由于他们无限制地追求苗条而变得消瘦（Golden & Sacker，1984）。厌食症常伴随着一种对"肥胖的恐惧"，就像暴食症一样，都对身材的扭曲知觉有关。甚至那些瘦骨嶙峋的人也可能认为自己很胖。

当人们显示出拒绝维持按他们的年龄和身高来说的最低程度的正常体重时（因为食物或能量摄入的限制，体重会明显降低），心理学家就可以诊断其患有厌食症。厌食症患者通常会减轻个人 25%~50% 的体重，即使他们经常全神贯注于食物中。饥饿实际上可以产生进食障碍的症状。在这项名为"饥饿研究"的研究中，36 名健康的年轻人自告奋勇，在半年时间里严格限制自己的食物摄入量（Keys et al.，1950）。他们对食物的关注度急剧增加。有些人囤积食物或吞下食物。一些男人违反了饮食规则，暴饮暴食，紧接着是强烈的罪恶感或自发性呕吐。

保持如此低的体重会造成月经紊乱、脱发、心脏问题、危及生命的电解质失衡和骨骼易碎（Gottdiener et al.，1978；Katzman，2005）。一个患有厌食症的病人在一场普通的网球比赛中损伤了股骨（大腿上的长骨）。一些研究者认为厌食症的死亡率在 5%～10% 之间，这使其成为所有精神疾病中对生命最有威胁的疾病之一（Birmingham et al.，2005；Franko et al.，2013；P. F. Sullivan，1995）。

厌食症不仅存在于西方国家，也存在于那些很少接触西方媒体的地区，包括一些中东国家和印度部分地区（Keel & Klump，2003；Pike，Hoek，& Dunne，2014）。尽管与暴食症相比，厌食症在文化和历史上更普遍，但社会对其原因的解释因时间和地点的不同而不同。例如，历史描述表明，中世纪一些年轻的天主教修女挨饿，很可能患有厌食症。然而研究者解释说这些人的禁食行为是为了净化他们的灵魂（Keel & Klump，2003；Smith，Spillane，& Annus，2006）。

性驱力

性欲——被称为力比多——是对性行为和性快感的一种需要或渴望（Regan & Berscheid，1999）。性欲深深根植于我们的基因和生物体，但是据了解，它也受社会和文化因素的影响。

神经性厌食症

（anorexia nervosa）
与过度减肥和不合理的超重观念有关的饮食失调。

评价观点　合理饮食和减肥计划

我们美国人总是在寻找一种新的、更快的方法来减肥并得到理想的身材。制定减肥计划的人非常乐意帮忙。一些人声称我们可以通过减少碳水化合物的摄入来减肥；另一些人则通过喝蛋白奶昔来减肥；还有一些人认为我们可以通过只喝一种汤或葡萄柚来减肥。假设你有一个朋友，他似乎大部分时间都在节食，他甚至有自己的博客，在博客中详细地讲述了他每天要减掉"最后 5 磅"体重以达到"可控制的重量"。但一段时间以来，他一直无法减掉 5 磅体重，你在网上看到了一则可能让他感兴趣的广告，但你想知道自己是否应该建议他再尝试一项可能毫无帮助的减肥计划，浪费他的时间，甚至让他意志消沉？下面就是你读到的：

"我们的项目通过改变你的日常习惯来帮助你减肥。学习如何少吃，减少卡路里，选择更有营养的食物，并将锻炼作为你日常生活的一部分。我们与科学家们密切合作，开发了一项革命性的计划，该计划基于 10 条久经考验的有效节食原则，易于在工作场所和家中实施。我们的在线视频系列将逐一介绍每个原则，并提供给你成功所需的所有动力！我们最成功的一个会员只用了 4 个月就减掉了 98 磅。那么你有什么要减的呢？为了更苗条、更健康的你，要减去那些多余的体重。"

科学的怀疑论要求我们以开放的心态评估所有的主张，但在接受之前一定要坚持有说服力的证据。科学思维的原理如何帮助我们评估这种减肥的声明？

当你评估这一主张时，考虑一下科学思维的六大原则是如何运用的。

1. 排除其他假设的可能性

对于这一研究结论，还有更好的解释吗？

这则广告并没有承诺可以减多少，值得赞扬的是，它指出减少卡路里（通过少量的营养食物）和锻炼是合理饮食的必要组成部分。尽管如此，这则广告中的褒奖暗示着参与者可以迅速而显著地减肥。然而，所谓的减肥并不是一般人所能达到的，大规模减肥的报道可能被夸大了。如果没有研究跟踪参与者，验证他们对项目的遵守程度和减肥效果，并将他们的减肥效果与不参与项目的人进行比较，就不可能评估干预措施并确定平均减肥量。参与者减肥的原因可能与该计划无关，但却使他们更关注食物消耗和健康的结果，从而改变他们的饮食习惯和进行更多的锻炼。此外，减肥可能是由于自然发生的体重波动，而不是治疗本身。

2. 相关还是因果

我们能确信 A 是 B 的原因吗？

科学思维的这一原则与这一情况相关，从表面上看，减肥似乎与该项目有关，但可能并非干预措施或声称能产生减肥效果的原则所致。

3. 可证伪性

这种观点能被反驳吗？

在对照研究中，一些人被随机分配接受该计划，而另一些人则被随机分配到对照干预组或根本没有干预组，从而证明该计划是有效的。

4. 可重复性

其他人的研究也会得出类似的结论吗？

为了验证其信度，结果应该被独立研究重复。广告中没有提供关于该计划或原则的足够细节，以使我们能够就该声明是否基于可重复的调查结果得出任何结论。

5. 特别声明

这类证据可信吗？

他们声称，某人在 4 个月内减掉了 98 磅，这简直是超乎寻常的——平均每天要减掉将近 1 磅！注意，广告中没有提到这种戏剧性的减肥所带来的潜在的不良健康影响。此外，没有给出减肥的原因，所以我们不能假设是饮食造成的。注意基于"革命性"新研究的断言。相关性原则提醒我们，科学建立在以前的研究之上。该广告没有说明与科学家的合作包括对这些说法的严格评估。这则广告声称，参与者"不会损失什么"，但投资无效的项目可能会浪费时间、挫伤意志，并失去参与更科学的减肥计划的机会。

6. 奥卡姆剃刀原理

这种简单的解释符合事实吗？

广告并没有提供太多的数据，而且前面描述

的几个简单的解释至少可以说明干预期间或之后发生的一些减肥成功的原因。

总结

这则广告正确地说明了一些方法，比如吃更少的食物，这样人们就可以理智地减肥。尽管如此，这项研究表明，参与者能够快速、有效地减肥，这一声明并没有得到广泛研究的支持，可供选择的、更为简单的解释至少对于适度减肥是合理的，而这一系列视频的潜在消费者应该对快速的、显著的减肥主张保持警惕。

互动

性欲及其决定因素

性激素睾酮可以短期内提高性欲，特别对于男性来说（见 3.3a），但提到性欲的时候其他生物因素也发挥着作用。例如，性欲低下与高水平的神经递质血清素有关（Houle et al., 2006）。研究者最近发现，某个基因的变异产生了一种与多巴胺传递有关的蛋白质 DRD4，它与学生报告的性欲和性唤醒水平有关（Zion et al., 2006）。科学家估计大约有 20% 的人拥有增加性欲的基因变体，而另外有 70% 的人则拥有减少性欲的基因变体。这种基因变体也与滥交的增多有关，比如"一夜情"和不贞（Garcia et al., 2010）。这些发现与研究表明多巴胺在奖励中起着关键作用（见 3.1c）。药物可以阻断血清素的释放，增加多巴胺和去甲肾上腺素的释放——这两种神经递质对性欲至关重要——可用于治疗绝经前女性性欲低下（Stahl, 2015）。

很多人认为男性对性的需求比女性更强烈。这种刻板印象可能基于这样一个真理（Baumeister, Catanese, & Vohs, 2001）：与女性比起来，男性的性欲需求更频繁，经历着更多的性唤醒（Hiller, 2005; Klusmann, 2002），有更多数量和种类的性幻想（Laumann et al., 1994; Leitenberg & Henning, 1995），经常会想到性（Fisher, Moore, & Pittenger, 2012），手淫更频繁（Oliver & Hyde, 1993），希望拥有更多的性伴侣（Buss & Schmitt, 1993），渴望在交往初期发生性行为（Sprecher, Barbee, & Schwartz, 1995）。女性往往在性欲方面比男性经历更大的变化（Lippa, 2009），并且女性尤其是那些具有高性驱力的女性往往可以同时被男性和女性所吸引，并且在她们的性取向上更不稳定（Bailey et al., 2016; Norris, Marcus, & Green, 2015）。相比之下，性欲强烈的男性更容易被不同异性所吸引（Lippa, 2006）。与男人相比，女人对性的欲望——而不是对浪漫温柔的需求——在她们建立了稳定的关系后似乎会下降（Murray & Milhausen, 2012）。当然，这些发现并不适用于所有的男性或女性个体，男女在性欲上还存在巨大差异性。

社会化对为什么男性和女性在性欲上呈现出差异提供了另一种解释。女性在生活的许多方面，包括表达她们的性欲上被社会化为不够独断和大胆。所以女性可能拥有与男性相同的性驱力，但她们并没有比男性表现得多（T. D. Fisher, 2009）。尽管这些证据抨击了男性天生比女性性欲更强的结论，但证据不明确。

排除其他假设的可能性
对于这一研究结论，还有更好的解释吗？

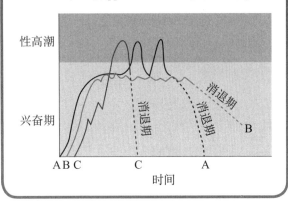

图11.12｜性反应周期的变化

下图描述了三位女性的性唤起周期，每个以不同颜色的线条代表。其中两位女性经历了至少一次性高潮。其反应以浅灰线条表示的女性经历了兴奋期却没经历高潮期。

资料来源：Rathus, Spencer A.; Nevid, Jeffrey S.; Fichner-Rathus, Lois, Human Sexuality In A World Of Diversity, 7th Ed., © 2008, p.149. Reprinted and Electron-ically reproduced by permission of Pearson Education, Inc., Upper Saddle River, New Jersey.

人类性反应的生理机能

1954年，威廉·马斯特斯（William Masters）和维吉尼亚·约翰逊（Virginia Johnson）夫妻共同开启了他们对性欲和人类性反应的开创性研究。他们的观察包括几乎所有想象和非想象条件下的性行为。马斯特斯和约翰逊的实验室并不完全是浪漫亲密关系的解决之道：除了床之外，实验室里还装有测量生理变化的监控设备、摄像机和一个探头，用来记录性交过程中阴道的变化。然而，大多数自愿参加研究的人都能轻松地适应实验室。

马斯特斯和约翰逊（1966）认为男性和女性的基本性唤醒周期是相同的。基于他们的研究和其他的一些观察（H. S. Kaplan，1977），科学家将性反应周期划分为四个阶段：（1）兴奋期；（2）高原期；（3）高潮期；（4）消退期（见图11.12）。

兴奋期是由激发性兴趣开始的。人们一般在感到疲惫、心烦意乱、压力、痛苦或生病的时候性欲较低。不仅对伴侣缺乏吸引力，抑郁、焦虑和愤恨也会抑制性欲。在兴奋期，人们会体验到性快感，并开始觉察到生理的变化，例如男性的阴茎勃起以及女性的阴道肿胀和润滑。在**高原期**，性的紧张会建立起来，如果持续下去，最终会导致性高潮。在性**高潮期**，性快感和身体的变化达到了最高点，男性和女性生殖器官不自主地有节奏地收缩，男性开始射精。在高潮期后，人们会报告感到放松的**消退期**，这个时期有一种由于身体恢复到非刺激状态的舒适感（Belliveau & Richter，1970；Resnick & Ithman，2009）。

但是马斯特斯和约翰逊的开创性工作并没有捕获到一个关键的信息：人们的性欲是深深植根于他们的关系和彼此的感情中的。当人们爱着他们的伴侣，同时也感到被爱（Birnbaum, Glaubman, & Mikulincer, 2001），并对彼此的关系感到满意（Brody & Weiss, 2011；Young et al., 2000）时，他们就会经历更频繁和更一致的性高潮。但是我们可能会对关系的好坏与性高潮的频率和一致性之间的因果关系提出质疑。频繁的性高潮可能并不仅仅反映了健康的关系，还有助于维持这种关系。

相关还是因果
我们能确信A是B的原因吗？

兴奋期（excitement phase）
人类性反应中经历性快感并意识到与之关联的生理变化的阶段。

高原期（plateau phase）
人类性反应的一个阶段，性紧张在其中建立。

高潮期
（orgasm climax phase）
人类性反应中以男女性器官无意识地有节奏的收缩为标志的阶段。

消退期（resolution phase）
人类的性反应高潮过后，报告说有放松和舒适感的阶段。

性生活的频率和年龄

在婚姻早期，夫妻们平均每周做爱两次（Laumann et al., 1994）。随着年龄的增长，性生活频率降低，但性生活的满意度并没有下降。也许人们期望随着年龄的增长，他们的性行为会减少，所以他们不会对这种变化感到失望。

与老年人的性行为几乎停止的传说相反，许多人在七八十岁的时候性欲活跃，特别是当他们健康的时候，他们不抑郁，婚姻幸福，并意识到他们的伴侣渴望一段性关系（Erber & Szuchman, 2014；Waite et al., 2015）。在一项针对1491名年龄在 40～80 岁的参与者的调查中，79.4% 的男性和 69.3% 的女性称在研究开始的一年中有过性行为（Laumann et al.，2009）。女性在更年期会经历复杂的，有时甚至是惊人的激素变化，尽管有另一种解释可以说明老年男性和女性的性行为之间的差异。到 80 岁时，女性找到男性伴侣的机会减少了，每 100 名女性中只有 39 名有男性伴侣（Meston，1997）。

> **排除其他假设的可能性** 对于这一研究结论，还有更好的解释吗？

性和文化

人们表达性欲的方式是由社会规范和文化所塑造的。克莱兰·福特和弗兰克·比奇（Ford & Beach，1951）颇具吸引力的观察揭示了文化规范是如何影响人们对什么在两性间是适当的或不适当的这一问题的看法。当非洲聪加人初次看到欧洲人亲吻时，他们笑着评论说："看他们——他们互相吃对方的唾液和污垢。"（Ford & Beach，1951）无可否认，他们是有道理的。巴西阿皮纳里人不亲吻，但部落的女性会咬掉他们爱人的眉毛并很粗鲁地将其吐到一边。土耳其岛上的女性更不会亲吻，至少以西方标准来看是这样，她们通常在性兴奋时会将一只手指伸进男人的耳朵里。

戴维·巴斯（Buss，1989）发现，相比于西方国家（包括瑞典、荷兰和法国），非西方社会（包括印度、伊朗和中国）的居民更看重未来伴侣的贞操。美国人根据赞成（59%）或不赞成（41%）婚前性行为，将人们分成了两类（Twenge，Sherman，& Wells，2015）。这个比例符合美国人对待婚前性行为的普遍看法，男性报告率为 85% 到 96%，女性报告率为 80% 到 94%（Finer，2007；Laumann et al.，1994）。

性取向：科学和政治

是什么激发了对同性性伴侣的吸引？自人类有历史记录以来，同性恋几乎在所有文化中都存在过。此外，生物学家已经记录了 450 个物种中同性恋行为的存在（Bagemihl，1999）。同性恋、异性恋或双性恋者的性取向或兴趣不同。我们应该记住性取向和性行为是不同的。例如，人们可能会把性伴侣限制在异性身上，但同时也会被同性吸引，反之亦然。人们对同性恋的看法和感受也各不相同。许多偶尔参与同性恋活动的人并不认为自己是同性恋，许多人同时参与同性恋和异性恋活动，并认为自己是双性恋（Bell & Weinberg，1978；Savin-Williams & Ream，2007）。

不同性取向的盛行　研究表明，18 岁或 18 岁以上的人群中大约有 2.2% 的男性和 2.4% 的女性确定自己是男同性恋者、女同性恋者或双性恋者（Ward et al.，2014；Laumann et al.，1994；National Opinion Research Center，2003）。然而，即使是最佳估计也不可能代表一般人群，因为研究者通常是在监狱、大学宿舍、军营或者在同性恋组织的赞助之下实施调查，而这可能会导致抽样偏差。

自从阿尔弗雷德·金赛（Alfred Kinsey）在 20 世纪四五十年代发表了著名的《金赛报告》以来，科学家们对同性恋有了一个更好的理解，并且开始改变对同性恋的普遍误解。对同性恋的刻板印象是：一个人扮演男性的角色，而另外一人扮演女性角色，但与之相反的是只有不到四分之一的同性恋男女有这种角色分配（Jay & Young，1979；Lever，1995）。大量媒体也暗示同性恋者会引诱他人成为同性恋者，尤其可能会对孩子和青少年进行性虐待，并且不适合做父母。然而并没有科学证据支持上述两种观点（Bos，van Balen，& van den Boom，2007；Freund，Watson，& Rienzo，1989；Patterson，1992）。

研究表明同性恋者和异性恋者一样能为孩子提供适合的环境。

性取向可以改变吗? 　是否有可能改变想成为异性恋者的男同性恋和女同性恋的性取向? 罗伯特·斯皮策（Spitzer，2003）评估了 200 例接受过性取向疗法的患者。他报告说，在很多情况下人们用 5 年或更长的时间由同性恋占主导的性取向转向异性恋。然而，发表声明近十年后，斯皮策（2012）承认，这项研究的致命缺陷是没有办法衡量参与者性取向改变的有效性。例如，参与者可能对调查人员撒谎或在性取向问题上欺骗自己。并且，斯皮策向同性恋团体道歉，因为他们向同性恋团体提出了未经证实的声明，并向那些浪费时间和精力的同性恋者们道歉，因为他们夸大了对其有效性的报道。美国心理学会确认同性性行为和浪漫性行为是人类性行为的正常变体，并得出结论：没有足够的证据支持可以使用心理干预来改变性取向。

在 1973 年之前，同性恋被正式列入美国精神医学学会的精神疾病名单，即 DSM（Bayer & Spitzer，1985；见 15.1c），但是在过去的 35 年里随着科学的进步及社会态度的变化，正如美国心理学会（APA）最近的声明所指出的那样，虽然男同性恋者和女同性恋者报告说，他们患厌食症、抑郁症和自杀的比例相对较高（Biernbaum & Ruscio，2004；Ferguson, Horwood, & Beautrais，1999；Wang et al.，2015），但在很多或大部分情况下同性恋个体的心理问题可能反映了他们对社会压迫和对生活方式和遗传因素的反应，而不是先前就存在着心理障碍（Zietsch et al.，2012）。因此，那些参与了重新定位疗法的同性恋个体，如果没有实现他们所寻求的改变，他们可能会变得更加不满。越来越多的人一致认为，重视文化多样性的循证疗法能够帮助许多目前处于困境中的人接受而不是改变他们的性取向（Bartoli & Gillem，2008；Glassgold et al.，2009）。

遗传和环境对性取向的影响

考虑到遗传性并不意味着一种特征不能改变，大多数科学家对同性恋个体改变性取向的能力表示怀疑，因为有迹象表明同性恋者和异性恋者之间天生就存在差异。因为许多男同性恋者和女同性恋者都说，从他们记事起，他们就觉得自己和别人的性别不一致了，所以生物学上的差异有时甚至在出生之前就已经存在，这似乎是合理的，举例来说，童年期的性别不一致在各种文化中是个重复多次的研究发现（Bailey et al.，2016；Bailey & Zucker，1995；Green，1987；Zuger，1988）。男同性恋者报告说他们通常是女性化的男孩，而女同性恋者报告说她们通常是男性化的女孩，这表明早期出现的和潜在的基因影响了童年时期的性别不一致性。这一假说得到了 7 项双生子研究的支持，这些研究表明基因差异约占性取向变异的三分之一（Bailey et al.，2016）。然而，事实是性取向的许多变异不能用遗传差异来解释，这告诉我们环境影响在同性恋中起着关键作用，尽管它没有告诉我们这些影响是什么。

性激素、产前影响和性取向 　当胎儿发育时，性激素（见 3.3a）影响大脑朝着更加男性化或女性化的道路发展，抑或向相反方向发展。根据一种理论，在子宫中接触到过度的睾酮的女孩会发育成更为男性化的大脑，而接触较少睾酮的男孩子则发育成较女性化的大脑（Ellis & Ames，1987；Hines，2010）。这些激素影响了个体的性情，并且为以后的生活中与传统性别角色背离而成为同性恋者提供了舞台（Bem，1996）。

有哥哥会使男性同性恋的概率增加 33%，这就意味着同性恋的概率上升了 3%～5%（Blanchard & Bogaert，1996）。研究人员已经成功地重复了这种效应（Kishida & Rahmen，2015；VanderLaan & Vasey，2011；Zietsch et al.，2012）。这一发现被证明是可重复的，一种解释是男性胎儿产生的物质会触发母亲的免疫系统，产生反男性抗体，影响胎儿大脑的性别分化，并随着每一个后代的出生而增强。研究人员最近证实了最初的发现，有哥哥增加了男性同性恋惯用右手而非惯用左手的概率（Blanchard，2008）。也许左撇子胎儿可能对反男性抗体不敏感，或者左撇子胎儿的母亲可能不会产生这些抗体。

指纹、手指长度和优势手都是在出生之前就决定的，而同性恋和异性恋个体在这些特征上各不相同（Hall & Kimura，1994；Lalumière，Blanchard，& Zucker，2000；Williams et al.，2000）。因此，我们有理由将矛头指向产前的影响，尽管我们还不能明确指出是哪些影响——比如暴露于性激素是最重要的影响。

性取向：大脑的差异　1981 年，西蒙·利维（Simon LeVay）的报告在业内和业外都引起了轰动，报告称下丘脑里有一小簇不足一毫米的神经元，并且男同性恋者的这一小簇神经元的尺寸不足非同性恋的男性的一半。这个研究受到了公开的批评：利维是在男子死后进行尸体解剖来研究他们的大脑的，而且这些男同性恋者都是死于与艾滋病有关的并发症。然而，利维发现的差异不太可能完全是由艾滋病引起的，因为一部分非同性恋男子也死于艾滋病的并发症。利维在下丘脑中观察到的差异可能是同性恋和异性恋男性之间的生活方式差异的结果而不是同性恋的原因。然而另一个局限是患有艾滋病的男同性恋者的样本并不能一定代表所有的同性恋者。一项研究未能完全重复他的发现，这一事实使人们对性取向与下丘脑神经元之间的联系产生了怀疑（Bailey et al.，2016；Byne et al.，2000）。

相关还是因果
我们能确信 A 是 B 的原因吗？

可重复性
其他人的研究也会得出类似的结论吗？

研究人员已经不局限于下丘脑去寻找性取向的生物学指标，并发现同性恋者的大脑胼胝体比异性恋男性大（Witelson et al.，2008）。科学家们认为这一发现暗示同性恋受到遗传因素的影响，因为胼胝体的大小是遗传的。然而，我们应该再次记住，大脑的大小和大脑活动都可能是性取向的结果，而不是原因。

科学家们还没有发现一个可靠的性取向的生物学标志。例如，许多男同性恋者有更多的姐姐，下丘脑的尺寸在大多数男同性恋者和非同性恋者中是相当的。在所有的可能性中社会和文化的影响仍然被认为在塑造人们的性取向中扮演着实质性的角色。

11.5　吸引力、爱和厌恶：它们的奥秘

11.5a　了解吸引力和关系形成的原则。

11.5b　描述爱情的主要类型及爱与仇恨的组成元素。

1975 年，心理学家艾伦·波斯切特（Ellen Berscheid）和伊莱恩·哈特菲尔德（Elaine Hatfield）

事实与虚构

互动

人们可以通过看脸的照片来猜测性取向。

（请参阅页面底部答案）

○ 事实

○ 虚构

答案： 事实。研究人员发现，在交友网站上观看同等数量同性恋和异性恋女性的大学生猜对的概率约为 64%（Rule，Amaday，& Hallett，2009）。一项针对男性面孔的研究也证实了这一发现（Rule & Ambaday，2008）。目前还不清楚人们的表现是由于微妙的社会线索、受生物学因素影响的面部表情差异，还是由于面部表情构成上的差异。

获得了一项令人可疑的荣誉（Benson，2006）。他们成为最先获得金羊毛奖的人，这是一个由威斯康星州参议员威廉·普罗克斯迈尔授予的"荣誉"（实际上并不荣耀）。普罗克斯迈尔曾为了引起公众关注而炮制了这个奖项，并被美国民众认为是在挥霍纳税人的钱。波斯切特和哈特菲尔德恰巧因为由政府资助的关于吸引力和爱的心理决定因素的研究而获得该奖项（在你将要阅读的章节中寻找他们的名字）。普罗克斯迈尔发现从科学上研究这些主题的想法是荒谬的。

"我强烈反对，"他说，"不仅是因为没有人能证明爱情是一门科学，即使是国家科学基金会也不能证明；我确信即使花费了 8 400 万或者 840 亿美元，他们也不会得到一个令每个人都信服的结果。我反对是因为我根本不想知道结果！"（Hatfiled & Walster，1978，viii）

当然，普罗克斯迈尔有权不知道结果。然而三十多年的研究已经表明普罗克斯迈尔在一个关键的方面出错了，即心理学家可以科学地研究爱情。在这方面，我们从 20 世纪 70 年代已经取得了长足的进步。这一切都没有使爱情变得不再神秘，但也表明了爱情可能不如我们——或者几个世纪以来成千上万的写过关于爱情的诗人——所相信的那样深不可测。

人际吸引的社会影响因素

两个人是怎样在超过 65 亿人口的世界人流中相遇并成为了爱人呢？当然，吸引只是一段关系的初级阶段，但是我们在决定进一步发展之前，在我们的核心价值观和对关系的态度上是否能与他或她足够相容之前，需要先感受到一个闪烁的化学信号（Murstein，1977）。我们可能会将寻找到真爱归因于命运变幻无常的安排，但是科学家发现友谊、约会和伴侣的选择并不是随机的。三个主要的原则引导着吸引力和关系的形成：接近性、相似性和相互性（Berscheid & Reis，1998；Luo & Klohnen，2005；Sprecher，1998）。

接近性．当亲近变为挚爱

人类关系中有个很常见的事实，即我们最亲密的朋友往往是生活、学习、工作或玩耍时更接近我们的人。本书的第二作者在高中毕业很多年后娶了经常坐在他前面的女生。因为他们的姓氏都是以字母 L 开头的，而按字母顺序安排座位的事实保证了他们有一个可以认识的机会。在高中毕业 30 年之后的同学聚会再次将他们聚到了一起，他们很快就相爱并结婚了。

这个例子说明了身体的接近度或**接近性**如何为关系的形成提供机遇。如聚会中的同学、在教室里按字母顺序被分配座位的人们倾向于和在字母表中与他们名字开头字母一样或接近的人做朋友（Segal，1974）。我们最可能被身旁这些经常见到的人吸引并与其做朋友（Nahemow & Lawton，1975）。利昂·费斯廷格、斯坦利·沙赫特和库尔特·拜克（Festinger，Schachter & Back，1950）要求居住在美国麻省理工学院已婚学生公寓里的个体确定他们最亲密的三个朋友。这些朋友中 65% 住在同一栋大楼里，41% 住在隔壁。

我们在本章前面提到的单纯曝光效应至少可以在一定程度上解释为什么对于无论是在超市还是健身房频繁见到的人，我们都会对其增加吸引力。在一项对大学课堂进行的研究中，有四名长相相似的女性假扮成学生，参加了 0、5、10 或 15 个课程的学习（Moreland & Beach，1992）。学期结束时，实验人员向参与者展示

爱情的起源非常久远，甚至要追溯到远古时期。在 2007 年，考古学家在意大利发掘了一对男女夫妇的骨骼（巧合的是，这里离莎士比亚的著作《罗密欧与朱丽叶》中故事的发生地维罗纳市只有 25 英里），他们以拥抱的姿势凝固在一起超过了 5 000 年。

接近性（proximity）
身体上的接近，吸引力的预测源之一。

了这些女性的幻灯片，并要求他们评价参与者的吸引力。尽管这些人没有与任何一个学生互动，但参与者认为那些上了更多课程的女性更有吸引力。

相似性：物以类聚

在一个荒岛上，你是愿意和一个跟你很相似的人还是非常不同的人困在一起？也许你喜欢莫扎特，而你在岛上的同伴则喜欢饶舌音乐，你们会有很多交流的点或者至少有值得争论的地方。然而共同点太少，你可能会发现很难建立起人际关系。这点将我们引向了下一个原则：**相似性**，即我们与他人之间的共同之处。

科学家们已经发现"物以类聚"这句格言比同样老生常谈的"异性相吸"所隐含的真理更多。无论在艺术、音乐、饮食偏好、教育水平、外表的吸引力或者价值观方面，我们总是感觉被跟自己很相似的人所吸引（Byrne，1971；Montoya & Horton，2013；Swann & Pelham，2002）。我们也更容易与能共处的人成为朋友、与其约会和结婚（Curran & Lippold，1975；Knox，Zusman，& Nieves，1997）。甚至还有证据表明，养宠物的人倾向于选择和他们很像的宠物（Nakajima，Yamamoto，& Yoshimoto，2009；Roy & Christenfeld，2004），尽管并不是所有的研究人员都被这些发现所说服（Levine，2005）。

在线约会服务人员已经意识到，相似可以带来满意感（Finkel et al.，2012；Hill，Rubin & Peplau，1976）。一项名为 eHarmony.com 的服务根据性格相似度为未来的伴侣配对，尽管几乎没有证据表明他们在这方面做得很成功（Epstein，2007）。此外，大多数在线约会网站的说法被夸大了，部分原因是相比实际喜欢什么，相似性更能预测人们在恋爱中喜欢什么（Finkel et al.，2012）。不过，从长远来看，实际的相似性通常会带来回报。具有相似性格的已婚夫妇比性格不同的夫妇更有可能长久生活在一起（Meyer & Pepper，1977）。

有几个原因可以让相似性促进社交互动。首先，当人们的兴趣和态度重叠时，就为相互理解奠定了基础。其次，我们认为自己会很容易被与我们观点一致的人接受和喜欢。相似的人可能会有共同的目标，实现共同的目标，进而增强吸引力；同样，吸引力可能会让人们聚在一起共同实现目标（Finkel & Eastwick，2016；Montoya & Horton，2014）。再次，那些和我们分享好恶的人会验证我们的观点，使我们自我感觉良好。"敌人的敌人就是朋友"这句话甚至可能相当正确（Heider，1958）。研究表明，维系友谊的黏合剂，尤其是在早期阶段，是分享对他人的负面印象（Bosson et al.，2006）。负面八卦可能会培养我们对他人的熟悉感，让我们以牺牲他人为代价来提升自己，从而增强我们的自尊（Weaver & Bosson，2011）。

相互性：没有平等交换不能建立良好的关系

当一段关系发展到深层次的水平时，吸引力的第三个原则——相互性，或者称平等交换的规则——往往是至关重要的。任何文化中，11 岁的个体都开始建立行为相互作用的规范（Gouldner，1960；Rotenberg & Mann，1986）。也就是说，我们往往会觉得我们有义务在一段关系中维持公平（Walster，Berscheid，& Walster，1973）。喜欢导致被喜欢，泄露个人隐私鼓励了揭露行为，而无论这种交流是在线聊天、电子邮件还是和同伴交谈（Stocks，Mirghasemmi，& Oceja，2016）。当我们相信人们喜爱自己时，我们则更倾向于觉得被他们所吸引（Brehm et al.，2002；Carlson & Rose，2007）。当我们相信我们的

大多数商业交友网站都利用了相似性的原则：物以类聚，人以群分。然而，这些网站上的大多数说法都缺乏科学依据，部分原因是与人们最终想什么相比，相似性更能预测人们对未来伴侣的期望。

相似性（similarity）
我们与他人共同性的程度，吸引力的预测源之一。

同伴发觉我们很有魅力或可爱时，我们一般会表现得更可爱以回应这种自我促进的信息（Curtis & Miller，1986）。谈论一些有意义的事情是大多数友谊的一个重要元素。特别是对亲密话题的揭露经常带来亲密的行为。与此相反，当一个人只讨论肤浅的话题或者只以一种肤浅的方式讨论亲密话题时，另一个人的揭露水平也会很低（Lynn，1978）。虽然完全缺乏相互性会使关系陷入僵局，但完全相互性并不会让关系变得密切，尤其是当一方对我们揭露的情况表示同情和关切时（Berg & Archer，1980）。

外表的吸引：以貌取人

一些重要的科学发现来自偶然，也就是说碰运气。伊莱恩·哈特菲尔德（Elaine Hatfield）和她的同事们 50 年前所做的一项研究就是这样（Hatfield et al.，1966）。他们在大学新生"欢迎周"给予 725 名即将入学的大学生一套个性、态度和价值取向的测试，哈特菲尔德和她的同事对这些学生进行随机配对，让他们参加一个悠闲的舞会，持续两个半小时，让他们有机会结识。研究者想知道是否有一个变量能够预测这些搭档是否有兴趣进行第二次约会。令他们十分惊讶的是，唯一一个值得关注的影响吸引的变量竟然是后来才被研究者考虑进去的（Gangestad & Scheyd，2005）：外表的吸引力（Hatfield et al.，1996）。

> **日志提示**
>
> 想想常见的谚语"异性相吸""物以类聚""情人眼里出西施"。你是否还记得其他关于外表吸引力的谚语？我们能从人际吸引的心理学研究中了解到这些说法的准确性吗？哪些陈述得到了研究的支持，哪些没有？

外表迷人的人往往比相貌平平的人更受欢迎（Dion，Berscheid，& Walster，1972；Fehr，2008）。然而是什么使我们发现他人的外表的吸引力的呢？难道仅仅只是"化学"原因，一个像谎言一样难以解释的超自然过程，正如参议员普罗克斯迈尔所要我们相信的那样？或者是否有一种"一见钟情"，或至少是初次见面时便相互吸引的科学？

公众对足球明星（如英国足球运动员大卫·贝克汉姆和 2012 年奥运会金牌得主亚历克斯·摩根）的关注，不仅取决于他们的运动表现，还取决于他们的外表吸引力。不但表现出色而且还魅力四射的运动员是目前最受公众关注的（Mutz & Meier，2016）。

吸引力中的性别差异：先天的还是后天的，或者两者都有？

虽然当我们谈及选择浪漫伴侣时外表的吸引力对男女两性都很重要，但对男性尤其重要（Buunk et al.，2002；Feingold，1992）。戴维·巴斯（1989）对异性恋的配偶选择倾向进行了全面的调查，这些异性恋者来自 37 种文化，跨越六大洲，来自不同的国家如加拿大、西班牙、芬兰、希腊、保加利亚、委内瑞拉、伊朗、日本和南非等。他发现尽管人们赋予外表的吸引力的重要性随文化的不同而有所变化，相比女人来说，男人对女人的外貌更为重视。男性同时也更喜欢比自己稍微年轻一些的女性。相反，巴斯发现，女性往往比男性更看重拥有一个富裕的伴侣。与男性相比，女性更喜欢比自己稍微年长些的男性。尽管如此，男性和女性也会重视许多共同的因素。男女两性都期望有一个聪明的、可信任的、善解人意的伴侣（Buss，1994）。

吸引力的进化模型 撇开这些共同点，我们如何理解伴侣选择上的性别差异呢？进化论者们指出，由于大多数男性产生大量精子——平均每周约 3 亿——他们通常会采取一种机会最大化的交配策略，使这些精子中至少有一个在漫长的旅程结束时找到

可以接受它的卵细胞（Symons，1979）。因此，进化心理学家认为，男性更关注于女性的健康潜能和多产的线索，如外表的吸引力和年轻程度。相比之下，通常女性每月只产生一个卵细胞，所以她们必定是挑剔的。在一项关于快速约会的研究中——一项由洛杉矶矶拉比雅可夫在 1988 年发明的技术，旨在帮助犹太单身人士认识彼此——男人或女人与潜在的约会对象互动了三分钟（Kurzban & Weeden，2005）。男性选择与他们遇到的半数女性有进一步的接触，而女性则明显挑剔，只选择三分之一的男性再次见面。因此，她们通常追求的交配策略是尽可能最大化地为她们的后代提供好的机会：因此女性更偏好年长一些、更富有和对生活更加有经验的男性（Buunk et al.，2002）。

社会角色理论 尽管如此，一些研究者对吸引力的进化论模型提出了貌似合理的替代选择。根据爱丽丝·伊格利和温迪·伍德（Eagly & Wood，1999）的社会角色理论，生物学因素在男女两性的偏好选择上扮演着重要的角色，但不是以进化论心理学家所主张的那种方式产生影响。相反，生物因素制约了男性和女性所承担的角色（Eagly，Wood，& Johannesen-Schmidt，2004）。因为男性普遍比女性更高大、更强壮，他们往往最终扮演着捕猎者、食物供给者和勇士的角色。而且，因为男性不需要承担生育孩子的任务，他们有相当大的机会去追求高社会地位。与此相比，女性需要生育孩子，她们最终更多扮演着照顾孩子的角色，在追求高社会地位的职业上也就有很多限制。

传统角色的这些差异可能有助于解释男性和女性在配偶选择上的差异。例如，相对于男性，女性拥有高地位职业的比例较小，她们可能会首选有可靠经济收入的男性（Eagly Wood，& Johannesen-Schmidt，2004）。与社会角色理论相一致，在过去的半个多世纪里，男性和女性在配偶的选择上变得越来越相似（Buss et al.，2001），这可能反映了女性在这个时期不断增长的社会机遇。尽管先天可能会引导男性和女性角色的不同以及伴侣偏好的不同，但是后天在很大程度上影响这些角色和偏好。

美是在观看者的眼中吗？

民间的智慧告诉我们"美在观看者的眼中"。在某种程度上这种说法是正确的。然而又过分简单化了。人们常常对谁有外表的吸引力有着相当高的一致性（Burns & Farina，1992）。这种情况不仅发生在种族内部，在种族间也存在。例如，白人和非裔美国男子在对女性的审美上通常意见一

致，白人和亚裔美国男子也是如此（Cunningham et al.，1995）。尽管跨越了极为不同的文化，但男女普遍在认为谁外表具有吸引力的观点上表现一致（Langlois et al.，2000）。

此外，男性和女性更喜欢异性的某些体型。男性对腰臀比约为 0.7 的女性尤其感兴趣，也就是说腰围是臀围的 70%（Pazhoohi & Liddle，2012；Singh，1993），尽管这个比例通常不如其他变量如体重重要（Furnham，Petrides，& Constantinides，2005；Kościński，2013）。与腰臀比分别为 0.5 和 0.9 的女性相反，男人们还记得他们看过的腰臀比为 0.6～0.8 的女性的更多细节（Fitzgerald，Horgan，& Himes，2016；Tassinary & Hansen，1998）。相反，女性通常更喜欢腰臀比更高的男性（Singh，1995）。根据进化心理学家唐纳德·西蒙斯（Symons，1979）的观点，这些发现暗示着"美在观看者的眼中"。随着年龄的增长，女性的腰臀比往往会下降，所以这个比例是生育能力的一个暗示——尽管它并不完美。

尽管如此，不同文化对身体偏好仍存在着重要差异。例如，非裔美国男性和来自加勒比文化的男性比欧洲男性更倾向于认为有着较大体格的女子更具有外表的吸引力（Rosenblum & Lewis，1999）。而且，对苗条的偏爱也随着历史的推移频繁变动，甚至像翻看一张裸体女子的画像那样，对于美感的认识具有随机性。

"大众化"更合适

哪些人我们觉得更具有吸引力呢？（a）那些有异国情调的、不寻常的或在某些方面特别的人；（b）那些很普通平庸的人。如果你像大多数人一样，你会选择（a）。的确，我们有时侮辱人们的长相时就会叫这个女的"普通的简"，那个男的"平庸的乔"。然而就像朱迪丝·朗格卢瓦和洛丽·洛格曼（Langlois & Roggman，1990）所展示的那样，平庸也有它的好处。通过计算机将学生们的面孔数字化，再将它们逐步组合，研究者发现人们一般更喜欢平均化的面孔（即大众脸）。在他们的研究中，人们更倾向于平均化高达 96% 的面孔。

可重复性
其他人的研究也会得出类似的结论吗？

虽然一些心理学家觉得这一结果令人难以置信，但许多研究在中国人以及日本人还有欧洲人的面孔上也得到同样的结果（Gangestad & Scheyd，2005；Komori，Kawamura，& Ishihara，2009；Rhodes，Halberstadt & Brajkovich，2001）。经过"平均化"的还比未经"平均化"的更具对称性，所以我们对大众脸的偏好可能是由于这一点。甚至还有研究表明，即使面孔是对称的，人们还是更偏爱经过"平均化"的面孔（Valentine，Darling，& Donnelly，2004）。

排除其他假设的可能性
对于这一研究结论，还有更好的解释吗？

进化心理学家推测，有"平均化"面孔往往反映了这个人并不存在基因突变、严重的疾病以及其他异常。因此，我们会被有这样面孔的人所吸引，也许是因为能够较好地与基因挂钩。但是有一个美中不足之处。研究也表明，人们不仅仅只偏好大众脸，还有大众化的动物，例如鸟和鱼，甚至是大众化的物体，例如车子和手表（Halberstadt & Rhodes，2003）。在一项研究中，研究人员发现大众化声音比单独个体的声音更有吸引力（Bruckert et al.，2010）。所以我们对大众脸的偏好可能是一种选择机制，也就是说，一种更加普遍存在的对平均化的偏好。也许我们认为平均化刺激更熟悉、更容易在心理上去接受，是因为它们反映了我们之前常看到的刺激（Gangestad & Scheyd，2005）。

排除其他假设的可能性
对于这一研究结论，还有更好的解释吗？

爱情：科学面临的难题

　　布朗宁夫人（Elizabeth Barrett Browning）写过一句有名的诗："我有多爱你？让我来计算一下。"但根据一些心理学家的观点，我们根本不必费力地去做这种计算。下面我们来解释一下。

　　心理学家与其他人没有什么不同。他们也在试图去理解爱情的各种类型。一些人得出结论，认为爱情只有一种类型，而其他人认为爱情有多种类型。根据伊莱恩·哈特菲尔德和理查德·拉普森（Hatfield & Rapson，1996）的观点，爱情主要有两种类型：激情之爱和伴侣之爱。而我们很快将会介绍到的罗伯特·斯滕伯格，他认为爱情有七种类型。

我们发现可爱的不仅仅是人脸。即使是那些具有某些面部特征的汽车，比如"大眼睛""小圆鼻子"和相对于身体其他部位来说的"大脑袋"，也往往会引起我们大多数人所谓的"可爱反应"。

激情之爱：好莱坞式的爱情

　　激情之爱是以对伴侣强烈的甚至是毁灭性的渴望为特征的。这是一种当我们得到了所渴望的事物时就疯狂幸福和没有得到时彻底绝望痛苦的奇异融合。这是好莱坞影片制作的素材。就像所有人都很熟悉的罗密欧与朱丽叶，当我们的浪漫爱情中出现了阻碍，如看似不可逾越的距离或父母的极力反对，这时激情之爱就像是被点着的燃料一般（Driscoll，Davis，& Lipetz，1972）。这些障碍可能会提高激活水平从而加剧了激情，正如沙赫特和辛格的两因素理论所预测的那般（Kenrick，Neuberg，& Cialdini，2005）。在一项跟踪参与者一个月的研究中，那些对潜在伴侣的恋爱关系感到焦虑的人比一夜情更喜欢认真地约会（Eastwick & Finkel，2008）。不确定关系将如何展开，加上期望浪漫的感觉将得到回报，让人充满了欲望和渴望（Tennov，1979）。好消息是，长期充满激情的爱情是可能的：在一项调查中，40% 的在经过 10 年或更久的婚姻评估的夫妻报告说他们"正在热恋"（O'Leary et al.，2012）。

伴侣之爱：友谊之爱

　　伴侣之爱则是以对伴侣深厚的友谊和喜爱的感觉为特征的（Acevedo & Aron，2009）。浪漫的关系会随着时间的推移从激情之爱向伴侣之爱发展（Fehr，Harasymchuk，& Sprecher，2014；Wojciszke，2002），尽管大多健康的关系都至少

激情之爱
（passionate love）
是以对伴侣强烈的，甚至是毁灭性的渴望为特征的爱。

伴侣之爱
（companionate love）
是以对伴侣的深厚的友谊和喜爱的感觉为特征的爱。

答：事实。在世界各地，大多数人都会表现出一种可爱的反应：对某些面部特征表现出一种积极的情绪反应，尤其是：（1）大眼睛；（2）小圆鼻子；（3）大圆耳朵；（4）相对身体而言的较大的脑袋（Lorenz，1971）。这些都是我们在婴儿身上发现的相同的面部特征，所以自然选择可能会让我们发现这些特征不可抗拒的可爱（Angier，2006）。

保存了些许激情。在年老的夫妻中，伴侣之爱可能是关系中高于一切的情感。

越来越多的证据表明，激情之爱和伴侣之爱在心理上都是独立的。研究表明，人们即使对伴侣很少或没有性欲也能在伴侣的深沉关爱中与他们"坠入爱河"（Diamond，2004）。此外，这两种形式的爱可能与不同的大脑系统相关联（Diamond，2003；Gonzaga et al.，2006）。动物研究表明，对他人情感的依恋主要受激素的影响，比如催产素（见3.3a），它在配偶间的结合和人际信任上扮演着重要角色。与此相反，性欲受激素的影响，如睾酮和雌激素。

爱的三个元素

罗伯特·斯滕伯格坚信"两种类型的爱情"模式过于简单。斯滕伯格（1986，1988a）提出了爱情的三个主要元素的存在：（1）亲密（"我感觉和这个人非常亲近"）；（2）激情（"我对这个人非常痴迷"）；（3）承诺（"我真的想要和这个人共度一生"）。这三种元素结合形成了七种爱情的种类（见图11.13）。斯滕伯格的模型是对爱情类型的描述而不是对人们为何坠入情网的解释，但是它能够帮助我们理解生命中最伟大的一个奥秘。

仇恨：一个被忽视的主题

直到最近，心理学家仍不想涉足仇恨这个主题。大多数心理学入门书甚至不在它们的索引中列出"仇恨"这个词。然而随着2001年9月11日的恐怖事件发生，世界各地的恐怖活动迅速增加，很明显，心理学家再也不能对一些人为何鄙视他人，甚至有时想要置人于死地这个问题置若罔闻了（Bloom，2004；Sternberg，2004）。当然，仇恨在日常生活中有各种不那么暴力但仍然有害的形式，包括极端形式的种族主义、性别歧视、反犹太主义、恐同症和政治党派偏见。毫无疑问，对与我们明显不同的个人（比如来自其他文化的人）的仇恨是由互联网和社交媒体点燃的，它们可以创造出志同道合的人的虚拟社区，这些人持有相似的敌意观点（Post，2010）。这种类似或相同观点的"回音室"可以为我们在先前遇到的群体思维、证实偏差和其他有问题的思维方式提供燃料（Quattrociocchi，Scalia，& Sunstein，2016）。

用爱情三元理论作为起点，罗伯特·斯滕伯格（2004b）提出一套仇恨理论，认为仇恨包含以下三种组成元素：

- 拒绝亲密（"我永远都不想和这些人接近"）。
- 拒绝激情（"我绝对坚决鄙视这些人"）。
- 拒绝承诺（"我决心阻止或者伤害这些人"）。

正如他的爱情理论，仇恨的不同组合来源于这三种因素的结合，"强烈的仇恨"——是最严重的——反映了这三者的最高值。对于斯滕伯格来说，助长仇恨的关键是宣传。某些团体和政府"教育"人们憎恨其他组织和政府，认为他们是邪恶的和遭人鄙视的（Keen，1986；Lilienfeld，Ammirati，& Landfield，2009；Sternberg，2003a）。

好消息是，如果我们可以习得仇恨，那么我们

图11.13　什么是爱情？

根据斯滕伯格的爱情三元理论，亲密、激情和承诺三者结合形成了爱情的七个种类，其中"完美的爱"是以三种成分的最高水平为特征的终极爱情形式。

或许也可以将其消除掉。对于讨厌的个体或群体所具有的消极特质，我们要学会克服偏见，这可能是重要的第一步（Lilienfeld et al.，2009；Harrington，2004）。俗话说"每个人都有好的一面和坏的一面"，认识到这一点可能会帮助我们正视对敌人根深蒂固的仇恨——更广泛地说，是正视对其他种族、文化和观点与我们不同的群体成员的仇恨。

总结：情绪与动机

11.1　情绪理论：什么原因产生情绪
11.1a　描述主要的情绪理论。

根据情绪分化理论，人们经历着一小部分（可能是七个）由生物学决定的独特情感。根据认知理论，包括詹姆斯－兰格理论，情绪来自我们对刺激的解释或者是我们的身体对刺激的反应。根据坎农－巴德理论，刺激情绪的事件导致了情绪和身体上的反应。沙赫特和辛格的两因素情绪理论认为情绪是当我们遇到一件引发情绪的事件之后，我们对自身唤醒状态的解释。

11.1b　识别无意识对情绪的影响。

许多情绪是自动产生并无意识地起作用的，比如单纯曝光效应以及面部反馈假说。

11.2　非语言的情感表达：眼睛、身体和文化都可以表达
11.2a　解释非语言表达情感的重要性。

大多数的情感表达是非语言的；手势突出了语言（插图），通过触摸我们的身体（操纵者）传达特定的含义（象征）。非语言表达通常比语言更能有效地反映情感。

11.2b　识别主要的测谎方法及其缺陷。

测谎仪测试人们对暴露谎言的问题的生理反应。控制问题测试（CQT）包含与犯罪相关和不相关的问题，以及反映假定谎言的控制问题。对相关问题作出更大的生理反应可能意味着欺骗。然而，CQT 检测到的是一般的唤醒而不是罪恶感，并导致大量的假阳性结果。当人们采取对策（如咬舌头或卷脚趾）时，就会产生假阴性。犯罪知识测试（GKT）的前提是犯罪分子隐藏着犯罪的知识。GKT 的假阳性率很低，但假阴性率相当高。

11.3　幸福感和自尊：科学 VS 大众心理学
11.3a　识别幸福感和自尊的假象与事实。

假象：幸福感主要的决定因素就是发生在我们身上的事，金钱使我们幸福，幸福感在我们老的时候下降了，美国西海岸的人最幸福。事实：幸福感与婚姻、大学教育、宗教信仰、政治背景、锻炼、感恩、对我们所从事的事情的专心（"心流"）相关。我们似乎过高估计了事件对幸福感的长期影响。假象：低自尊是所有不快乐的根源。事实：自尊只与心理健康有中度的相关，但与主动、坚持和积极的幻想——倾向于比别人更积极地看待自己有更大的相关。

11.3b　描述新兴学科：积极心理学。

积极心理学强调力量、爱情和幸福。然而，一些反对者认为积极心理学的"要看到生活的光明面"的方法可能有它的缺点，部分原因是过度的快乐有时可能是不适应的。

11.4　动机：我们的意愿和需求
11.4a　解释动机的基本原则和理论。

动机是指推动我们向特定方向前进的动力，尤其是我们的欲望和需求。内驱力降低理论认为内驱力（饥饿、口渴）推动我们在某些方面

采取行动。根据耶克斯 - 多德森定律，唤醒水平和行为效率之间存在倒 U 形关系。趋近和回避往往会引发冲突。根据诱因理论，积极的目标是激励因素。这些激励因素包括基本的（生物上）和次级的（心理的渴望 / 成就、自我实现）需要。

11.4b　了解饥饿、体重增加和肥胖的影响因素。

下丘脑外侧区被称为进食中枢，下丘脑腹内侧区是餍足中枢，尽管这些描述将科学现实过于简单化了。饥饿也与激素（饥饿素）、低葡萄糖水平、神经递质（瘦素、血清素）、一个遗传上程序化的身体脂肪和肌肉含量的设置点、特定的基因（黑皮质素 -4 受体基因、瘦素基因）以及对食物线索和期望值的敏感性相关。

11.4c　鉴别暴食症和厌食症的症状。

神经性暴食症以不断循环的狂吃为特征，随之而来的是努力使体重降到最低程度。在暴食症中，暴饮暴食是经常发生的，但没有排便。神经性厌食症的特点是拒绝进食，导致该年龄和身高所对应的体重明显偏低。

11.4d　描述人类性反应周期和性行为活动的影响因素。

马斯特斯和约翰逊描述了性反应周期的四个阶段：兴奋期、高原期、高潮期和消退期。性生活的频率随着年龄的增长而降低，但是性满意度却没有。性欲望的表达方式是由社会规范和文化决定的。

11.4e　识别常见的误解以及性取向的潜在影响因素。

常见的假象包括同性恋个体的观念：（1）通常有一个男性或女性角色，（2）尤其容易性虐待儿童和青少年，（3）不负责任的父母。性取向潜在反映着儿童性别观念上的不一致，性激素分泌的差异，以及出生前脑机制的区别。

11.5　吸引力、爱和厌恶：它们的奥秘

11.5a　了解吸引力和关系形成的原则。

吸引力和关系形成的影响因素有接近性（身体亲密度）、相似性（如吸引人）和相互性（给予我们所得到的），身体上的吸引力（对男性而言比女性更重要），进化的影响，社会角色及对大众脸的偏爱。

11.5b　描述爱情的主要类型及爱与仇恨的组成元素。

爱情的主要类型是激情之爱和伴侣之爱。根据斯滕伯格的爱情模式，主要的爱情因素是亲密、激情和承诺。主要的仇恨因素是拒绝亲密、拒绝激情和拒绝承诺。

第12章 压力、应对与健康
身心互联

质疑你的假设

互动

大多数遭遇高度厌恶事件的人会患上创伤后应激障碍吗？

有些人比其他人更容易心脏病发作吗？

速成节食能保证快速和持久的减肥效果吗？

针灸和其他替代疗法比传统的医疗方法更有效吗？

安慰剂能影响大脑活动吗？

2001 年 9 月 11 日，星期二，这是一个令美国人难以忘记的日子。全美人民寸步不离地守在电视机前，充满恐惧地看着两架客机撞击了纽约市世界贸易中心（WTC）的双子楼。这次袭击在美国恐怖袭击历史上是最为严重的，仅仅这一次袭击就有超过 2 700 人死亡。虽然乘客试图重新控制飞机，但恐怖分子最终将一架飞机撞上了五角大楼，另一架在宾夕法尼亚州撞击爆炸，造成了几百人遇难。

在这次悲剧中，鼓舞人心的是那些最早勇敢地进行援助的消防员、护理人员、警察和冒着生命危险去救援他人的搜救人员。在"9·11"事件中有将近 400 位参加救援的人牺牲了。其中一名试图拯救他人的英雄是消防员乔纳森·勒皮。他的父亲，退休消防员李·勒皮做了一些积极的事情来应对儿子的不幸离世，他建立了国家"9·11"纪念馆和博物馆，向"9·11"遇难者致以永久的敬意。引用李·勒皮扣人心弦的话：让失去声音的人们发出自己的声音。

鲍勃·斯莫尔，一家世贸公司总经理，在世贸中心的爆炸中幸存了下来，后来又经常梦见另一架飞机撞击大厦，梦见自己或人们从双子塔上跳下来，这是他亲眼目睹的难忘一幕。为了让那一天的回忆鲜活起来，并成为生命中的一部分，为了永远不忘记他所经历的现实，他赋予它意义和感觉——他在他的房间里塞满了从 WTC 事件报道过程中获得的纪念品，虽然是小小的东西却充满了巨大的意义。

这些故事不禁引起我们心中的疑问。当我们经历像"9·11"这样的创伤性事件后会发生什么？在接近死亡或面对亲人的离去的人们应该如何做呢？在随后的很长时间里那些创伤性事件会造成持久的生理或心理疾病吗？或者在悲惨环境的不良影响下，人们能够成功应对甚至用成长来取代哀痛吗？

李·勒皮和鲍勃·斯莫尔的故事给我们提供了一些人们面对逆境的各种不同的方式。这一章，我们将更深入地了解人们是如何处理从电脑死机的烦恼到从飞机坠毁中幸存的恐怖。我们还将研究压力与身体健康之间的复杂的相互作用。迪安·基尔帕特里克和他的同事（Kilpatrick et al.，2013）在普通人群中调查了近 3 000 名男性和女性，发现近 90% 的受访者至少有过潜在的创伤性事件，比如说性侵犯或车祸，以及暴露在多种严重不良事件中。所以事实上，一般很少有人能在他/她的一生中不经历一些重大压力事件（de Vries & Olff，2009；Ozer et al.，2003）。压力事件特别高的群体包括年轻人、未婚者和社会经济地位低下的人（Cohen & Janicki-Deverts，2012；Luby et al.，2013；Miranda & Green，1999；Turner，Wheaton，& Lloyd，1995）。女性比男性更容易经历性侵犯、童年期虐待；男性比女性更容易经历非性侵犯事故、灾难、火灾或战斗（Tolin & Foa，2006）。与自然灾害相比，人际暴力，例如性侵犯和战斗，更有可能带来长期的令人痛苦的后果，在自然灾害之后，社会成员往往联合起来互帮互助（Arnberg, Johannesson, & Michel, 2013; Hoge & Warner, 2014）。许多人认为，与城市和更发达地区的居民相比，生活在农村地区或非工业化国家的人承受的压力较小。然而，科学家们几乎没有发现对这一流行观点的支持：产生压力的事件在社会的各个领域都很普遍（Bigbee, 1990; Figley, 2013）。

幸运的是，一些如卡特里娜飓风、阿富汗的作战前线、引发路易斯安那州 2016 年灾难的洪水——甚至 2012 年康涅狄格州可怕的校园枪击事件——并不一定会让人们受到终生的精神创伤。这是另外一个科学研究与大众心理学相矛盾的例子。很多自助书籍告诉我们大多数人在有压力的情况下需要获得心理帮助（Sommers & Satel, 2005）。有些公司会派出心理咨询师去帮助人们应对紧张事件；这些公司通常认为没有心理帮助，大多数创伤经历者注定会有严重的心理问题。2007 年，咨询师到场帮助大学生应对发生在弗吉尼亚理工大学的可怕的枪击事件；并且在 1998 年，咨询师甚至远赴波士顿公共图书馆帮助图书管理员应对书籍被毁后的失落感。

然而，我们将在本章中发现，即使面对像枪击和自然灾害这样可怕的情况，我们大多数人都具有惊人的适应力（Bonanno, 2004; Bonanno, Westphal, & Mancini, 2011; Maddi 2013）。尽管有一些例外，但是大多数儿童性侵犯的受害者成年后都会有一个健康的心理（Rind, Tromovitch, & Bauserman, 1998）。一些心理学家可能高估了大多数人的脆弱性，低估了他们的韧性，因为他们只看到了那些对压力产生情绪反应的人，毕竟，健康的人不来寻求帮助。以上的错误有时被称为临床医生的幻觉（Cohen & Cohen, 1984; Davidson et al., 2008）。

在我们讨论为什么有些人在面对压力的生活事件时会成功，而另一些人会失败之前，我们要考虑一个根本问题，即压力是什么。然后我们将探讨关于压力的不同观点，即由压力导致的一些身心的疾病。我们如何应对压力环境以及健康心理学和替代医学的快速发展的领域。

12.1　什么是压力？

12.1a　描述压力的定义和各种应对压力的方法。
12.1b　了解压力测量的不同方法。

在我们进一步了解之前，区分压力与精神创伤这两个术语很重要，因为它们之间的区别经常被混淆。**压力**—— 一种反应——由紧张、不适或当我们在一种我们称之为应激源的情境中（某种刺激）竭尽所能地应对它时所产生的生理状态。而精神创伤是很严重的，它可能会产生一种长期的心理或生理的结果。

心理学领域关于压力的思考多年来不断演变（Cooper & Dewe, 2004）。在 20 世纪 40 年代以前，科学家很少在工程专业之外使用"压力"这个词（Hayward, 1960），它主要是指由材料和建筑结构造成的物理压力。如果一个建筑在强烈的高压下没有倒塌，就说它能禁得起压力。直到 1944 年"压力"这个词才出现在心理学文献上（Jones & Bright, 2001）。工程学的类比强调这一观念：如果把身体比作机器，那么机器就是受磨损后也会工作的身体"（Doublet, 2000）。但就如两个建筑物在受损严重和倒塌前可以承受不同大小的压力一样，人们在个人资源、对压力事件的重要性评估以及与压力抗争的能力上都有很大的差别。

> **压力（stress）**
> 由紧张、不适或当我们在一种我们称之为应激源的情境中—— 某种刺激——竭尽所能地应对它时产生的生理状态。

一些研究人员将心理和生理反应称为"应变"，就像在压力下的材料一样。

客观地看待压力：三种取向

研究者运用相互关联的三种不同的取向对压力进行了研究（Kessler, Price, & Wortman, 1985）。每种取向都提出了有价值的见解，当综合考虑时，它们阐明了造成悲痛的大大小小的事情以及我们察觉和回应压力情境的方法。

作为刺激物的压力源

作为刺激物的压力源的研究集中在如何识别不同类型的压力事件。这一取向在压力事件的分类描述上取得了成功，大多数人对于这些事件的感觉是危险的并且是不可预测的（Chu et al., 2013; Cohen, Gianaros, & Manuck, 2016）。例如，怀孕往往是一个充满快乐但压力大的事件，充满了不确定因素，包括对孩子健康的担忧。和那些经历典型忧虑的妇女相比，怀孕期间极度焦虑或经历消极生活事件的妇女更有可能提前分娩——比 40～42 周正常分娩提前 3～5 周（Dunkel-Schetter, 2009）。当人们退休后，微薄的收入再加上丧失劳动能力会使情况变得更糟，这表明压力情境会造成累加的影响（Smith et al., 2005）。例如，比起高年级的学长，大学新生面对这样的消极事件会出现更大的反应（Jackson & Finney, 2002）。

把压力当作一种反应

压力研究者也把压力当作一种反应来研究——也就是说，他们评估人们对压力环境的心理和生理反应。典型的实验是，研究者将参与者置于应激源这样的自变量中。另外他们还研究在现实生活中遇到的应激源。然后他们设计了许多因变量：与压力有关的情绪，如忧郁、绝望、敌意；生理反应，如心率、血压和被称为**皮质类固醇**的压力激素的释放。

高度紧张的生活事件，例如灾难，会对人和社会产生正面和负面的影响，这似乎很奇怪，经历过高强度事件（如自然灾害、袭击或危及生命的疾病）的人中有三分之二到四分之三的人都报告了某种程度的**创伤后成长**：在克服逆境的斗争中，感知有益的变化或个人的转变（Cole & Lynn, 2010—2011, 1996; Linley & Joseph, 2004）。尽管如此，研究人员还是对一段时间内的感知和实际成长进行了测量，发现人们对成长的感知高估了他们在积极关系、感恩、生活满意度和生活意义等方面的创伤后成长。在经历逆境之后，人们显然会更积极地将其重新解释为一种自我保护的应对策略（Frazier et al., 2009）。尽管如此，有些人在高度厌恶的事件之后确实经历了积极的、深刻的、持久的个人转变。

灾难可以团结社会，展现我们最好的一面。克里斯托弗·彼得森和马丁·塞利格曼在"9·11"恐怖袭击之前和之后的两个月内对 4 817 名美国人的性格优势进行了调查。袭击事件发生后，善良、团队合作、领导、感激、希望、爱和灵性都有所增加。一个研究小组在"9·11"恐怖袭击之前和之后的两个月内对 1 084 名在线日志使用者的日志进行了语言学分析。45% 的条目在攻击后涉及更大的社会群体，如社区和国家，而在攻击前没有一个条目涉及这些（Cohen, Mehl, & Pennebaker, 2004）。这些发现表明，触及整个社区生活的紧张环境可以提高社会意识，巩固人际关系，增强各种积极的个性特征。然而，不管是好的还是不好的重大挫折事件的影响都是暂时的，哪怕是一些已经存在的心理问题或者之前暴露的创伤性事件（Bonanno et al., 2010）。从事愉快的活动，找到生活的目的，建立亲密关系并对对方进行安慰，不仅可以缓和压力事

皮质类固醇（corticosteroids） 在压力情境下激活我们的身体并使我们准备反应的一种激素。

创伤后成长（posttraumatic growth） 在克服逆境的斗争中感知到有益的改变或个人的转变。

件的影响，而且可以更普遍地预测生活满意度（Peterson，Park，& Seligman，2013）。

2005 年，美国历史上最具破坏性的飓风之一卡特里娜飓风破坏了新奥尔良的大部分地区，影响了墨西哥沿岸的许多城市和城镇，导致 1 245 人丧生，估计有 1 080 亿美元的财产损失。

把压力当作一种转变

压力是一种非常主观的体验。有些人为一段有意义的关系的破裂而崩溃，有些人会积极对待这次重新开始的机会。人们对相同事件的不同反应说明我们可以将压力看作一种转变或者说是人们与他们所处的环境之间的交流（Coyne & Holroyd，1982；Lazarus & Folkman，1984；Wethington，Glanz，& Schwartz，2015）。将压力作为一种转变的研究者检验了人们是如何解释和应对压力事件的。这意味着人们对同一事件，一些人可能感受到难以想象的压力，一些人只觉得是微不足道的小麻烦。理查德·拉扎勒斯（Richard Lazarus）和他的同事们认为在经历一件事后决定我们是否感到压力的关键因素是评估，也就是对这件事的评估。当我们遭遇一个潜在威胁事件时，我们最先开始的是**初级评估**。也就是我们首先确定事件是否有伤害，然后再进行我们怎样才能很好地应对它的**二级评估**（Lazarus & Folkman，1984）。

> **日志提示**
>
> 想想在你的生活中最近发生的给你带来巨大压力的事件，描述你对事件的主要和次要评估，以及你的评估如何影响你对紧张事件的反应。

相对于我们相信自己可以应对，当我们认为不能应对时，更可能体验到一种压力反应（Lazarus，1999）。当我们乐观对待，相信自己能达到目标时，我们更倾向于采用**以问题为中心的应对策略**，也就是直面生活中的挑战，形成修复情况或者改变环境的特殊方式（Carver & Scheier，1999；Lazarus & Folkman，1984）。当发生我们不能避免或不能控制的情况时，我们更多采用**以情绪为中心的应对策略**，在这种策略中，我们试图积极地应对我们的情绪或现状，并调整行为来减少痛苦情绪（Baker & Berenbaum，2007；Carver，Scheier，& Weintraub，1989；Lazarus & Folkman，1984）。在一段关系结束后，我们可能想起我们自己在这段关系结束前的几个月我们也都是不开心的。

没有两种完全相等的压力：压力的测量

压力测量是一件棘手的事，主要因为有些压力，例如和老板的一场辩驳对某些人来说是难以承受的，但对另一些人来说可能没有什么大不了。两个评定量表——社会再适应评定量表和日常麻烦量表——用来评估不同压力事件的实质和影响。

主要生活事件

大卫·霍尔姆斯和他的同事们接受了压力源是刺激物的观点，并依据压力承

初级评估
（primary appraisal）
关于某一事件是否有害的初步决定。

二级评估
（secondary appraisal）
在初级评估之后，对我们应对压力事件能力的感知。

以问题为中心的应对策略
（problem-focused coping）
直面生活中的挑战的应对策略。

以情绪为中心的应对策略
（emotion-focused coping）
积极地应对我们的情感或者困境，并调整行为来减少情感伤害的应对策略。

找不到手机和其他物品是我们日常生活中遇到的诸多麻烦之一。研究表明，这样的麻烦事会给我们带来很大的压力。

受者对 43 种生活事件的等级排列，如刑期和人身伤害或疾病，编制了社会再适应评定量表（SRRS），第一次系统地测量了生活压力（Holmes & Rahe，1967；Miller & Rahe，1997）。使用社会再适应评定量表和相关测量方法的研究表明：人们上一年报告的应激事件数量与各种生理障碍（Dohrenwend & Dohrenwend，1974；Holmes & Masuda，1974）和抑郁等心理障碍（Coyne，1992；Holahan & Moos，1991；Schmidt et al.，2004）以及自杀未遂有关（Blasco-Fontecilla，et al.，2012）。

然而，大量的生活压力事件也不能准确地预测谁会出现生理或心理疾病（Coyne & Racioppo，2000）。那是因为这种测量压力源的研究方法没有考虑到其他的关键因素，包括人们对事件的解释，他们的应对行为和解决问题时所凭借的资源，以及准确回想事件存在的问题（Coyne & Racioppo，2000；Lazarus，1999）。除此之外，它还忽略了许多个人体验到的慢性、持久的压力源。经验甚至形成了在种族、性别、性取向或宗教信仰上的微妙歧视或差别对待，这些都可能成为重大的压力源，即便是它们并没有在列表中被列出来（Berger & Sarnyai，2015）。它也忽略了这样一个事实，一些应激生活事件如离婚或与上级之间的矛盾，可能是人们心理问题的结果，而不是起因（Depue & Monroe，1986）。这是因为人们的心理问题，如严重的抑郁和焦虑，会产生许多人际关系问题，例如与爱人和同事的交流障碍。

相关还是因果
我们能确信 A 是 B 的原因吗？

麻烦：鸡毛蒜皮的事

我们都有过这样的日子：几乎所有的事情都变得糟糕并且每个人好像都会使我们神经紧张。每天的生活中充满了**麻烦**，让我们耗尽精力去应付那些琐事。交通、截止日期以及与朋友之间的误解都会影响我们的总体压力水平。但很多麻烦累积起来会不会像震撼了我们世界基础的重大事件那样让我们难以承受呢？

研究人员开发了"麻烦量表"来衡量压力事件对我们的适应有多大影响，从轻微的烦恼到每天的主要压力（DeLongis，Folkman，& Lazarus，1988；Kanner et al.，1981）。主要生活事件和麻烦的琐事都与身体的一般健康状况有关。然而，实际上麻烦出现的频率和知觉到麻烦的严重性，比主要生活事件能更好地预测身体健康状况、抑郁和焦虑水平（Fernandez & Sheffield，1996；Kanner et al.，1981）。事实上，对琐事的消极反应也能预测 10 年后可能出现的焦虑和抑郁障碍（Charles et al.，2013）。然而，这一发现可能反映了一个事实，即那些容易产生负面情绪的人在第一次和第二次压力测量时都对压力产生消极反应。

相关还是因果
我们能确信 A 是 B 的原因吗？

研究人员质疑焦虑量表上的某些项目，如放松和失眠，是否能反映抑郁或焦虑等心理障碍的症状，而不是麻烦本身（Monroe，1983）。为了解决这个问题，量表开发人员（DeLongis et al.，1988）通过删除所有与心理症状有关的词来修订量表，并发现麻烦仍然与健康结果有关。

排除其他假设的可能性
对于这一研究结论，还有更好的解释吗？

研究人员考虑的另一种主要的可能性是主要压力事件仍旧可能是真正的罪魁祸首，因为它能够让我们不再关注令人烦恼的琐事，或者制造出我们需要应对的麻烦。为了验证这种假设，研

排除其他假设的可能性
对于这一研究结论，还有更好的解释吗？

麻烦（hassle）
那些耗尽精力去应付的琐事。

究者使用统计程序来除去主要生活事件的影响，但结果显示各种麻烦的琐事仍可以预测心理困扰（Forshaw，2002；Kanner et al.，1981）。这些结果表明日常的小麻烦确实会导致压力。

　　研究人员还设计了基于访谈的方法来提供更深入的生活在压力下的场景而不仅仅是自我报告的方法。访谈者可以识别人的经验，紧张的正负事件，区分正在发生的"一次性"的压力，并考虑事件相互作用如何产生生理和心理问题（Dohrenwend，2006；Monroe，2008）。然而，在评估压力时，研究人员必须用易于管理和有效的问卷调查来平衡访谈中获得的丰富信息。

12.2　适应压力：变化与挑战

12.2a　了解塞利的一般适应综合征。
12.2b　掌握应激反应的类型。

　　那些不得不面对一些诸如车祸或重要工作的面试等高压力事件的人，都知道适应压力是不容易的，然而自然选择已经为我们提供了一系列在引发焦虑环境下的应对方式。

压力的结构：塞利的一般适应综合征

　　1956 年，加拿大生理学家汉斯·塞利（Hans Selye）出版了一部具有里程碑意义的著作——《生活的压力》，公开了他数十年关于长期压力对身体影响的研究，开启了现代压力的研究领域。塞利的创新之处在于，他发现了动物的应激反应（包括胃溃疡、肾上腺体积的增加）与身体疾病患者的应激反应之间的联系。前者产生应激激素，后者表现出一种持续的应激相关反应模式。与我们之前讨论过的工程学的比喻相吻合，塞利认为过多的压力会产生疾病。他认为我们需要一个敏感的生理机能来应对外界的高压刺激。他把这种对压力的反应模型称为**一般适应综合征（GAS）**。依据塞利的理论，我们都需要经历三个阶段来适应持续的压力源：警觉阶段、阻抗阶段和衰竭阶段（见图 12.1）。为了说明一般适应综合征的关键因素以及我们的评估在多大程度上决定我们对压力的反应，我们先来看一个恐飞症的案例。我们观察了一位名叫马克的恐飞症患者在一次飞行体验中的反应。

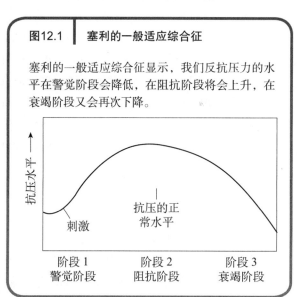

图12.1　塞利的一般适应综合征

塞利的一般适应综合征显示，我们反抗压力的水平在警觉阶段会降低，在阻抗阶段将会上升，在衰竭阶段又会再次下降。

警觉阶段

　　塞利的第一阶段：警觉阶段，包括自主神经系统的激活，肾上腺素的释放和焦虑的生理症状。约瑟夫·勒杜（1996）等人已经确定了控制焦虑感的位置——中脑（被称为情绪脑）——由杏仁核、下丘脑和海马体组成。一次飞行中，马克感觉到飞机在颠簸的气流中移动，他冰冷潮湿的双手紧紧抓住摇晃的座椅，嘴唇发干。他的心跳加速、呼吸急促，他感到头晕、眩晕，并认为飞机要坠毁了，他在电视上看到的飞机坠毁的画面不由自主地闪现在他的脑海中。马克对湍流的快速情绪反应主要是由他的杏仁核所引起的，杏仁核储存了重要的情绪记忆，并产生了一种可能要坠机的本能感受。下丘脑位于一个被称为下丘脑－垂体－肾上腺

一般适应综合征（GAS）（general adaptation syndrome）
由汉斯·塞利提出的由三个阶段组成的压力反应模式：警觉阶段、阻抗阶段和衰竭阶段。

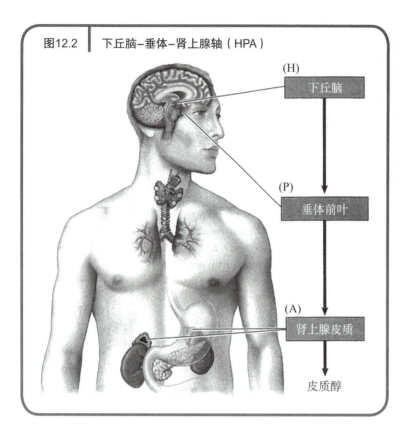

图12.2 下丘脑–垂体–肾上腺轴（HPA）

(H) 下丘脑

(P) 垂体前叶

(A) 肾上腺皮质

皮质醇

轴（HPA）的心－身连接之上（见图 12.2）。

当下丘脑（H）接收到恐惧信号时，交感神经系统就会激活肾上腺（A）分泌压力激素肾上腺素和去甲肾上腺素。那一瞬间，马克的血压上升，瞳孔放大，心脏向重要器官供血，马克准备**或战或逃反应**（见 3.2b）。这种反应在 1929 年由沃尔特·坎农首次描述，是一种促使我们面对或离开一个危险的局面的生理和心理反应。坎农指出，当动物包括人类面对威胁时，他们有两个选择：战斗（主动攻击威胁或应付紧急状况）或逃离（逃跑）。当然，马克不能逃跑，所以他的恐惧升级。下丘脑和脑垂体（P）协调肾上腺释放另一种应激激素皮质醇，这让马克充满能量，而他的海马体则从飞机在大火中坠落的新闻故事中检索可怕的图像。

阻抗阶段

在最初的激素冲动后，马克进入了一般适应综合征的第二阶段：阻抗阶段。这一阶段中他开始适应压力源并寻找应对的方法。马克的海马体立即侦测到第一次扰动气流震动的危险，并打开通往部分大脑皮层的通道，勒杜（LeDoux, 1996）称之为"思维脑"。面对压力环境时，我们审视着每一个新发现，考虑着可以选择的解决方法，努力构建出应对计划。虽然进度很缓慢，但马克很努力地控制他的恐惧。他提醒自己：从统计数据上看，坐飞机比开车更安全，而且以往他坐飞机穿过波浪起伏的云中也并没有受伤。他看着周围，观察到大多数乘客都很镇定。他提醒自己慢慢地呼吸，每次呼吸他都努力地用放松代替紧张。

衰竭阶段

马克镇定下来，并且没有恐慌地完成了他的航行。但是当压力源像持续数月的战争那样漫长、难以控制时，会发生什么呢？这就进入一般适应综合征的第三阶段：衰竭阶段。如果我们个人可利用的资源是有限的，且缺乏好的处理措施，我们的阻抗最终可能会减弱下来，导致我们的活动水平降到最低点。结果可能会导致伤痛蔓延到器官系统，产生抑郁和焦虑情绪，最终导致免疫系统的崩溃，我们将在下面的章节中讨论。

不过，塞利正确地认识到，压力有时可能是有利的。他创造了基于希腊词"eu"（意思是"好"）的术语"eustress"，以区别于困境或"坏"的压力。事件即使是挑战性的，但不是压倒性的，如体育比赛或演讲，可以创造"积极的压力"，并提供个人成长的机会。持续几分钟到几小时的短期压力也能引发健康的免疫反应，帮助我们抵御身体疾病（Dhabhar, 2014）。

应激反应的种类

并不是所有的人对压力都表现出或战或逃的反应。对于不同的压力源我们的反应是不同的，这些反应可能与性别相关。

或战或逃反应
（fight-or-flight reponse）
人或动物保卫自己（战斗）或逃避（逃跑）威胁情境的生理和心理反应。

或战或逃反应还是关爱协助反应

谢利·泰勒等人提出**"关爱协助反应"**来描述女性对于压力的反应模式（Taylor et al.，2000；Taylor，2016），不过有些男性也会表现出这种反应模式。泰勒观察到对于压力，相对于男性而言，女性一般更可能依赖她们的社交能力和养育能力，她们趋向于求助身边的人，当压力来临，女性典型的处理方式是结盟或向他人寻求帮助。

那并不是说女性缺乏自我保护的本能。当身体受到威胁时，她们不会停止保护自己和孩子或试图逃避。然而，和男性相比，遭遇受伤、斗争或逃跑时，女性一般更容易感到不知所措，尤其是在她们怀孕、哺育或抚养孩子时。因此，在历史进化过程中，为了在压力环境下增加她们和她们后代的生存概率，她们更可能采用"关爱协助反应"，而不是"或战或逃反应"。然而，男性有时也表现出关爱协助反应。例如，在一次参加与实验室的合作伙伴压力产生的游戏中，相对于非压力的控制条件下的参与者，他们可能会参加增加共享、信任和值得信任的行为（von Dawans et al.，2012）。

催产素（见 3.3a）是一种激素，它在爱情、信任和情感结合中起着关键作用，它能进一步缓解压力，促进人与人之间的关爱协助反应（Kosfeld et al.，2005；Taylor & Master，2011）。研究人员发现，在怀孕期间和产后的第一个月，体内催产素水平较高的女性更有可能会对自己的孩子充满情感，给他们唱特别的歌，并以特殊的方式给他们洗澡（Feldman et al.，2007）。实验室研究还一致认为催产素会促进信任。例如，在一项研究中，参与者会扮演一个被解雇、被忽视的对话伙伴。即使当他们经历了社会排斥后的痛苦，与在互动之前接受安慰剂的参与者相比，在互动之前接受催产素的参与者更信任他们的伴侣（Cardoso et al.，2013；Cardoso & Ellenbogen，2014）。

> **关爱协助反应**
> （tend and befriend）
> 在压力下调动人们去养育（照料）或寻求社会支持（结为朋友）的反应。

日志提示

写下你在压力下经历的"或战或逃反应"。接下来，写下关于另一压力事件的关爱协助反应。在后一种反应下，你会寻求哪个人或哪些人的支持？你对所提供的社会支持有什么反应？在这两种方法中，你认为哪一种方法更有用？为什么这种方法更有用？

持久的压力反应

我们都会遇到糟糕的事情，对我们大多数人来说，生活仍在继续。但有些人会经历持久的心理反应，包括创伤后应激障碍（Comijs et al.，2008；Meichenbaum，1994）。2007 年 4 月 16 日，23 岁的维吉尼亚理工大学的学生赵承熙，在自杀前开枪扫射，杀害了 31 名同学和教授。当 24 岁的马乔里·林霍尔姆听到大屠杀的消息时，她立即重新体验了 1999 年 4 月 20 日她在科伦拜恩高中时的经历。那天，两名学生，埃里克·哈里斯和迪伦·克莱伯德，他们自己动手枪杀了她的 12 名同学和一名教师。在一次电视采访中，她说："我开始自己哭泣，然后颤抖。我记得在科伦拜恩看到的一切。我身体不舒服，我不可能忘记那一天"。（Stepp，2007）

马乔里显示了创伤后应激障碍（PTSD）的一些标志性症状，这是一种有时会伴随重大压力生活事件的症状。它的症状包括生动的记忆、感觉和重现创伤经历的图像，通常被称为闪回。它的其他症状包括努力避免创伤提醒，有与他人疏远或排斥的感觉，唤醒水平提高，例如难以入睡和容易吃惊。压力的严重程度、持续时间和接近压力的程度都会影响人们患 PTSD 的可能性（American Psychiatric Association，2013；Ozer et al.，2013）。

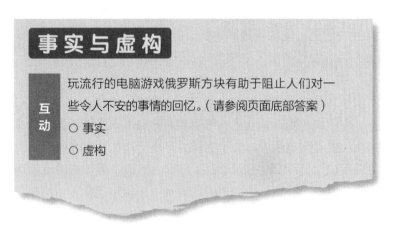

事实与虚构

互动

玩流行的电脑游戏俄罗斯方块有助于阻止人们对一些令人不安的事情的回忆。（请参阅页面底部答案）

○ 事实
○ 虚构

12.3　应对压力

12.3a　了解社会支持和各种控制在应对压力时的作用。

12.3b　了解我们的态度、看法和性格如何影响我们对于压力的反应。

很显然，有些人能比其他人更好地适应挑战和改变。为什么会这样？我们如何去减少压力，控制我们的生活并且保持健康呢？我们下面会介绍如何利用社会支持和应对策略去克服压力环境。

社会支持

想象一下，你在"9·11"世界贸易中心的袭击，或者是一次可怕的大规模枪击事件中幸存下来。那会有什么帮助呢？当问及学生他们是如何应对压力时，很多人会说家庭、朋友、邻居、老师、同事、牧师的支持是无价的。**社会支持**包含人、组织以及更大的社会团体组成的社会关系。社会支持可以给我们提供情感安慰、经济援助，提供做决定需要的信息，帮助解决问题和应对压力（Schaefer，Coyne，& Lazarus，1981；Stroebe，2000；Wills & Fegan，2001）。丽莎·伯克曼和伦纳德·塞曼（Berkman & Syme，1979）正在进行一项意义重大的研究，他们假设社会支持可以抵抗压力对健康的不利影响。他们分析了加州阿拉米达县近 5 000 名男子在一段时间内的数据。他们在四种社会关系（婚姻、与朋友的联系、教会成员、正式和非正式团体协会）上进行磨合。然后他们创建了一个社交网络索引，反映了每个人可以获得的社会联系和社会支持的数量。

在 9 年的时间里，伯克曼和塞曼发现了社会联系的数量和死亡的可能性之间有密切联系。但这些发现是否意味着孤立会增加我们死亡的概率？一个对立的假设是，健康状况不好会导致社会关系的减少，而不是相反的。为了排除这种可能性，研究人员在参与者开始研究时对他们进行了调查。有高水平和低水平支持的人报告了一种类似的疾病史，这表明最初的健康状况不佳无法解释为什么社会支持最少的人更容易死亡。

排除其他假设的可能性　对于这一研究结论，还有更好的解释吗？

社会支持（social support）与个人或组织的关系，从中能得到情感支持以及个人资源或经济资源。

答案：事实。研究表明，俄罗斯方块可能有助于防止人们想起已经发生的令人不安的事件。在一项研究中，学生们观看了 12 分钟令人不安的可怕的关于死亡和伤害的影片。与不玩俄罗斯方块游戏的学生相比，在电影播放半小时后玩俄罗斯方块 10 分钟的学生在研究后一周的日记中记录的闪回要少得多（Holmes et al.，2009）。俄罗斯方块游戏中涉及的移动的色彩鲜艳的物体，可能使参与者远离思考，扰乱和干扰记忆的形成。研究人员还需要确定玩俄罗斯方块或其他游戏是否能防止在经历了真实生活创伤的人身上出现的闪回和创伤后应激障碍。

当然，当人们判断自己的健康时，不一定是准确的。为了解决这个问题，詹姆斯·豪斯，辛西娅·罗宾斯和海伦·梅茨纳（House，Robbins，& Metzner，1982）确保他们的 2 700 名参与者在研究开始前接受了医学检查。这次检查为研究人员的健康状况提供了更客观的评估。这个研究重复了伯克曼和塞曼（1979）的研究后发现：即使把最初的健康状况考虑在内，社会支持较少的人死亡率还是更高。

幸运的是，社会支持的积极影响不仅仅局限于健康状态上。支持和关怀的社会关系可以帮助我们应对短期危机、生活的过渡阶段和在遇到重大压力时防止抑郁（Alloway & Bebbington，1987；Gotlib & Hammen，1992）。但是分居、离婚、歧视或丧亲等亲密关系的破裂被视为最大的压力事件（Gardner，Gabriel，& Deikman，2000；Mancini，Sinan，& Bonanno，2015）。

> **可重复性**
> 其他人的研究也会得出类似的结论吗？

加强控制

正如前面所提到的，我们也可以通过控制情境来消除压力。接下来，我们将要讨论在不同情境下可以使用的五种控制类型（Sarafino，2006）。

行为控制

行为控制是指通过提高能力和行动来减小压力情境的影响或防止它再次出现。你可能记得，这类积极的以问题为中心的应对方法，而不是通过逃避行动来解决我们的问题或放弃希望，通常能更有效地缓解压力（Lazarus & Folkman，1984；Roth & Cohen，1986）。美国和冰岛的研究表明，如果高中生和大学生更多地使用以问题为中心的应对技巧，他们就不太可能出现酗酒问题（Rafnsson，Jonsson，& Windle，2006）。在另一项研究中，研究人员追踪了痴呆患者和他们的照顾者长达 6 年之久，当他们的照顾者使用以问题为中心对应时，患者的痴呆症状进展缓慢（Tschanz et al.，2012）。

认知控制

认知控制是指认知重建或者从不同角度思考应对由压力事件产生的负面情绪的能力（Higgins & Endler，1995；Lazarus & Folkman，1984；Skinner et al.，2003）。这种类型的控制包括我们之前介绍过的以情绪为中心的应对策略，当我们适应不确定的情况或我们无法控制与改变的厌恶事件时，这种策略就派上了用场。在一项新的研究中，托马斯·斯特伦兹和斯蒂芬·奥尔巴赫（Strentz & Auerbach，1988）使飞行员和空乘人员接受模拟企图劫机的 4 天囚禁的实验。在劫持事件发生前，接受指示使用以情绪为中心的应对策略的参与者与接受指令的人相比，被囚禁期间的痛苦减轻了，因为没有什么选择能更好地改变实际情况。

决策性控制

决策性控制是指在多种可以选择的行为反应中进行选择的能力（Sarafino，2006）。例如，我们可以通过与值得信任的朋友商量哪些课不可以逃，哪些课可以逃，从而获得对经常有压力的大学经历的控制，并且我们可以通过决定哪位外科医生来给我们做高风险的手术来控制我们的健康。

信息控制

信息控制是指获得有关压力事件信息的能力。在 SAT 或 GRE 上知道有什么类型的问题可以帮助我们提前做好准备。在即将到来的约会中，如果你提前了解到与我们"约会"的那个人的一些信息，也能让自己心里有底。当我们预期有压力的情况时，我们会**积极应对**，在问题恶化之前采取预防措施或使困难最小化。积极应对的人倾向于将压力环境视为机遇（Greenglass，2002）。

> **积极应对**
> （proactive coping）
> 能够预见到问题和压力情境，从而促进有效的应对。

✳ 心理学谬论

几乎所有的人都受到高度厌恶事件的创伤吗？

大众心理学普遍认为，大多数遭受创伤的人会患上创伤后应激障碍（PTSD 或其他严重的心理障碍）。例如，在"9·11"袭击事件之后，许多心理健康专家预测美国的 PTSD 会流行起来（Sommers & Satel，2005）。他们的观点正确吗？

乔治·博南诺和他的同事们进行了一项研究，该研究强调了极端厌恶事件幸存者的非凡韧性（Bonanno et al.，2006）。他们使用随机数字拨号程序，在"9·11"袭击后的 6 个月里对纽约地区 2 752 名成年人进行了抽样调查。他们使用计算机辅助电话面试系统进行评估。在事件后的第一个 6 个月后，如果他们报告了零或者一个创伤后应激障碍的症状，会被认为是有弹性的。博南诺的结果为心理适应提供了令人惊讶的证据：65.1% 的样本是有弹性的。在袭击发生时，样本中有四分之一在世界贸易中心工作的人可能患上了 PTSD。虽然这类人中有超过一半的人有弹性。其他研究表明，尽管大多数美国人在"9·11"事件后的几天里都深感不安，但几乎所有的人都很快恢复到了正常状态，恢复了以前的工作水平（McNally，2003）。因此，当谈到对创伤的反应时，弹性是普遍的，而不是例外。

那些在严重的压力下能够很好地应对的人，在事件发生前往往会表现出相对较高的心理功能（Bonanno et al.，2005），而那些不太善于应对的人往往会报告童年的逆境、抑郁和其他情感问题的历史（Berntsen，2012；Bonanno et al.，2005）。 然而，弹性不局限于少数几个特别善于调整的勇敢的

人或坚强的人，也不局限于一种类型或一类的事件。相反，这是对创伤性事件最常见的反应。孩子们通常被认为是脆弱的，容易受到压力的影响，但他们在面对逆境时通常是有弹性的（Sommers & Satel，2005）。伴侣死于艾滋病，经历配偶死亡、离婚、失业、脊髓损伤，以及在身体或性侵犯中幸存下来的大多数人报告很少有长期的心理症状（Bonanno，2004；Bonanno，Kennedy，et al.，2012；Galatzer-Levy，Bonanno，& Mancini，2010）。

一项有趣的研究测查了被派驻到阿富汗的丹麦士兵在派驻之前、派驻期间以及回国后的 PTSD。一些士兵实际上报告了在被派驻时及派驻期间 PTSD 症状的减少，而在他们从阿富汗返回后症状增加（Berntsen et al.，2012）。这些发现挑战了人们在面对诸如军事部署这样的压力时总是会患上创伤后应激障碍的想法。这些士兵可能得益于他们在军队里的同志情谊和社会支持，而他们在国内却没有这种经历。

尽管在一段时间内，我们大多数人都会经历一种潜在的创伤性压力，PTSD 的终生患者只有 5% 的男性和 10% 的女性（Keane，Marshall，& Taft，2006；Kessler et al.，1995）。即使在支持伊拉克和阿富汗战争的军事人员中，在控制研究中报告的长期创伤后反应发生率也在 7%～8%（Bonanno，et al.，2012；Wisco et al.，2014）这些较低的百分数再次提醒我们，即使面对极其不安的事件，我们大多数人还是有韧性的。

情绪控制

情绪控制是指抑制和表达情绪的能力。例如在日记中写作可以促进情绪控制，并有很多持久的好处（Pennebaker，1997）。在现在的经典研究中，詹姆斯·佩尼贝克和他的同事们（Pennebaker，Kiecolt-Glaser，& Glaser，1988）要求一群大学生连续 4 天，每天写 20 分钟，讲述他们对过去的创伤最深刻的想法。他们要求另一组学生写一些主题性内容。在这项研究的六周后，那些"开放"了自己的创伤经历的学生减少了去健康中心的次数。与那些写一些无关痛痒的话题的学生相比，他们的

免疫功能明显改善。世界各地的实验室研究反复验证，关于创伤性的写作可以影响各种学术、社会和认知变量，并改善从关节炎患者到危害国家安全的最高囚犯的健康和幸福（Campbell & Pennebaker，2003；Pennebaker & Graybeal，2001；Smyth et al.，1999），尽管关于这些影响的大小在科学界仍存在争论（Frisina，Borod，& Lepore，2004）。

可重复性
其他人的研究也会得出类似的结论吗？

精神宣泄是好事吗？

普遍的观点认为表达我们的感受总是有益的，事实上，与此相反。表达自己痛苦的感觉，即精神宣泄，是一把双刃剑。当它涉及问题解决和努力使问题情境恢复"正常"时，它可能是有益的。但是，当精神宣泄加剧了无助感时，就像我们不停地为不能和不会改变的事而烦恼一样，精神宣泄实际上是有害的（Littrell，1998）。这项发现有些令人担忧，因为许多流行的心理疗法是依靠精神宣泄，这些疗法鼓励来访者"跳出自己的思维""把东西从你的大脑清除"或者"毫无保留地诉说"。这些疗法中有一些会指导来访者在他们沮丧的时候大叫、用拳击打枕头或者用球砸墙（Bushman，Baumcister，& Phillips，2001；Lewis & Bucher，1992；Lohr et al.，2007）。也有研究显示，这些活动几乎不能减少我们长期的压力，尽管它们有时会使我们感到轻微的缓解。长远来看，它们实际上会加强我们的愤怒和焦虑（Tavris，1989），或许是因为情绪激动，往往会产生一个恶性循环：我们苦恼我们正在遭受痛苦这一事实。

危机报告有用吗？

一些治疗师——尤其是那些受雇于消防、警察或其他紧急服务机构的治疗师——实施一种名为"危机报告"的流行方法，旨在防止遭受创伤的人患上 PTSD。"9·11"恐怖袭击发生后，数千名危机报告员来到曼哈顿，帮助遭受创伤的袭击目击者。危机报告是一种通常以小组形式进行的持续 3～4 小时的单一会谈的方法。但治疗者大多对一个创伤事件，比如一次可怕的事故，持续进行几天的治疗。它以标准的步骤进行，包括鼓励小组成员去讨论如何"处理"他们的负面情绪，列出组内成员可能经历的创伤后症状，一旦会谈开始，不允许组内成员中途退出。

最近的一些研究指出，危机报告对创伤反应并不起作用（Forneris et al.，2013）。更糟糕的是，一些研究还显示，它实际上还会增加经历创伤的人患创伤后应激障碍的危险，可能是因为它阻碍了人类自然的应对策略（Lilienfeld，2007；Litz et al.，2002；McNally，Bryant，& Ehlers，2003）。但也没有多少证据说明当我们沮丧的时候仅凭谈论遇到的问题是有帮助的。回顾 61 项研究后（Meads & Nouwen，2005）发现，各种生理和心理健康的测量都显示，与不宣泄情绪相比，情绪宣泄并没有更多的帮助。这并不意味着当我们沮丧时不应该和其他人讨论自己的感受，而是强调当它能让我们从一个更具有建设性的角度去考虑和解决问题时这种方法可能更有帮助。

愤怒表达

互动

根据愤怒表达的研究表明，愤怒的宣泄，如这个女孩反复捶打枕头，实际上增加了长期的压力。

人们以小组形式讨论自己对创伤性事件反应的危机报告法可能会增加患创伤后应激障碍的风险。

应对的个体差异：态度、信念和人格

有些人能在不可想象的恐怖情境中生存下来，而且还没有或者很少有心理创伤，然而有些人遇到生活中很小的没有按他们预想发展的事件就对世界产生悲观情绪甚至是濒临崩溃的感觉。我们的态度、个性和社会化塑造了我们对潜在应激源或好或坏的应对模式。

坚韧性：挑战、承担义务和控制

大约 30 年前，萨尔瓦托·麦迪（Salvatore Maddi）和他的同事们（Kobasa, Hilker, & Maddi, 1979）开始了一项抗压者特质的研究。他们将那些适应力强的人的一系列态度称为**坚韧性**。坚强的人把改变看作一种挑战而不是威胁，是工作和生活的义务，并且相信他们能控制事件（Maddi, 2004；Maddi, 2013）。

苏珊娜·科巴萨（Suzanne Kobasa）和麦迪让 670 名管理人员在列表上勾选出自己的压力事件。然后他们挑选出在压力和疾病上得分都较高的主管和具有同样高压力但在疾病上得分平均较低的一组主管。具有高压力但低疾病的主管们面对挑战更具积极性，在事件的控制感上得分较高，在他们的工作和社会生活上的卷入程度较高。

相关还是因果
我们能确信 A 是 B 的原因吗？

当身体出现疾病时，我们一般都不会很坚强。所以我们可以采用科巴萨和麦迪的研究结果的另一种解释来理解这个事实：疾病，而不是其他的东西，让我们产生了负面情绪。为了确定问题的直接原因，麦迪和科巴萨（1984）进行了一项长期的研究，检验随着时间的流逝健康和态度的变化。两年后，那些对生活态度表现出控制、承担义务和挑战水平高的人比缺少这种态度的人更健康。坚韧性可以增加医院护士的抗压力，使移民们适应在美国的生活以及使军人们从威胁生命的应激源中幸存下来（Atri, Sharma, & Cottrell, 2006；Bartone, 1999；Maddi, 2002）。尽管如此，由于坚韧性与低水平的焦虑倾向密切相关，坚韧性本身——而不是对生活压力作出冷静反应的一般倾向——是否是成功应对的主要预测因素还不清楚（Coifman et al., 2007；Sinclair & Tetrick, 2000；Smeets et al., 2010）。

排除其他假设的可能性
对于这一研究结论，还有更好的解释吗？

乐观主义

当我们遇见他们时，我们就知道他们是乐观的人。乐观的人有乐观的想法，不会去细想生活中的阴暗面，他们期望好事发生。他们可能积极地处理问题，接受或找到解决他们无法解决的问题的方法，并积极应对他们所预料的挑战（Mens, Scheier, & Carver, 2016）。乐观是有明显的好处的。与悲观主义者相比，乐观主义者效率更高、更专注、更能坚持、能更好地处理挫折（Peterson, 2000；Seligman, 1990）。乐观主义者的死亡率更低（Stern, Dhanda, & Hazuda, 2001），免疫反应更强（Segerstrom et al., 1998），想要孩子的不孕妇女体验到的痛苦更少（Abbey, Halman, & Andrews, 1992），心脏病发作后心力衰竭风险降低，抑郁风险降低（Galatzer-Levy & Bonanno, 2014；Karademas et al., 2013；Kim, Smith, & Kubzansky, 2014），手术效果更好（Scheier et al., 1989），以及生理疾病更少（Scheier & Carver, 1992）。

坚韧性（hardiness）
控制事件、承担工作和生活的义务，有勇气并积极面对压力事件的一系列的态度。

灵性和宗教参与

灵性是一种对神圣的寻求，但也可能没有涉及对上帝信仰的研究。灵性和宗教信仰在我们许多人的生命中扮演着关键的角色。根据哈里斯民意调查（Shannon-Missal，2013），74%的美国人相信上帝。和无宗教信仰者相比，宗教信仰者的死亡率较低，免疫系统的功能较好，血压较低，对事件如配偶的丧生有更多的适应性，并且疾病康复的能力较好（Das & Nairn，2016；Koenig, McCullough, & Larson，2001；Levin，2001；Matthews, Larson, & Barry，1993）。对于这些发现，其中一种解释是宗教参与激活了一种科学家尚不能测量的痊愈能量（Ellison & Levin，1998），这是一个有趣的假设。然而，这些解释的存在都依赖于一种不可检测的力量或不能被证伪的能量，因此是在科学界限之外的。

乐观主义者看到这个玻璃杯会认为"还有半杯水"而不是"只有半杯水了"，乐观主义者比悲观主义者更倾向于把变化看作挑战。

可证伪性
这种观点能被反驳吗？

宗教信仰和生理健康之间的关系是难以解释的。一些人通过估量人们多久去一次教堂或参加其他宗教服务来测量宗教信仰，发现这些参加者生理健康状况会更好一些。但是这个关系可能是因为一种混淆：生病的人很少参加宗教服务，所以这个因果关系颠倒了（Sloan, Bagiella, & Powell，1999）。

相关还是因果
我们能确信 A 是 B 的原因吗？

灵性和宗教参与之间关系的研究，一方面是关于健康的，另一方面是关于界限的（Powell, Shahabi, & Thoresen，2003）。但是在发现更多确切的证据之前，让我们来思考灵性和宗教参与可能对许多人来说是有益的一些潜在原因：

- 许多宗教培养自我控制并禁止危害健康的行为，包括酗酒、吸毒、不安全的性行为等（McCullough & Willoughby，2009）。
- 宗教聚会（如参加宗教服务）经常会带来社会支持并且分享宗教信仰会增加婚姻满意度（Olson et al.，2015；Orathinkal & Vansteenwegen，2006）。
- 与祈祷和宗教活动相关的意义感和目的感、对生活的控制、积极情绪和对压力情境的积极评估可以提高应对能力（Potts，2004）。

灵活应对

博南诺和伯顿（2013）提出了"统一效能谬论"这一概念，他们认为应对与调节情绪的某些方式始终是有益的，而调整应对策略的能力则是应对许多压力情况的关键（Bonanno & Kaltman，2001；Cheng，2003；Westphal & Bonanno，2004）。比如，在许多情况下我们最好隐藏而不是表达我们的情绪。例如当我们在做演讲时，我们要掩盖自己的恐惧情绪，或在试图解决与老板的问题时需要暂时压抑一下自己的愤怒情绪（Bonanno et al.，2004；Gross & Muñoz，1995）。正如老话说的那样："每件事都有一个时间和地点。"

博南诺和他的同事们对2001年恐怖分子摧毁世界贸易中心时纽约的大学生进行了调查（Bonanno et al.，2004）。他们预测，那些在管理情绪方面有困难的学生，将很难适应大学生活。参与者在研究开始以及两年后各完成了一份心理症状调查表。那些能更好地通过抑制或表达他们对实验室任务的需求来灵活地控制他们的情绪的人，在为期两年的随访中逐渐减少了痛苦。

花费大量的努力抑制、避免情绪会分散我们解决问题的注意力并导致意想不到的后果：情绪可能会以饱满或更大的力量回归。事实上，试图抑

灵性（spirituality）
一种对神圣的寻求，但也可能没有涉及对上帝信仰的研究。

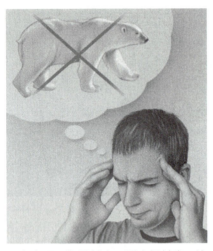

研究表明，指导某人不要去想某事，比如白熊，通常会导致这个人试图压制的想法增加（Wegner et al., 1987）。

制负面情绪和与厌恶的事件相关的想法往往适得其反，它会使我们一直努力避免的消极体验卷土重来并逐渐增强（Beck et al., 2006；Roberts, Levenson, & Gross, 2008；Wegner, 2005）。接受我们无法改变的环境与感受，并找到积极的方式来思考我们的问题，可以成为应对压力的有效手段（Skinner et al., 2003）。

反刍：回收精神垃圾

到目前为止，我们已经考虑了在没有精神错乱的情况下应对不同环境的方法。但是，一些应对压力的方法显然会适得其反。苏珊·诺伦-霍克西玛（Susan Nolen-Hoeksema, 1987）认为，在我们的头脑中回收负面事件可能会导致我们变得更抑郁，我们中的一些人会花大量的时间反刍我们的感觉，并无休止地分析我们问题的原因和后果。

诺伦-霍克西玛（2000；2003）的一项研究表明，与男性相比，女性患抑郁症的概率和频率要高得多，因为她们比男性更倾向于反复思考，尽管这些差异在平均值上是小的，但在反思性的研究中，他们的性别差异却始终如一（Johnson & Whisman, 2013）。是什么原因导致了这种差异？一个潜在的罪魁祸首是对负面情绪的遗传倾向的性别差异，包括抑郁和焦虑（Hyde, Mezulis, & Abramson, 2008）；另一个是早期社会化（Nolen-Hoeksema & Girgus, 1994）。虽然父母鼓励女孩分析和讨论她们的问题，但他们经常会主动劝男孩表达自己的情感，鼓励他们采取行动或坚持到底。女孩在青春期也更有可能经历更大的挑战，比如遭受性虐待和更大的压力，以适应性别角色。当这些挑战出现时，女孩可能会沉湎于负性情绪并经历抑郁（Hilt, Cha, & Nolen-HoekSema, 2010；Lyubomirsky et al., 2015）。作为成年人，当压力过大时，男性更有可能专注于愉快或分散注意力的活动，比如工作、看足球比赛或大量饮酒（这是我们不推荐的）。尽管如此，男性在抑郁时往往会沉思，而男性和女性都能从停止反刍并直面自己的问题中受益。

日志提示

> 在阅读了不同的应对压力的方法后，你可以考虑一下你日常使用的应对策略。你是否倾向于用特殊的方法来应对不同类型的压力源？哪一种应对策略在适应或应对你遇到的压力情况时更有效？

答案：虚构。这样的人被称为自我提升者，事实上，他们能够摆脱许多压力事件的不良影响，比如配偶的过早死亡、战斗以及大学期间潜在的创伤性事件（Bonanno et al., 2002；Gupta & Bonanno, 2010）。

12.4　压力如何影响我们的健康

12.4a　描述免疫系统如何受到压力的影响。

12.4b　了解诸如溃疡之类的身体失调是如何与压力有关的。

12.4c　描述人格、日常经验和社会经济因素在冠心病中的作用。

1962 年，两个日本的医生进行了一项研究证明了脑与身体的紧密联系。这项在现在的研究者看来因伦理原因很难进行的研究展现了受尊敬的权威人物的建议是怎样引起一个剧烈的皮肤反应的。研究人员选择了 13 个男孩，并将他们分成两组。第一组的 5 个男孩接受了催眠诱导，并被建议放松以产生睡意。第二组的 8 个男孩没有接受催眠诱导，只是在他们清醒和警觉的时候给予他们放松的建议。

在研究的第一阶段，所有的男孩都闭着眼坐着，而医生告诉他们，他正在用一种类似毒藤的植物的叶子接触他们。事实上，他正用一株无害的植物的叶子接触他们。反应是惊人的。所有的男孩，包括被催眠的参与者和单独的参与者，都认为自己被有毒的叶子触碰后，皮肤出现了严重的紊乱。就像心理学中经常出现的情况一样，信念可以创造出真实。在这种情况下，就会产生一种反安慰剂效应。

在研究的第二阶段，研究人员改变了条件：他们用有毒的叶子擦拭男孩的手臂，但告诉他们叶子是无害的。5 名被催眠者中的 4 名和 8 名单独参与者中的 7 名没有对树叶作出任何皮肤反应。有趣的是，在研究之前，所有的人都对树叶产生了皮肤反应（Ikemi & Nakagawa，1962）。

这项研究证明了心理因素可以影响身体反应，在这个案例中会感染皮疹的紧张思想影响了身体的反应。的确，我们对事件的"心理"反应经常被生理反应所验证。压力可以波及我们生活中的多个方面，造成生理问题，干扰我们的睡眠和性功能。但是压力会影响我们的细胞并减弱我们对感染的抵抗力么？许多研究告诉我们答案是肯定的。

免疫系统

通常来说（谢天谢地！），我们绝不需要担忧数亿的细菌、真菌、原生生物和病毒会分享我们的环境并寄居在我们的身体里。那是因为我们的**免疫系统**中和或者破坏了它们。免疫系统是我们身体抵御病毒、细菌和其他致病微生物和物质侵扰的系统。防御外侵物的第一层防护物被称为抗原，它们使皮肤阻止许多致病的微生物进入我们的身体。那些致病的微生物被称为病原体。当我们咳嗽或打喷嚏的时候会清除肺部的细菌和病毒。唾液、尿液、眼泪、汗液和肚子里的酸液体也可以使我们的身体摆脱病原体。

一些病毒和细菌可能会侵入我们的防御系统，但是我们的免疫系统也很机敏，会有其他的途径保护我们。我们体内有三种类型的细胞：吞噬细胞、T 细胞和 B 细胞。它们在保持我们的健康的日夜奋战中扮演着重要的角色。吞噬细胞首先出现在感染现场并吞噬入侵者。一种叫作细胞因子的物质向自然杀手 T 细胞发出信号，让 T 细胞穿过身体，附着在病毒和癌症感染细胞表面的蛋白质上，像气球一样把它们戳穿。B 细胞产生一种叫作抗体的蛋白质，这种蛋白质黏附在入侵者的表面，减缓它们的进程，并吸引其他蛋白质来破坏外来生物。寿命较长的吞噬细胞以清除者的身份在体内游荡，并进行清扫工作，消灭剩余的病毒、细菌和死亡组织。

在一般情况下，免疫系统是非常有效的，但它们也不是完美的屏障。例如，乳

免疫系统

（immune system）

我们身体的防御系统，阻止病毒、细菌和其他潜在的致病微生物和物质入侵。

获得性免疫缺陷综合征
（acquired immune deficiency syndrome，AIDS）
由艾滋病毒攻击和损坏人们的免疫系统而产生的一种威胁生命、不可治愈的疾病。

心理神经免疫学
（psychoneuroimmunology）
研究免疫系统和中枢神经系统关系的学科。

腺癌和其他癌症的许多早期的组织未接受治疗就变小或消失。一些癌细胞可以抑制我们有效的免疫反应，接着癌细胞数量急剧增加，严重破坏我们的身体。严重的免疫系统障碍如**获得性免疫缺陷综合征**（AIDS），是会威胁生命的。艾滋病是人类免疫缺陷病毒（HIV）袭击和破坏免疫系统导致的，现今无法治愈。当免疫系统过于活跃，它可以对身体的各种器官发动攻击，造成像关节炎一样的自身免疫性疾病，免疫系统会引起关节的肿胀和疼痛，并造成大量硬化，其中免疫系统会攻击神经元周围的具有保护作用的髓鞘。

心理神经免疫学：身体、环境与健康

特别声明
这类证据可信吗？

免疫系统和中枢神经系统的关系研究——中枢神经系统是我们对环境产生相应情绪和行为反应的地方——用一个很长的术语来形容就是**心理神经免疫学**（Cohen & Herbert，1996）。当评价心理神经免疫学时，我们应当避免一味夸大某些观点。例如，疾病不是消极思想的结果，积极思想也不能消除类似癌症等严重的疾病（Hines，2003；Lilienfeld et al.，2010）——尽管这些主张都是由像安德鲁·威尔（Weil，2000）和迪帕克·乔布拉（Chopra，1989）这样非常受欢迎的医学工作者所提出的。虽然很早就有一些广泛、公开的言论（Fawzy et al.，1993；Spiegel，et al.，1989），但是心理治疗并不能延长癌症病人的生命（Coyne，Stefanek，& Palmer，2007）。然而，研究者用严密的实验设计发现了我们的生活环境与我们抵抗疾病的能力存在相关。

压力和感冒

许多人相信当他们处于巨大压力下时更易感冒——他们是正确的。谢尔顿·科恩和他的同事们发现，一些重要的压力因素，如失业和至少持续　个月的人际交往困难，可以预测哪些志愿者在实验室里故意接触感冒病毒后会患上感冒（Cohen et al，1998）。在感冒的四天之前，美好事件的减少和争论的增加也与感冒的发作有关（Evans & Edgerton，2011）。但是朋友圈、亲戚和一个紧密联系的团体为对抗感冒提供了保护（Cohen et al.，1997；Cohen et al.，2003）。

排除其他假设的可能性
对于这一研究结论，还有更好的解释吗？

压力可能会影响健康行为，但对免疫系统没有直接影响。例如，我们容易患感冒是因为当我们处于压力之下时，我们倾向于睡眠不好、吃无营养的食物、吸烟、饮酒过度，所有的行为都抑制了免疫系统。普拉瑟和他的同事们（Prather et al.，2015）发现平均每晚只睡 6 个小时的人患感冒的概率是睡 7 个小时或更长时间的人的 4 倍多。调查人员发现，即使他们控制了社会经济差异、体重、季节、健康习惯、身体活动和吸烟状况等因素，睡眠和感冒的关系仍然存在。

压力和免疫功能：不只是通常的感冒

珍妮斯·凯寇尔特－葛拉瑟等人是研究压力源与免疫系统之间联系的先驱。阿尔茨海默综合征是一种严重的痴呆症，照顾患阿尔茨海默病的家庭成员，可能会产生极其大的压力和免疫系统的长期紊乱。与另一组没有照顾阿尔茨海默病患者相比，凯寇尔特－葛拉瑟证明阿尔茨海默病患者的照顾者的一个小的创伤（通过常人的标准来规范其大小）会多持续 24% 的时间（Kiecolt-Glaser et al.，1995）。为了证明这项发现的普遍性，研究者列出了以下会导致免疫系统紊乱的压力源（Fagundes，

Glaser，& Kiecolt-Glaser，2013；Kiecolt-Glaser et al.，2002）：

- 参加一项重要的考试。
- 配偶的死亡。
- 失业。
- 婚姻矛盾。
- 住在损毁的核设施附近。
- 自然灾害。
- 早期的童年逆境。

照顾阿尔茨海默病患者的人，承受着巨大的压力，有更高患抑郁的风险，甚至他们在应对生活压力事件时，血液凝结能力会减弱（伴随有中风；von Känel et al.，2001）。由于一些未知的原因，在非裔美国人中，这种照顾的负面心理效应似乎低于高加索人（Janevic & Connell，2011）。

好消息是我们随后会在本章中介绍积极情绪和社会支持可以加强我们的免疫系统（Esterling，Kiecolt-Glaser，& Glaser，1996；Kennedy，Kiecolt-Glaser，& Glaser，1990）。

与压力有关的疾病：生理心理社会学视角

不久前心理学的一个普遍流行的谣言是心理和精神状态是引起生理疾病的根源。某些疾病或障碍曾经被称为身心疾病，因为心理学家相信，心理矛盾和情感反应是罪魁祸首。例如，法兰兹·亚力山大（Alexander，1950）认为胃溃疡，即胃肠道内的炎症区域，可能会导致疼痛、恶心和食欲不振，这些都与婴儿的食物和依赖感有关。即使在今天，许多人相信胃溃疡是由压力产生的（Lilienfeld et al.，2010）。

然而我们现在知道溃疡不是由依赖性或压力或吃辣的食物如麻辣鸡翅引起的。相反，幽门螺旋杆菌（幽门螺杆菌）是一种不寻常的细菌，在胃酸中生长，是目前胃溃疡最常见的病因（Huang，Sirdhar，& Hunt，2002）。然而，压力可能会间接影响溃疡，也许是通过降低免疫系统的功能，增加对细菌的易感性，或者增加酗酒的可能性，这是胃溃疡的一个危险因素。

心理学家使用**心理生理疾病**这个术语来描述真实的疾病，就像情绪和压力导致、维持或加重身体的溃疡。科学家们普遍认为，情绪和压力与身体疾病有关，包括冠心病、哮喘、头痛和艾滋病。例如，压力水平的变化似乎是 8 岁到 17 岁儿童头痛的一个很有影响的预测指标（Connelly & Bickel，2011）。在哮喘的情况下，人们在胸腔咳嗽时感到胸闷，对压力的身体反应，如哭泣、大笑和咳嗽，会引起一些哮喘患者的发作（Purcell，1963）。研究人员提出了一个有趣的案例，一个 18 岁的男子，当他从脸书上看到他的前女友的照片时，他的哮喘就会发作。当他听从医生的建议而不登录脸书时，哮喘就停止了（D'Amato et al.，2010）。当然，我们不能根据一个个案研究得出明确的结论，但报告确实表明与社交媒体的接触可能偶尔会有压力，潜在性与压力相关的心理和身体状况有关。

因果关系是双向的：生理失调也会造成压力。意料之中的是，被诊断出有一种潜在的无法预料结局的致命疾病如癌症或艾滋病可能是难以想象的压力，并带来无数的挑战。相反，当严重疾病的治疗成功时，从病入膏肓到显著改善的健康状况的转变会带来新的困难的决定，比如是否返回工作岗位或开始或结束一段关系（Catz & Kelly，2001）。

即使是健康的人也会认为自己病得很重。事实上，仅仅是相信自己的病也会导致严重的痛苦。莫吉隆斯症是近年来互联网上最神秘的疾病之一，这是一个很好的例子。在 2001 年，玛丽·莱托在她两岁儿子的唇下检查发现了几处发炎的地方。他

相关还是因果
我们能确信 A 是 B 的原因吗？

心理生理疾病
（psychophysiogical）
像哮喘和溃疡这类因情绪或压力而导致或加重的疾病。

生理心理社会视角
（ biopsychosocial perspective ）
认为疾病或身体状况是生理因素、心理因素和社会因素相互作用的产物。

冠心病
（ coronary heart disease，CHD ）
通过完全或部分堵塞提供氧气到心脏的动脉来损害心脏。

抱怨说他感到痒，说了"虫子"这个词。在用奶油擦嘴时，她发现了男孩皮肤上出现的一种纤维，后来她在显微镜下观察，并将它们的颜色描述为白色、红色、黑色和蓝色。她儿子奇怪的情况使她感到困惑和不安，因为没有医学上的解释，她建立了一个网站和一个基金会；与之类似的症状于 1674 年被公开发表过，而现在她也创造了莫吉隆斯症这个词。这一令人迷惑的疾病的新闻很快在互联网上传播开来，成了媒体的宠儿，报道说这类病症的皮肤上长有毛发，伴随着爬行、瘙痒和刺痛的感觉，通常伴有肌肉和关节疼痛、疲劳和抑郁。许多患者认为他们感染了寄生虫，这给他们带来了困扰。

基金会组织的发电邮活动引起了国会议员的注意。针对越来越多的担忧，美国疾病控制中心（CDC）进行了严格的科学调查，并没有发现建立在 100 多名莫吉隆斯症患者身上的细菌、真菌、昆虫或寄生虫等外来生物感染的证据（Pearson et al.，2012 ）。

可重复性
其他人的研究也会得出类似的结论吗？

明尼苏达州的梅奥诊所快速重复了 CDC 的研究结果（Hylwa et al.，2011 ）。他们研究了在 2001 年到 2007 年之间所有在他们诊所接受治疗的人，这些人的症状或信念都与他们感染寄生虫的症状或信念类似。经过彻底的评估后，有一种情况是，科学家们发现了一种真正的寄生虫（虱子），在另一种情况下，他们都无法解释压力产生的症状，而这些症状通常会干扰日常的活动。一项来自 4 个欧洲国家的 148 名患者的研究证实了这些发现，并确定了被感染的标本主要是毛发和皮肤颗粒（Freudenmann et al.，2012 ）。有这些担忧的病人强烈反对医生的尝试，他们认为他们没有遭受寄生虫的感染。

梅奥诊所和欧洲研究小组的科学家们称这种情况为"妄想感染"，也就是说，他们认为病人误以为自己身上有寄生虫。回顾医疗记录，梅奥诊所的研究人员发现 81% 的病人先前有精神症状（Foster et al.，2012 ），许多人都对他们自身的症状深感忧虑。　种可能性是，在互联网和其他地方生动地描述了这种情况，从而引发了莫吉隆斯症的"爆发"。莫吉隆斯强调了这样一个事实，即使身体症状没有医学基础，而且很有可能是狂热想象的产物，但它们也会让人倍感压力，以至于影响到日常生活。

大多数心理学家认同**生理心理社会视角**的观点，认为大多数疾病既不全是由生理因素导致的，也不全是由心理因素导致的。多数疾病来自基因、生活方式、免疫系统、社会支持、日常压力和自我认知等因素的复杂的交互作用（ Engel，1977；Sarafino & Smith，2014；Turk，1996)。在随后介绍的冠心病部分，我们将提供一个更深入的案例来说明多种危险因素是如何导致疾病的。

冠心病

科学家们已经了解到心理因素，包括压力和个性特征，是**冠心病**（CHD）的关键风险因素。冠心病是完全或部分阻塞提供氧气给心脏的动脉的障碍，并且是死亡或残疾的首要原因（ Kung et al.，2008 ）。当胆固醇沉积时，CHD 就会形成。胆固醇是一种含蜡的脂肪物质。血液在动脉壁上排列，收缩和阻塞冠状动脉，形成一种叫作动脉粥样硬化的疾病。如果这种情况恶化，就会导致胸痛和心脏组织的恶化和死亡，也就是心脏病发作（见图 12.3）。

压力对冠心病的影响　许多危险因素和冠心病有关，包括吸烟史、高胆固醇和高血压（Clarke et al.，2009 ）。冠心病、糖尿病和维生素 D——"阳光维生素"——含量低的家族史也能增加患心脏病的风险（ Wang et al.，2008 ）。

在冠心病危险因素的列表中，压力应该处于一个显著的位置。有压力的生活事件可以预测

图12.3 ｜ 动脉粥样硬化（Atherosclerosis）

胆固醇沉积在大动脉血管中形成的斑块限制了血液的流动。

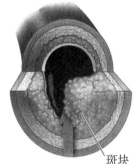

正常动脉　　　　动脉粥样硬化

血流量　　　　斑块

冠心病发作、高血压和心脏肿大的复发（Repetti, Taylor, & Seeman, 2002; Schnall et al., 1990; Troxel et al., 2003）。即使将抑郁症纳入考虑因素，研究人员发现，PTSD 仍然与 CHD 的风险增加有关（Edmondson et al., 2013）。虽然只有相关性，但这些数据表明压力源有时会产生负面的生理和心理效应。此外，极端压力引发的高水平应激激素会导致心律失常，甚至是猝死，对于那些对日常压力有高度反应的人更是如此（Carney, Freedland, & Veith, 2005; Sarafino, 2006）。患有冠心病的人也表现出了神经系统亢奋的现象，如心率升高，对物理压力的反应过激（Carney et al., 2005）。尽管压力对冠心病可能有直接的影响，但压力也与冠心病的行为风险因素有关，包括营养不良和运动不足（Chandola et al., 2008）。所以压力对冠心病的影响至少有一部分是由于压力和这些危险因素的重叠造成的。

相关还是因果
我们能确信 A 是 B 的原因吗？

排除其他假设的可能性
对于这一研究结论，还有更好的解释吗？

愤怒和健康

互动

研究显示，A 型人格的愤怒成分可能是致命的，增加了我们患冠心病的风险。

人格对冠心病的影响　除了压力，研究人员还指出，长期的行为模式会导致患冠心病的风险增加。两位心脏病专家，迈耶·弗里德曼和雷·罗森曼（Friedman & Rosenman, 1959）创造出了 **A 型人格**这个词，这个词现在在媒体上广泛流行，用来描述他们在冠心病患者中观察到的一种奇怪的行为模式。他们注意到，医院候诊室里椅子的边缘部分都快被磨破了。原来他们的很多病人由于坐立不安，在椅子的边缘不断移动与起坐。后来，弗里德曼和罗森曼（1974）发现了在 A 型人格描述下聚集的其他特征：完美主义、倾向于敌对、顽固、固执己见、愤世嫉俗、控制和关注最后期限。尽管早期的研究显示极端类型的个体中 CHD 的比例很高，但后来的研究却产生了许多否定的结果（Gatchel & Oordt, 2003）。因此，科学家

A 型人格
（Type A personality）
描述那些好胜的、苛刻的、怀有敌意的及有雄心的人的人格类型。

可重复性
其他人的研究也会得出类似的结论吗？

们开始怀疑，某些类型的特征是否比其他特征更容易与高风险联系在一起。

排除其他假设的可能性
对于这一研究结论，还有更好的解释吗？

在研究人员研究的所有 A 型特质中，敌意被证明是最能预测心脏病的（Matthews et al.，2004；Myrtek，2001；Nabi et al.，2008；Smith & Gallo，2001）。所以另一种假说是，敌意与证据确凿的冠心病的危险因素有关，如饮酒、吸烟和体重增加（Bunde & Suls，2006）。不过对冠心病的影响是间接的，在年长的白人男性的一项研究中，敌意在预测冠心病这方面超越了这些传统的危险因素（Niaura et al.，2002）。幸运的是，事情往往会有转机，对经验持开放态度的个性特征，以及消除敌意、宽恕他人和寻求社会支持的倾向，有助于降低冠心病风险（Lee et al.，2014；McCullough et al.，2009；Shumaker & Czajkowski，2013）。

冠心病的日常经验和社会经济因素

敌意和其他负面情绪并不总是来自持久的个性特征。负性情绪可以来自我们在快节奏、竞争激烈的社会中面对的许多压力和要求。当收入显著下降时，死亡风险会增加 30%（Duncan，1996），而冠心病则与大量的工作压力和不满有关（Kivimäki et al.，2012；Quick et al.，1997）。此外，报告歧视、不公平待遇和高压力水平的非裔美国妇女比其他非裔美国妇女更容易缩小和堵塞她们的动脉（Troxel et al.，2003）。然而，这种因果关系的箭头却恰恰相反：也许 CHD 会给某些人带来工作压力，这是科学家们尚未深入研究的一个可能。另一个假设是存在第三个变量，比如人格构成、对他人的态度或者早期的经历对工作压力和冠心病都有重要影响。

相关还是因果
我们能确信 A 是 B 的原因吗？

排除其他假设的可能性
对于这一研究结论，还有更好的解释吗？

尽管研究人员已经在贫穷和健康状况不佳之间建立了一种强有力的联系（Antonovsky，1967；Repetti，Taylor，& Seeman，2002），我们还需要问 下 "这种联系意味着什么？"根据琳达·加洛和凯伦·马修斯（Gallo & Mattews，2003）的说法，对于那些没有受过良好教育的人来说，生活是极具挑战性的，他们在一份糟糕的工作中与一个肮脏的主管进行斗争，并且几乎挣不到足够的钱来维持生计。这些对个人资源的消耗降低了应对压力与抑郁的能力，产生了无助感、失控感以及敌意，这增加了身体进入亚健康状态的风险和患 CHD 的风险（Williams et al.，2011）。更糟糕的是，消极的想法和感觉会助长不健康的习惯，如吸烟、酗酒和缺乏锻炼，这将进一步增加身体问题的风险（Gallo & Mattews，2003）。更重要的是要考虑患者个人的因素，包括个性基因、日常经验、应对能力、行为风险因素、社会经济条件来解释像 CHD 这样的心理生理障碍的发生发展。

排除其他假设的可能性
对于这一研究结论，还有更好的解释吗？

日志提示

描述一下你经历了严重的压力然后患上了感冒或其他疾病的那段时间。当然，压力的时间和你的感冒或其他疾病可能是巧合，但根据本节内容，解释那段时间你为什么特别容易生病。

12.5　提高健康水平——减少压力

12.5a　了解四种有助于健康生活方式的行为。

12.5b　了解改变生活习惯为什么如此困难。

12.5c　描述不同的补充和替代疗法并将其有效性与安慰剂比较。

如果我们可以减少或消除生活中的压力，对于全社会成员的健康水平将产生巨大的影响。压力是影响我们众多行为的危险因素，比如吸烟和酗酒，它们本身就是引发许多疾病的危险因素。我们怎样做才能减少由压力导致的疾病和改变破坏我们健康的坏习惯？ **健康心理学**，也叫作行为医学，是一个快速发展的领域，它有助于我们理解压力和其他心理因素对身体疾病的影响。

健康心理学家将行为科学与医学实践相结合（Gatchel & Baum，1983）。他们还将教育和心理干预结合起来，促进与保持健康，预防和治疗疾病（France et al.，2008；Matarazzo，1980；Rozensky，Sweet，& Tovian，2013）。健康心理学家在医院、康复中心、医学院、工业、政府机构以及学术和研究机构工作。在健康心理学中发展的干预措施包括：教授病人压力管理技巧和减轻疼痛技术，帮助人们动员社会支持，遵守医疗方案，追求健康的生活方式。

健康的生活方式

健康心理学家帮助人们打破不健康习惯的控制。吸烟、酗酒和暴饮暴食可以由压力引发，当它们减轻了压力后这些行为也会保持下去（Polivy，Schueneman，& Carlson，1976；Slopen et al.，2013；Young，Oei，& Knight，1990）。受到性侵的女性有酗酒的危险，因为她们可以通过喝酒来减轻她们的痛苦（Ullman et al.，2005）。与不吸烟者相比，吸烟者患临床抑郁症的可能性要高出四倍，因为吸烟在一定程度上可以减轻痛苦（Breslau，Kilbey，& Andreski，1993；Flensborg-Madsen et al.，2011）。根据一项对 2 000 多名成年人的调查（American Psychological Association，2006）发现，四分之一的美国人使用食

"我正在学习如何放松，医生，但我想更好更快地放松！我想站在放松的前沿。"

资料来源：Randy Glasbergen, www. glasbergen. com. Used by permission。

物来缓解和应对压力以及消极情绪。研究人员将脂肪酸或非脂肪生理盐水（一种安慰剂）直接放入正常体重志愿者的胃中，研究人员发现，与生理盐水相比，脂肪酸能减轻悲伤的面部表情和悲伤的音乐带来的消极情绪。脑部扫描也观察到神经活动的差异（Van Oudenhove et al.，2011）。

不幸的是，当我们从事不健康的行为在短期内减轻压力时，这些行为在长期内对健康和压力的相关问题存在着风险。接下来我们将研究四种可以抵消这些消极循环并促进健康的行为。

健康行为 1：戒烟

吸烟和吸二手烟是全球可预防疾病和死亡的主要原因（Samet，2013）。在美国，18.8% 的成年男性和 14.8% 的成年女性吸烟（Centers for Disease Control and Prevention，2015）。监狱五分之一的烟民死于与吸烟有关的疾病，这些统计数字令人震惊（Bauer et al.，2014）。一名 30 岁到 40 岁的男性吸烟者，每天吸两包烟，平

健康心理学
（health psychology）
也叫行为医学，它将行为科学与医学实践相结合。

均减少寿命约为八年（Green，2000）。在一项对丹麦超过 19.2 万名吸烟妇女（40～49 岁）的研究中，88% 的冠心病是由吸烟引起的（Tolstrup et al.，2014）。吸烟是 25% 的癌症的罪魁祸首，同时也是导致男女肺部疾病的主要原因（Sasco，Secretan，& Straif，2004；Woloshin，Schwartz，& Welch，2002）。

抽水烟的人（见 5.4b）——来自佛罗里达州的烟（在被吸入之前要经过一碗水）——不能免受烟草的有害影响。与人们普遍认为的吸水烟的安全性相反，吸入的水烟至少和旱烟一样有毒（Knishkowy & Amitai，2005；Cobb et al.，2010）。

电子烟在有效性、可得性和受欢迎度方面都迅速扩大。数以百计的品牌可以在网上购买。电子烟是一种以电池供电的设备，它在一种液体中含有不同数量的尼古丁，当使用者在电子烟上"吸"时，它会在蒸汽中被加热并释放出来。

可重复性
其他人的研究也会得出类似的结论吗？

电子烟被一些消费者当作普通香烟的替代品来戒烟，因为尼古丁的数量可以调节，所以理论上可以人为控制减少直到完全戒掉尼古丁。尽管如此，市场营销人员关于他们使用辅助工具来帮助戒烟的声明还没有得到证实（Odum，Dell，& Schepers，2012）。这些设备是不受管制的，所以它们可以被使用。如果有的话，要注意，不要无限期地使用，因为它们仍然含有尼古丁（Grana，Benowitz，& Glantz，2016）。

大约三分之二到四分之三的戒烟者是靠自己的努力（Chapman & MacKenzie，2010）。尽管如此，在美国大约 40% 的吸烟者中，只有 3%～5% 的人试图在不获得帮助的情况下成功戒烟（Hughes，Keely，& Naud，2004；Schoenborn et al.，2004）。马克·吐温在他的名言中提到了吸烟者所面临的挑战："我知道戒烟是世界上最容易的事，因为我已经做了几千次了。"

健康心理学家特别重视吸烟的治疗和预防。每一次人们试图戒烟，他们成功的概率就会提高（Lynn & Kirsch，2006）。在 40 岁之前戒烟的吸烟者过早死亡的风险降低了 90%（Jha et al.，2013）。所以如果你是一个吸烟者，不要放弃戒烟的尝试。

健康行为 2：抑制饮酒

最近开展的一项调查显示，美国 71% 的成年人报道在过去一年里（SAMHAS，2014）反复酗酒，特别是重度饮酒者（以前叫酗酒者）喝五杯或更多的酒——酗酒的定义是男性一次性喝五杯或更多的酒，女性一次性喝四杯或更多的酒——会有许多类型的症状，严重的会有致命的肝脏问题、怀孕并发症、性侵犯、大脑萎缩和其他神经系统的问题（Bagnardi et al.，2001）。

排除其他假设的可能性
对于这一研究结论，还有更好的解释吗？

一些有争议的研究（French & Zavala，2007；Mukamal et al.，2003，2005）表明轻度到中度饮酒，即男性每天两杯，女性每天一杯，可以降低心脏病和中风的风险，并与较低的死亡率相关。然而，对这些研究结果的另一种解释是，与不喝酒或喝酒两杯以上的人相比，那些只喝适量酒——如葡萄酒——的人也可能有更高的收入和更健康的生活方式（Lieber，2003；Saarni et al.，2008）。

排除其他假设的可能性
对于这一研究结论，还有更好的解释吗？

此外，在之前的一些研究中，适度饮酒的好处可能被高估了，因为他们把从不饮酒的人和以前喝酒的人集中在一起了。这样做是有问题的：以前喝酒的人可能会因为过去喝酒而受到不良的健康影响，因此对适度饮酒有偏见（Naimi et al.，2016）。也就是说，适量饮酒的人可能看起来很健康，只是因为一些与他们比较的戒酒者的健康状况不佳。当研究人员进行了一项元分析并将社会经济地位、生活方式和某些研究中的"集中问题"纳入考虑时，他们没有发现适度饮酒者死亡率降低的证据（Stockwell et al.，2016）。

排除其他假设的可能性

对于这一研究结论，还有更好的解释吗？

另一种假设是，戒酒的人比轻度或中度饮酒者的健康状况更差。然而，有系统的研究比较了饮酒者与不喝酒的人——因为不喝酒的人可以选择这样做（不是因为身体不好、残疾或虚弱）——没有发现饮酒者与禁酒者之间的健康差异（Fillmore et al.，2006）。

在这个时候，我们不能确定任何数量的酒精都是安全的，对我们的健康不利。然而，有一件事是相当确定的：酗酒会增加患心血管疾病的风险（Bagnardi et al.，2001）。此外，每周喝一杯到三杯以上的酒可能会增加女性患乳腺癌、结肠癌和骨折的风险（Chen et al.，2011；Mostofsky et al.，2016）。幸运的是，当我们戒酒时，酒精的许多负面影响，包括大脑的变化，可以被逆转或最小化（Tyas，2001）。

健康行为 3：达到健康的体重

统计数字说明了这一行为指标的意义。如果根据一项名为体重指数（BMI）的统计数据，我们把肥胖也算进去，截至 2014 年，有 37% 的美国成年人肥胖，约 70% 的美国人超重（见图12.4；National Center for Health Statistics，2015）。

图12.4　体重指数（BMI）和体重水平

用体重（磅）除以身高（英寸）的平方，再乘以转换因素 703 来计算 BMI。

例如：体重 =155 磅，身高 =69 英寸
计算：$[155 \div (69)^2] \times 703 = 22.89$

BMI	体重水平
18.5 以下	偏轻
18.5 ~ 24.9	正常
25.0 ~ 29.9	超重
30.0 及以上	肥胖

身高	体重范围	BMI	体重水平
69 英寸	124 磅及以下	低于 18.5	偏轻
	125 ~ 168 磅	18.5 ~ 24.9	正常
	169 ~ 202 磅	25.0 ~ 29.9	超重
	203 磅及以上	高于 30	肥胖

资料来源：Centers for Disease Control and Prevention，2007 a. Division of Nutrition and Physical Activity National Center for Chronic Disease Prevention and Health Promotion。

事实与虚构

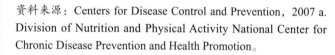

互动　红酒中发现的一种物质可能对健康有益。（请参阅页面底部答案）
- ○ 事实
- ○ 虚构

答案：事实。在红酒中发现的一种物质，白藜芦醇，也许可以解释为什么饮食中脂肪含量很高的法国人其寿命却处于正常水平。近期用人类志愿者的研究结果与从动物的研究中的发现进行比较表明，白藜芦醇能提高肌肉功能，降低血糖与血压（Timmers et al.，2011）。但是我们要记住，在研究中，服用药丸形式的白藜芦醇的数量相当于每天喝两加仑（美制）①的红酒。

---

① 1 美制加仑 =3.79 升。——译者注

根据一些研究人员的说法，我们的社会面临着一种巨大的"流行病"，因为随着我们在我们的电脑、智能手机和电视上花费时间的增多，许多工作的体力需求下降，我们的体力活动会减少（Jensen et al.，2014；见表 12.1）。我们越不活跃，我们花在看电视上的时间越多，我们就越有可能变得肥胖（Ching et al.，1996；Gortmaker et al.，1993）。当然，这些发现是相关的，也有可能是肥胖的人更虚弱，精力更少，结果变成了电视虫。事实上，关于肥胖和身体健康之间的负相关到底有多少是由肥胖本身引起的，而不是由伴随而来的行为比如不活动和营养不良引起的有相当大的争议（Campos，2004；Johnson，2005）。

相关还是因果

我们能确信 A 是 B 的原因吗?

表12.1　除饮食与缺乏运动外的美国人肥胖的原因

- 缺乏充足的睡眠，直接导致体重的增加

- 食物中脂肪对身体内分泌的抑制

- 供暖 / 空调提供的舒适的温度，可以减少因颤抖和出汗产生的热量

- 使用有助于增加体重的药物

- 某些人群的增加，如西班牙裔和中年人，他们的肥胖率更高

- 高龄分娩的母亲增加，她们更容易生产体重较重的婴儿

- 孕期遗传因素的影响

- 超重的人可能比非常瘦的人有进化优势，而且更有可能生存：达尔文的自然选择

- 人们倾向于与拥有相似体形的人结婚，这种现象被称为选择性交配。当体重较重的人繁殖时，他们很可能生下比较重的孩子

肥胖的人患心脏病、摔伤、中风、高血压、关节炎、癌症、呼吸系统疾病和糖尿病的风险增加（Himes & Reynolds，2012；Klein et al.，2004；Kurth et al.，2003）。然而，如果肥胖的人不患上与肥胖有关的并发症，如高血压或糖尿病，他们的寿命就和瘦子一样长（KuK et al.，2011）。然而，如果一个肥胖的人，比如说一个 300 磅的男人，减掉了 10% 的体重，他的健康状况很可能会改善（Wing & Polley，2011）。

腹部脂肪过多（所谓的"游泳圈"）的人在健康问题上的风险比脂肪在其他地方的人要高。科学家们对极度肥胖病人的血液进行了抽查，并进行了胃旁路手术，发现腹部的脂肪分泌出高水平的白细胞介素 -6，这是一种与高血压、糖尿病、动脉粥样硬化、癌症和可能老化有关的分子（Fontana et al.，2007）。

超重的人也有各种各样的社会和情感问题。许多肥胖儿童受到欺负（Quick, McWilliams, & Byrd-Bredbenner，2013；Thompson et al.，2005）。当他们成为青少年和成年人时，他们经常在社会领域和工作场所遭遇歧视（Crandall，1994；Schwartz, et al.，2006）。在一项针对 9 125 名成年

相关还是因果
我们能确信 A 是 B 的原因吗？

人的研究中，肥胖的人群患抑郁症或焦虑症的可能性比正常体重的人高出 25%（Simon et al.，2006）。目前还不清楚抑郁是否会引发肥胖，或者肥胖是否会导致抑郁，抑或两者皆有可能。然而，肥胖与抑郁症之间的正向联系与人们普遍认为的肥胖的人是快乐的或"滑稽的"有关（Roberts et al.，2002）。我们对肥胖的消极态度非常严重，以至于 46% 的人说他们宁愿减少至少一年的寿命也不愿过度肥胖，30% 的人宁愿离婚也不愿肥胖（Schwartz et al.，2006）。

很明显，超重的人在很多方面都会受到影响。研究人员跟踪调查了一组 16～24 岁的年轻人多年（Gortmaker et al.，1993）。在研究的最后，那些超重的人并不富裕，在学校里也没有进步，而且不太可能结婚。这些变化独立于研究开始时的智力和财务状况，有关偏见和歧视的理论能够解释超重人士的困境。

排除其他假设的可能性
对于这一研究结论，还有更好的解释吗？

达到健康体重的诀窍　考虑到许多关于减肥的社会和医学原因的解释，人们已经尝试了各种各样的产品和饮食以期达到有效的减肥目标。这些包括抑制食欲的眼镜、神奇的减肥耳环、电动肌肉刺激器和"磁铁减肥药"等流行的疗法来将脂肪从体内排出——所有这些都完全缺乏科学支持（Corbett，2006）。很多流行的减肥疗法都提供了一些相互矛盾和令人困惑的建议，这些建议仅仅是基于一个人所崇尚的理论，而不是可重复性的谨慎的研究。一些我们喜欢的时尚食谱，包括"卷心菜汤"、爆米花（强迫症性观影者的理想零食）、葡萄柚，还有可以降低血压的马铃薯（Danbrot，2004；Herskowitz，1987；Thompson & Ahrens，2004；Vinson et al.，2012）。吃以上食物的一些人可能会有极明

可重复性
其他人的研究也会得出类似的结论吗？

显的短期减肥效果，但最终还是会恢复到原来的体重，这就是著名的"溜溜球效应"（Brownell & Rodin，1994）。在节食中比吃特定食物更重要的是他们消耗的卡路里总量（Bray et al.，2012）。然而，速成饮食，即严格限制卡路里的饮食（几周内每天摄入 1 000 卡路里），很可能导致长期的体重下降，但不健康（Shade et al.，2004）。重要的是，一年之后，大多数甚至所有节食的人开始恢复体重，偏离他们的节食计划。然而，约有五分之一的人至少会减掉 10% 的体重，并且至少要保持一年的低体重（Nicklas et al.，2011；Wing & Hill，2001）。

影响我们减肥成功的一个变量是我们的基因。也许人们是不是容易变胖有一半是受基因影响的（Bouchard，1995；Wing & Polley，2001）。研究人员已经确定了与肥胖有关的特定基因，这些基因与食欲和能量消耗有关（Bouchard et al.，2004；Waalen，2014）。这些发现表明，有一天可能会研制出开关基因的药物来控制体重。但是，当我们在等待的时候，我们可以做很多事情来实现一个稳定的、健康的体重，而不管我们的遗传基因如何。

超重或肥胖会增加各种身体健康问题的风险，并与抑郁和其他适应困难有关。

有氧运动（aerobic exercise）
促进氧气在人体内使用的运动。

事实与虚构

互动　肥胖可以通过社交网络传播。（请参阅页面底部答案）。
○ 事实
○ 虚构

以下是一些基本的科学建议，以控制你的体重并实现健康饮食。

- 经常锻炼，停止吸烟和过度饮酒，每晚至少睡 8 个小时，并减少看电视的时间，当然，除非你一边锻炼一边看电视（Mozaffarian et al.，2011）。
- 检测总卡路里和体重（Wing & Hill，2001）。智能手机应用正越来越多地用于监控食物热量，并为减肥提供策略。
- 食用含有"有益脂肪"的食物，如橄榄油和鱼油，以预防甚至降低心脏病风险（Estruch et al.，2013）；降低盐和咖啡因的摄入量，降低血压；吃高纤维食物以降低冠心病和糖尿病的风险（Cook，2008；Covas，Konstantinidou，& Fito，2009；Vuksan et al.，2009）。
- 限制你摄入的薯片、含糖饮料、未加工的红肉和加工过的肉类，多吃蔬菜、全谷类、坚果、酸奶和水果（Mozaffarian et al.，2011）。
- 从你的社交网络中获得帮助，包括利用社交媒体建立个人联系，以支持你减肥（Turner-McGievy & Tate，2013；Wing & Jeffrey，1999）。
- 控制食物的分量。无论如何，不要养成吃汉堡和薯条的习惯。

健康行为 4：锻炼

对一些心理疾病的帮助可能就像我们的跑鞋一样。慢跑、游泳、骑自行车等定期**有氧运动**，能促进体内氧的使用，改善肺功能，减轻关节炎的症状，降低患高血压、糖尿病、乳腺癌和结肠癌的风险（Barbour，Houle，& Dubbert，2003；Maxwell & Lynn，2015）。跑步、举重和练习瑜伽 8 周或更长时间，也可以加快心血管的恢复，缓解抑郁和焦虑（Chafin，Christenfeld，& Gerin，2008；Phillips，Kiernan，& King，2001；Stathopoulou et al.，2006）。

与流行的"没有付出就没有回报"的信念（即锻炼必须是充满活力和持续的）相反，在一周的大部分时间里做任何有益的、30 分钟的活动，包括园艺和打扫我们的房间，都可以改善身材、增进健康（Blair et al.，1992；Pate et al.，1995）。在芬兰的一项研究（Paffenbarger et al.，1986）中，那些在工作中没有得到多少体育锻炼而在业余时间每周燃烧 2 000 卡路里（相当于四个巨无霸）的中年男性，比那些在休闲时间很少活动的中年男性平均要多活两年半的时间。当然，那些不太活跃的男性在开始时可能身体不太好，所以因果关系可能是双向的。即使是中等强度的运动——相当于快走的水

相关还是因果
我们能确信 A 是 B 的原因吗？

答案：事实。有争议的证据表明，肥胖可以通过社交网络传播。研究人员研究了一个从 1971 年至 2003 年的有 12 067 个人有密切联系的社交网站发现，一个人的肥胖概率会上升 57%，如果他或她有一个朋友在特定的时间内变得肥胖（Christakis & Fowler，2007）。如果配偶一方变得肥胖，另一方变肥胖的概率会增加 37%。研究结果没有发现人们倾向于同与自己体重相近的人交往。

平——也会对健康有益处，包括改善老年人的认知功能甚至可能是神经元的生长（Erickson & Kramer，2009；Middleton et al.，2011），更持久和更有力的锻炼对于实现我们的健康潜能和延长寿命是必需的（Garatachea et al.，2014；Moore et al.，2012）。

有氧运动，包括划船、游泳和骑自行车，是一种很好的减肥、保持健康甚至改善心血管状况的方法。

但是改变生活方式说起来容易做起来难

为什么我们很难改变我们的生活方式，即使我们知道坏习惯会危害我们的健康？多达 30%～70% 的患者不接受医生的医疗建议（National Heart，Lung，and Blood Institute，1998），多达 80% 的患者不遵医嘱如运动、戒烟、改变饮食或服用处方药（Berlant & Pruitt，2003）。一些人不遵医嘱的程度确实令人震惊，保拉·文森特（Paula Vincent，1971）发现，58% 的青光眼（一种严重的眼部疾病）患者，并没有服用医生指定的滴眼液，即使他们知道这样做可能会导致失明。

个人惰性 不遵守规则的一个原因是很难克服个人惰性，我们不愿尝试新事物。许多自我毁灭的习惯可以缓解压力，不会立即对健康造成威胁，所以我们很容易"顺其自然"。当我们把心脏病看成一场遥远而不确定的灾难时，吃一堆冰激凌看起来并不危险。约翰·诺克罗斯和他的同事们发现，只有 19% 的人在新年决心改变问题行为，包括改变他们的饮食习惯或进行更多的锻炼，并在接下来的两年时间坚持改变（Norcross，Ratzin，& Payne，1989；Norcross & Vangarelli，1989）。

错误估计风险 另一个我们维持现状的原因是我们低估了损害健康的某些风险并且高估了其他的。为了说明这一点，在阅读下文之前，试着回答以下三个问题：

在美国，下面哪个会导致更多的死亡？

（1）所有类型的事故总和或中风。

（2）所有机动车（汽车、卡车、公共汽车、摩托车）事故的总和或消化道癌症。

（3）糖尿病或杀人。

答案是（1）中风（大约 2 倍），（2）消化道癌症（大约 3 倍），（3）糖尿病（大约 4 倍）。如果你有一个或多个错误（大多数人是这样的），你依赖于可得性启发式思维，这是一种心理捷径，我们通过它来判断事件发生的可能性（Hertwing，Pachur，& Kurzenhauser，2005；Tversky & Kahneman，1974）。

因为新闻媒体对恶性事件和他杀的报道远远超过了对中风、消化道癌症或糖尿病的报道，所以我们高估了恶性事件和他杀的可能性，低估了许多疾病的可能性。而因为媒体上有很多关于著名女士的感人而难忘的故事，她们患上了乳腺癌，与心脏病相比，我们很可能会认为乳腺癌是一个更经常发生的、更致命的疾病（Ruscio，2000）。心脏病具有更少的新闻价值，因为它更普通，也许更不可怕。而癌症有与治疗相关的副作用，包括非常明显的脱发。一般来说，我们低估了最常见的死因的频率，并且高估了最不常见的死因的频率（Lichtenstein et al.，1978）。这些判断上的错误可能代价高昂：如果女性认为心脏病没有威胁，她们可能不会改变自己的生活方式。

很多人都很清楚健康风险，但不把它们放在心上。吸烟者大

如果我们告诉你，在美国，每天都有四架满载乘客的大型喷气式客机坠毁，你会愤怒的。然而，在美国，每天大约有 1 200 人死于与吸烟有关的疾病（Centers for Disease Control and Prevention，2005）。我们死于飞机失事的可能性有多大？微乎其微。在飞机失事的概率超过 50% 的情况下，我们需要在商业客机上飞行大约 1 万年，即 24 小时不间断地飞行。但由于飞机坠毁会造成重大新闻，我们高估了它们的频率。

大高估了他们能活到 75 岁的概率（Schoenbaum，1997）。其他活到这个年龄的人是因为他们对自己的生活方式做出了合理的选择，他们告诉自己："无论如何，总会有什么东西让我丧命，所以我也可以享受我的生活，做任何我想做的事。"

感到无能为力　尽管如此，有些人觉得无力改变，也许是因为他们的习惯根深蒂固。想想过去的 15 年里每天抽一包雪茄的人，她已经吸了超过百万次的雪茄烟雾。难怪她对自己的习惯感到无能为力。

> **日志提示**
>
> 反思一下以上所讨论的健康行为。你目前从事哪些健康行为？你如何保持这些行为？你不经常参与哪些健康的行为或为什么会这样？基于以上内容思考一下为什么养成健康习惯那么困难。

预防项目

因为改变如此根深蒂固的行为可能会非常困难，所以我们最好不要一开始就让它们发展起来。预防工作应该从青春期开始，因为我们在生活中越早养成不健康的习惯，它们就越有可能在以后的生活中给我们带来问题，比如酗酒（Hingson，Heeren，& Winter，2006）。健康心理学家已经开发了包含以下因素的预防程序：

- 教育年轻人有关肥胖、吸烟、酗酒的风险和不良后果，以及良好的健康行为，如良好的营养、锻炼的重要性。
- 教导年轻人认识和抵制来自同龄人的压力，避免从事不健康的行为。
- 让年轻人接触那些不喝酒也不抽烟的积极榜样。
- 教授年轻人有效应付日常生活及应付生活压力事件的技巧。

但是并不是所有的预防措施都是成功的。全美的学校都在实施"抗毒品教育"项目，或DARE。计划在全美范围内用于教育学生如何避免参与毒品、帮派和暴力活动（Ringwalt & Greene，1993）。该项目让身穿制服的警察参与其中，教育对象是五年级和六年级学生。它强调过度饮酒和滥用药物的消极方面以及自尊和健康生活选择的积极方面。该项目深受学校管理人员和家长的欢迎，你很有可能在你邻居的汽车的保险杠看到 DARE 贴纸。然而，研究人员一再发现，该项目不会对药物滥用或增强自尊产生积极的长期影响（Lynam et al.，1999）。一些研究人员甚至发现，它偶尔会适得其反，导致轻度的药物滥用（Lilienfeld，2007；Werch & Owen，2002）。侧重于使用应对技巧和管理压力的项目通常表现出更好的治疗和预防效果（MacKillop & Gray，2015）。这些发现提醒我们，在一些项目被广泛推广之前，我们不能仅凭直觉行动，而需要仔细评估项目（Wilson，2011）。

补充和替代医疗

以下三种做法有什么共同之处？

- 食用藤黄补充剂——这是一种来自罗望子的物质，可以减轻体重。
- 在外耳中放置细针，以缓解手术后的恶心。
- 控制脊髓治疗疼痛和预防疾病。

评价观点 减压和放松技巧

期末考试即将来临，你压力很大，因为你的兼职工作耗费了你太多时间，使你无暇专注于学习，并且在工作中遇到了一个非常糟糕的主管。

在过去的几天里，你一直沉浸在音乐中，想找到一种放松的方法。在网上搜索你最喜欢的列表里的一些曲目，你偶然发现下面的广告，你的好奇心被激发了。

"听众一致认为，跨皮层的空间音乐可以让高达90% 的过度紧张的听众得到放松！我们的音乐创造了一种身临其境的平和与宁静。当你被传送到时空意识的新维度时，你所有的压力都会蒸发；你会感到精力充沛，准备好前进，充满自信地面对挑战。听众对一项基于 20 个免费样品的调查做出了回应。他们报告说，他们对音乐的体验超出了预期。你可以亲自感受一下。如果你不满意的话，我们将无理由退款。"

科学的怀疑论要求我们以开放的心态评估所有的主张，但在接受之前一定要坚持有说服力的证据。科学思维的原则如何帮助我们评估关于减压、放松和聆听特殊音乐的主张？

当你评估这一主张时，考虑一下科学思维的六大原则是如何运用的。

1. 排除其他假设的可能性

对于这一研究结论，还有更好的解释吗？

其他的解释还没有被排除。有可能 90% 的人都说他们在听了音乐之后经历了深深的平和与宁静，因为只有那些感到平静的被调查者才有动力去回答这些问题且鲜有例外。其他听过音乐却不觉得轻松与平静的

人可能不会费心去接受调查。这则广告并没有告诉我们有多少人接受了调查，其中有多少人回答了这个问题。因此，有可能只有总量中的一小部分人有了放松的效果。而且，因为我们不知道听众在听音乐之前的期望是什么，所以很难知道如何解释音乐体验超出预期的说法。也许听众的期望一开始就很低，所以我们也不知道那些对调查做出反应的人是否是那些对广告中音乐的类型特别热衷的人。也许他们根本不具代表性，无法代表普通听众的口味，也无法分享绝大多数潜在顾客的口味。过度紧张和放松的条件太笼统，定义也不明确，我们无法确定这种说法如何适用于潜在客户。我们也不清楚放松是否与音乐有关，或者放松只是因为安静地静坐了一小段时间。

2. 相关还是因果

我们能确信 A 是 B 的原因吗？

这种科学思维的原则于这种情形并不十分相关。

3. 可证伪性

这种观点能被反驳吗？

是的，关于放松的说法是可以反驳的。至少，有必要详细地定义与描述听众样本的具体信息，用有良好效度和信度的工具评估压力和放松的水平，将"压力过大"和"放松"的意思解释得更为清晰，确定听众接触到音乐之前的期望，在合理控制或者至少明确指定的条件下评估听音乐的影响，比较听音乐与静坐或听其他类型的音乐在效果上的区别。认为的听者将被传送到时空意识的新维度的说法是不可能被证明的，因为传送到一个不可定义的、不可测量的"时空意识维度"在科学的边界之外，不能被证伪。

4. 可重复性

其他人的研究也会得出类似的结论吗？

没有证据表明这一论断来自有明确的结论的研究。我们应该怀疑所有未基于重复的研究而轻易做出的断言。

5. 特别声明

这类证据可信吗？

这种说法很不正常，因为 90% 的人听了音乐后会完全放松和极度自信，这是非常不可能的，所提供的证据远不如所声称的那么有力。

6. 奥卡姆剃刀原理

这种简单的解释符合事实吗？

一种更简单的解释是，调查结果有偏差。令人印象深刻的 90% 的统计数据是基于一小群不具代表性的受访者的回答，他们在听了音乐样本后感到放松和自信。

这则广告并没有为购买音乐提供足够的依据，退款保证是吸引顾客的诱饵。这对卖家来说是有利的，因为很多人购买的产品如果没有兑现商家的承诺，他们也不会要求退款，因为这么做很麻烦。在这个案例中，消费者很容易把音乐"不起作用"归结为他们自己的原因，比如"压力太大"或"没有足够自信"，致使音乐没有发挥出商家所声称的功效。

总结

综上所述，该产品在 90% 的过度紧张的听众中产生放松的说法应该受到相当多的质疑。

每年，美国人向 CAM 从业者和 CAM 产品支付约 340 亿美元（Saks，2015）。在一项全国性调查中，33% 的成年人和 12% 的青少年在一年前使用了某种形式的 CAM（Black et al.，2015；Clarke et al.，2015）。我们可以在表 12.2 中检查各种 CAM 疗法。

表12.2　美国成年人2012年使用的CAM疗法

疗法类型	用户量（%）
天然产品（如非维生素、非矿物质等膳食补充剂）	17.7
深呼吸	10.9
瑜伽、太极或气功	10.1
脊椎按摩疗法和相关方法	8.4
冥想	8.0
按摩	6.9
特殊的饮食	3.0
顺势疗法	2.2
逐步放松	2.1
引导想象	1.7
针灸	1.5
生物反馈	0.1

答案：每一种都是现代医学主流之外的替代疗法或非标准疗法。**替代医疗**是指替代安全、有效的传统医疗的医疗实践和产品。相比之下，**补充医疗或综合保健**，是指与传统医疗一起使用的产品和做法（National Center for Complementary and Integrative Health，2016）。同时，这两种形式的医疗一起都被称为 CAM（补充和替代医疗）。使它们联合起来的是，它们还没有被证明在使用科学标准评估的前提下，是安全有效的（Bausell，2007；Singh & Ernst，2008）。

生物基础疗法：维生素、草药和食品补充剂

估计有 4 100 万美国成年人每年花费超过 220 亿美元用于草药治疗和不确定疗效的补充剂（Gupta，2007；Wu et al.，2014）。然而，一些曾经被认为是有希望的草药和天然制剂被发现并不比安慰剂有效（Bausell，2007）。与普遍的观点相反，科学发现证明了这一点，

- 圣约翰草不能缓解中度或重度抑郁的症状（Davidson et al.，2002）。
- 鲨鱼软骨不能治愈癌症（Loprinzi et al.，2005）。
- 广泛使用的补充氨基酸葡萄糖和软骨素不能缓解轻微的关节炎（Reichenbach et al.，2007）。
- 莓果不能改善性行为，增加能量，帮助消化或减轻体重（Bender，2008；Cassileth，Heitzer，& Wesa，2009）。
- 从银杏叶中提取的物质不会延缓老年人的认知能力下降，预防阿尔茨海默病，减少心脏病发作或中风（Dekosky et al.，2008；Kuller et al.，2010）。

事实与虚构

互动　替代疗法并不总是有益的，但也不是有害的。（请参阅页面底部答案）
○ 事实
○ 虚构

许多维生素和食品补充剂也不太好。膳食补充钙不能预防骨质流失，或增加绝经后妇女的骨密度（Jackson et al.，2006；Tai et al.，2015）；维生素 C 并不能显著降低感冒的严重程度或持续时间（Douglas et al.，2004；Hemilä，& Chalker，2013）；预防疾病的补充钙与妇女更大的死亡风险相关（Mursu et al.，2011）；高剂量的维生素 E 可能会增加患前列腺癌的风险（Klein et al.，2011；Kristal et al.，2014）。维生素缺乏可能会导致严重的健康问题，但服用"远远超过推荐量的维生素或矿物质"并没有多大益处。

答案：虚构。许多替代疗法可能是危险的，如螯合疗法，医生偶尔使用它治疗自闭症谱系障碍，通过给患者注射一种与一些金属结合的化学物质以从身体上去除重金属（包括汞，有些人认为汞会引发自闭症，见 15.6a）。至少有三例死亡与螯合疗法有关，这是由导致心力衰竭的低钙水平引起的（Centers for Disease Control and Prevention，2006）。目前还没有证据表明螯合疗法对自闭症或其他心理障碍有效（DeNoon，2005）。

替代医疗
（alternative medicine）
替代传统医学的医疗实践和产品。

补充医疗或综合保健
（complementary medicine or integrative health medicine）
和传统医学一起使用的医疗实践与产品。

美国食品药品监督管理局（FDA）对大多数药物进行了严格的监管，但由于 1999 年国会通过了一项有争议的立法，不再对草药、维生素或膳食补充剂的安全性、纯度或有效性进行监管。所以，如果我们在当地的药店买一瓶圣约翰草或银杏，我们就是在拿自己的安全做赌注。一些不纯的草药制剂含有危险的铅，甚至有毒的砷（Ernst，2002）；其他天然产物会干扰传统药物的作用。仅仅因为一些东西是自然的并不意味着它对我们来说是安全的或健康的。这种错误的信念被称为自然的普遍现象，因为 FDA 没有监控这些产品，所以不能保证这些产品中包含他们所说的某些物质。

基于手法和身体的方法：以脊椎疗法为例

在以身体为基础的疗法中，最主要的是脊椎指压疗法，这一点也不奇怪，它是通过脊椎指压按摩师操作的。脊椎按摩师通过按摩脊椎治疗各种与疼痛相关的疾病和损伤，并且经常为患者提供营养和生活方式的咨询，近 20% 的美国人曾经看过脊椎指压按摩师（Barnes et al.，2004）。与医生不同的是，脊椎指压按摩师不能进行手术或开药，从历史上看，脊椎推拿医学是建立在现在看来并不可信的观点之上的，即脊柱排列的不规则会阻碍神经和免疫系统的正常运作。虽然按摩疗法可能有时会有帮助，但它并不比包括运动、全科医生护理、止痛药和物理疗法的标准方法好（Assendelft et al.，2003；Astin & Ernst，2002；Blanchette et al.，2016）。更重要的是，没有证据表明这一方法可以治疗癌症等与背部疾病无关的疾病，即使它经常以此为目的。不过，有些人可能会从按摩师的关注、支持和建议中受益，这些可能会减轻患者的压力，并产生强烈的安慰剂效应。

身心医学：生物反馈、冥想和瑜伽

生物反馈是一种几乎能立即产生生物功能的反馈，如心率或皮肤温度（Miller，1978）。随着时间的推移，一些患者可以学会使用这种反馈来改变他们的生理反应，这些反应与压力或疾病有关。与 20 世纪 70 年代的鼎盛时期相比，当前生物反馈的流行有所减弱，可能是因为改变生理反应的训练需要花费病人很长时间，生物反馈需要特殊的训练（Andrasik，2012）。此外，健康心理学家还提出了一个问题：生物反馈是否会产生有益的影响。事实上，放松训练和生物反馈在减轻压力和治疗焦虑、失眠以及与癌症化疗相关的副作用方面同样有效（Gatchel，2001）。

冥想是指训练注意力和意识，帮助控制情绪的各种方法（Hölzel et al.，2011；Shapiro & Walsh，2003）。冥想练习根植于许多世界宗教之中，并融入所有种族和信仰的人们的生活中。在西方国家，人们通常通过冥想来减轻压力，而在非西方国家，人们通常通过冥想来获得顿悟和精神成长。与刻板印象相反，冥想没有所谓的"正确"方式。它可以包括将注意力集中在呼吸、火焰上，对所有生物的怜悯之心上，或在此刻想到的任何事情上（Hofmann，Grossman，& Hinton，2011；Kabat-Zinn，2003）。

几个世纪以来，冥想在大众文化和主流科学之外都很流行。如今，只要在互联网上简单搜索一下，就能找到指导冥想的应用程序，促进冥想状态的音乐，以及边走边听或坐着冥想的 CD（Malaktaris et al.，2016）。包括加利福尼亚州前州长杰里·布朗、奥普拉·温弗瑞、演员休·杰克曼和歌手凯蒂·佩里在内的名人都为冥想产生的平静力量做了保证。自 20 世纪 60 年代以来，当科学家们首次将注意力转向冥想可能的益处时，他们发现了广泛的积极效应，这些效应包括提高创造力、同理心、警觉性、对痛苦的同情反应和自尊（Condon et al.，2013；Haimerl & Valentine，2001；So & Orme-Johnson，2001），缓解焦虑、抑郁、人际关系问题（Goyal et al.，

生物反馈（biofeedback）
一种机能上的反馈，它几乎可以立即产生一种生物功能，如心脏或皮肤温度。

冥想（meditation）
训练注意力和意识的各种练习。

2014；Tloczynski & Tantriella，1998）以及降低抑郁症复发（Segal，Williams，& Teasdale，2012）。临床医生在各种心理疗法中加入了冥想技巧，并在治疗疼痛和许多疾病方面取得了一些成功（Baer，2003；Zeidan et al.，2016）。冥想也能促进大脑的血液流动（Newberg et al.，2001；Wang et al.，2011），提高免疫功能（Jacobs et al.，2011；Pace et al.，2009）。

2012 年，美国有 8% 的人进行了冥想，这反映了公众和科学界对冥想可能带来的好处的认识增加了。

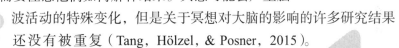

排除其他假设的可能性
对于这一研究结论，还有更好的解释吗？

许多人似乎从冥想中受益，尽管还不清楚为什么：它的积极作用可能源于对我们令人不安的想法和感觉的接受（Kabat-Zinn，2003）。它们也可能不是来自冥想本身，而是静坐、休息、闭着眼睛放松（Farthing，1992；Holmes，1987）。人们对于冥想的积极态度和期望也可以解释为什么它是有益的。很少有研究长期跟踪冥想者，所以我们不知道它有哪些积极的影响，能泛化到哪些不同的情况，或是否适用于大量的冥想者。当研究人员发现在有经验的冥想者和非冥想者之间的不同，他们

可重复性
其他人的研究也会得出类似的结论吗？

需要注意他们如何解释结果。冥想可能会产生脑波活动的特殊变化，但是关于冥想对大脑的影响的许多研究结果还没有被重复（Tang，Hölzel，& Posner，2015）。而那些表现出特定脑波模式的人，可能会特别喜欢冥想（Lutz et al.，2004）。因此，因果关系的方向

相关还是因果
我们能确信 A 是 B 的原因吗？

很难确定。然而，对许多人来说，冥想是他们日常生活中珍贵的、不可或缺的一部分。

灵气能量疗法

互动

灵气疗法是日本的一种能量疗法和精神治疗实践，医生建议患者放松，然后把手放在上面，以重新平衡和集中在不同的身体部位的灵气能量。研究人员没有发现灵气疗法在治疗医学或压力相关疾病方面有帮助的证据（Lee，Pitter，& Ernst，2008）。在灵气治疗后，压力减轻或症状改善的报告可以用安慰剂效应、放松和自然发生的变化来解释。

瑜伽的历史可以追溯到 5 000 年前的印度北部，根植于早期印度教和佛教的神圣宗教文本。不同的瑜伽传统有共同的实践方法，它包括一系列的姿势、冥想、呼吸技巧、精神集中、视觉化或引导想象以及放松练习。它有助于减少焦虑和偏头痛、疼痛以及和疼痛相关的疾病（Bussing et al.，2012；Wren et al.，2011）。然而，研究人员很少进行有对照的研究，因此，关于瑜伽是否比简单的放松和其他类型的运动更有效的问题，还有待定论。

能量医学：针灸疗法

能量类药物越来越受欢迎（见表 12.2），并基于这样一种观点，即我们身体能量场的破坏可以被绘制出来并加以治疗，而中国医生至少在 2 000 年

瑜伽（yoga）
身体、心理和精神上的练习，包括姿势、冥想、呼吸技巧、精神集中、可视化或引导想象以及放松练习。

针灸疗法（acupuncture）
中国古代的做法是将细针插入人体的一个或多达 2 000 个穴位，以改变被认为贯穿身体的能量。

顺势疗法
（homeopathic medicine）
以一种小剂量的致病物质来激活人体自身的自然防御为特点的疗法。

前就开始发展和实施**针灸疗法**。根据一些历史记载，针灸在中国古代的战场上被发现，当时被箭和锋利的石头刺穿的士兵报告说他们的其他疾病得到了缓解（Gori & Firenzuoli，2007）。在针灸疗法中，医生将细针插入身体的特定部位。超过 4% 的美国人（Barnes et al.，2004）曾咨询过针灸师。这些针灸师把针放在经络的特定穴位上，他们认为这是一种叫作"气"的微能量或生命力量。针灸医师宣称，通过将针或电、激光或热刺激作用于身体上的一个或多个点，可以缓解气的阻塞，针灸针很细，几乎可以在皮肤上的任何地方插入。

针灸可以帮助缓解手术后的恶心和治疗与疼痛相关的疾病（Berman & Straus，2004；Linde et al.，2016；Vickers et al.，2012）。然而，没有理由相信它的任何积极影响都是由于能量的改变（Posner & Sampson，1999）。针灸穴位早在现代科学兴起之前就已经绘制出来了。即使在今天，科学家们还无法测量出与特定疾病相关的能量。我们还记得，如果一个概念不能被测量，也不能被证伪，那就不科学了。比如说，要证明"气"是有效的机制，这是不可能的。

完整的医学体系：以顺势疗法为例

可证伪性
这种观点能被反驳吗？

在中国和印度，除了传统医学外，完整的医学体系已经发展了数千年。最近的一个例子是从 19 世纪早期开始在美国实行的**顺势疗法**。近 4% 的美国人在他们的一生中使用过一种或多种顺势疗法（Barnes et al.，2004）。这些综述是基于一个前提，即通过服用稀释的使健康人生病的物质，会减轻这种疾病。为了理解顺势疗法的原理，我们应该回忆一下关于病人忘记服用顺势疗法药物而死于剂量不足的笑话。顺势疗法的原理是"以毒攻毒"。代表性启发式（见 8.1a）有一个很好的例子，即心理捷径，我们通过它来判断两个事物之间的相似程度（"喜欢与喜欢相伴"）。

特别声明
这类证据可信吗？

当我们过于依赖代表性启发式时，我们会在判断上犯错误。在这种情况下，我们可能会认为对一种疾病的治疗必须与它的起因相结合。如果一种疾病是由大量的化学物质 A 引起的，我们应该尽可能用小剂量的化学物质 A 来治疗这种病。然而，顺势疗法经常会稀释药物，以至于没有一种原始物质的单一分子仍然存在。顺势疗法者相信物质的"记忆"就足够刺激人体的防御，这是一种非同寻常的主张，从科学的角度来看完全没有意义。不含药的药不是药。不出意外，顺势疗法并没有被证明是有效的（Giles，2007）。

安慰剂和 CAM

奥卡姆剃刀原理
这种简单的解释符合事实吗？

巴克·鲍瑟尔（Bausell，2007）曾是 CAM 的倡导者，他回顾了针灸和其他辅助治疗的研究，并得出结论，在大多数情况下并没有证明它们比安慰剂或假治疗更有效。例如，腰痛（Brinkhaus et al.，2006）和偏头痛（Diener，Kronfeld，& Boewing，2006）的患者会受益于假针灸疗法，研究人员将针头放置在与针灸穴位不匹配的地方，或在针刺没有穿透皮肤的地方。假针灸甚至比口服药物安慰剂能更有效地治疗偏头痛（Meissner et al.，2013）。事实上，大多数研究表明，假针灸可以像真针灸一样缓解症状（Hall，2008；Hines，2003）。安慰剂效应是一种更简单的解释，它能更好地解释数据，而不是假设一个不可检测的能量场对针灸效果的影响。

事实上，安慰剂效应常常给人留下深刻的印象，并对大脑的化学活动产生重大影响（Kirsch，2010）。安慰剂和针灸都能刺激内啡肽的释放，尽管有很多活动，包括吃辣椒、大笑、跑步、用锤子敲手指等也能引起相似反应（Cabyoglu，Ergene，& Tan，2006；Hall，2008；Pert，1997）。疼痛，通常是 CAM 治疗的目标，对安慰剂的反应是出了名的。托尔·韦格和他的同事告诉患者，一种奶油可以减轻热或电击的疼痛（Wager et al.，2004）。在科学家将安慰剂膏作用于患者的皮肤后，患者报告的疼痛减轻了，而功能性磁共振成像（fMRI）检测到的脑部区域的疼痛感更少了。

排除其他假设的可能性
对于这一研究结论，还有更好的解释吗？

医生也许能够使用安慰剂的力量，增加病人的希望和积极的期望，以减轻一些身体症状并增强可用疗法的效果。反过来，研究人员需要仔细地控制安慰剂效应，以评估任何新的治疗方法，不管是 CAM 还是传统疗法，排除它们解释治疗效果的可能性（Bausell，2007）。

排除其他假设的可能性
对于这一研究结论，还有更好的解释吗？

许多 CAM 疗法几乎没有科学支持，但它们仍然很受欢迎，为什么会这样？除了安慰剂效应外，还有四个可能的原因导致未经证实的 CAM 疗法的明显效果。

- 人们可能认为天然产品，如草药和大量维生素可以改善他们的健康，因为认为它们没有副作用。
- 许多生理疾病的症状是一点一点缓解的，所以消费者可能将症状缓解归因于治疗，而不是疾病自然过程的改变。
- 当 CAM 治疗伴随常规治疗时，人们可能会将其改善归因于 CAM 治疗，而不是那些不那么引人注目或有趣的常规治疗。
- 这个问题起初可能会被误诊，因此，情况并不像最初认为的那样严重。

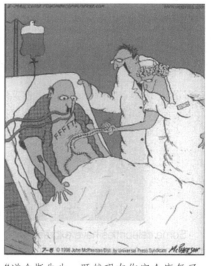

"道金斯先生，既然现在你完全康复了，我们可以告诉你真相。12 个小时的手术，违反规定的饮食，三周的卧床休息。所有这些都是精心设计的安慰剂效应的一部分。"

CAM 治疗：使用或不使用 CAM 治疗，这是一个问题

选择科学上不支持的替代疗法而不是传统的治疗方法对我们的健康是有害的。大众媒体经常提供关于 CAM 的错误信息，这可能对公众健康造成深远影响。例如，在无数脱口秀节目和一本畅销书中，前情景喜剧女演员苏珊娜·萨莫斯（Somers，2009）拒绝使用标准的、通常很有疗效的方法来治疗乳腺癌和前列腺癌，并宣传替代疗法和维生素补充剂，研究表明这些疗法毫无价值甚至是危险的。

我们是否应该不加批判地接受我们在媒体或其他地方遇到的医疗意见和建议？现在，你应该能猜到我们的答案了：不！相反，我们是否应该得出结论，所有的 CAM 治疗都是毫无价值的？不，正如我们之前在书中（见 1.3a）所了解到的，我们必须保持开放的心态，不要轻易放弃新的治疗方法。许多药物源于植物和天然产物，许多有效的药物肯定还有待发现。每年，制药公司都会筛选数以千计的天然产品用于治疗疾病，有一些是值得进一步测试的。例如，来自太平洋紫杉树的紫杉醇被证明是有效的抗癌物质。虽然圣约翰草对严重的抑郁症并不是特别有效，但一些证据表明它对轻度抑郁有所帮助（Kasper et al.，2007；Wallach & Kirsch，2003）。然而，并不是所有的研究人员都重复得到了这些积极的发现（Rapaport et al.，2011）。我们需要谨慎，尤其是因为圣约翰草会干扰某些药物的有效性。同时，如果圣约翰草和其他草本植

可重复性
其他人的研究也会得出类似的结论吗？

名人与健康观点

互动

一些名人对传统的医疗行为表达了强烈的反对意见。例如，尽管医疗机构呼吁进行预防性疫苗接种，比尔·马赫却对猪流感疫苗表示强烈反对。马赫关于疫苗接种的观点可能会对公众卫生产生影响。人们可以听从他的建议，没有接种疫苗并患上流感。反过来，他们可能会让其他人有患流感的风险。

物安全有效，其最终可能成为主流治疗的一部分。

心理学实践也是如此。冥想，一度被视为一种备选方法，现在看来是一种有效的减轻压力的方法，并逐渐融入传统方法中。

巴里·拜尔斯坦（Beyerstein，1997）建议我们在尝试一种新方法之前，先问以下两个问题：

- 它是否缺乏科学依据，或与公认的科学定律或原则相抵触？
- 经过仔细研究，产品或治疗是否比传统方法更有效？

如果两个问题的答案都是"是"，我们应当特别怀疑，那么当我们怀疑的时候，向医生咨询关于 CAM 的疗法是明智的。这样做会让我们相信我们所选择的治疗方法确实是一个"好的选择"，不管它是否是传统的方法。

总结：压力、应对与健康

12.1　什么是压力？

12.1a　描述压力的定义和各种应对压力的方法。

压力是日常生活的一部分。大多数人一生中都会经历一件或几件非常有压力的事情。当人们感到身体受到威胁、不安全或无法满足生活的要求时，他们会感到压力。压力可以被看作一种刺激、一种反应或与环境有关的事物。确定特定类别的压力事件，如失业、自然灾害，是压力源的焦点，这是从刺激的视角看待压力，而对压力事件及其后果的反应是研究压力的重要方面。从转变或交流的角度来看，压力的体验取决于初级评估（关于事件是否有害的评定）和对潜在压力事件的二级评估（对我们应对事件的能力的看法）。

12.1b　了解压力测量的不同方法。

心理学家经常评估需要人们做出重大调整或适应的生活事件，比如疾病和失业。他们还评估了一些令人沮丧的日常事件，这些事件可能比主要的压力源更能影响身心健康。访谈法比问卷调查法更能了解生活压力事件。

12.2　适应压力：变化与挑战

12.2a　了解塞利的一般适应综合征。

一般适应综合征由三个阶段组成：（1）警觉阶段：自主神经系统被激活；（2）阻抗阶段：适应和应对发生；（3）衰竭阶段：资源和应对能力衰竭，它会损害器官并导致抑郁和创伤后应激障碍（PTSD）。

12.2b 掌握应激反应的类型。

我们的压力反应因不同的压力而不同，可能由性别决定。与男性相比，在女性中更常见的是依赖与友好。在压力很大的时候，女性往往更多地依赖于自己的社会关系，向朋友或他人寻求支持。大约 5% 的男性及 10% 的女性在面对潜在的创伤性压力时经历了创伤后应激障碍（PTSD）。然而，多达三分之二的人在面对强大的压力时仍有弹性。

12.3 应对压力

12.3a 了解社会支持和各种控制在应对压力时的作用。

社会支持和以下类型的压力控制是重要的：（1）行为控制：采取行动减轻压力，（2）认知控制：重新评估无法避免的压力事件，（3）决策性控制：选择再选择，（4）信息控制：获取压力信息，（5）情绪控制：抑制和表达情感。灵活应对，即针对特定情况调整应对策略也很有帮助。

12.3b 了解我们的态度、看法和性格如何影响我们对于压力的反应。

坚强的人视变化为挑战，对他们的生活和工作有很强的责任感，相信他们能控制事件。乐观和精神力量能增强抗压能力，而反刍不是一种适应压力环境的适当方式。

12.4 压力如何影响我们的健康

12.4a 描述免疫系统如何受到压力的影响。

免疫系统是人体抵御疾病的防御屏障。吞噬细胞和淋巴细胞中和了病毒和细菌，产生了抗感染的抗体。免疫系统疾病包括艾滋病和自身免疫性疾病，其中免疫系统过度活跃会降低对疾病的抵抗力，延迟愈合，损害免疫系统。

12.4b 了解诸如溃疡之类的身体失调是如何与压力有关的。

心理学家使用了"心理生理学"这个术语来描述像溃疡这样的疾病，在这种情况下，情绪和压力会导致、维持或加重身体不良状况。溃疡，似乎是由幽门螺旋杆菌引起的，并因压力而加重。我们可以从生理心理社会的角度来理解压力，它既考虑生理因素，也考虑心理因素。

12.4c 描述人格、日常经验和社会经济因素在冠心病中的作用。

多年来，人们认为，A 型人格更易患冠心病，但最近的研究表明敌对的情绪是一个更重要的风险因素。社会经济因素和日常生活经历是导致包括冠心病在内的许多身体疾病的主要原因。

12.5 提高健康水平——减少压力

12.5a 了解四种有助于健康生活方式的行为。

可以促进健康的行为包括不吸烟、控制饮酒、保持健康体重和锻炼。

12.5b 了解改变生活习惯为什么如此困难。

很难改变我们生活方式的原因包括个人的惰性、错误估计风险的倾向以及无力感。

12.5c 描述不同的补充和替代疗法并将其有效性与安慰剂比较。

替代疗法包括生物基础疗法（维生素、草药和食品补充剂）、基于手法和身体的方法（脊椎疗法）、身心医学（生物反馈、瑜伽以及冥想）、能量医学（针灸疗法）和完整的医学体系（顺势疗法）。补充医疗或综合保健医学是指与传统医学一起使用的产品和实践。许多替代方法并不比安慰剂有效。当替代医疗产品和实践被证明是安全有效时，它们可以成为传统医学的一部分。

第 13 章　社会心理学

我们如何以及为什么改变

质疑你的假设

互动

从众和服从在心理上总是不健康的吗？

如果一个穿着白色实验服的权威人员命令你给一个陌生人一下强大的电击，你会这样做吗？

如果我们在外面散步时被攻击，有很多人看到，相比于只有一个人看到，我们会更安全吗？

为了说服人们做某事，我们应该给他们一大笔钱来贿赂他们改变观点吗？偏见和歧视是不同的现象吗？

心理学给我们上了一课：我们经常受到周围人的行为的影响，即使我们没有意识到。我们将在这一章中学到更多有关旁观者效应的内容。

就像一些心理学研究一样，关于旁观者效应的研究颠覆了常识：令人惊讶的是，当周围有其他人时，我们干预危机的可能性往往小于独自一人时。其中一个原因是，当周围有其他人时，我们会觉得自己对不采取行动的潜在后果不太负责。在这一章的后面，我们将探讨这种令人惊讶的影响的其他原因，它强调了社会影响可以产生强大的现实后果。

13.1　什么是社会心理学

13.1a　了解社会情境影响个体行为的方式。

13.1b　解释基本归因错误是如何导致我们对他人的行为做出错误判断的。

社会心理学不仅帮助我们理解为什么我们中的许多人在紧急情况下似乎出现心理瘫痪，而且也帮助我们理解为什么许多其他形式的人际影响如此强大。**社会心理学**是一门研究人们如何影响他人行为、信仰和态度（包含好坏两方面）的科学（Lewin，1951）。社会心理学帮助人们明白为什么有他人在场时我们会表现得乐于助人，甚至是英勇无畏，而有时又会表现得很差劲，比如我们会在别人遭受痛苦时屈服于群体压力而选择袖手旁观。另外，社会心理学还告诉我们为什么人们总是倾向于接受不理性的，甚至是伪科学的信念。不过，这里有一个问题。研究表明，我们倾向于相信其他人容易受到社会影响，但我们不相信我们自己容易受到社会影响（Pronin，2008；见1.2b）。因此，我们最初可能会抵制一些社会心理学的发现，因为它们似乎适用于所有其他人，而不是我们。事实上，它们也适用于我们。

在这一章中，我们将开始研究我们称之为人类的社会动物（Aronson，2012），并讨论人们如何以及为何倾向于低估社会影响对他人行为的作用。下面我们将探讨两种极为重要的社会影响：从众和服从，然后弄明白我们为何时而帮助他人，时而又伤害他人。与此同时，我们将研究帮助我们克服伤害他人的强大影响因素。之后，我们将讨论态度以及社会压力是如何塑造它的。在本章的结尾，我们将探讨一个令人颇为苦恼的问题（对他人的偏见究竟是如何形成的？）以及一个值得欣悦的问题（我们是如何克服偏见的？）

可重复性

其他人的研究也会得出类似的结论吗？

我们在整书都提及的六个科学思维原则很重要，可重复性在社会心理学的评估中特别重要。特别是在过去的几年里，越来越多的学者——一些在社会心理学领域内的学者——对某些广泛报道

社会心理学

（social psychology）

研究人们如何影响他人行为、信念和态度的学科。

的社会心理学发现的可重复性提出了重大挑战。事实上，一些被广泛报道的社会心理学发现在重复研究中并没有得到很好的证实（Earp & Trafinow，2015；Open Science Collaboration，2015）。这些在可重复性方面的困难也许并不令人惊讶，因为作为社会动物，我们对微妙的人际关系敏感。结果，实验设置中看似微不足道的变化——参与者的指令、研究助手的感知态度和外观、其他参与者的友好程度等等——可能会以不可预测的方式影响社会心理学研究的结果。

人类是社会物种

社会心理学之所以重要的一个主要原因是：人类是高度社会化的物种。众多证据表明，几十万年前，人类是从密集的小社会群体中开始进化的（Barchas，1986）。即使是今天，许多人还是自然地倾向于形成小群体。我们通过形成小团体或者群体，即组内成员，而将其他人即组外成员排除在外。

某个点的相互吸引

人类学家罗宾·邓巴（Dunbar，1993）因一个数字而出名：150。这个数字是指人类社会群体的大致大小，从昔日的狩猎采集者到如今在专门研究领域工作的科学家（Gladwell，2005）。邓巴认为我们大脑皮层相对于我们大脑的其他部分的大小限制了我们能联系的人的数量。相对于大脑的其他部分来说，皮质相对较小的动物（如黑猩猩和海豚），能联系的数量可能更少（Dunbar，1993；Marino，2005）。不管150是不是普遍的"神奇数字"，邓巴可能是对的，我们高度社会化的大脑倾向于形成亲密的人际网络，虽然这种网络很大，但也就这么大。

归属的需要：为什么我们会形成群体

如果被长时间地剥夺社会交往，我们往往会感到孤独。根据罗伊·鲍迈斯特和马克·里亚利（Baumeister & Leary，1995）的归属需要理论，人类有对人际关系的生物性需要。斯坦利·沙赫特（Schachter，1959）在一项小规模的实验研究中发现了这种社会需求的力量。他要求五名男性志愿者长时间待在不同的房间里。五个人都很痛苦。有一名参与者对隔离的忍耐性特别低，在仅仅20分钟后就接受了救助。而另外三个人只持续了两天。唯一一位坚持了八天的参与者认为自己是极度焦虑的。对被单独监禁的囚犯进行的研究表明，他们比其他囚犯更容易出现心理症状，尤其是情绪与焦虑问题（Andersen et al.，2000；Grassian，2006）。他们甚至似乎更倾向于自杀行为（Kaba et al.，2014）。被单独监禁的囚犯可能会比其他囚犯更容易情感失调，到目前为止，相关研究还很难对其进行解释。

排除其他假设的可能性
对于这一研究结论，还有更好的解释吗？

更系统的研究表明，社会孤立的威胁可能会导致自残行为，甚至损害我们的心理机能。在一系列的实验中，琼·特文格（Jean Twenge）和她的同事们要求大学生完成一项人格测量，并根据他们的测试结果，给他们一个虚假反馈：他们告诉一些参与者"你会在以后的生活中孤独终老"和其他人"你可能在以后的生活中很容易发生事故"。那些收到反馈信息的学生在生命结束时被明显地孤立了，比起其他学生，他们更有可能表现出一些不健康的行为，吃容易令人发胖的便餐或者拖延工作任务（Twenge，Catanese，& Baumeister，2002）。社会孤立甚至还不利于学生在智商测试中的表现（Baumeister，Twenge，& Nuss，2002）。

脑成像研究进一步准确而形象地证明了这个普遍观点——切断社会交往对人是"一种伤害"。基普·威廉姆斯（Kip Williams）和他的同事们开发了一种聪明的电脑抛球游戏"赛博球"（Cyberball），在这个游戏中，他们与其他玩家互动，他们相信这些玩家是真实存在的（事实上，这些玩家并不存在）。研究人员操纵了游戏，使参与者最终被排除在游戏之外；随着游戏的进行，其他（不存在的）参与者开始只把球扔给自己一方，而忽略了参与者（Eisenberger，Lieberman，& Williams，2003）。大多数参与者不喜欢这种体验，并经常报告有被拒绝、社交痛苦、悲伤和愤怒的感觉（Hartgerink et al.，2015）。使用"赛博球"的研究甚至表明，与安慰剂相比，止痛药泰诺会减弱扣带皮层的活动——扣带皮层是大脑中对社交拒绝反应变得活跃的区域（DeWall et al.，2010）。所以我们在面对社交拒绝时所经历的痛苦在某些方面可能与身体上的痛苦相似。

约翰·卡西奥普（John Cacioppo）和他的同事们的研究进一步表明，长期的孤独感会对我们的心理调节产生负面的影响，有时是破坏性的（Cacioppo et al.，2015；Cacioppo & Patrick，2009）。尽管有 80% 的青少年和 40% 的 65 岁以上的成年人报告偶尔会感到孤独，但对于一些人（占 15%～30% 这一比例依赖于如何界定孤独）来说，孤独是一种生活方式（Hawkley & Cacioppo，2010）。孤独感的增加与一年后的高抑郁率有关（Cacioppo et al.，2006）。尽管这些数据是相关的，不能证明有因果关系，但抑郁的增加并不预示着孤独的增加（Cacioppo，Hawkley，& Thisted，2010），这表明孤独感可能会导致抑郁，而不是相反。此外，孤独感预示着早亡（Holt-Lunstad et al.，2015），认知能力下降，甚至可能会增加患阿尔茨海默病的风险（Hawkley & Cacioppo，2010），尽管目前还不清楚这些联系是否有直接因果关系。

相关还是因果
我们能确信 A 是 B 的原因吗？

我们如何变成这样：进化和社会行为

因为我们将会检验一些不健康的社会影响方式（比如，对权威人物的盲从如何导致我们做出愚蠢行为），所以这可能会让人误以为所有的社会影响都是消极的。所以这是对社会影响的严重误解。实际上，我们将要讨论的社会影响方式是可以适应大多数情境条件的，并且有助于调节文化习俗。从社会行为进化途径的观点来看，许多社会影响过程都是自然选择的，因为它们通常在进化历程中对我们有所帮助（Buss & Kenrick，1998；Tybur & Griskevicius，2013）。即使我们对这一观点持怀疑态度，我们仍然可以接受一个核心前提：社会影响过程大部分时间都对我们有用，但如果我们不小心的话，它们偶尔会对我们产生负面影响。

对社会行为的进化观点使我们得出一个重要的结论：从众、服从以及其他形式的社会影响只有在盲目或绝对化时，才会产生适应不良。由这点来看，不合理的群体行为（例如，20 世纪 30 年代和 40 年代纳粹统治期间，成千上万的德国公民盲目服从政府造成的灾难性后果），和最近几年的宗教极端主义组织，是适应过程发生错误后所产生的副产品。找一个有说服力的领导者做向导没什么错，就像我们不停地问一些尖锐的问题。一旦我们接受社会影响而不批判性地评价它，我们就会把自己置于强大的他人的支配之下。

在紧急情况下有秩序地撤离一座建筑物，这反映了从众和服从是如何发挥其积极性的。

社会比较：我从何处开始？

其他人影响我们的一个原因是，他们经常充当某种镜子，为我们提供关于我们自己有用的信息（Cooley，1902；Shrauger & Schoeneman，1979）。根据利昂·费斯廷格（Festinger，1954）的**社会比较理论**，我们是通过与他人比较来评价自己的信念和能力的。这样做可以帮助我们更好地了解自己和整个社会。例如，如果你想

社会比较理论
（social comparison theory）
通过与他人比较来评价自己的信念和能力的理论。

群体性癔症（mass hysteria）

通过社会性感染而传播的非理性行为的爆发。

知道自己是否是一个优秀的心理学学生，你会很自然地拿自己的考试成绩同其他同学做比较（Kruglanski & Mayseless，1990）。这样做能让你更好地了解自己是如何与他们相处的，并能激励你在学习习惯上做出必要的改进。

社会比较理论有两种不同的"风味"。在向上的社会比较中，我们将自己与那些在某种程度上超过我们的人进行比较。比如，一名篮球队的新成员将自己与球队的前两名超级明星相比较。在向下的社会比较中，我们把自己和那些在某些方面不如我们的人比较，就像一名篮球运动员把自己和他那些不停漏球的笨拙朋友相比较。

尽管存在差异，但向上向下的社会比较都能促进我们的自我概念的形成（Buunk et al.，1990；Suls，Martin，& Wheeler，2002）。当我们进行向上的社会比较时，尤其是与那些和我们没有太大区别的人进行比较时，我们可能会感觉更好，因为我们得出这样的结论："如果他能做到这一点，我打赌我也能做到。"当我们进行向下的社会比较时，我们往往会觉得自己比那些在重要的生活领域不如我们的同龄人优越。例如，我们可能会说服自己，我们是一个"小池塘里的大鱼"，比如是在一群表现不佳的学生中最聪明的学生（Marsh et al.，2015）。向下的社会比较可能部分是由于电视真人秀的流行，而电视真人秀往往是那些不成功的人的日常生活。有趣的是，即使当社会比较让我们看起来比别人差时，我们也可以通过说服自己仅仅因为对方是特别有才能的人来缓和我们的自我概念（Alicke et al.，1997）。在一项研究中，参与者错误地认识到，另一个人在智力测试中胜过他们。与观察者相比，这些参与者明显高估了那个人的智商。通过得出"比我优秀的人是天才"的结论，参与者挽回了自尊："不是我笨，而是他非常聪明。"

社会传染

就像我们经常求助于他人来更好地了解自己一样，当情况不明时，我们也常常求助于他人。这很自然，而且通常是个好主意。当我们在飞机上遇到严重的颠簸时，我们通常会看着其他乘客的脸，以此作为做出反应的线索。如果他们看起来很平静，我们通常会放松；如果他们显得紧张或恐慌，我们可能会开始寻找最近的紧急出口。但如果其他人的思维和行为不理性呢？然后，我们可能也会这么做，因为社会行为往往具有传染性。

群体性癔症：一个群体的非合理行为　群体性癔症是一种像流感一样爆发的传染性非理性行为。因为当情境不明确时，我们会倾向于做社会比较，但在确定的情境下，大多数人就会出现群体性癔症。许多疯狂的谣言以同样的方式传播，并且常常被焦虑情绪所煽动。这样的谣言有时会导致问题，甚至灾难性的后果。2013 年 4 月 23 日，一条假推文宣称美国总统贝拉克·奥巴马在白宫遇袭后严重受伤。美国金融市场迅速暴跌 1 300 亿美元，尽管在这条推文被证明是假的之后不久，市场就反弹了（Bartholomew & Hassall，2015）。

当多数人同时相信某些虚假的奇闻逸事时，群体性癔症会导致集体错觉的发生。试想当太空旅行的社会观念高涨时，拍到不明飞行物（UFO）的概率会有多高（见图 13.1）。

这种狂热开始于 1947 年 6 月 24 日，当时飞行员肯尼思·阿诺德在飞过华盛顿州的雷尼尔山附近海洋的上空时，看见了九个神秘的发光体。有趣的是，阿诺德告诉记者，这些东西像香肠。尽管如此，他还是将其描述为"像碟状物一样掠过水面"。

几天之内，飞碟一词出现在 150 多家报纸上（Bartholomew & Goode，2000）。并且仅仅在几年之内，成千上万的人都宣称自己在空中看见了碟状物体。如果报纸对阿诺德的话的报道更准确的话，我们今天可能会听到有关飞行香肠而不是 UFO 的报道。但是，一旦媒体介绍了 UFO 这一术语，现在所熟悉的 UFO 就在美国人的意识中占据了主导地位, 并且永不消失。即使在今天, 仍有许多人将莢状云的形成 (类似于飞碟)、金星、流星、飞机、卫星、气象气球, 甚至是成群发光的昆虫等现象误解为外星人造访地球的迹象 (T. Hines, 2003)。

集体错觉的另一个事例发生在 1954 年, 西雅图和华盛顿经历了盛行一时的 "挡风玻璃上的坑" 事件。许多居民注意到汽车挡风玻璃上有细微的凹口和小坑, 他们怀疑这是联邦政府搞秘密核试验的结果 (Bartholomew & Goode, 2000)。西雅图的市民并不知道, 其实大多数车的挡风玻璃上一直都有小坑。挡风玻璃上的点蚀现象提供了另一个例子, 说明共同的社会信仰如何影响我们对现实的理解。面对两种解释——秘密的核爆炸或灰尘颗粒撞击挡风玻璃——西雅图的居民最好选择一种简单的解释。

都市传闻　关于社会影响力的最简单的证明之一就

图13.1　UFO发现图

在 20 世纪五六十年代, 随着 "斯普特尼克" 1 号和 2 号 (第一批发射入太空的物体——苏联卫星), 以及美国探空器 "水手" 4 号的发射, 看见 UFO 的人数戏剧性地猛增。尽管由这些数据不能推导出确切的因果结论, 它们仍与一种可能性相一致, 即 UFO 的发现是有社会起因的。

资料来源: Hartmann, W.K. (1992). Astronomy: The cosmic journey.Belmont, CA: Wadsworth.Reprinted with permission from William K.Hartmann.

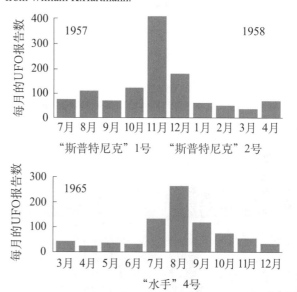

图13.2　都市传闻?

这些有名的都市传闻都广为人知, 不过它们都是虚假的。顺便说一句, 如果你想知道来自互联网或媒体的一个不寻常的谣言是否属实, 请查权威网站 www.snopes.com, 该网站不断追踪都市传闻的准确性。

暴雨之后, 一位女士出于好心把她的鬈毛狗放入微波炉中加热试图烘干它。结果, 微波炉爆炸了。

华特·迪士尼活着的时候就盼咐人们在他死后将其冰封, 等到将来先进的技术能让他重生的时候再把他解冻。

一位女士在家的附近发现一只流浪的吉娃娃。她精心地照料了它几周, 甚至带它去看兽医。兽医告诉她, 她那只漂亮的 "小狗" 实际上是一只大老鼠。

许多团伙晚上不开车灯到处逛, 而且射击那些灯光照到他们的人。

大西洋航空公司一个航班上的一位女子被困在机舱厕所里两个多小时, 她在冲水时造成了一个真空环境以至于她和坐便器粘在了一起。

是关于都市传闻的研究。虚假的故事被重复多次以后, 人们会认为那是真的 (Brunvand, 1999)。正如戈登·奥尔波特和利奥·波斯特曼 (Allport & Postman, 1945) 在 60 多年前指出的那样, 谣言往往会随着重复而变得不那么准确, 通常会变得过于简单化, 从而形成一个好故事。随着互联网、YouTube 和各种社交媒体的日益普及, 都市传说和其他错误谣言现在可以进行 "病毒" 式传播, 在没有任何客观证据的情况下, 一夜之间成为虚拟轰动现象 (Fernback, 2003; Sunstein, 2009)。你听说过图 13.2 中的都市传闻吗?

图 13.2 中的所有故事都是假的, 但是

> **奥卡姆剃刀原理**
> 这种简单的解释符合事实吗?

很多人都相信。都市传闻在某种程度上是令人信服的，因为它们虽然令人惊讶，但是合理（Gilovich，1991）。同时它也编造出一些好的故事，因为它们牵连着我们的情绪，尤其是消极情绪（Heath & Heath，2007；Rosnow，1980）。研究表明，最流行的都市传闻都和厌恶情绪有高度的相关性，这可能是因为它们激起了人们强烈的好奇心。因此，它们会像野火一样蔓延（Eriksson & Coultas，2014）。它们激起了我们的兴趣和关注。都市传闻通常会刻画一些并不具吸引力的老鼠及其他动物，这可能并不是一种巧合（Heath，Bell，& Sternberg，2001）。

日志提示

想想你最近听到或读到过的都市传闻。首先描述它，然后解释为什么这么多聪明的人似乎都相信它。

社会助长：从骑自行车的人到蟑螂

因为我们是社会人，所以仅仅是他人在场就可以提高我们在某些情境中的表现，这一现象被罗伯特·扎伊翁茨（Robert Zajonc）称作**社会助长**。在世界首次社会心理学研究中，诺曼·特里普利特（Norman Triplett，1897）发现，自行车赛车手在和其他赛车手竞争时的速度比他们单独骑车的速度更快，大约相差平均每小时8.6 英里。扎伊翁茨（Zajonc，1965）发现，社会助长效应也适用于鸟、鱼甚至是昆虫。在心理学史上最富创造性的研究之一中，扎伊翁茨和两名同事把蟑螂随机分成两组：一组单独走迷宫，另一组蟑螂在被"观众席"上的另一只蟑螂观看的情况下走迷宫。和前一组相比，后一组蟑螂走迷宫明显要更快，而且犯的错误也更少（Zajonc，Heingartner，& Herman，1969）。

然而，他人对我们的行为的影响也不总是积极的（Bond & Titus，1983）。只有当我们从事简单任务时，社会助长才会对在场人们起作用，而当我们从事较难的任务时，就会出现社会抑制——一种他人会使我们表现更糟的现象。如果你曾经在唱一首有难度的歌曲或者在讲一个很难懂的长笑话时被别人"抑制"，那么你有可能已经发现了这个原则。由五名研究人员组成的研究小组曾观察人们打台球（Michaels et al.，1982）。他人在场时，有经验的台球手会表现得更好，而没经验的台球手则表现得更糟。因而社会影响的效果因情境而定，可能是积极的，也可能是消极的。当我们在做较难的任务而分心的时候，我们很可能会"噎住"——例如我们意识到别人在观察我们——这就限制了我们致力于解决这个问题的工作记忆（见 7.1b；Beilock，2008；Beilock & Carr，2005）。

他人在场的积极作用

互动

他人在场可以提高我们在简单或熟悉的任务上的表现。因为社会助长现象，这些自行车赛手一起骑车时比他们单独骑车时速度更快。

社会助长
（social facilitation）
他人在场时我们表现得更好的现象。

基本归因错误：社会心理学的重要教训

当我们试图在想别人（或者是我们自己）为什么会做某事时，我们就正在**归因**，或者说推测行为的原因。有些归因是主观的（内在的），比如，我们认为乔·史密斯会抢银行是因为他容易冲动。还有些归因是客观的（外在的），比如，我们认为比尔·琼斯抢银行是因为他的家庭破裂了（Kelley，1973）。我们可以依据外在的情境因素（例如社会压力）来解释大量的日常行为。

当我们读到人们在集体的幻想中疯狂的行为时，比如西雅图的挡风玻璃上的小坑，会震惊地

> **归因（attribution）**
> 推测行为原因的过程。

✳ 心理科学的奥秘
为什么打哈欠会传染？

社会影响力的一个生动证明是传染性哈欠现象。日常观察和系统研究都验证了一个事实：一旦一群人中有人开始打哈欠，其他人也会打哈欠（Provine，2012）。打哈欠不仅在人与人之间传播，甚至从书面材料传播到人（Platek et al.，2003；Provine，2005）。事实上，当你读这段话的时候，你可能会发现自己开始打哈欠了（希望不是因为无聊！）。40%～60% 的成年人在看到别人打哈欠后很快就会打哈欠，很多人甚至在看到打哈欠这个词后也会打哈欠（Platek，Mohamed，& Gallup，2005）。然而，打哈欠的心理和生理功能，特别是传染性打哈欠，仍然是一个谜。

尽管胎儿在孕育后三个月就会打哈欠，但传染性哈欠通常要到四岁左右才会出现（Helt et al.，2010）。这种发展趋势可能诠释了儿童同情心和心智理论的出现（见 10.3b）：当我们能够更好地认同他人的心理状态时，我们就更有可能模仿他们的行为。有趣的是，患有自闭症谱系障碍的人，往往会展现出心智缺陷，他们比其他人更不容易打哈欠（Helt et al.，2010）。容易患精神分裂症的人，以及那些具有心理病态人格特征的人，尤其是缺乏同情心的人，可能会表现出同样缺乏传染性哈欠（Haker & Rössler，2009；Rundle，Vaughan，& Stanford，2015）。最近的研究也检验了传染性哈欠在动物身上的存在，如虽然黑猩猩的大多数物种没有传染性哈欠（Anderson，Myowa-Yamokowshi，& Matsozawa，2004），但有趣的是，黑猩猩对自己种群的成员比

心理学研究证实了我们每天观察到的打哈欠是会传染的。

对其他猩猩表现出更多的传染性哈欠现象，这再次表明传染性哈欠与同理心有关（Campbell & de Waal，2011）。

在一些研究中，狗已经与人类紧密地共同进化了数千年，并且已经对我们的社会信号高度适应（Hare & Woods，2013），人们发现有时狗打哈欠是对他人打哈欠的反应（Provine，2012）。

然而，这些都不能告诉我们为什么打哈欠会传染。事实是心理学家也不知道原因。一些心理学家认为传染性哈欠促进了群体内个体之间的社会联系。由于人们在昏昏欲睡或没有充分唤醒的时候经常打哈欠（Guggisberg et al.，2010），传染性哈欠功能可能已经进化到在一个群体中培养警觉性（Gallup，2011），这反过来又可能改变群体成员对威胁的反应。当然，传染性哈欠也可能没有实际功能。这可能只是一个间接结果，因为自然选择已经把我们塑造成善于与他人的行为协调一致的社会人。

摇头，然后带着自己永远不会这样做的心理来安慰自己。然而，社会心理学领域提出了一个我们要用余生去谨记的事实（Myers，1993a），即众所周知的**基本归因错误**。它由李·罗斯（Lee Ross，1977）提出，指的是人们倾向于高估个体素质因素对他人行为的影响。所谓个体素质因素，是指持久的个性特征，比如人格特征、态度和智力。

由于基本归因错误，我们也倾向于低估情境对他人行为的影响，也就是说，我们对他人行为的归因太少了。老板在公司衰落期，为了节约资金会解雇一些员工，他可能会被我们错误地认为是冷酷无情的，而事实上他这么做是顶着巨大的压力在挽救公司。没有人确切知道我们为什么会犯基本归因错误，但一个可能的罪魁祸首是我们很少意识到在特定时刻影响他人行为的所有情境因素（Gilbert & Malone，1995；Pronin，2008）。当我们看到一位参议员在投票中屈服于政治影响时，我们可能会想："真是个懦夫！"因为我们可能没有意识到他所经受的巨大的社会压力。有趣的是，如果我们自己也处于同样情境中（Balcetis & Dunning，2008），或者被鼓励对我们观察的人产生同理心（Regan & Totten，1975），我们就不太可能犯基本归因错误。也许站在别人的立场上能帮助我们理解他们所面临的困境。

这一解释与一些（但不是所有）研究中出现的一个奇怪发现相吻合。我们倾向于只在解释他人行为时犯基本归因错误；当解释我们自己的行为时，我们往往更容易引发情境影响，这可能是因为我们很清楚所有影响我们的情境因素（Jones & Nisbett，1972）。例如，如果我们问你为什么你大学里最好的朋友选择上这所学校，你很可能会提到性格因素："她是个很有动力的人，喜欢努力工作。"相比之下，如果我们问你自己为什么选择这所学校，你很可能会提到情境因素："当我参观这所大学时，我真的很喜欢这所校园，而且教授们的描述给我留下了深刻的印象。"尽管如此，这种差异并不大，通常只在描述我们熟悉的人时才成立（Malle，2006）。

基本归因错误的证据

爱德华·琼斯和维克多·哈里斯（Jones & Harris，1967）首次进行了证明基本归因错误的研究。他们要求大学本科生在一场关于美国对古巴及其极具争议的领导人菲德尔·卡斯特罗（死于 2016 年）的态度的讨论中充当"辩手"。他们随机安排学生在众目睽睽下大声朗读有关持赞成或反对菲德尔·卡斯特罗态度的辩词。

听过这些陈词之后，研究者要求其他辩手评估每个辩手对于菲德尔·卡斯特罗的真实态度。也就是说，抛开其朗读的陈词，他们认为每个辩手对于卡斯特罗的真实想法是什么。这些学生都成了基本归因错误的"牺牲品"，即使他们知道任务的分配条件是完全随机的，他们仍然认为辩手们所说的话反映了其对卡斯特罗的真实态度（见图 13.3）。他们在评估辩手的态度时，没有考虑到他们是被随机分配到实验条件下的（Ross，Amabile，& Steinmetz，1977）。

基本归因错误：文化影响

就像许多心理现象一样，基本归因错误受到文化的影响，尽管几乎每个人都倾向于这个错误，但日本人和中国人似乎并不如此（Mason & Morris，2010；Nisbett，2003）。这可能是因为他们比西方文化背景下的人更多地把行为归因于环境（见 1.1a）。因此，他们可能更倾向于把别人的行为看成一种复杂的个体素质和情境的影响。

例如，阅读关于大量的谋杀报道后，中国参与者明显不会将此行为归因于个体素质方面（他一定是个邪恶的人），而更可能考虑到情境方面的解释（他一定是处于巨大的生活压力之下）。然而，美国参与者则趋于表现出相反的倾向（Morris & Peng，1994）。这种文化差异甚至延伸到无生命的物体。当看到一个圆圈在各个方向移动时，中国学生更有可能说圆圈的运动是由于情境因素（"某物在推动圆圈"），而不是个体素质因素（"圆想向右移动"）。我们在美国学生中再次发现了相反的模式（Nisbett，2003）。然而，即使在西方文化中，也存在着一种有趣的差异，即人们倾向于犯基本归因错误。例如，基督教徒比天主教徒更倾向于做出个体素质归因，也许是因为他们特别容易相信灵魂，即我们每个人在我们死后幸存的精神实体（Li et al.，2012）。

13.2　社会影响：从众和服从

13.2a　阐述从众行为的影响因素。

13.2b　了解群体决策的负面效应和避免群体决策失误的方法。

13.2c　了解什么情况下会最大程度或最低程度服从权威。

回忆一下你曾加入的某个组织或团体，例如俱乐部、学生会、体育队、大学里的联谊会。你曾经有过这样的经历吗？即使

| 图13.3 | 在琼斯和哈里斯的卡斯特罗研究中参与者的表现 |

基本归因错误的一个案例：参与者认为辩手支持或反对卡斯特罗的立场，反映了他们的真实态度，尽管辩手自己不能选择采用哪种立场。

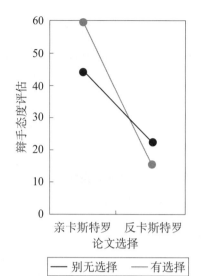

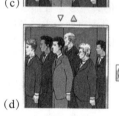

20 世纪 60 年代的电视节目《相机偷拍》将普通人置于荒谬的境地，这说明了基本归因错误（Maas & Toivanen，1978）。观众嘲笑人们愚蠢的反应，低估了我们大多数人可能成为情境影响的受害者——在这种情况下，即为群体压力。在一个经典的情节中（此处所示），一个毫不知情的人进入了一个装置了偷拍镜头的电梯（a 和 b）。突然之间，没有任何理由，所有人都向右转（c）。果然，这个困惑的人也转向右边（d）。

知道团体的想法是不好的甚至有违道德的，却仍然同意？如果你有过这样的经历，不必感到羞愧，因为你并不是异类。从众指的是个体迫于群体压力而改变自身行为的一种倾向（Kiesler & Kiesler，1969；Pronin，Berger，& Molouki，2007；Sherif，1936）。不同时期的人都会出现顺从社会压力的现象，然而，正如即将看到的，我们正在不经意间将这种倾向扩大。

从众：阿希范式

所罗门·阿希（Solomon Asch）在 20 世纪 50 年代进行了一个关于从众的经典研究。阿希（Asch，1955）的研究设计简洁精练。在与此相似的众多社会心理学研究中，参与者会被一个替代性故事所诱导，所以不知道研究的真正目的。通常，研究中的其他"参与者"实际上是研究者的同伙或者秘密工作者，但真正的参与者并不了解这些情况。

在本章中，请你想象一下，自己是一些经典社会心理学研究中的参与者，现在我们从阿希实验开始：在继续之前，先看图 13.4。

从众（conformity）
个体迫于群体压力而改变自身行为的一种倾向。

从众的社会影响

阿希（Asch，1955）和之后的研究者确定了一些影响从众行为的社会因素。研究者总结出了以下几个影响从众行为的自变量：

- **一致性**：如果所有假参与者都做出错误回答，那么参与者更可能顺从群体意见。但如果有一个假参与者做出正确反应，参与者从众的水平将下降四分之三。
- **给出一个不同的错误答案**：当得知有其他的群体成员做出与大多数成员不同的回答时，即使这个假参与者并没有发表与参与者相同的意见，也会使参与者的从众行为减少。
- **群体规模**：群体规模对从众行为会有不同的影响，但仅限上升至 5～6 个参与者。人们在 10 个参与者的群体中要比在 6 个参与者的群体中更少从众（见图 13.4）。

排除其他假设的可能性
对于这一研究结论，还有更好的解释吗？

阿希还试图排除一些与他的研究结果不同的假设，为了弄清群体标准对参与者线段知觉的影响，他又重复了原先的实验，但这次是让参与者写下他们的回答而不是让他们口头报告。在这种条件下，参与者的回答正确率高于 99%，这表明这种规范只影响人们的表达行为，而不是影响他们对现实的看法。

我们应该注意不要从阿希的经典实验中得出错误的结论。他的数据表明，我们中的许多人

图13.4　阿希从众研究

阿希邀请一些参与者来参加一个名为"感知判断研究"的实验，共 8 名参与者（包括你），在实验中你需要对一条标准线段和 3 条比较线段进行判断。三条比较线段分别为：1，2，3。你并不知道除你之外的其他参与者都是阿希故意安排的假参与者。一个研究者向你们说明：你的任务是大声地说出三条比较线段中哪一条和标准线段一样长。研究者按围坐桌子的顺序来提问，所以你总是在第五个或第六个位置进行回答。

设置

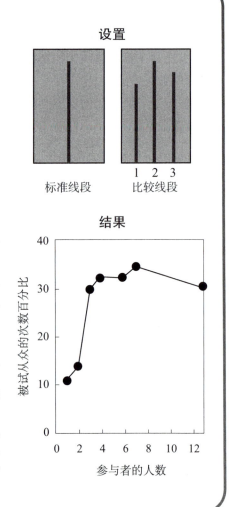

标准线段　　比较线段

研究

哪一条比较线段与标准线段一样长？假设其他几个参与者都说是线段 3，你会同意他们的观点吗？

在第一轮实验中，很明显，答案是"1"。你仔细听着在你之前的参与者报告答案。参与者 1 说"1"，参与者 2 说"1"，

参与者 3 说"1"，参与者 4 说"1"，作为第五个参与者，你只要简单地跟随前面几个参与者的回答，说出"1"，在你之后的 3 个参与者同样回答"1"，你这时会告诉自己，这个研究简直太容易做了。第二轮实验与第一轮相似，也很容易做出回答，只是正确回答换成了"2"（见上图），同样，你仔细听着其他参与者的回答。参与者 1 说"3"，参与者 2 说"3"，参与者 3 说"3"，参与者 4 说"3"。这时你几乎不能相信自己的耳朵，很明显"2"才是正确的，但是所有人都说"3"是正确的。究竟发生了什么？你的眼睛欺骗了自己吗？还是你误解了指示语？你该怎么办？

如果你像阿希最初的实验中的 75% 的参与者一样，那么在 12 轮实验中你服从错误答案的次数至少有 1 次。在阿希所有 12 轮的实验中，参与者有 37% 的次数会服从错误的回答。因为参与者经历一场坚持自己还是相信他人的强烈冲突，所以可想而知，他们会报告体验到困惑和苦恼。

结果

或大多数人都是时不时地从众。尽管如此，他的数据也显示了我们中的许多人能够并且确实抵制了这种力量（Griggs，2015a）。事实上，阿希的参与者几乎有三分之二的人违背了常规。这里的教训是，群体压力可能很强大，但它不是不能抗拒的。

影像研究：探讨未来的影响

尽管阿希得出的结论是，群体规模只影响参与者的可观察性行为，但脑成像数据提高了社会压力有时也会影响感知的可能性。格雷戈里·伯恩斯和他的同事们（Berns et al.，2005）将参与者放置在功能性磁共振成像扫描仪中，并向他们展示了两个数字。他们要求参与者确定这些数字是相同的还是不同的。为了做到这一点，他们必须在脑海中浮现一个或两个数字。研究人员让参与者相信，还有四个人和他们一起做出同样的判断，事实上，这些判断是预先输入电脑的。

在一组中，其他参与者给出了一致正确的答案；在其他组，他们给出了一致不正确的答案。与阿希一样，伯恩斯和他的合作者们发现了高度的一致性：有41%的参与者与他人的错误答案是一致的。他们的一致性行为与杏仁核的活动有关，杏仁核往往会引发对危险信号的焦虑反应（见 3.2a）。这一发现表明，从众心理可能伴随着负面情绪，尤其是焦虑。伯恩斯和他的同事们还发现，一致性与枕叶和顶叶的活动有关，这是大脑负责视觉感知的区域。这一发现表明，社会压力有时可能会影响我们对现实的感知，尽管这些大脑区域的活动可能反映了参与者的怀疑倾向，并重新审视他们最初的感知。

排除其他假设的可能性
对于这一研究结论，还有更好的解释吗？

从众行为的个体、文化和性别差异

人们迫于社会压力的回答与个体和文化差异是有联系的，这强调了并非所有人都一直是从众的。自尊心弱的人更容易出现从众行为（Hardy，1957），几乎可以肯定的是因为他们害怕反对。大多数亚洲人也比美国人更愿意遵守团体规范（Bond & Smith，1996；S.H.Oh，2013）。这可能是因为亚洲文化比美国文化更看重集体主义（Oyserman，Coon，& Kemmelmeier，2002）。这种对集体主义的重视使亚洲人比美国人更关心集体的观点。另外，个人主义文化（像美国）会使人更倾向于从群体中凸显出来，而不像集体主义文化中的人那样喜欢融入群体。在一项研究中，研究者向美国和亚洲参与者展示了一捆橘色和绿色的钢笔，其中一种颜色的笔占大部分，另一种颜色的笔占小部分。美国人更倾向于拿起那个小部分颜色的笔，而亚洲人更倾向于拿起大部分颜色的笔（Kim & Markus，1999）。

相比之下，性别在从众中似乎并不重要。早期的研究表明女性比男性更容易从众（Eagly & Carli，1981）。但是因为实验者都是男性，所以这种差异可能是由于另一种解释：也许男性实验者不知不觉地激起了女性参与者的顺从行为。

排除其他假设的可能性
对于这一研究结论，还有更好的解释吗？

当后来的研究由女性实验者进行时，性别差异在很大程度上消失了（Feldman-Summers et al.，1980；Javornisky，1979）。

去个性化：丧失我们的独特个性

让我们更易从众的过程就是**去个性化**：当人们去除他们平时的身份时，他们更倾向于形成一种非典型的行为（Festinger，Pepitone，& Newcomb，1952）。导致去个性化现象的原因有很多，其中最显著的原因是匿名性和个体责任感的缺失

去个性化
（deindividuation）
当人们去除他们平时的身份时，他们更倾向于形成一种非典型的行为。

去个性化

互动

对去个性化的研究表明，不负责任的行为可能更容易发生在下面这张图中，因为（1）没有佩戴姓名标签，因此他们不容易辨认，而且（2）房间是黑暗的，可能会导致更多的匿名性。

（Dipboye，1977；Postmes & Spears，1998）。当我们被去个性化后，就会更容易受社会的影响，包括社会角色的影响。

电子邮件、短信和其他主要非个人的交流方式的出现，可能会导致去个性化，进而导致"骂战"的风险增加——给别人发送侮辱性信息（Kato，Kato，& Akahori，2007）。事实上，一旦人们开始在 YouTube 网站上发布令人讨厌的匿名在线评论，其他人就会迅速蜂拥而来（Moor，Heuvelman，& Verleur，2010），这被学者们称为在线去抑制效应。战士的脸部画像和"三K党"（Ku Klux Klan）戴的面具也可能通过推动匿名性来促进去个性化（R. I. Watson，1979）。在一项研究中，被要求戴面具的孩子比其他孩子更有可能帮助自己吃到受禁的万圣节糖果（Miller & Rowold，1979）。在另一项研究中，参与者在光线昏暗的房间里比在光线充足的房间里更容易作弊。当被要求戴墨镜时，他们更有可能表现得自私——帮助自己获得超过公平份额的钱，尽管他们和不戴墨镜时一样匿名（Zhong，Bohns，& Gino，2010）。显然，即使只是匿名的幻觉也会助长去个性化。

我们每天都扮演着各种各样的社会角色：学生、子女、室友、社会俱乐部成员，这都只是一小部分而已。当我们暂时抛弃典型社会身份，并且强行接纳不同身份时，将会发生什么？

斯坦福监狱实验：帕罗奥图市的混乱

大约40年前，菲利普·津巴多（Philip Zimbardo）和他的同事们带头研究了这个问题（Haney，Banks，& Zimbardo，1973）。津巴多了解许多监狱里的环境是非人性化的，他对这一环境的形成原因感到困惑：究竟是追溯到个体的人格特质，还是追溯到他们所承担的角色？囚犯和狱警，两个天生对立的角色，他们会带着这样的强烈期待去践行自我实现预言吗？当普通人扮演这两个角色时，会发生什么？他们会接受所分配的角色吗？为了找出答案，仔细阅读下面的津巴多关于监狱的描述。

津巴多的研究虽然具有巨大的影响力，但近年来一直备受批评（Bartels，2015）。特别是，他的研究仍存在许多未能很好控制的因素：在很多方面，这不仅是个实验，倒更像是个示范。特别是，他的囚犯和狱警可能已经体验了研究者所要求的个性（见 2.3a）以使他们符合被安排的角色。除此之外，参与者也许已经猜到研究者想要他们扮演囚犯和狱警，而且他们也遵从了。这些需求特征可能被研究者无意中放大了。事实上，有证据表明，在研究中，津巴多把自己和监狱的警卫称为我们，也许是在暗示他与警卫结盟，有时还鼓励警卫为囚犯制造敌对的气氛（Griggs & Whitehead，2014）。

可重复性

其他人的研究也会得出类似的结论吗？

此外，只要在试图重复由英国广播公司赞助的斯坦福监狱的实验中，有一例不成功，就可以证明去个性化的发生并不是必然（Reicher & Haslam，

2006）。另一项的研究结果表明，斯坦福监狱研究的结果可能至少在一定程度上导致了参与者的选择偏差。研究人员招募了参与者，他们的广告中包含了津巴多和他的同事们在斯坦福监狱研究中使用的几乎相同的措施。自愿参加这项研究的参与者们在攻击性、控制欲、自恋方面得分很高，而在利他主义和移情方面得分较低（Carnahan & McFarland，2007）。所有这些特征都可能与虐待行为有关。因此，也许斯坦福监狱研究的参与者并不能代表普遍性。同样重要的是，人们对去个性化的反应在一定程度上取决于他们的个性特征。在阅读之前，让我们看一看下面互动中的描述。

斯坦福监狱研究

互动

设置

　　津巴多和同事们以广告招募的方式征集志愿者来参加为期两周的"监狱生活心理学实验"。他们使用人格测验来确定这些志愿者都是正常的，并通过抛硬币的方法，随机分配其中的 24 名男性大学本科生，从而决定谁扮演囚犯，谁扮演狱警。

研究

　　津巴多和他的合作者将斯坦福大学心理学公寓楼的地下室改造成一所模拟监狱，这所"监狱"拥有独立的牢房。为了让实验情境更真实，由真正的警察将"囚犯"从各自家中押送到模拟监狱。扮演囚犯和狱警的人分别穿上了各自的服装。作为这个监狱的"警司"，津巴多指示狱警将囚犯们编号，并以号码来称呼囚犯们。

结果

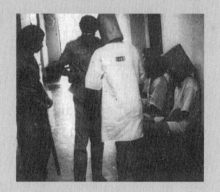

　　实验的第一天在平静中度过，但很快事情有了变化。狱警们开始残忍地对囚犯们施以酷刑。狱警要求囚犯做一些令他们感到羞辱的事，如做俯卧撑、脱光衣服、唱歌以及徒手清洁厕所。在一些牢房里，狱警甚至给囚犯头上套上布袋。

　　到了第二天，囚犯们开始动乱，但很快被狱警镇压。从此事情越变越糟。狱警越发残忍，他们使用灭火器强迫囚犯模拟性行为，很快就有囚犯表现出情绪失调，比如抑郁、绝望或愤怒。实验中津巴多释放了两名心理处于崩溃边缘的囚犯。有一名囚犯表现出强烈的抗议情绪。

　　第六天，津巴多在被他以前带的研究生——克里斯蒂娜·马斯拉奇（Christina Maslach）劝说后，提前 8 天结束了这个研究。囚犯们在得知这一消息后感到解脱，而有些狱警却表现得很失落（Haney，Banks，& Zimbardo，1973）。也许津巴多是对的，当囚犯和狱警被分配角色后，自身的个性变得不重要了，他们超乎他人想象地融入角色中。基本归因错误导致人们低估了情境的力量，我们大多数人都发现斯坦福监狱研究的结果令人震惊（Haney & Zimbardo，2009）。

真实世界：阿布格莱布监狱的混乱

互动

斯坦福监狱实验并非是一个特殊案例（Zimbardo，2007）。2004年，全世界共同见证了在伊拉克的阿布格莱布监狱里发生的与斯坦福监狱实验类似的情况。在那里我们看到作为狱警的美国士兵，在囚犯头上套上布袋，并且让囚犯系上用来系狗的皮带四处跑动，嘲笑他们暴露的生殖器，以及让他们排列成人形金字塔来消遣娱乐。津巴多（Zimbardo，2004b，2007）很注重这些相似性，他坚持认为阿布格莱布监狱的惨状是情境迫使的产物。津巴多还认为，狱警和犯人之所以会失去人性，可能是因为上级委任给他们的社会角色使他们失去了自我。

不过，绝大多数美国狱警在伊拉克战争期间没有虐待囚犯，所以导致虐待的原因并不仅仅是情境因素。正如阿希范式的研究所示，个体的性格差异在从众中也扮演着重要作用。事实上，那些在阿布格莱布监狱实施残暴肆虐的少数狱警都曾做过不负责任的行为（Saletan，2004）。行为是在情境因素与个人因素之间的另一种因素。

此外，去个性化并不一定会使我们做出恶劣行为，反而会使我们更可能遵从情境所要求的行为准则（Postmes & Spears，1998）。某种程度的去个性化真的会使人更倾向于做出亲社会行为，或是在别人没有伸出援助之手时给予帮助（Johnson & Downing，1979）。此外，匿名性有时让我们更多地去帮助别人。人们特别有可能帮助陌生人指出可能让他们尴尬的着装失误，比如他们裤子的拉链是开着的（Hirsch，Galinsky，& Zhong，2011）。不管怎样，去个性化都让我们的行为举止更像是群体当中的一员而不是单独的个体。

群体：行动中的群体心理

去个性化可以用来解释为何集体行为不可预测：集体中的个体行为更多地依赖于他人行为是亲社会的还是反社会的（反对他人）。几个世纪以来人们一直认为，群体比个体更有攻击性。19世纪晚期，社会学家古斯塔夫·勒庞（1895）认为，群体是导致非理性甚至是破坏性行为的原因。根据勒庞的说法，人群中的人是匿名的，因此他们更有可能在群体中采取行动。

在某些情况下，勒庞是对的。2008年11月，在纽约长岛，由于黑色星期五购物节，沃尔玛一名员工被超过200人踩踏致死。另有四人受伤，其中包括一名孕妇。一些购物者急于买到物美价廉的打折商品，撞倒了帮助他们的紧急救援人员。

然而在另一些情境里，群体没有个体的攻击性强（de Waal，1989；de Waal，Aureli，& Judge，2000）。根据当今盛行的社会规范，去个性化使我们或多或少地具有攻击性。另外，当人们处在人群中时，限制他们的社会互动可以减少冲突（Baum，1987）。比如，在拥挤的公交车或是电梯中，人们一般不会直盯着别人看。人们不太可能在这种情况下说出侵犯性的话或者做出侵犯性的行为，因此这种行为可能是适应性的。甚至在线去抑制效应也比原先认为的更加复杂，因为在某些情况下，它有助于人们在博客上发表亲社会的言论。例如，对于一个人的情感痛苦经历的在线自我表露，比如与抑郁或饮食失调的斗争，其他人通常会在网上表达同情与自我暴露（Lapidot-Lefler & Barak，2015）。

群体思维

和从众密切相关的一个现象就是欧文·贾尼斯（Janis，1972）所称的**群体思维**：强调群体一致性，忽视批判性思维。有时候，群体坚决要求成员之间彼此意见一致，以至于他们甚至失去了客观评价问题的能力（Sunstein & Hastie，2015）。可以肯定的是，包括陪审团和总统内阁在内的团体通常会做出正确的决定，特别是当小组成员可以自由发表意见，而这些意见并没有受到来自同伴压力的影响时（Surowiecki，2004）。然而，群体有时会做出糟糕甚至可怕的决定，尤其是当成员间的判断不是相互独立做出的时候。当团队将成员的信息组合在一起时，他们通常依赖于共有的知识，即团队成员共享的信息，而不是单独的知识，从而导致新信息无净收益（Stasser & Titus，2003）。正如我们在本文中所学到的，广泛收集的知识有时并不正确。

真实世界里的群体思维

贾尼斯对 1961 年美国入侵古巴猪湾失败背后的推理过程进行研究后，提出了"群体思维"的概念。在和内阁成员进行冗长的讨论之后，约翰·肯尼迪总统征募了 1 400 名古巴移民去入侵古巴，推翻菲德尔·卡斯特罗。但是菲德尔·卡斯特罗提前得知了这次入侵计划，结果几乎所有的入侵者都死亡或者被俘虏了。

尽管肯尼迪内阁的成员们都异乎寻常的聪明，但他们的行动却出奇的愚蠢。计划失败后，肯尼迪自问道："我怎会如此愚蠢呢？"（Dallek，2003）。猪湾入侵事件并不是群体思维让聪明人做出的最后一次灾难性决定。1986 年，航天飞机"挑战者"号在起飞后 73 秒内爆炸，7 名航天员全部罹难。在小组讨论之后，"挑战者"号的项目负责人不顾美国国家航空航天局（NASA）工程师的警告——火箭增压器上的橡胶圈在零度以下可能会失灵而引起飞船爆炸——断然在 1 月的寒潮后发射了飞船（Esser & Lindoerfer，1989）。

或许具有讽刺意味的是，一些批评家最近指责社会心理学这一学科本身就产生了群体思维的概念。具体地说，他们认为社会心理学领域，倾向于政治上的自由主义，在很大程度上排除了政治上的保守观点，比如平权运动、死刑和堕胎（Duarte al.，2015；Redding，2012）。很明显的是，在任何情况下，观点的差异性——认为不同观点都是有价值的——是群体思维的关键解决要素，这些无论对于学术圈还是其他领域都很重要。

表 13.1 中贾尼斯（1972）列举了一些易受群体思维影响的特征或者说"症状"。尽管如此，一些心理学家指出，贾尼斯对群体思维的描述来自坊间的观察。我们知道，这种证据的来源往往是有缺陷的。此外，群体思维并不总会导致糟糕的决策，只有过于自信的群体才会如此（Tyson，1987）。虽然在没有充足证据之前我们可以认为群体思维只会导致消极结果，但是追求群体一致性也并不总是不好的（Longley & Pruitt，1980）。

群体思维和所有的社会心理过程一样，并非不可避免。贾尼斯（1972）曾指出，避免群体思维的最好办法就是鼓励组织内部成员踊跃提意见。他建议所有的群体都应该任命一个"故意唱反调的人"——他的任务就是对群体决策的正确性提出质疑。研究表明，在群体中有一个故意唱反调的人往往会减少群体思维，从而导致更好的决策（Schwenk，1989）。一个有效的方法是鼓励将团队分成更小的团队，并要求成员讨论其他的行动方案（Lunenberg，2012）。贾尼斯还建议聘请专家来评价群体的决

群体思维（groupthink）
强调群体一致性，忽视批判性思维。

表13.1 | 群体思维的症状

症状	示例
群体是无懈可击的错觉	"我们不可能失败的！"
群体一致性错觉	"很显然，我们意见一致。"
坚信群体道德的正确性	"我们知道我们的立场是正确的。"
从众压力——让群体成员和其他成员保持一致的一种压力	"不要打破局势的平衡。"
对外偏见——讽刺敌人	"他们都愚蠢至极。"
自我审查——群体成员在内心有疑惑时仍保持沉默的一种倾向	"我觉得领导者的意见很蠢，但我最好还是什么都不要说吧。"
心灵守卫——自认为自己的工作是抵制不一致的意见	"哦，你认为你比我们都知道得更多？"

策是否有用，召开后续会议看看首次会议的决策是否依旧合理。虽然贾尼斯没有明确建议，但研究表明，群体内部种族和文化多样性可以导致更好的决定，部分原因是可能考虑替代观点。例如，有关陪审团决策的研究发现，包括至少两名非裔美国人组成的以白人为主的陪审团，陪审员的错误更少，对案件事实的考虑更细致，判决更公正（Sommers，2006）。

群体极化：走向极端

与群体思维有关的是**群体极化**，它在小组讨论加强各小组成员的主导地位时会出现（Isenberg，1986；Myers & Lamm，1976；Paulus，2015）。在一项研究中，一组学生在讨论种族问题后，一组略有偏见的学生会变得更有偏见（Myers & Bishop，1970）。群体极化有助于有效地决策。然而，在其他情况下，它可能具有破坏性，就像陪审团在考虑所有证据之前匆忙做出一致决策（Daftary-Kapur，Dumas，& Penrod，2010；Myers & Kaplan，1976）。

有证据表明，美国选民正变得越来越两极化，左倾的公民变得更加自由，右倾的公民变得更加保守（Abramowitz & Saunders，2008；Persily，2015）。事实上，在美国，对不同党派的偏见现在等于或超过了对不同种族的人的偏见（Iyengar & Westwood，2015）。毫无疑问，这些消极的态度使得理性的人们在社会和政治问题上找到共同点是具有挑战性的。至少其中一些极化可能是由于互联网博客可访问性的增加，新闻网站的不断更新，以及各种各样的社交媒体、电话访谈节目和有线电视节目，这为双方的政治支持者支持他们的观点和促进证实偏差提供了稳定可靠的信息（Jamieson & Cappella，2007；Lilienfeld，Ammirati，& Landfield，2009；Sunstein，2002）。此外，对购买书籍习惯的研究表明，自由派几乎只阅读自由书籍，保守派几乎只阅读保守书籍（Eakin，2004）。在这两种极端的政治派别中，鲜有人会经常表达自己的观点，这可能引发进一步的两极分化。

群体极化（group polarization）
小组讨论的倾向，以加强个别组员所特有的主导地位。

邪教（cult）
由对同一目标有强烈的、绝对忠诚的个体所组成的群体。

邪教和洗脑

群体思维极端化就会产生**邪教**：由对同一目标有强烈的、绝对忠诚的个体所组成的群体。

尽管大部分邪教是没有危险的（Bridgestock，2009），但有时邪教会引发灾难性的事件。比如，曾是精神病患者的马歇尔·阿普尔怀特（Marshall Applewhite）创立的南加利福尼亚组织"天堂之门"。天堂之门的成员都相信阿普尔怀特是耶稣转世。成员们确信阿普尔怀特将在他们死后带他们去星际飞船。1997 年，有一颗大彗星接近地球，一些媒体发表错误的报道，宣称有一艘宇宙飞船尾随其后。天堂之门的成员深信这是"天堂"对他们的召唤。于是，所有邪教成员——共 39 名——都喝了有毒的鸡尾酒自杀了。

因为邪教都是秘密进行的，而且难以研究，所以，实际上心理学家们对它们的了解甚少。但是，有证据表明邪教主要利用四种途径来促成群体思维（Lalich，2004）：一位能培养忠诚的有号召力的领导者；使群体成员与外界隔离；不允许怀疑组织或者领导者的主张；创立向成员灌输邪教思想的宗教风俗（Galanter，1980）。

不管有多少人相信邪教，虽然很多邪教的领导者可能患有严重的心理疾病，但是大多数成员都是精神正常的（Aronoff，Lynn，& Malinowski，2000；Lalich，2004）。这种错误的观点可能是由于基本归因偏差：为了试图解释为什么有人加入邪教，我们高估了个人特质的作用，却低估了社会影响的作用。当我们评估许多或大多数恐怖分子的人格特征时，我们可能会犯同样的错误。有证据表明，尽管许多人相信，但大多数自杀式炸弹袭击者，包括"9·11"的劫机者和大多数"基地"组织与"伊斯兰国"成员，并没有严重的精神失常（Gordon，2002）。在这方面，他们似乎与大多数信徒类似。此外，大多数自杀式炸弹袭击者都比较富裕，受过良好的教育（Sageman，2004）。事实上，许多或大多数这类人都是被灌输了扭曲的意识形态的普通人。

一个普遍的误解是所有的邪教成员都被洗脑了，也就是被群体的领导者变成了没有思考能力的僵尸。虽然一些心理学家认为许多邪教都使用了洗脑术（Singer，1979），但洗脑术本身是否存在仍备受争议（Reichert，Richardson，& Thomas，2015）。我们并没有充足的证据证明洗脑可以长久地改变被洗脑者的信念（Melton，1999）。此外，洗脑可能远没有大多数人想的那样有效。最后，也没有充分的证据证明洗脑是改变人们行为的唯一途径。相反，洗脑这种说服技巧与政治领导者和商人们的高效说服技巧并没有多大差别（Zimbardo，1997）。

我们怎样才能最好地抵制邪教的灌输呢？虽然是反直观的，但社会心理学的研究结果仍很清晰：首先向人们呈现与邪教信念一致的信息，然后再拆穿它。威廉·麦圭尔（McGuire，1964）关于**免疫效应**的研究也表明，要使人们对一个不合理的信念产生免疫，最好的办法就是先向人们介绍这一信念看似正确的原因，这让他们有机会对这些理由提出自己的反驳。这样，他们将来就会对支持这种信念的论点更有抵抗力，对反对这种信念的论点也会更开放（Compton & Pfau，2005）。这种方法就像是打疫苗——为了预防病毒侵体，向人体内注射小剂量的病毒疫苗，以提高机体抵抗力（McGuire，1964；McGuire & Papageorgis，1961；Richards & Banas，2015）。例如，如果我们想说服某人买一辆二手车，我们可能会列出购买这辆车是个坏主意的所有理由，然后指出为什么这些理由不像看上去那么令人信服。

群体思维

互动

"All those in favor say 'Aye.'"
"Aye." "Aye." "Aye." "Aye."

这幅漫画揭露了自我审查，这是群体思维的一个常见症状。

资料来源：The New Yorker Collection 1979 Henry Martin from cartoonbank.com。

免疫效应（inoculation effect）
先向人们介绍观点看似正确的原因，然后再揭穿真相，从而使人改变观点的一种方法。

服从（obedience）
遵循更高权威者的指令。

服从：顺从命令的心理

从众让我们与别人行为一致。这种传播是"横向的"——群体影响来自同龄人。而**服从**，即遵从上级（比如老师、父母、老板）的指令，这种传播就是"纵向的"——群体影响来自我们的上级而非同龄人（Loevinger，1987）。此外，与从众不同的是，在从众中，社会影响通常是"含蓄"的（不言而喻的）；在服从中，影响几乎总是明确的：权威人物告诉我们要做什么，我们就会做什么。许多群体，比如邪教，都是受到从众和服从二者强大的双重作用。

服从：一把双刃剑

在日常生活中，服从是必要的，甚至是绝对需要的。没有它，社会不可能顺利运转。你之所以看这本书，部分原因是教授要求你这么做；你会在下一次上学路上或上班途中遵守交通规则（希望如此！），是因为你知道社会期望你这样做。然而，像从众一样，当人们不再追问自己为什么要按别人的要求去行动时，服从也会带来麻烦。正如英国作家查尔斯·珀西·斯诺（C.P. Snow）所写："当你看到人类黑暗和阴郁的历史时，你会发现，以服从的名义犯下的可怕罪行，比以反叛的名义犯下的罪行更为严重。"让我们看看下面这个臭名昭著的例子。

在越南战争中，美国陆军中尉威廉·卡利召集了查理分队一个排的士兵与敌军激战数周。在 1968 年 3 月 16 日早晨，当查理分队的成员们进入美莱村，期望可以找到越南士兵藏身之所的时候，他们显然已经在服从的边缘了。尽管美莱村里没有敌人，但是卡利还是命令士兵向根本没有参战的村民们开了火。他们用步枪刺刀刺死了男人们，又开枪射击正在祈祷中的妇女和儿童。最终，这队美国士兵残忍地屠杀了 500 名无辜的越南村民，他们之中年龄最小的才 1 岁，年龄最大的 82 岁。

卡利坚称他只是执行长官的命令而已，对这次大屠杀不承担直接责任："我奉命去那里摧毁敌人。那是我的工作，那是找的使命。"（Calley，1971）同样，卡利队里的士兵也声称他们是在执行卡利的命令。1971 年，卡利被判谋杀罪，并判处终身监禁，但理查德·尼克松总统为他减了刑。

与卡利的行为截然不同，军官休·汤普森则是让他的军用直升机降落在卡利的军队和无辜的村民之间，企图阻止这场大屠杀。汤普森和他的两个队员不顾生命危险命令部队停止射击，拯救了很多无辜生命。

美莱村大屠杀也许令人费解。但迄今为止，这已经不是盲目服从带来危险性的唯一实例。我们该如何解释这些行为呢？

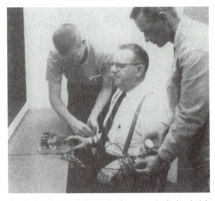

在米尔格兰姆的研究中，一个参与者被捆在一块电击板上。

斯坦利·米尔格兰姆：非理性服从的原因

斯坦利·米尔格兰姆想弄清楚潜藏在非理性行为下的规则。米尔格兰姆的父母是犹太人，而他在二战中长大，因此他致力于探寻大屠杀发生的原因——这是一个深刻而复杂的问题。在 20 世纪四五十年代，主流观点认为大屠杀是人们精神错乱的产物，因为精神错乱会导致残暴的行为。但米尔格兰姆怀疑真相是微妙的，在某些方面更是令人恐惧的，因为他开始相信，导致毁灭性的服从心理过程是非常普遍的。

米尔格兰姆范式

在 20 世纪 60 年代早期，米尔格兰姆开始研究一种实验范式—— 一种实验的模式（Blass，2004），这种实验范式可以用来探索人们服从行为产生的原因。经过几年的实验，米尔格兰姆终于找到了他想要的范式，但他当时并不知道这种范式现在已经成为心理学历史上最具影响力的典型范式之一（Cialdini & Goldstein，2004；Slater，2004）。为了了解米尔格兰姆的范式和他的著名发现，请仔细阅读下面互动里的描述。

　　米尔格兰姆的主题和变量　和他的导师一样，为了查明情境因素会提高还是降低服从水平，

米尔格兰姆关于服从的研究

设置

　　你在康涅狄格州的报纸上发现一则征求志愿者参加记忆研究的广告。广告声称参与者可获得 4.5 美元的报酬，这在 20 世纪 60 年代是很大一笔零用钱。你去了耶鲁大学的实验室，一位身材高大、仪表堂堂，身穿白色实验服的威廉姆斯先生迎接了你。你还碰到了另一位友好的中年参与者华莱士先生，这个你不认识的人实际上是假参与者。真正的实验目的被掩饰了，你和华莱士会一起参与"惩罚对学习的影响"的实验，你们之中的一个扮演老师，另一个扮演学生，并通过抽签来决定角色。你抽到了"老师"（所抽的签被事先做了手脚）。从这时开始，威廉姆斯称你为"老师"，称华莱士为"学生"。

　　威廉姆斯会告诉你，你作为老师要让学生完成心理学家所谓的对偶联想任务。在任务中，你先读一系列的词组，例如"强壮－手臂""黑色－窗帘"。接着向学生呈现每组词的第一个词（比如"强壮"），然后让他从四个选项中选择第二个词（比如"手臂"）。不同的是，为了评估惩罚对学习效果的影响，你要对"学生"施以一系列痛苦的电击。他每错一次，你就要把电压升高一级。电压从 15 伏特到 450 伏特逐渐上升，并且注有标签，上面写着"轻微电击""中度电击""危险：重度电击"和最危险的"XXX"。

研究

　　你看到威廉姆斯把学生带进了房间，并把他的手臂捆在了电击板上。威廉姆斯解释说，学生会按与答案对应的键，他的回答会点亮你所坐的相邻房间。如果他回答正确，你什么也不用做，但如果他回答错误，你就要对他施加电击，电击强度随着错误次数的增加而增加。这时候，学生告诉威廉姆斯他有"轻微的心脏问题"，很担心电击强度。威廉姆斯简要地回答他说，虽然电击很痛苦，但是"不会对机体组织产生持久的伤害"。

　　你被带进相邻房间，坐在电击仪器前。按照威廉姆斯的计划，学生一开始的几道题都回答正确，但是很快就犯错了。如果你去问威廉姆斯你是否应该继续实验，不管什么时候，他都会回答早已安排好的句子（"请接着做。""实验要求你继续做下去。""你没有选择，必须接着做。"）让你继续实验。为了使实验标准化，米尔格兰姆用磁带预先录下了学生的声音反应，当然这些你并不知情（Milgram，1974）。在 75 伏特时，学生会大喊"啊！"，到 330 伏特的时候，他将发狂似的一遍遍地大喊"放我出去！"，并且抱怨胸部疼痛。电压升到 345 伏特的时候，就只剩沉默了。学生没有任何回应了，威廉姆斯告诉你，没有回应的情况作为答案错误处理，同时你要继续加大电击强度。

互动

结果

当米尔格兰姆第一次实施这个实验时，他请了 40 名耶鲁大学的精神病学家预测结果。根据研究者的预期，大多数的参与者在电压升到 150 伏特的时候就会中止实验，只有 0.1%（也就是千分之一）"极端不理智的"（Milgram，1974）参与者，才会把电压最终升到 450 伏特。在阅读之前你问问自己，如果你参加了米尔格兰姆的研究，你会做些什么？你会施加电击吗？如果是这样，你会走多远？

事实上，在米尔格兰姆的初始研究中，所有的参与者都对学生施加了电击。大多数参与者把电压升到了至少 150 伏特，并且有 62% 的参与者完全服从实验要求，将电压一直升到 450 伏特。这意味着耶鲁大学的精神病学家们的预测与实验结果偏离甚远。

实验结果令人很震惊（见图 13.5）。米尔格兰姆自己也被吓了一跳（Blass，2004）。在他做实验之前，几乎全部的心理学家都推测绝大多数参与者根本不会服从那些离谱的、残暴的命令。但是，和耶鲁大学的精神病学家一样，他们都犯了基本归因错误：低估了情境因素对参与者行为的影响。

还有其他令人惊讶的事情。许多参与者都冒出一些无法控制的口头语，或者突然紧张地笑起来。也有少数参与者表现得像个施虐狂。即使有些服从实验要求的参与者，似乎是勉强地对学生施加电击，甚至会乞求实验者允许他们停止实验，他们中的大多数也还是遵从了威廉姆斯的要求，因为他们认为无须为自己的行为负责。比如，一个参与者说："我想停下来，但是他（实验者）让我继续做下去。"（Milgram，1974）

可重复性
其他人的研究也会得出类似的结论吗？

米尔格兰姆又做了一系列研究，以此排除其他可能的解释。这些研究完美地展示了社会心理学的研究，而且在不同情境中测验了米尔格兰姆范式的可重复性和普遍性。

排除其他假设的可能性
对于这一研究结论，还有更好的解释吗？

我们在表 13.2 中总结了米尔格兰姆对其原始范式做的主要改变。正如我们所看到的，参与者的服从程度在很大程度上取决于许多独立的变量，包括学生的反馈数量和老师与学生的心理、物理距离，以及实验者的威望。尽管此范式中有众多变量，但仍存在两个关键主题。第一，"老师"（真参与者）和实验者的"心理距离"越远，服从水平越低。当实验者和参与者的心理距离比较远的时候，比如他通过电话对参与者解释实验，参与者的服从水平会骤然下降。第二，"老师"和"学生"的心理距离越远，服

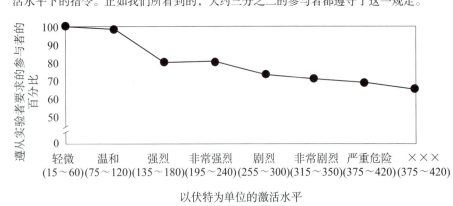

图13.5　米尔格兰姆的服从研究：令人震惊的结果

这张图显示了米尔格兰姆服从研究的参与者的百分比，他们遵从了实验者在不同的激活水平下的指令。正如我们所看到的，大约三分之二的参与者都遵守了这一规定。

从水平越高。当米尔格兰姆叫参与者让别人操纵电击，以此拉大他和学生的心理距离的时候，参与者的服从水平最令人关注。就像陆军中尉卡利为自己辩护说在美莱村大屠杀时他"只是服从命令"，参与者在这些情境里可能也认为自己不用负责任。

表13.2　米尔格兰姆范式：主题和变量

变量/条件	描述	450人中服从的百分比
远程反馈条件（初始研究）	没有来自学习者的口头反馈，老师只听到学生在被电击后敲打墙壁以示抗议。	65
声音反馈条件	老师听到了学生痛苦和抱怨的尖叫声。	62
临近条件	学习者和老师在同一个房间内，这样老师不仅能听到，还能观察到学习者的痛苦。	40
触摸临近条件	老师被要求在电击板上握住学习者的手，当学习者的手从电击板上落下来时，老师必须把它压回去以确保电接触。	30
电话状态	实验者通过电话从一个单独的房间里发出指令（注意：一些参与者"作弊"，通过电话给予比实验指示更少的强烈电击）。	30
第二个实验条件	第二个实验者出现了，并且开始与第一个实验者就是否继续这个实验产生分歧。	0
不太知名的学习环境	在康涅狄格州布里奇波特附近一栋破旧的办公楼里进行了一项研究（重复了语音反馈条件），消除了与耶鲁大学的所有关系。	48
让老师指导不同参与者管理电击	老师被要求给另一个参与者（同伙）下达命令，让他进行电击。这种情况下，教师较放心："我并没有给任何电击，我只是告诉他去做。"	93

个体差异、性别差异和文化差异　当我们对米尔格兰姆实验结果进行评价时，很自然地会关注那些服从命令的大多数参与者。尽管如此，也有许多参与者在巨大的压力下没有遵从实验者的要求。我们也回想起美莱村大屠杀时，一些军官违抗卡利的命令让他们的部下停止开火。

此外，在大屠杀期间，成千上万的欧洲家庭冒着生命危险公然违抗纳粹的法律向犹太平民提供安全的避难所（J.Q.Wilson，1993）。所以，尽管面临着巨大的情境压力，但有些人还是不会服从那些不道德的命令。

令人惊讶的是，米尔格兰姆（1974）发现，服从和不服从参与者的大多数性格变量是相似的。比如，他没有发现任何证据表明服从的参与者比不服从的参与者更残忍，这表明参与者没有服从命令是因为他们喜欢这样做（Aronson，2012）。

研究者在米尔格兰姆范式中发现了少数一直都不服从命令的参与者。比如，道德水平越高的参与者，越可能违背实验者的要求（Kohlberg，1965；Milgram，1974）。道德高尚的人有时比道德败坏的人更愿意违反规则，尤其是当他们认为规则不合理的时候。另一位研究者发现，权威主义这一人格特质水平高的参与者，更可能服从实验者的要求（Elms & Milgram，1966）。权威主义水平高的人认为世界就是一个庞大的权力统治集团。对他们而言，权威人物（比如实验者）应该被尊重，而不是被怀疑（Adorno et al.，1950；Dillehay，1978）。最近在法国进行了一项研究，在电

在触摸临近条件下（见表 13.2），米尔格兰姆命令参与者将学习者的手放在一块电击板上。服从程度骤然下降的情况说明，减少老师与学生之间的心理距离会导致服从性下降。

视游戏节目背景下使用了米尔格兰姆范式的变式，得出了一些令人惊讶的发现（Bègue et al.，2015）。具体来说，亲和度和自觉性较高的参与者比其他参与者更有可能服从实验者，这可能是因为他们不愿冒犯权威人士，觉得有义务遵守社会规范。

米尔格兰姆发现服从并不总会存在性别差异，这一结果在后来的米尔格兰姆范式研究中得到证实（Blass，1999）。同时，米尔格兰姆的研究结果也得到了跨文化研究的支持。总的来说，美国人的服从性与另一些国家的人们的服从性没有显著差异（Blass，2004），这些国家包括意大利（Ancona & Pareyson，1968）、南非（Edwards et al.，1969）、西班牙（Miranda et al.，1981）、德国（Mantell，1971）、澳大利亚（Kilham & Mann，1974）以及约旦（Shanab & Yahya，1977）。令人不安的是，他的发现甚至在以驯养动物为实验对象的研究中得到了概念化的复制（心理学家有时使用概念复制这个术语来指代使用与最初研究中略有不同的方法进行的重复）。具体来说，在一项未发表的研究中，一名研究人员指示本科生用略高于 100 伏特的电压给一只雄性小狗电击（Larsen et al.，1974）。在 32 名学生中，只有 2 人拒绝。

可重复性
其他人的研究也会得出类似的结论吗？

米尔格兰姆的研究：批评和持久的教训　米尔格兰姆的研究告诉我们，权威人物有着超乎常人想象的力量，并且服从并不是因为服从人是虐待狂。而且，他的研究还提醒我们基本归因错误的力量：大多数人，甚至是精神病学家，都低估了情境因素对行为的影响（Bierbrauer，1973；Sabini & Silver，1983）。

心理学家们还在争论，米尔格兰姆的研究是否能为二战期间纳粹对犹太人的大屠杀和美莱村大屠杀提供一个恰当的模型。而反对者们明确表示，集中营里的警卫非常喜欢折磨无辜的人，这与米尔格兰姆的参与者不同（Cialdini & Goldstein，2004），并且进一步指出，大规模破坏性服从行为的发生，除了需要官方支持的权威人物，还必须要有一个由个性邪恶的人所组成的群体。他们的结论也许是对的。其他人质疑米尔格兰姆实验的参与者以及其他参与破坏行为的人，确实是盲目的服从者。也许服从的参与者认为权威人士正在做正确的事情（Reicher，Haslam，& Smith，2012）。

近年来，学者们关于米尔格兰姆的发现和结论也提出许多问题（Brannigan，Nicholson，& Cherry，2015；Griggs & Whitehead，2015）。例如，对米尔格兰姆的耶鲁大学档案的仔细检查显示，他的实验的标准化长期以来被认为是非常严格的，但有时需要改进（Perry，2013）。例如，在某些情况下，扮演身穿白大褂的实验者（"威廉姆斯先生"）的演员有时会跑题，当参与者（"老师"）似乎不愿电击"学习者"（"华莱士先生"）时，他会即兴做出更具强制性的指令。在其他一些案例中，米尔格兰姆的一些参与者对表面故事表示怀疑，这让他们知道，这项研究只是对学习的调查。如果是这样的话，至少在米尔格兰姆的一些研究中，服从率可能被需求特征夸大了。

抛却这些争论不说，毫无疑问，斯坦利·米尔格兰姆永远改变了我们对自己和他人的看法。他让我们更加清醒地认识到这样一个事实：好人也会做坏事，理性的人也会做出不理性的行为（Aronson，1998）。通过向我们警告这些危险，米尔格兰姆可能更好地引导我们防范它们。

13.3　帮助他人和伤害他人：亲社会行为和侵犯行为

13.3a　了解情境的哪些方面可以提高或降低旁观者帮助他人的可能性。

13.3b　描述影响人类侵犯行为的社会因素和个体变量。

几个世纪以来，哲学家们一直在争论人性的善恶。而科学真理一般不会单纯地陷入某一个极端。事实上，已经有越来越多的证据表明人性是社会积极倾向和消极倾向的混合体。

灵长类动物研究者弗兰斯·德瓦尔（Frans de Waal，1982，1996）——本书的两位作者在亚特兰大埃默里大学的一位同事——认为，与人类亲缘关系最近的是倭黑猩猩和黑猩猩，它们表现出了亲社会行为和反社会行为的萌芽。它们的 DNA 和人类的相似度达 98% 以上，因此为研究人类本性的演变打开了一扇窗。尽管这些物种在社会行为方面有相同之处，但是倭黑猩猩在更大程度上倾向于亲社会行为，即愿意帮助他人的行为，而黑猩猩在更大程度上倾向于反社会行为，如侵犯行为。倭黑猩猩是名副其实的和解专家，经常通过可爱的方式和解。德瓦尔描述了在圣迭戈动物园发生的一件引人注目的事情，在那里，饲养员们在照顾倭黑猩猩。

> 我们正在往护城河里注水。倭黑猩猩群的幼崽们在空荡荡的护城河里玩耍，看守人没有注意到。当他们去厨房打开水龙头的时候，突然在窗户前他们看到了卡考韦——倭黑猩猩群中的老者，它向他们挥手尖叫，以引起他们的注意。看守人看了看护城河，看见了幼崽，趁护城河还没有注满水，把它们救了出来（p.4）。

黑猩猩也有亲社会的行为，比如打架后和好。然而，它们比倭黑猩猩更容易具有攻击性。在 20 世纪 70 年代，简·古道尔（Goodall，1990）的报道震惊了科学界，黑猩猩群偶尔会对其他黑猩猩群发动全面战争，它们之间也充斥着残忍的谋杀、杀婴和同类相食。

那么我们更像哪个物种呢？热爱和平的倭黑猩猩还是好战的黑猩猩？事实上，我们和上述两者都有相似处。德瓦尔（2006）喜欢把人类称为"双面类人猿"，因为我们的社会行为可以说是我们的近亲——类人猿的社会行为的融合。

下面，我们将重点从影响亲社会行为和反社会行为的情境因素来分析这两种行为的心理本质。首先探讨的是为什么在一些情境下我们不会帮助他人，而在另一些情境下，又会主动提供帮助。然后，将揭露为什

灵长类动物研究者弗兰斯·德瓦尔拍下的这张重要的照片，呈现了一个雄性黑猩猩（左）在打斗之后向另一个黑猩猩表示让步妥协的情景。许多心理学家都认为，我们的亲社会行为在很大程度上受遗传因素的影响。

么有时我们会对同伴表现出侵犯性。正如我们所看到的，米尔格兰姆的服从研究揭示了社会影响可能会导致我们伤害他人。但我们很快会发现，服从权威只是故事的一部分。

在人群中是安全的还是危险的？——旁观者效应

可能你听过这样的话"在人群里是安全的"。常识告诉我们身处险境时，最好的方法是和他人在一起。但这真的正确吗？让我们来看两个真实例子。

旁观者效应的三个悲剧

- 1964 年 3 月 13 日 15 点，28 岁的凯蒂·吉诺维斯刚下班，走在回公寓的途中。突然，一个男人闯出来刺伤了她。从他出现到逃逸，不过 35 分钟而已。当周围公寓的灯亮起来的时候，凯蒂不停地尖叫着恳求帮助。这场可怕的突然袭击最后以凯蒂的死亡而告终（见图 13.6）。后来的分析表明，这一悲剧的臭名昭著的早期报道——其中一些报道声称有多达 38 名目击证人目睹了这一罪行，但没有进行干预——都被证明是错误的（Griggs，2015b；Manning，Levine，& Collins，2007）。但大多数证据表明周围约 30 户邻居中至少有 6 家（可能更多）听到了她的求救，但是没有人帮助她，甚至都没有人报警。
- 2009 年 10 月 23 日，在加利福尼亚的一场学校舞会上，一个 16 岁的女孩被残忍地轮奸了两个多小时，多达 20 名旁观者站在一旁观看。据报道，没有人打电话报警，尽管很多围观的人都有手机。
- 2016 年 8 月 10 日，印度德里的一名男子被一名人力车司机撞倒，肇事者逃离现场。在他无助地躺在街道上的大约一小时时间内，不少于 140 辆车、82 辆人力车、45 名行人以及一辆警方紧急应变车经过，但是都对此无视。一个朋友发现了他，但在被送往医院之前，他已经去世了。

旁观者效应的原因：为什么我们不帮助别人

正如许多奇闻逸事一样，虽然这些真实故事可以用来阐释观点，但它们没有作科学的总结。许多年来，心理学家总是简单地认为旁观者无反应是因为他们缺乏同情心，有些人甚至会认为是"旁观者冷漠"。但是心理学家约翰·达利（John Darley）和比伯·拉坦纳（Bibb Latané）推测，与其

图13.6 | **凯蒂·吉诺维斯被刺杀**

互动

地点 1

凯蒂·吉诺维斯开进邱园车站的停车场，把车停在了这里。

地点 2

当时，她注意到有个男人在停车场，她变得有些紧张，便向报警电话亭走去。那个男人抓住她，在这里用匕首袭击了她。

地点 3

她成功地挣脱了，但是在这里她又被抓住了。

地点 4

她重新尝试挣脱，但是这个男人再一次抓住了她并将她杀害。

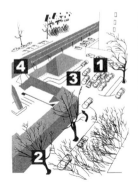 

说旁观者效应是冷漠导致的，倒不如说是因为"心理瘫痪"。根据达利和拉坦纳（1968a）的观点，旁观者面对紧急情况时一般都会想要介入，但又发现自己呆立一旁，好像没有能力提供任何帮助。他们还认为，大众心理学的观点是错误的，事实上，在人群中并不安全，反而还会有危险。和普遍看法相左，他们假定面对紧急状况时，他人的存在会让人不情愿（而不是更情愿）提供帮助。那么，为什么会这样呢？

多元无知：一定只有我是这样想的　达利和拉坦纳用两个主要因素来解释旁观者效应。第一个是**多元无知**：错误地认为他人不会像我们一样觉知事物。要介入一个紧急情况，前提是我们要确认这个情景确实很紧急。设想一下，明天你走在上学的路上，看到一个衣着凌乱的学生倒在长椅上。当你经过时，脑海中会闪现一些想法：他是在睡觉吗？还是喝醉了？他病得很严重吗？还是死了？会不会是我的心理学教授在进行一项调查，测试我对紧急情境的反应？多元无知在这里就开始起作用了。我们环顾四周，发现别人都若无其事，然后我们推测（可能是错误地推测）这不是什么紧急情境。我们会想大概只有自己才觉得它是一种紧急情境，于是确定了没有什么危险，也没什么好担心的，之后就继续开心地往前走。

一个所有大学生都熟悉的多元无知的例子是"安静的课堂环境"，这种情况通常发生在教授发表了一场演讲之后，课堂上的每个人都被完全搞糊涂了。讲座结束后，教授问："有什么问题吗？"没有人回答。班上的每个同学都紧张地看着其他学生，他们都安静地坐着，每个人都误以为他或她是唯一一个不懂这门课的人（Wardell，1999）。

确定一个模棱两可的情境是否紧急就和多元无知有关。但是，多元无知并不能很好地解释发生在凯蒂·吉诺维斯遇刺、加利福尼亚里士满轮奸、印度德里人力车悲剧里的旁观者行为，因为很明显这些情境是紧急情境。但是，即使我们意识到了情况紧急，他人的存在仍然会阻止我们的助人行为。

责任分散：推卸责任　第二步是要求我们介入情景中，即我们对不介入所导致的结果需要有一种责任感。关键是，紧急情境中旁观的人越多，每个个体对没有提供帮助而引起消极结果的责任感越少。达利和拉坦纳把这种现象叫作**责任分散**，即因他人的存在，个体责任感降低的现象。如果你没有援助一个心脏病突发的人，结果他死了，你可以对自己说："哦，真是件令人悲痛的事，但那并不是我的错。毕竟，其他很多人也可以帮助他的。"米尔格兰姆研究的参与者在被指示进行电击时遵守了实验者的命令，他们可能经历了责任分散——他们可以安慰自己："好吧，我不是唯一一个这么做的人。"

我们都会受多元无知的影响，它可能让我们认为某个情境并不紧急；我们也会受到责任分散的影响，即便在紧急情境下也不提供帮助。从这一点看，在紧急情境中任何一个人伸出援助之手都会令人惊讶，因为介入的障碍实在太多了。

旁观者效应的相关研究　为了探明诸如凯蒂·吉诺维斯悲剧中旁观者效应的心理根源，达利和拉坦纳及其同事通过参与者的意愿测试了旁观者的影响：（1）报告房间内充满烟气（Darley & Latané，1968b）；（2）对听起来像是一个女人从梯子上摔下来受伤而发出的声音做出反应（Latané & Rodin，1969）；（3）对听起来像另一个同学癫痫发作的声音做出反应（Darley & Latané，1968a）。在这些研究中，参与者独自一人时要比其处于群体中更可能寻求或提供帮助（见图13.7）。

研究者微调了实验设计后再次实验，得出了类似的结果。拉坦纳和尼达（1981）分析了约50项关于旁观者介入的研究，大约涉及6 000名参与者，发现90%的情况下参与者独自一人时比其处于群体中更可能给予帮助。

这个结论的可重复程度很高，甚至只是设想自己是一个庞大群体的一

多元无知
（pluralistic ignorance）
错误地认为他人不会像我们一样觉知事物。

责任分散
（diffusion of responsibility）
因他人的存在，个体责任感降低的现象。

可重复性
其他人的研究也会得出类似的结论吗？

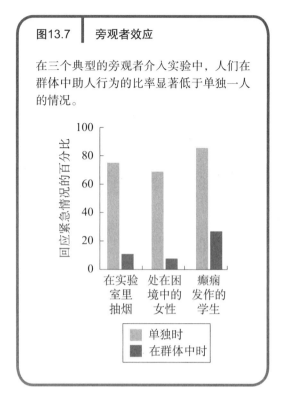

图13.7　旁观者效应

在三个典型的旁观者介入实验中，人们在群体中助人行为的比率显著低于单独一人的情况。

纵轴：回应紧急情况的百分比

横轴：在实验室里抽烟　处在困境中的女性　癫痫发作的学生

图例：单独时　在群体中时

员，就可能降低我们在紧急情境中提供帮助的可能性（Garcia et al.，2002）。

尽管如此，我们还是有一些乐观理由。研究表明，当出现对受害者的身体有危险的紧急情况时，旁观者可以比在不特别危险的时候更有可能进行干预（Fischer et al.，2011）。而且，当人们知道他们可能被监视时，旁观者效应显然会被消除。例如，在公共空间放置摄像机似乎可以扭转这种效果，这可能是因为人们知道他们可能会对自己的行为后果负责（van Bommel et al.，2012）。最后，我们有理由相信，对旁观者的研究可能会增加对突发事件干预的可能性。这一发现说明了肯尼斯·格根（1973）所称的**启蒙效应**：心理学研究可以改变现实世界的行为方式（Katzev & Brownstein，1989）。其中一组研究人员（Beaman et al.，1978）将关于旁观者干预效应的研究文献传达给一个心理学班级，其中包含了许多你刚刚读过的相同的信息，但没有将这些文献传达给另一个非常相似的心理学班级。两周后，这些学生在一名伙伴的陪同下，发现一个人瘫倒在公园的长椅上。与25%没有听过旁观者干预讲座的学生相比，43%听过讲座的学生进行了干预。这项研究之所以起作用，可能是因为它向人们传播了关于旁观者介入的知识，也可能是因为它让人们更加意识到帮助的重要性。因此，阅读本章，可能会让你成为一个更乐于助人的旁观者。

社会惰化：朋友的帮助很少

你曾经是一个没什么业绩的团队成员吗？（本书所有作者都定期参加大学教员会议，所以我们是这方面的专家。）如果是，那你可能就是**社会惰化**作用的受害者，社会惰化是指在团队中人们会消极怠工的现象（Latané，Williams，& Harkins，1979；North，Linley，& Hargreaves，2000；Simms & Nichols，2014）。作为一种社会惰化的后果，整体小于部分之和。

一些心理学家认为社会惰化是旁观者不介入的一种变体。这是因为社会惰化看起来部分是由于责任分散：在团队里工作的人对工作的责任感要比单独工作时少。他们没有投入相同的努力和精力。

心理学家用大量实验证实了社会惰化（Ohlert & Kleinert，2012）。在其中一个实验中，研究者蒙上6名参与者的眼睛，让

互动

多元无知（路过的人们可能认为男人醉酒或睡着了而不是受伤了）和责任分散（在场众多的人的存在让每个人感觉不到不负责、不帮助的后果）是两个社会心理的原则，有助于解释为什么这些人不停下来帮助那个躺在地上的人。

启蒙效应
（enlightenment effect）
学习关于心理学研究可以改善现实世界的行为。

社会惰化（social loafing）
个体在团队工作中效率变低的现象。

他们戴上耳机，要求他们尽量大声地拍打或者叫喊。当参与者认为自己只是其中一个制造噪声的人时，他们的声音比以为自己是单独一人时要小（Williams, Harkins, & Latané, 1981）。当啦啦队队员认为自己是集体的一部分时，他们也会比认为自己独自一人时欢呼声要小（Hardy & Latané, 1986）。研究者在其他实验中也发现了社会惰化，比如拉绳实验（拔河比赛）、迷宫导航、辨别雷达信号和评审某一工作的候选人（Karau & Williams, 1995）。美国这样的个人主义国家的人比中国这样的集体主义国家的人更倾向于社会交往，这很可能是因为中国人对集体成功或失败的结果负有更大的责任（Earley, 1989）。

有关社会惰化的研究表明，在庞大的群体中，个人付出的努力比其在独立工作时要少（比如：拔河）。

避免社会惰化的一个最佳方法是确保每个人是相对独立的，例如，向他们说明经理和老板会评估每个人的表现（Lount & Walk, 2014; Voyles, Bailey, & Durik, 2015）。这样，我们就可以"分散"在团队工作中经常出现的责任分散现象。

> **日志提示**
>
> 许多学生（和非学生）不喜欢小组工作，因为他们担心他们的同伴们不会发挥自己最大的能力。在小组工作中，避免这种社会惰化现象的方法是什么（除了避免集体工作之外）？

亲社会行为和利他行为

尽管涉及助人行为时，在人群中往往并不安全，反而可能是危险的，但是，就算有他人在场，我们中的许多人在面临紧急情境时，还是会提供帮助（Fischer et al., 2006）。在凯蒂·吉诺维斯悲剧中，至少有一个人可以报警，但显然并没有人报警（Manning, Levine, & Collins, 2007）。事实上，不少有利证据表明，大多数人都有**利他行为**，即会无私地帮助他人（Batson, 1987; Dovidio et al., 2006; Penner et al., 2005）。

利他行为：无私地帮助

多年来，一些科学家认为我们帮助别人完全是因为利己主义（自我中心），比如为了减轻自己内心的痛苦或为了体验助人的快乐（Hoffman, 1981），或者期待我们帮助过的人以后更有可能回报我们（Gintis et al., 2003）。根据这种观点，我们帮助他人仅仅是为了让自己感觉更好一些。然而，在一系列的实验中，丹尼尔·巴特森（Daniel Batson）和他的同事发现：有时我们的行为完全是利他的。也就是说，在一些情况下，我们帮助那些处于困境中的人主要是因为同情他们（Batson et al., 1991; Batson & Shaw, 1991; Fischer et al., 2006）。在一些研究中，他们让参与者看到一些因接受电击而痛苦的女性（实际上她们是研究助手），然后给参与者两个选择：代替她接受电击，或者转身离开不再看她接受电击的场面。当参与者开始对被电击者表露出同情倾向时（比如，被告知他们的价值观和兴趣爱好与她的相似），他们一

利他行为（altruism）
无私地帮助他人的行为。

✱ 心理学谬论
人群中的头脑风暴是提出创意的一种有效途径吗？

设想你被一家广告公司聘用，公司让你给"美味太太鸡肉面汤"策划一个开拓市场的活动。这个汤的近期销售情况并不理想，你的工作就是提出一项广告设计，使每个美国人都情不自禁地要伸手去拿他身边的那碗汤。

你起初计划独立构思一条简单醒目的广告语，老板却走进你的办公室，对你说要参加下午在经理办公室召开的"群体头脑风暴"。会议上，你将和公司的其他12名成员一起发挥想象力、畅所欲言，以拿下鸡肉面汤的广告方案。全球各家公司为了提出新奇创意，一般都会把群体头脑风暴作为一种方法。在他们看来，思维的碰撞可以激发出许多创意，效果比独立思考要好。《应用想象力》一书影响了许多公司采用头脑风暴，作者亚历克斯·奥斯本（Osborn, 1957）在书中指出"团体工作中，平均每个人提出的想法是其单独工作时的两倍"（p.229）。

尽管群体头脑风暴可以提出敏锐新颖的想法，但是上述观点已经被证实是错误的。

大量实验证明，群体头脑风暴并不比成员独立思考有效（Brown & Paulus, 2002; Byron, 2012; Diehl & Stroebe, 1987）。相反，它可能产生更少的想法，以及优秀的创意（Paulus, 2004; Putman & Paulus, 2009）。而且，一般由群体头脑风暴提出的想法还没有个体头脑风暴的想法有创意。而更糟的是，团队往往会高估方案的水平，这一点也可以解释为什么头脑风暴仍然流行至今（Paulus, Larey, & Ortega, 1995）。

群体头脑风暴没有个体头脑风暴有效率的原因至少有两点。一是团体中的成员会在意他人的评价，这导致他们可能会隐瞒一些好的想法。另一个原因就是社会惰化。在群体头脑风暴上，人们往往会"搭便车"：他们自己坐在那里而让别人苦思冥想（Diehl & Stroebe, 1987）。不管什么原因，研究者都认为，就头脑风暴而言，单独个体比两个人或者更多人表现要好，至少在人们可以相互交流时是如此。

般会选择代替她接受电击，而不是离开（Batson et al., 1981）。所以有时候我们帮助别人，不仅仅是为了减轻自己的痛苦，也是为了减轻其他人的痛苦。

除了同情心以外，还有很多心理变量都会提高助人行为的可能性。以下是一些关键因素。

助人行为：情境影响

在一些情境下，人们提供帮助的可能性更大。当人们不能轻易地从一个情境中逃脱时，比如不能跑开或者驾车离去，他们更可能去帮助别人。例如，人们更可能帮助一个在拥挤的地铁中倒下的人，而不是倒在路边的人。受害者的一些特征同样重要。在一项研究中，一段时间内，95%的旁观者帮助了拄拐杖行走的人，而只有50%的人去帮助喝得烂醉的人（Piliavin, Rodin, & Piliavin, 1969）。好情绪也会让我们更可能去帮助别人（Isen, Clark, & Schwartz, 1976）。宣传帮助他人的行为榜样也会提高助人行为水平（Bryan & Test, 1967; Rushton & Campbell, 1977）。

一项调查那些正在校园里布道的神学院学生的研究引起了大众的注意，他们在圣经中讲述了"好撒玛利亚人"的故事，描述了帮助受伤人员的道德问题（Darley & Batson, 1973）。调查人员让一些学生相信，他们需要赶紧去上课，其他人则有一些额外的时间。在穿过校园的时候，学生们遇到了一个人（实际上是实验者同伙），他在门口跌倒，咳嗽了两声，并大声呻吟。比起其他有时间的人（63%），那些很匆忙的学生（只有10%）不太可能向这个人提供帮助。有些学生只是在去上课的路上驻足了一下。好心人就这么多！

助人行为：个体和性别差异

　　人格上的个体差异也会影响我们帮助他人的可能性。比如，有他人在场时，不计较社会认可、守旧观念很少的参与者更可能违背常规介入紧急情境（Latané & Darley，1970）。外向的人比内向的人帮助别人的可能性更高（Krueger，Hicks，& McGue，2001）。除此之外，有救生技能的人，比如受过专业训练的医药工作者，即使不是在工作时间，他们也更有可能向紧急情境中的人提供帮助（Huston et al.，1981；Patton，Smith，& Lilienfeld，2016）。在一些特殊情境中，人们不提供帮助仅仅是因为他们不知道该做什么。

　　一些研究人员报告说男性比女性更倾向于帮助女性（Eagly & Crowley，1986）。这种差异在不同的研究中并不是特别一致（Becker & Eagly，2004），而且似乎是通过另一种解释来说明的，即男性在涉及身体或社会风险的情况下比女性更倾向于帮助女性。此外，男性更可能帮助身体有吸引力的女性（Eagly & Crowley，1986）。

> **排除其他假设的可能性**
> 对于这一研究结论，还有更好的解释吗？

侵犯行为：为什么我们会伤害他人

　　正如人类的亲戚黑猩猩，有时候我们也会对别人表现出暴力行为。并且，像它们一样，我们也是好斗的物种。当我们在写作这一章节时，全世界至少正在进行着九起大规模的战争，通常伴随着每年超过 1 000 人被杀的冲突。好消息是，今天的世界可能比以往更安全。例如，现在在战争中被杀的人的比例，是过去几个世纪以来的最低点（Pinker，2011）。这种积极趋势很可能反映了世界日益民主化，因为民主国家很少互相攻击。在超过 50 个国家的调查中，凶杀案的发生率在过去 60 年中也在逐步下降（LaFree，Curtis，& McDowall，2015）。然而，即使考虑到这些令人鼓舞的信息，世界上的大部分地区仍然是非常危险的地方，即使在西方国家，暴力极端主义的威胁仍然很大。

　　心理学家把**侵犯行为**定义为企图伤害他人的行为，包括言语上和躯体上的伤害。为了解释侵犯行为，不论是大规模还是小规模，我们都需要考察情境因素和性格因素。

侵犯行为：情境的影响

　　通过实验室的和自然情境中的实验设计（见 2.2a），心理学家已归纳出影响人类侵犯行为的情境因素（有些是短期的，有些是长期的）。下面是一些有代表性的调查研究结果。

> **可重复性**
> 其他人的研究也会得出类似的结论吗？

- **人际矛盾**：毫无疑问，我们更可能侵犯那些挑衅、孤立、威胁或者伤害我们的人（Geen，2001；Vasquez et al.，2013）。
- **挫折**：当我们遭遇挫折时，即在实现目标的过程中受到阻碍时，我们尤其可能表现得具有侵犯性（Anderson & Bushman，2002b；Berkowitz，1989；Pawliczek et al.，2013）。在一项研究中，一名研究助理要求参与者以一种不合理的速度完成一项困难的折纸任务，一种情况是研究助理因为这种速度而向参与者道歉，另一种情况是让他们保持这种速度（"我想快点结束这项研究"）。在第二种情况下，受到挫折的参与者更有可能给助理一个低评价（Dill & Anderson，1995）。
- **媒体影响**：正如我们在前文所了解到的（见 6.3a），一项令人印象深刻的实验室和自然情境的证据表明，观察学习、观看暴力视频也会提高暴力发生的可能性（Anderson，Berkowitz et al.，2003；Bandura，1973）。实验室研究表明，

> **侵犯行为**（aggression）
> 企图伤害他人的行为，包括言语上和躯体上的伤害（或者两者皆有）。

在西方和亚洲文化中，玩暴力性游戏也会增加真实生活中暴力事件的发生（Anderson et al.，2010；Gentile & Anderson，2003）。尽管如此，一些批评者对这些发现的外部效度即结论对现实世界的概括程度，提出了质疑。具体来说，他们认为电子游戏和暴力之间的联系被严重夸大了，并质疑这些发现在实验室之外是否具有普遍性（Ferguson，2009；Ferguson & Kilburn，2010；Freedman，2002）。例如，即使在电子游戏中，人们在几分钟或几小时内会有更大的攻击，我们也不清楚它在之后的数月或数年后是否会加剧攻击性（Ferguson et al.，2013）。此外，我们还不清楚在实验室里给另一个参与者进行电击或抹辣椒酱——两种常见的测量攻击性的方法——是否为真实世界的攻击提供了足够的模型（Elson & Ferguson，2014）。

- **侵犯线索**：与暴力相关的外部线索，如枪、匕首，为侵犯起到了辨别性刺激的作用（见6.2c），使我们更可能用暴力手段回应别人的挑衅（Carlson，Marcus-Newhall，& Miller，1990）。伦纳德·贝尔科维茨和安东尼·莱佩吉（Borkowitz & LePage，1967）发现，在桌子上出现一支枪而不是一把羽毛球拍时，会引发参与者更大的攻击性，他们被认为在一项任务上表现不佳从而受到了轻微"电击"。

- **唤醒**：当我们的自主神经系统处于兴奋状态时，可能会错误地把这种生理唤醒归因于愤怒，从而产生侵犯行为（Zillman，1988）。道尔夫·齐尔曼和他的同事们发现，骑健身车的人会给那些讨厌他们的人更强烈的"电击"（Zillmann，Katcher，& Milavsky，1972）。

- **酒精和其他药物**：这类物质能够活跃我们大脑的前额皮质，消弱对暴力行为的抑制（Bègue & Subra，2008；Crane et al.，2015；Kelly et al.，1988）。在一场竞争激烈的比赛中，被一个"对手"（实际上是虚拟的）电击后，相比于服用安慰剂的参与者，喝了酒精或服用过安定等苯二氮卓类药物的参与者，选择了更强烈的"电击"（S. P. Taylor，1993）。当我们的攻击目标占据我们注意力的焦点时，酒精可能会引发攻击，就像有人直接威胁我们一样（Giancola & Corman，2007）。此外，酒精对攻击性的影响在已经有冲动行为的参与者中尤其明显（Birkley，Giancola，& Lance，2012）。

- **温度**：美国不同地区的暴力犯罪事件发生率反映了这些地区的平均气温（Anderson，Bushman，& Groom，1997）。此外，在世界范围内，暴力犯罪的发生率往往和国家与赤道的距离有关（Van Lange，Rinderu，& Bushman，2016），因为高温会激起人的烦躁情绪，使人在受挫或被挑衅时更容易发脾气（Anderson & Bushman，2002b；Gamble & Hess，2012）。然而，由于极端温度在美国南部更为普遍，在这种情况下，暴力犯罪率特别高，调查人员不得不排除这种"热效应"是地理区域造成的假设。他们通常成功证明即使在同一地理区域内，气温升高也与暴力发生率有关（Anderson & Anderson，1996；见图13.8）。甚至让人们思考与热有关的词汇（如"晒伤"）——和与冷或中性词语相关的单词相比——也会使他们更有可能采取侵犯行为（DeWall & Bushman，2009）。

排除其他假设的可能性 对于这一研究结论，还有更好的解释吗？

侵犯行为：个体差异、性别差异和文化差异

在美国，一般每天都会发生大约43起谋杀案，差不多半小时就有一起（Williams & Davey，2015）。这些数据绘制了一幅残忍的图画。而实际上，大多数公民都是遵纪守法的，只有一小部分人曾对他人有着严重的身体侵犯。科学家曾在多个社会阶层展开调查，发现少数人（5%～6%）犯下了50%以上的罪行，包括暴力犯罪（Wilson & Herrnstein，1985），这是为什么？

人格特质 当面临相同的情境，比如侮辱时，人们侵犯行为的倾向是有差异的。某些人格

图13.8　2007年的俄亥俄州哥伦布市的暴力犯罪率与每日的温度关系

研究表明，暴力事件率和室外气温有关。我们如何确定这种相关关系是否预示着因果关系呢？

资料来源：Fox,J.A.2010 Heat wave has chiling effect on violent crime.Boston.com.Retrieved from http://boston.com/community/blogs/crime. punishment/2010/07/heat_wave.has_chiling_effect.html。

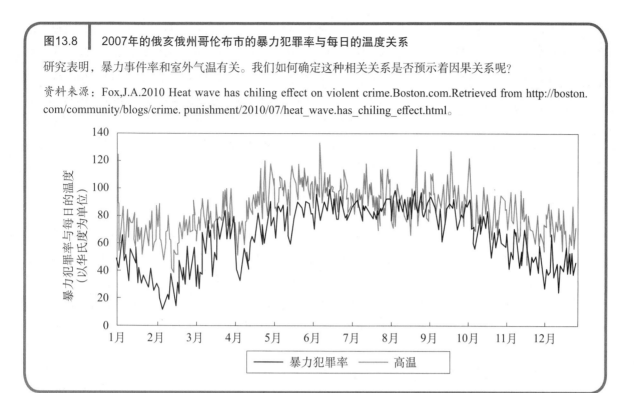

特质能结合在一起创造出一个具有暴力倾向的危险个体。负面情绪（比如烦躁和怀疑）水平高、易冲动而不易接近的人尤其具有暴力倾向（Gvion & Apter，2011；Hosie et al.，2014；Krueger et al.，1994）。

性别差异　在人类甚至是在整个生物界中，最显而易见的一种性别差异就是男性比女性更具有身体侵犯性（Eagly & Steffen，1986；Maccoby & Jacklin，1980；Storch et al.，2004）。至少其中的一些差异可能是由于愤怒时，男性比女性更愿意对冒犯他们的人进行报复（Wilkowski et al.，2012）。年龄同性别一样也是一个因素，如果 12 岁至 28 岁的男性魔法般地进入临时的冬眠状态，那么犯罪率（包括暴力犯罪）将会下降三分之二（Lykken，1995）。

可重复性
其他人的研究也会得出类似的结论吗？

对于侵犯行为存在性别差异的原因存在争议。一些研究者把侵犯行为归于男性体内高水平的睾酮（Dabbs，2001）。然而，睾酮与攻击性之间的相关性是有争议的，因为攻击性可能会导致更高的睾酮，而不是相反（Sapolsky，1998）。在攻击性的性别差异中，斑鬣狗（或"笑鬣狗"）是少有的例外之一，其雌性比雄性更具攻击性。这一例外可能证明了这一规律，因为雌性斑鬣狗体内一种与睾酮密切相关的激素水平异常高（Glickman et al.，1987）。社会因素也起着一定作用，至少对人类而言是这样：当男孩子有侵犯行为时，父母和老师才更加关注他们；而对于女孩子而言，父母和老师更关注她们的依赖行为，比如依恋（Eagly, Wood, & Diekman, 2000；Serbin & O'Leary, 1975）。

相关还是因果
我们能确信 A 是 B 的原因吗？

可重复性
其他人的研究也会得出类似的结论吗？

然而男性在侵犯行为方面的普遍性可能只适用于直接侵犯，比如身体侵犯和欺凌，而不适用于间接侵犯这种性别差异可能不太明显的行为，因为这种差异通常以"背后中伤他人"为标志。尼基·克里克（Crick，1995）发现，女孩比男孩更会进行**关系侵犯**。关系侵犯是间接侵犯的一

关系侵犯
（relational aggression）
间接侵犯的一种形式，它通过散播谣言、八卦，进行社会排斥及非言语的侵犯等方式来达到社交控制的目的。

研究表明男性比女性更倾向于身体侵犯，但女性比男性更倾向于关系侵犯，比如散播流言蜚语、在背后取笑他人等。

种形式，它通过散播谣言、八卦，进行社会排斥及非言语的侵犯（比如对别的女孩保持"沉默"）等方式来达到社交控制的目的。克里克的研究结果与预想的相吻合，表明女性和男性一样有可能以微妙的方式表达愤怒（Archer，2004；Eagly & Steffen，1986；Frieze et al.，1978；Loflin & Barry，2016）。相比之下，男孩比女孩有更高的欺凌率（Espelage，Mebane，& Swearer，2004；Olweus，1993）。欺凌行为的差异似乎也延伸到了互联网上，因为男性的网络攻击比率略高于女性（Barlett & Coyne，2014）。

文化差异　文化可以塑造侵犯。例如，在亚洲人群中，比如中国和日本，身体侵犯和暴力犯罪事件相对于美国或者欧洲来说要少（Wilson & Herrnstein，1985；Zhang & Snowden，1999）。理查德·尼斯贝特（Richard Nisbett）、多夫·科恩（Dov Cohen）及他们的同事也发现，美国南部的人可能比其他区域的人更支持名誉文化，即察觉到侮辱时保护某人名誉的一种社会规范（Nisbett & Cohen，1996；Vandello，Cohen，& Ransom，2008）。这种文化传统有助于解释为什么美国南部的暴力事件比其他地方多（Barnes，Brown，& Tamborski，2012；Grosjean，2014）。有趣的是，只有在有关争夺土地方面，暴力事件发生得相对较多，而在抢劫、盗窃及其他犯罪方面则并不如此（Cohen & Nisbett，1994）。这种名誉文化的差异甚至出现在相对安全的实验室环境里。在三个实验中，一个男性同伙在一条狭窄的走廊里撞上了一名大学生，并在怒气冲冲离开前低声说了句脏话。来自南方各州的学生比其他各州的学生更有可能反应出睾酮增加，并表现出对另一个人的攻击性行为（Cohen et al.，1996）。

13.4　态度和说服：改变观念

13.4a　理解态度和行为的关系。

13.4b　评估关于我们如何改变态度以及何时改变态度的不同理论解释。

13.4c　了解普遍的和有效的说服技巧，以及它们是如何被伪科学所利用的。

首先，回答下面的问题：你认为死刑能有效阻止谋杀吗？你如何看待死刑？

现在你通过这个练习，就可以把握信念和态度之间的区别。第一个问题评估了你关于死刑的信念，第二个问题评估了你对于死刑的态度。信念是有关事实证据的结论；相反，**态度**是包含情感成分的信念。态度反映了你如何看待一个问题或者一个人。因此，态度是我们社会交往的重要部分。

态度和行为

普遍存在这样的误解：态度可以预测行为。例如，大多数人都认为我们对一个政治候选人的态度，可以预测我们是支持他还是反对他。事实并不是这样的（Wicker，1969）。这个研究结果可以用来解释为什么民意测验并不绝对可靠。

态度（attitude）
一种包含情感成分的信念。

当态度不能预测行为

在 70 多年前的一项研究中，罗伯特·拉皮埃尔（Robert LaPiere）调查了 128 家美国宾馆和餐馆的老板是否会接待当时被歧视的中国人。超过 90% 的被调查者都说不会。然而，当罗伯特·拉皮埃尔带着一对中国夫妇游历美国，128 家宾馆和餐馆中有 127 家接待了他们（LaPiere，1934）。当然，拉皮埃尔的研究并不完美，例如，没有办法知道填写调查问卷的人是不是接待他们的人（Dockery & Bedeian，1989）。

自我监控（self-monitoring）
监控自己的行为在多大程度上反映了自己的真实情感和态度的一种人格特质。

不过，他的结论总体上经住了时间的考验。事实上，对 88 项研究的再分析表明，态度和行为的相关水平只有 0.38（Kraus，1995），只是中度相关。因此，虽然态度可以在机会水平之上预测行为，但它并不能完全预测行为（Elen et al.，2013；Friedkin，2010）。这一研究结果可能反映了这样一个事实，即我们的行为是很多因素相互作用的结果，态度只是其中的一个。例如，拉皮埃尔实验中，那些有偏见的参与者可能并不喜欢接待中国人，然而当他们亲眼看到中国人时，可能会发现自己比原来想象中的更愿意接待他们。或者当必须推脱时，他们可能会不情愿拒绝赚钱的机会。

当态度能预测行为

然而有时候，我们的态度可以很好地预测行为。不费力地就可以进入头脑中且易接受的态度可以准确地预测我们的行为（Fazio，1995）。设想一下我们询问你这两个问题：（1）有一种新品牌酸奶，现已充分证明它可以降低低密度胆固醇的水平，你觉得你会购买吗？（2）你觉得买些巧克力冰激凌这个主意怎么样？如果你和大多数人一样，你会发现问题（2）比问题（1）更容易回答，因为你对这个问题很熟悉。如果是这样，那么你对巧克力冰激凌的态度比你对新品牌酸奶的态度更能够预测你的购买行为。也许，当你的态度在一段时间内保持稳定的时候，你的态度也会倾向于预测你的行为（Conner et al.，2000；Kraus，1995）。

低自我监控的人的态度也可以很好地预测他们的行为（Kraus，1995）。**自我监控**是指监控自己的行为在多大程度上反映了自己的真实情感和态度的一种人格特质（Gangestad & Snyder，2000；Oh et al.，2014；Snyder，1974）。低自我监控的人往往比较正直，而高自我监控的人则比较善变。很显然，我们通常相信低自我监控者的行为反映了他们的态度。

尽管如此，态度和行为之间也只是相关关系，并不意味着态度引起行为。其他的解释也是有可能的，比如，行为有时候可以改变态度。设想一下，我们对那些无家可归的人，原来的态度是消极的；如果一个朋友说服我们做志愿服务，每周工作三小时帮助无家可归的人，最后我们可能会喜欢上这份工作，我们对他们的态度也会有所改善。

相关还是因果
我们能确信 A 是 B 的原因吗？

态度的起源

态度有很多来源，包括我们的先前经验、信息提供者的可靠度及我们的人格因素。在这里我们将回顾一些影响我们态度的关键因素。

认知

我们的经历会塑造态度。启发式认知让我们更可能相信经常听到的信息（Arkes，1993）。像许多启发法（心理捷径或者经验法则；见 8.1a）一样，认知启发式通常会有助于我们，因为一般来说，我们从不同的人那里多次听到的信息都是正确的。而且，它可以让我们迅速地做出正确的判断。例如，当问谁将赢得一场大型网球比赛时，他们中的许多人选择他们听说过的运动员。通常，这种简单的方法是有效的（Goldstein & Gigerenzer，2011）。

但是当事物的描述有说服力或者很有趣时，认知启发式可能会给我们带来麻烦。它会让我们被一些太美丽而不真实的故事欺骗，比如一些颇有趣味的都市传闻，或者我们会购买一些看似熟

认知失调

（cognitive dissonance）

由两种相互冲突的想法或者信念而引起的一种心理不愉快的紧张状态。

悉的东西仅仅是因为曾经多次听过它们的名字。所有广告商都利用这种启发式，比如通过精心制作的易于重复的广告歌。如果我们回想一下流行的谬论（见1.2b），我们就会记住，我们不应该仅仅因为大多数人的行为去相信或去买某样东西。而且，听到一个人说了十次（"萨利奶奶的意大利面味道很好吃"）会让我们错误地得出这样的结论：这种观点被广泛接受，就像十个人只表达一次一样（Weaver et al.，2007）。

态度和人格

在某些重要方面，我们的态度和人格特质是密不可分的。虽然我们可能认为自己的政治态度来自对社会问题完全客观的分析，但是这些态度其实通常会受人格特质的影响。在一篇激起众多争议的论文中，一组研究者称许多研究表明，政治思想保守的人比开明的人更容易陷入困扰，对威胁更敏感，不能应付那些难以预料的事件（Hibbing，Smith，& Alford，2014；Jost et al.，2003）。他们指出这些人格特质像是"心理胶水"，把保守者的许多政治态度结合在了一起，比如对死刑、堕胎、枪禁、学校礼拜、国家防卫和其他许多看似无关的问题的态度（Haidt，2012）。其他研究表明，保守主义者比自由主义者在受到威胁的刺激后表现出更高的皮肤电导反应（一种唤醒的量度），比如突然的大噪声、大蜘蛛的图片或受重伤的人（Oxley et al.，2008）。与自由主义者相比，保守主义者的杏仁核更大，而杏仁核是大脑中与威胁有关的区域。不过，我们应该小心，不要把这些发现解释为保守主义者的心理受损程度比自由主义者更严重（Lilienfeld，2015）。差异不是赤字。我可以简单地把这些有趣的结果解释为自由派对威胁不够敏感，而保守派对威胁过于敏感。

我们的个性与我们对宗教的态度有关，甚至还会影响我们对宗教的态度。我们在成长过程中所接触到的特定宗教在很大程度上发挥了一种功能，并且在很大程度上独立于我们的个性。然而，我们的宗教信仰——我们对宗教信仰的程度——与某些性格特征有关。在大多数文化中，具有高度责任感和亲和力的个体成年后都是虔诚的（Gebauer et al.，2015；Issazadegan，2012；McCullough，Tsang，& Brion，2003）。

态度改变：等等，我只是改变了注意

许多人可能会惊讶地发现自己针对许多问题——比如死刑和堕胎——的态度，会随着时间而改变。我们常认为自己的态度是固定不变的，然而事实并非如此（Bem & McConnell，1970；Goethals & Reckman，1973；M.Ross，1989），可能一部分原因是因为我们不喜欢把自己看作意志薄弱的墙头草。这就引出了一个心理学家力图解释的问题：是什么让我们改变了自己的态度？

认知失调理论

在20世纪50年代，利昂·费斯廷格提出了一个很有影响力的解释态度改变的模型：认知失调理论。根据这个理论，由两种相互冲突的想法或者信念引起的一种心理不愉快的紧张状态——**认知失调**——的时候，我们会改变自己的态度。因为我们不喜欢这种紧张状态，总是希望能够减轻或者消除它。我们如果持有的态度或者信念（认知A）和另一种态度或者信念（认知B）不一致，可以从下面三条途径来减少这种由不协调引起的焦虑：改变认知A，改变认知B，或者引入一个可以消除认知A和认知B之间的不一致的新的认知因素C（见图13.9）。

让我们把A、B、C模型转移到现实生活中。

在20世纪50年代后期，费斯廷格和卡尔·史密斯首次进行了有关认知失调理论的系统实验（Festinger & Carlsmith，1959）。

设置： 你参加了一项关于"测验操作能力"的实验研究，实验耗时两个小时。在实验室里，一个实验者告诉你一些关于手工作业的说明——都是些令人厌烦的工作，比如让你把 12 个线轴放到托盘上，然后拿出来，再放到上边，像这样持续半个小时。现在情况有了转机：这个主试解释说，本来有一位实验助手会告诉在外边等待的参与者，这个实验很有趣很好玩，以吸引那些参与者。不巧的是那个实验助手今天不能来实验室了。所以，你会好心地替代助教并告诉下一个参与者这项研究多有趣吗？

研究： 费斯廷格和卡尔·史密斯随机把参与者分成两组，一组付 1 美元的报酬，一组付 20 美元来帮这个忙。事后，问这些参与者，他们有多喜欢这项实验。根据学习理论的观点，尤其是操作性条件作用，我们可能猜想支付 20 美元的那一组会更喜欢这个任务。然而认知失调理论做了一个非常规预测：付 1 美元报酬的被试组会报告更喜欢实验中的操作任务。

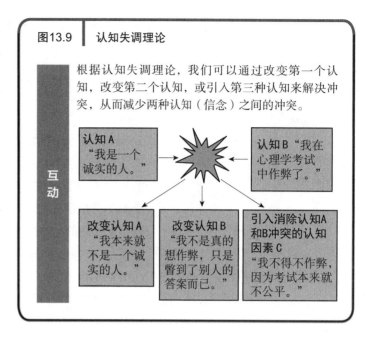

图13.9　认知失调理论

根据认知失调理论，我们可以通过改变第一个认知，改变第二个认知，或引入第三种认知来解决冲突，从而减少两种认知（信念）之间的冲突。

互动

认知A "我是一个诚实的人。"

认知B "我在心理学考试中作弊了。"

改变认知A "我本来就不是一个诚实的人。"

改变认知B "我不是真的想作弊，只是瞥到了别人的答案而已。"

引入消除认知A和B冲突的认知因素C "我不得不作弊，因为考试本来就不公平。"

这是为什么呢？因为所有的参与者都会体验到认知失调：他们进行的是非常枯燥乏味的任务，但是却要对下一个参与者说它很有趣。而得到 20 美元的被试组由于实验者收买了他们，使得他们撒谎有了看似的正当理由。而相反，只得到 1 美元报酬的参与者没有充足理由。于是，减少认知失调的唯一方法就是说服自己认为这个实验真的很有趣。他们欺骗他们自己。

结果： 实验结果证实了上述令人惊讶的预测。参与者得到的报酬越少，则越会报告喜欢这个任务，大概是因为他们要为自己的谎言找个借口吧。他们的行为已经改变了他们的态度。在费斯廷格和卡尔·史密斯的研究之后，数百次实验结果与认知失调理论大体一致（Cooper，2007；Harmon-Jones & Mills，1999）。在一项有关认知失调理论的最有创造性的研究中，实验者要求参与者品尝油炸的蝗虫（Zimbardo et al.，1965）。他们随机把参与者分成两组，一组参与者由友好的人向他们提出这个奇怪的请求，另一组参与者则由不友好的人向他们提出这一请求。与认知失调理论相一致，后一组参与者比前一组更喜欢油炸的蝗虫。被友好的人要求品尝蝗虫的参与者有充足理由（"我这么做是因为一个友好的人的款待。"），但是其他参与者没有。所以，后一组参与者会通过改变态度——嗯，那些东西还是挺好吃的——来消除认知失调。有趣的是，那些具有心理病态人格特征的人，在撒谎时经历了最小的愧疚感，在费斯廷格和卡尔·史密斯的认知失调理论中似乎很少或根本没有改变态度（Murray，Wood，& Lilienfeld，2012）。

可重复性
其他人的研究也会得出类似的结论吗？

日志提示

想想你认知失调时的经历，或许你会感到自己在虚伪地表演。你是如何克服这种不和谐的？你是改变了你的信仰来适应你的行为，还是通过改变你的行为来适应你的信仰？哪个对你来说比较困难？

自我知觉理论
（self-perception theory）
我们通过观察我们的行为来获得我们的态度。

印象管理理论
（impression management theory）
我们没有真的改变态度，我们报告改变了态度是为了和我们的行为保持一致。

认知失调理论的替代选择

认知失调理论依然存在，尽管研究者们依旧在争论是否还有其他理论可以解释态度的改变。一些学者提出我们改变了态度并不是由于认知失调，而是由于自我概念受到了威胁（Aronson，2012；Wood，2000）。在费斯廷格和卡尔·史密斯的研究中，得 1 美元的参与者改变态度的原因可能是，他们所认为的自己（一个正直的人）和他们的行为（对另一个参与者撒谎）之间产生了不一致。根据这一观点，只有态度之间的某些冲突，即那些挑战我们是谁的观点，才会引起认知的失调。

排除其他假设的可能性
对于这一研究结论，还有更好的解释吗？

对于认知失调的影响，至少有两种解释。第一种是**自我知觉理论**，我们通过观察我们的行为来获得我们的态度（Bem，1967）。根据这个理论，费斯廷格和卡尔·史密斯的参与者们在 1 美元的条件下窥见了自己的行为，并对自己说："我得到的报酬只有 1 美元，我告诉另一个参与者我喜欢这个任务，所以我想我一定很喜欢这个任务。"第二，**印象管理理论**（Goffman，1959）提出，在认知失调的实验中我们并没有真的改变态度，仅仅是告诉实验者我们改变了态度。这样做，是因为我们不想让自己看起来前后不一致（Tedeschi，Schlenker，& Bonoma，1971）。根据这个理论，费斯廷格和卡尔·史密斯的实验中只得 1 美元的参与者不想被看作虚伪的人，因此，他们尽管不喜欢那项任务也说喜欢。可能每一种解释都有其正确的一面，这在心理学中是很普遍的现象。表现出态度改变的参与者中有一些可能是因为认知失调，另一些则是因为自我知觉，还可能是因为印象管理（Bem & Funder，1978）。

事实与虚构

互动　非人类的灵长类动物可能会经历一种原始的认知失调。
（请参阅页面底部答案）
○ 事实
○ 虚构

说服：人人都是推销员

不管我们是否意识到，我们每一天都在和"说服"打交道。如果你像大学里的大多数同学一样，那么你已经看了 360 000 个商业广告；当你 65 岁的时候，这个数字可能上升至 200 万。这个数字甚至不包括你每次上网时看到的广告数量。每次你去商店或者超市，都能看到很多为了激起你购买欲望而被商家精心包装的商品。

说服的路径

根据说服的双加工模型，有两种可选择的路径来说服他人（Petty & Cacioppo，1986；Petty & Wegener，1999）。一条是中心路径，我们会认真仔细地评价说服的论据。在许多方面，中心路径是通过分析的思维方式运作的，我们在前面介绍过（见 2.1a）。当使用这种说服方法时，我们关注

答案：事实。当研究人员让卷尾猴们在两种不同颜色的糖果之间做出选择时，它们的首选是先前没有选择的糖果（Egan，Santos，& Bloom，2007）。这种效应被称为决策后失调，我们所有人对它都很熟悉，当我们决定购买一种稍微不同的产品后，我们对一种产品的积极感觉马上会减少，通过减少对我们没有选择的东西的喜爱，我们减少了我们的认知失调。

的是论证的信息内容：它们是否经得起严密的审查？当我们有动力并且能够认真评估信息的时候，我们尤其有可能走这条路，就像当我们在我们喜欢的两所大学之间做决定时，我们有足够的时间和相关的信息。我们通过这条路径所获得的态度往往是强烈的，而且是相对持久的。

另一种是外围路径，我们不假思索地对论据做出判断。这条路径主要是通过我们之前在文中介绍的直觉模式运作（见 2.1a）。通过外围路径，我们关注的是表面的论点：例如，他们很吸引人或很有趣吗？当我们没有动力去仔细衡量信息的时候，我们很可能会走这条路，因为我们没有能力这么做，就像我们在看广告时分心一样。尽管我们通过这条途径获得的态度往往是脆弱的、相对不稳定的，但它们会以强有力的方式影响我们的短期选择。由外围路径传达的说服内容，可能让我们被表面因素所欺骗——比如信息传递者的吸引力、著名或可爱程度，或者我们听到这些信息的次数（Hemsley & Doob，1978；Hovland，Janis，& Kelly，1953；Kenrick，Neuberg，& Cialdini，2005）。

说服的技巧

通过分析有关态度和态度改变的研究文献，心理学家总结出了很多说服他人的技巧。许多技巧都是通过外围路径故意绕过我们的判断力。有趣的是，几十年来成功的商业人士都在利用这些技巧（Cialdini，2001）。让我们来看看其中的四种。

- **登门槛技术：登门槛技术**提出的时间晚于认知失调理论，它是指在提出一个更大的要求之前我们会先提出一个小的要求（Freedman & Fraser，1966；Gorassini & Olson，1995）。如果我们想让自己的同学做志愿者，一周为"帮助心理学家"慈善机构工作 5 小时，开始我们可以请她志愿服务一个小时。一旦得到许可，我们就已经"登进门槛"，因为根据认知失调理论的观点，她将会维护原来的承诺（Dolinski，2012）。因此，她可能会以积极的态度看待这个组织，从而增加了她自愿工作更多时间的可能性（Arnold & Kaiser，2016）。

- **留面子技术：** 在提出一个小的要求（比如捐献 10 美元）之前，我们可以先提出一个大的要求（比如捐献 100 美元；Cialdini et al.，1975；O′Keefe & Hale，2001）。**留面子技术**之所以有效，原因之一可能是拒绝了原来的请求使他们感到内疚（O′Keefe & Figge，1997）。但是如果开始的请求是让人无法容忍以至于显得既不真诚而又无理，那就会事与愿违了（Cialdini & Goldstein，2004；Henderson & Burgoon，2014）。研究表明，登门槛技术和留面子技术能够有效地让人们同意要求（Feeley，Anker，& Aloe，2012），并同样有效地工作（Pascual & Guéguen，2005）。

- **低球技术：** 应用**低球技术**时，产品销售员会开出比实际售价还低的价格（Burger & Petty，1981；Cialdini，2001）。一旦顾客同意购买某商品，销售者就会提及其他所有会令顾客满意或感到需要的"附加"商品。结果交易达成时，顾客支付的钱可能是原来要支付的两倍（Pascual et al.，2016）。我们也可以利用这种方法获得朋友的帮助。在一项研究中，一位研究助手请陌生人在他去医院看望朋友这段时间里照看一下狗。一种情形是，他先获得陌生人的同意，然后再告诉他自己要离开半个小时；另一种情形是，他先告诉陌生人自己会离开半个小时。结果表明，第一种策略更好（Guéguen，Pascual，& Dagot，2002）。

- **"但你是自由的"技术：** 让人们同意请求的一个简单而有效的方法是让他们觉得他们可以自由选择是否执行这个行为（"我们希望你给这本心理学

登门槛技术
（foot-in-the-door technique）
在提出更大的要求之前先提出一个小要求的说服技巧。

留面子技术
（door-in-the-face technique）
先提出一个不合理的要求，以使真实的要求能够实现的一种说服技巧。

低球技术（low-ball technique）
产品销售员先开低价，一旦顾客同意购买后，便提出"附加"费用的一种说服技巧。

入门教科书的作者 50 美分，但你可以说'不'"；Guéguen & Pascual，2000）。研究表明，**"但你是自由的"技术**将同意请求的概率提高一倍（Carpenter，2013；T. D. Wilson，2011），这可能是因为给予人们自由选择让他们相信自己在自由选择且不被请求者施予压力。

信息传播者的特征

研究表明，我们更可能接受名人或者极具吸引力的人所传达的信息——而不在乎他们是否了解其代言的产品。这一原则解释了为什么公司经常要求名人代言他们根本不知道的产品。

幸运的是，我们可以通过教消费者区分合法与非法权威来保护消费者免受说服策略的欺骗（Cialdini & Sagarin，2005）。当消息来源具有很高的可信度时，我们也更有可能相信这些消息，比如假定的专业知识（Heesacker，Petty，& Cacioppo，1983；Hovland，Janis，& Kelley，1953；Pornpitakpan，2004）。这几乎可以肯定为什么那么多药品广告以医生穿着白色的实验服为特点和为什么这么多产品广告保证我们"五个医生中有四个建议……（Briñol & Petty，2009 a, b）。

如果信息传递者与我们相似，那么信息也会特别有说服力。在一项研究中，研究人员要求学生阅读一篇关于俄罗斯神秘人物格里高利·拉斯普京的描述。这种描述很奇怪，但并不特别讨人喜欢。一些学生被随机分配了一份关于拉斯普京的描述，上面写着他的生日（12 月 16 日），而其他人同样也被随机分配了一份关于拉斯普京的描述，但上面写着这名学生的生日。比起那些和普京不是同一天生日的学生，和普京有同一天生日的学生对普京的看法更积极（Finch & Cialdini，1989）。

伪科学的营销

许多伪科学的支持者有效地利用了说服技巧，虽然有时他们这样做完全是出于好意。这些有吸引力的策略可以帮助解释为什么那么多聪明人沦为伪科学的牺牲品。为了抵制这些策略，我们首先要了解它们。安东尼·普拉卡尼斯（Pratkanis，1995）提出了许多在评估没有根据的观点时要特别注意的说服策略。表 13.3 列出了其中的七种。我们应该谨记：别人可以利用这些策略说服我们相信许多伪科学和不确定的观点。

如我们所知，一些策略利用了启发法，即有吸引力但会产生误导的心理捷径。有一些是利用了说服的外围路径，让我们不太可能批判性地评价那些观点。例如，通过使用生动的证明，广告商利用了可得性启发（见 8.1b）。因此，一份关于一个人服用草药后心理改善的戏剧性案例报告，可能比 20 项精心控制的研究更具说服力，尽管有些研究表明，这种疗法毫无价值。或者通过制造信息源可信度，广告商可以欺骗消费者，让他们相信信息源比实际可信。例如，一个减肥计划的商业广告可能会把一个在周末研讨会上获得证书的人（"罗伯特·史密斯，官方认证的膳食教练"）介绍为科学专家。

纠正错误信息

正如我们在本文中所了解到的，许多聪明且受过良好教育的人在许多话题上持有错误的信念。例如，29% 的美国人认为疫苗会导致自闭症，尽管缺乏令人信服的科学证据。在另一项研究中，一般人群中 72% 的人同意人类只使用了他们大脑的 10%。此外，我们生活在一个越来越难以在互联网和社会媒体上区分真假新闻的社会里。我们怎样才能最好地说服人们不要接受错误的信念呢？最近的心理学研究发现了一些有趣的现象。

表13.3	伪科学营销技术			
伪科学策略	**概念**	**举例**		**问题**
设立"幻想"目标	利用人们想实现不切实际的目标的愿望	"在睡眠时可精通莎士比亚的所有作品。"		极端的想法往往是不能实现的
逼真的证据	某人的亲身经历	"桑德拉·赛德在接受再生疗法之前有 5 年的时间都被痛苦折磨着。"		某一个人的观点并没有科学依据，甚至可能是极端的
虚构材料的可靠性	我们更可能相信那些自己判断是值得信任的或合理的资料	普林斯顿的乔纳森·诺贝尔博士担保潜意识录音带可以帮你树立起自尊		广告商可能用假明星代言
"供不应求"启发法	物以稀为贵	请在午夜之前打进电话购买精灵博士的改良项目手册，即将售完		"供不应求"可能是假的，很可能是积压的低需求的商品
"一致性"启发法	如果大多数人都认为某个东西有作用，那它就一定有作用	"成千上万的人都在吃阿特金斯的特别饮食，所以它肯定是有效的。"		"常识"往往是错的
自然的普通事物	一个普遍的观点是：天然的就是好的	"医生的抗焦虑的新药成分是纯天然的。"		"天然的"未必是健康的，比如毒蘑菇
内心神秘	一个普遍的观点是：我们每个人内心都有西方科学忽视或否认的神秘一面	"'魔法心灵特别加强版'程序可以让你知道自己没有认识到的心理潜能。"		严格控制的实验并不支持超自然的能力或潜力

我们可能会假设，只要一遍又一遍地揭穿谎言（"证据表明疫苗不会导致自闭症""人们一直在使用一大部分大脑"）就足以减少错误信息。然而，令人惊讶的是，这种方法通常是无效的。事实上，多次揭穿一个谎言有时会适得其反，导致人们更有可能相信它（Horne et al.，2015；Lewandowski et al.，2012）。这可能是因为谎言已经被熟悉（"哎呀，我最近听到很多关于疫苗和自闭症——也许是关于疫苗导致自闭症的事"），正如在这一章中我们学习的启发式认知，声称熟悉的似乎经常是正确的。在挑战那些威胁人们根深蒂固的世界观的断言时，我们还需要特别小心，因为这样做会产生认知失调，导致他们支持这些信念（Ecker，2015）。因此，如果一位家长坚信他或她的孩子的自闭症是由疫苗引起的，并且多年来一直是这一观点，那么他或她可能对疫苗不会导致自闭症的证据尤其反感。

排除其他假设的可能性
对于这一研究结论，还有更好的解释吗？

研究表明，为了说服人们相信自己的信念是错误的，理想的做法是为这些信念提供一种替代解释。例如，除了告诉人们疫苗不会导致自闭症之外，还要告诉他们自闭症的遗传基础是非常强大的，这可能是有帮助的，但疫苗在造成这种情况的过程中不太可能发挥主要作用（G.M. Anderson，2012）。此外，在消除错误信息的时候，强调真理至少和虚构的故事一样重要，这样真理听起来就很熟悉了（Lewandowski et al.，2012）。在许多方面，这条建议与我们在本文中试图采用的方法相似：通过精确的心理信息来反驳广泛的心理错误信息。

像布拉德·皮特这样有魅力的名人的代言可以让我们更喜欢某些产品而不是其他产品。

说 服 技 巧

互动

1. 当员工向老板提出加薪时，一种方法是员工向老板提出的要求比其实际期望的水平要高很多，这样老板就能够给他一个接近他期望的薪酬水平。心理学家把这种技术叫什么？

a. 登门槛技术

b. 留面子技术

c. 低球技术

d. "但你是自由的"技术

2. 一名汽车销售员以基本价格开始交易，一旦客户同意购买汽车，他就会提到所有增加的成本。他使用了什么说服技巧？

a. 登门槛技术

b. 留面子技术

c. 低球技术

d. "但你是自由的"技术

答案：1.b，2.c。

评 价 观 点   关 于 抗 抑 郁 药 的 广 告

在美国和新西兰（这是仅有的两个将此类营销合法化的国家），药物公司有时会直接向潜在消费者推销抗抑郁药物。这样的营销可以成为接触到大量未经治疗的精神疾病患者的有效途径。与此同时，消费者必须以健康的怀疑态度来评价此类广告，尤其是因为其中许多广告使用了经过充分论证的社会心理学说服原则。

你有一个亲密的朋友吉尔，在结束了两年的恋爱关系后，她最近变得严重抑郁。

吉尔最初不愿意和她的治疗师谈论她是否需要药物治疗，但你最终说服她在下次治疗中提出这个问题。昨天在她家里看电视节目的时候，你看到了一个由美国食品药品监督管理局（FDA）新批准的抑郁症药物"镇静剂"的广告。广告的开头是一位年轻女子沙莉告诉我们，"我抑郁了　年多。镇静剂对我有效。我现在已经恢复了我的正常生活，你也许也想尝试一下"。广告接着说，"FDA 新近批准的镇静剂，在几项可控的研究中发现，对某些抑郁症患者有效，尤其是对伴有强烈焦虑的抑郁症特别有效。长期患有抑郁症但对其他治疗方法没有反应的人可能会从镇静剂中获益。如果这是描述你的，你可能想和你的医生谈谈。镇静剂并不适用于所有人。在极少数情况下，镇静剂会产生严重的副作用，比如严重的疲劳、体重增加、高血压和性欲极度减退，所以一定要和你的医生谈谈监测这些副作用的问题"。

科学的怀疑论要求我们以开放的心态评估所有的

主张，但在接受之前一定要坚持有说服力的证据。科学思维的原理如何帮助我们评估这种抗抑郁产品的有效性？

当你评估这一主张时，考虑一下科学思维的六大原则是如何运用的。

1. 排除其他假设的可能性

对于这一研究结论，还有更好的解释吗？

也许吧，但我们需要更多地了解广告中的描述。据推测，对照研究将镇静剂与安慰剂进行了比较，后者将控制安慰剂的效果。然而，我们需要知道的是，是否所有与镇静剂有关的发现，不仅仅是积极的发现，都报告给了食品药品监督管理局。莎莉声称镇静剂对她有效，这说明她使用了生动的证词，这是一种已被证明有效的常见的说服策略。但就像大多数逸事证据一样，我们不应该因为全文中讨论的各种原因而对这一论断给予过多的重视。除此之外，我们不知道莎莉的经历有多典型，也不知道她是否因为药物治疗而有所改善。

2. 相关还是因果

我们能确信 A 是 B 的原因吗？

广告说，长期患有抑郁症的人可能特别容易从镇静剂中获益。我们不知道这种关系是否真的是因果关系，但广告并没有做出这种说明；而且，即使不是因果关系，这些特征仍然可以帮助我们预测谁会对镇静剂做出积极的反应。

3. 可证伪性

这种观点能被反驳吗？

是的，原则上说镇静剂对抑郁症有效的说法可以通过进行大量的随机对照研究来证明，即将这种药物与安慰剂进行比较。

4. 可重复性

其他人的研究也会得出类似的结论吗？

这个广告指的是"几项可控的研究"，所以从重复的角度来说，这是一个很好的开始。与此同时，我们需要确保这些研究的过程是严谨的，并且调查人员已经报告了所有相关的结果，而不仅仅是那些对药物有利的结果。我们还需要确定的是，公司并没有拒绝重复失败的尝试。

5. 特别声明

这类证据可信吗？

在这则广告中，镇静剂"对某些抑郁症患者有效"并不明确，尤其是因为一些抗抑郁药物在被控制的研究中被发现比安慰剂更有效。因此，该广告应承认，这种药并非对所有人都有效，并可能产生严重的副作用。

6. 奥卡姆剃刀原理

这种简单的解释符合事实吗？

奥卡姆剃刀原理可能与莎莉的开场白相关。社会心理学研究告诉我们，许多人认为这样的证据是有说服力的，但他们不应该这么认为。虽然莎莉可能从药物中获益，但同样有可能的是，她在自己或替代疗法的反应上有所改善。

总结

镇静剂的广告提到了几项对其有效性的重复研究，并避免做出极端的断言。研究报告称，这种药物并非对所有抑郁症患者都有效，并承认其潜在的副作用。不过，为了更充分地评估这一论断，我们需要更多地了解上述研究，以及这家制药公司是否报告了所有相关结果，而不仅仅是积极的结果。我们还需要确保该公司没有对尚未向 FDA 报告的镇静剂进行失败的重复研究。就像许多药物广告一样，这个广告从使用证明开始；尽管这种技术对于营销目的是有效的，但是我们不应该轻信它。

13.5　偏见和歧视

13.5a　区别信念上的偏见、刻板印象与行为上的歧视有何不同。
13.5b　阐释偏见的产生原因和消除偏见的方法。

术语**偏见**指的是在评估证据之前对一个人、一群人或者情境下结论。如果我们对某一特别阶层的人存有偏见，不管是针对非裔美国人、女性、同性恋者、挪威人或者是发型师，那都意味着我们贸然做出了不成熟的判断。

刻板印象

在 20 世纪早期，印刷公司使用金属板生产数千份相同的原始文件副本。那个金属板就是刻板。在 20 世纪 20 年代，有影响力的记者沃尔特·李普曼（Lippmann，1922）第一次用这个词来描述我们将人们进行刻板的、非现实的分类的倾向。

要理解偏见，我们要先从理解刻板印象开始。**刻板印象**是对一个群体大多数成员的群体普遍特征的积极或消极的看法。像许多心理捷径一样，刻板印象一般起源于适应心理过程。正如我们在前文学到的（见 8.1a），人类是"认知吝啬鬼"——力求通过简化现实来节省心理能量。刻板印象把许多有同一特征的人归为一类，这样有助于我们了解易混淆的社会世界（Macrae & Bodenhausen，2000）。就这一点而言，它们类似于其他帮助我们加工信息的图式（见 7.2a）。因此，对其他人的某些刻板印象是不可避免的。此外，数据表明，许多刻板印象都有一个核心的真理，有些甚至在很大程度上是准确的（Jussim，Crawford，& Rubinstein，2015）。例如，外行人对各种心理特征的性别差异的估计，如攻击性、乐于助人、贫嘴和从众，与研究人员发现的这些差异的实际程度密切相关（Swim，1994）。

与此同时，我们需要密切关注我们的刻板印象，因为它们可能滋生偏见。当我们用它们来描绘一个过于宽泛的人的时候，就像我们假设一个群体的所有成员都有一个给定的负面特征时，它们会误导我们。当我们过于执着于它们，不愿意根据不可靠的证据调整时，它们也会误导我们。在这些情况下，刻板印象会助长对与我们不同的人的证实偏差。与其他模式一样，刻板印象也会导致我们传播关于其他组成员的错误负面信息，如图 13.10 所示的经典研究所示。

"刻板印象"一词起源于印刷业。在印刷公司，工人用金属板复制成千上万个相同的复制品。当人们有种族或性别的刻板印象时，他们可能会同样地假设所有的人都是相同的或者至少是相似的。

刻板印象甚至会影响我们对模糊刺激的瞬间理解。在某些情况下，这些快速的决定是准确的，而在另一些情况下，它们可能是灾难性的错误。事实上，至少最近发生的一些警察射杀手无寸铁的非裔美国男性的案件可能就是源于这种现象。有一项研究表明，这一点的灵感来自现实生活中的一场悲剧。1999 年，西非移民阿玛杜·迪亚洛在短短几秒钟内被四名纽约市警察开枪射杀 41 次，他们误以为他是在拿枪。事实上，他是伸手去拿钱包，大概是不顾一切地想向警察出示他的身份证件。如图 13.11 所示，约书亚·科雷尔（Joshua Correll）和他的同事将迪亚洛事件带进了实验室，他们给参与者看了一段视频，视频中一个男人——有些视频显示

偏见（prejudice）
在评估证据之前对一个人、一群人或者情境下结论。

刻板印象（stereotype）
对一个群体大多数成员的群体普遍特征的积极的或消极的看法。

图13.10 ｜ 刻板印象的危险

戈登·奥尔波特和李·珀斯曼（Allport & Postman，1956）使用了一幅类似的图画来展示消极的刻板印象是如何扭曲信息在人与人之间的传递的。他们让一名白人参与者看这幅画——画中清楚地描绘了一名白人男子拿着剃刀对着一名非裔美国人——然后把这幅画转述给另外五六名白人参与者，让他们参与一场"电话游戏"。随着这个故事从一个参与者传到另一个参与者，它变得越来越扭曲——在复述这个故事的过程中，超过一半的人描述这个非裔美国人拿着剃刀。

资料来源：Based on Pelham，B.W.，Mirenberg, M.C.，& Jones, J.T.（2002）.Why Susie sells seashells by the seashore：Implicit egotism and major life decisions. Journal of Personality and Social Psychology, 82, 469-487.©Scott O.Lilienfeld。

图13.11 ｜ 妄下结论

这个人是带武器的还是手无寸铁的？在科雷尔的一项计算机研究中（2002），参与者要求在观看模糊不清的照片后做出一个瞬间的决定，比如这张照片，他们更有可能错误地判断是非裔美国人拿着枪，而不是白人拿着枪——并向他开枪。照片上的那个人拿着一部手机。

的是白人，有些是非裔美国人——伸手拿手机、钱包或手枪。在模拟电脑游戏中，参与者只有不到一秒钟的时间来决定是否要"射杀"这名男子。参与者更有可能射杀手无寸铁的非裔美国男性，而不是手无寸铁的白人男性，这一发现甚至适用于非裔美国参与者（Correll et al.，2002；Correll et al.，2014）。

　　有些刻板印象是过度概括。这些刻板印象反映了幻觉相关性的存在，因为它们表明了一种错误的看法，即少数群体和特定特征之间存在很大程度或完全错误的联系（Hamilton & Rose，1980）。例如，尽管大多数人认为，精神疾病和暴力之间有很强的相关性，而研究表明，只有在一小部分精神疾病患者特别是那些有严重的偏执的信念或物质滥用的人中，暴力风险才会显著增加（Douglas，Guy，& Hart，2009；Monahan，1984）。同样，调查显示，大多数美国人认为女同性恋者感染艾滋病的风险特别高，尽管女同性恋者的艾滋病感染率实际上低于异性恋者和男同性恋者（Aronson，1992）。

　　刻板印象也可能导致托马斯·佩蒂格鲁（Pettigrew，1979）所说的**终极归因谬误**，即把整个群体（如女性、基督教徒或者非裔美国人）行为都归因于性格因素的一种错误归因（"所有 X 种族的人都不成功，因为他们懒惰"）。当我们犯这

终极归因谬误
（ultimate attribution error）
群体中个体成员的行为是由其内在性格决定的。

个错误时，我们也倾向于将我们所不喜欢的团体的任何积极的行为归因于运气（"不像 Y 种族的其他成员，她是成功的，因为她很幸运地被父母完全支持"）或罕见的例外（"他不像 Z 种族里所有其他成员那样贪婪"）。就像基本归因错误，这种错误使我们低估情境因素对个体行为的影响（Hewstone，1990）。例如，当白人学生被非裔美国人（不是白人）推了一下时，他们很可能认为这是一种有意的侵犯行为，而不是偶然的碰撞（Duncan，1976）。

一旦我们形成了刻板印象，它们就会自然而然地影响着我们。研究表明，克服刻板印象需要很多心理能量。有偏见的人和没有偏见的人，关键区别并不是前者有刻板印象而后者没有（因为每个人都有刻板印象），而在于有偏见的人不会努力试图去抵制刻板印象，而没有偏见的人则会去抵制（Devine，1989；Devine et al.，1991）。

事实上，神经影像学研究表明，给白人参与者以极快的速度（30 毫秒，或大约三十分之一秒）形成的非裔美国人形象刺激了杏仁核的激活，杏仁核是一个与威胁有关的区域（Cunningham，Nezlek，& Banaji，2004）。然而，在较长时间内（525 毫秒，或大约半秒）向白人展示这些图像，会导致杏仁核激活水平较低，而抑制杏仁核的前额叶的激活水平较高（Ochsner et al.，2002）。这一令人振奋的发现表明，许多白人对黑人面孔会产生一种自动的负面反应，而这种反应会在片刻之后被压抑。此外，当我们的自控能力削弱时，我们中的许多人会默认偏见的信念。在一项研究中，异性恋大学生在喝了加葡萄糖的柠檬水（实验条件）或三氯蔗糖（对照条件）后写了一篇文章，描述一个名叫山姆的男同性恋者的一天生活。葡萄糖是大脑的汽油，所以当我们的大脑接收葡萄糖时，我们更善于抑制我们的冲动。有趣的是，喝了含葡萄糖的柠檬水的学生写的文章中与同性恋相关的刻板印象和对山姆的负面评价比对照组的学生要少。这些发现再次表明，我们许多人对性取向持有刻板印象，但我们可以通过精神努力抑制它们（Gailliot et al.，2009）。

偏见的本质

可以说，我们每个人至少都对一些特定群体心存偏见（Aronson，2000）。有些人认为，我们的偏见倾向深深根植于人类进化进程中。根据自然选择的观点，有机体从和内部的人建立紧密的联盟却不轻信外来者中获益（Cottrell & Neuberg，2005）。这是一个更广泛的进化原则的一部分，称为**适应性保守主义**——比后悔更安全（Henderson，1985；Mineka，1992）。实际上，某个种族的成员更倾向于把与恐惧有关的刺激（如蛇和蜘蛛）同其他种族的面孔联系起来。这种效应在针对与恐惧无关的刺激（如蝴蝶）时，就不会出现（Olsson et al.，2005）。我们会相当轻易甚至很自然地，把外种族的人和令人恐惧的事物联系起来。

不过，请注意在上一段中我们使用的词语"倾向"。虽然在进化进程中人类有害怕和不信任他人的倾向，但这并不意味着偏见是不可避免的。有两种偏见使我们倾向于和与自己相似的人建立联盟。

适应性保守主义
（adaptive conservatism）
适应性保守主义创造了一种倾向于不相信任何不熟悉或不同的事物的原则。

内群体偏好（in-group bias）
相对于外群体成员而支持内群体成员的倾向。

第一种是**内群体偏好**，它是指相对于外群体成员而支持内群体成员的倾向（Van Bavel，Packer，& Cunningham，2008）。这种偏好似乎早在幼儿园就出现了（Buttelman & Bohm，2014）。如果你曾经看过一场球赛，那你就已经目睹了内群体偏好：成千上万的粉丝尖叫着为自己的主场球队加油，而又以同样的激情讥笑对方球队，即使他们中间大多数人并没有对比赛结果下赌注——也从未见过一个球员。但主场球队是他们的"部落"，所以他们乐意花几小时呐喊助威来威慑对手。

内群体偏好可能会因为我们倾向于"关闭"对外群体成员的同情而得到加强。在一项研究中，研究人员使用功能性磁共振成像技术对自由主义大学生的大脑进行研究，同时让他们思考与自己相似的人（自由主义者）和与自己不同的人（基督教保守派）的特征。当我们对他人产生同理心时，内侧前额皮层会变得活跃，而当参与者想到自由主义者时，内侧前额皮层会变得更加活跃。但是，当他们想到基督教保守派时，就变得不那么活跃了（Mitchell，Macrae，& Banaji，2006）。

　　另一种偏见是**外群体同质性**，即把所有我们群体之外的个体都看作十分相似的倾向（Park & Rothbart，1982）。外群体同质性让我们更容易排斥其他所有群体的成员，因为我们觉得他们没有什么差别，都至少有一种不受欢迎的特征——如贪婪或懒散（"所有种族都有同样的行为""所有的男同性恋者看起来都一样"）。这样，我们就不必费心去了解他们了。此外，当外群体批评我们或不分享我们的观点时，我们尤其可能将其视为同质的（Savitsky et al.，2016），这可能是因为这样我们可以将负面反馈视为来自"一群"人，而不是来自许多独立的人。

外群体同质性
（out-group homogeneity）
把所有我们群体之外的个体都看作十分相似的倾向。

歧视（discrimination）
对待外群体成员的消极行为。

大多数美国管弦乐队都采用"盲听"来避免性别偏见与歧视，这在很大程度上要感谢心理学的研究。

> **日志提示**
>
> 　想一想最近你见过的有关偏见或歧视的情况，你看到了哪些群体偏见？

歧视

　　正如某些刻板印象会导致偏见，偏见可以引起歧视，这两个术语很容易混淆。**歧视**是一种对待外群体成员不同于内群体成员的行为。所以，歧视是对他人的一种行为，而偏见是对他人的一种态度。我们可能对某些人有偏见，但不会歧视他们。

歧视的后果

　　现实生活中，歧视会引起很多后果。比如，在大多数美国管弦乐队的主要成员中，女性明显少于男性。为了探究这一问题，某研究小组做了一项实验，研究音乐评委在试听时如何评估女性演奏者。在一些情况下，评委可以看见演奏者；而在另一些情况下，演奏者在一个屏幕后边演奏。当评委不知道演奏者的性别时，女性通过试听的可能性提高了 50%（Goldin & Rouse，2000）。因此，现在许多美国管弦乐队都采用"盲听"（Gladwell，2005）。

　　在另一项研究中，调查人员（Word，Zanna，& Cooper，1974）观察了白人本科生在面试白人和非裔美国求职者（他们实际上是合作者）时的情况。在面试非裔美国求职者时，面试官坐得离被面试者更远，发言更频繁，面试结束得更快。

　　这些研究结果关注的是面试官的行为，并没有证明不同的待遇是否会影响求职者的行为。因此，研究人员对白人面试官进行培训，让他们像对待非裔美国人一样对待白人求职者。独立的评估者无视面试官的行为，从录像中对应聘者的行为进行编码。结果是惊人的。评估者认为接受"非裔美国人待遇"的求职者比接受"白人待遇"的求职者更紧张，更不适合这份工作。这项研究显示了微妙的歧视行为如何对人际交往的质量产生负面影响。歧视可能是微妙的，但影响却是强大的。

替罪羊假说

（scapegoat hypothesis）

偏见是因自身的不幸将愤怒发泄到别的群体身上而引发的。

公平世界假说

（just-world hypothesis）

认为我们的归因和行为都因根深蒂固的假设而形成，这种假设认为世界是公正的，所发生的一切都是有其原因的。

简·埃利奥特的经典的"蓝眼睛－棕眼睛"实验强调了歧视的消极人际影响。

制造歧视：请勿在家模仿

人们很容易制造歧视。有秘诀吗？只要创建两个在任何特性上都不同的组，不管这些特性有多么微不足道。为了证明这一点，亨利·泰弗尔（Tajfel，1982）开发了最小群体范式，一种基于任意差异创建组的实验室方法。在一项研究中，泰弗尔和他的同事在屏幕上闪过一组点，并让参与者估计他们看到了多少个点。在现实中，研究人员忽略了参与者的答案，随机地将一些人归为"点高估者"，另一些归为"点低估者"。然后他们让参与者有机会把钱和资源分配给其他参与者。每个组的人分配给组内人的糖果比组外人的要多（Tajfel et al.，1971）。

1968 年，民权领袖马丁·路德·金牧师遇刺当天，洛瓦的教师简·埃利奥特（Jane Elliott）在她三年级的教室里也制造了类似的随机歧视。她仅仅凭学生眼睛的颜色，就把她带的三年级的学生分成了优待组和非优待组（Monteith & Winters，2002）。埃利奥特告诉她的学生，棕色眼睛的孩子更优秀，因为他们的眼睛里含有过量的黑色素。她剥夺了蓝色眼睛的孩子的一些基本权利，比如他们不能在吃午饭的时候再额外加一份或者喝饮水机里的水，而且她还侮辱蓝眼睛的孩子，说他们懒惰、愚钝、不诚实。据埃利奥特所述，结果很有戏剧性：大多数棕色眼睛的孩子很快变得傲慢、有优越感，而大多数蓝眼睛的孩子都变得顺从且没有安全感。

在20世纪60年代后期和70年代，美国教师用这个经典的"蓝眼睛－棕眼睛"实验来教育学生们歧视的危害性（本书的第一作者还是纽约市的一个小学生时，曾是这类实验的参与者之一）。后来的一项调查研究表明，了解这项实验的白人比控制组的白人报告针对少数人的偏见更少（Stewart et al.，2003）。不过，因为经历这项实验并了解实验需求特点的学生可能是故意少报告偏见，所以还需要更多的研究来排除这种可能性。

排除其他假设的可能性　对于这一研究结论，还有更好的解释吗？

偏见的根源：一张错综复杂的网

偏见的根源是复杂多样的。不过，心理学家已经找出影响偏见的几个关键因素。我们将介绍其中的一些因素。

替罪羊假说

根据**替罪羊假说**，偏见是因自身的不幸将愤怒发泄到别的群体身上而引发的。它也可以源于对稀缺资源的竞争。例如，数据显示，随着欧洲国家失业率的上升，人们对移民的仇恨也在增加（Cochrane & Nevitte，2012）。虽然我们并不十分确定，不过这一结果表明有一部分白人可能因为不良的经济状况而责怪非裔美国人。例如，也许更高的就业率与社会上许多人（而不仅仅是移民）的更大的偏见有关。但是，很多研究直接支持了替罪羊理论。在一个伪装研究学习的实验中，白人学生给非裔美国学生相对于白人学生更强烈的电击，但也只在非裔美国学生表现不友好的时候（Rogers & Prentice-Dunn，1981）。这一结果说明，挫折可以激起侵犯行为，以将挫折转移到少数人身上。

公平世界假说

梅尔文·勒纳（Lerner，1980）提出的**公平世界假说**认为，很多人有一种深层需要，即认为世界是公正的——发生的一切都是有其原因的。具有讽刺意味的是，这种公平感的需要可能会导致偏见，尤其在它很强烈的时候。这是因为它会使我们责备本就已经低一等的群体。对公正世界深信不疑的人，很可能认为患有严重疾病的人（包括癌症患者和艾滋病患者）应该理所当然地为自己的不幸承担责任（Hafer & Begue，2005）。社会学家和心理学家都把这种现象称作"责备受害者"（Ryan，1976）。令人不安的是，非裔美国人坚信，在一个公平的世界里，对他们的歧视至少在一定程度上是合理的。事实上，这些非裔美国人尤其可能会遭受身体健康方面的不良后果，如因为歧视导致的高血压（Hagiwara，Alderson，& McCauley，2015）。

从众

一些有偏见的态度和行为很可能是源于对社会准则的从众。半个世纪前在南非进行的一项研究显示，有高度从众心理的白人尤其可能会歧视黑人（Pettigrew，1958）。这种从众心理可能是为了社会赞许或社会许可的需要。在研究大学男生联谊会和女生联谊会时，研究者发现，希腊组织里的成员都会表现出对外群体（其他的男生联谊会和女生联谊会）的负面观点，无论他们的观点是否公开。而相反，刚加入这些组织的人，更可能在公开情况下发表对外群体的负面观点（Noel，Wann，& Branscombe，1995）。可能是这些新成员想被团体接纳，所以故意说不喜欢"团体之外的成员"。

偏见的个体差异

有些人对各种各样的群体有很大的偏见。例如，有专制人格特征的人（我们在之前提到的米尔格兰姆服从研究中讨论过）对许多群体有很高的偏见，包括美国土著人和同性恋者（Altemeyer，2004；Whitley & Lee，2000）。和那些有强烈需求的人一样，他们需要把人们划分为不同的类别（Schaller et al.，1995）。此外，高水平的外在的宗教信仰的人把宗教作为一种获得朋友和社会的支持等的手段，因而往往有高水平的偏见（Batson & Ventis，1982）。与之相反，那些具有高度内在宗教信仰的人，宗教就是他们信仰中根深蒂固的一部分，因而他们往往比不信教的人具有同等或更低的偏见（Gorsuch，1988；Pontón & Gorsuch，1988）。

事实与虚构

互动 对多个民族有较高偏见的人可能会对完全虚构的群体产生偏见。（请参阅页面底部答案）
- ○ 事实
- ○ 虚构

"屏幕后面"的偏见

调查显示，在过去的四五十年里，美国的种族偏见实际上已经有所减少（Dovidio & Gaertner，2000），尽管至少有一些证据表明，过去几年的偏见有所增加（Pasek et al.，2014）。尽管在美国偏见总体上明显减少，但是一些学者坚持认为很多偏见，尤其是白人对黑人的偏见，不过是"走进

答案： 事实。在一项研究中，一名研究人员发现，对犹太人和非裔美国人抱有偏见的人，也表示不喜欢食人鱼、丹尼人和袋鼠这些实际上不存在的种族（Hartley，1946）。

幕后"隐藏起来了（Dovidio et al.，1997；Fiske，2002；Hackney，2005；Sue et al.，2007）。

　　研究隐藏的偏见的另一可供选择的方法是测量内隐（无意识的）偏见（Fazio & Olson，2003；Vanman et al.，2004）。与**外显偏见**相反，**内隐偏见**是指我们没有意识到的刻板印象。内隐偏见成为 2016 年总统竞选中的一个问题，当时的民主党候选人希拉里·克林顿认为，需要更好地理解内隐偏见以改善种族关系，包括多数警察和少数公民之间的关系（Merica，2016）。越来越多的心理学家试图在实验室中捕捉内隐偏见。例如，一个研究小组要求白人与黑人合作完成一项任务。尽管白人参与者声称他们喜欢黑人合作伙伴，但对他们面部活动的敏感测量却暗示着相反的结果：他们参与皱眉的前额肌肉变得活跃起来（Vanman et al.，1997）。

　　近年来备受关注的一种测量内隐偏见的技术是由安东尼·格林沃尔德（Anthony Greenwald）和马扎林·巴纳吉（Mahzarin Banaji）开创的内隐联想测验（IAT）。如图 13.12 所示，研究者要求参与者如果看到一张非裔美国人的图片或一个积极词汇（如"欢快"）就按左键，如果看到一张白人的图片或者一个消极词汇（如"坏的"）就按右键。多次重复试验后，研究者要求参与者再次按左右键，但是这次对调了配对——即看到非裔美国人图片或消极词汇时按左键，看到白人图片或积极词汇时按右键（Greenwald，McGhee，& Schwartz，1998）。

　　很多研究的结果都表明，大多数白人参与者对非裔美国人面孔和消极词汇的组合以及白人面孔和积极词汇的组合反应更快（Banaji，2001；De Houwer et al.，2009）。根据 IAT 的支持者的说法，这个有趣的发现表明许多白人对非裔美国人怀有微妙的（无意识的）偏见（Gladwell，2005；Greenwald & Nosek，2001）。也许令人惊讶的是，大约 40% 的非裔美国人在 IAT 上表现出同样的偏见（Banaji & Greenwald，2013），这表明一些非裔美国人可能对自己种族的成员怀有微妙的偏见。近来，研究人员把内隐联想测验的应用推广到测验偏见的不同形式，包括种族主义、性别偏见、对同性恋的憎恶、宗教歧视以及年龄偏见（对年长者的偏见）。

图13.12　内隐联想测验

内隐联想测验（IAT）是应用最广泛的内隐或无意识偏见的测验。这里呈现一个例子：大多数白人参与者更容易将负面词汇与非裔美国人联系起来，而许多非裔美国人也表现出同样的影响。但是，本实验真的测验了内隐偏见吗？它测量了其他因素吗？争论仍在继续……

设置一：

按左键　　　　　　　　　　　　　　按右键

黑人图片 或 积极词汇　　　　　　　白人图片 或 消极词汇

　愉快　　　　　　生气

设置二：

按左键　　　　　　　　　　　　　　按右键

黑人图片 或 消极词汇　　　　　　　白人图片 或 积极词汇

　匕首　　　　　　微笑

如果你想试验内隐联想测验，可以浏览网址：http://implicit.harvard.edu/implicit/demo。它有许多版本的测试，旨在评估你对不同群体的内隐偏见。

　　尽管如此，IAT 在科学上还是有争议的（De Houwer et al.，2009）。很明显，它测量了一些有趣的东西，但具体的测量方法并不完全清楚。有一点不可忽视：内隐联想测验和外显偏见测验，比如针对种族态度的调查问卷，几乎没有显著的联系（Arkes & Tetlock，2004；Oswald et al.，2015）。内隐联想测验的支持者们认为，它们之间缺少关联反而证明了内隐联想测验的效度，因为内隐联想测

外显偏见（explicit prejudice）
我们意识到的关于某个外群体特征的毫无根据的消极看法。

内隐偏见（implicit prejudice）
我们没有意识到的关于某个外群体特征的毫无根据的看法。

验原本要测验的就是未意识到的而不是意识到的种族态度。不过，这种解释又引出了关于内隐联想测验的可证伪性问题，因为内隐联想测验的支持者们可能会把正相关和零相关都解释成支持内隐联想测验效度的证据。而且，内隐联想测验是否能像测验刻板印象一样测验偏见还不明确。也就是说，没有偏见的人可能清楚地知道，美国社会的主流是把穆斯林和许多负面特征联系在一起，把基督教徒和许多积极特征联系在一起，但是他们可能会主动拒绝这些带有偏见的联系（Arkes & Tetlock，2004；Levitin，2013；Redding，2004）。

经典的罗伯斯洞穴研究表明，来自不同群体的露营者为了共同的目标共同努力，最终会产生更低的偏见。

另一个问题是，至少有一些积极的发现将 IAT 与现实世界的种族主义联系在一起，这可能源于少数几个极端的参与者，因此，IAT 可能不会对绝大多数人的内隐偏见进行测量（Blanton et al.，2009）。学者们继续讨论 IAT 和类似的措施是否真正评估出了内隐偏见，如果是这样的话，怎样让它更完善呢？（Blanton & Jaccard，2008，2015；De Houwer et al.，2009；Gawronski，LeBel，& Peters，2007；Greenwald，Banaji，& Nosek，2015）

内隐偏见研究的最后一条重要途径是研究少数族裔成员的种族偏见的相似性。大多数人可能对那些符合他们对少数人"看起来"的刻板印象的人有微妙的偏见。例如，即使在审查同等严重的犯罪时，符合白人眼中的"典型的"非裔美国男性的非裔美国人比其他非裔美国人更有可能被判死刑（Eberhardt et al.，2006）。这些令人不安的发现表明，刑事司法体系中存在着微妙但重要的潜在偏见，这需要我们在未来几年密切关注。

防止偏见：一些补救方法

学习了这些使人沮丧的现象——盲目从众、消极服从、旁观者不介入、社会惰化和偏见。在本章的结尾可以高兴地告诉大家一些好消息：我们是可以避免偏见的，至少在某种程度上。那么，应该怎么做呢？

罗伯斯洞穴实验

我们可以从穆扎费尔·谢里夫（Muzafer Sherif）和他的同事在俄克拉何马州的罗伯斯洞穴（这样命名是因为抢劫者曾利用这些洞穴躲避法律的制裁）所进行的研究中找到一些线索。谢里夫把22 个适应环境能力强的五年级男生分成两组，命名为老鹰队和响尾蛇队，然后让他们去参加夏令营。谢里夫让每一组男孩形成稳固的团队后，分别介绍了两组，然后让他们进行了一场持续四天的运动比赛和游戏比赛。结果，混乱场面接连上演。老鹰队和响尾蛇队都向对方表现出强烈的敌意，最后还出现了辱骂、乱扔食物、拳斗。

接下来，谢里夫想看看他是否能"治愈"其制造的偏见。他用的方法很简单：让他们从事一项需要彼此合作才能实现目标的任务。例如，他设置了一些只有老鹰队和响尾蛇队合作才能解决的困难，例如一辆装载食物的补给卡车中途出现了故障。果然，为了同一目标的合作使两组成员之间的敌意戏剧性地减少了（Sherif et al.，1961）。罗伯斯实验基于一个宝贵的教训：减少偏见的一个方法是鼓励人们朝着一个共同的、更高的目标一起努力。通过这样做，他们相信他们不再是完全独立的群体成员，而是一个更大、更包容的群体的一部分："我们都在一起。"（Fiske，2000）

拼图教室（jigsaw classroom）
通过让学生为了同一个任务做出独立贡献以减少偏见的一种教育方法。

拼图教室

　　艾略特·阿伦森（Aronson et al.，1978）把罗伯斯洞穴研究应用到"拼图教室"的具体教育工作中。在**拼图教室**里，老师分给每个同学不同的任务，而这些任务需要他们一起合作才能完成。老师可能会让每个学生调查关于美国内战历史的不同方面，有人报告弗吉尼亚州，有人报告纽约，还有人报告佐治亚州等等。然后，这些学生要相互合作，把搜集到的资料整理成一份综合的报告。许多研究都表明"拼图教室"可以有效地减少种族偏见的发生（Aronson，2004；Slavin & Cooper，1999）。

　　罗伯斯洞穴研究和阿伦森关于"拼图教室"的工作，都强调了其他许多社会心理学研究所证实的观点：种族之间接触机会的增加并不足以减少偏见。的确，在美国民权运动的早期，许多试图通过取消种族隔离来减少偏见的做法都得到事与愿违的结果，种族之间的关系反而更紧张（Stephan，1978）。支持者们错误地以为仅凭接触就可以治愈由偏见划下的伤口。一方面，群体间的接触有时确实有助于减少对不同种族个体的偏见（Pettigrew & Tropp，2008）和不同的性取向（Smith，Axelton，& Saucier，2009）。另一方面，这种接触有时是无效的。在某些情况下，偏见教育干预甚至可能适得其反，如果它们为了保持公正而使大多数群体的个体感到压力太大（Legault，Gutsell，& Inzlicht，2011）。现在我们知道了，干预在满足一些条件（见表 13.4）的情况下最可能减少偏见。这些条件告诉我们一个乐观的结论：偏见不是不可避免的，也不是不可改变的。

表13.4	减少偏见的理想条件
• 群体应该为共同的目标合作	
• 群体之间应该快乐地相处	
• 群体内各成员社会地位相当	
• 群体成员不应该对外群体持有消极的刻板印象	
• 群体成员之间有成为朋友的可能性	

资源来源：Based on Kenrick，D.T.，Neuberg，S. L.，& Cialdini，R.B.（2005）.Social psychology：Unraveling the mystery（3rd ed.）. Boston，MA：Allyn & Bacon.& Pettigrew，T. F.（1998）. Intergroup contact theory. Annual Review of Psychology，49，65-85.© Scott O. Lilienfeld。

总结：社会心理学

13.1　什么是社会心理学

13.1a　了解社会情境影响个体行为的方式。

　　归属需要理论认为，人人都有人际交往的生物性需要。

　　社会助长是指在某些特定情境下，他人在场会提高我们的表现的现象。根据社会比较理论，我们会和别人比较信念、态度以及行为反应。群体性癔症是指通过社会扩散而传播的非理性行为的爆发。社会促进指的是在某些情况下，他人的存在会提高我们的表现。

13.1b　解释基本归因错误是如何导致我们对他人的行为做出错误判断的。

　　归因是推测行为原因的过程，一些归因是主观的，一些是客观的。基本归因错误是社会心理学的经典解释，即过高地估计他人的个人特质对其行为的影响的一种倾向。

13.2　社会影响：从众和服从

13.2a　阐述从众行为的影响因素。

　　从众是指在群体压力下个体改变自己行为的倾向。虽然从众行为有个体差异和文化差异，不过，阿希的从众实验更强调社会压力的作用。去个性化是指当人们除去他们平时的身份时，更倾向于形成一种非典型的行为。斯坦福监狱研究是去个性化影响我们行为的一个有力证明，尽管他在方法上受到了批评。

13.2b　了解群体决策的负面效应和避免群体决策失误的方法。

群体思维是减少批判性意见，达成群体一致性的前提。它可以通过鼓励群体成员提出异议的干预措施来改变。群体极化是指群体讨论加强群体中个体的主导地位的趋势。邪教是由有极端群体思维的个体而组成的团体，他们盲目地忠诚于一个领导者。

13.2c　了解什么情况下会最大程度或最低程度服从权威。

米尔格兰姆关于权威的经典研究证明了对权威人物消极服从的影响力，并且澄清了促进和阻止服从的情境因素。

13.3　帮助他人和伤害他人：亲社会行为和侵犯行为

13.3a　了解情境的哪些方面可以提高或降低旁观者帮助他人的可能性。

虽然常识告诉我们"在人群中是安全的"，但是心理学研究表明事实恰好相反。旁观者效应有两个主要的影响因素：多元无知和责任分散。前者影响我们是否会把某个模棱两可的情境看作紧急情境，而一旦我们确定情境是紧急的，后者则会影响我们的反应。当人们不能从一个情境中逃脱、有充足的时间、情绪良好，或是了解了有关旁观者介入的研究时，他们更可能提供帮助。

13.3b　描述影响人类侵犯行为的社会因素和个体变量。

一些情境变量，包括挑衅、挫折、攻击线索、媒体影响、唤醒以及气温，都会提高侵犯行为的可能性。

男性比女性有更高的身体侵犯行为倾向，而女性比男性更可能进行关系侵犯。美国南部的"名誉文化"可能有助于解释为什么在南部谋杀率更高。

13.4　态度和说服：改变观念

13.4a　理解态度和行为的关系。

态度一般并不能准确地预测我们的行为，尽管当它坚定而稳固时，态度和行为显著相关。

13.4b　评估关于我们如何改变态度以及何时改变态度的不同理论解释。

根据认知失调理论，两种信念间的不一致会导致一种紧张、不愉快的状态，我们会试图减少这种不适。一些情况下，我们会改变自己的态度以消除这一状态。有两种不同的观点，一种是自我知觉理论，它建议我们从观察我们的行为中推断出态度；另一种是印象管理理论，它提出，我们并没有真正改变自己的态度，之所以报告态度改变是为了让我们的行为表现和态度一致。

13.4c　了解普遍的和有效的说服技巧，以及它们是如何被伪科学所利用的。

根据说服的双重加工模型，说服途径有两种：对论据深思熟虑的中心途径和基于表面线索的外围途径。有效的说服技巧有登门槛技术、留面子技术和低球技术。许多旨在推销伪科学产品的技术在很大程度上利用了外围途径的说服方法。

13.5　偏见和歧视

13.5a　区别信念上的偏见、刻板印象与行为上的歧视有何不同。

在我们评估所有证据之前，偏见就会得出否定的结论。偏见还伴随着其他一些偏见，包括内群体偏好和外群体同质。刻板印象是关于一个群体大多数成员的群体特征的积极或者消极的信念。歧视是区别对待内群体成员和外群体成员的一种行为。

13.5b　阐释偏见的产生原因和消除偏见的方法。

这里有一些解释社会偏见的证据，包括替罪羊假说、公平世界假设和从众。最有效地避免偏见的方式是把成员分为不同的小组，并让他们共同合作去完成一个共同的复杂的任务。

第 14 章　人格

我们如何成为我们自己

学习目标

质疑你的假设

相似的教育会使孩子们的人格也相似吗？

我们能把人们性格的巨大差异缩小到几个基本因素吗？

我们的行为在不同情况下是否高度一致？

我们可以通过他人对墨迹的反应来推断其人格特质吗？

犯罪侧写科学吗？

基因对我们的个性产生了强大的影响。然而，环境因素可以通过有趣的方式影响我们的遗传倾向，甚至导致相同基因的个体间的差异。

在这一章中，我们将讨论许多有趣的问题，即关于我们的人格是如何随着时间的推移而出现和发展的。我们很快就会知道这些问题的答案并不简单。虽然我们大多数人都相信我们可以解释人们为什么这么做，但解释正确和错误的次数一样多（Hamilton，1980；Nisbett & Wilson，1977）。

在电视综艺节目中，很少有人比广播和电视节目中的"咨询专家"和大众心理学家更有自信地解释他们的行为，许多人在节目中随意地用即兴的心理活动来描述人们的行为（Furnham，2016；Heaton & Wilson，1995；Williams & Ceci，1998）。以下是一些心理学家的典型例子："他杀了所有人，因为他有一个不幸的童年。""她吃得过多，是因为她缺乏自信。"从直觉上看，这些解释是有吸引力的，我们必须注意人类行为的单一解释。当试图揭示人们行为的起源时，我们必须记住，个性是由多重因素决定的。事实上，性格是由成百上千的因素造成的难以想象的复杂结果：基因、产前教育、教养方式、同伴影响、生活压力，以及简单的运气，包括好运气和坏运气。

14.1　人格：什么是人格，我们如何研究人格？

14.1a　双生子和收养研究如何阐释遗传和环境对人格的影响。

我们在前文提到（见 13.1a），我们学习到环境是如何对行为产生深远影响的。同时，我们也首次接触了基本归因错误，即更趋向于将行为归因于人格，而不是人所面临的情境。

即使考虑到这个错误，大多数心理学家也认为，人是有**人格**的——典型的思维、感觉和行为方式。我们不仅仅是在特定情境下受到社会影响的产物。大多数人认同美国心理学家戈登·奥尔波特（1966）的说法，人格由特质组成，**特质**是指在多数情况下影响行为的持久性倾向（Funder，1991；John, Robins, & Pervin，2008；Tellegen，1991），如人格特质内倾性、攻击性和尽责性，无论是从时间还是情境角度都被认为是人格的构成因素。

研究人格有两种主要方法（Scurich, Monahan, & John，2012）。一种是**一般规律研究法**，即通过了解所有个体行为的一般规律来努力理解人格。大多数现代人格

人格（personality）
个体典型的思维、感觉和行为方式。

特质（trait）
相对持久的倾向，会影响我们在不同情境中的行为。

一般规律研究法（nomothetic approach）
对人格的研究侧重于确定了解所有个体行为的一般规律。

研究，包括我们在这一章中将要进行的大部分研究，都是一般规律法，因为它的目的是推导出解释所有人的思维、情感和行为的原则。这种方法通常允许对个人进行泛化，但对洞察一个人的个性模式有限。

相比之下，**特殊规律研究法**（想想"特质"一词）通过识别一个人内在的特征和生活经历的独特结构，试图使其人格成因得到解释。大多数案例研究都是具体的。戈登·奥尔波特（1965）在他的书《珍妮的来信》中提出了一个经典的例子。它分析了一个女人在 12 年里写的 301 封信。在这些信件中，奥尔波特揭示了珍妮对儿子罗斯的态度。当珍妮以积极的方式描写罗斯时，她早期生活画面经常出现；当她用否定的词语描写他时，有关她为他所做的种种牺牲的画面常常浮现出来。这种独特的方法揭示了一个人生活的丰富细节，但对他人是有限的概括。此外，它产生的假设往往难以证伪，因为这些假设经常是事后解释。

人格特质是如何产生的？我们对这一问题的首次探讨始于人格行为遗传学研究，随后再扩展到其他人格理论，其中包括精神分析理论和行为主义理论，二者对于这一问题的理论是对立的。我们将会了解到这些理论其实都在试图解释人类人格特质的相似性和差异性。例如，他们解释了道德感是如何形成的，而且解释了为什么有些人比其他人更有道德感。

行为 – 遗传途径，也就是我们在文本中第一次提到的交叉方法（见 3.5a），帮助心理学厘清了以下对性格有影响的三大因素。

- 遗传因素。
- 共享环境因素——使同一家庭中的个体相似性增加。如果父母想通过加强他们对孩子的注意力来让他们的孩子变得更外向，并成功地做到了，那么他们在这种情况下的养育是一个共享环境因素。
- 非共享环境因素——使同一家庭中的个体相似性减少。如果父母对一个孩子的态度比对另一个孩子的态度更亲密，那么这个孩子的自尊会比另一个孩子的高，在这种情况下，父母是一个非共享环境因素。

人格成因的研究：双生子研究和收养研究概览

为了区别以上三种影响，行为遗传学家采用双生子研究和收养研究（见 3.5b）的方法来研究人格。由于同卵双生子比异卵双生子在基因方面更加相似，同时绝大多数双生子（同卵、异卵）都有着相似的共享环境，如果同卵双生子比异卵双生子拥有更为接近的特质，那么即可证明是受遗传因素的影响。相反，如果同卵双生子的相关性等于或低于异卵双生子，则表明并非遗传而是环境——即让家庭成员（包括双生子）不同的因素——影响了人格。

一起抚养的双生子：基因还是环境？

通过对一起抚养的双生子和分开抚养的双生子的人格研究发现，很多人格特质包括焦虑倾向、冲动控制和传统主义（人们对既定社会价值观的重视程度，如服从父母和教师的重要性），本质上是受遗传因素的影响（见表 14.1）。

这项研究检查了同卵双生子和异卵双生子，他们要么是男性，要么是女性（Tellegen et al.，1988）。许多研究者也从完整家庭的双生子研究中得出相同结论

表14.1	一起抚养的双生子与分开抚养的双生子部分人格特质间的比照			
	一起抚养的双生子		分开抚养的双生子	
	同卵双生子 相关系数	异卵双生子 相关系数	同卵双生子 相关系数	异卵双生子 相关系数
易焦虑	0.52	0.24	0.61	0.27
侵犯	0.43	0.14	0.46	0.06
异化	0.55	0.38	0.55	0.38
冲动控制	0.41	0.06	0.50	0.03
情绪幸福感	0.58	0.23	0.48	0.18
传统主义	0.50	0.47	0.53	0.39
成就取向	0.36	0.07	0.36	0.07

资料来源：Based on data from Tellegen et al., 1988。

（Kendler et al.，2009；Loehlin，1992，Plomin，2004）。

　　我们可以从表 14.1 中得出另一个很容易被忽视的结果，所有的这些相关系数实际上都低于1.0。这些结果表明非共享环境因素在人格塑造过程中扮演着重要角色（Krueger，2000；Plomin & Daniels，1987；Turkheimer，2000）。如果遗传率是 1.0（也就是 100%），那么同卵双生子间的相关系数也将是 1.0。但实际数值却要远低于 1.0，所以非共享环境因素以不同的方式在双生子的人格形成过程中起到关键作用。遗憾的是这一双生子研究并未告诉我们这类非共享环境因素究竟是什么。

分开抚养的双生子：聚焦基因

　　表 14.1 或许会使我们得出这样的结论：同卵双生子间的相似是由相似的抚养环境而非基因导致的。但是这一解释却被同卵双生子和异卵双生子的分开抚养研究所推翻。

可证伪性
这种观点能被反驳吗？

　　在一项特别的调查研究中，明尼苏达大学的研究者们花费二十多年的时间调查了一共将近 130 对来自不同国家分开抚养的同卵双生子和异卵双生子的样本（Bouchard et al.，1990），他们大多是在一出生就被分开，几十年后才在明尼苏达的圣保罗机场得以重聚。

　　在心理学家开始这项研究之前，一些杰出的社会科学家很明确地预测了分开抚养的同卵双生子彼此间的人格会出现显著差异（Mischel，1981）。他们的预测正确吗？表 14.1 右边显示了明尼苏达双生子研究的主要实测结果。我们从中可得出两个结论：第一，同卵双生子虽然分开抚养但其人格特质却显著相似。他们的相似性也比分开抚养的异卵双生子还要高（Tellegen et al.，1988）。这一具有说服力的案例恰恰证明了遗传因素对于人格的影响。

　　第二，在把表 14.1 左边和右边的结果进行比对后发现，分开抚养和一起抚养的同卵双生子的人格特征居然一样！这一惊人的结果表明共享环境对成人的人格塑造的影响不大，甚至可以说是微乎其微。行为遗传学研究者们在其他的双生子研究中也得出了同样结论（Loehlin，1992；Pedersen et al.，1988；Vernon et al.，2008）。

在明尼苏达双生子研究中，一对同卵双生子（和养母的合照）在出生时就被分开了（他们的养父母都给他们取名为"吉姆"）。他们都在自己的后院建造了看起来相似的树屋，给他们的狗取名为"玩具"，并且结了两次婚，都是和琳达与贝蒂结婚的。在另一项研究中，另一对分开的成年同卵双生子——在这个例子中，是女性——都试图克服对海洋的恐惧，方法是将水倒流到脚踝，然后转身（Segal，1999）。然而，因为这些都是逸事，可以反映偶然的巧合（Wyatt et al.，1984），我们需要转向对分开抚养的双生子的系统分析。

表14.2	收养研究中关于神经质人格特质的相关性
	相关系数
母亲和亲生子女	0.15
母亲和收养子女	0.01
父亲与亲生子女	0.20
父亲与收养子女	0.08

资料来源：Based on Loehlin, J. C., & Horn, J. M.（2010）. Personality and intelligence in adoptive families.New York, NY：Sage. ©Scott O.Lilienfeld。

这一发现足以让人感到惊讶：在成年人的性格中，共享环境几乎没有作用。在许多方面，尽管它尚未对大众心理学产生重大影响，但这可能是最近的人格心理学中最令人震惊的发现（Harris，2006；Pinker，2002；Rowe，1994）。在 20 世纪的大部分时间里，大多数心理学家把他们的精力放在共享环境因素上，因为他们相信最重要的环境影响是从父母传给孩子的（Harris，1994），但是这些结果和其他结果表明他们错了（Lilienfeld et al.，2010）。

诚然，共享环境对童年的性格有一定的影响，但随着年龄的增长，这种影响会逐渐消失。到我们成年的时候，共享环境对我们个性的影响是最弱的（Beauchaine & Gatzke-Kopp，2012；Plomin & McClearn，1993；Torgersen et al.，2008）。这一发现表明，如果父母试着让他们的孩子都外出，例如，鼓励他们的孩子去参加聚会，他们对孩子的影响可能会变小。

收养研究：进一步区别环境和基因

收养研究通过对被收养子女和他们的养父母以及亲生父母间的相似性进行比对来区分遗传和环境对于人格的影响。结果发现被收养的孩子的性格与他或她的亲生父母性格相似，这表明了遗传的影响；相比之下，一个被收养的孩子与他或她的养父母的性格相似，这表明了环境的影响。

在得克萨斯州进行的一项收养研究中，调查人员利用加利福尼亚心理量表调查了一些人格特质，我们稍后会在这一章中看到。在表 14.2 中，我们将关注一个这样的特点：社交性，或者人们喜欢与他相处的程度。

我们可以从表 14.2 中看出，亲生父母（这里主要是母亲）与被收养的子女之间的相关度实际上要稍高于养父母与收养子女，即便他们的亲生父母在其出生后与他们几乎没有什么实质上的接触（Loehlin & Horn，2010）。大多数研究人员对其他人格特质的研究也有相似的发现（Bezdjian, Baker, & Tuvblad，2011；Loehlin，1992；Polderman et al.，2015；Scarr et al.，1981）。这一结论进一步推翻了共享环境对于成人人格的塑造存在影响这一假说，即共同成长不会使得兄弟姊妹间更加相像。

日志提示

简要描述双生子研究（两者一起养大、分开抚养）和收养研究的逻辑，并解释每一种类型的研究如何为个性的起源提供独特而又有价值的信息。

✻ 心理科学的奥秘

环境如何影响人格？

正如我们所看到的，非共享环境因素——那些使家庭内部的人彼此不同的环境因素——在人格上扮演着关键的角色。然而，当心理学家们寻找具体的非共享环境因素时，他们通常会空手而归。例如，父母对待孩子不同的程度，或者孩子所交往的同龄人的不同，似乎并不能解释他们成年后性格的差异（Turkheimer & Waldron, 2000）。

即使在精神病理学领域，对非共享环境因素的研究也令人失望。一些研究人员已经检查了同卵双生子的精神分裂症等精神疾病的不一致（Dempster et al., 2011）。在一对同卵双生子中，一个双生子患有疾病，另一个则没有。这一设计巧妙地控制了基因因素，因为同卵双生子拥有他们所有的基因，所以他们之间的任何差异都必须归因于非共享环境。然而，在精神分裂症的案例中，调查人员发现，在非共享环境中，几乎没有什么差异可以解释双生子之间的差异（Wahl, 1976）。例如，这对双生子在孩童时期的成长方式不同，并不能始终如一地预测哪一个日后会患上这种疾病。

非共享环境因素的另一个长期候选因素是出生顺序。许多流行的书籍，如《出生顺序：你在家庭中的地位真正告诉你关于你的性格的那些事儿》（Blair, 2013）声称长子长女倾向于取得成就，然而，事实上大多数研究人员并没有发现出生顺序和性格之间的一致性联系（Ernst & Angst, 1983; Dunkel, Harbke, & Papini, 2009; Jefferson, Herbst, & McCrae, 1998; Rohrer, Egloff, & Scymuckle, 2015）。

然而，关于出生顺序重要性的说法在科学历史学家弗兰克·苏洛威（Sulloway, 1996）的著作中得到了宣扬。他研究了出生顺序与人们对革命性科学理论（如哥白尼的太阳中心宇宙理论和达尔文的自然选择理论）的态度之间的关系。苏洛威要求历史学家小组评估 4 000 名科学家在他们的开创者提出科学争议时的反应。他发现，晚出生的孩子支持革命性想法的可能性是长子长女的 3.1 倍；对于极端激进的想法，这个比例上升到了 4.7 倍。相比之下，长子长女通常支持现状。苏洛威的发现表明出生顺序是一个重要的非共享环境因素的可能性，但我们不清楚我们能在多大程度上将他的发现推广到非科学领域。另外，评论家指出，当评价科学家是否是革命者时，苏洛威的历史学家小组可能并没有忽视他们的出生顺序（Harris, 2002）。此外，一些科学家还没有认可苏洛威的发现，即晚出生的孩子比长子长女更不可信（Freese, Powell, & Steelman, 1999）。

我们还没有考虑最后一种可能性。也许非共享环境影响性格只是运气的好坏（Meehl, 1978; Turkheimer & Waldron, 2000）。我们中的一些人会在生活中遇到积极的事情，而另一些人会遇到消极的事情，而这些随机的事情可能会以强有力的方式塑造我们。如果是这样，单凭理论的方法可能永远不足以理解人格；我们可能需要用具体的方法来补充它们，这些方法可以捕捉每个人生命历史的全部复杂性。

行为－遗传研究：重要提示

研究者通过双生子研究发现遗传通常影响那些与人格特质相关联的各种行为。如离婚（McGue & Lykken, 1992）、宗教信仰（Waller et al., 1990）、政治观点（Hatemi & McDermott, 2012），甚至包括爱看电视（Plomin et al., 1990）。可能令人惊讶的是，许多公众对待如死刑、裸体主义者、殖民地等问题的态度也有一定程度的遗传性（Martin et al., 1986）。以上的每一个特征，同卵双生

分子遗传学研究
（molecular genetic study）
使研究人员能够精确定位与特定特征相关的基因，包括人格特质。

子较之于异卵双生子都有更高的相关性。

这一发现是否如畅销刊物所言，即存在有关离婚、宗教信仰、看待死刑的态度等特定基因？对此我们无法确定。我们知道基因编码的是蛋白质而不是特定的行为或态度，因此，基因更像是以间接的方式影响着大部分心理特征（N. Block，1995）。基因或许会间接地影响特定的人格特质如深层情感，但是这些特质如何才能在我们的生活中体现出来。从基因的角度来研究行为的路途曲折而又漫长。因此当媒体宣传所谓"同性恋基因"或"离婚基因"时，我们应持怀疑态度。虽然在政治观点、同性恋甚至是离婚上可能有遗传的影响，但是对于这些或者其他多方面的行为，一个基因编码是绝不可能的（Kendler，2005；Nigg & Goldsmith，1994）。

虽然双生子和领养的研究为关注人格特质的遗传性提供了非常有用的信息，但并没有告诉我们太多关于基因和人格的关系。为了回答这个问题，研究人员已经转向了**分子遗传学研究**，这可能使他们能够精确定位那些与特定的人格特质相关的基因（Canli，2008；Plomin et al.，1997）。这些研究有两个前提：

- 基因编码的蛋白质反过来常常影响神经传递者的功能，如多巴胺与血清素。
- 许多神经递质的功能与某些人格特质有关（Cloninger，1987；Gardini，Cloninger，& Venneri，2009）。例如，血清素水平较低的人往往更容易冲动与好动（Carver & Miller，2006；Dolan，Anderson，& Deakin，2001）。

可重复性
其他人的研究也会得出类似的结论吗？

大多数现代分子遗传学研究都是全基因组的关联研究，这意味着它们构建了一个极为广泛的网络以研究数千个基因与人们感兴趣的个性特征之间的关联。然而，在这一点上，在特定基因和个性特征之间很少有一致的重复关联（Amin et al.，2013）。最有可能的是，数百种基因的每一种都发挥着微小的作用，导致不同的人在个性上的差异。

14.2　精神分析理论：弗洛伊德理论的争议和他的追随者们

14.2a　阐述精神分析人格理论的核心假设。

14.2b　阐述对精神分析人格理论的主要评判和新弗洛伊德理论的中心特征。

在对人格进行控制研究之前，心理学家、精神病学家以及许多思想家都创建了理论模型来解释人格的发展以及工作机制。这些模型主要关注以下三个主要问题：

- 人格是如何发展的？
- 形成人格的主要驱动力是什么，或者通俗地说，我们为何会是现在这样？
- 是什么导致了人格的个体差异？

接下来我们将对四个最具影响力的人格模型进行阐释和评价，先从最伟大的西格蒙德·弗洛伊德的精神分析理论开始。

对于大多数非专业人士来说，精神分析理论——事实上本身也是人格理论——是由维也纳内科医生西格蒙德·弗洛伊德（1856—1939）所创立的。他无

西格蒙德·弗洛伊德，精神分析学派的创始人，同时在人格心理学中也是最受崇拜和最受批评的人。

疑是所有精神病学家中最有影响力的人物之一。弗洛伊德比任何一个人都更能塑造人们对精神分析与心理治疗的流行观念，不管是好是坏。

然而具有讽刺意味的是，弗洛伊德的训练并不是在心理学领域或精神病学领域——在他的时代几乎不存在——而是在神经学方面。弗洛伊德最初认为精神障碍是生理因素造成的，这主要是由于他的神经学背景。然而，他的观点在 1885 年发生了巨大的变化，当时他在巴黎学习了一年，在神经学家让 – 马丁·沙可（Jean-Martin Charcot）的领导下学习。沙可一直在治疗病人，其中大部分是女性，她们的病情被称为歇斯底里症。她们表现出各种各样惊人的身体症状：胳膊和腿的麻痹、晕厥和癫痫。他们通过仔细调查没有发现这些症状的任何生理原因，其中一些几乎没有生理上的意义。例如，沙可的一些病人表现出手套麻痹，手部失去知觉，手臂的感觉丧失。手套麻痹违反了标准的神经学原理，因为延伸到手的感觉通路穿过手臂。如果手没有感觉，手臂也应该没有感觉。

这和相关的观察使弗洛伊德得出结论，许多精神障碍是由心理因素而不是生理因素造成的。他开发了一个理论模型来解释这些疾病，传统上称为精神分析理论，以及一种称为精神分析的治疗方法（见 16.2a）。

心灵决定论
（psychic determinism）
一种认为所有心理事件都有其原因的假说。

弗洛伊德关于人格的精神分析理论

精神分析理论依托于三个核心假设（Brenner，1973；Loevinger，1987）。其中第二和第三个假设将这一理论与其他理论区别开来。

- **心灵决定论**：弗洛伊德相信**心灵决定论**，这一假设认为所有的心理活动都有一个起因。弗洛伊德认为，我们并不能自由决定自己的行为，因为我们在清醒时被外在强大的力量所控制着（Custer & Aarts，2010）。梦、神经症症状以及"弗洛伊德式口误"等都是深层次的心理冲突外化的结果（见表 14.3），此外，对于弗洛伊德学派来说，对成人人格的许多关键影响都源于童年早期的经历，尤其是教养方式。

- **符号意义**：对于弗洛伊德理论的拥趸来说，没有什么行为是毫无意义的，无论其从表面看有多琐碎。所有这些都可以归因于之前的心理原因，即使我们无法弄清它们是什么。假设上课时你的男教授将一支粉笔掰成两半。有些人或许会忽视这一行为，然而，弗洛伊德主义者可能更倾向于探讨这支粉笔是什么东西的符号象征，而这或许就与性有关。然而，即使是严格的弗洛伊德主义者也同意，并非所有的行为都是象征性的。在回答一个弗洛伊德为什么喜欢抽雪茄的问题时，弗洛伊德认为"雪茄有时只是雪茄"（尽管一些学者坚持认为这是一个传闻）。

表14.3 | 弗洛伊德笔记中关于"弗洛伊德式口误"的例子

"一个下议院的会员提及另一个荣誉会员时，说他是黑暗势力中心的荣耀而不是团体中心的荣耀。"

"一个士兵对朋友说'我真希望在那个山上有一千个士兵得坏疽病'，而不是说'在那山上加强防御工事'。"

"一位女士试图去恭维另一个人说'我确定你一定想把这项可爱的帽子扔掉'，而不是'缝合在一起'，因此，表露出这位女士认为这项帽子做工很差的想法。"

"一位女士说很少有绅士知道如何去珍惜一个女人'无才'的品质，而实际上她想表达'聪明才智'。"

资料来源：Freud，S.（1901）.The psychopathology of everyday life（Vol. Ⅵ）.London：Hogarth。

图14.1　弗洛伊德的人格结构模型

在一些作者看来，弗洛伊德关于人格的概念类似于一座冰山，意识是露在表面的可见的很少的部分，无意识则是巨大的藏于水下的不可见部分。然而，这一冰山的比喻太过表面化（事实上，弗洛伊德显然从未这样比喻过），因为，弗洛伊德认为人格的不同方面在不断的相互作用之中。

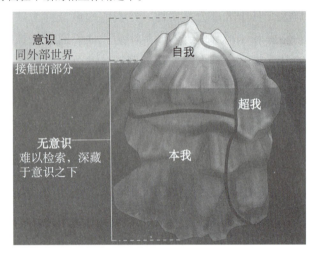

意识
同外部世界
接触的部分

自我

超我

无意识
难以检索，深藏
于意识之下

本我

本我：基本的本能　弗洛伊德认为**本我**是许多原始冲动的发源地，就像是一个沸腾着的锅底。本我是完全无意识的，它是冰山完全潜藏于水下的那部分。它包含着许多的驱动力，特别是性驱力或力比多和攻击驱力。根据弗洛伊德的理论，本我遵循**快乐原则**。快乐原则追求即时满足——"不"这个词不在本我的词汇表中。

自我：发号施令者　**自我**是人格的发号施令者，它是行为的决策者。自我的主要任务是处理自我与现实社会之间的相互矛盾以及找到解决其他两种心理成分矛盾冲突的方法。我们不能将弗洛伊德主义者的自我同我们日常生活中提到的自我或是自我价值感相混淆，这里意味着膨胀的自我价值感（"哇，那个运动员太自负了。"）。

与本我相反，自我遵循**现实原则**。自我总是延迟满足直到其找到适当的或是社会可接受的方式来释放驱动力。如果你觉得今天的心理学导论课注定令人沮丧，你的本我可能想通过在课堂上大声尖叫来满足你的攻击性冲动，这就是快乐原则。但自我的真实原则要求你推迟满足，除非你能找到一个适合的机会，比如扔飞镖——也许是在你放学回家后，以你教授的脸为靶心扔飞镖。

超我：道德标准　**超我**就是我们的道德感。这一字面意思就是"超越自我"，弗洛伊德将这一成分定义为就像处事公正的父母关注着我们的本我。这一心理成分包含了我们从社会尤其是从父母那里内化来的是非判断标准。根据弗洛伊德的理论，超我过度发展的人是有负罪感倾向的；没有负罪感的人超我的发展水平并不高，而且在人格发展上有风险。

互动

• **无意识动机**：在弗洛伊德（1933）看来，我们很少明白自己为何会做某事，尽管事后我们会很快对行为做出解释。一些作家喜欢将弗洛伊德对于心灵的观点（Freud，1923）比喻成冰山，无意识就是潜藏于水下的巨大而未知的地带。构成心灵的意识就是"冰山的顶端"，仅仅是露于水面上的可见部分。在弗洛伊德看来无意识对于人格的影响要比意识重要得多。

本我、自我和超我：人格的结构

弗洛伊德（1933，1935）假设人格结构由三种成分构成：本我、自我和超我。弗洛伊德认为三者之间的相互影响推动着人格的发展，个体对于三者能量的不同分布造成了个体间的人格差异（见图 14.1）。

心理成分之间如何相互影响

大多数时候本我、自我和超我三者之间保持着和谐平衡，就像是同步演奏的弦乐三重奏。但是这一活动有时也会产生冲突，并常常会给我们的心理调整带来问题（见图 14.2）。弗洛伊德（1935）认为心理问题正是这三种心理成分之间的相互冲突所造成的。比如，当你被朋友的伴侣所吸引时，你的自我、本我和超我之间就会失衡。你或许会陷入与这个人在一起的浪漫幻想中（本我），但是又担心有什么事将会发生（自我），担心伤害到朋友的感情而因此感到内疚（超我）。对于弗洛伊德来说，内在的精神疾病是日常生活中不可避免的一部分。我们所有人都至少有点神经质。然而，当神经质的冲突变得过于极端时，结果可能是精神疾病。

想要更深入地了解这三种精神力量的作用，我们只需要看看我们一生中的三分之一，即睡觉的时间。弗洛伊德（1900）认为，梦是"通往潜意识的捷径"（见 5.2a），因为梦不仅揭示了我们本我在行动中的内在运作，而且还说明了自我和超我如何合作来控制本我的愿望。弗洛伊德认为，所有的梦都是愿望的满足，即本我冲动的表达。然而，弗洛伊德说，它们表面上并不总是这样，因为这些愿望是伪装的。当超我觉察到本我的欲望具有威胁性时，它"命令"自我用符号将这些愿望覆盖。尽管大众心理学书籍介绍梦境，但大多数弗洛伊德主义者并不认为梦的符号是普遍存在的。如果我们仔细阅读当地书店关于梦的部分，或者在亚马逊网站上查找与梦有关的书籍，我们会发现几本关于梦的符号的字典。有一本这样的词典（Schoenewolf，1997）提供了以下解释梦符号的规则：鸭子、冰柱、枪、雨伞或领带象征着阴茎；口袋、隧道、水壶或大门象征着阴道；袋鼠象征着性活力（请不要让我们解释这个）。有关释梦符号的书（Ackroyd，1993；Lennox，2011）极大地简化了弗洛伊德理论，因为弗洛伊德认为符号在不同的梦中所象征的意义是不同的。

焦虑和防御机制

本我的一个基本功能就是同外在世界的种种威胁进行斗争。当危险出现时，本我就会体验到焦虑并发出信号来矫正反应。有时这些反应是直截了当的，如当一辆车迎面驶来时，我们会迅速地逃离路面。然而，我们时常没有足够的时间来适应环境，因此必须改变对它的知觉。

在这种情况下，本我就形成了**防御机制**：使焦虑最小化的一种无意识策略。弗洛伊德和他的女儿安娜——一位卓越的精神分析家，共同描述了防御机制的工作原理（A. Freud，1937）。我们在这里只给大家简单介绍几个，要记住今天许多心理学家不赞同弗洛伊德的观点（见表 14.4，某些防御机制的列表）。

- **压抑**，它是精神分析理论中最重要的防御机制，它是对情感上的记忆或冲动的遗忘。不同于遗忘的类型，压抑可能是由焦虑引发的：我们忘记是因为我们想忘记。根据弗洛伊德的理论，我们压抑了童年早期的不愉快记忆以避免它们产生的痛苦。这种压抑让我们经历了婴儿期遗忘（见 7.4a），即在 3 岁前，我们无法记住任何事情（Fivush & Hudson，1990）。弗洛伊德认为，童年的早期生活对我们来说太过焦虑以至于无法完全记住。现在我们可能明白这一解释并不正确，很大程度上是因为研究人员在其他动物研究中也发现了早期遗忘现象，甚至包括老鼠（Berk, Vigorito, & Miller, 1979; Richardson, Riccio, & Axiotis, 1986）。一个坚定的弗洛伊德主义者或许认为老鼠和其他啮齿类动物也会压抑童年早期的创伤性记忆（也许是关于看到太多猫的记忆？），但是奥卡姆剃刀原理却否认了这一解释。

奥卡姆剃刀原理
这种简单的解释符合事实吗？

本我（id）
存储了我们许多的原始冲动，包括性和攻击。

快乐原则（pleasure principle）
倾向于追求即时的满足。

自我（ego）
心灵的执行者和主要的决策制定者。

现实原则（reality principle）
自我倾向于延迟满足，直到它找到合适的出口。

超我（superego）
我们的道德感。

防御机制（defense mechanisms）
为使焦虑最小化的一种无意识策略。

压抑（repression）
主动忘记具有威胁性的记忆或是压制冲动。

图14.2	本我、自我和超我

许多艺术作品描绘了人们试图做出道德决定的艰难，一边是魔鬼敦促不道德的行为，另一边是天使敦促道德行为。弗洛伊德学派会说，这样的艺术作品生动体现了自我（试图做出决定的人）、本我（恶魔）和超我（天使）之间的区别。

表14.4 │ 弗洛伊德理论中的一些主要防御机制及样例

防御机制	定义	样例
压抑	忘记情感上具有威胁性的记忆或是冲动	一个目睹过现场搏斗的人事后发现自己不能回忆起这一切
否认	忘记痛苦的经历	一位在车祸中失去孩子的母亲坚持她的孩子还活着
退化	心理退回到更为年轻和安全的时期	一个大学生每当遇到难度大的考试时就吮吸自己的手指
反向形成	将产生焦虑的经历转换成其对立面	一个被男同事魅力所吸引的已婚女人非常厌恶这位男同事
投射	无意识地将消极的品质归因于他人身上	一位已婚男士，对于女性有着很强的无意识性冲动，却抱怨女人总是围着他转
替代	将社会不接受的冲动转换成社会能接受的	一位打高尔夫球的人在他的同伴手机响时扔掉自己的球杆，因为这使得其在击球时分了心
合理化	为不合理的行为或失败提供合理的解释	一位政治候选人落选，他却说服自己相信他压根就没有想要那个职位
智能化	通过专注于抽象和非个人的想法来避免与焦虑相关的经历	一个女人的丈夫欺骗了她，她让自己相信"根据进化心理学家的说法，男人天生就是性淫乱"，所以不用担心
认同攻击者	采用我们认为具有威胁性的人的心理特征	一名大学篮球运动员开始害怕他的教练，但他开始钦佩他，并接受了他的专制品质
升华	将一种社会上不可接受的冲动转变成一种受人尊敬的有价值的社会行为目标	一个喜欢打其他孩子的男孩长大后成为一个成功的职业拳击手

- 否认，尽管压抑是对过去事情的处理，但**否认**是拒绝承认我们生活中的当前事件，例如婚姻中出现的一个严重问题。我们经常观察到精神分裂症等精神疾病患者的否认，即使处于极端压力的个体偶尔也会否认。对于那些最近死于一场悲惨事故的人的亲属来说，这并不罕见，因为他们坚信他们的亲人一定会在某个地方活着。

- **退化**是指心理上回到年幼时期，通常是生活更简单、更安全的儿童早期。年龄较大的孩子，他们很久就不再吮吸手指了，有时会突然在压力下吮吸手指。

- **反向形成**是一种引起焦虑的情绪转化为相反的情绪。我们所看到的可观察的情绪实际上反映了一个人在无意识中感到的相反的情绪。弗洛伊德认为，我们可以通过人们表达情感的强烈程度来推断出反应的形成，因为这种情绪表现出一种夸张的或虚假的特质。

在一项引人注目的实验中，亨利·亚当斯和他的同事们发现，高水平恐同症的男性，即不喜欢同性恋（这个词反映的不是恐惧）的男性，与低水平恐同症的男性相比，在观看同性刺激的露骨录像（如男性与其他男性发生性关系）时，其阴茎周长表现出明显的增加（Adams, Wright, & Lohr, 1996）。这一发现与弗洛伊德的反向形成理论惊人地一致；一些恐同者可能有他们认为不可接受的无意识的同性恋冲动，并超越了对同性恋者的固有厌恶。然而，

否认（denial）
拒绝承认我们生活中的当前发生的事。

退化（regression）
心理上回到了更为年轻、相对简单且更为安全的年龄的一种行为。

反向形成（reaction-formation）
将焦虑情绪转化为相反情绪。

还有另一种解释：焦虑可以增加性唤起，并可能引发阴茎勃起（Barlow，Sakheim，& Beck，1983）。因此，未来的研究人员需要排除这种对立的假设。

排除其他假设的可能性
对于这一研究结论，还有更好的解释吗？

- **投射**是将消极的特征无意识地归因于他人。根据精神分析学家的说法，偏执的人正在把他们无意识的敌意投射给别人。在内心深处，他们想要伤害别人，但是因为他们不能接受这些冲动，他们认为别人想要伤害他们。
- **替代**，与投射密切相关的是**替代**。我们将一种冲动从一个社会不可接受的目标导向一个更安全、更能被社会接受的目标。在令人沮丧的一天工作之后，我们可能会用拳头猛击拳击馆的拳击袋，而不是我们那烦人的同事的脸。
- **合理化**为我们的失败或不合理行为提供了一个合理的解释。一些受到催眠后建议的人（见 5.3b）会采取一些奇怪的理由来解释这些行为。一名参与者在被催眠后，可能会像狗一样吠叫。当催眠师问他为什么会吠叫时，他可能会使自己的行为合理化："嗯，我只是在想我有多想念我的狗，所以我想吠叫"（见图 14.3）。一个相关的防御机制，智能化，让我们通过思考抽象的和人际关系的想法来避免焦虑（见表 14.4）。
- **升华**将一种社会上不可接受的冲动转变成一个令人钦佩的目标。乔治·维兰特（Vailant，1977）的书《适应生活》来源于对哈佛大学毕业生进行的长达 40 年的研究，其中列举了一些引人注目的升华的例子。其中有一个故事，讲述的是一个人在童年时纵火，后来成为当地消防部门的负责人。

投射（projection）
无意识地将消极的品质归因于他人身上。

替代（displacement）
将社会不接受的冲动转换成社会能接受的。

合理化（rationalization）
为不合理的行为或失败提供合理的解释。

升华（sublimation）
将一种社会上不可接受的冲动转变成一种受人尊敬的有价值的社会行为目标。

口唇期（oral stage）
性快感主要集中在嘴部的性心理阶段。

日志提示

选择西格蒙德·弗洛伊德的三种防御机制，举一个生活中你相信你可能利用这些防御机制来减少焦虑的例子。

性心理的发展阶段

弗洛伊德的理论中最具争议性的莫过于人格发展模型，也只有它被广泛批评为伪科学（Cioffi，1998；Craddock，2013）。但在弗洛伊德看来，人格的发展都要经过一系列的阶段。他把这些阶段叫作性心理阶段，因为这些阶段都关注性敏感区。虽然我们习惯于将生殖器作为最初的性器官，但弗洛伊德认为在早期发展中身体的其他部位是性快感的主要来源。这与当时盛行的观点不同，弗洛伊德坚持认为性欲起源于婴儿时期。他甚至指出我们顺利通过每一阶段的程度将决定以后的人格发展水平。他认为在发展的早期阶段个体会出现"固着"现象。这一现象的发生，是因为在该阶段被剥夺了性快感或者被过分地满足，以至于向下一阶段过渡时出现了问题。接下来我们将探讨弗洛伊德定义的五个性心理阶段（见表 14.5），但是大多数当代评论家都不认同他的观点。

口唇期

性心理发展的第一阶段是**口唇期**，大致从出生到 12～18 个月，主要集中在嘴上。在这一阶段，婴儿主要通过吮吸和吞咽来获得最初的性快感。弗洛伊德认为口唇期固着的成人对于压力的反应更趋向于依赖他人和得到他人的再三保证，就像是婴儿只有接触到母亲的乳房才能获得满足一样。这些成年人也容易出现不健康的"口头行为"，如暴饮暴食、过度饮酒或吸烟。

肛门期（anal stage）
主要关注于如厕训练的性心理阶段。

性器期（phallic stage）
主要关注于生殖器的性心理阶段。

俄狄浦斯情结（oedipus complex）
性器期的冲突，表现为男孩希望得到自己的母亲而将父亲视为自己的竞争对手。

肛门期

肛门期，大约从 18 个月持续到 3 岁，儿童开始直面心理冲突。这一时期，儿童通过移情来缓解紧张和体验快乐，但并不是任何时候他们都能这样做。因此，他们必须学会抑制自己的强烈欲望，将他们的同情心转移到社会允许的理想场所——厕所。弗洛伊德认为肛门期固着的个体——肛门期人格——更倾向于在成年期过分的爱干净、吝啬以及倔强。

性器期

性器期大约从 3 岁持续到 6 岁，这一阶段是弗洛伊德理论中对人格解释最为重要的阶段。在这一阶段，阴茎（对于男孩）和阴道（对于女孩）成为性快感获得的敏感区。与此同时，孩子们进入了一个与他们父母有关的三角恋关系中。根据弗洛伊德的理论，我们是否能成功地解决这个三角关系，对我们以后人格的发展有着巨大的影响。对于男孩，性器期会出现**俄狄浦斯情结**，俄狄浦斯是一位古希腊神话人物，他无意杀死了自己的父亲并和自己的母亲结婚了（对于女孩来说有时叫厄勒克特拉情结）。然而对于女孩，性器期往往会产生阴茎嫉妒，即女孩渴望拥有一根阴茎，就像父亲一样。由于弗洛伊德从未明确解释过的某些原因，女孩认为自己不如男孩是因为她们"缺失"的器官，这种自卑在童年之后会持续几年甚至几十年。阴茎嫉妒或许是弗洛伊德提出的最荒谬的概念，因为至今没有任何一项研究支持这一说法。

图14.3	酸葡萄心理

据精神分析学家的说法，合理化通常包括最小化先前预期的结果。《伊索寓言》中的这段文字说了一个合理化的例子，即著名的"酸葡萄"现象——狐狸无法得到先前所期望的葡萄，它对自己说："这些葡萄太绿太酸了。即使我能得到它们，我也不会吃它们。"

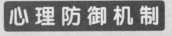

心理防御机制

互动

在这张 2008 年比赛的照片中，沮丧的球员普林斯·菲尔德在打出球后将球棒扔向地面。弗洛伊德学派会说，菲尔德正在使用替代这一防御机制。

表14.5	弗洛伊德关于性心理发展的五个阶段	
阶段	**大概的年龄阶段**	**性快感的来源**
口唇期	出生到 12～18 个月	吮吸和吞咽
肛门期	18 个月到 3 岁	通过排泄来缓解紧张
性器期※	3 岁到 6 岁	生殖器（阴茎和阴道）
潜伏期	6 岁到 12 岁	欲望潜伏阶段
生殖期	12 岁以后	恢复性冲动；成熟的浪漫关系出现

※ 俄狄浦斯情结和厄勒克特拉情结出现的时期。

在俄狄浦斯情结中，孩子想要异性父母完全属于自己，并想要把同性父母排除在外。然而，最终现实让孩子们放弃了对异性父母的爱。孩子们会认同他们的同性父母，并接受他们父母的特点：有其父必有其子，有其母必有其女。然而，弗洛伊德声称，如果孩子们不能完全解决俄狄浦斯情结，就会为日后的心理问题埋下隐患。

潜伏期

第四个性心理阶段**潜伏期**，是紧接着性器期后的一个平静阶段。潜伏期大约从6 岁到 12 岁，弗洛伊德认为这一时期性冲动被压抑到潜意识中。与这个信念相一致，大多数男孩和女孩会对异性反感和彻底的不感兴趣。

生殖期

第五个也是最后一个性心理阶段是**生殖期**，大致从 12 岁开始，这一时期性冲动又被重新唤醒。如果发展到这一时期没有出现什么大的障碍，就将出现成熟的浪漫关系。相反，如果在早期阶段，许多问题未得到解决，那么亲密关系的建立就会出现困难。

对精神分析理论的批判性评价

弗洛伊德的精神分析理论极大地影响了我们对人格的思考，仅仅因为这个原因，他的思想就值得仔细研究（Kramer，2007）。即使是对弗洛伊德最直言不讳的批评者也承认他是一个有独创性的思想家。但是独创性不应该与科学支持相混淆，很多研究者提出了一系列动摇精神分析理论科学地位的问题。这里我们将列举五个主要的批评。

不可证伪性

批评人士指出很多来自弗洛伊德的假说理论是很难或不可能反驳的（Shermer，2011）。仅举一个例子，反向形成防御机制的概念为允许许多精神分析假说逃避证伪提供了条件。如果我们要找到证据，证明大多数五岁的男孩都是被他们的母亲拒绝的，那么这种观点能否反驳恋母情结的存在呢？从表面上看，答案似乎是肯定的，但弗洛伊德主义者认为男孩仅仅是表现出反向形成，在无意识水平上还是被他们的母亲吸引。

事实上，弗洛伊德经常使用特殊免疫假设（见 1.2a）来保护他的假说不被反驳（Boudry，2013；Cioffi，1998）。弗洛伊德的一个病人非常不喜欢他的岳母，并煞费苦心地确保他不会和她一

潜伏期（latency stage）
性冲动被压抑到潜意识中的性心理阶段。

生殖期（genital stage）
性冲动被重新唤醒并且逐渐走向成熟、开始对他人产生爱慕的性心理阶段。

可证伪性
这种观点能被反驳吗？

起度假。然而，在弗洛伊德的治疗中，他梦想着和岳母一起度假。这个梦似乎歪曲了弗洛伊德的理论，即所有的梦都是希望的实现（见 5.2a）。然而弗洛伊德认为，他的梦支持了他的理论，因为他的根本愿望是证明弗洛伊德的错误（Dolnick，1998）。尽管我们可能会对弗洛伊德的独创性感到惊奇，但这种"正面我赢，反面你输"的推理使精神分析理论难以证伪。

失败的预测

　　尽管很难说弗洛伊德的理论大多是错误的，但有一部分理论的确是经常出现错误（Grunbaum，1984）。例如，弗洛伊德认为儿童若受到过于严厉的如厕训练，这将使得他们长大后过于死板或追求完美。然而绝大多数研究者却并未发现如厕训练和成人人格之间有何种相关（Fisher & Greenberg，1996）。同样，尽管用各种有希望的尝试来测量它们（Cramer，2015），但很少有科学理论能够支持弗洛伊德的防御机制说，包括压抑（McNally，2003）。实际上，实验室研究证明在相同水平上人们并没有更倾向于忘记消极的生活经历而不是唤起积极的体验（Holmes，1974，1990）。弗洛伊德还预言，他最喜欢的治疗方法，即精神分析疗法，是唯一的改善途径。虽然基于弗洛伊德的原则的心理疗法往往比不治疗好得多（Shedler，2010），但没有令人信服的证据表明，它们的干预措施比其他各种心理逻辑更有效，包括那些专注于当下而不是童年早期的干预措施（Anestis，Anestis，& Lilienfeld，2011）。

弗洛伊德最著名的病人之一，称为"安娜·欧"（"Anna O."）。她原名伯莎·巴本海姆（Bertha Pappenheim），后来成为德国社会工作的创始人（她的头像甚至被设计进邮票）。弗洛伊德的很多病人都是像巴本海姆这样有钱的维也纳人，这使得评论家开始质疑他的结论对于其他文化的普遍性。

对于无意识概念的质疑

　　越来越多的人接受弗洛伊德的观点，认为我们的行为是无意识的。然而，有越来越多的理由怀疑弗洛伊德的无意识概念。对弗洛伊德公平地说，他在两件重要的事上几乎是正确的：我们经常没有意识到我们为什么做某些事情，然后我们在看似合理的情况下说服自己，但却常常错误地解释我们为什么要这么做。理查德·尼斯贝特和蒂莫西·威尔逊（Nisbett & Wilson，1977）进行广泛的研究证明我们常常用合理但不正确的理由说服自己。例如，在一项记忆研究中，研究人员随机地让一些参与者（而不是其他人）接触包含在词组列表中的词组"海洋 – 月亮"。当被要求说出他们最喜欢的洗衣粉时，前者明显比后者更有可能说出"汰渍"。然而，当被问及选择的原因时，没有人给出正确的解释，即"海洋"和"月亮"这两个词引发了"潮汐"的联想。相反，参与者给出的解释可能是错误的，但似乎是可信的（比如"我最近在电视上看到了汰渍广告"）。

　　最近的证据表明，在潜意识呈现的刺激（见 4.6a），即在意识阈值以下的一个刺激点，有时会以一种微妙的方式影响我们的行为（Keith & Beins，2017；Mlodinow，2012）。其他有争议的证据来自启动模式，在此模式中，研究人员观察微妙刺激对人行为的影响（见 7.1c）。在一项引起轰动和广泛讨论的研究中，研究人员为一些参与者提供了有关老年人（比如"佛罗里达"和"皱纹"）的相关词汇来进行语言任务。值得注意的是，在研究结束后被启动的参与者在走廊上行走的速度比未被启动的参与者慢（Bargh & Chartrand，1999）。然而，有几个研究团队未能重复这一结论，只是得到相似的研究结果（Doyen et al.，2012；LeBel & Paunonen，2011），所以我们有充分的理由对它们持怀疑的态度。

可重复性

其他人的研究也会得出类似的结论吗？

　　我们所描述的一些积极的结果似乎支持弗洛伊德理论，因为它们认为我们不知道的因素影响了我们的行为（Westen，1998）。现在仍没有证据证明无意识的存在：将大量的冲动以及记忆隐藏于意识之下（Wilson，2002）。弗洛伊德将无意识看成性欲的和攻击性的能量以及被压抑的记忆所贮存的地方。然而，研究者却不赞成存在这样一个地方，更不用说指出这个地方在哪里了（Kihlstrom，1987）。

以不具代表性的样例为依据

许多批评指出弗洛伊德理论建立在非典型性样例之上，不能代表其他的人群。弗洛伊德的大多数病人都来自上层阶级——患有神经症的维也纳女性，与普通的尼日利亚男性或是马来西亚女性区别较大。因此，这降低了弗洛伊德理论的外部效度，也就是普遍性（见 2.2a），即不一定适用于来自其他不同文化背景下的人们。此外，尽管弗洛伊德的探究方法是独特的，但他的理论却无所不在：他深入研究了一个相对较少的群体，但将他的理论应用于几乎所有的人类。

对共享环境的错误假设

许多弗洛伊德假说认为共享环境在塑造人格方面起着关键作用。例如，弗洛伊德学派认为，刚从性器期出来的孩子具有同性父母的人格特征。然而，正如行为遗传学研究表明，共享环境在成人人格中扮演的角色很小（Lewis & Bates，2014；Loehlin，2011），这与弗洛伊德理论的一个关键命题相矛盾。

综上所述，弗洛伊德理论对现代思想观念产生了深远的影响，但从科学的角度来看，它有很多问题。弗洛伊德的一个深刻见解是我们常常不知道为什么会做某事，但这一观点并不是弗洛伊德的原创（Crews，1998）。我们将在后面的章节中学习，它与其他的人格模型，包括行为主义是一致的。最后，一些学者试图证明弗洛伊德的观点与神经科学最近的发现是一致的（Schwartz，2015）。例如，脑成像研究表明，我们的额叶（在抑制不良的想法与行为中扮演着关键角色）在梦境中变得不再活跃，这与弗洛伊德的观点基本一致，即我们通常抑制的冲动在梦境中被释放（Solms，2013）。尽管如此，这些发现是否为精神分析的观点提供了特别有力的支持，这一点还不清楚。例如，我们在梦中暂停理性分析的观念并不是弗洛伊德所独有的。因此，要判断神经科学是否会证明弗洛伊德的主要观点，还为时过早。

弗洛伊德的追随者：新弗洛伊德主义者

尽管对弗洛伊德理论有着较大的批评，但相当数量的社会学者和心理学工作者（大多是弗洛伊德的学生）从弗洛伊德的理论中脱离，形成了自己的人格结构模型。因为这些学者从一个全新的角度修缮了弗洛伊德的观点，他们所获得的成就即被称为"新弗洛伊德理论"。

新弗洛伊德理论：核心特点

大多数新弗洛伊德理论同弗洛伊德理论一样强调：（1）无意识对于行为的影响，（2）早期经历对于人格塑造的重要性。然而，新弗洛伊德理论与弗洛伊德理论有两点不同：

- **新弗洛伊德理论**不如弗洛伊德理论那么强调性是人格发展的驱动力，它更强调社会驱动力的作用，例如他人赞赏的需要。
- 就人格的毕生发展而言，大多数新弗洛伊德理论对于人格的发展持乐观态度，而众所周知弗洛伊德理论对于儿童后期人格的发展持悲观态度。他曾写道：精神分析的目的就是将精神上的痛苦转化成普通的烦恼（Breuer & Freud，1895）。

新弗洛伊德理论
（neo-Freudian theories）
继承了弗洛伊德的理论模型，但更少地强调性是人格的驱动力，并且对于人格的长远发展持乐观态度。

生活风格（style of life）
根据阿尔弗雷德·阿德勒的说法，每个人都有独特的获得优势的方式。

自卑情结（inferiority complex）
低自尊的感觉，并会导致对这种感觉的过度补偿。

集体无意识（collective unconscious）
荣格认为，我们共享着祖先代代相传下来的记忆存储室。

原型（archetype）
跨文化的情感象征。

荣格认为曼荼罗是一个原型或跨文化的普遍符号。荣格可能把这个概念想得太远了，忽略了许多其他原型也是循环的这一事实。

阿尔弗雷德·阿德勒：追求卓越

维也纳精神分析家阿尔弗雷德·阿德勒（1870—1937）是第一个与弗洛伊德决裂的人。阿德勒（1931）认为人格形成的动力并不是性和攻击，而是为了追求卓越。阿德勒曾说，我们生命的首要目标是比别人更优秀，因此我们形成独特的**生活风格**或塑造优于现实的固定模式来实现我们的目标。比如说，人们试图通过成为著名的娱乐明星、伟大的运动员或杰出的父母来满足自己的优越感。

阿德勒（1922）认为，神经质问题起源于儿童早期，被父母溺爱或忽视的孩子很容易产生**自卑情结**（这是阿德勒提出的一个重要概念）。拥有自卑情结的人自尊水平低且倾向于过度补偿这种情感，结果导致他们会不惜一切，甚至是被别人支配来向他人证明自己的优越。对于阿德勒来说，大多数精神疾病都是不健康的，都试图过度补偿自卑情结。

阿德勒的假说同弗洛伊德的一样，很难说是错误的（Popper，1965）。例如，阿德勒认为一个人想要成为无家可归的酒鬼就支持了他的理论，即人们总是在试图追求比他人优越。他回答说，这样的人选择了一种生活方式，这种生活方式为自己无法成就伟业提供了一个方便的借口。实际上，他可以告诉自己：要是我没有喝酒，可能早就成功了。众所周知，只要我们再多一点创造性，就可以用阿德勒的理论解释任何一种行为。

卡尔·荣格：集体无意识

瑞士精神治疗家卡尔·古斯塔夫·荣格（1875—1961）是另一个与自己的导师弗洛伊德决裂的人。虽然弗洛伊德最初指定荣格为下一代精神分析学家的旗手，但荣格不认同弗洛伊德对于性的过度强调，他的观点对当代心理学有着巨大的影响，以至于他曾被称为新时代心理学的标志性人物。

荣格（1936）认为弗洛伊德并未充分地解释无意识。荣格认为弗洛伊德理论中的无意识只是个体无意识，除此之外还存在**集体无意识**。在荣格看来，集体无意识包含了我们祖先代代相传下来的全部记忆，它是我们祖先记忆的集合，同时荣格解释了神话和传说中的文化相似性。荣格认为，我们一出生就能认出自己的母亲，是因为那些关于出生后就见到母亲的记忆通过数以千万年的个体传递最终刻进了我们的基因里。

荣格认为集体无意识包含了无数的**原型**，即跨文化的情感象征。他解释了人们对这个世界的许多情感反应特征的相似之处。在荣格看来，原型包括母亲、女神、英雄和曼荼罗，后者象征着一种对整体和统一的渴望（Campbell，1988；Jung，1950）。荣格（1958）推测，时下流行的关于飞碟的报道，源于我们的无意识中对于天人合一的渴望，因为飞碟的外形看上去就像是曼荼罗。一些心理治疗师甚至使用了荣格沙盘游戏疗法（Stein-hardt，1998）来揭示儿童的深层冲突。这些治疗师试图根据儿童在沙中画出的形状来推断出他们的原型，并以此作为治疗的跳板。然而，没有证据表明荣格的沙盘疗法是有效的（Lilienfeld，1999b），尽管它对孩子们来说可能很有趣，更不用说治疗师了。

尽管荣格的理论极具挑衅意味，但它和弗洛伊德以及阿德勒的理论一样都存在不足之处。由于没有明确的证据，因此很难否定荣格的理论（Gallo，1994；Monte，1995）。例如，很难去发现证据否定荣格所认为的人们对于飞碟的探索源自探究宇宙整体性的潜在渴望。此外，尽管荣格关于原型的假说将人类的演化历

可证伪性
这种观点能被反驳吗？

排除其他假设的可能性
对于这一研究结论，还有更好的解释吗？

程串在了一起，但关于起源，荣格并未给出一个具有说服力的解释。或许原型具有跨文化的普遍性，因为它们代表了不同文化背景下社会文化和自然环境中的重要因素——母亲、智者、太阳、月亮（看上去很像曼荼罗），也许是共有经历而不是集体无意识阐释了原型的跨文化的普遍性。

卡伦·霍妮：女性主义心理学

卡伦·霍妮（Karen Horney，1885—1952）是一名德国内科医生，她是第一位研究女性人格的人格理论家。尽管并未完全脱离弗洛伊德理论的核心假设，但在霍妮（1939）看来，弗洛伊德的理论在某些方面存在着性别歧视。她认为弗洛伊德提出的"阴茎嫉妒"的概念是一种误导，霍妮坚信女性的自卑感不是因为其自身的生理特点而是因为对于男人的过度依赖，这是早年在家庭和社会中所形成的根深蒂固的观点。她甚至直接反对俄狄浦斯情结，并认为其是完全可以避免的，她认为这种情结只是一种症状，而不是心理问题的起因。因为俄狄浦斯情结只有在受到异性父母的过度保护或同性父母的过度批评时才会出现。

对弗洛伊德追随者的批判性评价

新弗洛伊德主义者们修正了弗洛伊德的一些极端观点。他们指出生理结构的差异并不能决定其心理差异，并认为社会因素影响人格的发展。尽管如此，正如我们所见，新弗洛伊德理论在可证伪性方面仍存在问题，尤其是阿德勒和荣格的理论。因此，他们的科学地位几乎和弗洛伊德理论一样有争议。

第一个主要的女性主义心理学家卡伦·霍妮认为，弗洛伊德在很多女性自卑的原因中，严重低估了社会因素。

14.3　行为主义和社会学习的人格理论

14.3a　了解行为主义人格理论和社会学习人格理论的核心假设。
14.3b　了解行为主义人格理论和社会学习人格理论的主要评判。

我们已经在前面章节中（见 6.2b）将行为主义作为独立章节学习过了，那么为什么还要再次深入学习行为主义呢？毕竟，行为主义只是一个学习理论而不是人格理论，不是吗？

事实上，行为主义者兼具二者。激进行为主义者，如斯金纳，相信我们的人格差异在很大程度上是由不同的学习经历造成的。与弗洛伊德的理论不同，激进行为主义反对生命的早期经历决定人格发展这一观点。他们虽承认童年期的重要性，但认为学习能在一生中持续地塑造我们的人格。

对于激进行为主义而言，我们的人格与习惯密不可分。这些习惯通常是通过经典性条件作用和操作性条件作用所习得的。与其他人格理论家不同，激进行为主义者并不认为人格在塑造行为方面扮演着重要角色。他们认为，人格是由行为构成的，这些行为既包含内隐的也包含外显的，如思想和情感。激进行为主义者倾向于接受这样的观点：有些人是外向的，或外向的人倾向于拥有更多的朋友，参加更多的聚会。但他们却认为一个人拥有更多的朋友和参加更多的聚会并不是因为他们外向。

行为主义关于人格形成的观点

激进行为主义认为，人格主要受两方面因素的影响：即遗传因素和环境变化，也就是强化物和惩罚物。这些因素共同解释了人格个体差异的原因。

在观察学习中父母、老师以及其他成人在孩子的人格塑造中起榜样作用（通过观察成人的行为学习好的或坏的习惯）。这个孩子或许早期就学习到捐赠是一种有价值的行为。

行为主义的决定论观

像精神分析主义者一样，激进的行为主义者也是严格的决定论者。他们相信所有的行为都是先前因果关系的产物。这是弗洛伊德和斯金纳鲜少达成的共识，如果我们能神奇地让他们复活来进行一场辩论，大多数现代心理学家可能会拿出他们毕生积蓄的相当大的一部分来观看这场辩论。对激进行为主义者而言，自由联想是一种错觉（见1.4c）。我们或许会继续读这本书，抑或马上捧着一大杯冰激凌去吃，但这其实是在自欺欺人。我们认为自己可以自由支配行为，仅仅是因为我们忽略了引发行为的情境因素是如何起作用的（Skinner，1974）。

行为主义对于无意识加工的观点

弗洛伊德学派和斯金纳学派都认为，我们常常不理解自己行为的原因（Overskeid，2007），但是弗洛伊德和斯金纳关于无意识加工的观点明显不同。斯金纳认为，我们对很多事物都会产生无意识，原因在于我们通常意识不到突然影响行为的事物（Skinner，1974）。我们或许有过这样的经历：我们会突然愉快地唱起歌来，并会为自己做这样的举动而感到惊讶，然后才意识到这首歌曾在广播中频繁地播放过。根据斯金纳的观点，我们最初没有意识到行为产生的原因，是因为没有意识到行为产生的环境。在这个例子中，歌声就在远处的背景中。

激进行为主义关于无意识加工的观点与弗洛伊德的相去甚远，弗洛伊德理论中的无意识是难以觉察的想法，是记忆和冲动的"贮藏室"。对于激进行为主义者而言却并没有这样一个"贮藏室"，因为他们认为无意识对行为产生的影响是外部而不是内部的。

人格的社会学习理论：思维的动因作用

尽管受到了激进行为主义者的影响，但是**社会学习理论家**认为斯金纳过分否定了思维对行为的影响。爱德华·切斯·托尔曼（Edward Chase Tolman）和一些坚信学习依靠的是计划和目标的人（见6.3a），强调思维造就了人格。在这些理论家所提出理论的驱使下，我们该如何解释行为的产生怎样受到环境的影响呢？如果我们把别人当作一种威胁，我们通常会表现出敌意和猜疑的反应。根据社会学习理论，经典性条件作用和操作性条件作用不是自动或自动反射的过程，而是基因的产物。就像我们通过经典性条件作用和操作性条件作用获取信息一样，我们正在积极地思考和解释它的意义。例如，在经典性条件作用下，有机体正逐渐建立起对条件与非条件刺激之间关系的预期（Mischel，1973）。

决定论的社会学习观

大多数社会学习理论家对决定论的看法要比激进的行为主义者对其的看法更为复杂。正如我们在前文了解到的，班杜拉（1986）提出了一个令人信服的**交互决定论**的例子，即人格和认知因素、行为与环境变量的相互影响的因果关系。高水平的外向性可能促使我们向我们的心理学入门同学介绍自己，从而结交新朋友。反过来，我们新结识的朋友可能会强化我们的外向性，鼓励我们去参加我们原本要忽略的派对。参加这些聚会可能会导致我们获得更多的朋友，从而进一步加强我们的外向性等等。

观察学习和人格

社会学习理论家认为大多数的学习都是通过观察他人而发生的。正如我们在前

社会学习理论家
（social learning theorists）
强调思维是人格的成因之一的理论家。

交互决定论
（reciprocal determinism）
相互影响对方行为的倾向。

文所学习的（见 6.3a），观察学习虽然看上去是学习的一种重要形式，但却被传统的行为主义者忽略了（Bandura，1965；Nadel et al.，2011）。观察学习极大地扩展了我们的受益范围，这也就意味着父母和老师可以在塑造孩子的人格中扮演着榜样作用，因为我们可以通过观察好的或坏的行为，然后再模仿这些行为。例如，通过观察父母向慈善团体捐钱这件事，我们学会了什么是无私奉献。

控制源（locus of control）
强化物和惩罚物在他们控制范围之内或之外的程度。

感知控制

社会学习理论家强调控制生活事件的个人感知。朱利安·罗特（Rotter，1966）提出**控制源**概念，以此来描述强化物和惩罚物是在个体控制范围之内或之外的程度。拥有内在控制源的人（内控者）认为，生活事件很大程度上取决于自己的努力和个人品质；相反，拥有外在控制源的人认为生活事件很大程度上取决于机遇和命运。例如，一个"内控者"可能会对一个声明做出"正确的"回应，比如，如果我努力去做，那么我就可以完成任何我想做的事情，而"外控者"则可能会做出"错误的"回应。

罗特假设，在面对生活压力时，内控者比外控者更少地倾向于情绪低落，因为他们更愿意相信自己可以对问题进行补救。事实上，几乎所有的心理困扰，像抑郁和焦虑都与外在控制源有关（Benassi, Sweeney, & Dufour, 1988；Carton & Nowicki, 1996；Coyne & Thompson, 2011）。

相关还是因果
我们能确信 A 是 B 的原因吗？

但对于调查结果中的相关性是否反映出了罗特所认为的外控与精神疾病存在因果联系尚不清楚。或许人们只有陷入了抑郁或焦虑情绪中，才会开始感觉到自己的生活接近失控状态；一个怀疑自己能力的人，一方面易受外部控制源的影响，而另一方面又会感到抑郁和焦虑。

女儿的人格和呆板姿势有多少是从母亲那习得的，科学对此尚无定论。

日志提示

举一个在你的生活中，当你依赖于一个外部控制点时和当你依赖于一个内部控制点时的例子。在两个（内部和外部的控制点）中，你更倾向于频繁地使用哪个？

对行为和社会学习理论的科学评判

斯金纳和他的激进主义者赞同弗洛伊德的观点，认为我们的行为是被决定的并且自由意志是一种幻觉，但他们坚持认为，我们行为的主要原因是外在的，而不是内在的。即使是激进行为主义的批评者也承认，斯金纳和他的追随者将心理学的领域置于更坚实的科学基础之上。然而，从进化论的角度看来，他们中的许多人认为思维在行为产生中并不起主导作用，但现代学者却很难相信这一点。自然赋予人类大面积的大脑皮层，它对于问题解决、计划、推理等高水平的认知过程有着特殊的意义。如果思维只是学习联结的产物，那就很难理解为何我们的大脑皮层能得到进化。

社会学习理论家重新激发了心理学家对于思维的兴趣，并认为观察学习是一种除了经典性条件作用和操作性条件作用之外的重要学习形式。尽管如此，社会学习理论也未能幸免于被批判。实际上，声称观察学习对我们人格的发展有深远影响就意味着共享环境是一个重要动因。毕竟，我们越多地模仿父母的行为，就会变得越像他们。然而，行为遗传学研究表明共享环境对于成人人格的这种影响实际上是非常微弱的，甚至可以说是不存在的（Harris，2002）。

可重复性
其他人的研究也会得出类似的结论吗？

尽管社会学习理论家认为学习过程依赖于认知（思考），但是科学家们在动物身上只观察到微小的大脑皮层，甚至根本没有皮层。例如，他们记录了蜜蜂（Alcock，1999）和海星（McClintock & Lawrence，1985）的经典性条件反射。甚至有证据表明，经典性条件作用发生在原生动物（Bergstrom，1968）和水螅（Tanaka，1966）等微生物中，尽管并非所有研究者都能重复这些发现（Applewhite et al.，1971）。也有报道称章鱼（Fiorito & Scotto，1993）也存在观察性学习，尽管这些发现是有争议的。

学习发生在神经系统相当简单的动物身上，这一事实暗示了以下三件事之一。第一，也许社会学习理论家认为学习的基本形式依赖于认知是错误的。第二，也许在某些情况下，这些学习形式所涉及的思维过程是原始的，尽管我们有理由怀疑海星——更不用说原生动物了——是否有能力进行真正的"思考"。第三，简单动物的学习过程可能依赖于与人类不同的机制。在这一点上，科学证据没有一个明确的答案。

14.4　人格的人本主义模型：第三力量

14.4a　解释自我实现的概念及其在人本主义模型中的作用。
14.4b　描述人本主义人格理论的主要批评。

在20世纪上半叶的人格心理学中，精神分析理论和社会学习理论占据了绝对主导地位。然而，在20世纪五六十年代，人本主义模型作为一股强有力的第三势力在人格心理学研究中异军突起。人本主义心理学家，拒绝接受精神分析者和行为主义者的宿命论，而倡导自由的意愿。他们指出，在对于是创建还是摧毁生命的选择上，我们是完全自由的。

大多数人本主义心理学家认为，人格发展的核心动力是**自我实现**——最大限度地发展我们内在潜能的驱动力（见11.4a）。然而，弗洛伊德或许会说：自我实现对于社会来说是灾难，因为，我们的内驱力蕴涵于本我之中，它是自私的，并且在没有控制的前提下，也是具有潜在破坏性的。对弗洛伊德追随者来说，一个由自我实现的人组成的社会将会导致完全的混乱，公民们会肆无忌惮地表达他们

人本主义心理学的先驱卡尔·罗杰斯，对人性持乐观态度。有批评指责其弱化了人性的黑暗面。

的性冲动和攻击性冲动。相反，在人本主义理论家看来，人性本来就是积极向上的，因此他们认为自我实现是一个值得研究的方向。

罗杰斯和马斯洛：自我实现

自我实现（self-actualization）
驱使我们充分开发我们先天的潜能的驱力。

最著名的人本主义理论家当属卡尔·罗杰斯（1902—1987）。正如我们将在第16章学习到的，他的人格理论是一种极具影响力的心理治疗技术形式。对于乐观主义者，罗杰斯相信只要得到社会的许可，人们就能发挥全部的潜能从而得到情

感上的满足。

罗杰斯的人格模型

根据罗杰斯的人格理论（1947），我们的人格包含了三个主要组成部分：有机体、自我和价值条件化。

- 有机体是先天遗传的。在这方面，它有点像弗洛伊德的本我，罗杰斯认为有机体对他人是积极而富有帮助的。然而，罗杰斯并不是特别明确地描述了有机体的构成。

- 自我就是对于自我的观念，一种关于我们究竟是谁的信念。

- **价值条件化**是我们寄于适当或不适当行为中的期望。它源于社会和父母，并最终被我们内化。价值条件化产生于他人对我们的认可，只针对某种行为而非所有。因此，如果我们按照特定的方式去做，我们就会接受自己，如果一个孩子喜欢写诗却被同伴嘲笑，那么喜欢写诗就会形成价值条件化。"当我写诗被嘲笑时，我就没有价值；当我不再写诗没有人嘲笑我时，我就有价值。"对于罗杰斯来说，个体人格差异在很大程度上是由于其他人向我们强加的价值条件化不同。尽管在他的理想主义时刻，罗杰斯设想了一个价值条件化不复存在的世界，但他不情愿地承认，在现代社会，即使是我们当中最优秀的人，也不可避免地存在着某些价值条件化。价值条件化导致自我和有机体之间的**不协调**，这就意味着我们的人格和天性不一致：我们并没有成为真实的自我，因为我们的行为方式与我们真正的潜能是不一致的。

马斯洛：自我实现者的特质

当罗杰斯在个体自我实现的研究中受挫后将研究重点转向心理问题的治疗，马斯洛（1908—1970）将研究重点放在了自我实现上，尤其是研究历史人物的自我实现。他认为完全自我实现是一项罕见的成就，只有 2% 的人能实现。像托马斯·杰弗逊（Thomas Jefferson）、亚伯拉罕·林肯（Abraham Lincoln）、马丁·路德·金（Martin Luther King, Jr.）、海伦·凯勒（Helen Keller）以及圣雄甘地（Mahatma Gandhi）都被马斯洛认为是自我实现的人。

马斯洛（1971）认为，自我实现的人具有创造力、自觉性，能接受自己并悦纳他人，他们自信但不以自我为中心。他们关注真实世界和智慧问题，结交挚交而不是建立肤浅的友谊。自我实现的个体通常渴望拥有隐私。由于他们超越了社会需求，所以被认为是内倾、超然甚至是难以相处的人。因此，当他们不得不表达自己的不快时，他们也就不怕成为所谓的"无事生非者"。同时，他们也易产生**高峰体验**—— 一种在对世界有深刻认识后产生的以强烈兴奋和安静状态为标志的体验。

价值条件化
（conditions of worth）
我们寄于适当或不适当行为中的期望。

不协调（incongruence）
我们的人格和天性之间的不一致。

高峰体验
（peak experience）
一种在对世界有深刻认识后产生的以强烈兴奋和安静状态为标志的体验。

日志提示

这本书提供了几个亚伯拉罕·马斯洛认为已经实现了自我实现的历史人物的例子。用你自己的语言描述一个自我实现的人的特征，并提供一个你认识的人的例子。为什么你相信这个人符合马斯洛的自我实现的人的条件呢？

对于人本主义模型的科学评判

人本主义的人格模型大胆地宣称自由联想，并吸引了一代对精神分析决定论和行为主义不再抱有幻想的年轻人。作为心理学分支之一的比较心理学，通过对行为种类的比较研究对罗杰斯的人性提出了挑战。他们的研究表明，在诸如黑猩猩这种与人类有较近亲缘性的灵长类动物中，攻击是它们与生俱来的（Goodall & van Lawick，1971；Wrangham & Glowacki，2012）。有关双生子的研究也表明攻击很可能是人类继承的基因"遗产"中的一部分（Anholt，2012；Krueger，Hicks，& McGue，2001；Porsch et al.，2016）。因此，完全实现我们的基因潜能，可能并不像罗杰斯想象的那样会带来永恒幸福的状态。与此同时，研究也表明利他主义的能力是人类和非人类灵长类动物所固有的（de Waal，1990，2009；Wilson，1993）。人性似乎更像是自私和无私动机的混合体。

罗杰斯的研究表明，人们对真实自我和理想自我之间描述的差异，在心理失常的个体比心理健康的个体更大。这种差异在心理治疗过程中有所下降（Rogers & Dymond，1954）。罗杰斯认为这一发现反映了价值条件化的减少。然而，这些结果很难解释，因为那些在治疗后表现出不协调减少的人并不是那些得到改善的人（Loevinger，1987）。

马斯洛对自我实现的个人特征的研究为今天有影响力但有争议的"积极心理学"运动（见 11.3b）奠定了基础，尽管他很少获得这方面的荣誉，但他（1954）介绍了这一术语。马斯洛的研究是在方法论基础上进行的。他最初假设那些自我实现的个体富有创造性和自发性，进而引导他关注拥有这些特质的历史人物。于是，马斯洛可能陷入证实偏差（Aronson，2011；见 1.1b），因为他过分推崇相关假说中关于自我实现个体的人格特质，而他却找不到简单有效的方法来防范这一偏差。

可证伪性
这种观点能被反驳吗？

人本主义模型也很难说是错误的。如果一项关于全人类的研究表明很多人都是自我实现的，或许人本主义心理学家会将这一结果解释为自我实现对于人格有着重要影响的证据。但如果这一研究表明实际上没有人是自我实现的，或许人本主义心理学家又会这样解释：大多数自我实现的内驱力已经被扼杀了。

虽然声称自我实现是个人行为的核心动机的主张可能并不是科学的，但我们应该遵循发展我们潜力的规则。作为人生哲学，最大限度地实现自我潜能可能有相当大的价值。

14.5　人格的特质模型：行为的构成

14.5a 描述人格特质模型，包括大五人格模型。

14.5b 确定特质模型的主要批评。

与我们回顾的大多数人格理论相比，特质模型对描述和理解人格结构更适合。他们研究的问题是什么构成了我们的个性，而不是问题的成因。就像早期的化学家们努力去发现元素周期表中的元素一样，特质理论家们的目标是在心理学术语中精确地指出主要的元素，即人格的特征。正如我们所知，这是相对持久的性情，会影响我们在不同情况下的行为。此外，我们回顾的人格理论主要关注的是人与人之间的共性，而性格心理学家对个体差异更感兴趣（见 1.1a）。他们努力回答这个问题：为什么我们在行为、思考和感受方面有不同的倾向？

识别特质：因素分析

将人格特质作为行为产生的原因是具有挑战性的。首先，我们要避免循环论证（见 1.2b）。当一个孩子将另一个孩子踢倒在地时，我们会认为其具有攻击性，但是当我们被问道为何这个孩子是有攻击性的时候，我们或许回答"因为他把别人踢倒在地了"。请注意，这个答案仅仅是重申了我们用来推断这个孩子在一开始就具有攻击性的相同的证据，所以我们只是在进行循环推理。为了避免这种逻辑陷阱，我们需要在新异情境中预测特质是如何影响行为产生的。

因此，我们需要缩小特质的范围。这要比听起来更容易。作为先驱人物的戈登·奥尔波特发现在英语中超过 17 000 个词和人格特质相关：害羞、顽固、浮躁、贪婪、兴奋等（Allport & Odbert，1936）。为了将这种特质差异尽可能地缩减到只有三到五种高度概括的基本特质，特质理论家们采用了被称为**因素分析**的统计技术。这种技术通过在人格和其他测量结果中分析其相关性，试图辨明导致这些相关性的根本因素。让我们从一个例子开始。

表 14.6 在一个假设的相关性矩阵，即相关性表中给出了六个不同变量之间的相关性——社交性、宜人性、活泼性、冒险性、感觉寻求性和冲动性。当我们看这个相关性矩阵时，我们会注意到只有一些表格数字。这是因为每个关联在相关矩阵中只显示一次（例如，这就是为什么矩阵只显示变量 1 和 4 之间的相关性一次）。我们可以看到变量 1 和 3 是高度相关的，变量 4 和 6 也是高度相关的（回想一下，两个变量之间的最大相关性是 1.0）。但是这两组变量之间并没有太大的相关性，所以相关矩阵表明存在两个因素。我们可以暂时将包含变量 1 到 3（粗体）的因素称为"外倾性"，把包含变量 4 到 6 的因素称为"无畏性"（非粗体）。因素分析的正式技术使用更严格的统计标准来实现与我们刚刚介绍的"眼球法"相同的目标。

大五人格模型：心灵的地图

尽管特质理论家们对全面解释人格结构究竟需要多少个因素尚未达成共识，但有一种模型已经得到了研究支持。这个模型就是**大五人格**结构模型。它包含五种表面特质，并通过重复性因素分析来进行人格测量。

循环论证

互动

一个孩子"有攻击性"仅仅是因为他经常有攻击性行为，这一论断不能给我们提供新的信息，是一个循环论证的样例。为了使其更有意义，人格特质理论必须对我们所能观察到的行为做更多的描述。

表14.6	六个变量的"眼球"因素分析

当我们描述这六种人格变量的相关矩阵时（在对角线上的 1.00 表示每个变量与自身的相关性，这是一个完全相关）。

	测　量					
	变量1 社交性	变量2 宜人性	变量3 活泼性	变量4 冒险性	变量5 感觉寻求性	变量6 冲动性
变量 1	1.00	**0.78**	**0.82**	0.12	0.07	−0.03
变量 2		1.00	**0.70**	0.08	0.02	0.11
变量 3			1.00	0.05	0.11	0.18
变量 4				1.00	**0.69**	**0.85**
变量 5					1.00	**0.72**
变量 6						1.00

词汇法（lexical approach）
假设人格最重要的特征都嵌入我们的语言中。

事实与虚构

互动　和人握手能告诉我们一些他们的性格特征。（请参阅页面底部答案）
○ 事实
○ 虚构

大五人格

互动

研究表明，对经验的开放性的大五人格预示着艺术偏好（Feist & Brady，2004）。一个对自己的经验有高度开放性的人会喜欢哪一幅画？为什么？

答：一个对经验持开放态度的人可能更喜欢上面的画。对经验的开放性和对抽象性艺术的偏爱是相关的，这可能是因为这一特点与非传统性及对模糊的容忍度有关。

大五人格用**词汇法**来揭示人格，这使得人类人格中最重要的特征被嵌入我们的语言中（Goldberg，1993；Lynam，2012）。这里的逻辑是：如果一种人格特质在我们日常生活中很重要，那么我们可能会对其讨论很多。大五人格形成于对词典和文献中特质术语的因素分析。保罗·科斯塔，罗伯特·麦克雷和他们的同事认为（Costa & McCrae，1992；Miller，2012；Widiger，2001）这五种特质是：

- 外倾性——外倾的人更爱社交并充满活力。
- 神经质——神经质的人紧张、情绪不稳定。
- 宜人性——随和的人友善、易相处。
- 尽责性——尽责的人更细心和负责任。
- 对经验的开放性，有时仅仅叫作"开放性"——开放性的人充满智慧并且是非传统的。

我们可以用 OCEAN 或 CANOE 这两个缩语中的任何一个来帮助大家记忆大五人格。根据大五人格的理论，我们可以用这些因素描述所有的人，包括那些心理功能紊乱的人（Widiger & Costa，2012）。我们每个人在每个维度上都占有一定的位置，我们中的大多数人在这些特征的分布中大致处于中间位置。与此相反，心理障碍患者则倾向于得到极端维度上的分数。例如，一个严重抑郁的人，外倾性的得分可能会很低，神经质的得分会很高，而其他三个维度的得分会较为平均（Bagby et al.，1995）。

值得注意的是，当研究者要求参与者描述他们从未谋面或不认识的人时，参与者甚至也会用大五人格测试来对其人格进行评价（Passini & Norman，1966）。这一发现表明我们隐藏了内隐人格理论，即与人格特质及其行为相关的直觉观念。流行的约会网站 eHarmony.com 就是用大五人格测试来预测未来适合你的另一半的，但这种预测的准确性很低（Finkel et al.，2012）。塞缪尔·高斯林和其他一些人的研究表明，"大五"人格（除了

答案：事实。研究表明，握手有力的人在外倾性和开放性方面要比软弱无力的人稍高（Chaplin et al.，2000）。

第六种优势之外）也出现在黑猩猩的个性研究中（Gosling，2001，2008；King & Figueredo，1997），尽管很难排除科学家在这些研究中对黑猩猩的评价是拟人化的可能性。也就是说，本质上，他们将他们的内隐人格理论强加于猿类。

大五人格和行为

大五人格预测了许多重要的现实行为，这表明在日常生活中，人格是重要的。例如，高尽责性、低神经质和高宜人性同面试成功（Barrick & Mount，1991；Schmidt & Oh，2016；Tett，Jackson，& Rothstein，1991）以及在学校取得好成绩的相关性（Conard，2006；Heaven，Ciarrochi，& Vialle，2007）。在大多数但不是所有的研究中，外向性都与销售人员的成功表现呈正相关关系（Furnham & Fudge，2008）。尽责性与身体健康甚至寿命有正相关关系（Martin & Friedman，2000；Shanahan et al.，2014），可能部分是因为有责任心的人比其他人更有可能从事健康的行为，比如定期锻炼而不吸烟（Bogg & Roberts，2004；Hill & Roberts，2011），因为他们更可能会与他们的医生协商。

大五人格维度也出现在社交媒体上。例如，观察人员可以通过查看人们的脸书资料（Back et al.，2010）来判断他们的外倾性、宜人性、尽责性和开放性。不过，在猜测他们的神经质的时候，他们并不比偶然性更好，可能是因为我们倾向于隐藏那些包含这个维度的子特征，比如焦虑倾向、不安全感、对他人保留隐私。人格似乎也能预测人们写在他们脸书资料里的话题种类：高水平的外倾性的脸书用户比其他用户倾向于更频繁地写社会活动，高水平的开放性的脸书用户往往比其他用户更频繁地写智力内容（Marshall，Lefringhausen，& Ferenzi，2015）。

你是狗性人格还是猫性人格？最近的研究表明，大五人格的分数可以帮助预测答案：狗性人格比猫性人格在外倾性、宜人性和尽责性方面分数更高，而猫性人格在神经质和开放性上具有更高的分数（Gosling，Sandy，& Potter，2010）。

大五人格甚至预测了总统的成功。三个研究者（Rubenzer，Fashingbauer，& Ones，2000）请总统传记作者分别对从乔治·华盛顿到比尔·克林顿的历任美国总统进行打分。研究表明，尽责性和开放性的得分与总统伟大程度呈正相关，而宜人性却与伟大程度呈负相关，因此，最好的总统未必都是最容易相处的。

文化和大五人格

在寻求解决关于跨文化人格相关性的持久问题时，研究人员发现，大五人格在中国、日本、意大利、匈牙利、土耳其和其他国家都是可识别的（De Raad et al.，1998；McCrae & Costa，1997；Triandis & Suh，2002；Trull，2012），然而，大五人格的跨文化普遍性可能存在局限性，这就提出了人格表现可能在很大程度上受到文化影响的可能性。并不是所有的文化中都清晰地体现出经验开放性（Church，2008；De Raad & Perugini，2002），一些研究人员发现了除大五人格之外的其他维度。例如，中国的个性研究揭示了一个特有的"中国传统"因素，它包含了中国文化特有的个性方面，包括强调群体和谐及面子以避免尴尬（Cheung & Leung，1998）。此外，德国、芬兰和其他几个国家的研究有时表明，除了大五之外，还有一种包括诚实和谦逊的因素（Lee & Ashton，2004；Weller & Thulin，2012）。在对玻利维亚欠发达地区的农民进行的另一项研究中，研究人员几乎没有发现大五人格存在的证据。相反，只有两个广泛的维度——一个反映亲社会（乐于助人的倾向），另一个反映勤奋（努力工作的倾向）——不断出现（Gurven et al.，2013）。因此，人格的"普遍"结构是否存在的问题仍然悬而未决。

个人主义 – 集体主义与人格　跨文化研究已经开始高度关注我们在前文（见 10.4b）所提到的个人主义 – 集体主义这一人格的重要维度。来自个人主义文化背景下（像美国）的人，更加关注自身和个人目标，而来自集体主义文化背景下（如亚洲国家）的人则更关注与他人的关系（Triandis，1989）。个人主义文化背景下的人较之于集体主义文化背景下的人拥有更高的自尊（Heine et al.，1999）。此外，与个人主义相比，人格特质很少对集体主义下的行为做出预测，这可能是因为在集体主义文化背景下的人受到更多社会规范的影响（Church & Katigbak，2002）。

我们不能简单地区分个人主义和集体主义文化。个人主义文化背景下只有 60% 的人具有个人主义人格特质，在集体主义文化背景下亦是如此（Triandis & Suh，2002）。此外，亚洲国家在集体主义方面也存在显著差异，提醒我们不要犯刻板和泛化的错误。例如，尽管中国比美国更强调集体感，但却未超越日本、韩国（Oyserman，Coon，& Kemmelmeier，2002）。

大五人格的替代品

大五人格对于识别个体不同的人格是一个有用的系统。然而，我们有理由怀疑这种词汇方法是否足以告诉我们关于人格特质的一切，因为人们可能并没有意识到所有重要的人格特质（J. Block，1995）。因此，我们的语言可能无法充分反映这些特征。除此之外，尽管道德在很多人格理论中占据主导地位，但大五人格就没有与之相对应的因素（Loevinger，1993）。一些像汉斯·艾森克（Eysenck，1991）、奥克·特立根（Tellegen，1982；Tellegen & Waller，2008）和罗伯特·克隆尼格（Cloninger，1987；Cloninger & Svrakic，2009）的心理学家指出人格结构模型应该包含三个而不是五个层面。他们认为大五人格中的宜人性、尽责性和（低）开放性可以合并成一个总的冲动性，并与外倾性和神经质构成三大特质（Church，1994）。"三大"人格结构可以更好地替代大五人格结构（Harkness，2007；Revelle，2016）。

基本倾向与特征适应

性格特征并不能说明我们为什么不同，以杰克和奥斯卡为例（Begley & Kasindorf，1979），出生于 1933 年的他们是来自明尼苏达的双生子，他们在出生后几乎立即被分开，几十年后又重新团聚（尽管奥斯卡现在还活着，但杰克在 2015 年去世了）。尽管 40 年未曾谋面（1954 年有过一次短暂的见面），但杰克和奥斯卡却有着极为相似的人格特征。他们在明尼苏达多相人格测验（一种人格测量问卷，我们将在本章的后半部分对其进行讨论）中的得分竟然如出一辙。杰克被加勒比地区的一个犹太家庭抚养到 17 岁之后搬去了以色列，奥斯卡则跟着慈爱的祖母生活在前捷克斯洛伐克（二战期间曾处于阿道夫·希特勒的控制之下）。尽管杰克和奥斯卡的基本人格极为相似，但政治信仰却有着天壤之别。杰克是一个虔诚的犹太信徒，他喜爱那些描写德国反面形象的电影。在以色列时，他曾和其他人一起建立了所谓的犹太州。与此形成鲜明对比的是：奥斯卡是一个极端狂热的纳粹和反犹太分子。他积极地投身于二战前希特勒的青年运动之中。尽管杰克和奥斯卡有着相似之处——热情、忠诚和政治意愿强烈，但他们却用不同方式戏剧性地表现出了各自的人格。

杰克和奥斯卡的故事强调了基本趋势和特征适应之间的区别（Harkness & Llilienfeld，1997；McCrae & Costa，1995；Terracciano & McCrae，2012）。基本趋势是根本的人格特质，而特征适应是外在的行为表现。这两者的区别关键在于人们是否可以用不同的方式来表现不同的人格特征、兴趣和技能。在杰克和奥斯卡的案例中，同样的基本趋势（对社会的内在忠诚和奉献）却表现出两种差异很大的特征适应：犹太教的杰克极度反感德国人，而纳粹主义的奥斯卡也极度反感犹太人。

感觉寻求（Zuckerman，1979）或寻找新的和令人兴奋的刺激提供了一个有趣的例子。高感觉寻求的人喜欢从飞机上跳伞，品尝辛辣食物，在快车道上享受生活。相反，低感觉寻求的人不喜欢冒险和新奇；当他们出去吃饭的时候，他们会去同一家餐厅，并且总是点意式鸡排（或者他们最喜欢的菜）。像许多性格特征一样，感觉寻求可能是一把双刃剑：它可能与某些人的社会建设性行为有关，但也可能与社会破坏性行为有关（Marcus & Zeigler-Hill，2015）。例如，消防员和囚犯的平均感觉寻求得分基本相同，但两组的得分都显著高于普通大学生（Harkness & Lilienfeld，1997；Zuckerman，1994）。显然，人们可以在社会建设性（消防）或社会破坏性（犯罪）中寻求表达冒险和危险的倾向性。为什么一些寻求刺激的人最终会在消防站，而另一些人则被关进监狱里，这仍然是个谜（Dutton，2012）。

人格特质可以改变吗？

回想一下弗洛伊德的观点，童年之后人格或多或少是固定的，除非经历过长时间的精神分析。然而，长期跟踪的纵向研究（见 10.1a）表明，在 30 岁之前，人格特质有时确实会随着时间发生变化，有时变化幅度甚至很大（Nye et al.，2016）。在一般人群中，开放性、外倾性和神经质从青少年晚期到 30 岁出头有所下降，而尽责性和宜人性有所增加（Costa & McCrae，1992；Srivastava et al.，2003）。然而，研究也表明，人格特征在 30 岁之后就将趋于稳定，50 岁以后几乎不再改变（McCrae & Costa，1994；Roberts & DelVecchio，2000）。我们不知道心理治疗是否能改变人格，尽管今天许多心理学家对这一前景的乐观程度甚至不如在弗洛伊德时代。

在过去的 20 年里，一直有关于药物是否能改变人格特质，特别是外倾性和神经质的讨论（Ilieva，2015；Jylha et al.，2012；Kramer，1993）。有证据表明，某些改变情绪的药物，如百忧解、帕罗西汀和佐洛夏，会产生镇定感并降低羞怯感。在没有精神疾病的人群中（Concar，1994），也许这意味着这些药物可以让我们变得更好。虽然证据是初步的，但一项研究的结果表明，经过良好调整的人，在服用帕罗西汀的时候，对社交活动的敌意比那些摄入安慰剂的人更少（Knutson et al.，1988）。在最近的一项研究中，在临床抑郁症患者中（Dunlop et al.，2011；Tang et al.，2009），与安慰剂相比，帕罗西汀和佐洛夏提高了外倾性和无畏性等特质的水平，降低了神经质和冲动性等特质的水平。

这些发现引发了有趣的科学实践和伦理问题。从科学的角度来看，我们认为自身固有的人格是否比我们想象的更容易改变？在实践和伦理方面，使用药物改变人格会有什么缺点吗？长期以来，运用自然选择原理来理解人类行为的进化心理学家们一直认为，许多情绪都具有基本的适应功能。例如，焦虑可能是潜在危险的一个重要警告信号。如果我们能降低大多数人的焦虑水平，我们是否会创造出一个对即将到来的灾难漠不关心的消极的民族？这些问题本身并没有简单的答案，但它们对于我们把社会作为一个整体来考虑是很重要的。

对特质模型的科学评判

人格特质论在 20 世纪早中期有很大的影响。在 1968 年较有影响力的《人格及其评估》一书中，沃尔特·米歇尔（Walter Mischel）对人格特质的概念提出了质疑，致使其卷入特质心理学的争论中长达数十年。

米歇尔的观点：行为不一致

前文中提到过心理学家长期研究特质是如何通过不同情境影响行为的。但是在回顾文献时，米歇尔发现被认为反映了同一特质的不同行为之间只存在低相关。例如，他引用了休·哈特霍恩和马克·梅（Hartshorne & May，1928）的一项研究，该研究分析了儿童诚实度的各项行为指标之间的相关性。哈特霍恩和梅设置了一些能让孩子们表现出是否诚实的情境，例如给他们机会去偷钱，更改考卷上的答案，或者说谎。令人惊讶的是，在这些情境中，孩子行为的相关性非常低，没有一个超过 0.30。因此，当一个孩子在一种情境下偷窃，并不意味着他就比其他孩子在不同的情境中偷窃的可能性更大。众多研究者对成人的特质研究（比如独立性、友好性、尽责性）也得出相似结论（Bem & Allen，1974；Diener & Larsen，1984；Mischel，1968）。人在不同情境中的行为不具有一致性。

米歇尔得到这样一个结论：这些旨在进行行为预测的人格测验并没有太大效用。后来，一些心理学家试图从我们的认知偏见（尤其是基本归因错误）来解释我们对人格特质预测能力的坚持信念（见 13.1b）。对他们来说，我们"看到"周围人的人格，是因为我们把施加在他们行为上的情境影响（如同伴压力）误认为是人格影响（Bem & Allen，1974；Ross & Nisbett，1991）。

人格特质的重生：心理学家对于米歇尔的反驳

米歇尔的批评有道理吗？有，却也没有。西摩·爱泼斯坦（Epstein，1979）认为，人格特质不能预测个体的单个行为，例如，在某一特定情境中的撒谎或欺骗行为。在这一点上，米歇尔是正确的。除此之外，爱泼斯坦在多项研究中也表明人格特质通常能准确预测总体行为，也就是说，可以通过各种情境来总结行为。如果我们用外倾性测试来预测朋友下周六是否将出席派对，那么预测的正确率可能仅仅略高于随机猜测。相反，如果我们同样用外倾性测试，但是通过综合不同的情境如参加舞会、在班级里交朋友、和周围的陌生人谈话等来预测行为，也许就更准确。与米歇尔的结论不同，人格特质可以用来预测个体的整体行为趋势，比如某人是否会成为一个负责的员工，或是一个与之相处困难的婚姻伴侣（Kenrick & Funder，1988；Rushton，Brainerd，& Presley，1983；Roberts，2009；Tellegen，1991）。

与之前所见的其他人格理论相比，特质论更倾向于描述个体的不同人格而不是去解释引起这类差异的原因，这有利也有弊。一方面，它帮助我们对人格结构有更深入的认识，也帮助心理学家更好地预测工作面试问题，甚至是世界上超级大国的领导者的工作；而另一方面，特质模型却并未注重人格的起因，例如，尽管大五人格能够很好地找出人格之间的不同，但对于为何引起不同却未做充分解释。

汉斯·艾森克等研究者试图补救这一不足（Revelle，2016）。例如，艾森克（1973）认为人格中内 – 外倾维度来自对不同网状激活系统（RAS）的激活阈值。正如前文所学（见 3.2a），网状激活系统（RAS）帮助我们保持清醒和警觉，尽管后来的假说看上去有点似是而非，但艾森克辩解说外倾的人网状激活系统较低。他们习惯性地感到无聊和压抑。因此他们寻求刺激或主动接近他人，以此来使他们获得能量（回忆耶克斯 – 多德森定律，见 11.4a）。相反，内倾者更倾向于拥有一个更活跃的网状激活系统，他们习惯于过度兴奋，因不堪重负而尽量减少或关闭刺激，或拒绝与他人来往（Campbell et al.，2011）。有趣的是，外倾的人比内倾的人更喜欢大声的音乐（Geen，1984；Kageyama，1999）。尽管艾森克的假说尚缺乏证据（Gray，1981；Matthews & Gilliland，1999），但他的理论很好地解释了生物因素和人格之间的关系。

14.6　人格测量：测量及心理测量的误区

14.6a　描述自陈式人格测验（尤其是 MMPI-2）及其编制方法。

14.6b　描述投射测验尤其是罗夏墨迹测验及其优缺点。

14.6c　识别在人格评估中常见的陷阱。

如果心理学家找不到方法来测量人格，那么人格对他们来说就毫无益处。这正是人格测量成为人格心理学基础的原因之一：它向我们展示了以精确的方式测量人格的个体差异的前景。然而要找到测量人格的方法，说起来容易但做起来难。

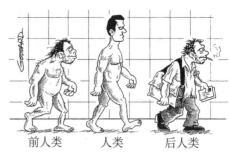

前人类　　人类　　后人类

传统观念认为那些拥有突出的前额和低眉骨的都是智力不发达或低文化素养的人。

资料来源：Clive Goddard/www.Cartoon Stock.com。

人格测量中著名与非著名的错误

实际上，人格心理学家一直被一些不可靠的测量方法所困扰。前文（见 3.4a）提到的名誉扫地的颅相学，意欲通过测量人的头盖骨上隆起部分的形状来判断其人格特征，另外与颅相学相关的是在 18、19 世纪一度盛行的观相术，它主张从人的面部特征测量人格特征（Collins，1999）。名词"lowbrow（没有文化修养的人）"源自一个古老的说法，即大多数智力不发达的人都有突出的前额和低眉骨，在今天它代指没有文化修养的人。而实际上，同观相术的其他主张一样，这种观点也已经被证明是毫无依据的。

可证伪性
这种观点能被反驳吗？

尽管如此，像许多错误的观念一样，观相术可能包含一个微小的真理内核（Quist et al.，2011）。研究表明，女性仅通过观察男性面部的静态照片就能更好地判断出哪些男性对孩子最感兴趣（Roney et al.，2006），尽管尚不清楚这些判断基于男性面部的哪些特征。在另一项研究中，观察人员通过简单地看男性的脸，准确地判断了他们的身体攻击倾向（Carre，McCormick，& Mondloch，2009）。有趣的是，这些估计与男性面部的宽度与长度之比高度相关（宽脸比长脸更能反映攻击性），这可能是因为这个比例反映了青春期分泌的激素对攻击性的影响。

心理学家威廉·谢尔登（William Sheldon）从观相术的角度认为，他可以从人们的体型推断出他们的性格（见图 14.4）。他认为，有很多肌肉的人往往是自信和大胆的，而精瘦的人倾向于内向和机灵的（Sheldon，1971）。

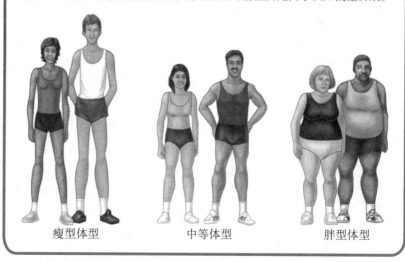

图14.4　谢尔登的体型类型

根据威廉·谢尔登的说法，三种主要的身体类型与不同的人格特质有关。然而，研究并没有证实谢尔登的大部分主张。因为谢尔登在评定人的性格特质时并没有忽视身体类型，他的发现可能主要是由于认知偏差所致。

瘦型体型　　中等体型　　胖型体型

排除其他假设的可能性
对于这一研究结论，还有更好的解释吗？

然而，谢尔登没有考虑另一种解释：当他判断人们的性格特征时，他并没有对人们的体型视而不见，而且可能已经成为证实偏差的牺牲品。也许并不令人惊讶的是，经过严格控制的研究后发现，谢尔登的身体类型和性格特征之间的相关性很弱或不存在

（Deabler，Hartl，& Willis，1973；Lester，Kaminsky，& McGovern，1993）。

　　我们过去的经验中有一些固有的错误的测量方法，那么我们该如何从测量人格的方法中取其精华去其糟粕呢？评估所有的测验，包括人格测验，有两条关键的标准：信度和效度（见 2.2a）。信度指测量的一致性，效度指一个测试能够准确测量出所需要测量的事物的程度。我们也一直秉持这两条准则来评估两种主要的人格测量方法：结构化测验和投射测验。

人格结构测验

　　最著名的人格测验是**结构化人格测验**。心理学家有时也称其为"客观测验"，尽管这个说法有些误导。因为对结构化测验的反应通常仍然可以被测验人员解释。大多数结构化测验都是一种典型的纸笔测验，由一系列问题组成，被测者从固有的几个选项里选择其一。也就是只在"是""否"之间选择，或者从不同等级中选择，比如 1 指"完全正确"，2 指"有些正确"等等，直到 5 指"完全错误"。这些用数字表示的等级被称为"李克特"格式。结构化人格测验有几个优点：它们通常易于管理和评分，并且允许研究人员同时收集许多参与者的数据。

MMPI 和 MMPI-2：测量异常人格

　　明尼苏达多相人格测验即 MMPI（Hathaway & McKinley，1940），它在所有结构化人格测验中应用最为广泛。全世界的心理学家都普遍使用 MMPI 测量精神障碍的症状。MMPI 是在 20 世纪 40 年代早期由明尼苏达大学的心理学家斯塔克·哈撒韦（Starke Hathaway）和神经学家查恩利·麦金利（J. Charnley Mckinley）共同编制的，在 20 世纪 80 年代由詹姆斯·布彻（James Butcher）及其同事共同修订（Butcher et al.，1989），修订后的版本即 MMPI-2，它共包含 567 道"是 / 否"题。

　　MMPI 和 MMPI-2：建构和内容　MMPI-2 和 MMPI 一样都包括 10 个基本量表，其中大部分是测量精神障碍的，如妄想症、抑郁症和精神分裂症。哈撒韦和麦金利通过**测验建构的实证法**（或基于数据）编制了这些量表。通过这种方法，研究者首先筛选出两组或更多标准组，例如有特殊心理障碍的人和没有心理障碍的人，然后检验哪些测试项目可以最好地区分他们。如 MMPI 中抑郁量表的题目可以很好地区分临床抑郁症患者和非抑郁症患者。

　　使用测验建构的实证法的结果之一是 MMPI 和 MMPI-2 的许多题目的**表面效度**低。表面效度指参与者主观上认为测验测量了所要测量的心理特征的程度。在一个表面效度测试中，我们可以采用它的"表面值"来评估将要评估的对象。因为哈撒韦和麦金利只关心"是否"而不是"为什么"，MMPI 的题目根据标准组而编选，结果导致一些题目和他们想要测量的问题缺乏明显相关。下面从其他结构化人格测验中举一个表面效度低的例子："我认为新生儿看起来像小猴子。"你能猜测出这个测验题目所测量的人格特征吗？答案是关怀，即关心他人的意向，回答"是"反映的是低关怀，回答"否"反映的是高关怀，然而做这个测验的人中几乎没有人能猜测出来（Jackson，1971，p.238）。

　　研究人员无法就低表面效度是优势还是劣势达成一致。一些人认为，低表面效度的项目评估了性格的关键方面，这些因素很微妙，或者在参与者的意识之外（Meehl，1945）。此外，此类项目的优势在于，参与者很难作假。相比之下，其他研究人员认为这些项目并没有增加 MMPI 的诊断能力（Jackson，1971；Weed，

结构化人格测验（structured personality test）
包括一系列题目，测验对象从若干固定选项中选择其一完成作答。

明尼苏达多相人格测验（Minnesota Multiphasic Personality Inventory，MMPI）
广泛应用于测量精神障碍症状的结构化人格测验。

测验建构的实证法（empirical method of test construction）
一种建立测验的方法，研究者将参与者分成两组或更多标准组，以检验哪些项目可以更好地区分他们。

表面效度（face validity）
参与者认为测验所测的心理特征与实际测量的心理特征的一致性程度。

Ben-Porath，& Butcher，1990）。

MMPI-2 包括三个主要的效度量表。这些量表可以测量不同的反应定势，即歪曲问题答案的倾向。反应定势会降低心理测验的效度，它包括印象管理——我们看起来比真实的自己更好，以及诈病——故意使我们看起来心理异常。诈病量表也会有一些评估对微小错误的否认的项目（比如，我偶尔会生气）。如果你否认了很多这样的错误，很可能你要么（1）参与了印象管理，要么（2）是一个有希望成为圣徒的候选人。考虑到（1）比（2）更有可能，心理学家通常在诈病量表上使用分数来检测不诚实的倾向。F 量表包含一般人群很少赞同的项目（如"我大部分时间都在咳嗽"）。在 F 量表上得高分表明诈病，尽管它们也能反映出严重的心理障碍或在回答项目问题时的粗心大意。K（修正）量表由与 L 量表相似的项目组成，虽然比 L 量表得更微妙。这种量表衡量的是防御性或谨慎的回应（Graham，2011）。

如图 14.5 所示，心理学家用曲线绘制了 MMPI-2 十个量表的折线图，展示了每个量表得分的模式。尽管许多临床医师喜欢通过"目测"来解释 MMPI-2，但研究显示，简单的统计公式即使不比有经验的临床医师有效，至少也是有一定可信度的（Fokkema et al.，2015；Carb，1998；Goldberg，1969）。然而，这些发现不仅适用于 MMPI-2，而且适用于大多数

图14.5 | MMPI-2 的基本量表

MMPI 中 50 分是平均得分，65 分及 65 分以上则为异常。如图所示，这条折线在一些基本量表上的得分过高，包括 HS（疑病症）、D（抑郁症）、Hy（癔症）、Pt（神经衰弱）、Sc（精神分裂症）。

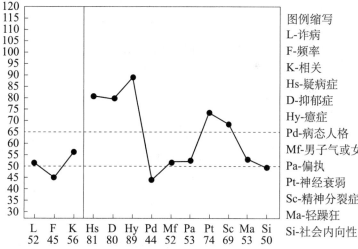

图例缩写
L-诈病
F-频率
K-相关
Hs-疑病症
D-抑郁症
Hy-癔症
Pd-病态人格
Mf-男子气或女子气
Pa-偏执
Pt-神经衰弱
Sc-精神分裂症
Ma-轻躁狂
Si-社会内向性

答案： 虚构。不同的面试官对受访者的印象往往不一致（McDaniel et al.，1994；Weisner & Cronshaw，1988）。此外，非结构化面试的预测效度往往较低。大多数面试官都相信，这样的面试对于推断人的性格来说是非常有效的，但他们错了（Dana，Dawes，& Peterson，2013）。

甚至是所有的人格测验，但似乎对临床实践没有产生明显的影响（Dawes，Faust，& Meehl，1989；Vrieze & Grove，2009）。

对 MMPI 和 MMPI-2 的科学性评价　大部分研究都肯定了 MMPI-2 的多数量表在辨别精神障碍方面的信度和效度（Graham，2011；Greene，2000；Nichols，2011）。例如，MMPI-2 中的精神分裂量表可以从患有其他严重心理障碍如临床抑郁症的病人中区分出精神分裂症患者（Walters & Greene，1988）。

不过，MMPI-2 也存在问题，因为许多量表之间的高相关度，使它们在很大程度上彼此重复（Helmes & Reddon，1993）。可能是因为它们都被广泛的情绪失调所影响。因此，几个 MMPI-2 量表在很大程度上测量的是同一件事，即总体心理压力和情绪低落。为了将这一缺陷最小化，一些研究人员最近开发了一个更简短的、"重组"的 MMPI-2 版本，其中包含与该维度更独立的标准（Ben-Porath & Tellegen，2008）。尽管现在说这个版本是否会比已有版本有所改进还为时过早，但为重组的 MMPI-2 版本的有效性提供证据是有希望的（Sellbom，2016）。此外，心理学家不能单独使用 MMPI-2 量表对精神分裂症或临床抑郁症等精神疾病进行正式诊断，因为这些量表的高分并不针对某一种疾病。然而，在日常实践中，临床医生有时会为了这个目的滥用这些量表（Graham，2011）。

CPI：MMPI 的简化

MMPI 的另一个产物是加州心理量表（CPI；Gough，1957），有时被称为"普通人的 MMPI"。与 MMPI 一样，CPI 也是根据经验构建的。与 MMPI 不同的是，CPI 主要用于评估正常范围内的人格特质，如支配性、灵活性和社交能力，这使得它在大学咨询中心和咨询行业成为一种流行的衡量标准。大多数 CPI 的标准随着时间的推移变得相当可靠，并且能有效评估人格特质，例如，CPI 评分与室友如何看待他们呈中等程度相关（Ashton & Goldberg，1973），并且 CPI 评分还与大五人格有关（McCrae，Costa，& Piedmont，1993）。尽管如此，CPI 还是继承了 MMPI 的一些缺点。特别是，许多 CPI 尺度是高度相关的，并在很大程度上是冗余的（Megargee，1972）。

理性／理论上建构的测验

心理学家已经使用**测验建构的理性／理论方法**发展了许多结构化人格测验。相比于实证法，这种方法要求测验编制者对一个人的人格特征有明确的概念，然后编写测验题目。保罗·科斯塔和罗伯特·麦克雷（Costa & McCrae，1992）使用一种理性的理论方法来开发 NEO（NEO-PI-R）人格问卷，一种可以广泛测量的大五人格问卷。NEO-PI-R 在大量研究中显示出令人印象深刻的有效性（Gaughan，Miller，& Lynam，2012）。例如，NEO-PI-R 尽责性量表的得分与冒险程度呈负相关，而 NEO-PI-R 亲和性量表的得分与身体攻击性程度呈负相关（Trull et al.，1995）。

迈尔斯－布里格斯（Myers-Briggs）类型指标（MBTI）可能是世界上应用最广泛的人格测验。每年它都会被引用几百万次，仅在美国就有数以千计的公司使用 MBTI，其中包括世界 100 强中的 89 家企业（Paul，2004）。即使是哈利波特，他在魔法学校的测评也是基于 MBTI 的性格分类法。MBTI 以荣格的理论为基础，把人的性格分为 4 个维度 16 种类型：内倾－外倾、感觉－直觉、思考－情感、判断－感知。尽管据称 MBTI 在预测工作表现和满意度上是有用的，但是研究者越来越质疑它的信度和效度。许多参与者几个月后再进行 MBTI 测试的结果和原来的并不一致，表明该测试具有较低的重测信度，而且 MBTI 的得分与大五人格或职业测评也

测验建构的理性／理论方法
（rational/theoretical method of test construction）
编制测验的一种方法，要求从一个特质的明确概念入手编制测验，随后编写项目去评估这些概念。

不相符，表明该测试的效度值得怀疑（Costa & McCrae，1998；Hunsley，Lee，& Wood，2003；Pittenger，2005）。

投射测验

投射测验要求参与者解释很多模糊的刺激，如墨迹、社交情境描绘或不完整的句子。如果你曾经仰望天空的云朵构想它们的形状，你就已经对投射测验有过直接感受了。

受人格精神分析观点（Westen，Feit，& Zittel，1999）尤其是弗洛伊德的投射概念的影响，这种技术基于一个关键的前提：**投射假说**（Frank，1948）。该假说认为，在解释模糊刺激的时候，人们不可避免地将他们人格的某些方面投射到刺激上；反过来，分析者也可以根据人们的回答找到涉及其人格特质的线索。与结构化人格测验相比，投射测验允许测试对象的回答有一定自由性。

投射测验的支持者们把它看作心理学家"武器库"中的"秘密武器"，目的是避开测验对象的防御机制（Dosajh，1966）。投射测验是心理学所有测验工具最受争议的工具中之一，主要是其信度和效度存在争议（Hunsley & Bailey，1999；Lilienfeld，1999b；Lilienfeld，Wood，& Garb，2001）。

罗夏墨迹测验：这可能是什么？

一种投射技术，即罗森茨威格图片挫折研究（Rosenzweig Picture Frustration Study，由已故美国心理学家罗森茨威格发展的。）试图通过提问参与者对能引发敌意的模棱两可的卡通图画情景的反应来测查他们的攻击性。这幅图描绘了一个从测量中调整的项目。这项测验得到了一些有效性研究的支持，并在 1971 年的未来主义电影《发条橙》的结尾出现过。

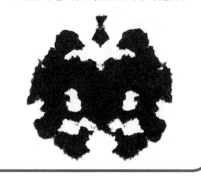

图14.6 **与罗夏测验相似的墨迹图**

虽然被广泛使用，但罗夏测验似乎并没有拥有它的支持者所认为的魔力。

最广为人知的投射测验是**罗夏墨迹测验**，它由瑞士精神病学家赫尔曼·罗夏（Hermann Rorschach）于 20 世纪 20 年代早期开创。众所周知，罗夏墨迹测验包括 10 张卡片，每张卡片都有对称的墨迹，其中 5 张黑白，5 张彩色（见图14.6）。它是应用最为广泛的人格测验方法之一（Watkins et al.，1995），平均每年被使用600 万次（Sutherland，1992；Wood et al.，2000）。

罗夏墨迹测验：得分和解释 罗夏测验的考官要求参与者看每一个墨迹，并说出它们的相似之处。然后，考官们会根据与人格特质相关的众多特征，对参与者的答案进行打分。例如，专注于墨迹中的小细节的人可能有强迫性倾向，在墨迹中对颜色作出反应的人可能是感性的，在反射中看到墨迹的人倾向于自恋（以自我为中心；见表14.7）。许多这样的解释都有一定的表面合理性，这在一定程度上解释了罗夏的受欢迎程度。

对于罗夏墨迹测验的科学性评价 尽管罗夏墨迹测验被广泛使用，但它在科学依据上依旧存有争议。其重测信度未知且评分者信度——不同的人对测试的评

投射测验（projective test）
由一系列需要参与者加以解释的模糊刺激组成的一种人格测验。

投射假说
（projective hypothesis）
认为在解释模糊刺激时，参与者将人格的某些方面投射到刺激上的一种假说。

罗夏墨迹测验
（Rorschach Inkblot Test）
由 10 张对称的墨迹所构成的投射测验。

解剖细节娃娃（也称为"解剖正确的"娃娃）是一种流行的投射装置。许多调查人员和社会工作者试图通过观察孩子们自由地玩洋娃娃来推断孩子们是否受到了性虐待。然而，从这些设备中得出的结论导致了许多错误的识别，因为许多未受虐待的儿童参与了性玩偶游戏（Hunsley, Lee, & Wood, 2003）。

表14.7　四种广泛使用的罗夏测验分数以及样例及其对应解释

这些样本反应基于图 14.6 的罗夏墨迹。

分数	回答的范例	典型的解释
成对反应	"我看见两只狗在互相看对方。"	自我中心
异常的细节反应	"在污点的最上面，我看到一个心形的小东西。"	强迫性倾向
空间反应	"中下部的白色区域看起来有点像外星人的头部。"	反叛、愤怒
人体运动反应	"污点的右上角看起来像一个人把头向前弯着。"	冲动控制、抑制

分是一致的——也存有问题（Lilienfeld et al., 2001；Sultan et al., 2006；Wood & Lilienfeld, 1999）。虽然心理学家经常用罗夏墨迹测验作精神病分析诊断，但几乎没有证据表明它可以有效地测量各种心理障碍特征，如情绪、焦虑、人格障碍（Wood et al., 2000）或与犯罪和行为有关的特征（Wood et al., 2010）。罗夏墨迹测验的低效度的唯一例外是异常的思维，如精神分裂症和双相情感障碍（Mihura et al., 2012；Wood et al., 2015）。也就是说，当我们把罗夏墨迹测验作为一种衡量思维的尺度，并考察人们的反应与现实的偏离程度时，它的有效性是有限的。

罗夏测验分数和大多数人特质（如冲动、对立主义、自恋或焦虑倾向）之间也没有重复的联系（Wood, Nezworski, & Stejskal, 1996）。也有证据表明，受访者可以成功地伪造精神分裂症、抑郁症或者其他疾病（Schretlen, 1997）。这是一个特殊的问题，因为与 MMPI-2 相比，罗夏并没有通过一定的尺度来测量诈病。

可重复性
其他人的研究也会得出类似的结论吗？

也许罗夏测验的最大缺点是缺乏证据来证明它的增益效度。**增益效度**指的是一个测试在其他更容易收集的措施之外提供信息的程度（Sechrest, 1963）。考虑到罗夏测验需要很长的时间来管理（通常是 45 分钟），甚至是更长的时间来解释（一个半到两小时；Ball, Archer, & Imhoff, 1994），我们希望它能提供我们无法从更有效的措施中收集到的信息。然而，除了少数例外，没有证据表明罗夏墨迹测验除了更容易收集的数据，如生命史信息或 MMPI（Lilienfeld et al., 2001）之外，还具有增益效度。事实上，将罗夏墨迹加入其他的测量方法中，有时可能会降低临床医生诊断判断的有效性（Garb, 1984；Garb et al., 2005），这可能是因为一些临床医生过于关注无效的罗夏墨迹信息，而忽略了更多的有效信息。

增益效度（incremental validity）
在某种程度上，一个测试提供的信息超过了其他方式收集的信息。

主题统觉测验
（Thematic Apperception Test, TAT）
要求参与者用意义模糊的图片讲故事的一种投射测验。

主题统觉测验：讲述故事

另一个被广泛应用的投射测验是**主题统觉测验（TAT）**，设计者为亨利·默瑞和他的学生克里斯蒂娜·摩根（Morgan & Murray, 1935）。主题统觉测验由 31 张描绘模糊情境的卡片构成，它们大多数与人际关系相关

（见图 14.7）。其中一张卡片最模糊：它完全是黑的。我们可以将主题统觉测验看作"讲故事"测验，因为参与者要根据每一张卡片编造一个故事。大多数临床心理学家运用"印象主义"去解释 TAT，即他们察看参与者的故事内容，然后仅凭临床经验和直觉分析故事（Vane，1981）。

尽管一些研究者不认同（Karon，2000），但确实没有证据表明仅凭大致印象来解释主题统觉测验具有充分的信度和效度（Ryan，1985）。源于主题统觉测验量表的得分常常并不能辨别精神病患者如抑郁症和非抑郁症患者，也不能直接预测人格特质间的相关性（Lilienfeld，1999b），也没有多少证据表明 TAT 分数具有增益效度之外——如 MMPI——的其他的信息来源（Garb，1984；Lilienfeld et al.，2001）。

图14.7 ｜ **主题统觉测验（TAT）的范例**

主题统觉测验（TAT）31 张卡片中的一张。

TAT 卡片测试中有一个具有发展前景的评分系统，它使用类似于 TAT 中测量成就动机的卡片（McClelland et al.，1953；见 11.4a）。运用这一方法，心理学家们基于参与者描述的故事所着重成就的主题，例如追求学术或事业上的成就，来对参与者的回答进行相应的打分。与大多数 TAT 计分方法不同，成就 TAT 测验至少具备一些信度：将参与者的工作成就和收入联系起来，尽管这一相关在大多数情况下非常低（Spangler，1992）。TAT 也适用于有效地评估一种被心理学家称作"知觉关系"的事物，如人们是否看到别人有益的或有害的一面（Ackerman et al.，2001；Westen，1991）。

人形绘画

另一种流行的投射测验是人形绘画，比如画人测试（DAP；Machover，1949）。它要求测试对象以他们所想的任意方式画一个或多个人（Malchiodi，2012）。许多应用这种测验的临床心理学家通过分析特殊的绘画图像元素来分析测试对象（Chapman & Chapman，1967；Smith & Dumont，1995）。例如，描画中的大眼睛可能反映出猜疑，而生殖器则可能反映出测试对象的性欲。

然而，人形描绘和人格特征之间几乎不存在关联（Kahill，1984；Motta，Little，& Tobin，1993；Swenson，1968）。也没有太多的证据表明，自诩为人形绘画专家的人在推断性格特征方面比我们其他人强得多。在一项研究中（Levenberg，1975），一项广泛使用的图形绘制测试的开发人员在使用该测试来区分心理障碍儿童和健康儿童时，其准确性明显低于医院秘书——这些秘书从未接受过使用该测试的培训。测试开发人员的表现甚至比随机情况还要差。此外，由于人们在不同的场合往往产生明显不同的绘画特征，这些特征的重测信度往往较低（Thomas & Jolley，1998）。可能最大的问题还在于测试对象的绘画能力会影响其在人形绘画测验中的结果。研究表明，有些人仅仅是因为绘画能力差就可能会被诊断为心理异常（Cressen，1975；Lilienfeld et al.，2000）。

笔迹学

最后一个广泛使用的投射技术是**笔迹学**——笔迹的心理解释，这是一项历史悠久的技术（Schäfer，2016；见图 14.8）。美国和国外的许多公司都使用笔迹学来检测潜在员工是否有不诚实的行为（Beyerstein & Beyerstein，1992）。"笔迹疗法"的支持者甚至声称通过改变人们的笔迹来治疗心理疾病（Beyerstein，1996）。

笔迹学家使用的许多手写符号严重依赖于代表性启发（见 8.1a）。因为某些笔迹

笔迹学（graphology）
笔迹的心理解释。

与某些特征表面上有相似之处，笔迹学家就认为它们是相辅相成的。例如，一些笔迹学家认为那些用小鞭子一样的线将"ts"画掉的人是个虐待狂（Carroll, 2003）。

然而，图形解释的可靠性几乎总是很低。刘易斯·戈德堡（Goldberg, 1986）向专业笔迹学家展示了一个人的笔迹，但告诉他们，笔迹是出自不同的人。每当笔迹学家认为笔迹出自另一个人之手时，他们对笔迹的解释就会发生变化。其他细致进行的研究发现，手写符号与性格特征或工作表现几乎没有相关性（Ben-Shakhar et al., 1986; Klimoski, 1992）。一些调查（Drory, 1986）表明，某些笔迹指标是工作成功的有效预测因素，但这些研究存在缺陷，因为研究人员要求参与者写简短的自传。因此，笔迹学家的解释可能是基于参与者的自传内容，而不是基于参与者的笔迹（Hines, 2003）。为了排除这种混淆，研究人员要求参与者写出相同的段落。

> **排除其他假设的可能性**
> 对于这一研究结论，还有更好的解释吗？

图14.8　笔迹样本

笔迹学家通常在很大程度上依赖于代表性启发。一位专业笔迹学家分析了2016年总统大选两位主要候选人的笔迹。她的结论是，唐纳德·特朗普（上图）的信中没有曲线，反映出温柔和教养的缺乏以及对权力的渴望，而希拉里·克林顿（下图）的信中始终保持垂直的性质，反映出一种高度控制和知性。

当他们这样做的时候，图形学解释的有效性已经下降到零。

人格测量中易犯的错误

设想一下，作为基础心理学课程研究的一部分，你刚完成一份结构化人格测验，比如MMPI-2。当研究助手把你的数据输入电脑中，你焦急而迫切地等着，然后看到电脑上出现如下的人格描述：

> 你的一些希望和梦想相当不切实际。你有很多尚未开发的潜力，但你还未把它们转化成你的优势。虽然有时你很喜欢同人交往，但你注重自己的隐私。你主张自立，不喜欢被一些规则和限制所束缚。你有自己的思想，因此不会随便接受他人的意见。有时，你会很怀疑自己所做的决定或正在做的事是否正确。尽管心存迷惑，但你还是很坚定，当别人遇到麻烦时可以依靠你。

读过这些描述后，你转向那位助手，带着惊讶和畏惧的声音大叫道："这描述完全符合我，它完全说中了！"

但是这背后是有隐情的。研究助手提供给你的描述并不是根据你的测试成绩而得出的结果！相反，这段描述与之前100个参与者看到的一样。你不过是一场骗局的受害者。上述例子正印证了保罗·米尔（Meehl, 1956）以马戏团艺人巴纳姆而命名的巴纳姆效应。巴纳姆曾说过："我想让每一个人看到自己喜欢的节目。"

巴纳姆效应
（P. T. Barnum effect）
人们倾向于接受对几乎每个人都适用的描述。

巴纳姆效应：危险的个人验证

巴纳姆效应是指人们倾向于接受几乎适用于所有人的描述（Rosen, 2015）。这一效应表明，个人验证——对准确性的主观判断的使用（Forer, 1949）——是一种有缺陷的评估测试有效性的方法。我们可能会认为某一人格测验的结果与自己十分吻合，但这并不意味着该测验是有依据的。

巴纳姆效应有助于我们理解占星术、看手相以及用水晶球和塔罗牌预知未来等方法的盛行。尽管它们被广泛使用，但并没有什么证据可以证明其效度（Hines，2003；Park，1982）。人们特别容易接受巴纳姆效应的描述，因为他们认为这是专门为他们量身定做的（Snyder，Shenkel，& Lowery，1977）。这一发现可能有助于解释为什么占星术——指明一个人出生的确切年份、月份、日期，偶尔也包括时间——通常如此令人信服。

在巴纳姆效应的图解中，苏珊·布莱克莫尔（Blackmore，1983）发现，客户从其他九种情况中选出他们自己的塔罗牌读数无法高于随机水平，然而，当塔罗牌的解读者在面对面向人们提供他们的解读时，人们发现这些解读极其准确，因为每次解读都包含对每个人都适用的一般性陈述，所以只听过一次解读的客户会觉得它可信。

这个原则同样适用于占星术。人们从他人那里获知的星座信息并没有高于随机水平（Dean，1987）。虽然当人们从报纸上阅读关于自己星座的信息时，常常会觉得报纸上所说的与自己的实际十分符合。这种奇怪的不一致现象，原因之一可能是人们倾向于只读自己的星座运势，而不关心其他星座。如果他们再多点心，读完 12 个星座，他们可能就会明白大部分甚至所有的星座都与他们相符。尽管占星术做了特别声明，即它可以近乎完美地准确占卜每个人的特征，但并没有有力的证据支持它。

特别声明
这类证据可信吗?

塔罗牌、水晶球、看手相以及一些类似的方法如此盛行，主要是因为人们深受巴纳姆效应的影响。

巴纳姆效应还可以欺骗心理学家，让他们相信某些特征描述了特定的人群，即使他们并不这样认为（Lilienfeld，Garb，& Wood，2012）。许多大众心理学家声称，酗酒的成年子女（ACOA）表现出独特的个性特征。ACOA 被认为是完美主义者，关心他人的认可，过度保护他人，并倾向于隐藏自己的情感。但是当三位研究人员（Logue，Sher，& Frensch，1992）对 ACOA 和非 ACOA 进行了一份问卷调查，问卷中包含了假定的 ACOA 特征（比如"你有时会表现出一个正面形象，隐藏自己的真实感受"）时，他们发现两组之间没有显著差异。两组人都找到了很适用于他们的假设的 ACOA 语句，而且几乎和一组巴纳姆效应的语句一样好。由于这些特征在普通人群中非常普遍，所以人们普遍接受 ACOA 的人格特征可能是由于巴纳姆效应。

日志提示

看看最近的报纸或网上的星座运势。这个星座运势对你来说是相关的吗？如果是，为什么；如果不是，也请谈谈原因。现在来看另一个不同的星座运势。这个星座的星座运势对你来说是否不那么相关？运用巴纳姆效应来解释一下这两个星座似乎都与你有关的原因。

对人格测量的科学性评价

人格测量有助于心理学家区分正常或异常的人格特征，帮助他们预测现实世界的重要行为。而且，心理学家已经成功地发展了一些人格测验方法，特别是结构化人格测验，具有较好的信度和效度。不过有研究表明，一些投射技术可以达到令人满意的信度和效度。例如句子完形测验，它要求参与者完成句子主干空缺的部分（例如："我的爸爸是……"），它可以预测犯罪、道德发展及其他重要的人格特征（Cohn & Westenberg，2004；Loevinger，1987；Westenberg，Blasi，& Cohn，2013）。

虽然心理学家在人格测量方面已经取得很多令人瞩目的进步，但为什么许多人还在继续使用那些缺乏科学支持的方法（Lilienfeld et al.，2001）？特别是一些临床医生还在运用迈尔斯 – 布里斯类型指标和投射测验，如罗夏墨迹测验、主题统觉测验和人形绘画，这些在大多数的预期中信度和效度都存在质疑的测试？

答案是，他们和我们一样，在思维上也容易犯同样的错误（Lilienfeld，Wood，& Garb，2007）。其中一个错误是虚假相关，即感知到变量之间不存在的统计学上的联系（Eder，Fiedler，& Hamm-Eder，2011；Wiemer & Pauli，2016；见 2.2b）。虚假相关是海市蜃楼，它让我们看到了在两个变量之间的不存在的关系。

✳ 心理学谬论

犯罪侧写有效吗？

犯罪侧写盛行的部分原因是巴纳姆效应，这种技术在 1991 年电影《沉默的羔羊》以及著名的电视节目比如《犯罪心理》《法律与秩序》中得以呈现。联邦调查局和其他执法机关的犯罪侧写师主张从罪犯的犯罪模式推测出其人格特征和犯罪动机。

的确，我们常常能幸运地猜中罪犯的一些人格特征。如果我们正在调查一个杀人犯，通过犯罪侧写自然要比抛硬币来猜测凶手的年龄是否处于 15 岁至 25 岁（大多数谋杀犯是青少年和年轻人），以及他是否有心理问题（大多数杀人犯有心理问题）更可靠。但是犯罪侧写师意欲超越那些广泛应用的统计资料。他们往往宣称自己拥有很好的专业知识，并且有着优于统计方法的累积多年的经验。

然而，有时候他们的推测正印证了巴纳姆效应。在 2002 年秋天，由于有狙击手疯狂射击汽油站和停车场，华盛顿特区陷入一片混乱，一个前任的联邦调查局侧写师推测该狙击手应该是一个"自我中心"、喜欢"泄愤"于他人的人（Kleinfield & Goode，2002）——很明显这些推测

普通人也可以做到。

事实上，有研究表明警察并不能分辨真犯罪侧写和由含糊的、大众化的人格特征（比如"他有很严重的敌视倾向"）构成的伪犯罪侧写。这一发现证实了这一狭隘的假说，即侧写师往往仅仅用巴纳姆效应式的陈述推测描述罪犯（Alison，Smith，& Morgan，2003；Gladwell，2007）。而且，尽管一些研究发现在分辨犯罪嫌疑人时，侧写师有时候比未经过专业训练的人表现得更好，但是另一些研究却发现在判断杀人犯的人格特征时，专业的侧写师并不比未经过犯罪学专业训练的大学生更精确（Homant & Kennedy，1998；Snook et al.，2008）。更值得关注的是，缺乏具有说服力的证据证明犯罪侧写比拥有案犯全部心理特征的统计方法更好。

犯罪侧写可能很大程度上更像是颇有趣味的坊间传闻而不是由科学去证实的技术。然而传统思想是根深蒂固的，联邦调查局和其他一些刑事组织仍在培训全职的犯罪侧写师。

评价观点　在线人格测试

互联网上提供了大量的人格测试，包括声称可以根据你的面部特征、颜色偏好或对单词联想测试的反应来识别你的人格的测试。有些人甚至声称根据你对电影、虚构人物、名人或动物的偏好来"诊断"你的人格。

在查看你的脸书个人资料时，你注意到一则"即时人格资料"的广告。广告是这样说的："看看上面15 种动物的照片。利用 5 分钟时间将它们排序，其中第 1 种是你最喜欢的动物，第 15 种是你最不喜欢的。不要想太多，跟着感觉走。然后，只需支付 3 美元的费用，我们就将为您提供一个高度准确、真实的人格档案！它会告诉你几乎所有你需要知道的关于你真正是谁的事情。我们咨询了 5 位治疗师，他们一致认为这份档案适合他们所有人。更重要的是，我们的测试在所有用户中有 92.3% 的满意率！"

科学的怀疑论要求我们以开放的心态评估所有的主张，但在接受之前一定要坚持有说服力的证据。科学思维的原理如何帮助我们评估这种人格测试的有效性？

当你评估这一主张时，考虑一下科学思维的六大原则是如何运用的。

1. 排除其他假设的可能性

对于这一研究结论，还有更好的解释吗？

绝对不会。即时人格资料用户的高满意率可能在很大程度上或完全归功于巴纳姆效应。客户可能会对结果感到满意，因为它们适合所有人，并告诉他们想听的话（例如，"你是一个很有潜力的好人！""不管你现在正在经历什么样的挣扎，你最终都会幸福的。"）。治疗师声称该资料适合他们的客户，也可能是同样的情况。此外，我们无法知道这 5 名治疗师有多大的代表性。

2. 相关还是因果

我们能确信 A 是 B 的原因吗？

这个原则与所描述的场景并不特别相关。

3. 可证伪性

这种观点能被反驳吗？

是的，有关测试有效的说法是可证伪的。如果独立研究人员发现测试结果与其他人格测试结果不相关，或不能预测出任何有意义的行为，这将驳斥该测试对检测人格有效的断言。

4. 可重复性

其他人的研究也会得出类似的结论吗？

从广告中描述的情况来看，没有任何证据表明该测试的有效性在任何系统研究中得到过检验，更不用说其有效性的证据已经在独立调查中得到了重复。

5. 特别声明

这类证据可信吗？

一项测试仅通过检测一个人的动物偏好就能检测出一系列广泛的人格特征，这种说法相当引人注目，但广告并没有提供令人信服的理由来让人们接受这一说法。

6. 奥卡姆剃刀原理

这种简单的解释符合事实吗？

正如我们所注意到的，假设测试在用户中非常流行是由于巴纳姆效应而不是测试的有效性会更为简单。

总结

这种人格测试是你在网上可以找到的许多测试的典型代表。它提出了在短时间内检测出人格特征的宏大主张，而且通常只需要很少的信息。考虑到人格特质是极其复杂和多方面的，我们应该怀疑我们是否能够通过极其简单的测试来发现它们。当测试项目不直接测试人格时，我们尤其应该怀疑。我们对动物的偏好很可能反映了与我们根深蒂固的人格特质密切相关的我们的生活经历（比如我们是否和宠物一起长大，如果是的话，是哪种宠物）。

洛伦和吉恩·查普曼（Loren & Chapman，1967）向大学生们展示了一系列虚构的包含某些身体特征（如大眼睛和大生殖器）的人类图像，并指出了每幅画的创作者的人格特质（如偏执和过度关注性）。然后，他们要求参与者评估这些身体特征与人格特质在画面中所体现的程度。因为参与者不知道研究人员把这两者配对，所以绘画特征与人格特质两者之间没有相关性。

然而，学生们始终认为某些绘画特征与某些人格特质有关。有趣的是，经验丰富的临床医生也倾向于认为某些绘画特征与某些人格特质有关，而研究表明这些特质是无效的（Kahill，1984）。例如，学生们错误地报告说，画大眼睛的人往往偏执，画大生殖器的人往往过分关注性。

像笔迹学家一样，在查普曼研究中的学生可能依赖于代表性启发：喜欢与喜欢相伴（Kahneman，2011）。结果，他们被愚弄了，因为表面上看起来相似的东西在现实生活中并不总是一致的。这些学生可能还依赖于可得性启发（见 8.1b），即回忆那些与所画符号相对应的人格特质的案例，而忘记那些不对应的案例。临床医生和我们一样只是凡人，也很容易成为这些启发的受害者，这也许可以解释为什么他们中的一些人相信某些人格测试比科学证据显示得更有效。

这些思维上的常见错误让我们想起了一个贯穿本书始终的主题：个人经验虽然有助于生成假设，但在测试假设时可能会产生误导。但这里也有好消息。

科学方法是防止人类错误的基本保障，它可以让我们决定是应该相信自己的个人经验，还是应该无视它而支持相反的证据。这样，这些方法可以帮助我们降低出错的风险，帮助我们更好地衡量和理解人格。

总结：人格

14.1　人格：什么是人格，我们如何研究人格？

14.1a　双生子和收养研究如何阐释遗传和环境对人格的影响。

双生子以及收养研究表明许多成年人的人格特质受遗传及非共享环境影响，而不是受共享环境的影响。

14.2　精神分析理论：弗洛伊德理论的争议和他的追随者们

14.2a　阐述精神分析人格理论的核心假设。

弗洛伊德的精神分析理论依托于三个核心假设：心灵决定论、符号意义、无意识动机。在弗洛伊德看来，人格由本我、自我、超我三者之间的内在活动所形成，自我受到外在威胁时便发展出了防御机制。弗洛伊德划分的五个性心理阶段包括：口唇期、肛门期、性器期、潜伏期、生殖期。

14.2b　阐述对精神分析人格理论的主要评判和新弗洛伊德理论的中心特征。

精神分析理论因不可证伪性、失败的预测、对于无意识概念的质疑、缺乏证据以及对共享环境影响的错误假设而备受批评。新弗洛伊德主义者和弗洛伊德一样强调无意识的影响和生命初期的重要性，但与后者相比更少地强调性是人格形成的驱动力。

14.3　行为主义和社会学习的人格理论

14.3a　了解行为主义人格理论和社会学习人格理论的核心假设。

在激进行为主义看来，人格受两种因素的影响：遗传因素和环境中的突发事件。激进行为主义者像精神分析学家那样坚持无意识加工观点，但他们却否认无意识的存在。社会学习人格理论的主要假设不同于激进行为主义。社会学习人格理论认为思维对人格具有动因作用，并且观察学习和榜样在人格形成中扮演着重要的角色。

14.3b 了解行为主义人格理论和社会学习人格理论的主要评判。

批评指出，激进行为主义对于人格起因的研究尚不够深入。社会学习人格理论认为观察学习在人格中起到关键作用，而共享环境对于人格的影响则很小。

14.4 人格的人本主义模型：第三力量

14.4a 解释自我实现的概念及其在人本主义模型中的作用。

绝大多数人本主义心理学家认为，自我实现是人格形成的主动力。卡尔·罗杰斯认为病态的行为是由阻碍自我实现的价值条件化所引起的。马斯洛认为自我实现的个体具有创造性、自觉性、接纳性。

14.4b 描述人本主义人格理论的主要批评。

对人本主义模型的批评指责其对人性的看法过于简单，先进的理论是不会犯这样的错误的。

14.5 人格的特质模型：行为的构成

14.5a 描述人格特质模型，包括大五人格模型。

特质理论采用因素分析来划分不同的人格特质组以及各组之间的相关性。这些特质组往往对应着更广泛的特质，如宜人性和外倾性。

一个很有影响力的人格模型是大五人格，它预测了现实生活中很多重要的方面，包括工作表现。然而，大五人格可能被限制为人格结构的模型，因为人们可能没有意识到所有重要的人格特征。

14.5b 确定特质模型的主要批评。

在 20 世纪 60 年代末，沃尔特·米歇尔指出，人格特质很少能准确预测孤立的行为。后来的研究证实了他的说法，但表明人格特质往往有助于预测长期的行为趋势。

一些人格结构模型包括大五人格，更多的是趋向于解释而不是探索。

14.6 人格测量：测量及心理测量的误区

14.6a 描述自陈式人格测验（尤其是 MMPI-2）及其编制方法。

结构化人格测验包含了一系列问题，人们可以从固定的答案中选择。一些结构化人格测验是以实证标准为依据编制的，另一些是在理论的基础上编制而成的。

14.6b 描述投射测验尤其是罗夏墨迹测验及其优缺点。

投射测验包含一系列要求参与者描述的模糊刺激。许多投射测验缺乏信度和效度。

14.6c 识别在人格评估中常见的陷阱。

人格评估中有两个常见的误区。巴纳姆效应和虚假相关。需要运用科学的方法来防范人类犯以上错误。

第 15 章　心理障碍

当适应出现问题

学习目标

质疑你的假设

互动

精神疾病诊断仅仅是不良行为的标签吗？

精神错乱辩护通常不成功吗？

几乎所有企图自杀的人都想死吗？

精神分裂症与多重人格障碍不同吗？

大多数精神疾病患者都有暴力倾向吗？

玛莎是一位被诊断患有抑郁症的中年亚裔妇女。她抑郁的心情给她的饮食和睡眠习惯造成了严重的影响，以至于"几乎不吃不睡"。即使在吃东西的时候，她也没有兴致，无法品尝她喜欢的食物。她精力衰竭，身体虚弱，手臂和骨头也出现了颤抖现象。

大卫，一个 30 多岁的白人，被诊断患有强迫症。他觉得有必要做一些重复性的行为，而他这么做除了暂时缓解他的焦虑和不确定感之外，没有别的目的。例如，他可以锁住自己家的前门，然后走开，毫无问题。但如果他锁的是别人家的前门，情况就完全不同了。有时，他会反复地锁 20 次门来确保门是锁上的。他甚至为确信门关得很牢，把钥匙都在锁眼里弄断了。不幸的是，他的缓解只是短暂的。

拉里，一个 40 岁出头的白人，被诊断患有精神分裂症。他说话声音平缓，流露出的感情很少，他讲话时常停顿。他偶尔听到自己脑中的声音，并且自言自语。他的这些声音就像是他的伙伴，其中有一些是虚幻的，有一些不是。他很小的时候就出现了精神错乱的现象。他画了一些虚构的棒球运动员的图，并给每个人都起了名字。尽管这种对棒球和智力游戏的热爱对一个孩子来说可能并不罕见，但它却为日后生活中更为严重的问题蒙上了阴影。这些问题让拉里混淆了现实与幻想。

这些只是我们在这一章中会遇到的一些精神障碍的例子。我们将从历史上和现在的角度探讨心理学家如何定义和诊断精神疾病，还将描述心理障碍的症状，并讨论研究人员在理解精神疾病的原因方面所做的日益复杂的努力。

15.1 精神疾病的概念：昨天和今天

15.1a 掌握精神障碍界定的标准。

15.1b 从历史和文化的角度描述精神疾病的概念。

15.1c 掌握对精神疾病诊断的误解以及现行诊断系统的优点和缺陷。

这些简短的概述对这三个人极其丰富和复杂的生活并没有做出判断，但是它们让我们对精神病理学或精神病学的广泛范围有了一定的了解。但是玛莎、大卫和拉里有什么共同之处呢？换句话说，心理异常与心理正常有什么区别？

什么是精神疾病？—— 一个看似复杂的问题

这个问题的答案并不像我们想象的那么简单，因为精神疾病的概念并没有清晰的权威定义（McNally，2011）。心理学家和精神疾病专家历时多年，提出了很多界定精神障碍的标准，我们将会在这里介绍其中的五项。每项标准都抓住了精神障碍的一些重要特征，但也有各自的缺点（Gorenstein，1984；Wakefield，1992）。

罕见病症统计

许多精神障碍，如精神分裂症，在人群中是罕见的。但是我们不能依靠罕见病症统计来定义精神障碍，因为不是所有的罕见情况都是病态的，如非凡的创造力；许多精神障碍（如轻度抑郁症）则是相当普遍（Kendell，1975）。

主观痛苦

大多数精神障碍，包括心境障碍和焦虑障碍，都能给被其困扰的个体带来情绪上的痛苦。但是，并非所有的精神障碍都会带来痛苦。例如，在双相障碍的躁狂阶段，人们往往觉得自己比正常情况要好，并且坚信他们的行为没有错。同样，许多有反社会人格障碍的成年人比常人的痛苦少。

损害

大多数精神障碍干扰了人们的正常生活。这些障碍可能会破坏婚姻、友谊、工作。但由于某些情况（比如懒惰）会产生损害，而不是精神障碍，因此损害本身不能用来定义精神疾病。

社会不满

将近50年前，精神病学家托马斯·萨斯（Szasz，1960）认为"精神疾病是一个谜"，而"精神障碍"只不过是一种社会不认同的情况。他甚至提出，心理学家和精神科医生把诊断作为控制武器，通过将他们反感的行为贴上负面标签使患者对号入座。萨斯的观点既有可取之处，也有不对的地方。可取之处在于，他认为我们对待这些严重精神疾病患者的消极态度不仅被广泛地传播而且还根深蒂固；另外，整个社会的态度限制了我们对心理异常的看法。

的确，精神病诊断常常反映了时代的观点。几个世纪以来，一些精神科医生用手淫精神错乱的诊断来描述那些被强迫性手淫折磨得发疯的人（Hare，1962）。同性恋被归为精神疾病，直到1973年美国精神医学学会的成员投票将其从疾病列表中移除（Bayer，1981；见第11章）。随着社会对同性恋的接受程度越来越高，心理健康专业人士开始反对这种行为是病态的观点。

但萨斯的错误在于，他认为社会应把所有不被容许的行为都视为精神障碍（Wakefield，1992）。例如，种族主义理所当然受到社会的谴责，但是不管是外行人还是精神卫生专业人员，都不会把它当作精神障碍（Yamey & Shaw，2002）。它既不混乱也不粗鲁，尽管被社会认为是不受欢迎的。

生理功能障碍

许多精神障碍会导致生理系统的故障或失衡。举个例子，我们将会学到，大脑额叶活动性减退经常被看作精神分裂症的标志。相反，一些精神障碍，如特定对象恐惧症（这种恐惧表现为十分强烈且非理性的害怕），似乎主要是由经验学习产生的，并且常常只需要微弱的遗传因素就能触发它们。

实际上，任何单一标准都不能区别正常状态和精神障碍（McNally，2011；Steinet al.，2010）。因此，有些学者提出，应该从家庭相似性的角度考察精神障碍（Kirmayer & Young，1999；Lilienfeld & Marino，1995；Rosenhan & Seligman，1989）。根据这一观点，精神障碍之间没有完全相同的地方。正如兄弟姐妹在一个家庭，看起来相似，但并不具有完全一样的眼睛、耳朵、鼻子。精神障碍的特征并不那么明确。这些特征既包括那些我们所描述的罕见病症统计、主观痛苦、损害、社会不满和生理功能障碍，也包括其他的如急需诊治、非理性，以及个体行为失控（Bergner，1997）。

精神疾病的历史观念：从恶魔到精神病院

纵观历史，人们认识到某些特定行为是异常的。然而，人们对这些行为的解释和治疗方式已经随着流行的文化观念的变化发生了变化。社会对精神疾病观点的演变历史是一个迷人的故事，它讲述了一条从非科学到科学转变的坎坷之路。

精神障碍的概念：从恶魔到医学模式

在中世纪，许多欧洲人和后来的美国人用**恶魔模式**的眼光来看待精神疾病。如幻听、自言自语及其他怪异行为，都是由于身体被邪灵侵害所致（Hunter & Macalpine，1963）。那个时代的怪异"治疗"，包括驱魔仪式，都是这一观点所导致的。即使在今天，仍然有数以万计的驱魔仪式在意大利、墨西哥等国家举行（Harrington，2005）。

随着中世纪的落幕，文艺复兴成为主导，人们对精神疾病患者的看法变得开明。随着时间的推移，越来越多的人觉察到，精神疾病就如同身体疾病，是需要治疗的，这种观点被一些学者称为**医学模式**（Blaney，1975）。在 15 世纪初，特别是在以后的几个世纪，欧洲各国政府开始将那些遭受心理困扰的人安置在**精神病院**——为精神疾病患者而设的机构（Gottesman，1991）。

不幸的是，那个时代对精神疾病的医学治疗，并不比中世纪的方法科学多少，甚至同样野蛮。其中一种可怕的治疗方式是"放血"，这是过度的血液导致心理疾病这种错误观念导致的。还有一些医护人员试图通过吓唬病人，即把病人们扔进蛇坑使其"摆脱疾病"，因此"蛇坑"被看作精神病院的同义词（Szasz，2006）。

毫不意外，这个时代的大多数病人病情都恶化了。在放血的情况下，一些人死了。即使是那些在短期内有所改善的人，其疗效也可能仅仅是由于预期的改善而产生的安慰剂效应（Horowitz，2012）。然而，当时很少有医生认为安慰剂效应是对这些治疗效果的另一种解释（Lilienfeld et al.，2014）。尽管这些治疗方法在今天看来是荒谬的，但我们要认识到心理治疗和医学治疗是时代的产物，这一点至关重要。社会对精神疾病起因的解释决定了它的治疗方法。

幸运的是，改革仍在一步步进行。多亏法国的菲利普·皮内尔（Phillippe Pinel，1745—1826）和美国的多萝西娅·迪克斯（Dorothea Dix，1802—1887）英雄般的努力，一种称为**人道主义治疗**的治疗方式在欧洲和美国兴起。人道主义治疗的支持者坚持认为，对待精神疾病患者应该友善和尊重。在人道主义治疗之前，精神病人往往被束缚在枷锁中；在人道主义治疗之后，他们可以自由地在医院的大厅里四处走动，呼吸新鲜空气，与工作人员和其他病人自由地交流。尽管如此，精神疾病的有效治疗方法几乎不存在，所以很多人多年来一直忍受病苦的折磨，毫无希望。

排除其他假设的可能性
对于这一研究结论，还有更好的解释吗？

恶魔模式（demonic model）
一种认为表现为行为古怪、幻听或自言自语的精神疾病都是由于恶灵侵扰身体的看法。

医学模式（medical model）
将精神疾病视为由生理障碍引起且需要药物治疗的观点。

精神病院（asylum）
创建于 15 世纪的收治精神疾病患者的机构。

人道主义治疗（moral treatment）
维护精神疾病患者尊严、尊重和友好对待精神疾病患者的治疗方式。

去机构化（deinstitutionalization）
20世纪60年代和70年代，政府将住院的精神病患者转到社区并关闭精神病院的政策。

现代精神治疗时代

直到20世纪50年代初，对于精神疾病的治疗，才出现了转折性变化。当时，精神科医生将一种从法国进口的药品氯丙嗪（其品牌名是Thorazine）引进到精神病医院。氯丙嗪并不是灵丹妙药，但是它对精神分裂症的某些症状，或者其他以脱离现实为标志的障碍有稳定的疗效。许多患有这种疾病的病人服药后能够自理，一些人能回到他们的家庭和工作岗位。

在20世纪60年代和70年代间，氯丙嗪和一些类似的药物（见16.6a）成为政府政策"**去机构化**"的主要动力，使得住院的精神病患者得以转到社区中去，并促进了很多精神病院的关闭（Torrey，2013；见图15.1）。但是，去机构化的结果是喜忧参半的。一些患者恢复了正常的生活状态，但成千上万的人没有得到足够的后续护理，涌入城市和乡村地区。许多人停止服药，开始漫无目的地游荡街头。我们今天在美国主要城市的街头上看到的一些无家可归的人，就是去机构化所带来的悲惨后果之一（Dear & Wolch，2014）。今天，心理学家、社会工作者和其他心理健康专家正在努力提高精神疾病患者社区护理的质量和可用性。这些努力的结果之一是建立了社区精神健康中心和中途宿舍、免费或廉价的护理设施，人们可以在其中获得治疗。

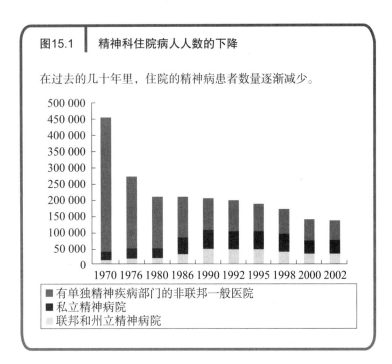

图15.1   精神科住院病人人数的下降

在过去的几十年里，住院的精神病患者数量逐渐减少。

1970 1976 1980 1986 1990 1992 1995 1998 2000 2002

■ 有单独精神疾病部门的非联邦一般医院
■ 私立精神病院
■ 联邦和州立精神病院

跨文化的精神疾病诊断

精神疾病诊断不仅仅受历史影响，同时也受文化影响（Chentsova-Dutton & Tsai，2007；Watters，2010）。心理学家已经逐渐认识到，某些特定情况是受文化限制的，即在一个或几个社会中具有特殊性（Kleinman，1988；Simons & Hughes，1986）。

文化相关综合证

例如，在马来西亚的某些地区，以及包括中国和印度在内的其他几个亚洲国家，遭遇了一个周期性的、奇怪且原因不明的突发现象，人们称其为缩阳症（Crozier，2012）。缩阳症的受害者——其中大多数是男性，通常认为，自己的阴茎和睾丸正在逐渐消失，缩回到他们的腹部（女性受害者认为她们的乳房在逐渐消失）。缩阳症主要是通过社会传染传播的。一旦一个人开始出现症状，其他的人就会跟风，引发广泛的恐慌。1982年，在印度的一个地区，缩阳症的疫情失控，以至于当地政府用扩音喇叭在街道上播报，以确保吓坏了的居民相信他们的生殖器并没有消失。政府官员甚至用尺子测量了男性居民的阴茎，试图证明他们的担忧是没有根据的（Bartholomew，1994）。

另一种在马来西亚、菲律宾和一些非洲国家发作的特定性疾病是发狂。这种疾病的特点是强烈的悲伤和沉思，其次是不受控制的行为和对人或动物的无缘无故的攻击［American Psychiatric Association（APA），2013］。这种情况引发了流行的短语"失控"，意思是疯狂。最近，在日本，越来越多的男性出现了一种被称为"二次元爱情"的状况，这种状况的特征是受到二维虚拟人物如卡通女性的吸引。一个患有这种疾病的人已经收集了超过 150 个绘有年轻女性的枕套（Katayama，2009）。

其他受文化影响的症候群是西方文化条件的变体。例如，在日本，社交焦虑通常表现为害怕冒犯他人（称 taijin kyofushu），比如，说一些冒犯的话或散发可怕的身体气味（Kleinknecht et al.，1994；Vriends et al.，2013）。但是在美国，更常见的社会焦虑是对公众场所的害怕。文化可能影响人们表达焦虑的方式。因为日本文化比西方文化更具有集体主义色彩，所以日本人比西方人更关心的是他们对别人的影响。

相比之下，在西方文化中，某些条件可能比非西方文化更为繁杂。一些饮食失调症是美国和欧洲特有的。在那里，媒体用瘦模特的形象轰炸观众，让已经有自知的女性变得更加自觉（Keel & Klump，2003；McCarthy，1990）。目前为止，只有美国和欧洲才报道过身体完整性识别障碍（Littlewood，2004），即患者会有持续的欲望，希望通过手术切除肢体或身体某些部位。尽管负责任的医生不会进行这种手术，但许多身体完整性失调的患者发现有的医生愿意切除他们的肢体（Blom，Hennekam，& Denys，2012；First，2004）。

还有其他一些常见的文化影响综合征，见表 15.1。

凶眼病或者"恶魔之眼"，是一种文化影响的症候群，在许多地中海和拉美国家都很常见。受害者相信他被一个恶毒的人的目光所吸引。它的特点是失眠、紧张、无故哭泣和呕吐。图中，一个埃及顾客挑选吊坠来抵挡恶魔之眼。

表15.1	本文未讨论的常见文化影响综合征样本	
综合征	**地区/人口影响**	**描述**
北极圈癔症	阿拉斯加原住民（因纽特人）	突然发作，伴随着极度的兴奋和频繁的抽搐发作及昏迷
神经性发作	拉丁美洲	症状包括无法控制地喊叫、哭泣着攻击、颤抖、由胸部到头部的热度上升、言语和身体上的攻击
脑雾	西非	症状包括集中注意力、记忆和思考的困难
拉塔病	马来西亚和其他东南亚国家	主要是女性，以一个极端的惊吓反应为标志，接着失去控制，诅咒和模仿别人言行
温迪戈病	加拿大中部和东北部的印第安人	害怕成为食人族的焦虑状态

文化的普遍性

尽管如此，许多精神疾病障碍似乎存在于大多数甚至所有文化中。简·墨菲（Murphy，1976）考察了两个孤立的社会群体，一个是尼日利亚的约鲁巴族人，另一个是在白令海峡附近的因纽特人，他们基本上没有接触过西方文化。这些文化都具有与精神分裂症、酗酒和精神变态等惊人相似的疾病术语。例如，在因纽特人那里，昆兰塔（Kunlangeta）描述的是一个说谎、欺骗、偷窃、对女人不忠、不服从上级的人，这一描述几乎完全符合西方的心理病态人格概念。当墨菲问其中一个因纽特人如何处理这样的人时，他回答说："当没有人看到时，有人会把他从冰上推下去的。"显然，因纽特人比我们更不喜欢精神病患者。

事实与虚构

事实与虚构

互动

在非西方社会，大多数精神疾病患者会被视为"萨满（Shamans）"。（请参阅页面底部答案）

○ 事实
○ 虚构

精神疾病分类和诊断的特殊因素

由于有很多情况会导致心理适应出现偏差，如果没有一个系统的诊断分类，我们就会手足无措。精神疾病诊断至少有两个重要的功能。首先，它帮助我们了解个体存在的心理问题是什么。一旦我们确认这种病症，选择相应的治疗方法就会得心应手。其次，精神疾病诊断使精神卫生专业人员彼此之间的沟通更加便捷。当一个心理学家诊断出病人患有精神分裂症，他就有足够的理由能保证其他心理学家知道病人的主要症状是什么。因此，精神疾病诊断用一种简略的方式，将问题行为的复杂描述简化成了直观易懂的短语。

不过，人们对精神疾病诊断还有很多误解。这里我们将讨论四个最常见的误解。

误解 1　精神病诊断仅仅是归类整理，即把人放进不同的"盒子"里。根据这种批评，当我们诊断患有精神疾病的人时，我们剥夺了他们的独特性；我们的意思是，同一诊断范畴内的所有人在所有重要方面是相同的。

事实　一个诊断只意味着所有有特定诊断的人至少在一个重要方面是相似的（Lilienfeld，Watts，& Smith，2015）。心理学家认识到，即使是对同一个诊断的描述，比如精神分裂症或躁狂抑郁症，人们也会因为不同的文化背景、个性特征、兴趣、认识能力及其他心理因素而产生戏剧性的差异。人们远比他们的心理障碍复杂。

误解 2　精神疾病诊断是不可靠的。可靠性是指测量的一致性。在精神疾病诊断方面，信度中最重要的是评分者信度：不同的评分者（如不同的心理学家）在患者诊断上的一致程度。

事实　主要的精神障碍，例如精神分裂症、心境障碍、焦虑障碍和酗酒，其评分者信度都特别高，评分者之间的相关性达到 0.8，甚至更高，达到 1.0（Kraemer et al.，2012，Matarazzo，1983）。然而，情况并不完全乐观。对于我们将在后面讨论的许多人格障碍，评分者信度往往比较低（Freedman et al.，2013；Zimmerman，1994）。

误解 3　精神疾病诊断是无效的。从托马斯·萨斯（1960）和其他批评家的观点来看，精神疾病诊断在很大程度上是无用的，因为它们并没有给我们提供很多新的信息。它们只是我们不喜欢的行为的描述性标签。

事实　当涉及一些流行心理学的标签时，萨斯可能有这种观点。想想那些缺乏科学支持的诊断标签的疯传，比如相互依赖症、性瘾、网瘾、路怒症、巧克力癖（巧克力成瘾）和强迫性购物障碍（Kessler et al.，2006；Koran et al.，2006；McCann et al.，2013；Winiarski，Smith，& Lilienfeld，2015）。虽然这些标签经常出现在脱口秀、电视节目、电影和自助书籍中，但它们并不被认为是正式的精神疾病诊断。

然而，现在有相当多的证据表明，许多精神疾病诊断确实告诉我们一些关于这个人的新情况。在一篇经典的论文中，精神疾病学家伊莱·罗宾斯和塞缪尔·古兹（Robins & Guze，1970）提出了几个确定精神疾病诊断是否有效的标准。根据罗宾斯和古兹的看法，一个有效的诊断应包括：

- 区别于其他类似症状的诊断。
- 预测个人在实验室测试中的表现，包括人格测量、神经递质水平和脑成像结果（Andreasen，

答案：虚构。非西方文化中的人们清楚地区分了萨满和精神分裂症患者（Murphy，1976）。

1995）。

- 预测被诊断为精神疾病的个人的家族病史。
- 预测被诊断的个体的自然史，也就是说，随着时间的推移会发生什么。
  此外，一些作者认为，一个诊断应具有理想的有效性。
- 预测被诊断的个体对治疗的反应（Waldman, Lilienfeld, & Lahey, 1995）。

有很好的证据表明，与大多数流行心理学标签不同的是，很多心理障碍患者的表现能说明罗宾斯和古兹标准的有效性。表 15.2 以注意缺陷／多动障碍（ADHD）为例说明了这些标准，我们将在后面的章节中看到这种障碍，其特点是注意力不集中、冲动和过度活跃。

误解 4 精神疾病诊断是对人的侮辱。根据**标签理论者**的观点，精神疾病诊断对人们的感知和行为产生强烈的负面影响（Scheff, 1984; Slater, 2004）。标签理论者认为，一旦心理健康专家诊断了我们，其他人对我们的看法就不一样了。突然间，我们变得"奇怪"，甚至"疯狂"。这种诊断导致其他人对我们的态度不同，反过来又常常导致我们以怪异、奇怪或疯狂的方式行事。

事实 在一项著名的研究中，大卫·罗森汉（Rosenhan, 1973）要求 8 名没有精神疾病症状的人（包括他自己）在 12 家精神病院冒充病人。这些"假病人"向精神病医生不停地唠叨一句话——他们听到一个声音说："空空洞洞，砰。"在所有的 12 个案例中，精神科医生都让这些假患者入院治疗，这些假患者几乎都是被诊断为精神分裂症（一个人被诊断为躁郁症，也就是今天所说的双相障碍）。值得注意的是，尽管他们没有表现出精神疾病的症状，但他们平均在那里待了三个星期。罗森汉的结论是，精神分裂症的诊断成为自我实现的预言，导致医生和护理人员把这些人看作不正常的人。例如，护理人员把一个假患者的笔记解释为"不正常的书写行为"。

的确，一些精神疾病的诊断仍然带有污名化。例如，如果有人告诉我们一个人患有精神分裂症，我们可能首先会对他或她的行为保持警惕，或者误解他或她的行为与诊断相符。然而，标签的负面影响只有这么多。甚至在罗森汉的研究中，所有被诊断为精神分裂症或躁郁症"缓解期"（"缓解"的意思是没有任何症状）的假患者都出院了（Spitzer, 1975）。这些诊断告诉我们，精神科医生最终认识到这些人的行为是正常的。总的来说，没有太多的证据表明大多数精神疾病诊断本身会产生长期的负面影响（Ruscio, 2003）。

表15.2 | **有效性标准：ADHD病例**

尽管在很多方面存在争议，但注意缺陷／多动障碍（ADHD）的诊断在很大程度上满足了罗宾斯和古兹的有效性标准。

罗宾斯和古兹的标准	关于ADHD诊断的发现
1. 区别一个特定的诊断与其他类似的诊断	这个孩子的症状不能通过其他诊断如双相障碍和焦虑症来判断。
2. 预测在实验室测试中的表现（人格测量、神经递质水平、脑成像结果）	这个孩子可能在实验室注意力测验中表现不佳
3. 预测家族史的精神障碍	这个孩子比一般孩子更有可能有患有 ADHD 的亲生后代
4. 预测个人随着时间的推移会发生什么	在成年期，这个孩子可能会表现出持续的注意力不集中，但在成年后冲动和过度活跃的情况会有所改善
5. 预测对治疗的反应	这个孩子很有可能对利他林等刺激性药物产生积极反应

现行的精神疾病诊断标准：DSM-5

美国和世界大部分地区精神障碍患者的官方分类系统是《**精神疾病诊断与统计手册**》（DSM），它起源于 1952 年，现在更新到第五版，名为 DSM-5（APA，2013）。在 DSM-5 中有 18 种不同类型的疾病，其中有几类我们将在以后的章节中讨论。一个相关的系统是国际疾病分类（ICD-10；World Health Organization，2010），其在美国以外的许多国家都广泛使用，不过我们不会在这里详细讨论。

诊断标准与判定原则

DSM-5 包含了诊断每种情况的标准和必须符合多少条标准的一系列判定原则。例如，诊断重度抑郁症，DSM-5 要求至少表现出九分之五的症状，包括疲劳、失眠、注意力集中问题和两周内体重明显减轻，情绪低落，或者在日常活动中兴趣或快乐减少，又或者两者兼而有之。

系统性思维

DSM-5 警告诊断专家注意身体或"器质性"方面的问题，即医学上的诱发条件可能导致患者产生类似于心理障碍的问题（Schildkraut，2011）。DSM-5 指出，某些药物的使用或医学上的疾病可以产生类似于抑郁症的临床表现。例如，它告诉读者，甲状腺功能减退症（一种由甲状腺分泌不足引起的疾病）会产生抑郁症状（Tallis，2011）。如果病人的抑郁症是由甲状腺功能减退引起的，心理学家不应该将其诊断为重度抑郁症。在诊断心理疾病时，必须"系统地思考"，或者首先排除疾病的医学原因。

DSM-5 的其他特征

DSM-5 也是关于多种精神障碍特征的宝贵信息库（如**患病率**）。患病率是指人口中患有某种疾病的人群的百分比。就重度抑郁症而言，女性的终生患病率至少为 10%，男性至少为 5%（有些估计甚至更高）。这意味着，对于一个女人来说，在她的一生中，至少有十分之一的概率会在人生的某个阶段经历一次严重的抑郁症；对于一个男人来说，这种概率至少是二十分之一（APA，2013）。

DSM-5 采用了生物心理社会学的方法，它承认生物（如激素异常）、心理（像不合理的想法）和社会（人际互动）影响的相互作用。具体来说，它提醒诊断医师要仔细观察病人的持续生活压力，过去和现在的医疗状况，以及在评估他们的心理状态时的整体功能水平。它还提醒临床医生在诊断时要考虑文化因素。

对 DSM-5 的批评

毫无疑问，DSM-5 是一个有用的系统，它将精神病理学的"巨大馅饼"切成更有意义和可管理的部分。但它和之前版本的手册已经受到了过度的批评（Frances & Widiger，2012；Greenberg，2013；Widiger & Clark，2000）。

在 DSM-5 中有 300 多项诊断，并不是所有的诊断都符合罗宾斯和古兹的有效性标准。仅举一个例子，DSM-5 对"数学障碍"的诊断仅仅描述了在算术或数学推理方面的困难。它似乎更像是一个标签，用来学习处理困难，而

临床心理学家可能会认为割伤自己是病态的，但 DSM-5 提醒临床医生，在某些文化中，这种做法被用来产生伤疤，应该被视为正常。

不是一个诊断，而诊断要告诉我们关于这个人的一些新的东西。此外，虽然许多 DSM-5 疾病的诊断标准与判定原则主要基于科学发现，但其他的主要是基于委员会的主观决定。DSM-5 的另一个问题是它的各种诊断之间存在高水平的**共病现象**（Cramer et al.，2010；Friborg et al.，2014；Lilienfeld，Waldman，& Israel，1994），这意味着通常一个患者会有多种诊断。例如，人们普遍认为患有重度抑郁症的人要满足一个或多个焦虑症的标准。这种广泛的共病现象提出了一个令人不安的问题，即 DSM-5 诊断的是否是真正的疾病，而不是一种潜在疾病的细微变化（Cramer et al.，2010）。

对 DSM-5 的另一个批评是它严重依赖于共同精神病理学的**分类模型**（Trull & Durett，2005）。在分类模型中，一种精神紊乱——比如重度抑郁症——要么存在要么不存在，没有中间地带。怀孕适合分类模型，因为一个女人要么怀孕要么没怀孕。然而，DSM-5 中的许多和可能大部分的疾病都更适合**维度模型**，这意味着它们在程度上，而不是在种类上与正常功能不同（Haslam，Holland，& Kuppens，2012；Krueger & Piasecki，2002）。身高适合维度模型，因为尽管人们在身高上有所不同，但这些差异并不是全部或没有。许多形式的抑郁和焦虑可能也是如此，大多数研究表明，它们与正常状态构成了连续统一体（Kollman et al.，2006；Slade & Andrews，2005）。这些发现与我们的日常经验相符，因为我们都感到至少有一点沮丧和焦虑。

一些作者提出，我们在前文中提到的大五人格理论体系，可能比 DSM-5 中的许多类别更能捕捉到真正的"自然状态"（Widiger & Clark，2000；Wright et al.，in press）。例如，抑郁症的典型特征是神经过敏和内向。事实上，DSM-5 包含了一个人格维度系统，类似于大五人格理论体系的第二部分（Skodol et al.，2013）。事实上，许多心理学家和精神病学家都抵制了维度系统，也许是因为他们和我们一样，都是认知的吝啬鬼：他们努力使世界变得更美好。我们中的大多数人都觉得用黑白两种颜色来看待世界而不是复杂的灰色会更容易（Lilienfeld & Waldman，2004；Macrae & Bodenhausen，2000）。

对于 DSM-5 的一个特别关注是它倾向于"将常态医学化"，即把相对轻微的心理障碍归类为病态（Frances，2013；Haslam，2016）。例如，在与之前版本的 DSM 截然不同的是，DSM-5 现在允许个人在失去所爱之人（包括配偶的死亡）后被诊断为重度抑郁症（假设他们符合相关的 DSM-5 标准）。尽管有研究证明这一变化是正常的（Pies，2012），但批评人士担心，这将导致许多正常的悲伤被诊断为精神障碍（Wakefield & First，2012）。

与几乎所有人类起草的文件一样，DSM-5 容易受到政治影响（Kirk & Kutchins，1992；Wakefield，2015）。例如，一些研究人员已经成功地说服起草人员将他们"最爱"的障碍或专业领域纳入其中。

但是像所有的科学研究一样，精神疾病的分类系统也倾向于自我矫正。就像 20 世纪 70 年代的《精神疾病诊断与统计手册》（DSM）中出现的同性恋问题一样，科学将继续淘汰无效的疾病，确保 DSM 的未来版本将以更好的证据为基础。

研究领域标准

尽管 DSM 已经是一个重要的科学成就（Lieberman，2015），但它在一个关键方面令人失望。具体地说，在 60 多年前 DSM 第一版问世时，没有证据表明它对精神疾病的患病率有多大的影响，也没有证据表明它对这些疾病导致的自杀风险有多大的影响（Insel，2009）。因此，尽管精神疾病诊断的严格程度有所提高，但这种严格性并没有降低精神疾病的发生率，更不用说降低死亡率了。

此外，越来越多的证据表明，许多或大多数 DSM-5 的诊断并不像研究人员设想的那样容易区

共病现象（comorbidity）
同一个人经常有一个或多个诊断。

分类模型（categorical model）
精神障碍与正常功能在性质上而不是程度上不同的模型。

维度模型
（dimensional model）
精神障碍与正常功能在程度上而不是种类上不同的模型。

在医学上，医生认识到发烧是数百种不同疾病的非特异性症状，因此他们试图找出引起发烧的潜在疾病。同样地，RDoC 致力于根据大脑回路功能失调，而不是精神病理学的症状，来为精神疾病分类。这种方法是有争议的，而且还不清楚这是否会成功。

分。例如，最近的研究表明，许多 DSM 的诊断，如精神分裂症、重度抑郁症、强迫症以及其他一些我们将在本章中了解到的疾病，都是与潜在的心理疾患倾向密切相关的（Caspi et al., 2014）。此外，一些脑成像研究提出了不同的心理障碍在相似的脑回路中都有功能障碍的可能性（Goodkind et al., 2015）。

　　为了应对 DSM 的失败，越来越多的研究人员呼吁寻找 DSM 模型的替代选择。2009 年，美国国家心理健康研究所发起了一项重大的科学研究，即**研究领域标准（RDoC）**，其目的在于经过长期的努力，用它来替代或至少补充 DSM 的不足。DSM 几乎只关注精神疾病的症状，与 DSM 相反，RDoC 旨在开发一个广泛的框架对包含多个维度的精神障碍进行研究和分类：从遗传学和神经科学到社会互动的本质。例如，在 RDoC 中定义精神疾病的关键方法之一是将其视为大脑回路的障碍（Cuthbert & Insel, 2013）。也就是说，与 DSM-5 不同的是，RDoC 致力于"深入了解"患者的精神状态，根据他们大脑中出现的偏差，建立一个分类系统。这些回路中包括与威胁处理有关的大脑系统，以及与奖励处理有关的大脑系统。

　　让我们以重度抑郁症为例。DSM-5 从抑郁情绪、疲劳、内疚感和睡眠问题等症状的角度来理解重度抑郁症。而从这个系统观察到的问题是，重度抑郁症可能很像发烧。发烧本身并不是一种疾病；相反，它只是数百种不同潜在疾病的症状（Kilhlstrom, 2002）。同样，抑郁症可能不是一种单一的疾病，而是一种由多种不同疾病引起的症状。

　　与 DSM 形成鲜明对比的是，RDoC 试图从大脑回路的缺陷，例如与奖励处理相关的功能问题角度来理解重度抑郁症。它可能将抑郁症定义为一种障碍，其特征是缺乏体验奖励的能力，它可能会试图找出有希望的"标记"，比如反映大脑中奖励处理不足的脑成像结果或实验室任务的表现。通过这种方式，RDoC 有一天可以摒弃 DSM 的诊断，如本章所讨论的，取而代之的是根据人们大脑回路中的功能紊乱的性质和程度对精神疾病进行分类。关于基因和社会互动模式是如何形成抑郁症

研究领域标准

（Research Domain Criteria）
最近推出的一项研究项目，旨在根据脑回路缺陷对精神障碍进行分类。

评价观点　心理障碍的在线测试

互动

　　最近，自从你的朋友分享他患有注意缺陷 / 多动障碍（ADHD）以来，你一直在想，自己是否也有患 ADHD 的可能。你有时会很难集中注意力，当你试图阅读你的心理学文章时，你的大脑经常会乱想（尽管这很吸引人）。在学校工作一小时之后，你会觉得有必要伸展四肢，四处走走，或者上网休息一下。你总是认为自己是一个烦躁不安的人。你在课堂上做得很好，平均绩点很高，但是你和朋友的谈话激起了你对多动症的好奇心。

　　在过去的几天里，你一直在网上阅读资料，想确定 ADHD 的诊断是否适用于你。在一个叫作"自我诊断"的网站上，你会发现以下关于成人多动症的自我测试的结论，并考虑你是否应该购买它。在评价这一论断时，请从科学思维的六个原则中选择与之最相关的几条。

　　"这 20 个问题的自我测试是成人 ADHD 在互联网上最有效和可靠的筛查手段！这个测试是唯一一个你需要自我筛查来诊断 ADHD 的测试，因为它在提供诊断的同时，还能筛查出焦虑症和躁郁症。"

　　科学的怀疑主义要求我们以开放的心态去评价所

有的主张，但在接受这些主张之前要坚持有说服力的证据。科学思维的原理如何帮助我们评估关于此测试诊断 ADHD 的能力？

在你评估这一主张时，考虑一下科学思维的六个原则是如何相关的。

1. 排除其他假设的可能性

对于这一研究结论，还有更好的解释吗？

该广告声称，该测试可以排除焦虑症和躁郁症，它们可能是 ADHD 症状的潜在原因。然而，这个诊断要求很高，而广告没有提供科学依据让人相信这个测试可以达到要求。为了使诊断结果有效并将 ADHD 和其他障碍区分开来，即排除其他障碍的解释，我们在不同的环境（比如学校、工作场所和家庭）测试中，必须考虑历史信息和当前的行为与表现，还要对注意力进行测试，并考虑不同专业人员（例如心理学家、老师和家庭成员）的意见。

因此，这项测试不太可能完全排除其他障碍的假设。

2. 相关还是因果

我们能确信 A 是 B 的原因吗？

这种科学思维的原则并不特别适用于这种说法，因为该广告并没有解决 ADHD 的潜在决定因素问题。

3. 可证伪性

这个观点能被反驳吗？

证明"自我测试是成人 ADHD 在互联网上最有效和可靠的筛查手段"，即使不是不可能的，也会是非常愚蠢的。为了评估这一要求，需要将测试与网上的其他测试进行比较。这样做将超出任何研究者的能力和资源。互联网上的信息不仅是巨大的，而且要识别所有这些测试也是不可能的。另外互联网上的信息也在不断地变化，代表着一个不断变化的目标。

4. 可重复性

其他人的研究也会得出类似的结论吗？

没有证据表明这一说法来自系统的研究，更不用说来自多个重复的研究了。我们应该对关于心理逻辑诊断测试的说法持怀疑态度。在这种诊断中，没有提到研究是如何进行的，或者独立研究人员是否能够重复它。

5. 特别声明

这类证据可信吗？

这项测试"最有效和可靠"的说法是可疑的，因为它包括了针对成人 ADHD 的网络上所有的自我测试，并没有提供支持性证据。由于互联网上信息的巨大和不断变化的性质，所以很难评价它。此外，大多数在线诊断测试从未在同行评议的研究中被评估过。

6. 奥卡姆剃刀原理

这种简单的解释符合事实吗？

假设你进行了测试并获得了高分。你的高分可能只是因为你符合许多人的共同经历，毕竟，大多数人的思想会时不时走神，许多人会坐立不安。除非这个测试能准确地辨别出与多动症相关的经验，否则它很可能会把许多人误诊为患有多动症，考虑到这个例子中的人所描述的经历不会干扰日常工作，那么 ADHD 的诊断就不太可能是恰当的。

总结

关于本测试的广告优于所有其他测试，并且它可以提供一个排除具有重叠症状的其他可能诊断的说法是没有科学证据支撑的。

的可能性以及抑郁症症状在日常生活中的表达方式的信息，将会在 RDoC 中有所体现。

RDoC 是精神病理学研究的一个令人兴奋的新方向。但它也有其局限性。首先，我们不知道是否大部分或全部精神障碍源于大脑回路中的功能障碍（Lilienfeld & Treadway，2016）。例如，我们将在本章后面学到的特定恐惧症，它是一种强烈而非理性的恐惧，通常主要是由于不良的环境体验，如令人讨厌的狗咬（有时会产生狗恐惧症）或可怕的飞机旅行（有时会产生飞行恐惧症）而引起。此外，对心智的全面了解，很可能需要科学家们建立一种精神病理学的模型，将生物和社会文化的影响结合起来。目前仍不清楚 RDoC 是否能够实现这一壮举（Berenbaum，2013）。

精神错乱辩护（insanity defense）
法律辩护主张：如果人们在犯罪时没有"健全的头脑"，就不应该对他们的行为负法律责任。

正常和异常：疾病的严重程度

当你阅读本章的案例历史或描述时，你可能会想："我的行为是不是不正常？"或"也许我的问题比我想象的要严重。"在这种时候，了解医学症状是很有用的（Howes & Salkovskis，1998）。当医学学生开始熟悉特定疾病的症状时，他们往往开始关注自己的身体过程。很快，他们发现很难停止怀疑胸部有轻微的刺痛是否是心脏问题的早期征兆，或轻度头痛是脑部肿瘤的第一个征兆。同样，当我们学习心理障碍时，在某些行为模式中"看到我们自己"是很自然的。这主要是因为在满足日常生活的复杂需求时，我们都会时不时地经历令人不安的冲动、想法和恐惧。所以，当你了解这些情况时，不要惊慌，因为许多可能是我们在某些场合所经历的心理困难的极端情况。当然，如果你的心理问题是令人不安和持续的，你可以考虑咨询心理健康专家。

精神疾病和法律：一个有争议的点

心理问题不仅会影响我们的心理功能，还会使我们面临法律问题的风险。精神疾病和法律之间有争议的联系这一话题备受公众瞩目，但公众却对其真正成因知之甚少。最近几年发生了一系列可怕的大规模暴力事件，做案者显然患有严重的精神疾病，包括 2012 年科罗拉多州奥罗拉市的影院枪击案，以及 2012 年康涅狄格州纽顿市桑迪·胡克小学枪击案。这些悲剧性的事件提出了复杂的问题，即 DSM-5 中涉及的心理障碍是否与暴力有关，以及社会应该如何应对暴力型精神病人。

精神疾病与暴力　心理学中最普遍的一个误区是，患有精神疾病的人的暴力风险大大增加了（Corrigan et al.，2012）。事实上，绝大多数患有精神分裂症和其他精神疾病的人并没有对他人进行身体上的攻击；此外，他们更有可能成为受害者，而不是施暴者（Friedman，2006；Steadman et al.，1998；Teplin，1985）。人们可能希望，电视上看似无穷无尽的"犯罪意图"节目会有助于消除这种误解，但事实却恰恰相反。虽然只有一小部分患有精神疾病的人会有攻击性行为，但有 75% 的患精神疾病的电视角色都是暴力型的（Owen，2012；Wahl，1997）。

尽管有如此多的误解，但这一观点包含了一个真理的核心内容。虽然大多数患有精神疾病的人暴力行为风险并不高，但有一小部分人，特别是那些确信自己受到了迫害（例如被政府迫害）的人和滥用药物的人暴力行为的风险较高（Douglas，Guy，& Hart，2009；Monahan，1992；

✳ 心理学谬论

精神错乱辩护：争议和误解

在法庭上，精神疾病和法律偶尔会发生冲突，往往会带来不可预知的后果。这一冲突最著名的例子就是**精神错乱辩护**，它的前提是如果人们在犯错误的时候没有"健全的头脑"，我们不应该让他们对自己犯下的罪行负法律责任。精神错乱的辩护有多种形式，美国各州和联邦法院各有不同。截至 2016 年，美国有 46 个州采用了类似的辩护措施，其中犹他州、蒙大拿州、爱达荷州和堪萨斯州四个州选择退出。

这种辩护的大多数现代形式都大致基于 1843 年英国审判期间制定的。这条规则要求被宣布为精神失常的人必须（1）不知道他们在犯罪时所做的事或（2）不知道他们所做的事是错误的（Melton et al.，1997）。被告在癫痫发作时神志不清，没有意识到自己正在攻击一名警官，这就体现了"南顾"规则第一条；一名被告认为自己在射杀他的邻居时其实是杀了阿道夫·希特勒，这就体现了条例第二条。精神错乱辩护的其他几个版本试图确定被告在犯罪时是否无法控制自己的冲动。因为这一判断极其困难（我们怎么知道一个谋杀了自己妻子的人能控制自己的情绪，他真的试过吗？），一些法庭选择忽略它。

委婉地说，精神错乱辩护是有争议的。对其支持者来说，这种辩护对于那些精神状态如此错乱以致妨碍他们决定是否犯罪的自由意志的被告来说是必要的（Morse & Bonney, 2013; Sadoff, 1992）。对于批评者来说，这一辩护只不过是一种逃避责任的借口（Lykken, 1982; Thompson & Cockerham, 2014）。这些不同的观点反映了一种更深层次的关于自由意志与决定论的分歧。法律制度假定我们的行为是自由选择的，而科学的心理学理论认为我们的行为完全由先前的变量决定，包括我们的基因组成和学习历史。因此，律师和法官倾向于认为精神错乱辩护是少数缺乏自由意志的被告所需要的例外。相反，许多心理学家认为这种辩护是不合逻辑的，因为他们认为所有的罪行，包括那些患有严重精神障碍的人所犯的罪行，都是同样"坚决"的。

关于精神错乱的判决有许多误解（Daftary-Kapur et al., 2011; 见表 15.3）。例如，尽管大多数人认为，相当大比例的罪犯（15%～20%）在精神错乱判决的基础上被判无罪，但实际的比例还不到 1%（Morse & Bonney, 2013）。这种错误的信念很可能来自可得性启发式：因为我们经常听到一些被广泛报道的被告无罪释放的案例，所以我们高估了这一判决的普遍性（Butler, 2006）。更好地了解围绕精神错乱辩护的事实可能有助于消除对其使用不当的公众意见。

表15.3	虚构与事实：精神错乱辩护
虚构	**事实**
精神错乱是心理或精神上的术语	精神错乱是一个纯粹的法律术语，它只涉及那个人是否有犯罪责任。它并不是指他或她精神疾病的性质
精神错乱的判定取决于对这个人当前精神状态的仔细评估	精神错乱的判定取决于犯罪时个人的精神状态
精神错乱辩护需要对被告的不胜任能力做出判断	受审的能力取决于被告协助自己进行辩护的能力
大量的罪犯利用精神错乱辩护逃避刑事责任	在刑事审判中，只有大约 1% 的人会提出精神错乱辩护，而且成功机会只有大约四分之一
大多数人在精神错乱辩护的基础上被无罪释放	被判无罪的精神病人平均要在精神病院度过近三年的时间，通常比同一罪行的刑事犯刑期还长
大多数用精神错乱进行辩护的人都是假装精神病	精神错乱的被告中假装精神病的比率很低

Steadman et al., 1998）。

非自愿承诺　我们都熟悉罪犯的承诺，这只是把某人关进监狱的一个花哨的术语。然而，社会拥有另一种机制，可以违背个人的意愿来处理他们。这一机制称为**非自愿承诺**，它是一种保护我们免受某些有精神障碍的人伤害并保护他们不受自己伤害的处理程序。美国大多数州规定，只有当精神疾病患者（1）对自己或他人构成明显和现实的威胁，或（2）心理上受到了损害，以至于他们无法照顾自己时才能违背他们的意愿而被处理（Appelbaum, 1997; Sharpe & Florek, 2016）。虽然精神科医生（但不是心理学家）可以建议患者去医院，尽管患者是非自愿的，

非自愿承诺

（involuntary commitment）基于精神病患者对自己或他人的潜在危险以及自理能力的丧失这一情况而将其安置于精神病院或其他地方的处理程序。

但只有法官可以在听证会后给予批准。

非自愿承诺引发了棘手的伦理问题。支持这一主张的人认为，政府有权利承担"父母"的角色，即那些患有精神疾病的人是危险源，他们没有足够的洞察力觉知他们的行动所带来的影响（Chodoff，1976；Satel，1999）。相反，反对者争辩说，政府不自觉地将那些没有犯罪的人制度化，剥夺了他们的公民自由（Schaler，2004；Szasz，1978）。非自愿承诺的批评者也指出，有研究表明，心理健康专家通常在预测暴力方面做得很差（Monahan，1992；Mossman，2013），经常预测病人在不使用暴力的时候会发生暴力行为。非裔美国精神病患者特别容易被错误地归类为潜在的暴力源（Garb，1998）。尽管如此，心理健康专家可以更好地预测暴力事件发生的可能性，尤其是当患者最近参与或正在实施暴力行为时（Kramer，Wolbransky，& Heilbrun，2007；Lidz，Mulvey，& Gardner，1993；Monahan et al.，2000）。

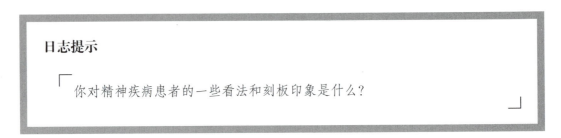

日志提示

你对精神疾病患者的一些看法和刻板印象是什么？

15.2   焦虑相关疾病：焦虑和恐惧的不同方面

15.2a   描述体验焦虑的不同途径。

我们首先从由焦虑引起的问题来开启我们对心理障碍的学习。幸运的是，大部分日常焦虑通常不会持续很长时间或是带来极度的不舒适感。轻度的焦虑甚至有一定的适应功能。它可以对危险产生闪电般的快速反应，带领我们远离有害的行为，并激励我们去解决不断恶化的问题。然而，焦虑一旦失控，就会变得过度和不恰当，甚至会造成一定的威胁（Yaseen et al.，2013）。

焦虑障碍在所有的精神疾病中是最普遍的；日常生活中，32%的人会出现焦虑障碍诊断标准中的一种或几种症状（Kessler et al.，2012）。焦虑障碍的发病平均年龄为11岁（Kessler et al.，2005）。图15.2显示了焦虑障碍的终生患病率，以及我们在本章中会涉及的许多其他疾病。

然而焦虑并不仅限于焦虑症。焦虑可以渗透到我们身体机能的许多方面，包括对我们身体健康的担忧。在一种被称为**躯体症状障碍**的情况下，对身体症状的焦虑——无论是医学上证实的还是单纯的心理症状——会变得如此强烈，以至于会干扰日常生活。在**疾病焦虑障碍**（类似于以前的疑病症）的情况下，人们过于专注于自己正在经历一场严重的未确诊疾病，以至于再多的安慰也不能减轻他们的焦虑。就像雷达操作员踮起脚尖寻找飞机来袭的信号一样，具有焦虑障碍的人似乎也在不断地对身体疾病的信号保持警惕，例如，不断上网试图搜索有关症状和疾病征兆的信息。尽管有反复的医疗保证和身体检查，他们还是可能坚持认为他们轻微的疼痛和刺痛是癌症、艾滋病或心脏病等严重疾病的征兆。

躯体症状障碍
（somatic symptom disorder）
症状表现为对身体症状的过度焦虑，有医学或纯粹的心理根源。

疾病焦虑障碍
（illness anxiety disorder）
症状表现为强烈地专注于可能患上的一种严重的未确诊疾病。

广泛性焦虑障碍：永久的担心

我们都会时不时地陷入忧虑之中。然而，对于我们中 2%～3% 患有**广泛性焦虑障碍**的人来说，焦虑是一种生活方式（Lader, 2015）。患有广泛性焦虑障碍的人平均每天要花 60% 的时间在焦虑上，而其余的人则是 18%（Craske et al., 1989）。许多人把他们自己描述为"杞人忧天"，并发现他们很难控制自己的忧虑（Hallion & Ruscio, 2013）。他们倾向于焦虑的想法，感到烦躁不安、睡眠困难，并经历相当大程度的身体紧张和疲劳（Andrews et al., 2010；Newman et al., 2013）。他们经常在生活中"为小事烦恼"，比如即将到来的工作或社交活动。有广泛焦虑障碍的女性比男性更容易出现焦虑不安，并倾向于使用酒精和药物来缓解症状（Grant et al., 2005；Noyes, 2001）。亚裔、西班牙裔和非裔美国人患广泛性焦虑障碍的风险相

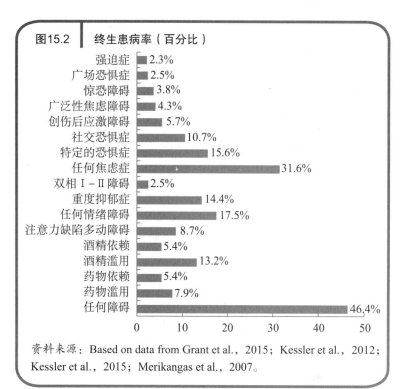

图15.2　终生患病率（百分比）

强迫症	2.3%
广场恐惧症	2.5%
惊恐障碍	3.8%
广泛性焦虑障碍	4.3%
创伤后应激障碍	5.7%
社交恐惧症	10.7%
特定的恐惧症	15.6%
任何焦虑症	31.6%
双相 I–II 障碍	2.5%
重度抑郁症	14.4%
任何情绪障碍	17.5%
注意力缺陷多动障碍	8.7%
酒精依赖	5.4%
酒精滥用	13.2%
药物依赖	5.4%
药物滥用	7.9%
任何障碍	46.4%

资料来源：Based on data from Grant et al., 2015；Kessler et al., 2012；Kessler et al., 2015；Merikangas et al., 2007。

对较低（Grant et al., 2005）。广泛性焦虑障碍可能是其他所有焦虑障碍的核心（Barlow, 2002）。事实上，患有广泛性焦虑障碍的人经常会经历其他的焦虑障碍，包括恐惧症和惊恐障碍，我们接下来会涉及这些。

惊恐障碍：突如其来的恐惧

希腊神明潘是一个顽皮的精灵，他常从矮树丛中跳出来，把旅客吓得魂不守舍。人们以潘的名字命名**惊恐发作**，这种疾病发生在紧张的情绪积聚动力并升级为强烈的恐惧甚至是惊恐时。恐惧症可以很少发作，也可能每天发作一次，持续数周、数月甚至数年。人们在经历惊恐发作或经历持续地担心或改变他们的行为（例如，换工作）以避免未来的攻击（APA, 2013）时，会被诊断为**惊恐障碍**，它是重复的和不可预料的。惊恐发作通常在 10 分钟内达到顶峰，包括出汗、头晕、心跳加速、呼吸急促、出现非真实感以及对发疯或死亡的恐惧（Craske et al., 2010）。许多初次经历惊恐发作的病人觉得他们是心脏病发作，他们首先想到的是去急诊室，结果都会被送回家，并被告知问题都在"你的脑袋里"。一些惊恐发作与特定的情况有关，例如乘坐电梯或在超市购物，另一些则毫无预兆，往往会让人对发生恐慌的情况产生恐惧。

第一人称叙述：恐慌障碍

对我来说，惊恐发作几乎是一次暴力体验。我觉得自己与现实脱节。我感觉我正在以一种极端的方式失控。心跳加速，无法呼

惊恐发作的症状包括心跳加速、呼吸困难、身体虚弱、眩晕。这些症状会导致人们觉得自己患上了心脏病。

广泛性焦虑障碍
（generalized anxiety disorder, GAD）
对生活各方面的持续的担心、焦虑、生理紧张以及易怒。

惊恐发作（panic attack）
短暂而又强烈的极度恐惧，表现为出汗、头晕、头轻、心跳加速、呼吸急促，感觉死亡即将来临，精神几近崩溃。

惊恐障碍（panic disorder）
重复和毫无预兆的惊恐，随之而来的是个体持续担心惊恐将会发作，或改变他们的行为以避免惊恐发作。

恐惧症（phobia）
对一个物体或情景的强烈恐惧，这种恐惧与物体或情景的实际威胁极不相称。

广场恐惧症（agoraphobia）
面对某个地方或情景时，感到很难逃避或是觉得尴尬，或是在惊恐发作时束手无措。

吸，我只有一种很强烈的感觉：世界即将崩溃。

Dickey，1994

惊恐可以发生在每一种焦虑症中，并伴随着情绪和饮食紊乱。有20%～25% 的大学生在一年的时间里至少报告过一次惊恐发作，其中大约一半的人报告发生过意外（Lilienfeld，1997；Sharkin，2013）。惊恐障碍通常发生在青春期晚期和成年早期（Kessler et al.，2012），并与童年时期害怕与父母分离的历史相关（Lewinsohn et al.，2008）。然而，目前还不清楚这种相关性是否意味着分离恐惧会导致后来的惊恐障碍，或这种恐惧仅仅是导致惊恐障碍的相同潜在条件的早期反应。

相关还是因果
我们能确信 A 是 B 的原因吗？

恐惧症：非理性的恐惧

恐惧症是指对一个物体或情景的强烈恐惧，这种恐惧与物体或情景的实际威胁极不相称。我们很多人有轻微的恐惧——如对蜘蛛和蛇的恐惧，这些并不严重到足以称为恐惧症。如果某一恐惧被称为恐惧症，是因为它会限制我们的生活，或造成大量的困扰，或两者兼而有之。

恐惧症在所有焦虑障碍中是最常见的。普通人中，8 个人中就会有 1 个人患有对动物、血液、受伤或雷雨的恐惧症。其中社交恐惧是最普遍的（Kessler et al.，2012）。我们下面要讨论的广场恐惧症，是最具破坏性的恐惧症，在人群中的发生率约为二十分之一（Keller & Craske，2008；Kessler et al.，2006）。

广场恐惧症

在 2 700 年前的一些古希腊城市，某些市民因为恐惧无法通过中心城市的露大广场，广场恐惧症因此得名。一个普遍存在的误解是，广场恐惧症是对人群或公共场所的恐惧。但是，**广场恐惧症**实际上指的是，患者在面对某个地方或情景时，感到很难逃避或是尴尬，或是在惊恐发作时束手无措（APA，2013）。

广场恐惧症通常出现在青少年中，通常是惊恐障碍的直接后果。事实上，大多数患有惊恐障碍的人至少会产生一些恐惧症症状（Cox & Taylor，1998；Sanderson & Dublin，2010），并开始担心他们会在室外遭遇恐惧症发作，比如在商店、电影院、排队中、公共交通工具、人群、桥梁和开阔的空间。广场恐惧症的表达在不同的文化中似乎有所不同。例如，格陵兰岛的一些因纽特人患有一种叫作"皮艇焦虑"的疾病，其特征是害怕自己乘坐皮划艇出海（Barlow，2000；Thomason，2014）。

在某些情况下，广场恐惧症达到了极端的程度。两位临床医生看到过一位患有广场恐惧症的 62 岁妇女，25 年来她从未离开过家——一次也没有（Jensvold & Turner，1988）。在经历了严重的惊恐发

事实与虚构

互动　大多数患有广场恐惧症的人不能离开他们的房子（请参阅页面底部答案）。
○ 事实
○ 虚构

答案：虚构。只有在患有严重的广场恐惧症的情况下才不能离开房子（Rapp，1984）。

作和对未来更多恐慌的恐惧之后，她几乎在所有醒着的时间都将自己锁在卧室里，拉上窗帘。治疗师试图鼓励她通过走出自己卧室门这个短途旅程来治疗她的广场恐惧症，但她多次拒绝，甚至从前门走几步也不可以。

特殊恐惧症与社交恐惧症

对物体、地点或情景的恐惧——称为特殊的恐惧——通常是对动物、昆虫、暴风雨、水、电梯和黑暗的反应。其中许多恐惧，尤其是对动物，都是童年时期普遍存在的，但随着年龄的增长而消失（APA，2013）。

调查显示，大多数人认为公开演讲比死亡更可怕（Wallechinsky，Wallace，& Wallace，1977）。根据这一统计数据，想象一下那些患有**社交恐惧症**（有时也被称为社交焦虑症）的人一定会有这种感觉。在社交场合，比如在公众场合发言、吃饭或表演时，他们会对负面评价产生强烈的恐惧。他们的社交恐惧甚至可以扩展到游泳、吞咽和当着别人的面签支票（Mellinger & Lynn，2003）。他们的焦虑远远超出了我们大多数人偶尔会感到的怯场（Morrison & Heimberg，2013）。

第一人称：社交恐惧症

当我走进一个满是人的房间时，我会脸红，并感觉每个人的眼睛都盯着我。我很不好意思地在一个角落独自站着，但我想不出有什么话可以对任何人说。这是耻辱，我觉得自己笨手笨脚的，迫不及待地想要出去。

Dickey，1994

社交恐惧症
（social anxiety disorder）
对社交场合负面评价的强烈恐惧。

创伤后应激障碍
（posttraumatic stress disorder，PTSD）
在经历或见证创伤性事件后出现的特殊情绪障碍。

创伤后应激障碍：恐怖经历的持久影响

虽然创伤后应激障碍和强迫症在技术上而言并不是 DSM-5 的焦虑症，但它们与焦虑有关。因此，我们认为它们是在与焦虑相关的疾病的引发下发生的。

当人们经历或目睹诸如前线战斗、地震或性侵犯等创伤性事件时，他们可能会患上**创伤后应激障碍**（PTSD；见 12.2b）。在 DSM-5 中，可能导致 PTSD 的创伤性事件包括强奸、战争、战斗和自然灾害。创伤后应激障碍的其他诱因还包括：人们从经历过威胁或实际死亡的朋友或亲戚那里得知事件的情况，或者是人们被反复暴露在创伤性事件的痛苦细节中，如老年人的性虐待。

事实与虚构

互动　大多数的恐惧症不能直接追溯到消极的经历和恐惧的对象。（请参阅页面底部答案）
○ 事实
○ 虚构

追叙是创伤后应激障碍的特点之一。对战争的恐惧可以在创伤发生之后的几十年再度发生，这通常是因日常压力体验而被重新唤起的（Foa & Kozak，1986；Morris，2015）。越战老兵蒂姆·奥布莱恩（O'Brien，1990）在叙述他的战争经历时说："到目前为止，最困难的部分是让糟糕的画面消失。在战争时期，世界是一部又长又大的恐怖电影，画面一个接着一个，就像在越南时期，战斗的经历难以忘记。"

答案： 事实。大多数有恐惧症的人并没有对他们的恐惧对象有直接的创伤体验（Field，2006）。

其他症状包括努力避免与创伤有关的想法、感觉、地方，以及与创伤有关的谈话；经常梦见经历的创伤；生理唤醒的增加，如睡眠困难、容易受到惊吓（APA，2013）。旧事重提可能导致恐惧的全面爆发：一个越战老兵在战争结束 20 年之后，每次听到不远处城市直升机的声响，还会吓得躲到床底下（Baum, Cohen, & Hall, 1993；Foa & Rothbaum, 1998；Pfaltz et al., 2013）。

排除其他假设的可能性
对于这一研究结论，还有更好的解释吗？

创伤后应激障碍不容易被诊断出来。诸如焦虑和睡眠困难之类的一些症状，可能在压力事件发生前就存在。还有，一些人为获得政府津贴而假装患上创伤后应激障碍，所以诊断必须排除这些可能性（Rosen，2006）。

事实与虚构

互动

PTSD 的症状最初是在越南战争期间被观察到的。（请参阅页面底部答案）
- ○ 事实
- ○ 虚构

强迫症与相关的障碍：陷到思维与行为中无法自拔

强迫症和相关疾病的特征是重复的和不连贯的想法和行为（Hollander et al., 2011）。这些疾病中最常见的是强迫症、躯体变形障碍和图雷特综合征。

每个人的脑海里都有一个无法摆脱的想法，或是一支愚蠢的曲调。心理学家对这种现象有一个术语——"耳虫"。一项研究显示，98% 的学生都有过耳虫，其中"这世界真小"是最常见的（Kellaris，2003）。**强迫症（OCD）**患者很清楚地知道这是一种什么样的经历，唯一的区别在于他们的症状更为严重。他们一直被固着所困扰：不必要、不适当地坚持一些观念、思想或冲动，并引起明显的苦恼。跟典型的焦虑不同，这种强迫并不是对日常生活的直接回应。他们经常专注于关于吸毒、性、野心或信仰等"不可接受的"想法（Franklin & Foa, 2008）。例如，患有强迫症的人，可能充满对弄脏自己或者杀害他人的想法的恐惧。与普通的担忧者不同，患有强迫症的人通常会被他们的想法所干扰，通常认为自己是不理性的或荒谬的（Fallana et al., 2009）。他们甚至给自己贴上"疯狂"或"危险"的标签。不管他们怎么努力，强迫症患者始终无法找到一种停止这些想法的方法。

大多数强迫症患者也会经历**强迫行为**：重复的行为或心理动作。他们采取这些行为以减少或避免痛苦，或减轻与强迫症相关的焦虑、羞耻与内疚的行为（Abramowitz, Taylor, & McKay, 2009）。在大多数情况下，患者会感到被驱使去阻止一些可怕的事情，或者"把事情做对"。本书的一名作者治疗过的一名病人每天很早醒来，清洗他的车盖，直到一尘不染，他一下班回到

强迫症
（obsessive-compulsive disorder, OCD）
重复、长期地（每天至少 1 小时）沉浸于困扰、强迫，或两者皆有的情况。

固着（obsession）
不必要、不适当地坚持一些观念、思想或冲动，并引起明显的苦恼。

强迫行为（compulsion）
不断重复行为或心理活动，以减少或避免焦虑。

答案：虚构。对创伤后应激障碍的明确描述至少可以追溯到美国内战（Dean，1997）。

家就觉得有必要重复这个仪式。常见的强迫症仪式包括：

- 反复检查门锁、窗户、电源开关、烤箱。
- 按设定的方式执行任务，如把鞋放成固定的样子。
- 重复布置物件。
- 重复不必要的清洗和打扫。
- 数墙上的点数，或触摸或轻敲物体。

许多没有强迫症的人偶尔会进行其中一种或多种活动（Mataix-Cols，Rosario-Campos，& Lackman，2005）。然而，有强迫症的人每天花一个小时或更多的时间沉浸在固着、强迫行为或两者中；病人每天花 15～18 个小时洗手、洗澡、穿衣和洗钱币。尽管如此，许多患有强迫症的人仍然过着非常成功的生活。几位名人已经公开谈论过他们与强迫症的斗争。例如，卡梅隆·迪亚茨用她的胳膊肘推开门，避免触碰门把手；莱昂纳多·迪卡普里奥在孩童时期避免踩到人行道出现的裂缝上；梅根·福克斯害怕使用餐厅的银器，因为担心细菌污染（Fisher，Marikar，& Shaw，2013）。

一些狗患有一种叫作犬肢端舔舐性皮肤炎的疾病。它们会强迫自己舔自己，导致严重的皮肤损伤（Derr，2010）。这种情况可能是强迫症的动物变体。有趣的是，它有时会对治疗人类强迫症的药物作出反应。

第一人称叙述：强迫症

没有仪式我什么也做不了，它们超越了我生活的方方面面。计数对我来说太重大了，当我晚上设置闹钟的时候，我必须把它设置成一个总数不会累加为不吉利数字的数字。我会洗三次头而不是一次，因为"三"是幸运数字，"一"不是。我花了更长的时间来阅读，因为我要数每一段文字的字数。如果我在写一篇学期论文，一行中的单词相加的总数不能是个不吉利的数字。我一直担心如果我不做点什么，我的父母就会死。

Dickey，1994

躯体变形障碍

患躯体变形障碍的人（BDD）会专注于想象中的或轻微的外表缺陷，比如被认为"嘴唇太薄"或"耳朵太大"。本书的作者曾治疗一位患有 BDD 的病人，他的前额上布满了细小的痣，他每天都要花好几个小时来思考，检查镜子，戴上帽子，试图掩盖它们。三分之一的 BDD 患者也患有 OCD（Phillips et al.，2005）。一些患有 BDD 的患者重复接受整形手术来纠正他们身体的不完美，但是他们从这些手术中得到的安慰并不多，因为他们对自己外表的痴迷仍然没有得到治疗。名人可能特别容易受到 BDD 的影响，因为我们的文化高度重视外表的吸引力。

在出生后，可能有多达 2%～3% 的新手妈妈经历了一种叫作产后强迫症的症状。在某些情况下，婴儿成为母亲奇异想法和强迫行为的焦点。这些症状包括反复检查孩子们的安全，藏刀以防刺伤孩子以及过度清洁。有些母亲甚至对自己孩子的所作所为非常恐惧，以至于不愿意照顾孩子（Arnold，1999）。幸运的是，这样的妇女几乎从不伤害她们的孩子，而且可以得到有效的治疗。

图雷特综合证

图雷特综合征是一种征状，其特征是重复的自动行为，如面部抽搐、像清嗓子似的声音抽搐。强迫症患者中有近 30% 的人患有抽动障碍（Richter et al.，2003）。

一些研究人员认为强迫症和图雷特综合征有共同的生物学根源（Mell, Davis, & Owens, 2005）。一些儿童在经历链球菌感染或由链球菌引起的猩红热感染后突然出现强迫症或图雷特综合征。科学家正试图确定链球菌是否会触发免疫系统反应，从而影响大脑，导致强迫症症状，或者链球菌与强迫症之间的关系是否为巧合（Gause et al., 2009；Nicholson et al., 2012；Swedo et al., 2015）。另一种可能是，患有链球菌的儿童会感到烦躁不安，这会加重强迫症症状。

排除其他假设的可能性
对于这一研究结论，还有更好的解释吗？

相关还是因果
我们能确信 A 是 B 的原因吗？

事实与虚构

互动 几乎所有患图雷特综合征的人都会频繁地咒骂。（请参阅页面底部答案）
○ 事实
○ 虚构

日志提示

焦虑障碍的诱因不同。识别本模块中出现的不同焦虑障碍，并确定每种焦虑障碍的触发因素。例如，在特殊恐惧症中，焦虑的触发是一个特定的对象、地点或情境。

病理性焦虑、恐惧和重复的思想与行为的根源

焦虑障碍是如何产生的？不同的理论从环境、灾难性思维以及生物影响三个方面提出了不同的解释。

焦虑的形成模式：焦虑的反应是后天养成的习惯

根据学习理论，恐惧是后天习得的。约翰·华生和罗莎莉·雷纳（Watson & Rayner, 1920）以小型哺乳动物的恐惧来论证经典性条件作用的实验，有力地阐述了人们是怎样习得恐惧的（见 6.1b）。

依赖于强化和惩罚的操作性条件作用，提供了一个关于恐惧如何维持的描述。如果一个不善交际的女孩在邀请男孩去看电影时被多次拒绝，她可能会变得害羞。如果这种拒绝模式继续下去，她可能会患上社交焦虑症。她对男孩的回避会产生负强化，因为这让她能够逃避社会互动带来的不愉快后果，这种解脱感强化了她的逃避，最终导致了她的焦虑。

学习理论家认为，恐惧有两种习得方式：第一，我们可以通过观察其他人的恐惧行为来习得（Barlow, 2004；Mineka & Cook, 1993）。父亲对狗的恐惧可能会被灌输给他的孩子。第二，恐惧可能源于他人正确或错误的信息。如果一个母亲告诉她的孩子们，乘电梯是危险的，他们就会转而走楼梯。

答案：虚构。70% 或更多的图雷特综合征患者不会咒骂（Eddy & Cavanna, 2013；Goldenberg, Brown, & Weiner, 2004）。

灾难化、不确定性和焦虑敏感

患有社交焦虑症的人预测，许多人际交往将是灾难性的。一些有特殊恐惧症的人害怕闪电，以至于当 50 英里外的雷达探测到轻微雷暴时，他们会躲在地下室里（Voncken, Bogels, & deVries, 2003）。这些例子说明，灾难化是焦虑思维的核心特征（Beck, 1976；David, Lynn, & Ellis, 2009；Ellis, 1962）。当人们预测可怕的事情时，他们会小题大做。比如，担心他们因为转动门把手而患上致命疾病——尽管概率很低（A.T. Beck, 1964；J. Beck, 1995）。无法控制负面情绪，以及无法产生积极情绪或幸福感，可能会导致灾难化，并使人们不断感到焦虑不安（Hoffman

---

✳ 心理科学的奥秘
为什么不仅仅是老鼠，人类也要囤积？

我们很多人喜欢收集邮票、棒球卡和洋娃娃之类的东西。但是马克把收藏发挥到了极致。他是个艺术品经销商，也是一个囤积狂。在经济很富裕的时候，他在家里建了一个专门的房间来存放他的杂物。从地板到天花板，房间里摆满了书籍、目录、报纸和漫画书，只留了一条小路（通常被称为"羊肠小道"）可以进出。在过去的六个月里，这些杂物已经漫延到他的客厅、餐厅和卧室。一想到要丢弃什么东西，他就变得优柔寡断，极度焦虑。他不敢邀请他最近在艺术巡回演出中遇到的女人，因为他担心她会被这一团糟的局面搞得心烦意乱。他的床上堆满了东西，他在过去一个星期里一直睡在旅馆里。他没有做大扫除，而是想要向一位房地产经纪人购买第二套房子，这样他就可以把自己的东西"储存"在现在的房子里并"开启新起点"。

马克是本书的一名作者治疗的几个病人中的一员。马克的囤积行为符合 DSM-5 中有关新囤积症的所有标准，其与它的近亲强迫症截然不同。囤积症患者经常有强烈的欲望去获得财产——但往往没有什么实际价值——甚至确信自己不能与之分离。一些囤积症患者养大量的动物，如猫和狗，并且他们无法照顾它们。购买或收集免费物品会严重限制宜居空间，并造成严重的火灾隐患。

囤积症和强迫症在关键方面有所不同。只有少数的囤积症患者，可能少于三分之一，符合强迫症的诊断标准，而且它们两者之间的遗传相关性很弱（Frost et al., 2006；Mathews et al., 2015）。此外，囤积症患者不会按照与他们所拥有的物品相关的惯例行事，通常只有当他们遇到一种情况时才会变得焦虑。在这种情况下，他们会感到有压力，不得不扔掉自己积累的物品。此外，许多囤积者的洞察力有限，很少承认自己有问题，除非遇到其他人或像马克一样，开始关注人们如何看待他（Pertusa et al., 2010）。囤积者不确定他们在将来是否用得着该物品，或该物品在将来是否会升值，或是否会后悔因情感原因而丢弃它们（Frost & Gross, 1993；Samuels et al., 2014）。

研究人员仍然不确定人们为什么囤积，或者他们囤积的物品是否与收集我们许多人喜欢的物品的动力有本质上的不同。脑成像研究表明，囤积者在判断、决策和情绪调节的大脑回路中有缺陷（Pertusa et al., 2010）。此外，有关动物的研究表明，一些灵长类动物，包括猴子和猿，以及一些啮齿类动物，都有囤积行为。这种行为可能与它们与人类类似的大脑异常有关（Andrews-McClymont, Lilienfeld, & Duke, 2013）。囤积行为很可能是一种基本的适应性行为发生了严重偏差。如果是这样的话，马克可能不会像他在自己眼中那样看起来与众不同。在某些情况下，储存食物和财产是很有意义的，尤其是当它们对我们的生存很重要而我们却缺少它们的时候。但当这种驱动力变得僵硬和不可抗拒的时候，就会产生病态逻辑下的囤积。

et al., 2012）。

焦虑症的另一个形成原因是因为他们倾向于用一个负面的观点解释一些模棱两可的情境（Matthews & MacLeod, 2005）。研究人员要求焦虑和非焦虑的参与者听相同的发音，但有两种不同的含义和拼写，并写下他们听到的单词。在这些研究中，他们使用了同音词，其中一个意思（和拼写）是威胁，另一个不是威胁。与听到的不是威胁的参与者相比，焦虑的参与者更有可能写下威胁的同音异义词，如"bury"与"berry"相对，"die"与"dye"相对（Blanchette & Richards, 2003; Mathews, Richard, & Eysenck, 1989）。

许多患有焦虑症的人都有很高的**焦虑敏感**度，即害怕与焦虑相关的感觉（Reiss & McNally, 1985; Taylor, 2014）。回想一下，当你迅速站起来，或者在爬上一段楼梯，心跳加速时，你会感到有点头晕。你可能认为这些身体症状是无害的。然而，焦虑敏感的人往往会把它们误认为是危险的——也许是心脏病发作或中风的早期征兆——并有强烈的担忧反应（Clark, 1986; Lilienfeld, 1997; Sandin et al., 2015）。结果，在几乎没有明显的身体感觉的情况下，他们也会惊恐发作（Schmidt, Zvolensky, & Maner, 2006; Zavos, Gregory, & Eley, 2012）。

焦虑：生物影响

双生子研究表明，许多与焦虑有关的疾病，包括惊恐障碍、特殊的恐惧症、创伤后应激障碍和强迫症，都是由基因引起的（Afifi et al., 2010; Roy et al., 1995; Samuels et al., 2011; Van Grootheest et al., 2007）。特别是，基因会影响人们的神经质水平——一种倾向于高度敏感、容易产生负罪感和易怒的倾向——这可能会导致过度焦虑（Anderson, Taylor, & McLean, 1996; Zinbarg & Barlow, 1996）。从基因上看，广泛性焦虑障碍患者与重度抑郁症患者几乎没有区别，后者也与神经质水平升高有关（Kendler & Karkowski-Shuman, 1997; Plomin et al., 2016）。这一发现为这些疾病提供了一个共同的遗传途径。

就像一辆卡在齿轮上的汽车一样，强迫症患者在思维和行为的转变上也会出现问题（Schwartz & Bayette, 1996）。脑扫描显示白质异常，前额叶某些区域的活动增加，而在这些区域，信息是经过过滤、排序和组织的（Zohar, Greenberg, & Denys, 2012）。在这种情况下，人们似乎无法摆脱烦恼的想法或抑制重复的仪式。

15.3　心境障碍和自杀

15.3a　掌握不同心境障碍的特点。

15.3b　描述抑郁症产生的主要原因以及生活事件如何与个人特征相互作用从而产生抑郁症状。

15.3c　掌握有关自杀的常见误区和误解。

想象一下，我们是心理治疗师，正在治疗一个向我们寻求帮助的人。当来访者开始谈论他的生活：很明显，即使是最简单的活动，比如穿衣和开车上班，也需要强大的意志才能行动。他报告说，他每天睡眠困难且又莫名其妙地很早醒来，不想回电话，无精打采地盯着电视机。他的情绪低落，偶尔会热泪盈眶。他最近瘦了不少，他的世界是灰色的、空虚的。在治疗接近尾声时，他告诉我们他开始考虑自杀。

我们刚才遇见的是一个遭受心境障碍折磨的人，之所以这么说是因为他的问题在于他黯淡的情绪，这种情绪影响了他生活的方方面面。他的症状符合**重度抑郁症**的标准，且符合重度抑郁症的关键特征。

我们很快发现会有另一心境，即双相障碍。在双相障碍中，人们的情绪往往是抑郁症的镜像反射。这些疾病反映了情绪失调的极端情况，从一端的重度抑郁症到另一端的双相障碍（Angst et al.，2010）。

重度抑郁症：常见，但并不是"普通感冒"

人的一生中，超过 20% 的人将会经历一段心境障碍。仅重度抑郁症就使超过 16% 的美国人的生活变得黯淡（Kessler et al.，2012）。由于其频繁发生，一些人将抑郁症称为"普通感冒"心理障碍（Seligman，1975）。然而，我们很快就会发现，这种描述并没有捕捉到有这种疾病的人所经历的深刻痛苦。

抑郁症最可能发生在 30 多岁的人身上。与普通的误解不同的是，老年人的发病率要低于年轻人（Kessler et al.，2010；Klerman，1986）。女性患抑郁症的概率是男性的两倍。这种性别差异可能与女性比男性更倾向于反刍有关（Nolen-Hoeksema，2003；Watkins & Nolen-Hoeksema，2014）。然而，这也可能与男性和女性在经济实力、性激素、社会支持和身体或性虐待史的差异有关（Brown & Harris，2012；Howland & Thase，1998）。抑郁症的性别差异普遍存在，但并不总是如此。在某些文化中，如某些地中海地区，正统的犹太人和阿米什人，这种性别差异在很大程度上是不存在的（Piccinelli & Wilkinson，2000）。但研究人员不知道原因。一种可能是，在西方文化中，不同性别的抑郁症发病率的差异反映了男性抑郁症的诊断不足。在美国，与男性

重度抑郁症
（major depressive episode）
一个人经历着挥之不去的、慢性或复发性的忧郁情绪，或对愉快的活动失去兴趣，并伴随着体重减轻或睡眠障碍。

一种被称为"抑郁艺术"的艺术流派，在视觉上捕捉到伴随严重抑郁而来的个人痛苦和情感痛苦。

答案： 事实。临床抑郁症可以在儿童时期出现，一些儿童甚至会服用杀鼠剂（Soole，Kõlves，& De Leo，2015）。

拒绝和抑郁

互动

詹姆斯·科因的人际关系模式认为，抑郁会触发他人对自身的拒绝，从而加深自身的抑郁。

相比，女性更愿意承认抑郁并寻求心理治疗（Kilmartin，2006）。

抑郁症，就像普通感冒一样，经常复发。患有严重抑郁症的人一生中经历五到六次发作，每次持续半年到一年。但在多达四分之一或更多的病例中，抑郁症是持续存在的，并且可能存在长达数十年而没有缓解（Murphy & Byrne，2012；Satyanarayana et al.，2009）。一般来说，抑郁症首次发作的时间越早，越有可能持续或复发（Coryell et al.，2009）。与普通感冒形成鲜明对比的是，抑郁会造成严重的损害。在极端的情况下，人们可能不吃东西、不穿衣服，不关心基本的健康需要，比如刷牙或洗澡。

重度抑郁症的主要解释：错综复杂的网络

抑郁症说明了多种因素如何结合起来产生心理症状。让我们重新考虑一下在本节开始时我们想象中的那个沮丧的人。从他严重抑郁的父亲，和焦虑的母亲那里，他可能继承了一种倾向，以消极情绪（神经质）来应对压力。每天，他都浪费时间思考失去工作的问题，并确信一个有竞争力的同事正在试图破坏他的权威。他的工作质量急剧下降，退出社交活动，开始拒绝邀请朋友去打高尔夫球。他的朋友们想让他高兴起来，但他头上的乌云却一动也不动。他的朋友不再邀请他去做任何事情，他会感觉被拒绝了。他曾经辉煌的社交世界变成了一片黑暗，他无所事事地四处闲逛，他感到无助。最终，他的黑暗想法变成了自杀。

这个例子强调了一个关键点。为了充分理解抑郁症，我们必须把所有复杂的相互作用联系在一起：先天倾向、压力事件、人际关系、日常生活中的强化因素、消极思想和无助感（Akiskal & McKinney，1973；Ilardi & Feldman，2001；Joiner，Brown，& Kistner，2014）。

抑郁和生活事件

西格蒙德·弗洛伊德（1917）认为早期的丧失会使我们在以后的生活中容易患抑郁症。他可能是有道理的，因为有压力，代表着失去或威胁，特别是与反对意见有关的压力事件会导致不良情绪（Brugha，1995；Mazure，1998；Paykel，2003）。但是决定我们是否会变得抑郁的一个关键因素是我们是否已经失去或者将要失去一些我们珍视的东西，比如我们爱的人或者自尊（Beck，1983；Blatt，1974；Zuroff，Mongrain，& Santor，2004）。

相关还是因果
我们能确信 A 是 B 的原因吗？

悲观和其他抑郁症的症状可以令消极生活环境雪上加霜，比如丢掉工作或失去亲密关系（Hammen，1991；Harkness & Luther，2001）。因此，这种联系的因果箭头是双向的。消极的生活事件会让我们沮丧，但是抑郁症会给生活带来麻烦。

人际关系模式：抑郁症是一种社会障碍

詹姆斯·科因（James Coyne）假设抑郁会造成人际问题（Coyne，1976；Joiner & Coyne，1999；Rudolf，2009）。他认为，当人们变得抑郁时，他们会寻求过度的安慰，而这反过来又会导致其他人拒绝他们。科因（1976）要求女大学生与抑郁症患者、无抑郁症患者或来自社区的非抑郁女性进行 20 分钟的电话交谈。他没有告诉学生他们会和抑郁症患者互动。然而，在互动之后，与这些患有抑郁症病人交谈的学生比那些与社区人员和没有抑郁症患者互动的人更加抑郁、焦虑。此外，参与者对抑郁症患者的排斥程度很高，对与他们在未来交流的兴趣也大大降低。对于科因来说，抑郁是一个恶性循环。患有抑郁症的人往往会招致他人的敌意和拒绝，而这反过来又会维持或加剧他们的抑郁。

许多但不是全部研究已经验证了科因的发现：抑郁症患者寻求过度的安慰，并倾向于激起他人的负面情绪（Burns et al.，2006；Hames，Hagen，& Joiner，2013；Starr & Davilla，2008）。不断的担忧、不信任和被抛弃的恐惧，以及不恰当的社会行为，对很多人来说都是社交的禁区（Wei et al.，2005；Zborowski & Garske，1993）。

可重复性
其他人的研究也会得出类似的结论吗？

行为模式：抑郁源于强化失败

彼得·卢因森的（Lewinsohn，Clarke，& Rohde，2013）行为模型假定，抑郁症的起因是积极强化的低效反馈。当患有抑郁症的人尝试不同的事情并没有得到回报时，他们最终会放弃。他们停止参加许多令人愉快的活动，使他们很少有机会去获取别人的支持。随着时间的推移，他们的个人和社会的世界会缩小，因为抑郁几乎渗透到他们生活的每个角落。卢因森观察到一些患有抑郁症的人缺乏社交技能（Segrin，2000；Youngren & Lewinsohn，1980），这使他们更难从他们珍视的人那里获得强化。如果其他人以同情和关心回应抑郁的人，他们可能会强化并维持患者的回避。这一观点暗示了一个简单的方法来打破抑郁症的束缚：强迫自己从事愉快的活动。有时仅仅是起床，就能成为征服抑郁症的第一步（Dimidjian et al.，2006）。

认知模式：抑郁是一种思维障碍

阿伦·贝克（Aaron Beck）提出的有影响力的**抑郁的认知模式**认为抑郁症是由消极的信念和期望引起的（Beck，1967，1987）。贝克着重研究了认知三元组，即抑郁思维的三个理论组成部分：对自己，对世界，对未来的消极看法。这些习惯性的思维模式，被称为消极模式，可能起源于早期经历的失去、失败和拒绝。这些模式在以后的生活中被压力事件激活，强化了抑郁症患者的负面经历（Scher，Ingram，& Segal，2005）。

一个抑郁的人对世界的看法是悲观的，因为他们对自己的经历产生了明显消极的心理倾向，他们有偏见地回忆起负面的事件。他们还患有认知扭曲，而这是一种扭曲的思维方式。这方面的一个例子是选择性抽象概念，在这种抽象中，人们基于一种情况的孤立方面得出一个否定的结论。一位男士可能在垒球比赛中挑出自己犯的一个小错误，然后把比赛的失利完全怪在自己头上。就好像这些人戴着一种眼镜，把生活中所有积极的经历过滤掉，让生活中所有消极的经历变得更清晰。此外，不准确的认知可能导致抑郁，抑郁的感觉可能导致不准确的感知，从而导致负面情绪的恶性循环（Kistner et al.，2006）。

贝克认为抑郁症患者对自己、未来和世界持负面看法的观点得到了很大的支持（Disner et al.，2011；Haaga，Dyck，& Ernst，1991）。但认知障碍在非住院治疗或不严重的抑郁患者中，作用的证据并不充分（Haack et al.，1996）。事实上，一项研究表明，与没有抑郁症的人相比，轻度抑郁症的人对环境的看法更为准确，这一现象被称为抑郁现实主义（Moore & Fresco，2012）。

抑郁的认知模式
（cognitive model of depression）
一种认为抑郁症是由消极信念和期望而产生的理论。

习得性无助（learned helplessness）
面对无法控制的事件时感到无助。

习得性无助：抑郁是不可控事件的后果

马丁·塞利格曼（Seligman，1975；Seligman & Maier，1967）在他对狗做的研究中偶然发现了一个与抑郁有关的异常现象。他用穿梭箱对狗进行测试，如图15.3所示；箱子的一边通了电，而另一边被一道低矮的屏障隔开了。通常情况下，狗会跳过障碍物，跳到箱子上不带电的一侧，从而避免痛苦的电击。然而塞利格曼发现了一些令人惊讶的事情。狗首先被限制在吊床上，然后遭受电击但又无法逃跑，之后，它们通常不会试图躲避穿梭箱中的电击，即使它们很容易就能逃脱。有些狗只是坐在原地，呜咽哭泣，被动地接受电击，仿佛这是不可避免的。它们变得无助。

布鲁斯·奥弗米尔（Bruce Overmier）和塞利格曼（1967）将**习得性无助**描述为在面对无法控制的事件时感到无助的情绪，并认为这提供了一个抑郁症的动物模型。塞利格曼指出，习得性无助和抑郁症症状的影响有惊人的相似之处：被动，食欲和体重下降，以及难以认识到个体可以改善环境。但是，我们必须谨慎地从动物研究中得出结论，因为许多心理疾病，包括抑郁症，可能在动物和人类中的表现有所不同（Raulin & Lilienfeld，2008）。

尽管塞利格曼的模型具有挑战性，但它不能解释抑郁症的所有方面。这并不能解释为什么抑郁症患者会对失败做出内部归因（解释）。事实上，对失败承担个人责任的倾向与认为抑

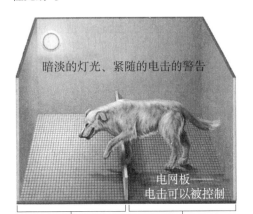

图15.3　穿梭箱

通过这个装置，马丁·塞利格曼发现狗在第一次逃跑被阻止后，就几乎不再逃跑，即使它们能轻易地跑掉。他称这种现象为"习得性无助"。

暗淡的灯光、紧随的电击的警告

电网板——
电击可以被控制

狗在这边可以
躲避电击

在栅栏这边
会遭受电击

郁症患者将负面事件视为无法控制的观点相矛盾。最初的模型也不承认仅仅对不可控的期望不足以诱发抑郁症。毕竟，人们在买彩票中奖时不会感到悲伤，即使他们无法控制这一事件（Abramson，Seligman，& Teasdale，1978）。

当数据不符合模型时，好的科学家会修正它。塞利格曼和他的同事们（Abramson et al.，1978）修正了习得性无助模型来解释人们为解释他们世界而做出的归因。他们认为，人们倾向于将失败归因为内部因素而不是外部因素。一个患有抑郁症的人可能会把考试成绩不佳归咎于能力不足，这是一个内部因素；好成绩归因于考试的轻松程度，这是一个外部因素。研究人员还发现，抑郁倾向的人做出的归因是普遍和稳定的；他们倾向于把自己的失败看成是性

排除其他假设的可能性
对于这一研究结论，还有更好的解释吗？

相关还是因果
我们能确信A是B的原因吗？

格的一般和固定的方面。然而，内在的、普遍和稳定的归因可能更多的是抑郁的结果而不是原因（Harvey & Weary，1984）。不良生活事件带来的抑郁可能会扭曲我们的思维，导致我们做出消极归因，这种倾向可能早在小学一年级就已经显现出来（Fincham，Diener，& Hokoda，2011；Gibb & Alloy，2006）。

我们是否患上抑郁症不仅取决于我们对结果的归因，还取决于我们的感觉和我们想要的感觉的不同（Tsai，2007）。珍妮·蔡（Jeanne Tsai）和她的同事发现，文化因素影响着人们的理想情绪（Tsai，Knutson，& Fung，2006）。与中国香港人相比，欧裔美国人和亚裔美国人更看重刺激，而与欧裔美国人相比，中国香港人和亚裔美国人则更看重冷静。然而，在所有的这三个文化群体中，

理想与现实情感之间的差距，与抑郁是正相关的。

抑郁症：生物的作用

双生子研究表明基因对患抑郁症的风险有中度影响（Kendler et al., 1993；Kendler Gatz, Gardner, & Pedersen, 2006）。一些研究人员提出，血清素转运体基因（影响血清素再摄取率）的特定变异在抑郁中扮演重要角色，特别是在与生活经验结合到一起时。科学家们首次报告说，遗传了这种压力敏感基因的人在经历了四次压力事件后患抑郁症的概率是没有压力敏感基因的人的 2.5 倍（Caspi et al., 2003）。压力敏感基因似乎影响人们在压力面前抑制负面情绪的能力（Kendler, Gardner, & Prescott, 2003）。然而，这些发现的可重复性和可信度受到了大量的关注，它们已经在各实验室验证研究中得到了支持（Karg et al., 2011；Risch et al., 2009；Rutter, 2009；Sharpley et al., 2014）。为了解决有关基因 - 生命重大事件在抑郁症中相互作用的问题，研究人员需要进行精心的研究，在这些研究中仔细定义有压力的生活事件，以确定这些积极的发现是否是可重复的。人们希望这些研究能够澄清任何表面上的基因异常是否与抑郁症有关；它们也可能与焦虑有关（Hariri et al., 2002）。

可重复性
其他人的研究也会得出类似的结论吗？

排除其他假设的可能性
对于这一研究结论，还有更好的解释吗？

抑郁症也与神经递质去甲肾上腺素水平低（Leonard, 1997；Robinson, 2007）和神经发生（新神经元的生长）减少有关，从而导致海马体体积的减小（Pittinger & Duman, 2008；Videbech & Ravnkilde, 2004）。许多抑郁症患者的大脑奖励与压力反应系统存在问题（Depue & Iacono, 1989；Forbes, Shaw, & Dahl, 2007；Treadway & Zald, 2013），多巴胺（与奖励紧密相关）水平下降（Martinot et al., 2001）。这一发现可能有助于解释为什么抑郁常常与无法体验快乐联系在一起。

研究人员正在研究一种令人兴奋的可能性，即炎症，不管是由于感染还是其他原因引起的免疫反应，可能会引发抑郁症和精神分裂症等精神疾病（Liu, Ho, & Mak, 2012）。淋巴管将免疫系统与大脑连接起来，这一新发现可能为理解功能失调的免疫系统如何影响大脑，产生或加重精神疾病提供了一种途径（Louveau et al., 2015），且为治疗心理疾病的药物打开了大门，如低剂量阿司匹林可减轻炎症（Köhler et al., 2015）。

日志提示

本节提供了导致抑郁的可能解释（强化失败、习得性无助）。选择其中一种解释，并提出一项有助于评估这一解释的研究。

双相障碍：当情绪走向极端

我们都体验过各种心情，但**躁狂抑郁症**是独一无二的。躁狂抑郁症典型的特点是情绪急剧高涨（感觉就好像"站在世界之巅"），睡眠需求降

躁狂抑郁症（manic episode）
情绪急剧高涨，睡眠需求降低，精力旺盛，自尊心膨胀，能说会道，行为缺乏责任感。

低，精力极度充沛，自尊心膨胀，多话，行为缺乏责任感。躁狂发作的人总是发表"压力演说"，尽管他们无法快速表达自己想说的话，但也很难打断他们（APA，2013）。他们的大脑中不断涌现出各种想法，这也许可以解释为什么一些患有双相障碍的人创造性成就很高。这些以及其他一些症状通常在几天之内迅速增加。而第一次躁狂发作通常是在二十几岁时（Kessler et al.，2005）。

　　双相障碍　正式名称是躁狂抑郁症，其诊断标准是病史中至少有一段时间存在躁狂发作（APA，2013）。跟重度抑郁症相反，双相障碍在男女中患病比例相同。在大部分案例中（能达到90%）躁狂发作至少出现两次（Alda，1997；Geddes & Miklowitz，2013）。很多人在数年中会发作几次，然后连续发作，一次紧接着一次。躁狂抑郁症之前或之后，超过一半的情况会产生严重的抑郁症症状（Solomon et al.，2010）。躁狂抑郁症经常会给生活和工作带来严重的问题，例如物质滥用和无节制的性行为。纽约最富有的人之一埃德·巴扎内在纽约国际礼品展上有过一段疯狂的经历，他曾卖出数百万件微型陶瓷房子。巴扎内订购了价值超过2 000万美元的卫生和家居用品，包括肥皂、衣架、家具、枕头和墙壁艺术品，之后他住进了一家精神病院（James & Patinkin，2012）。就像这个例子所说的，在躁狂发作的时候，判断力通常严重受损。本书的作者治疗了一位躁狂抑郁症病人，这位病人继承了父亲的金融公司，获得了父亲留给他的退休储蓄，并赌光了他的全部家产。另一个人买了超过100个保龄球，浪费了他一生的大部分积蓄，而这些都不是他所需要的。躁狂发作的负面影响会持续多年，包括失业、家庭冲突和离婚（Coryell et al.，1993）。

第一人称叙述：双相障碍

　　当我开始感觉到兴奋时，我不再觉得自己是个普通的家庭主妇，相反，我感到自己更有组织性、更具技巧性，我开始觉得自己是最具创造力的。我很容易写诗……毫无压力写出旋律……我感到兴奋……我似乎不需要太多睡眠……我刚买了六件新衣服……我觉得自己很性感，男人们都盯着我看。也许我会有外遇，也许好几次……然而，当我结束这个状态时，我变得狂躁……我开始在我脑海里看到不真实的东西……一天晚上，我创作了一整部电影……我也经历了完全的恐怖……当我知道案发现场即将发生……我在那个时候进入了狂躁期。我的尖叫声惊醒我的丈夫……第二天我被送进了精神病院。

FIEVE，1975，p.17

　　在所有的精神障碍中，双相障碍是受基因影响最大的一种（Miklowitz & Johnson，2006）。双生子研究显示，它的遗传率从60%到85%不等（Alda，1997；Lichtenstein et al.，2009；McGuffin et al.，2003）。许多基因似乎是增加双相障碍风险的罪魁祸首，而且在双相障碍和精神分裂症的精神病症状之间至少有一些基因重叠（Craddock，O'Donovan，& Owen，2005；Lichtenstein et al.，2009；Purcell et al.，2009）。

　　脑成像研究显示，患有双相障碍的人，他们与情绪相关的脑部组织（例如杏仁核）的活动会增加（Chang et al.，2004；Thomas et al.，2013），而与计划相关的脑部组织（例如前额叶皮层）活动会减少（Kruger et al.，2003；Phillips & Swartz，2014）。但是，这些生理发现和心境障碍之间的因果关系，并不是完全明朗的。举例来说，患有双相障碍的人，大脑活动间的差异可能只是该障碍的一个影响结果，而非该障碍的原因（Thase，Jindal，& Howland，2002）。

　　双相障碍的影响不仅仅是生理因素。有压力的生活事件会增加躁狂发作的风险，使之更频繁地复发，而从躁狂症发作中恢复的时间更长（Johnson & Miller，1997；Yan-Meier et al.，2011）。有趣的是，一些躁狂发作似乎是由积极的生活事件引发的，例如，工作晋升或赢得诗歌比赛（Johnson et al.，2000；Johnson et al.，2008）。我们可以再次看到心理障碍来自遗传和社会文化力量的交互作用。

自杀：真相与假象

相比其他病症，抑郁症和双相障碍患者的自杀风险更高（Chesney，Goodwin，& Fazel，2014；Miklowitz & Johnson，2006）。超过三分之一的双相障碍患者试图自杀，双相障碍患者的自杀率大约是普通人群的16倍（Harris & Barraclough，1997；Novick，Swartz，& Frank，2010）。一些焦虑障碍，例如恐惧症、社交恐惧症、物质滥用，同样有很高的自杀风险（Spirito & Esposito-Smythers，2006）。截至 2013 年，科学家将自杀列为美国第十个主要致死因素和美国原住民死亡的第八大原因（CDC，2015）。

通常，在美国每年有超过 40 000 人被判定为自杀，事实上，这一统计数字肯定被低估了，因为亲属把许多自杀报告成意外。每一起自杀，都估计有 8～25 次尝试。与许多人认为的相反，大多数人对自己的威胁要大于对其他人。每两名被谋杀者，就对应有三名自杀身亡者（NIMH，2015）。在表 15.4 中，我们提出了一些关于自杀的其他常见的假象和错误观念以及每个案例中正确的信息。

预测自杀企图是很重要的，因为大多数人只有很短的一段时间有强烈的自杀倾向（Joiner，2010；Schneidman，Farberow，& Litman，1970；Simon，2006）。在这段时间内的干预是至关重要的。不幸的是，自杀前的预测会带来严重的实际问题。第一，我们不能轻易地进行纵向研究，以确定哪些人企图自杀。让人们相信自己有很高的自杀风险，以此让他们试图允许我们对其进行精确的预测，这是不道德的。第二，很难研究与自杀相关的心理状态，因为自杀未遂的高风险期通常很短。第三，自杀率低使预测困难重重（Finn & Kamphuis，1995；Meehl & Rosen，1955）。大多数人估计，在一般人群中，10 万人中有 12 或 13 人自杀。所以，如果其中只有 1% 的人自杀成功，我们在最好的猜测中（99.9% 的准确性）是没有人会自杀。然而，未能预测到自杀的社会成本是如

表15.4	有关自杀的常识性假象与事实

假象	事实
跟抑郁症患者谈论自杀，会让他们将自杀付诸行动	跟抑郁症患者谈论自杀，会让他们更有可能得到帮助
自杀总是完全没有预兆的	大多数企图自杀的个体，都会将自己的想法告诉他人，这样给了我们一个机会，向有自杀倾向的人提供帮助
随着重度抑郁症患者数量的增加，人们的自杀风险降低	随着重度抑郁症患者数量的增加，自杀风险可能实际上也在上升，一部分原因是，个体有更多精力去尝试这种行为
大多数威胁说要自杀的人，是在寻求关注	尽管寻求关注是自杀行为的动机，但是大多自杀行为都起步于重度抑郁和无望
大谈特谈自杀的人，大多从不付诸行动	谈论自杀表明，他已经深思熟虑过这件事，自杀的可能性更高

| 图 15.4 | 自杀位置公布 |

旧金山著名的金门大桥是 1 200 起自杀事件的发生地。线上的每一英寸就等于发生了 20 例自杀事件。

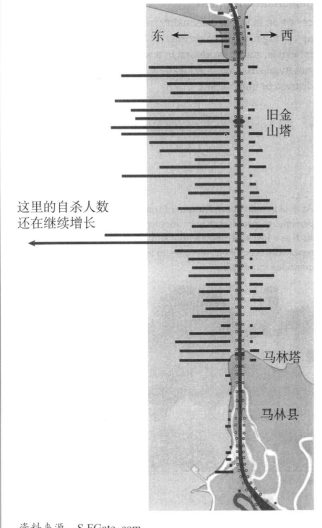

东 ← → 西

旧金山塔

这里的自杀人数还在继续增长

马林塔

马林县

资料来源：S FGate. com。

此之大，以至于准确预测自杀企图的努力仍在继续（见图 15.4）。

幸运的是，研究已经教会我们很多关于自杀的风险因素。自杀的最佳预测因素是之前的一次尝试，因为 30%～40% 自杀的人至少有过一次尝试（Maris，1992；Pelkonen & Marttunen，2003）。随着尝试次数的增加，最终致命的尝试可能性更大（Tidemalm et al.，2014）。男性的自杀率是女性的三倍，但女性尝试自杀的人数是男性的三倍（NIMH，2015）。最近的研究表明，心理上痛苦是自杀企图的最佳预测因素之一（Troister，D'Agata，& Holden，2015）。强烈的焦虑也是对自杀风险的一种有效预测（Fawcett，1997）。主要的自杀风险因素包括：

- 抑郁症。
- 绝望。
- 强烈的不安。
- 药物滥用。
- 精神分裂症。
- 同性恋，可能是因为社会偏见。
- 失业。
- 慢性的、痛苦的或毁坏性的身体疾病。
- 最近失去心爱的人；离婚、分居或丧偶。
- 自杀家族史。
- 人格障碍，如边缘型人格障碍。
- 焦虑障碍，如惊恐障碍和社交焦虑障碍。
- 年龄大，尤指男性。
- 刚从医院出院。

15.4　人格障碍和分离性障碍：混乱和分裂的自我

15.4a　掌握边缘型人格障碍和病态人格的特点。

15.4b　讨论对分离失调的争议，特别是分离性身份识别障碍的争议。

我们大多数人会习惯性地认为，自己有一致、统一的人格。但是，一些不幸的个体的思维和行为却存在严重的分裂，这些分裂使得他们无法发展出健康、统一的人格。识别人格障碍是特别具有挑战性的，因为我们都经历过个性及自我意识的变化。

人格障碍

从总的精神治疗情况来看，**人格障碍**的诊断在历史上是最不可靠的（Fowler，O'Donohue，& Lilienfeld，2007；Perry，1984；Zimmerman，1994）。因为临床医生有时对某个病人是否表现出某些人格障碍（如过度冲动或身份问题）意见不一。DSM-5 指出，只有当人格特质在青春期之前出现，并在不同情境下稳定不变，导致不幸和创伤时，我们才能确诊人格障碍（APA，2013）。但是，在大多数我们所讨论过的行为模式中，我们能否发现人格障碍患者的不正常，在很大程度上依赖于这个人行为发生的前后情境（Price & Bouffard，1974）。举例来说，妄想型人格障碍患者的猜疑心在团队合作工作中可能是一个缺点，但是在个人研究中，却是一个优点。

虽然 DSM-5 中的 10 种人格障碍是相互有区别的，但它们经常表现出严重的并发症和其他精神障碍，如重度抑郁症和广泛焦虑症（Lenzenweger，McLachlan，& Rubin，2007）。这导致对它们是否真的区别于其他心理疾病产生了质疑（Harkness & Lilienfeld，1997）。特别是其中有两种疾病，已经得到了广泛的研究，并对受影响的个人和周围的人产生严重的损害。因此，在本节中，我们将详细讨论两种被广泛研究的人格障碍——边缘型人格障碍和心理病态人格。在许多方面，由这两种疾病引发的因素凸显了在一般情况下诊断和理解人格障碍的独立性。

边缘型人格障碍：稳定的不稳定状态

据统计，2%～6% 的成年人，其中大部分是女性（Swartz et al.，1990；Zanarini et al.，2011），能发展为**边缘型人格障碍**，即一种情绪、自我意识和冲动控制不稳定的状态。有边缘型人格障碍的人倾向于极端冲动且难以预测，尽管许多人已经结婚并拥有了好工作。他们的兴趣和人生目标能很快发生戏剧性的变化。他们之间的关系和友谊经常从头天极端的崇拜到第二天的憎恨。一些学者恰当地将这种紊乱描述为"稳定的不稳定"模式（Grinker & Werble，1977）。

边缘型人格这个名字源于一种现在已经过时的观念，即这种状态介于精神病和"神经病"之间——相对正常，但却有轻度功能障碍（Stern，1938）。相反，研究人员玛莎·莱恩汗（Marsha Linehan）认为，这种情况的一个更好的名字是情绪失调障碍。

边缘型人格：性格的不稳定混合 边缘型人格症状具有冲动性和自毁性，通常包括药物滥用、性滥交、暴饮暴食，甚至是自残，比如在难过时割伤自己（Salsman & Linehan，2012）。患有这种疾病的人可能会用威胁甚至企图自杀来操控别人，这反映了他们关系的混乱性（Leichsenring et al.，2011）。因为很多人都经历过被抛弃的强烈感觉——极度的孤独以及独处时的空虚感，他们可能会疯狂地从一段不健康的关系跳到另一段关系中。

对边缘型人格障碍的解释 精神分析学家奥托·科恩伯格（Kernberg，1967，1973）追溯了边缘型人格的根源和童年时期的问题，即发展自我意识，并在情感上与他人建立情感联系。根据科恩伯格的说法，边缘型人格障碍的个体不能将不同的人（包括他们自己）的认知整合在一起。据推测，这一缺陷是由于与冷漠无情的母亲生活在一起而产生的一种与生俱来的体验强烈愤怒和挫折的倾向。科恩伯格认为，边缘个体体验世界和自己的方式是不稳定的，因为他们倾向于将人与经验"分割"成好或坏。虽然产生了一定的影响，但对科恩伯格的边缘型人格模型的研究仍不够充分。

根据莱恩汗（Linehan，1993；Crowell，Beauchaine，& Linehan，2009）社会生物学模型，具

人格障碍
（personality disorder）
在不同的情境中都呈现刻板稳定的人格特质，首先在青春期时出现，带来不幸和创伤。

边缘型人格障碍
（borderline personality disorder）
特点是情绪、自我形象、自控力的不稳定。

心理病态人格
(psychopathic personality)
显著特点是没有羞耻感、不诚实、喜欢指使别人、冷漠、以自我为中心、爱冒险。

反社会型人格障碍
(antisocial personality disorder, ASPD)
显著特点是长期存在不合法和不负责任的行为。

有边缘型人格障碍的个体遗传了对压力反应过度的倾向，一生都难以控制自己的情绪。事实上，双生子研究表明边缘型人格特质实质上是可遗传的（Carpenter et al.，2013；Torgersen et al.，2000）。控制情绪的困难可能是许多边缘型人格障碍患者遭遇排斥的原因，也许是他们过分关注被认可、被爱和被接受。

爱德华·塞尔比（Edward Selby）和托马斯·乔伊纳（Thomas Joiner）的情绪级联模型认为，对负面事件或情感经历的强烈反思可能会导致"情绪级联"，从而引发自我伤害的行为，如割伤自己。尽管这些冲动和不顾一切的行动成功地对反刍进行了短暂的干扰，但它们往往会引发进一步的反刍，从而形成一种情绪调节问题的恶性循环（Gardner，Dodsworth，& Selby，2014；Selby et al.，2009；Selby & Joiner，2009）。

多年来，心理学家一直认为，边缘型人格是一种终生的、永远不会随着时间的推移而改善的状况。相比之下，数据显示，那些符合边缘型人格障碍的标准的人在寻求治疗的十年后，只有7%的人符合这一标准（Durbin & Klein，2006；Lilienfeld & Arkowitz，2012）。

心理病态人格：不要用封面来判断一本书

我们不打算吓唬你。然而，在你的生活中，你可能遇到甚至约会过至少一个被心理学家称为**心理病态人格**的人，他们曾经被非正式地称为精神变态或反社会者。

第一人称叙述：病态人格

在我的一生中，我杀死了21个人。我已经犯下了成千上万桩的盗窃、抢劫、纵火案件，还有最后一件事，我至少对1 000多名男子进行了鸡奸。对于所有这些事情，我一点也不感到抱歉。我不会受到良心的谴责，所以我不担心。

King，1997，p.169. Quote from Carl Panzram, a serial killer, burglar, and arsonist.

心理病态人格并不是正式的心理障碍，在DSM-5中并没有被单独列出。然而，它与**反社会型人格障碍（ASPD）**的DSM-5诊断有一定的重叠。ASPD的特征可以追溯到童年或者青少年时期的长期违法和不负责任行为的历史，与ASPD不同，心理病态人格的特征是一组独特的个性特征（Lilienfeld，1994）。因为更多的心理学研究集中在心理病态人格而非ASPD上（Hare，2003；Patrick，2016），我们接下来关注心理病态，因为后一种情况更容易理解。

心理病态人格：一种危险的性格混合　那些具有心理病态的人，大多数是男性，特征是无负罪感、不诚实、善于操控、冷酷、以自我为中心（Cleckley，1941/1988；Lykken，1995）。此外，许多有这种疾病的人都有品行障碍的病史，在儿童和青少年时期都有说谎、欺骗和偷窃的问题。最近，越来越多的数据表明，许多患有心理病态人格的成年人在儿童时期表现出了独特的个性特征，可能早在他们五岁甚至三岁的时候就有所表现。这种特征群被称为冷酷无情性格，其特点是情感淡漠以及缺乏负罪感、同理心（Frick et al.，2014）。正如你所想象的，有这些特点的孩子并不完全是"老师的宠儿"，而且他们经常在学校遇到比在家更多的麻烦。越来越多的证据表明，这样的孩子在青春期和成年期患心理病态人格的风险更高（Frick & White，2008）。与此同时，给孩子们贴上冷酷的情感特征标签在科学上和伦理上都是有争议的，尤其是因为他们中的一些人最初有这些特征，但后来没有发展出心理病态人格（Edens et al.，2001）。由于心理病态者的个性特征明显令人不快，人们可能会认为我们都会刻意避开患有这种疾病的人，如果我们这样做的话，我们可能会过得更好。然而，我们中的许多人都把有心理病态人格的人视为朋友，甚至是浪漫的伴侣，因为他们表面上很有魅力，很有风度，很迷人（Dutton，2012；Hare，1993）。

如果我们描述的特征符合你所认识的某人，那么没有必要恐慌。与普遍存在的看法相反，大多数患有病态人格的人并没有暴力倾向。不过，与普通人相比，他们犯罪的风险性更高。少数，可能只有很小百分比的人存在习惯性的暴力倾向（Leistico et al.，2008）。臭名昭著的连环杀手泰德·邦迪，一个迷人的病态心理的法学院学生，强奸并残忍地谋杀了多达几十个女人，几乎可以肯定他符合心理病态人格的标准，与约 25% 的囚犯一样（Hare，2003；Poythress et al.，2010）。同样，除了电影中对连环杀手的描绘之外，患有病态人格的人其实并不是典型的精神病患者。相反，他们很多是纯粹理性的。他们非常清楚自己那些不负责任的行为在道德上是错误的；他们只是并不在乎这些而已（Cima，Tonnaer，& Hauser，2010）。

我们有理由怀疑，病态人格的人不仅出现于刑事犯罪案件里，还出现在公司和政治领域的领导者中（Babiak & Hare，2006）。例如，在美国总统中，被称为无所畏惧的优势，也就是通常在精神病患者身上发现的大胆，与历史学家所评估的卓越领导能力有关（Lilienfeld，Watts，& Smith，2012）。事实上，一些心理变态的特质，例如交际技巧、表面上讨人喜欢、冷酷和冒险精神，可以给予他们出人头地的契机。而且，一个对"成功的病态人格"的调查显示，那些有高水平病态特质的人，在社会中却有出色的表现（Hall & Benning，2006；Lilienfeld et al.，2015；Widom，1977）。

病态人格的原因　尽管已经进行了 60 多年的研究，但心理病态人格的原因仍在很大程度上是未知的（Skeem et al.，2011）。经典的研究表明，患有这种疾病的人不会对不愉快的非条件刺激表现出太多的经典性条件作用，比如电击（Lykken，1957）。同样，当被要求耐心地坐在椅子上等待电击或巨大的噪声时，他们的皮肤电导水平（一种觉醒指标）增量只是那些没有心理障碍的人增量的大约五分之一（Hare，1978；Lorber，2004）。这些异常可能源于恐惧的缺失，这可能会导致障碍的一些关键特征（Fowles & Dindo，2009；Lykken，1995；Patrick，2016）。与这些实验室结果一致的是，功能性脑成像研究表明，具有明显心理病态特征的个体在面对恐惧相关的刺激（比如惊恐的人的面孔）时，往往表现出杏仁核的不活跃（Moul，Kilcross，& Dadds，2012）。杏仁核是杏仁状的大脑结构，在恐惧处理过程中起着关键作用。也许在一定程度上是由于这种恐惧的缺乏，心理病态人格者并不是特别有动力从惩罚中学习，并倾向于重复同样的错误（Newman & Kosson，1986；Zeier et al.，2012）。

另一种解释是，患有这种疾病的人没有被唤起。耶克斯－多德森定律描述了一种根深蒂固的心理学原理：一端是兴奋、另一端是情绪和表现的倒 U 形关系。正如这项定理提醒我们的那样，那些习惯不被唤起的人会经历刺激的缺失：他们很无聊，会寻找刺激。"低觉醒假说"可能有助于解释为什么那些具有心理病态人格的人倾向于冒险（Zuckerman，1989），以及为什么他们经常在法律和滥用各种物质的问题上陷入困境（Taylor & Lang，2006）。然而，觉醒不足和精神病

事实与虚构

互动　患有心理病态人格的人是无可救药的，不能康复。（请参阅页面底部答案）
○ 事实
○ 虚构

排除其他假设的可能性　对于这一研究结论，还有更好的解释吗？

答案：虚构。至少有一些患有这种疾病的人会有一些改善，尤其在配合长期且密集的适当治疗时（Salekin，2002；Skeem，Monahan，& Mulvey，2002）。

分离性障碍
（dissociative disorder）
意识、记忆、身份、感知混乱的情况。

人格解体 / 现实感丧失障碍
（depersonalization/derealization disorder）
以多重人格解体，现实感丧失，或两者兼而有之为特征的状况。

分离性遗忘症（dissociative amnesia）
无法回忆起重要的个人信息——大多数患者之前有过紧张的经历，而这一切并不是由于正常的遗忘所致。

之间的因果箭头可能指向相反的方向；如果有心理病态特征的人无所畏惧，那么他们在对刺激的反应中会经历很少的觉醒（Lykken，1995）。

分离性障碍

　　当说到我们自己时，我们不假思索地用到"我"这个词。但对分离性障碍患者来说并非如此。**分离性障碍**，主要包括意识、记忆、身份、感知的混乱（APA，2013）。那种认为一个人可以有不同人格的观点本身就不寻常，更不用说有超过一百种不同的人格（Acocello，1999）。所以，毫无疑问，分离性身份识别障碍（DID）是在所有诊断中最具争议的。在我们探讨有关分离性身份识别障碍的争议之前，我们先介绍几种其他的分离性障碍。

相关还是因果
我们能确信 A 是 B 的原因吗？

特别声明
这类证据可信吗？

人格解体 / 现实感丧失障碍

　　如果你曾经觉得自己与世隔绝，就好像你生活在电影或梦境中，或者从一个局外人的角度来观察你的身体，你就会经历人格解体。超过一半的成年人经历过一段短暂的人格解体，这种经历在青少年和大学生中尤为普遍（APA，2013；Simeon et al.，1997）。现实感丧失，即外部世界是陌生的或不真实的，常常会伴随人格解体和惊恐障碍。只有当人们经历了多次的人格解体、现实感丧失或者两者兼而有之时，他们才有可能被诊断为**人格解体 / 现实感丧失障碍**。

　　睡眠障碍可能是导致人格解体 / 现实感丧失障碍的重要因素。当人们被剥夺了 24 小时的睡眠时间后，他们会报告更多的类似于精神分离的症状，当他们被教授睡眠保健方法（如少摄入咖啡因）以改善他们的睡眠时，他们会报告较少的离解症状（van der Kloet et al.，2012）。一些研究人员提出，睡眠－觉醒周期的紊乱会在白天产生类似梦境的想法，导致或至少会产生离解的体验。

日志提示

你是否曾经历过一段你认为是"人格解体"的事件？详细描述你的经历。如果你从未经历过，想象一下你会有什么感觉？为什么认为在惊恐发作时，会发生人格解体 / 现实感丧失障碍？

分离性遗忘症

　　患有**分离性遗忘症**的人，无法回忆起重要的个人信息——这些人大多数都有过紧张的经历，而这一切并不是正常的遗忘所致。他们的记忆缺失十分严重，可能会忘记曾经有过的自杀企图或暴力行为（Sar et al.，2007）。心理医生诊断分离性遗忘症，普遍是根据人们在回忆童年被虐经历时，记忆存在断层。

排除其他假设的可能性
对于这一研究结论，还有更好的解释吗？

这种诊断颇具争议，原因有以下几个。第一，记忆断层论认为对健康个体来说，非创伤性事件是常见事件，而且与压力有关的事件或是象征分离的事件都是不必要的（Belli et al.，1998）。第二，大多数人可能不会很主动地去回忆童年时期的被虐经历或其他可怕的事件。正如理查德·麦克纳利（McNally，2003）所说的，不去想并不同于不记得，而后者被称为失忆。第三，有研究显示，存在可信的证据证明失忆可以用其他因素来解释，例如脑损伤、正常性遗忘，或不愿去回忆令人困扰的事件（Kihlstrom，2005；Pope et al.，2007）。第四，高度分离的个体不太可能忘记威胁性的（性）词汇，而实验者会引导他们遗忘这些词汇（Elzinga et al.，2000；Giesbrecht et al.，2008）。

很多时候，我们希望自己能够摆脱烦恼。患有**分离性迷游症**的人，不仅会忘记生活中的重大事件，而且还会从他们的压力环境中逃走［"迷游"（fugue）是"逃走"（flight）的拉丁文］。在一些案例中，他们换了一个新的身份移居到另一个城市，甚至另一个国家。迷游可能持续几小时，在少数案例中，可能会持续数年。分离性迷游症很罕见，每 1 000 人中仅有 2 人发病［American Psychiatric Association（APA），2000］，长期的分离性迷游症就更加罕见了（Karlin & Orne，1996）。

在 2006 年，一位来自纽约的 57 岁的丈夫、父亲、童子军领袖，离开了办公室旁的车库，然后消失了，最后在芝加哥的一处贫民窟被发现，他在那里换了个名字并继续生活。6 个月之后，美国电视节目《美国最渴望》的线索报告揭露了他的真实身份，他的家人联系了他，但他却丝毫记不起自己的家人（Brody，2007）。

在这些迷游症的案例中，关键是要找出迷游症是否源自脑部的损伤、撞击，还是其他神经方面的原因。另外，可能有一些人仅仅是把遗忘当成逃避责任或压力环境的手段，以此来换个新环境并开始一段新生活（Marcopulos & Hedjar，2014）。即使创伤发生后不久产生了迷游，也很难知道是创伤引起的失忆还是其他因素（如为了避免工作责任或远离麻烦）所致。科学家们还没有完全了解在迷游状态中的角色创伤、心理因素和神经系统状况（Kihlstrom，2005）。

排除其他假设的可能性
对于这一研究结论，还有更好的解释吗？

分离性迷游症
（dissociative fugue）
突然毫无预期地从家里或工作场所出走，同时忘记生活中的重要事情。

分离性身份识别障碍
（dissociative identity disorder，DID）
存在两个或更多的人格状态，其行为模式更多是暂时的。

分离性身份识别障碍：多重人格，多重争论

分离性身份识别障碍（DID）的特征是，存在两个或更多的人格状态，而且它们的行为模式是暂时的。这些身份和人格交替控制着人的行为。这些相互交替的身份，即所谓的"他我"，与基本人格或"主我"人格有很大差异，并且可能还有不同的姓名、年龄、性别和种族。在一些案例中，这些人格与主体人格完全对立。举例来说，如果主体人格是羞涩而退却的，一个或多个他我可能会是外向的或浮夸的。心理学家曾报告了他我的数量范围可以从 1 个（所谓的分离人格）到几百甚至几千个，其中有一个案例被报道有 4 500 种人格（Acocella，1999）。女性更容易患分离性身份识别障碍，并且比男性分离出的人格更多（APA，2013）。

研究者在各种身份之间发现了一些有趣的不同，他们的呼吸频率、脑电图（Ludwig et al.，1972）、眼药水用量、用手习惯、皮肤导电反应、声音模式和笔迹（Lilienfeld & Lynn，2013）都存在差异。尽管这些发现很令人振奋，但是它们都不能为那些不同人格的存在提供证据。这些不同可能随时间的变化，在情绪和想法方面有所升级，或引起机体变化，例如肌肉紧张，这种症状可能

是自发的（Allen & Movius，2000；Merckelbach，Devilly，& Rassin，2002；Paris，2012）。甚至，科学家们伪造了他我是完全不同的说法。当心理学家使用客观的记忆测量方法，他们发现展示给某一人格的信息是可以供另一个人格使用的，这说明没有证据表明失忆是跨人格的（Allen & Moravius，2000；Huntjens，Verschuere，& McNally，2012）。

排除其他假设的可能性
对于这一研究结论，还有更好的解释吗？

可证伪性
这种观点能被反驳吗？

关于分离性身份识别障碍的主要争论围绕一个问题展开：分离性身份识别障碍是由早期创伤引起的，还是由社会和文化因素引起的（Merskey，1992）？根据创伤后模型（Dalenberg et al.，2012；Gleaves，May，& Cardeña，2001；Ross，1997），在童年时期，曾有过严重虐待史，如身体受虐、性受虐或双重受虐。这种虐待导致个体"分化"出多重人格，以应对强烈的情感痛苦。这样，这个人就会觉得是别人而不是自己被虐待了。

创伤后模型的支持者称，90%或更多的患有分离性身份识别障碍的人，在童年都有严重的被虐史（Gleaves，1996）。然而，许多研究指出这一联系并未核实虐待声明和客观信息的准确性，例如，法庭的虐待案件记录（Coons，Bowman，& Milstein，1988）。再则，研究者并没有表明早年的被虐待经历只对分离性身份识别障碍产生影响，它或许同样会造成其他障碍（Pope & Hudson，1992）。这些设想并没有排除早期的创伤对分离性身份识别障碍的影响，因此他们建议，在提出强有力的结论之前，研究者必须进行更深层次的控制良好的研究（Gleaves，1996；Gleaves et al.，2001）。

社会认知模型的支持者认为，一个人拥有上百种人格是很罕见的，相关证据也无法令人信服（Lilienfeld et al.，1999；McHugh，1993；Merskey，1992；Spanos，1996）。根据这个模型，人们的期望和信仰是由特定心理治疗过程和文化影响所塑造，而不是由早期的创伤塑造，这解释了分离性身份识别障碍的根源和持续性。这个模型的支持者认为，一些治疗师通过催眠或不断刺激人格的方式，来告诉病人，他们令人迷惑的症状是由交替的身份引起的（Lilienfeld & Lynn，2013；Lilienfeld et al.，1999）。以下的观察和发现支持了这个假设：

特别声明
这类证据可信吗？

排除其他假设的可能性
对于这一研究结论，还有更好的解释吗？

"我的咨询小组中有25位患者，包括谢尔曼先生、马丁先生，以及马丁先生的23种其他人格。"

资料来源：Dan Rosandich，www.CartoonStock.com。

- 许多或大多数患者在接受心理治疗之前，很少或没有出现这种情况的明确迹象，如他我（Kluft，1984）。
- 主流的治疗技术确实强化了这个人具有多重身份的观点。这些技术包括利用催眠来"引出"隐藏的身份，与不同身份的人交流，给他们取不同的名字，并鼓励病人恢复被压抑的记忆，这些记忆被认为存在于分裂的自我中（Lynn，Condon，& Colletti，2013）。
- 当治疗师使用这些技术时，每个DID个体的他我量往往会增加（Piper，1997）。
- 研究人员已经指出了日常生活中解离和幻想的联系（Giesbrecht et al.，2008），这可能与错误记忆的产生有关，尽管对这些发现的解释存在争议（Dalenberg et al., 2011）。

　　1970 年，在世界范围内有 79 宗记录在案的分离性身份识别障碍。1986 年，分离性身份识别障碍患者的数量，如雨后春笋般扩大，接近了 6 000 例（Lilienfeld et al., 1999），而这一障碍在 21 世纪早期的评估，更是成千上万。社会认知模型认为，大众媒体在分离性身份识别障碍的流行中扮演着重要角色（Elzinga, van Dyck, & Spinhoven, 1998）。的确，在 20 世纪 70 年代中期，畅销书《西比尔》（Schreiber, 1973）的发行，在很大程度上引起了人们的广泛关注，后来又被改编成一部由莎莉·菲尔德主演的艾美奖影视作品。这本书和后来的电影讲述了一个有着 16 个人格的年轻女人令人心碎的故事，她讲述了虐待儿童的历史。有趣的是，随后发布的西比尔的治疗录音表明，在治疗前她没有任何他我或儿童虐待记忆，她的治疗师曾督促她在不同的场合以截然不同的方式表现（Nathan, 2011；Rieber, 1999）。

　　在过去的 20 年里，媒体对 DID 的报道已经引起了广泛的注意（Showalter, 1997；Spanos, 1996；Wilson, 2003）。电视剧《倒错人生》《黑客军团》以及电影《搏击俱乐部》《秘窗》《危情羔羊》《分裂》中经常出现对 DID 的危言耸听，这些媒体描述的很多都是关于自闭症的神话故事，比如，患有自闭症的个体确实具有多重内在人格。此外，一些名人，比如喜剧演员罗西娜·巴尔和足球明星赫歇尔·沃克都声称患有这种疾病。尽管在日本和印度几乎不存在这种病，但在一些国家，如荷兰，它被诊断出的频率相当高。最近它得到了更多的宣传（Lilienfeld & Lynn, 2013）。总之，社会认知模型有相当多的支持，并声称治疗师与媒体一起制造多重人格而不是发现它们。分离性障碍提供了一个强大却令人不安的例子，说明社会和文化力量如何塑造心理障碍。

15.5　精神分裂症之谜

15.5a　了解精神分裂症的典型症状。

15.5b　解释心理、神经、生物化学和遗传如何造成了精神分裂症的易感性。

　　精神病学家丹尼尔·温伯格（Daniel Weinberger）将精神分裂症称为精神疾病的"癌症"：它也许是在所有的精神疾病中最严重和最神秘的（Levy-Reiner, 1996）。我们会发现，这是一种与现实世界脱离的、对思维和情感具有毁灭性的精神障碍。

这篇报纸文章的标题提到了美国人在税收问题上的分歧，将精神分裂症与人格分裂混为一谈。

精神分裂症的症状：破碎的精神世界

　　即便是今天，许多人对精神分裂症与分离性身份识别障碍仍感到迷惑（Taylor & Kowalski, 2012）。精神分裂症的字面意思是"精神分离"，这毫无疑问会对大众产生误导，使人们认为精神分裂症的症状是人格分离。你可能会听到人们在解释自己对一个问题产生"两种想法"时，会怀疑自己患了精神分裂症。不要被误导。精神分裂症患者的困难会随着思维、语言、情感、人际关系的困扰而增加。相较于分离性身份识别障碍，就是被认为有多重分离人格，精神分裂症的典型症状则是仅有的人格支离破碎了。

精神分裂症
（schizophrenia）
一种思维、情感脱离了现实世界的严重障碍。

妄想（delusion）
那些没有现实依据的固着的错误信念。

精神性症状
（psychotic symptom）
一种严重的扭曲现实的心理问题。

幻觉（hallucination）
在没有外部刺激存在的情况下出现幻想的感觉。

半数以上患有精神分裂症的人会遭受严重的能力下降，比如无法保住工作和维持亲密关系（Harvey, Reichenberg, & Bowie, 2006）。超过 10% 的无家可归者有高达 45% 的概率被诊断为精神分裂症（Folsom & Jeste, 2008）。患精神分裂症的个体，在人群中的比例不足 1%，估计在 0.4% 至 0.7% 之间（Saha et al., 2005），但是，他们却占了美国各州精神机构中病人中的一半。不过，也有一些好消息。今天，患精神分裂症的人，甚至可以在社会中正常生活，尽管他们可能需要定期回医院治疗（Lamb & Bachrach, 2001；Mueser & McGurk, 2004）。多达二分之一到三分之二的精神分裂症患者显著改善，尽管还没有完全改善，只有一小部分人可能在一次发作后完全康复（Harrow et al., 2005；Robinson et al., 2004）。研究人员发现，有 20 位精神分裂症患者，包括医生、律师和官员，他们使用了诸如服药、锻炼身体、保持充足的睡眠、避免酒精和人群、寻求社会支持等策略来成功地管理他们的疾病（Marder et al., 2008）。

自 18 世纪以来，研究人员一直在努力解决精神分裂症的描述问题。当时，埃米尔·卡普林（Emil Kraepelin）首次概述了早衰性痴呆患者的特征。但是卡普林并不是完全正确。虽然精神分裂症的典型发病年龄为 25 岁左右的男性、20 岁左右的女性，但精神分裂症也可能在 45 岁以后发作（APA, 2013）。

第一人称叙述：精神分裂症

橱窗里的倒影，是我，不是吗？我知道，但这很难说，我的身体、脸和衣服上都有一块拼图，只要我一走，它们就会消失得一干二净。精神分裂症是痛苦的，当我听到声音的时候，当我相信人们在跟踪我，想要夺走我的灵魂时，我感到发狂。当每一个窃窃私语、每一个笑声都是关于我时，当报纸上突然有了治愈的方法，四个单词对着我大喊大叫时，当闪烁的光是恶魔的眼睛时，我也害怕。

McGrath, 1984

妄想：顽固的非理性信念

在精神分裂症之中，最典型的症状就是**妄想**——那些没有现实依据的固着的错误信念（见表 15.5）。妄想之所以被称为**精神性症状**，是因为它们在现实社会中表现出了严重的扭曲。

最普遍的妄想是被害妄想。举例来说，患有精神分裂症的人可能会相信，同事录下了他的电话，并且密谋陷害他，使他被炒鱿鱼。一位患者相信，在远处一架直升机播放的歌曲《你需要的只是爱》会钻入他的脑中让他感到嫉妒和不舒服。患者也许还会出现夸大妄想，例如他们相信找到了治疗癌症的方法，即便他们并未受过医学训练。

幻觉：虚假的感觉

精神分裂症的众多的严重病症中，有一种是**幻觉**：在没有外部刺激存在的情况下出现幻想的感觉。它们包括听觉（能听见的）、嗅觉（能闻到的）、味觉（能尝到的）、触觉（能摸到的），或者视觉。在精神分裂症中出现的幻觉，大多数是有关听觉的。在一些患者中，幻听表达了反对，或对某人的想法或行为的即时评论。指令性幻觉，通常告诉患者该做什么，可能会与针对他人的暴力的高风险相关联（Bucci et al., 2013；McNiel, Eisner, & Binder, 2000）。顺便说一句，极度生动或详细的幻觉——尤其是在没有幻听的情况下，通常是器官（医学的）障碍或物质滥用的标志，而不是

表15.5	10种不同寻常的妄想举例

妄想	描述
卡普格拉妄想综合征	相信一个熟悉的人已经被一名冒名顶替者所取代
弗雷格利妄想综合征	相信不同的人实际上是同一个人的伪装
镜像自我误认	相信镜子中的自己是别人
色情狂	相信另一个人，通常是名人，会爱上自己，然后反复打电话或发送不受欢迎的情书
临床变狼狂	相信自己已经变成了狼或有能力这样做
变鹿妄想症	相信一个人变成了一只鹿
楚门的错觉	相信一个人正在被拍摄，而电影正在被其他人观看，就像金·凯瑞1998年拍摄的电影《楚门的世界》
共同妄想	法语意为"两个人的愚蠢"，一个人的幻觉（如政府给他们的食物下毒）会同样出现在与他有亲密关系的人身上。有报道称，同卵双生子家庭中，出现过三个人或一家人都有幻觉的情况
躯体失语	不了解身体的某些部分，如四肢或整个身体的侧面，或相信他属于另一个人
科塔尔综合征	相信自己已经死了

精神分裂症的标志（Shea，2013）。

你的想法听起来像你脑子里的声音吗？许多人把他们的思想当作内在的语言，这是完全正常的。一些研究人员认为，当精神分裂症患者错误地认为他们的内心言论来自自身之外时，就会出现幻听（Bentall，2013；Frith，1992；Thomas，1997）。大脑扫描显示，当人们经历幻听时，大脑中与语言感知和生产相关的区域会变得活跃（Jardri et al.，2011；McGuire，Shah，& Murray，1993）。

言语混乱

举个例子，一个患有精神分裂症的病人的演讲是："令人震惊的是，这并不是我所知道的所有带着最好的意图走出家门的恶人的最好的品质。"（Grinnell，2008）我们可以看到这个病人从一个话题跳到另一个话题。大多数研究人员认为这种奇特的语言源于思维混乱（Meehl，1962；Stirk et al.，

互动

在2001年的电影《美丽心灵》中，演员罗素·克劳（左边）饰演诺贝尔奖得主、数学家约翰·纳什，纳什被诊断患有精神分裂症。在这个场景中，纳什和一个他见过但并不存在的朋友交谈。这个场景在科学上有什么不现实的地方？请参阅页面底部答案。

答案： 在精神分裂症中，极其生动或详细的视觉幻觉是罕见的。

紧张性精神症症状
（catatonic symptom）
包括行动（运动）问题，例如极端地坚持遵守简单的暗示，将身体弄成奇异的或刻板的体态，或蜷曲成胎儿的姿势。

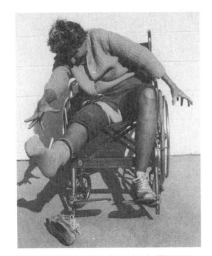

紧张性精神症患者，如上图所示，可以将他们的四肢移动到任何位置，并长时间保持这种姿势，这种情况被称为蜡像屈曲。

2008）。我们通常在两个词之间建立的联系（比如 "mother-child"）对于精神分裂症患者（例如 "mother-rug"）而言是相当脆弱的，或者是极不寻常的（Kuperberg et al.，2006）。

布洛伊勒（Bleuler，1911/1915）有句名言：在某些情况下，思想之间的所有线索都被撕裂了（p.20）。在严重的情况下，产生的言语混乱得几乎无法理解，一些心理学家将其描述为词汇沙拉。语言问题，如思维障碍，表明精神分裂症在转移和保持注意力的能力上存在根本性缺陷，并影响到个体日常生活的方方面面（Cornblatt & Keilp，1994；Fuller et al.，2006）。

严重紊乱行为或紧张性精神症

在人们患上精神分裂症后，自我关注、个人卫生以及动机经常会恶化。这些个体可能逃避交谈，出现不适宜的大笑、哭泣或流泪；或在令人大汗淋漓的夏日，穿一件保暖大衣。

事实与虚构

互动　与其他人相比，容易患精神分裂症的人似乎更有能力自嘲。（请参阅页面底部答案）
○ 事实
○ 虚构

紧张性精神症症状包括行动（运动）问题，例如，即使是简单的建议，都不愿意接受，将身体弄成奇异的或刻板的体态，或卷曲成胎儿的姿势。紧张性精神症个体的回避行为可能会严重到拒绝说话和移动，或可能毫无目的地踱步。他们可能会鹦鹉学舌式地重复一段对话中的段落，这种症状被称为仿说。在另一个极端情况下，他们可能偶尔处于狂怒或毫无目的的行为状态。

精神分裂症的解释：支离破碎的心理根源

今天，几乎所有的科学家都相信，心理因素在精神分裂症的产生中起到了一定的作用。然而，他们也同意，仅仅当人们携带易受攻击的基因时，这些因素才能引发精神分裂症。

家庭和情感表达

早期的精神分裂症理论，错误地将罪责归咎到母亲的健康状况上，就是所谓的精神分裂症生产者——母亲，被当成罪魁祸首。在对患精神分裂症儿童的家庭的非正式观察中，一些专家将这些母亲描述为溺爱的、令人窒息的、不敏感的、拒绝的、支配的（Arieti，1959；Lidz，1973）。其他理论家则将矛头直指所有家庭成员之

排除其他假设的可能性
对于这一研究结论，还有更好的解释吗？

答案：事实。最近的证据表明，具有轻微精神分裂症或经历过精神分裂症典型幻听的人，尤其善于"自嘲"（Lematre，Loyat，& Lafargue，2014），这可能意味着这种精神分裂症患者的自我意识存在缺陷。

间的互动（Dolnick，1998）。

但是和临床经验一样重要的是产生假设，它经不起大量的检验。这些早期的研究存在严重缺陷，主要是因为它们缺乏精神分裂症患者的控制组。一个广为接受的对立假说是，家庭成员的反应并不是精神分裂的原因，相反，它们通常是对与一个严重失常的人生活的压力体验的反应。

人们普遍认为，父母和家庭成员不会"导致"精神分裂症（Gottesman，1991；Walker et al.，2004）。不过，家庭成员可能会影响患者是否会复发。在离开医院后，当他们的亲人表现出高情感表达（EE）——就是批评、热忱和过度介入时，患者复发的可能性会增加一倍（50%～60%；Brown et al.，1962；Butzlaff & Hooley，1998；Kuipers，2011）。批评特别能预测复发（Halweg et al.，1989；McCarty et al.，2004），甚至超过 20 年，部分原因可能是与表现出破坏性行为的精神分裂症患者生活在一起会让亲戚感到沮丧（Cechnicki et al.，2012）。事实上，情感表达可以反映家庭成员对他们所爱的人的精神分裂症的反应，同样也可能导致他们所爱的人病症复发（King，2000）。如果是这样的话，病因的方向可能更多地从患者转移到家庭成员，而不是从家庭成员转移到患者。

不同种族的 EE 也有显著区别（Singh，Harley，& Suhail，2013）。家庭成员的批评意见可能会破坏病人恢复的信心和独立感，这在高加索裔美国人的文化中很有价值（Chentsova-Dutton & Tsai，2007）。相比之下，在墨西哥裔美国人的文化中，独立性并没有那么高的价值，所以批评不能预测复发，但缺乏家庭温暖是值得重视的，它确实能预测复发（Lopez et al.，2004）。此外，在非裔美国家庭中，一项研究的结果表明，高水平的情感表达可以预测精神分裂症患者好的结果，也许是因为家庭成员认为情感表达是开放、诚实和关心的表现（Rosenfarb，Bellack，& Aziz，2006）。尽管 EE 经常预测发生症状，但控制良好的研究并不支持其直接导致精神分裂症的假设，因为包括极端贫困、童年创伤或父母冲突，但不仅限于这些的任何一种都与精神分裂症有关（Cornblatt，Green，& Walker，1999；Schofield & Balian，1959）。

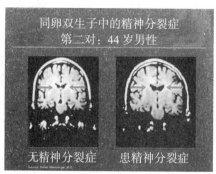

在一对患有精神分裂症的同卵双生子中，与没有精神分裂症的同卵双生子相比，充满液体的脑室（见箭头）增大。这样的扩大可能反映了脑室周围脑组织的退化，而脑室扩张填补了缺失的空间。

相关还是因果
我们能确信 A 是 B 的原因吗？

相关还是因果
我们能确信 A 是 B 的原因吗？

精神分裂症：大脑、生物化学和遗传线索

许多研究运用了大量科技，揭示了导致精神分裂症发生的生物线索。我们将关注三个线索：大脑异常、神经递质差异和遗传的影响。

大脑异常　研究指出，精神分裂症患者的脑室——被大于或等于 1/4 的液体填充的那部分结构，它们保护和滋养着大脑——明显扩大了。这个发现因为两个原因而变得重要。首先，这些脑区不断增大，而其他部分则收缩，这表明精神分裂症是一种大脑退化的紊乱（DeLisi，2008）。其次，这些区域的恶化会引起思维障碍（Vita et al.，1995）。

其他精神分裂症的大脑异常，包括脑沟或脑桥间空间体积的增大（Cannon，Mednick，& Parnas，1989），以及颞叶大小（Boos et al.，2007；Haijma et al.，2013），杏仁核和海马体活动（Hempel et al.，2003；Pankow et al.，2013），大脑半球对称性的降低（Luchins，Weinberger，& Wyatt，1982；Zivotofsky et al.，2007）。脑功能成像研究显示，精神分裂症患者前额叶的活动性要低于普通人，特别是当从事脑力工作时（Andreasen et al.，1992；Knyazeva et al.，2008），这种现

象被称为大脑前额叶功能退化。但目前并不清楚这究竟是精神分裂症的原因还是结果。举例来说，大脑前额叶功能退化可能会导致精神分裂症患者比普通人更少去关注任务本身。研究人员同样要排除由于饮食、饮酒、吸烟习惯、用药而导致脑活动性降低的可能（Hanson & Gottesman，2005）。

一些研究表明，在青少年时期使用大麻会导致精神分裂症或其他精神疾病（Compton et al.，2009；Degenhardt et al.，2009；Kelley et al.，2016）。很难确定吸大麻和精神分裂症之间的因果关系有三个原因：（1）吸大麻的人可能会使用各种毒品；（2）患病者可能更倾向于使用大麻，因此因果关系可能被逆转；（3）在英国，1970 年至 2005 年间，精神分裂症的发病率保持稳定但大麻使用率有所增加（Frisher et al.，2009）。因此有个人或家庭精神病史的人（包括精神分裂）使用大麻会加重病情。

神经递质差异　脑的生物化学因素，是解开精神分裂症之谜的一个关键。一个早先的解释是多巴胺假说（Carlsson，1995；Keith et al.，1976；Nicol & Gottesman，1983）。多巴胺在精神分裂症中的作用很大程度上是间接的。首先，大多抗精神分裂症的药物，阻碍了多巴胺受体位点。大致来说，它们通过阻止多巴胺的作用来"减缓"神经冲动。其次，安非他命，一种刺激性药物，可以阻隔多巴胺的再摄取，使精神分裂症的症状更加恶化（Lieberman & Koreen，1993；Snyder，1975）。然而，一种多巴胺过多会导致精神分裂症的简单的假说似乎与数据并不符合（Kendler & Schaffner，2011）。一个更好的支持对立假设的观点是多巴胺受体的异常导致了这些症状。大脑中的受体部位似乎对多巴胺的传播具有高度特异性。这些受体对旨在减少精神病症状的药物做出独特的

反应，并与注意力、记忆和动机联系在一起（Busatto et al.，1995；Keefe & Henry，1994；Reis et al.，2004）。这些发现为多巴胺通道与精神分裂症（如妄想症）症状之间的直接联系提供了证据。尽管如此，多巴胺可能只是在精神分裂症中发挥作用的几种神经递质之一；其他可能的候选药物有去甲肾上腺素、谷氨酸和血清素（Cornblatt et al.，1999；Grace，1991；Moghaddam & Javitt，2012）。

遗传的影响　仍未解决的问题是，哪些生理缺陷在精神分裂症之前就存在，哪些在疾病开始后出现（Seidman et al.，2003）。精神分裂症的种子，部分地根植于个体的遗传特质。正如我们在图 15.5 中看见的，已确诊的精神分裂症患者的后代，罹患此症的可能性会极大地增加。如果有一个家庭成员患有精神分裂症，其他成员就有 1/10 的机会罹患此症；这些异常症状风险会十倍地高于普通人群。随着遗传相似性的提高，患精神分裂症的可能也会提高。

尽管如此，环境因素也可能是导致这些发现的原因，因为兄弟姐妹不仅仅遗传因素相似，而且生活在一起。为了确认这个因素，研究者们设计了双生子研究实验。

这些研究为精神分裂症的遗传因素，提供了确凿的证据。如果我们有一个完全一样的双胞胎兄弟姐妹，我们患病的风险会增加 50%。精神分裂症患者的同卵双胞胎患病的可能性比异卵双胞胎高 3 倍，比普通人高 50 倍（Gottesman & Shields，1972；Kendler & Diehl，1993；Meehl，1962）。收养记录同样显现了遗传的影响。即使当一个孩子的生父母患有精神分裂症，而他被收养在一个健康家庭，这个孩子患精神分裂症的可能性也高于没有家族遗传病史的孩子（Gottesman，1991）。有趣的是，科学家已

经在精神分裂症患者的健康的近亲中发现了大脑结构的异常，比如脑室的增大和大脑体积减小，这进一步提示，基因的影响会产生精神分裂症的易感性（Staal et al.，2000）。

应激‑易感模式
（diathesis-stress model）
精神分裂症与许多其他精神障碍一样，是遗传易感性和触发这种易感性的应激源的联合产物。

长期以来，研究人员一直在寻找一个问题的答案：究竟是什么遗传导致了一个人出现精神分裂症，以及为什么在这种情况下，突触数量经常显著减少。现在我们似乎离回答这些重要的问题又近了一步。为了寻找与精神分裂症相关的基因，谢卡尔和他的同事们（Sekar et al.，2016）最近对 6 万多名精神分裂症和健康人的基因数据进行了梳理。科学的辛勤工作得到了回报：精神分裂症患者更有可能有叫作 C4 的遗传基因变体，其与免疫系统及清理或减少突触的数量有密切关系，而这是正常的大脑发育和神经可塑性的关键。这一发现支持了一种假设，当 C4 基因引发大脑中与思考、计划和组织思维能力相关区域的过度清理或消除必要的突触时，症状就会出现（Whalley，2016）。与此同时，任何基因都不太可能解释与精神分裂症相关的各种症状。C4 基因只是精神分裂症的一个适度预测因子，所以它不太可

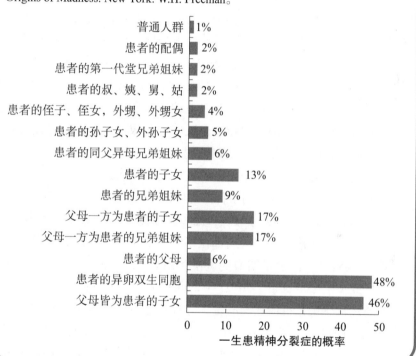

图15.5　患精神分裂的概率以及与家庭之间的关系

个体一生中患精神分裂的风险跟个体与精神分裂症患者的亲密关系有很大关系。

资料来源：Based on data from Gottesman, I. I. (1991) Schizophrenia genesis: The Origins of Madness. New York: W.H. Freeman。

能讲述这个毁灭性疾病起因的全部故事。研究人员面临的下一个挑战是重复这一令人着迷的发现，并确定突触的减少是如何导致精神分裂症的各种症状的。

可重复性
其他人的研究也会得出类似的结论吗？

一件确定的事是，研究者会继续寻找与精神分裂症相关的基因。在最近的一项研究中（Ripke et al.，2013），一个研究小组发现了 22 个与精神分裂症相关的基因位点，并估计有 8 300 个独立的基因变体会增加精神分裂症的风险。

精神分裂症易患群体：应激‑易感模式

应激‑易感模式整合了许多我们已知的精神分裂症信息（Meehl，1962）。这个模式认为精神分裂症与许多其他精神障碍一样，是遗传易感性和触发这种易感性的应激源的联合产物（Salomon &

Jin，2013；Walker & DiForio，1997；Zubin & Spring，1977）。

保罗·弥尔（Meehl，1990）提出，大约有 10% 的人有精神分裂的遗传倾向。什么样的人有这种倾向呢？在青春期步入成年期的过程中，他们给我们留下"丑小鸭"的印象。他们可能有社交不适，并且他们的言谈、思路和观点会给我们异于常态的印象。他们可能认同心理测试中如"有时候，我觉得我的身体并不存在"这样的语句（Chapman，Chapman，& Raulin，1978）。这样

事实与虚构

互动　大多数患有自闭症谱系障碍的人都有熟识质数的特殊才能。（请参阅页面底部答案）

○ 事实
○ 虚构

的个体易表现出精神分裂倾向或分裂样人格障碍的症状。大多数有分裂样人格障碍的人，并不会患真正的精神分裂症，也许因为他们的遗传影响相对较弱（Corcoran，First，& Cornblatt，2010），又或许是因为他们所接触的压力源较少。

在人们出现精神分裂症的症状之前，我们可以识别出"早期预警信号"或这种情况下的脆弱性标记。患有分裂样人格障碍的人会表现出一些特征，包括社交退缩、思想和运动异常、学习和记忆缺陷（Ryan，MacDonald，& Walker，2013；Volgmaier et al.，2000）。他们的困难在早期就开始了。伊莱恩·沃克和理查德·卢因（Walker & Lewine，1990）发现，观看关于兄弟姐妹之间互动的家庭电影的人能够识别出哪些孩子后来患精神分裂症的概率高。即使是在很小的时候，孩子们也会缺乏情感，眼神接触和社交反应也会减少。这种实验设计是有价值的，因为它绕过了让成年人报告他们童年经历的追溯性偏见。

但是大多数患有精神分裂症的人病情并没有进一步发展。一个人是否会患上这种疾病，在某种程度上取决于正常发展的事件的影响。更多的精神分裂症患者出生在冬季和春季（Davies et al.，2003；Torrey et al.，1997）。这一奇怪发现的原因似乎并不在于占星术：某些影响孕妇的病毒以及可能引发脆弱胎儿精神分裂的病毒在冬天很常见。在妊娠中期患流感（Brown et al.，2004，Mednick et al.，1988），在怀孕早期遭受饥饿（Kirkbride et al.，2012；Susser & Lin，1992），或在分娩时出现并发症（Bersani et al.，2012；Weinberger，1987）的妇女的孩子患精神分裂症的风险会提高。子宫内的病毒感染也可能在某些精神分裂症患者中起着关键作用（Khandaker et al.，2013；Walker & DiForio，1997）。但绝大多数在出生之前接触过感染或创伤的人，从来没有表现出精神分裂症的迹象。所以这些事件可能只会给那些基因脆弱的人带来问题（Cornblatt et al.，1999；Verdoux，2004）。

15.6　儿童期疾病：最近的争议

15.6a　描述儿童时期被诊断出的症状和相关讨论。

尽管我在这一章主要关注成年期的障碍，我们现在将用几句话来描述儿童疾病，特别是那些在公众视野中处于前沿和中心位置的疾病。我们将考虑的每一种障碍，自闭症谱系障碍、注意缺陷/多动障碍和早期躁郁症，这些都在大众媒体和科学界引起了争议。

答案：虚构。这一说法并没有得到很好的支持，这源于一些广为人知的例子（Welling，1994）。

自闭症谱系障碍

　　根据美国疾病预防控制中心（CDC，2016）的统计，**自闭症谱系障碍**（ASD）患者的比例是 1/68。DSM-5 的类别包括自闭症谱系障碍（即自闭症）和阿斯伯格综合征。自闭症以前是一种单独的病症，现在被认为是一种不那么严重的自闭形式。DSM-5 认为自闭症的症状可以用严重程度的连续统一体来描述，而不是用分类术语来描述，因为很多患有阿斯伯格综合征的儿童能够适应学校或职业环境。

<aside>
自闭症谱系障碍
（autism spectrum disorder, ASD）
DSM-5 将其分为自闭症障碍和阿斯伯格综合征。
</aside>

　　尽管 ASD 患者的比例可能并不高，但与研究人员多年来接受的 1/2 000 到 1/2 500 的数字比，这一比例高得吓人（Wing & Potter，2002）。从 1993 年到 2003 年的十年间，美国教育部的统计数据显示，在全国范围内，自闭症患病率增加了 657%（见图 15.6）。在威斯康星州，这一数字增长了惊人的 15 117 个百分点（Rust，2006）。自闭症患病率的急剧上升导致许多研究人员

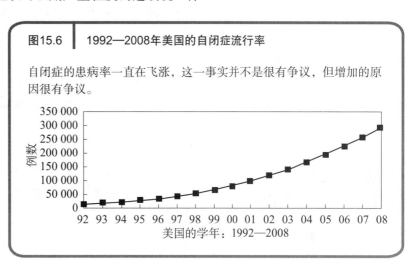

图15.6　1992—2008年美国的自闭症流行率

自闭症的患病率一直在飞涨，这一事实并不是很有争议，但增加的原因很有争议。

纵轴：例数
横轴：美国的学年：1992—2008

和教育工作者甚至是一些政治家把自闭症当作"流行病"来谈（Kippes & Garrison，2006）。但是这种流行病是真的吗？我们很快就会知道答案。

　　患有 ASD 的个体在交流、社会联系和想象力方面都有缺陷，有时伴有智力障碍（APA，2013）。DSM-5 将 ASD 的症状分解为社会缺陷和重复性或限制性行为，包括重复的语言或动作，抗拒变化，高度专业和有限的兴趣，以及对某些食物或诸如灯泡等不寻常物体的关注。

　　ASD 的原因仍然很神秘，尽管对双生子的研究表明遗传影响扮演着重要的角色（Hallmayer et al.，2011；Rutter，2000）。虽然如此，单是遗传的影响不能很好地解释在 10 年的时间里，一种疾病流行程度惊人的上升。因此，研究人员利用环境变量来解释这种令人费解的增长并不奇怪。特别是，一些调查人员直接指出了一个潜在的罪魁祸首：疫苗（Rimland，2004）。

　　在 20 世纪 90 年代末，一项针对 12 名儿童的研究（Wakefield et al.，1998）就引发了关于疫苗－自闭症联系的大量宣传。该研究表明自闭症症状与 MMR 疫苗之间有明显的联系。MMR 疫苗是腮腺炎病毒疫苗，能够预防麻疹和风疹（也被称为德国麻疹）。发表这项研究的《柳叶刀》杂志在 2010 年正式撤销了这项研究，称韦克菲尔德（Wakefield）从来没有接受过调查的道德许可，而且文章中也包含了关于志愿者招募的虚假陈述。自闭症的症状通常发生在婴儿接受 MMR 和其他疾病的疫苗后不久，两岁之后就变得最为明显。事实上，成千上万的父母坚持认为，他们的孩子在接受了 MMR 疫苗或含有一种被称为硫柳汞成分的疫苗后出现了自闭症，然而很多疫苗中都存在汞。

　　然而，在美国、欧洲和日本的研究都未能重复这一研究。这有力地表明 MMR 联合疫苗和自闭症之间的联系是错觉（Dees & Berman，2013；Offit，2008）。数个美国、欧洲和日本的研究结果表明，尽管 MMR 的疫苗接种率保持不变或呈下降趋势，但自闭症诊断的比率仍在上升（Herbert，Sharp，& Gaudiano，2002；Honda，Shimizu，& Rutter，2005）。此外，即使在丹麦政府停止使用含硫柳汞的疫苗后，自闭症的患病率仍然飙升（Madsen et al.，2002）。

可重复性
其他人的研究也会得出类似的结论吗？

　　许多自闭症孩子的父母很可能成为与错觉相关的牺牲品；他们看到了一个不存在的统

注意缺陷 / 多动障碍
（ attention-deficit/hyperactivity
disorder，ADHD ）
儿童时期的一种症状，表现为过度的
注意力不集中、冲动和焦躁不安。

计关联。他们的错误是完全可以理解的。考虑到他们的孩子在同一时间接种了疫苗并出现了自闭症症状，所以很自然地认为两者之间有关联。

更复杂的是，最近的研究对自闭症流行的存在提出了质疑（ Grinker，2007；Russell，2012；Wilson，2005 ）。大多数先前的研究人员忽略了一种替代解释，即时间的推移，诊断方法的改变，使得自闭症的诊断范围扩大到包括那些以前被诊断为阿斯伯格综合征的儿童。有证据表明，更自由的诊断标准，而不是疫苗，可以解释大多数（如果不是全部的话）报告的自闭症流行病（ Gernsbacher，Dawson，& Goldsmith，2005；Lilienfeld & Arkowitz，2007 ）。此外，《美国残疾人保护法》和《残疾人教育法》在 20 世纪 90 年代通过，间接地鼓励学区将残疾儿童划分为患有自闭症和其他发育障碍的儿童，因为这些孩子可以接受更广泛的教育和照顾。

排除其他假设的可能性
对于这一研究结论，还有更好的解释吗？

奥卡姆剃刀原理
这种简单的解释符合事实吗？

当然，这种流行病至少有一小部分可能是真实的，而一些仍未查明的环境原因可能是造成这种增长的原因。但在评估证据时，我们应该问自己一个关键的问题：对于在 10 年内增加了 657% 的原因，哪种更可信？是一种尚未被证明会增加自闭症症状的疫苗，还是一种简单诊断方法的改变？

注意缺陷 / 多动障碍和早期躁郁症

即使是最适应环境的孩子也经常表现得过于活跃、精力充沛和焦躁不安。但是患有**注意缺陷 / 多动障碍（ ADHD ）**的儿童往往表现得就像被遗弃的孩子那样。你可能知道或认识一个患有 ADHD 的人：5% 的学龄儿童符合该病症的诊断标准（ APA，2013 ）。男孩比女孩患 ADHD 的可能性高 2～4 倍，而 30%～80% 的 ADHD 儿童在青春期和成年期持续表现出 ADHD 症状（ Barkley，2006；Monastra，2008 ）。ADHD 诊断包括两种类型：（1）具有多动性，（2）无多动性，以注意力不集中为主（ APA，2013 ）。

ADHD 的症状

第一个关于 ADHD 的描述出现在由海因里希·霍夫曼 1845 年写的一本读物里，其中有"烦躁不安的菲利普"，他是一个如此焦躁不安的男孩，他无法坐在餐桌旁，造成了巨大的混乱。

早期的 ADHD 症状可能在婴儿期就显现出来。父母经常报告说患有注意缺陷 / 多动障碍的孩子很挑剔，不停地哭，并且经常在婴儿床上移动和变换他们的位置（ Wolke，Rizzo，& Woods，2002 ）。到三岁时，他们就会不停地行走或攀爬，会变得焦躁不安，容易情绪爆发。但直到小学阶段，他们的行为模式才可能被贴上"极度活跃"的标签，并进行治疗。老师们抱怨说，这样的孩子不会待在座位上听从指示或专心听讲，他们会发脾气，但没有什么挑衅举动。这样的孩子经常会出现学习障碍、处理语言信息的困难、平衡和协调能力差的问题（ Jerome，2000；Mangeot et al.，2001 ）。在童年中期，学习问题和破坏性行为常常是显而易见的。

许多患有注意缺陷 / 多动障碍的儿童在有足够的动力时可以集中注意力。坐在一个 ADHD 孩子身边看他或她玩最喜欢的电脑游戏，你可能会觉得这孩子的注意力很集中。这种奇怪的现象之所以发生，是因为患有 ADHD 的孩子有时会在某样东西捕捉到他们的注意力时"高度集中"。然而，他们很难将注意力转移到其他任务上，比如家庭作业或杂物（Barkley，1997）。

当患有注意缺陷 / 多动障碍的儿童成熟并进入青春期时，高水平的体育活动往往会减少。然而，到了青春期，冲动、不安、注意力不集中、与同龄人相处的问题、不良行为以及学业上的困难，构成了一系列的适应问题（Barkley，2006；Hoza，2007；Kelly，2009）。在他们身上，酒精和药物滥用现象是经常发生的，并且许多患 ADHD 的青少年因离家、逃校、偷盗而走上青少年法庭。许多患有注意缺陷 / 多动障碍的成年人在事故、受伤、离婚、失业以及与违反法律方面的风险增加（Monastra，2008）。

在很多情况下，ADHD 似乎受基因影响，其遗传率高达 0.80（Larsson et al.，2014）。可能遗传的基因异常会：（1）影响血清素、多巴胺和去甲肾上腺素的分泌；（2）使脑容量缩小；（3）使大脑额叶区域的激活减少（Monastra，2008）。

可以利用刺激性药物成功治疗患有注意缺陷 / 多动障碍的人。然而，这些药物偶尔会有严重的副作用，这使准确的诊断成为严重的公共卫生问题。此外，对 ADHD 的诊断可能是危险的。必须排除一些可能引起注意力和行为控制问题的条件，包括创伤性脑梗塞、糖尿病、甲状腺疾病、维生素缺乏、焦虑和抑郁，必须首先排除这些情况（Goodman et al.，2016；Monastra，2008）。一些学者对此表示担忧：在某些情况下，ADHD 被过度诊断（LeFever，Arcona，& Antonuccio，2003；Francis，2013），尽管有其他人指出有证据表明一些患有 ADHD 的儿童实际上已经被许多诊断专家所忽略（Sciutto & Eisenberg，2007）。

关于早期躁郁症的争论

也许最具争议性的诊断挑战是区分患有 ADHD 和双相障碍儿童（Meyer & Carlson，2008）。早发性双相障碍的诊断曾经很罕见，门诊患者的精神健康检查病例由 20 世纪 90 年代早期的 0.42% 激增至 2003 年的 6.67%（Moreno et al.，2007），这引起了人们对其过度诊断的担忧。当儿童表现出快速的情绪变化、鲁莽的行为、易激惹和攻击性时，特别容易被诊断为双相障碍（McClellan，Kowatch，& Findling，2007）。像《我的双相儿童》（Freeman，2016）这样的书籍，列出了这些和其他症状，吸引了有问题的孩子父母以及对双相障碍关注的人的眼球。然而，在片刻反思后，我们会明白，这表明许多孩子符合这一描述，而且肯定有许多患有注意缺陷 / 多动障碍的儿童具有这样的特征。因为 60%～90% 双相障碍的儿童都患有注意缺陷 / 多动障碍。另一个可能的假设是，许多儿童都患有 ADHD。患有双相障碍的人仅仅是那些有严重 ADHD 症状，比如极端的脾气爆发和情绪波动的人（Kim & Miklowitz，2002；Marangoni，De Chiara，& Faedda，2015）。为了解决儿童双相障碍的过度诊断问题，DSM-5 列出了一种新的破坏性情绪失调障碍，用来诊断有持续性烦躁和频繁的破坏行为爆发的儿童（APA，2013）。尽管如此，这种诊断的有效性仍然存在争议，一些专家已经表达了他们的担忧，认为这可能会诱导孩子们产生反复的脾气暴躁的症状（Frances，2012）。对父母、教师和心理健康专家进行全面的评估对于准确诊断早期双相障碍和注意缺陷 / 多动障碍是至关重要的。

排除其他假设的可能性
对于这一研究结论，还有更好的解释吗？

日志提示

最近几十年，关于 ADHD 诊断的增长量是否反映了该疾病流行程度的真实增加，目前存在争议。有什么证据可以有助于了解这一争议？

总结：心理障碍

15.1　精神疾病的概念：昨天和今天

15.1a　掌握精神障碍界定的标准。

精神障碍的概念很难定义。然而，精神障碍的标准包括统计上的稀缺性、主观痛苦、损害、社会不认同和生物功能障碍。一些学者认为，精神疾病的定义最好是通过家族相似性的观点来获取。

15.1b　从历史和文化的角度描述精神疾病的概念。

紧随精神疾病的恶魔模型之后的是文艺复兴时代的医学模式。在 20 世纪 50 年代早期，治疗精神分裂者的药物导致了去机构化。有些心理条件是产自特殊的文化中。尽管如此，许多精神障碍，比如精神分裂症，在大多数情况下是在所有文化中都可以找到的。

15.1c　掌握对精神病疾诊断的误解以及现行诊断系统的优点和缺陷。

诊断仅仅是一个归类整理，而且诊断是不可靠的、无效的和污蔑性的，这是一种误解。《精神疾病诊断与统计手册》（DSM-5）是一种有价值的工具，但它有局限性，包括高水平的共病性和在缺乏令人信服证据的情况下对分类模型的假设。最近提出的研究领域标准（RDoC），可能最终成为 DSM 的替代方案，该标准将精神障碍定义为大脑的障碍。

15.2　焦虑相关疾病：焦虑和恐惧的不同方面

15.2a　描述体验焦虑的不同途径。

惊恐发作包括强烈的短暂的恐惧，与实际的威胁有很大的差别。患有焦虑症的人每天大部分时间都在担心。在恐惧症中，恐惧是强烈且高度集中的。在创伤后应激障碍中，极度紧张的事件会使人产生持久的痛苦。强迫症和相关疾病的特征是重复的和痛苦的想法和行为。学习理论认为，恐惧可以通过经典的和有规律的条件作用和观察来学习。焦虑的人倾向于对负面事件的可能性进行夸大或小题大做。许多焦虑和与焦虑相关的疾病都受到基因的影响。

15.3　心境障碍和自杀

15.3a　掌握不同心境障碍的特点。

抑郁症的悲伤情绪是与躁狂症有关的膨胀情绪的镜像，也就是双相障碍。

抑郁症可以复发，也可以是慢性的。躁狂发作通常发生在抑郁发作之前或之后。双相情感障碍是所有精神障碍中受遗传影响最大的。

15.3b　描述抑郁症产生的主要原因以及生活事件如何与个人特征相互作用从而产生抑郁症状。

紧张的生活事件与抑郁有关。抑郁的人可能会面临社会排斥，这可能会放大抑郁情绪。根据行为模型，抑郁是由低反应率的阳性反应所导致的。贝克的认知模型认为消极模式在抑郁症中起着重要的作用，而塞利格曼的模型强调习得性无助。基因对患抑郁症的风险有更大的影响。

15.3c 掌握有关自杀的常见误区和误解。

对自杀的误解包括与抑郁的人谈论自杀使他们更可能付诸行动；自杀几乎总是在没有警示的情况下完成的；随着重度抑郁症患者数量的增加，自杀风险降低；大多数人自杀为了寻求关注；很多谈论自杀的人并没有实施自杀行为。

15.4 人格障碍和分离性障碍：混乱和分裂的自我

15.4a 掌握边缘型人格障碍和病态人格的特点。

边缘型人格障碍的特点是不稳定的情绪以及身份和冲动控制。有心理病态人格的人是不负责任的、不诚实的、冷酷的、以自我为中心的。

15.4b 讨论对分离失调的争议，特别是对分离性身份识别障碍的争议。

分离性障碍包括意识、记忆、身份或知觉的中断。严重的儿童虐待在分离性身份障碍中的作用是有争议的。社会认知模型认为，包括心理治疗中的媒介和暗示处理程序在内的社会影响，会影响 DID 症状的形成。

15.5 精神分裂症之谜

15.5a 了解精神分裂症的典型症状。

精神分裂症的症状包括妄想、幻觉、言语混乱、行为紊乱或紧张症。

15.5b 解释心理、神经、生物化学和遗传如何造成了精神分裂症的易感性。

科学家发现精神分裂症患者的大脑异常。另外，精神分裂症患者在其亲属表现出高表达情绪（批评、敌意和过度干预）时病情容易复发。

15.6 儿童期疾病：最近的争议

15.6a 描述儿童时期被诊断出的症状和相关讨论。

自闭症谱系障碍是 DSM-5 的一个范畴，包括自闭症障碍和阿斯伯格综合征。ADHD 儿童具有缺乏注意力、冲动和亢奋的问题；经常表现出学习障碍、处理语言信息困难、平衡和协调能力差。一些学者已经表达了对 ADHD 在某些环境中被过度诊断的担忧，但也有一些学者提出，一些患有 ADHD 的儿童实际上被许多诊断专家忽略了。其中一个最具争议性的挑战是区分患有 ADHD 的儿童和双相障碍儿童。

第 16 章　心理学和生物学疗法

帮助人们改变

质疑你的假设

互动

没有经验的治疗师和经验丰富的治疗师一样有效吗？

所有的心理治疗都需要人们提高洞察力吗？

匿名戒酒是否比其他类型的酗酒治疗好？

是否有一些心理治疗是有害的？

电休克治疗是否会产生长期的脑损伤？

设想一次典型的心理治疗：来访者在做什么？治疗师呢？这个房间看起来怎样？也许你的第一感觉是一个病人躺在沙发上，治疗师坐在他的身后，手里拿着笔和本子，试着去挖掘一些被长期遗忘的记忆并通过释梦加以解释，鼓励病人从痛苦中解脱出来。

脑中如果出现了这个场景是很正常的。从早期的心理治疗（通常简称为治疗）开始，这样的场景就被刻到我们的文化意识中。但我们会发现，这个场景没有表现出其他心理治疗的方法，包括个别治疗、团体和家庭治疗以及绘画、舞蹈和音乐疗法。上述场景也没有涉及生物治疗，这是一种非常有效的方法，它通过调整大脑机能来改变心理障碍患者的生活。本章中，我们将验证一系列减轻情感痛苦的心理学和生物学的理论。尽管有效心理疗法的改进通常是主观的，比如许多积极的情绪和想法，但是心理学家已经找到了方法来系统地研究这些变化。

同心理学上的许多概念一样，心理治疗也不容易定义。在半个多世纪前，心理治疗的一位先驱半开玩笑地写道："心理治疗是一种适用于不可预测结果的未确定问题的未定义技术，对于这项技术我们推荐严格的训练。"（Raimy，1950，p. 63）有的人可能会说，这种情况至今并没有太大的变化。不过基于我们的目的，在本章中我们可以将**心理治疗**定义为一种帮助人们解决情感、行为和人际关系问题，提高生活质量的心理干预（Engler & Goleman，1992）。尽管大众媒体常常提到心理治疗好像只是一样东西，但心理治疗的"品牌"却有 600 多个（McKay & Lilienfeld，2015），至少是 20 世纪 70 年代的 3 倍。正如我们将要学习的这些疗法，研究表明其中有许多是有效的，但其他许多疗法还未经过测试。在后文中，我们将提供批判性思维工具，帮助我们将科学上支持的心理和生物医学疗法与那些无效或有希望但科学不支持的疗法区分开来。

16.1　心理治疗：来访者和治疗师

16.1a　描述谁会寻求治疗，谁能从心理治疗中获益，谁来进行心理治疗。

16.1b　描述怎样成为一名合格的心理治疗师。

首先，我们思考以下几个问题：谁会寻求心理治疗并从中获益？心理治疗如何进行实践应用？什么可以推动心理治疗发挥更大作用？

谁寻求心理治疗并从中受益？

根据对美国公众的调查，大约有 20% 的美国人在某些时候接受过心理治疗，

心理治疗（psychotherapy）
一种帮助人们解决情感、行为和人际关系问题，提高生活质量的心理干预。

3%～4% 的人目前正在接受门诊治疗（Adler，2006；Olfson & Marcus，2010）。人们在心理治疗中同一些特殊问题抗争，他们通常也会有无助感、社会隔离感、不被他人认可感以及挫败感（Bedi & Duff，2014；Garfield，1978；Lambert，2003）。还有一些人为了提升他们的自我意识，学会与他人更好相处的方法，或是考虑改变生活方式而求助于心理治疗。

治疗的性别、种族和文化差异

一些人可能会比其他人更容易融入治疗。女性可能比男性更容易融入治疗（Addis & Mahalik，2003；DuBrin & Zastowny，1988），而男性可能因为传统的男子气概的社会规范阻碍而不寻求帮助（Möller-Leimkühler，2002），但是两种性别的人都会从心理治疗中获益（Petry，Tennen，& Affleck，2000）。许多种族和少数族裔群体，特别是亚裔美国人和西班牙裔美国人，可能会比高加索裔美国人更少地去寻求心理健康服务（Hunt et. al.，2015；Lee et al.，2014；Sue & Lam，2002），原因可能是在这些群体中心理治疗伴随着一种挥之不去的耻辱。但是，无论拥有何种文化和种族背景的人，当他们接受心理治疗时，他们都可能会从中受益（Navarro，1993；Prochaska & Norcross，2007）。

对文化敏感的心理治疗师通过对来访者的文化价值观的干预，来使治疗效果最大化，毕竟适应一种与自己文化有很大差异的主导文化是有很大困难的（Benish，Quintana，& Wampold，2011；Norcross & Wampold，2011a；Sue & Sue，2003）。尽管少数族裔的来访者喜欢治疗师有着相似的种族背景（Coleman，Wampold，& Casali，1995），但没有一致的证据证明治疗结果因来访者与治疗师的种族相符（Cabral & Smith，2011；Shin et al.，2005）或性别相符（Bowman et al.，2001）而得到提升。然而，当来访者是相对于特定文化的新成员，而且并不是很清楚它的传统时，那么治疗师与来访者的种族相符可能会对治疗效果起很大的作用（Sue，1998）。好消息是人们可以得到不同于他们自己（包括不同种族和性别）的治疗师的帮助（Cardemil，2010；Whaley & Davis，2007）。

从治疗中获益

治疗的有效性取决于个体差异。那些开始就有良好适应能力的人，那些意识到治疗可能有助于解决自己的问题的人，和那些有意愿解决这些问题的人，更可能从治疗中获益（Prochaska & DiClemente，1982；Prochaska & Norcross，2013）。那些经历过焦虑的来访者要比其他来访者在心理治疗中表现得更好（Frank，1974；Miller et al.，1995）——可能因为痛苦激发了他们改变生活的动力（Gasperini et al.，1993；Steinmetz，Lewinsohn，& Antonuccio，1983）。相比来访者在接受治疗时不能选择治疗方案或参与治疗方案的选择，拥有发言权的他们会对治疗更满意并体验到更好的结果（Lindhiem et al.，2014）。

谁来实施心理治疗？

有执照的专业人士，特别是临床心理学家、心理健康顾问和临床社会工作者都是心理健康职业的支柱。但是无执照的宗教顾问、职业顾问和康复顾问，还有艺术治疗家也提供心理服务。不是所有的治疗师都是一样的；心理健康消费者往往会意识到不同的心理治疗师在教育、培训和角色上的实质性区别。表 16.1 提供了一些引导。

专业人员与准专业人员

准专业人员
（paraprofessional）
没有接受过专业训练而提供心理健康服务的人。

与所有在心理健康方面有高级学位的心理治疗师不同，那些没有经过正规职业培训的志愿者和**准专业人员**，也会在危机干预中心和其他社会服务机构中提供心理服务。准专业人员的服务范围甚至可以延伸到美容院这样的地方，那里的发型师通过接受培训来评估焦虑和抑郁症状，然后将顾客推荐到社区的服务中心，尽管我们还不知道这些新方法是否有效（Hanlon，2011）。

在大多数国家，治疗师不受法律保护，所以实际上任何人都可以提供心理治疗。许多准专业人员得到了机构特殊的培训并进入工作室进行实践以增强他们的专业知识。他们可能也会被培训去识别那些需要专业人士用更好的专业技术提供咨询的情况。

是否大多数治疗师都需要经过专业训练和积累多年的经验才能使治疗有效（Blatt et al.，1996；Christensen & Jacobson，1994；Montgomery et al.，2010）？与普遍的观点相反，大量研究表明经验的多少和治疗师是否专业对治疗结果影响很小甚至根本没影响（Dawes，1994；McFall，2006；Richards et al.，2016；Tracey et al.，2014）。为什么会有这种情况？正如精神病学家杰罗姆·弗兰克（Frank，1961）说的那样，无论职业培训水平如何，充当治疗师角色的人都可以为来访者提供希望、同理心、建议、支持和新的学习机会（Frank & Frank，1991；Lambert & Ogles，2004）。

虽然从治疗结果来看，治疗师接受过与未接受过专业训练的区别很小或没有区别，但是专业人员仍有优势。专业助人者（1）了解如何在精神卫生系统内有效地运作，（2）重视复杂伦理、专业和个人问题，（3）可以选择有效的治疗方法（Garske & Anderson，2003）。

满足心理服务的需要：我们做得怎么样？

准专业人员发挥着重要作用：他们弥补了患者的高需求和有限的执业从业人员之间的巨大差距（den Boer et al.，2005）。准专业人员为许多需要心理服务却没有机会得到服务的人提供帮助（Layard & Clark，2015）。大约有 70 万心理健康专业人员的任务是为约 7 500 万人提供服务，这相

表16.1	心理健康专业人员的职业、学位、角色和工作场所	
职业	**学位 / 执照**	**工作场所 / 角色**
临床心理学家	PhD/PsyD，MA，MS	私人诊所、医院、学校、社区服务机构、医疗机构、学术机构、其他
精神病学家	MD 或 DO	医师、私人诊所、医院、医疗中心、学校、学术机构、其他
咨询心理学家	PhD，EdD，MA，MS，MC	大学的校医院、心理健康中心；治疗心理问题不太严重的来访者
学校心理学家	PhD，PsyD，EdD，EdS，MA，MS，MEd	校内干预、评估、干预项目；与教师、学生、家长一起工作
临床社会工作者	受训差别很大；BSW，MSW，DSW，LCSW	有督导经验的私人诊所、精神病院、医院 / 社区服务机构、学校、个案管理人员；为社会和健康问题提供帮助
心理健康顾问	MSW，MS，MC	私人诊所、社区服务机构、医院、其他；职业生涯咨询、婚恋问题、物质滥用
精神病护理员	受训差别很大；相关学位，BSN，MSN，DNP，PhD	医院、社区健康中心、初级保健机构、门诊心理健康医疗中心、医药管理机构；有高学历，可诊断、治疗精神病人
牧师顾问	受训从学士学位到更高的学位不等	咨询、精神支持、健康计划；团体、家庭和夫妻治疗

学位注释： BSN，护理科学学士；BSW，社会工作学士；DNP，护理实践博士；DO，骨科博士；DSW，社会工作博士；EdD，教育学博士；EdS，教育学专家；LCSW，执业临床社工；MA，文学硕士；MC，咨询硕士；MD，医学博士；MEd，教育学硕士；MS，科学硕士；MSN，护理科学硕士；MSW，社会工作硕士；PhD，哲学博士；PsyD，心理学博士。

当于严重缺乏对需要帮助的人的专业帮助（Kazdin & Blasé，2011）。多达70%的人患有诸如焦虑和情绪障碍等心理疾病，他们没有接触和接受心理服务（Kazdin & Rabbitt，2013）。高达80%的儿童在心理健康问题上没有得到足够的治疗（Kataoka，Zhang，& Wells，2002），只有13%的患有PTSD的低收入成年人接受了针对创伤的心理干预（Davis et al.，2009），60%～90%的拉美裔美国人得不到足够的心理服务（Alegría et al.，2008；Kataoka et al.，2002）。尽管美国人和欧洲人的心理健康需求尚未满足，但第三世界国家的情况更糟。例如，在美国和英国有67%和69%的患有心理障碍的成年人没有得到治疗，然而在低收入或中等收入国家，比如大多数非洲国家，这个比例上升到了91%（Layard & Clark，2015）。

社会和地理因素也预示了谁来接受治疗。收入低是接受有效服务的阻碍。对那些没有医疗保险的或是心理健康不在医疗保险覆盖范围内的人来说，心理治疗费用高昂（Olfson & Marcus，2010；Santiago，Kaltman，& Miranda，2012）。大约有87%未参保的儿童没有接受心理治疗（Kataola et al.，2002）。农村地区的人们往往缺乏获得专业治疗的便利，而城市地区的人和有大学及医疗设施的城市居民更容易得到专业治疗（Health Resources and Services Administration，2010）。去机构化（见15.1b）已经造成了大量有严重心理疾病的无家可归的人，他们通常很少接受或没有接受心理服务（Horvitz-Lennon et al.，2009）。更重要的是，全球1 000万左右的监狱中有许多人患有严重的心理障碍，并缺乏可行的治疗方案（Fazel & Danesh，2002，Fazel & Seewald，2012）。

尽管如此，人们一直在努力继续为更多来访者提供低成本的服务，并且新的治疗服务交付模式——包括在治疗师的严格督导下通过智能手机应用程序进行治疗——正在被开发和实施（Kazdin & Blase，2011；Kazdin & Rabbitt，2013）。心理治疗越来越多地通过电话或互联网的咨询方式进行，为越来越多寻求帮助的人提供有效的治疗——心理治疗专家预测这一趋势将在未来几年增加（Anderrson，2016；Hedman，Ljótsson，& Lindefors，2012；Norcross，Pfund，& Prorchaska，2013）。为了促进心理健康，可以鼓励个人使用社交媒体；社交媒体能越来越多地提供关于健康的生活方式和应对压力、焦虑和抑郁的方法的宝贵信息，也能获得潜在的更广泛的社会支持基础。但互联网并不总是一个可靠的信息来源，所以一定要运用科学思维的原理来评估所遇到的说法。

我们看到心理服务和"心理治疗"已经将更广泛的干预和服务提供者纳入进来，他们可以促进更多人的心理健康（Kazdin & Rabbitt，2013）。现在要判断这些治疗方法的有效性和提供治疗的模式是什么样的还为时过早，虽然它们最终有可能惠及数百万需要的人。

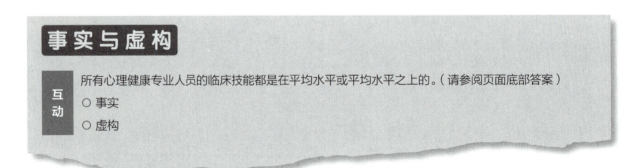

事实与虚构

互动　所有心理健康专业人员的临床技能都是在平均水平或平均水平之上的。（请参阅页面底部答案）
○ 事实
○ 虚构

答案： 虚构。当你想到不可能所有心理健康专业人员的临床技能都在平均水平或平均水平上，那就知道必然有低于平均水平的。然而，对心理健康专业人员（如心理学家、精神病学家、临床社会工作者）的多学科调查表明，人们会相信以下论述是真的：瓦尔菲施等（Walfish et al，2012）指出有25%的心理健康专业人员会将他们自己的临床技能与前10%的同龄人相比，但没有报道说明他或她的技能水平低于平均水平。心理治疗师并不是唯一夸大自己能力的——"自我评价偏见"似乎反映了一种普遍倾向，人们认为自己称职且会夸大自己的能力（Dunning，Health，& Suls 2003）。

怎样才能成为一名合格的心理治疗师？

　　培训的类型和多年的经验并不是成为一名出色的治疗专家的关键因素。那么，关键究竟是什么呢？研究人员正在寻找答案。有效的治疗师可能是温和的、直接的、有同情心的，并且喜爱他们的工作；能够和病人建立积极的治疗关系（Garske & Anderson，2003；Heinonen et al.，2012；Kazdin，Marciano，& Whitley，2005；Luborsky et al.，1997；Moyers & Miller，2013）。合格的治疗师也可以选择在谈话中关注重要的话题（Goldfried，Raue，& Castonguay，1998），并将他们的治疗与病人的需要、人格特征匹配起来（Beutler & Harwood，2002），并收集来访者的反馈（Norcross & Wampold，2011b）。但是，治疗师在能力和性格上的巨大差异可能会掩盖他们在治疗时所采用的不同方法（Ahn & Wampold，2001；Luborsky et al.，1986）。所以说到心理治疗的成功，对治疗师和疗法的选择一样重要（Blow，Sprenkle，& Davis，2007）。

互动

在HBO的电视剧《扪心问诊》中，劳拉（由梅利莎·乔治扮演）对她的治疗师保罗（由加布里埃尔·伯恩扮演）产生了性感情。保罗并没有与她发生性关系，因为他很恐慌。与来访者发生性关系是非常不道德的。以下哪种行为也是不道德的？

（a）向来访者家人透露来访者的自杀计划以防止来访者自杀。

（b）透露来访者对另一个人的攻击计划以防止攻击。

（c）告诉来访者的父亲，来访者对他有敌意。

答案：（c）。除了少数例外，治疗师要对来访者所有的信息保密。但是，当来访者面对自杀或危及他人的危险时，治疗师可以在没有来访者书面许可的情况下分享信息。

　　从来访者的角度看，怎样才是一名好治疗师呢？总之，他们认为"好"治疗师是一个热情的、尊重人的、关心和积极参与治疗的专家（Littauer，Sexton，& Wyan，2005；Strupp，Fox，& Lessler，1969）。在表16.2中，我们将介绍一些方法用以选择好的并且避免不好的治疗师。

日志提示

　　为什么有些人比其他人更倾向于寻求心理治疗？列举两三个原因，你可以考虑性别、种族/民族、文化差异等因素。描述几种可行的方法来减少人们不愿意去寻求治疗的情况。

16.2　顿悟疗法：获得理解

16.2a　描述精神动力疗法的核心信念和评价。

16.2b　描述和评价人本主义疗法的有效性。

在接下来的大部分章节中，我们将研究一些突出的疗法并评估它们的科学地位。我们将从**顿**

表16.2	我应该在治疗师那里寻求什么，我应该避免哪种类型的治疗师？

成千上万的人都称自己为治疗师，但是往往很难判断你应该寻找或者避免哪一类治疗师。这份清单可能会帮助你、你的朋友或者你爱的人选择一位出色的治疗师——准确避免不好的治疗师。

1. 我能和治疗师自由并且开放地聊天

2. 我的治疗师不论我说什么都会仔细听，并且理解我的感受

3. 我的治疗师很热情很率直并且能提供有用的反馈

4. 我的治疗师在开始就会解释他或者她将会做什么以及为何去做，愿意回答关于他或她的资质和所接受的培训，与我分享对我的诊断及我们的治疗方案

5. 我的治疗师鼓励我正视挑战并且解决问题

6. 我的治疗师使用有科学基础的方法，并且讨论其他方法的利弊

7. 我的治疗师定期监督我如何去做，当治疗进展得不好时愿意去改变进程

如果你对下面一个或者更多的陈述的回答都是"是"的话，这位治疗师可能并不能帮助你，甚至对你有害。

1. 我的治疗师在遇到挑战时会产生防御心理并且变得愤怒

2. 我的治疗师总是用"以不变应万变"的方法来应对所有的问题

3. 我的治疗师在每次咨询时花相当多的时间在"闲聊"上，告诉我应该做什么，并分享他的个人的轶事

4. 我的治疗师并不清楚在治疗方案中到底对我期望的是什么，我们的讨论缺少焦点和方向

5. 我的治疗师似乎不愿意去讨论他或她正在做的事情的科学依据

6. 在我和治疗师的关系之中并没有清晰的专业上的边界，例如，我的治疗师讲述很多关于他或者她自己的个人生活，或者询问我的个人爱好

悟疗法开始，它旨在培养来访者的洞察力，即扩大自我意识和知识。我们将回顾精神动力疗法和人本主义疗法这两种著名的顿悟疗法学派。

精神动力疗法受到传统精神分析的启发和弗洛伊德技术的影响。与精神分析相比，心理分析往往是昂贵和冗长的（通常持续数年甚至数十年），而且一周的大部分时间都要接触；精神动力疗法的成本较低，通常需要几周或几月，或是开放的，而且每周只接触一到两次（Shedler，2010）。我们在研究弗洛伊德的技术之后就会研究一组叫作新弗洛伊德主义的治疗师，他们采用了弗洛伊德的心理动力学观点，但以独特的方式改变了弗洛伊德的方法。

在**人本主义心理疗法**的保护下，我们可以找到以人本主义的人格观为基础的各种方法。这一方向的疗法都强调洞察力、自我实现和人性本善的信念（Maslow，1954；Rogers，1961；Shlien & Levant，1984）。人本主义治疗师拒绝精神分析的解释技巧。相反，他们努力通过同理心去理解来访者的内心世界，并在当下时刻关注来访者的想法和感受。

顿悟疗法

（insight therapies）

心理治疗方法，包括精神动力疗法和人本主义心理方法，目的是拓展意识或者提高洞察能力。

人本主义心理疗法

（humanistic therapies）

强调人潜能发展的疗法，认为人性本善。

精神分析和精神动力疗法：弗洛伊德的遗产

精神动力学治疗师分享了构成精神动力疗法的核心的三种方法和信念
（Blagys & Hilsenroth，2000；Shedler，2010）：

- 他们认为异常行为的原因，包括无意识的冲突、愿望和冲动，都源自创伤
  或其他不良的童年经历。
- 他们努力分析以下几种因素：（a）来访者力图避免的令人痛苦的想法和情
  感；（b）愿望和幻想；（c）反复出现的主题和生活模式；（d）重要的过去
  事件；（e）治疗关系。
- 他们认为，若来访者深入了解先前的潜意识，症状的原因和意义就变得很
  明显，常导致的症状也会消失。

弗洛伊德关于自由联想的概念有
点像魔术师从帽子里拉出手帕，
由一个想法通向下一个，接着又
引出下一个，依此类推。

精神分析：关键因素

弗洛伊德的精神分析是心理治疗的最早形式。弗洛伊德认为，精神分析疗
法的目的是减少愧疚感、挫折感以及通过意识到先前被压抑的能产生心理痛苦
的冲动、冲突和记忆，使潜意识意识化（Bornstein，2001；Lionells et al.，2014）。精神分析学派
的治疗师，有些时候被称作"分析师"，运用六个主要方法来达到最终目标。

- **自由联想**　来访者以一种舒适放松的姿势坐在沙发上，治疗师指示他们谈谈任何他们所想到
  的东西，无论它是多么无意义或荒谬。这个过程就叫作**自由联想**，因为在没有任何审查的情
  况下，允许来访者随意表达自己的感受。有趣的是在弗洛伊德发明自由联想技术之前，他用
  一种不同的方式产生联想。当他的手按在来访者的额头上时，他告诉来访者闭上眼睛和集中
  注意力；然后他会告诉来访者他们被压抑的记忆会回到意识中（Ellenberger，1970）。现今，
  许多治疗师会正视这一方法产生错误记忆的风险。
- **释义**　在来访者一连串的自由联想中，分析师构建了关于来访者问题来源的假设，并且随着治
  疗关系的发展，治疗师和他（她）分享这些假设。治疗师也会对基于来访者梦境、情感和行为
  的潜意识进行释义——解释。他们指出被压抑的想法、冲动或愿望的伪装化，就像下面对来访
  者重复"意外"会造成伤害的解释一样："发生这些意外可能出于无意识的目的；这些意外确保
  你会得到你无法感受到的关注。"时机就是一切，就像在喜剧中一样，精神分析学家认为，如果
  治疗师在来访者能够接受之前就提供了解释，焦虑可能会阻碍这段新的"修通"。
- **释梦**　弗洛伊德认为，梦揭示了影响来访者有意识生活的潜意识主题。治疗师的
  任务是解释梦和来访者白天经历的关系及梦的象征意义。因此，治疗师可能会解
  释在梦中出现的食人魔，因为它代表了一个被憎恨和令人害怕的父亲或母亲。
- **阻抗**　在治疗进行时，来访者慢慢意识到自己之前未意识到的和他们经常感到
  害怕的那些方面，他们常常会经历**阻抗**这个阶段；他们试着去逃避进一步的冲
  突。来访者会通过很多方式来表达这种阻抗，例如错过治疗时间，或者当治疗
  师问及一些过去痛苦经历的问题时，来访者表现得面无表情，但所有这些阻抗
  的形式都阻碍了他们的进展。为了把阻抗减到最低程度，精神分析心理学家意
  在设法使来访者发觉他们正不知不觉地阻碍治疗成果，使他们清晰地知道他们
  是如何阻抗的以及他们阻抗的内容（Agosta，2015；Anderson & Stewart，1983）。
- **移情**　随着分析的进行，来访者将体验到**移情**；他们会把强烈的、不真实的感
  觉以及过去的期望投射到自己的治疗师身上。模棱两可的分析师形象很可能激

自由联想
（free association）
一种来访者可以在没有任何
压力的情况下表达他们自己
的技术。

阻抗（resistance）
尝试回避之前隐藏的被压抑
的思想、情感和冲动引起的
对抗和焦虑。

移情（transference）
把过去的强烈的、不真实的
感觉和期望投射到治疗师
身上。

这位来访者在她的治疗师温和地表明她在生活中冒了很多的风险之后哭了起来。"这就是我父亲在我小时候告诉我的。"她说，"现在我觉得自己受到了你的批评，就像我父亲批评我。"根据心理分析，这位来访者正在经历移情。

发来访者对童年的重要人物的强烈情感反应。在一个例子中，一个来访者在治疗时带了一把枪并且对准了治疗师。治疗师说："这就是我说的你对你父亲的残忍的感情（笑）。你看到了吗？"（Monroe，1955）弗洛伊德认为，移情为来访者提供了一种工具，让他们了解自己对他人的非理性期望和要求，包括治疗师。

研究表明，我们的确是运用与应对过去生活中的人的相似方式来应对现在生活中的人（Berk & Andersen，2000；Luborsky，et al.，1985）。这些发现验证了弗洛伊德关于移情的假说；或者，这些发现意味着我们稳定的人格特征导致我们一直用相似的方式来应对人。抛开这些不说，治疗师对移情的解释对一些来访者还是有作用的（Ogrodniczuk & Piper，1999）。

- **修通** 在精神分析的最后阶段，治疗师帮助来访者修通或处理他们的问题。在治疗中获得顿悟是个很有用的开始，但这还不够。作为治疗的结果，治疗师必须不断地处理冲突、应对获得健康行为模式的阻抗，并且帮助来访者处理那些生活中再度出现的陈旧的和无效的应对反应（Menninger，1958；Wachtel，1997）。

精神分析的发展：新弗洛伊德学派

弗洛伊德的思想在精神动力学的传统方面产生了大量的新的学派和治疗方法（Ellis，Abrams，& Abrams，2008）。与弗洛伊德主义治疗师相比，新弗洛伊德学派的治疗师更关注病人机能的意识方面。比如新弗洛伊德主义者卡尔·荣格（Carl Jung）认为，心理治疗的目标是个性化——将人格的对立面，如被动和进取的倾向，整合到一个和谐的"整体"即自我中。为了帮助来访者实现个性化，荣格考虑了他们未来的目标以及过去的经历。新弗洛伊德主义者也强调文化和人际关系在跨越整个生命周期的行为上的影响，像亲密的友谊和恋爱关系（Adler，1938；Mitchell & Black，1995）。除了弗洛伊德强调的性和侵犯之外，新弗洛伊德学派还认识到其他一些有利因素的影响，包括爱情、依赖、权利以及地位。关于人们获得健康的心理功能方面的预期，新弗洛伊德学派也比弗洛伊德学派更乐观。

强调人际关系是哈里·斯塔克·沙利文（Harry Stack Sullivan）人际关系心理治疗的标志。沙利文（1954）认为心理治疗是份需要来访者和治疗师协力完成的工作。沙利文主张治疗师的合理角色是参与观察者。通过对来访者持续的观察，治疗师对来访者进行分析，并与来访者交流他在社会情境和其他日常生活场景中不合理的态度及行为。

沙利文的研究影响了当代**人际治疗**（简称 IPT）的方法。通常，在治疗抑郁症方面（Klerman et al.，1984；Santor & Kusumakar，2001），人际治疗是一个短期（12～16 疗程）的干预过程，能增强人们的社交技能，协助他们应对人际交往的问题、冲突（例如与家庭成员的争执）以及生活的转变（例如婴儿降生和退休）。除了能有效治疗抑郁症（Barth et al.，2013；Klerman et al.，1984；Hinrichsen，2008），人际治疗在物质滥用和饮食失调方面表现得也非常成功（Klerman & Weissman，1993；Murphy et al.，2012）。

人际治疗

（interpersonal therapy，IPT）加强社会技能，以及应对人际交往问题、冲突和生活中的转变的治疗方法。

顿悟是必需的吗？ 像我们已经看到的，精神动力疗法严重依赖内省。很多好莱坞电影，像 1997 年的电影《心灵捕手》和 1999 年的电影《老大靠边闪》，都强化了顿悟——特别是发现问题在童年期的根源——通常是治疗转变的关键因素。但是广泛的研究表明，理解我们的情感历程，不管是消极的或是愉悦的，对消除心理困境并不是必要的（Weisz et al.，1995）。为获得提高，来访者在日常生活中需要练习新的、更多的适应性行为——进行修通（Wachtel，1977）。

总是相同的梦境。我正在进行治疗，分析我反复出现的梦境。

可证伪性
这种观点能被反驳吗？

一些精神动力的概念，包括弗洛伊德疗法的释义，是很难被证伪的。例如，我们怎么理解一个人梦见他的父亲怒视他？治疗师可能会推断这是指向儿童时期受到责骂的被压抑的记忆。来访者可能会突然答道："啊，就是这个！"但是这个反应可能是移情反应或者来访者想要取悦治疗师。如果来访者的症状得到改善，治疗师得出结论的方法便十分奏效，但是可能只是碰巧而已（Grunbaum，1984）。

相关还是因果
我们能确信 A 是 B 的原因吗？

对于对立假设排除的失败可能会导致治疗师和来访者都将进步错误归因于顿悟和释义，像安慰剂效应（Meyer，1981）。研究也支持这一警示。在一项关于精神分析治疗的长期研究中（Bachrach et al.，1991），42 位来访者中有一半的人得到了改善，但他们对他们的"核心冲突"并不了解。病人将改善更多地归因于治疗师的支持而不是洞察力。

排除其他假设的可能性
对于这一研究结论，还有更好的解释吗？

创伤记忆被压抑了吗？ 虽然许多精神动力学治疗师认为目前的困难往往来源于对创伤性事件的压抑，例如童年虐待（Frederickson，1992；Levis，1995），但研究没有证实这一观点（Lynn et al.，2004；McHugh，2008）。试试下面这个想法实验。什么样的事件你更有可能遗忘？有这样一个实例，在你三年级的时候你的同伴嘲笑你并且打你，班级里所有的人都知道这件事；或是某一时刻，老师在课堂上表扬了你。你认为你能更好地回忆起那些令人不安的事件。你是对的。令人不安的事件实际上比每天发生的寻常事件更令人难忘和更少被遗忘（Loftus，1993；Porter & Peace，2007）。

大卫·鲁宾和多尔特·贝恩特森（Rubin & Berntsen，2009）发现高达 61% 的被调查者认为，他们可能在未来某一时刻去寻求心理治疗，因为他们可能是童年性虐待的受害者，只是他们遗忘了。作者认为，记忆恢复技术可能会造成这样的病人关于虐待的错误记忆，因为他们发现他们被虐待的想法也是合理的（Rubin & Boals，2010）。

在回顾了研究证据之后，理查德·麦克纳利（McNally，2003）得出结论，对被压抑记忆的科学支持是脆弱的；许多记忆会被扭曲，特别是那些延伸到遥远过去的记忆。然而，对这个问题仍然存在争议（Brewin & Andrews，2016；Erdelyi，2006；Patihis et al.，2014）。

对精神动力疗法的科学性评价 尽管这种理论很有价值，但从科学角度来看，许多精神动力疗法问题重重。弗洛伊德的治疗观察大部分建立在那些富有、高智商以及成功人士的小样本身上，外部效度不明显。他的临床会话没有其他人看到，也没有建构一个严谨的科学系统，即不能被其他人检验或作为严格控制的研究案例来重复。

可重复性
其他人的研究也会得出类似的结论吗？

研究表明，与认知行为疗法等科学支持的治疗方法相比，人际关系疗法通常表现得很好（Luty et al.，2010；Murphy et al.，2012；Vos et al.，2012）。简单的心理疗法并不强调顿悟（Leichsenring，Rabung，& Leibing，2004；Shedler，2010），尽管它们可能不如认知行为疗

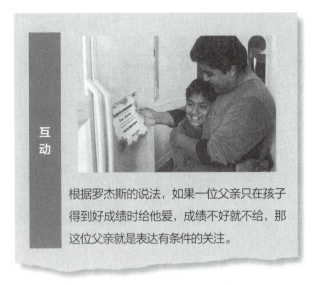

根据罗杰斯的说法，如果一位父亲只在孩子得到好成绩时给他爱，成绩不好就不给，那这位父亲就是表达有条件的关注。

法有效，但比不治疗要好（Grawe，Donati，& Bernauer，1998；Shapiro & Shapiro，1982；Watzke et al.，2014）。此外，精神动力疗法对精神分裂症等精神疾病并非特别有效（Buckley et al.，2015；Jauhar et al.，2014）。

人本主义心理疗法：实现自己的潜能

人本主义心理治疗师致力于帮助人们克服文化中普遍存在的疏离感，发展他们的感知和情感意识，表现他们的创造力，帮助他们变得有爱、有责任感和真实。人本主义心理治疗师强调对决定承担责任的重要性，而不是把问题归于过去，强调应该完全地活在当下。

以人为中心疗法：获得认同感

没有哪位治疗师比卡尔·罗杰斯（Carl Rogers）更能体现人本主义心理疗法的实践。罗杰斯发展了**以人为中心疗法**（以前叫以来访者为中心疗法），在这种疗法中，治疗师不告诉来访者如何解决他们的问题，来访者可以自主决定如何度过他们所选择的治疗时间（Rogers，1942）。以人为中心疗法是不定向的，因为治疗师鼓励病人主导治疗过程，而不是定义或诊断来访者的问题，或者试图找出他们问题的根源。为确保积极的结果，治疗师必须满足以下三个条件：

- 治疗师必须是真诚、可靠的，要对来访者的陈述做出自己的反应。

    来访者：我想我已经毫无希望了。

    治疗师：嗯？你觉得自己毫无希望了。我知道。你对自己完全绝望了。我能理解。我并不感到绝望，但我意识到你是这样（Meador & Rogers，1979，p 157）。

- 治疗师必须表现出无条件的积极关注，即对来访者表达的所有感受予以非评判的接受。罗杰斯确信无条件的积极关注会使人产生更积极的自我概念。他坚持认为无条件积极关注允许来访者重新获得他们"真实的自我"的某些方面，而这些方面是他们在生活中因他人为他们设定价值条件而放弃的。

- 治疗师必须对来访者的移情给予理解。用罗杰斯的话来说："共情就是体会当事人的内心世界，犹如自己的内心世界一般，可是永远不能失掉'犹如'这个特质。"（Rogers，1957，p.98）

表达同理心的一种方式是反思，即模仿来访者的感受——这就是使罗杰斯成名的一种技巧。这里有一个例子：

来访者：我很小，我羡慕那些大块头的人。我——很好，我受到男孩的殴打，我没法反击……

治疗师：你在做失败者方面有丰富的经验（Rogers，1942，pp. 145-146）。

随着意识的增加和自我接受感的提高，人们有望以更现实的方式思考，更能容忍他人，采取更适合的行为（Rogers，1961）。一些研究者编制了一些电脑程序试图模拟罗杰斯的以人为中心疗法，特别是罗杰斯的反思法（见图16.1）。

以人为中心疗法采用的技巧——包括表现出温暖、同情和无条件的接纳，使用反思式倾听，避免对抗——是动机性访谈的核心（Miller & Rollnick，2002；Miller & Rose，2009）。这一到两阶段的程序表明许多来访者对改变长期以来的行为感到

以人为中心疗法
（person-centered therapy）
以来访者的目标和解决问题的方法为中心的非指导性治疗。

矛盾，他们的目标是明确并提出他们改变与不改变生活的理由，而不是改变他们的生活。动机性访谈最初被证明有利于治疗与酒精相关的问题（Project MATCH Research Group，1997），已经成功改变了各种心理状况，如强迫症和创伤后应激障碍，以及包括锻炼、节食和遵守医学疗法这样的与健康相关的行为（Arkowitz，Miller，& Rollnick，2015；Burke，Arkowitz，& Menchola，2003；Olsen et al.，2012）。

格式塔疗法
（Gestalt therapy）
旨在将来访者个性中不同的和有时相反的方面融合到一个统一的自我意识中的治疗方法。

日志提示

> 用你自己话来描述"无条件积极关注"的概念。讨论它为什么是以人为中心疗法的一个重要方面，包括其对来访者及治疗关系的影响。

格式塔疗法：成为整体

弗里茨·皮尔斯（Fritz Perls）是**格式塔疗法**的创始人。他曾经作为一位心理治疗师接受培训，并从格式塔心理学引入一些概念形成了一种新的治疗理论。格式塔（结构）意味着有组织的整体。格式塔治疗师认为有心理问题的人是"不完全的格式塔"，因为他们自己不能意识到引发焦虑的经历和人格特质方面。因此，格式塔治疗师的目标是将来访者个性中不同的和有时相反的方面，融合到一个统一的自我意识中。

图16.1　来访者和电脑治疗师Eliza之间的模拟谈话

一些研究者编制了一些电脑程序试图模拟罗杰斯的以人为中心疗法。下面，我们可以看到一个来访者和电脑治疗师 Eliza 之间的对话。Eliza 由电脑专家约瑟夫·魏泽鲍姆（Joseph Weizenbaum）开发。Eliza 会成为一名出色的治疗师吗？

Eliza：你好，我是 Eliza。

来访者：你好，Eliza。

Eliza：今天怎么样？你想讨论什么？

来访者：我的女朋友。

Eliza：告诉我再多一点信息。

来访者：我不知道我对她的感觉是什么。

Eliza：为什么你不知道你对她的感觉？

来访者：有时候她很好，有时却不是。

Eliza：这让你想到了什么？

来访者：她有心理问题。

Eliza：来吧，说明你的想法。

来访者：她一直在变。

Eliza：嗯。

来访者：她有时会小气。

Eliza：嗯。

来访者：但我依然爱她。

Eliza：我不太明白你的意思。

来访者：我不了解自己。

Eliza：这对你造成困扰了吗？

图16.2   双椅技术

格式塔疗法的双椅技术旨在对来访者个性的不同方面，比如"好孩子"和"被宠坏的孩子"，进行整合。

对格式塔治疗师来说，个人成长的关键是对自己的感受负责，并与此时此刻保持联系，而不是陷入过去或想象未来。格式塔理论是许多治疗理论中首个意识到意识、接受和情感表达重要性的理论。在双椅技术中，格式塔治疗师让来访者在两张椅子中来回移动，来进行个性中两个相冲突方面的对话（见图16.2）。"好孩子"和"被宠坏的孩子"可能会成为这种交换的重点。治疗师相信这个过程可以让对立双方的融合出现。比如，好孩子总是渴望取悦他人，他可能会从和"被宠坏的孩子"的对话中学习到，在某些情况下，过分自信甚至过分要求都会被接受。因此，"被宠坏的好孩子"要比单独的人格方面更有效和真实。

存在主义疗法

存在主义疗法属于传统的人本主义疗法。不像以人为中心疗法强调自我实现的重要性，也不像格式塔理论宣扬意识的价值和情感表达；存在主义治疗师认为人类构建意义和精神疾病源于未能找到人生的意义（Maddi，1985；Schneider，2003）。精神病学家维克多·弗兰克尔（Victor Frankl）在四个纳粹集中营的非人化环境中失去了父母兄弟和妻子的经历给他的观点产生了很大影响，他的观点非常好地抓住了存在主义疗法的核心原则（Frankl，1965）。从自己所经历和目睹的无法形容的痛苦中，他开始相信人可以在巨大的心理和生理压力条件下保持自由精神和独立精神（Frankl，1965）。比如，他讲述了在和集中营幸存的同伴一起被命令行进时异常绝望的故事。但是在弗兰克尔设法唤起对新妻子的心理想象后，他找到了内在的力量。对弗兰克尔来说，即使是在集中营里，找到有意义的自由也能为他保留希望和尊严。这种自由赋予我们生命的意义，让我们勇敢面对与死亡的不可避免的对抗。

弗兰克尔发展了存在主义疗法，他将其定义为治疗患者对自身存在的态度。他发现态度治疗对面对毒气室的囚犯和晚期癌症患者是有效的（Frankl，1965）。和其他的存在主义者一样（May，1969；Merleau-Ponty，1962），弗兰克尔强调责任和面对生活挑战的需要。另一位有影响力的存在主义治疗师欧文·亚隆（Yalom，1980）发现在短期内审视关于责任、孤立、自由、无意义和死亡的想法是痛苦的；然而，从长远来看，直面它们会拓展意识，提高自我接受力，以及增强对生活的掌控感。不同理论取向的治疗师通常将存在主义的观点融入他们的实践之中（Schneider，2015；Wolfe，2016）。

对人本主义疗法的科学性评价

人本主义疗法的核心概念，例如意图和自我实现，非常难以进行测量和证实。例如，我们如何精确地判定一个人是自知的和可信的？要不是因为罗杰斯的声誉，他明确说明的有效心理治疗的三个条件可能已经被歪曲了。建立一个强有力的治疗联盟将对最后的成功治疗有重大作用（Horvath et al.，2011；Laska，Gurman，& Wampold，2014）。事实上，治疗关系通常比使用特定的技术更能预测治疗是否成功（Bohart et al.，2002）。但是罗杰斯在一个关键方面却是错的：他明确说明的三个条件对个人提升而言并非充要条件（Bohart，2003；Norcross & Beutler，1997）。虽然他夸大了三个条件的影响，但共情和积极关注与治疗结果有一定的关系（Bohart et

可证伪性
这种观点能被反驳吗？

相关还是因果

我们能确信 A 是 B 的原因吗？

al., 2002；Farber & Lane, 2002）。一些研究揭示了他人尚未发现的真诚与治疗结果间的正相关关系（Klein et al., 2002；Orlinsky, Grawe, & Parks, 1994）。事实上，稍后我们将在本章学习到一些人可以从自我帮助的系统中得到相当大的益处，甚至无关治疗师（Gould & Clum, 1993），所以治疗关系对个人的提升并不是必要的。此外，研究表明，治疗联盟与改善之间的因果关系往往与罗杰斯的建议相反。来访者可能会先改善，然后再和治疗师建立更强烈的情感联系（DeRubeis & Feeley, 1990；Kazdin, 2007）。

以人为中心疗法比不治疗会更有效（Greenberg, Elliot, & Lietaer, 1994）。但是关于以人为中心疗法有效性的研究结果却是不一致的。一些研究结果认为它可能不比安慰剂治疗带来的帮助效果好，例如花费很多时间用来聊天的非职业性的咨询（Smith, Glass, & Miller, 1980）。相比而言，其他的研究表明以人为中心疗法常常会给很多来访者带来很大的帮助，而且有效性可能比得上我们将在后面提到的认知行为疗法（Elliott, 2002；Greenberg & Watson, 1998）。迄今为止，存在主义疗法尚未被广泛研究，尽管研究人员报告说旨在培养意义感的治疗方法有望缓解癌症晚期患者的相关痛苦（Breitbart et al., 2012）。

团体疗法
（group therapy）
一次治疗超过一人的疗法。

嗜酒者互诚协会
（Alcoholics Anonymous）
12 步自助计划，为实现戒酒提供社会支持。

16.3　团体疗法：越多越热闹

16.3a　列出分组方法的优点。

16.3b　描述关于匿名戒酒有效性的研究证据。

16.3c　确定治疗功能失调的家庭系统的不同方法。

自 20 世纪 20 年代初，维也纳的精神病学家雅各布·莫雷诺（Jacob Moreno）提出了**团体疗法**这个概念，它有助于专业人士理解同时治疗多人的价值。团体疗法的普及与普通人群心理服务需求的增长是同步的。团体疗法通常可容纳 3～20 个来访者，它有效、省时，而且比个体治疗费用要低，它也涵盖了所有主要的心理治疗流派（Levine, 1979；McRoberts, Burlingame, & Hoag, 1998）。在安全的团体环境中，参与者可以提供和获得支持，交换和反馈信息，建立有效的行为和实践新技能；并认识到他们并不是唯一一个在适应问题上有困难的人（Yalom, 1985）。

现今，心理学家在各种各样的环境中进行小组会议，包括家庭、医院、住院部和居住空间、社区机构和专业办公室。他们接触到被离婚、经历婚姻问题、与性别身份斗争、酗酒和饮食失调以及生活中其他问题困扰的人们（Dies, 2003；Lynn & Frauman, 1985）。最近的趋势是在互联网上形成的自助小组，特别是针对那些有问题的却对面对面治疗觉得窘迫的人（Davison, Pennebaker, & Dickerson, 2000；Golkaramnay et al., 2007）。研究表明，在很多问题上，许多团体治疗是有效的，并且和个体治疗一样有帮助（McEvoy, 2007；Fuhriman & Burlingame, 1994）。

嗜酒者互诚协会

自助小组的成员都有类似的问题；他们中通常没有精神病专家。在过去的几十年里，这些组织已经非常受欢迎，**嗜酒者互诚协会**（AA）是其中最知名的组织。AA 成立于 1935 年，是目前最大的酒精中毒治疗组织，拥有 210 多万名的会员，在全球估计有 114 000 个分支组织（Galanter,

Dermatis，& Santucci，2012；MacKillop & Gray，2014）。在 AA 会议上，人们分享他们与酒精的斗争经验，新成员是由更资深的成员"发展"或指导的，老成员通常戒酒多年了。

这个项目是围绕着有名的走向清醒的"12 步"组织起来的。它基于酗酒是一种身体疾病的假设，并且认为"一次饮酒，终身酗酒"，要求成员在进入治疗后不能再喝一滴酒。在 12 个步骤中，有几个要求成员将他们的信任置于"更高的权力"中，并承认他们自己对酒精的无能为力。AA 还提供强大的社会支持网络（Vaillant & Milofsky，1982）。基于 12 步模型的团体是为吸毒者（毒品匿名者）、赌徒、过度饮食者、酗酒者的配偶和孩子、"购物狂"（强迫性购物者）、性瘾者和其他有冲动控制问题的人建立的。然而，几乎没有关于其他 12 步方法有效性的研究。

尽管 AA 似乎对一些人有帮助，但许多关于它成功的声明并没有数据的支持。参加 AA 或根据 12 个步骤接受治疗的人，效果并不比接受其他治疗，比如认知行为疗法要好（Brandsma，Maultsby，& Welsh，1980；Ferri，Amoto，& Davoli，2006；Project MATCH Research Group，1997）。此外，参加研究的 AA 成员通常是最活跃的参与者，他们得到了事先的专业帮助，从而高估了 AA 的工作效率。另外有多达 68% 的参与者在加入 AA 后的三个月退出（Emrick，1987），而那些仍在接受治疗的人可能是那些已经有所改善的人（MacKillop et al.，2003）。一项跟踪了 AA 成员 16 年的研究发现，每个人在第一年和第三年里都能被预见饮酒问题的减少和禁欲（Moos & Moos，2006）。

在 AA 中提高的一个关键因素就是参与适应性社交网络的能力（Kelly et al.，2012）。参加 AA 的人预测，参加网络支持治疗的人会禁欲，减少饮酒，这将鼓励有酒精问题的成年人发展支持他们禁欲的朋友、伙伴的网络（Litt et al.，2016）。

有节制的饮酒和预防复发

与 AA 这一理念相反，行为主义观点认为过度饮酒是一种习得行为，治疗师可以在不完全杜绝酒精的情况下帮助患者改正和控制（Marlatt，1983）。关于是否要节制饮酒（即适量饮酒，甚至是一个适当的治疗目标）存在着激烈的争论。有大量证据证明了鼓励酗酒者设置限度、适度饮酒并强化他们的这一过程的治疗方法对许多病人都是有效的（MacKillop，et al.，2003；Miller & Hester，1980；Sobell & Sobell，1973，1976）。这些方法教人们如何应对生活环境中的压力以及学会忍受消极情绪的技能（Monti，Gulliver，& Myers，1994），这些技能至少像嗜酒者互诫协会项目一样有效果（Project MATCH Research Group，1997）。

和大众观点相反的是，AA 有时会反复强调"一次饮酒，终身酗酒"。预防复发（RP）疗法假设许多戒酒的人会在某一时刻出现失误或失足，然后恢复饮酒（Larimer，Palmer，& Marlatt，1999；Marlatt & Gordon，1985）。RP 教导人们在犯错时，不要感到羞愧、内疚或气馁。对失足的负面感受会导致持续的饮酒，这被称为违反禁欲效应（Marlatt & Gordon，1985；Polivy & Herman，2002）。一个人一旦失足，他（她）就会对自己说，"好吧，我想我又开始喝酒了"，然后又回到高水平的喝酒状态。RP 治疗师提醒人们要警惕失误后的反弹，要避免他们想要喝酒的情况。因此，戒酒者了解到一次失误并不意味着复发。研究表明，预防复发的方案通常是有效的（Bowen et al.，2014；Irvin et al.，1999）。到目前为止，对于那些严重依赖酒精或限量饮酒失败的人来说，完全的节制可能是最好的目标（Rosenberg，1993）。

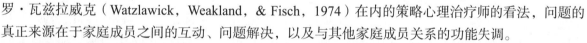

家庭治疗：治疗功能失调的家庭系统

家庭治疗师把大部分心理问题归于家庭系统的功能失调。对于他们来说，治疗必须专注于可能产生冲突的家庭环境。在家庭治疗中，"来访者"——治疗的焦点——不是一个人，而是家庭本身。家庭治疗师的模式主要集中在家庭成员之间的互动。

问题在哪里？根据策略性家庭疗法，一个家庭如果出现了问题，家庭成员常常会找出家里的一个成员作替罪羊，觉得这个人就是问题所在。

策略性家庭疗法

策略性家庭干预是为清除障碍以进行有效的互动而设计的。根据包括弗吉尼亚·萨季尔（Satir，1964）、杰伊·哈雷（Haley，1976）以及保罗·瓦兹拉威克（Watzlawick，Weakland，& Fisch，1974）在内的策略心理治疗师的看法，问题的真正来源在于家庭成员之间的互动、问题解决，以及与其他家庭成员关系的功能失调。

策略心理治疗师会邀请该家庭的成员完成已安排好的所谓的"指示性"任务，从而改变家庭成员解决问题和互动的方式。他们经常会提出自相矛盾的要求，我们很多人都会联想到"逆反心理"的概念。一些研究者（Beutler，Clarkin，& Bongar，2000；Weeks & L'Abate，2013）发现，当治疗师要求他们的"抵抗"或不合作的来访者故意制造困扰他们的思想、感情或行为时，治疗师常常会取得成功。

想象一下一位治疗师把一对夫妇的争论解读为他们情感上亲密的标志，从而"重新定义"他们的论点。治疗师给这对夫妇一个矛盾的指令，让他们增加争论，让他们更多地了解彼此的爱。为了向治疗师展示他们"不相爱"，他们停止争论。当然，这是治疗师的首要目标。一旦他们的争论停止，他们的关系就会改善（Watzlawick，Beavin，& Jackson，1967）。

结构性家庭治疗

在**结构性家庭治疗**（Minuchin，1974）中，治疗师积极地将自己融入该家庭的日常生活中去，目的在于改变他们安排和组织互动的方式。萨尔瓦多·米纽秦（Salvatore Minuchin）等人成功地治好了一个叫劳拉的 14 岁女生，她通过绝食来吸引父亲的注意。最终，劳拉可以用语言传达出她通过绝食想传达的间接信息，并且，她再也不用绝食的方法来获得爱了（Aponte & Hoffman，1973）。研究表明家庭治疗比什么都不做要有效得多（Hazelrigg，Cooper，& Borduin，1987；

策略性家庭干预
（strategic family intervention）
设计用于消除阻碍有效沟通的障碍的家庭治疗方法。

结构性家庭治疗
（structural family therapy）
治疗师深入参与家庭活动，改变家庭成员安排和组织互动的方式。

Vetere，2001），至少和个体治疗一样有效（Gurman & Kniskern，2014；Shadish，1995）。

16.4　行为疗法和认知行为疗法：改变适应不良的行为和想法

16.4a　描述行为疗法的特点，并识别不同的行为方式。

16.4b　描述认知行为疗法（CBT）和第三波疗法的特点。

与认为内省（顿悟）是改善的关键的心理治疗师完全相反，**行为治疗师**之所以被如此命名是因为他们关注那些导致来访者寻求治疗的特定行为，以及那些维持来访者问题的想法、感觉、行为的当前变量（Antony & Roemer，2003）。因为行为疗法的重点在确定问题而不是他们假想的"根本原因"上，许多精神分析学家曾经预测它们会导致症状替代。也就是说，根据行为疗法，来访者的潜在冲突，如早期对父母的侵犯，仅仅是表现为另一种症状。然而数据表明行为疗法很少会出现症状替代（Kazdin & Hersen，1980；Tryon，2008）。例如，那些通过行为疗法消除恐惧症的来访者，不会发展出其他问题，如抑郁症。

行为治疗师认为行为改变是由对学习的基本原理的操作引起的，尤其是经典性条件作用（见6.1a），操作性条件作用（见 6.2a），以及观察学习（见 6.3a）。例如，一个有狗恐惧症的来访者可能会在看到狗的时候通过穿越街道来强化他的问题行为。对狗的回避让他获得负强化（在这种情况下，逃避焦虑），尽管他不知道这个功能。

行为治疗师使用各种各样的行为评估技术来确定人们产生问题的环境原因，建立明确的、可测量的治疗目标，并设计治疗程序。行为治疗师可以直接观察当前的特定行为，对问题的性质和维度进行口头描述，在纸笔测试、标准化访谈（First et al.，1996）和生理测量（Yartz & Hawk，2001）中进行有计划的治疗并监督其进展。随着技术的创新，今天的来访者可以使用便携式手机、平板电脑和健身追踪器来记录他们现实生活中发生的想法、感觉、行为，甚至是生理反应，比如心率。临床医生使用这种被称为**生态瞬时评估**的监测技术来（a）提高来访者对于与他们想改变的行为（如酗酒）相关联的频率与环境的意识，以及（b）协助治疗师评估和执行治疗计划（Kirchner & Shiffman，2013；Piasecki et al.，2014）。

全面评估客户的性别、种族、社会经济阶层、文化、性取向和民族因素（Hays，2008；Ivey，Ivey，& Simek-Morgan，1993），以及关于他们的人际关系和药物使用的信息（Lazarus，2003）。对治疗效果的评估与治疗的所有阶段无缝集成，治疗师鼓励来访者将他们获得的应对技巧应用到日常生活中。现在让我们检验几种行为疗法的具体细节。

系统脱敏疗法和暴露疗法：行动中的学习原则

系统脱敏疗法就是一个展示行为治疗师如何应用学习原理来治疗的非常成功的例子。心理学家约瑟夫·沃尔普（Joseph Wolpe）在 1958 年开发的系统脱敏疗法（SD）帮助来访者克服了恐惧。系统脱敏疗法通过使用情景想象法逐渐将来访者暴露在产生焦虑的情境中。系统脱敏疗法是最早的**暴露疗法**。暴露疗法是以消除恐惧为目标，让来访者直接面对强度级别最高的恐惧。暴露疗法已广泛应用于治疗强迫症、创伤后应激障碍和其他与焦虑有关的病症，如社交恐惧症（Foa & McLean，2016）。

行为治疗师
（behavior therapist）
关注特殊的问题行为以及那些维持来访者问题的想法、感觉、行为的当前变量的治疗师。

生态瞬时评估
（ecological momentary assessment）
评估在日常生活中瞬时出现的各种想法、情绪和行为。

系统脱敏疗法
（systematic desensitization）
在让来访者逐渐地以一步一步的方式暴露在他们所害怕的情境中的同时，教他们放松的治疗方法。

暴露疗法
（exposure therapy）
直接让病人面对他们所害怕的情境，以减少恐惧的疗法。

系统脱敏疗法是如何起作用的：一次一个进步

系统脱敏疗法基于交互抑制的原则，来访者不能同时体验到两个冲突反应。我们不可能在同一时间既焦虑又放松。沃尔普将他的技术描述为一种经典性条件作用，并称之为"反条件作用"。通过将不相容的放松反应和焦虑结合起来，我们就能对引起焦虑的刺激做出更加适应的反应。

治疗师通过教来访者如何去放松开始系统脱敏治疗。她可能会想象愉快的场景，集中注意力呼吸，维持一个缓慢的呼吸频率，并交替绷紧、放松她的肌肉（Bernstein，Borkovec，& Hazlett-Stevens，2000；Jacobson，1938）。下一步，治疗师帮助病人构建一个焦虑等级——就是一架从最少到最多地唤起焦虑情境的"梯子"。我们可以看到图16.3就是一个治疗恐高症病人的等级。治疗采取一种递进的方法。治疗师让病人放松并且想象第一种情境，然后就接着是下一种，只有当病人报告在想象第一种情境的时候感觉到放松之后才给予更多产生焦虑的情境。

图16.3　一个恐惧狗的人的系统脱敏疗法的等级

1. 你正在看杂志上狗的图片
2. 你正在看一只狗和另一只狗玩耍的图片
3. 你正在看一只狗和一个人玩耍的图片
4. 从100英尺远的地方，你可以看到一只爱尔兰狗与治疗师在玩耍
5. 你正在接近这只狗，观察它与治疗师的互动，距离依次为50、25、10、和5英尺
6. 你在抚摸狗
7. 你在和狗玩
8. 你让狗舔你

考虑下面的示例，说明客户如何逐步提升焦虑级别，从最低到最高焦虑的场景。

治疗师："很快我就会让你想象一个场景。在你听到对现场的描述之后，请用你自己的大脑去生动地想象一下，就好像你真的在那里一样。试着把所有的细节都包括进去。当你在想象这种情况时，你可能会继续感到和现在一样放松。在5秒、10秒或15秒后，我会让你停止想象这个场景并放松。但如果你开始感到焦虑或紧张的轻微增加，请用左手食指向我示意。我会走进来，要求你停止想象这种情况，然后让你再次放松。"（Goldfried & Davison，1976，pp.124-125）

来访者在任何时候报告焦虑，治疗师都会打断这个过程，帮助他或她再次放松。然后，治疗师重新介绍导致焦虑的那一幕。这个过程一直持续下去，直到来访者能够面对最可怕的场景而不用担心。

脱敏也可以发生在现实中，也就是在"现实生活中"。在 SD 中，我们需要逐步了解客户真正害怕的是什么，而不是想象焦虑的情况。在大量案例中，比如恐惧症、失眠、言语障碍、哮喘发作、噩梦和一些酒精依赖的案例，SD 是有效的（Spiegler & Guevremont，2003）。

系统脱敏的有效性　行为治疗师不仅努力发现有用的东西，还努力发现它为什么有效。研究人员可以通过分离每个成分的影响来评估许多治疗过程，并将这些效果与完整的治疗方案相比较（Wilson & O'Leary，1980）。这种方法被称为**拆解**，因为它使研究人员能够检验广泛意义上的治疗的某单一成分的有效性。拆解有助于排除关于 SD 和其他治疗方法的有效机制的对立假说。

拆解研究表明，没有哪个脱敏的单一成分（放松、图像和焦虑等级）是必不可少的：我们可以消除每一个成分因素而不影响治疗结果。因此，对于治疗成功的各种各样的解释，大门是开放的（Kazdin & Wilcoxon，1976；Lohr，DeMaio，& McGlynn，2003）。一种可能性是，这种治疗的可信度产生了强烈的安慰剂效应（Mineka & Thomas，1999）。有趣的是，脱敏疗法的效果并不比安慰剂更能激发同等程度的积极预期（Lick，1975）。或者，当治疗师让来访者接触到他们所害怕的东西时，来访者可能会意识到他们的恐惧是不正常的，或者他们的恐惧反应可能会在与恐惧刺激的反复接触后消失（见 6.1b；Casey，Oei，& Newcombe，2004；Foa & McLean，2016；Rachman，1994）。

> **排除其他假设的可能性**
> 对于这一研究结论，还有更好的解释吗？

> **排除其他假设的可能性**
> 对于这一研究结论，还有更好的解释吗？

满灌与暴露疗法

满灌疗法与脱敏疗法形成了一个鲜明的对比。满灌疗法的治疗师直接从焦虑等级的最高处下手，将病人持续暴露在他们最恐惧的刺激想象中，从 10 分钟到几个小时。满灌疗法的理念是，恐惧是通过逃避来维持的。例如，有恐高症的病人一直避免去高的地方，他们从来不知道他们想象中的灾难性结果根本不会出现。而具有讽刺意味的是他们的逃避只会消极地加强他们的恐惧（见 6.2c）。满灌治疗师使患者在没有实际的负面后果的情况下反复引发焦虑，这样恐惧就会消失。

和系统脱敏法一样，满灌法也可以运用到真实的生活中。套用耐克的口号（"只管做"）："如果你害怕去做，那就去做！"在第一阶段，一位满灌治疗师可能会陪同一个恐高症患者爬到摩天大楼的顶部，然后向下看一小时或者更久直到焦虑消失。值得注意的是，许多患有特定恐惧症的人，包括那些在精神动力疗法治疗中没有获得缓解的人，在仅仅一次满灌法的治疗后其恐惧就被治愈了（Antony & Barlow，2002；Williams，Turner，& Peer，1985）。治疗师在大量焦虑障碍（包括强迫症、社交恐惧症、创伤后应激障碍和广场恐惧症）中成功应用了满灌法。

满灌的一个重要组成部分是**反应预防**（最近在强迫症案例中被称为仪式预防），在这种情况下，治疗师阻止来访者采取他们典型的逃避行为（Spiegler，1983）。治疗师可能会把一个患有洗手强迫症的人暴露在肮脏的环境中，并阻止其洗手（Franklin & Foa，2002）。研究表明，这种治疗对强迫症和与之密切相关的疾病有效（Chambless & Ollendick，2001；Gillihan et al.，2015）。

虚拟现实暴露疗法是暴露疗法的"新结晶"。通过使用高科技设备，它提供了一种"几乎逼真"的令人恐惧的场景，治疗师可以治疗许多与焦虑有关的情况，包括恐高症（Emmelkamp et al.，2001）、雷暴恐惧症（Botella et al.，2006）、飞行恐惧症（Emmekamp et al.，2002；Opris et al.，2012）、社交恐惧症（Anderson et al.，2013）和创伤后应激障碍（Reger et al.，2011；Rothbaum et al.，2001）。虚拟现实暴露不仅与传统的在现实生活暴露的有效性形成竞争，而且对现实生活的情况进行了概括，还提供了在现实生活中经常无法实现的反复暴露，比如乘飞机飞行（Morina et al.，2015）。

拆解（dismantling）
一种对更广泛的治疗方法中的分离成分的有效性进行研究的方法。

反应预防（response prevention）
治疗师阻止来访者做出典型的回避行为的技术。

2005 年，研究人员发现，多年来用于治疗肺结核的抗生素 D-环丝氨酸，在人们暴露在"虚拟玻璃电梯"（Davis et al.，2005）的前几个小时服用，可以帮助人们长期消除恐高症。D-环丝氨酸通过促进大脑中受体的功能，增强动物和人类的恐惧消除学习能力。现在，D-环丝氨酸被认为是一种有前途的辅助疗法，用于治疗与焦虑有关的疾病，包括强迫症（Norberg，Krystal，& Tolin，2008）和可能的创伤后应激障碍（de Kleine et al.，2012）。尽管如此，D-环丝氨酸并不总是效果良好的（Litz et al.，2012；Rothbaum et al.，2014；Scheeringa & Weems，2014），所以关于它对心理障碍的具体影响还没有定论。

暴露疗法：边缘和狂热技术

传统上，行为治疗师一直都很小心，不去夸大暴露疗法的有效性，或不将其作为一种能治愈所有症状的方法介绍给大众。我们可以把这种谨慎的做法同最近一些提倡者倡导的离奇的、没有证据的边缘疗法相比。

特别声明
这类证据可信吗？

罗杰·卡拉汉（Roger Callahan）发展了思维场疗法（TFT），声称他的方法可以在五分钟内治愈恐惧症（Callahan，1995，2001），而且不仅能治疗人类的恐惧，也能治疗马和狗的恐惧。在思维场疗法中，当治疗师按照预定顺序轻拍病人身体的特殊部位时，病人要想着令他痛苦的问题。与此同时，病人轻哼一段《星条旗》、转动眼球或者数数（思维场疗法治疗师如何与动物完成这一壮举就不得而知了）。这些奇怪的过程也许可以消除与一些特定的恐惧相关的看不见的"能量障碍"。没有研究证据证明这种方法可以通过操纵能量场来治疗焦虑，而且这种能量场从来没被证实存在过，也没有证据能够证明这种难以置信的几乎能够瞬间治疗大部分恐惧症来访者的论断（Lohr et al.，2003；Pignotti & Thyer，2015）。因为思维场疗法所谓的"能量障碍"是不可测量的，思维场疗法的理论主张是不可证伪的。

可证伪性
这种观点能被反驳吗？

其他一些基于暴露疗法的疗法有很多"华丽的点缀"，它们用科学的肤浅表象来支持自身。例如眼动脱敏和再加工（EMDR），它已被推广为治疗焦虑症的"突破性"疗法（Shapiro，1995；Shapiro & Forrest，1997）。截至 2016 年，已有超过 10 万名治疗师在接受 EMDR 培训（EMDR Institute，2016）。EMDR 的支持者声称，当来访者想象过去的创伤事件时，他的眼睛就会左右转动，增强了他们对痛苦记忆的处理。然而，系统性回顾研究表明，EMDR 的眼球运动在这种治疗中没有发挥效用。此外，EMDR 并不比标准暴露疗法更有效（Davidson & Parker，2001；Lohr，Tolin，& Lilienfeld，1998；Rubin，2003）。因此，一个更牵强的解释就是眼动脱敏和再加工的有效成分并不是它所命名强调的眼动，而是这种疗法所提倡的暴露。

奥卡姆剃刀原理
这种简单的解释符合事实吗？

示范疗法：观察学习

来访者通过观察治疗师积极的示范行为可以学习到很多东西。示范是观察学习的形式之一。阿尔伯特·班杜拉（Bandura，1971，1977）长期提倡**参与示范**。在这种技术中治疗师先扮演一个冷静面对来访者害怕的事物或情境的人，然后指导来访者一步步地变成这样的人，直到他可以在没有帮助的情况下应对自如。

参与示范（participant modeling）
治疗师先在一个问题情境中示范，然后指导病人逐步地在无援助的情况下独立应对的技术。

自我肯定训练

　　示范是这种主张的重要组成部分，主要通过社交技能训练项目来帮助来访者缓解社交焦虑。进行示范训练的主要目的是促进思想和情感的表达，确保来访者的合法权利没有被利用、忽视或剥夺（Alberti & Emmons，2001）。在示范训练中，治疗师教导来访者避免对他人不合理的要求做出过激反应，例如：一端是顺从，另一端是攻击，而建立介于这两个极端之间的自信，是训练的目标。

行为演练

　　在示范训练和其他参与者塑造技术中，治疗中通常使用的是行为演练。在行为演练中，来访者与治疗师进行角色扮演，学习和练习新的技能。治疗师扮演的角色是一个与来访者有关的人，比如配偶、父母或老板。来访者对治疗师制定的方案做出反应，反过来，治疗师提供指导和反馈。为给来访者提供一个机会来塑造自信的行为，治疗师和来访者转换角色，由治疗师扮演来访者的角色。通过这样做，治疗师不仅可以模拟来访者会说什么，还可以模拟来访者如何说。

　　为了将来访者学到的东西迁移到日常生活中，治疗师鼓励他们在治疗情景之外运用学到的新技能。塑造和社会技能训练可以对治疗精神分裂症、自闭症、抑郁、注意缺陷/多动障碍（ADHD）和社交焦虑有重要作用（Antony & Roemer，2003；Scattone，2007；Monastra，2008）。

利用操作性和经典性条件作用的训练

　　心理学家使用操作性条件作用对有自闭症和其他疾病的儿童进行有效干预。正如我们之前在课本中所提到的，操作性条件作用是行为被其结果所改变的一种学习。**代币制**是一种操作程序，它广泛应用于机构、社区以及家庭中的心理治疗（Kazdin，2012）。在代币制中，某些行为，比如帮助他人，总会得到一些令来访者满意的奖励，这样来访者就可以换取更多的有形回报，而其他的行为，如医院员工的尖叫，则被忽略或受到惩罚。通过这种方式，这些程序塑造、维持或改变了由操作性条件作用原理的应用而产生的行为（Boerke & Reitman，2011；Kazdin，1978）。代币制的批评者认为，这些好处并不会在其他环境中得到普遍的推广，而且很难管理（Corrigan，1995；Doll，McLaughlin，& Barretto，2013）。然而，代币制在课堂上（Boniecki & Moore，2003），在家庭和学校中治疗小儿多动症方面（Mueser & Liberman，1995），以及在治疗需要长期住院的精神分裂症患者方面取得了一些成功（Dixon et al.，2010；Paul & Lentz，1977）。

　　厌恶疗法主要是基于经典性条件作用和不良行为的配对。大多数人都经历过痛苦、不愉快甚至是反抗。例如，治疗师使用药物如双硫仑——俗称安塔布司——让人在喝酒后呕吐（Brewer，1992），使用电击治疗心理引发的反复打喷嚏（Kushner，1968），以及在人们想象吸烟的时候口头描述一些令人恶心的感觉（Cautela，1971）。

　　对厌恶疗法的有效性研究，其结论是不一致的（Spiegler & Guevremont，2003）。例如，酗酒的人往往只是停止服用安塔布司，而不是停止饮酒（MacKillop & Gray，2014）。一般来说，治疗师在采取更令人厌恶的措施之前，会尝试一些最低限度的不愉快的技巧。只有在仔细权衡相对于替代方法的成本和收益时，才应作出执行厌恶疗法的决定。

认知行为疗法和第三波疗法：学会以不同的方式思考和行动

认知行为疗法的支持者认为，信念在我们的感觉和行为中起着中心作用。这些治疗方法有三个核心假设：（1）认知是可识别和可测量的；（2）对健康和不健康心理功能而言，认知均为主要参与者；（3）非理性的信念或灾难性的想法，如"我是无用的，永远不会成功的"，可以被更理性的、适应性的认知所取代，或者以一种更容易接受的方式来看待。

理性情绪行为疗法的 ABC 理论

从 20 世纪 50 年代中期开始，先驱性的治疗师阿尔伯特·埃利斯（Ellis，1958，1962）提倡理性情绪治疗（RET）——后来改名为理性情绪行为疗法（REBT）。在很多方面，REBT 是认知行为疗法的一个主要例子。它强调改变我们的思维方式（这是"认知"部分），但它也着重于改变我们的行为方式（这是"行为"部分）。

埃利斯认为，我们对一个不愉快的（内部或外部的）事件（A）会

事实与虚构

互动

没有证据表明治疗师的理论倾向与他们的个性特征有关。（请参阅页面底部答案）
○ 事实
○ 虚构

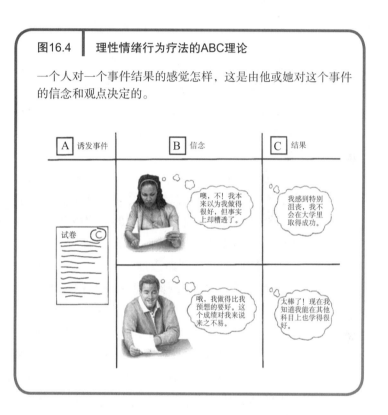

图16.4 | 理性情绪行为疗法的ABC理论

一个人对一个事件结果的感觉怎样，这是由他或她对这个事件的信念和观点决定的。

产生一系列的情绪和行为后果（C）。我们都知道，人们对同一个目标事件的反应往往不同：一些学生因考试得到 75 分而庆幸，而另一些同学则因为没有得到 90 分甚至 100 分而责怪自己。对埃利斯来说，我们对同一事件的反应差异很大程度上来自我们的信仰体系（B）（见图 16.4）。埃利斯识别出的是大多数认知行为疗法的核心。

有些信念是理性的：它们灵活、合乎逻辑，并促进自我接纳。相反，其他信念是不理性的：它们与对自我的不切实际的需求（"我必须是完美的"）、其他人（"我必须为别人的问题担心"）和生活条件（"我必须担心我无法控制的事情"）联系在一起。埃利斯还说，心理上不健康的人经常会往坏处想，也就是说，他们会对自己的问题进行灾难性的思考（"如果我得不

认知行为疗法
（cognitive-behavioral therapy）
尝试使用更具适应性的、理性的认知取代适应不良的或者不合理的认知的治疗方法。

答案： 虚构。虽然不是全部，但有研究表明，与其他治疗师相比，精神分析治疗师更倾向于是缺乏安全感的和严肃的，而行为主义治疗师是特别自信的，认知行为主义治疗师则会更理性一些（Keinan，Almagor，& Ben-Porath，1989；Walton，1978）。

到这份工作，那将是我遇到的最糟糕的事情"）。阿尔伯特·埃利斯列举了在我们的文化中普遍存在的 12 种非理性信念。你可能会发现，关注这些你人生中某个阶段所怀有的信念很有趣。因为这些想法是很多人思考的一部分，如果你有其中的一些想法不要惊讶。据埃利斯所说，我们心理的脆弱性是我们非理性信念发生的频率和强度的结果（David，Lynn，& Ellis，2010）。

（1）你必须从每一个对你很重要的人那里得到持续的爱和认可。

（2）你必须证明自己是非常胜任的和成功的，或者至少是在某些有价值的活动中有非常强的能力或很有天赋。

（3）那些伤害你或对你不好的人是坏的、邪恶的、有过失的，他们应该受到严厉的处罚。

（4）当一些事情没有按你的方式发展时，这是一场糟糕的、可怕的、恐怖的灾难。

（5）外部因素，如生活事件，需对你的痛苦负责；你几乎没有控制或消除负面情绪的能力，包括悲伤和愤怒。

（6）可怕的或危险的情况或人会占据着你的头脑，并使你变得心烦意乱。

（7）比自律更容易的事是逃避生活中的挑战和责任。

（8）过去的事情总会继续支配你的情感和行为，因为以前的经历对你产生了强烈的影响。

（9）如果你无法迅速处理或解决日常的烦扰，那就太糟糕了；事情和关系应该比现在处理得更好。

（10）不带任何承诺地去消极完成任何事情，而非尽情享受自我是一个获得幸福的好办法。

（11）为了让自己感觉舒服，你必须对事情的结果有高度的组织性或有一定的把握。

（12）你的价值和受欢迎度取决于你的表现以及别人对你的评价。你应该给自己一个全方位的评价（"我很好""我很坏"等等），而不是评价你在具体工作领域的表现。

在他的 ABC 计划中。埃利斯添加了（D）、（E）和（F）组件来描述治疗师如何对待来访者。

理性行为疗法治疗师鼓励来访者积极争辩（D）他们的非理性信念，采取更有效的（E）理性信念来增加适应性反应，以及新的经验、期望的情感（F）和与（A）有关的行为来修正来访者的不合理的信念，治疗师强有力地鼓励他们重新考虑他们的假设和个人哲学。REBT 治疗师通常会布置"家庭作业"，以证伪来访者的不良反应。例如，他们可能会给害羞的来访者一项任务，让他们与有吸引力的男人或女人交谈，以证伪他们的信念："如果我被我喜欢的人拒绝了，那将是非常可怕的。"

可证伪性
这种观点能被反驳吗？

日志提示

仔细回顾一下埃利斯的"肮脏的一打"非理性信念。其中，你至少在某种程度上持有哪些信念？描述你所确认的每一种信念对个人和人际交往的影响。

其他认知行为方法

认知行为治疗师们与那些在一定程度上结合了行为方法的治疗师不同。阿伦·贝克（Aaron Beck）创立的十分流行的认知法（Smith，2009），在创立认知行为治疗领域中起到了重要作用，因而获得较高的声望，它强调识别和更改歪曲的想法和长期消极的核心信念（"我不可爱"；Beck et al.，1979；Beck，1995）。然而，行为过程在认知疗法中比在埃利斯的理性情绪行为疗法中有着更大的分量（Stricker & Gold，2003）。研究者发现，贝克的方法对抑郁、焦虑甚至是双相障碍、精神分裂症和某些人格障碍如边缘型人格障碍是有帮助的（A. T. Beck，2005；Beck & Dozois，2011；Hollon，Thase，& Markowitz，2002）。

认知行为疗法的两位先驱者：阿伦·贝克（左；1921— ）和阿尔伯特·埃利斯（1913—2007）。

在唐纳德·梅肯鲍姆（Meichenbaum，1985）的压力接种训练中，治疗师训练来访者准备和应对未来的生活压力事件。在这种方法中，治疗师给来访者接种"疫苗"，以预防即将到来的压力源，并让他们发展出一种认知技能，以减少其危害，就像我们接种了一种含有少量病毒的疫苗来预防疾病一样。治疗师修正来访者的自我陈述，即他们正在进行的心理对话（Meichenbaum，1985）。害怕发表演讲的来访者可能会学会对自己说一些话，比如："尽管这很可怕，但结果不会像我担心的那样糟糕。"治疗师已经成功地向面临医疗和外科手术、公众演讲与考试的儿童及成人（Meichenbaum，1996），以及有愤怒问题的来访者（Cahill et al.，2003；Novaco，1994），糖尿病患者（Amiri，Saghaei，& Abedi，2011），处于焦虑和压力之下的大学生（Rasouli & Razmizade，2013）进行压力接种训练。

接纳疗法：认知行为治疗的第三次浪潮

在过去的几十年里，人们对所谓的第三波疗法产生了极大的兴趣。这表明了从第一波（行为）和第二波（认知）浪潮的转变（Hayes，2004；Hayes，2015）。第三波疗法并没有试图改变不良的行为和消极的想法，而是采用了一个不同的目标：帮助病人接受、注意并适应他们在此刻的所有方面，包括思想、情感、记忆和身体感觉。与这个目标一致的是，研究表明，避免和压制令人不安的经历，而不是接受或面对它们，往往适得其反，造成更大的情绪混乱（Amir et al.，2001；Teasdale，Segal，& Williams，2003）。

斯蒂芬·海斯和他的同事们（Hayes，Follette，& Linehan，2004；Hayes，Strosahl，& Wilson，1999）是接受与承诺疗法（ACT）的先驱。该疗法的行为实践者教导来访者，诸如"我是无用的"这样的消极想法仅仅是想法，而不是"事实"，同时鼓励他们接受和容忍他们的全部情感，并按照他们的目标和价值观行事。

ACT 和越来越多的第三波疗法经常训练病人的正念。像冥想这样的练习，除了关注呼吸的吸入和呼出，同时允许不带评判的思想和情感的出现（Kabat-Zinn，2003）。基于正念的认知疗法（Segal，Williams，& Teasdale，2012）将正念和认知疗法结合起来，使抑郁症的平均复发率降低 50%（Hofmann et al.，2010；Piet & Hougaard，2011），大大减少了成人和儿童的焦虑（Baer，2015；Kim et al.，2010；Semple & Lee，2007）。

玛莎·莱恩汗（Linehan，1993）的辩证行为疗法（DBT）是另一种用于治疗边缘型人格障碍患者的第三波治疗方法，它解决了问题行为与接受问题行为之间的明显矛盾。莱恩汗鼓励来访者接受他们强烈的情绪，同时通过改变他们的生活来积极应对这些情绪。研究支持了 DBT 对边缘型

表16.3　美国临床心理学家的主要理论取向

正如我们所看到的，临床心理学家取向中的最大比例是"折中/综合"取向。

取向	临床心理学家（%）
折中/综合	29
认知	28
心理动力学	12
行为	10
其他	7
人际关系	4
精神分析学	3
家庭系统	3
存在-人本主义	2
以人为中心	1

人格障碍（包括自我伤害行为）的一系列症状的有效性（Linehan et al.，2015；McMain et al.，2012）。

然而，这些新技术是否比标准行为和认知疗法更有效还有待观察。批评者担心，在缺乏令人信服的科学证据的情况下新浪潮疗法被大肆宣传了，并质疑它们是否说明了与传统认知行为疗法的巨大背离（Clarkin et al.，2013；Hofmann & Asmundson，2008；Ost，2008）。也许一个更好的类比是，这些最近的心理疗法的发展不是一波浪潮，而更像是一棵树，它代表认知行为疗法有许多分支，其中一支是第三波的方法（Hofmann，Sawyer，& Fang，2010）。毕竟，认知行为技术代表了一种广泛的方法，让人们感知他们的消极想法只是想法，就像是 ACT 和正念方法一样，被视为修正令人不安的认知方式的其他途径，或者至少是如何看待这样的认知的其他途径。

许多第三波疗法都符合当前心理治疗的趋势，即治疗师们创造出一种量身定制的折中疗法，将技术的独特性和理论与现有的方法结合起来（Lazarus，2006；Stricker & Gold，2003；Wachtel，1997）。例如，ACT 和 DBT 治疗师采用了来自佛教传统的行为技术与冥想练习，借用了人本主义心理学家对意识和情感表达的强调。正如我们在表 16.3 中所看到的，临床心理学家对他们理论取向的描述比例最大的是"折中/综合"取向（Norcross，2005；Prochaska & Norcross，2007）。

最近心理学家尝试建立统一的综合心理治疗方案以治疗有一系列心理疾病的人，并取得了成功（Barlow et al.，2010；Barlow, Allen, & Choate，2004；Maia et al.，2013）。这样的治疗方案是"诊断性的"，也就是说，它们可以被应用到很多诊断类型（包括焦虑和情绪障碍）的患者身上，它们被称为统一协议，因为它们基于经验上支持的"有实效"研究结果，把不同治疗传统的技术整合到一个单一的治疗方案包中。例如，行为激活，让那些抑郁的来访者参与加强活动，是许多第三波和认知行为疗法的关键组成部分，并且正在成为成功心理治疗的关键要素（Dimidjian et al.，2006；Hopko, Robertson, & Lejuez，2006；Richards et al.，2016；Ritschel et al.，2011）。有意或偶然接触到负面的想法和感觉是治疗的另一个组成部分，这可能与众多心理疗法的成功有关（Carey，2011；Kazdin，2009）。此外，统一协议还包括了促进正念、重新评估适应性思想、回避"思维陷阱"的技术，比如我们所描述的认知扭曲和非理性信念。在详细的治疗手册中提出的统一协议，可以被有效地管理，并且能够以低成本、高效益的方式治疗广大来访者（Farchione et al.，2012）。研究人员还可以用分解整合的方法，评估那些有关哪些成分最为相关的对立假设。也许这一战略将会引发第四波心理治疗的浪潮。

排除其他假设的可能性
对于这一研究结论，还有更好的解释吗？

对 CBT 和第三波疗法的科学评价

关于行为和认知行为疗法的有效性，通过研究，我们可以得出以下结论：

- 它们比没有治疗或安慰剂治疗更有效（Bowers & Clum，1988；Smith，Glass，& Miller，1980；Spiegler，2015）。
- 它们至少是有效的（Sloane et al.，1975；Smith & Glass，1977）——在某些情况下比精神动力和以人为中心的治疗更有效（Grawe et al.，1998；Prochaska & Norcross，2013）。
- 它们至少和药物治疗抑郁症一样有效（DeRubeis，Siegle，& Hollon，2008；Elkin，1994）。
- 一般来说，CBT 和行为治疗对大多数问题显著有效（Feske & Chambless，1995；Jacobson et al.，1996）。
- 第三波疗法在治疗多种疾病包括抑郁症和酗酒方面取得了成功（Marlatt，2002；Segal et al.，2012），CBT 和 ACT 在治疗抑郁和焦虑方面取得了类似的结果（Forman et al.，2007）。

个案　　1100

大概 9 个月前，我注意到一个戴着太阳镜的男人，在街对面的停车场看着我。我觉得他很可疑，因为无论我走到哪里，他和他的同事都在跟踪我。甚至当我去 3 000 英里外的加利福尼亚州度假时，我也注意到这个人和他的同事们在不远处。经过几周的仔细调查，我决定离开家去欧洲旅行，试图逃脱他的跟踪。在巴黎时，我也感觉到他在盯着我看，我很确定某一天晚上在电视上看到过他。我担心他已经告知了我的老板，还有一些朋友。因为他们最近似乎远离我了。我想让你们知道他所说的关于我的一切都是谎言。

治疗师们提供的以下三种陈述都是针对个人的，每种都体现了一种典型的心理疗法。请将每个陈述与疗法相匹配。（a. 来访者中心，b. 弗洛伊德主义，c.REBT）

（1）你不理智，过早下结论。即使有人在跟踪你，为什么断定他会跟你的朋友联系？只是因为他们与你比较疏远了？

（2）你告诉我，在童年时期，你的父亲会不断地评价你，当他盯着你的时候，你会产生巨大的罪恶感。也许这表明你不能逃脱的人象征着你的父亲？

（3）从 9 个月前，你开始怀疑一个你现在很确定会伤害你的人际关系的男人，认为他在说关于你的谎话是多么可怕啊！

答案：（1）a，（2）b，（3）a。

16.5　心理治疗有效吗？

16.5a　评价所有的心理疗法都同样有效的说法。
16.5b　解释为什么无效治疗有时似乎是有效的。

在刘易斯·卡罗尔的《爱丽丝梦游仙境》一书中，渡渡鸟在一场比赛后宣布："大家都赢了，大家都有奖励。"70 年前，索尔·罗森茨威格（Rosenzweig，1936）提出不同心理疗法有相同有效性的观点。换句话说，所有的这些治疗方法都是有用的，并且从它们的结果来看差不多是相同的（见图 16.5）。

渡渡鸟论断：生存还是灭亡？

在 20 世纪 70 年代中期之前，关于心理疗法是否有效的争论相当激烈。一些研究人员的结论是，它实际上毫无价值（Eysenck，1952），而另一些则得出相反的结论。

从 20 世纪 70 年代末开始，一种科学共识出现了：心理治疗在减轻人类痛苦方面起作用（Landman & Dawes，1982；Smith & Glass，1977），并且至今仍有共识。这个结论来自使用一种叫作

图16.5　心理治疗的有效性

此图显示的两条正态分布曲线，是基于对心理疗法结果的近 500 项研究绘制的。左边的正态分布表示那些没有接受过心理治疗的人，右边的正态分布表示那些接受过心理治疗的人。就像我们看到的，通过各种治疗和样例，接受过治疗的人中的 80% 比其他的没有接受过治疗的人的结果的平均水平要高。

资料来源：Based on Smith, M. L., Glass, G. V., & Miller, T. I. (1980). The benefits of Psychotherapy. Baltimore, MD: Johns Hopkins University Press.© Scott O. Libienfeld。

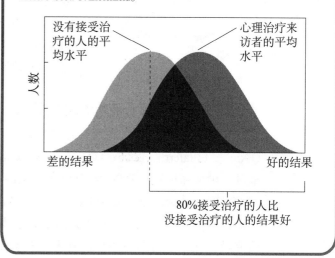

元分析（meta-analysis）
一种帮助研究人员解读大量心理学文献的统计方法。

元分析的技术的研究。"元分析"是一种统计方法，可以帮助研究人员阅读大量的心理学文献。通过将许多研究的结果集中起来——就好像它们是一项大型研究一样，元分析可以让研究人员在大量的研究中寻找模式并在独立的实验室中得出一般结论（Hunt，1997；Rosenthal & DiMatteo，2011）。

当今，一些学者认为"渡渡鸟论断"仍然有用。一些分析认为有很大一部分心理疗法的效果是差不多的（Wampold et al.，1997，2002；Wampold，2010）。对那些在行为主义、精神动力学以及以人为中心疗法方面都受过训练的有经验的心理治疗师的研究表明，与不接受任何治疗相比，这些治疗方法在帮助病人上相对来说更成功，但是这些疗法在效果上并没有很大差别（DiLoretto，1971；Sloane et al.，1975）。

其他一些研究者却不这样认为（Lilienfeld，2014）。他们声称渡渡鸟论断，像真的渡渡鸟一样，灭绝了。虽然许多形式的心理治疗都是有效的，并且许多疗法效果是差不多的，但是同样会有例外（Beutler，2002；Hunsley & DiGuilio，2002）。比如说，行为疗法和认知行为疗法在解决儿童和青少年的行为问题时比别的方法要有效得多（Garske & Anderson，2003；Weise et al.，1995）。此外，在治疗焦虑障碍，包括恐惧症、惊恐障碍、强迫性神经官能症（Addis et al.，2004；Chambless & Ollendick，2001；Tolin，2010）和贪食症方面（Poulsen et al.，2014），行为治疗和认知行为治疗一向比其他大部分方法更有效。

同样，渡渡鸟论断说明有的心理治疗会使人们的情况变得更加糟糕（Barlow，2010；Dimidjian & Hollon，2010；Lilienfeld，2007）。对待心理疾病，我们可能认为做点什么比什么都不做要好，但是研究显示并不总是这样。来访者中的相当一部分比例（5%～10%）的人，在心理治疗之后变得更加糟糕，而且他们中有些人的情况很有可能是因为接受了心理治疗而变得更加糟糕了（Boisvert & Faust，2003；Castonguay et al.，2010；Strupp，Hadley，& Gomez-Schwartz，1978）。比如说，有些研究表明：危机情况报告有时会增加那些暴露在创伤中的人们的创伤后应激症状的风险。某些恐惧直接干预措施的治疗同样如此，通过使青少年直接见识真正的罪犯，让处于危险边缘的青少年因惧于后果而免于踏上罪犯之路（Petrosino，Turpin-Petrosino，& Buehler，2003）。我们在表16.4中可以看到一些其他有危害的潜在治疗方法。

那么，我们能接受的基本认识是什么？许多疗法是很有效的，而且许多疗法的疗效是差不多的。然而对于渡渡鸟论断还是有着典型的例外。此外，因为有些疗法似乎是有害的，所以我们不能随意相信用谷歌搜索出来的治疗师。

在刘易斯·卡罗尔的《爱丽丝梦游仙境》一书中，渡渡鸟在一场比赛后宣布："大家都赢了。大家都有奖励。"心理治疗研究人员使用渡渡鸟论断这个术语来指代所有的治疗方法有效性相同的结论。并非所有研究人员都接受这一结论。

不同群体对心理治疗有什么不同反应

在我们的知识中存在着一种空白，即某些人群对心理治疗的反应是怎样的（Brown，2006；Olkin & Taliaferro，2005；U.S. Surgeon General，2001）。研究表明，社会经济地位（SES）、性别、地域、种族和年龄通常会对治疗结果产生影响（Beutler，Machado，& Neufeldt，1994；Cruz et al.，2007；Petry，Tennen，& Affleck，2000；Rabinowitz & Renert，1997；Schmidt & Hancey，1979）。然而，我们的结论只是暂时的，因为研究人员还没有深入研究这些变化。许多受控制的心理治疗研究没有报告参与者的种族、地域、残疾状况或性取向，也没有分析心理治疗的有效程度是否取

表16.4	潜在的有害治疗方法清单	

研究表明，一些心理疗法对某些人可能是有害的。

疗法	干预	潜在的危害
辅助沟通训练	一位辅助者扶着有自闭症或其他发展障碍孩子的手在键盘上输入信息	可能产生对家庭成员虐待儿童的错误指控
恐惧直接干预疗法	给有失足危险的青少年看监狱生活的残酷现实，恐吓他们，使他们将来远离犯罪	可能使问题变得更严重
记忆唤醒技术	心理治疗师运用各种方法，包括记忆的提示、诱导性问题、催眠、意向引导，去恢复来访者的记忆	产生有关创伤的错误记忆
分离性身份识别障碍（DID）取向的心理治疗	治疗师运用技术向来访者暗示他们隐藏了"其他"人格。治疗师试图去唤起其他人格并和其他人格交流	他者的产生，导致了更严重的同一性问题
紧急事件应激晤谈	在创伤事件发生后的很短时间内，治疗师要求团体成员去"加工"他们的消极情绪，描述成员可能经历的创伤后应激障碍症状，并阻止成员中断参与	增加了来访者患创伤后应激症状的风险
DARE（药物滥用及抵制性教育）项目	警察教导学校学生认识关于毒品的危险性，并且教他们一些社交技巧去阻止同龄人被迫尝试毒品	增加了酒精以及其他物质的摄入（比如烟草）
强制约束疗法	治疗师从身体上约束那些跟父母形成了不安全依恋的孩子。这些治疗手段包括再生疗法和拥抱疗法，具体来说就是治疗师压制孩子直到这些孩子停止抵制父母或者和他们开始了眼神的接触交流	身体上的伤害、窒息、死亡

互动

像图中所描述的那样，"恐惧直接干预项目（Scared Straight Programs）"会给青少年直接呈现囚犯在监狱中的生活，以"吓走他们"，远离犯罪。尽管这些项目很受欢迎，但研究表明它们不仅无效，而且在某些情况下是有害的。与行为疗法相关的哪种学习原理可以帮助解释这一发现？

a. 系统脱敏疗法

b. 满灌法

c. 反应预防

d. 建模

e. 代币制

答案：d。

决于这些变量（Cardemil，2010；Sue & Zane，2006）。因此，我们不能完全相信对高加索人有效的治疗对其他人群同样有效。

非特异性因素

许多疗法在疗效上具有可比性的一个可能原因是，一些确定的非特异性因素（那些跨越了许多或大多数治疗方法的因素）对不同治疗方法的改善负有责任。杰罗姆·弗兰克（Frank，1961）在他的经典著作《劝说和治愈》中指出，这些非特异性因素包括用同理心倾听，灌输希望，与来访者建立一个强有力的情感纽带，为治疗提供一个清晰、合理的理论原理，并为践行提供了新思维方式、新感觉和新行为的技术（Del Re et al.，2012；Lambert & Ogles，2004；Miller，Duncan，& Hubble，2005）。弗兰克观察到，这些非特异性因素也被包含在数百年的许多形式的信仰治愈、宗教皈依和人际说服中。这些信仰跨越了时间，也跨越了大多数甚至是所有的文化。其他常见因素包括：治疗师协助来访者了解世界，通过社交手段、与他人沟通、发展积极的治疗预期来进行影响和掌控（Wampold，2007，2015）。

尽管我们可能会认为一些非特异性因素其实是"安慰剂"，但这可能会忽略最关键的一点，即它们在向来访者灌输改变的动机方面是必不可少的。事实上，研究表明，普通因素在治疗中占了很大的比例（Cuijpers et al.，2008；Laska et al.，2014；Wampold & Imel，2015）。

相比之下，特异性因素只描述某些治疗方法，包括冥想、挑战不合理的信念或社会技能训练。在某些情况下，特异性因素可能作为心理治疗的关键因素，它们可能不会比普通因素具有更好的强化效果（Stevens，Hynan，& Allen，2000）。心理学家对常见因素和特异性因素影响结果的程度存在分歧（Craighead，Sheets，& Bjornsson，2005；DeRubeis，Brotman，& Gibbons，2005；Kazdin，2005），即使大部分人认为它们都很有效。

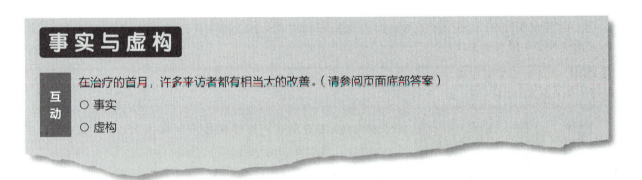

事实与虚构

互动 在治疗的首月，许多来访者都有相当大的改善。（请参阅页面底部答案）
○ 事实
○ 虚构

日志提示

书中描述了目前正在实施的数百种心理疗法中几种可能有害的疗法。探讨系统性研究在评价心理治疗效果方面的作用。

答案： 事实。这是真的，40%～66% 的来访者甚至在参加第一次会谈之前就报告了改善（Howard et al.，1986）。寻求帮助的行为——为自己的问题寻求解决办法——显然会激发希望、培养信心（Kirsch，1990）。

✱ 心理学谬论

自助书籍总是有用吗？

美国每年出版 3 500 本自助新书，人们可以从中选择一本。这些自助书籍几乎包含了所有情况，从获得永恒的幸福、扩展意识到实现从几乎每个人都有的对失败和弱点的想象中解脱出来的自由。自助书籍是自我提高产业的一个方面，它延伸到网页、杂志、广播、电视节目、CD、DVD、讲座、讲习班和建议专栏中；并在最近延伸到智能手机应用和治疗证据的计算机化传输上（Abroms et al., 2011；Craske et al., 2011）。

自助书如此受欢迎这一点毫不奇怪。美国人每年在这上面花费 6.5 亿美元，至少有 80% 的治疗师向他们的来访者推荐它们（Arkowitz & Lilienfeld, 2007）。研究人员研究了阅读自助书籍（心理学术语为"阅读疗法"）的效果。相对较少的关于自助书籍的研究表明，阅读疗法和心理治疗常常会导致抑郁、焦虑和其他问题的可比性改善，或者说相对于没有阅读自助书籍者，采用阅读疗法促进了症状的改善（Grould & Clum, 1993；Ritzert et al., 2016）。

但是，我们要谨记三点。第一，我们不能将有局限性的结果适用于书店里出售的所有自助书籍，因为绝大多数的书籍都是没经过证实的（Rosen, Glasgow, & Moore, 2003）。第二，自愿参加关于自助书籍研究的人大多是主动阅读书籍并从中获益的人，而不是那些出于好奇在更轻松的环境下浏览书籍的人。第三，自助书籍可以用于处理相对较小的问题，像每天担心的问题和演讲。当研究者（Menchola, Arkowitz, & Burke, 2007）检验更严重的问题时，比如严重的抑郁症和惊恐障碍，心理治疗要比阅读自助书籍做得更好，尽管二者都要比没有任何治疗有效。

一些人并不对自助书籍作出反应（Febbraro, Clum, Roodman, et al., 1999），而且许多自助书籍传达的内容远没有达到它所宣称的那样。那些只看见这些书籍封面宣传效果的读者，可能感觉到挫败并且不大可能去寻找更加专业的帮助或在他们的主动权上有所变化。据此，哈尔·阿克维兹和斯科特·利林菲尔德（Arkowitz & Lilienfeld, 2007）提出了以下在选择自助书籍时的意见：

- 使用有研究支持的书籍并且以正确的心理学原理为根据（Gambrill, 1992）。要确定作者所提到的支持他论断的公开的调查研究。有些书籍已经证明有积极的效果，包括大卫·伯恩斯的《好心情》、丹尼斯·格林伯格和克里斯汀·帕蒂斯基的《理智胜过情感》和乔治·克拉姆的《应对恐慌》。

- 评估作者的资质。作者有没有受到专业的培训并且是否有专家的水平来写这个主题？

- 要对那些夸下海口的书有警惕性，比如说五分钟治疗恐惧症。2007 年最畅销的书《秘密》（Bytne, 2007）的作者奥普拉·温弗瑞曾经使她的读者相信仅仅是积极的思维就可以治愈癌症，帮助一个人成为百万富翁，或者达到一个人任何想要的目标。然而现在仍然没有一丁点儿的研究依据可以证明这类愿景思维是有帮助的（Smythe, 2007）。

- 当心以"一劳永逸"为主要观点的书。一本告诉我们可以总是向我们的伙伴发泄我们的愤怒的书，将无法使我们考虑到复杂而又特殊的关系问题。

- 像临床抑郁症、强迫症或者精神分裂症这样的严重问题，更应该有专业的帮助而不仅仅是来访者自助。

实证支持疗法

可重复性

其他人的研究也会得出类似的结论吗？

因为我们可以被愚弄，认为一种治疗方法是有效的，而事实并非如此，我们可能会对心理学家们在他们应该根据主观经验和直觉进行治疗的程度而不是仔细地控制研究上有分歧而感到惊讶。科学从业者差距（Fox，1996；Lilienfeld et al.，2013，2014b；Tavris，2003）指的是把心理治疗视为一门艺术而非科学的心理学家和那些认为临床实践应该主要反映能被很好重复结果的科学发现的心理学家之间的严重分歧（Dawes，1994；Lilienfeld et al.，2003；Baker，McFall，& Shoham，2009）。显然，主观判断在治疗中起着至关重要的作用，但是这种判断应该通过科学证据来进行。但是治疗师应该考虑什么样的证据呢？在过去15年左右的时间里，研究人员对这个问题做出了回应，提出了一系列**实证支持疗法**，现在有时被称为研究支持治疗，即针对由受控研究得出的高质量科学证据支持的特定疾病的干预（Chambless et al.，1996；Lebow，2010）。

行为疗法和认知行为疗法已被列入治疗抑郁、焦虑障碍、肥胖症、人际关系问题、性功能障碍以及酗酒问题的实证支持疗法（ESTs）清单。人际疗法对抑郁和贪食症有相当大的帮助。但是，我们仍然不能得出不在实证支持疗法清单上的疗法就是无效的结论。事实上，不包含在实证支持疗法清单以内的方法很可能意味着只是研究者还没有做好调查研究来证明它的有效性（Arkowitz & Lilienfeld，2006）。

发展实证支持疗法清单的运动是富有争议的。对这个运动的批评聚焦在，并没有充分的证据证明特定疗法对特定障碍的疗效比其他的方法要好（Levant，2004；Westen，Novotny，& Thompson-Brenner，2004）。比如说，在研究某种特定疗法的有效性时，可能存在着文化或者个体差异，但是调查研究并没有关注到这一点。作为回应，这项运动的支持者认为临床效果就是最好的可用的科学证据

实证支持疗法

（empirically supported treatment，EST）

有高水平科学证据支持的、对某些特定障碍治疗的疗法。

（Baker et al.，2009）。因为现在的数据显示，在治疗一些疾病时，某些方法的确要比其他方法更有效，从业者有道德义务依据实证支持疗法清单进行治疗，除非有更好的理由表明不能这么做（Chambless & Ollendick，2001；Crits-Christoph，Wilson，& Hollon，2005；Hunsley & DiGiulio，2002）。

本书作者发现后者的争辩更有说服力，因为选择和管理治疗的举证责任应该总是落在治疗师身上。因此，如果有合理的证据表明某些治疗方法比其他治疗方法更好，那么治疗师应该以证据为指导（Lilienfeld et al.，2013）。

✳ 心理科学的奥秘

为什么无效疗法似乎有帮助？我们如何被愚弄？

有效的心理治疗使人们能够应付生活中最具挑战性的问题。然而，一些治疗师成功地指出了许多缺乏研究支持的干预方法（Lilienfeld，Lynn，& Lohr，2003；Norcross，Garofalo，& Koocher，2006；Singer & Nievod，2003）。这些方法中包括许多似乎很怪异的治疗方法，比如海豚疗法、大笑疗法、尖叫疗法、被外星人劫持而造成创伤的疗法（Appelle，Lynn，& Newman，2000），还

有甚至是解决由前世留下来的创伤问题的疗法（Mills & Lynn，2000）。

史上最奇怪的心理疗法之一肯定是"直接分析"，它由精神病学家约翰·罗森（John Rosen）开发，用于治疗精神分裂症。称其为直接分析是因为罗森说话直接指向来访者的无意识的思想，该方法需要治疗师对来访者大喊大叫，让他们疯狂，并威胁要将他们切成碎片。在某些情况下，罗森甚

至招募精神病学助理伪装成联邦调查局特工来询问来访者的幻想。尽管罗森曾有高度影响力——其获得了1971年美国精神病学会颁发的"年度人物"奖，但直接分析不再被治疗团体所接受（Dolnick，1998）。心理疗法的科学，就像其他领域一样，是自我修正的。

来访者和心理治疗师会如何相信，像直接分析这样无效的治疗方法是有帮助的呢？以下五个原因可以帮助我们理解为什么虚假疗法会在公众中引起关注（Arkowitz & Lilienfeld，2006；Beyerstein，1997；Lilienfeld et al.，2014a）。

1. 自发缓解。 病人的康复可能与治疗无关。我们每个人的心情总有"起起落落"。同样，许多心理问题都是自限性或周期性的，并能在没有干预的情况下得到改善。与一个对自己重要的人断绝关系也许会使我们沮丧一阵子，但是我们中的大多数将会在没有专业帮助的情况下逐渐改善。这个现象被称作**自发性缓解**。这种现象甚至出现在严重疾病包括癌症的治疗中（Silverman，1987）。

令人惊讶的是，自发性缓解在心理治疗中是很常见的。在第一次对心理治疗结果的正式审查中，汉斯·艾森克（Eysenck，1952）报告了两项不受控制的研究结果，这些研究的对象是神经过敏（轻度干扰）的来访者，他们没有接受正式治疗。这些研究中的自发性缓解率为72%！不可否认的是，艾森克所选择的研究可能有异常高的自发性缓解率，因为他声称的"未经治疗"的个体得到了安慰和建议。不过，毫无疑问，许多有抑郁症状的人往往在没有治疗的情况下得到改善。只有那些接受过治疗的人的病情比未治疗的人或在等待名单上的人病情有所改善，我们才能排除自发性缓解的影响。

2. 安慰剂效应。 令人讨厌的安慰剂效应（见2.2c）会导致显著的症状缓解。几乎任何可信的治疗都有助于缓解我们的失落感。

3. 自我服务偏见。 即使在他们没有得到改善的情况下，那些在心理治疗上投入了大量资金，并且在追求幸福的过程中花费了大量金钱的来访者也能说服自己他们得到了帮助。因为承认自己（或其他人）浪费时间、精力和努力太令人不安了，人们常有一种为某治疗发现价值的强大心理动力（Axsom & Cooper，1985），同时忽略淡化和为失败掩饰作为一种维护自尊的方式（Beyerstein & Hadaway，1991）。

4. 篡改过去的记忆。 在某些情况下，我们可能相信我们已经改善了，即使我们没有，因为我们错误地记得我们最初的（预处理）水平比现在更糟。我们期望在治疗后有所改变，并可能只是为了符合这个期望而调整我们的记忆。在一项研究中，调查人员随机安排大学生或者参加学习技能课程，或者在等候名单的控制组中。在成绩的客观指标上，这门课被证明是毫无价值的。然而，选修这门课的学生认为他们的成绩有所提高（对照组学生没有）。为什么？他们错误地回忆起他们最初的学习技能比实际情况更糟（Conway & Ross，1984）。同样的现象也可能出现在心理治疗中。

5. 趋均回归。 这是一个统计学上的事实。极端的分数在重新测试时趋向于不那么极端，这是一种被称为趋均回归的现象。如果你在第一次心理测验中得了零分，你就会有一线希望，即在你的第二次考试中，你无疑会做得比第一次好。相反，如果你在第一次考试中获得了100分，那么你在第二次考试中也不会有同样的成绩。精神病理学并无不同。如果病人接受治疗时极度沮丧，那么，他或她在几周内会变得不那么沮丧。趋均回归可以欺骗治疗师和来访者，让他们相信无用的治疗是有效的。

事实与虚构

互动　即使病人被告知安慰剂在生理上是无效的，它在某些情况下也仍然是有效的。（请参阅页面底部答案）
○ 事实
○ 虚构

事实与虚构

互动　只有少部分咨询师使用实证支持疗法。（请参阅页面底部答案）
○ 事实
○ 虚构

16.6　生物学疗法：药物治疗、电刺激与外科手术

16.6a　识别不同类型的药物，并注意与药物治疗有关的注意事项。

16.6b　概述药物治疗的关键问题。

16.6c　了解对生物学疗法的误解。

生物治疗——包括药物、刺激技术以及大脑外科手术——直接地改变了大脑组织中的某些化学成分或者生理机能。心理治疗的方法从 20 世纪 70 年代开始至今已经翻了不止三倍，抗抑郁的处方药从 1988—1994 年到 2005—2008 年翻了四倍。今天，抗抑郁药是 18～44 岁成人最常见的处方药（Pratt，Brody，& Gu，2011）。很多人还很惊讶有 10% 的患严重抑郁症的住院病人至今仍旧接受电休克疗法（ECT）——通常被称为"休克疗法"，即用细小的电流刺激人的大脑以提升他们的情绪（Case et al.，2013）。到了 20 世纪 50 年代，有 50 000 名病人接受了精神外科的治疗，具体来说就是将他们的额叶或者大脑的某个区域损坏或者移除来控制严重的心理障碍（Tooth & Newton，1961；Valenstein，1973）。现在，外科手术医生很少做像这样的手术了，这反映了围绕心理外科手术的争论，同时表明了危险性较小、效果较明显的手术是可行的事实。就像我们探讨各种生物疗

答案 1：事实。对改善的期望是如此强大，即使当医生告知他们这是安慰剂时，患有易激综合征的消化紊乱的人仍然对糖安慰剂反应积极（Kaptchuk et al.，2010）。

答案 2：事实。调查数据显示只有少数的治疗师使用实证支持疗法（Baker et al.，2009；Freiheit et al.，2004）。例如，一项针对患有饮食紊乱症（尤其是厌食症和贪食症）患者的调查表明，大多数患者不定期进行认知行为或干预治疗，主要的干预措施对这些情况有帮助（Lilienfeld et al.，2013；Pederson et al.，2000）。

评价观点　心理治疗

你的好朋友艾娃来到你身边，分享她最近与抑郁症斗争的故事。她感到悲伤，对生活失去了兴趣，对小事感到内疚，并产生了伤害自己的想法。她说她以前也有过这种感觉，她分享了她过去尝试过药物治疗的故事，但这次她更愿意在没有药物治疗的情况下治疗。你建议咨询治疗师可能会有帮助。

你和艾娃在互联网上搜索，浏览你所在城市的治疗师网站，他们在网站上声称自己是治疗抑郁症的专家。你和艾娃对"认知行为治疗研究所"网站的描述很感兴趣。

"认知行为疗法，我在我的实践中使用，可能不是在所有情况下都有效，但是一些研究表明，CBT 在治疗抑郁症上和抗抑郁药物一样有效。我很高兴将 CBT 作为一种治疗方法，因为独立实验室的研究表明，CBT 疗法的效果远不止在心理治疗过程中，而药物治疗的效果通常只有在使用药物的时候才会持续。"

科学的怀疑主义要求我们以开放的心态去评价所有的主张，但在接受这些主张之前要坚持有说服力的证据。科学思维的原理如何帮助我们评估关于抗抑郁药物的主张？

在你评估这一主张时，考虑一下科学思维的六个原则是如何相关的。

1. 排除其他假设的可能性

对于这一研究结论，还有更好的解释吗？

目前还不清楚，对这些发现的所有其他解释是否都没有被排除，例如趋均回归、篡改过去的记忆，以及自发性缓解。另一个可能的解释是安慰剂效应（Kaptchuk & Miller, 2015）。例如，这两种治疗方法都是有效的，因为它们对改变产生了积极的期望。这是一种安慰剂效应，你可以回想起，它能显著缓解抑郁症的症状（Kirsch, 2010）。事实是，心理治疗的效果远远超过药物治疗的效果，这可能是患者预期心理治疗的效果会更持久，患者在接受心理治疗后比服用药物后更乐观，这导致了心理治疗更持久的效果。就像心理疗法和药物治疗预期效果一样，一项包括使用安慰剂比较条件的研究，将有助于解决安慰剂效应问题，并观察心理疗法在长期内是否仍然优于药物治疗。

2. 相关还是因果

我们能确信 A 是 B 的原因吗？

这种科学思维的原则与这种情形并不十分相关。

3. 可证伪性

这种观点能被反驳吗？

这则广告中的说法可能会被不支持调查结果的研究推翻。例如，如果大量的大型研究随机地分配一些人接受认知行为疗法，而其他人只接受情感支持，这些研究表明两者之间的抑郁得分没有任何差异，那么就需要认真考虑一下这个声明了。

4. 可重复性

其他人的研究也会得出类似的结论吗？

这一发现在不确定的实验室中被重复的事实是值得注意的，并且表明结果是可靠的。更多针对男性和女性的大型研究随着时间的推移会增加对研究结果有效性的信心，以及跨性别的普及性。

5. 特别声明

这类证据可信吗？

该声明避免夸大 CBT 的好处，指出它可能不是在所有情况下都有效。该广告正确地指出，CBT 与抗抑郁药物治疗临床抑郁症的效果是一样的。心理治疗的效果比药物治疗更持久。

6. 奥卡姆剃刀原理

这种简单的解释符合事实吗？

趋均回归、自发性缓解、篡改过去的记忆和安慰剂效应的存在是另一种解释。但是，其他的研究表明，现在断言另一种解释提供了更好或更简单的解释还为时过早。

总结

考虑到心理治疗和药物治疗对重度抑郁症的影响，广告中的信息是可测量的，并且通常是适当的。在严重抑郁的情况下，结合心理治疗和药物治疗可能会更有帮助。

药物疗法
（psychopharmacotherapy）
使用药物来治疗心理问题。

法的利弊一样，我们会看到每一种方法都有反对它和支持它的人。

药物疗法：调整大脑组织中的化学物质

我们将从**药物疗法**（使用药物来治疗心理问题）开始我们生物疗法的旅途。实质上用心理疗法治疗每一种心理障碍都伴有药物的使用。1954年，"药理学革命"中提到氯丙嗪（氯普马嗪）药物广泛地使用于治疗严重的心理障碍。这是专家第一次可以开出强效药方去缓解精神分裂症及其相关症状。到了1970年，那是对任何一个患有精神分裂症的病人来说都不同寻常的一年，因为他们了解到可以不必服用氯丙嗪或者另一种"主要镇静剂"。

药剂公司很快认识到大范围运用药物治疗病人的前景，而且它们的努力得到了优厚的回报。研究者发现那些被双相障碍困扰着的人们可以通过服用碳酸锂、酰胺咪嗪以及一些新一代的情绪稳定剂类药物来缓解这样的情感风暴。对人们来说，药物治疗远不止用于那些普通条件下与病魔抗争的人，还可以应用于在当众发表演说的残酷现实压力情况下产生的焦虑。我们可以把数目惊人的治疗抑郁的处方大大归功于SSRI（选择性血清素再摄取抑制剂）这类抗抑郁药物受欢迎的现象，这些药物包括百忧解、左洛复以及帕罗西汀，这些药物都可以提高神经递质血清素的水平。

在表16.5中，我们列出了常用药物以及它们治疗焦虑障碍（减轻焦虑或者抗焦虑的药物）、抑郁症（抗抑郁药物）、躁郁症（情绪稳定剂）、精神类疾病（安定药、抗精神病药或者主要的镇静剂），还有注意力问题（精神振奋药物）的原理。就像我们从表中看到的，很多像这样的药物可以缓解多种心理症状。

然而，我们应该提醒自己，我们并不确定大多数药物是怎样起作用的。虽然药物厂家的各种广告（包括那些我们在电视上看到的）通常向我们宣传那些药物——尤其是抗抑郁药物——可以纠正大脑中的"化学失衡"，但是这个概念几乎被过于简化了（Kirsch，2010）。首先，很多药物可能会作用于多种神经递质系统。其次，没有任何科学依据可以证明血清素或者大脑中的其他神经递质已经达到了一个"最理想的"水平（Lacasse & Leo，2005）。最后，很多药物（包括抗抑郁药物）很可能通过影响感受器的敏感度而不是神经递质的水平来发挥其效果。

现如今，心理学家通常参考精神科医生以及其他有处方权的专家来确定病人的治疗方案。直到最近，只有精神科医生以及少数一些其他的精神健康专家（如精神科护理从业者）可以开这方面的处方药物。但是从1999年开始，美国关岛地区的心理学家获得官方允许可以开处方药，之后又有两个美国州部同样得到官方许可（新墨西哥州在2002年、路易斯安那州在2004年）。在获得开处方药的权利之前，这些心理学家必须首先完成一项关于心理学、生理解剖学以及心理药理学的职业培训课程（学习能够影响心理机能的药物）。然而，允许心理学家开处方药的不断增长的趋势引起了激烈的争论，部分原因是很多批评家认为心理学家并没有获得足够的生理解剖学以及人体心理学知识去评估使用药物后的结果以及药物的副作用（Fox et al.，2009；Stuart & Heiby，2007）。

注意事项：剂量和副作用

药物疗法并不是万应灵药。实际上几乎所有的药物都需要同时考虑它们的益处和潜在的副作用。大多数不良反应，包括恶心呕吐、瞌睡、虚弱、疲劳以及性功能障碍，在停用之后或者当药力减弱的时候就可以恢复。然而，迟发性运动障碍（TD）并非如此，它是一些抗抑郁药物（即被用来治疗精神分裂症和其他精神疾病的药物）所产生的严重副作用。迟发性运动障碍的症状包括面部肌肉、嘴部、脖子的颤动，胳膊和腿的抽搐。

很多时候，这种紊乱初见于几年的高剂量药物治疗之后（迟发性，如迟缓，意思是表现迟

表16.5		心理障碍常用药物的名称、作用机制以及其他用法		
	药物种类	**举例**	**作用**	**其他用法**
抗焦虑药物	苯二氮卓类	地西泮、阿普唑仑、氯硝安定、劳拉西泮	提高 γ–氨基丁酸与受体结合的效率	通过使用精神抑制药物，改善药物副作用，戒酒瘾
	丁螺环酮		稳定血清素水平	治疗抑郁和焦虑；有时候会与抗精神病药一起使用；刺激有大脑损伤和痴呆的人
	β–受体阻断剂	阿替洛尔、盐酸普萘洛尔	限制控制心脏和肌肉功能的去甲肾上腺素受体；减缓心跳加速、肌肉紧张	控制血压、调节心脏跳动
抗抑郁药物	单胺氧化酶抑制剂（MAO）	异卡波肼、苯乙肼、反苯环丙胺	抑制去甲肾上腺素和血清素代谢酶的作用；多巴胺抑制剂	惊恐以及其他焦虑障碍问题
	环类抗抑郁药	阿米替林、米帕明、地昔帕明、去甲替林	抑制去甲肾上腺素和血清素的再吸收	惊恐以及其他焦虑障碍问题，缓解痛苦
	选择性血清素再摄取抑制剂（SSRIs）	盐酸氟西汀、西酞普兰、舍曲林	选择性抑制血清素的再吸收	饮食障碍（尤其是贪食症）、强迫性精神障碍、社交恐惧症
精神安定剂	无机盐	碳酸锂	减少去甲肾上腺素，提高血清素水平	双相障碍
	抗惊厥药物	卡马西平、拉莫三嗪、双丙戊酸钠	提高 γ–氨基丁酸神经递质的水平，抑制去甲肾上腺素的再吸收	
抗精神病药物	第一代抗精神病药物	氯丙嗪、氟哌啶醇	阻断突触后的多巴胺受体	抽动秽语综合征，双相障碍（氯氮平除外）
	第二代抗精神病药物	氯氮平、利培酮、奥氮平、齐拉西酮、喹硫平、阿立哌唑	阻断血清素和多巴胺的活动；同时也影响去甲肾上腺素、乙酰胆碱的活性；稳定多巴胺和血清素受体	精神分裂症，双相障碍，有时用来治疗自闭症、精神分裂症、临床抑郁症等
兴奋剂和其他用来治疗注意力问题的药物	兴奋剂	哌甲酯、安非他命、匹普鲁多、二甲磺酸赖右苯丙胺	在调节注意力和行为的地方释放或再吸收去甲肾上腺素、多巴胺、血清素	嗜睡症（哌甲酯），用于治疗严重抑郁症、饮食障碍、伴随精神分裂症的认知损伤
	非刺激性药物	盐酸托莫西汀	选择性抑制去甲肾上腺素的再吸收	减轻抑郁症状

缓），但它也偶见于只有几个月的低剂量治疗之后（Simpson & Kline，1976）。新型的抗精神病药，比如说利培酮，通常可能导致的严重不良反应更少，但它们偶尔也会产生严重的副作用，包括心脏性猝死。目前，与之前的药物相比，这些药物是否更有效、成本更低的结论已出（Correll & Schenk，2008；Lieberman et al.，2005；Schneeweiss & Avorn，2009）。

世上没有万应灵药：对药物的不同反应 开处方药物的专家必须一如既往地谨慎对待药物。人们对相同剂量的药物反应并不是完全一致的。体重、年龄甚至是种族差异通常都会影响药物反应。非裔美国人在某些抗焦虑和抗抑郁药物的剂量需要上往往更少一些，并且他们比白种人起反应要快，同时亚裔美国人代谢（分解）这些药物比白种人要慢（Baker & Bell，1999；Campinha-Bacote，2002；Strickland et al.，1997）。因为有些人会从生理和心理上变得依赖药物，比如说被广泛使用的抗焦虑处方药安定和阿普唑仑（苯二氮卓类），医生们尝试去找出使药物达到积极效果同时把副作用的不舒适感降到最低的最少剂量（Wigal et al.，2006）。停止服用某些药物，如那些用来治疗焦虑和抑郁的药，必须逐渐减少剂量从而使停止服用药物的反应（包括紧张感和焦虑感）降到最小（Dell'Osso & Lader，2013；Fava et al.，2015）。

药物试验：有害还是过量？ 有些心理学家提出了一些关于 SSRI 药物作用的严重问题，尤其是存在于儿童和青少年中的问题（Healy，2004；Kendall，Pilling，& Whittington，2005）。虽然缺少有力的证据证明这些药确实增加了人们自杀的想法，但在社会群体中有较广泛的迹象表明 SSRI 药物的使用加大了 18 岁以下人群的自杀倾向（Goldstein & Ruscio，2009）。由于这个原因，美国食品药品监督管理局（FDA）现在要求药物制造商在 SSRI 药物的标签上注明它们可能产生自杀危险的警告。在这些"黑盒子"警告（之所以这样称呼它们是因为它们被装入一个在药物标签上有黑色边框的盒子）下，抗抑郁处方药的销量下降了超过 30%，尽管这种趋势在 2008 年后有所减缓（Friedman，2014）。

养育一个有注意缺陷 / 多动障碍（ADHD）的孩子是很有挑战性的，而且经常需要老师和医学专业人员的支持。

科学家不明白为什么抗抑郁药会增加一些儿童和青少年的自杀念头。这些药物有时会引起焦虑，所以它们可能使已经抑郁的人更加痛苦，甚至有自杀倾向（Bram billa et al.，2005）。然而，服用抗抑郁药类的人试图自杀和完成自杀的风险仍然很低。

公众关心的有关药物治疗的另一个方面是处方过量。针对注意缺陷 / 多动障碍（ADHD）的精神振奋药物比如说利他林（哌醋甲酯）的使用，父母、老师还有实施帮助的专家都表示特别担忧，并且尽可能寻找替代物和更加有效的方法来集中孩子的注意力（LeFever et al.，2003；Safer，2000）。20 世纪 90 年代早期开始，ADHD 的处方药数量已经翻了四倍。虽然很少人知道 6 岁以下孩子服用利他林的长期安全性，但是对 2～4 岁孩子开这一处方药的量仅仅从 1991 年到 1995 年就翻了三倍（Bentley & Walsh，2006）。

精神兴奋剂的批评者指出它们有滥用的可能。此外，其副作用包括食欲下降、肠胃疼痛、头痛、失眠、易怒、心脏相关并发症和发育不良（Aagaard & Hansen，2011）。最近的一项调查显示，只有 1/5 患有注意缺陷 / 多动障碍的儿童接受了这种兴奋剂治疗（Merikangas et al.，2013），这表明有些药物通常没有被过度使用。然而，在某些情况下显然会出现兴奋剂过量的情况（Smith & Farah，2011）。医生只有在评估了父母和老师的意见后才能诊断儿童患有注意缺陷 / 多动障碍，并且对其给予兴奋剂治疗。好消息是，70%～80% 患有 ADHD 的儿童可以有效地使用兴奋剂（Steele et al.，2006），它有时还可以与行为治疗相结合（Jensen et al.，2005）。此外，最近开发的针对 ADHD 的非刺激药物，如盐酸托莫西汀，有望实现提高人的注意力。

时尚疗法和饮食疗法是治疗多动症的药物和心理治疗的较差替代选择。例如，没有令人信服的科学证据表明，减少饮食中的糖含量可以改善 ADHD 症状。其他的饮食变化，比如消除人工色素和降低重口味，对 ADHD 的症状也没有影响（Waschbusch & Hill，2013）。

最后一个值得关注的领域是多重用药：在同一时间开许多（有时是五种或更多）药物。这种行为如果没有得到小心的监督是很危险的，因为某些药物可能会干扰其他药物的作用或者它们在一起相互作用会产生很大的危险。在老年人中多重用药是一个非常特别的问题，尤其老年人将渐渐变得容易受到药物副作用的影响（Fulton & Allen，2005）。

评估精神药物疗法

用药治疗或者不用药治疗，这是一个问题。在很多情况下，心理疗法不需要额外的药物，也可以成功治疗许多疾病。CBT 至少和抗抑郁药一样有效，即使是针对严重的抑郁症，它也可能比抗抑郁药更有效预防复发（Cuijpers et al.，2013；DeRubeis et al.，2005；Hollon et al.，2002）。单独的心理治疗对各种焦虑障碍、轻度和中度抑郁、暴食症和失眠都有效（Otto，Smits，& Reese，2005；Thase，2000）。

科学家们发现，当病人从心理治疗中获益时，这种变化反映在他们的大脑活动中。在某些情况下，心理治疗和药物治疗会产生类似的大脑变化，这表明不同的改善途径有相似的机制（Kumari，2006），并提醒我们"头脑"和"大脑"在不同层次的解释中描述了相同的现象。尽管药物和心理治疗可能会使大脑功能正常化，但它们也可能以不同的方式进行。在对 63 项对焦虑和重度抑郁症患者进行心理治疗或药物治疗效果的研究的回顾中，药物降低了边缘系统的活动，而边缘系统是情绪和威胁反应的中枢。相比之下，心理治疗产生的变化主要集中在大脑的额叶区域，这或许反映了它在将适应不良的思想转化为适应良好的思想方面的成功（Quidé et al.，2012）。

这项研究告诫我们要避免一个普遍存在的逻辑错误，即从它的起因中推断出一种疾病障碍的最佳治疗方法（Ross & Pam，1995）。许多人错误地认为，像精神分裂症这样的病因，在很大程度上是由生理因素引起的，应该用药物治疗，而比如特定的恐慌症在很大程度上是由环境造成的，应该用心理治疗。然而，我们的研究表明，这种逻辑是错误的，因为心理治疗会影响我们的生物学机制，就像生物学治疗会影响我们的心理一样。尽管如此，一些研究人员认为，有一天，使用脑成像技术来预测谁会对心理治疗和药物治疗做出反应是可能的。通过这种方式，他们可以指导临床实践，通过调整干预去治疗或修复特定脑回路上的功能障碍（Ball，Stein，& Paulus，2014；Phillips et al.，2015；Yang，Kircher，& Straube，2014）。事实上，**个性化医学**的目标是当代心理学和精神病学领域最有前途的领域之一（Ahaji & Nemeroff，2015）。

药物治疗的批评者声称，药物在帮助病人学习社交技巧、修正自我挫败行为或应对冲突方面毫无价值。例如，当患有焦虑症的患者停止用药时，半数以上的患者可能会复发（Marks et al.，1993）。从长远来看，心理治疗可能比药物更便宜，所以尝试心理疗法通常是有意义的（Arkowitz & Lilienfeld，2007）。

不过，将药物治疗和心理治疗相结合仍然有明显的优势（Thase，2000）。如果患者的症状对他们的功能有很大的影响，或者单独的心理治疗在两个月的时间后没有效果，那么增加药物治疗

电休克疗法（ECT）
一种对严重的心理问题的治疗方法，患者的头部接受短暂的电脉冲，会产生短暂的癫痫发作的感觉。

是很正常的。一般而言，研究表明，将药物治疗和心理治疗相结合，对精神分裂症、双相障碍、重度抑郁、惊恐发作、惊恐障碍和强迫症有效（Cuijpers et al., 2014；Hollon et al., 2014；Thase, 2000；Uher & Pavlova, 2016）。截至 2007 年，61% 的医生给患者开了处方进行药物治疗，而患者也同时参与心理治疗，这反映了一种结合药物治疗和心理治疗的全国性趋势（Olfson & Marcus, 2010）。

电刺激疗法：正确的观念和误解

思考下面对**电休克疗法（ECT）**的解释，我们在讨论生物医学治疗的一开始就介绍了它：

> 他们把我带进了 ECT 室，电极在灰色仪器的一侧晃来晃去。友好的护士把它们放在我身上，然后给我打了一针以"把我关掉"，很明显，这样我就不会感到电的刺激了。突然间我醒了，但是，不管我怎么努力，我什么也记不起来。我感觉有一副窗帘遮住了我的记忆，无论我怎么努力，都无法回头。究竟发生了什么？花了多长时间？他们到底对我做了什么吗？但是医生似乎很高兴，护士也在微笑，所以我断定，一定是结束了。

电休克疗法：事实与假象

究竟发生了什么？就像在其他疗法中一样，医务人员给病人注射了肌肉松弛剂和麻醉剂，然后给病人的脑部施以短暂的电脉冲，以缓解对其他治疗没有反应的严重抑郁症状。这个病人和其他人一样经历了一分钟的全面发作，就像癫痫病患者一样。医生通常会建议患有严重抑郁症、双相障碍、精神分裂症和严重的紧张症患者进行 ECT 治疗，只有当所有其他治疗方法都失败后，这才会成为最后的治疗手段。典型 ECT 治疗的一个疗程是 6～10 次治疗，每周 3 次。

关于 ECT 的错误观念有很多，包括 ECT 是痛苦或危险的，以及它总是会导致长期的记忆丧失、人格改变甚至是脑损伤的错误观念（Dowman, Patel, & Rajput, 2005；Malcom, 1989；Santa Maria, Baumeister, & Gouvier, 1999）。媒体的塑造和描述，诸如 1975 年奥斯卡获奖影片《飞越疯人院》刻画的人物形象，宣扬了一种错误观念，即 ECT 只不过是一种残忍的惩罚手段或行为控制手段，没有任何补偿价值。毫不奇怪，大多数美国人对 ECT 持否定态度（McDonald & Walter, 2004）。

然而，当研究人员研究那些经历过 ECT 的个体，情况就大不相同了（Chakrabarti, Grover, & Rajagopal, 2010）。在一项对 24 名患者的研究中，91% 的人表示很高兴接受 ECT 治疗（Goodman et al., 1999）。在另一项研究中，98% 的患者表示，如果他们的抑郁症复发，他们会再次寻求 ECT 治疗。62% 的人说，这种治疗不比去看牙医可怕（Pettinati et al., 1994）。更重要的是，研究人员报告称，电休克疗法对于严重抑郁症的治疗改善率高达 80%～90%（APA, 2001）。

尽管公众对 ECT 的强烈看法可能是毫无根据的，但我们应该注意到一些注意事项。大约 50% 的人在 6 个月左右的时间里就会复发（Bourgon & Kellner, 2000），所以 ECT 并不是万灵药。此外，那些经历了 ECT 的人可能会有动力说服自己接受治疗。虽然很多患者在 ECT 治疗后会有感觉，但他们并不总是在客观测量上显示出抑郁和精神功能的相应变化（Scovern & Kilmann, 1980）。

排除其他假设的可能性
对于这一研究结论，还有更好的解释吗？

对于 ECT 的工作原理没有统一的解释：ECT 可能会有帮助，因为它增加了大脑中血清素的水平（Rasmussen, Sampson, & Rummans, 2002），并刺激了海马体中脑细胞的生长（Bolwig, 2009）。一种对立的假设是，ECT 激发了人们对改进的强烈期望，并充当了"电安慰剂"的角色。但研究表明，ECT 比假的电休克疗法更有效，从而使这种解释不攻自破（Carney et al., 2003）。

医生的挑战在于确定治疗效果是否大于潜在的副作用。正如我们所读到的，ECT 可以导致短期的混乱和模糊记忆。在大多数情况下，记忆损失仅限于发生在治疗之前的事件，并通常在几周内消退（Sackeim, 1986）。然而，一些病人的记忆力和注意力问题在治疗之后持续了六个月（Sackeim et al., 2007）。当精神病学家使用 ECT 治疗时，病人和他们的家人了解手术过程，以及潜在的益处和风险是至关重要的。

迷走神经刺激

在最近的发展中，外科医生可以在胸骨的皮下组织植入一个小的电装置对迷走神经进行刺激来治疗重度抑郁症。迷走神经影响到许多大脑区域，而对神经的脉冲刺激会刺激血清素且增加脑供血（George et al., 2000）。FDA 已经批准了这种处理方式可用于抑郁症的治疗，还批准了重复经颅磁刺激（TMS）技术，该技术可向大脑施加磁脉冲刺激。尽管最近的研究表明，与 ECT 治疗重度抑郁症相比，重复 TMS 的效果稍差。与 ECT 相比，TMS 对认知的负面影响较少且能产生长期收益，暗示 TMS 应被视为一种治疗选择（Dunner et al., 2014；Hansen et al., 2011）。然而，我们缺少大量对这些处理进行严格控制且大规模的研究。研究将这些方法与不提供任何刺激的手段进行比较表明，改善可能是安慰剂效应的结果（Herwig et al., 2007；Rush et al., 2005）。

排除其他假设的可能性
对于这一研究结论，还有更好的解释吗？

最近，研究人员对在大脑前额叶皮层和其他大脑结构区域的深度脑刺激（DBS）进行了实验，参与者中包括难治性抑郁症患者，但对于这个研究的价值得出确切的结论还为时过早（Mayberg et al., 2005）。在三到六年后，一项对患有难治性抑郁症患者的 DBS 的研究发现，在最后一次随访中，约有 2/3 的患者病情好转，随访期间没有不良事件发生（Kennedy et al., 2011）。然而，当他们抑郁复发时，有两名患者死于自杀。很明显，对每一个处理的风险和益处我们都必须仔细权衡。

日志提示

你对电刺激的看法是什么？ECT 主要用于哪些疾病？ECT 通常是如何进行的？ECT 的典型过程是什么？

精神外科手术：最后的选择

精神外科手术，或者治疗心理障碍的脑部外科手术，是所有生物医学治疗中最激进、最具争议的一种。就像新疗法一样，精神外科手术在被引入之后不久就成为一种有前途的革新，早期的精神外科手术大多是脑前额叶切除手术。直到 20 世纪 50 年代中期，精神外科手术一直都很流行，这一热潮在大量的"丧失人性的木乃伊"报道中和有大量可选择的外科手术替代药物出现的情况下渐渐退去（Mashour,

精神外科手术
（psychosurgery）
治疗心理问题的脑部外科手术。

生物医学治疗

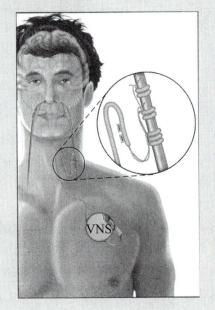

互动

在靠近人胸骨的皮下组织植入一个小的电装置来刺激迷走神经以治疗严重的抑郁症。

排除其他假设的可能性
对于这一研究结论，还有更好的解释吗？

Walker, & Matuza，2005；Valenstein，1973）。大多数的批评认为，如果在考量所有的代价——损伤记忆、情感和创造力减退以及脑部外科手术的危险之后，精神外科手术的优点是极少的（Neville，1978）。

批评人士还指出，进行精神外科手术的动机并不总是良性的（Valenstein，1973）。社会目标，如对强奸犯、同性恋虐待儿童者以及接受手术囚犯的行为控制，有时会与治疗目标混淆（Mashour et al.，2005）。

在 20 世纪 60 年代，外科医生引入了新型的世界领先的精神外科手术。外科医生用超声波、电流、冻结组织以及植入放射性材料代替刚开始时的处理。随着现代精神外科技术的出现，精神外科手术对身体的负面影响开始变得很少了。

现在，外科医生有时候把精神外科手术作为治疗一些复杂条件下的病人的最后方法，比如说严重的强迫性精神障碍、重度抑郁症以及双相障碍。很少有对精神外科手术进行的长期、控制良好的研究，并且缺少关于病人反应极好的数据。甚至当精神外科手术成功了的时候，我们也大可以改变其解释，包括用安慰剂效应以及自我服务偏见去解释显而易见的治疗成果（Dawes，1994）。

因认识到需要保护病人的利益，机构审查委员会（IRBs）必须核准外科医生实施的每一例精神外科手术。机构审查委员会帮助确保：（1）在手术中有一个清晰的基本原理；（2）病人已经接受恰当的手术前和手术后评估；（3）病人必须同意接受手术；（4）外科医生必须有实施该处理的法定资格（Mashour et al.，2005）。科学研究可能产生更多的精神外科手术的有效形式，但是围绕着这些手术的伦理争论可能还会持续。

总结：心理学和生物学疗法

16.1　心理治疗：来访者和治疗师

16.1a　描述谁会寻求治疗，谁能从心理治疗中获益，谁来进行心理治疗。

治疗师将会治疗所有年龄段、社会、文化和种族背景的人。焦虑的人与那些有轻微和暂时性问题的人最有可能从治疗中受益。没有正规培训的无证专业人员以及有执照的专业人员和专业的治疗师同样有效。社会经济地位、性别和种族可预测谁将寻求心理治疗。

16.1b　描述怎样成为一名合格的心理治疗师。

表现热情，选择重要的话题来讨论，而不是反驳来访者，建立一种积极的关系比接受正式的培训或获得许可更能决定治疗师的治疗效果。

16.2　顿悟疗法：获得理解

16.2a　描述精神动力疗法的核心信念和评价。

精神动力疗法的核心信念是：（a）分析无意识冲突、愿望、幻想、冲动和生活模式的影响；（b）童年经历，包括创伤和不良生活事件；（c）治疗关系；（d）获得的洞察力。精神动力疗法的证据主要基于小的、高度选择的病人样本、逸事研究的治疗价值，尽管对照研究表明这些治疗方法在某些情况下可能是有用的。

16.2b　描述和评价人本主义疗法的有效性。

人本主义疗法认为，自我实现是一种统一的人类驱动，并采用一种基于经验的方法来实现来访者的潜能。研究表明，真诚、无条件的积极态度和移情作用与改善有关，但对有效的心理治疗不是充要条件。存在主义治疗学家认为，人的生命是有意义的，精神疾病的根源在于没有找到生命的意义。存在性治疗至今尚未得到广泛的推广。

16.3　团体疗法：越多越热闹

16.3a　列出分组方法的优点。

群体方法涵盖了所有的心理治疗流派，它们是有效的、省时的，而且比个人方法花费更少。参与者从别人的经历中学习，从反馈中获益，对他人进行塑造，发现问题和痛苦是普遍存在的。

16.3b　描述关于匿名戒酒有效性的研究证据。

AA 对一些来访者是有帮助的，但它似乎并不比其他治疗方法，包括 CBT，更有效。研究表明，控制饮酒的方法对一些酗酒者是有效的。

16.3c　确定治疗功能失调的家庭系统的不同方法。

家庭疗法治疗家庭系统中的问题。策略性家庭治疗师消除了有效沟通的障碍，而结构性家庭治疗师则计划改变家庭结构的相互作用。

16.4　行为疗法和认知行为疗法：改变适应不良的行为和想法

16.4a　描述行为疗法的特点，并识别不同的行为方式。

行为疗法以科学的方法及学习原则为基础。暴露疗法使得人们面对心中的恐惧。暴露是可以循序渐进的，也可以从想象中最可怕的场景开始。基于观察性学习原理的塑造技术可用以培养自信，它包括行为演练和角色扮演。代币制和厌恶疗法分别建立在操作性条件作用和经典性条件作用原理的基础上。

16.4b　描述认知行为疗法（CBT）和第三波疗法的特点。

认知行为治疗师会改变导致不健康的感觉和行为的非理性信念和扭曲的想法。埃利斯的理性情绪行为疗法、贝克的认知疗法以及梅肯鲍姆的压力接种训练都是 CBT 的重要组成部分。所谓的第三波 CBT 疗法包括正念疗法和接纳疗法。

16.5　心理治疗有效吗？

16.5a　评价所有的心理疗法都同样有效的说法。

许多治疗是有效的。然而，对某些心理问题，比如焦虑症，一些治疗方法，包括行为和认知行为疗法，比其他治疗方法更有效。还有其他的治疗方法，如危机情况报告，在某些情况下似乎是有害的。

16.5b　解释为什么无效治疗有时似乎是有效的。

无效的治疗方法似乎是有帮助的，因为存在自发性缓解、安慰剂效应、自我服务偏见、趋均回归和篡改过去的记忆等。

16.6 生物学疗法：药物治疗、电刺激与外科手术

16.6a 识别不同类型的药物，并注意与药物治疗有关的注意事项。

有治疗精神疾病的药物（神经松弛剂/抗痉挛药或主要镇静剂），还有治疗双相障碍（情绪稳定剂）、抑郁（抗抑郁药）、焦虑（抗焦虑药）和注意力问题（心理兴奋剂）等疾病的药物。

16.6b 概述药物治疗的关键问题。

开处方的人必须意识到副作用，不能过量开药，而且必须小心检测多重用药的效果。

16.6c 了解对生物学疗法的误解。

与普遍的观点相反，电刺激疗法（ECT）并不痛苦或危险，也不会导致记忆丧失、人格改变或脑损伤。精神外科手术可能是治疗的最后手段。

参考文献 *

Aagaard, L., & Hansen, E. H. (2011). The occurrence of adverse drug reactions reported for attention deficit hyperactivity disorder (ADHD) medications in the pediatric population: a qualitative review of empirical studies. *Neuropsychiatric Disease and Treatment, 7*, 729–44.

Aamodt, S., & Wang, S. (2008). *Welcome to your brain: Why you lose your car keys but never forget how to drive and other puzzles of everyday life.* London, England: Bloomsbury.

Aarons, L. (1976). Sleep-assisted instruction. *Psychological Bulletin, 83*, 1–40.

Abbey, A., Halman, L., & Andrews, F. (1992). Psychosocial, treatment and demographic predictors of the stress associated with infertility. *Fertility and Sterility, 57*, 122–127.

Abbot, N. C., Harkness, E. F., Stevinson, C., Marshall, F. P., Conn, D. A., & Ernst, E. (2001). Spiritual healing as a therapy for chronic pain: A randomized, clinical trial. *Pain, 91*, 79–89.

Abel, E. L. (1998). *Fetal alcohol abuse syndrome.* New York, NY: Plenum Press.

Abel, E. L., & Sokol, R. J. (1986). Fetal alcohol syndrome is now leading cause of mental retardation. *Lancet, 2*, 1222.

Aber, M., & Rappaport, J. (1994). The violence of prediction: The uneasy relationship between social science and social policy. *Applied and Preventive Psychology, 3*, 43–54.

Aboud, F. E., Tredoux, C., Tropp, L. R., Brown, C. S., Niens, U., & Noor, N. M. (2012). Interventions to reduce prejudice and enhance inclusion and respect for ethnic differences in early childhood: A systematic review. *Developmental Review, 32*, 307–336.

Abrami, P. C., Bernard, R. M., Borokhovski, E., Waddington, D. I., Wade, C. A., & Persson, T. (2015). Strategies for teaching students to think critically: A meta-analysis. *Review of Educational Research, 85*, 275–314.

Abramowitz, A. I., & Saunders, K. L. (2008). Is polarization a myth? *Journal of Politics, 70*, 542–555.

Abramowitz, J. S., Taylor, S., & McKay, D. (2009). Obsessive-compulsive disorder. *Lancet, 374*, 491–499.

Abramson, L. Y., Seligman, M. E. P., & Teasdale, J. D. (1978). Learned helplessness in humans: Critique and reformulation. *Journal of Abnormal Psychology, 87*, 49–74.

Abrari, K., Rashidy-Pour, A., Semnanian, S., & Fathollahi, Y. (2009). Post-training administration of corticosterone enhances consolidation of contextual fear memory and hippocampal long-term potentiation in rats. *Neurobiology of Learning and Memory, 91*, 260–265.

Abroms, L. C., Padmanabhan, N., Thaweethai, L., & Phillips, T. (2011). iPhone apps for smoking cessation: a content analysis. *American Journal of Preventive Medicine, 40(3)*, 279–285.

Abutalebi, J., Cappa, S. F., & Perani, D. (2005). What can functional neuroimaging tell us about the bilingual brain? In Kroll, J. F., & de Groot, A. M. B. (Eds.), *Handbook of bilingualism: Psycholinguistic approaches* (pp. 497–515). New York, NY: Oxford University Press.

Acevedo, B. P., & Aron, A. (2009). Does a long-term relationship kill romantic love? *Review of General Psychology, 13*, 59–65.

Achenbach, T. M. (1982). Research methods in developmental psychopathology. In P. C. Kendall & J. Butcher (Eds.), *Handbook of research methods in clinical psychology* (pp. 127–181). New York, NY: Wiley.

Ackerman, P. L., & Beier, M. E. (2003). Intelligence, personality, and interests in the career choice process. *Journal of Career Assessment, 11*, 205–218.

Ackerman, P. L., & Heggestad, E. D. (1997). Intelligence, personality, and interests: Evidence for overlapping traits. *Psychological Bulletin, 121*, 219–245.

Ackerman, P. L., Beier, M. E., & Boyle, M. O. (2005). Working memory and intelligence: The same or different constructs? *Psychological Bulletin, 131*, 30–60.

Ackerman, P. L., Kanfer, R., & Goff, M. (1995). Cognitive and non-cognitive determinants of complex skill acquisition. *Journal of Experimental Psychology: Applied, 1*, 270–304.

Ackerman, S. J., Hilsenroth, M. J., Clemence, A. J., Weatherill, R., & Fowler J. C. (2001). Convergent validity of Rorschach and TAT scales of object relations. *Journal of Personality Assessment, 77*, 295–306.

Ackroyd, E. (1993). *A dictionary of dream symbols.* London, England: Blanford.

Acocella, J. (1999). *Creating hysteria: Women and multiple personality disorder.* San Francisco, CA: Jossey-Bass.

Acton, G. S., & Schroeder, D. H. (2001). Sensory discrimination as related to general intelligence. *Intelligence, 29(3)*, 263–271. http://dx.doi.org/10.1016/S0160-2896(01)00066-6

Adachi, N., Akanu, N., Adachi, T., Takekawa, Y., Adachi, Y., Ito, M., & Ikeda, H. (2008). Déjà vu experiences are rarely associated with pathological dissociation. *Journal of Nervous and Mental Disease, 196*, 417–419.

Adair, J. G. (1984). The Hawthorne effect: A reconsideration of the methodological artifact. *Journal of Applied Psychology, 69*, 334–345.

Adam, A., & Manson, T. M. (2014). Using a pseudoscience activity to teach critical thinking. *Teaching of Psychology, 41*, 130–134.

Adams, H. E., Wright, L. E., & Lohr, B. A. (1996). Is homophobia associated with homosexual arousal? *Journal of Abnormal Psychology, 105*, 440–445.

Adams, T. D., Davidson, L. E., Litwin, S. E., Kolotkin, R. L., LaMonte, M. J., Pendleton, R. C., … & Gress, R. E. (2012). Health benefits of gastric bypass surgery after 6 years. *Journal of the American Medical Association, 308(11)*, 1122–1131.

Addis, M. E., & Mahalik, J. R. (2003). Men, masculinity, and the contexts of help seeking. *American Psychologist, 58*, 5–14.

Addis, M. E., Hatgis, C., Krasnow, A. D., Jacob, K., Bourne, L., & Mansfield, A. (2004). Effectiveness of cognitive-behavioral treatment for panic disorder versus treatment as usual in a managed care setting. *Journal of Consulting and Clinical Psychology, 72*, 625–635.

Adelmann, P. K., & Zajonc, R. B. (1989). Facial efference and the experience of emotion. *Annual Review of Psychology, 40*, 249–280.

Adelson, E. H. (1995). The checker shadow illusion. http://web.mit.edu/persci/people/adelson/checkershadow_illusion.html. Retrieved 10-24-2016.

Adler, A. (1922). *Practice and theory of individual psychology.* London, England: Routledge.

Adler, A. (1931). *What life should mean to you.* Boston, MA: Little, Brown.

Adler, A. (1938). *Social interest: A challenge of mankind.* London, England: Faber & Faber.

Adler, J. (2006). Freud is not dead. Newsweek, March 27, 2006.

Adolph, K. E. (1997). Learning in the development of infant locomotion. *Monographs of the Society for Research in Child Development, 63*, Serial No. 251.

Adolph, K. E., & Robinson, S. R. (2011): Sampling development, *Journal of Cognition and Development, 12*, 411–423.

Adolphs, R., Tranel, D., Damasio, H., & Damasio, A. (1994). Impaired recognition of emotion in facial expressions following bilateral damage to the human amygdala. *Nature, 372*, 669–672.

Adorno, T. W., Frenkel-Brunswik, E., Levinson, D., & Sanford, R. N. (1950). *The authoritarian personality.* New York, NY: Harper.

Afifi, T. O., Asmundson, G. J., Taylor, S., & Jang, K. L. (2010). The role of genes and environment on trauma exposure and posttraumatic stress disorder symptoms: A review of twin studies. *Clinical Psychology Review, 30(1)*, 101–112.

Agosta, L. (2015). *A rumor of empathy: Resistance, narrative and recovery in psychoanalysis and psychotherapy.* London, UK: Routledge.

Agosta, S., Pezzoli, P., & Sartori, G. (2013). How to detect deception in everyday life and the reasons underlying it. *Applied Cognitive Psychology.*

Aguinis, H., Culpepper, S. A., & Pierce, C. A. (2010). Revival of test bias research in preemployment testing. *Journal of Applied Psychology, 95(4)*, 648–680. http://dx.doi.org/10.1037/a0018714

Ahima, R. S., & Antwi, D. A. (2008). Brain regulation of appetite and satiety. *Endocrinology and metabolism clinics of North America, 37(4)*, 811–823.

Ahn, H., & Wampold, B. E. (2001). Where oh where are the specific ingredients? A meta-analysis of component studies in counseling and psychotherapy. *Journal of Counseling Psychology, 48*, 251–257.

Ahnert, L., Pinquart, M., & Lamb, M. E. (2006). Security of children's relationships with nonparental care providers: A meta-analysis. *Child Development, 77(3)*, 664–679.

Aiken, M. P., & Berry, M. J. (2015). Posttraumatic stress disorder: possibilities for olfaction and virtual reality exposure therapy. *Virtual Reality, 19*, 95–109.

Aimone, J. B., Wiles, J., & Gage, F. H. (2006). Potential role for adult neurogenesis in the encoding of time in new memories. *Nature Neuroscience, 9*, 723–727.

Ainsworth, M. D. S., Blehar, M. C., Waters, E., & Wall, S. (1978). *Patterns of attachment: A psychological study of the Strange Situation.* Hillsdale, NJ: Erlbaum.

Akbarian, S., & Nestler, E. J. (2013) Epigenetic mechanisms in psychiatry. *Neuropsychopharmacology, 28*, 1–2.

Akerstedt T, Fredlund, P., Gillberg, M., & Jansson, B. (2002). A prospective study of fatal occupational accidents—relationship to sleeping difficulties and occupational factors. *Journal of Sleep Research, 11*, 69–71.

Akins, C. K. (2004). The role of Pavlovian conditioning in sexual behavior: A comparative analysis of human and nonhuman animals. *International Journal of Comparative Psychology, 17*, 241–262.

Akiskal, H. S., & McKinney, W. T. (1973). Depressive disorders: Toward a unified hypothesis. *Science, 182*, 20–29.

Al-Issa, I. (1995). The illusion of reality or the reality of illusion: Hallucinations and culture. *British Journal of Psychiatry, 166*, 368–373.

Albert, D., Chein, J., & Steinberg, L. (2013). The teenage brain peer influences on adolescent decision making. *Current Directions in Psychological Science, 22(2)*, 114–120.

Alberti, R. E., & Emmons, M. L. (2001). *Your perfect right: Assertiveness and equality in your life and relationships* (8th ed.). New York, NY: Impact.

Alcock, J. (1999) The nesting behaviour of Dawson's burrowing bee *Amegilla dawsoni* (Hymenoptera: Anthophorini) and the production of offspring of different sizes. *Journal of Insect Behavior, 12*, 363–384.

---

* 更多参考文献，请在中国人民大学出版社官网下载：www.crup.com.cn。

译 后 记

　　本书作者利林菲尔德、林恩和纳米都长期从事心理学教学和研究工作，并各有专长，本书是他们通力合作完成的一部优秀著作，现已更新至第 4 版，增加了很多新的内容。它告诉我们"心理学是如何改变我们思维的，心理学是如何影响我们生活的"。我们在翻译和审校的过程中，通过反复研读和学习，发现第 4 版具有以下显著特色：

　　首先，体系完整，结构合理。作者在日常生活中选取了大量的案例，来告诉我们心理学研究中如何进行批判性思考，全书涉及心理学与科学思维、研究方法、生理心理学、感觉与知觉、意识、学习、记忆、思维、推理和语言、智力与智商测验、人类发展、情绪与动机、压力、应对与健康、社会心理学、人格、心理障碍、心理学和生物学疗法等内容，深入考察和探讨了心理学的最基本问题，全面关注了心理学的各要素，构建了一个逻辑严密的心理学体系。本书设计了丰富多样的栏目，每一章都由学习目标、质疑你的假设、术语、事实与虚构、心理学谬论、日志提示、心理科学的奥秘、评价观点、总结等内容构成，有助于读者在学习心理学基础知识的同时，增强其应用与实践能力，并发展其批判性思维技能。

　　其次，训练思维，注重应用。本书的主要目的在于使读者能够将科学思维运用到日常生活的心理学中去，因此在整本书中你都能看到六种科学思维原则的具体应用：排除其他假设的可能性（对于这一研究结论，还有更好的解释吗？）、相关还是因果（我们能确信 A 是 B 的原因吗？）、可证伪性（这种观点能被反驳吗？）、可重复性（其他人的研究也会得出类似的结论吗？）、特别声明（这类证据可信吗？）、奥卡姆剃刀原理（这种简单的解释符合事实吗？），这些科学思维原则可以帮助读者正确评估在日常生活和科学研究中遇到的各种观点，以识别真假。作者在每一章中都安排了"质疑你的假设""评价观点"和"事实与虚构"等栏目，使得读者可以在互动评估中测试自己区分观点的批判性思维技能。此外，作者还十分关注心理学研究的文化和种族差异问题，给读者提供大量的应用机会，使人们真正认识到科学思维方式对心理学研究是如此重要。

　　最后，立足前沿，锐意创新。作者全面系统地总结了近年来心理学研究的最新成果，注重心理学领域最新研究成果的整合与创新，充分反映并吸收最新研究成果，追踪学科发展前沿。第 4 版新增了"意识"一章，将智力部分改写成新的一章，新增的理论和知识点达百余处。如：新增了表观遗传学、超感官知觉、镜像神经元、分布式认知、分子遗传学关于智商的研究、脑训练项目对智商和工作记忆的影响、创伤后成长、心理动力学的神经科学依据、边缘型人格障碍、药物与心理治疗的结合以及经颅刺激的最新研究，等等。

　　《心理学改变思维》（第 4 版）是一部价值高、适用面广的著作。作者在书中紧密联系生活实际，做到了宏观与微观相结合、理论与实践相结合、学术性与实用性相结合，使全书融理论性、可读性、实用性和操作性为一体。无论你是学生，还是教师、家长、普通读者，书中的知识都会对你大有裨益。你感觉到日常生活中的困惑了吗？如果感觉到了，那么这本书就是你一直在寻找的，它可以告诉你如何进行科学思维和批判性思考，正如作者在前言中特别强调的：第 4 版继续强调科学思维能力的重要性。科学思维是一种生活方式，阅读本书可以使我们用批判的心理学眼光去理解周围的世界。

　　《心理学改变思维》（第 4 版）一书的翻译工作由我主持和完成，前后经过初译、初校、复校和审校四个阶段。胡海燕参与了初译、初校工作。吴锋、姜帆、胡哲参与了初校工作。最后由我完成了复校和审校工作。由于本书涉及面广、内容丰富、篇幅巨大，难免存在不妥和疏漏之处，真诚地欢迎同行专家和广大读者批评指正。

方双虎

2021 年 5 月 6 日

于安徽师范大学文津花园

推荐阅读书目

ISBN	书名	作者	单价（元）
<td colspan="4" align="center">**心理学译丛**</td>

ISBN	书名	作者	单价（元）
978-7-300-26722-7	心理学（第 3 版）	［美］斯宾塞·A. 拉瑟斯	79.00
978-7-300-28545-0	心理学的世界	［美］阿比盖尔·A. 贝尔德	79.80
978-7-300-29372-1	**心理学改变思维（第 4 版）**	**［美］斯科特·O. 利林菲尔德 等**	**168.00**
978-7-300-12644-9	行动中的心理学（第 8 版）	［美］卡伦·霍夫曼	89.00
978-7-300-09563-9	现代心理学史（第 2 版）	［美］C. 詹姆斯·古德温	88.00
978-7-300-13001-9	心理学研究方法（第 9 版）	［美］尼尔·J. 萨尔金德	68.00
978-7-300-16579-0	质性研究方法导论（第 4 版）	［美］科瑞恩·格莱斯	48.00
978-7-300-22490-9	行为科学统计精要（第 8 版）	［美］弗雷德里克·J. 格雷维特 等	68.00
978-7-300-28834-5	行为与社会科学统计（第 5 版）	［美］亚瑟·阿伦 等	98.00
978-7-300-22245-5	心理统计学（第 5 版）	［美］亚瑟·阿伦 等	89.00
978-7-300-13306-5	现代心理测量学（第 3 版）	［英］约翰·罗斯特 等	39.90
978-7-300-17056-5	艾肯心理测量与评估（第 12 版·英文版）	［美］刘易斯·艾肯 等	69.80
978-7-300-12745-3	人类发展（第 8 版）	［美］詹姆斯·W. 范德赞登 等	88.00
978-7-300-13307-2	伯克毕生发展心理学:从 0 岁到青少年(第 4 版)	［美］劳拉·E. 伯克	89.80
978-7-300-20556-4	阿内特青少年心理学（第 5 版）	［美］杰弗瑞·简森·阿内特	69.90
978-7-300-18303-9	伯克毕生发展心理学:从青少年到老年(第 4 版)	［美］劳拉·E. 伯克	55.00
978-7-300-18422-7	社会性发展	［美］罗斯·D. 帕克 等	59.90
978-7-300-21583-9	伍尔福克教育心理学（第 12 版）	［美］安妮塔·伍尔福克	109.00
978-7-300-16761-9	伍德沃克教育心理学（第 11 版·英文版）	［美］安妮塔·伍德沃克	75.00
978-7-300-17256-9	教育心理学精要（第 3 版）	［美］简妮·爱丽丝·奥姆罗德	79.90
978-7-300-18664-1	学习心理学（第 6 版）	［美］简妮·爱丽丝·奥姆罗德	78.00
978-7-300-23658-2	异常心理学（第 6 版）	［美］马克·杜兰德 等	139.00
978-7-300-17653-6	临床心理学	［加］沃尔夫冈·林登 等	65.00
978-7-300-18593-4	婴幼儿心理健康手册（第 3 版）	［美］小查尔斯·H. 泽纳	89.90
978-7-300-19858-3	心理咨询导论（第 6 版）	［美］塞缪尔·格莱丁	89.90
978-7-300-25883-6	人格心理学入门（第 8 版）	［美］马修·H. 奥尔森 等	98.00
978-7-300-14062-9	社会与人格心理学研究方法手册	［美］哈里·T. 赖斯 等	89.90
978-7-300-12478-0	女性心理学（第 6 版）	［美］马格丽特·W. 马特林	58.00
978-7-300-18010-6	消费心理学:无所不在的时尚（第 2 版）	［美］迈克尔·R. 所罗门 等	79.80
978-7-300-12617-3	社区心理学:联结个体和社区（第 2 版）	［美］詹姆士·H. 道尔顿 等	69.80
978-7-300-16328-4	跨文化心理学（第 4 版）	［美］埃里克·B. 希雷	55.00
978-7-300-14110-7	职场人际关系心理学（第 12 版）	［美］莎伦·伦德·奥尼尔 等	49.00
978-7-300-15678-1	社会交际心理学:人际行为研究	［澳］约瑟夫·P. 福加斯	39.00
978-7-300-13303-4	生涯发展与规划:人生的问题与选择	［美］理查德·S. 沙夫	45.00
978-7-300-18904-8	大学生领导力（第 3 版）	［美］苏珊·R. 考米维斯 等	39.80

西方心理学大师经典译丛

当代西方社会心理学名著译丛

* * * *

图书在版编目（CIP）数据

心理学改变思维：第4版 /（美）斯科特·利林菲尔
德（Scott O. Lilienfeld），（美）史蒂文·林恩
（Steven Jay Lynn），（美）劳拉·纳米
（Laura L. Namy）著；方双虎等译. -- 北京：中国人
民大学出版社，2021.6
（心理学译丛）
ISBN 978-7-300-29372-1

Ⅰ.①心… Ⅱ.①斯…②史…③劳…④方… Ⅲ.
①心理学 – 通俗读物 Ⅳ.①B84-49

中国版本图书馆CIP数据核字（2021）第080505号

心理学译丛

心理学改变思维（第4版）

斯科特·利林菲尔德

[美] 史蒂文·林恩　　　　著

劳拉·纳米

方双虎 等 译

Xinlixue Gaibian Siwei

出版发行	中国人民大学出版社		
社　　址	北京中关村大街31号	**邮政编码**	100080
电　　话	010-62511242（总编室）	010-62511770（质管部）	
	010-82501766（邮购部）	010-62514148（门市部）	
	010-62515195（发行公司）	010-62515275（盗版举报）	
网　　址	http:/www.crup.com.cn		
经　　销	新华书店		
印　　刷	三河市恒彩印务有限公司		
规　　格	215mm×275mm　16开本	**版　　次**	2021年6月第1版
印　　张	46 插页5	**印　　次**	2021年6月第1次印刷
字　　数	1 206 000	**定　　价**	168.00元

尊敬的老师：

您好！

为了确保您及时有效地申请培生整体教学资源，请您务必完整填写如下表格，加盖学院的公章后传真给我们，我们将会在 2～3 个工作日内为您处理。

请填写所需教辅的开课信息：

采用教材			□ 中文版　□ 英文版　□ 双语版		
作　者		出版社			
版　次		ISBN			
课程时间	始于　年　月　日	学生人数			
	止于　年　月　日	学生年级	□ 专科　□ 本科 1/2 年级 □ 研究生　□ 本科 3/4 年级		

请填写您的个人信息：

学　校			
院系/专业			
姓　名		职　称	□ 助教 □ 讲师 □ 副教授 □ 教授
通信地址/邮编			
手　机		电　话	
传　真			
official email（必填） (eg：×××@ruc.edu.cn)		E-mail (eg：×××@163.com)	
是否愿意接受我们定期的新书信息通知：　□ 是　□ 否			

系/院主任：_____（签字）

（系／院办公室章）

____年____月____日

资源介绍：

——教材、常规教辅（PPT、教师手册、题库等）资源：请访问 www.pearsonhighered.com/educator。　　　　（免费）

——MyLabs/Mastering 系列在线平台：适合老师和学生共同使用；访问需要 Access Code。　　　　（付费）

100013　北京市东城区北三环东路 36 号环球贸易中心 D 座 1208 室

电话：（8610）57355003　　传真：（8610）58257961

Please send this form to：copub.hed@pearson.com